Gesamtverzeichnis des deutschsprachigen Schrifttums (GV) 1700 – 1910

Bearbeitet unter der Leitung von
Hilmar Schmuck und Willi Gorzny

Bibliographische und redaktionelle Beratung:
Hans Popst und Rainer Schöller

99

Mont - Mui

K · G · Saur München · New York · London · Paris 1983

CIP-Kurztitelaufnahme der Deutschen Bibliothek

Gesamtverzeichnis des deutschsprachigen Schrifttums :
(GV). – München, New York, London, Paris : Saur.
Bd. 1 – 6 bearb. unter d. Leitung von Peter Geils
u. Willi Gorzny.
ISBN 3-598-30000-X

1700 – 1910 / bearb. unter d. Leitung von Hilmar
Schmuck u. Willi Gorzny. Bibliograph. u. red.
Beratung: Hans Popst u. Rainer Schöller

NE: Schmuck, Hilmar [Bearb.]

99. Mont - Mui. - 1983.

Techn. Realisierung und Druck: Norbert Gärtner, Mainz-Kastel
Binden: Karl Schaumann, Darmstadt
Printed in the Federal Republic of Germany
ISBN 3-598-30000-X (Gesamtwerk)

Mont, Chrn. L. v., und Placid Plattner, das Hochstift Chur und der Staat. Geschichtliche Darstellung ihrer wechselseitigen Rechtsverhältnisse von den ältesten Zeiten bis zur Gegenwart. Mit einer Sammlung der bezügl. Urkunden. gr. 8. (155 S.) Chur 860, Hitz. *

Mont, Pol de, Anton van Dijck als Mensch u. Künstler. Deutsch v. C. Hebbel. Mit 60 Heliotyp. nach den Orig.-Gemälden in der van Dijck-Ausstellg. zu Antwerpen u. anderen Museen. 10 Lfgn. gr. Fol. (60 Taf. m. 37 S. Text.) Haarlem (899. 900). H. Kleinmann & Co. à 10.—; kplt. in Leinw.-Mappe n. 110.—

Mont, Pol de, aus Flandern und Brabant. Episches und Lyrisches. Aus dem Flämischen übertr. von Heinr. Flemmich. 8. (XVI, 220 S. mit Portr.) Freiburg i. Br. 888, Kiepert. * geb. *

Mont, Pol de, Idyllen, s.: Meyer's Volksbücher.

Mont, Pol de, Idyllen. Nachdichtungen nach dem Vläm. v. Alb. Möser. 8. (XVI, 192 S.) Berlin 893. H. Lüstenöder. n. 2.—

— die graphischen Künste im heutigen Belgien u. ihre Meister. Fol. (IV, 44 S. m. Abbildgn. u. 11 Taf.) Wien (902). Gesellschaft f. vervielfält. Kunst. n. 24.—
Sonderabdruck aus: „Graph. Künste".

— Zeiten u. Zonen, s.: Universal-Bibliothek.

Mont de Courset, du, G. L. M., il Botanico coltivatore. Recato in Italiano da G. Romano. Vol. I—X. in 8. gr. Padova, 819—820. (Vienna, Volke.) Rihlr.

Montabaur [Sachliches OW]

Montabaur, Gräfin Sidonie von, od. d. Geheimen Griechenlands, v. Verf. d. Geisterseherin. 2 Thle. m. K. 8. Cöthen, Aue. 798.

Montabaur, Gräfin Sidonie von, oder die Geheimen aus Griechenland . . . Cöthen 1798—99. V: *Seidel, Carl Aug. Glieb.* (KY) (MGT) (StAT I, 386)

Montabaur Sidonie von
s. Sidonie, Gräfin, von Montabaur. 1798.

Montabaur [Schlagwort]

Montabaur, s.: Geologische Karten (Preussen).

Montabaur, s.: Preussen. Messtischblätter.

Montada, A. Katechismus der Desinfektion. Mit 4 Holzschn. 12. (XI, 79 S.) Neuwied 889, Heuser's Verlag. 1 50

Montag [Sachliches OW]

Montag. – Der Montag.
Berlin. – 14.XI.1904 – 19.XII.1932(?)
Montagsausgabe von: Berliner Lokal-Anzeiger (1883).

Der blaue Montag. Organ des passiven Widerstandes. 1848. Wochenschrift. 1. Nummer (Dez. 48.)

Montag, der blaue. Ein Sang-, Lieder- und Anecdotenschatz bei Vereinsversammlungen, geselligen Zusammenkünften und gemeinschaftl. Landpartieen etc. Zunächst für Turner, Gewerbe- und Handwerkervereine. Nebst vielen gereimten Scherz- und Trinksprüchen. 16. (XVI und 842 S.) Grimma 849. [Wurzen,] Verlags-Comptoir. *

Montag, Der blaue. Komische Szene. Wien [ca. 1900]. V: *Neidl, Julius.* (EB)

STABERL'S blauer Montag oder die Kunst, alle Minuten zu lachen. Proviant für Lebenslustige u. Wißbegierige, enthaltend tausend Spässe, Merkwürdigkeiten, Geschichten, gute Einfälle und Gedanken. 6 Bdchn. Wien 1827. 8°. (4 Kr. Franz Malota, Wien, 1909.)

Montag [Verfasser]

Montag, Eugen, s. Bargildi Franconis disquisit.

– s. Frage: ob die Abtei Eberach ...

Montag, Eug., († d. 5. März 1811.) Geschichte d. deutschen staatsbürgerl. Freiheit, od. d. Rechte d. gem. Freien, d. Adels u. d. Kirchen Deutschlands. 3 Thle. gr. 8. Bamb. 812. (Wesché in Frankf.) 4 ℛ 8 ℊ

Montag, Eug., Geschichte der deutschen staatsbürgerlichen Freyheiten, oder die Rechte der gemeinen Freyen, des Adels und der Kirchen Deutschlands. Bamberg u. Würzburg 1812. 8. . . . . (0.)

Montag, Eug.: Geschichte der deutschen staatsbürgerlichen Freyheit, oder der Rechte des gemeinen Freyen, des Adels u. der Kirchen Deutschlands. Bamberg u. Würzburg.
Buch 1. unter den fränkischen Königen. 1812.
2. unter den deutschen Kaisern. 1814.

(Montag, Eugen.) De milite nobilis et ingenuo saeculi XI et XII, una cum vindiciis Marquardi de Grumbach, dynastae. 8. Norimbergae 1794.

– s. De milite nobili ...

Montag, Franz, approb. Arzt aus Weimar: Klinische Beobachtungen über die Wirkung des Agurins auf die Diurese und den Blutdruck. *Weimar 1903: Dietsch & Brückner.* (22 S.) 8°
Jena, Med. Diss. v. (16. Mai) 1903

Montag, Ignaz Bernhard

Montag, Ign. Bernh. (Jos.) das goldene A-B-C des jungen Kaufmanns od. Leitfaden z. leichtesten Erlernung der Handlungswissenschaft nach Büsch's System. Dargestellt in Fragen u. Antworten. M. e. Anhange: Wie u. wo man sich etabliren soll. 12. (8 B.) Weimar 846, Voigt.

Montag, Ign. Bernh., gründliche Anleitung zur Kenntniß der Wechsel, Anweisungen, Schuldscheine u. zur Wechsel-Rechnung, nebst Formularen; zum Selbstunterricht f. Handlungsdiener u. Kaufmannslehrlinge. 8. (Mit 8 lith. Taf.) Quedlinburg 844, Ernst. 2/3 ℛ

Montag, Ign. Bernh., leichtfaßliche Anleitung zur baugewerblichen Buchführung. Mit ausgeführten prakt. Geschäftsbüchern. Zur Selbsterlernung und zum Gebrauche in Baugewerks-, Kunst- und Sonntagsschulen sowie für Maurer, Zimmerleute, Schlosser, Tischler etc. 4. (VI und 84 S.) Weimar 861, Voigt. -

Montag, J. B., baugewerbliche Buchführung. 2. Aufl., s. Jeep, W.

Montag, Ign. Bernh., praktische, leichtfaßliche Anleitung zur Buchstabenrechnung und Algebra mit vielen Beispielen und im Anschluß an die Aufgabensammlungen von Meier Hirsch und Bardey. Für Seminarien, Gewerbeschulen, höhere Bürgerschulen und zum Selbstunterrichte. 5. [eigentl. 4.] gänzlich umgearb. und stark verm. Aufl. gr. 8. (VIII, 388 S.) Leipzig 877, Teubner. *

—— s. Anspach's Rechenknecht.

— deutliche u. vollständige Anweisung ohne alle künstlichen Winkelmeßinstrumente, blos mit Kette u. Stäben Aecker, Gärten, Wiesen ꝛc. zu vermessen u. zu berechnen, überhaupt Alles, was zur niederen ökonom. Feldmeßkunst, sowie zum Höhenmessen u. Nivelliren gehört, praktisch auszuführen. Nebst einer Anleitung Decimalbrüche zu berechnen, Quadratwurzeln auszuziehen. eine Sonnenuhr auf die leichteste Art zu construiren ꝛc. Für Oekonomen, land- u. forstwirthschaftliche Anstalten, Baugewerke u. Realschulen ꝛc. bearb. Leipzig 864. Luppe. gr. 8. (VIII, 107 S. mit über 100 Fig. auf 8 Steintaff, in 4.) 20 ngr.

Montag, Ign. Bernh. Jos., Anweisung d. Bruchrechn. zu erlernen, s. Anweisung.

Montag, Ign. Bernh., Anweisung zum leichten u. vortheilhaften Gebrauche der einfachsten Rechnen-Maschine, um mittelst derselben, ohne die geringste Kenntniß vom Einmaleins zu haben, jede Addition, Subtraction oder Multiplikation, Division u. Regeldetri-Frage stets leicht u. richtig zu lösen, nebst einer Tabelle zur bequemen u. richt. Aussprache sehr großer Zahlen u. das 1872 beginn. neue Maaß u. Gewicht. 3., verb. u. verm. Aufl. Erfurt 869. Literatur-Comtoir. qu. 16. (8 S. mit 1 Steintaf. in qu. 4.) 5 ngr.

—— Anweisung z. Gebr. d. Multiplik.- u. Divisions-Rechnenmaschine, s. Anweisung.

—— gründliche Anweisung zur Kenntniß der Wechsel, Anweisungen, Schuldscheine und zur Wechsel-Rechnung. 2. (Titel-) Aufl. 8. (124 S. und 8 Stnt. Formulare in qu. 4.) Quedlinburg 848, Ernst'sche Buchh.

Montag, Ign. B. (J.), gründliche Anweisung zum Schönschreiben, sowie zu e. leichten u. untrügl. Erkenntniß d. best. Schreib-Materialien ꝛc. Ein sicherer Leitfaden, um d. Schreiben in d. kürzesten Zeit u. auf d. leichteste Weise sowohl zu lehren, als auch selbst zu erlernen. M. 4 Kpfrt. (gr. 4.) 8. (1¼ B.) Erfurt 833, (Hennings u. Hopf.)

Montag, Ign. Bernh. (Jos.), gründlichste und leichtfaßlichste Anweisung zum Schönschreiben. gr. 8. (IV und 55 S.) Weimar 847, Voigt.

—— gründliche und leichtfaßliche Anweisung zum Schönschreiben enthaltend Gebrauch der Stahlfedern, Zurichtung einer Feder, mit der man, ohne einzutauchen, den ganzen Tag schreiben kann, Kenntniß des Schreibpapieres ꝛc. 2. Aufl. 1859. und 3., verm. und verb. Aufl. gr. 8. (IV und 61 S.) Weimar 861, Voigt.

Montag, Ign. Bernh., kurze aber gründliche Anweisung zum schnellen Erlernen des Schwimmens und Tauchens nach den Lehren des Hrn. Gen.-Lieut. v. Pfuel, wie auch das Schwimmen mit dem Pferde, dem Retten ꝛc. 6., verm. und verb. Aufl gr. 8. (16 S.) Erfurt 862, Körner's Verlag.

—— praktische Anweisung zur Geheimschreibekunst, um geheime Nachrichten nicht nur sicher mittheilen, sondern auch dergleichen erhaltene oder aufgefangene dechiffriren [entziffern] zu können, so wie das Wesentlichste über Taubenposten und Anweisung, Tauben zum Brieftragen abzurichten. Nebst einem Anhang über Schnellschreibekunst. Für Telegraphen-Beamte, Diplomaten, Generalstabs-Offiziere ꝛc. 8. (IV, 80 S. mit 3 lithogr. Taf. Abbild.) Quedlinburg 878, Basse. *

—— der schnelle Ausrechner beim Getreide Ein- und Verkaufe, nach dem Gewichte und dem neuen Metermaaße sowohl, wie auch nach preuß. Wispeln, Scheffeln und Erfurter Maltern berechnet. Nebst den besten und bewährtesten Angaben zur Erkenntniß des guten Getreides und Mehles, dessen Aufbewahrung ꝛc., sowie dem Verfahren, jede verlangte Getreidesorte nach deren Preise, aus einer geringeren und besseren Sorte durch Vermengung herzustellen, und verschied. Andere mehr. Ein nützl. Taschenbüchlein für Bäckerei-, Brauerei-, Brennerei- und Mühlenbesitzer ꝛc. gr. 8. (VII, 93 S.) Quedlinburg 871, Basse.

—— allerlei Belustigungen und Überraschungen in Damenkreisen. Zur angenehmen Unterhaltung für junge Leute beiderlei Geschlechts. Enthaltend interessante Anecdoten, Erzählungen, Gedichte zu Polterabenden ꝛc. Nebst der Kunst, das Alter, den Taufnamen, das Temperament, den gewünschten Gegenstand einer jeden Person zu erraten ꝛc. 8. (IV, 185 S.) Berlin 882, Mode's Verlag.

Montag, J. B., allerlei Belustigungen u. Ueberraschungen in Damenkreisen. Zur angenehmen Unterhaltg. für junge Leute beiderlei Geschlechts. 6. Aufl. 8. (IV, 185 S.) Berlin 893. S. Mode's Verl. 1.50

Montag, J. B., arithmetische und geometrische Belustigungen, Neckaufgaben und Vexir-Räthsel, zur Unterhaltung für gesellige Zirkel. Zum ersten Male veröffentlicht. 16. (141 S. mit eingedr. Fig.) Hamburg 879, Berendsohn. *

Montag, Ign. Bernh., kürzeste u. leichtfaßl. Berechnungsmethoden des cubischen Inhaltes der im Geschäftsleben am häufigsten vorkommenden Hohlgemäße, Fässer, Baumstämme, Branntweinblasen, Braubottiche, Mauerwerke ꝛc. 12. (VIII u. 99 S.) Nordhausen 847, Fürst. 1/3 Thlr — Nebst Tabellen zur augenblicklichen Auffindung d. Cubikinhaltes gefällter Bäume 2. sehr stark verm. u. verb. Aufl. 12. (XIV u. 147 S.) Ebd 848. 12 ngr — 2. (Titel-) Aufl. 12. (VIII u. 99 S.) Quedlinburg 849, Ernst. 5/12 Thlr .

— Beweis der Möglichkeit, sich in jedem Detail- u. Engros-Waarengeschäfte gegen alle Unterschleife der Handlungsgehilfen sicher zu stellen und jeden Verkäufer genau zu controliren. Auch anwendbar in Wechsel-Comptoirs ꝛc. Weimar 842, Voigt. 1 Thlr

—— Buchführung und Briefsteller für Professionisten. Oder: Anweisung zur gewerbl. Buchführung. Als: Geschäfts-Journal, Cassabuch, Hauptbuch ꝛc., wie auch vormundschaftl. Tagebuch und Conto über Grundstücke, 80 Briefmuster für Professionisten ꝛc. 8. (VIII und 200 S.) Quedlinburg 850, Ernst'sche Buchh.

Montag, Ign. Bernh., Buchführung und Briefsteller für Professionisten. Oder Anweisung zur gewerblichen Buchführung ꝛc. 80 Briefmuster für Professionisten ꝛc. 60 Geschäftsaufsätze zu Klageschriften, Lehr-, Pacht- u. Bau-Contracten ꝛc. 2. (Titel-)Ausg. Quedlinburg (850.) 853. Ernst. 8. (VIII, 200 S.) 15 ngr.

Montag, Ignaz Bernhard, s. Campe, W G.: Gemeinnütz. Briefsteller.

—— die Chronologie oder leichte und sichere Berechnung aller wicht. geschichtl. Daten, Feste und Wochentage etc. Nebst einem Universal-Kalender vom J. 300 nach Chr. Geb. bis zum J. 2560 incl. wie auch die interessantesten und nützlichsten chronolog. Tab., die Deutung und Datumangabe aller Taufnamen, sowie einer Tab. zur Regulirung der Uhren und einem Verzeichnisse der deutschen Messen vom J. 1872 an bis zum J. 1900 und Verschiedenes Andere mehr. Unentbehrlich für Archivare, Diplomaten, Geschichtsforscher etc. gr. 8. (IV, 100 S.) Gera 873, Issleib und Rietzschel. *

— vollständige Erklärung u. practische Anwendung des schon mit dem 1. Janr. 1870 überall in Gebrauch kommenden metrischen Maaßes u. Gewichts nach den gesetzlichen Bestimmungen für die Staaten des norddeutschen Bundes. Nebst der hierzu unentbehrlichen Decimalbruchrechnung, den wichtigsten planimetr. u. stereometr. Formeln ꝛc. Zum Selbstunterrichte sowohl, wie auch für Apotheker, Fabrikanten, Kaufleute ꝛc. 1—3. Aufl. Erfurt 869. Röhl. gr. 16. (120 S.) 7½ ngr.

—— vollständige Erklärung und praktische Anwendung des schon mit dem 1. Jan. 1872 überall in Gebrauch komm. metr. Maaßes und Gewichts, sowie der neuen Eintheilung des Goldes und Silbers nach den gesetzl. Bestimmungen für die Staaten des norddeutschen Bundes. Nebst der hierzu unentbehrlichsten Decimalbruchrechnung, den wichtigsten planimetr. und stereometr. Formeln ꝛc. Zum Selbstunterrichte sowohl, wie auch für Apotheker, Fabrikanten, Kaufleute ꝛc. 1.—4., sehr verm. und verb. Aufl. gr. 16. (135 S.) Erfurt 869—72, Gestewitz.

—— Erklärungs-Tafel d. vorzügl. europä. Wechsel-Course nach d. neu'sten Bestimmungen. 8. (1 B. u. 1 Tab.) Erfurt 840, Otto.

—— Erklärungstafel der vorzüglichsten europäischen Wechsel-Course, nebst Gebrauchsanweisung für Banquiers, Kaufleute, Capitalisten ꝛc. gr. 16. (1 S. mit 1 Tab. in qu. gr. 4.) Leipzig 854, Stoll.

Montag, Ign. Bern., neue praktische Fechtschule auf Hieb und Stoß, sowie auf Stoß gegen Hieb und Hieb gegen Stoß. Für Militärschulen und Turnanstalten, wie auch zum Selbstunterricht für die Liebhaber der Fechtkunst eingerichtet und durch 30 (lithogr.) Fig.-Taf. veranschaulicht. gr. 8. (VII, 109 S.) Erfurt 868, Bartholomäus. [Wriezen, Riemschneider.]

Montag, Ign. Bern., neue praktische Fechtschule auf Hieb und Stoß, sowie auf Stoß gegen Hieb und Hieb gegen Stoß. gr. 8. Erfurt 868. Leipzig, Gracklauer. (ℳ 2,25.) 1 50

—— neue praktische Fechtschule auf Hieb und Stoß, sowie auf Stoß gegen Hieb und Hieb gegen Stoß. Für Militärschulen und Turnanstalten, wie auch zum Selbstunterricht für die Liebhaber der Fechtkunst eingerichtet und durch 28 (lithogr.) Fig.-Taf. veranschaulicht. 2. verb. und sehr verm. Aufl. 8. (VII, 125 S.) [Leipzig 882, Gracklauer.] Berlin, Mode's Verlag. (*ℳ 2.) *
geb. (*ℳ 2,40.) *

— die sämmtlichen Geheimnisse der Schreiberei. 8. Erfurt 845. (Meyer.) 1/6 ℛ

—— die Geldreductionen und Agio-Berechnungen im kaufmänn. Verkehr nach der einfachsten, schnellsten und sichersten Weise auszuführen. Für Kaufleute ꝛc. 8. (VIII und 72 S. mit 1 Tab. in qu. 4.) Quedlinburg 852, Ernst'sche Buchh. -

—— die Gesellschafts-Rechnung. Ein Hand- und Hilfsbuch für Feuer- und Lebens-Assecuranzen, Actien- und Renten-Anstalten ꝛc. Durch mehr als 125 ausgerechnete prakt. Uebungsbeispiele erläutert. gr. 8. (70 S.) Elberfeld 876, Lucas. *

— populäres Handbuch zur leichten und schnellen Selbsterlernung der Buchstabenrechnung und Algebra. Ein Commentar zu Meyer-Hirsch's Sammlung von Beispielen, Formeln und Aufgaben aus der Buchstabenrechnung u. Algebra; zur größeren Deutlichkeit in socratischer Lehrart abgefaßt und mit gegen 500 Uebungsaufgaben versehen. Für Bau-, Bergwerks- u. Forstakademien, Divisions- u. Brigadeschulen, sowie für Gymnasien ꝛc. Braunschweig (858.) Leibrock. 8. (166 S.) n. 15 ngr.

—— populaires Handbuch zur leichten und schnellen Selbsterlernung der Buchstabenrechnung und Algebra. Ein Commentar zu Meyer-Hirsch's Sammlung von Beispielen, Formeln und Aufgaben aus der Buchstabenrechnung und Algebra; zur größeren Deutlichkeit in socrat. Lehrart abgefaßt, und mit gegen 600 Uebungs- und Examinationsaufgaben, ꝛc. versehen. Theoretischer Theil. Für Bau-, Bergwerks- und Forstakademieen ꝛc. 2., sehr verm. und verb. Aufl. gr. 8. (VII und 204 S.) Braunschweig 861, Leibrock.

— populaires Handbuch zur leichten und schnellen Selbsterlernung der Buchstabenrechnung und Algebra. Ein Commentar zu Meyer-Hirsch's Sammlung von Beispielen, Formeln und Aufgaben aus der Buchstabenrechnung und Algebra ꝛc. Theoretischer Thl. Für Bau-, Bergwerks- u. Forstakademien, Divisions- und Brigadeschulen ꝛc. eingerichtet. 3. verb. u. sehr stark verm. Aufl. Braunschweig 864. Leibrock. gr. 8. (VII, 284 S.) 1 ℛ 7½ ngr.

– s. Handlungswissenschaften, Der. 1. Thl.

– s. Heinemann, M.: Geschäftsführer als Buchhalter.

Montag, Ign. Bernh., Hilfsbuch für Kaufleute, Banquiers, Capitalisten und Geschäftsleute. 1. Thl., enth.: die Münzen, Maaße und Gewichte aller Staaten nach den neuesten gesetzl. Bestimmungen, Tab. zur Vergleichung und Verwandlung des Geldes ꝛc. Für den prakt. Bedarf eingerichtet und durch Beispiele allgemein verständlich erläutert. gr. 8. (IV und 96 S. mit 2 Tab. in Fol.) Leipzig 865, Luppe.

— praktische Hülfstabellen für jeden Geschäftsmann oder Tabellen zur Reduction u. Preisberechnung der bisherigen Längen-, Flächen-, Körper-, Hohl- u. Flüssigkeitsmaße in die metrischen, ferner zur Berechnung des Getreides u. der Oelsaat, des Hektoliters, Centners, Liters ꝛc, der Cigarren pro mille, so wie eine alphabetisch geordnete Uebersicht der europäischen u. außereuropäischen Rechnungsmünzen, Maße u. Gewichte. Ihre Reduction auf die metr. des Münzgewichts, nebst der Bedeutung der Probestempel verarbeiteter Silberwaaren nach ihrem Feingehalte, so wie der Werthangabe der vorzüglichsten Gold- u. Silbermünzen in den verschiedensten Währungen ꝛc. Für Kaufleute, so wie für Getreide-, Holz- u. Tabackshändler ꝛc. bearb. 8. (IV, 68 S.) Quedlinburg 878. Basse. n. 1. 25

— die unterhaltendsten und belehrendsten arithmetischen Karten-Künste. Ein interessanter und ergänzender Anhang zu jedem Kartenkünstler. Zum Erstenmale aufgestellt und bearb. Erfurt (854.) Hennings u. Hopf. (Leipzig, Lehmann.) 16. (IX, 76 S.) 7¼ ngr.

– s. Kartenkünstler, Der wohlbewanderte.

— Katechismus der Gedächtnißkunst (Mnemotechnik). Zum Schul- und Hausgebrauch Weimar 855. Jansen u. Co. 8. (IV, 50 S.) 12 ngr.

— Katechismus der Gedächtnißkunst (Mnemotechnik) oder praktische Anleitung zur Erlangung eines vorzüglichen Gedächtnisses, um Zahlen, Ereignisse, Erzählungen ꝛc. bleibend zu behalten ꝛc. 2. (Titel-)Ausg. Berlin (855) 868. Mode's Verl. 8. (IV, 50 S.) n. 10 ngr.

—— die Kunst mit Vortheil schnell u. sicher zu rechnen, durch Angabe d. einfachsten u. zuverlässigsten Rechnungsproben u. u. Rechnungsvortheile; f. Kaufleute, Rechnungsbeamte, Schullehrer ꝛc. 8. (4 B.) Erfurt 836, Müller'sche Buchh. *

—— die Kunst mit Vortheil schnell u. sicher zu rechnen, durch Angabe der einfachsten u. zuverlässigsten Rechnungsproben u. Vortheile; für Kaufleute, Rechnungsbeamte, Schullehrer ꝛc. 2., verb. Ausg. 8. (3⅞ B.) Erfurt 843, Müller'sche Buchh. *

— die Kunst reich u. glücklich zu werden; in Lehre u. Beispiel dargestellt. Die beste Mitgabe fürs ganze Leben. 16. (VIII u. 84 S.) Eisenberg 850, Schöne. — 2. Aufl. 16. (VIII u. 84 S.) Ebd. 850. 9 ngr

— die Kunst reich und glücklich zu werden; in Lehre und Beispiel dargestellt. Die beste Mitgabe fürs ganze Leben. 2. (Titel-)Aufl. Eisenberg (850.) 853. Schöne. 16. (VIII, 84 S.) 6 ngr

—— Curs-Erklärung der an den vornehmsten Börsen Europa's vorkommenden Staats-Papiere. 8. (1 B.) Erfurt 843, Müller'sche Buchh. *

—— Cours-Erklärung der an den vornehmsten Börsen Europa's vorkommenden Staats-Papiere. Für Bankiers, Kaufleute, Capitalisten ꝛc. zugleich auch ein nützl. Anhang zu jedem Rechnenbuche. 2. Aufl. 8. (16 S.) Leipzig 851, Stoll.

—— Lehr- und Sittenbüchlein und ausführlicher Briefsteller für die artige Jugend, welche sich bei ihren lieben Eltern, Verwandten und allen ihren Mitmenschen angenehm und beliebt machen will. Ster.-Ausg. 8. (48 S.) Reutlingen 882, Enßlin und Laiblin's Verlagsb.

– s. Leischner, C. F.: Natürl. Zauberkunst.

— der Meister im Damen-Brettspiel, oder vollständiger Unterricht im Damen-Brettspiel, sowohl der deutschen-, polnischen-, als auch der sogenannten Schlag-Dame. Nebst vielen Musterspielen und Endspielen oder Spiel-Ausgängen. Quedlinburg (855.) Ernst. 12. (VIII, 74 S.) 7½ ngr

— die leichtfaßlichste u. kürzeste Methode sich durch bloßen Selbstunterricht in Zeit v. nur einem Monate zum gewandten Rechner auszubilden. Ein Beitrag wie der Rechnen-Unterricht in Handels-, Real-, Volks- u. anderen Schulen auf die zweckmäßigste, schnellste u. erfolgreichste Weise vorgetragen werden könnte. Nebst der Art u. Weise, wie man den Blinden das Rechnen lehrt, sowie einer Erklärungstafel der vorzüglichsten europäischen Wechsel-Courszettel u. einem Anhang von 101 Zahlenbelustigungen. Ein nach den leichtesten u. kürzesten Regeln abgefaßtes Rechnenbuch für alle Stände. 2. stark verm. u. verb. Aufl. 4 Hfte. 8. (VIII u. 319 S. m. 1 Tab. in qu. 4.) Leipzig 851, Stoll. 1 ₰

—— die einfachste, kürzeste und leichteste aller bis jetzt bekannten Methoden, Sonnen-Uhren zu construiren, und Taschen-, Stuben-, Wand- und Thurm-Uhren nach ihnen zu reguliren. 16. (IV und 74 S. mit 2 Stnt. in 4.) Erfurt 847, Hennings und Hopf.

—— allgemeiner Militair-Briefsteller nach Vorschriften in der königl. preuß. Armee für Alle, welche ihre Benachrichtigungs-Bitt-Bewerbungs- ꝛc. Schreiben selbst aufs Beste abfassen wollen, aufgestellt. 16. (96 S.) Erfurt 854, Bornemann. *

—— allgemeiner Militair-Briefsteller für Alle, welche ihre Benachrichtigungs-, Bitt-, Unterstützungs-, Dienstbewerbungs-, Rapport-, Einladungs-, Gratulations-, Danksagungs-, Entschuldigungs-, Anfrage- und andere in und außer dem Dienste vorkommenden Briefe und Schreiben, sowie auch Species facti, Curriculum vitae und militair. Quittungen ꝛc. selbst aufs Beste abfassen wollen. Ein Hilfsbuch für die Unterofficiere und Soldaten des gesammten deutschen Heeres. 8. (64 S.) Hamburg 881, Kramer. *

Montag, J. B. Die interessantesten, belehrendsten und spaßhaften Neckaufgaben aus der Zahlen-Rechenkunst u. Algebra. Stuttgart 1857. 184 S. (Deutscher Bücher-Markt. 7.)

— Neckaufgaben, s. Büchermarkt, deutscher.

—— Deutschlands coursirendes, verfallendes, werthloses und gefälschtes Papiergeld, dessen Verfallzeit und Einlösungsstellen. Die Probestempel in den verarbeiteten Silberwaaren. Berechnung der Diamanten und Perlen. Practisch übersichtlich zusammengestellt. gr. 16. (16 S.) Leipzig 869, Serbe'sche Verlagsh.

—— lehrreiches Räthselbuch. Eine Sammlung von Räthseln aus dem Bereiche der Geographie, Geschichte, Naturgeschichte, Arithmetik und Sprachkunde. gr. 16. (139 S.) Leipzig 873, Ruhl. cart. *

—— allgemeiner Rechenknecht zum Gebrauch in Deutschland, Oesterreich, der Schweiz etc. und allen übrigen Ländern mit Decimal-Münz-System. Ein prakt. Ausrechner von $^1/_{16}$ bis 3000 Stück, nebst Zinsen-Tabellen von $3^1/_2$ % bis 6 %, eine Preis-Tabelle zur Berechnung des Getreides und Münz-, Mass- und Gewichts-Tabellen aller Länder. 12. (IV, 145 S.) Berlin 885, S. Mode's Verlag. *

— allgemeiner Rechenknecht zum Gebrauch in Deutschland, Oesterreich, der Schweiz, Schweden, Norwegen, Dänemark, Frankreich, Belgien, den Niederlanden, Italien, Spanien, Griechenland, Rumänien, Serbien, Russland, Amerika u. allen übrigen Ländern mit Decimal-Münz-System. Ein prakt. Ausrechner von $^1/_{16}$ bis 3000 Stück, nebst Zinsen-Tabellen von $3^1/_2$% bis 6%, e. Preis-Tabelle zur Berechng. des Getreides u. Münz-, Mass- u. Gewichts-Tabellen aller Länder. 6. Aufl. gr. 16. (IV, 145 S.) Ebd. 893. n. 1. —

Montag, J. B., allgem. Rechenknecht zum Gebrauch in Deutschland, Oesterreich, der Schweiz, Schweden, Norwegen, Dänemark, Frankreich, Belgien, den Niederlanden, Italien, Spanien, Griechenland, Rumänien, Serbien, Russland, Amerika u. allen übrigen Ländern mit Decimal-Münz-System. Ein prakt. Ausrechner von $^1/_{16}$ bis 3000 Stück, nebst Zinsen-Tabellen von $3^1/_2$% bis 6%, e. Preis-Tabelle zur Berechng. des Getreides u. Münz-, Mass- u. Gewichts-Tabellen aller Länder. 9. Aufl. gr. 16. (IV, 145 S.) Berlin (900). S. Mode's Verl. n. 1. –

Montag, J. B., allgemeiner Rechenknecht zum Gebrauch in Deutschland, Österreich, der Schweiz, Schweden, Norwegen, Dänemark, Frankreich, Belgien, den Niederlanden, Italien, Spanien, Griechenland, Rumänien, Serbien, Russland, Amerika u. allen übrigen Ländern m. Decimal-Münz-System. Ein prakt. Ausrechner v. $^1/_{16}$ bis 3000 Stück, nebst Zins-Tabellen v. $3^1/_2$% bis 6%, e. Preis-Tabelle zur Berechng. des Getreides u. Münz-, Mass- u. Gewichts-Tabellen aller Länder. 11. Aufl. (IV, 145 S.) 16. Berlin (907). S. Mode. 1. —

—— geometrischer Rechenknecht, s. Gerstenbergk, H. v.

—— der Rechenmeister oder die einfachsten und zuverlässigsten Rechnungs-Vortheile und Proben, um alle vorkommenden Rechnungsfälle äußerst leicht, schnell und unfehlbar auszuführen. Nebst einem vollständ. Verzeichnisse des Werthes aller coursir. Gold- und Silbermünzen in preuß. Courante, u. v. A. m. Eine Ergänzung zu jedem Rechenbuche, zunächst aber für Kaufleute, Rechnungs-Beamte, Schullehrer ꝛc. bestimmt. 1. Ausg. Leipzig 1864. und 2. Ausg. 8. (VIII und 128 S.) Berlin 868, Mode's Verlag.

—— leichtfaßl. Rechnen-Unterricht, od. kürzeste Methode, sich durch bloßen Selbstunterricht in Zeit von nur 1 Monate zum gewandten Rechner auszubilden. Zum erfolgreichen Vortrage in Real-, Volks- u. a. Schulen. Nebst der Art u. Weise, auch den Blinden das Rechnen zu lehren, u. einer Erklärungstafel der vorzügl. europ. Wechsel-Courszettel. 8. (7½ B.) Quedlinburg 845, Ernst'sche Buchh.

— die einfachsten und zuverlässigsten Rechnungs-Vortheile und Proben, um alle vorkommenden Rechnungsfälle äußerst leicht, schnell und unfehlbar auszuführen. Nebst einem vollständigen Verzeichnisse des Werthes aller coursirenden Gold- und Silbermünzen in preuß. Courante, und vielem Andern mehr. Eine Ergänzung zu jedem Rechenbuche, zunächst aber für Kaufleute, Rechnungs-Beamte, Schullehrer ꝛc. bestimmt. Leipzig 864. Dedmann. 8. (VIII, 128 S.) 15 ngr

—— die vorzügl. prakt. Regeln, Rechnungsproben u. Rechnungsvortheile, mittelst welcher jede Rechn. auf höchst einfache, leichte u. zuverläss. Weise ausführbar wird. Nebst e. überaus kurzen Methode, an jedem belieb. Tage d. Jahres d. Abschluss d. Conto-Correnta, inclus. der bis dahin aufgelauf. Zinsen, zwischen Wechselhäusern etc. in wenigen Minuten genau zu erhalten. Ein Beitr. z. Schnellrechn. gr. 8. (33½ B. u. 1 Stnt.) Weimar 841, Voigt.

—— Resultate der in des Verf. Buchstabenrechnung und Algebra 2. Aufl. vorkommenden Uebungs-Aufgaben. Antworten-Heft. gr. 8. (27 S.) Braunschweig 862, Leibrock.

– s. Schlieben, W. E. A. v.: Hand- u. Lehrbuch der Meßkunde.

—— Schlüssel zur vereinfachten englischen Buchführung od.: leichteste u. kürzeste Methode, das kaufmännische Buchhalten durch bloßen Selbstunterricht in zwei Tagen vollkommen zu erlernen. 8. (3 B.) Erfurt 845, (Müller'sche Buchh.) *

—— Schlüssel z. prakt. Gebrauche d. Landkarten u. des Erdglobusses. Enth.: das Wissenswertheste aus d. math. Geographie. Zum Schul- u. Privatgebrauche. 12. (4½ B.) Quedlinburg 841, Ernst'sche Buchh.

— Schlüssel zum prakt. Gebrauche der Landkarten und des Erdglobusses. Enth.: das Wissenswertheste aus der math. Geographie. Zum Schul- u. Privatgebrauche. 12. Quedlinburg 846, Ernst. ⅓ ₰

— die Schreibstunde, oder: neueste, einfachste u. erprobteste Methode, um in der kürzesten Zeit eine deutliche u. wohlgefäll. Handschrift sowohl zu lehren, als auch selbst zu erlernen ꝛc. Mit 1 lithogr. Vorlegetaf. Ein versiegeltes Couv. ... Erfurt 840. (Otto.) ⅙ ₰

—— die Schreibstunde, oder: Neueste, einfachste und erprobteste Methode um in der kürzesten Zeit eine deutliche und wohlgefällige Handschrift sowohl zu lehren als auch selbst zu erlernen, nebst Angabe zur sichern Erkenntniß der besten Schreibmaterialien ꝛc. Nebst einer lithogr. Vorlegetafel. 8. Eisenberg 850, Schöne'sche Buchh. *

—— und A. Meyerheine, 24 Schulvorschriften der gewöhnlichsten Schriftgattungen zu der Anweisung zum Schönschreiben. qu. gr. 8. (24 lithogr. Bl.) Weimar 847, Voigt.

—— und A. Meyerheine, 24 Schulvorschriften der gewöhnlichsten Schriftgattungen namentlich der deutschen Current, der latein Schrift, der deutschen Canzlei- und Fracturschrift ꝛc. 2. Ausg 1859. und 3., verb. Aufl. qu. 4. (24 lithogr. Bl.) Weimar 861, Voigt.

— vollständiger, praktischer und leichtfaßlicher Selbstunterricht zur deutschen doppelten Buchhalterei. Nach der neuesten und vereinfachten Berliner Manier und in 30 aus dem wirklichen Geschäftleben entnommenen, mehr oder weniger schwierigen Geschäftsvorfällen aufgestellt. Für junge Handelsbeflissene und Handelsschulen ꝛc. Quedlinburg 861. Ernst. 8. (2 Bl., 140 S.) 15 ngr

— erster Sitten- u. Höflichkeits-Spiegel, oder Anweisung, sich durch ein richtiges u. anständiges Benehmen im Umgange sowohl, wie auch in Gesellschaften, Concerten ꝛc. beliebt zu machen. 16. Erfurt 845, Bartholomäus. $^{5}/_{12}$ ₰

Montag, Ign. Bernh. (Jos.), die entlarvten falschen Spieler; od. Beleuchtung aller derjenig. Betrügereien, welche bei Billard-, Domino-, Piquet- ꝛc. Spiel ausgeübt werden. 8. (8 B.) Erfurt 845, Bartholomäus. Thlr. —

— vollständige Tabellen zur leichten, schnellen u. sichern Ermittelung des cubischen Holzgehaltes sowohl gefällter unbeschlagener, wie auch der beschlagenen Baumstämme, der Bohlen, Bretter u. Latten; ferner der Faß- u. Bottich-Visirkunst, nebst den erforderlichen Vergleichungen der vorzüglichsten Fuß- u. Flüssigkeitsmaße, Münzvergleichung, Ein- u. Verkaufstab. ꝛc. Braunschweig 865. Schwetschke & Sohn. 8. (IV, 124 S. mit 20 eingedr. Holzschn.) 12 ngr

—— neuestes vollständ. Taschen-Reisebuch f. Alle, welche zur Belehrung u. in Geschäften mit Nutzen reisen wollen. 12. (19½ B. u. 1 Tab.) Quedlinburg 841, Ernst'sche Buchh.

– s. Thon's, Chr. Fr. G.: Meister im Schachspiel.

— leichtfaßlicher Unterricht zur Mnemotechnik oder dem künstlichen und bleibenden Gedächtnisse. Enthltd.: das schnelle Erlernen und Behalten ungewöhnlich großer Zahlen, der Geschichtsjahre ꝛc. Ein Wiederholungsbuch für seine Schüler, wie auch ein Hilfsbuch für Lehrer an Gymnasien, Lyceen ꝛc. Freiberg 854. Wolf. (Altona, Verlags-Bureau.) 16. (52 S.) 6 ngr

Montag, Ign. Bernh. (Jos.) leichtfaßl. prakt. Unterricht zur vortheilhaften Gebr. d. Logarithmen, um mittelst ders. d. schwierigsten u. zusammengesetztesten mathemat., als auch kaufmänn Rechnungen auf d. einfachste u. kürzeste Weise auszuführen. 8 (1 B.) Erfurt 841. (Leipzig, Jackowitz.) Thlr

— leichtfaßlicher u. praktischer Unterricht zum vortheilhaften Gebrauche der gemeinen u. trigonometrischen Logarithmen, um mittelst derselben die schwierigsten u. zusammengesetztesten mathemat. u. anderen Rechngn. auf die einfachste u. kürzeste Weise auszuführen. Zum Selbststudium sowohl, als auch zum Leitfaden in Gymnasien, Lyceen, Militair-, Handels-, Real- u. höheren Bürgerschulen eingerichtet. 2. verb. u. stark verm. Aufl. 8. (18 S. m. 2 eingedr. Holzschn.) Quedlinburg 875. Ernst. n. 1. —

Montag, Ign. Bernh. (Jos.), leichtfaßlicher Unterricht zur Selbsterlernung der Stenographie und Cryptographie, oder der Schnell- und Geheimschrift nach dem neu'sten und einfachsten Systeme. Nebst einem Anhange enth.: Die Bereitung der tiefschwärzenden Tinte ꝛc. 8. Eisenberg 850, Schöne'sche Buchh. Thlr.

Montag, Ign. Bernh., praktischer Unterricht zur leichten und schnellen Selbsterlernung der Mnemotechnik oder des künstlichen Gedächtnisses, sowie zur Tachygraphie oder der Schnellschreibekunst. Erfurt (858.) Müller. 12. (48 S.) n. 8 ngr

—— vollständiger Unterricht zur genauen und leichten Berechnung aller im gewerbl. Leben vorkommenden regelmäßigen und unregelmäßigen Flächen, Körper und Hohlgefäße als: Fässer, Bottiche, Kühlschiffe rc. Nebst Tab. zur schnellen Ermittelung des kub. Holzgehaltes der Baumstämme und 1 Preistab. für 1 bis 500 Cubikfuß Holz, sowie der nöthigen Decimalbruch-Rechnung und den Ausziehen der Quadratwurzeln. Ein unentbehrl. Noth- und Hilfsbuch für Forstbediente, Zimmerleute, Holzhändler rc. 3., verb. und stark verm. Aufl. Leipzig 1863. und 2. (Titel-)Ausg. 8. (VIII und 112 S. mit 42 in den Text gedr. Holzschn.) Berlin 868, Mode's Verlag.

— vollständiger Unterricht zur genauen und leichten Berechnung aller im gewerblichen Leben vorkommenden regelmäßigen und unregelmäßigen Flächen, Körper und Hohlgefäße als: Fässer, Bottiche, Kühlschiffe rc. Nebst Tabellen zur schnellen Ermittelung des kubischen Holzgehaltes der Baumstämme und einer Preistab. für 1 bis 500 Cubikfuß Holz, sowie der nöthigen Decimalbruch-Rechnung und dem Ausziehen der Quadratwurzeln. Ein unentbehrliches Noth- und Hilfsbuch für Forstbediente, Zimmerleute, Holzhändler rc. 3. verb. u. stark verm. Aufl. Mit 42 in den Text gedr. Holzschn. Leipzig 864. Deckmann. 8. (VIII, 112 S.) 12 ngr.

—— kurze u. einfache jedoch sichere, auf lange Erfahr. gestützte prakt. Unterweisung im Hiebfechten auf d. recht u. linke Hand etc. Nach Kreussler's Grundsätzen beart 8. (1½ B.) Arnstadt 836, (Meinhardt.)

—— vollständ. u. leichtfaßl. Unterweisung z. zweckmäßigsten Buchführung f. den Gewerbstand; nebst Formular z. Führung eines vormundschaftl. Tagebuches u. e. Anh. enth. die Muster zu den am häufigsten vorkommenden Geschäftsschreiben. gr. 8. (8½ B.) Erfurt 845, (Meyer, Brlgs.-Exped.)

—— die interessantesten arithmetischen Vexir-Aufgaben. 12. (1 B.) Erfurt 843. (Müller'sche Buchh.) *

—— der untrügliche Wetterprophet, oder: Angabe der zuverlässigsten Witterungs- und Bauern-Regeln für alle Zeiten des Jahres. Nebst einer Anweisung zur Bereitung des einfachsten, wohlfeilsten und richtigsten Wetterglases rc. 8. (45 S.) Halle 847, Fernow. *

—— der untrügliche Wetter-Prophet oder stets eintreffende Anzeigen der bevorstehenden Witterung, nebst dem so beliebten Blumen- und Pflanzen-Barometer, sowie der leichten und brillanten Anfertigung des chem. Wetterglases [Baroskopes] und des Pflanzen-Hygrometers. 16. (30 S.) Chemnitz 880, Hager.

—— wie mittelst nachstehender, höchst einfachen Rechnenmaschine od. Rechnenscheibe auf mechan. Wege u. ohne die geringste Kenntniß vom Einmal-Eins, das Facit von Additions-, Subtract.-, Multiplikat.-, Divisions- u. Regeldetri-Aufgaben stets richtig u. leicht aufgefunden werden kann. 8. (1 B. u. 1 Stnt.) Erfurt 845, Bartholomäus.

— immerwährender Witterungs-Prophet. Enthaltend die bekannten Witterungsanzeichen an Tieren, Pflanzen, an der Sonne, dem Monde, den Sternen u. Wolken rc., sowie die Anfertigung des chemischen Wetterglases [Baroskops] u. des Pflanzen-Hygrometers, nebst den sogenannten Bauern-Regeln in alphabetischer Ordnung. 16. (90 S.) Berlin 881. Mode's Verl. n. — 50

— die Wunder der Arithmetik, oder: die interessantesten u. wunderbarsten Zahlengeheimnisse bestehend in der reichhaltigsten Sammlung der vorzüglichsten Rechnenkunststücke, Vexiraufgaben, Rechnenmaschinen u. dgl. m. Ferner: die Kunst, das Alter rc. zu errathen. Nebst einem arithmetisch-kabalist. Wahrsager rc. Zur Unterhaltung u. Belehrung veröffentlicht. 2 Thle. 8. (1: VI u. 177 S. 2: 226 S. m. 4 lith. Taf. u. 1 Tab. in 4. u. qu. gr. Fol.) Leipzig 851, Stoll. (1: 18 ngr. 2: 1 ₰) 1 ₰ 18 ngr.

— die Wunder der Arithmetik, oder die interessantesten und wunderbarsten Zahlengeheimnisse bestehend in der reichhaltigsten Sammlung der vorzüglichsten Rechnenkunststücke, Vexiraufgaben, Rechnenmaschinen rc. Ferner: die Kunst, das Alter, den Wunsch und den Taufnamen der Personen zu errathen. Nebst einem arithmet.-kabalist. Wahrsager u. v. a. m. Zur Unterhaltung u. Belehrung veröffentlicht. Neue (Titel-) Ausg. 2 Thle. Leipzig (851.) 853. Stoll. 8. (VI, 177; 226 S., 4 lith. Taf. u. 1 Tab. in 4. u. Fol.) 1 ₰. 7½ ngr.

—— die Wunder der Geometrie, bestehend in einer Sammlung von gegen 100 der interessantesten, belehrendsten und überraschendsten geometr. und gnomon. Construktionen und Berechnungen, z. B. die Trisection eines jeden Winkels, das Theilen der Linien mit dem Zirkel rc. wie sie zur Unterhaltung in gebildeten Cirkeln als Neckaufgaben vorzukommen pflegen. 8. (52 S. mit gegen 100 Fig. auf 1 Stnt. in qu. Fol.) Erfurt 869, Literatur-Comtoir. [Gestewitz]

Montag, Joseph [app. Arzt aus Pless in Schlesien]: Aus d. chirurg. Klinik zu Kiel. Ueber Trepanation bei Kopfverletzungen. . . . Kiel, Druck v. H. Fiencke, 1890; 16 + 1 S. + 1 Bl. 8°

Kiel, Med. Fak.; Inaug.-Diss. v. 8. Jul. 1890

Montag, Carl *(geb Pleß 1 2 1846)*: Ueber ein, durch die Sätze von Brianchon und Pascal vermitteltes geometrisches Beziehungssystem. Breslau 1870. (59 S.) 8° *[Im Buchhandel 1870 bei Maruschke & Berendt in Breslau]*

Breslau, Phil Diss v 3. Juni 1870

Montag, M., Geschichte der kathol. Pfarrey zu Friedrichslohra in der Grafschaft Hohenstein. 8. (3 B.) Bleicherode 845. (Nordhausen, Förstemann.)

Montag, Walter, a. Geestemünde: Kornelius von Ayrenhoff und seine Verdienste um die Erneuerung des Wiener Theaters. Münster i. W. 1908: Westf. Vereinsdruckerei. (46 S.) 8° [F.]

Münster, Phil. Fak., Ref. Schwering, Diss. v. 13. März 1908

[Geb. 17 Sept. 84 Geestemünde; Wohnort: Münster; Staatsangeh.: Preußen; Vorbildung: Gymn. Hildesheim Reife O. 03; Studium: Freiburg i. B. 1, Jena 2, Freiburg i. d. Schw. 1, Münster 5 S.; Rig. 20. Dez. 07.]

Montag, Walter. Kornelius von Ayrenhoff. Sein Leben u. s. Schriften. Münster i. W.: H. Schöningh 1908. 138 S. 8°
[Ein T erschien als Inaug.-Diss. Münster 1908.]
(Münstersche Beiträge z. neueren Literaturgeschichte. H. 6.)

Montag zu Schoenachen, v. Anmerkungen über die Vorteile des Kavallerie-Dienstes zur Bildung eines jungen Offiz. Prag 1770. 40 S.

v. Montag, Ritter, Anmerkk. üb. die Vortheile d. Cavalleriedienstes z. Bildung junger Officiere. 8. Prag 770. Höchenberg. 20 kr

Montag zu Schönnacken, Ritter, bei der k. k. Armee langjähriger Officier Anmerkungen über die Vortheile des Cavalleriedienstes zur Bildung eines jungen Officiers. Mit Kupfern. 8. Prag 1775.

— — Die Vortheile, des Cavalerie Dienstes zur Bildung eines jungen Officiers. Von einem k. k. Offizier (Neuauflage.) 8. Dresden 1789.

(Montag-Blatt.) Neueste Preußische Kreuz-Zeitung für Unsinn und Lüge Nr. 1 Frankfurt a. M. 1849. Verantwortlicher Redacteur E. Koch. Druck von F. Reichardt. 2 Bl. Fol.
Flugblatt. Berlin, 27 April 1849

Montage u. Inbetriebsetzung d. Selfactoren m. bes. Berücksicht. d. hiezu nothwendig. Apparate u. Werkzeuge. Zum Gebr. f. Obermeister, Spinnmeister, Spinnsaalaufseher, sow. f. angeh. Spinnereitechniker. (Auszug aus: „Practical treatise upon selfacting mules v. Thom. Thornley".) [Aus: „Österreichs Wollen- u. Leinen-Industrie".] gr. 8. (16 S. m. 1 Taf.) Reichenberg 896. W. F. Profeld. n n.n. 1. –

Montage-Vorschriften für A.E.G.-Isolierrohre. Ausg 1908. o. O. (1908). 48 S. 8° [to. 12233

Montagk, Car. Anton. August. (geb. Küllstedt 13 1 1799) In philosopham medicam introductio (Berolini 1823) 34 S. 8°
Berlin, Med Diss. v 15. März 1823

Montagk, (C. A. A.,) **introductio in philosophiam medicam. Dissertatio inaug. medica. 8. Berolino 823, (Enslin.)**

Montagnard: Le Montagnard du Mont Terrible à ses amis des campagnes
⑤ 1794 ⑥ in-8° ⑦ trimestriel ⑧ Porrentruy Jean Joseph Goetschy, imprimeur national ⑩ Jean Joseph Goetschy ⑬ BGSZ 6 (no. 6403). 962, 973 ⑱ Porrentruy: Bibliothèque de l'Ecole cantonale (1 numéro) ⑮ Selon BGSZ 962, p. 7, le premier journal qui paraît à Porrentruy. Fondé par la Société populaire de Porrentruy.

Montagne: La Montagne (Vd)
⑤ 1878 ⑧ Ste-Croix ⑬ BGSZ. 12, p. 92.

Montagne, Camille, morphologischer Grundriss der Familie der Flechten. Aus dem Franzos. m. Zusätzen von Karl Müller. gr. 8. (32 S.) Halle 851, Graeger. 6 ngr

Montagne C.: Note s. le nouveau genre *Mazzantia*, de la famille des Pyrénomycètes. 1855.

—— Phykologie, oder: Einleitung ins Studium der Algen. Aus dem Französ. von Carl Müller. gr. 8. (IV und 120 S.) Halle 851, Graeger. *

Montagne, C.: Skizze zur Organographie und Physiologie der Classe der Schwämme. (Aus dem Französischen) übers.und mit einigen Anmerkungen versehen von J.D.C.Pfund. 67 S., gbd.

Prag: Calve 1844

Montagni Julius: Die Terenzischen Adelphoe in den Bearbeitungen des Baron und des Romanus. 1907 PN 2328 Diss.W Univ.

Montagnoux, . Panégyrique de Saint Maurice et de la Légion Thébéenne..., prononcé à... St. Maurice ⟨Suisse⟩ le 22 septembre 1860 par Mr l'Abbé M' ... Suivi d'une notice sur la ville de Saint-Maurice et son Abbaye par le Chanoine (J[oseph]) Beck . 8. Fribourg 1861

Montagsblatt, Das. Lehrreiche Erzählungen von hingerichteten Missethätern ... Hamb. 1806. V: *Breiss, Peter.* (schr)

Montagsblatt. Eigenthümer und Redakteur M. G. Saphir. Druck von Leop. Grund. 4. 2spaltig. Für Abnehmer des »Humoristen« gratis. Einzeln 3 kr. pr. Blatt. Wien 1854

Montags-Blatt. (Humorist.) (Beilage zum Humoristen.) Eigenthümer und Redakteur: M. G. Saphir. Gedr. bei Leop. Grund. 4. 2spaltig. Erscheint jeden Montag. Wien 1856

Das Montags-Blatt : Jahrgang 1- 28, no. 5, Mar 1890--Sept 13, 1920
Weekly with some general news, but issued as literary and family interest supplement to Appleton Volksfreund. For supplement, see Der Haus-Schatz. Title varies: Der Volksfreund und Haus-Schatz Mar 1890 -Oct 8, 1894. 2) Das Montags Blatt (Früher "Der Volksfreund und Haus-Schatz"), Oct 15, 1894 -Sept 1920. Circulation 1900, 5917, 1910, 7425, 1919, 5300. Edited & published by H. W. Meyer, Mar 1890- 1920?
Appleton, WI

Montagsblatt, d. blaue, oder moral. phys. literar. Auswüchse pudelnärr. Inh. Eine Wochenschr. 1r Thl. m. K. 8. Mannh. (Schall, Br.) 805.

Montagsblatt. – Deutsches Montagsblatt. – Berlin. – 2.VII.1877 – 31.XII.1888

Montags-Blatt f. Freunde gebild. Unterhaltung. 1. Jahrg. 1828. März—Juni. gr. 4. Darmstadt, Leske. Thlr.

Montagsblatt für Freunde gebildeter Unterhalt. (Von Wlh. Schulz). 1r Jahrg. 1828. März bis Ende Dec. gr. 4. Darmstadt 828. Leske. 1 ℛ 16 gr

Montagsblatt, den Freunden der großen Welt gewidmet (v. Ant. Kirchner). 16 u. 2s Vierteljahr. (v. Juli 1802 bis April 1803.) 4. Frankf. a. M. 802, 3. Eichenberg. 1 ℛ

Montagsblatt der «Zürcher Post» und Stadtchronik
v. Züricher Post.

—dem Theater gewidmet. gr. 8. Frankf. a. M. 802. Eichenberg. 12 gr

Montagslaunen des Herrn Tobias Lausche ... Leipzig 1800. V: *Münch, Johann Gottlieb.* (GGr) (NN) (Ky) (MGT)

Montags-Post. – Berliner Montags-Post – 25.XII.1854 – 27.XII.1864(?)

Montags-Revue. Wochenschrift für Politik, Finanzen, Kunst und Literatur. Hrsgbr.: Jakob Herzog. 11.—15. Jahrg. 1880—1884. à Jahrg. 52 Nrn. (Bog.) gr. 4. Wien, Administration. à Jahrg. **

Montags-Revue. Wochenschrift für Politik, Finanzen, Kunst und Literatur. Hrsgbr.: Jakob Herzog. 16.—19. Jahrg. 1885—1888. à Jahrg. 52 Nrn. (Bog.) gr. 4. Wien, Administration, Wollzeile 14. à Jahrg.

Montags-Revue. Wochenschrift für Politik, Finanzen, Kunst u. Literatur. Hrsg.: J. Herzog. 17.—20. Jahrg. 1886—1889. à 52 Nrn. (B.) gr. 4. Wien, Administration, Wollzeile 14. à Jahrg. 8. —

Montags-Wochenblat. – Konstanzisch[es] Montags-Wochenblat. –
13.VI.1791 – 21.II.1793.
Vorh. u.d.T.: Konstanzisches Wochenblatt
Fortges. u.d.T.: Der Volksfreund.

Montags-Zeitung (Zh)
v. Montägliche Wochenzeitung.

Montagszeitung (So)
⑤ 11. 7. 1881—26. 12. 1881 ⑥ 2° ⑦ Wochenblatt ⑧ Olten: Gebrüder von Arx und F. Wyttenbach ⑩ Adrian von Arx (1847—1919), Fürsprecher und Dichter ⑪ Adrian von Arx ⑫ unabhängig-liberal ⑬ BGSZ: 1060 ⑭ So: Z; O: S.

Montags-Zeitung. – Berliner Montags-Zeitung. – 1.I 1855 – 25.XII.1871(?)

Montags-Zeitung, berliner. Redig. von Adf. Glaßbrenner. Jahrg. 1861. 52 Nrn. (Bog. mit eingedr. Holzschn.) gr. Fol. Berlin, Janke. *

Montags-Zeitung, Berliner. Redact. Adf. Glaßbrenner. 2. Jahrg. 1862. 52 Nrn. (Bgn. mit eingedr. Holzschn.) Berlin, (Oehmigke's Buchh.). gr. Fol. n. 3 ₰ 10 ngr

— — 3. Jahrg. 1863. 52 Nrn. (Bgn.) Berlin, (Grieben.) gr. Fol. n. 3 ₰ 10 ngr

— dass. — 4.—7. Jahrg. 1864—67. à Jahrg. 52 Nrn. (Bog.) gr. Fol. Berlin, (E. Mecklenburg.) à Jahrg. *

Montags-Zeitung, Berliner. Hrsgbr.: Adf. Glasbrenner. 8.—14. Jahrg. 1868—1874. à Jahrg. 52 Nrn. (à 1—1½ Bog.) gr. Fol. Berlin, (E. Mecklenburg.) à Jahrg. *

Montags-Zeitung, Berliner. Hrsgbr.: Adf. Glaßbrenner. 15. Jahrg. 1875. 52 Nrn. (à 1—1½ Bog.) gr. Fol. Berlin, (E. Mecklenburg.) *

— dass. — Hrsgbr.: Adf. Glaßbrenner. Redact.: Rich. Schmidt-Cabanis. 16.—19. Jahrg. 1876—1879. à Jahrg. 52 Nrn. (à 2—3 Bog.) Fol. Berlin, Selbstverlag des Herausgebers. à Jahrg. *

Berliner allgemeine Montags-Zeitung. Redakteur L. Stern. 1849. Nummer 1. Juli.

Montagu, Marquise v., Anna Pauline Dominika v. Noailles. Ein Lebensbild. gr. 8. (338 S.) Münster 871, Aschendorff'sche Buchh.

Montagu, Testacea Britannica, siehe: Chenu, J. C., bibliothéque conchyliologique, I. série. Tome 4.

Montagu, Irving. In West u. Ost. Lose Blätter aus der Mappe e. Kriegsberichterstatters. Freie autoris. Übersetzg. aus dem Engl. v. le Juge. gr. 8. (VII, 495 S. m. Abbildgn.) Hannov. 891, Helwing's Verlag. geb. * 9 —

Montague, Alzia, Gesch., ist der Landbibliothek z. angen. u. lehrr. Zeitv. 14r u. 15r.

Montague, der Aemilie Geschichte, aus dem Engl. 8. Leipzig 769. Feind. 13 gl.

— der Aemilie, Gesch., a. d. Engl. 8. Lpz. Gleditsch. 769.

Montague, Edward Wortley

— Betrachtt. üb. die Aufnahme u. d. Fall d. alten Republiken; aus d. Engl. gr. 8. Bresl. 781. J. F. Korn. 16 gr

Montague, Ed. Worthley, Nachrr. üb. Sitten u. Gebräuche d. Morgenlandes; aus d. Engl. 2 Thle. 8. Leipz. 779. Weidmann. 12 gr

Montague, Ed. Worthley, Nachrichten, s. Nachrichten.

Montague, E. W. de, reflexions on the rise and fall of the ancient Republics. gr. 8. Bas. Turneysen. (u. Turneysen in Cassel). 794.

Montague, Lady Mary Wortley, Briefe. Englisch und deutsch. Uebers. und hrsg. von L. Lewis. gr. 16. (VI und 242 S.) Leipzig 851, Renger'sche Buchh.

— neuere Briefe an verschied. Freunde u. Popen's Briefen; e. Nachtr. z. die Besitzer d. ersten 3 Thle.; aus d. Engl. (von Jh. Balbach). 8. Nürnb. 786. Schneider u. W. 8 gr

— Briefe während ihrer Reisen in Europa, Asia und Afrika. 2 Bde. 8. Leipz. Sommer.

— dieselb. aus d. Engl. v. Eckert. 2 Bde. 8. Münch. (Körner in Frankf. a. M.) 1 ₰ 8 gr

— — dieselben a. d. Engl. von Eckert. 2 Bde. 8. München, Schwan u. G.

Montague, Marie Worthley, Briefe während ihr. Reisen 3 Thle. 8. Leipz. Weidmann. 763.

Montague, Marie Worthley, Briefe während ihr. Reise durch Europa, Asien u. Afrika. 8. Leipz. 764. Weidmann'sche B 8 gr Nachtrag dazu. 8. Ebd. 767. 2 gr

MONTAGUE. — Briefe der Lady Maria Worthley — geschrieben während ihrer Reisen in Europa, Asien, Afrika, an Personen vom Stande, Gelehrte etc. Aufs neue nebst derselben poetischen Schriften aus dem Englischen übersetzt. Mannheim 1784. 8⁰. (12), 260, (16), 286 S.
Auch in Georg Müllers Zweimarkbücherei.

Briefe, Zwey, von den Sitten und der Verfaßung der Türkischen Damen beschrieben von der Lady *M**** (Mary Worthley Montague)*, Gemalin des Königl. Großbrittannischen Gesandten bey der Pforte. Aus dem Engl. übersetzt. Langensalza, bey J. P. Heergarts Wittwe. 1770. 8⁰. 28 S. (incl. Titel). (In Berlin: an Yl 8031.)

— Letters, with notes et vocabulary, s. Ahn, F.

Montague, Mary Worthley, Letters. 1 vol. in-18. (Didot) (Leipzig, Barth.)
(papier fin, 12 Gr. papier vélin, 1 Thlr. format in-12, papier vélin, 1 Thlr. 8 Gr.)

(**Montague**, Mary Worthley): Letters of the Right Honourable Lady M—y W—y M—e: written during her travels in Europe, Asia and Africa .... which contain, among other curious relations, accounts of the policy and manners of the Turks. Drawn from sources that have been inaccessible to other travellers. Berlin 1781. VIII, 381 S. 8⁰

— letters writt: during her travels. V Vol. 18. Wien 797. Sammer. 1 ₰ 4 gr Postp. 1 ₰ 8 gr the same. 8. Berl. 799. Mylius. 1 ₰

Montague, Mary Wortley, Letters. Written during Wortley's embassy at Constantinople; to which are added poem by the same author. With a copious vocabulary and table of the irregular verbs by J. G. Flügel. 1. edit. 835 ⅚ Thlr., 2. edit. 8. (à 15¾ B.) Leipsic 840, Renger'sche Bh.

Montague, Lady Mary Wortley, Letters. Written during Mr. Wortley's embassy at Constantinople; to which are added Poems by the same author. With a copious vocabulary and a table of the irregular verbs, by Dr. J. G. Flügel. 8. Leips. 835. Volckmar. ⅚ ₰ — IIe edit. kl. 8. Ebd. 840. ½ ₰

Montague, Lady Mary Wortley, Letters written during her travels in Europe, Asia, and Africa. 16. Nürnberg 841, Fr. Campe. ⅓ ₰

— Letters. Written during Mr. Wortley's embassy at Constantinople; to which are added poems by the same author. With a copious vocabulary and a table of the irregular verbs, by J. Flügel. 2. Edition. 8. (VIII und 241 S. mit 1 Stahlst.) Leipzig 849, Renger'sche Buchh.

Montagu, Mary Wortley, Letters. Erklärt von H. Lambeck. gr. 8. (227 S.) Berlin 878, Weidmann'sche Buchh.

— lettres écrites pendant ses voyages etc. trad. de l'Anglois par Pt. Villaume. 8. Berl. 793. Mylius. 20 gl.

— — les mêmes. II Vol. 8. Vien. (Kupferberg, Mayence). 786.

Montague's, Lady Mary Wortley, Reisebriefe (1716—1718). Uebers., m. Einleitg. u. Anmerkgn. versehen v. Max Bauer. (151 S. m. 2 Bildnissen.) 8. Berlin (907). H. Seemann Nachf. 2. —

— Works including her correspondence, poems and essays. V Vol. 12. London. (Levrault à Strasb.) 803.

— — the same. V Vol. 12. London. (Turneisen in Cassel). 803.

Montaigne, Michel (Eyquem) de

Montaigne, M. v., Ansichten über Erziehung der Kinder, s. Bibliothek, pädagogische.

Montaigne, Michel de, Auswahl pädagogischer Stücke aus M.'s Essays, s.: Bibliothek pädagogischer Klassiker.

— über Erziehung. Deutsch v. Max. Kohn. (53 S.) 8. Hamburg (904). J. Kriebel. n. 1. —

— üb. die Erziehung der Kinder, nebst verwandten Stellen aus seinen Essays, s.: Sammlung der bedeutendsten pädagogischen Schriften aus alter u. neuer Zeit.

Montaigne, Michel de, Essais, av. des notes de Coste. 10 Vol. 8. Dresd. Walther. 769. Rthlr.

Montaigne, Michel de, Essays. Ins Deutsche übertr. v. Wald. Dyhrenfurth (Blondel). gr. 16. (XII, 318 S.) Breslau 896. E. Trewendt. n. 2. —; geb. n. 3. —

Essays v. Michel de Montaigne. Ins deutsche übertr. v. Waldemar Dyhrenfurth '(Blondel)'. Neue Folge. *Breslau: E. Trewendt 1898.* (XII, 270 S.) 1 Bd 8. (98. 2069

Montaigne, ausgewählte Essais. Aus dem Franz. übers. v. Emil Kühn. 1.—5. Bd. 8. Straßburg, J. H. E. Heitz. Geb. in Leinw. n. 15. —
1. (XVI, 144 S.) 900. n. 2.50. — 2. (152 S.) (900.) n. 2.50. 3. (148 S.) 900. n. 2.50. — 4. (168 S.) (900.) n. 2.50. 5. (VII, 362 S.) (901.) n. 5. —.

Montaigne, Michel (Eyquem) de. Gedanken und Meinungen über allerley Gegenstände . . . übersetzt. Berlin 1793—95. Ü: *Bode, Johann Joachim Christoph.* (ML) (JL) (Milchs) »1793—99« (ErschDL) (Ebert) Ü: *Böttiger, Carl Aug.* (Mn)

v. Montaigne, Mich., Gedanken u. Meinungen über allerlei Gegenstände, ed. v. Jh. Joachim Cph. Bode. 7 Bde. Mit Register gr. 8. Berl. 793—99. (Köhler in L.) 9 ₰ 8 gl.

— Gedanken u. Meinungen üb. allerl. Gegenst., ed. v. Bode. 7 Bde. gr. 8. Berl. Lagarde. 793-99. (1r 2r 2 Rthlr. 8 gr. 3r 1 Rthlr. 12 gr. 4r 1 Rthlr. 16 gr. 5r 6r à 1 Rthlr. 12 gr. 7r Regist. 20 gr.)

[Michel de] Montaigne. In Ausw. hrsg. von Dr. Erich Meyer. (Stuttgart: Greiner & Pfeiffer [1905].) 153 S. 8°
(Bücher d. Weisheit u. Schönheit.) A 18. 14098

Montaigne, in Auswahl, s. Bücher der Weisheit u. Schönheit.

Montaigne, M. E. de. Reisen durch die Schweitz, Teutschland und Italien . . . a. d. Franz. . . . Halle 1777—78. Ü: *Ulrich, Johann Heinrich Friedrich.* (ML)

— Reisen durch die Schweiz, Deutschland u. Italien. 2 Bde. 8. Halle 777, 79. Hendel. 1 ₰ 12 gl.

Montaigne's, Michel de, gesammelte Schriften. Historisch-krit. Ausg., m. Einleitgn. u. Anmerkgn. unter Zugrundelegg. der Übertragg. v. Joh. Joach. Bode hrsg. v. Otto Flake u. Wilh. Weigand. 1.—5. u. 7. Bd. 8. München, G. Müller. à 5. —; geb. in Halbfrz. à 7.50; Luxusausg. auf van Geldern, geb. in Ldr. à 16. —
1. Essays I. Buch. 1. bis 26. Kapitel. Mit e. Einführg. v. Wilh. Weigand. u. e. Portr. (VII, 289 S.) 908.
2. Dasselbe. I. Buch. 27.—57. Kapitel. (300 S.) 908.
3. Dasselbe. II. Buch. 1.—12. Kapitel. (412 S.) 8. 910.
4. Dasselbe. II. Buch. 13.—37. Kapitel. (401 S.) 910.
5. Dasselbe. III. Buch. 1.—9. Kapitel. (341 S.) 910.

Bd. 6 ist noch nicht erschienen.

Montaigne, Michel de. M' de Montaignes Gesammelte Schriften. Historisch-kritische Ausgabe, mit Einleitungen und Anmerkungen unter Zugrundelegung der Übertragung von Johann Joachim Bode, hrg. von Otto Flake und Wilhelm Weigand. (Band 7:) Reisetagebuch (*Umschlag:* Tagebuch einer Reise durch Italien, die Schweiz und Deutschland). Übersetzt und eingeleitet von Otto Flake. IV + 422 S. 8. München & Leipzig, Georg Müller, 1908. [M. 6. —, geb. 7. 50]

— Stimme d. Wahrheit aus d. Vorzeit. Ein Beitrag in anthropolog. Hinsicht f. die prakt. Welt- u. Lebenskunde; aus dem französ. Mit Zusätzen u. Bemerkk. rc. 2 Thle. 8. Königsb. 817. (Michelsen in Leipz.) 4 ₰

Montaigne, M., Stimme der Wahrheit aus der Vorzeit. Ein Beytrag in anthropologischer Hinsicht für die praktische Welt- und Lebenskunde. Aus d. Franz. Mit Zusätzen u. Bemerkungen rc. 2 Thle. 8. Königsberg, Universitätsbuchh. 817.

Montaigne, M. E. de. Versuche, nebst des Verfassers Leben . . . übersetzt. Leipzig 1753—54. Ü: *Tietze (Titius), Johann Daniel.* (ML) (Milchs)

— Versuche, nebst d. Verf. Leben; aus d. neuesten französ. Ausg. d. P. Coste übersetzt. 3 Bde. gr. 8. Leipz. 753, 54. (Brockhaus). 4 ₰

— Versuche, nebst d. Verfassers Leben, n. d. neust. franz. Ausg. d. P. Coste übers., 3 Bde. gr. 8. Leipz. Gleditsch. 753. 754.

— Versuche. I. Buch. (Aus dem Franz. übertr. u. eingeleitet v. Wilh. Vollgraff. Buchschmuck v. Arth. Gratz.) (IV, 375 S. m. Bildnis.) gr. 8. Berlin 908. Wiegandt & Grieben. 12. —; geb. in Ldr. 16. —

Montaigne, M., Versuche. I. Buch. Jetzt: Leipzig, G. K. Sarasin.

Hubert Rock Worte [Michel de] Montaignes. Mit e Bildn. Minden i W. Bruns [1909]. XV, 219 S. 8° [?]. 1794

Montal, (Klavierstimmer) C., kurzgefaßte Anweisung, das Piano-Forte selbst stimmen zu lernen. Auf strengen Regeln der Akustik und der Harmonie gegründet. Nützl. Werkchen für alle Personen, welche sich mit Musik beschäftigen rc. (Mit 4 Musikbeil.) gr. 8. Mainz 835. Schott's Söhne. 1/2 Thlr.

Montalba, Anthony R., Feen-Mährchen aller Völker. Aus d. Engl. übertr. von L. Du Bois. 8. (VIII u. 183 S.) Lemgo 850, Meyer. 2/3 Thlr.

Montalban, Maria von,; od. Lauassa's zweyter Theil. Trauersp. v. J. N. Komareck. 8. Leipz. Kohler. 792.

v. Montalban, Marie; Oper in 4 A. 8. Manh. 803. Kaufmann. 6 gr. (Kohler in Leipz.) 8 gr.

Montalbert, eine Geschichte, aus dem Engl. der Mistriß Charlotte Smith, 1r Theil, 8. Erlangen, 798. Walthers. 15 sgl.

Montalbert, a. d. Engl. d. Miß Charlotte Smith. 2 Bde. 8. Erlang. Walther. 800.

Holl. Vav.

Montalbon, Marie von, 8. Pilsen, 792. Morgensäuler. 8 sgl.

Montaldi, Gianetta. Trauerspiel in fünf Aufzügen. Augsburg 1778. V: *Schink, Johann Friedrich.* (GGr)

— — dasselbe. 8. Augsb. Stage. (a. Vogel in Lpz.) 778.

Montaldi, Gianetta,. Trauersp. von Schink. 8. Hambg. (Hahn in Hannov.) 795.

Montaldi, Laura, Sitenstück zu Meißners Bianca Capella, m. K. 8. Lpz. Joachim. 802.

Montaldi, Laura, Seitenstück zur Blanka Capello, v. A. G. Meißner. 8. Wien, Bauer. 804.

Montaldo, Der Graf; ein Schauspiel in drei Aufzügen. Rostock 1797. V: *Nettelbladt, Carl Freih. v.* (Ky) (GGr) (MGT)

Montaldo, Graf; Schspl. (von Karl Frhr. v. Nettelbladt). 8. Rostock 797. Stiller. 4 gr.

Montaldo, Gabriele. – s. Montalto. –

de Montalegre, J. Dan., Unterr. z. Aufreißung d. 6 Säulenordnungen. Mit 28 Kpf. 8. Zittau ... N. Aufl. 788. Schöps. 12 gr.

Montalembert, Charles, Graf von

Montalembert, Graf v., über d. kathol. Angelegenheit d. Erzbischofs v. Köln. A. d. Franz. übers. gr. 8. (1 1/2 B. Hanau 838. (Frankfurt a. M., Wesché'sche Vrlsbuchh.)

Montalembert, Graf (Ch.) v., der polnische Aufstand. Mit Genehmigung des Verf. nach der 2. Ausg. übers. von Geo. Winter. gr. 8. (46 S.) Leipzig 868, O. Wigand.

Montalembert, Charles de. Die Polnische Erhebung. [Von] Graf Karl von M. In's Deutsche übertragen und mit einem einleitenden Vorworte begleitet ([von] Franz Furger). 8. Bern 1863.

—— della Europa christ. nel sec. XIII, discorso. Prima versione ital. di Nic. Negrelli. 8maj. (9 B.) Vienna 837 (Volke's Buchh.) * 7/12 Thlr., Vlnp.

v. Montalembert, Graf, Geschichte der heiligen Elisabeth von Ungarn, Landgräfin von Thüringen u. Hessen (1207 – 1231). Ein Erbauungsbuch für kathol. Christen. Aus d. Französ. 8. Leipzig 837. Literar. Museum. (jetzt Schreck.) 3/4 Thlr.

—— Geschichte d. heil. Elisabeth v. Ungarn, Landgräfin v Thüringen u. Hessen. (1207—1231.) Ein Erbauungsb. f kathol. Christen. A. d. Franz. 8. (24 3/4 B.) Leipzig 837, Ph Reclam jun.

Montalembert, Geschichte der heiligen Elisabeth von Ungarn, Landgräfin von Thüringen und Hessen (1207—1231). Nach dem Französ. 3., wohlf. Ausg. gr. 16. (VI und 392 S. mit 1 Stntl.) Köln 853, Heberle.

— Geschichte der heiligen Elisabeth von Ungarn, Landgräfin von Thüringen und Hessen [1207—1231]. Nach dem Französ. 4. wohlfeile Volksausg., nach der 3. Aufl. durchgeseh. u. verb. von E. Hermeling. Köln 860. Heberle. 16. (399 S. u. 1 Lithogr.) 15 ngr.

—— Geschichte der heil. Elisabeth von Ungarn, Landgräfin von Thüringen und Hessen. 8. (461 S.) Brixen 866, Theologische Verlags-Anstalt. *

—— dass. — s. Volksbibliothek, katholische.

Montalembert, Graf v., Gregor VII., Mönch, Papst u. Heiliger. Vom Verf. genehmigte deutsche Ausg. v. J. Müller. gr. 8. (174 S.) Regensburg 885. Verlags-Anstalt. 1. 80

—— katholische Interessen im XIX. Jahrhundert. Uebers. von Konr. Altherr. gr. 8. (VI und 178 S.) Gratz 853, [Mühlfeith.]

— — Nach der 2. Aufl. aus d. Französ. übersetzt u. mit einem Vorworte herausg. von P. J. A. Schmitz. Regensburg 853. Manz. gr. 8. (VIII, 178 S.) 18 3/4 ngr.

Montalembert, katholische Interessen im XIX. Jahrhundert. Uebers. von F. Singer. 8. (IV und 204 S.) Schaffhausen 853, Hurter'sche Buchh. Thlr.

—— dass. — Aus dem Französ. von Carl Borrom. Reiching. gr. 8. (III und 160 S.) Tübingen 853, Laupp'sche Buchh.

— die katholischen Interessen im 19. Jahrhundert. Nach der 3. durchgeseh. u. verm. Aufl. aus dem Französ. übers. von Adam Feist. Worms 854. Rahke. 12. (238 S.) n. 11 ngr.

Montalembert, Karl Graf von, Der Kampf der Kirche mit dem falschen Liberalismus in der italienischen Frage. Ein Sendschreiben an den Grafen von Cavour, Präsidenten des Ministerrats zu Turin. Aus dem Französ. Mainz, Kirchheim, 1861, 8°, 86 S., 50 Pf.

In M.s Broschüre haben wir „Plaidoyers, die durch den Glanz der Beredsamkeit, die Schärfe d. Auffassung u. Zeichnung von Personen, Thatsachen u. Verhältnissen u. durch d. Wärme des Gefühls hinreißen." Vgl. (Wiener) Kath. Litztg 1861, S. 165.

—— Kampf und Sieg des Katholizismus; oder: Der wahre Weg zum ewigen Heile des ächten Christen. Ein fester Anker zur Bekräftigung des Glaubens ꝛc. Nach dem Franzöf. 2. (Titel=)Ausg. der Schrift „Katholische Interessen u. s. w.“ Gratz (853.) 855. Mühlfeith. 8. (3 Bl., 178 S.) 10 ngr.

—— die freie Kirche im freien Staat, s. Sammlung der vorzüglichsten Werke der neuern katholischen Literatur Frankreichs.

—— Pater Lacordaire. Uebers. von Bernh. Mart. Giese. gr. 8. (195 S.) Münster 862, Brunn's Verlag.

—— über die Lage der Kirche in dieser Zeit, f. die Freiheit des Unterrichtes u. f. die religiösen Orden. Drei Reden an die französ. Pairskammer am 16. u. 26. April u. am 8. Mai d. J. gr. 8. (6½ B.) Mainz 844, Kirchheim, Schott u. Thielmann.

—— General La Moricière. Autorif. Bearbeitung von Ebeling, f. Broschüren=Verein.

—— Leben der heiligen Elisabeth von Ungarn, Landgräfin von Thüringen und Hessen (1207—1231). Aus d. Franz. im Einverständnisse mit dem Verfasser u. mit steter Rücksicht auf gedruckte u. ungedruckte Quellen von J. Ph. Städtler. (In 3 Abthll.) gr. 8. Aachen 836, Mayer. (Brüssel, Mayer u. S.) 3⅓ ₰

—— Leben d. heil. Elisabeth v. Ungarn, Landgräfin v. Thüringen u. Hessen (1207—1231.) A. d. Franz. im Einverständnisse mit d. Verf., u. mit steter Rücksicht auf gedr. u ungedr. Quellen v. J. Ph. Städtler. 3 Abthln. gr. 8. (48¼ B. Aachen 836, 37, Mayer.

Montalembert, v., Leben der heil. Elisabeth von Ungarn, Landgräfin von Thüringen u. Hessen (1207—1231). Aus d. Franz. im Einverständnisse mit d. Verf., u. m. steter Rücksicht auf gedruckte u. ungedr. Quellen, übers. u. m. Anmerk. verm. v. J. Ph. Städtler. 2., nach der letzten Originalausg. vervollst. Aufl. 4 Hfte. gr. 8. (47 B. u. 5 Kpfr.) Aachen 845, Mayer.

—— Leben der heiligen Elisabeth von Ungarn, Landgräfin von Thüringen und Hessen [1207—1231]. Aus dem Französ. Im Einverständnisse mit dem Verf., und mit steter Rücksicht auf gedr. u. ungedr. Quellen übers. und mit Anmerkungen verm. von J. Ph. Städtler. 3., nach der letzten Orig.=Ausg. vervollständ. Aufl. Mit 6 Kpfrst. Regensburg 862. Manz. gr. 8. (X, 754 S.) 2 ₰ 12 ngr.

Montalembert, Graf v., Leben der heil. Elisabeth von Ungarn, Landgräfin von Thüringen und Hessen [1207—1231]. Nach dem Französ. übers. von J. Ph. Städler. Mit einem Vorwort von Karl Joh. Greith. 12 Lfgn. hoch 4. (XVI, 368 S. mit 126 eingedr. Holzschn. und 1 Farbendr.=Bild.) Einsiedeln 880,81, Gebr. Benziger. à Lfg. 80 Pf.

Montalembert, Graf v., Leben der heiligen Elisabeth v. Ungarn, Landgräfin v. Thüringen u. Hessen [1207—1231]. Nach dem Franz. übers. v. J. Ph. Städtler. Mit e. Vorwort d. Bischofs Karl Joh. Greith. Mit 1 Farbendr.=Bild u. 126 Holzschn. 2. Aufl. Lex.=8. (XVI, 368 S.) Einsiedeln 888. Benziger & Co. geb. m. Goldschnitt. n. 13. —

Leben der Heiligen Elisabeth von Ungarn, Landgräfin von Thüringen und Hessen [Histoire de Sainte Elisabeth de Hongrie] (1207—1231). Nach d. Franz. d. Grafen [Charles] v. **Montalembert** übers. von J. Ph. Städtler Mit e. Vorw. d. Hochw. Dr. Karl Johann Greith, Bischof von St. Gallen. Mit 1 Farbendruckb. u. 126 Holzschn. 3. Aufl. *Einsiedeln, Köln: Benziger & Co. 1898.* (XVI, 368 S.) 4° [F.]

Montalembert, Graf (Ch.) v., der falsche Liberalismus in der Frage über den Kirchenstaat. Zweites Sendschreiben an den Grafen v. Cavour. Deutsch mit einem Vorworte von Carl Brandes. gr. 8. (72 S.) Schwyz 861. (Luzern, Gebhardt.) *

—— die Mönche des Abendlandes vom heil. Benedikt bis zum heil. Bernhard. Vom Verf. genehmigte deutsche Ausg. von Karl Brandes. 2 Bde. Regensburg 860. Manz. gr. 8. (CCLXX, 901 S.) 4 ₰

—— die Mönche des Abendlandes vom h. Benedikt bis zum h. Bernhard. Vom Verf. genehmigte deutsche Ausg. von Karl Brandes. 3.—5. Bd. gr. 8. Regensburg, Manz. [3. Bd. (XVI und 502 S. mit 1 chromolithogr. Karte in qu. 4.) 867. 2 Thlr. 6 Ngr., 4. Bd. (520 S.) 867. 2 Thlr. 6 Ngr., 5. Bd. (V und 406 S.) 868. 1 Thlr. 21 Ngr.]
1. und 2. Bd. Ebendas. 1860. 4 Thlr.

— die Mönche des Abendlandes vom heil. Benedikt bis zum heil. Bernhard. Vom Verf. genehmigte deutsche Ausg. von J. Müller. 6. u. 7. (Schluß=)Bd. gr. 8. (624 u. 684 S.) Regensburg 878. Manz. 16. 50
(cplt.: 40. 80)

—— die Mönche des Abendlandes vom heil. Benedikt bis zum heil. Bernhard. Vom Verf. genehmigte deutsche Ausg. von Karl Brandes. 2. Aufl. 1. Bd. gr. 8. (CCLXX, 284 S.) Regensburg 880, Manz.
2.—7. Bd. Ebendas. 1860—68. ℳ 41,40.

—— die Mönche des Abendlandes vom heil. Benedict bis zum heil. Bernhard. Vom Verf. genehmigte deutsche Ausg. von K. Brandes. 2. Bd. 2. Aufl. gr. 8. (608 S.) Regensburg 885, Verlags=Anstalt, vormals Manz.
1. und 3.—7. Bd. Ebendas. 1860—80. ℳ 40.20.

Montalembert, (Ch[arles]) de. Pie IX et la France en 1849 et en 1859. par M. de M'. Précédé d'une préface et suivi du texte de l'avertissement du 30 octobre 1859. 8. Fribourg <S***> 1859.

Montalembert, Karl Graf von, Der hohe u. der niedere Radikalismus in seiner Feindseligkeit gegen Religion, Recht, Freiheit u. Gesittung in der Schweiz, Frankreich u. Italien. In Teutschland mit Rücksicht auf die Gründung der Reichsverfassung von F. J. Buß. Schaffhausen, Hurter (jetzt Regensburg, Verlagsanst.), 1850, gr. 8°, XVI, 280 S., 3 Mk.
Recens. Kath. Litblätt. zur Sion 1850, S. 93—6.

—— Der politische Radikalismus u. die Freiheit der Völker. Eine Rede, gesprochen in der Sitzung der Pairskammer am 14. Januar 1848. Deutsch herausgegeben von keinem Jesuitenfreunde. Leipzig, C. H. Reclam, 1848, gr. 8°, 32 S., 40 Pf.

—— Rede über die Schweizer=Angelegenheit gehalten in der Sitzung der Pairskammer am 14. Janr. 1848. Uebersetzt nach dem „Moniteur.“ 12. (53 S.) Osnabrück 848, Fredewest.

—— Rede den 14. Janr. 1848 in der französ. Pairskammer gehalten. 8. (32 S.) Grimma 848. [Wurzen,] Verlags=Comptoir.

—— Storia di S. Elisabetta d'Ungeria, Langravia di Turingia. Pari di Francia versione di Nic. Negrelli. gr. 8 (29¾ B.) Vienna 838, (Volke's Buchh.) * 2¼ Thlr., Vlnp.

—— Storia di S. Elisabetta d'Ungheria. Tradotta dall' Nicola Negrelli. gr. 8. (367 S. mit Appendix 35 S.) Napoli 856. Prag 858, Credner's Verlags-Conto. *
Ausg. in Lex.-8. *

Montalembert, Graf v., s. Zimmermann, J. A., die heil. Elisabeth.

—— über die politische Zukunft Englands. Mit specieller Erlaubniß des Verf. übers. von H. Baron v. Linden. gr. 12. (XI und 228 S.) Augsburg 857, Schmid'sche Verlagsbuchh. *

— — Nach der 5. Orig.-Ausg. mit specieller Genehmigung des Verf. ins Deutsche übertr. von Leo Sontag. Köln 857. DuMont-Schauberg. gr. 8. (VIII, 179 S.) n. 18 ngr.

—— dass. — Nach der 5. Orig.-Ausg. mit specieller Genehmigung des Verf. ins Deutsche übertr. von Leo Sontag. gr. 8. (VIII und 179 S.) Köln 858, Du Mont-Schauberg'sche Buchh.

—— Remusat, Hugo, Tocqueville, Thiers, die französ. Deputirten, über das Zweikammer-System. gr. 8. (23 S.) Berlin 848, Schroeder's Verlag.

Montalembert, Marc René, Marquis de

— Briefwechsel in den Feldzügen von 1757—1761. Mit zwo Kupfertafeln. (Aus dem Französ.) Theil (1)—3. 8° Breslau 1780, 81. W. G. Korn.

Montalembert, v., Briefwechsel, s. Briefwechsel.

— correspondance pour serv. à l'histoire de la dernière guerre de sept ans. II Vols. 12. Bern 777. Typ. 2 ₰

Montalembert, Marschall Marquis von, Mitglied der Akademien zu Paris und St. Petersburg. Die Vertheidigung stärker als der Angriff, oder die Befestigung mit rechtwinkliger Bestreichung. Aus dem Französischen von J. G. von Hoyer, Königl. Preuss. General-Major und Ober-Brigadier im Ingenieur-Corps. (4 Bde. in 1 Bd. und ein Atlas in qu. Folio mit 40 Tafeln.) (Donation Liechtenstein.) qu. Fol. und 4°. Berlin 1818—1820.

v. Montalembert, Marquis, die Vertheidigung stärker als der Angriff, od. die Befestigung mit rechtwinkl. Bestreichung. Aus d. Französ. übers. v. J. G. v. Hoyer. 4 Bde. Mit 40 Kpf. u. Kart. gr. 4. Berl. 819. Reimer. 22 ₰ 12 gl

Montalte der Jüng., F. F., ein Brief an meinen Freund in der Provinz Niederhessen. Ueber Vilmar's il. theol. polit. Missionsbroschüre incl. Treubund. Frankfurt a. M. 861. (Hermann'sche Verlhdlg.) gr. 8. (16 S.) n. 2½ ngr.

Montalte, Louis de [Pseud.], s.a. Pascal, Blaise [wirkl. Name].

Montalti, Ldw., litterae provinciales e gallica in latinam linguam translatae. 8maj. Lausanne 775. Pott et C. 1 ₰ 16 gl

Montalto, Gabriele, ein Trauerspiel in einem Akt. Dresden 1776. V: *Seibt, Carl Heinrich von.* (OL) (Ky) (MGT) (GGr)

— Gabriele; Trspl. (von Karl Hnr. v. Seibt). 8. Dresd. 777. Walther 4 gl

v. Montalvo, Ant., wohlmeinend. Sendschreiben an Pius VI. v. e. seiner unterthän. Clienten; aus d. Portugies. 8. Trier 784. Hörling in Wien. 4 gl

Montalyo, Jeanne de, Atelier des dames, od. Samml. d neuesten Kunstarbeiten f. Damen u. Kunstfreunde überh. 8 (3½ B.) Glogau 835, Prausnitz.

Montami d'Arclais, Abhandl. von d. Farben zu Porcellain u. Emaille. 8. Leipz. Hilscher. (Compt. f. Litt.). 767.

Montamy, d'Arclais, Abhandl. v. d. Farben zu Porzellain u. Emaille; aus d. Französ. 8. Leipz. 767. Hilscher. 7 gl

— — dasselbe franz. 12. Strasburg, König. 765.

Montan, Fredrik, Bilder aus dem Bergmannsleben. 8. (3¼ B.) Berlin 844, (Schröder's Verl.)

— der Paria. 8. Berlin 843, Springer. n. ⅓ ₰

Montan von Hinterbergens [Pseud.], s. Fischer, Johann Bernhard von

Montana, N., neue vollständige theoretisch-praktische Grammatik der spanischen Sprache, s. Rothwell, J. S. S.

Montana Argus: 1883—1885?
Independent weekly. Circulation 1885, 744. Edited & published by Hermann R. Melster 1883—85
Helena, MT

Montana Freie Presse: Aug. 5, 1886—1889?
Weekly. Title varies. MONTANA STAATS-ZEITUNG.
Helena, MT

Montana Herold: 1892—1902?
Weekly. Independent, 1895—1900; Republican, 1901—02. Circulation 1900, 800. Edited & published by Otto F. Schoenfeld, 1892—95, edited by W. Stein, & published by Montana Herald Co., 1896 by W. Stein, 1897—1902.,
Great Falls, MT

Montana Journal: 1897—Apr. 4, 1903.
Democratic semi-weekly, 1897—1900; weekly, 1901—03. Merged with MONTANA STAATS-ZEITUNG (Helena, Mont.). Edited & published by Herman Rosenzweig, 1897—1903.
Butte, MT

Montanaro, A. F., Winke f. Expeditionen im afrikanischen Busch. Mit Genehmigg. des Verf. aus dem Engl. übers. v. Glauning. (VIII, 55 S.) kl. 8. Berlin 905. E. S. Mittler & Sohn. n. 1.—

Montana Staats-Zeitung: 1885—Sept. 27, 1917
Semi-weekly 1885—88? tri-weekly, 1889?—1901 weekly, 1902—17 Independent. For supplement, see SONNTAGSGAST. Circulation 1890, 2100; 1900, 750; 1905, 2200; 1910, 1800; 1915, 1400. Edited by Fred Schülten, 1885—89 and again in 1912, by G. Grueb, 1890—91, by Carl Rasch, 1892—97, by J. C. Martin, 1905, by Theo. H. Brockman, 1906, by J. Attenberger, 1907, by B. Baurschmidt 1908—17
Published by Phil. Schmitz, 1885—89; by Lambert Nägele 1905—08, by Montana Staats-Zeitung Publishing Co. [with Fred Schülten as editor?], 1909—17. Edited & published by Lambert Nägele 1898—1904.
Helena, MT

Der Sonntagsgast: 1910? - 1917
Supplement to MONTANA STAATS-ZEITUNG.
Helena, MT

Montana State Journal: Jan. 17, 1900—Oct. 10, 1903.
Weekly   Butte, MT

Montandon, George. Die Theorie der verschiedenen Mechanismen der Lunatumluxation. Diss. Med. Univ. Zürich. [Mit Figuren.] (Sonderabzug aus Beiträge zur klinischen Chirurgie. Band 57. Heft 1.) *Kopftitel:* Aus der chirurgischen Universitäts-Klinik zu Zürich. ⟨Direktor: Prof. Dr. [Ulrich] Krönlein.⟩ II + 32 S. 8. Tübingen, H. Laupp Jr, 1908.

Montandon, George. Die Theorie der verschiedenen Mechanismen der Lunatumluxation. Aus der chirurgischen Klinik zu Zürich. (Mit 21 Abbildungen.) Separat-Abdruck aus Beiträge zur klinischen Chirurgie.... Band 57. Heft 1. II S. + S. 9—40. 8. Tübingen, H. Laupp, 1908.
Ausg. B. — Ausg. A: Diss. Med. Univ. Zürich

Gysis. Von Marcel Montandon mit e. Einl. von F[ranz] v. Lenbach Mit Portr. u. 155 Abb. *Bielefeld & Leipzig: Velhagen & Klasing 1902.* (148 S.) 8° [F.]
= Künstler-Monographien. 59.

Montandon, Marcel. (Giovanni) Segantini. Mit 97 Abbildungen und vier farbigen Einschaltbildern. IV + 122 S. gr.-8. Bielefeld und Leipzig, Velhagen & Klasing, 1904. [geb. M. 4. —, Geschenkausgabe 5. —]
Künstler-Monographien. In Verbindung mit Andern hrg. von H[ermann] Knackfuss. [Band] 72....

Montandon, Marcel. (Giovanni) Segantini. Mit 97 Abbildungen und vier farbigen Einschaltbildern. 2. [unveränderte] Aufl. IV + 122 S. gr.-8. Bielefeld und Leipzig, Velhagen & Klasing, 1906. [geb. M. 4.—, Geschenkausgabe 5.—]
Künstler-Monographien. In Verbindung mit Anderen hrg. von H[ermann] Knackfuss. [Band] 72.... — *1. Aufl.* 1904

Montanaria, Fr., die Bilder d. Lebens, od. d. Gesch. v. d. ungehors. Friederich. Allen guten Kindern z. Belehr. — allen unfolgs. z. Bekehr. erzählt. qu. ½ Fol. (8½ B. u. 12 Stnt. München 841, [Augsburg,] Jaquet.

Montan-Handbuch des österr. Kaiserthums für 1857. Herausg. vom *k. k. Finanzministerium.* I. Jhrg. Als Fortsetz. des von *J. B. Kraus* herausgegebenen Handbuches für Berg-, Münz- und Forstwesen XVIII. Jhrg. 1. u. 2. Th. *Wien* 1857. *K. k. Hof- u. Staatsdr.* VIII, 278 S. 2 Bl. 456 S. 8°.

Montan-Handbuch des österreichischen Kaiserthums für 1863. Hrsg. von Joh. Baptist Kraus. 20. Jahrg. gr. 8. (XIV und 474 S.) Wien, (Sallmayer und Comp.) *
Velinp. geb. *

—— des Kaiserstaates „Oesterreich" für 1867. Hrsg. von Joh. Baptist Kraus. 22. Jahrg. 1867. gr. 8. (XVI und 511 S.) Wien, (Mayer und Comp.) *

Montan-Handbuch, oesterreichisches, für das J. 1875. Hrsg. vom k. k. Ackerbauministerium. gr. 8. (VII, 256 S.) Wien, Manz. cart. *

Montan-Handbuch, Österreichisches Hrsg vom K. K. Ackerbauministerium. 23.—28. Ausg (1875. 1880. 1885. 1890. 1895. 1900) Wien, 1875—1900

Montan-Handbuch, österreichisches, für die J. 1880—1885. 24.—29. Jahrg. Hrsg. vom k. k. Ackerbauministerium. gr. 8. (à Jahrg. ca. X, 269 S.) Wien, Manz'sche Hofverlagsh. cart. à Jahrg. *

Montan-Handbuch, österreichisches, f. d. J. 1890. Hrsg. vom k. k. Ackerbauministerium. gr. 8. (VI, 325 S.) Wien, Manz. cart. n. 8. —

Montan-Handbuch, österreichisches, f. d. J. 1895. (27. Jahrg.) Hrsg. v. k. k. Ackerbauministerium. gr. 8. (VI, 338 S.) Wien, Manz. Kart. n. 8. —

Montan-Handbuch, österreichisches, f. d. J. 1900. Hrsg. vom k. k. Ackerbau-Ministerium. gr. 8. (VII, 359 S.) Wien 900. Manz. Kart. n. 8. —

Montan-Handbuch, österreichisches, f. d. J. 1905. Hrsg. vom k. k. Ackerbau-Ministerium. (VI, 356 S.) gr. 8. Wien, Manz. Kart. n. 9. —

Montan-Handbuch, österreichisches, f. d. J. 1910. 30. Jahrg. Hrsg. vom k. k. Ministerium f. öffentl. Arbeiten. (VI, 391 S.) gr. 8. Wien, Manz. Kart. 8. 50

—— ungarisches. Hrsg. von Osc. Guttmann. 1. Jahrg. 1881. gr. 8. (XXX, 241 S.) Wien, Perles. cart. *
Nicht weiter erschienen.

Montan-Handbuch, ungarisches. 2. Jahrg. 1888, s. **Dery, Carl.**

Ungarisches Montan-Handbuch, 6. Jahrg. 1905. Gr.-8° (196, LVII S.) † K 6.—
Wien: H. Perles.

Montan-Handbuch, Ungarisches. Jg. 7. 1910. Budapest.

Montania. Wochenschrift f. Bergbau, Hütten- u. Maschinenwesen. Hrsg. Dr Alb(ert) Stange Nr 1. Berlin: Verl. f. bergbauliche u. industr Fachlitt. (1909). 4° [op. 18313

Montania. Wochenschrift f. Bergbau, Hütten- u. Maschinenwesen. Nebst Beilage: Fortschritt der Wissenschaft u. Technik. Hrsg. u. Chefred.: Alb. Stange. Oktbr.—Dezbr. 1909. 13 Nrn. (à ca. 16 u. 8 S. m. Abb.) 30,5×23,5 cm. Berlin, Montan-Verlag. 4. —

Montania. Zeitschrift f. Bergbau, Hütten- u. Maschinenwesen, m. der Monats-Beilage: „Berg- u. hüttentechnische Auskunft". Neue Folge des früher im kaiserl. Patentamt bearb. Repertoriums der techn. Journal-Literatur. Offizielles Organ: „Zentrale f. Deutschlands Bergbau u. Hütten-Industrie" „Institut der Berg- u. Hüttenleute im In- u. Auslande". Hrsg. v. Alb. Stange. 2. Jahrg. Juli 1910—Juni 1911. 24 Nrn. (à ca. 26 S. m. Abbildgn.) Lex. 8. Berlin, Montan-Verlag. 20. —
Erscheint nicht mehr.

Montanindustrie, Die deutsche. Eisen-, Stahl- und Metallwerke sowie Maschinen- und Armaturenfabriken im Besitze von Aktiengesellschaften. 1.—5. Jg. (1897/98—1902/03). Leipzig. 1897—1904.

Montan-Industrie, die deutsche, Eisen-, Stahl- u. Metall-Werke, sow. Maschinen- u. elektrotechn. Fabriken im Besitze v. Aktien-Gesellschaften. 2., verm. u. verb. Aufl. Ausg. 1898. II. Jahrg. 1. Abtlg. gr. 8. (XXI, 233 S.) Leipzig, Verlag f. Boersen- u. Finanzliteratur. Geb. in Leinw. n. 4. -

Montan-Industrie, die deutsche, Eisen-, Stahl- u. Metall-Werke, sowie Maschinen- u. elektrotechnische Fabriken im Besitze v. Aktien-Gesellschaften. 2. verm. u. verb. Aufl. Ausg. 1898. II. Jahrg. 2. Abtlg. gr. 8. (XXIV, 286 S.) Leipzig 899. Verlag f. Boersen- u. Finanzliteratur. Geb. in Leinw. n. 4. —

— dasselbe, sowie Maschinen- u. Armaturen-Fabriken im Besitze von Aktien-Gesellschaften. 4., vollst. umgearb. u. bedeut. verm. Aufl. Ausg. 1901/1902. gr. 8. (XVI, 702 S.) Ebd. 902. Geb. in Leinw. n. 8. —

Montan-Industrie, die deutsche. Eisen-, Stahl- u. Metall-Werke, sowie Maschinen- u. Armaturen-Fabriken im Besitze v. Aktien-Gesellschaften. 8., vollständig umgearb. Aufl. Ausg. 1909/1910. (924 S.) Lex. 8. Berlin 910. Verlag f. Börsen- u. Finanzliteratur. Geb. in Leinw. 8. —

Montan-Industrie-Zeitung, Ungarische. 1892-95. 4° Budapest 1892-95

Montanindustriezeitung. Ungarische. 10. Jg. (1894). Budapest, 1894.

[**Montan-Industrie-Zeitung.**] Ungarische Montan-Industrie- und Handelszeitung. 3., 5.—9. Jg. (1897, 1899—1903). Budapest, 1897—1903 u. ff.

Montanstatistik des Deutschen Reichs und Luxemburgs, umfassend die Produktion der Bergwerke, Salinen und Hütten und die Verarbeitung des Roheisens im J. 1875 mit Jahresnachweisen der Hauptergebnisse seit 1866. Hrsg. vom kaiserl. statist. Amt. Imp.-4. (108 S.) Berlin 877, Puttkammer und Mühlbrecht. *

—— dass. — Definitive Ergebnisse des J. 1876, mit Jahresnachweisen der Hauptergebnisse seit 1867, sowie vorläuf. Uebersicht der Production einer Anzahl Werke im J. 1877. Hrsg. vom kaiserl. statist. Amt. Imp.-4. (119 S.) Ebendas. 878. *

Vorstehende zwei Schriften sind aus: Monatshefte zur Statistik des Deutschen Reichs, besonders abgedruckt. — Die Fortsetzung ist nicht in Einzelabdruck erschienen.

Montanus [Pseud.], s.a. Vorberg, Gaston

Montanus [Pseud.], s.a. Zuccalmaglio, Vinzenz von.

Montanus, das Kloster Altenberg. Die Wiedervollendung des bergischen Domes. 8. (15 S.) Elberfeld 854. (Iserlohn, Bädeker.)
mit einer Ansicht von Altenberg von A. Weber.

—— das Kloster Altenberg im Dhünthale. 8. (13 B.) Solingen 838, Amberger.
S.-A. aus: Montanus: Die Vorzeit der Länder Cleve-Mark, ...

Montanus, das Kloster Altenberg im Dhünthale. 2. (Titel-) Ausg. 8. (IV und 210 S. mit 1 Ansicht von Altenberg von A. Weber.) Elberfeld 851. [Iserlohn,] Bädeker.

Montanus (v. Zuccalmaglio), Bergisches in Land und Leuten. Ein Vortrag. 8. (31 S.) Remscheid 876, Krumm. *

Montanus, der bergische Eulenspiegel. Leben, Taten u. Meingn. des Meisters Tobias v. Hebborn. Ein Volksbuch. Neu bearb. u. m. Buchschmuck versehen v. Walt. Schulte vom Brühl. (XV, 170 S. m. Abb.) 8. Elberfeld (908). J. H. Born. 1.25; geb. n 2.50

Montanus' Gartengesellschaft, s.: Volksmund, der.

Montanus, s.: Gebote, die modernen heiligen zehn.

Montanus, die Helden, Bürger u. Bauern am Niederrhein in den letzten 6 Jahren d. vorigen Jahrhunderts u. unter der Fremdherrschaft. Aus dem Munde der Augenzeugen u. aus amtl. Urkunden, aus Briefen u. Tagebüchern dargestellt. Mit e. Brustbilde u. Fcsm. d. berg. Helden. gr. 8. (IV, 252 S.) Opladen 870. (Elberfeld, J. Faßbender.) 1. 60

—— der Kurfürst in Hükeswagen, oder: das Maifest, ein Schauspiel in 3 Abtheilungen. 8. (147 S.) Solingen 856, Pfeiffer.

Montanus: Park. Ein neues Sportspiel auf alter Grundlage. München um 1900. 30 S.

Montanus, Schützet die Singvögel! Hrsg. vom wupperthaler Thierschutz-Verein. 1.—9. verb. und verm. Aufl. gr. 8. (16 S.) Elberfeld 868,69, Lucas.

Montanus, schützet die Singvögel! Hersg. vom Wupperthaler Thierschutz-Verein. 1—8., verb. u. verm. Aufl. Elberfeld 869. (Lucas.) gr. 8. (16 S.) 1⅙ ngr.

— schützet die Singvögel! Hrsg. vom Wupperthaler Thierschutz-Verein. 9. Aufl. gr. 8. (16 S.) Elberfeld 872. Lucas in Comm. — 15

Montanus, Tennis. Winke u. Spielregeln für Tennis-Spieler. 2. verb. Aufl. 12. (30 S. m. Diagr.) München 901. E. Pohl. n. — 50

Montanus, Tennis. Winke u. Spielregeln f. Tennis-Spieler. 3., verb. Aufl. (32 S. m. Fig.) kl. 8. München 907. E. Pohl. — 60

—— die deutschen Volksfeste, Volksbräuche und deutscher Volksglaube in Sagen, Märlein und Volksliedern. Ein Beitrag zur vaterländischen Sittengeschichte. 1. Bdchn. A. u. d. T.: Die deutschen Volksfeste, Jahres- und Familienfeste. 4. (XI und 92 S.) Iserlohn 854, Bädeker.
Aus: Das Vaterland rc., besonders abgedruckt.

Montanus, die deutschen Volksfeste, Volksbräuche und deutscher Volksglaube in Sagen, Märlein und Volksliedern. Ein Beitrag zur vaterländ. Sittengeschichte. 2. Bdchn. A. u. d. T.: Die deutschen Volksbräuche, Volksglaube und mythologische Naturgeschichte. 4. (IV und S. 93—180.) Iserlohn 858, Bädeker.
1. Bdchn. Ebendas. 1854. 15 Ngr.

[Zuccalmaglio, Vinc. J. J. von,] u. d. Namen **Montanus**, Die deutschen Volksfeste, Volksbräuche und deutscher Volksglaube in Sagen, Märlein und Volksliedern. Ein Beitrag zur vaterländischen Sittengeschichte. . . . . (D.)
Bd. 1. a. u. d. T.:
—— Die deutschen Volksfeste, Jahres- und Familienfeste. (Aus: Das Vaterland.) Iserlohn 1855. 8.
Bd. 2. a. u. d. T.:
—— Die deutschen Volksbräuche, Volksglaube und mythologische Naturgeschichte. Iserlohn 1858. 8.

Montanus, die Vorzeit d. Länder Cleve-Mark, Jülich-Berg u. Westphalen. 2 Bde. od. 8 Hfte. (1 Bd. 1. u. 2. Aufl.) gr. 8 (64½ B.) Solingen 837, 838, Amberger.
Hieraus besond. abgedruckt:
Das Kloster Altenberg im Dhünthale.

Montanus, die Vorzeit der Länder Cleve-Mark, Jülich-Berg u. Westphalen. 1r Bd. (4 Hfte.) 2e Aufl. gr. 8. Solingen u. Gummersbach 837. Amberger. 1½ ₰ — 2r Bd. (5s—8s Hft.) 8. Ebd. 838, 39. (à Heft ⅓ ₰) 1½ ₰

— die Vorzeit. Sagen u. Geschichten der Länder Cleve-Mark, Jülich-Berg u. Westphalen. In wissenschaftlicher Umarbeitung neu hersg. von Wilh. v. Waldbrühl. 1. Bd. Mit dem Brustbilde des Verf. (in Holzschn.) Elberfeld 870. Lucas. gr. 8. (VIII, 272 S.) n. 1 ₰; cart. n. 1 ₰ 5 ngr.

— die Vorzeit. Sagen u. Geschichten der Länder Cleve-Mark, Jülich-Berg u. Westphalen. In wissenschaftl. Umarbeitg. von Wilh. v. Waldbrühl u. Montanus. 2. Bd. Mit dem (lith.) Brustbilde d. Conrad v. Heresbach nach Meetmann. gr. 8. (VII, 316 S.) Ebend. 871. n. 3. —; cart. n. 3. 50

Montanus, Winke und Spielregeln f. Tennisspieler, 1. u. 2. verb. Aufl., München 1895 u. 1901, 16°. 2 Bde.

Montanus, s.a. Winke u. Regeln f. Tennisspieler.

Montanus, ..., die Wolfshöhle, od. d. Glückliche in Eckendorf. 8. Zerbst 807. (Kummer). 12 gr

Das alte und das neue Zentrum. Von **Montanus**. Bonn: Hanstein in Komm. [1910]. 160 S. 8°

Montanus, s.a. Zentrum, das alte u. das neue.

— s.: Zur Versöhnung zwischen Naturwissenschaft u. Religion.

Montanus, A., einige Anregungen zur Kritik der heutigen Naturwissenschaft m. besond. Rücksicht auf ihr Verhältniß zur Philosophie. gr. 8. (2½ B.) Leipzig 844, Otto Wigand. *

Montanus, A., Christus und seine Kirche, oder was wollte er, und was ist daraus geworden? Betrachtungen über den Ursprung, die Ausartung, die Stellung zum Staate und die Zukunft der christl. Kirche. gr. 8. (VI, 240 S.) Pest 874, Grill's Hofbuchh. (*M. 3.) *

Aus dem dunklen Reich der Freimaurer. Von A. Montanus. [Essen-Rüttenscheid: Kathol. Presseverein 1904.] 35 S. 8°
Recens: H. 16 (1905) Nr 10.
cf. BrL. 22 (1904—1905) S. 64 (F. Holtschmidt), abgedr. in: Bbl. 19 (1905) S. 156.
Gegnerschrift. Erweiterung von Verf. Artikelserie in der Neuen Bochumer Volksztg üb. dieses Thema. 140.

Montanus, C., eine Wallfahrt nach Walldürn. gr. 16. (IV, 150 S.) Mainz 878, Kirchheim.

Montanus, E., aus der engen Welt e. Dorfpfarrers. Erinnerungen. (VIII, 148 S.) 8. Kaiserslautern 903. E. Crusius. n. 1. 20

Montanus, Euseb., Rückblicke auf Amt u. Leben. gr. 8. (8 B.) Breslau 840, Korn.

Montanus, F., die Alpenfahrt der Familie Ekel. Eine wahre Geschichte als Beitrag zum alpinen Knigge. 3. Aufl. (7. u. 8. Taus.), m. e. Schlußwort v. F. Friedensburg. (IV, 99 S.) 8. München 910. J. Lindauer. — 80
1. u. 2. Aufl. (IV, 83 S.) Ebd. 908. 09. — 80.

Montanus, Felix, s. Lyrik, deutsche.

Montanus, Fr. R., Anfangsgründe der Bergwerkskunde. 8. Wien 823. Bauer. 18 gr Schrbp. 1 ₰

Montanus, Friedr., Balneologia poetica, s. Balneologia.

Montanus, Friedr., der Odenwald einschliesslich der Bergstrasse. Ein Führer für Fremde und Einheimische, insbesondere für Touristen. Nebst Specialkarte des Odenwaldes. 8. (XVI, 264 S.) Mainz 884, Diemer. cart. *

Montanus, Friedr., der Odenwald einschliesslich der Bergstrasse. Ein Führer für Fremde und Einheimische, insbesondere für Touristen. Nebst Specialkarte des Odenwaldes. 2. (Titel-)Aufl. 8. (XVI, 264 S.) Mainz 885, Diemer. cart. *

Montanus, Friedr. Der Odenwald einschliesslich der Bergstrasse. Ein Führer f. Fremde u. Einheimische, insbesondere f. Touristen. Nebst Specialkarte d. Odenwaldes 1 : 100,000. 7. (Titel-) Aufl. 12. (XVI, 264 S.) Mainz 891, Diemer's Verlag. cart. 2 —

Montanus, G., die Prostitution in Paris, s.: Parent-Duchâtelet.

Montanus, H. (H. Jacobi), Gangstücke aus dem Erzgebirge, s.: Tannengrün. 3. Bd.

Montanus, Heinr., Zusammenstellung derjenigen Gesetze und Verordnungen in den Großherzogl. Staats- u. Regierungsblättern von 1803 bis u. mit 1832, welche mit dem Badischen Landrechte in Verbind. stehen. 4. Heidelb. 833. Groos. 1/2 ₰

Montanus, J., Nachricht von den Glocken, deren Ursprung, Nutzen, Gebrauch u. Missbrauch. Chemn. 1726. 8.

Montani, Jac., Spirensis, vita illustris ac divae Elisabeth, Hungarorum regis filiae. Neu hrsg. von Herm. Müller. gr. 8. (XX, 74 S.) Heilbronn 878, Gebr. Henninger. *

Montanus, Irenius (Pseud.), s. Haucke, Johann Gottfried (wirkl. Name)

Montanus, Juvenalis (Pseud.), s.a. Kehrein, Valentin (wirklicher Name)

Montanus, Juvenalis, Feierstunden der studierenden Jugend. Eine Festgabe. 1. Bdchn. 8. (II, 98 S. m. Abbildgn.) Münster 894. A. Russell. n. 1. 20

Montanus, Juvenalis, Mußestunden. E. Weihnachtsgabe, d. reif. studier. Jugend z. Unterhaltg. u. Belehrg. gewidmet. gr. 8. (133 S. m. Abb.) Münster 895. A. Russell. n. 2. 40; geb. in Leinw. n. 2. 90

— aus der Schreckenszeit. Elsässische Revolutionsbilder, nach schriftl. u. mündl. Berichten gezeichnet. Mit 11 Bildern, 24 Fksms. u. e. historisch-litterar. Anh. gr. 8. (IV, 197 S.) Säckingen 891. Expedition d. „Säckinger Volksblattes". 1. 80

Montanus, Carl. Magdalenchen. Eine Sage von Heisterbach. 12. (89 S.) Bielef. 890, Helmich.
* 1 —; auf feinem Papier * 1 50; geb. m. Goldschn. * 2 50

Montanus, Ludw. Conr. (Pseud.). s.a. Bergen, Ludwig Konrad v. (wirkl. Name)

Montani, Ldw. Conr., gründl. Anweisung zu d. wahren hermet. Wissenschaft u. zu d. Geheimniß der Alten des Steins der Weisen zu gelangen. 8. Frankfurt 751. ... 1/6 ₰

Montanus, Martin, s. Hausschatz, humoristischer.

Montanus, Martin: Schwankbücher (1557-1566). Hrsg. v. Johannes Bolte. Tübingen: Litt. Ver. in Stuttgart 1899. (XL, 686 S.) 8°
= Bibliothek d. litterarischen Vereins in Stuttgart. 217.

MONTANUS, Martin. Schwankbücher 1557—1566. Herausgegeben von J. Bolte. 1899. XL und 686 S.
Den 7 umfangreichen, teilweise sehr drastischen Schwanksammlungen des wenig bekannten Autors sind 49 verwandte kleinere Stücke beigefügt. Mit biographischen und erklärenden Anmerkungen und Registern. (Bibl. d. lit. Vereins Stuttgart Nr. 217.)

Montanus, Mart., der Wegkürtzer, s.: Volksmund, der.

Montanus, Rud., die erste christl.-apost.-kathol. Gemeinde zu Danzig freudig begrüßt. 8. (1 B.) Danzig 845, (Gerhard'sche Buchh.)

Montanus, Theod., König Ottokar d. Stolze rc., s. Original-Romane, historische, 5. Bd.

Montanus d. Jüngere. Nisida. Zwei Novellen v. Verf. e Alltagsgeschichte. Hrsg. v. J. L. Heiberg. A. d. Dän. v. W. E. Christiani. 8. (29 B.) Leipzig 838, Kummer.

Montanus-Schulze, s. A. X. Schulze.

—— Handbuch der Geometrie, synthetisch und analytisch behandelt. Mit 10 Tafeln. Berlin 1822. 8.

— Handbuch d. Geometrie. Mit 10 Taf. gr. 8. Berlin 822, Rücker.

—— Die Reagentien und deren Anwendung zu chemischen Untersuchungen. 2. Aufl. Berlin 1818. 8.
Desgl. 4. Aufl., von Lindes bearbeitet. Ebendas. 1830. 8.

Montanus, (Aug. Schulze,) d. Reagentien u. deren Anwendung zu chem. Untersuch. ꝛc. 8. Berl. 820, Flittner.

Montan-Zeitung, österreichisch-ungarische. Einziges österreich. Organ für Montan-Industrie, Metallhandel, Maschinenbau, Eisenbahnwesen ꝛc. Redact. und Hrsgbr.: Gust. Pappenheim. 14.—17. Jahrg. 1880—1883. à Jahrg. 52 Nrn. (Bog.) Fol. Wien, (Perles.) à Jahrg. *

Montan- und Metallindustrie-Zeitung, österreichisch-ungarische. Einziges österreich. Organ für Montan- und Metall-Industrie, Metallhandel, Maschinenbau ꝛc. Redact. und Hrsgbr.: Gust. Pappenheim. 18. Jahrg. 1884. 52 Nrn. (à Nr. 1½ Bog.) Fol. Wien, (Perles.) **

Montan- und Metallindustrie-Zeitung, österreichisch-ungarische. Einziges österreich. Organ für Montan- und Metall-Industrie ꝛc. Nebst: Oesterreichisches Handels-Journal. Hrsgbr.: Gust. Pappenheim. 19. Jahrg. 1885. 52 Nrn. (à Nr. 1½ Bog.) Fol. Wien, (Perles.) **

—— dass. — Erstes österreich. Organ für Montan- und Metall-Industrie ꝛc. Nebst: Oesterreichisches Handels-Journal. Hrsgbr.: Gust. Pappenheim. 20.—22. Jahrg. 1886—1888. à Jahrg. 52 Nrn. (à Nr. 1½ Bog.) Fol. (Ebendas.) à Jahrg. **

Montan- u. Metallindustrie-Zeitung, österreichisch-ungarische. Erstes österreich. Organ f. Montan- u. Metallindustrie ꝛc. Nebst Oesterreichisches Handels-Journal. Hrsg.: G. Pappenheim. 21.—24. Jahrg. 1887—1890. à 52 Nrn. (1½ B.) Fol. Wien, (Perles). à Jahrg. n.n. 18.—

Montan- u. Metallindustrie-Zeitung, österreich.-ungarische. Erstes österreich. Organ f. Montan- u. Metallindustrie ꝛc. Nebst Oesterreichisches Handels-Journal. Hrsg.: Gust. Pappenheim. 25.—28. Jahrg. 1891—1894. à 52 Nrn. (1½ Bog.) Fol. Wien, (M. Perles). à Jahrg. n.n. 18.—

Montan- u. Metallindustrie-Zeitung, österreichisch-ungarische. Erstes österreich. Organ f. Montan- u. Metallindustrie ꝛc. Nebst Oesterr. Handels-Journal. Hrsg.: Gust. Pappenheim. Red.: Jos. Teirich. 29.—32. Jahrg. 1895—1898. à 52 Nrn. (à ca. 8 S.) Fol. Wien (M. Perles). à Jahrg. n.n. 18.—
Beim 32. Jahrg. war Karl Mahlke Mitredakteur.

Montan- u. Metallindustrie-Zeitung, österreich.-ungarische, u. Rundschau der Maschinenindustrie. Organ f. Montan- u. Metallindustrie ꝛc. Nebst: „Oesterreichisches Handels-Journal". Hrsg.: Gust. Pappenheim. Red.: Fritz Wolkenberg. 33.—36. Jahrg. 1899—1902. à 52 Nrn. gr. Fol. (à ca. 8 S.) Wien (M. Perles). à Jahrg. n.n. 18.—
Der 33. Jahrg. ist v. J. Teirich u. K. Mahlke redigiert.

Montan- u. Metallindustrie-Zeitung, österreichisch-ungar., u. Rundschau der Maschinenindustrie. Organ f. Montan- u. Metallindustrie, Eisen- Metallwarenhandel, Metallwarenfabrikation, Maschinenbau, Spänglerei, Schlosserei etc. Nebst: „Oesterreichisches Handels-Journal". Hrsg.: Gust. Pappenheim. Verantwortlich: Hans Pappenheim. Red.: Armand Matti. 37.—40. Jahrg. 1903—1906. à 52 Nrn. (à ca. 6 S.) gr. Fol. Wien (M. Perles). à Jhrg. n.n. 18.—

Montan- u. Metallindustrie-Zeitung, österreich.-ungarische, u. Rundschau der Maschinenindustrie. Organ f. Montan-, Eisen- u. Metallindustrie, Eisen- u. Metallwarenhandel, Metallwarenfabrikation, Maschinenbau, Spänglerei, Schlosserei etc. Nebst: „Oesterreichisches Handels-Journal". Gegründet v. Gust. Pappenheim. Verantwortlicher Red.: Hans Pappenheim. Red.: E. Gutfreund. 41.—44. Jahrg. 1907—1910. à 52 Nrn. (à ca. 10 S.) 33,5×26,5 cm. Wien, (M. Perles). à Jahrg. nn 18.—

Montanzeitung für Österreich-Ungarn, die Balkanländer und das Deutsche Reich. 1.—10. Jg. (1894—1903). Graz, 1894—1903 u. ff.

Montar, Georges de. Fidélité. In-12°, 282 p. Genève, Bâle, Lyon, H. Georg. 1887. 3 50

Montar, G. de. La fille du libraire. In-8°, 453 p. Genève et Bâle, H. Georg. 1885. 3 50

Montar, G. de. Coralie Vernier. Roman. 2 vol. In-8°, 380 et 404 p. Bâle et Genève, H. Georg. 1885.

Renaus de Montauban [Renaud de Montauban] oder die Haimonskinder, altfranzösisches Gedicht, nach den Hs. zum erstenmal hrsg. von Heinrich [Henri] Michelant. — Stuttgart: Litterarischer Verein 1862. 542 S. (Bibliothek des Litterarischen Vereins in Stuttgart. 67.)
1:Ag 303-67. 12:H. misc. 33t-67 [u.] 33ta-67.
300:393.111-B.Per. 67. 2. 3. 4. 5. 6. 7. 8. 9. 10. 11.
8.12496

Montauban, Renaus de, s.a. Bibliothek d. litterar. Vereins in Stuttgart. 67. 174.

Montaux, Chambon Nicolas de. Medicinisch-praktische Abhandlung ... Nürnberg 1808. Ü: *Spohr, Carl Heinrich.* (EngM)

Monteaux, Chambon, d. Arzt f. Schwangere, a. d. Franz. gr. 8. Bremen, Förster. (Muder.) 792.

— üb. Kinderkrankheiten; aus d. Französ. mit Anmerkk. v. Th. Herm. Becker. 1r Bd. 1e u. 2e Abthl. gr. 8. Berl. 800—802. W. Oemigke. (Sander). 1 ₰ 6 gl.

— merkwürd. Krankengesch. u. Leichenöffnungen, eine freie Uebersetz. mit Anmerkk. 8. Leipz. 791. Weygand. 1 ₰ 12 gl.

— von d. Krankheiten verheiratheter Frauen; aus d. Französ. v. K. H. Spohr. 2 Thle. 8. Frankf. a. M. 789, 90. (Keyser in Erf.) 1 ₰ 10 gl.

— Abhandl. v. d. Krankheiten unverheiratheter Frauenzimmer; aus d. Französ. v. K. H. Spohr. 8. Nürnb. 787. Schneider u. W. 1 ₰

de Montaur, (nicht Monteaux) Chambon N., von den Krankheiten unverheirotheter Frauenzimmer. 2e gänzlich umgearb. u. mit d. neuest. Erfahrungen bereicherte Ausg. 8. Nürnberg 834. Schneider u. Weigel. 1 1/6 ℛ

Montbach, M. v. (Hrsg.), s. Baldeschi, Giuseppe

Montbar, Mad. du, Lettres sur l'Allemagne et l'Italie, dédiées aux jeunes demoiselles. 12. (15½ B.) Berlin 844, Asher et Comp. *

du Montbar, Mme., un séjour à Helgoland. gr. 12. Berlin 846, Asher et Comp. Paris, A. Franck. n. 1 ℛ

Montbarey, Walter von, Großmeister des Tempelordens, 2 Theile, mit 1 Kupf. 8. Leipzig, 786. Weygand. 2 Rthl. 15 sgl.

Montbarry, Walter von, Grossmeister des Tempelordens. Leipzig 1786. V: *Naubert, Christiane Benedicte Eugenie geb. Hebenstreit.* (Tt) (EE) (Ky) (SJL) »1787« (MGT)

de Montbart, Madame, de l'éducation d'une Princesse. 8. Berl. 781. (Reimer). 12 gl

— l'Education d'une Princesse. 8. Berl. Himburg. 781.

Montbart, Frau von, moralische Erzählungen, nach dem Franz. 8. Erfurt, 781. Keyser. 10 sgl.

— lettres taïtiennes. 8. Bresl. 784. W. G. Korn. 18 gl

Montbart, Mad. de, s. Loisirs, Les.

— mélanges de Littérature. 8. Bresl. 779. W. G. Korn. 12 gl

— s. a. Sophie, ou de l'éducation.

Montbart, Mad. de, Sophie ou de l'éducation des filles. 8. Berlin, Rottmann. 777.

— Sophie od. Erziehung d. Töchter. 8. Berl. Rottmann. 777.

Montbart, Hans v., aus ernster Zeit. Erinnergn. aus d. Feldzuge 1870—71. 2. Aufl. 8. (140 S. m. Bildn.) Bochum 896. (Düsseldorf, Schrobsdorff.) Kart. n. 2. —

Montbé, Alban von, Hauptmann im kgl. sächs. Generalstabe. Der Feldzug der Spanier in Marocco 1859 und 1860 nach dem spanischen Operationsjournal. (Mit 2 Karten und 3 Plänen.) (Aus: „Österr. milit. Zeitschrift." 1863, 2. u. 3. Bd.) gr. 8. (Wien 1863.)

Montbé, A. v., der Mai-Aufstand in Dresden. Auszugsweise bearb. nach officiellen Quellen. gr. 8. (VI und 324 S. mit 1 lithogr. und ill. Plane in Fol.) Dresden 850, Höckner. *

Montbé, A. v., die chursächsischen Truppen im Feldzuge 1806 mit besond. Bezugnahme auf das v. Höpfner'sche Werk: „Der Krieg von 1806 und 1807." Nach officiellen Quellen bearb. 2 Bde. gr. 8. (XV und 698 S. mit 1 lithogr. und ill. Karte in Imp.-Fol. und 1 Tab. in Fol.) Dresden 860, Kuntze.

Montbé, François Xavier de, Capitain des chur-sächs.-Reg. von Goldacker. Kurzer Unterricht, für die Unterofficiere der leichten Truppen im Felde. 8. Dresden 1787.

de Montbe, Frz. Xav., († ...) Unterricht f. Unteroffiziers d. leichten Truppen im Felde. gr. 8. Dresd. 787. Walther. 3 gl

Montbell (Montbel), Graf von

Montbel, Graf v., der Herzog v. Reichstadt. A. d. Franz. Mit Verbessern. u. Ergänzgn. im Einvernehmen mit d. Verf. gr. 8. (21¼ B.) Leipzig 833, [Weygand'sche Vrls.-Buchh. L. Gebhardt.]

— (dass. u. d. T.:) Der Herzog v. Reichstadt. Nachrichten v. seinem Leben, seiner Erziehung, seinem Tode, gesamm. in Wien. Teutsch hrsg. v. K. v. Kronfels. gr. 8. (12 B.) Freiburg 833, Wagner.

Mont-Blanc-Chamonix. Paris-Lyon-Mittelmeer-Bahn. Paris [1902]. V: *Boland, Henri.* Ü: *Koerner, Erik.* (BBullschw 13, S. 269)

Mont-Blanc [Schlagwort]

Mont-Blanc, s.: Alpen, Imfeld.

Mont Blanc, s.: Schweiz. Volksatlas.

Mont-Blanc. Chaine, la, du Mont-Blanc. Dressée sur l'ordre d'Alb. Barbey. Relevés de X. Imfeld. Documents de Louis Kurz. 1 : 50,000. 4 Blatt à 39×29 cm. Farbdr. Born 906. (A. Francke.) à n. 1.60
1. Massiv de Trélatête. — 2. Massiv du Mont-Blanc. — 3. Massiv du Talèfre. — 4. Massiv du Trient.

— Imfeld, X., la chaine du Mont-Blanc. Carte au 1 : 50,000, dressée sur l'ordre de Alb. Barbey d'après les relevés, les mensurations et la nomenclature de Louis Kurz et d'après les documents existants. Courbes de niveau et adjonctions en 1905. 53×101 cm. Farbdr. Ebd. n. 8. —; auf Leinw. n. 9.60

Mont-Blanc. Barbey, Alb., Carte de la chaine du Mont-Blanc. Topographie par X. Imfeld, hypsométrie et nomenclature par Louis Kurz. 1 : 50,000. 3. éd. 53,5×102,5 cm. Farbdr. Bern 910. (A. Francke).
8. —; auf Leinw. 9.60

Montbovon, s.: Schweiz. Atlas.

Mont Cenis, s.: Eisenbahnkarten.

Mont-Cenis-Tunnel, der, s.: Familien-Bibliothek.

Montchrestien, s. Fries, Ludwig.

Montchrestien's Sophonisbe, s.: Ausgaben u. Abhandlungen aus dem Gebiete der romanischen Philologie.

Monte, Heinrich, der Preußen Heerfürst. Dramatisches Gedicht in 5 Aufz. Rastenberg 1841. V: *Gottschall, Rudolph von.* (Gottschall, R., Aus meiner Jugend. Berlin 1898. S. 108.)

Monte. De M' Simplone s. (D[oblhof]f, [Joseph Freiherr von]).

Monte, Ambros del, Gedichte. 12. (XIV, 155 S.) Wien 881, Konegen. *ℳ 3.; geb. mit Goldschn. * Prachtausg. geb. *

Monte, Aug. Mar. de, Minerva Sanctiana Scioppii impugnata. Ed. J. E. Cappius. Lips. 723. 8.

Monte, Barthol. del, Worte Jesu an d. Herz d. Priesters, od Betrachtn. f. Geistliche auf alle Tage d. Monats. A. d. Ital. 12. (11½ B.) Sulzbach 839, v. Seidel'sche Buchh.

del Monte, Bartholomäus, Worte Jesu an das Herz des Priesters, oder Betrachtungen für Geistliche auf alle Tage des Monats. Aus d. Italien. 2. unveränd. Aufl. 12. Sulzbach 844, v. Seidel'sche Buchh. ½ ₰

Monte, Constanza, sündige Liebe. Tagebuchblätter. (VII, 31 S.) 8. Dresden (907). E. Pierson. 1.—; geb. n 2.—

Monte, Hieronymus von (Brixen), Tractatus de finibus regundis, civitatum, castrorum ac praediorum, tam Urbanorum quam Rusticorum In quo Jurisdictiones, Dioeceses, Pascua, Alluviones . . . Cum Indice Rerum memorabilium. Nürnberg (J. D. Tauber) 1710. 336 S. (6.75) 23646
Widm. v.: Laurentius Zuccari, Ludwig Mantelli, Caesar Nuptius.

del Monte, Maria, s. Expositio ss. Missae.

Monte Dego, Franz Josef Albert von

Monte Dego, Prof. Dr. Fr. Albert v. — Freudengruß eines dankbar ergebenen Herzens bei der Rückkehr Sr. Excellenz des hochwürdi. sten Herrn Erzbischofs zu Erlau Adalbert Bartakovics v. Kis-Appony aus Wien am 22 Juni 1856. Erlau. Gedruckt in der erzbischöfl. Buchdr. (2 Bl. 4.)
Ein Gedicht.

v. Monte Dego, Frz. Jos. Albert, neuestes polytechn. Rezept-Taschenbuch, enthalt. 250 durch Neuheit oder Gemeinnützigkeit ausgezeichnete Vorschriften aus dem Gebiete der Haus- u. Feldwirthschaft, der techn. Chemie u. Gewerbskunde. 8. Pesth 845, Verl.-Mag. 1 ₰

Monte-Snyders, Johann de.
Metamorphosis Planetarum; das ist: Eine wunderbarliche Veränderung der Planeten und metallischen Gestalten in ihr erstes Wesen, mit beygefügtem Process und Entdeckung der dreyen Schlüssel, so zu Erlangung der drey Principien gehörig und wie das Universale Generalissimum zu erlangen in vielen Oertern dieses Büchleins beschrieben. Anjetzo wiederum zum Druck befördert durch A. Gottlob B[londel]. Franckfurt und Leipzig, zu finden bey Johann Paul Kraus in Wienn, 1774. pp. 173-[iii], 12mo.

— metamorphosis plantarum. 8. Viennae. (Sommer, Lips.) 774.

Monte-Snyders, Johann de.
Chymische Schriften. Frankfurt und Leipzig, 1773. pp. 208.

de Montesnyders, Joh., tractatus de medicina universali. 8. Wien 773. Krauss. ⁵⁄₁₂ ₰

MONTE-SOUVENT, Chevalier de (ps.), Die Lebensalter der Liebe. O. O. u. J. (1909). — *A. E.:* Aus der Offizin von Möchtegern Kannicht in Schöppenstedt. 8°. Illustr. Umschl. mit Titel u. sotad. Abbildg. in Goldpress. Seltener Privatdruck. (20 Mk. Adolf Weigel, 1910.)

Monteaux, Chambon Nicolas de, s. Montaux, Chambon Nicolas de.

Montebello, Lionardo, oder der Carbonari-Bund . . . Leipzig 1821. V: *Vulpius, Christian August.* (Ky) (EE)

Monte-Carlo. Erklärung des Spieles Trente u. Quarante u. der Regeln der Roulette m. 2 Taf. Neueste Aufl. 12. (26 S.) Monte-Carlo 899. (Nizza, L. Gross.) — 80

— Roulette u. Trente et Quarante. Von W. H. A...... 8. (51 S.) München 899. C. Haushalter. n. — 80

Monte-Carlo u. Riviera-Revue. Rivista mondana del Litorale italiano. Wochenschrift. Gérant: L. Silvestre. 1. Jahrg. Oktbr. 1910—Septbr. 1911. 52 Nrn. (à ca. 12 S. m. Abbild.) 32,5×25 cm. Monte-Carlo. (Nizza, A. Hohberg.) à — 50

Monte Cenere-Pass. Der M' C'-Pass. Eine applikatorische Vorstudie zu dem 3. Kurse der diesjährigen eidgenössischen Generalstabsschule, von einem Ungenannten. SA. 8. [Frauenfeld 1887.]

Montecuccoli, Raymund, Sac. Rom. Imp. Princ; Commentarii Bellici. Juncto Artis Bellicae Systemate. Ex Augustissimae Bibliothecae Authographo Figuris Aeneis Illustrati, et à quodam Societatis Jesu Sacerdote Latinitate Donati, Cum Sub Augustissimis Auspiciis Positiones ex Universa Philosophia defenderet Illustrissimus, et Doctissimus Dominus March. Franciscus Raymundus de Montecuccoli, Austriacus viennensis AA. LL. et Phil. Magister, ex Praelectionibus R. P. Michaelis Bonbardi e Soc Jesu, AA. LL. et Phil. Doct. ejusdemq. Profess. emeriti, ac p. t. Senioris, et consistorialis. (Mit 2 Taf.) Fol. Viennae Austriae, Anno 1718.

Montecuculi, Raimondo Princ. di. Commentarii de ratione belli . . . Graecii 1716. Ü: *Wagner, Franz.* (Jes) (SO)

— Besondere und geheime Kriegs-Nachrichten, worinnen die Anfangsgründe der Kriegskunst sehr deutlich beschrieben sind. Von dem eigenhändigen Manuscript des Autors aus der Kaiserlichen Bibliothek in das Teutsche übersetzet, auch mit dessen Zeichnungen und Kupferstichen versehen. 1. Buch. Anfangsgründe der Kriegskunst überhaupt. 2. Buch. Regeln, welche auf den Krieg, den man mit dem Türcken in Ungarn führen kann, applicirt werden. 3. Buch. Anmerkungen über dasjenige, so sich in den letzten Ungarischen Kriegen zugetragen hat. (1661—1664.) Abhandlung (System) der Kriegskunst. (Mit Kupfern.) (Mit 1 Portrait des Verfassers und 4 Taf.) 4. Leipzig 1736.

Montecuculi, Raymund Fürst. Besondere und geheime Kriegs-Nachrichten des Fürsten Raymund Montecuculi ... worinnen die Anfangs-Gründe der Kriegs-Kunst sehr deutlich beschrieben sind ... Leipzig, verlegt in dem Weidmannischen Buchladen 1736.
Tit., 6 Bl., 158 S.; 25 Taf. in Kupferst. 8°.
Deutsche Übersetzung der 1704 in Köln erschienenen Memorie del General Principe di Montecuccoli. Das 1. Buch der Memorie wurde zuerst u. d. T.: L'attione bellica 1682 von Giroldi veröffentlicht

Montecuculi, R., Leben. 8. Leipz. 792. N. Aufl. 808. (W. Rauck). 1 ₰ 4 gl

Montecuculi Leben, neue Ausgabe. 8. Leipz. Sommer. 808.

Montecuccoli, Raymond, généralissime des troupes de l'empereur. Mémoires. Nouvelle édition. Revue, corrigée en plusieurs entroits, augmentée de Notes Historiques et Géographiques etc. Suivi des Commentaires etc. Divisés en trois livres. — (Tome Ier.) I. De l'art militaire en general. II. De la guerre contre le Turc. III. Relation des campagnes 1661—1664. Avec des Figures en taille-douce. (Mit dem Bildnisse Montecuccoli's als Titelbild.) — Tome IIe. Commentaire et notes sur les mémoires. Commentés par M. L. comte Turpin de Crissé, maréchal des campes et armées du Roi, inspecteur général de cavalerie et de Dragons etc. (Mit 12 Plänen u. z. Planches 18—29.) (2 Bde.)
8. Amsterdam et Leipzig. (zirka 1756.

Montecuccoli, Raymond. Mémoires divisés en trois libres: I. De l'art militaire en général. II. De la guerre contre les Turcs. III. Rélation de la Campagne 1664. Nouvelle édition, avec des figures.
8. Amsterdam et Leipzig 1756

Montecuccoli. Raim. Memorie che rinfermano una essatta instruzione de' generali ed ufficiali di guerra per ben commandare un' armata, assediare e difendere città o fortezze, e particolarmente le massime politiche militari e stratagemmi da lui praticati nelle guerre d'Ungheria, d'Italia e contro gli Soedesi in Germania, colle cose successe le più memorabili; alle quali si ha aggiunto la vita dell' autore per H. D. H. C. R. D. P.; il tutto con note cavato dagli autori antichi e moderni poste in luce per il P. Enrico di Huyssen. (468) 12. Colonia 1704.

Montecuccoli, Principe. Memorie. Bd 1. 2. Hrsg. von E. Huyssen. Cöln 1704. 8°.
Dass. deutsch u. d. T.: Besondere und geheime Kriegs-Nachrichten. Leipzig 1736.

Montecuccoli, des Raim. Fürsten, ausgewählte Schriften. Hrsg. von der Direction des k. u. k. Kriegs-Archivs. Bearb. von Alois Veltzé. I.—IV. Bd. gr. 8. Wien, W. Braumüller. n. 48.—; geb. n. 60.—
I. Militärische Schriften. (1. Thl.) Mit e. Titelbild u. 3 graph. Beilag. (IV, CXXXIII, 387 S.) 899. n. 10.—; geb. n. 13.—
II. Dasselbe. (2. Thl.) Mit 12 Taf. (92 Abbildgn.) (VI, 619 S.) 899. n. 14.—; geb. n. 17.—
III. Geschichte. (Kriegsgeschichte, Mémoiren, Reisen.) (VI, 472 S.) 900. n. 10.—; geb. n. 13.—
IV. Miscellen. Correspondenz. Orts-, Namen- u. Sach-Register. (II, 530 S.) 900. n. 14.—; geb. n. 17.—

Montecuccoli. Raimund Fürst, General-Lieutenant und Feldmarschall. Ausgewählte Schriften. Herausgegeben von der Direction des k. und k. Kriegs-Archivs. Bearbeitet von Hauptmann Alois Veltzé. I. Bd. Militärische Schriften. (1. Th.) Mit 1 Titelbild und 3 graphischen Beilagen. II. Bd. Militärische Schriften. (2. Th.) Mit 12 Tafeln (92 Abbildungen). III. Bd. Geschichte. (Kriegsgeschichte, Memoiren, Reisen.) IV. Bd. Miscellen. Correspondenz. Orts-, Namen- und Sach-Register. (4 Bde.) 8. Wien und Leipzig 1899—1901.

Montefeltro, da, s.: Agostino da M.

Montefiore, Claude G., liberales Judentum. Ein Essai. Einzige autoris. deutsche Uebersetzg. von Osc. Plaut. (219 S.) 8. Leipzig 906. C. E. M. Pfeffer.
Geb. in Leinw. n. 4.—

Montefiore, J., Nachrr. v. Unternehm. auf Bulam an der Küste v. Afrika; aus d. Engl. 8. Hannov. 795. Hahn. 4 gr.

Montefiore, M., s. Levin, M.

Montefiore-Album, internationales. Hrsg. von Jos. Fiebermann. gr. 8. (208 S. mit Holzschn. und 1 Portr. in Lichtdr.) Frankfurt a. M. 888, Mahlau und Waldschmidt. geb. *

Monte Generoso, Der, am Luganersee, der Rigi der Südschweiz. Aarau [1909]. V: *Türler, Emil August.* (BBullschw 12, S. 286)

Monteggia, Giovanni Battista

Monteggia, J. B., Abhandll. üb. die venerischen Krankheiten u. ihre Heilart; aus d. Italien. übers. v. S. Schlessing. gr. 8. Wien 804. (Rohrmann u. Schw.) 1 Thlr 16 gr

— — dies. a. d. Ital. v. S. Schlessing. gr. 8. Wien, Schalbacher. (Sammer.) 806.

— prakt. Bemerkk. üb. die venerische Krankheit u. ihre Heilart; aus d. Italien. v. J. Eyerel. 8. Wien 797. (Heubner). 18 gr

— praktische Abhandl. üb. die venerische Krankh. und ihre Heilart, a. d. Ital. v. Eyerel. 8. Wien, Camesina. 797.

Monteggia, G(iovanni) B(attista): Praktische Bemerkungen über die venerischen Krankheiten. (Annotazioni pratiche sopra i mali venerei. Dt.) Übers., mit Zusätzen und Anmerkungen vermehrt von Joseph Eyerel. 367 S., gbd.

Wien: Camesina 1798

Monteggia, G(iovanni Battista): Briefe über Browns Elementa, oder kurze Übersicht der Brownischen Lehre. (Lettera sulle Elementa medicinae. Dt.) Aus dem Italiänischen (übers. und) mit Anmerkungen hrsg. von M(elchior) A(dam) Weikard. 94 S., gbd.

Heilbronn: Classische Buchhandlung 1796

— fasciculi pathologici. 8maj. Zürich 790. Ziegler. 8 gr

— fasciculi pathologici. 8. Zürich, Ziegler. 792.

Monteggia, Giov. Batt., Fasc. pathol. 142 pp. Turici. 8°. 1793

Montegna, E., Conrad v. Trotha; od. Fürstenrache u. Höllenlist. Histor. Roman. 2 Thle. 8. (30 B.) Quedlinburg 833, Basse.

Montegre, Antoine Fr. Jenin de

Montegre, über d. Erkenntniß u. Behandlung d. Hämorrhoiden. In e. gedrängten, zweckmäß. Auszuge aus d. Franz. f. prakt. Aerzte u. Hämorrhoidalpatienten deutsch bearb. u. mit Anmerkn. versehen v. F. J. Wittmann. gr. 12. (8½ B.) Leipzig 833, Geibel. (Hartleben's Verls.-Expedition.)

Montegre, über die Erkenntniß u. Behandlung der Hämorrhoiden. Nach dem Französ. bearb. von F. J. Wittmann. Neue Ausg. gr. 16. Pesth 843, Hartleben. (Leipzig, Frohberger's Separat-Conto.) ½ Thlr

Montegre, A. J., die Hämorrhoiden, ihre Erkenntniß, alle ihre Zufälle u. Folgen u. ihre Heilung. Aus d. Französ. vom Verf. d. Recepte u. Kurarten (G. W. Becker). gr. 8. Leipz. 821. Engelmann. 1 Thlr 16 gr

Montegre, Antoine Fr. Jenin de. Die Hämorrhoiden, ihre Erkenntniss ... A. d. Franz. ... Leipzig 1821. Ü: *Becker, Gfr. Wilhelm.* (KY) (MGT) (EDGM)

Montelasi, Baron Ungaro di, meine politische Ueberzeugung. (III, 222 S.) gr. 8. Berlin 904. Fussinger. n. 2.50; geb. n. 4.—; Luxusausg. n. 4.—; geb. n. 6.—; Fürstenausg. (m. 2 Bildnissen) geb. in Ldr. m. Goldschn. n. 12.—

Monteil, Edgar: Das große D o r f . Aus d. Franz. übertr. von Henriette Devide. Leipzig: Reclam jun. [1909]. 415 S. 8°
(Universal-Bibliothek. 5117-20.)

Monteil, Edg., das große Dorf. s. a. Universal-Bibliothek.

Monteil, Edgar: Der R o m a n eines Romans. Aus d. Franz. übertr. von Henriette Devide. Leipzig: Reclam jun. [1909]. 286 S. 8°
(Universal-Bibliothek. 5121-23.)

— Der Roman e. Romans, s. a. Universal-Bibliothek.

Monteiro, Diego, portugiesische und deutsche Gespräche. Oder: Handbuch der portugiesischen und deutschen Umgangssprache zum Gebrauche beider Völker. Eine leichtfaßl. Anleitung, sich in allen Verhältnissen des Lebens verständlich zu machen. Für den Unterricht, für Geschäftsleute, Reisende und Auswanderer nach Brasilien. Nebst einem Anhange von Titulaturen, Formularen zu Briefen, Rechnungen, Quittungen rc. 8. (X und 189 S.) Hamburg 853, Kittler. *

Monteiro, João Antonio: M e m o i r e sur plusieurs nouvelles varietes de formes determinables de Topaze.
(Aus den Abh. d. k. bair. Akad.) München. 1812. 4°

Monteiro, J. A., Mémoire sur plusieurs nouvelles variétés de formes déterminables de Topaze. Mit 3 Kpf. gr. 4. Münch. 813. (Franz.). 8 gr. (Auch in d. Denkschriften d. Acad. d. W.)

MONTEIRO, JOÃO ANTONIO.
Memoria sobre muitas novas variedades de formas determinaveis de topazios. Munich, 1811.

Monteiro, Jos Fr (Taubaté/Brasilien)
Über das Gelbe Fieber.
Leipzig: Edelmann 1883. 50 S.
Diss. med. Giessen 2.8.1883. vorh. 26. 7. 1a.

Montelban, s. M o n t a u b a n .

Die Chronologie der ältesten Bronzezeit in Nord-Deutschland und Skandinavien. Von Oscar **Montelius**. Mit 541 Abb. *Braunschweig: F. Vieweg & Sohn 1900.* (239 S.) 4°
Aus: Archiv f. Anthropologie Bd 25 u. 26. [00. 7712 7]

Montelius, Osc., la civilisation primitive en Italie depuis l'introduction des métaux, illustrée et décrite par M. I. partie. Italie septentrionale. gr. 4. (XI, VI S. u. 548 Sp. m. Abb. u. 113 Taf. in Karton.) Stockholm 895. (Berlin, A. Asher & Co.) n.n. 150. —

Montelius, Osc., la civilisation primitive en Italie depuis l'introduction des métaux, illustrée et decrite par M. II. partie. Italie centrale. 2 Tafelbde. (Taf. 114—383.) 8. Stockholm 904. (Berlin, Behrend & Co.) In 2 Mappen n.n. 275. — (I u. II, Tafeln: n n. 425. —)
Der Textbd. ist noch nicht erschienen.

Montelius, Osc., Führer durch das Museum vaterländischer Alterthümer in Stockholm, im Auftrage der k. Akademie der schönen Wissenschaften, Geschichte und Alterthumskunde ausgearb. Uebers. von J. Mestorf. gr. 8. (IV, 138 S. mit eingedr. Holzschn.) Hamburg 876, O. Meissner.

Montelius, Osc., die Kultur Schwedens in vorchristl. Zeit. Übers. v. Carl Appel nach der 2. Aufl. gr. 8. (VIII, 198 S) Berlin 885. G. Reimer. n. 6. —

— **Kulturgeschichte Schwedens** von den ältesten Zeiten bis zum 11 Jahrh. nach Christus. (V, 336 S. m. 540 Abbildgn.) Lex.-8. Leipzig 906. E. A. Seemann. n. 9. —; geb. n. 10. —

— die älteren **Kulturperioden** im Orient u. in Europa. I. Die Methode. (110 u. XVI S. m. Abbildgn.) gr. 4. Stockholm 903. (Berlin, Behrend & Co.). n.n. 25. —

— der **Orient** u. Europa. Einfluss der oriental. Cultur auf Europa bis zur Mitte des letzten Jahrtausends v. Chr. Deutsche Uebersetzg. v. J. Mestorf. Hrsg. von der königl. Akademie der schönen Wissenschaften, Geschichte u. Alterthumskunde. 1. Hft. Lex.-8. (186 S. m. Abb.) Stockholm 899. (Berlin, A. Asher & Co.) n. 6.—

Der Orient und Europa. Einfluss der orientalischen Cultur auf Europa bis zur Mitte des letzten Jahrtausends v. Chr. Von Oscar **Montelius**. Deutsche Übers. von J[ohanna] M e s t o r f. Hrsg. von d. Königl. Akad. d. schönen Wiss., Gesch. u. Alterthumskunde. H. 1. *Stockholm 1899 (1900: Idans Hofboktr.)* 4°(8°) [00. 1495 7]

Montemayor, Jorge de

—— Der spanische Roman oder Diana, eine erdichtete Geschichte aus d. Spanischen übersetzt. Hamburg 1750. 8°.
Nach folg. französ. Uebers. gemacht: Le Roman espagnol, ou nouvelle traduction de la Diane de *Montemayor* (par Le Vayer de Marsilly). Paris, Briasson. 1735. 12°.

Montemont, Albert, neue Reisen zu Wasser u. zu Lande in den Jahren von 1837—1847 nach den verschiedenen Theilen der Erde ausgeführt oder veröffentlicht. Enth.: die Beschreibung der besuchten Gegenden, deren Sitten, Gewohnheiten, Regierungsformen, Cultus, Productionen, Industrie, Handel rc. Aus d. Franz. von W. B. 1. Bd. Reisen um die Welt u. nach der Oceanie. 1—3. Hft. gr. 12. (S. 1—288.) Nordhausen 848, Fürst. (à 6 ngr) 18 ngr

Monten, Dietrich

Monten, D. Die schwedische Armee.
Würzburg 1835. 39 farb. Bl. 2°

Monten, D. Sämtliche Truppen von Europa in charakterist. Gruppen n. d. Leben gezeichn. Würzburg 1835 1838. 577 farb. Bl. 2°

Monten, Dietrich und H. A. **Eckert** in München. S ä m m t l i c h e T r u p p e n v o n E u r o p a in charakteristischen Gruppen nach dem Leben gezeichnet. Bd. I. B u n d e s h e e r. Anhalt-Bernburg. Baden. Bayern. Braunschweig. Bremen. Lübeck. Hannover. (Mit 111 Tafeln Abbildungen.) — Bd. II. B u n d e s h e e r. Grossherzogthum Hessen. Hessen-Cassel. Hessen-Darmstadt. Hohenzollern. Holstein. Lippe-Detmold. Mecklenburg-Schwerin. Mecklenburg-Strelitz. Nassau. Oesterreich. (Mit 136 Tafeln Abbildungen.) — Bd. III. B u n d e s h e e r. Oldenburg. Preussen. Reuss. Sachsen. Sachsen-Altenburg. Schaumburg-Lippe. Waldeck. Württemberg. (Mit 113 Tafeln Abbildungen.) — Bd. IV. R u s s i s c h e s M i l i t ä r. (Mit 136 Tafeln Abbildungen.) — Bd. V. F r a n k r e i c h. S c h w e d e n. S c h w e i z. (Mit 60 Tafeln Abbildungen.) (5 Bde.)
Fol. Würzburg 1838.

Monten, Dietrich. Die Uniformen des Russischen Heeres. Colorirte Lithographien Würzburg. 4°.

Montén, Fr., über den Einfluss des Druckes auf den elektr. Leitungswiderstand des Selens u. Schwefelsilbers. (6 S. m. 1 Fig.) 8. Uppsala 908. (Berlin, R. Friedländer & Sohn.) nn — 60
Sonderabdr. a.: „Arkiv f. matematik, astronomi och fysik".

Montenach, G[eorges] de. L'Art et le Peuple <avec une lettre de M. l'Abbé [Jules] Lemire, député du Nord>. II + IV + 41 p. 8. Fribourg, Fragnière Frères, 1903.
(1. Brochure de propagande esthétique et sociale.)

Montenach, [Jean de]. Paroles prononcées par Mr. M*..., après avoir réuni, le 7 Avril 1837, dans le collége électoral de la ville de Fribourg, 88 suffrages sur 90 votans.... ([Avec] Quelques réflexions sur le Discours....) 8. *s. l.*

de Montenay, **Pallissot, les Philosophes. Coméd. 8. Frkf. 760. Esslinger. (Schäfer). 5 gr**

Montenbruck, Ernst, Assistenzarzt d. Augusta-Kranken-Anst.: Aus d. gynaekol. Abt. d. Augusta-Kranken-Anst. in Bochum. Chefarzt v. Bardeleben. Über die keilförmige Excision des Uterus bei Prolaps und gutartigen Geschwülsten. Eine neue Operationsmethode nach Sanitätsrat Dr. Everke, Frauenarzt in Bochum. Bonn (1909): Trapp. 42 S. 8°
Bonn, Med. Diss. v. 28. April 1909, Ref. Fritsch
[Geb. 20. Sept. 82 Wehen; Wohnort: Bochum; Staatsangeh.: Preußen; Vorbildung: Gymn. Wiesbaden Reife O. 01; Studium: Marburg 5, Würzburg 1, Marburg 4 S.; Coll. 28. Apr. 09; Approb. 4. Nov. 08.] [U 09. 355

v. Montendre, Graf, das Gestütewesen u. die Anstalten für Pferdezucht in den deutschen Bundes- u. den damit verwandten Staaten. Nach ihrem neuesten Zustande geschildert. 1. Bdchen. (Preußen, Baiern, Hannover, Würtemberg, Holstein u. Mecklenburg. — Besonderer Abdruck aus dem 18. Jahrg. des Jahrbuchs für Pferdezucht rc.) 12. Weimar 842, Voigt. 2/3 Thlr

Montenegro [Sachliches OW]

Montenegro, Franziska. Ein Trauerspiel in fünf Aufz. Magdeburg 1781. V: *Steltzer, Chn Jul. Ludwig.* (GGr) (Ky)

Montenegro, Francisca; Trspl. (v. Chr. Edw. Steltzer). 8. Magdeb. 781. Creutz. 8 gr

Montenegro u. sein Herrscherhaus. Zur Geschichte der montenegrin. Fürstendynastie. Verf. u. hrsg. vom Generalkomité der montenegrin. Emigranten. Aus dem Serb. übers. v. Pajo Grbić-Šumadinovic. (X, 86 S.) 8. Berlin 906. S. Cronbach. n. 1.50

Montenegro und die Montenegriner. Ein Beitrag zur Kenntniss der europäischen Türkei und des serbischen Volkes. Stuttgart u. Tübingen 1837. 111 S.
= Reisen und Länderbeschreibungen der älteren und neuesten Zeit. Lfg. 11. 8°.

Montenegro und die Montenegriner. Ein Beitrag zur Kenntnis der europäischen Türkei und des serbischen Volkes. Stuttgart 1837. V: *Karadschitsch, Wuk Stephanowitsch.* (Allg. Ztg. a. o. Beil., S. 517)

Montenegro [Schlagwort]

Montenegro, s.: Balkan-Halbinsel, Scheda & Steinhauser. — Bosnien. — Geolog. Karten, Hauer, F. v. — Serbien.

Montenegro, s.: Dalmatien.

Montenegro, s.: Eisenbahnkarten. Oesterreich-Ungarn. — Hand- u. Reisekarten. 48. 73. —

Montenegro, neueste Karte von (Černa gora), mit den Grenzbestimmungen der österr.-engl.-französischen Commission v. d. J. 1859 bis 1860. Auf Stein gezeich. v. J. Paulini. Farbendruck. Querfolio. Wien. Artaria & Comp. 1861. 1 fl. 50 kr.

Montenegro [Verfasser]

Montenegro, Don, Itinerario para Parochos de Indios. 4. Lips. Sommer.

v. **Montenglaut,** (Henriette,) Erzählungen. Neue Ausg. 8. Berlin 826, Stuhr.

v. Montenglaut, Henriette, geb. von Cronstain, Nordlands Haidebluthen. 8. Berlin 824. (A. Förstner.) 1 1/6 Thlr

— Nordlands Haideblüthen. (Gedichte). 8. Berl. 824. Schüppel. 1 Thlr 4 gr

v. Montenglaut, Henr., geb. v. Cronstein, Herbstblumenkranz, mit 5 Musikbl. 8. Darmst. 814. Frankf. Hermann. 1 Thlr 8 gr

— s. Husch, Pauline v.

Montenglaut, geb. v. Cronstain, Henriette v., Novellen, Erzählungen u. Reise-Skizzen. 2 Bde. 8. (35¾ B.) Braunschweig 830. [Leipzig, Fr. Fleischer.]

Montenglaut, Henriette von, s. Scott, W.: D. Pirat.

— s. Thibeaudeau, Böhmen in d. J. 1600 — 1621.

— s. Voltaire, Merope.

v. Montenglaut, Henriette, geb. v. Cronstain, dramat. Werke. 2 Bde. (1r Bd.: Der Pirat. — 2r Bd.: Der Magiker u. das Ungeheuer. — Der Sansfaçon. — Die einfache Begebenheit. — Die Sitzung im Wirthshause). 8. Braunschw. 830. Verlags-Compt. 2 Thlr Hbg. Pr. 16 gr

—— dramatische Werke. 2 Bde. 8. (31 B.) Braunschweig 830, [Herneyer.] à 1 Thlr.
Bd. 1 Der Pirat. — 2. Der Magiker u. das Ungeheuer. — Der Sansfaçon. — Die einfache Begebenheit. — Die Sitzung im Wirthshause.

— dramat. Werke. 2 Bde. Braunschweig, jetzt Th. Fischer in Cassel. 2 Thlr

Montépin, Xavier de

Montépin, Xav. de, un amour maudit. 2 Vols. (Bibliothèque choisie. Vol. 409 et 410.) 16. (839 S.) Naumburg 861, Paetz.

Montépin, Xav. de, l'avanturier. 10 vols. Halle 857. Exped. der Bibliothèque choisie. 16. (à 160 S.) 3 Thlr. 10 ngr.

—— l'aventurier. 10 Vols. (Bibliothèque choisie. Tomes 140—148 et 178.) 16. (960 S.) Halle 857. [Naumburg, Paetz.) à Tome 10 Ngr.

— Bekenntnisse eines Abenteurers, siehe: Lese-Cabinet, belletristisches, 665—670. Lfg.

Montépin, Xav. de, Bekenntnisse eines Abenteurer's. Roman. Uebers. von Aug. Dietzmann. 3 Thle. Neuer Abdr. 8. (425 S.) Wien 864, Hartleben's Verlag.

Montépin, Xavier de, Bekenntnisse e. Hochstaplers. Roman, aus dem Franz. übers. (96 S.) 8. Neuweißensee (905). E. Bartels. 2.—

—— les chasseurs de forçats, formant la suite aux métamorphoses du crime. 4 Vols. (Bibliothèque choisie. Vol. 668—670.) 16. (467 S.) Naumburg 864, Pätz.

— les confessions de Tullia. Edition autorisée. 2 vols. 16. (144 u. 132 S.) Naumburg 874. Pätz. 2. —

Montépin, Xav. de, Dame in terza. Romanzo. 3 Vol. Triest 863. Coen. gr. 16. (465 S. mit 3 Holzschntaff.) n. 24 ngr.

— Diana und Blanche, } s. Lese-Cabinet, neuestes belletristisches. 477-486.

— Diane et Blanche, suite des viveurs de province. 5 Vols. (Bibliothèque choisie. Vol. 446—450.) 16. (784 S.) Naumburg 862, Pätz.

— das Drama im rothen Hause, s. Lese-Cabinet, neuestes belletristisches.

Montépin, Xav., de, un drame dans les montagnes. 2 Vols. (Suivi de Marthe par A. Belot.) 16. (316 S.) Paris 856. (Leipzig, Gerhard.)

— les drames de l'adultère. 2. u. 3. partie. 16. Ebend. 874. 5. —
2. La comtesse de Nancey. 2 vols. (176 u. 160 S.) 2. —
3. L'amant d' Alice. 3 vols. (114, 141 u. 113 S.) 3. —

— der Marquis d'Espinchal, s. Frankreich, belletristisches.

— les filles de plâtre. Les drois débuts. 7 vols. Leipzig 856. Gerhard. 16. (160; 160; 160; 160; 160; 144; 144 S.) 2 Thlr. 10 ngr.

— der Flüchtling, s. Roman-Zeitung.

— Genoveva Galliot, s.: Lese-Cabinet, belletristisches, 644—646. Lfg.

— die Gitana, s. Lese-Cabinet, neuestes belletristisches.

Montépin, Xavier de. Der Glücksritter. Historischer Roman. Deutsch von A. Kretzschmar. I.—V. Theil. *Pest, Wien und Leipzig* 1858. *Hartleben's* Verl.-Exped. 184, 188, 167, 175, 147 S. 8°.
Auch unt. d. Tit.: Neuestes belletristisches Lese-Cabinet der besten und interessantesten Romane aller Nationen in sorgfältiger Uebersetzung. Lief. 11—24.

— der Glücksritter, s. Lese-Cabinet, neuestes belletristisches.

— **die Grisette aus dem lateinischen Viertel. Roman aus dem Franz. (96 S.) 8. Ebd. (905). 2. —**

— die blutige Hand, s. Saat und Garben.

— Das Haus des Teufels. } s.: Lese-Cabinet, neuestes belletristisches.

— die rothe Hexe, s.: Lese-Cabinet, neues belletristisches.

— Jane, Vignette, Claudia, s. Warnsdorff. L. v.

— ein junger Cavalier, s. Lese-Cabinet, neues belletristisches.

Montépin, Xav. de, die Königin von Saba. Ein Roman. Aus dem Französ. 3 Thle. Berlin 853. Fernbach jun. 16. (248; 232; 223 S.) 1 Thlr. 10 ngr.

— et E. Capendu, Mademoiselle la Ruine. 4 Vols. 16. (664 S.) Paris 856. (Leipzig, Gerhard.)
Vgl.: Lese-Cabinet, neues belletristisches. — Hausbibliothek, illustrirte.

— Fräulein la Ruine, s. Warnsdorff, L. v.

— galantes Leben in der Provinz, s. Lese-Cabinet, neuestes belletristisches.

— die Liebe eines Wahnsinnigen, s.: Lese-Cabinet, belletristisches, 251—256. Lfg.

— die Liebe eines Wahnsinnigen. Aus dem Französ. übers. von Louis Fort. 2 Thle. Neue Ausg. 8. (411 S.) Wien 862, Hartleben's Verlag.

— **die Liebe eines Wahnsinnigen. Roman, aus dem Franz. übers. (93 S.) kl. 8. Ebd. (905). 2. —**

— la mano insanguinata, ovvero la maschera nera. 4 Voll. gr. 16. (818 S. mit 4 Holzschnt.) Triest 859, Coen. Thlr.

— le mari de Marguerite. Ed. autorisée. 3 vols. 16. (160, 143 u. 138 S.) Ebend. 873. 3. —

— la contessa Maria ovvero lo spettro di una vivente, 5 Voll. gr. 16. (965 S. mit 5 Holzschnt.) Triest 860, Coen.

Montépin, Xavier de: Die Gräfin Marie, s. Lese-Cabinet, Neuestes belletristisches.

— **die Marionetten des Teufels. (Roman aus dem Franz.) (94 S.) kl. 8. Ebd. (905). 2. —**

— die Marionetten des Teufels, } s. Lese-Cabinet,
— die rothe Maske, } neuestes belletrist.

— **die rothe Maske. — Das Drama. (Roman aus dem Franz.) (96 S.) kl. 8. Ebd. (905). 2. —**

— les métamorphoses du crime. 4 Vols. (Bibliothèque choisie. Vol. 662—665.) 16. (589 S.) Naumburg 864, Pätz.

— u. Marq. v. Foudras, Mignonne, siehe: Bibliothek, Europäische, 643—645. Bd.

— **ein Modell. Roman aus dem Franz. (96 S.) 8. Ebd. (905). 2. —**

— le moulin rouge. 8 Vols. (Bibliothèque choisie. Vol. 769—776.) 16. (1285 S.) Naumburg 865, Pätz.

— die rothe Mühle, s. Roman-Bibliothek, neue.

— die Nachtvögel, s. Lese-Cabinet, neues belletristisches.

— **die Nachtvögel. Die geraubte Braut od. die Wellenmühle. Roman aus dem Franz. (96 S.) 8. Ebd. (905). 2. —**

Montépin, Xavier de, ein Opfer der Liebe. Roman. (Uebers. v. Paul Heichen.) (96 S.) 8. Neuweißensee (905). E. Bartels. 2. —

—— le parc aux biches. 5 Vols. (Bibliothèque choisie. Vol. 516—520.) 16. (795 S.) Naumburg 862, Pätz.

— die Perle des Palais Royal. Aus dem Französ. von Kretzschmar. 2 Thle. Leipzig 856. Einhorn. (Wien, Hartleben.) 8. (170; 200 S.) 24 ngr.

— — Pivoine, s.: Bibliothek, Europäische, 641 u. 642. Bd.
Montépin, Xavier de u. Marqu. v. Foudras

— der Vicomte Raphael, s. Lese-Cabinet, neues belletristisches.

— Vicomte Raphael. Roman aus dem Franz. (96 S.) 8. Ebd. (905). 2. —

— und Foudras, die Ritter des Landsknecht, s. Hausbibliothek, illustrirte.

— — die Ritter vom Landsknecht, siehe: Bibliothek, Europäische, 585—588 u. 603—605. Bd. — Lese-Cabinet, belletristisches, 469—474. 476—479. 490—496. Lfg.

Montépin, Xav. de, ausgewählte Romane. Mit Illustr. 1. Serie in 63 Lfgn. 1.—43. Lfg. gr. 16. Wien 874,75, Hartleben's Verlag. à Lfg. 60 Pf.

Inhalt:

Eine Schauspielerin. 2. Aufl. 4 Bde. (223; 188; 246; 240 S.) — Die Liebe eines Wahnsinnigen. 2. Aufl. 2 Bde. (197; 169 S.) — Die Gitana. 2. Aufl. 3 Bde. (283; 278; 202 S. — Die Marionetten des Teufels. 2. Aufl. 8 Bde. (150; 164; 224; 204; 171; 171; 204; 195 S.) — Genoveva Galliot, ein Opfer der Liebe. (162 S.) — Bekenntnisse eines Abenteurers. 2 Bde. (159; 179 S.) — Der Vicomte Raphael. 2 Bde. (à 205 S.) — Die Nachtvögel [Fortsetzung des „Vicomte Raphael"]. (1. Bd. S. 1—192.)

Montépin, Xav. de, ausgewählte Romane. Illustr. Classiker-Ausg. 1. Serie. 2. Aufl. 44.—63. Lfg. oder 24.—35. Bd. gr. 16. (Mit je 1 Holzschntaf.) Wien 876, Hartleben's Verlag. à Lfg. 60 Pf.
1. Serie compl. in 12 Bdn. *M.* 36.; geb. in Leinw. *

Inhalt:

Bd. 24. Die Nachtvögel. [Fortsetzung von „Vicomte Raphael".] (1. Thl. S. 193—234 und 2. Thl. 222 S.)
„ 25. 26. Die Perle des Palais Royal. 2 Thle. (143, 167 S.)
„ 27—30. Die galante Welt von Paris. I. Ein König der Mode. 2 Thle. (135; 127 S.) — II. Der Schwalbenclub. 2 Thle. (159, 181 S.)
„ 31. Ein junger Cavalier. [Fortsetzung von: „Die galante Welt von Paris".] (200 S.)
„ 32. 33. Galantes Leben in der Provinz. 2 Thle. (183; 179 S.)
„ 34. 35. Diana und Blanche. [Fortsetzung von: „Galantes Leben in der Provinz".] 2 Thle. (222, 218 S.)
1.—43. Lfg. Ebendas. 1874,75. à 60 Pf.

—— dass. — 2. Serie. 48 Lfgn. oder 36.—65. Bd. gr. 16. (Mit je 1 Holzschntaf.) Ebendas. à Lfg. 60 Pf.
compl. in 8 Bdn. *M.* 27.; geb. in Leinw. *

Inhalt:

Bd. 36—39. Gräfin Marie. 4 Thle. (207; 182; 191; 179 S.) 876.
„ 40. 41. Die Sünderinnen. 2 Thle. (205; 272 S.) 876.
„ 42—45. Der Glücksritter. 4 Thle. (183; 175; 171, 157 S.) 877.
„ 46. 47. Susanne. 2 Thle. (167; 157 S.) 877.
„ 48—50. Die rothe Maske. 3 Thle. (190; 198; 207 S.) 877.
„ 51. 52. Mademoiselle la Ruine. 2 Thle. (232; 215 S.) 877.
„ 53. 54. Die Tochter des Schulmeisters. 2 Thle. (179, 171 S.) 877.
„ 55—58. Der Wachsfigurenmann. 4 Thle. (199; 207, 213, 189 S.) 877.
„ 59. 60. Das Drama im rothen Hause. 2 Thle. (159, 165 S.) 877.
„ 61—65. Die rothe Mühle. 4 Thle. (126, 111; 133, 139 S.) 877.

—— eine Schauspielerin, s. Lese-Cabinet, neuestes belletristisches.

— — Gesammelte Schriften. 20 Theile. Leipzig, o. J. Kl. 8°. (Eleg. Origlwdbde. Mk. 40—.) (12 Mk. 50 Pfg., wie neu, Franz Deuticke, Wien, 1905.)

—— der Unschuld Sieg. Aus dem Französ. 2 Bde. 8. (427 S.) Berlin 865, Humburg und Comp.

—— la sirena di Parigi, s. Emporeo drammatico.

v. Montépin, Xav., die Strolche der Regentschaft. (Ein Romanen-Cyclus. I u. II. (Abth.) 8. 1. Die Königin v. Saba. 2 Bdchn. (292 S.) 2. Der Sohn des Raubschützen. 2 Bdchn. (264 S.) Wien 852, Wallishausser. (Jede Abth. à 18 ngr) 1 thlr 6 ngr

— die Strolche der Regentschaft. Ein Romanen-Cyclus. (Fortgesetzt von W. Chezy.) Wien 853. Wallishausser. 8.
III.: Fräulein Lucifer. Von W. Chezy. 2 Bdchn. (2 Bl., 167; 2 Bl., 116 S.) 18 ngr
IV.: Die Straße Quincampoix. Von W. Chezy. 2 Bdchn. (2 Bl., 196; 2 Bl., 152 S.) 18 ngr

— — (Neue Folge.) V. A. u. d. T.: Der Morgenstern. Uebers. von Glib. Walter. 2 Bdchn. Wien 855. Ludwig u. Zang. 12. (VI, 176; 192 S.) 15 ngr

— die Sünderinnen, s.: Lese-Cabinet, belletristisches, 538—541. 549—553. Lfg.

—— Susanna, s. Lese-Cabinet, neues, belletristisches.

— la syrène. 2 vols. (Suivi de Une légende.) Leipzig 856. Gerhard. 16. (160; 152 S.) 20 ngr

—— die Tochter des Schulmeisters, s. Lese-Cabinet, neuestes belletristisches.

— Schulmeisters Töchterlein. Roman, aus dem Franz. übers. (96 S.) 8. Ebd. (905). 2. —

— les tragédies de Paris. Ed. autoris. 10 vols. gr. 16. (à 144 S.) Ebend. 875. à 1. -

—— die Trauerspiele von Paris. Aus dem Französ. übers. von Aimé v. Wouwermans. Autoris. Ausg. 7 Bde. 8. (178; 272; 173; 161; 205; 182; 148 S.) Wien 876, Steyrermühl. *

—— le trésor de famille, formant la suite aux chasseurs de forçats. 3 Vols. (Bibliothèque choisie. Vol. 739—741.) 16. (462 S.) Naumburg 865, Pätz.

—— ein geheimnißvoller Verbrecher, s. Lese-Kabinet.

— der Verurtheilte. Roman. Aus dem Franz. übers. von Aimé von Wouvermans. Autoris. Ausg. 4 Bde. 8. (211, 178, 196 u. 182 S.) Wien 877. Steyrermühl. n. 7. 20

—— un viveur de province à Paris. Les conquêtes de Narcisse Mistral. (Bibliothèque choisie. Vol. 469.) 16. (148 S.) Naumburg 862, Pätz.

—— les viveurs de province. 4 Vols. (Bibliothèque choisie. Vol. 321—324.) 16. (635 S.) Naumburg 860, Paetz.

—— der Wachsfigurenmann, s. Lese-Cabinet, neuestes belletristisches.

—— die Wahrsagerin. Romantische Erzählung frei nach dem Französ. von J. Norris. 13 Hefte. gr. 8. (624 S.) Berlin 863, Möser. à Lfg. 4 Ngr.

Montépin, Xavier de, die Wahrsagerin. Roman. 2 Bde. (336 u. 398 S.) 8. Berlin (908). A. Scherl. 3.—; geb. 4.—

Die Wahrsagerin [Les Marionnettes du diable, deutsch.] Roman von Xavier de **Montépin** Bd 1–3. Berlin Scherl [1908]. 8°
(Bibliothek August Scherl. Folge 1, Bd 1–3.) A 12 1469

— die galante Welt v. Paris, s. Lese-Cabinet, belletristisches.

— die Zigeuner bei Hofe. Historischer Roman. Aus dem Französ. von A. Schneider. Berlin 853. (Altona, Verlags-Bureau.) gr. 8. (730 S.) 2 ₰. 15 ngr.

—— die Zigeuner bei Hofe. Historischer Roman. Aus dem Französ. von A. Schneider. gr. 8. (Bog. 1—46.) Berlin 854. (Altona, Verlags-Bureau.)

—— die Zigeunerin oder die Braut aus der Havanna. Roman. 12 Lfgn. 8. (768 S.) Berlin 861 62. van Severen à Lfg. 4 Ngr.

Monte Rosa [Schlagwort]

Monte Rosa, s.: Schweiz. Atlas. Volksatlas.

Monte Rosa — Topographische Carte des — und seiner Umgebungen. 1: 90,000. 1 Bl. aus dem Werke der Monte Rosa vom Obrist F. v. Welden. Wien 1824

Monterosso, v., s.: Giacomelli v. Monterosso.

Montes. Ultra m'. Eine Ferienreise über die Alpen. [SA. 8.] *o. O. u. J.* [1881/90].

Montes, Lola, s. Montez, Lola.

Montesnyders, Johann de, s. Monte-Snyders, Johann de

Montesquieu oder die unbekannte Wohlthat, ein Schauspiel in drei Handlungen. Mannheim 1787. V: *Dalberg, Wolfg. Heribert Reichsfreih. von.* (HS) (GGr) (Kn) (MGT) (BrMm) (JL) »1789« (Ky)

Montesquieu; od. die unbekannte Wohlthat. Schausp. b. Mannh. Schwan. 788. Schreibp.

Montesquieu, oder d. unbekannte Wohlthat. Schspl. nach Mercier bearb. (v. Wolfg. Hnr. v. Dalberg), 8. Manh. 789. Schwan u. G. 6 ₰ Schrbp. 9 ₰

Montesquieu, Emilie, oder der Spieler; Lstspl. nach d. Französ. von L. F. Huber. 8. Leipz. 799. Schmidt. 10 ₰ N. Aufl., s. L. F. Huber.

Montesquien, Charles de (Secondat, Baron de la Brède et de)

Montesquieu. Auswahl aus seinen Schriften, s. a. Bücher der Weisheit u. Schönheit.

[Charles de] **Montesquieu.** Ausw. aus s. Schriften. Hrsg. von Dr E[rich] Meyer (Stuttgart Greiner & Pfeiffer [1904].) XI, 275 S. 8°
(Bücher d. Weisheit u. Schönheit.) A 12. 14037 B

— Ausw. s. kl. Werke, s. a. Auswahl.

— Auswahl kleinerer Werke. N. Aufl. 8. Mainz 815. Kupferberg. 8 ₰ Schrbp. 12 ₰

—— Betrachtungen über die Größe der Römer und deren Verfall, s. Hausbibliothek ausländischer Classiker.

—— Betrachtungen über die Ursachen der Größe der Römer und deren Verfall, s. Universal-Bibliothek Nr. 1722 und 1723.

Montesquieu, Charles de Secondat, Baron de la Brede de. Betrachtungen über die Ursachen der Grösse und des Verfalles der Römer. Aus dem Französischen. Berlin 1742. Ü: *Bielfeld, Jacob Friedrich Freiherr von & Jac. Fr. Lamprecht.* (schr I, 251/2)

— Betrachtt. üb. Ursachen d. Größe u. d. Verfalls d. Römer. Aus d. Französ. mit Anmerkk. von A. W. Hauswald. gr. 8. Altenb. 786. (Hennings in Neisse). 16 ₰

— Betracht. üb. Ursach. d. Größe u. d. Verfalls d. Römer, a. d. Franz. m. Anmerk. gr. 8. Altenb. Richter. (Akadem. Buchh. in Jena.) 786.

Montesquieu, Charles de Secondat Baron de la Brede et de. Betrachtungen über die Ursachen der Grösse und des Verfalls der Römer . . . a. d. Franz. . . . Altenburg 1786. Ü: *Hauswald, August Wilhelm.* (MGT) (Kläbe, Neuestes Gel. Dresden. Leipzig 1796.)

—— Betrachtungen üb. d. Ursachen d. Größe d. Römer u. ihres Verfalls. Uebers. v. C. Frh. v. Hacke. gr. 12. (10½ B.) Leipzig 828, Brockhaus.

Montesquieu, Betrachtungen über die Ursachen der Größe der Römer u. ihres Verfalles. Uebers. von Joh. Sporschil. 16. Leipzig 842, Beyer. ⅔ ₰

Montesquieu, (C. v.), Betrachtungen üb. die Ursachen der Größe der Römer und ihres Verfalles. Uebersetzt v. Joh. Sporschil. 16. (15½ B.) Leipzig 842. [Orthaus.]

Montesquieu, Betrachtungen über die Ursachen der Größe der Römer und ihres Verfalles. Wortgetreu nach H. R. Mecklenburgs Grundsätzen aus dem Französ. übers. von R. T. 1. und 2. Heft. 32. (S. 1—128.) Berlin 886, H. R. Mecklenburg. à Heft *

Montesquieu, von, Briefe an verschiedne Freunde in Ital. a. d. Franz. 8. Leipz. Crusius. (F. C. W. Vogel.) 768.

—— persische Briefe, s. Universal-Bibliothek Nr. 2051—2054.

Montesquieu's persische Briefe, s. Volksbibliothek der Literatur des 18. Jahrh.

— — dieselb. a. d. Franz. gr. 8. Frankf. u. Leipz. Andreä. 760.

— persische Briefe; aus d. Französ. mit Erläuter. v. Chr. Aug. Michaelis. 16 Bdchn. 8. Landsh. 803. Krüll. 1 ₰ 4 gr.

Montesquieu, Ch. de, persische Briefe [Lettres persanes]. Wotgetreu aus dem Französ. in's Deutsche übers. nach H. R. Mecklenburg's Grundsätzen von R. L. 2 Hefte. 32. (128 S.) Berlin 878,80, H. R. Mecklenburg. à Heft * 25 Pf. *

Montesquieu, Ch. de, persische Briefe [Lettres persanes]. Wortgetreu aus dem Französ. in's Deutsche übers. nach H. R. Mecklenburg's Grundsätzen von R. L. 3. Heft. 32. (S. 129—192.) Berlin 882, H. R. Mecklenburg. *
1. und 2. Heft. Ebendas. 1878,80. à * 25 Pf.

Montesquieu. Causes de la grandeur des Romains, et de leur décadence. 1 vol. in-18. (Didot) (Leipzig, Barth.)
(papier fin, 12 Gr. papier vélin, 1 Thlr. format in-12, papier vélin, 1 Thlr. 8 Gr.)

—— Considérations sur les causes de la grandeur des Romains, s. Bibliothek gediegener und interessanter französischer Werke.

—— dass. — s. Adelmann, J., und G. Zeiss, Schulausgaben französ. Classiker.

Montesquieu, considérations sur les causes de la grandeur des Romains et de leur décadence, s.: Bibliothèque française.

— dasselbe, s.: Chefs-d'oeuvre des classiques français.

Montesquieu, considérations sur les causes de la grandeur des Romains et de leur décadence, s.: Prosateurs français.

— dasselbe, s.: Schulbibliothek, französische u. englische.

Montesquieu — Considérations sur les causes de la grandeur des Romains et de leur décadence. Paris 734. 8. Nouv. édit. rev. et augm. Paris 748. 8. 20 gr. Lausanne 749. 8. Ibid. 750. 8. Edinb. 751. 8. Sarrebrück 792. 8. Dijon 795. 2 Vol. 8. Basle 800. 8. 1 rthl. 2 gr.

— Considérations sur les caus. de la grandeur des Romains et de leur décadence. 8. Baslo. (Tourneisen, Cassel.) 800.

— — le même. 8. Basle. (Levrault à Strasb.) 800.
Velinp.

—— Considérations sur les causes de la grandeur des Romains et de leur décadence. Mit erklär. Anmerkn. u. Hinweisn. auf d. Sprachlehren v. Hirzel u. Franceson v. Heinr. Otto Grashof. gr. 12. (9½ B.) Münster 836, Deiters. *

—— Considérations sur les causes de la grandeur des Romains et de leur décadence. Mit geschichtl. u. geograph. Noten, grammat. Erläutern. nach Hauschild, Hirzel, Sanguin u. Dressler, ein. Wörterbuche u. ein. biograph. Verzeichnisse der, v. d. Verf. citirten, griech. u. röm. Classiker vers. v. A. E. Pröls. gr. 12. (11 B.) Leipzig 839, Breitkopf u. Haertel. Thlr.

Montesquieux, C. de, Considérations sur les causes de la grandeur des Romains et de leur décadence. 16. (13⅓ B.) Stuttgart 840, Erhard.

—— Considérations sur les causes de la grandeur des Romains et de leur décadence. Mit geschichtl. und geograph. Noten, grammat. Erläuterungen, einem biograph. Verzeichnisse der von dem Verf. citirten griech. und röm. Classiker und einem Wörterbuche versehen von A. E. Prölss. 2. Aufl. gr. 8. (III und 188 S.) Dresden 866, Ehlermann. *

— dasselbe. Für den Schulgebrauch erklärt v. W. Wendler. gr. 8. (IV, 172 S.) Leipzig 871. Teubner. 1. 50

Montesquieu, considérations sur les causes de la grandeur des Romains et de leur décadence. Mit erläut. Anmerkgn. zum Schul- u. Privatunterricht hrsg. v. P. Weeg. 8. (160 S.) Münster 871. Brunn. n. 1. –

Montesquieu, Considérations sur les causes de la grandeur des Romains et de leur décadence. Hrsg. und mit Anmerkungen in russ. Sprache von B. Kutusoff. gr. 8. (VIII, 183 S.) Leipzig 872, Haessel. *

— considérations sur les causes de la grandeur des Romains et de leur décadence. Hrsg. von G. Erzgraeber. gr. 8. (XI, 156 S.) Berlin 877. Weidmann. 1. 50

— dasselbe. Für den Schulgebrauch erklärt von W. Wendler. 2. Aufl. gr. 8. (IV, 172 S.) Leipzig 880. Teubner. 1. 80

—— considérations sur les causes de la grandeur des Romains et de leur décadence. Erklärt von G. Erzgraeber. 2. Aufl. gr. 8. (XII, 154 S.) Berlin 885, Weidmann'sche Buchh.

Montesquieu, considérations sur les causes de la grandeur des Romains et de leur décadence. Zum Uebersetzen ins Russische bearb. v. W. Kutusoff. 2. Aufl. gr. 8. (VI, 183 S.) Leipzig 887. Haessel. 2. 25

Montesquieu, Considérations sur les causes de la grandeur des Romains et de leur décadence. I. Tl. Zum Schul- u. Privatgebr. hrsg. v. Erwin Walther. M. e. Personen- u. Wörterverzeichnis. 12. (VIII, 102 S.) München 897. J. Lindauer. n. 1. 20; kart. n. 1. 40

— considerationi sopra le cose della grandezza dei Romani et da loro decadenza, tradetto del francèse, per F. A. D. dis B. L. gr. 8. Berl. 764. Voss. 1 ₰ 4 gr.

Montesquieu, C. de S. B. de la B. et de. Considerazioni sopra le cose della grandezza dei Romani; trad. Berlino 1764. Ü: *Friedrich August, Prinz von Braunschweig-Wolfenbüttel-Öls.* (MGT)

— Correspondance. 8. Mannheim, Kaufmann. 805.

Montesquieu, de l'esprit des lois, s.: Schriftsteller, französische, aus dem Gebiete der Philosophie, Kulturgeschichte u. Naturwissenschaft. 4.

— — le même. IV Tom. 12. Basle, Flick. 768.

— Esprit des Loix, augmenté de son éloge p. d'Alembert. V Vol. 8. Maunh. Kaufmann. 804.

— — le même. Nouv. Edition. Augmentée de son Eloge par d'Alembert. 5 vol. 8. Hat Groos in Heidelberg

— Essai sur le goût. 8. 808.

Montesqien, Charles de, s. Förster, Joh. Chr.: Einleitung ...

—— Geist der Gesetze. Deutsch v. A. Ellissen, s. Classiker, französische.

— Vom Geist d. Gesetze. Deutsche Ausg. 6 Bdchn. Heilbr. (Lit.-Komiss.-Compt. in Crefeld). 20 gr

Montesquieu: Werk vom Geist der Gesetze, nach der neuesten und vermehrten Auflage aus dem Französischen übersetzt und mit vielen Anmerkungen versehen", II Bände, Altenburg 1782 (in der Richterschen Buchhandlung), vorh.: StB Nürnberg. —

Montesquieu, C. de S. B. de la B. et de. Werk vom Geist der Gesetze ... a. d. Franz. ... Altenburg 1782. Ü. *Schreiter, Carl Gottfried & Aug. Wilh. Hauswald.* (MGT) (Ky) (Kläbe, Neuest. Gel. Dresden. Leipz. 1796.)

— Werk von Gesetzen, neu übers. m. Anmerk. u. 2 Landkarten. 4 Bde. gr. 8. Altenb. (Akadem. Buchh. in Jena.) 782.

— Werk v. Gesetzen; neu übers. m. Anmerk. (v. K. G. Schreiter u. A. W. Hauswald). Mit 2 Landk. 4 Bde. gr. 8. Altenb. 782. (Hennings in Neiße). 3 ℛ 12 gr

MONTESQUIEU (Charles de Secondat Baron de Labrede et de): Des Herrn - Werk vom Geist der Gesetze ... aus dem Französischen übersetzt ... u. V., Prag 1785-1787. 4 Bde. in 4 vol.

Montesquieu's Geist, a. d. Franz. m. Anm. u. einem Anh. v. Provence. 8. Basel, Schweighäuser. 788.

— Geist; aus d. Französ. mit Anmerk. v. A. J. G. Provence. 8. Basel. 789. Schweighäuser. 12 gr

— Geist d. Gesetze, a. d. Franz. v. A. W. Hauswald. 3 Bde. gr. 8. Görlitz, Anton. 804.
Schweiz. Pap.

—— der Geist der Gesetze. A. d. Franz. neu übers. u. mit Anmerkn. versehen v. A. W. Hauswald. 3 Bde. Neue, wohlf. Ausg. gr. 8. (87¼ B.) Halle 829, Anton.

Montesquieu, Geist der Gesetze. Nebst Destutt de Tracy's Commentar u. Noten von Helvetius u. Voltaire. Deutsch u. mit Anmerkungen von Adf. Ellissen. 2. (Titel-) Aufl. 12 Thle. gr. 16. (1627 S.) Leipzig (843. 44) 848, O. Wigand. n. 1 ℛ 18 ngr

—— Der Geist der Gesetze, m. Anmerkgn. v. Voltaire, Crevier, Mably, La Harpe u. A., übers. v. A. Fortmann. gr. 8. (XVI, 602 S.) Lpz. 891, Breitkopf u. Härtel. * 5 —

— grandeur et décadence des Romains, s.: Adelmann J., u. G. Zeiss, Schulausgaben französischer Classiker.

— lettres à divers amis d'Italie. 8. Basel 767. Schweighäuser. 16 gr

— lettres familières à ses amis d'Italie. 8. Basel 787. Schweighäuser. 10 gr

— Lettres originales au Cheval. d'Aydie. gr. 8. Paris. (Schnuphase, Altenb.) 797.

— lettres persanes, s.: Prosateurs français.

— Lettres persanes. 2 vol. in-18. (Didot) (Leipzig, Barth.)
(papier fin, 1 Thlr. papier vélin, 2 Thlr. format in 12, papier velin, 2 Thlr. 16 Gr.)

— — les mêmes. 8. Basle. (Levrault à Strasb.) 800.
Velinp.

— — les mêmes. 8. Basle. (Tourneisen à Cassel.) 800.
Velinp.

— lettres Persanes. 8. Manh. 801. Kaufmann. 20 gr

—— Lettres persanes. 16. (15½ B.) Stuttgart 834, Erhard.

—— Lettres persanes. Für die oberen Klassen höherer Lehranstalten ausgewählt und erläutert von Rich. Mollweide. gr. 8. (111 S.) Berlin 878, Weidmann'sche Buchh.

Montesquieu, C. de S. B. de la B. et de. Oeuvres ... nouv. éd. ... Amsterdam et Leipsick 1758. H: *Richer, Franç.* (BrMm)

— — Nouvelle édition. (7 Bde.) 8. Amsterdam et Leipzig 1785.

— Oeuvres. VII Vols. 12. Berne, Soc. Typograph. 793.

— Oeuvres complettes. XII Vols. av. fig. 18. Paris. (Griesshammer, Leipz.) 796.

— Oeuvres, Defense de l'esprit des lois. 8. Basle. (Tourneisen à Cassel.) 799.

— Oeuvres complettes. VIII Vol. 8. Basle. (Levrault à Strasb.) 799.
Velinp.

— Oeuvres complettes. VIII Vol. 8. Mannh. Kaufmann. 801.

de Montesquieu, C., oeuvres complettes. VIII Vols. 8. Manh. 801. (Gross in Heidelb.) 6 ℛ 12 gr (Vergl. *Collection* des auteurs classiques).

— Oeuvres mélées, contenant, avec le Temple de Gnide, etc., ses oeuvres posthumes. 2 vol. in-18.
(Didot)(Lpz.: Barth)
(papier fin, 1 Thlr. papier velin, 2 Thlr. format in 12, papier velin, 2 Thlr. 16 Gr.)

— Oeuvres posthumes. 8. Berne, Soc. Typ.

— Oeuvres posthumes. gr. 8. Basle. (Haller à Berne, a. Schöll à Paris.) 784.

— Pages choisies, s.: Littérature, la, par les textes. I.

— le Persan en Angleterre pour Guide des Lettres Persanes. 8. Francf. Brönner. 771.

— hinterlassene Schriften; nach seinem Tode als ein Nachtr. zu seinen Werken hrsgg; übersetzt v. E. G. Küster. 8. Altenb. 798. Mit n. Tit. 809. (Hinrichs in Leipz.) 1 ℛ 16 gr.

— kleine gesammelte Schriften; aus d. Französ. 3 Thle. gr. 8. Wien 799. Bauer. 2 ℛ 8 gr.

TEMPEL, Der zu Gnid. (Prosa-Dichtung in 7 Gesängen [nach *Charles de Secondat*, Baron *de la Brede et Montesquieu*, geb. 18. Jan. 1689 auf Schloss la Brede, unweit Bordeaux, † 15. Febr. 1755] von Joh. Nikolaus Götz.) Franckfurt und Leipzig (Karlsruhe?) 1748. 8°. (In Berlin: Xu 913.)
— — Dasselbe. Mit Titelvignette. Karlsruhe 1759. 8°.
Goedeke IV, 91, 3, 5; Anon.-Lex. IV. p. 159 (nach Jördens. Meusel u. Goedeke).
— — Dasselbe. Mit TKpf. Berlin (Wien, Tendler) 1759. 8°.
Heinsius IV, 36, ohne Namen des Verfassers.

— — Der Tempel der Liebe zu Gnidus (aus d. Französ. des *Montesquieu*, von *Carl* Frhrn. *Tauber v. Tauberfurt*,) und des Herrn von *Voltaire* der Tempel des guten Geschmacks und der Freundschaft. Aus d. Französ. übersetzt. Gotha, Mevius, 1750. 8°. 9 Bogen.
Cat. Meissner II. (unter Romanen!). — Anon.-Lex. IV. p. 159 (nach Meusel u. Kayser).
Orig. der *Voltaire*'schen Schrift: Le Temple du Goût, poëme en vers et en prose. A l'enseigne de la vérité. 1733. 8.

— — Der Tempel zu Gnidus. Von dem Verf. der persianischen Briefe. (Gedicht in 7 Gesängen.) In gebundener Rede übers. von Joh. Frdr. Camerer (1720—92). Mit TVignette (gest. von J. Haas). Hamburg u. Leipzig, bey G. C. Grund u. A. H. Holle. 1751. Gr. 8°. (In Berlin: Xu 915; auch in Posen: Bibl. d. histor. Gesellsch.) (2 Mk. G. Lau, München, 1892; jetzt höher notirt!)
45 S. (incl. Tit. u. 1 Bl. poet. Widm. an Haller, auf d. Rücks. kurzer Vorbericht).
— — Dasselbe. Göttingen 1753. 8°.
Das Anon.-Lex. IV. p. 159 hat unrichtig als Verfasser „*Fr. Grasset*".

— — Der Tempel zu Gnidus. Aus dem Französ. des *Montesquiou* (so!) übersetzt von H. L. W. (Heinr. Leop. Wagner). Straßburg. Heitz, o. J. (1770?).
— — Dasselbe. Straßburg und Frankfurt bey Eßlinger 1773. 8°.

— — Der Tempel in Gnidus. Mit 1 prächtigen Titelkpfr. Wien, Trattner, 1770. 8°. 144 S. (4 Mk. 50 Pfg. W. H. Kühl, Berlin, c. 1882, ohne Angabe des Titelkupfers:)

Montesquieu, C. de S. B. de la B. et de. Der Tempel zu Gnidus. A. d. Franz. . . . Strassburg [1770?] 1776. Ü: *Wagner, Heinrich Leopold*. (ML) (GGr) (Ky)

— — Dasselbe, titulo: Herrn *von Montesquieu* Tempel zu Gnidus. Aus dem Französ. übers. von H. L. W. Weimar, 1776 bey Philipp Jacob Winkler, dem ältern. 8°. 80 S.
Goedeke IV, 304, 4, 1. — Sämmtlich höchst selten!

— — Der Tempel zu Gnidus (in dtschr. Uebers.). Mit einer italienischen Uebersetzung in Versen des Herrn Colardeau begleitet. Zweybrücken, in der Herzoglichen Buchdruckerey. 1782. 4°. (Titel scheint incorrekt.) (6 Mk. Adolf Weigel, 1908:)
Seltene Ausg., von welcher nur 190 Expl. gedruckt wurden.

— — Der Tempel zu Gnidos, von *Montesquieu*. Aus d. Französ. übers. von Garlieb Merkel. Weimar, Hoffmann, 1800. 8°.
Neue Allg. dtsch. Bibl. 101, 267.
— — Dasselbe. Mit pikantem Titelkpfr. u. Titelvign. in prächtigem Braundruck. Ebd. 1804. Gr. 8°. Schöner Druck auf grossem Papier. (R. Zinke's Dresdner Novbr.-Auct. 1905, no. 1952.)
Goedeke VI, 382, 8.
— — Dasselbe. In etwas geringerem Druck u. kleinerem Formate. Kl. 8°. 83 S. (l. c. no. 1953.) (12 Sgr. Scheible, 1872.)

— — Dasselbe in: Auswahl kleiner Werke. Neue Auflage. Mainz, Kupferberg, 1815. 8°.

— — Dasselbe in: *Montesquieu's* Sämmtliche Werke. Wien, Bauer, 1799. VIII. 8°.

— Versuch üb. d. Geschmack in Werken d. Natur u. Kunst. Aus d. Französ. 8. Straßb. 762. Treuttel u. W. 4 gr.

Montesquieu's (C. v.) Werke, s. Classiker, französische.

v. Montesquieu, C., nachgelassene Werke; aus d. Französ. 8. Lign. 785. Siegert. (Heymann in Glogau). 10 gr.

— sämmtl. Werke. Aus d. Französ. 8 Bde. gr. 8. Wien 799. Bauer. 12 ℛ

— sämmtl. Werke. Aus d. Französ. von Schäfer. 1s u. 2s Bdchn. A. u. d. T.: Vom Geist d. Gesetze. 1r u. 2r Thl. 8. Stuttg. 827. (Hoffmann). à 6 gr. 12 gr.

v. Montesquieu, (C.,) sämmtl. Werke. 1s—3s Bdchen. A. u. d. T.: Vom Geist d. Gesetze. 1s—3s Bdchn. Aus d. Französ. Taschenform. Heilbronn 827. Claß. à 5 gr.

Montesquieu, Carl v., sämmtliche Werke. Deutsche Ausg. 4—8. Bdchn. — A. u. d. T.: Vom Geiste d. Gesetze. 4—8. Bdchn. 12. (40 B.) Heilbronn 827—30, Claß. à

—— ders. 9. u. 10. Bdchn. — A. u. d. T.: Betrachtungen üb. d. Ursachen d. Größe u. d. Falls d. Römer. 1. u. 2. Bdchn. 16. (11 B.) Ebds. 831.
1—3. Bdchn Ebendas. 1827. 15 Gr.

Montesquiou. A[nne]-P[ierre de]. Mémoire justificatif pour le citoyen francois A.-P. M. Ci-devant Général de l'armée des Alpes. Précédé & suivi de Pièces importantes. Novembre 1792, l'an 4e de la liberté. 8. *s. l.*

Montesquiou. (A[nne-]P[ierre de]). Réponse du Général M au Ministre (Étienne) Clavière. Pour servir de suite au Mémoire justificatif de ce Général. Avril 1793. 8. *s. l.*

Montesson, s. Düpain de Montesson.

Dupain von Montesson Kunst Plane aufzunehmen. Aus dem Französischen mit Kupf. Dresden, bey J. Sam. Gerlachen. gr. 8. 1781.

Montesson, Düp. v., Kunst, Plane aufzunehmen, a. dem Franz. m. K. gr. 8. Dresd. Gerlach. (Beygr.) 806.

The Seismic Phenomena in British India, and their connection with its Geology. By Count F. de **Montessus** de Ballore. Publ. by order of the Gov. of India. *Calcutta: Off. of the Geol. survey; Berlin: Friedlander & Sohn 1904.* (42 S.) 4°(8°)
= **Memoirs** of the geological survey of India. Vol. 35, p. 3.

Montet, Tableau hist. des Malheurs des Emigrés franç. en Hollande, Janv. 1795. gr. 8. Hamb. Mutzenbecher. (Villaume.) 795. Rthlr.

Montet, Charles de: Aus dem Dr. Senckenbergschen Pathologischen Institut in Frankfurt a. M. Ueber Wanderungen lipoider Substanzen im Centralnervensystem. [Mit einer Tafel.] Tübingen 1906. 28 + 2 S. 8°. [29. VII. 05.]
Bern. Med. Diss. 1905/1906.

Montet, Charles de. Ueber Wanderungen lipoider Substanzen im Centralnervensystem. Diss. Med. Bern. [Mit 1 Tafel.] *Kopftitel:* Aus dem Dr. Senckenbergschen Pathologischen Institut in Frankfurt a. M. 29 S. 8. Tübingen, Franz Pietzcker, 1906.

Montet, Edouard (Hrsg.), s. Actes du 3e Congrès international du Christianisme libéral et progressif.

Montet, Ferd. La composition de l'hexateuque des juges, de Samuel et des rois. Etude critique biblique. Gr. in-8°. 36 p. Genève et Bâle, Georg & Co. 1895. 1 —

Monteton, E. A. W. Dijon v., Geschichte des kgl. preuß. sechsten Kürassier-Regiments, gen. Kaiser von Rußland. gr. 4. (46½ B., 4 ill. Stnt. u. 1 Facsim.) Brandenburg 842, Müller. Thlr. *

v. Monteton, E. A. W. D. Geschichte des kgl. preuss. 6. Kürassier-Regiments „Kaiser v. Russland" und der sechs älteren Regimenter, aus denen es formirt worden. (46½ B.) 8. M. 4 Taf. Brandenburg 1842. 10,00.

Monteton, Friedr. Frhr. v., Anleitung zu d. landwirthschaftl. Veranschlagungen bei d. Auseinandersetzungen im Ressort d. k. p. General-Kommissionen, mit besond. Rücksicht auf d. Kurmark Brandenburg. Fol. (31 B.) Berlin 833, Nauckſche Bh. *

v. Monteton, (Fr. Frhr.,) Anleitung zu den landwirthschaftl. Veranschlagungen, vom 14. Mai 1841. — Nachtrag, redig. von der Königl. General-Kommission für die Kurmark Brandenburg. Fol. Berlin 841, Nauck'sche Buchh. n. ⅓ ℛ — compl. n. 1⅓ ℛ

Monteton, Friedr. v., Anleitung zu den landwirthschaftlichen Veranschlagungen bei Auseinandersetzungen im Ressort der königl. preuß. General-Kommissionen mit besonderer Rücksicht auf die Kurmark Brandenburg. Vom Verf. auf amtl. Veranlassung im J. 1854 umgearb. und verm. Ausg., nebst einer Anleitung zu wahren Werths-Taxen von ganzen Landgütern jeder Größe. Fol. (VIII und 151 S.) Berlin 856, Nauck'sche Buchh. Thlr.

v. Monteton, (Fr.) Frh., die wichtigsten Lämmerkrankheiten u. deren Heilung. gr. 8. (35 S.) Potsdam 848, (Berlin) Janke. ¼ ℛ

v. Monteton, Frhr. Fr., Preisschrift über zwei der wichtigsten Lämmerkrankheiten, zur Beantwortung der von der Königl. Märkischen ökonom. Gesellschaft zu Potsdam aufgestellten Fragen. Nebst e. Vorworte der Deputation der K. Märk. ök. Gesellschaft. gr. 8. Potsdam 833. (Horvath.) ¼ ℛ

Monteton, Max Frhr. D. v., zwei Schwestern. Erinnerungsblätter aus den J. 1806–1815. (VIII, 139 S. m. 2 Bildnissen.) 8. Jena 906. H. Costenoble. n. 3.—; geb. n. 4.—

Monteton, Otto v., politisches u. militärisches Allerlei. gr. 8. (143 S.) Berlin 899. Militär-Verlag R. Felix. n. 3.—

Monteton, Otto (Digeon) v., Ob Ankauf, ob Pachtung mit einem angehängten Pacht-Contract. 8°. Stendal, Franzen u. Grosse, 1873. 144 S.

— die Beschaffung der Remonten u. ihre Ausbildung, s.: Pferde, unsere. 9. Hft.

Monteton, O. v., freimüthige Betrachtungen e. alten Kavalleristen. 8. (VIII, 231 S.) Hannover 887. Schmorl & v. Seefeld. n. 3.—

Monteton, Baron Otto Dijon v., Betrachtungen über das zweckmäßigste Verhältniß zwischen Ackerbau u. Viehzucht. Stendal 867. Franzen & Große. gr. 8. (128 S.) n. 12½ ngr.

Monteton, Otto v. Carmagnuola. Historischer Roman aus d. Zeit der letzten Visconti. 8. (212 S.) Hannov. 889, Schmorl u. v. Seefeld Nachf. * 3 —; geb. * 4 —

Monteton, Otto v., Cherchez la femme! Ein Beitrag z. sozialen Frage. gr. 8. (44 S.) Berlin 898. Militär-Verlag, R. Felix. n. -- 75

Monteton, Otto Digeon v., über das Ertheilen von Reitunterricht. gr. 8. (VI, 123 S.) Berlin 881, Mittler und Sohn. *

Monteton, Otto Digeon v., „Etwas" über Grundsätze. gr. 8. (III, 424 S.) Stendal 879, Franzen und Grosse. *

— im Lehnstuhl vom Sattel. gr. 8. (55 S.) Stendal 870, Franzen und Grosse. *

— ist die Sozialdemokratie e. vorübergehende Erscheinung? gr. 8. (66 S.) Leipzig 900. F. Luckhardt. n. 1.—

— Kaiser, Curie und Episcopat. Eine Schutzschrift für die neuen Kirchengesetze vom christl. Standpunkt. gr. 8. (33 S.) Berlin 873, Schneider und Comp. *

[F.] Ueber Kunst und Reitkunst v. Otto v. Monteton. *Berlin: R. Felix 1896.* (1 Bl., 44 S.) 1 Bd 8. [96. 9338

Monteton, Otto v., die Mathematik in der Pferdedressur. Ein Aufbau log. Schlußfolgergn., namentlich f. die, welche wünschen, gute Jagdreiter zu werden, u. auch f. Viele, welche glauben, es schon zu sein. gr. 8. (80 S.) Dresden 892. [Friese u. v. Puttkammer.] Leipzig, H. Hartung & Sohn. 1. 50

Monteton, Otto, die Mathematik in der Pferde-Dressur. Ein Aufbau log. Schlußfolgergn. namentlich für die, welche wünschen gute Jagdreiter zu werden, u. auch für Viele, welche glauben, es schon zu sein. 2. Aufl. (84 S.) gr. 8. Leipzig (904). Berlin, Ruckschwerdt & Co. n. 1. 60

— 3 Meilen hinter der Armee. gr. 8. (184 S.) Stendal 872. Franzen & Große. 1. 80

Monteton, Otto (Dijon) v., der Obergespan von Csongrad. Ein Roman aus der Revolutionsgeschichte Ungarns in d. J. 1848—1849. 2 Thle. Magdeburg 855. Baensch. 8. (343; 283 S.) n. 3 ℛ.

— über stätische Pferde, s.: Pferde, unsere.

— die Pferdezucht in der Natur u. in der Kultur. gr. 8. (80 S.) Hamburg 893. H. O. Persiehl. n. 2. —

— die Politik in d. Armee od. d. „stille Kriegsschule“. gr. 8. (120 S.) Berlin 897. Militär-Verlag, R. Felix. n. 2. —

Montelon, Otto v., Georg Ramstedt. Roman. 8. (384 S.) Hannover 886. Schmorl & v. Seefeld. n. 4. —; geb. n. 5. —

— über Reitinstruktionen, d. Gehlust d. Pferdes u. d. Springen d. Pferde, s.: Pferde, unsere.

—— über die Reitkunst. 2 Abthlgn. gr. 8. Ebendas. à Abthl. * ℳ 3. *

Inhalt:
Abthl. 1. Anglomanie und Reitkunst. (366 S.) 877.
• 2. Reiter-Predigten. Ursache und Wirkung. (III, 360 S.) 879.

— Sänger und Ritter. Ein Roman aus der Neuzeit. 2 Thle. Aschersleben 853. Fokke. 8. (2 Bl., 387; 2 Bl., 460 S.) 3 ℛ. 15 ngr.

— Santa Margherita. Zeitgemälde der österreichisch-italienischen Kämpfe unter Radetzky. 2 Thle. Magdeburg 854. Baensch. 8. (2 Bl., 291; 2 Bl., 300 S.) 3 ℛ.

—— Santa Margherita. Zeitgemälde der österreich-italien. Kämpfe unter Radetzky. 2 Thle. 8. (591 S.) Magdeburg [und Leipzig] 855, Gebr. Baensch.

—— Sonst und jetzt. 2 Abthlgn. 1. In der Gesellschaft und in der cavalleristischen Welt. — 2. In der Landwirthschaft und im Haushalt. gr. 8. (IV, 164 S.) Ebendas. 875. *

— Sport-Plaudereien. gr. 8. (IV, 330 S.) Hannover 891. Schmorl & v. Seefeld Nachf. n. 4. —

—— populäre Vorlesungen über Reiterei. Zur Unterhaltung und zum Selbstunterrichte. gr. 8. (VII und 148 S.) Magdeburg [und Leipzig] 856(57), Gebr. Baensch. *

— wie entspricht die deutsche Pferdezucht am besten dem Staatsinteresse? gr. 8. (49 S. mit 1 Tab.) Berlin 880. Mittler & Sohn. n. 1. 20

—— ein Wort der Ueberlegung an die Agrarier und an die Leser der Kreuzzeitung. gr. 8. (46 S.) Berlin 876, [Niendorf.] Verlagsh. F. Graf Behr.

[F.] Militärische und Politische Wunsche v. Otto v. **Montoton**. *Berlin: R. Felix 1895.* (2 Bl., 288 S.) 1 Bd 8. [96. 363]

Monteuil, A. v., Aus dem Tornister eines Soldaten der Revolutions-Armee, s. Aus.

Monteur, der. Zeitschrift f. prakt. Maschinenbau u. Betriebsleitg. Chefred.: Hugo Güldner. II. Jahrg. 1893. 52 Nrn. (à ca. $1^1/_2$ Bog. m. Abbildgn.) gr. 4. Offenbach, Seibold'sche Buchdr. n. 6. —

Monteur, Vorarbeiter und Maschinist, Der. Gemeinverständliches Handbuch zur Einführung in die Maschinenbaukunde . . . Potsdam, Leipzig u. Berlin [1896]. Red: *Karnack, O. (= Müller) & Hugo Güldner.* (Berl)

Monteunis, Gust., ein Missionsberuf. Leben des P. Alois Nempon, apostl. Missionars in West-Tongking. Preisgekrönt v. der französ. Akademie. Freie, genehm. Übersetzg. aus dem Franz. nach der 3., verb. Aufl. Hrsg. v. Hub. Hansen, S. V. D. (343 S. n. 1 Bildnis.) 8. Steyl 907. Missionsdruckerei. Geb. in Leinw. 2. —

Montevecchio, Gabriele von. Trauerspiel in 5 Akten. Grätz 1777. V: *Reisinger, A. J.* (Hdschr. Mitth. von Dr. Erich Mennbier)

Monteverde, Anleitung zur Erlernung der russisch-deutschen Umgangssprache, s.: Polyglotten-Gespräche.

Orfeo de Claudio **Monteverdi**. 1607. Sélection conforme à l'exécution donnée par les soins de la Schola Cantorum 1904. Publ. d'après l'éd. du temps avec réalisation de la basse, nuances et indications d'exécution par Vincent d'Indy. Paris: Schola Cantorum; Leipzig: Breitkopf & Härtel 1905. (73 S.) 4°
(Répertoire de la Schola Cantorum.) [07. 17087]

Lola Montez oder Münchens Bürger von einst und jetzt. Mit Titel-Portrait (Holzschn.) — *A. E.:* Verlag von Ottmar Zieher, München. O. J. (1898). Gr. 8°. 15 S. (Mk. 0,10.) (50 Pfg. H. Hugendubel, c. 1902.)

Montez, Lola. (100 S.) schmal 8. Berlin (902). [C. Messer & Co.] Berliner Zeitschriften-Vertrieb. n. 1. —

Lola Montes (so!), jetzige Gräfin von Landsfeld, oder: Das Mensch gehört dem König. Eine Gerichtsverhandlung aus der neuesten Zeit. Nebst einem ernsten Nachwort. Birsfeld. Druck und Verlag zum schwarzen Adler. 1847. 8°. 35 S.
— — Dasselbe. 2. Aufl. Ebd. 1847. 8°. 35 S. (3 fl., fleckiges Expl., Gilhofer & Ranschburg, Wien, c. 1888.)
— — Dasselbe. 3. Aufl. Ebd. 184*. 8°.
— — Dasselbe. 4. Aufl. Ebd. 1848. 8°. (4 Rthl. [so!] Scheible, Cat. 43; 3 Mk. 50 Pfg. A. Bielefeld, vor 1885.) Heberle, Cöln, Novbr.-Auct. 1899, no. 1384.

Lola Montes (!), Gräfin v. Landsfeld. Mit Titelportr. (Kniestück in Holzsch.). München, J. Deschler, 1848. 8°. 16 S.

Montez, Lola. Abenteuer der berühmten Tänzerin. Von ihr selbst erzählt. Aus dem Französ. 1. und 2. Aufl. gr. 16. (32 S.) Leipzig 847. [Luckau, Kutzscher.]

Montez, Lola. Abenteuer der berühmten Tänzerin. Von ihr selbst erzählt. Aus dem Franz. gr. 16. (32 S.) Leipzig 847, Kößling. — 2. Aufl. gr. 16. (32 S.) Ebd. 847. 1/4 ℛ

Montez, Lola, die Kunst der Schönheit, s.: Bacano, Emil Maria.

Montez, Lola, Memoiren in Begleitung vertrauter Briefe Sr. Maj. d. Königs Ludwig v. Bayern u. der Lola Montez. Herausgegeben von *A. Papon* u. A. 5 Bdchn. (in 1 vol.). Stuttgart, J. Scheible, 1849. 12°. Eleg. Hfrzb.
[fortl. S.]

—— Memoiren., s. A. Papon.

Montes, Lola, Memoiren, siehe: Bibliothek, Europäische, 443. 444 u. 483. Bd. — Memoiren.

Montez, Lola, s. Memoiren-Bibliothek.

Montezuma; ein Trauerspiel. Königsberg 1763. V: *Schönaich, Christoph Otto Freih. von.* (MGT) »1783« (Ky)

Montezuma. Trauersp. 8. Königsb. Kanter. 763.

Montfalcon, J. B., über die Sümpfe, s. Bibliothek der ausländ. Litt. f. Medizin. 3r Bd.

Montfaucon, Johanne von,. Romant. Gemälde aus d. 14ten Jahrh. in 5 A. von A. v. Kotzebue. 8. Leipz. Kummer. 800.

Montfaucon, Bernard de

Montfaucon, Bernh. de, antiquitates Etruscae ab A. F. Gori. fol. Nürnb. Stein.

— Antiquitates Etruscae. Ed. A. F. Gorius. Denuo ed. Schwebel. Cum figg. Norimb. 770. f. 3 rthl.

de Montfaucon, P. Bhrd., antiqnitates graecae et rom. in compend. red. a. J. Jak. Schatzio. Notas critic. adj. J. Sal. Semler. c. fig. Fol. Nürnb. 757. Stein. 10 ℳ Ed. II. Fol. Ebd. 767. Riegel u. W. 7 ℳ — Dass. deutsch: griechische, röm. u. andere Alterthümer f. Studirende, Zeichner, Maler, Bildhauer rc. in e. deutschen Auszug gebracht v. J. J. Schatz. Neue verb. Aufl. mit 150 Kpf. hrsgg. v. Jh. Fd. Roth. Fol. Nürnb. 807. Riegel u. W. 6 ℳ 8 gr Schrbp. 7 ℳ (Vergl. A. F. Gori).

Montfaucon B, Antiquitates Graecae et Romanae. Red. JJ Schatz et JS Semmler. (388 S 150 T) 4° Nürnberg 1757

— — dies. deutsch m. 150 K. Fol. Ebend. 757.

— — Supplement hierzu, siehe A. Gori etrurische Alterthümer.

— Etrurische Alterthümer. Aus dem Latein. von Schwebel. Mit Kupf. Nürnb. 770. f. 3 rthl.

Montferrand, Augustin Ricard de

Montferrand, A. Ricard de, Plans et détails du monument consacré à la mémoire de l'Empereur Alexandre. Imp.-Fol. (41 Stnt. u. 26 B. Text m. 12 Vign.) Paris 836. (Leipzig, Voss.) *

Montford, Das Schloss, oder der Ritter der weissen Rose. Berlin u. Leipzig 1796. Ü (nicht): *Tieck, Joh. Ludw.* (L. Tieck Schriften, Bd. XI. [Berlin 1829.] S. IX ff.) Ü: *Wessely.* (R. Köpke: Tieck I, 214) (Der grundgescheute Antiquarius, Jg. I, Heft 1, Februar 1920, S. 36 ff.) Ü: *Wackenroder, Wilh. Hch.* (?). (GGR VI/46) (Zeitschr. f. Büch. N. F. 15, 1923, S. 117)

Montford, das Schloß, od. der Ritter v. d. weißen Rose, (v. L. Tieck). Mit 1 Vign. 8. Berl. 796. Braun. 1 ℳ 4 gr.

Montford, das Schloß, oder der Ritter von der weißen Rose, eine Geschichte aus dem eilften Jahrhunderte, 2 Theile, 8. Berlin, 796. C. Nicolai. 1 Rthl. 5 sgl.

Montfort, d. Schloß. 2 Thle. 8. Berl. C. A. Nicolai. 796.

Montfort, oder d. Folgen des Hasses. s. Baillie.

Montfort; od. d. Folgen des Hasses. Trauersp. in Jamben in 5 Akten. 8. Amsterd. Kunst- u. Ind. Compt. 809.

Montfort, s. Grignan v. Montfort.

Montfort, A. G., Anweisung zur Schnell- und Geheim-Schrift. (Tachygraphie und Cryptographie.) Erläutert durch passende Beispiele. Nebst einer Anleitung die deutsche Carbonari-Sprache in einer Stunde sprechen und schreiben zu lernen. gr. 8. (IV und 44 S.) Weimar 855, Jansen und Comp.

Montfort, A. G., Anweisung zur Schnell- und Geheimschrift [Tachygraphie und Cryptographie]. Nebst Verfahren, um geheime Mittheilungen vermittelst sympathet. Tinten und der Chiffre quarré zu schreiben und solche lesen zu können. Nebst einer Anleitung, die deutsche Carbonari-Sprache in einer Stunde sprechen und schreiben zu lernen. 3. Aufl. 8. (66 S.) Berlin 880, Mode's Verlag. *

Montfort, A. G., Anweisung zur Schnell- u. Geheimschrift. (Tachygraphie u. Cryptographie.) Nebst Verfahren, um geheime Mittheilungen vermittelst sympathet. Tinten u. der Chiffre quarré zu schreiben u. solche lesen zu können. Mit e. Anleitg., die deutsche Carbonari-Sprache in 1 Stunde sprechen u. schreiben zu lernen. 6. Aufl. 8. (66 S.) Berlin 893. S. Mode's Verl. n. 1.—

— Beiträge zur angenehmen und nützlichen Beschäftigung für Knaben. 3 Bdchn. Weimar 856. Jansen u. Co. 16. (2 Bl., 64; 64; 63 S. u. 3 lith. Taf. in 4.) Jedes Bdchn. 10 ngr.

Montfort, A. G., Beiträge zur angenehmen und nützlichen Beschäftigung für Knaben. Neue (Titel-)Ausg. in 1 Bde. gr. 16. (188 S. mit 89 Abbild. auf 8 Stnt. in qu. 4.) Leipzig (856)62, Deckmann.

Montfort, A. G., angenehme und nützliche Beschäftigung für Knaben. Eine Anleitung zu Papp- und Drechsler-Arbeiten, Vögel auszustopfen, Schmetterlinge und Käfer zu fangen rc. Nebst Unterricht im Malen, Coloriren rc. 3. (Titel-)Ausg. gr. 16. (188 S. mit 89 Abbild. auf 3 lithogr. Taf. in qu. 4.) Berlin (856)68, Mode's Verlag.

Montfort, Denys de, Conchyliologie systématique, et classification méthodique des coquilles etc. II Vol. avec fig. 8. Paris, Schöll. 808. (I. 6 Rthlr. II. 4 Rthlr. 12 gr.)

Pap. gr. av. fig. enlum. (I. 8 Rthlr. 6 gr. II. 9 Rthlr. 18 gr.)
Pap. Velin. av. fig. enlum. (I. 9 Rthlr. 18 gr. II. 11 Rthlr. 15 gr.)

v. Montfort, Denys, Naturgesch. d. Molusken, als Fortsetz. d. Büffon'schen Naturgesch.; aus d. Französ. mit Anmerk. v. L. P. Funke. K. Witte u. Müller. 4 Bde. Mit Kpf. Hamb. 803. (Herold jun.) 5 ℳ 20 gr.

— Naturgesch. d. Molusken, als Fortsetz. d. Büffonschen Naturgesch., a. d. Franz. m. Anmerk. von Funke, Witte u. Müller. 4 Bde. m. K. Hamb. Bollmer. (1r u. 2r 3 Rthlr. 3r 1 Rthlr. 12 gr. 4r 1 Rthlr. 8 gr.)

Montfort, Denys. Naturgeschichte der Weichwürmer (Mollusques) ... Hamburg u. Mainz 1803. Ü: *Witte, Carl Hnr. Gfr.* (MGT)

Montfort, Hugo v. Hrsg. von Karl Bartsch, s. Bibliothek des litterarischen Vereins in Stuttgart, Bd. 143.

Montfort, Hugo v., s. Dichter, ältere tirolische.

v. **Montfort**, Rud., Barlaam u. Josaphat. Hrsgg. u. mit e. Wörterbuche begleitet v. Fr. K. Köpke. gr. 8. Königsb. 818. Universitäts-B. 1 ℛ 12 𝔤𝔤

Montgaillard, Rocques Jean Gabriel Maurice Comte de

Montgaillard, Graf v. Denkschrift, betreffend die Verschwörung Pichegrü's in den Jahren III, IV, V der französischen Republik. Uebersetzt und mit Anmerkungen von Friedrich Buchholz. 8. Berlin 1804.

— Denkschrift üb. die Verschwörung Pichegrü's. 8. Berl. 804. Unger. 20 𝔤𝔤

Montgaillard, Denkschrift üb. d. Verschwörung Pichegrüs, übers. v. Buchholz. 8. Berlin. 804. Jetzt Sommerbrodt.

de Montgaillard, R., état de la France au mois de Mai 1794. II Parts. gr. 8. Frankf. a. M. 795. (Schäfer). 18 𝔤𝔤

— Dass. aus d. Französ. 8. Stuttg. 795. Steinkopf. 6 𝔤𝔤

Montgaillard, J. G. M. R., de la France, et de l'Europe sous le gouvernement de Bonaparte. 8. Paris. (Marburg, Krieger.) 818.

— Verschwörungsgeschichte Pichegrü's; aus d. Französ. 8. Hamb. 804. Campe. 16 𝔤𝔤

— Zustand v. Frankreich, Mai 1794; aus d. Französ. (v. L. A. Lamotte). 8. Hannov. 794. Hahn. 7 𝔤𝔤

Montgaillard, Rocques Jean Gabriel Maurice Comte de. Frankreichs Zustand im März 1794; a. d. Franz. Stuttgart 1794. Ü: *La Motte, Ludwig Alexander.* (ML) »Hannover« (Ky)

— — ders. 8. Stuttg. Steinkopf. 795.

Montgalli, I. W., Epistolae theologicae Anti-Fabricianae. 8. Genev. 717.

— die durch Licht u. Recht obsiegende Wahrheit. 4. Augsb. 714.

Montgelas, Der Minister Graf von, unter der Regierung König Maximilians von Bayern. O. O. 1814. V: *Lang, Carl Heinrich von.* (MGT) (NN) (ADB 22, 203) »1815« (Ky)

Montgelas, d. Minister Graf von, unt. d. Regierung Maximilians v. Baiern. gr. 8. Altenb. Brockhaus. 814.

— — dasselbe. 8. Leipz. Knobloch. 814.

v. **Montgelas**, Graf; unter d. Regierung Maximilians von Baiern. gr. 8. Altenb. 815. Brockhaus in Leipz. 6 𝔤𝔤

Montgelas, Graf, deutsch-französisches Gespräch-Büchlein f. Jäger. (8 S.) 8. Neumarkt 904. (München, H. Jaffe.) n. 1. —; franz. Ausg. n. 1. —

Montgelas, Gräfin Ed. Unsere Sieben. Ein Bilderbuch. Frei nach Pfr. Kneipp. qu.-4. (10 farb. Bilder-Taf. m. eingedr. Text.) Eßlingen 892, Schreiber.
* 1 50; als Leporello-Album auf Leinw. cart in 8. * 1 80

Montgelas, Elisab. Gräfin v., von meiner Löwin u. anderen Lieblingen. 1.—3. Taus. Hrsg. f. den Verein Zoolog. Garten München E. V. (151 S. m. Abbildgn. u. Bildnis.) 8. München 909. Münchener graph. Kunstanstalt Ig. Velisch. 3.—; geb. 3. 50

Montgelas, Jos. Graf v., der Aufstand in der Vendée, s.: La Rochejacquelein, de.

Montgelas, Max Graf v., Bonaparte u. Maillebois, s.: Beiheft zum Militär-Wochenblatt.

Montgelas, Maximilian Josef Graf von

Montgelas, Max. Jos. v., Briefe. Hrsg. von Julie v. Zerzog. gr. 8. (XVI und 136 S. mit 2 lithogr. Facs.) Regensburg 853. (München, Finsterlin.) *

Montgelas, Maximilian Graf v. (geb. 12. Dezbr. 1759 zu München, k. b. Minister von 1799—1817, † 13. Juni 1838). — *Denkwürdigkeiten des bayerischen Staatsministers Maximilian Grafen von Montgelas. (1799—1817.)* Im Auszug aus d. französ. Original übers. von *Max Frhrn. v. Freyberg-Eisenberg* u. hrsg. von *Ludw. Grafen von Montgelas.* Stuttgart, J. G. Cotta (m. Signet), 1887. Gr. 8°. Eleg. Hjuchtenb.*)
XVI—574 S. (incl. Reg.).

Denkwürdigkeiten des Grafen Maximilian Joseph v. **Montgelas** über die innere Staatsverwaltung Bayerns (1799—1817) (Compte rendu au Roi sur la gestion des départements des affaires étrangères, des finances et de l'intérieur depuis le 16 févr. 1799 jusqu'au 1er févr. 1817). Hrsg. von G[eorg] Laubmann u. M[ichael] Doeberl. Nebst e. Einl. über d. Entstehung d. modernen Staates in Bayern von M. Doeberl. München: C. H. Beck 1908. (LXXIX, 160 S.) 8°

Montgelas, Gräfin Pauline, Bilder aus Südasien. Mit 6 Abbildgn. u. e. Kartenskizze. (III, 146 S.) 8. München 906. Th. Ackermann. n. 3. 20; geb. n. 4. —

— ostasiatische Skizzen. Mit e. Ansicht des Himmels-Tempels zu Peking. (V, 103 S.) 8. Ebd. 905. n. 2. —; geb. n. 2. 60

Montgolfier, Jos. et Steph., Ballons aërostatiques, av. fig. 8. Bern 784. Typ. Soc. 1 ℛ

— hist. et construction des Ballons, av. planch. 8. Bern 792. Typ. Soc. 1 ℛ

— die Versuche mit d. aërostatischen Maschinen, beschrieben v. St. Fond; a. d. Franz. m. K. gr. 8. Leipz. Weidmann. 784.

— — die Fortsetzung hiervon. gr. 8. Ebend. 785.

— Versuche mit d. von ihnen erfund. aërostat. Maschine; ein Ausz. aus d. Französ. v. C. G. v. Murr. Mit 8 Kpf. gr. 8. Nürnb. 784. Grattenauer. 16 𝔤𝔤 (Vergl. Faujas de St. Fond).

— der Wärmemesser. Eine neue Erfindung, um d. Feuer zweckmäßig u. mit Nutzen anwenden zu lernen, Wasser u. s. w. auf eine wohlfeile Art z. Kochen zu bringen u. zu bestimmen, welches zu d. einen od. andern Operation d. wohlfeilste Brennmaterial sey &c. gr. 4. Leipz., Joachim. 8 𝔤𝔤

Montgolfier's Luftball; eine poet. Declamation (v. Gli. W. Eckhardt). 8. Berl. 784.

Montgomery, Mrs. Alfr., die Cliffords. Eine Erzählung aus dem vor. Jahrh. Frei nach dem Engl. von Olga Freifrau v. Leonrod, geb. v. Schaezler. 8. (408 S.) Cöln 871, Bachem. (M 3,30.)

Montgomery, Ed., die Kant'sche Erkenntnisslehre widerlegt vom Standpunkt der Empirie. Ein vorbereitender Beitrag zur Begründung einer physiolog. Naturauffassung. gr. 8. (V, 201 S.) München 871, Th. Ackermann. *

Montgomery, Florence, d. Ausrufer. Autor. Übersetzg. v. M. M. 12. (62 S.) Basel 895. Kober. n. — 30

Montgomery, Florence. The fisherman's daughter, s. Collection of British authors.

Montgomery, Florence, Durchkreuzt. Deutsche autoris. Uebersetzung von R. M. 8. (122 S.) Itzehoe 883, Nusser. *

Montgomery, Miß Florence, die Kinder des Lord Duncombe. Eine Geschichte aus dem Leben zweier Knaben. Mit 41 (eingedr.) Holzschn. Autorif. Uebersetzung. gr. 8. (152 S.) Mainz 882. Kirchheim. geb. n. 3. —

Montgomery, Florence, die Kinder des Lord Duncombe. Eine Geschichte aus dem Leben zweier Knaben. Autoris. Übersetzg. 2. Aufl. (190 S. m. Abbildgn. u. 1 Farbdr.) 8. Mainz 907. Kirchheim & Co. Geb. in Leinw. 3. —

— die Kinder m. d. Gummiball. Autoris. Uebersetzg. v. M. M. 12. (27 S.) n. — 20
Basel: Jäger & Kober 1895.

— Herbert Mehnert, s.: Immergrün.

Montgomery, F., wild Mike a. his victime, s.: Collection of brit. authors.

Montgomery, Florence, Misunderstood, s. Collection of British Authors.

Montgomery, Florence, Misunderstood, hrsg. v. C. Th. Lion, s.: Library, English. 31. Bd.

Montgomery, Florence. Misunderstood. (Student's Tauchnitz ed. Nr. 34.) Mit deutschen Erklärgn. v. R. Palm. gr. 8. (XII, 168 S.) Lpz. 892, Tauchnitz. * 1 60; cart. * 1 70; Wörterb. dazu (28 S.) * — 40

Colonel Norton. A novel. By Florence Montgomery. Copyright ed. In 2 vol. Vol. 1. 2. Leipzig: Tauchnitz 1895. 8°
(Collection of British authors. Tauchnitz Ed. Vol. 3060/1.) [11. 8067

— Colonel Norton, s.a.Collection of British authors.

Prejudged. By Florence Montgomery. Copyright ed. Leipzig: Tauchnitz 1900. 264 S. 8°
(Collection of British authors. Tauchnitz Ed. Vol. 3457.) [11. 8331

— Prejudged, s.a.Collection of British authors.

—— der blaue Schleier. Eine Erzählung für Kinder von 9—14 Jahren. Deutsche autoris. Ausg. von M. Karstens. 8. (VII, 246 S. mit 4 color. Illustr.) Basel 884, Schneider. * geb. *

Montgomery, Florence. *Der blaue Schleier.* Eine Erzählung für Kinder von 9 bis 14 Jahren. Deutsche autoris. Ausg. v. M. Karstens. Basel, F. Schneider [c. 1885]. M. 4 farb. Taf. 8°. Orlwd. ★ 1 deutsche Ausg. 9.—

— Seaforth, s.: Collection of british authors.

An unshared Secret, and other stories. By Florence Montgomery. Copyright ed. Leipzig: Tauchnitz 1903. 288 S. 8°
(Collection of British authors. Tauchnitz Ed. Vol. 3704.) [11. 8339

— An unshared secret and other stories, s.a.Collection of British authors.

— Schloß Seeburg, s.: Familienbibliothek, Calwer.

Montgomery, Florence: Thrown together, s. Collection of Brit. Authors.

Montgomery, Florence: Thwarted, s. Collection of British Authors.

— Tony. — Die kleine Kinderfrau. 2 Erzählgn. Aus dem Engl. von Tilde v. Gillern. 8. (III, 107 S.) Mainz 901. F. Kirchheim. n. 1. 20; geb. n. 1. 80

—— the Town-Crier, s. Series for the young.

Montgomery, Florence, transformed, s. Collection of British Authors.

—— Unverstanden. Aus dem Engl. von Martha Lion, geb. Clausius. Autoris. Uebersetzung. 8. (IV, 238 S.) Basel 873, Schneider. *

— Unverstanden. Aus dem Engl. v. Martha Lion, geb. Clausius. Autoris. Uebersetzung. 2. Aufl. 8. (IV, 248 S.) Basel 882. Schneider. n. 2. 40

— Unverstanden. Aus dem Engl. v. Lion-Clausius. Autoris. Uebersetzg. 3. Aufl. 8. (VI, 233 S.) Basel 888. [Schneider.] Geering. n. 2. 40; geb. 3. 40

— Unverstanden. Aus dem Engl. v. Gräfin Maria Freddi. Autoris. Uebersetzg. 4. Aufl. 8. (VI, 231 S.) Basel 895. A. Geering. n. 2. 40; geb. n. 3. 40

Montgomery, Florence. Unverstanden. Aus dem Englischen von Gräfin Marta Freddi. Autorisierte Uebersetzung. 5. Aufl. VI + 232 S. 8. Basel, Basler Buch- & Antiquariatshandlung, 1904. [fr. 3. —, geb. 4. 25]

—— the blue Veil, s. Collection of British Authors.

Montgomery, Fl., Zusammengeführt. Aus d. Engl. v. Ch. Philippi. Basel, F. Schneider. 436 Stn. 8. 1875. 5. —

Montgomery, James, die Baumwollen-Manufaktur d. Verein. Staaten v. Nordamerika zusammengehalten mit der v. Großbritannien. A. d. Engl. übertr. u. begl. mit Bemerkn. üb. d. deutsche in Originalnoten v. Friedr. Geo. Wieck. — Eine techn., krit. u. fabrikökonom. Beleuchtung d. industr. Zustände, nebst histor. u. statist. Nachrichten üb. dies. Fabrikzweig, f. Fabrikanten 2c. Imp.-4. (12 B., 3 Stnt. u. Holzschn.) Leipzig 841, [Hamburg, Kittler.]

Montgomery, James, Theorie u. Praxis der Baumwoll-Spinnerei. Beschreibung aller im Spinnfache vorkomm. Maschinen u. Prozeduren. Unterricht bei der Behandlung u. Ausführung derselben, wie Berechnung des Ganges u. der Stellung jeder einzeln. Maschine. Einrichtung u. Direction von Spinnereien. Geschichtl. Umriß der Entwickelung der brittischen Baumwollspinnerei ꝛc. Ins Deutsche übertragen von F. G. Wieck u. C. Trübsbach. Nebst e Anhange: Würdigung der gangbarsten Baumwollsorten. (In 2 Lfrgg.) u. 1 Kupferatlas mit 5 großen Blätt. gr. 8. Chemnitz 840. Expedition des Gewerbeblattes. (R. Binder.) 2¾ ₰

— Theorie u. Praxis d. Baumwoll-Spinnerei. Beschreib. aller im Spinnfache vorkomm. Maschinen u. Prozeduren. Unterr. bei d. Behandl. u. Ausführ. ders., wie Berechn. d. Ganges u. d. Stellung jeder einzelnen Maschine. Einrichtung u. Direkzion v. Spinnereien. Geschichtl. Umriß d. Entwickelung d. brit. Baumwollspinnerei ꝛc. Ins Deutsche übertr. v. Friedr. Geo. Wieck u. C. Trübsbach. Nebst e. Anh.: Würdigung d. gangbarsten Baumwollsorten. (2 Lfgn.) gr. 8. (16¾ B. u. Atlas m. 5 Kpfrt., qu. ½ gr. Fol.) Chemnitz 840. [Hamburg, Kittler.]

— Theorie u. Praxis der Baumwoll-Spinnerei. Ins Deutsche übertragen von F. G. Wieck u. C. Trübsbach. Nebst e. Anh.: Würdigung d. gangbarsten Baumwollsorten u. einem Kupferatlas von 5 großen Blättern. 2. Ausg. gr. 8. Hamburg 846, Kittler. 1⅔ ₰

Montgomery, John, deutsch-englischer Briefsteller, s.: Rothwell, J. S. S.

Montgomery, John, do you speak English, s.: Koch's Sprachführer. 8. Bd.

— deutsch-englischer Handels-Briefsteller. Vollständige deutsch-engl. Handelskorrespondenz. 12. (192 S.) Stuttgart 899. P. Neff Verl. Geb. in Leinw. n. 1. 80

Montgomery, John, deutsch-englischer Handels-Briefsteller. Vollständige deutsch-engl. Handelskorrespondenz. (Neue [Titel-]Ausg.) (192 S.) kl. 8. Berlin-Schöneberg [899] 907. Langenscheidt's Verl. Geb. in Leinw. 1. 80

— dasselbe, s.: Rothwell, J. S. S., deutsch-engl. Briefsteller.

- Deutsch-englische Handelskorrespondenz, s.: Göschen's kaufmännische Bibliothek. 3. Bd.

— englische Handelskorrespondenz, s.: Robolsky, H.

Montgomery, K. L., The cardinal's pawn. How Florence set, how Venice checked, and how the game fell out. (293 S.) 8. London u Leipzig 903. T. F. Unwin. n. 1. 50

— Major Weir, s.: Unwin's library.

Montgomery, Marshall, M. A., types of standard spoken English and its chief local variants. 24 phonetic transcripts from „British classical authors" of the 19. century (Herrig-Foerster, vol. II.) (80 S.) 8. Strassburg 910. K. J. Trübner. 2.—; geb. n 2. 25

Montgomery, Martin. Die britischen Colonien in Asien, Westindien und Nordamerika, nach ihren geschichtlichen, physischen und statistischen etc. Beziehungen. Aus dem Englischen bearbeitet von Dr. Paul Frisch. 8. Leipzig 1836.

Montgomery, Mary Williams: Briefe aus der Zeit des babylonischen Königs Hammurabi (ca. 2250 v. Chr.). *Leipzig 1901: A. Pries.* (31 S.) 8° ¶ (Erscheint vollst. in: Beiträge zur Assyriologie u. semit. Sprachwiss., Bd 4, H. 4.)
Berlin, Phil. Diss. v. 9. Nov. 1901

The adult Organisation of Paragordius varius (Leidy). By Tho[ma]s H[arrison] **Montgomery** jr. With 7 pl. *Jena: G. Fischer 1903.* (28 S.; 8°
Aus: Zool. Jahrbucher. Bd 18.
= Contributions from the Zoological Laboratory. Univ. of Pennsylvania. Vol. 10, Suppl.

Montgomery, *Thomas Harrison* [aus Philadelphia '(Amerika)']: Stichostemma eilhardi nov. gen. nov. spec. E. Beitr. z. Kenntniss d. Nemertinen ... Berlin, Buchdr. v. G. Schade, *1894;* 75 S. 8.
Berlin, Phil. Fak., Inaug.-Diss. v. 5. Dez. 1894

Montgomery, W. F., die Lehre v. d. Zeichen, Erscheinn. u. d. Dauer d. menschl. Schwangerschaft, so wie von d. Phänomenen e. überstand. Geburt. Uebers. v. F. J. Schwann. Einleitend bevorw. v. H. F. Kilian. gr. 8. (23 B., 1 ill. u. 1 schw. Stnt.) Bonn 839, Weber.

Montgomery County Adler: 1827? Pottstown, PA
Weekly. Edited & published by U. F. Schrader.

Montgomery County Demokratische Post: 1865 1878? Norristown, PA
Weekly.

Montgomery County Post: Aug.? 1867–1896?
Democratic weekly. Circulation: 1870, 600 (est.); 1881, 500, 1896, 550. Edited & published by Acker & Co., 1867? 74; edited by B. Salinger, & published by C. F. Plumacher, 1875–80; edited & published by Hermann Michael, 1881–82; by Sentinel & Post Publishing Co., 1883–86?, by George H. Taylor, 1887; by S. R. Gotwals, 1888–96.
Norristown, PA

Montgomery County Presse: Aug. 6, 1860–1878.
Republican weekly; supported Hayes. Sub-title: Ein unabhängiges Familien-Blatt. Title varies: Stimme des Volkes und Montgomery County Presse, 1876?–1878. Place of publication varies: Norristown, Pa., 1860–62?. Continued at Telford, Pa. Circulation: 1870, 600; 1875, 400. Edited & published by John Shupe, 1860–76; by M. Kramer, 1877?–78.
Lansdale, PA

Montgomery County Presse: 1879–1902?
Weekly. Only paper in Telford, 1880–1902. Follows Stimme des Volks und Montgomery County Presse (Lansdale, Pa.). Circulation: 1881, 600; 1895, 1160; 1902, 1160. Edited & published by John Shupe.
Telford, PA

Montgon, de, Mémoires. VIII Vol. 12. Lausanne. (Kupferberg à Mayence.) 752.

Monthaye, E., Krupp und de Bange. Vom Verf. autoris. Uebersetzung von Rogalla v. Bieberstein. gr. 8. (XII, 241 S. mit 4 Fig.-Taf. und 1 Photogr. der Krupp'schen Fabrik.) Berlin 887, F. Luckhardt. *

Montheau, G. de, et Ch. Potier, où passerai-je mes soirées? s. Potier, Ch.

Monthey-Champéry-Bahn, Die. Zürich 1909. V: *Jegher, Carl.* (BBullschw 12, S. 115)

Monthey-Champéry-Bahn, die. (12 S. m. Abbildgn.) 32,5×24 cm. Zürich 909. Rascher & Co. — 80
Sonderabdruck aus: „Schweiz. Bauzeitg."

Monthion, staatswirthschaftliche Untersuchungen d. Einflusses d. Abgaben auf Moralität ꝛc. übers. v. Zimmermann. gr. 8. Gießen, Tasché. 814.

Pedagogical Monthly. Jour devoted to G-An educ (founded in 1899 and since then the organ of the Natl G-An Teachers Assoc), Milw, 1899 ... (Really originated in 1876 as: Anische Schulzeitung, ed: H. Knöfel; subsequently changed to: Erziehungsblätter für Schule und Haus.)

Montholon, Charles Tristan de

(**Montholon, Graf v.**), Denkwürdigkeiten üb. Napoleons Gefangenschaft u. Tod, s. Denkwürdigkeiten ꝛc.

v. Montholon, Graf, s. Denkwürdigkeiten von Sir Hudson Lowe.

Montholon, Geschichte d. Gefangenschaft Napoleon's auf St. Helena. Aus d. Franz. 2 Bde. Leipzig 846, Brockhaus u. Avenarius. [1. (31½ B. u. die Todtenmaske N's. nach Antomarchi.) 1 Thlr. 7½ Ngr., 2. (19 B.) 25 Ngr.]

— Geschichte d. Gefangenschaft auf St. Helena. In's Deutsche übertragen u. mit histor. Anmerk. begleitet von A. Kühn. I. Bd. gr. 8. Leipzig 846, Steinacker-Volckmar. 1¼ ℔

— Geschichte der Gefangenschaft Napoleons auf St. Helena. Deutsch von A. Diezmann. Mit dem Portrait des Kaisers u. dem Facsimile Montholon's. 6 Liefg. 16. (Mit Napoleons Bildniß.) Leipzig 846, Teubner. à 3 ngl

—— dass. Deutsch v. A. Diezmann. 16 Lfgn. 16. (62½ B., N's. Portr. u. Facsim. Montholon's.) Leipzig 846, Teubner. à Lfg. 3 Ngr.

de Montholon, (Charles Tristan), († d. 23. Aug. 1853), Geschichte der Gefangenschaft Napoleon's auf Sanct Helena. Ein Auszug. Mit der Todtenmaske des Kaisers nach Antomarchi (in Holzschn.) 8. (276 S.) Leipzig (846) 849, Brockhaus. ½ ℔

Montholon, (Général,) histoire de la captivité de St. Hélène. 1. Tom. 8. Berlin 846, Behr's Buchh. ¾ ℔

— la même. Tom. 2. 8. le même 846. ½ ℔

—— Histoire de la captivité de St. Hélène. (Tom. I.) 8. (30½ B. et le masque de l'Empereur d'après Antomarchi.) Leipzig 846, Brockhaus u. Avenarius.

Dieser Band umfasst Alles, was in Paris in französ. Sprache veröffentlicht wurde u. in andern Ausg. 2 Bde umfasst.

Months, six, hence, by the Author of „Behind the veil", s. Asher's Collection of English Authors.

Monti, Eleonore del, s. Eleonore.

Monti, Eleonora del; eine Geschichte aus dem achtzehnten Jahrhunderte, mit Kupf .8. Berlin 796. Akademie. 1 Rthl. 5 sgl.

Monti, Alois u. Emil Berggrün. Die chronische Anämie im Kindesalter. gr. 8. (V, 125 S. m. 4 farb. Taf.) Lpz. 892, F. C. W. Vogel. * 6 —

Monti, Alois, s.: Archiv f. Kinderheilkunde.

Das Blut und seine Erkrankungen. Von Prof. Dr. Alois **Monti** ... in Wien. M. 3 Holzschn. *Berlin & Wien: Urban & Schwarzenberg 1898.* (106 S.) 8.
= Klinik, Wiener. 1898. Suppl.-H. 3. [98. 11288

— Cholera epidemica, Dysenterie, Meningitis cerebrospinalis epidemica, s.: Klinik, Wiener. 27. Jahrg. 2. 3.

Monti, Alois, über Croup im Kindesalter, s. Klinik, Wiener.

—— über Croup und Diphtheritis im Kindesalter. 2. verm. und verb. Aufl. gr. 8. (VIII, 384 S. mit 21 Holzschn.) Wien 884, Urban und Schwarzenberg. *

Diphtherie. Von Prof. Dr. Alois **Monti** in Wien. Mit 13 Holzschn. *Berlin & Wien: Urban & Schwarzenberg 1899.* (146 S.) 8°
= Klinik, Wiener. Suppl.-H. 5. [00. 7713 2

Ueber die Entwöhnung und Ernährung der Kinder bis zum zweiten Lebensjahre u. d. künstl. Ernährg d. Säuglinge. Von Prof. Dr. Alois **Monti**, Dir. d. Allg. Polikl. in Wien. *Wien: Urban & Schwarzenberg 1897.* (157–256 S.) 8.
= Klinik, Wiener. 1897. H. 7–9. [97. 5733

— Ueber d. Entwöhng. u. Ernährg. d. Kinder bis zum 2. Lebensjahre u. d. künstl. Ernährg. der Säuglinge, s. a. Klinik, Wiener, 23. Jahrg.

Erkrankungen der Harn- und Geschlechtsorgane bei Kindern. Von Prof. Dr. Alois **Monti**, Wien. 1. *Berlin & Wien: Urban & Schwarzenberg 1902.* 8°
= Klinik, Wiener. 1902. H. 11. 12. [02. 14934

— Erkrankungen der Harn- u. Geschlechtsorgane bei Kindern, s. a. Klinik, Wiener. 28. Jahrg. 11. 12.

— Erkrankungen der Harn- u. Geschlechtsorgane bei Kindern, s. a. Klinik, Wiener, 1903. 2. 3.

Erkrankungen der Respirationsorgane, der Thyreoidea und der Thymus. Von Prof. Dr. Alois **Monti**. *Berlin, Wien: Urban & Schwarzenberg 1902.* (212 S.) 8°
= Klinik, Wiener. Suppl.-H. 10. [02. 8814 8

Erkrankungen des Rückenmarks, seiner Häute u. d. functionellen Störungen d. Nervensystems. Von Prof. Dr. Alois **Monti**. *Berlin, Wien: Urban & Schwarzenberg 1902.* (68 S.) 8°
= Klinik, Wiener. Suppl.-H. 9. [02. 3527 2

Die Erkrankungen der kindlichen Verdauungsorgane. Von Prof. Dr. Alois **Monti** in Wien. 1. 2. *Wien: Urban & Schwarzenberg 1897–98.* 8°
1. Mund, Rachen, Speiseröhre u. Magen. Nebst Anh.: Vergiftungen. 1897.
2. Magen- u. Darmkrankheiten. 1898.
= Klinik, Wiener. 1897, Suppl.H. 1. 1898, Suppl.H. 2. [01. 3720

Die Erkrankungen der kindlichen Verdauungsorgane. II. Magen- u. Darmkrankheiten. Von Prof. Dr. Alois **Monti**, Dir. d. Allgem. Poliklinik in Wien. *Wien: Urban & Schwarzenberg 1898* (156 S.) 8.
= Klinik, Wiener. 1898. Suppl.-H. 2. [98. 4849

Erkrankungen der Circulationsorgane. Anh.: Basedow'sche Krankheit. Von Prof. Dr. Alois **Monti**, Dir. in Wien. *Berlin: Urban & Schwarzenberg 1902.* (S. 218–294.) 8°
= Klinik, Wiener. 1902. H. 7. 8. [02. 9431

— Erkrankungen der Circulations-Organe (im Kindesalter), s. a. Klinik, Wiener. 28. Jahrg. 7. 8.

Die Ernährung der Kinder vom ersten Lebensjahr bis zur Pubertät. Von Prof. Dr. A[lois] **Monti** in Wien. Berlin: Urban & Schwarzenberg 1907 (S. 291–310.) 8°
= Klinik, Medizinische. Beihefte. Jg. 3, H. 11. [08. 5041

— Feriencolonien in Oesterreich. — Heilstätten f. scrophulöse Kinder, s.: Verwaltung, sociale, in Oesterreich.

Die wichtigsten Hauterkrankungen im Kindesalter. Von Prof. Dr. Alois **Monti**. *Berlin: Urban & Schwarzenberg 1903.* (149 S.) 8°
= Klinik, Wiener. Suppl.-H. 12. [04. 377 9

Keuchhusten, Influenza, Mumps, typhöse Erkrankungen. Von Prof. Dr. Alois **Monti**. *Berlin & Wien: Urban & Schwarzenberg 1900.* (106 S.) 8°
= Klinik, Wiener. Suppl.-H. 6. [00. 7714 2

Kinderheilkunde in Einzeldarstellungen. Vorträge geh. an d. allg. Poliklinik von Prof. Dr. Alois **Monti**, Dir. in Wien. Mit Holzschn. Bd 1–3. (In 21 H.) *Berlin & Wien: Urban & Schwarzenberg 18(97)–1903.* 3 Bde 8°
1. 18(97–)99. 2. (1899–)1901 3. 19(01–)03. [03. 15030

— Kinderheilkunde in Einzeldarstellgn. Vorträge, geh. an d. allgem. Poliklinik. 1.–6. Hft. gr. 8. Wien, Urban & Schwarzenberg. n. 15. —
1. Über Verdauung u. natürl. Ernährg. d. Säuglinge. (88 S. m. 9 Holzschn.) 897. n. 2. 50
2. Über d. Entwöhng., Ernährg. d. Kinder bis zum 2. Lebensjahre. D. künstl. Ernährg. d. Säuglinge. (S. 89–188.) 897. n. 2. 50
3. Die Erkrankgn. d. kindl. Verdauungsorgane. I. Mund, Rachen, Speiseröhre u. Magen. Mit Anh.: Die im Kindesalter am häufigsten vorkomm. Vergiftgn. (S. 189–332.) 897. n. 3. 75
4. Dasselbe. II. Magen- u. Darmkrankheiten. Mit 11 Holzschnitten. (S 333–488.) 898. n. 3. 75
5. D. Krankheiten d. Peritoneums, d. Leber, d. Milz u. d. Pankreas. Nebst Anh.: Diabetes insipidus u. Diabetes mellitus. (S. 489–540.) 898. n. 1. 50
6. Das Wachstum d. Kindes von d. Geburt bis einschliessl. d. Pubertät. (S. 541–570 m. 3 Abb.) 898. n. 1. -

— Kinderheilkunde in Einzeldarstellungen. Vorträge, geh. an der allgemeinen Poliklinik. 7.—19. Hft. gr. 8. Wien, Urban & Schwarzenberg. n. 36. —
7. Das Blut u. seine Erkrankungen. (VIII u. S. 571–685 m. 3 Holzschn.) 899. n. 2. 50
(I. Bd. kplt. [Hft. 1–7] n. 17. 50; geb. n. 20. –)
8. Syphilis. — Scrophulose. (2. Bd. S. 1–108.) 899. n. 2. 50
9. Tuberkulose. (2. Bd. S. 109–194.) 899. n. 2. 50
10. Diphtherie. Mit 13 Holzschn. (2. Bd. S. 195–340.) 900. n. 3. 50
11. Rachitis. (S. 341–410.) 900. n. 2. –
12. Keuchhusten, Influenza, Mumps, typhöse Erkrankungen. (S. 411–516.) 900. n. 2. 50
13. Die acuten Exantheme: Masern, Rötheln, Scharlach, Blattern, Vaccine, Varicellen. Mit 3 Holzschn. (S. 517–632.) 901. n. 3. —
14. Cholera epidemica, Dysenterie, Meningitis cerebrospinalis epidemica, Malaria. (2. Bd. VII u. S. 633–742.) 901. n. 3. — (2. Bd. kplt. [Hft. 8–14] n. 19. —; geb. n. 21. 50.)
15. Krankheiten des Gehirnes u. seiner Häute. (3. Bd. S. 1–86.) 901. n. 2. 50
16. Erkrankungen des Rückenmarkes u. seiner Häute u. functionelle Störungen des Nervensystems. (3. Bd. S. 87–154.) 901. n. 2. —
17. Erkrankungen der Respirationsorgane, der Thyreoidea u. d. Thymus. Mit 4 Holzschn. (3. Bd. S. 155–366.) 902. n. 4.—
18. Erkrankungen d. Circulations-Organe. Anh.: Basedow'sche Krankheit. (3. Bd. S. 368–444.) 902. n. 2. —
19. Erkrankungen der Harn- u. Geschlechtsorgane. (3. Bd. S. 445–596.) 903. n. 4. —

— Kinderheilkunde in Einzeldarstellungen. Vorträge, geh. an der allgemeinen Poliklinik. 20.—25. Heft. gr. 8. Wien, Urban & Schwarzenberg. n. 13. —
20. Krankheiten der Neugeborenen. (3. Bd. S. 597–704.) 903. n. 3. —
21. Die wichtigsten Hautkrankheiten im Kindesalter. (3. Bd. VII u. S. 705–860.) 903. n. 4. — (3. Bd. n. 21. 50; geb. in Halbfrz. n. 24. —; vollst. n. 58. —; geb. n. 65. 50)
22. (Ergänz.-Bd. 1. Hft.) Die Infektionen der Mund- u. Rachenorgane m. Bakterien der Mundhöhle. Mit 10 Holzschn. (35 S.) 906. n. 1. —
23. (Ergänz.-Bd. 2. Hft.) Die Ernährung der Säuglinge nach dem heutigen Standpunkte. (S. 37–124 m. 7 Fig.) 906. n. 2. —
24. (Ergänz.-Bd. 3. Hft.) Künstliche Säuglingsernährung. (S. 165–200.) 907. n. 2. —
25. (Ergänz.-Bd. 4. Hft.) Ernährung u. Pflege der Kinder von der Entwöhnung bis zur Pubertät. (S. 201–238.) 907. n. 1. —

— Kinderheilkunde in Einzeldarstellungen. Vorträge, geh. an der allgemeinen Poliklinik. 26.—28. Heft. (Ergänzungsbd., 5.—7. Heft.) Lex. 8. Wien, Urban & Schwarzenberg. 6. 50
26. Das Wachstum des Kindes. Neue Erfahrgn. u. Beobachtgn. Mit 3 Holzschn. (S. 239–262.) 907. 1. —
27. Verdauungskrankheiten der Säuglinge. Mit 6 Holzschn. (S. 263–402.) 908. 3. —
28. Praktische Anleitung zur Anwendung der Serumtherapie in der Kinderheilkunde. Mit 10 Holzschn. (S. 403–488.) 908. 2. 50

Krankheiten des Gehirnes und seiner Häute. Von Prof. Dr. Alois Monti in Wien. *Berlin, Wien: Urban & Schwarzenberg 1901.* (86 S.) 8°
— Klinik, Wiener. Suppl. H. 8. [01. 10660 2

Krankheiten der Neugeborenen. Von Prof. Dr. Alois Monti. *Berlin, Wien: Urban & Schwarzenberg 1903.* (108 S.) 8°
— Klinik, Wiener. Suppl. H. 11. [04. 8878 2

Die Krankheiten des Peritoneums, der Leber, der Milz u. d. Pankreas im Kindesalter. Nebst Anh.: Diabetes insipidus u. Diabetes mellitus. Von Prof. Dr. Alois Monti, Dir. in Wien. *Wien: Urban & Schwarzenberg 1898.* (189–240 S.) 8.
— Klinik, Wiener 1898. H. 6. 7. 98. 8596

Malaria, Wechselfieber, Sumpffieber. Von Prof. Dr Alois Monti in Wien. *Wien. Urban & Schwarzenberg 1901.* (S. 161–200.) 8°
— Klinik, Wiener. 1901. H. 6. [01. 6527

— Malaria, Wechselfieber, Sumpffieber, s. a. Klinik, Wiener. 27. Jahrg. 6. Hft.

Monti, Alois: Die acuten Exantheme: Masern, Rötheln, Scharlach, Blattern, Vaccine. Varicellen. Mit 3 Holzschn. Berlin, Wien: Urban & Schwarzenberg 1900. (116 S.) 8°
= Klinik, Wiener. Suppl. H. 7.

Rachitis. Von Prof. Dr Alois Monti in Wien. *Berlin [&] Wien: Urban & Schwarzenberg 1900.* (S. 39–108.) 8°
— Klinik, Wiener. 1900, H. 2. 3. [00. 2729

— Rachitis, s. a. Klinik, Wiener. 26. Jahrg. 3.

Monti, A, Rekonvaleszentenhäuser, Spezialheilanstalt. u. Ambulatorien i. Österreich. (S.-A.) Wien 1900.

MONTI, Alois
Reconvalescentenhäuser, Specialheilanstalten und Ambulatorien in Oesterreich. Von Prof. Dr. Alois Monti. [Separatabdruck aus dem Jubiläumswerke: „Oesterreichs Wohlfahrts-Einrichtungen 1848—1898", herausgegeben von der Commission der Oesterreichischen Wohlfahrts-Ausstellung 1848—1898.] Wien. 1901. Perles. Gr.-8°. 37 S. K 1.—

Monti, Alois: Syphilis — Scrophulose. Berlin & Wien: Urban & Schwarzenberg 1899. (108 S.) 8°
= Klinik, Wiener. 1899. Suppl. H. 4.

Monti, Alois: Tuberculose im Kindesalter. Berlin & Wien: Urban & Schwarzenberg 1899. (191-276 S.) 8°
= Klinik, Wiener. 1899. H. 7. 8.

— Tuberculose im Kindesalter, s. a. Klinik, Wiener. 25. Jahrg. 7./8. Hft.

Ueber Verdauung und natürliche Ernährung der Säuglinge. Von Prof. Dr. Alois Monti, Dir. d. Allg. Poliklinik in Wien. *Wien: Urban & Schwarzenberg 1897.* (24 S.) 8.
— Klinik, Wiener 1897. H. 1. [97. 107

Über Verdauung u. natürl. Ernährg. d. Säuglinge, d. Wachsthum d. Kindes von d. Geburt, bis einschliessl. d. Pubertät, } s. a. Klinik, Wiener, 23. Jahrg.

Das Wachsthum des Kindes von der Geburt bis einschliesslich der Pubertät. Von Prof. Dr. Alois Monti . . in Wien. M. 3 Holzschn. *Berlin & Wien: Urban & Schwarzenberg 1898.* (287–310 S.) 8.
— Klinik, Wiener. 1898. H. 10. [98. 10776

Monti, E., Martha Hall, s. Miniatur-Bibliothek, novellistische.

Monti, E., Bundesgesetz betr. Kranken- und Unfall-Versicherung mit Einschluss der Militär-Versicherung. Darlegung der Hauptbestimmungen mit besonderer Berücksichtigung der für den Stand der Landwirthe wichtigen Punkte. 8. (49 S.) Bern, K. J. Wyss Verlag. 1900. —. 40.

Monti, Ign., medicinische Dictata, aus dem Ital. gr. 8. Stuttg. Metzler. 781.

Monti, Lor., Dizionario botanico Veronese. 2 vol. in 12. Verona, 817. (Vienna, Volke)

Monti, Vincenzo

Monti, s. Heyse, Paul. Ital. Dichter.

Monti, Vincenz, Aristodemo, s. Emporeo drammatico.

Monti, Vincenzo, Aristodemos. Trauerspiel in fünf Aufzügen. Aus dem Italien. 8. (129 S.) Wien 872, (Wallishausser'sche Buchh.) *

Monti, Vincenzo, Aristodemos. Trauerspiel in fünf Aufzügen. Aus dem Italien. von J. J. H. Ritter v. Hohenthurm. 2. Aufl. 8. (129 S.) Wien 874, Rosner. *

—— Cajus Gracchus. Trauerspiel in 5 Aufzügen. Aus dem Italien. von J. J. H. Ritter v. Hohenthurm. 8. (232 S.) Ebendas. 874. *

Monti, V., Galeotto Manfredi, s. Emporeo drammatico.

Monticelli, Fr. Sav., studii sui Trematodi endoparassiti, s.: Jahrbücher, zoologische.

Monticelli, Theodoro

Monticelli. T., und Covelli, N., Der Vesuv in seiner Wirksamkeit während der Jahre 1821, 1822 und 1823, nach physikalischen, mineralogischen und chemischen Beobachtungen und Versuchen. Elberfeld 1824.

Monticelli, (T., u. N.,) Covelli, d. Vesuv in seiner Wirksamkeit, während d. Jahre 1821—23, nach physikal., mineral. u. chem. Beobachtt. Aus d. Italien. mit Anmerkk. v. J. Nöggerath u. J. P. Pauls. Mit 4 Ansichten. gr. 8. Elberf. 824, Schönian.

—— e Covelli (N.). Der Vesuv in seiner Wirksamkeit während der Jahre 1821, 1822 und 1823. Aus dem Italienischen von Nöggerath und Pauls. Elberfeld 1824. 8. Mit 4 Tafeln. (Bildet den ersten Band der Sammlung von Arbeiten ausländischer Naturforscher über Feuerberge und verwandte Phänomene.) Siehe auch unten: Nöggerath und Pauls. Sammlung etc., d. S.

Monticelli, (T., u. N.,) Covelli, d. Vesuv 2c. Forts. s. Samml. v. Arbeiten d. Naturforscher 2c. Rthlr.

Montier, s. Dumontier.

Montier, d. Frau du, lehrreiche Briefe. 2 Bde. 3. Frankf. Hermann. (auch Gebhardt u. K.) 784.

Montif, Gartenbuch. 12. Ulm. 723.

COURTISANEN, Die, des Alterthums. (Aus d. Französ. des *Marc. de Montifaud.* 2 Bde. Mit 7 Illustr. von Aubry. Budapest, Gustav Grimm, 1885. 8°. 176 + 164 S. (5 Mk. Paul Neubner, c. 1893; 4 Mk. Max Harrwitz, 1904.)
Der Orient. — Griechenland, Helena. — Sappho. — Aspasia. — Thais u. Glycera. — Lais. — Die Venus d. Praxiteles. — Die Männerjagd auf der via sacra. — Die Maitressen des Horaz. — Lesbia, Delila, Corinna, Cynthia. — Cleopatra. — Das Weib des Potiphar.
Das französ. Buch „Les Courtisanes de l'antiquité" erschien in Paris 1869. (10 Mk. P. Neubner. c. 1893.)

Montifaud, Marc de, d. Courtisanen d. Alterthums. 2. Aufl. 8. (261 S.) Budapest 895. G. Grimm. n. 3.—

Montifaud, Marc de, die Courtisanen des Alterthums. 3. Aufl. 8. (268 S. m. Abb.) Budapest 902. G. Grimm. n. 3.—

Montifontanus, Luc., Ecclesia inter eclipses nunquam deficiens. 1709.

Montifontani, Luciani, solvi mundo. 4. Ulm, Wohler. 710.

Montigel, Eberhard, appr. Arzt a. Möckmühl, Ass.-Arzt am Landkrankenhaus zu Hanau: Ein Fall von Carcinoma ovarii mit eigentümlicher Metastasierung in die Mamma. Tübingen: F. Pietzcker 1906. (16 S.) 8°
Tübingen, Med. Fak., Ref. v. Baumgarten, Diss. v. 2. Jan. 1907
[Geb. 1. Nov. 80 Möckmühl, O.-A. Neckarsulm; Wohnort: Hanau; Staatsangeh.: Württemberg; Vorbildung: Karls-Gymn. Stuttgart Reife Sommer 99; Studium: Tübingen 4, München 2, Tübingen 4 S.; Coll. 29. Dez. 06; Approb. 15. Mai 06.]

Montigel, Theophil. Vioform bei Knochen- und Gelenktuberkulose. Diss. Med. Bern. [Mit 1 graphischen Tafel.] (Extrait [des] Archives internationales de Chirurgie.... Volume 3. Fascicule 3....) *Kopftitel:* Aus dem Berner Inselspital. Abteilung [Carl] Arnd. II S. + S. 227–266. gr.-8. Gent, (* *Umschlag:* Gand), A. Vander Haeghen, 1906.

Montignoso, Luise Gräfin v., ehemalige Kronprinzessin v. Sachsen, als Dichterin. Von Herm. v. Alt-Damerow. (62 S. m. Fksms. u. Bildnis.) qu. kl. 8. Schkeuditz-Leipzig (905). [Deutscher Volksverlag.] Leipzig, A. Kade. n. 1.50; geb. n. 3.—

Montignoso, Gräfin (ehem. Kronprinzessin v. Sachsen), Gedichte. Einzige komplette, autoris. Ausg. (20 Bl. m. Bildnis.) 8. Dresden (905). W. Karlowa. n. 1.—

Montignot, s. Cl. *Ptolémée.*

Montignot, Etat des Etoiles fixes, ou second Siècle de Cl. Ptolémée, av. fig. 4. Strasb. Acad. 787.

Montigny, Frau Adelh. de, s. El-Neccar.

Unter anderem Namen. Original-Roman aus d. franz. Familienleben von El Neccar [d. i. Adelheid de Montigny, geb. Borchers]. Dresden: Diegmann; [Berlin-Pankow: Linser 1904]. 270 S. 8° A 12.5013

Montigny, Alfr., der kleine Schach-Matador. Oder: Kurze und leichtfaßl. Anweisung zur Selbsterlernung des Schachspiels. Nebst 25 Musterspielen. br. 8. (IV und 33 S.) Weimar 856, Jansen und Comp. *
Aus: Cornelia 2c., besonders abgedruckt.

Montigny, Alfr., der kleine Schach-Matador. Oder: Kurze u. leichtfaßliche Anweisung zur Selbsterlernung des Schachspiels. Nebst 25 Musterspielen. Neue Ausg. Leipzig 862. Deckmann. gr. 16. (IV, 33 S.) 6 ngr.

Montigny, Alfr., der kleine Schach-Matador. Oder: Kurze und leichtfaßl. Anweisung zur Selbsterlernung des Schachspiels. Nebst 25 Musterspielen. Neue (Titel-)Ausg. br. 8. (IV und 33 S.) Berlin 868, Mode's Verlag.

Montigny, Alfr., der kleine Schach-Matador, oder kurze und leicht-faßl. Anweisung zur Selbsterlernung des Schachspiels. Nebst 25 Musterspielen. 4. verb. Aufl. 8. (44 S.) Berlin 880, Mode's Verlag.

Montigny, Alfr. Der kleine Schach-Matador, od.: Kurze u. leichtfaßl. Anweisg. zur Selbsterlerng. d. Schachspiels. Nebst 25 Musterspielen. 7. verb. Aufl. 8. (44 S.) Berl. 890, Mode's Verlag. — 75

Montigny, Alfr., der kleine Schach-Matador od. kurze u. leicht-faßl. Anweisg. zur Selbsterlerng. d. Schachspiels. Nebst 25 Musterspielen. 10., verb. Aufl. 8. (44 S. m. Diagr.) Berlin 898. E. Mode's Verl. — 75

de Montigny, Mdme Caroli., la Barque d'Antoine. (Au benefice des malheureuses victimes de l'inondation du Rhin). 16. Aachen 825. Mayer. 6 gr

Montigny, Et. Mign. de

— Von der faulen u. pestartigen Krankheit d. Viehes als ein Unterricht für die Bewohner d. mittägigen Provinzen Frankreichs. Aus d. Franz. übers. v R. C. F Opitz. Berl. u. Leipz. 1776. (20) 160 S.

v. Montygni, ..., Unterricht f. die Einwohner der mittägl. Provinzen Frankreichs üb. die faulen pestilenz. Viehseuchen 2c. Aus d. Italien. übers. u. mit Zusätzen verm. v. J. N. A. v. Leuthner. 8. Münch. 776.

Montigny, Gustavus (geb. 1812 in Saarlouis): Quaestiones in C. Plinii Secundi Naturalis historiae de animalibus libros ... Bonnae, form. C. Georgii 1844. 1 Bl., 74 S. 8.
Bonn, Phil. Fak., Diss. v. [18 Jan. 1845]

Montigny, Gustavus (geb. 1812 in Saarlouis): Theses controversae quas una cum dissertatione Quaestiones in C. Plinii Secundi libros de animalibus ... defendet. Bonnae, form. C. Georgii 1845. 2 Bl. 8.
Bonn, Phil. Fak., Thes. v. 18 Jan. 1845

Montigny, (Capitän) Louis, Skizzen aus den Feldzügen der großen Armee und der Belagerung von Antwerpen im J. 1832. Aus d. Franz. 8. Aachen 833. Mayer. (Brüssel, Mayer u. Somerhausen.) 1 ℛ

Montigny de Mayt, Matthias de: Disputatio inauguralis medica de chlorosi seu foedis virginum coloribus.
Basel; med. Diss. 1704.

Montjoie, Kreis, s.: Aachen, Reg.-Bez.

Montjoie, Kreis, s.: Eupen.

Montjoye, Christophe Felix Louis Ventre de Latouloubre. Raisonnirender Auszug von [seinen] Schriften ... Leipzig 1798. H: *Dyk, Johann Gfr.* (MGT)

v. Montjoye, Lebensgesch. d. Gemahlin Ludwig XVI. Marie Antoinette; aus d. Französ. mit Anh. v. J. G. Dyck. 2 Thle. Mit Kpf. gr. 8. Leipz. 798. Dyck. 2 ℛ

MONTJOYE, F. L. C., Fernando Texado und seine Freunde. (Interess. Briefwechsel, angeblich auf Grund wahrer Begebenheiten.) Aus d. Französ. des Bürgers — (übers. von Wilh. Christhelf Siegmund Mylius). 4 Thle. Mit 4 (drastischen) Titelkpfrn. (Clar sc.). Berlin, 1803. In der Himburgischen Buchhandlung. 8⁰.

Montjoye, Fernando Texado; aus d. Französ. v. Mylius. 4 Bde. Mit Kpf. 8. Berl. 803. (Reimer). 3 ℛ 18 gl

Montirungs-Reglement f. sämtliche Churpfalzische Dikasterial-livree-Dienerschaft (München 1793.)
4 S. 4°

Montirungs- und Verrechnungsvorschrift für das k. u. k. Heer. 8. (XX, 473 S.) —.80
Wien: Hof-u.Staatsdruck.1891.

Montlong, Quintessenz der Konversation oder 3000 Sprichwörter in 14 Sprachen im Orig.-Text mit deutsch-französischer Uebersetzung. 1. und 2. Lfg. 12. (XI und S. 1—48.) Wien 862,63. Beck'sche Universitäts-Buchh. à Lfg. 6 Ngr.

Montlong, Major Wilh. v., authentische Enthüllungen über die letzten Ereignisse in Mexico. Auf Befehl weil. Sr. Majestät des Kaisers Maximilian nach Dokumenten bearb. gr. 8. (VI, 233 S. mit 2 lithogr. Plänen in 4.) Stuttgart 868, Hoffmann'sche Verlagsh. *

v. Montlosier, Graf, Denkschrift, die Enthüllung e. Systems betreffend, das die polit. u. religiöse Absicht hat, d. Religion, d. Gesellschaft u. dem Throne d. Untergang zu bereiten. Aus d. Französ. Mit Vorwort v. H. E. G. Paulus. gr. 8. Stuttg. 826. Brodhag. 1 ℛ 21 gl

v. Montlosier, (Graf,) Denkschrift, die Enthüllung eines Systems bezweckend, das die polit. u. religiöse Absicht hat, d. Religion, d. Gesellschaft u. dem Throne den Untergang zu bereiten. Aus d. Französ. Mit Vorwort v. H. E. G. Paulus. gr. 8. Stuttg. 826, Franckh.

— die Jesuiten in ihrer wahren Gestalt 2c., s. Unsre Zeit.

— die Priester- u. Jesuitenherrschaft im gegenwärt. Frankreich, u. ihre Ausdehnung auf das übrige Europa. Mit authent. Belegen versehen. Aus d. Französ. gr. 8. Ebend. 826.

— die Priester- u. Jesuitenherrschaft im gegenwärt. Frankreich, u. ihre Ausdehnung auf d. übrige Europa. Mit authent. Belegen versehen. Aus d. Französ. gr. 8. Stuttg. 827. Brodhag. 1 ℛ 18 gl

Montmahou, E. de, neues Formular- u. Recept-Taschenbuch, nebst d. Bereitungs- u. Anwendungs-Art aller neuen Arzneimittel, e. Tabelle üb. d. Gifte u. Gegengifte, so wie üb. die einander zersetzenden Substanzen. Nach d. Franz. frei bearb. durch J. G. Weber. 8. (15 B.) Tübingen 828, Osiander.

Mont-Medy. Berlin 1796. 1: 7250. 1 Bl. a. vorst. W.

Montmedy, Pierre: Historia V. Test. ex Gallic. Histor. Clementis D. Vallamont proposita c Discursu de Success. Relig. ex D. Bossuet. Ratisbonae 1710. 576 S. 8⁰

Montmedy, Pierre: Opusculum bipartitum complectens historiam Vet. Testam. usque ad J. C. cum discursu de successione Religionis ex R^mo^ D. Bossuet. Ratisbonae 1707. 8⁰

Montmedy, Pierre: Historia Veteris Testamenti usque ad Jesum Christum Natum Methodo nova & facili chronologice proposita ex Gallicis Historiae Elementis D. Vallemonti, SS. Theol. Doctoris. Accedit Discursus De Successione Religionis R. D. Jacobi Benigni Bossueti, Episcopi Meldensis. Ex Gallica in Latinam Linguam translata. Cum approbatione Superiorum. Ratisbonae 1715. 10,485 S. 8⁰

de Montmeyan, J. J. Rigaud, contes non immoraux. 8. Bresl. 806. W. G. Korn. 1 ℛ 8 gl

Montmollin, de, Mémoires sur le Comté de Neuchatel en Suisse. II Ts. gr. in-8. (36¼ B.) Neuchatel 831. (Berne, Dalp.)

Montmollin, Frédéric-Guillaume de s. Recueil des pièces relatives à la persécution suscitée ... contre M. J(ean) J(acques) Rousseau. 1765.

Montmollin, Georges de s. Mémoire justificatif .... 1767.

Montmollin, Guillaume de: Versuche zur Synthese des Pentazols. Zürich 1910: Leemann. 103 S. 8°
München, Phil. Diss. v. 16. Juli 1910, Ref. v. Baeyer
[Geb. 1. März 84 Neuchâtel; Wohnort: Neuchâtel; Staatsangeh.: Schweiz; Vorbildung: Gymn. Neuchâtel B. L. Juli 03; Studium: Zürich Polytechn. 8, München 6 S.; Rig. 16. Juli 10.] [U 11. 3821

Montmollin, Henri de. (de Neuchâtel). De la fistule vésico-vaginale. Neuchatel J. Attinger Impr. 1864. 32 S., 1 Taf., 1 Bl. Thesen. 8⁰.
Zürich. Med. Diss. [v. 13. Aug. 1864].

Montmorin, histoire de Pierre III. etc. III Vol. av. fig. 8. Strasb. Treutel et W. 799.

Montolieu, Mdme J. de, Oeuvres. Avec gravures. Tom. 1 à 6. in 12. Paris, 820.

Montolieu, Isabelle de, le Robinson suisse, ou Journal d'un père de famille naufragé avec sa femme et ses enfans. Nouv. édit. Ornée de 12 figs. sur acier et de la Carte de l'Ile deserte. gr. in-12. (59⅓ B.) Leipzig 833, Fr. Fleischer.

Montonval, die Feldzüge in Frankreich 1814 u. 15, s. Geschichte d. Kriege d. Franzosen. 16—46 Bdchn.

Montor, Artaud v., s. Artaud v. Montor.

Montos, Paul [Pseudon.] s.a. Lauterburg, Emil.

Montos, Paul, „Mr. Chamberlain". Ein Schwank in 4 Akten. gr. 8. (128 S.) Bern 901. (Neukomm & Zimmermann.) n.n. 1. 70

Montowt, v., s.: Kaiser-Wilhelm-Dank-Kalender.

Montoya, Antonio Ruiz de, Arte, bocabulario, tresorio y catecismo de la lengua Guarani. Publicado nuevamente sin alteracion alguna por Julio Platzmann. 4 tomos. gr. 8. (CXX, XII, 100; 500; 800, 350 S. mit eingedr. Holzschn.-Ornamenten.) Leipzig 876, Teubner. *
Ausg. auf Velinpap. *

—— Obras. 2 entregas. 8. Wien 876, (Faesy und Frick.) à Thl. * 13,50. *

Inhalt:
Entrega 1. Arte, vocabulario y tesoro de la lengua Guarani, ó mas bien tupi. I. Arte y vocabulario. Nueva edic., mas correcta y esmerada que la primera, y con las voces indias en tipo differente. (IV, 100 S. und XII, 510 Sp.)
» 2. —— dass. — II. Tesoro Guarani [ó tupi]-espanol. (412 S.)

Der Sprachstoff der Guaranischen Grammatik des Antonio Ruiz de Montoya). Hrsg. u. hier u. da erläut. v. Julius Platzmann. *Leipzig B. G. Teubner 1898* (XX, 261 S.) 1 Bd 8

Montoyer, Ludwig. Die alte Kaiserburg zu Wien vor dem Jahre MD. Mit geschichtlichen Erlauterungen von **Theodor Georg von Karajan.** Mit neun Tafeln. Wien 1863. 4°.

Montpellier, Bischof Thdr Alex Jos. de

Montpellier, Bisch. v Lüttich, Hirtenschreiben uber die Gefährlichkeit des internationalen Arbeiterbundes. 12° Aachen 1872

Montpellier, Bischof Thdr. Alex. Jos. de, die Internationale. Wo stammt sie her? Was ist sie? Was will sie? Aufklärung über das Treiben der internationalen Arbeiter-Vereine, nach dem Hirtenschreiben in's Deutsche übertragen von Freunden der ehrsamen Arbeiterklasse. gr. 16. (55 S.) Luxemburg 871, Brück.

Montpensier, der Herzog v. Die Wahrheit und ein Rath dem ehrenwerthen span. Volke von einem Landeskinde. Aus dem Span. 8. (13 S.) London 869. (Zürich, Verlags-Magazin.) *

Montpensier, Eugen Graf von, oder der seltsame Mann. Leipzig 1806. Prag 1807. Leipzig 1801. V: *Gerle, Wolfgang Adolf.* (Zeitschr. f. Büch. N. F. 15, 1923, S. 117) V: *Gerle, Wilh. Adolf.* (GGr III/587, Nr. 60/24) (BGE ³V/164, (BiblPort)

v. Montpensier, Graf Eugen, od. d. seltene Mann. 2 Thle. Mit Kpf. 8. Prag 807. Widtmann. 2 ,ß

Montpensier, Marie, od. Fürstengröße u. Liebesschwäche, (v. H. Müller VI.) 8. Hamb., (Herold jun.) 1 ,ß

Montpensier, Maria, oder Fürstengröße und Liebesschwäche. 8. Hamb. Vollmer.

Montpensier, Marie, oder Fürstengrösse und Liebesschwäche. Hamburg 1806. V: *Müller, Heinrich Aug.* (Ky) »Montansier« (GGr)

de Montpéreux, Fr. Dubois, Reise um den Caucasus, s. Sammlung der vorzügl. neuern Reisebeschreibungen.

Montravel, s. a. Tardy.

Montravel, v., Vers. üb. d. Theorie des Magnet. Somnambulism. a. d. Franz. gr. 8. Maynz. (J. C. W. Vogel in Leipz.) 788.

Montreal Cherbal, Eloge philosophiq. et politiq. de G. T. Raynal. gr. 8. Berlin, Rottmann.

Mont-Repos; dem Erbprinzen von Isenburg und der Frau von La Roche gewidmet. Coblenz 1798. V: *Gesellius, Georg.* (MGT) (Rotermund, Gel. Hannover. Bremen 1823.)

Montressor, Wilfred, oder die Sieben, s. Bibliothek, amerikanische.

Montressor, Wilfred, oder die Sieben. Ein Roman aus dem new-yorker Leben. Ster.-Ausg. gr. 16. (516 S.) New-York 855(57). (Philadelphia, Schäfer und Koradi.) *

Montreux [Sachliches OW]

Montreux, s. Bierfreund, J. G.

Montreux. [2 parties.] 8. 1877.
[1re partie.] Texte par MM E(ugène) Rambert, [Hermann] Lebert, Ch[arles] Dufour, F[rançois]-A[lphonse] Forel et S[ylvius] Chavannes. Illustrations [dont 16 planches, 1 carte et 2 panoramas] par MM G[ustave] Doré, [Auguste] Bachelin, [François] Bocion, [Eugène] Burnand, A[lfred] Chavannes, H[enri] Furrer, O[scar] Huguenin, G[ustave] Roux et A[dolphe] Veillon. Neuchâtel.
[2de partie.] Guide du promeneur. Supplément au livre illustré de „Montreux" Berne

Montreux Guide (°*Umschlag* Souvenir) publié par le Bureau Officiel de Renseignements sous les auspices de la Société des Hôteliers, de la Société du Kursaal et de la Société d'Utilité publique [Avec couverture illustrée.] 8. (Lausanne & Aarau) 1895.

Montreux (Schweiz). Klimatischer Kurort .... [Illustrierter Prospect.] 4. Montreux 1899.

Montreux [Schlagwort]

Montreux, s.: Vevey-Montreux.

Montreux. Kümmerly, H., Carte du massif des Diablerets de Montreux à Ardon & Gsteig. 1 : 50,000. 50×60 cm. Farbdr. Mit Panorama, Eisenbahnkarte u. Text auf der Rückseite. Bern (905). Geograph. Kartonverlag. n. 2. —; auf Leinw. n. 2. 80

v. Montrichard, Corisande; od. das unterird. Gefängniß. 8. Wien 804. Wallishauser. 16 gr

Montricher [Schlagwort]

Montricher, s.: Schweiz. Atlas.

Montricher [Verfasser]

Montricher, Peter Benjamin von (Lausanne), De substantia extensa Thesis Prima. Präs. J. P. von Crosa. Bern (Typ. Ill. Reip.) 1707. (5.—) 23648
Gew.: Johann Rudolph Sinner, Benjamin des Combes, Gerhard von Champ-Renaud, Peter von Montricher, Philipp von Montricher. — Widm. v.: Johann Ludwig Ballysius, Abraham von Champ-Renaud.

Montrond, Maxime de, der Pfarrer von Ars Joh. Bapt. Vianney. Im Rufe der Heiligkeit gestorben im J. 1859. Aus dem Französ. übers. von Th. Bonsmann. 1. Aufl. 1863. und 2. Aufl. 16. (136 S. mit Portr. in Stahlst.) Paderborn 864, Junfermann'sche Buchh.

Montrose et Amelie. Drame en 4 Actes. 8. Brswg. Pluchart. 805.

Montrose, Eduard, ein Trauerspiel in fünf Aufz. Königsberg u. Leipzig 1776. N. A. Berlin 1787. V: *Diericke, Otto Friedrich von.* (Ky) (Mn) (MGT) »1774« (GGr)

— Eduard. Trauersp. 8. Leipz. Gräff. 787.

— Eduard; Trspl. (v. Otto Fr. v. Diericke). 8. Leipz.... N. A. 787. (Wienbrack)

— u. Surrey. Trauersp. 8. Wien, Trattner. 776.

Montry und Morgan, König Camille. Komische Oper in 3 Akten. 8. (100 S.) Wien 886, Klinast.

Napoleon III auf Wilhelmshöhe 1870/71 nach Aufzeichn. d. Gen. d. Inf. Grafen (Carl v.) **Monts**. Hrsg. von Tony v. Held. Berlin: E. S. Mittler & Sohn 1909. (XIII, 226 S.) 8° [F.] [08. 16008

Monts, Graf, Napoleon III. auf Wilhelmshöhe 1870/71, nach Aufzeichng. des M. Hrsg. von Tony v. Held. (XIII, 226 S.) 2. Aufl. (XVI, 207 S.) gr. 8. Berlin 909. E. S. Mittler & Sohn. 4.—; geb. 5. —

Montua, Emma, das Hünengrab. Roman. 8. (179 S.) Königsberg 898. Bon's Buchh. n. 2. —

Montucci, Antoino, s.a. Sinologus Berolinensis [Pseud.]

— s. Inchbald, wives as thee were and Maids.

[**Montucci**, Antonio]. Remarques philologiques sur les voyages de M. J. de Guignes. Par Sinologus Berolinensis. Berlin 1809. 168 S. 8°

Montucci, Ant., de studiis sinicis in imperiali Athenaeo Petropol. recte instaurandis. 8. Berl. 809. Quien.

Montucci, Ant., de stud. sinicis. 4maj. Berolini. Jetzt Reimer.

Montucci, Harriet, Prose and Verse for children. (auch unt. d. Tit.: Montuccis engl. Lesebuch f. Kinder rc.) II Part. 12. Berlin, Hitzig. 810.

Montucci, Hyacinth, Prose and Verse for children. (A. u. d. T.: Engl. Lesebuch f. Kinder rc.) II Part. 12. Berl. 811. (Dümmler). 1 ₰ 8 gr

Montucci, Heinr., über deutsche Hexametrik. Kritischer Versuch. gr. 8. (16 S.) Wien 875, Hölder. *

MONTUCLA (ps.), Lieder der Liebe. Ein Kranz des Schönsten aus Deutschlands Dichtern. Quedlinburg, Basse, 1839. Gr. 12°. 263 S. Zahm. (1/2 Rthl. H. W. Schmidt, Halle, vor 1875.)

Monturs-Gebarungs- und Verrechnungs-Instruction für die k. k. Armee. Wien 1854. 4°

— — vom 1. October 1858, Abth. 17, Nr. 4056, betreffend die Regulirung der Monturs- und Rüstungs-Portionen, nebst Monturs-, Beköstigungs- und Portionen-Tarif für die k. k. Armee. 4. Wien 1858.

Monturs-, Beköstigungs- und Portionen-Tarif für die k. k. Armee. 4. Wien 1854.

Monturs- und Rüstungs-Taxe zur Verordnung des k. k. Hofkriegsrathes vom 24. September 1820 E. 2778 gehörig (Gezeichnet von Heinrich Graf v. Bellegarde, Staats- und Conferenz-Minister und Feldmarschall.) Fol. Wien 1820.

Monturs- und Rüstungs-Vorschrift für das k. k. österreichische Militär-Polizeiwach-Korps. 8. (136 S.) Wien, k. k. Hof- und Staatsdruckerei. 1853.

Monturs-Wirthschafts- und Verrechnungs-Instruction für das k. k. Heer. 4. u. 8. Wien 1871—1875.

(F) M—3. **Montur-Wirtschafts-Vorschrift für das k. u. k. Heer.** (Zu Abthg. 13, Nr. 3123 vom Jahre 1900 — Normal-Verordnungsblatt für das k. u. k. Heer 1. Stück von 1901.) Wien. 1900. Hof- und Staatsdruckerei. 8°. XVIII, 598 S. K 2.—

(F) **Montur-Wirtschafts-Vorschrift.** 1. Nachtrag. 8°. (30 S.)
Wien: Hof-u.Staatsdruck.1902. K —.12

Monturswirtschaftsvorschrift f. die k. k. Landwehr u. f. den k. k. Landsturm. (XVIII, 520 S.) 8. (Wien 903. Hof- u. Staatsdruckerei.) n. 4. —

Monturs-Wirtschafts- u. Verrechnungs-Vorschrift f. das k. k. Heer. 8 (XXVII, 436 S.) Wien 883. Hof- u. Staatsdruckerei. n. 3. —

— — (M.—3.) für das k. u. k. Heer. Circular-Verordnung des Reichs-Kriegs-Ministeriums vom 4. Juli 1891. Abth. 13, Nr. 1197. Beigeb.: I.—III. Nachtrag. Wien 1891—1895.

Nachtrag I zu der Monturwirthschafts- und Verrechnungs-Vorschrift für das k. und k. Heer. 8. (10 S.) —.02
Wien: Hof-u.Staatsdruckerei 1892.

— 2., Zu der Monturwirthschafts- und Verrechnungs-Vorschrift für das k. u. k. Heer. 8. —.8
Ebda. 1893.

Nachtrag, Dritter, zu der Monturwirthschafts- und Verrechnungs-Vorschrift für das k. u. k. Heer. Octav Ebda. 1895. —.20

Monturs- Wirtschafts- und Verrechnungs-Vorschrift für das k. u. k. Heer. Wien 1900. 8°.

Monturs-Wirtschafts- und Verrechnungs-Vorschrift für die k. k. Landwehr. 8. (XXIV, 394 S.) Wien 885, Hof- und Staatsdruckerei.

Montvallat, (Jean-Joseph-Casimir de). Briefwechsel. Zürich 1868 s. M[eyer], W[ilhelm].

Montvallat, Graf, s.a. Briefwechsel.

Mont Vuilly, s.: Militärkarten. Carte.

Montygni, s. Montigny.

Montijn, C. W. M., Quaestiones et explicationes Platonicae. Diss. 1864. 102 S.

Montijn, J. F. L., De praepositionum usu apud Aristophanem. Diss. 1887. 150 S.

Montz, Josef, a. M.-Gladbach: Aus d. Königl. Augen-Klinik zu Kiel. Ein Fall von kompleter Trigeminuslähmung mit Keratitis neuroparalytica und verminderter Tränensekretion. Kiel 1906: H. Fiencke. (16 S.) 8°
Kiel, Med. Fak., Ref. Völckers, Diss. v. 2. Okt. 1906
[Geb. 24. Aug. 82 M.-Gladbach; Wohnort: M.-Gladbach; Staatsangeh.: Preußen; Vorbildung: Gymn. M.-Gladbach Reife O. 01; Studium: Marburg 2, Kiel 2, Erlangen 1, Berlin 2, Kiel 3 S.; Coll. 14. Aug. 06; Approb. 1. Okt. 06.]

Montzheimer, Frl. Elsb., s.: Hellingen, Erika.

Montzka Dr. Heinrich: Die Germania des Cornelius Tacitus. Für den Gebrauch an lateinlosen Schulen übersetzt und erläutert. 33. (Quart.) und Karte. Brünn Lehranst. f. Textilindustrie. 04.
Progr.

Montzka Dr. Heinrich: Die Landschaften Hocharmeniens bei griechischen und römischen Schriftstellern. (17). Wien VIII. (Langer). 05.
Progr.

Montzka, H., die Landschaften Gross-Armeniens bei griechischen u. römischen Schriftstellern. Progr. (27 S.) Lex. 8. Wien 906. (C. Fromme). 1.—

Die Landschaften Groß-Armeniens bei griechischen und römischen Schriftstellern. Von Dr. H[einrich] **Montzka,** Prof. Wien: Selbstverl. 1906. (T. 1. 2.) 8°
Aus: Jahresbericht d. öffentl. Untergymnasiums in d. Josefstadt in Wien. [28.] 29. [10. 13619

Montzka Heinrich: Ueber die Quellen zur chaldäisch assyrischen Geschichte in Eusebios von Caesarea Chronik.
1898 PN 1116 Diss. Wien, Univ.

Monumens, s.a. Monuments.

Monumens de l'art antique, d'après le choix et l'arrangement de Ch. O. Müller dessinés et gravés par Ch. Oesterley. Livr. I—IV. qu. Fol. (10 B. u. 60 Taf.) Gottingue 832—84, Dieterich. à
Vgl. Denkmäler d. Alten Kunst etc.

Monumens de la Normandie; recueillis, lithographiés et décrits par F. T. de Jolimont. 1 et 2 livr. in fol. Paris, 820.

— des Victoires et conquêtes des français de 1792 à 1815. 100 planches en 25 livraisons in fol. oblong. 1 à 6 Livr. Paris, 819 et 820.

Monument, das, des hl. Bonifazius in Fulda u. dessen feierliche Enthüllung u. Einweihung am 17. Aug. 1842. Hierbei die zur Feier dieses Festes erschien. Lieder u. Gedichte als Zugabe. (Mit 1 Abbild. des Monuments in Broncedruck.) 8. Fulda 842, Müller'sche Buchh. (G. F. Euler.) 6¼ ngl

Monument du costume phys. et moral de la fin du 18 Siècle. av. fig. fol. Leipz. Sommer.

Monument élevé en l'honneur de Frédéric le Grand roi de Prusse. Inauguré le 31 Mai 1851. gr. 4. (16 S. m. eingedr. Holzschn.) Berlin 851, Decker. ⅙ ß

Monument élevé en l'honneur de Frédéric le Grand roi de Prusse. Inauguré le 31 Mai 1851. (Pracht-Ausg.) Fol. (17 S. mit 8 Holzschnt. und 1 Kpfrt.) Berlin 851, Deckersche geheime Ober-Hofbuchdr. **

Monument erigé au ministre honnête-homme Oraison funebre de Frédéric Ellrod de Reipoltzkirchen, Comt. Erlang. 1765. H: *Verdier de la Blaquière, Matthieu.* (ML) (Fiker)

— z. Feier d. 3n Jahrh. d. Reformation Dr. Luthers, mit der Portraits d. berühmt. Reformatoren, ein allegor. Kunstblat mit beigefügten Erläuterungen. gr. Fol. Leipz. 817. Magaz. f. Ind. 1 ß

—— of Frederic the Great king of Prussia. Inaugurated May 31. 1851. (Pracht-Ausg.) Fol. (18 S. mit 8 Holzschnt. und 1 Kpfrt.) Berlin 851, Deckersche geheime Ober-Hofbuchdr. **

— of Frederic the Great king of Prussia. Inaugurated May 31. 1851. gr. 4. (16 S. m. eingedr. Holzschn.) Ebd. 851. ⅙ ß

—— of Frederic the Great king of Prussia. Inaugurated May 31. 1851. gr. 4. (16 S. mit eingedr. Holzschn.) Berlin 852, Deckersche geheime Ober-Hofbuchdr.

Monument Friedrichs des Grossen, Königs in Preussen errichtet in der grossen Trauerloge zu Kopenhagen. Kopenhagen 1786. V: *Paillafini (= Jos. Glieb Hermann gen. Eichhörnl)* [?]. (Baumg)

Monument Friedrich des Grossen, Königs in Preussen, errichtet in der grossen Trauer-Loge zu Kopenhagen von P. Kopenhagen 1786: Möller. 13 S. 8° [Umschlagtit.]
Kl. 1383. Selten. Verkündet das Lob des Königs. 66.

Monument, Gellert's. Leipzig 1774. V: *Kreuchauf, Franz Wilh.* (Ky)

Monument, Das . . . dem erkrankten Wild- und Rheingrafen Joh. Phil. von Dhaun . . . gewidmete, der zärtlichsten Liebe und Hochachtung. O. O. 1786. V: *Roos, Johann Philipp.* (MGT)

Monument, Josephs. Von L. B. Wien 1807. V: *Bleibtreu, Leopold.* (BiblPort)

— von Carl Friedrich, Großherz. von Baden. gr. 8. Karlsruhe ... (G. Braun.) herabgeſ. Preis n. 1/2 ℛ in 4. 1/8 ℛ

Monument, Luthers katholisches, oder kritische Betrachtungen verschiedener Urtheile katholischer . . . Schriftsteller über Luther und seine Reformation. Frankf. a. M. 1817. V: *Doller, Johann Lorenz.* (Ky) (HS) (Jes) (MGT) (Th) oder *Windischmann, Carl Jos. Hieron.* [?]. (Ky) (BrMm)

—— das, bei St. Jakob. Bild u. Dichtung als Erinnerungsgabe zur 4. Säcularfeier der Schlacht bei St. Jakob im Jahr 1444. 4. (1/2 B., Plan des Schlachtfeldes u. Abbild. d. Denkmals.) Basel 845, Schabelitz.

— der Ulrichſchen Stupſbität. 8. Berl. 780. Wever.(Sander). 6 g.

Monument du Maréchal de Turenne, érigé près de Sasbach le 27 Juillet 1829. Avec des renseign. détaillés sur sa mort, et puisés à des sources certaines. Portrait du maréchal, gravures des anciens monumens, du nouveau et carte géogr. gr. 4. Karlsr. 829. Müller. 18 g.

Monument des Yu. [Zürich 188?] V: *Bürkli, Frdr.* (Zuwachsverz. d. Bibliotheken in Zürich 1898 ff.)

Monumenta Afrana. Collegit et suis aucta adnotationibus ed. Ed. Aug. Diller. 8maj. (7 1/8 B.) Misenae 836, (Klinkicht et fil.) *

Monumenta Alcuiniana, s.: Bibliotheca rerum germanicarum.

Monumenta a n e c d o t a virorum post fata illustrium et clarorum quibus varia rei literariae, historiarum, antiquitatum et iuris Germanici argumenta illustrantur et expenduntur recensuit Joannes Carolus Henricus Dreyer. T. 1. Lubecae et Altonae. 1760. 4°

Monumenta Apostolica, siehe Johann Otto Glüsing.

Monumenta Arpadiana, s. Rerum Hungaricarum monumenta.

Monumenta Aethiopiae hagiologica. Ed. B[oris Aleksandrovič] Turaiev [Turaev]. Fasc. 1. *(Lipsiae: F. A. Brockhaus) 1902.* 8°

Monumenta, Augusta Carolinae Virtutis, seu Aedificia a Carolo VI . . . per orbem Austriacum publico bono posita . . . Viennae Austriae 1733. V: *Keller, Franz.* (Feil) (Jes) (SO)

—— medii aevi historica res gestas Poloniae illustrantia. Tom. I—V. Lex.-8. Krakau, (Friedlein.) *
Inhalt:
Tom. I. Cathedralis ad S. Venceslaum ecclesiae Cracoviensis diplomatici codicis pars I 1166—1366. (XLI, 378 S. mit 11 lithogr. Facs.-Taf.) 874. * ℳ 16.
» II. Codex epistolaris saeculi XV. 1384—1492. (LXX, 368 S.) 876. * ℳ 20.
» III. Codex diplomaticus Poloniae minoris 1178—1386. (LIV, 552 S.) 876. * ℳ 20.
» IV. Libri antiquissimi civitatis Cracoviensis 1300—1400. (LXXXIII, 354 S.) 878. * ℳ 20.
» V. Codicis diplomatici civitatis Cracoviensis [1257—1506] pars I. (LXXX, 370 S.) 879. * ℳ 16.

Monumenta medii aevi historica res gestas Poloniae illustrantia. Tom. VI—VIII. Lex.-8. Krakau, (Friedlein.) *
Inhalt:
Tom. VI. Codex epistolaris Vitoldi magni ducis Lithuaniae 1376—1430. Collectus opera Ant. Prochaska. (CXVI, 1113 S.) 882. * ℳ 36.
» VII. Codicis diplomatici civitatis Cracoviensis [1257—1506] pars II, III et IV. (XXXIV, 850 S. mit 4 Stnt.) 882. * ℳ 18.
» VIII. Cathedralis ad S. Venceslaum ecclesiae Cracoviensis diplomatici codicis partem II. 1367—1423. (XXXVIII, 597 S. mit 4 Stnt.) 883. * ℳ 20.

— medii aevi historica res gestas Poloniae illustrantia. Tom. VIII et IX. hoch 4. Krakau, (Friedlein). n. 34. — (I—IX.: n. 180. —)
VIII. Cathedralis ad S. Venceslaum ecclesiae Cracoviensis diplomatici codicis pars II. 1367—1423. (XXXVIII, 597 S. m. 4 Taf.) 881. n. 20. —
IX. Codicis diplomatici Poloniae minoris pars II. 1153—1333. (LVI, 374 S. m. 1 Fcsm.-Taf.) 886. n. 14. —

— medii aevi historica res gestas Poloniae illustrantia. Editio collegii historici academiae literarum Cracoviensis. Tom. X et XI. Lex.-8. Krakau, (Friedlein). n. 30. — (I—XI.: n. 210. —)
X. Codicis diplomatici Poloniae minoris pars III. 1333—1386. (XXXII, 480 S.) 887. n. 16. —
XI. Actorum saeculi XV ad res publicas Poloniae spectantium index. (XVI, 581 S.) 888. n. 14. —

— medii aevi historica res gestas Poloniae illustrantia. Editio collegii historici academiae literarum Cracoviensis. Tom. XII—XIV. Lex.-8. Krakau, (Buchh. d. poln. Verlags-Gesellschaft). n. 32. —
XII. Codex epistolaris saeculi. XV. Tom. II. Collectus opera Anatolii Lewicki. (LXXVII, 531 S.) 891. n. 12. —
XIII. Acta capitulorum nec non iudiciorum ecclesiasticorum selecta, edidit B. Ulanowski. Vol I. Acta capitulorum Gneznensis, Poznaniensis et Vladislaviensis (1408—1530). (VI, 663 S.) 894. n. 10. —
XIV. Codex epistolaris saeculi XV. Tom. III. Collectus cura Anatol. Lewicki. (LXXX, 665 S.) 894. n. 10. —

— medii aevi historica res gestas Poloniae illustrantia. Editio collegii historici academiae litterarum Cracoviensis. Tom. XV. Lex.-8. Krakau 896. (Buchh. d. poln. Verlags-Gesellschaft.) n. 10. —; (I.—XV.: n. 192. —)
Rationes curiae Vladislai Iagellonis et Hedvigis regum Poloniae 1388—1420. Edidit Franc. Piekosiński. (VIII, 618 S.)

— medii aevi historica res gestas Poloniae illustrantia. Editionum collegii historici academiae litterarum Cracoviensis tom. XVI. Lex.-8. Krakau, Buchh. d. poln. Verlags-Gesellschaft. n. 16. —
Acta capitulorum nec non iudiciorum ecclesiasticorum selecta, ed. B. Ulanowski. Vol. II. Acta iudiciorum ecclesiasticorum dioecesum Gnesnensis et Posnaniensis (1403—1530). (XII, 953 S.) 902. n. 16. —; (I u. II n. 26. —)

Monumenta Bambergensia, s. Bibliotheca rerum germanicarum.

—— Blidenstatensia Saec. IX. X. et XI. Quellen zur Geschichte des Klosters Bleidenstat aus dem Nachlass von Joh. Fr. Böhmer. Mit Ergänzungen nach Druckwerken und Mittheilungen aus dem Codex Blidenstatensis im k. Reichsarchiv zu München. Hrsg. von Cornel Will. 4. (XXII, 56 S.) Innsbruck 874, Wagner'sche Universitäts-Buchh. *

Monumenta, boica, ed. Acad. Scientiar. dect. Bavar. XVI Vol. c. fig. 4. Münch. Fleischmann. (et. Lentner.) 763–95. (à 2 Rthlr. 12 gr.)

— boica. Vol. XVII–XVIII. ed. Academ. Scient. boica. 4. München, Lindauer. 806–809. (à 1 Rthlr. 8 gr.)

Monumenta boica. Vol. XIX — XXII. 4. München, Lindauer. 811 – 815. (19r et 20r à 1 Rthlr. 8 gr. 21r et 22r à 1 Rthlr. 16 gr.)

Monumenta Boica. Vol. XIX. Ed. Acad. Scientiarum Boica. Ed. II. revisa. Monach. 1830 (zuerst 1810). 4°. Eleg. Hlwdb., wie neu. 1 Bl. 468 S. 1 Bl. Err. 8 Taf. Siegel-Abbild. – Dieser Bd. enth. die Geschichte der Peters u. Frauen Kirche des Patrich Ridler u. Augustiner-Klosters. – Cat. Maillinger I no. 3049.

Monumenta Boica. Edit. acad. Boica. Vol. XXIII — XXVI. 4. (München, Lindauer) 819—26. à 1 Rthl. 18 gr.

Monumenta Boica. Vol. XXIV. 4. (Monachii, Lindauer in comm.) 821. Rthlr.

Monumenta Boica. Vol. XXVII. Edid. acad. scientiar. Boica. 4. (68 B.) Monachii 829, (Franz; Lindauer.)

Monumenta boica. Index generalis in voll. I—XXVII. Pars. II. 4. (IV, 646 S.) München 887, (Franz' Verlag.) **
Pars I. Ebendas. 1848 Siehe unter: Index generalis). [*ℳ 9.—.] **ℳ 3.45.

Monumenta, boica, ed. Acad. scientiar. dect. Bavar. T. I—XXVIII, Cum fig. 4. Münch. 763—833, (Franz.) (T. I—XIX. à 1 ℛ 12 gℊ T. XX—XXVIII. à 1 ℛ 18 gℊ) 44 ℛ 6 gℊ (Tom. XXVIII. p. 1, 2. etiam sub titulo: Monumenta boica. Collectio nova. Vol. I. p. 1, 2.)

—— id. — Vol. XXVIII — XXX. Edid. acad. scientiar. Boica. — E. s. t.: Monumentorum Boicorum collectio nova. Vol. I – III. à 2 Pts. 4. Ibid. [I. (59½ B.) 829. 2 Thlr. 6 Gr., II. (145 B.) 835., III. (112½ B.) 836. à 3 Thlr.]
Vol. I—XXVI. Ebendas. 1768—1826. 82 Thlr. 20 Gr.

— **Boica.** Vol. XXIX. et XXX. (Pars I. et II.) Edidit Academia Scientiarum Boica. Et. s. tit.: Monumenta Boicorum collectio nova. Vol. II. et III. Pars I. et II. 4maj. Monachii 834, 35. (Franz.) n. 6 ℛ (Auch die früheren Bde. sind durch Franz zu erhalten.) — Vol. XXXI. Edidit Acad. Scientiar. Boica. (Pars I. et II.) Et. s. tit.: Monumentorum Boicorum collectio nova. Vol. IV. Pars I. et II. 4 maj. Ibid. 836, 37. (à n. 1½ ℛ) 3 ℛ — Vol. XXXII. Et. s. t.: Monumentorum etc. Vol. V. Pars I et II. 4 maj. Ibid. 838, 39. n. 3 ℛ

—— **Boica.** Vol. XXXI—XXXIII. Ps. I. Ed. Acad. scientiar. Boica. — Et. s. t.: Monumentorum Boicorum collectio nova. Vol. IV — VI. Ps. I. 4. Monachii, (Franz.) [IV. 1. (74½ B.) 836., 2. (89½ B.) 837.; V. 1. 2. (95½ B.) 838, 39.; VI. 1. (70 B.) 841. à Ps. * 1½ Thlr.] *
Vol. I — XXX. Ibid. 1763 — 1835. * 49 Thlr. 12 Gr.

Monumenta Boica. Vol. XXXIII. (Pars I et II.) Edidit Academia scientiarum Boica. — Et. s. tit.: Monumentorum Boicorum collectio nova. Vol. VI. Pars I et II. 4. Monachii 840, 42. (Franz.) à n. 1½ ℛ

Monumenta Boica. Vol. XXXIII. Pars II. et Vol. XXXIV. Ed. Academia Scient. Boica. E. s. tit.: Monumentorum Boicorum collectio nova. Vol. VI. Pars II. et Vol. VII. 2 Part. 4. Monachii. (Franz.) [VI. 2. (68 B.) 842. VII. (118 B.) 44, 45. à Pars * 1 Thlr. 15 Ngr.] *
Vol. I—XXXIII. Pars I. Ibid. 1763—1841. * 57 Thlr.

—— **Boica.** Vol. XXXV. Et. s. t.: Monumentorum Boicorum collectio nova. Edid. academia scientiarum Boica. Vol. VIII. Pars I et 2. 4maj. Monachii, (Franz.) [Pars I. (VI und 409 S.) 847., 2. (529 S.) 849. à * 1 Thlr. 15 Ngr.] *

Monumenta Boica. Vol. XXXVI. Pars I. Edidit academia scientiarum Boica. Et. s. t.: Monumentorum Boicorum collectio nova. Vol. IX. Pars I. 4maj. (VII, 723 und 2 lithogr. S.) Monachii 852, (Franz.) *

Monumenta Boica. Edidit academia scientiarum Boica. Vol. 36. Pars 2. Et. s. t.: Monumentorum Boicorum collectio nova. Vol. 9. Pars 2. 4. (XI und 702 S.) München 861, (Franz.) *

Monumenta Boica. Edidit academia scientiarum Boica. Vol. 37 et 38. Et. s. t.: Monumentorum Boicorum collectio nova. Vol. 10 et 11. 4. [Vol. 37. (VII und 600 S.) 864., Vol. 38. (VII und 556 S.) 866.] München, (Franz'sche Buchh.) à Vol. * 1 Thlr. 15 Ngr. *

—— **Boica.** Edit. academia scientiarum Boica. Vol. 39—42. Et. s. t.: Monumentorum Boicorum collectio nova. Vol. 12—15. 4. München, (Franz'sche Buchh.) [Vol. 39—41. (XXI, 564; XXXIV, 543; VIII, 548 S.) 868,70,72. à Vol. *ℳ 4,50.; Vol. 42. (VII, 631 S.) 874. *ℳ 4,60.] *

Monumenta Boica. Edidit academia scientiarum Boica. Vol. 43. E. s. t.: Monumentorum Boicorum collectio nova. Vol. 16. 4. (VI, 554 S.) München 876, (Franz'sche Buchh.) *

Monumenta Boica. Edidit academia scientiarum Boica. Vol. 44. E. s. t.: Monumentorum Boicorum collectio nova. Vol. 17. 4. (VI, 660 S.) München 883, (Franz'sche Buchh.) *

Monumenta boica. Vol. 45. [Collectio nova, vol. 18.] Ed. academia scientiarum boica. 4. (VI, 560 S.) München 899. (G. Franz' Verl.) n. 16.—

Monumenta boica. 46. Bd. Collectio nova. Ed. academia scientiarum boica. Vol. XIX. (V, 755 S.) gr. 8. München 905. (G. Franz' Verl.) n. 16.—

— dasselbe. 47. Bd. Neue Folge, 1. Bd. Hrsg. v. der königl. bayer. Akademie der Wissenschaften. 4. (XX, 906 S.) Ebd. 902. n. 16.—

— boica. 49. Bd. Neue Folge. 3. Bd. Hrsg. v. d. kgl. bayer. Akademie der Wissenschaften. (XIII, 774 S.) gr. 8. München 910. (G. Franz' Verl.) 10.—

Monumenta Carolina, edidit Philippus Jaffe 8 Berolini 1867
Bibliotheca rerum germanicarum, edidit Ph. J. Tomus IV

Monumenta Castellana. Urkundenbuch zur Geschichte d. fränkischen Dynastengeschlechtes der Grafen u. Herren zu Castell, 1057—1546. Im Auftrage d. gräfl. Hauses hrsg. v. P. Wittmann. gr. 4. (VIII, 471 S. m. 7 Siegeltaf. u. 1 farb. Karte d. gräfl. Territoriums.) Münch. 890, (Verlagsanstalt f. Kunst u. Wissenschaft). cart. ** 60 —

—— catholica pro independentia potestatis ecclesiasticae ab imperio civili. Colleg. et ed. Augustin. de Roskovány. 2 Tomi. Monumenta a Sec. IV. usque Sec. XVIII. et monumenta Sec. XIX. usque an. 1845 complect. 8maj. (LVI und 593, XXXVIII und 720 S.) Quinque-Ecclesiis 847 (Pesth, Emich.) *

Monumenta catholica pro Independentia Potestatis Ecclesiasticae ab Imperio Civili. Collegit et edid. Augustinus de Roskovány. Tom. III. Supplem. ad Tom. I. et II. compl. — Tom. IV. Monumenta Pontificatus Pii IX. ab anno 1846—1855 compl. Pestini 856. (Vindobonae, Braumüller.) gr. 8. (LII, 928; LXVIII, 963 S.) n. 6 ℛ. 24 ngr.

Monumenta catholica pro independentia potestatis ecclesiasticae ab imperio civili. Collegit et ed. August de Roskovány. Tom. V et VI. (Suppl. ad sec. IV—XIX usque a. 1863 complectens.) Pestini 865. (Wien, Braumüller.) gr. 8. (LXXIX, 1482 S.) n. 6 ℛ 20 ngr.

—— catholica pro independentia potestatis ecclesiasticae ab imperio civili. Collegit et ed. episcopus August. de Roskovány. Tom. VII et VIII. gr. 8. Pestini. (Wien, (Braumüller und Sohn.) à Tom. *ℳ 10. *
Inhalt:
Tom. VII. Supplementa ad Tom. I—VI. complectens. (LXVI, 912 S.) 870.
» VIII. Monumenta ex pontificatu Pii IX. inde ab a. 1864—1869 complectens. (LVII, 954 S.) 871.
Tom. I—VI. (Ebendas.) 1847—65. *ℳ 55,40.

—— catholica pro independentia potestatis ecclesiasticae ab imperio civili. Collegit et edidit episcopus Augustinus de Roskovány. Tom. IX—XII. gr. 8. Nitriae. (Wien, Braumüller und Sohn.) *
Inhalt:
Tom. IX. Supplementa ad sec. IV—XVIII. (IX, XLVIII, 833 S.) 875.
» X. Supplementa ad sec. XIX. ab a. 1800—1868. (IX, XCIII, 1132 S.) 875.
» XI. Monumenta sec. XIX. ab a. 1868—1874. (IX, CV, 1032 S.) 875.
» XII. Ulteriora monumenta ab a. 1868—1874, item supplementa ad priores XI tomos et monumenta anni 1875. (IX, LXXII, 788 S.) 876.
Tom. I—VIII. (Ebendas.) 1847—71. *ℳ 79.

—— catholica pro independentia potestatis ecclesiasticae ab imperio civili. Collegit et edidit Augustinus de Roskovany. Tom. XIII. Supplementa ad XII tomos, item monumenta annorum 1876 et 1877, necnon repertorium totius operis complectens. gr. 8. (X, XVI, 828 S.) Nitriae 879. (Wien, Braumüller.) *

—— catholica pro independentia potestatis ecclesiasticae ab imperio civili. Tom. XIV ff., s. Roskovany, Augustinus de. Supplementa ad collectiones monumentorum et literaturae etc.

—— Claustroneoburgensia von J. H. Zeibig, s. Chronik, die kleine klosterneuburger.

Monumenta conciliorum generalium seculi XV. edid. Caes. Acad. Scient. socii delegati. Concilium Basileense. Scriptorum tom. I. Vindobonae 857. (Gerold.) gr. 4. (XLVIII, 889 S. u. 1 lith. Schrifttaf.) n. 10 ₰.

—— Conciliorum generalium seculi XV. edd. Caes. academiae scientiarum socii delegati. Consilium Basileense. Scriptorum tom. II. vol. I. Fol. (1224 S.) Wien 874, Gerold's Sohn. *
Vol. I. Ebendas. 1857. *ℳ 30.

—— conciliorum generalium seculi XV, edd. caesareae academiae scientiarum socii delegati. Concilium Basileense. Scriptorum tomi III. pars 1. Imp.-4. (398 S.) Wien 886, (Gerold's Sohn.) *
Tom. I. II. (Ebendas.) 1857,74. *ℳ 90.—.

— conciliorum generalium seculi XV, edd. caesareae academiae scientiarum socii delegati. Concilium Basileense. Scriptorum tomi III. pars II. Imp.-4. Wien 892. (F. Tempsky) n. 7. 50 (I—III, 2.: n. 117. 50)
Joannis de Segovia, presbyteri cardinalis tit Sancti Calixti, historia gestorum generalis synodi Basileensis. Editionem ab Ernesto Birk inchoatam apparatu critico adiecto continuavit Rud. Beer. Vol. II Liber XVI. (S. 399—538.)

— conciliorum generalium seculi XV, edd. caesareae academiae scientiarum socii delegati. Concilium Basileense. Scriptorum tomi III pars III u. IV. Imp.-4. Wien (C. Gerold's Sohn.) n. 29. 20; (I.—III., 4.: n. 146. 70)
III, 3. Joannis de Segovia, presbyteri cardinalis tit. Sancti Calixti, historia gestorum generalis synodi Basileensis. Editionem ab Ernesto Birk inchoatam apparatu critico adiecto continuavit Rud. Beer. Vol. II. Liber XVII. (S. 539—946.) 895. n. 20. —
III, 4. Dasselbe. Vol. II. Liber XVIII. (S. 947—1206.) 896. n. 9. 20

Monumenta

— confraternitatis Stauropigianae Leopoliensis, sumptibus instituti Stauropigiani ed. Wladimir. Milkowicz. Tom. I. Diplomata et epistolae ab a. 1518 usque ad a. 1600. Pars I. 1518—1593. gr. 8. (XVI, 496 S. m. 1 Bildn.) Lemberg 895. Stauropigian. Institut. n. 8. 50

— confraternitatis Stauropigianae Leopoliensis, sumptibus instituti Stauropigiani ed. Wladimir. Milkowicz. Tom I. Diplomata et epistolae ab a. 1518 usque ad a. 1600. Pars II. 1594—1600. gr. 8. (S. 497—960 m. 4 Taf.) Lemberg 898. Stauropigian. Institut. n. 8. 50

— convivii Portensis, Lipsiae d. XI. M. Nov. A. 1834 celebrati. 12 maj. Lipsiae 834. Reclam. n. 1/3 ₰

— ex hist. Francor. et Sax. desumta c. fig. 4. Lemgo, Meyer. 714.

—— diplomatica comitatus Békésiensis. Diplomata LXXXIV ab anno 1323—1719; Missiles XCIX ab anno 1583—1794 ex variis archivis collegerunt Lud. A. Haán et Michael Zsilinszky. Budapest 877. (Leipzig, K. F. Köhler.) *

Monumenta illustrium ducum qui pro Aug. domo profuso sanguine . . . inclaruerunt. Viennae 1747. V: *Mayrhofer, Ign.* (Feil) (Jes) (So)

Monumenta Eberacensia. Namens des historischen Vereins für Unterfranken und Aschaffenburg herausgegeben von FRANZ X. WEGELE. Nördlingen. 1863. C. H. Beck'sche Buchhandlung. 8o.

Monumenta Egrana. Denkmäler des Egerlandes als Quellen f. dessen Geschichte. Hrsg. v. Heinr. Gradl. 1. Bd. (805—1322). 4 Hfte. gr. 4. (VIII, 301 S. m. 1 Karte u. 2 Siegeltaf.) Eger 884. 886. (Prag, H. Dominicus.) n. 6. 50

— Erphesfurtensia saec. XII. XIII. XIV. ed. Osw. Holder-Egger, s.: Scriptores rerum germanicarum.

—— evangelicorum Aug. conf. in Hungaria historica. A magyarországi Ágost. vall. evangelicusok történelmi emlékei. Közli Fabò András. 1. Kötet. E. s. t.: Brevis de vita superintendentum evangelicorum in Hungaria commentatio. Venturae posteritatis gratia anno post reparatam salutem 1751. Optima fide recensuit Andr. Schmal. gr. 8. (VIII und 204 S.) Pest 861, Osterlamm. *

—— evangelicorum Aug. conf. in Hungaria historica. A magyarországi Agost. vall. evangelikusok történelmi emlékei. Közli Fabó András. 2. und 3. Kötet. gr. 8. Pest, Osterlamm. à Kötet * 2 Thlr. 20 Ngr. *
Inhalt:
Kötet 2. Andreae Schmalii adversaria ad illustrandam historiam ecclesiasticam evangelico-hungaricam pertinentia, deo propitio quatuor sectionibus optima fide definita anno 1765. — Tristissima ecclesiarum Hungariae protestantium facies, omnes religionis consortes ad christianam compassionem lacrimabunda invitans, publico exposita conspectui a Matthia Bahil. (XIV und 440 S.) 863.
» 3. Fata Aug. conf. ecclesiarum a tempore reformationis ad synodum Pestiensem in comitatibus Hungariae: Gömöriensi, Liptoviensi, Arvensi etc. Auctore Mart. Klanicza. — Galeria omnium sanctorum, catenis christianae virtutis sibi devinctorum, nominibus et symbolis in procelloso mundi pelago secure et cum honore circumvehendis, opera et studio Joh. Sominidae. (VI und 418 S.) 865.
1. Kötet. Ebendas. 1861. * 1 Thlr. 10 Ngr.

—— evangelicorum Aug. conf. in Hungaria historica. A magyarországi Agost. vall. evangelikusok történelmi emlékei. Közli Fabó András. 4. Kötet.: Nachrichten von den Lebensumständen und Schriften evangel. Prediger in allen Gemeinen des Königr. Ungarn. Gesammelt und mit vielen Anmerkungen erläutert von Joh. Sam. Klein. 3. Thl. gr. 8. (XV, 445 S.) Pest 873, (Pfeifer.) *
1.—3. Kötet. (Ebendas.) 1861—65. *ℳ 20.

—— fidei ecclesiae orientalis. Primum in unum corpus collegit variantes lectiones ad fidem optimorum exemplorum adnotavit prolegomena addidit indice rerum praecipuarum instruxit Ern. Jul. Kimmel. (Accedit appendix ex schedis editoris posthumis edita a H. J. Chr. Weissenborn.) 2 Partes. 8maj. Jenae 850, Mauke.

Pars 1. Genadii confessiones 1. 2., Cyrilli Lucaris confessionem, confessionem orthodoxam ecclesiae orientalis et acta synodi Hierosolymitanae complectens. (CIV und 500 S.)
2. Praefationem Weissenborni, Metrophanis Critopuli confessionem, decretum synodi Constantinopolitanae et indicem complectens. (XIX und 236 S.)

Monumenta Germaniae historca. [Ursprüngliche (Folio-) Ausgabe mit fortlaufender Bandzählung].

— Germaniae historica, inde ab anno Christi quingentesimo usque ad annum millesimum et quingentesimum, auspiciis societatis aperiendis fontibus rerum Germanicarum medii aevi edidit G. H. Pertz. — Scriptorum Tom. I et II. Fol.maj. Mit 19 Schrifttaf. Hannov. 826 u. 829. Hahn. Schweizer Velinp. 26 ß starkes Velinp. 37 ß 12 gr

— Germaniae historica, inde ab anno Christi 500 usque ad annum 1500; auspiciis Societatis aperiendis fontibus rerum Germanicarum medii aevi edidit Georg. Heinr. Pertz. Tom. III. et IV. Legum. Tom I. et II. (Mit 7 Taf. Handschriften-Proben.) Fol. maj. Hannoverae 835. Hahn'sche Hof-Buchh. (T. III. Subscr.-Pr. n. 9 ß, feineres Velinp. n. 13½ ß — T. IV. n. 11⅔ ß, f. Vel. n. 17½ ß) 20⅔ ß, Velinp. 31 ß — Tom. V. Scriptorum Tom. III. (Mit 8 Taf. Handschriften-Proben.) Fol. maj. Ibid. 839. 40. Subscr.-Pr. n. 13⅔ ß, feineres Velinp. n. 20½ ß (I. — V.: n. 60⅓ ß, f. Velinp. n. 89 ß)

—— Germaniae historica inde ab an. Christi 500 usque ad an. 1500; auspiciis Societ. aperiendis fontibus rer. Germanicar. medii aevi ed. Geo. Heinr. Pertz. Tom. IV—VI. Fol. maj. Hannoverae, libr. aul. Hahn. * 38⅚ Thlr., f. Vlnp. *

Tom. IV. Legum, Tom. II. (205⅚ B. u. 2 Taf. Handschriftenproben.) 837. * 11 Thlr. 16 Gr., f. Vlnp. * 17 Thlr. 12 Gr.
- V., VI. Scriptorum, Tom. III., IV. [III. (234 B. u. 5 Taf. Handschriftenproben.) 839. * 13 Thlr. 16 Gr., f. Vlnp. * 20 Thlr. 12 Gr., IV. (225⅚ B. u. 4 Taf. Handschriftenproben.) 841. * 13 Thlr. 12 Gr., f. Vlnp. * 20 Thlr.] * 27 Thlr. 4 Gr., f. Vlnp. * 40 Thlr. 12 Gr.
Tom. I—III. Ibid. 1826—35. * 35 Thlr., f. Vlnp. * 51 Thlr.

—— Germaniae historica inde ab anno Christi quingentesimo usque ad annum millesimum et quingentesimum; auspiciis Societatis aperiendis fontibus rerum Germanicarum medii aevi ed. Georg Heinr. Pertz. Tom. VII—IX. Scriptorum Tom. V—VII. Fol. maj. Hannoverae libr. aul. Hahn. [VII. (152⅓ B. u. 4 Stnt. Handschriftenproben.) 844. * 9 Thlr., f. Vlnp. * 13 Thlr. 10 Ngr., VIII. (212½ B. u. 4 Stnt.) 45. * 13 Thlr. 20 Ngr., f. Vlnp. * 19 Thlr. 20 Ngr., IX. (236½ B. u. 6 Stnt.) 46. * 13 Thlr. 20 Ngr., f. Vlnp. * 20 Thlr. 15 Ngr.] * 36 Thlr. 10 Ngr., f. Vlnp. *
Tom. I—VI. Ibid. 1826—41. * 73 Thlr. 25 Ngr., f. Vlnp. * 109 Thlr.

— Germaniae historica inde ab a. Christi 500 usque ad a. 1500; auspiciis societatis aperiendis fontibus rerum Germanicarum medii aevi ed. Geo. Heinr. Pertz. Tom. X. Scriptorum tom. VIII. gr. Fol. (VIII u. 689 S. m. 3 lith. Taf. Handschriftenproben.) Mit: Inhaltsverzeichnisse der ersten 10 Bde. der Monumenta Germaniae ed. G. H. Pertz. [Aus dem 10. Bd. des Archivs d. Gesellsch. f. ältere deutsche Geschichtskunde abgedr.] gr. 8. (74 S.) Hannoverae 848, Hahn. Schreibpap. n. 11 ß; Velinp. n. 16 ß

— dies. Tom. XI. Scriptorum tom. IX. gr. Fol. (VIII u. 910 S. m. 4 lith. u. 1 lithochrom. Taf.) Ebd. 851. Schreibpap. n. 14 ß; Velinpap. n. 21 ß

— dies. Tom. XII. Scriptorum tom. X. gr. Fol. (VIII u. 654 S. m. 2 lith. Taf.) Ebd. 852. Schreibpap. n. 9½ ß; Velinpap. n. 15 ß

—— Germaniae historica inde ab a. Christi 500 usque ad a. 1500; auspiciis societatis aperiendis fontibus rerum Germanicarum medii aevi ed. Geo. Heinr. Pertz. Tom. XIII. Scriptorum tom. XI. Fol. maj. (VIII und 710 S. mit 4 Stnt.) Hannoverae 854, libr. aul. Hahn. Schrbp. *
Vlnp. *

Monumenta Germaniae historica inde ab a. Christi 500 usque ad. a. 1500; auspiciis societatis aperiendis fontibus rerum Germanicarum medii aevi ed. Geo. Heinr. Pertz. Tom. XIV. Scriptorum tom. XII. Fol. maj. (XXVIII und 941 S. mit 5 Stnt., wovon 3 in Farbendr.) Hannoverae 856, libr. aul. Hahn. Schrbp. Thlr. *
Vlnp. *

— dies. Tom. XV. Fasc. I.: Legum tom. III. Fasc. I. gr. Fol. (S. 1—182.) Ebd. 851. Schreibpap. n. 2⅔ ß; Velinpap. n. 4 ß (I—XII. XV, 1.: n. 147⅓ ß; Velinpap. n. 218⅓ ß)

— Germaniae historica inde ab a. Christi 500 usque ad a. 1500, auspiciis Societatis aperiendis fontibus Rerum Germanicarum medii aevi ed. Geo. Heinr. Pertz. Hannover, Hahn. Fol.

Tom. XV. Fasc. 2. (Legum Tom. III. fasc. 2.) 863. (VIII, S. 183—711 u. 4 lith. Taf.) n. 9 ß 10 ngr; Velinp. n. 14 ß
Tom. XVI. (Scriptorum Tom. XVI.) 859. (VIII, 780 S. u. 3 lith. Taf.) n. 12 ß; Velinp. n. 18 ß
Tom. XVII. (Scriptorum Tom. XVII.) 861. (X, 908 S. u. 5 lith. Taf.) n. 15 ß 10 ngr; Velinp. n. 24 ß
Tom. XVIII. (Scriptorum Tom. XVIII.) 863. (VIII, 880 S. u. 6 lith. Taf.) n. 17 ß 15 ngr; Velinp. n. 26 ß

—— Germaniae historica inde ab a. Christi 500 usque ad a. 1500, auspiciis societatis aperiendis fontibus rerum Germanicarum medii aevi ed. Geo. Heinr. Pertz.
Tom. XIX —XXI. gr. Fol. Hannover, Hahn'sche Hofbuchh. *
Velinp. * 1

Inhalt:

Tom. XIX. Scriptorum tom. XIX. (XXXVI und 772 S. mit 2 Chromolithogr.) 866. * 12 Thlr.; Velinp. * 18 Thlr.
» XX. —— dass. — tom. XX. (VIII und 850 S. mit 3 Chromo- und 1 Photolithogr.) 861. * 15 Thlr.; Velinp. * 22 Thlr. 15 Ngr.
» XXI. Legum tom. IV. (CXIV und 680 S. mit 5 Chromo- und 1 Photolithogr.) 868. * 15 Thlr.; Velinp. * 22 Thlr. 15 Ngr.

— Germaniae historica inde ab a. Christi 500 usque ad a. 1500, auspiciis societatis aperiendis fontibus rerum Germanicarum medii aevi ed. Geo. Heinr. Pertz. Hannover, Hahn'sche Hofbuchh. gr. Fol. 53 ß
Velinp. 79 ß 15 ngr

Tom. XIX. Scriptorum tom. XIX. (XXXVI, 772 S. mit 2 Chromolith.) 866. n. 12 ß; Velinp. n. 18 ß
Tom. XX. — tom. XX. (VIII, 850 S. mit 3 Chromolith. u. 1 Photolith.) 868. n. 15 ß; Velinp. n. 22 ß 15 ngr
Tom. XXI. Legum tom. IV. (CXIV, 680 S. mit 5 Chromo- u. 1 Photolith.) 866. n. 15 ß; Velinp. n. 22 ß 15 ngr
Tom. XXII. Scriptorum tom. XXI. (VIII, 668 S. mit 2 Chromolith.) 866. n. 11 ß; Velinp. n. 16 ß 15 ngr
Scriptores. Tom. XXI. (VIII, 668 S. mit 2 Chromolithogr.) 869. *ℳ 33.; Velinpap. *ℳ 49,50.; Tom. XXII. (VIII, 376 mit 2 Stnt.) 874. *ℳ 30.; Velinpap. *ℳ 45.; Tom. XXIII. (VIII, 1027 S. mit 3 Stnt.) 874. *ℳ 54.; Velinpap. *ℳ 81.

Monumenta Germaniae historica.
Antiquitates. Berolini.
[Sectio I.] Poetae latini medii aevi.
T. 1—4, P. 1. Poetae latini aevi Carolini.
T. 1. 2. Rec. Ern. Duemmler. 1881. 84.
„ 3. Rec. Lud. Traube. 1896.
„ 4,1. Poetae Saxonis annalium de gestis Caroli Magni imperatoris libri quinque rec. Paul. de Winterfeld. 1899.

— dasselbe. Poetarum latinorum medii aevi tomi I pars 1 ot 2. gr. 4. Berlin 880. 81. Weidmann. n. 17. —, Schreibpap. n. 25. 50
Poetao latini aevi Carolini, rec. Ernestus Duemmler Tomi I. 2 partes. (VIII, 652 S. m. 3 Lichtdr.-Taf.)

— dasselbe. Poetarum latinorum medii aevi tomus II. 2 partes. gr. 4. Ebend. 884. n. 19. —; auf Schreibpap. n. 28. 50
Poetao latini aevi Carolini. Rec Ernestus Duemmler. Tomus II. 2 partes. (VII, 721 S. m. 3 Lichtdr.-Taf.)

— dasselbe. Poctarum latinorum medii aevi tomi III. pars 1. gr. 4. Ebd. 886. n. 8. —; auf Schreibpap. n. 12. —
Poetae latini aevi Carolini. Tom. III. pars 1. Rec. Ludov. Traube. (VII, 265 S.)

—— dass. — Poetarum latinorum medii aevi tomi III partis II fasc. I. Poetae latini aevi Carolini. Tom. III partis II fasc. I. Recensuit Ludw. Traube. (VII, S. 265—518.) gr. 4. Ebd. 892. * 10 —; auf Schreibpap. * 15 —
Tom. III. pars 1. Ebd. 1886. * 8 —; auf Schreibpap. * 12 —

— dasselbe. Poetarum latinorum medii aevi tomi III partis II fasc. II. gr. 4 Ebd. 896. n. 14. —; auf Schreibpap. n. 21. — (I—II, 2.: n. 32. —; auf Schreibpap. n. 48. —)
Poetae latini aevi Carolini. Tom. III, partis II. fasc. II. Rec. Ludov. Traube. (VII, X u. S. 517—823 m. 7 Lichtdruck-Taf.).

— dasselbe. Poetarum latinorum medii aevi tomi IV pars I. gr. 4. (444 S. m. 1 Taf.) Ebd. 899. n. 15. —; auf Schreibpap. n. 23. —

— Germaniae historica inde ab a. Chr. D usque ad a. MD ed. societas aperiendis fontibus rerum germanicarum medii aevi. Auctorum antiquissimorum tomus I—IV. pars 1. et tomi V. pars 1. gr. 4. Berlin 877—81. Weidmann. n. 53. 60; Schreibpap. n. 80. 50

I. 1. Salviani presbytori Massiliensis libri qui supersunt, rec. Carol. Halm. (VII, 176 S.) n. 5. —; Schreibpapier n. 7. 50 1877
2. Eugippii vita sancti Severini, rec. et adnotavit Herm. Sauppe (XX, 36 S.) n. 1. 60; Schreipap. n. 2 40 1877.
II Eutropi breviarium ab urbe condita, cum versionibus graecis et Pauli Landolfique additamentis, rec. et adnotavit H. Droysen. (LXXII, 430 S.) 1879 Schreibpap. n. 24. —
III. 1. Victoris Vitensis historia persecutionis Africanae provinciae sub Geiserico et Hunirico regibus Wandalorum, rec. Car. Halm. (X, 90 S.) 1879 n. 3. —; Schreibpap. n. 4. 60
2. Corippi, africani grammatici, libri qui supersunt, rec. Jos. Partsch. Adjecta est tab. (lith.). (LXII, 195 S.) 1879 n. 8. —; Schreibpap. n. 12. —
IV. 1. Venanti Honori Clementiani Fortunati, presbyteri italici opera poetica, rec. et emendavit Frdr. Leo. (XXVIII, 427 S.) 1881.
V. 1. Jordanis romana et getica, rec. Thdr. Mommsen. 1882. (LXXIV, 200 S.) n. 8. —; Schreibpap. n. 12. —

— Germaniae historica inde ab a. D. usque ad a. MD, ed. societas aperiendis fontibus rerum germanicarum medii aevi Auctorum antiquissimorum tom. IV. pars 2, tom. V. pars 2, tom. VI. 2 prts ot tom. VII. gr. 4. Berlin, Weidmann. n. 56. —; auf Schreibpap. n. 84. —

IV, 2. Venanti Honori Clementiani Fortunati, presbytori italici, opora pedestria. Rec. et emendavit Bruno Krusch. (XXXIII, 144 S.) 885. n. 6. —; auf Schreibpap. n. 9. —
V, 2. D Magni Ausonii opuscula, rec. Car. Schenkl. Adjecta est tabula (photolith.). (LXIV, 302 S) 883. n. 10. —; auf Schreibpap. n. 15. —
VI, 1. Q. Aurelii Symmachi quae supersunt, ed. Otto Seeck. (CCXII, 355 S.) 883. n. 15. —; auf Schreibpap n. 22. —
VI, 2. Alcimi Ecdicii Aviti, Viennensis episcopi, opera quae supersunt, rec. Rud. Peiper. (LXXVI, 376 S.) 883. n. 12. —; auf Schreibpap. n. 18. —
VII. Magni Felicis Ennodi opera, rec. Frdr. Vogel. (LXII, 418 S.) 885. n. 13. —; auf Schreibpap. n. 20. —

— Germaniae historica inde ab a. Chr. D usque ad a. MD, edidit societas aperiendis fontibus rerum germanicarum medii aevi. Auctorum antiquissimorum tom. VIII. gr. 4. Berlin 887. Weidmann. n. 16. —; Ausg. auf Schreibpap. n. 24. —
Gai Sollii Apollinaris Sidonii epistulae et carmina, rec. et emendavit Chrn. Luetjohann. Accedunt Fausti aliorumque epistulae ad Ruricium aliosque Ruricii epistulae, rec. et emendavit Bruno Krusch. (LXXVIII, 484 S.)

— Germaniae historica inde ab a. D usque ad a. MD, ed. societas aperiendis fontibus rerum germanicarum medii aevi. Auctorum antiquissimorum tom. IX. gr. 4. Berlin, Weidmann. n. 26. —; auf Schreibpap. n. 40. —
Chronica minora saec. IV. V. VI. VII. ed. Thdr. Mommsen. Vol. I. fasc. 1. (339 S.) 891. n. 11. —; Ausg. auf Schreibpap. n. 17. —
— dasselbe. Vol. I. fasc. 2. (XII u. S. 341—756 m. 2 Taf.) 892. n. 15. —; Ausg. auf Schreibpap. n. 23. —

— dasselbe. Auctorum antiquissimorum tom. X. gr. 4. Ebd. 892. n. 30. —; auf Schreibpap. n. 45. —
Claudii Claudiani carmina, recensuit Thdr. Birt. Accedit appendix vel spuria vel suspecta continens. (CCXXX, 611 S.)

— dasselbe. Auctorum antiquissimorum tomi XI. pars 1 u. 2. gr. 4. Ebd. n. 17. —; auf Schreibpap. n. 26. —
1. Chronica minora saec. IV. V. VI. VII. edidit Thdr. Mommsen. Vol. II. fasc. 1. (239 S. m. 2 Lichtdr.-Taf.) 893. n. 8. —; auf Schreibpap. n. 12. —
2. — dasselbe. Vol. II. fasc. 2. (V u. S. 241—506 m. 2 Lichtdr.-Taf.) 894. n. 9. —; auf Schreibpap. n. 14. —

— dasselbe. Auctorum antiquissimorum tom. XII. gr. 4. Ebd. 894. n. 28. —; auf Schreibpap. n. 42. —
Cassiodori Senatoris variae, recensuit Thdr. Mommsen. Accedunt I. Epistulae Theodericianae variae edidit Th. Mommsen. II. Acta synhodorum habitarum Romae a. CCCCXCVIIII. DI. DII. edidit Th. Mommsen. III. Cassiodori orationum reliquiae edidit Lud. Traube. (CLXXXIV, 597 S. m. 2 Lichtdr.-Taf.)

— dasselbe. Auctorum antiquissimorum tomi XIII. pars 1. gr 4. Ebd. 894. n. 8. —; auf Schreibpap. n. 12. —
Chronica minora saec. IV. V. VI. VII. edidit Thdr. Mommsen, Vol. III. fasc. 1. (222 S.)

Monumenta Germaniae historica inde ab a. Chr. D. usque ad a MD, ed. societas aperiendis fontibus rerum germanicarum medii aevi. (Neue Quart-Ausg.) Auctorum antiquissimorum tomi XIII pars 2—4. (Schluss.) gr. 4. Berlin, Weidmann. n. 20. —; auf Schreibpap. n. 31. — (Tom. XIII. kplt. n. 28. —; auf Schreibpap. n. 43. —)
2. Chronica minora saec. IV. V. VI. VII, edidit Thdr. Mommsen. Vol. III fasc. 2. (S. 223—351.) 895. n. 5. —; auf Schreibpap. n. 8. —
3. Dasselbe. Vol. III fasc. 3. (S. 355—469.) 896. n. 5. —; auf Schreibpap. n. 8. —
4 Dasselbe. Vol. III fasc. 4. Indicus. Composuit Johs. Lucas. (VIII u. S. 471—728.) 898. n. 10. —; auf Schreibpap. n. 15. —

— dasselbe. (Neue Quart-Ausg.) Auctorum antiquissimorum tom. XIV. gr. 4. Ebd. n. 16. —; auf Schreibpap. n. 24. —
Merobaudis, Fl., reliquiae. — Dracontii, Blossii Aemilii, carmina. — Eugenii Toletani episcopi carmina et epistulae. Cum appendicula carminum spuriorum ed. Frider. Vollmer. (L, 455 S.) 905.

—— Germaniae historica inde ab a. Christi 500 usque ac a. 1500 auspiciis societatis aperiendis fontibus rerum Germanicarum medii aevi ed. Geo. Heinr. Pertz. Diplomata. Tom. I.
Fol. Hannover, Hahn'sche Buchh. *
Feineres Velinpapier *
Inhalt:
Diplomata. Tom. I. (XVI, 248 S. mit 4 Stnt. in Fol. und gr. Fol.) 874. *M 14.; Velinpap. *M 21.
Tomus I. 872
Die Folio-Ausgabe der Diplomata wird nicht fortgesetzt. dafür jetzt die Quart-Ausgabe,

— dasselbe. Diplomatum Karolinorum tom. I. gr. 4. Hannover, Hahn. n. 20. —; auf fein. Velinpap. n. 30. —
Urkunden, die, der Karolinger. Hrsg. v. der Gesellschaft f. ältere deutsche Geschichtskunde. 1. Bd. Die Urkunden Pippins, Karlmanns u. Karls des Grossen, unter Mitwirkg. v. Alf. Dopsch, Joh. Lechner, Mich. Tangl bearb. v. Engelbert Mühlbacher. (XI, 581 S.) 906.

Monumenta Germaniae historica inde ab anno Christi 500 usque ad annum 1500. Edidit Societas aperiendis fontibus rerum Germanicarum medii aevi. Neue Ausg. Diplomatum regum et imperatorum Germaniae. — Die Urkunden der deutschen Könige und Kaiser. Tomi I, pars 1. Conradi I. et Heinrici I. diplomata. gr. 4. (X, 80 S.) Hannover 879, Hahn'sche Buchh. *
Ausg. auf feinerem Pap. *

— dasselbe. Diplomatum regum et imperatorum Germaniae tomi I. pars 2. gr. 4. (S. 79—324.) Hannover 882. Hahn. n. 7. —; Velinpap. n. 10. 50 (1. et 2.: n. 9. 40; Velinpap. n. 14. 10)

— dasselbe. (Neue Quart-Ausg.) Diplomatum regum et imperatorum Germaniae tomi I. pars 3. gr. 4. Ebend. 884. n. 12. 60; auf feinerem Velinpap. n. 19. — (Tom I. cplt.: n. 22. —; auf feinerem Velinpap. n. 33. 10)
Ottonis I. imperatoris diplomata. (XX u. S. 321—740.)

— dasselbe. (Neue Quart-Ausg.) Diplomatum regum et imperatorum Germaniae tomi II. pars 1. gr. 4. Hannover 888. Hahn. n. 12. —; Ausg. auf feinerem Velinpap. n. 18. —
Ottonis II. diplomata. (386 S.)

Monumenta Germaniae historica, inde ab a. Chr. D usque ad a. MD, edidit societas aperiendis fontibus rerum germanicarum medii aevi. (Neue Quart-Ausg.) Diplomatum regum et imperatorum Germaniae tomi II. pars 2. gr. 4. Hannover 893. Hahn. n. 20. —; auf feinerem Velinpap. n. 30. — (1 u. 2.: n. 32. —; auf feinerem Velinpap.: n. 48. —)
Die Urkunden der deutschen Könige u. Kaiser. II. Bd. 2. Thl. Die Urkunden Otto III. (IX u. S. 385—995.)

— Germaniae historica, inde ab a. Chr. D. usque ad a. MD, ed. societas aperiendis fontibus rerum germanicarum medii aevi. (Neue Quart-Ausg.) Diplomatum regum et imperatorum Germaniae tomi III. pars 1. Heinrici II. et Arduni diplomata. gr. 4. (720 S.) Hannover 900. Hahn. n. 24. —; auf feinerem Velinpap. n. 36. —

— dasselbe. Diplomatum regum et imperatorum Germaniae tomi III. pars 2. Heinrici II. et Arduini diplomata. (Auch m. deutschem Titel: Die Urkunden der deutschen Könige u. Kaiser. Hrsg. v. der Gesellschaft f. ältere deutsche Geschichtskunde. 3. Bd. Die Urkunden Heinrichs II. u. Arduins.) (XXX u. S. 721 bis 853.) gr. 4. Ebd. 903. n. 6. —; auf feinerem Velinpap. n. 9. — (Tom. III vollst.: n. 30. —; bezw. n. 45. —)

— Germaniae historica, inde ab a. Christi D usque ad a MD. ed. societas aperiendis fontibus rerum germanicarum medii aevi. (Neue Quart-Ausg.) Diplomatum regum et imperatorum Germaniae. Tom IV. Conradi II. diplomata. (A. u. d. T.: Die Urkunden der deutschen Könige u. Kaiser. Hrsg. v. der Gesellschaft f. ältere deutsche Geschichtskunde. 4. Bd. Die Urkunden Konrads II. Mit Nachträgen zu den Urkunden Heinrichs II. Unter Mitwirkg. v. H. Wibel u. A. Hessel hrsg. v. H. Bresslau.) (XXVI, 554 S.) Lex. 8. Hannover 909. Hahn. 25. —; auf fein. Velinpap. 32,5×25 cm. 37. 50

Monumenta Germaniae historica inde ab anno Christi D usque ad annum MD, ed. societas aperiendis fontibus rerum germanicarum medii aevi. Epistolarum tomi I. pars 1: Gregorii I papae registrum epistolarum Tomi I. pars 1. Liber I—IV. Ed. Paulus Ewald. gr. 4. (V, 280 S.) Berlin 887, Weidmann'sche Buchh. *
Ausg. auf Schreibpap. *

— dasselbe. Epistolarum tomi I. pars II. gr. 4. Ebd. 891. n. 8. —; Ausg. auf Schreibpap. n. 12. — (1 u. 2.: n. 17. —; auf Schreibpap. n. 25. —)
Gregorii I papae registrum epistolarum. Tomi I. pars 2. Libri V—VII. Post Pauli Ewaldi obitum ed. Ludov. M. Hartmann. (IX u. S. 281—491.)

— dasselbe. Epistolarum tomi II. pars I. gr. 4. Ebd. 893. n. 8. —; auf Schreibpap. n. 12. —
Gregorii I papae registrum epistolarum. Tomi II. pars I. Libri VIII—IX. Post Pauli Ewaldi obitum ed. Ludov. M. Hartmann. (IV, 235 S.)

— dasselbe. Epistolarum tom. III. gr. 4. Ebd. 892. n. 25. —; auf Schreibpap. n. 38. —
Epistolae Merowingici et Carolini aevi. Tom. I. (VII, 763 S. m. 1 photolith. Taf.)

— dasselbe. Epistolarum tomi II pars 2, tom. IV et tomi V pars I. gr. 4. Ebd. n. 41. —; auf Schreibpap. n. 62. — (I.—II., 2. III. IV.: n. 91. —; auf Schreibpap. n. 137. —)
II, 2. Gregorii I papae registrum epistolarum. Tomi II pars 2. Libri X—XIV cum appendicibus. Post Pauli Ewaldi obitum ed. Ludov. M. Hartmann. (S. 233—464.) 895. n. 8. —; auf Schreibpap. n. 12. — (I—II, 2.: n. 33. —; auf Schreibpap. n. 49. —)
IV. Epistolae Karolini aevi. Tom. II. Recensuit Ernest Duemmler. (VIII, 639 S.) 895. n. 21. —; auf Schreibpap. n. 32. —
V, I. Dasselbe. Tom. III. (1. Hälfte.) (360 S.) 898. n. 12. —; auf Schreibpap. n. 18. — (I—III. 1.: n. 58. —; auf Schreibpap. n. 88. —)

— dasselbe. (Neue Quart-Ausg.) Epistolarum tom. II pars III, tom. V pars II et tom. VI pars I. gr. 4. Berlin, Weidmann. n. 27. —; auf Schreibpap. n. 41. —
II, 3. Gregorii I Papae registrum epistolarum, Tomi II pars 3. Praefatio et indices. Post Pauli Ewaldi obitum ed. Ludov. M. Hartmann. (XLIII u. S. 465—607.) 899. n. 8. —; auf Schreibpap. n. 12. —
V. 2. Epistole Karoline aevi. Tom. III. (VII u. S. 361—679 m. 1 Taf.) n. 11. —; auf Schreibpap. n. 17. —. (Tom. V kplt. n. 23. —; bezw. n. 35. —)
VI. 1. Dasselbe. Tom. IV. (256 S.) 902. n. 8. —; auf Schreibpap. n. 12. —

—— dass. — Epistolae. Tom. I: Epistolae saeculi XIII pontificum romanorum selectae per G. H. Pertz. Edidit Carol. Rodenberg. hoch 4. (XVIII, 786 S.) Ebendas. 883. *
Ausg. auf Schreibpap. *

—— dass. — Epistolae saeculi XIII e regestis pontificum romanorum selectae per G. H. Pertz. Ed. Carol Rodenberg. Tom. II. gr. 4. (XIX, 626 S.) Ebendas. 887. *
Ausg. auf Schreibpap. *
Tom. I. Ebendas. 1883. *M 20.—; Ausg. auf Schreibpap. *M 30.—.

— dasselbe. Epistolae saeculi XIII e regestis pontificum romanorum selectae per G. H. Pertz. Edidit Carol. Rodenberg. Tom. III. gr. 4. (XXVIII, 807 S.) Ebd. 894. n. 27. —; auf Schreibpap. n. 41. — (I—III.: n. 65. —; auf Schreibpap. n. 98. —)

Monumenta Germaniae historica.

Gestorum pontificum romanorum vol I. Liber pontificalis. Pars I. Edidit Thdr. Mommsen. gr. 4. (CXXXIX, 295 S. m. 4 Taf.) Ebd. 898. n. 15. —; auf Schreibpap. n. 23. —

Monumenta Germaniae historica.
Leges, s.a. Mon. Germ. hist. [Ursprüngl. Ausg. m. fortlaufender Bandzählung].

Leges. Fol.
Tomus I. 835.
„ II. 837.
„ III. 863.

Leges. Fol.
Tomus IV. 869.
„ V. fasc. 1/2 875/89.

— dasselbe. Legum tom. V. Fasc. II. Fol. (S. 185—288.) Hannover 883. Hahn. n. 6. —; auf feinerem Velinpap. n. 9. —
Fasc.1.Ebda.1875.

—— Germaniae historica ab a. D usque ad a. MD, ed. societas aperiendis fontibus rerum germanicarum medii aevi. Legum tom. V., fasc. III. (Schluss d. Bandes.) Fol. (VII, S. 289—452.) Hannov. 889, Hahn. * 10 —; auf feinerem Velin-Pap. * 15 —
Tom. V. fasc. 1, 2. Ebd. 1875,83. * 16 —; Velin * 24 —.

— dasselbe. Legum sectio I. Legum nationum germanicarum tomus I. Leges Visigothorum. Ed. Karol. Zeumer. (XXXV, 570 S.) gr. 4. Ebd. 902. n. 20. —; auf feinerem Velinpap. n. 30. —

— dasselbe. (Neue Quart-Ausg.) Legum sectio I. Legum nationum germanicarum tomi II. pars I. Leges Burgundionum. Ed. Ludw. Rud. de Salis. gr. 4. (188 S. m. 1 Lichtdr.-Taf.) Ebd. 892. n. 6. —; auf feinerem Velinpap. n. 9. —

Monumenta Germaniae historica inde ab a. Chr. D usque ad a. MD, edidit societas aperiendis fontibus rerum germanicarum medii aevi. (Neue Quart-Ausg.) Legum sectio I. Legum nationum germanicarum tomi V. pars 1. gr. 4. Hannover 888. Hahn. n. 6. —; Ausg. auf feinerem Velinpap. n. 9. —
Leges Alamannorum. Ed. Karolus Lehmann. (176 S.)

—— dass. — Legum sectio II. Capitularia regum Francorum, denuo edidit Alfr. Boretius. Tom. I. 2 partes. gr. 4. Ebendas. [Pars 1. (VIII, S. 1—259.) 881. *ℳ 7.; Ausg. auf feinerem Velinpap. *ℳ 10,40.; pars 2. (XII, S. 260—461.) 883. *ℳ 6.; Ausg. auf feinerem Velinpap. *ℳ 9.] *
Ausg. auf feinerem Velinpap. *

— dasselbe. (Neue Quart.-Ausg.) Legum sectio II. Tomi II. pars 1. gr. 4. Ebd. 890. n. 7. —; auf feinerem Velinpap. n. 10. 50
Capitularia regum Francorum denuo ediderunt Alfr. Boretius et Victor Krause. Tomi II. pars I. (IX, 192 S.)

— dasselbe. (Neue Quart-Ausg.) Legum sectio II. Capitularia regum Francorum denuo edd. Alf. Boretius et Vict. Krause. Tomi II. pars 2. gr. 4. (S. 193—469.) Ebd. 893. n. 9. —; auf feinerem Velinpap. n. 13. 50 (II, 1 u. 2.: n. 16. —; auf feinerem Velinpap. n. 24. —)

— dasselbe. Legum sectio II. Capitularia regum Francorum, denuo ediderunt Alfr. Boretius et Vict. Krause. Tomi II pars 3. gr. 4. (XXXVI u. S. 471—726.) Hannover 897. Hahn. n. 12. —; auf feinerem Velinpap. n. 18. — (Tom. II. kplt.: n. 28. —; auf feinerem Velinpap. n. 42. —)

— dasselbe. (Neue Quart-Ausg.) Legum sectio III. Concilia. Tom. I. Concilia aevi merovingici. Recensuit Frdr. Maassen. gr. 4. (XVII, 281 S.) Ebd. 893. n. 10. —; auf feinerem Velinpap. n. 15. —

— dasselbe. Legum sectio III. Concilia. Tom. II. Pars I. (XII, 465 S. u. S. 466 u. Karton zu S. 85 bis 88.) gr. 4. Ebd. 904. 906. n. 25. 40; auf feinerem Velinpap. n. 38. 10

— dasselbe. Legum sectio III. Concilia. Tom. II. Concilia aevi Karolini I. Pars II. Recensuit Albert Werminghoff. (XI u. S. 467—1015.) Lex. 8. Ebd. 909. 19.50; auf fein. Velinpap. 32,5×25 cm. 29. 50

— dasselbe. (Neue Quart-Ausg.) Legum sectio IV. Constitutiones et acta publica imperatorum et regum. Tom. I. Inde ab a. DCCCCXI. usque ad a. MCXCVII. Ed. Ludew. Weiland. gr. 4. (XXI, 736 S.) Ebd. 893. n. 24. —; auf feinerem Velinpap. n. 36. —

— dasselbe. Legum sectio IV. Constitutiones et acta publica imperatorum et regum. Tom. II. Inde ab a. MCXCVIII usque ad a. MCCLXXII. Ed. Ludew. Weiland. gr. 4. (XXII, 691 S.) Ebd. 896. n. 23. —; auf feinerem Velinpap. n. 35. — (I. u. II.: n. 47. —; auf Velinpap. n. 71. —)

— dasselbe. Legum sectio IV. Constitutiones et acta publica imperatorum et regum. Tom III. Pars I et II et Tom. IV. Pars I. Fasc. 1 et 2. gr. 4. Ebd. n. 46. —; auf feinerem Velinpap. n. 69. —
III. 1. (456 S. m. 1 Taf.) 904. n. 15. —; auf fein. Velinpap. n. 22. 50
2. Inde ab a. MCCLXXIII usque ad a. MCCXCVIII. Edidit Jac. Schwalm. (XXXI u. S. 457—706.) 906. n. 7. —; auf feinerem Velinpap. n. 10. 50
IV. 1. I. (432 S.) 906. n. 14. —; auf feinerem Velinpap. n. 21. —
II. Inde ab a. MCCXCVIII usque ad a. MCCCXIII. Pars I. Ed. Jacob. Schwalm. Fasc. II. (XXVIII u. S. 433—712.) 906. n. 10. —; auf feinerem Velinpap. n. 15. —

— dasselbe. Legum sectio IV. Constitutiones et acta publica imperatorum et regum. Tomi IV partis posteriores fasc. I. (S. 713—1444.) Lex. 8. Ebd. 908. 25. —; auf fein. Velinpap. 32,5×25 cm. 37. 50

— dasselbe. Legum sectio IV. Constitutiones et acta publica imperatorum et regum. Tomi V pars I. (S. 1 bis 460.) Lex. 8. Ebd. 20. —; auf fein. Velinpap. 32,5×25 cm. 30. —

— dasselbe. Legum sectio IV. Constitutiones et acta publica imperatorum et regum. Tomi VIII pars I. (S. 1—388.) Lex. 8. Ebd. 910. 17. —; auf fein. Velinpap. 32,5×25 cm. 25. 50

—— dass. — Legum sectio V, pars 1: Formulae Merowingici et Karolini aevi. Edidit Karolus Zeumer. gr. 4. (V, 328 S. mit 1 Photolithogr.) Ebendas. 882. *
Ausg. auf feinerem Velinpap. *

— dasselbe. (Neue Quart-Ausg.) Legum sectio V. Pars II. gr. 4. Ebend 886. n. 15. —; auf feinerem Velin-Pap. n. 22. 50 (Sectio V. cplt. n. 25. —; auf feinerem Velinpap. n. 37. 50)
Formulae Merowingici et Karolini aevi. Accedunt ordines judiciorum Dei. Ed. Karolus Zeumer. Pars II. (XX u. S. 329—782 m. 1 Taf.)

Monumenta Germaniae historica inde ab a. D usque ad a. MD, ed. societas aperiendis fontibus rerum germanicarum medii aevi. (Neue Quart-Ausg.) Libelli de lite imperatorum et pontificum saeculis XI et XII conscripti. Tom. I. gr. 4. (VIII, 666 S.) Hannov. 891, Hahn. * 24 —; auf feinerem Velin-Pap. * 36 —

— dasselbe. (Neue Quart-Ausg.) Libelli de lite imperatorum et pontificum saeculis XI. et XII. conscripti. Tom II. gr. 4. (VIII, 743 S.) Ebd. 892. n. 25. —; auf feinerem Velinpap. n. 37. 50 (I u. II.: n. 49. —; Velinpap. n. 73. 50)

— dasselbe. Libelli de lite imperatorum et pontificum saeculis XI. et XII. conscripti. Tom. III. gr. 4. (VIII, 775 S. m. 2 Lichtdr.-Taf.) Ebd. 897. n. 25. —; auf feinerem Velinpap. n. 37. 50 (I.—III.: n. 74. —; auf feinerem Velinpap. n. 111. —)

Monumenta Germaniae historica.

Libri confraternitatum Sancti Galli, Augiensis, Fabariensis, edidit Paulus Piper. gr. 4. (IX, 550 S.) Ebendas. 884. *
Ausg. auf Schreibpap. *

Monumenta Germaniae historica inde ab anno Christi 500 usque ad annum 1500. Ed. Societas aperiendis fontibus rerum germanarum medii aevi. Necrologia Germaniae I. Dioeceses Augustensis, Constantiensis, Curiensis. Pars I. Hoch in-4°, 342 S. Berlin, Weidmann'sche Buchhdl. 13 35
1886. Ausgabe auf Schreibpapier 20 —

Monumenta Germaniae historica inde ab anno 500 usque ad annum 1500 ed. Societas aperiendis fontibus rerum germanicarum medii aevi. Necrologia Germaniae I. Dioeceses Augustensis, Constantiensis, Curiensis. Ed. *F. L. Baumann.* Pars II. In-4°, VIII u. S. 345—798, m. 1 Tafel. Berlin, Weidmann'sche Buchhandlung. 18 70
1888. Ausg. auf Schreibpap. 26 70

— dasselbe. Necrologia Germaniae II. pars 1. gr. 4. Ebd. 890. n. 9. —; auf Schreibpap. n. 14. —
Dioecesis Salisburgensis ed. Sigism. Herzberg-Fränkel. (IV, 283 S. m. 1 Taf.)

— Germaniae historica inde ab a. Christi D usque ad a. MD ed. societas aperiendis fontibus rerum Germanicarum medii aevi. Necrologica Germaniae. Tom. II, 2 et Tom. III. gr. 4. Berlin, Weidmann.
Auf Schreibpap. 59. —; auf Druckpap. n. 39. —
II, 2. Dioecesis Salisburgensis. Ed. Sigism. Herzberg-Fränkel. 2. (X u. S. 285—804 m. 1 Taf.) 904. Auf Schreibpap. n. 32. —; auf Druckpap. n. 21. — (vollst.: n. 43. —; bezw. n. 30. —)
III. Dioeceses Brixinensis, Frisingensis, Ratisbonensis. Ed. Francisc. Ludov. Baumann. (X, 534 S. m. 2 Taf.) 905. Auf Schreibpap. n. 27. —; auf Druckpap. n. 18. —

Monumenta Germaniae historica.
Scriptores, s.a. Mon. Germ. hist. [Ursprüngl. Ausg. m. fortlaufender Bandzählung].

Monnmenta Germaniae historica inde ab anno Chr. 500 usque ad annum 1500. edidit Societas aperiendis fontibus rerum Germanicarum medii aevi. Hannover.

Folio-Ausgabe.

Scriptores Fol.		Scriptores Fol.	
Tomus	I. 830	Tomus	XV. 2. 889
„	II. 830	„	XVI. 859
„	III. 839	„	XVII. 861
„	IV. 841	„	XVIII. 863
„	V. 843	„	XIX. 866
„	VI. 844	„	XX. 868
„	VII. 846	„	XXI. 869
„	VIII. 848	„	XXII. 874
„	IX. 851	„	XXIII. 875
„	X. 852	„	XXIV. 879
„	XI. 854	„	XXV. 880
„	XII. 856	„	XXVI. 882
„	XIII. 881	„	XXVII. 885
„	XIV. 883	„	XXVIII 888
„	XV. 1. 887	„	XXIX. 892

—— Germaniae historica inde ab anno Christi 500 usque ad annum 1500. Edidit Societas aperiendis fontibus rerum Germanicarum medii aevi. Scriptorum tom. XIII. gr. Fol. (XI, 832 S. mit 3 photolithogr. Schrifttaf.) Hannover 881, Hahn'sche Buchh. *
Ausg. auf feinerem Velinpap. *
—— dass. — Scriptorum tom. XIV. gr. Fol. (VIII, 678 S.) Ebendas. 883. *
Ausg. auf feinerem Velinpap. *
—— dass. — Scriptorum tom. XXV. gr. Fol. (VIII, 957 S. mit 5 Stnt.) Ebendas. 880. *
Ausg. auf feinerem Velinpap. *
—— dass. — Scriptorum tom. XXVI. gr. Fol. (VIII, 875 S. mit 1 Stnt., enthaltend Handschriftproben.) Ebendas. 882. *
Ausg. auf feinerem Velinpap. *

Monumenta Germaniae historica inde ab a. Chr. D usque ad a. MD ed. societas aperiendis fontibus rerum germanicarum medii aevi. Scriptorum tom. XXIV. gr. Fol. (X, 914 S. m. 2 Steintaf.) Hannover 879. Hahn. n. 44. —; auf feinerem Pap. n. 66. —

—— Germaniae historica inde ab anno Christi D usque ad annum MD, ed. societas aperiendis fontibus rerum germanicarum medii aevi. Scriptorum tomi XV pars 1. Fol. (VIII, S. 1—574 mit 1 Photolithogr.) Hannover 887, Hahn'sche Buchh. *
Ausg. auf feinerem Velinpap. *
—— dass. — Scriptorum tomi XV. pars II. Fol. (X, S. 575—1399 mit 1 Lichtdr.-Taf.) Ebendas. 888. *
Ausg. auf feinerem Velinpap. *
—— dass. — Scriptorum tomus XXVII. Fol. (VIII, 590 S.) Ebendas. 885. XXVII. (VIII, 500 S.) 885. *
Ausg. auf feinerem Velinpap. *
—— dass. — Scriptorum tomus XXVIII. Fol. (VIII, 700 S.) Ebendas. 888. *
Ausg. auf feinerem Velinpap. *

— dasselbe. Scriptorum tom. XXIX. Fol. (647 S. m. 2 Lichtdr.-Taf.) Ebd. 892. n. 40. —; auf feinerem Velinpap. n. 60. —

— dasselbe. Scriptorum tomi XXX. pars I. Fol. (VIII, 724 S. m. 3 Lichtdr.-Taf.) Ebd. 896. n. 37. —; auf feinerem Velinpap. n. 56. —

— dasselbe. (Neue Quart-Ausg.) Scriptorum tomi XXXI, pars I. gr. 4. (336 S.) Hannover 902. Hahn. n. 11. —; auf feinerem Velinpap. n. 16. 50
Tom XXX, pars II ist noch nicht erschienen.

Monumenta Germaniae historica inde ab a. Chr. D usque ad a. MD, edidit societas aperiendis fontibus rerum Germanicarum medii aevi. Scriptorum tomi XXXI, pars II. (VIII u. S. 337—776 m. 10 Taf.) gr. 4. Hannover 903. Hahn. n. 15. —; auf feinerem Velinpap. 22. 50 (XXXI vollständig: 26. —; auf Velinpap. 42. 50)

— dasselbe. Scriptorum tomi XXXII, pars I. (361 S.) gr. 4. Ebd. 905. n. 12. —; auf feinerem Velinpap. n. 18. —

Monumenta Germaniae historica, inde ab a. Christi D usque ad a MD. ed. societas aperiendis fontibus rerum germanicarum medii aevi. (Neue Quart-Ausg.) Scriptorum tomi XXXII, pars II. (S. 361—755.) Lex.8. Hannover 908. Hahn. 13.—; auf fein. Velinpap. 32,5×25 cm. 19. 50

Monumenta Germaniae historica.

(Neue Quart-Ausg.) Scriptorum, qui vernacula lingua usi sunt, tomi I. pars I. gr. 4. Ebd. 892. n. 18. —; auf feinerem Velinpap. n. 27. —
Deutsche Chroniken u. andere Geschichtsbücher d. Mittelalters. I. Bd. 1. Abth. Die Kaiserchronik e. Regensburger Geistlichen, hrsg. v. Edward Schröder. (441 S. m. 1 Handschriftentaf.)

— dasselbe. Scriptorum, qui vernacula lingua usi sunt, tomi I. pars II. gr. 4. Ebd. 895. n. 5. —; auf feinerem Velinpap. n. 7. 50 (Tom. I. kplt. n. 23. —; auf feinerem Velinpap. n. 34. 50)
Deutsche Chroniken u. andere Geschichtsbücher des Mittelalters. I. Bd. 2. Abth. Der Trierer Silvester. Hrsg. v. Carl Kraus. — Das Anuolied. Hrsg. v. Max Roediger. (VI, 145 S.)

—— dass. — Scriptores qui vernacula lingua usi sunt. Deutsche Chroniken und andere Geschichtsbücher des Mittelalters. 2. Bd. 2 Abthlgn. gr. 4. Ebendas. 876. [1. Abthl. (S. 1—384 mit 2 photolithogr. Taf.) * ℳ 12.; Ausg. auf feinerem Pap. * ℳ 18.; 2. Abthl. (S. 385—709.) * ℳ 10.; Ausg. auf feinerem Pap. * ℳ 15.] *
Ausg. auf feinerem Pap. *

— dasselbe. Scriptores qui vernacula lingua usi sunt. — Deutsche Chroniken u. andere Geschichtsbücher des Mittelalters. 2. Bd. 2. Abth. gr. 4. (S. 385—709.) Ebend. 877. n. 10. —; auf feinerem Pap. n. 15. — (2. Bd. cplt.: n. 22. —; auf feinerem Pap. n. 33. —)

— dasselbe. (Neue Quart-Ausg.) Scriptorum qui vernacula lingua usi sunt tomi III. pars I. gr. 4. Ebd. 891. n 20. —; auf feinerem Velinpap n. 30. —
Deutsche Chroniken u. andere Geschichtsbücher d. Mittelalters, hrsg. v. der Gesellschaft f. ältere deutsche Geschichtskunde. 3. Bd. Jansen Enikel's Werke, hrsg. v. Phpp. Strauch. 1. Abth. Die Weltchronik. (VIII, 596 S.)

— dasselbe. Scriptorum qui vernacula lingua usi sunt tomi III pars 2. gr. 4. Ebd. n. 11. —; auf feinerem Velinpap. n. 16. 50; (1 u. 2 n. 31. —; bezw. 46. 50)
Chroniken, deutsche u. andere Geschichtsbücher des Mittelalters, hrsg. v. der Gesellschaft f. ältere deutsche Geschichtskunde. 3. Bd. Enikel's, Jansen, Werke. Hrsg. v. Phpp. Strauch. 2. Abth. Fürstenbuch. Mit 1 Taf. (XI, C u. S. 597—819.) 900.

—— dass. — Scriptorum qui vernacula lingua usi sunt tomi IV, pars 1: Deutsche Chroniken und andere Geschichtsbücher des Mittelalters. 1. Abthl.: Die Limburger Chronik. hoch 4. (176 S. mit 1 Lichtdr.) Ebendas. 883. *
Ausg. auf feinerem Velinpap. *

— dasselbe. Scriptorum qui vernacula lingua sunt usi tomi V. pars I. gr. 4. Ebd. 890. n. 24. —; auf feinerem Velinpap. n. 36. —
Deutsche Chroniken u. andere Geschichtsbücher d. Mittelalters, hrsg. v. der Gesellschaft f. ältere deutsche Geschichtskunde. 5. Bd. 1. Thl. Ottokar's österreich. Reimchronik. Nach den Abschriften Franz Lichtenstein's hrsg. v. Jos. Seemüller. 1. Halbbd. (VII, 720 S.)

— dasselbe. (Neue Quart-Ausg.) Scriptorum qui vernacula lingua usi sunt tomi V. pars II. gr. 4. Ebd. 893. n. 28. —; auf feinerem Velinpap. n. 42. — (I u. II.: n. 52. —; Velinpap. n. 78. —)
Deutsche Chroniken u. andere Geschichtsbücher d. Mittelalters. 5. Bds. 2. Thl. Ottokars österreich. Reimchronik. Nach den Handschriften Frz. Lichtenstein's hrsg. v. Jos. Seemüller. 2. Halbbd. (CXXV u. S. 721—1439.)

— dasselbe. Scriptorum qui vernacula lingua usi sunt tomi VI pars 1. (II, 242 S.) gr. 8. Ebd. 906. n. 8. —; auf feinerem Velinpap. n. 12. —

— dasselbe. Scriptorum qui vermacula lingua usi sunt. Deutsche Chroniken u. andere Geschichtsbücher des Mittelalters. Hrsg. v. der Gesellschaft f. ält. dtsche. Geschichtskunde. 6. Bd. Österreichische Chronik v. den 95 Herrschaften. Hrsg. v. Jos. Seemüller. Pars II. (XIV, CCCVII S. u. S. 243—276 m. 1 Taf.) Lex. 8. Ebd. 909. 15.—; auf fein. Velinpap. 32,5×25 cm. 22. 50

Monumenta Germaniae historica.

Scriptores rerum langobardicarum et italicarum saec. VI—IX. gr. 4. (VIII, 636 S.) Ebend. 878. Subscr.-Pr. n. 20. —;
Ausg. auf feinerem Vel.-Pap. n. 30. —

Monumenta Germaniae historica.

Scriptorum rerum Merowingicarum tomi I. pars 1: Gregorii Turonensis opera, ediderunt W. Arndt et Br. Krusch. Pars I: Historia Francorum. gr. 4. (VIII, 450 S. mit 4 photolithogr. Taf.) Ebendas. 884. *
Ausg. auf feinerem Velinpap. *

—— dass. — (Neue Quart-Ausg.) Scriptorum rerum Merovingicarum tomi I. pars 2 et tom. II. gr. 4. Ebendas. *
Ausg. auf feinerem Velinpap. *
Inhalt:
Tom. I. Pars 2: Gregorii Turonensis opera, ed. W. Arndt et Br. Krusch. Pars 2: Miracula et opera minora. (S. 451—964 mit 1 Handschrifttaf. in Lichtdr.) 885. * ℳ 15.—; Ausg. auf feinerem Velinpap. * ℳ 22.50.
„ II. Fredegarii et aliorum chronica. Vitae sanctorum. Ed. Bruno Krusch. (VIII, 579 S. mit 1 Taf.) 888. * ℳ 20.—; Ausg. auf feinerem Velinpap. * ℳ 30.—.
Tom. I. pars 1. Ebendas. 1884. * ℳ 14.—; Ausg. auf feinerem Velinpap. * ℳ 21.—.
Vgl.: Holder-Egger, O., die Monumenta Germaniae und ihr neuester Kritiker [Ottokar Lorenz].

— dasselbe. Scriptorum rerum Merovingicarum tom. III. gr. 4. Ebd. 896. n. 22. —; auf feinerem Velinpap. n. 33. — (I.—III.: n. 71. —; auf feinerem Velinpap. n. 106. 50)
Passiones vitaeque sanctorum aevi Merovingici et antiquiorum aliquot. Edidit Bruno Krusch. (VIII, 686 S.)

Monumenta Germaniae historica. Scriptorum rerum Merovingicarum tom. IV. gr. 4. Hannover, Hahn. n. 26. —; auf feinerem Velinpap. n. 39. —; (I—IV n. 97. —; bezw. n. 145. 50)
Passiones vitaeque sanctorum aevi Merovingici. Ed. Bruno Krusch. (VIII, 817 S.) 902.

— dasselbe. Scriptorum rerum Merovingicarum tom. V. Lex. 8. Ebd. 40.—; auf fein. Velinpap. 32,5×25 cm. 60. —
Passiones vitaeque sanctorum aevi Merovingici. Edd. B. Krusch et W. Levison. (VIII, 834 S. m. 22 Taf.) 910.

Monumenta Germaniae historica.

(Neue Quart-Ausg.) Indices eorum quae monumentorum Germaniae historicorum tomis hucusque editis continentur. Scripserunt O. Holder-Egger et K. Zeumer. gr. 4. (XII, 254 S.) Hannov. 890, Hahn. — Berl., Weidmann.
* 12 —; auf feinerem Velin-Pap. * 18 —

Monumenta Germaniae et Italiae typographica. Deutsche u. italien. Inkunabeln, in getreuen Nachbildgn. hrsg. v. der Direction der Reichsdruckerei. Auswahl u. Text v. K. Burger. 1.—4. Lfg. gr. Fol. (à 25 Taf.) Berlin 892. 893. (Leipzig, O. Harrassowitz.) à n.n. 20. —

Monumenta Germaniae et Italiae typographica. Deutsche u. italien. Inkunabeln, in getreuen Nachbildgn. hrsg. v. d. Direction d. Reichsdruckerei. Auswahl u. Text v. K. Burger. 5. Lfg. gr. Fol. (25 Taf.) Berlin 896. (Leipzig, O. Harrassowitz.) n.n. 20. —

— Germaniae et Italiae typographica. Deutsche u. italien. Inkunabeln in getreuen Nachbildgn. hrsg. v. der Direction der Reichsdruckerei. Auswahl u. Text v K. Burger. 6. Lfg. gr. Fol. (25 Taf.) Nebst Register zu Lfg. 1—6. hoch 4. (11 S.) Berlin 900. (Leipzig, O. Harrassowitz.) n.n. 20. —

— Germaniae et Italiae typographica. Deutsche u. italien. Inkunabeln, in getreuen Nachbildgn. hrsg. v. der Direction der Reichsdruckerei. Auswahl u. Text v. K. Burger. 7. u. 8. Lfg. (53 Taf.) gr. Fol. Berlin 902. 904. (Leipzig, O. Harrassowitz.) à Lfg. n.n. 20. —

— Germaniae paedagogica. Schulordnungen, Schulbücher u. pädagog. Miscellaneen aus den Landen deutscher Zunge. Unter Mitwirkg. e. Anzahl v. Fachgelehrten hrsg. v. Karl Kehrbach. 1. Bd. gr. 8. Berlin 886. Hofmann & Co. n. 24. —
Braunschweigische Schulordnungen von den ältesten Zeiten bis zum J. 1828 m. Einleitg., Anmerkgn., Glossar u. Register. Hrsg. v. Frdr Koldewey. 1. Bd. Schulordnungen der Stadt Braunschweig. (CCV, 602 S. m. 4 Tab.)

Monumenta Germaniae paedagogica. 1.—6. Bd. gr. 8. Berlin 886—88. Hamburg, Verlagsanstalt und Druckerei, A.-G. * 93 —

— Germaniae paedagogica. Schulordnungen, Schulbücher und pädagog. Miscellaneen aus den Landen deutscher Zunge. Unter Mitwirkg. e. Anzahl v. Fachgelehrten hrsg. v. K. Kehrbach. 2.—7. u. 10. Bd. gr. 8. Berlin, Hofmann & Co. n. 103. — (1—7 u. 10.: n. 127. —)

2. Ratio studiorum et institutiones scholasticae Societatis Jesu per Germaniam olim vigentes, collectae, concinnatae, dilucidatae a G. M. Pachtler. Tom. I. Ab a. 1541 ad a. 1599. (LIII, 460 S.) 887 n 15. —
3. Geschichte d. mathematischen Unterrichts im deutschen Mittelalter bis zum J. 1525 v. S. Günther. (XV, 408 S.) 887. n. 12. —
4. Die deutschen Katechismen der böhmischen Brüder. Kritische Textausg. m. kirchen- u. dogmengeschichtl. Untersuchgn. u. e. Abhandlg. üb. das Schulwesen der böhm. Brüder. Nebst 5 Beilagen u. e. Namen- u. Sachregister v. J. Müller. (XIV, 467 S.) 887. n. 12. —
5. Ratio studiorum et institutiones scholasticae Societatis Jesu per Germaniam olim vigentes, collectae, concinnatae, dilucidatae a G. M. Pachtler. Tom. II. Ratio studiorum ann. 1586. 1599. 1832. (VII, 524 S. m. 1 Holzschn.-Portr. u. 1 autogr. u. color. Karte.) 887. n. 15. —
6. Die siebenbürgisch-sächsischen Schulordnungen, mit Einleitg., Anmerkgn. u. Register hrsg. v. F. Teutsch. 1. Bd. 1543—1778. (VIII, CXXXVIII, 416 S.) 888. n. 15.
7. Philipp Melanchthon als Praeceptor Germaniae von K. Hartfelder. (XXVIII, 687 S.) 889. n. 20. —
10. Geschichte d. Militär-Erziehungs- u. Bildungswesens in den Landen deutscher Zunge. Von B. Poten. 1. Bd. Allgemeine Uebersicht, Baden, Bayern, Braunschweig, Colmar. (VIII, 368 S.) 889. n. 14. —

Bd. 8 u. 9 erscheinen später.

— Germaniae paedagogica. Schulordnungen, Schulbücher u. pädagog. Miscellaneen aus den Landen deutscher Zunge. Im Auftrage der Gesellschaft f. deutsche Erziehungs- u. Schulgeschichte hrsg. v. Karl Kehrbach. 8., 9., 11.—16. Bd. Lex.-8. Berlin, A Hofmann & Co. n. 136. — (1–16.: n. 263. —)

8. Braunschweigische Schulordnungen von den ältesten Zeiten bis zum J. 1828 m. Einleitung, Anmerkungen, Glossar u. Register. Hrsg. v Frdr. Koldewey. 2. Bd. Schulordnungen d. Herzogt. Braunschweig [m. Ausschluss der Hauptstadt d. Landes]. (XII, CXCV, 810 S.) 890. n. 24. —
9. Ratio studiorum et institutiones scholasticae societatis Jesu per Germaniam olim vigentes collectae. concinnatae, dilucidatae a G. M. Pachtler. Vol. III. Ordinationes Generalium et ordo studiorum generalium ab a. 1600 ad a. 1772. Accedit mappa geographica scholas Assistentiae Germanicae a. 1725 repraesentans. (XVIII, 586 S.) 890. n. 15. —
11. Geschichte d. Militär-Erziehungs- u. Bildungswesens in den Landen deutscher Zunge. Von B. Poten. 2. Bd. Hannover, Hessen-Cassel, Hessen-Darmstadt, Hessen-Hanau, Mecklenburg-Schwerin, Münster, Nassau, Oldenburg. (VII, 416 S.) 891. n. 14. —
12. Das Doctrinale des Alex. De Villa-Dei. Kritisch-exeget. Ausg. m. Einleitg., Verzeichniss der Handschriften u. Drucke, nebst Registern, bearb. v. Dietr. Reichling. (XXIII, CCCIX, 211 S.) 893. n. 18. —
13. Die siebenbürgisch-sächsischen Schulordnungen, m. Einleitung, Anmerkgn. u. Register hrsg. v. Frdr. Teutsch. 2. Bd. 1782—1883. (LXXXVIII, 623 S.) 892. n. 20. — (1 u. 2.: n. 35. —)
14. Geschichte der Erziehung der bayerischen Wittelsbacher von den frühesten Zeiten bis 1750. Urkunden, nebst geschichtl. Überblick u. Register v. Frdr. Schmidt. (CXXVII, 460 S. m. 2 Fksms.) 892. n. 15. —
15. Geschichte des Militär-Erziehungs- u. Bildungswesens in den Landen deutscher Zunge. Von B. Poten. 3. Bd. Österreich. (V, 486 S.) 893. n. 15. — (1—3.: n. 43. —)
16. Ratio studiorum et institutiones scholasticae societatis Jesu per Germaniam olim vigentes collectae, concinnatae, dilucidatae a G. M. Pachtler. Vol. IV. complectens monumenta quae pertinent ad gymnasia, convictus (1600—1773) itemque ad rationem studiorum (anno 1832) recognitam adornavit ediditque Bernh. Duhr. (XVIII, 631 S.) 894. n. 15. —

Monumenta Germaniae paedagogica. Schulordnungn., Schulbücher u. pädagog. Miscellaneen aus d. Landen deutscher Zunge. Unter Mitwirkg. e. Anzahl v. Fachgelehrten hrsg. v. Karl Kehrbach. XVII. u. XVIII. Bd. Lex.-8. Berlin, A. Hofmann & Co. n. 29. —; (I.—XVIII.: n. 292. —)

XVII. Geschichte d. Militär-Erziehungs- u. Bildungswesens in d. Landen deutscher Zunge. Von B. Poten. 4. Bd. Preussen. (VI, 542 S.) 896. n. 15. —
XVIII. Dasselbe. 5. (Schluss-) Bd. Sachsen — Schaumburg-Lippe — Schleswig-Holstein — Schweiz — Königr. Westfalen — Württemberg. (VI, 403 S.) 897. n. 14. — (Kplt.: n. 72. —)

— Germaniae paedagogica. Schulordnungen, Schulbücher u. pädagog. Miscellaneen aus den Landen deutscher Zunge. Im Auftrage der Gesellschaft für deutsche Erziehungs- und Schulgeschichte hrsg. von Karl Kehrbach. XIX.—XXIV. Bd. Lex.-8. Berlin, A. Hofmann & Co. n. 92. 50

XIX. Geschichte der Erziehung der pfälzischen Wittelsbacher. Urkunden nebst geschichtl. Überblick u. Register. Von Frdr. Schmidt. (CCIX, 575 S.) 899. n. 22. 50
XX. Die evangelischen Katechismusversuche vor Luthers Enchiridion. Hrsg., eingeleitet u. zusammenfassend dargestellt. Von Ferd. Cohrs. 1. Bd. Die evangel. Katechismusversuche aus den J. 1522—1526. (XXXII, 280 S.) 900. n. 10. —
XXI. Dasselbe. 2. Bd. Die evangel. Katechismusversuche aus den J. 1527—1528. (XX, 366 S.) 900. n. 10. —
XXII. Dasselbe. 3. Bd. Die evangel. Katechismusversuche aus den J. 1528—1529. (XXIV, 480 S.) 901. n. 15. —
XXIII. Dasselbe. 4. Bd. Undatierbare Katechismusversuche u. zusammenfass. Darstellg. (XXXIX. 431 S.) 902. n. 15. —
XXIV. Die badischen Schulordnungen. Von Karl Brunner. 1. Bd. Die Schulordnungen der bad. Markgrafschaften. (CXXVIII, 617 S.) 902. n. 20. —

Bd. I—XVIII. Ebd. 886—897. n. 292. —.

— Germaniae paedagogica. Schulordnungen, Schulbücher u. pädagog. Miscellaneen aus den Landen deutscher Zunge. Im Auftrage der Gesellschaft f. deutsche Erziehungs- u. Schulgeschichte hrsg. v. Karl Kehrbach. XXV—XXXV. Bd. Lex.-8. Berlin, A. Hofmann & Co. n. 149. 50

Diehl, Wilh., die Schulordnungen des Grossherzogtums Hessen. Hrsg. im Auftrage der Gruppe Grossherzogt. Hessen der Gesellschaft f. deutsche Erziehungs- u. Schulgeschichte. 1. Bd. die höheren Schulen der Landgrafsch. Hessen-Darmstadt. 1. Tl.: Die Texte. (XIV. 500 S.) 903. (XXVII.) n. 12. —

— dasselbe. 2. Bd. Die höheren Schulen der Landgrafsch. Hessen-Darmstadt. 2. Tl.: Ueberblick üb. die Entwickelg. des höh. Schulwesens, Texterläutergn., nebst Namen- u. Sachregister. (XVI, 506 S.) 903. (XXVIII.) n. 12. —
— dasselbe. 3. Bd. Das Volksschulwesen der Landgrafsch. Hessen-Darmstadt. (XV, 574 S. m. 5 Bildnissen.) 905. (XXXIII.) n. 12. —
Gilow, Herm., das Berliner Handelsschulwesen des 18. Jahrh. im Zusammenhange m. den pädagogischen Bestrebungen seiner Zeit dargestellt. (XII, 342 S. m. 1 Abbildg.) 906. (XXXV.) n. 10. —; geb. in Leinw. n. 11. 50
Israel, Aug., Pestalozzi-Bibliographie. Die Schriften u. Briefe Pestalozzis nach der Zeitfolge, Schriften u. Aufsätze üb. ihn nach Inhalt u. Zeitfolge. Zusammengestellt u. m. Inhaltsangaben versehen. 1. Bd. Die Schriften Pestalozzis. (XXXVI, 636 S.) 903. (XXV.) n. 18. —
— dasselbe. 2. Bd. Die Briefe Pestalozzis. (XII, 339 S.) 904. (XXIX.) n. 10. —
— dasselbe. 3. Bd. Schriften u. Aufsätze üb. Pestalozzi. (LIX, 639 S.) 904. (XXXI.) n. 18. — (vollständig: n. 46.—)
Reform, die pädagogische, des Comenius in Deutschland bis zum Ausgange des XVII. Jahrh. Hrsg. v. Johs Kvačala. 1. Bd. Texte. (XLIV, 395 S.) 904. (XXVI.) n. 12. —
— dasselbe. 2. Bd. Historischer Ueberblick, Bibliographie, Namen- u. Sachregister. (VII, 238 S.) 904. (XXXII.) n. 7. 50 (vollständig: 19. 50)
Schuster, Geo., u. Frdr. Wagner, die Jugend u. Erziehung der Kurfürsten v. Brandenburg u. Könige v. Preussen. 1. Bd. Die Kurfürsten Friedrich I. u. II., Albrecht, Johann, Joachim I. u. II. (XXIII, 608 S. m. 22 Taf. u. 8 Fksms.) 906. (XXXIV.) n. 20. —; geb. n. 22. —
Wotke, Karl, das österreichische Gymnasium im Zeitalter Maria Theresias. 1. Bd. Texte nebst Erläutergn. (LXXX, 615 S. m. 5 Taf.) 905. (XXX.) n. 18. —
Bd. I—XXIV. Ebd. 886—902. n. 384. 50.

— Germaniae paedagogica. Begründet v. Karl Kehrbach. Hrsg. v. der Gesellschaft f. deutsche Erziehungs- u. Schulgeschichte. 36.—46. Bd. Lex. 8. Berlin, [A. Hofmann & Co.] Weidmann. 131. 60

Cohrs, Ferd., die evangelischen Katechismusversuche vor Luthers Enchiridion. 5. Bd. Register. (XV, 212 S.) 907. (Bd. 39.) 5. — (Vollst. 55. —)
Delbrück, Frdr., die Jugend des Königs Friedrich Wilhelm IV. v. Preussen u. des Kaisers u. Königs Wilhelm I. Tagebuchblätter ihres Erziehers D. (1800—1809). Mitgeteilt v. Geo. Schuster. 1. Tl. (1800—1806.) (LXII, 530 S. m. 4 Taf. u. 15 Fksms.) 907. (Bd. 36.) 12.—; geb. 13. —
— dasselbe. II. Tl. (1806—1808.) (VII, 578 S. m. 1 Taf. u. 4 Fksms.) 907. (Bd. 37.) 14.—; geb. 15. —
— dasselbe. III. Tl. (1808—1809.) (VII, 387 S. m. 11 Fksms.) 907. (Bd. 40.) 10.—
geb. in Leinw. 11.— (Vollst. 36.—; geb. 39. —)
Guarna's, Andrea, bellum grammaticale u. seine Nachahmungen. Hrsg. v. Johs. Bolte. (92 u. 307 S.) 908. (Bd. 43.) 11 —
Lurz, Geo., Mittelschulgeschichtliche Dokumente Altbayerns, einschliesslich Regensburgs, gesammelt u. m. e. geschichtlichen Überblick versehen. 1. Bd. Geschichtlicher Überblick u. Dokumente bis zur Mitte des 16. Jahrh. (XI, 348 S.) 907. (Bd. 41.) 9. —
— dasselbe. 2. Bd. Seit der Neuorganisation des Schulwesens in der 2. Hälfte des 16. Jahrh. bis zur Säkularisation. (VIII, 630 S.) 908. (Bd. 42.) 16. —
Schnell, H., das Unterrichtswesen der Grossherzogtümer Mecklenburg-Schwerin u. Strelitz. 1. Bd. Urkunden u. Akten zur Geschichte des mecklenburg. Unterrichtswesens. Mittelalter u. das Zeitalter der Reformation. (XXII, 552 S.) 907. (Bd. 38.) 15. —
— dasselbe. 2. Bd. Urkunden u. Akten zur Geschichte des mecklenburg. Unterrichtswesens. Das 17. u. das 18. Jahrh. (XVI, 459 S.) 909. (Bd. 44.) 12. —
— dasselbe. 3. Bd. Überblick üb. die geschichtl. Entwicklg. des Unterrichtswesens. (XIV, 557 S.) 909. (Bd. 45.) 14. —
Schwartz, Paul, die Gelehrtenschulen Preussens unter dem Oberschulkollegium (1787—1806) u. d. Abiturientenexamen. 1. Bd. (XIV, 516 S.) 910. (Bd. 46.) 13. 60
Bd. 1—35. Jetzt: Ebd. 886—906. 534. —

Monumenta

— Germaniae selecta ab a. 768 usque ad a. 1250. Edidit M. Doeberl. 3. Bdchn.: Zeit der Salischen Kaiser. gr. 8. (72 S.) München 889. Lindauer. n.n. 1. 30

— dasselbe. 4. Bdchn.: Zeit Lothar's III., Konrad's III. u. Friedrich's I. gr. 8. (VIII, 307 S.) Ebd. 890. n. 5. 50
Das 1. u. 2. Bdchn. noch nicht erschienen.

— Germaniae selecta ab a. 768 usque ad a. 1250. Ed M. Doeberl. 5. Bdchn. gr. 8. München 894. J. Lindauer. n. 3. — (3—5.: n.n. 9 80)
Zeit Heinrichs VI., Philipps v. Schwaben, Ottos IV. u. Friedrichs II. (IV, 160 S.)

— graphica medii aevi ex archivis et bibliothecis imperii Austriaci collecta, edita jussu atque auspiciis ministerii cultus et publicae institutionis caes. reg. Fasc. I—IV. Imp.-Fol. (VII S. mit 46 photograph. Bl. und: Die Texte der in den Monumenta graphica medii aevi enthaltenen Schrifttafeln. Hrsg. von Th. Sickel. 1—4. Lfg. VIII und S. 1—72 in gr. 4.) Wien 858—62, (Gerold's Sohn.) à Fasc. * 16 Thlr. 20 Ngr. Thlr. *

— graphica medii aevi ex archivis et bibliothecis imperii austriaci collecta etc. Fasc. 5—8. Imp.-Fol. (56 photogr. Blatt und Die Texte der in den Monumenta graphica medii aevi enthaltenen Schrifttafeln. Hrsg. von Th. Sickel. 5.—8. Lfg. S. 73—142 in gr. 4.) Wien 863—65, (Gerold's Sohn.) à Fasc. * 16 Thlr. 20 Ngr. *

Monumenta graphica medii aevi ex archivis et bibliothecis imperii austriaci collecta etc. Fasc. 9. Imp.-Fol. (12 photogr. Bl. und Die Texte der in den Monumenta graphica medii aevi enthaltenen Schrifttafeln. Hrsg. von Th. Sickel. 9. Lfg. S. 143—158 in gr. 4.) Wien 869, (Gerold's Sohn.) *
Fasc. 1—8. Ebendas. 1858—65. *M 400.

— graphica medii aevi ex archivis et bibliothecis imperii austriaci collecta. Edita jussu atque auspiciis ministerii cultus et publicae institutionis. Fasc. X. [finis]. qu. gr. Fol. (20 Lichtdr.-Taf.) Die Texte der Schrifttafeln hrsg. v. K. Rieger. gr. 4. (IV u. S. 159—184.) Wien 882. (Gerold's Sohn.) n. 30. — (cplt.: n. 480. —)

Monumenta Habsburgica. Sammlung von Aktenstücken und Briefen zur Geschichte des Hauses Habsburg in dem Zeitraume von 1473—1576. Herausgegeben von der historischen Kommission der kaiserlichen Akademie der Wissenschaften zu Wien. Erste Abtheilung: Das Zeitalter Maximilians I. Erster Band Auch mit dem besonderen Titel: Aktenstücke und Briefe des Hauses Habsburg im Zeitalter Maximilians I Aus Archiven und Bibliotheken gesammelt und mitgetheilt von Joseph Chmel. 1. Band. 8. (CXLIV, 546 S.) Wien. Aus der k. k. Hof- und Staatsdruckerei. 1854.

Monumenta Habsburgica. Sammlung von Aktenstücken und Briefen zur Geschichte des Hauses Habsburg in dem Zeitraume von 1473 bis 1576. Herausgegeben von der histor. Kommission der kaiserlichen Akademie der Wissenschaften zu Wien. Erste Abtheilung: Das Zeitalter Maximilians I. II. Band. Auch mit dem besonderen Titel: Aktenstücke und Briefe zur Geschichte des Hauses Habsburg im Zeitalter Maximilians I. Aus Archiven und Bibliotheken gesammelt und mitgetheilt von Josef Chmel. II. Band. Wien, 1855. Aus der k. k. Staatsdruckerei. (LVI. 964 S. 8.)

Monumenta Habsburgica. Sammlung von Actenstücken und Briefen zur Geschichte des Hauses Habsburg in dem Zeitraume von 1473 bis 1576. Hrsg. von der histor. Commission der kaiserl. Akademie der Wissenschaften zu Wien. I. Abthl. A. u. d. A.: Actenstücke und Briefe zur Geschichte des Hauses Habsburg im Zeitalter Maximilian's I. Aus Archiven und Bibliotheken gesammelt und mitgetheilt von Jos. Chmel. 3. Bd. Lex.-8. (LII und 799 S.) Wien 858, (Gerold's Sohn.) *

—— Habsburgica. Sammlung von Actenstücken und Briefen zur Geschichte des Hauses Habsburg in dem Zeitraume von 1473 bis 1576. Hrsg. von der histor. Commission der kaiserl. Akademie der Wissenschaften zu Wien. II. Abthl.: Kaiser Karl V. und König Philipp II. I. Bd. A. u. d. T.: Actenstücke und Briefe zur Geschichte Kaiser Karl V. Aus dem k. k. Haus-, Hof- und Staats-Archive zu Wien mitgetheilt von Carl Lanz. Lex.-8. (XXXVI und 565 S.) Wien 853, (Gerold's Sohn.) *

—— dass. — II. Abthl.: Kaiser Karl V. und König Philipp II. A. u. d. T.: Actenstücke und Briefe zur Geschichte Kaiser Karl V. (2. Bd.) Aus dem k. k. Haus-, Hof- und Staats-Archive zu Wien mitgetheilt von Carl Lanz. Einleitung zum 1. Bd. Lex.-8. (XX und 288 S.) Ebendas. 857. *

I. Abthl. 1. und 2. Bd. und II. Abthl. 1. Bd. Ebendas. 1854,55. * 7 Thlr. 28 Ngr.

Monumenta gentis Heidebreck. Francofurti ad V. 1734. fol.

Monumenta Hispanica Hrsgeg. v Constantin R. von Höfler. II. Spanische Regesten. Von 1515 bis Ende 1520. Prag. 1882.
= Abhandlungen der Cl. für Phil. ... der böhmischen Gesellschaft der Wissenschaften. 6. Folge. Bd. 16, Nr 3.

— historiae ecclesiasticae, politicae et literariae Saeculi XVI. et XVII. 4. Francf. 725.

— historiae patriae, edita jussu regis Caroli Alberti. (Tom. I.) A. u. d. T.: Edicta regum Langobardorum ad fidem optimorum codd. opera et studio B. Baudi a Vesme. Augustae Taurin. 855. (München, Franz.) gr. Fol. (CXII S., 522 Sp. u. 7 lith. u. in Kpfr. gest. Taf.) nn. 8 ℳ.

— — Tom. II. Liber jurium reipublicae Genuensis. Ebend. 857. gr. Fol. (LIV, 1636 Sp.) nn. 16 ℳ.

— historiae Warmiensis, s. a. Zeitschrift f. die Geschichte u. Alterthumskunde Ermlands.

— historiae Warmiensis. 6. Bd. 2. Abth. Scriptores rerum Warmiensium oder Quellenschriften zur Geschichte Ermlands. Im Namen d. histor. Vereins für Ermland hrsg. v. C. P. Woelky. 2. Bd. Bog. 1—14. gr. 8. (219 S.) Braunsberg 887. Huye. n. 3.—

— historiae Warmiensis od. Quellensammlung zur Geschichte Ermlands. Hrsg. v. dem histor. Verein f. Ermland. (IX. Bd. 1. u. 2. Lfg. gr. 8. Braunsberg, (E. Bender). n.n. 3.90

1. Codex diplomaticus Warmiensis od. Regesten u. Urkunden zur Geschichte Ermlands. Gesammelt u. im Namen des histor. Vereins f. Ermland hrsg. v. Vict. Röhrich u. Frz. Liedtke. 4. Bd. 1. Lfg. (S. 1—96.) 905. n.n. 1.50
2. Dasselbe. 2. Lfg. (S. 97—256.) 906. n.n. 2.40

Monumenta historica ducatus Carinthiae. Geschichtl. Denkmäler d. Herzogth. Kärnten. 2 Bde. Lex.-8. Klagenfurt (F. v. Kleinmayr). n. 34.40

1. D. Gurker Geschichtsquellen 864—1232. Im Auftrage d. Direktion d. Geschichtsvereines f. Kärnten zum 100. Geburtstage Gottliebs Frhrn. v. Ankershofen u. zum 50jähr. Jubelfeste d. Vereines hrsg. v. Aug. v. Jaksch. Im Anh. 20 Siegelbilder. M. Unterstützg. d. kaiserl. Akad. d. Wissenschaften in Wien, d. kärntn. Landtages u. d. kärtn. Sparcasse in Klagenfurt. (XXIII, 432 S.) 896. n. 20.40
2. Dasselbe 1233—1269. Im Auftr. d. Direktion d. Geschichtsvereines f. Kärnten hrsg. von Aug. v. Jaksch. Im Anhang 1 Siegelabbildg. M. Unterstützg. d. k. k. Ministeriums f. Cultus u. Unterricht, d. kaiserl. Akademie d. Wissenschaften in Wien, d. kärntn. Landtages u. d. kärntner. Sparcasse in Klagenfurt. (XI, 291 S.) 898. n. 14.—

— historica ducatus Carinthiae. Geschichtliche Denkmäler des Herzogt. Kärnten. III. Bd. u. IV. Bd. 2 Tle. Lex.-8. Klagenfurt (F. v. Kleinmayr.) n. 86.— (vollständig: n. 120.40)

III. Geschichtsquellen, die kärntner, 811—1202. Im Auftrage der Direktion des Geschichtsvereines f. Kärnten hrsg. von dessen Archivar Aug. v. Jaksch. Mit Unterstützg. des k. k. Ministeriums f. Kultus u. Unterricht, der kaiserl. Akademie der Wissenschaften in Wien, des kärnt. Landtages u. der kärnt. Sparkasse in Klagenfurt. (LIX, 600 S.) 904. n. 30.—

IV. 1. Dasselbe. IV. Bd. 1202—1269. I. Tl. 1202—1262. Im Auftrage der Direktion des Geschichtsvereines f. Kärnten hrsg. v. dessen Archivar Aug. v. Jaksch. Mit Unterstützg. des k. k. Ministeriums f. Kultus u. Unterricht, der kaiserl. Akademie der Wissenschaften in Wien, des kärnt. Landtages u. der kärnt. Sparkasse in Klagenfurt. (XXXIX, 587 S.) 906. n. 28.—
2. Dasselbe. IV. Bd. 1202—1269. 2. Tl. 1263—1269. (XXIV u. S. 589—1073 m. 14 Stammtaf.) 906. n. 28.—

— historica Carmelitana. Ed. P. Bened. Zimmerman (Benedictus-Maria a S. Cruce.) Vol. I. Continens antiquas ordinis constitutiones, acta capitulorum generalium, tractatus de prioribus generalibus, de magistris Parisiensibus necnon epistolas diversas. 5 fascc. (IV 553 S.) 8. Lirinae 905—07. Wincanton (Somerset) England (St. Luke's Priory), Prior P. Zimmerman. 12. 50

— historica, adh. inedita, die aus sonst ungedr. Schriften erläut. Gesch. Deutschlands. 3 Stücke. 8. Braunschw. 750,60. Schröder. 9 ℊ

Monumenta

—— historica ad provincias Parmensem et Placentinam pertinentia. Vol. I. Fasc. 1—4. 4maj. (XVI und S. 1—304.) Parmae 855. 56. (Monachii, Franz.) à Fasc. ** 1 Thlr. 2 Ngr. **

—— historica ad provincias Parmensem et Placentinam pertinentia. Chronica Placentinorum. Vol. I. Fasc. 5—17., Vol. III. Sect. I. 13 Fascc. et Vol. III. Sect. II. 6 Fascc. — Statuta Placentina. Vol. I. Fasc. 1—5. Imp.-4. (Chronica. Vol. III. Sect. II. XXXVI und 442 S. und Statuta. Vol. I. S. 1—400.) Parma 859. 60. (München, Franz.) à Fasc. ** 1 Thlr 2 Ngr. **

Vol. II ist noch nicht erschienen.

— historica Russiae, ex antiquis exterarum gentium archivis et bibliothecis deprompta, ab A. J. Turgenevio. II Tomi. Imp. 4. (LVIII u. 852 S.) Petropoli 841. 42. (Lipsiae, Voss.) n. n. 5 1/3 ℳ — Supplementum ad historica Russiae monumenta, ex archivis ac bibliothecis extraneis deprompta, et a collegio archaeographico edita. Imp. 4. (XVI u. 543 S.) Ebd. 848. n. n. 2 2/3 ℳ (complt. n. n. 8 ℳ)

—— historica Slavorum meridionalium. Edidit Ivan Kukuljevič-Sakcinski. 3 vol. gr. 8. Agram, Hartmán's Buchh. à vol. ** ℳ 6. **

Inhalt:

Vol. I. Acta croatica. (VIII, 339 S.) 863.

» II. III. Codex diplomaticus regni Croatiae, Dalmatiae et Slavoniae. 2 vol. [Vol. I: Ab anno 503 usque ad annum 1102. (XXIII, 236 S.) 874; vol. II: Ab anno 1102 usque ad annum 1200. (XXXVI, 279 S.) 876.]

—— historica Slavorum meridionalium vicinorumque populorum, e tabulariis et bibliothecis italicis deprompta, collecta atque illustrata a Vinc. Makuscev. Tom I. Tabularia minora et nonullae bibliothecae. Vol. I. Ancona. — Bononia. — Florentia. Lex.-8. (XXXV, 559 S.) Varsaviae 874. (Prag, Calve'sche Universitäts-Buchh.) *

— historica Societatis Iesu nuno primum edita a patribus eiusdem societatis. Annus I.—V. 1894—1898. à 12 faso. gr. 8. (à Fasc. ca. 160 S.) Matriti. (Freiburg i/B., Herder.) Subskr.-Pr. à Jahrg. n.n. 24. —
Daraus einzeln:
Borgia, Sanctus Franciscus, quartus Gandiae dux et Societatis Jesu praepositus generalis tertius. Tom. I. (842 S.) 894—96. Einzelpr. n.n. 12. —
Litterae quadrimestres ex universis praeter Indiam et Brasiliam locis, in quibus aliqui de Societate Jesu versabantur, Romam missae. Tom. I—IV. (1546—1556.) (786, 739, 799 u. 757 S.) 894—97. Einzelpr. n.n. 38. 40
Polancus, Joa. Alph. de, S. J., Vita Ignatii Loiolae et rerum Societatis Jesu historia. Tom. I—V. (1491—1555.) (569 S. m. 1 genealog. Taf., 820, 606, 759 u. 781 S.) 894—97. Einzelpr. n.n. 60. —

— historica Societatis Iesu nuno primum edita a patribus ejusdem societatis. Annus VI—IX. 1899—1902. à 12 faso. gr. 8. (à ca. 160 S.) Madrid (Freiburg i/B., Herder). à Jahrg. n.n. 24. —

— historica Societatis Iesu a patribus ejusdem societatis edita. Annus X—XIII. 1903—1906. à 12 fasco. (à ca. 160 S.) gr. 8. Madrid. (Freiburg i/B., Herder.) à Jhrg. n.n. 24. —

— historica Societatis Jesu a patribus ejusdem societatis edita. Annus XIV—XVII. 1907—1910. à 12 fascc. (à ca. 160 S.) gr. 8. Madrid. (Freiburg i/B., Herder.) à Jahrg. nn 24. —

— historica nob. communitatis Turopolje olim „Campus Zagrabiensis" dictae. Collegit et sumptibus eiusdem communitatis ed. Emil Laszowski. (Auch m. kroat. Titel u. Vorwort.) Vol. I. 1225—1466. (XLIV, 529 S.) Lex.-8. Agram 904. (L. Hartman.) n. 8. —

— historica nob. communitatis Turopolje olim „Campus Zagrabiensis" dictae. Collegit et sumptibus einsdem communitatis ed. Emil. Laszowski. (Auch m. kroat. Titel u. Vorwort.) Vol. II—IV. Lex. 8. Agram, (L. Hartman.) à 8. —
II. 1467—1526. (XXXVI, 624 S.) 905.
III. 1527—1560. Cum supplemento ad vol. I et II. 1347—1525. (XL, 634 S.) 906.
IV. 1560—1895. (XXVIII, 699 S.) 908.

— historica Universitat. Carolo-Ferdinandeae Pragensis. Tom. I. (II Pts.) — E. s. t.: Liber decanor. facultatis philosoph. Universitat. Pragensis, ab an. Chr. 1367 usque ad an. 1585 e cod. membran. illius aetat. nunc primum luce donatus. Acced. vocum minus solitar. illi aevo familiarum declaratio, et omnium viror. in codice occurrent. nomenclatura alphabet. digesta. II Pts. 8 maj. Pragae, (Borrosch et André.) [I. (30 B.) 830. 2 Thlr., II. (38 B. u. 3 Schriftaf., Stndr.) 832. 3 Thlr.]

Monumenta historica Universitatis Carolo-Ferdinandeae Pragensis. Tom. II. pars I. Pragae 1834. H: *Dittrich, Anton* Professor. (K. Wotke, Die Jahresberichte Langs und Ruttenstocks [W. 1914], S. 418) Vgl. Erman-Horn II, 14621.

— historica liberae regiae civitatis Zagrabiae, metropolis regni Dalmatiae, Croatiae et Slavoniae. Collegit et sumptibus ejusdem civitatis edidit Joa. Bapt. Tkalčić. Vol. IV—XI. (Einleitung in kroat. Sprache.) Lex.-8. Agram, (G. Trpinac). n. 30. —
IV. (Libri citationum et sententiarum.) (Ann. 1355—1365.) (VII, XXVIII, 398 S.) 897. n. 4. —. — V. (Dasselbe.) (Ann. 1375—1391.) (VII, XXXI, 395 S.) 898. n. 4. —. — VI. (Dasselbe.) (Ann. 1412—1448.) (V, XXXII, 538 S.) 900. n. 4. —. — VII. (Dasselbe.) (Ann. 1450—1480.) (V, XLIII, 535 S.) 902. n. 4. —. — VIII. (Dasselbe.) (Ann. 1481—1526.) (V, XXVII, 281 S.) 902. n. 4. —. — IX. (Libri fassionum seu fundualee.) (Ann. 1384—1440.) (VI, XXXV, 387 S.) 903. n. 4. —. — X. (Dasselbe.) (Ann. 1441—1470.) (V, XXVII, 309 S.) 904. n.n. 3. —. — XI. (Libri fassionum seu fundualee.) (Ann. 1471—1526.) (Inventaria et rationes.) (Ann. 1368—1521.) (VI, XXXV, 352 S.) 905. n.n. 3. —.
Vol. I—III u. d. T.: Tkalčić, Joa. Bapt., monumenta histor. Ebd. 894—896.

— historico-juridica Slavorum meridionalium. Edidit academia scientiarum et artium Slavorum meridionalium. Pars I. Vol. I—II. gr. 8. Agram, Suppan's Universitäts-Buchh. **
Inhalt:
Vol. I. Statuta et leges civitatis et insulae Cursulae. [1214—1558.] Opera J. J. Hanel. (XV, 306 S. mit 1 Facs.) 877. **ℳ 6.
» II. Statuta et leges civitatis Spalati. Opera J. J. Hanel. (XVIII, 236 S. mit 2 Facs.) 878. **ℳ 6.

Monumenta historico-juridica Slavorum meridionalium, edit. academia scientiarum et artium Slavorum meridionalium. Pars I. Statuta et leges. Vol. III. gr. 8. Agram 882/83. Hartmán. n.n. 9. — (I, 1—3.: n.n. 21. —)
Statuta et leges civitatis Buduae, civitatis Scardonae, et civitatis et insulae Lesinae. Cura Simeonis Ljubič. (IX, 618 S. m. 1 lith. Handschrift-Fcsm.)

— historico-juridica Slavorum meridionalium. Ed. academia scientiarum et artium Slavorum meridionalium. Pars I. Statuta et leges. Vol. IV. gr. 8. Agram 890. (Buchhandlg. der Action-Buchdruckerei.) n.n. 6. — (I, 1—4.: n.n. 27. —)
Statuta lingua croatica conscripta. Edd. Fr. Rački, V. Jagić et I. Crnčić. (LXXXII, 265 S. m. 1 Fksm.)

— historico-juridica Slavorum meridionalium. Ed. academia scientiarum et artium Slavorum meridionalium. Pars I. Statuta et leges. Vol. V. gr. 8. Ebd. 894. n.n. 8. — (I, 1.—5.: n.n. 35. —)
Urbaria lingua croatica conscripta, Hrvatski Urbari. Svezak I. Sabrao i protumačio Radoslav Lopašić. (VIII, 484 S.)

Monumenta historico juridica Slavorum meridionalium. Sumptibus academiae scientiarum et artium slavorum meridionalium. Pars I. Statuta et leges. Vol. VI. gr. 8. Agram (Buchh. der Actien-Buchdruckerei.) n.n. 7. —; (I—VI n.n. 42. —)
Acta croatica (ab anno 1100—1499). Zbirku I. Kukuljevića i R. Lopašića popunio i za tisak priredio Duro Šurmin. (X, 500 S.) 898.

Monumenta historico-juridica Slavorum meridionalium. Sumptibus academiae scientiarum et artium slavorum meridionalium. Vol. VII—IX. gr. 8. Agram, (G. Trpinac). n.n. 16. —
VII. Statuta confraternitatum et corporationum Ragusinarum (ab aevo XIII—XVIII). Sveska I. Bratovštine Dubrovacke. Uvodnu raspravu napisav i statute Bratovštinske priložio Kosta knez Vojnović. (VI, XXXIII, 190 S.) 899. n.n. 6. —
VIII. Libro delli ordinamenti e delle usançe della universitade et dello commun della Isola de Lagusta. Priredio za tisak polag rukopisa, koji se nahodi u Lastovskoj obćini, uz prispodobu sa Arnerijevim i bečkim kodeksom Frano Radič. (VIII, 138 S.) 901. n.n. 3. —
Beide auch m. vollständigem kroatischen Titel.
IX. Liber statutorum civitatis Ragusii compositus anno 1272. Cum legibus aetate posteriore insertis atque cum summariis, adnotationibus et scholiis a veteribus juris consultis Ragusinis additis, nunc primum in lucem protulerunt, praefatione et apparatu critico instruxerunt, indices adjecerunt V. Bogišić et C. Jireček. (LXIX, 467 S.) 904. n.n. 7. —

— Hungariae heraldica. Hrsg. v. László Fejérpataky. I. u. II. Bd. gr. 4. Budapest (G. Ranschburg). à n. 20. —
I. (In ungar. Sprache.) 87 S. m. 25 farb. Taf.) 901.
II. (Vorrede u. Anmerkgn. in ungar. Sprache.) (69 S. m. 25 farb. Taf.) 902.

—— Hungariae historica. 3. Serie: Monumenta comitialia regni Hungariae von Vilmos Fraknói. 1. Bd. [1526—1536.] gr. 8. (XXXII, 650 S.) Pest 874, Ráth. *

— Hungariae judaica. Publicari fecit societas litteraria hungarico-judaica. Tom. I. 1092—1539. Cooperante Mauricio Weisz studio Arminii Friss. (Auch m. ungar. Titel.) (XLI, 524 S.) gr. 8. Budapest 903. (R. Lampel.) n. 10.—

Monumenta i n e d i t a rerum Germanicarum praecipue Cimbricarum, et Megalopolensium. E codicibus manuscriptis, .. erui studuit notulasque adjecit Ernestus Joachimus de Westphalen. Cum tabulis aeri incisis. T. 1-4. Lipsiae. 1739-45. Cum indice rerum in omnes Tomos. Fol.

— judaica. Hrsg. v. Aug. Wünsche, Wilh. Neumann u. Mor. Altschüler. (In ca. 8—10 Bdn. od. 40—50 Heften.) Pars I. Bibliotheca Targumica. 1. Heft. Aramaia. Die Targumijm zum Pentateuch. (1. Abtlg. XXI u. S. 1—58 m. 2 Taf.) 4. Wien 906. Akadem. Verlag Dr. W. Schultz & Co. n. 10.—

— dasselbe. Pars II. Monumenta Talmudica. 1. Serie. Bibel u. Babel. 1. Heft. (LXI u. S. 1—10 m. 2 Taf.) 4. Ebd. 906. n. 10.—

— judaica. Hrsg. v. Aug. Wünsche, Wilh. Neumann u. Salamon Funk. Pars II. Monumenta talmudica. 1. Serie. Bibel u. Babel, bearb. v. Salomon Funk. I. Bd. 2.—4. Heft. (IV u. S. 1—242 m. 1 Karte.) 34,5×24,5 cm. Wien 907. Akadem. Verlag. à Heft 10.—

Monumenta Kilianea. Würzburg 1844. II: *Reuss, Ant.* (EB)

—— linguae palaeoslovenicae e cod. Suprasliensi ed. F. Miklosich. 8maj. (XII und 460 S. mit 1 Stnt. in Fol.) Vindobonae 851, Braumüller. *

Monumenta linguae palaeoslovenicae, collecta et in lucem edita cura et opera A. Kałużniacki. Tom. I.: Evangeliarium Putnanum. gr. 8. (LXIII, 295 S. m. 3 Photolith.) Teschen 888. Prochaska. n. 20.—

—— liturgiae Augustana, s. Hoeynck, F. A. Geschichte der kirchlichen Liturgie des Bisth. Augsburg.

Monumenta Livoniae Antiquae. Samml. von Chroniken, Berichten, Urkunden und andern schriftl. Denkmalen und Aufsätzen, welche zur Erläuterung der Geschichte Liv-, Ehst- und Kurland's dienen. Bd 1—5. — Riga und Lpz Frantzen 1835—1847

— Livoniae antiquae. Sammlung von Chroniken, Berichten, Urkunden u. and. schriftl. Denkmalen u. Aufsätzen, welche zur Erläuterung der Geschichte Liv-, Ehst- u. Kurlands dienen. 1r Bd. A. u. d. T.: Thomä Hiärn's Ehst-, Lyf- u. Lettländische Geschichte. Nach d. Originalhandschrift herausg. u. im Drucke besorgt von C. E. Napiersky. gr 4. Riga 835. (Dorpat u. Leipzig, Frantzen.) 5½ ℛ

— Livoniae antiquae. Sammlung von Chroniken, Berichten, Urkunden u. anderen Denkmalen u. Aufsätzen, welche zur Erläuterung der Geschichte Liv-, Esth- u. Kurlands dienen. 2. Bd. (Enthält: Nachtrag zu Thomae Hiaern's Ehst-, Lyf- u. Lettländ. Geschichte zum erstenmale herausgeg. von C. E. Napiersky. — Franz Nyenstaedt's Livländ. Chronik nebst dessen Handbuch. — Actenstücke zur Geschichte der Noldeschen Händel in Kurland zu Anfang des 17. Jahrh., gesammelt u. mitgetheilt von C. E. Napiersky. — Otto v. Grothuß, seine politische Thätigkeit u. seine Schriften. Nach ungedruckten Quellen dargestellt von Thdr. Kallmeyer. — Histor. Nachrichten von dem Schlosse zu Mitau, von J. F. v. Recke.) Mit 2 Lithogr. (auf 1 Blatt.) gr. 4. Riga 839, Frantzen's Buchh. (Leipzig, Fr. Fleischer.) n. 5⅔ ℛ (1. 2. jetzt: n. 10⅔ ℛ)

— dass. 3. Bd. — A. u. d. T.: Moritz Brandis, Ehstland. Ritterschafts-Secretairen, Chronik, oder älteste Livländische Geschichte, u. Collectanea, oder die Ritter-Rechte des Fürstenthums Ehsten, zum ersten Male in Druck gegeben mit Anmerkungen von Carl Jul. Alb. Paucker. gr. 4. Ebend. 842. n. 5⅔ ℛ

—— Livoniae antiquae. Sammlung von Chroniken, Berichten, Urkunden u. andern schriftl. Denkmalen u. Aufsätzen, welche zur Erläuterung der Geschichte Liv-, Ehst- u. Kurland's dienen. 4. Bd. A. u. d. Ttl.: Riga's ältere Geschichte in Uebersicht, Urkunden u. alten Aufzeichnungen zusammengestellt. gr. 4. (86½ B.) Riga 844, Frantzen's Vrlgs.-Comptoir. (Leipzig, Friedr. Fleischer.)
1—3. Bd. Ebendas. 1835—42. * 16 Thlr. 10 Ngr.

MONUMENTA LUBENSIA. Herausgegeben von W. WATTENBACH. Der Königl. Universität zu Breslau bei der Feier ihres fünfzigjährigen Bestehens überreicht vom Königl. Provinzial-Archiv für Schlesien. Breslau. 1861. Josef Max & Komp. 4°. VII 645.

– ordinis fratrum Praedicatorum historica. Vol. II. Fasc. 1 et Vol. III. Lex.-8. Romae. (Stuttgart, J. Roth.) n. 10.50 (I. u. II.: n. 15.50)
II, 1. Galvagni de la Flamma, Fr. cronica, ordinis Praedicatorum ab a. 1170. usque ad 1333. Recensuit Fr. Bened. Maria Reichert, O. P. (XII, 128 S.) 897. n. 3.50
III. Acta capitulorum generalium ordinis Praedicatorum. Vol. I. Ab a. 1220 usque ad a. 1303, iussu reverendissimi Andreae Frühwirth, recens. Bened. Maria Reichert. O. P. (XVII, 325 S.) 898. n. 7.—
D. Schluss v. Tom. II erscheint später. — Vol. I. bildet Gerardi de Fracheto vitae fratrum etc.

— ordinis fratrum Praedicatorium historica. Tom. IV et V., Tom. VI fasc. 1 et 2 et Tom. VIII—X. Lex.-8. Romae (München, J. Roth.) n. 43.80
IV. Acta capitulorum generalium ordinis Praedicatorum. Vol. II. Ab anno 1304 usque ad annum 1378. Iussu reverendissimi Andreae Frühwirth, recensuit Bened. Maria Reichert, O. P. (XI, 460 S.) 899. n. 8.50
V. Litterae encyclicae magistrorum generalium ordinis Praedicatorum ab a. 1233 usque ad a. 1376. Iussu reverendissimi Andreae Frühwirth, recensuit Bened. Maria Reichert, O. P. (IX, 347 S.) 900. n. 7.—
VI. 1. Raymundiana seu documenta quae pertinent ad S. Raymundi de Pennaforti vitam et scripta. Collegerunt ediderunt Franc. Balme et Cesl. Paban, O. Praed. Fasc. 1. (X, 37 S.) 900. n. 2.—
2. Dasselbe. Collegerunt ediderunt Franc. Balme, Cesl. Paban et Joach. Collomb, O. Praed. Fasc. 2. (VI, 107 S.) 901. n. 2.80
VIII. Acta capitulorum generalium ordinis Praedicatorum. Vol. III. Ab a. 1380 usque ad a. 1498. Iussu reverendissimi Andreae Frühwirth, recensuit Bened. Maria Reichert, O. P. (XIII, 437 S.) 900. n. 8.—
IX. Acta capitulorum generalium ordinis Praedicatorum. Vol. IV. Ab a. 1501 usque ad a. 1553. Iussu reverendissimi Andreae Frühwirth, recensuit Bened. Maria Reichert, O. Praed. (X, 361 S.) 901. n. 7.50
X. Dasselbe. Vol. V. Ab a. 1558 usque ad a. 1600. Iussu reverendissimi Andreae Frühwirth, recensuit Bened. Maria Reichert, O. Praed. (VII, 407 S.) 901. n. 8.—

— ordinis fratrum Praedicatorum historica. Tom. VII fasc. 1 et tom. XI. Lex. 8. Rom (Via San Sebastiano 10), In Domo Generalitia ordinis Praedicatorum. nn 8.80
VII, 1. Chronica et chronicorum excerpta historiam ordinis Praedicatorum illustrantia, ed. Bened. Maria Reichert, O. Praed. (XXII, 111 S.) 904. nn 2.40
XI. Acta capitulorum generalium ordinis Praedicatorum. Vol. VI. Ab a. 1601 usque ad a. 1628 iussu reverendissimi. Andreae Frühwirth, magistri generalis, recensuit Bened. Maria Reichert, O. Praed. (VI, 379 S.) 902. nn 6.40

—— ordinis militiae hospitalis Theutonicorum Jerosolimitani Baliviae Trajectensis. Ed. Janus Jac de Geer ab Oudegein. 2 vol. gr. 4. (CXVI, 848 S. mit 11 Stnt., wovon 5 chromolithogr. und 16 Kpfrt.) Utrecht 878, Kemink und Sohn. geb. *

Monumenta Paderbornienaia. C. fig. Amst. 672. 4. 4 rth. 16 gr. Ed. 3 auct. Francof. 713. 4. 2 rth. 12 gr. Lemgov. 714. 4. 2 rth.

— Paderbornensia c. Panegyrico et fig. 4. Nürnb. Riegel et Wiesner. 713.

Monumenta Paderbornensia, ex historia Romana, Francica, Saxonica eruta, novis inscriptionibus . . . ac notis Ferdinandi principis, episcopi Paderbornensis illustrata. Acc. Caroli M. capitulatio de partibus Saxoniae [usw.]. Ed. 4. Lemgoviae 1714.

— palaeographica. Denkmäler der Schreibkunst des Mittelalters. 1. Abtlg.: Schrifttafeln in latein. u. deutscher Sprache. In Verbindg. m. Fachgenossen hrsg. v. Ant. Chroust. 1. Serie. (I.—III. Bd.) (In 24 Lfgn.) 1.—9. Lfg. gr. Fol. München, Verlagsanstalt F. Bruckmann. à Lfg. n.n. 20. —
1. (10 Lichtdr.-Taf. m. 16 S. Text). 899. — 2. (10 Lichtdr.-Taf. m. 20 S. Text.) 900. — 3. (10 Lichtdr.-Taf. m. 28 S. Text.) 901. — 4. (10 Lichtdr.-Taf. m. 20 S. Text.) 901. — 5. (10 Lichtdr.-Taf. m. 27 S. Text.) 901. — 6. (8 Lichtdr.-Taf. m. 20 S. Text.) 902. — 7. (9 Lichtdr.-Taf. m. 18 S. Text.) 902. — 8. (10 Lichtdr.-Taf. m. 24 S. Text.) 902. — 9. (8 Lichtdr.-Taf. m. 18 S. Text.) 902.

— palaeographica. Denkmäler der Schreibkunst des Mittelalters. I. Abtlg.: Schrifttafeln in latein. u. deutscher Sprache. In Verbindg. m. Fachgenossen hrsg. v. Ant. Chroust. 1. Serie. (I.—III. Bd.) 10.—23. Lfg. (140 Lichtdr.-Taf. m. 328 S. Text.) gr. Fol. München (903—906). Verlagsanstalt F. Bruckmann. à Lfg. n.n. 20. —

Monumenta palaeographica. Denkmäler d. Schreibkunst d. Mittelalters. I. Abtlg.: Schrifttaf. in latein. u. deutscher Sprache. In Verbindg. m. Fachgenossen hrsg. v. Ant. Chroust. 1. Serie. (I.—III. Bd.) 24. Lfg. (10 Lichtdr.-Taf. m. 22 S. Text.) 59,5×43 cm. München 907. Verlagsanstalt F. Bruckmann. nn 20. —

— dasselbe. Mit Unterstützg. des Reichsamtes d. Innern in Berlin u. der kaiserl. Akademie der Wissenschaft. in Wien. II. Serie. 1.—5. Lfg. (50 Lichtdr.-Taf. m. 144 S. Text.) 59×42 cm. Ebd. 909. 10. à Lfg. nn 20. —

— palaeographica Vindobonensia. Denkmäler der Schreibkunst aus der Handschriftensammlg. des habsburg-lothring. Erzhauses. (k. k. Hof-Bibliothek in Wien.) Unt. Leitg. von Direktor Jos. Ritter v. Karabacek hrsg. v. Rud. Beer. 1. Lfg. (26 Taf. m. III, 68 S. illustr. Text.) 41,5×31 cm. Leipzig 910. K. W. Hiersemann. Subskr.-Pr., in Leinw.-Mappe nn 100. —

— philosophiae Epictetae. V Vol. vide Epicteti dissert. et Simplicii comment. a Schweighaeuser.

Monumenta pietatis et literaria virorum in republica et literaria illustrium, selecta . . . Francof. a. M. 1701. II: *Mieg, Ludw. Chn.* (Barbier) (BrMm) (Cat. d. Stadtbibl. Zürich. Zürich 1864—97.) V: *Mieg, Joh. Rud.* (Adel)

—— Poloniae historica. Hrsg. von August Bielowski. Tom. I. 4. (XXXII und 946 S. mit 8 Stnt.) Lemberg 864, Wild. *

— Pompeiana. (In ca. 50 Lfgn.) 1.—10. Lfg. gr. Fol. (80 [29 farb.] Taf. m. je 1 Bl. Text in italien., französ., deutscher u. engl. Sprache.) Napoli (901. 902.) (Leipzig, G. Hedeler.) à n. 12. —

— Pompeiana. 11—50. (Schluss-)Lfg. (120 [72 farb.] Taf. m. 58 Bl. Text in italien., französ., deutscher u. engl. Sprache.) gr. Fol. Napoli (902—906). (Leipzig, G. Hedeler.) à Lfg. n. 12. — (Kplt. ermäss. Pr. n. 400. —)

Monumenta praecipua Eclipseos Solis partialis . . . A. 1730 . . . observatae. Vitembergae 1730. V: *Weidler, Johann Friedrich.* (ML)

— quatuor ex historia Revolutionis Gallicanae. 8. Pressb. Weber.

— Ragusina, collegit Jos. Gelcich, s.: Monumenta spectantia historiam Slavorum meridionalium. XXVII.

— regum Poloniae Cracoviensia. Cap. I—III. Warschau 822. (Leipz., Weigel).

Monumenta Religionis Augustae seu Colossi Dei et Divorum . . . Viennae Austriae 1732. V: *Keller, Frz.* (Feil) (Jes) (So)

—— rerum bohemico-moravicarum et silesiacarum. Hrsg. von der histor.-statist. Section der k. k. mähr.-schles. Gesellschaft zur Beförderung des Ackerbaues, der Natur- und Landeskunde. Sectio II: Leges et statuta. Liber 2 et 3. gr. 8. Brünn 882, (Winiker.) **
Inhalt:
Liber 2. Tkač, Ignác, Liber informationum et sententiarum, čili Naučeni Brnėnská Hradišt'ské mėstské radė dávaná od r. 1447 až do r. 1509 s dodatky do roku 1540. Dle rukopisu Hradišt'ského. (XVI, 352 S.) ** ℳ 4.
» 3. Saliger, Wilh., über das Olmützer Stadtbuch des Wenzel von Iglau. (IV, 120 S.) ** ℳ 2,40.
Frühere Theile: Sect. I. Lib. 1 et 2: Quellenschriften zur Geschichte Mährens und Oesterr.-Schlesiens. Brünn 1861. ** ℳ 6.; Lib. 3: Chronik der Orte Seelowitz und Pohrlitz und ihrer Umgebung, hrsg. von Joh. Eder. Brünn 859. ** ℳ 2,40. — Sect. II. Lib. 1: Kniha Tovačovská (das tobitschauer Buch vom Landeshauptmanne Ctibor von Cimburg), hrsg. von Carl Demuth. Brünn 858. (Vergriffen.)

—— rerum Ilfeldensium. Ex schedis suis collegit et additis Leuckfeldianis Paedagogio regio Ilfeldensi sacra saecularia tertia celebraturo gratulabundus exhibuit E. G. Foerstemann. 8maj. (4 B.) Nordhusae 843, Foerstemann. *—

Sacra monumenta. T. 2. Civilia monumenta. T. 3. Glossarium Teutonicum. Ulmae 1727—28. Fol. . . . . (HC.; D.)
Vol. I.: Monumenta francica, alemannica, saxonica, sacra et profana.
Vol. II.: Leges, bella, triumphi etc., morales item Alemannorum paraenetici.
Vol. III.: Glossarium ad scriptores, linguae francicae et alemannicae veteris.

Monumenta

—— sacra inedita sive reliquiae antiquissimae textus Novi Testamenti graeci. Ex novem plus mille annorum Codicibus per Europam dispersis, eruit atque edid. Const. Tischendorf. 4 maj. (57¾ B. u. 3 lith. Schriftaf.) Lipsiae 846, Bernh. Tauchnitz jun. *

— sacra inedita, ed. Tischendorf, s. Fragmenta.

—— sacra inedita. Nova collectio. Vol. I. Et. s. t.: Fragmenta sacra palimpsesta s. fragmenta cum Novi tum Veteris Testamenti ex quinque codd. graecis palimpsestis antiquissimis nuperrime in Oriente repertis. Addita sunt fragmenta psalmorum papyracea et fragmenta evangelistariorum palimpsesta, item fragmentum cod. Friderico-Augustani. Nunc primum eruit atque ed. Aenoth. Frid. Constant. Tischendorf. 4maj. (XLVIII und 278 S. mit 3 Stnt. Facs.) Lipsiae 854, libr. Hinrichs. *

—— sacra inedita. Nova collectio. Vol. II. Et. s. t.: Fragmenta evangelii Lucae et libri Genesis ex tribus codd. graecis quinti sexti octavi saeculi, uno palimpsesto ex Libya in museum Britannicum advecto, altero celeberrimo Cottoniano ex flammis erepto, tertio ex Oriente nuperrime Oxonium perlato. Addita sunt et Novi et Veteris Testamenti fragmenta similia nuperrime in codd. sex antiquissimorum reliquiis inventa. Nunc primum eruit atque ed. Aenoth. Frid. Constant. Tischendorf. Imp.-4. (XXXXVII und 822 S. mit 1 Stnt.) Leipzig 857, Hinrichs'sche Verlagsh. *

—— dass. — Vol. III. Et. s. t.: Fragmenta Origenianae octateuchi editionis cum fragmentis evangeliorum graecis palimpsestis. Ex codice Leidensi folioque Petropolitano quarti vel quinti, Guelferbytano codice quinti, Sangallensi octavi fere saeculi eruit atque edidit Aenoth. Frid. Constant. Tischendorf. Imp.-4. (XL und 300 S. mit 1 Stnt.) Ebendas. 860. *

— sacra inedita. Nova collectio. Edidit Aenoth. Frideric. Constantin. de Tischendorf. Vol. IV—VI. Leipzig, Hinrichs' Verlag. Imp.-4. cart. Jeder Bd. n. 16 ℳ

Vol. IV. Psalterium Turicense purpureum VII. fere saeculi addito Danihelis libro ex codice prophetarum Marchaliano nunc Vaticano VI. vel VII. saeculi. (XVII, 296 S. mit e. Chromolith.) 870.

Vol. V. Epistulae Pauli et catholicae fere integrae. Ex libro Porphyrii episcopi palimpsesto saeculi octavi vel noni nuper ex Oriente allato rara textus antiquitate insigni eruit atque edidit. (XXIII, 364 S. mit 1 Steintaf.) 865.

Vol. VI. Apocalypsis et actus apostolorum cum quarti Maccabaeorum libri fragmento item quatuor evangeliorum reliquiae. Ex duobus codicibus palimpsestis octavi fere et sexti saeculi, altero Porphyrii episcopi, altero Guelferbytano, eruit atque edidit. (XIX, 340 S. mit 1 Steintaf.) 869.

—— sacra inedita. Nova collectio. Vol. IV. VI. et appendix. Imp.-4. Leipzig, Hinrichs' Verlag. cart. à Vol. *ℳ 48. *

Inhalt:

Vol. IV. Et. s. t.: Psalterium Turicense purpureum septimi fere saeculi addito Danihelis libro ex codice prophetarum Marchaliano nunc Vaticano VI. vel VII. saeculi. Edidit Aenoth. Frid. Const. de Tischendorf. (XVII, 296 S. mit 1 Chromolithogr.) 870.

» VI. Et. s. t.: Apocalypsis et actus apostolorum cum quarti Maccabaeorum libri fragmento item quattuor evangeliorum reliquiae. Ex duobus codicibus palimpsestis octavi fere et sexti saeculi, altero Porphyrii episcopi, altero Guelferbytano, eruit atque edidit Aenoth. Frid. Const. Tischendorf. (XIX, 340 S. mit 1 Stnt.) 869.

Appendix. Novae collectionis appendix. Et. s. t.: Codex Laudianus sive actus apostolorum graece et latine ex codice olim Laudiano jam Bodlejano sexti fere saeculi. Addita sunt nonnulla ex celebri codice prophetarum Marchaliano vaticano eruit atque edidit Aenoth. Frid. Const. de Tischendorf. (XXXV, 248 S. mit 1 Photogr.) 871.

6 vol. et Appendix. 1855—71. *ℳ 336.

— sacra inedita. Novae collectionis appendix sive Vol. IX. Et. s. t.: Codex Laudianus sive actus apostolorum graece et latine ex codice olim Laudiano jam Bodlejano sexti fere saeculi. Addita sunt nonnulla ex celebri codice prophetarum Marchaliano vaticano eruit atque ed. Aenoth. Frid. Constantin. de Tischendorf Imp.-4. (XXXV, 248 S. m. c. Photogr.) Leipzig 870. Hinrichs' Verl. n. 48. —

Vol VII. u. VIII. erscheinen später.

—— sacra et profana ex codicibus praesertim bibliothecae Ambrosianae opera collegii doctorum ejusdem. Tom. 1. Fasc. 1: Fragmenta latina evangelii S. Lucae, parvae genesis et assumptionis Mosis. Baruch, threni et epistola Jeremiae versionis syriacae Pauli Telensis cum notis et initio prolegomenon in integram ejusdem versionis editionem. Edidit Ant. Maria Ceriani. 4. (XVI, 144 und 2 lithogr. S.) Mailand 861, (Fajini und Comp.) Thlr. **

—— sacra et profana ex codicibus praesertim bibliothecae Ambrosianae opera collegii doctorum ejusdem. Tom. I. Fasc. 2., Tom. II. Fasc. 1. 3. 4., Tom. III. Fasc. 2. 3. et Tom. V. Fasc. 1. 4. Mediolani 863—68. Turin, Loescher. [Tom. I. Fasc. 2. (VIII und 88 S.) * 2 Thlr. 20 Ngr., Tom. II. Fasc. 1. (XVI und 64 S.) * 5 Thlr. 10 Ngr., Fasc. 3. (120 S.) * 4 Thlr., Fasc. 4. (S. 265—344.) * 2 Thlr. 20 Ngr., Tom. III. Fasc. 2. (72 S.) * 1 Thlr. 20 Ngr., Fasc. 3. (S. 161—296.) * 2 Thlr. 20 Ngr., Tom. V. Fasc. 1. (XXIV und 111 S.) * 4 Thlr.] *

—— sacra et profana ex codicibus praesertim bibliothecae Ambrosianae opera collegii doctorum ejusdem. Tom. III. Fasc. 4 et ultimus, et Tom. V. Fasc. 2. 4. Mediolani 871. (Turin, Loescher.) [Tom. III. Fasc. 4. (S. 297—411.) *ℳ 7.; Tom. V. Fasc. 2. (S. 113—192.) *ℳ 6.] *

Monumenta saecularia. Hrsg. von der k. bayer. Akademie der Wissenschaften zur Feier ihres 100jähr. Bestehens am 28. März 1859. 1. Classe. 1—3. (Heft), 2. Classe und 3. Classe. 1. und 2. Heft. gr. 4. München 859, (Franz.) * * 51

Inhalt:

Cl. 1. Heft 1. Franc. Petrarcae Aretini carmina incognita. Ex codicibus Italicis bibliothecae Monacensis in lucem protraxit ipsorumque ad instar manu scriptorum ed. Geo. Mart. Thomas. (XLIII und 136 S. mit 2 ill. Holzschnt.) ** 5 Thlr.

» 1. » 2. Δεξίππου φιλοσόφου Πλατωνικοῦ εἰς τὰς Ἀριστοτέλους κατηγορίας ἀπορίαι καὶ λύσεις. Graece edid. Leonard. Spengel. (VI und 95 S.) ** 2 Thlr. 20 Ngr.

» 1. » 3. Müller, Marc. Jos., Philosophie und Theologie von Averroes. (VIII und 131 S.) ** 4 Thlr.

» 2. Seidel, Ludw., Untersuchungen über die Lichtstärke der Planeten Venus, Mars, Jupiter und Saturn, verglichen mit Sternen, und über die relative Weisse ihrer Oberflächen. Nebst einem Anhang, enthaltend die Theorie der Lichterscheinung des Saturn. (102 S. mit 1 Stnt.) ** 2 Thlr. 20 Ngr.

» 3. » 1. Theodosii Meliteni qui fertur chronographia. Ex codice graeco regiae bibliothecae Monacensis edid. et reformavit Theoph. Lucas Frid. Tafel. (XIV und 238 S.) ** 5 Thlr. 18⅔ Ngr.

» 3. » 2. Kunstmann, Friedr., die Entdeckung Amerikas. Nach den ältesten Quellen geschichtlich dargestellt. Mit einem Atlas alter bisher ungedr. Karten. (III und 151 S. und Atlas. Aus Handschriften der k. Hof- und Staats-Bibliothek, der k. Universität und des Hauptconservatoriums der k. b. Armee hrsg. von Friedr. Kunstmann, Carl v. Spruner und Geo. M. Thomas. 11 chromolithogr. Karten mit 1 Bl. Text in Imp.-Fol.) ** 32 Thlr. Der Text apart ** 3 Thlr.

— Selecta et rariora Latii purioris, in lucem emissa a I. C. Fischero. 4. Ienae. 738.

—— Serbica spectantia historiam Serbiae, Bosnae, Ragusii ed. Fr. Miklosich. gr. 8. (XIV und 580 S.) Wien 858, Braumüller's Sortiment. *

Monumenta

—— spectantia historiam Slavorum meridionalium. Edit. academia scientiarum et artium Slavorum meridionalium Vol. I et II. gr. 8. (XL, 467; XXXVI, 464 S.) Agram 868,70, Suppan's Buchh. à Vol. *ℳ 6. *

— spectantia historiam Slavorum meridionalium, ed. academia scientiarum et artium Slavorum meridionalium. Vol. III. gr. 8. Agram, Hartmán. n.n. 40. -- (I—XVI.: n.n. 96. --)

3. Listine o odnošajih izmedju južnoga slavenstva i mletačke republike skupio Sime Ljubić. Knjiga III od godine 1347 do 1358. (XXXVII, 451 S.) 872. n.n. 6. -

—— spectantia historiam Slavorum meridionalium. Edidit academia scientiarum et artium Slavorum meridionalium. Vol. III—IX. gr. 8. Agram, (Hartmann.) [Vol. III. (XXXVII, 451 S.) 872. **ℳ 6.; Vol. IV. (XXXIII, 480 S.) 874. **ℳ 8.; Vol. V. (XVIII, 353 S.) 875. **ℳ 5.; Vol. VI. (X, 242 S.) 876. **ℳ 4.; Vol. VII. (XXXV, 544 S.) 877. **ℳ 12.; Vol. VIII. (VI, 302 S.) 877. *ℳ 5.; Vol. IX. (XV, 309 S.) 878. **ℳ 6.] **

Vol. I und II. Ebendas. 1868,70. **ℳ 12.

—— spectantia historiam Slavorum meridionalium. Edidit academia scientiarum et artium Slavorum meridionalium. Vol. X—XV. gr. 8. Agram, (Hartmán's Buchh.) *

Inhalt:

Vol. X. Monumenta Ragusina. Libri reformationum. Tom. I. Ann. 1306—1347. (VI, 315 S.) 880. **ℳ 5.

» XI. Commissiones et relationes Venetae. Collegit et digessit Simeon Ljubić. (VI, 300 S.) 880. **ℳ 5.

» XII. Listine o odnošajih izmedju južnoga slavenstva i mletačke republike. Skupio i uredio Sime Ljubić. Knjiga VII od godine 1412 do 1420. (XIII, 325 S.) 882. **ℳ 5.

» XIII. Monumenta Ragusina. Libri reformationum. Tom. II. A. 1347—1352, 1356—1360. Additamentum a. 1301—1305, 1318, 1325—1336. (VI, 409 S.) 882. **ℳ 6.

» XIV. Annales Ragusini anonymi item Nicolai de Ragnina. Digessit Speratus Nodiolo. Scriptores Vol. I. (XII, 328 S.) 883. **ℳ 6.

» XV. Acta historiam confinii militaris croatici illustrantia. Tom. I. A. 1479—1610. Scripsit R. Lopašić. (XXVIII, 390 S.) 884. **ℳ 6.

—— spectantia historiam Slavorum meridionalium ed. academia scientiarum et artium Slavorum meridionalium. Vol. XVI—XVIII. gr. 8. Agram, Hartman's Verlag. **

Inhalt:

Vol. XVI. Acta historiam confini militaris croaticae illustrantia. Tom. II. Ann. 1610—1693. (XX, 435 S.) 885. **ℳ 6.—.

» XVII. Listine o odnosajih izmedju južnoga slavenstva i mletačke republike. Skupio i uredio Sime Ljubić. Knjiga VIII. od god. 1420—1424. (XI, 299 S.) 886. *ℳ 4.—.

» XVIII. Fermendžici, P. Fr. Euseb., Acta Bulgariae Ecclesiastica ab A. 1565 usque ad A. 1797. (XXII, 409 S.) 887. *ℳ 6.—.

— spectantia historiam Slavorum meridionalium. Ed. academia scientiarum et artium Slavorum meridionalium. Vol. XIX—XXI. gr. 8. Agram, (Buchh. d. Actien-Buchdruckerei). n.n. 21. 60 (I—XXI.: n.n 127. 60)

XIX. Acta coniurationem Petri a Zrinio et Francisci de Frankopan nec non Francisci Nadasdy illustrantia [1663—1671]. E tabulariis gallicis desumpta redegit V. Bogišić. (LII, 286 S.) 888. n.n. 5. 60

XX. Acta historiam confinii militaris Croatici illustrantia. Et s. t.: Spomenici hrvatske krajine. Sakupio i uredio Radoslav Lopašić. Vol. III. Ab a. 1693—1790 et in supplemento ab a. 1531—1730. (XVIII, 519 S.) 888. n.n. 8. — (I—III.: n.n. 20. —)

XXI. Listine o odnošajih izmedju južnoga Slavenstva i mletačke repuplike. Sakupio i uredio Sime Ljubić. Knjiga IX. Od godine 1423 do 1452. (XXIX, 489 S.) 890. n.n. 8. — (I—IX.: n.n. 34. —)

— spectantia historiam Slavorum meridionalium. Ed. academia scientiarum et artium Slavorum meridionalium. Vol. XXII.—XXIX. gr. 8. Agram (Buchh. der Actien-Buchdruckerei). n.n. 52. — (I.—XXIX.: n.n. 179 60)

XXII. Listine o odnošajih izmedju južnoga Slavenstva i mletačke republike. Sakupio i uredio Sime Ljubić. Knjiga X. Od godine 1453 do 1469. (XXVI, 496 S.) 891. n.n. 8. —

XXIII. Acta Bosnae potissimum ecclesiastica cum insertis editorum documentorum regestis ab a. 925 usque ad a. 1752. Collegit et digessit Euseb. Fermendžiu. (VI, 613 S.) 892. n.n. 10. —

XXIV. Index rerum, personarum et locorum in voluminibus I—V monumentorum spectantium historiam Slavorum meridionalium. Opera S. Ljubić. (V, 393 S.) 893. n.n. 6. —

XXV. Scriptores. Vol. II. Chronica Ragusina Junii Restii (ab origine urbis usque ad a. 1451) item Joannis Gundulae (1451—1484). Digessit Speratus Nodilo. (XIX, 439 S.) 893. n.n. 7. —

XXVI. Scriptores. Vol. III. Thomas Archidiaconus: Historia Salonitana. Digessit Fr. Rački. (V, 225 S. m. 1 Fksm.-Taf.) 894. n.n. 4. —

XXVII. Monumenta Ragusina. Libri reformationum. Tom. III. A. 1359—1364. (369 S.) 895. n. 5. —

XXVIII. Dasselbe. Tom. IV. A. 1364—1396. Collegit et digessit Jos. Gelcich. (288 S.) 896. n.n. 5. —

XXIX. Dasselbe. Tom. V. A. 1301—1336. Collegit et digessit Jos. Gelcich. (VIII, 448 S.) 897. n.n. 7. —

— spectantia historiam Slavorum meridionalium. Ed. academia scientarium et artium Slavorum meridionalium. Vol. XXX. 2 fascc. gr. 8. Ebd. 901. n.n. 10. — (I—XXX.: n.n. 189. 60)

Scriptores vol. IV. Balthasari Adami Kercselich, Annuae 1748—1767. Procemio de vita operibusque scriptoris praemisso digessit T. Smičiklas. (LXX, 668 S. m. Bildnis.)

—— Suinfurtensia historica. Denkmäler der Schweinfurter Geschichte hrsg. von Friedr. Stein. 2 Hälften. gr. 8. (IX, 607 S. mit Ansicht und Plan der Stadt in Kpfrst. in qu. 4. und Fol.) Schweinfurt 874,75, Stoer. (Subscr.-Pr. à Hälfte *ℳ 9.) *

—— Syriaca ex romanis codicibus collecta. Praefatus est P. Pius Zingerle. Vol. I. Lex.-8. (XII, 168 S.) Innsbruck 869, Wagner'sche Universitäts-Buchh. *

Monumenta syriaca, ex romanis codicibus collecta, edita Geo. Moesinger. Vol. II. gr. 8. (XV, 26, 174 S.) Innsbruck 878, Wagner'sche Universitäts-Buchh. *

Vol. I. Ebendas. 1869. *ℳ 6.

—— tachygraphica codicis Parisiensis latini 2718, transcripsit, adnotavit, edidit Guil. Schmitz. Fasc. 1 et 2. gr. 4. Hannover, Hahn'sche Buchh. In Mappe à Fasc. *ℳ 10. *

Inhalt:

Fasc. 1. Formulae et capitulare Ludovici Pii Aquisgranense continens. Adjectae sunt XXII tabulae phototypae notarum tironianarum simulacra exhibentes. (VIII, 80 S.) 882.

» 2. Sancti Johannis Chrysostomi de cordis conpunctione libros II latine versos continens. Adjectae sunt XV tabulae phototypae notarum simulacra exhibentes. (VII, 31 S.) 883.

— tachygraphica codicis Parisiensis latini 2718, transcripsit, adnotavit, ed. Guil. Schmitz. Fasc. II, sancti Johannis Chrysostomi de cordis conpunctione libros II latine versos continens. Adiectae sunt XV tabulae phototypae notarum simulacra exhibentes. gr. 4. (VII, 31 S.) Hannover 883. Hahn. In Mappe. n. 10. —

— typographica. Catalogus LIII primordii artis typographicae complectens editiones quae apud equitem Leonem S. Olschki, bibliopolam Florentiae, exstant, ab eo accurate describuntur pretiisque oppositis venumdantur. (IV, 498 S. m. Abbildgn.) Lex.-8. Florenz 903. L. S. Olschki. n. 16. —

Monumenta typographica, quae extant in bibliotheca Collegii Canonicorum regularium in Rebdorf . . . Eichstadii 1787. V: *Strauss*, *Andreas*. (cb) (MGT) (Cat. d. Stadtbibl. Zürich. Zürich 1864—97.)

—typographica, quae extant in Bibliotheca Collegii Canon. regular. in Rebdorf. collegit, notis illustr. et ed. (A. Strauss). 4. Eichst. 787. (W. Nauck in Leipz.) 1 ß 6 𝒢

—typographica vetustissima. Incunabeln. CCCCXXIV. Lagerkatalog v. Joseph Baer & Co., Hochstr. 6, Frankfurt a/M. Meist aus den Bibliotheken des Predigerklosters in Frankfurt, des Karmeliterklosters in Hirschhorn, des Praemonstratenserklosters in Weissenau u. des Predigerklosters in Wimpfen. gr. 8. (121 S. m. Abbildgn.) Frankfurt a/M. (900). J. Baer & Co. n. 1. —

—— Vaticana historiam ecclesiasticam saeculi XVI. illustrantia. Ex tabulàris S. Sedis apostolicae secretis excerpsit, digessit, recensuit, prolegomenisque et indicibus instruxit Hugo Laemmer. Una cum fragmentis Neapolitanis ac Florentinis. gr. 8. (XVIII und 504 S.) Freiburg im Br. 861, Herder'sche Verlagsh. *

— vaticana historiam episcopatus Constantiensis in Germania illustrantia. Römische Quellen zur Konstanzer Bistumsgeschichte zur Zeit der Päpste in Avignon. 1305—1378. Hrsg. v. der bad. histor. Kommission. Bearb. v. Karl Rieder. (XC, VII, 738 S.) Lex. 8. Innbruck 908. Wagner. 30. —

Monumenta vaticana historiam regni Hungariae illustrantia. Series I. Tom. I—III. gr. 4. Budapest, (Ráth. — Würzburg, Woerl.) **

Inhalt:

Tom. I. Rationes collectorum pontificiorum in Hungaria. 1281—1375. (LXXVII, 524 S. mit 1 Lichtdr.-Taf.) 887. **ℳ 16.—.

» II. Acta legationis cardinalis Gentilis. 1307—1311. (CXX, 510 S. mit 4 Photolithogr.) 885. **ℳ 20.—.

» III. Bullae Bonifacii IX. P. M. (XXXVIII, 365 S.) 888. **ℳ 20.—.

— Vaticana historiam regni Hungariao illustrantia. Sories I. Tom. 1, 3—5. gr. 4. Budapost, (Ráth. — Würzburg, Woorl). n.n. 51. —
(I, 1—5. II, 1. 2.: n.n. 107. —)
1. Rationes collectorum pontificiorum in Hungaria. 1281—1375. (LXXVII, 524 S. m. 1 Lichtdr.-Taf.) 887. n.n. 16. —; Velinp. n.n. 20. —
3. Bullae Bonifacii IX. P. M. (XXXVII, 365 S.) 888. n.n. 20. —
4. Bullae Bonifacii IX. P. M. Pars altera. 1396-1404. (655 S.) 889. n.n. 10. — (1. u. 2.: n.n. 30. —)
5. Liber confraternitatis sancti spiritus de urbe. 1446-1523. (XXVIII. 168 S.) 889. n n. 5. -

Monumenta Vaticana historiam regni Hungariae illustrantia. Series I. Tom. 4—6. gr. 4. Budap. 890. (Würzb., Woerl.) ** 25 —
4. Bullae Bonifacii IX. P. M. Pars altera. 1396-1404. (655 S.) ** 10 —.
5. Liber confraternitatis sancti spiritus de urbe. 1446-1523. (XXVIII, 168 S.) ** 5 —.
6. Mathiae Corvini, Hungariae regis, epistolae ad romanos pontifices datae et ab eis acceptae. 1458-1490. (LXXV, 280 S. m. Abbildgn. u. 1 Facsm.) 891. ** 10 —.
Series I., tom. 1-3. (Ebd.) 1885-88. ** 56 —; Series II., tom. 1. 2. (Ebd.) 1884,85. ** 36 —.

—— Vaticana historiam regni Hungariae illustrantia. Series II. Tom. 1. Relationes oratorum pontificiorum. 1524—1526. gr. 4. (CLIII, 472 S. mit 8 photolithogr. Facs.-Beilagen.) Budapest 884, (Ráth.) **

—— dass. — Series II, Tom. II: Relationes cardinalis Buonvisi, in imperatoris et Hungariae regis curia nuntii apostolici, a. 1686 exaratae. In anniversariam arcis Budae ducentis abhinc annis recuperatae memoriam typis vulgatae. gr. 4. (CLV, 310 S.) Ebendas. 886. **
Series II, Tom. I. Ebendas. 1884. ** M 16.—.

Monumenta vaticana res gestas Bohemicas illustrantia. Sumptibus comitiorum regni Bohemiae ediderunt ad recensendos historiae Bohemicae fontes delegati. Tom. I et Tom. V, pars I et II. Lex.-8. Prag (F. Řivnáč). n. 36. —
I. Acta Clementis VI. pontificis romani. 1342—1352. Opera Ladislai Klicman. (XV, 955 S.) 903. n. 12. —
V. 1. Acta Urbani VI. et Bonifatii IX. pontificum Romanorum. Pars I. 1378—1396. Opera Camilli Krofta. (XXIII, 592 S.) 903. n. 12. —
2. Idem. Pars II. 1397—1404. Opera Camilli Krofta. (S. 593—1505.) 905. n. 12. —

Monumenta vaticana res gestas Bohemicas illustrantia Sumptibus comitiorum regni Bohemiae ediderunt ad recensendos historiae Bohemicae fontes delegati. Tom. II. Lex. 8. Prag, (F. Řivnáč). 12. —
II. Acta Innocentii VI., Pontificis romani. 1352—1362. Opera Ioa. Friderici Novák. (LI, 655 S.) 907

Monumenta

—— vetera, historica Hungariam sacram illustrantia. Maximam partem nondum edita ex tabulariis vaticanis deprompta, collecta ac serie chronologica disposita a August. Theiner. Tom. I et II. Fol. Rom 859. (Leipzig, Gerhard.) à Tom. * 21 Thlr. 10 Ngr. *
Inhalt:
Tom. I. Ab Honorio Pp. III. usque ad Clementem Pp. VI. 1216—1352. (XLIII und 837 S.)
» II. Ab Innocentio Pp. VI. usque ad Clementem Pp. VII. 1352—1526. (XXVII und 815 S.)

— vetera, historica Hungariam sacram illustrantia. Maximam partem nondum edita ex tabulariis vaticanis deprompta, collecta ac serie chronologica disposita ab August. Theiner. Tomus I. et II. Rom 859, 60. (Leipzig, Gerhard.) Fol. Jeder Bd. n. 21 ₰ 10 ngr.
Tom. I.: Ab Honorio P. III. usque ad Clementem P. VI. 1216—1352. (XLIII, 837 S.)
Tom. II.: Ab Innocentio P. VI. usque ad Clementem P. VII. 1352—1526. (XXVII, 815 S.)

—— vetera, Hibernorum et Scotorum historiam illustrantia quae ex vaticani, Neapolis ac Florentiae tabulariis deprompsit et ordine chronologico disposuit Aug. Theiner. Ab Honorio Pp. III. usque ad Paulum Pp. III. 1216—1547. Fol. (XXXVIII und 624 S.) Romae 864. (Leipzig, Gerhard.) *

—— vetera, Poloniae et Lithuaniae gentiumque finitimarum historiam illustrantia maximam partem nondum edita ex tabulariis vaticanis deprompta, collecta ac serie chronologica disposita a Aug. Theiner. Tom. I et II. Fol. Rom. (Leipzig, Gerhard.) à Tom. * 24 Thlr. *
Inhalt:
Tom. I. Ab Honorio Pp. III. usque ad Gregorium Pp. XII. 1217—1409. (XXXIII und 788 S.) 860.
» II. Ab Joanne Pp. XXIII. usque ad Pium Pp. V. 1410—1572. (XXV und 783 S.) 861.

—— vetera, Poloniae et Lithuaniae gentiumque finitimarum historiam illustrantia maximam partem nondum edita ex tabulariis vaticanis deprompta, collecta ac serie chronologica disposita ab Aug. Theiner. Tom. III et IV. Fol. Romae. (Leipzig, Gerhard.) à Tom. * 20 Thlr. *
Inhalt:
Tom. III., a Sixto Pp. V usque ad Innocentium Pp. XII. 1585—1696. (XXXIII und 771 S.) 863.
» IV., ab Innocentio Pp. XII. usque ad Pium Pp. VI. 1697—1775. (XII und 802 S.) 864.
Tom. 1 und 2. (Ebendas.) 1860,61. * 48 Thlr.

—— vetera, Slavorum Meridionalium historiam illustrantia maximam partem nondum edita ex tabulariis Vaticanis deprompta, collecta ac serie chronologica disposita ab August. Theiner. Tom. I. Ab Innocentio Pp. III. usque ad Paulum Pp. III. 1198—1549. gr. Fol. (XXXVIII und 667 S.) Romae 863. (Leipzig, Gerhard.) *

Monumenta Virtutis Austriacae Sanctissimo Romanorum Imperatori Carolo VI . . . Viennae Austriae 1717. V: *Prandtner, Leopold* oder *Spillhoffer, Max.* (Jes) (so)

Monumenta virtutis Austriacae Carolo VI sub ipsum belli exordium de Turcis triumphanti . . . Viennae 1717. V: *Pichler, Joseph.* (Jes)

— Welforum antiqua etc., s. Scriptores rerum Germanicorum.

Monumenta Wittelsbacencia. Urkundenbuch z. Geschichte des Hauses Wittelsbach. Hrsg. von Dr *Fr. Mich. Wittmann*, k. Reichsarchiv-Rath (†, 26. Aug. 1857). Abth. I von 1204—1292. (Auch m. d. Tit. Quellen z. bayer. u. deutsch. Geschichte. Hrsg. auf Befehl u. Kosten Sr. Maj. d. Konigs Maximilian II. Bd. 5.) Munchen 1857. Gr 8° Hfrzbd gebr., m. viel. Bleistiftnot. u. unterstr. Stellen.
4 Bll 534 S

Monumenta Zollerana. — Quellensammlung z. Geschichte des erlauchten Hauses der Grafen von Zollern u. Burggrafen v. Nürnberg, hrsg. v. Rud. v. Stillfried. I. Thl. — Documenta Vol. I. Saec. XI—XIII. gr. 4. (32 B.) Halis Saxonum 813, Graeger. Thlr. *

— Zollerana. Urkunden-Buch zur Geschichte des Hauses Hohenzollern. Hrsg. von Rud. Freihrn. v. Stillfried u. Traug. Maercker. 1. Bd: Urkunden der Schwäbischen Linie. 1095—1418. gr. 4. (VIII u. 558 S. m. eingedr. Holzschn.) Berlin 852, Ernst & Korn. n. 5 ₰

— Zollerana. Urkunden-Buch zur Geschichte des Hauses Hohenzollern. Herausg. von Rud. v. Stillfried u. Traug. Maercker. 2. Bd. Urkunden der Fränkischen Linie. 1235—1332. Berlin 856. Ernst u. Korn in Comm. gr. 4. (4 Bl., 450 S. m. Holzschn. im Text.) n. 5 ₰.

—— Zollerana. Urkunden-Buch zur Geschichte des Hauses Hohenzollern. Hrsg. von Rud. Frhrn. v. Stillfried und Traug. Maercker. 3—7. Bd.: Urkunden der fränkischen Linie. 1332—1417. Imp.-4. Berlin, (Ernst und Korn.) [3. Bd. 1332—1363. (III und 468 S. mit eingedr. Holzschn.) 857., 4. Bd. 1363—1378. (III und 439 S. mit eingedr. Holzschn.) 858., 5. Bd. 1378—1398. (III und 408 S. mit eingedr. Holzschn.) 859., 6. Bd. 1398—1411. (662 S. mit eingedr. Holzschn.) 860., 7. Bd. 1411—1417. (IV und 452 S. mit eingedr. Holzschn.) 861. à Bd. * 5 Thlr.] *
1. und 2. Bd. (Ebendas.) 1852 und 1856. * 10 Thlr.

—— Zollerana. Register zu Bd. II — VII. Hrsg. von H. G. Stillfried. Imp.-4. (153 S.) Berlin 866, (Ernst und Korn.) *
1.—7. Bd. (Ebendas.) 1852—61. * 35 Thlr.

— Zollerana. Urkunden-Buch zur Geschichte des Hauses Hohenzollern. Begonnen von Rud. Grafen v. Stillfried u. Traug. Maercker. 8. Bd. Ergänzungen u. Berichtign. zu Bd. 1—7. 1085—1417. Hrsg. v. Jul. Grossmann u. Mart. Scheins. Imp.-4. (XI, 488 S.) Berlin 890. Moeser. cart. n.n. 25. —
(I—VIII.: n.n. 130. —)

Monumental-Album, neuestes, v. Wien. 60 der schönst. Ansichten. 3. Aufl. (39 Taf.) 20,5×26,5 cm. Wien 908. Halm & Goldmann. Geb. 4. —

— dasselbe. (Kleine Ausg.) 45 der schönst. Ansichten. (Neue Ausg.) (32 Taf.) 11×16,5 cm. Ebd. (908). Geb. 2. —

Monumental-Bauten, Wiener, s.a. Bibliothek des Architekten.

— dasselbe, s.a. Neubauten, Wiener.

Monumentalbauten, Wiener. Abteilung 1-5. fol Wien 1885-92

Monumental-Bauten, Wiener. Abth. I—V. Kleine Ausg. (In 10 Lfgn.) 1.—6. Lfg. Fol. Wien 890. Ad. Lehmann. à Lfg. n. 20. —
I. Das k. k. Hof-Opernhaus v. van der Null u. Siccardsburg. — II. Der k. k. Justizpalast von A. v. Wielemans. — III. Das k. k. Reichsrathsgebäude von Th. v. Hansen. — IV. Die Votivkirche von H. v. Ferstl. — V. Die k. k. Universität von H. v. Ferstl. (58 Kpfr.-Taf.)

Monumental-Bauten, Wiener. Abth. I.—V. Kleine Ausg. 7.—10. (Schluss-)Lfg. Fol. Wien 890. 891. Ad. Lehmann. à Lfg. n. 20. —
I. Das k. k. Hofopernhaus v. van der Nüll u. Siccardsburg. — II. Der k. k. Justizpalast von A. v. Wielemans. — III. Das k. k. Reichsrathsgebäude von Th. v. Hansen. — IV. Die Votivkirche von H. v. Ferstel. — V. Die k. k. Universität von H. v. Ferstel. (32 Kpfr.-Taf. m. 1 Bl. Text.)

Monumental-Bauten, Wiener. Abthl. I — V. Kleine Ausg. 10 Lfgn. Fol. (80 Kpfr.-Taf. m. 1 Bl. Text.) Wien 890—92, Ad. Lehmann. à Lfg. * 20 —; 200 —
I. Null, van der, u. Siccardsburg. Das k. k. Hof-Opernhaus.
II. Wielemans, A. v. Der k. k. Justizpalast.
III. Hansen, Th. v. Das k. k. Reichsrathsgebäude.
IV. Ferstl, H. v. Die Votivkirche.
V. —— Die k. k. Universität.
Englische Ausg. (Buildings of Vienna), französ. Ausg. (Monuments de Vienne) zu gleichen Preisen.
Vgl.: Neubauten, Wiener.

Monumentalbrunnen aus dem 13.—18. Jahrhundert. Deutschland, Oesterreich und Schweiz. ([Gezeichnet von] Alfred Heubach.) Liefg. 1. S. 1—4 + Tafeln 1—10, *in illustriertem Umschlag.* fol. Leipzig, Chr. Herm. Tauchnitz, 1902.
Vollständig in 6 Lieferungen zu je M. 6. —

Monumentalbrunnen aus dem 13.—18. Jahrhundert. Deutschland, Oesterreich und Schweiz. ([Gezeichnet von] Alfred Heubach.) Liefg. 2 *u.* 3. S. 5—8 + Tafeln 11—30, *in illustriertem Umschlag.* fol. Leipzig, Chr. Herm. Tauchnitz, 1902.
Vollständig in 6 Lieferungen zu je M. 6. —

Monumentalbrunnen aus dem 13.—18. Jahrhundert.... ([Gezeichnet von] Alfred Heubach.) Liefg. 4. S. 9—10 + Tafeln 31—40, *in illustriertem Umschlag.* fol. Leipzig, Chr. Herm. Tauchnitz, 1903.
Vollständig in 6 Lieferungen zu je M. 6. —

Monumentalbrunnen aus dem 13.—18. Jahrhundert.... ([Gezeichnet von] Alfred Heubach.) Liefg. 5. S. 11—14 + Tafeln 41—50, *in illustriertem Umschlag.* fol. Leipzig, Chr. Herm. Tauchnitz, 1903.
Vollständig in 6 Lieferungen zu je M. 6. —

Monumentalplan. Monumental Plan & Führer von Basel. Hrg. vom Verkehrsverein Basel. 1 Bl. fol. + 8 S., *in illustr. Umschlag,* 8. Bern, H. Kümmerly & Frey, [1903]. fr. —.50
Blatt: Vorderseite Plan o. T., 541/521 mm. Bern, H. Kümmerly & Frey, — *Rückseite Karte der Umgebung; beide umgeben von Text.*

Monumental-Plan von Stuttgart. Hrsg. v. Verein f. Fremdenverkehr. Stuttgart: H. Wildt [1899]. 1 Kartenbl. 47x71 cm.) 8° [Umschlagt.]

Monumental-Plan der Haupt- und Residenzstadt Wien. Vom Arsenal bis zum Kahlenberg — von der Sternwarte bis zu den Kaisermühlen, nebst einer Beschreibung der Stadt und ihrer Umgebung. Gef. 1.—
Wien: Gerold's S. 1890.

Monumental-Plan der Haupt- u. Residenzstadt Wien. Gez. von Ladisl. Eug. Petrovits. Photolithogr. u. Farbendr. qu. gr. Fol. Wien 890, Gerold's Sohn. * 2 —

Monumente, altägyptische. (35 Blatt Photographien) fol

Monumente, Briefe u. Schriften einig. apostol. Männer d. J. D. Glüsing. 12. Hamb. 724.

MONUMENTE unglücklicher Liebe. In dialogisirten Erzählungen. Hannover, Pockwitz 1801. 8°. Zahm.

Monumente des Mittelalters und der Renaissance aus dem sächsischen Erzgebirge, die Klosterkirche Zschillen, jetzt Wechselburg und die Rochlitzer Kunigunden-Kirche. Auf Anregung und unter dem Protectorate Ihrer Maj. der Königin Carola von Sachsen herausgegeben. Photographische Aufnahmen und Schnellpressen-Lichtdr. von Römmler und Jonas unter artist. Leitung von Carl Andreae. 5 Lfgn. Fol. (à Lfg. 10 Bl. mit Text.) Dresden 875,76, Gilbers'sche Verlagsh. à Lfg. * *M* 15.; compl. in Mappe *

Monumente u. Standbilder Europa's. (In 12 Lfgn.) 1. u. 2. Lfg. gr. Fol. (à Lfg. 10 Lichtdr.-Taf.) Berl. 891,92, Wasmuth. In Mappe à Lfg. * 10 —; * 20 —

Monumente u. Standbilder Europa's. (In 12 Lfgn.) 3. Lfg. gr. Fol. (à 10 Lichtdr.-Taf.) Berlin 894. E. Wasmuth. In Mappe.

Monumente u. Standbilder. Sammlg. künstlerisch u. geschichtl. bedeutsamer Denkmäler. 4. u. 5. Lfg. gr. Fol. (à 10 Lichtdr.-Taf.) Berlin 895. 96. E. Wasmuth. à n. 10. —

Monumente u. Standbilder. Sammlung künstlerisch u. geschichtlich bedeutsamer Denkmäler. 6.—9. Lfg. gr. Fol. (à 10 Lichtdr.-Taf.) Berlin (899—901). E. Wasmuth. à n. 10. —

Monumente u. Standbilder. Sammlung künstlerisch u. geschichtlich bedeutsamer Denkmäler. 10. u. 11. Lfg. (20 Lichtdr.-Taf.) gr. Fol. Berlin (904). E. Wasmuth. à n. 10. —

Monumente, Typographische, der Kasseler öffentlichen Bibliothek. [Frankf. 1784] [1786]. V: *Strieder, Friedrich Wilhelm.* (MGT) (Stri)

Monumente aus der ältern Zeit: Der Mann des Landes ... und der Mann der Stadt ... [Riga 1806]. V: *Berens, Johann Christoph.* (R-N)

Monumenti annali e bullettini pubblicati dall' instituto di corrispondenza archeologica nell 1855. Fasc. I e II. gr. Fol. Gotha 857. Leipzig, Brockhaus' Sortiment und Antiquarium. [Fasc. I. (S. 1—45 mit 5 Kpfrt., 1 Stnt. in Tondr., 1 Tab. und Bullettino LIV S.) Fasc. II. (IV und S. 46—98 mit Kpfrt. 6—25.)] *

—— dass. — 1856. gr. Fol. (III und 119 S. mit 26 Kpfrt. in 8., 4., Fol. und Imp.-Fol. und Bullettino IV und 190 S. in gr. 8.) Ebendas. 859. **

—— dass. — 1857, 1858, 1859. gr. Fol. Text in gr. 8. Rom 857—59. (Leipzig, Brockhaus' Sortiment und Antiquarium.) [Jahrg. 1857. (12 Kpfrt., Annali 368 S. mit 9 Kpfrt. in 8., 4. und qu. 8. und Bullettino 194 S.) Jahrg. 1858. (12 Kpfrt., Annali 396 S. mit 14 Kpfrt. in gr. 8., 4. und Fol. und Bullettino 192 S.) Jahrg. 1859. (18 Kpfrt., Annali 422 S. mit 16 Kpfrt. in gr. 8., 4. und qu. Fol., Bullettino 240 S. und Notiza intorno l'instituto di corrispondenza archeologica 45 S.)] à Jahrg. Thlr. *

Monumenti annali e bullettino pubblicati dall' instituto di corrispondenza archeologica per l'anno 1860. gr. Fol. Text in gr. 8. (12 Kpfrt., Annali 504 S. mit 16 Kpfrt. in gr. 8., 4. und qu. Fol. und Bullettino 252 S.) Rom 861. (Leipzig, Brockhaus' Sortiment und Antiquarium.) **

Monumenti, Annali e Bullettino pubblicati dall' Instituto di corrispondenza archeologica per 1861—67. Roma. (Berlin, Asher & Co.) gr. Fol. Text in gr. 8. Mit Kpfrtaf. Jeder Jahrg. n.n. 18 ℳ 20 ngr.

Monumenti Etruschi, o di Etrusco Nome, disegnati incisi, illustr. e publ. dal Fr. Inghirami. XIV. Fasc. 4 maj. Stuttg. 820—22, v. Cotta.

Monumenti inediti dell' Instituto di corrispondenza archeologica, siehe: Annali dell' Instituto.

Monumenti inediti pubbl. dall' instituto di corrispondenza archeologica, s. Werke des Instituts für archäologische Correspondenz in Rom.

Monumenti inediti pubbl. dall' Instituto di corrispondenza archeologica (Pariser Abth.) 1836–39. (Facsim. Reprod.) *(Leipzig: K. W. Hiersemann [1902].)* (25 Taf.) 2° [Umschlagt.]
[Nebent.:] Monuments inédits publ. par l'Institut de corresp. archéol.

Monumenti inediti, pubblicati dall' instituto di corrispondenza archeologica. Suppl. gr. Fol. (36 Taf. m. 6 S. Text.) Berl. 891, G. Reimer. In Mappe * 40 —

Monumento a Pietro Metastasio nella chiesa degl' Italiani in Vienna. Vienna 16 Novembre 1855. Coi tipi di L. C. Zamarski. (Geboren zu Rom den 3. Januar 1698, gestorben den 12. April 1782.)

Monuments, s.a. Monumens.

Monuments anciens, en Allemagne. ½ Imp.-Fol. (13 Taf. u. Text.) Brüssel 842, Muquardt. geb. n. 6 ℳ

Monuments anciens, recueillis en Belgique et en Allemagne, par Louis Haghe. Lithographiés d'après lui et accompagnés de notices historiques par Octave Delepierre. 9 Livr. ½ Imp.-Fol. (27 Taf. u. 4 Bl. Text. Mit Titvign.) Bruxelles 842, Muquardt. *

— les mêmes recueillis en Belgique. (Wohlfeile Ausg.) ½ Imp.-Fol. (14 Taf. u. 2 Bl. Text.) le même 845. dickes Velinpap. geb. n. 6 ℳ

Monuments d'architecture de l'Alsace, s.: Denkmäler der Baukunst im Elsass.

Monuments d'art d'Alsace, s.: Kunstdenkmale, elsässische.

— d'art de l'Alsace et de la Lorraine, s.: Kunstdenkmale, elsässische u. lothringische.

Monuments, les, de l'art en Suisse, s.: Kunstdenkmäler der Schweiz.

— the most celebrated, of St. John the burying place of Nuremberg, s. Grab-Denkmale.

— les, les plus celèbres du cimetière de St. Jean près de Nuremberg, s. Grab-Denkmale.

Monuments de l'histoire de l'ancien Évêché de Bâle. Recueillis et publiés par ordre du Conseil-Exécutif de la République de Berne ... . 5 Tomes. 4. Porrentruy 1852–1867
Tome 1er–3e Par J[oseph] Trouillat. 1852, 1854 *et* 1858.
Tome 4e .. Par J. Trouillat [Avec 1 tableau.] 1861
Tome 5e Par J Trouillat et L(ouis) Vautrey ‹1400—1500.›
[Avec 1 planche et 1 carte] 1867

— de l'histoire de Neuchâtel, publiés par les ordres et aux frais de S. M. Frédéric-Guillaume IV, Roi de Prusse, Prince Souverain de Neuchâtel et Valangin. Par Geo. Aug. Matile. 1. Livr. Fol. Neuchâtel 844. (Solothurn, Jent et Gassmann.) Schreibpap. n. 10 ℳ

— pour servir à l'histoire des Provinces de Namur, de Hainaut etc., s. Collection de Chroniques Belges, Tom. IX.

Monuments de Vienne, s. Monumental-Bauten, Wiener. — Neubauten, Wiener. Serie B.

Monumentum amoris Michaeli Pfeiffero ... positum. Jenae. V: *Szirmay, Steph. & Joan. Ribinyi.* (Pk)

Monumentum Ancyranum, s.: Thaten, die, d. Kaisers Augustus.

Monumentum grati animi ... memoriae M. M. Metzgeriae, natae Storiae, matronae ... statutum. Altorfi 1777. V: *Nagel, Johann Andreas Michael.* (will) (ML)

Monumentum, Augustae ... Reip. Norimb. bibliothecae publicae ... Norimb. 1766. V: *Götz (Göz), Andreas.* (ML)

Monumentum Keplero dedicatum ... Ratisbonae 1809. V: *Heinrich, Placidus Jos.* (Lindner) (MGT) (NN)

Monumentum Antonio e L. B. Andrássy de Csik Szent-Király et Kraszna-Horka Episcopo Rosnaviensi gemmae episcoporum Hungariae in tesseram grati animi et perennem posteritatis memoriam erectum a. P. P. A. P. Smaj. (62 S.) Pestini 854, (Heckenast.)

Monumentum, Luctuosum pietatis, beatis manibus Prorectoris Joh. Sigismundi Kripneri ... positum. Erlangae 1750. V: *Müller, Georg.* (ML) (Fiker)

Monumentum, aeternae memoriae Mar. Christianae archiducis Austriae a ser. conjuge Alberto Saxone etc. op. Canovae. Fol. Wien 814. Beck. 15 *f*

Monumentum insigni munificentiae ... C. J. Trewii ... Altorfi 1769. V: *Nagel, Johann Andreas Michael.* (will) (ML)

Monumentum, Pacis annis 1814 et 1815, foederatis armis restitutae, orbis terrarum ... gaudia gentium linguis interpretans, principibus piis ... dicatum. Vratislav. 1816. Ed. sec. ... 1818. V: *Barth, Joh. Aug.* (MGT)

— Pacis annis MDCCCXIV et MDCCCXV foederatis armis restitutae, orbis terrarum de fortuna reduce gaudia gentium linguis interpretans, principibus piis, felicibus, augustis populisque victoribus liberat. dicatum. Curante Jh. Aug. Barth. Fol. (Bresl.) 816. 2e Ausg. ibid. 819. Ein Prachtdruck.

Monumentum, Pietatis in lectum amicum. S. l. 1766. V: *Götz (Göz), Andreas.* (ML)

Monumentum, Pietatis in clarissimum fratrem. Norimb. 1766. V: *Gotz (Göz), Andreas.* ML)

Monumentum pietatis et observantiae, quod ... Joanni Georgio Schmidtio, pastori apud Francofurtenses et consistorii assessori, ad memoriam muneris sacri per quinquaginta annos administrati ipsis Non. Dec. a. 1775 celebrandam sacrum esse voluerunt gymnasii rector, procector et collegae. Disseritur de nonnullis gravioris aetatis commodis. Francofurti ad M. [1775]. V: *Purmann, Johann Georg.* (StBFrankf I, 86)

Monumentum Elisabethae Barbarae Killinger positum. S. l. 1725. V: *Schmauss, Christoph Conrad.* (Fiker)

Monumentum providentiae divinae ... Joh. Laz. Koenigio et ... Joh. Barb. Koenigiae ex stirpe Brunonum ... exstructum. Wetzlariae 1750. H: *König von Königsthal, Gustav Georg.* (ML) (will)

Monumentum regium [Friderici III]. S. l. s. a. V: *Kornmesser, Jac.* (Bruun, Bibl. Danica III, 203.)

Monumentum vetustatis christianae ineditum ex recensione Gust. Volkmari. 4. (21 S.) Zürich 864, (Hanke.) *

Monvel, l'Erreur d'une Moment, ou la Suite de Julia. 8. Berl., Rottmann. 6 *gr*

— les trois Fermiers. Comédie en 2 A. en prose. 8. Berl., Rottmann. 6 *gr*

— Julie. Comédie en 3 A. Mus. et des Aid. 8. Berl. Rottmann. 6 *gr*

— Julie; Singspl. in 3 A. Aus d. Französ. 8. Frankf. 774, André.

— Julie, oder der kurze Irrwahn. Operette. 8. Wetzlar 778. Winkler.

— die 3 Pächter; e. Schspl.. f. M. G. Becker.

[Monvert, Samuel.] Nous sommes bien, tenons-nous y. C'est le sentiment d'un Montagnard. 8. *s. l.* 1793.

Monzambano, Severinus de [Pseud.]
s. a. **Pufendorf,** Samuel v.

Monzambano, Sev., de statu Europae c. not. I. G. Schaumburg. 8. Lips. 739.

— de statu imperii germ. 8. 714.

— de statu imperii germ. varior. cura Titii. 8. Lips. 708.

— vom Zustande des heil. Römisch. Reichs. 8. Leipz. 715.

Monzel, Matthias (Mosellano Poelig), De secretione cutanea. Diss. med. Berlin (Brüschcke) 23. X. 1829. 40 S. mit Biogr. (M.: A. M. Zell.) (3.50) 23649
Oppon.: G. van Werden, A. Laurent, M. Zartmann.

Moock, Steuer-Erklärg. u. Vermögens-Anzeige, s.: Kirchhoff.

Moody, Dwight L., u. J. D. Sankey. Frei nach dem Engl. 16. (42 S.) Bonn 882. Schergens.
(Gernsbach, Christl. Kolportage-V.)

Moody Der Evangelist. Ein Lebensbild. Nebst Anekdoten, Beispielen u. Erfahrungen aus seinem Wirken u. seinen Reden. Mit 11 Abb. *Cassel: J. G. Oncken 1900.* (222 S.) 8° [F.]
[Sondert.:] Erlebnisse, Erzählungen u. Anekdoten von D[wight] L[yman] Moody. Vom Verf. autor. Übers. von Cl. Fischer. [00. 1066] 4

Moody, Andrew, Christus vor Pilatus. (16 S.) 8. Budapest (907). Szob, Feketeház Salem. — 15

— Er ist es doch! Komm u. siehe es! (12 S.) kl. 8. Ebd. (907). — 05

— „Ich möchte leben!" (8 S.) kl. 8. Ebd. (907). — 15

— Kaufe die Wahrheit! (15 S.) kl. 8. Ebd. (907). — 15

— Wache auf! (12 S.) kl. 8. Ebd. (907). — 06

Moody, Dwight Lyman

Moody, D. L., auf, auf zur Arbeit! Rathschläge f. Christen. Aus dem Engl. übers. von E. v. W. 9 Hfte in 1 Bdchn. 12. (16, 20, 19, 11, 16, 24, 16, 20 u. 16 S.) Berlin 887. Deutsche evangel. Buch- u. Tractat-Gesellschaft. n. 1. —

Moody, D. L., drei Bilder aus dem Leben. Aus einer Rede. 8 S. 8. Basel, C. F. Spittler. —. 05
1876.

Moody, D. L., biblische Charakterbilder. Zusammengestellt u. bearb. v. E. Rohe. 4 Hfte. 8. (à 32 S.) Barmen (901). Elim, Buchh. des Blauen Kreuzes. à n. — 20; kplt. in 1 Leinw.-Bd. (124 S.) n. 1. 20
1. Noah. — Abraham. — Lot. — Der weltlich gesinnte Mann. — Mephiboseth. — 2. Daniel. — Elias. — 3. Der reuige Schächer. — Saulus v. Tarsus. — Josua. — 4. Die Unheilbaren. — Der barmherzige Samariter. Anh.: Jakob u. Esau. — Bileam, v. E. Rohe.

Moody, Christus sucht das Verlorene. 28 Stn. 12. Basel, C. F. Spittler. 1875. —. 10

— Daniel, e. Kanzler nach Gottes Herzen. Aus dem Engl. übers. 12. (78 S.) Elberfeld 890. Buchhandlg. der Evangel. Gesellschaft. n. — 30

Moody, D. L., Daniel, e. Kanzler nach Gottes Herzen. Aus dem Engl. übers. 2. Aufl. gr. 16. (80 S.) Elberfeld 894. Buchh. der Evangel. Gesellschaft. n. — 30

— Daniel, e. Kanzler nach Gottes Herzen, u. seine drei Freunde. Aus dem Engl. übers. 3. Aufl. 12. (79 S.) Elberfeld 899. Buchh. der ev. Gesellschaft. n. — 30

— Etwas f. Jedermann. Eine Sammlg. v. Beispielen, Geschichten u. kurzen Betrachtgn. (Nebst e. Lebensabriß u. dem Bildnis des Verf.) Aus dem Engl. übers. gr. 8. (144 S.) Witten (900). Buchh. der Stadtmission. 1. 40; geb. n. 2. 20

Das erhörliche Gebet und die Hindernisse desselben. Ansprachen von D[wight] L[yman] Moody. *Cassel: J. G. Oncken (1900).* (84 S.) 8° [F.] [00. 3126 4

Moody, D. L., Genuß u. Gewinn f. d. Bibelforscher. Betrachtgn. u. Winke. Aus d. Engl. übertr. v. Thdr. Duprée. 8. (151 S.) Hamburg 898. Cassel, Verlagshaus d. deutsch. Baptisten J. G. Oncken Nachf. 1. 20; geb. n. 1. 60
Dass. 2. Aufl. Ebda. 1898.

Moody, D. L., Gerettet oder verloren — die einzige Wahl. Dritte Rede, gehalten in London. Aus dem Engl. übers. von L. Rehfues. 8. (16 S.) Barmen 876, Klein. *

— „Gewogen u. zu leicht gefunden!" Betrachtungen üb. die 10 Gebote. Übers. v. C. F. 8. (141 S.) Cassel 900. J. G. Oncken Nachf. 1. —; geb. in Leinw. 1. 50

Moody, Dwight L., der Himmel und das ewige Leben hier und dort. Aus der heil. Schrift geschöpft. Frei aus dem Engl. übertr. vom Verf. der „Lyra Passionis". 1. und 2. Aufl. 8. (VIII, 166 S.) Basel 881, 84, Spittler. *
geb. *

— der Himmel od. das ewige Leben hier u. dort. Aus der hl. Schrift geschöpft. Frei aus dem Engl. übertr. vom Verf. der Lyra Passionis. 3. Aufl. 12. (VIII, 166 S.) Basel 894. Jaeger & Kober. n. — 80; geb. in Leinw. n. 1. 60

— das zweite Kommen des Herrn. gr. 8. (15 S.) Neukirchen 899. H. Mandel jr. — 30

— Kraft aus der Höhe, m. Vorwort v. E. Schrenk. 1. u. 2. Aufl. Aus dem Engl. übers. 8. (81 S.) Elberfeld 891. Buchh. der Evangel. Gesellschaft. n. — 40

[F.] Kraft aus der Höhe. Von D[wight] L[yman] Moody, m. Vorw. v. Prediger E. Schrenk. 3. Aufl. Aus d. Engl. übs. *Elberfeld: Buchh. d. Evang. Ges. [o. J.]* (80 S.) 1 Bd 8. [98. 10171 Bo

— Kraft aus d. Höhe. M. Vorwort v. E. Schrenk. 3. Aufl. Aus d. Engl. übers. 8. (80 S.) Elberfeld 898. Buchh. d. Evang. Gesellschaft. n. — 40

— Lebensbrot. Predigten. gr. 16. (136 S.) Witten (901). Buchh. der Stadtmission. Geb. — 80

— Lieben u. dienen. 3. Aufl. 12. (12 S.) Lichtenthal b. Baden-Baden 900. Christl. Kolportage-Verein. — 03

— Männer der Bibel. 12 Charakterzeichngn. Übers. v. C. F. 8. (280 S.) Cassel 901. J. G. Oncken Nachf. Geb. in Leinw. 1. 80

Moody, D[wight] L[yman]. Pestilenz im Finstern. Ein Wort an Gebildete von D. L. M'. (Nach der engl. Ausgabe hrg. von Carl von Schmidtz-Hofmann.) «Prächtiger Schnee» (Gedicht), hrg. von C' von Sch'-H'. 1. Aufl. [Mit Vignette.] 11 S. 8. Ascona, Carl von Schmidtz, [1905]. [fr. —. 30]

Moody, D[wight] L[yman]. Pestilenz im Finstern. Ein Wort an Gebildete von D. L. M'. «Prächtiger Schnee», hrg. von Carl von Schmidtz-Hofmann. 2. [Titel-]Aufl. [Mit Vignette.] 11 S. 8. Ascona, Carl von Schmidtz, [1905]. [fr. —. 30] —

Moody, D. L., Pestilenz im Finstern. Ein Wort an Gebildete. — „Prächtiger Schnee", hrsg. von Carl v. Schmidtz-Hofmann. 3. Aufl. (10 S.) gr. 8. Ascona (906). C. v. Schmidtz. — 25

— Predigten, s. Schwert u. Kelle.

— Reden. — Reden u. Gespräche, s.: Schwert u. Kelle.

— zwei Reden, gehalten in London vor ca. 20,000 Zuhörern. Nebst einer Einleitung und kurzen Lebensskizze. Aus dem Engl. von L. Rehfues. 8. (54 S.) Elberfeld 875. (Barmen, Klein.) *

—— zwölf Reden. Nach der autoris. engl. Ausg. gr. 16. (VIII, 296 S.) Basel 876, Spittler. *

—— zwölf Reden. Nach der autoris. engl. Übersetzung. 3. Aufl. 12. (VIII, 295 S.) Basel 885, Spittler. geb. *

— zwölf Reden. Nach der autor. engl. Ausg. 4. Aufl. 12. (XX, 295 S.) Basel 895. Kober. n. 1. 20; geb. n. 2. 20; Ausg. in 12 Hftn. à n. — 08

1. Gottesmenschl. Werkzeuge. (30 S.)
2. Christus sucht d. Verlorene. (30 S.)
3. Es ist hier kein Unterschied. (32 S.)
4. Die gute Botschaft. (24 S.) — 5. Wo bist du? (28 S.)
6. Von den Sündern, die Christum suchen. (23 S.)
7. Wie dünket euch um Christum? (19 S.)
8. Entschuldigungen. (23 S.) — 9. Ausreden. (30 S.)
10. Das Blut. Altes Testament. (27 S.)
11. Dasselbe. Neues Testament. (23 S.)
12. Der Himmel. (32 S.)

Moody, D[wight] L[yman]: Dem Ueberwinder die Krone. Aus d. Engl. von C. F. (Vorr.: Eljas Schrenk.) Frankfurt a. M.: Heyder & Zimmer 1898. (177 S.) 8°

— d. Ueberwinder d. Krone. „Unser Glaube ist d. Sieg, der d. Welt überwunden hat." Aus d. Engl. v. C. F. 8. (IV, 177 S.) Frankfurt a/M. 898. Cassel, Verlagshaus d. deutsch. Baptisten J. G. Oncken Nachf. n. 1. 30; geb. n. 2. 30

Dem Überwinder die Krone. Von D[wight] L[yman] Moody. Aus d. Engl. von C. F. 2. Aufl. (mit Vorw. von Elias Schrenk). *Cassel: J. G. Oncken 1900.* (150 S.) 8° [F.] [01. 5213 4

— dem Überwinder die Krone. Aus dem Engl. v. C. F. 3. Aufl. 8. (150 S.) Ebd. (900). 1.—; geb. 1.50

— von neuem geboren. 3. Aufl. 12. (12 S.) Lichtenthal bei Baden-Baden 900. Christl. Kolportage-Verein. — 03

Moody, D. L. Der Weg zu Gott. 10 Reden. In-8°, XIII u. 197 S. Basel, C. F. Spittler. 1886. 1 —

Moody, D. L. Der Weg zu Gott. 10 Reden. 2. Aufl. In-8°, 199 S. Basel, C. F. Spittler. 1887. 1 — geb. 2 —

Moody, D. L. Der Weg zu Gott. Zehn Reden. 3. Aufl. In-12°. 199 S. Basel, Jäger & Kober. 1895. Brosch. 1 —; gebd. 2 —

— der köstlichere Weg, s.: Haarbeck, Th.

— Gottes menschliche Werkzeuge. 30 Stn. 12. Basel, C. F. Spittler. 1875. —. 10

Moody, D. L., wie wir die Bibel lesen sollen. gr. 16. (30 S.) Basel 877. Spittler. n. — 10

Wie wir die Heimat finden von D[wight] L[yman] Moody †. In d. Deutscheübertr. von G[ustav] Holtey-Weber, Pastor. Barmen: E. Müller 1904. (162 S.) 8° [F.]

Moody, Dwight L., Winke zum gesegneten, nutzbringenden Bibel-Lesen. [Mit grobem Druck.] 1. und 2. Aufl. 8. (16 S.) Gernsbach 879,84, Christl. Kolportage-Verein. *

— Winke zum gesegneten, nutzbringenden Bibel-Lesen. 4. Aufl. 12. (16 S.) Lichtenthal bei Baden-Baden (900). Christl. Kolportage-Verein. — 08

Moody's Leben und Wirken, nebst 44 seiner Predigten und Reden. 8. (408 S.) Cincinnati, O. 877. (Bremen, Verlag des Tractathauses.) geb. *

Moog, Georg Daniel (Trarbach-Sponheim), Sententias protestantium juris naturae doctorum de lege naturali a vituperationibus Cel. P. Desingii defendens. Diss. phil. Präs. Johann Steph. Müller. Jena (Schill) Jul. 1756. 38 S. (5.50) 23650
Widm. v.: Johann Steph. Müller.

Moog, Jakob, appr. Arzt a. Metz: Aus d. chirurgischen Klinik zu Kiel. Über die therapeutische Verwendung der Stauungshyperämie bei akuter Osteomyelitis. Kiel 1906: H. Fiencke. (24 S.) 8°
Kiel, Med. Fak., Ref. Helferich, Diss. v. 14. Dez. 1906
[Geb. 26. Febr. 75 Metz; Wohnort: Metz; Staatsangeh.: Elsaß-Lothringen; Vorbildung: Lyzeum Metz Reife M. 95; Studium: Straßburg 1, München 1, Berlin 1, Straßburg 4, Berlin 2, Kiel 7 S.; Coll. 21. Dez. 06; Approb. 1. Okt. 06.]

Moog, Joh. Bapt., üb. Elektrolyse einiger substituierter organischer Säuren. Diss. gr. 8. (56 S. m. 1 Taf.) München 893. (Bern, H. Körber.) n. 1. 40

Moog, Jos., die Wiedervereinigung der christlichen Konfessionen. (39 S.) kl. 8. Bonn (Lennéstr. 30) 909. Altkathol. Preß- u. Schriftenverein. — 30

Moog, Otto: Die Globoidschneckengetriebe. 1910. 24 S. 4° ¶ Aus: Zeitschrift f. Werkzeugmaschinen u. Werkzeuge. Jg. 15. 1910/11.
Hannover, Dr.-Ing.-Diss. v. 14. 11. 1910

Moog, Willy: Das Verhältnis von Natur und Ich in Goethes Lyrik. Eine literarpsychol. Untersuchung. Darmstadt 1909: Roether. II, 79 S. 8°
Gießen, Phil. Diss. v. 26. Nov. 1909, Ref. Groos
[Geb. 22. Jan. 88 Neuengronau; Wohnort: Gießen; Staatsangeh.: Hessen; Vorbildung: Neues Gymn. Darmstadt Reife O. 06; Studium: Gießen 1, Berlin 3, München 1, Gießen 1 S.; Rig. 26. Juli 09.] [U 10. 1295

Moof, Friedr., 55 gegen 72. Aus der freien religiösen Gemeinde zu Nürnberg. gr. 8. (31 S.) Nürnberg 873, (Zeh'sche Buchh.)

—— Hinrichtung des „Stadtesels" von Nürnberg. Nach den Akten geschildert. 3. Aufl. gr. 8. (16 S.) Ebendas. 873.

Mook, F., das Leben Jesu. 1. Thl. A. Die Jugendgeschichte. 84 Stn. 8. Zürich, in Commiss. d. Verlags-Magazin. 1872. 1. 50

Mook, Dr. Fr., das Leben Jesu, für das Volk bearbeitet. I. Theil. B. Die Dogmen der Vorgeschichte. 112 Stn. 8. Zürich, Verlags-Magazin 1873. 1. 25

— Lieder aus der Fremde. Hrsg.: Kurt Mook. 12. (VI, 128 S.) Ebend. 881. n. 1. 50; geb. n. 2. 50

Mook, Friedr., Anton Memminger, Redacteur des „Fürther demokratischen Wochenblattes". Eine socialdemokratische Charakter-Studie. gr. 8°. Mannheim, 1. Deutsche Gen.-Buchdr., 1873.

Mook, Friedrich: Minne-Lieder, s. Mook, Kurt.

Mook, Friedr., Norica. Von Nürnberg nach Fürth. 2. Aufl. gr. 8. (15 S.) Nürnberg 873, (Zeh'sche Buchh.)

—— Obdachlos. Dem Magistrat von Nürnberg gewidmet. 2. Aufl. gr. 8. (7 S.) Ebendas. 873.

—— „Obdachlos" im Harnisch. Dem Stadtesel von Nürnberg gewidmet. 3. Aufl. gr. 8. (16 S.) Ebendas. 873.

Mook, Friedr., Theophrastus Paracelsus. Eine kritische Studie. gr. 4. (136 S.) Würzburg 876, Staudinger'sche Buchh. *

Mook, Frd., die incriminirten Predigten. Neustadt a. d. H. 870. Gottschick-Witter. gr. 8. (XII, 80 S.) n. 12½ ngr.

—— wie Herr Geheimrath Dr. Virchow Polemik treibt. 8. (12 S.) Lohr 880. (Würzburg, Staudinger'sche Buchh.)

Mook, Friedr., Aegyptens vormetallische Zeit. gr. 4. (V, 43 S. mit 13 Taf. in Lichtdr. und 1 lithogr. Taf.) Würzburg 880, Staudinger'sche Buchh. *

Mook, Kurt, und Friedr. Mook, Minne-Lieder. 8. (176 S.) Nürnberg 873, Zeh'sche Buchh.
geb. mit Goldschn.

Mook, Kurt, nach der Mücke der Elefant od. Dr. Baruch Stern zum letzten Mal. gr. 8. (16 S.) Lohr 890. Laufach, Selbstverlag. n. — 25

Mook, Kurt, unser Prozeß od. Dr. Bernhard Stern, prakt. Arzt in Aschaffenburg. (2. Aufl.) gr. 8. (24 S.) Lohr 890. Laufach, Selbstverlag. n. — 30

— Vorsicht! Ein Appell an Deutschlands Aerzte u. Juristen. gr. 8. (32 S.) Ebd. 890. n. — 40

Mook, M. W., die logische Dreieinigkeit. Eine Einführg. in das Studium des theosoph. Gottesbegriffs. Aus dem Holl. übers. v. Clara Streubel. (68 S.) 8. Amsterdam 909. (Leipzig, Theosoph. Verlagshaus.) 1. —

Mook, Ph., Sammlung von Entscheidungen höherer Gerichte aus dem Gebiete des Reichsgerichtskostengesetzes mit Beispielen und Anmerkungen. gr. 8. (105 S.) Kandel 886. [Leipzig, Schneider.] München, Selbstverlag. *

Moolenaar, H., Responsio ad quaest. math.: quaeruntur tres pyramides, aequales atque similes, unum regulare constituentes corpus etc. praemio ornata. 4maj. Leyd. 819. (Leipz., Weidmann).

Moone, Arn., leidender Jesus, od. Erklär. d. Passionshist. 4. Frankf. Brönner. 712.

— Paulus zu Athen, od. Predigten üb. Actor. XVII. 4. Bas. Brandmüller. 715.

Moor [Sachliches OW].

Moor, Die Grafen von, ein Familiengemälde. Rudolst. 1802. V: *Arnold, Ignaz Ferdinand (Arnold, Theod. Ferd. Caj.).* (BGE) (Ky) (GGr)

v. Moor, die Grafen; e. Familiengemälde, (v. Th. F. K. Arnold). 2 Bde. 8. Rudolst. 802. (Fr. Fleischer in Leipz.) 2 ₰

Moor, d. Grafen v., e. Familiengemälde, m. 3 K. 2 Bde. 8. Rudolstadt, Klüger. 802.

Moor, Karl, u. seine Genossen nach d. Abschiedsscene beym alten Thurm. Ein Gemälde erhabener Menschennatur, als Seitenstück zum Rinaldo Rinaldini. Fortgesetzt von Frau v. Wallenrodt. (hat a. d. Titel: Schillers Räuber 2r Thl.) 8. Hamburg, Vollmer. 801.

— Karl, und seine Genossen nach der Abschiedsscene am alten Thurm; dramat. Gemälde v. d. Frau v. Wallenrodt. 8. Hamb. Vollmer. 801.

MOOR, Louise, oder die Turmuhr am Rauhenstein. Eine wahre Geschichte v. *H.*** *Z.*** *R.*** 2 Thle. Mit Titelkpfr. u. Titelvignette. Wien 1799. 8°. (1 Mk. 20 Pfg. Schnabel & Walter, Potsdam, 1906; 2 Mk., o. Angabe d. Jahrz., Franz Teubner, Bonn, c. 1895.) Zahm.

Moor, Louise von, oder die Thurmuhr am Rauhenstein. Wien u. Prag 1799. Wien u. Prag S. A. V: *Steiner Edler von Pfungen, Joseph.* (WBL 38/73) (BiblPort)

Moor, Louise, od. die Thurmuhr am Raufenstein. 8. Wien ... K. Haas.

Moor [Verfasser]

Moor, de, pathologiae cerebri et de Spasmis delineatio practica. 4. Amsterd. 704.

Moor, Anna v., was e. Sonnenstrahl erzählt. Alpenmärchen. (Richisau. Wallensee. Hohenems. Hohenschwangau.) 12. (III, 90 S. m. Vignetten.) München 893. Münchner Handelsdruckerei u. Verlagsanstalt M. Poeßl. n. 1. 20; geb. n. 2. 20

Moor, Ed. v., Billigheim. Beitrag zur Geschichte der Pfalz. Landau 867. Kaußler. 8. (III, 85 S.) 9 ngr.

—— kurze Geschichte der bayerischen Rheinpfalz unter den Römern. 1. Aufl. 1865. und 2. Aufl. 16. (43 S.) Landau 866, Kaußler. *

Moor, E. v., das Lechfeld eine Stätte deutschen und insbesondere bayerischen Ruhmes. Dargestellt in einer historischen Skizze: Die Hunnenschlacht auf dem Lechfelde i. J. 955 n. Chr. Augsburg 1867. 8. 6 S.

Moor, Eman., Hochzeitsglocken. Oper in 1 Akt. Text nach e. Orig.-Entwurf des Komponisten von L. v. Ferro. Vollständ. Text- u. Regiebuch. (30 S.) kl. 8. Leipzig (907). C. F. W. Siegel. — 60

Moor, Frz., per ultimo! oder: Das Verbrechen von Erquelines. Roman. 8. (XVII, 300 S.) Berlin 876, Denicke's Verlag. *

Moor, Hans Heinz, Reklame-Lexikon. Neue Ideen f. mod. Reklame. Vorschläge, Ratschläge, Anreggn. u. Tricks zur unmittelbar prakt. Verwertg., unterstützt durch Beispiele u. Muster. Keine theoret. Schrift, sondern verwertbare Praxis! Ein wirkl. Mitarbeiter f. die gesamte inserier. Großindustrie u. die Inserenten aller Grade, insbesond. f. Fabriken, Grossisten, Reklamechefs, Handelsangestellte u. Reklamebeflissene. (VII, 268 S. m. Abbildgn.) kl. 8. Kattowitz (908). Phönix-Verlag. Geb. 27. —; erm. Pr. 9. 50

Moor, Jan vun, König Wilhelm's Besök in Bremen am 15. Juny 1869. Humoreske. 1—8. Aufl. Bremen 869,70. Tannen. 16. (11 S.) 3 ngr.

Moor, Jean. med pract aus Steinmaur Ct Zürich von Bülach, Kt Zürich Aus dem patholog. Institut der Universität Zürich Ueber einen Fall von Tumoren des Uterus und der Nieren Uster-Zür A Diggelmann Dr 1892 29 S., 1 Bl 8°
Zürich. Med Diss. [v. 26. Dec 1892].

Moor, Johannes, von Steinmaur (Canton Zürich) Das in Zürich befindliche kyphotisch-querverengte Becken. Zür. Orell Füssli Cie Dr [u. Verl.] 1865. 76 S., 5 Taf., 1 Bl. 8°.
Zürich. Med. Diss. [v. 10. Aug. 1865].

Moor, Johs., das in Zürich befindliche kyphotisch-querverengte Becken. Nebst einem Vorwort von Breslau. gr. 8. (76 S. mit mehreren eingedr. Holzschn. und 5 Stnt., wovon 4 in Tondr., in 4.) Zürich 865, Orell, Füssli und Comp. *

Moor, Karl, Otto u. Adelheid. 8. Altenb. 802. Petersen. 14 gr.

Moor, Conradin von s. Mohr, Conradin von.

Moorbäder, Die, in Karlsbad. Karlsbad 1904

Moorburg, G., kleine Erzählungen für das erste Kindesalter. 16. (IV u. 68 S. m. 6 color. Lith.) Kassel 852, Vollmann. ½ ₰

Moorburg, G., Frau Holle und ihr Schützling. Ein Mährchen vom Meißnerberg. Für die Jugend erzählt. Kassel 853. Vollmann. 16. (214 S. u. 1 Lithogr.) 20 ngr.

Moorcroft, W., üb. die verschiedenen bisherigen üblichen Methoden, Pferde zu beschlagen. 8. Hannov. 802. Hahn. 8 gr.

— Über die verschiedenen bisher üblichen Methoden Pferde zu beschlagen m. dahin gehörigen Beobachtungen. Aus d. Engl., m. Anmerk. Hann. 1802 84 S. 1 Tvl.

Moorcroft, W., Methoden des Hufbeschlags der Pferde. Aus dem Engl. von F. Beck. Hannover 02. M. 4.—

Moore [Sachliches OW]

Die Moore Vorarlbergs und des Fürstentums Liechtenstein in naturwissenschaftlicher und technischer Beziehung. Hrsg. von . Hans Schreiber auf Grund d. Erhebungen d Vereins-Moorkommissäre. Mit 1 Kt., 20 Taf. u. 88 Textabb Staab Deutschösterr Moorverein 1910 VIII, 177 S. 4° (8°)

Moore Westfalens Die. Der Kreis Ahaus. Berlin 1893. 8. Mit einer Uebersichtskarte.

Moore [Verfasser]

Moore, ..., Abhandl. üb. d. Spielsucht; aus d. Engl. v. J. W. H. Ziegenbein. gr. 8. Helmst. 799. Fleckeisen. 5 gr.

Moore. Gutachten über die Herstellung einer Wasserleitung für die Stadt Basel. Basel 1865

Moore, Burton Evans, a. Lincoln, Nebraska U.S.A.: Über die Zerlegung der Spektrallinien von Barium, Yttrium, Zirkon und Osmium im magnetischen Felde. Leipzig: J. A. Barth 1907. (49 S.) 8°
Göttingen, Phil. Fak., Ref. Voigt-Runge, Diss. v. 28. Nov. 1907
[Geb. 8. April 66 Westerville; Wohnort: Westerville; Staatsangeh.: Vereinigte Staaten; Vorbildung: Cornell Univ. M. A. Juni 90; Studium: Straßburg 2, Berlin 1, Göttingen 3 S.; Rig. 24. Juli 07.]

Moore, C., Die Arbeiterpartei und der Bauernstand. Ein ernstes Wort in ernster Zeit. 2. Aufl. 8° Graz, Verl. „Leykam", 1893.

Moore, Charles Watson, a. Manchester: Über Emeraldin und Anilinschwarz. München 1907: V. Höfling. (44 S.) 8°
München, Phil. Fak., Ref. v. Baeyer, Diss. v. 10. Juli 1907
[Geb. 9. März 79 Manchester; Wohnort: Manchester; Staatsangeh.: England; Vorbildung: Manchester University Reife Juni 04; Studium: Univ. Manchester 8, Leipzig 2, T.H. Zürich 3 S.; Rig. 10. Juli 07.]

Moore, Clifford H., Julius Firmicus Maternus, d. Heide u. d. Christ. Diss gr. 8. (54 S.) München 897. (Leipzig, Th. Stauffer.) n. 1. 20

Moore, Daniel. Die gläubig Entschlafenen. Vier Vorträge, geh. in der Holy Trinity Church, Paddington. 12. (63 S.) Gütersloh 891, Bertelsmann. * — 80; geb. * 1 20

Moore, David, von Dublin: Verschiedene botanische Schriften.
Promotion vom 14. Febr. 1863.

Moore, Edward (1712—54). Beverley od. der Spieler. ein bürgerl. Trauerspiel in 5 Handlungen nach der englischen Grundlage des Herrn *Moore* eingerichtet (u. in Versen übers.) von *Joh. Heinr Steffens* (der Zellischen Schule Conrector, geb. 1711, † 1784). Zelle, bey Nicolaus Dieterich Runge, 1755. 8°. Ppb. Beibd.
8 Bll 150 S Mit Vorrede d. Subconrector's J. A. D. Münter. — Dieses s. Zt. beliebte Stück wurde auch von Joh. Jac. Chr. Bode übers. u. von Frdr. Ludw. Schröder bearb.

Moore, Ed., Fabeln f. d. schöne Geschlecht; aus d. Engl. (v. Chr. F. Weiße). 8. Leipz. ... 2e A. 772. Hertel. 6 gr.

Moore, E. Fabeln für das schöne Geschlecht. A. d. Engl. Neue Aufl. Frankf. u. Leipzig 1772. Ü: *Weisse, Christian Felix.* (BrMm) (MGT) (Ky)

— fables for the amusement of the faer Sex. 12. Wien 804. Sammer. 12 gr.

— Fables for the female Sex. 8. Altenb. Richter. (Academ. Buchh. in Jena.) 734.

Moore, E. Der Spieler [übers. von Bode]. (III, 5289.) — Erster Druck: Hamburg 1754 = Neueste Proben usw.
Vgl. G. Fritz, Der Spieler usw. Diss. Berlin 1896. S. 9 ff.; GGr ²III, 369, 51 ohne Bodes Namen. (DARP)

Moore, Edward. Die Spieler, ein Schauspiel a. d. Engl. Hamb. 1760. Ü: *Bode, Johann Joachim Christoph.* (Schr) (JL) (Ky) (MI.)

Moore, Ed. Der Spieler, Trauerspiel a. d. Engl. Hamburg, Herolds Witwe, 1766. 118 S. (Wohl 2. Ausg.).

Moore, Edward. Die Unbekannte. Ein Lustspiel in fünf Aufzügen. Wien 1774. B & Ü: *Kepner, Joh. Fch.* (GGr V/317, Nr. 42/1) (BiblPort)

Die 'Christliche Wissenschaft' (Christian Science), was sie ist und woher sie stammt, von E[dward] W[illiam] **Moore**. Übers. von Gräfin L. Groeben. *Berlin: Deutsche Orient-Mission 1904.* (39 S.) 8° [ꝟ.] 04. 1116

Moore, Forris Jewett [aus Pittsfield, Mass.]: Ueber eine Methode der Isolierung aromatischer Sulfosäuren ... Heidelberg, Univ.-Buchdr. v. J. Hörning, 1893; 29 S., 1 Bl. 8.
Heidelberg, Naturw.-math. Fak., Inaug.-Diss. v. [22. Febr] 1893

An Amateur Adventuress. By F[rank] Frankfort **Moore**. Copyright ed. Leipzig: Tauchnitz 1908. 278 S. 8°
(Collection of British authors. Tauchnitz Ed. Vol. 4053.) [11. 8790

Moore, Frank Frankfort, an amateur adventuress, s.a. Collection of British authors.

The white Causeway. By F[rank] Frankfort **Moore**. Copyright ed. Leipzig: Tauchnitz 1905. 312 S. 8°
(Collection of British authors. Tauchnitz Ed. Vol. 3815.) [11. 8608

— the white causeway, s.a. Collection of British authors.

A Damsel or two. By F[rank] Frankfort **Moore**. Copyright ed. Leipzig: Tauchnitz 1902. 304 S. 8°
(Collection of British authors. Tauchnitz Ed. Vol. 3593.) [11. 8431

Moore, F. Frankfort, a damsel or two, s.a. Collection of British authors.

One fair Daughter. Her story. By Frank Frankfort **Moore**. Copyright ed. In 2 vol. Vol. 1. 2. Leipzig: Tauchnitz 1895. 8°
(Collection of British authors. Tauchnitz Ed. Vol. 3037/8.) [11. 8045

– One faire daughter, s.a. Collection of British authors.

The artful Miss Dill. By F[rank] Frankfort **Moore**. Copyright ed. Leipzig: Tauchnitz 1906. 287 S. 8°
(Collection of British authors. Tauchnitz Ed. Vol. 3887.) [11. 8663

— the artful Miss Dill, s.a. Collection of British authors.

A gray Eye or so. By Frank Frankfort **Moore**. Copyright ed. In 2 vol. Vol. 1. 2. Leipzig: Tauchnitz 1894. 8°
(Collection of British authors. Tauchnitz Ed. Vol. 3000/1.) [11. 8080

Moore, Frank Frankfort: A gray Eye or so, s.a. Collection of British authors.

The Food of love. By Frank Frankfort **Moore**. Copyright ed. Leipzig: Tauchnitz 1909. 319 S. 8°
(Collection of British authors. Tauchnitz Ed. Vol. 4153.) [11. 8872

— The food of love, s.a. Collection of British authors.

Nell Gwyn—comedian. A novel. By F[rank] Frankfort **Moore**. Copyright ed. Leipzig: Tauchnitz 1900. 272 S. 8°
(Collection of British authors. Tauchnitz Ed. Vol. 3449.) [11. 8345

Moore, Frank Frankfort: Nell Gwyn - Comedian, s.a. Collection of British authors.

'I forbid the banns'. The story of a comedy which was played seriously. By Frank Frankfort **Moore**. Copyright ed. In 2 vol. Vol. 1. 2. Leipzig: Tauchnitz 1893. 8°
(Collection of British authors. Tauchnitz Ed. Vol. 2908/9.) [11. 7956

Moore, Frank Frankfort, „I forbid the banns", s.a. Collection of British authors.

The Jessamy Bride. By F[rank] Frankfort **Moore**. Copyright ed. Leipzig: Tauchnitz 1897. 303 S. 8°
(Collection of British authors. Tauchnitz Ed. Vol. 3242.) [11. 8192

Moore, Frank Frankfort: The jessamy bride, s.a. Collection of British authors.

The Laird of Craic Athol. By Frank Frankfort **Moore**. Copyright ed. Leipzig: Tauchnitz 1910. 286 S. 8°
(Collection of British authors. Tauchnitz Ed. Vol. 4198.) [11. 8909

— The Laird of Craig Athol, s.a. Collection of British authors.

The Marriage Lease. The story of a social experiment. By F[rank] Frankfort **Moore**. Copyright ed. Leipzig: Tauchnitz 1907. 319 S. 8°
(Collection of British authors. Tauchnitz Ed. Vol. 3985.) [11. 8739

— The marriage lease, s.a. Collection of British authors.

The Millionaires. By [Frank] Frankfort **Moore**. Copyright ed. Leipzig: Tauchnitz 1898. 286 S. 8°
(Collection of British authors. Tauchnitz Ed. Vol. 3291.) [11. 8228

– The millionaires, s.a. Collection of British authors.

Castle Omeragh. By F[rank] Frankfort **Moore**. Copyright ed. In 2 vol. Vol. 1. 2. Leipzig: Tauchnitz 1903. 8°
(Collection of British authors. Tauchnitz Ed. Vol. 3669/70.) [11. 8506

Moore, Frank Frankfort, Castle Omeragh, s.a. Collection of British authors.

Priscilla and Charybdis. A story of alternatives. By Frank Frankfort **Moore**. Copyright ed. In 2 vol. Vol. 1. 2. Leipzig: Tauchnitz 1909. 8°
(Collection of British authors. Tauchnitz Ed. Vol. 4134/5.) [11. 8854

— Prisciller and Charybdis, s.a. Collection of Brit. authors.

Shipmates in sunshine. Their romance on the Carribbean cruise. By F[rank] Frankfort **Moore**. Copyright ed. In 2 vol. Vol. 1. 2. Leipzig: Tauchnitz 1904. 8°
(Collection of British authors. Tauchnitz Ed. Vol. 3717/8.) [11. 8541

— Shipmates in sunshine, s.a. Collection of British authors.

They call it love. By Frank Frankfort **Moore**. Copyright ed. In 2 vol. Vol. 1. 2. Leipzig: Tauchnitz 1895. 8°
(Collection of British authors. Tauchnitz Ed. Vol. 3074/5.) [11. 8077

– They call it love, s.a. Collection of British authors.

— ungetraut. Die Geschichte e. ernsthaft gespielten Komödie. Aus dem Engl. v. Adele Berger. Autoris. deutsche Ausg. 2 Bde. 8. (227 u. 264 S.) Jena 894. H. Costenoble. n. 8. —

— d. Verkauf e. Seele, s.: Engelhorn's allgem. Roman-bibliothek, 12. Jahrg.

The original Woman. By F[rank] Frankfort **Moore**. Copyright ed. Leipzig: Tauchnitz 1904. 327 S. 8°
(Collection of British authors. Tauchnitz Ed. Vol. 3749.) [11. 8566

— the original woman, s.a. Collection of British authors.

Moore, G., Geschichte d. Brittischen Revolution v. 1688 bis 1689, mit Inbegriff sämmtl. dahin gehöriger Ereignisse in d. britt. Inseln bis z. Capitulation v. Limerick 1691. Aus dem Engl. mit Anmerkk. v. W. J. F. v. Halem. gr. 8. Leipz. 822. Hinrichs. 2 ₰ 12 gr. Postp. 3 ₰ 8 gr.

Moore, G. F., the book of Judges, s.: Books, the sacred of the Old Testament. VII.

Arbeite und bete (Esther Waters). Roman von George Moore. Übers. von Annie Neumann-Hofer. Berlin: E. Fleischel & Co. 1904. (XX, 491 S.) 8° [F.]
— Moore Frauenromane. Bd 1.

Moore, George, der Beruf des Körpers in Beziehung auf den Geist. Nach der 2. Aufl. des Orig. aus dem Engl. übers. von Ernst Susemihl. 8. (XII und 498 S.) Leipzig 850, Kollmann.

Celibates. By George **Moore**. Copyright ed. Leipzig: Tauchnitz 1895. 336 S. 8°
(Collection of British authors. Tauchnitz Ed. Vol. 3068.) [11. 8079

Moore, George, Celibates, s.a. Collection of British authors.

Confessions of a young man. By George **Moore**. 1886. Ed. and ann. by George Moore, 1904. Copyright ed. Leipzig: Tauchnitz 1905. 272 S. 8°
(Collection of British authors. Tauchnitz Ed. Vol. 3812.) [11. 8603

Moore, George, Confessions of a young man, s.a. Collection of British authors.

George **Moore**. Erinnerungen an die Impressionisten [Reminiscences of the Impressionist Painters]. Mitgeteilt von Max Meyerfeld. Berlin: Br Cassirer 1907. (61 S.) 8° [07. 16438

The untilled Field. By George **Moore**. Copyright ed. Leipzig: Tauchnitz 1903. 302 S. 8°
(Collection of British authors. Tauchnitz Ed. Vol. 3656.) [11. 8496

— the untilled field, s.a. Collection of British authors.

— Frauenromane. Autoris. deutsche Ausg., besorgt u. eingeleitet v. Max Meyerfeld. 1. Bd. 8. Berlin 904. E. Fleischel & Co. n. 6.—; geb. n. 7. 50
Arbeite u. bete. (Esther Waters.) Roman. Uebers. v. Annie Neumann-Hofer. (XX, 491 S.)

Evelyn Innes. By George **Moore**. Copyright ed. In 2 vol. Vol. 1. 2. Leipzig: Tauchnitz 1898. 8°
(Collection of British authors. Tauchnitz Ed. Vol. 3294/5.) [11. 8230

Moore, George: Evelyn Innes, s.a. Collection of British authors.

The Lake. By George **Moore**. Rev. for the Tauchnitz ed. Copyright ed. Leipzig: Tauchnitz 1906. 303 S. 8°
(Collection of British authors. Tauchnitz Ed. Vol. 3863.) [11. 8646

— the lake, s.a. Collection of British authors.

Irdische und himmlische Liebe. Roman von George **Moore**. Bd 1. 2. Berlin: E. Fleischel & Co. 1905. 2 Bde 8° [F.]
1. (Evelyn Innes.) 2. (Sister Teresa.)
Moore Frauenromane. Bd 2. [05. 5958

— irdische u. himmlische Liebe. (Frauenromane.) Autoris. deutsche Ausg., besorgt u. eingeleitet v. Max Meyerfeld. 2 Bde. 8. Berlin 905. E. Fleischel & Co. n. 10.—; geb. n. 12.—
1. (Evelyn Innes.) (VII, 412 S.) — 2. (Sister Teresa.) (320 S.)

— die Macht der Seele über den Körper. In Beziehung auf Gesundheit und Sittlichkeit dargestellt. Nach der 4. Aufl. des Orig. aus dem Engl. übers. von E. Susemihl. 8. (XXVIII und 347 S.) Leipzig 850, Kollmann.

Memoirs of my dead life. By George **Moore**. Copyright ed. Leipzig: Tauchnitz 1906. 278 S. 8°
(Collection of British authors. Tauchnitz Ed. Vol. 3921.) [11. 8687

— Memoirs of my dead life, s.a. Collection of British authors.

— der Mensch und die ihn leitenden Beweggründe. Nach der 2. Aufl. des Originals aus dem Engl. übers. von Ernst Susemihl. 8. (XII und 421 S.) Leipzig 850, Kollmann.

Aus toten Tagen (Memoirs of my dead life). Novellen von George **Moore**. Deutsch von Max Meyerfeld. Berlin: E. Fleischel & Co. 1907. (305 S.) 8° [F. u. Ant.]. [07. 15948

— Aus toten Tagen. (Memoirs of my dead life.) Novellen. Deutsch v. Max Meyerfeld. (366 S.) 8. Berlin 907. E. Fleischel & Co. 5.—; geb. 6.50

Sister Teresa. By George **Moore**. Specially rewritten for the Tauchnitz ed. Copyright ed. In 2 vol. Vol. 1. 2. Leipzig: Tauchnitz 1901. 8°
(Collection of British authors. Tauchnitz Ed. Vol. 3535/6.) [11. 8406

Moore, Geo., Sister Teresa, s.a. Collection of British authors.

Moore, George, Esther Waters, s.: Library, the English.

Moore, George Dunning [aus Worcester, Mass., U. S. A.]: Ueber die Einwirkung von Phosphorpentachlorid auf die drei isomeren Monooxybenzoesäuren .... Bonn, Univ.-Buchdr. v. Carl Georgi, 1887. 1 Bl. + 56 S. + 1 Bl. 8°.
Bonn, Phil. Fak., Inaug.-Diss. v. 10. März 1887.

Moore, George Dunning, über die Einwirkung von Phosphorpentachlorid auf die drei isomeren Monooxybenzoesäuren. Diss. Bonn 1887, Emil Strauss. 8°. 56 S.

Moore, J.: Barker und Hood. Kriminal-Roman a. d. amerikan. Leben. Deutsch v. L. Herzberg. Berlin: R. Jacobsthal [1898]. (2 Bl., 192 S.) 8°
= Detektiv-Romane, Amerikanische. Bd IV.

Moore, J., Barker u. Hood, s.a. Detectiv-Romane, amerikanische. 4. Bd.

Moore, J. C., the German interpreter; or original conversations in English and German, on every topic useful to the traveller: with the exact pronunciation, expressed in a separate column etc. With a table of coins, models of letters etc. qu. 16. (21¼ B.) Leipzig 844, T. O. Weigel. *

Moore, J. L., Servius on the tropes and figures of Vergil. S.-A. 1891. 66 S.

Moore, James: Abhandlung über die Arzneimittellehre oder Beleuchtung der Theorien des Dr. Cullen, Hunters und anderer berühmter Schriftsteller über die Wirkungsarten der Arzneimittel. (An Essay on the materia medica, in which the theories of Dr. Cullen are considered together with some opinions of Mr. Hunter and other celebrated writers. Dt.) 206 S., gbd.

Leipzig: Schwickert 1794

ABRISS des gesellschaftlichen Lebens und der Sitten in Frankreich, der Schweiz und Deutschland. In Briefen entworfen (von *John Moore*, geb. 1730, † 1802). Nach der 2. Englischen Ausgabe. Leipzig 1779. 8°. (In Hannover, Stadtbibl.) Fehlt im Anon-Lex. 4 Bl., 483 S.

Enth. auch interessante Nachrichten über Berliner Verhältnisse und das Leben am preussischen Hofe in Potsdam und Berlin.

Orig.: Moore, J., A view of society and manners in France, Switzerland and Germany. 2. ed. 2 vols. London 1779. 8°. (6 Mk. Rich. Bertling, Dresden, 1906.)

Moore, Jh., Abriß d. gesellschaftl. Lebens u. der Sitten in Frankreich, Schweiz u. Deutschland; aus d. Engl. 2 Bde. gr. 8. Leipz. 785. Weidmann. 1 ℛ

— Abriß d. Gesellschaft u. Sitten in Italien; als Fortsetz. obig. Werks. 2 Thle. gr. 8. Ebd. 786. 1 ℛ 4 gr

— lettres sur l'Allemagne et la Suisse. Berne, Soc. Typ. 795.

Moore J.: Die Schutzkraft d. Kuhpocken durch den neuesten dem Parlemente mitgetheilten ... Bericht d. National-Vaccinations-Anstalt zu London ausser Zweifel gesetzt. Nebst einem Anh. ... Aus d. engl. Werke d. — ausgezogen, ... herausg. durch A. A. Hanemann. Hamb. 1818. 43 S. P.

Moore, John, die Schutzkraft der Kuhpocken rc. s. a. Hanemann, A. A.,

— medic. Skizzen; aus d. Engl. gr. 8. Lpz. 786. Schwickert. 1 ℛ

MOORE'S, Dr. Johann, Tagebuch während eines Aufenthalts in Frankreich, vom Anfange August bis Mitte Decembers (!) 1792. Nebst einer Erzählung der merkwürdigsten Pariser Ereignisse von diesem Zeitpunkt an, bis auf den Tod des letztverstorbenen Königs von Frankreich. Aus d. Engl. übers. (von Friedr. Ludw. Wilh. Meyer). (Motto aus Tacit.) 2 Thle. Berlin, 1794, in der Vossischen Buchhandlung. 8°. (Auch im British Museum.)

I: 320 S. (incl. Tit.). II: 398 S. (incl. Tit.), 1 von C. F. Gürsch sauber gestoch. Karte von Dumouriez's Feldzug an der Maas, 1792 (nach D. F. Sotzmann's verkleinerter Zeichnung).

— Tagebuch währ. eines Aufenthalts in Frankreich v. Aug. bis Dec. 1792. 2 Bde. Aus d. Engl. (v. Fr. L. W. Meyer). 8. Berl. 794. (1r Thl. 2e Ausg. 820). Voß. 2 ℛ 4 gr

— Ubersi. v. d. Ursachen u. d. Fortg. d. franz. Revolution, a. d. Engl. 2 Thle. 8. Leipz. Küchler. (Meyiel.) 796. (1r 1 Rthlr. 2r 1 Rthlr. 4 gr.)

Moore, J., Uebersicht d. Ursachen u. d. Fortgangs d. franz. Revolution. 2 Bde. 8. Leipzig, 798. Jetzt Knobloch.

— Uebersicht v. d. Ursachen u. d. Fortgange d. französ. Revolution. 2 Thle. Aus d. Engl. 8. Leipz. 796. (Knobloch; auch Fr. Fleischer). 2 ℛ 4 gr

Moore, J., Uebersicht von den Ursachen u. den Fortgang d. franz. Revolution rc., ist jetzt Verlag von Benj. Fleischer in Leipz.

— view of society and manners in Italy, in France, Swisserland and Germany etc. IV Vol. 12. Paris. (Levrault in Strasb.) 803.

— Zelucko. Schilderungen d. menschl. Natur. 2 Thle. Aus dem Engl. 8. Liegn. 791. Siegert. 3 ℛ

Moore, Jh., Zeluko, od. Schilderung der menschl. Natur; aus d. Französ. 2 Thle. 8. Liegnitz 791. Siegert. 3 ℛ

Moore, J(ohn) L(owry): Die theoretische Stellungnahme der englischen Schriftsteller zur Fremdwörterfrage während der Tudor-Stuartzeit. ⟨Teildr. Kap. 6.⟩ Göttingen 1909: Dieterich. 38 S. 8° ⟨Ersch. vollst. als: Studien z. engl. Philol.)

Göttingen, Phil. Diss. v. 7. Sept. 1909, Ref. Morsbach

[Geb. 25. Okt. 80 Belfast; Wohnort: Belfast; Staatsangeh.: Großbritannien; Vorbildung: Dublin B. A. Okt. 04; Studium: Göttingen 7 S.; Rig. 2. Aug. 09.] [U 10. 1443

Tudor-Stuart Views on the growth, status and destiny of the English language. By J. L. **Moore**. Halle: Niemeyer 1910. XII, 179 S. 8° (Studien z. englischen Philologie. H. 41.) 10. 13022 2

Moore, J. L., Tudor-Stuart views on the growth status and destiny of the English language, s.a. Studien zur engl. Philologie. 41. Heft.

Moore, Ira. [von Cross Hills, England]: On the Condensation products of Orthophenylenediamine with Carbodiphenylimide and Carbodi-p-tolylimide. Uster-Zür. A. Diggelmann Dr. 1890. 52 S. 8°.

Zürich, Phil. Diss. [v. 16. Dec. 1889].

Moore, Thom., s. a.: Little, Thom.

— Abende in Griechenland. Gedicht. Aus dem Engl. übers. von G. E. Dieffenbach. 16. Darmstadt 846, Pabst. 5/12 ℛ (In engl. Einb. m. Goldschn. 3/4 ℛ)

— lyrical beauties. Selected by H. M. Melford. 8. Brunswick 845, Westermann. n. 16 ngr

—— Briefe u. Tagebücher d. Lord Byron, s. Byron.

— u. Lord Byron, Dichtungen. In deutscher Uebersetzung m. gegenübergedrucktem Original. 16. (IV u. 107 S.) Leipzig 852, Brockhaus. n. 2/3 ℛ In Engl. Einb. m. Goldschn. n. 24 ngr

—— the Epicurean, s. Library, a new English, Vol. I.

— der Epikuräer; aus d. Engl. v. Johannes J. 8. Innsb. 828. Wagner. (Augsb., Wolff). 1 ℛ 3 gr

Moore, Thomas. Der Epikuräer. Aus dem Englischen von Joh. J. Innsbruck 1828. Ü: *Schuler, Johann.* (Russell XII, 1, 1014)

Moore, Thomas. Der Epikuräer. Aus dem Englischen von Johannes J. Innsbruck 1828. Ü: *Schueler. Johann.* (Margr)

Der Epikuräer. Eine Erzählung aus d. Engl. des Thom. Moore von Joh. Sporschil. Jena: Voigt 1828. VIII, 252 S. 8°

TB. 250. Führt das System des griechischen Philosophen Epikur mit den Schrecknissen der Feuer-, Luft- u. Wasserprüfungen vor. Ins Franz. übers. von A. A. Renouard Paris: 1827. 8° Ins Holländ. übers. von H. v. Loghem Deventer: 1829. Eine italien. Übers. erschien Venice: 1835, Milan: 1836. 24° 358a.

[F.] Der Epikuräer. Von Thomas Moore. A. d. Engl. übs. v. E[lis.] Schück. *Cuserow: Gebr. Schlechter 1896.* (136 S.) 1 Bd 8.
(Collection 'Olla potrida'. [No 1.]) [96. 8533

— dasselbe. Eine Erzählg. Aus d. Engl. übers. v. C. L. sen. gr. 8. (VII, 187 S.) Kiel 897. Lipsius & Tischer. n. 2. 50

Moore, Thom., the fire-worshippers, s.: Authors, English.

—— Gedichte. A. d. Engl. übers. v. J. K. Schuller. 2., verb. Aufl. 8. (2 B.) Hermannstadt 830, Thierry.

— Gedichte. Aus d. Engl. übers. v. Rector J. K. Schuller. 2e verb. Aufl. 8. Hermannstadt 830. (Leipz., Weigand). 6 ℊ

Moore, Thom., ausgewählte Gedichte übers. von F. B. 16. (10 S.) Stade 849. (Hamburg, Theod. Niemeyer.) *

—— irische Gesänge übertragen von Wilh. Cornelius. 16. (14¾ B.) Berlin 841, [Dank.] *

— Irische Gesänge übertragen von Wlh. Cornelius. 16. Berlin u. Stralsund 841, Cornelius. n. ⅔ ℛ

— ältere Geschichte Irlands von den frühesten Zeiten bis zur britischen Invasion. Aus d. Engl. frei übertragen von Carl Ackens. 2 Bde. gr. 8. Carlsruhe u. Baden-Baden 846, Marr'sche Buchh. 2 ℛ 24 nℊ

— die Geschichte von Irland. Aus d. Engl. übersetzt von Aug. Schäfer. (3 Bde. in 9 Lfrgg.) 1r Bd. 1e—3e Lfrg. gr. 8. Würzburg 835. Stahel'sche Buchh. 1 ℛ

— Geschichte von Irland. Aus d. Engl. übersetzt von Peter Klee. 1r Bd. (in 2 Abthll.). gr. 8. Mainz 835, 36. Kirchheim, Schott u. Thielmann. 1 ℛ

—— Laleh-Rukh, s. Bibliothek, classische, des In- und Auslandes.

— Dass. wie es am 27. Jan. 1821. in Berlin gegeben wurde, s. Graf v. Brühl.

— Lalla Rookh, übers. v. J. L. Witthaus, s. Taschenbibl. d. ausl. Klassiker No. 41. 42.

Moore, Thomas, Lalla Rukh, s. Universal-Bibliothek Nr. 1314 und 1315.

— Lalla Rukh, od. d. mongolische Prinzessin. Romant. Dichtung aus d. Engl. in d. Sylbenmaaßen d. Originals übersetzt von Fr. Baron de la Motte Fouqué. 8. Berl. 822. Schlesinger. 2 ℛ 12 ℊ

— Lalla Rookh, an Oriental Romance. 11e Aufl. 8. Leipz. 822. Fr. Fleischer. 2 ℛ

— Lalla Rookh, übers. v. J. L. Witthaus. 2 Thle. Mit 2 Kpf. 16. Zwickau 823. Schumann. 16 ℊ

— Lalla Rookh. Metrisch übers. v. G. W. Bueren. gr. 8. Emden 829. du Puy. (Engelmann in Leipz.) 1 ℛ 16 ℊ

—— Lalla Rookh. Metr. übers. v. C. W. Bueren. gr. 8. (19 B.) Emden 829. (Potsdam, Vogler.)

— Lalla Rukh. Eine oriental. Romanze. Uebersetzt von F. v. Pechlin. gr. 12. Frankf. a. M. 830. Schmerber. 1 ℛ

— Lalla Rookh. An oriental Romance. Campe's Edition. schmal 12. Nurnb. and New-York 833. Campe and C. ½ ℛ

—— Lalla Rukh. Oriental. Erzählung, aus d. Engl. übers., nebst Anhang theils übersetzter, theils eigener Gedichte, v. J. H. Heinr. Menke. (23 B.) Bremen 843, Schünemann's Berl. 1

Moore, Thom., Lalla Rukh. Ein Gedicht. Deutsch von Fr. Baron de la Motte Fouqué. Neue unveränd. Ausg. 8. Berlin 846, Schlesinger. ¾ ℛ

— Lalla Rukh. Ein Gedicht. Deutsch von Thdr. Oelckers. 3. durchges. Ausg. 16. (Mit 1 Stahlstich.) Leipzig 846, B. Tauchnitz jun. In engl. Einband m. Goldverz. u. Goldschnitt. n. 1⅓ ℛ

—— Lalla Rookh an oriental romance. Mit Worterklärung von Frz. Bauer. gr. 12. (290 S.) Celle 847, Schulze-sche Buchh. *

Moore's, Thom., Lalla Rukh. Deutsch von Alex. Schmidt. 16. (III und 299 S.) Berlin 857, Decker'sche geheime Ober-Hofbuchdruckerei. 1 Thlr. 6 Ngr.; geb. *

Moore, Thomas, Lalla Rookh, an oriental romance. Erklärt von Franz Bauer. 2. (Titel-) Aufl. 12. (290 S.) Celle (844)68, Schulze'sche Buchh.

Moore's, Thom., Lalla Rukh. Deutsch von Alex. Schmidt. 2. Aufl. gr. 16. (298 S.) Berlin 876, v. Decker's Verlag. geb. mit Goldschn. *

Lalla Rukh, die mogolische Prinzessin. Romant. Dichtung von Thomas Moore. Aus d. Engl. übers. von Friedrich B[n] de la Motte Fouqué. Mit e. Vorbemerkung von Dr. Arthur Ploch u. d. Bilde d. Dichters. Halle a. S.: O. Hendel [1906]. (224 S.) 8° [F.]
(Bibliothek d. Gesammtliteratur d. In- u. Auslandes. No 1977–79.) [07. 1696

— Lalla Rukh, die mongolische Prinzessin, s. a. Bibliothek der Gesamtliteratur.

—— Letters and Journals of Lord Byron, s. Byron.

— Letters and Journals of Lord Byron: with notices of his life. Complete in one Volume. Lexcon 8. Frankf. 830, 31. Brönner. 1 ℛ 3 ℊ

— die Liebe d. Engel; aus d. Engl. übers. v. Fr. Balduin. (Jh. Paul Röbe). 8. Berl. 829. Enslin'sche B.; auch Schaarschmidt in Leipz. 12 ℊ

— dass. Aus d. Engl. von Balduin. 8. Leipzig ... Günz. ⅓ ℛ

— die Liebe d. Engel. Gedicht in 3 Gesängen, mit beigefügtem engl. Text; übersetzt durch Paul Graf v. Haugwitz. gr. 12. Bresl. 829. Gosohorsky. Velinp. 18 ℊ

— die Liebe der Engel. Eine mythische Dichtung. Aus d. Engl. übersetzt von Joh. Bapt. Rousseau. 8. München 834. Fleischmann. ⅜ ℛ

— the Loves of the Angels, a Poem. 4e Aufl. gr. 8. Berl. 824. Schlesinger. 1 ℛ 6 ℊ

— the Loves of the Angels. (Campe's Edition.) 12. Nürnberg and New-York 835. Campe and Comp. ¼ ℛ

Moore, Thomas, irische Melodien, s. Universal-Bibliothek.

— irische Melodien, in den Versmaaßen übertr. v. Alfons Kißner mit Beiträgen v. Frdr. Bodenstedt. gr. 16. (XVI, 148 S.) Hamburg 875. Hoffmann & Campe's Verl. 2. 50; geb. m. Goldschn. 4. —

— Memoiren d. Hauptmanns Rock. Ueber die Verhältnisse des Staats, d. Kirche u. d. Volks in Irland. Mit geschichtl. Erläuterr. u. Belegen. Aus d. Engl. 8. Bresl. 824. Max u. C. 1 ℛ 12 gℛ

— Notices on the life of Lord Byron, s. Byron, Works.

— Odes of Anacreon. (With preface of J. Carter.) gr. 12. Karlsr. 829. Braun. 18 gℛ

—— das Paradies und die Peri, s. Breitkopf und Härtel's Text-Bibliothek Nr. 64.

— das Paradies und die Peri und die Feueranbeter. Nach d. Engl. von Minna Witte. gr. 12. Hamburg 837. Hoffmann u. Campe. 2/3 ℛ

— Paradies und die Peri. Mit einem Anhang Byron'scher Lieder. Für Freunde der Poesie von Herm. Kurtz. 16. Stuttgart 844. (A. Becher.) 9 ngℛ

Moore, Thomas: Das Paradies und die Peri. Dichtungen aus Lalla Rookh. In Musik gesetzt von Robert Schumann. Prag, 1857 Druck von Friedr. Roblicek. (20 S. 8°)

—— das Paradies und die Peri. Dichtung. In deutscher Uebertragung von M. Witte. 3. Aufl. 16. (40 S.) Darmstadt 878, Hoffmann. *

Moore, Thom., Paradise and the Peri; selections from Irish melodies, National airs, and Sacred songs ed. by K. Grosch, s.: Collection of famous authors, I.

Moore, Th., Paradise and the Peri and the fire-worshippers from „Lalla Rookh", s.: Rauch's English readings.

Moore, Thom., Paradise and the Peri, hrsg. v. A. Bremer, s.: Schulausgaben engl. u. französ. Schriftsteller.

— Paradise and the Peri, nebst einzelnen Gedichten Verschiedener. Hrsg. von Thdr. Hansing. 8. (IV u. 48 S.) Lüneburg 851, Engel. n. 1/3 ℛ

— paradise a. the Peri, nebst einzelnen Gedichten Verschiedener. Hrsg. v. Thdr. Hansing. 2. Aufl. 8. (IV, 48 S.) Lüneburg 872. Engel. n. — 50

—— lyrische Perlen. Nebst einem Anhang aus verschiedenen englischen Dichtern. Gesammelt und übers. von Wilh. Andreä. 16. (XII und 91 S.) Hannover 856, Lohse. *

— lyrische Perlen. Nebst einem Anh. aus verschiedenen englischen Dichtern. Gesammelt u. übers. von Wilh. Andreä. Hannover 857. Lohse. 16. (6 Bl., 91 S.) n. 10 ngr

— s. auch Deg. Bett.

—— Reisen e. Irländers, um d. wahre Religion zu suchen. Mit Noten u. Erläutern. A. d. Engl. übers. v. Moritz Lieber. 2 Thle. 1. Aufl. gr. 12. (19 B.) 834., 2. A. (?), 3., nochm. durchges. A. gr. 8. (20½ B.) Aschaffenburg 835, Pergay. à

—— Reisen eines Irländers um die wahre Religion zu suchen. Mit Noten u. Erläuterungen. A. d. Engl. übers. v. Mor. Lieber. 4. Aufl. gr. 8. (19 B.) Aschaffenburg 841, Pergay.

— Reisen eines Irländers um die wahre Religion zu suchen. Mit Noten u. Erläuterungen. Aus dem Engl. übersetzt von Moriz Lieber. 5. Aufl. gr. 8. (X u. 272 S.) Aschaffenburg 847, Pergay.

Moore, Thom., Reisen eines Irländers, um die wahre Religion zu suchen. Mit Noten u. Erläuterungen. Aus dem Engl. übers. von Moritz Lieber. Aschaffenburg, Pergay, 1852, gr. 8°, X, 272 S., 6. Aufl., 2,50 Mk.

—— dass. (unt. d. T.:) Wanderungen e. irländ. Edelmannes zur Entdeckung e. Religion. Mit Noten u. Erläutern. A. d. Engl. 2 Bde. 1—3. Aufl. (à 25½ B.) 834., 4. A. (24 B. u. M's. Bildn. in Stahlst.) gr. 8. Köln 835, DuMont-Schauberg. à

— Wanderungen eines irländischen Edelmannes zur Entdeckung einer Religion. Mit Noten u. Erläuterungen. Aus d. Engl. 2 Bde. breit gr. 8. Köln 833. Du Mont-Schauberg. 1 ℛ — 3e Aufl. 834. 1 ℛ — 4e Aufl. (Mit Moore's Bildn.) gr. 8. Ebd. 835. 1 ℛ

Moore, T. Wanderungen eines irländischen Edelmanns zur Entdeckung einer Religion. Köln 1835. Ü: *Braun, Joh. Wilh. Jos.* [?]. (Gla I, 2, 667)

Moore's, Thom., Wanderungen ein. irländ. Edelmannes z. Entdeckung ein. Religion, beleuchtet v. einigen sein. Landsleute. A. d. Engl. übers. u. mit erläut. Anmerkn. begl. v. Joh. Chrstn. Wilh. Augusti. gr. 8. (31½ B.) Köln 835. Bachem. *

—— poet. Werke, deutsch v. Theod. Oelckers. 4 Bde. 16. Leipzig 839, B. Tauchnitz jun. à * ½ Thlr. *

Bd. 1. Lalla Rukh. (15 B. u. M's. Portr. v. Schwerdgeburth.)
" 2. Die Liebe d. Engel. — Irländische Melodien. — Volks-Weisen. (14½ B.)
" 3. Balladen u. Lieder. — Religiöse Gesänge. — Vermischte Gedichte. — Die Familie Fudge in Paris. (13½ B.)
" 4. Episteln, Oden u. a. Gedichte. — Fabeln. — Gedichte auf d. Reise. — Tom Crib's Memorial z. Congreß. — Der Zweifler. — Biograph. Notizen. (14 B.)

Moore, Thom., poetische Werke deutsch v. Theod. Oelckers. 2., verm. Ausg. 5 Bde. 16. (72½ B. u. M's. Portr.) Leipzig 843, Bernh. Tauchnitz jun.

Moore, Thom., Works, s. Collection of british Authors.

Moore, (Th.,) Works. Compl. in 1 Voll. gr. 8. Leipzig 826, E. Fleischer.

Moore, Thomas, Works. Acurately printed from the last orig. edit., with critical Notes and a sketch of his life. A new edit., compl. in one Vol. With the Portr. of the author (v. C. A. Schwerdgeburth.) gr. 8. (49½ B.) Leipsic 833, E. Fleischer.

Moore, Thom., Works. Accurately printed from the last orig. edit., with crit. notes. Vol. II. Lex.-8. (16½ B.) Leipsic 840, E. Fleischer. Thlr. *
Vol. 1. Ebendas. 1833. 3 Thlr. 8 Gr.

—— poetical works, s. Collection of british Authors.

Moore, Thom., poetical Works. VI Vol. Mit Kpf. 16. Zwikkau 821. Schumann. 2 ℛ Hbg. Pr. 1 ℛ 8 gℛ

Mooren, Albert

MOOREN, Ueber die Behandlung der Bindehaut-Erkrankungen. Düsseldorf 1865. Buchdruckerei von Theod. Stahl. 8°.

Die medicinische und operative Behandlung kurzsichtiger Störungen v. Prof. Dr. Alb. **Mooren**, Geh. Medicinalr. *Wiesbaden: J. F. Bergmann 1897.* (1 Bl., XI, 135 S.) 1 Bd 8. [96. 8809

Mooren, Alb., die operative Behandlung der natürlich u. künstlich gereiften Staar-Formen. [Aus: „Festschr. d. Ver. d. Aerzte d. R.-B. Düsseldorf".] gr. 8. (33 S.) Wiesbaden 894. J. F. Bergmann. n. 1. —

Mooren, Alb., ophthalmiatrische Beobachtungen. Berlin 867. A. Hirschwald. gr. 8. (VI, 347 S.) n. 1 *Rthlr* 20 *ngr*

Mooren. Albert. Clemens (geb. Oedt im Rheinl. 26. 7. 1829) De diplopia. Berolini (1854). (31 S.) 8°
Berlin, Med. Diss. v. 25. Aug. 1854

— die verminderten Gefahren einer Hornhautvereiterung bei der Staarextraction. 8. (43 S.) Berlin 862, A. Hirschwald. *

Mooren, Alb., über sympathische Gesichtsstörungen. gr. 8. (VI, 170 S.) Berlin 869, Hirschwald. *

Gesichtsstörungen und Uterinleiden. Von Prof. Dr. A[lbert] **Mooren** in Düsseldorf. 2. umgearb. Aufl. *Wiesbaden: J. F. Bergmann 1898.* (VIII, 100 S.) 1 Bd 8. [98. 9107

Mooren, A., Hauteinflüsse und Gesichtsstörungen. 8. (55 S.) Wiesbaden 884, Bergmann. *

Mooren, Alb., fünf Lustren ophthalmologischer Wirksamkeit. gr. 8. (VI, 311 S.) Wiesbaden 882. Bergmann. n. 10. —

Mooren, Alb., ophtalmologische Mittheilungen aus d. J. 1873. gr. 8. (122 S.) Berlin 874. Hirschwald. n. 2. 80

MOOREN, Ueber Retinitis pigmentosa. Vortrag gehalten in der Generalversammlung des Vereins der Aerzte des Regierungsbezirks Düsseldorf, zu Düsseldorf, am 10. Juni 1858. Gedruckt aus Anlass eines Beschlusses der Generalversammlung. Düsseldorf 1858. Buchdruckerei von Wilhelm Kaulen. 8°.

Mooren, A. Die Sehstörungen u. Entschädigungsansprüche der Arbeiter. gr. 8. (VIII, 78 S.) Düsseld. 891, A. Bagel. * 1 —

MOOREN, Ueber gehinderte Thränenleitung. Vortrag gehalten in der General-Versammlung des Vereins der Aerzte des Regierungsbezirks Düsseldorf zu Düsseldorf am 26. Mai 1859. Gedruckt aus Anlass eines Beschlusses der General-Versammlung. Düsseldorf 1859. Buchdruckerei von Wilhelm Kaulen. 8°.

Mooren, J., das dortmunder Archidiakonat. Archäologische Monographie. gr. 8. (XV und 208 S.) Köln und Neuß 853, Schwann'sche Vrlgsh. *

Mooren, J., über Eigenthum und Benutzung der Kirchhöfe auf dem preußischen Gebiet des linken Rheinufers. gr. 8. (III und 185 S.) Köln und Neuß 857, Schwann'sche Verlagsh. *

Mooren, J., zum rheinpreuß. Kirchen- und Schulrecht. I. Was ist auf dem linken Rheinufer, wenn ein altersschwacher Pfarrer seine Dienste nicht mehr persönlich verrichten kann, Rechtens? Kirchenrechtliche Abhandlung. gr. 8. (18 S.) Köln und Neuß 870, Schwann's Verlag.

Mooren, die Erzdiöcese Köln bis zur französischen Staatsumwälzung, s.: Binterim.

Mooren, J., alterthüml. Merkwürdigkeiten d. Stadt Xanten, f. Geschichtsforscher u. Bewahrer d. Alterthümer rc. 1. Hft.

— Nachrichten über Thomas a Kempis nebst einem Anhange von meistens noch ungedruckten Urkunden. Crefeld 855. Gehrich u. Co. 8. (XIV, 258 S.) 25 *ngr*

Mooren, J. H., die alte u. neue Erzdiöcese Köln, s. A. J. Binterim.

Mooren, Th., die Börsensteuer. Vortrag, gehalten in der General-Versammlung der Steuer- und Wirthschafts-Reformer am 17. Febr. 1880. gr. 8. (15 S.) Berlin 880, Verlagshandlung (F. Graf Behr). *

Mooren, Th., Ein Wort an den Bauernstand in den Rheinlanden, mit besond. Rücksicht auf die Steuerfrage. 8°. Köln, Bachem in Comm., 1879. VI, 76 S.

Moorfeld's Leiden u. Freuden. Eine Erzählung, von Theod. Fröhlich. 8. Berl. Neue Societätsbuchh. 812.

Moor- und Alpenflora, Die, (Eiszeitflora) des National-Arboretum und Alpengartens Zöschen bei Merseburg ... [Halle a. S. 1899.] V: *Dieck, G.* (Bücherverz. d. Zentralbibl. d. D. u. Ö. A.-V. München 1906.)
Vgl. M o o r p f l a n z e n , Die,...

Moorgebiete, die, des Herzogthums Bremen. Veröffentlicht auf Anordnung des königl. preuss. Ministeriums für die landwirthschaftl. Angelegenheiten. gr. 8. (IV, 107 S. mit 1 chromolithogr. Uebersichtskarte.) Berlin 877, [Wiegandt, Hempel und Parey.] Parey. *

Die **Moorkultur** zu Klein-Düben. Eine Beleuchtung der Bemerkungen zu der Ausführung von Moordammkulturen v. Professor Dr. Hugo Grahl, vom Kulturtechnischen Bureau von Schweder. Berlin und Gross-Lichterfelde. 1890. 8°

Moorman, Frederic William

Moorman, Frederic W.: William Browne. His Britannia's Pastorals and the Pastoral Poetry of the Elizabethan age ... (Erscheint vollst. in d. Quellen u. Forsch. z. Sprach- u. Culturgesch. d. german. u. roman. Völker.) Strassburg, K. J. Trübner, 1896; VI, 67 S. 8.
Strassburg, Phil. Fak., Inaug.-Diss. v. 1896

Moorman, Fred. W., William Browne. His Britannia's pastorals and the pastoral poetry of the Elizabeth an age, s.a. Quellen u. Forschungen zur Sprach- u. Culturgeschichte d. german. Völker.

Moorman, F. W., Association Fussball. E. Handbuch f. Anfänger m. Regeln, Winken f. Spieler etc. 12. (20 S. m. 1 Plan.) Strassburg 895. Strassburger Druckerei u. Verlagsanstalt. n.n. — 30

The interpretation of Nature in English poetry from Beowulf to Shakespeare. By Frederic W. **Moorman**. Straßburg. K. J. Trübner 1905. (XIII, 244 S.) 8°
= **Quellen** u. Forschungen z. Sprach- u. Kulturgeschichte d. german. Völker. 95.

An introduction to Shakespeare by Frederic W[illiam] **Moorman**, Assist. Prof., Leeds. With a frontispiece and 3 ill. Leipzig & Berlin: B. G. Teubner 1906. (IV, 82 S.) 8°
— **School texts**, Teubner's. 2.

— **an introduction to Shakespeare, s. a. Teubner's, B. G., school texts.**

Moormann, Alexand. (Amsterdam), De morbo haemorrhagico Werlhofli. Diss. med. Berlin (Brüschcke) 6. VIII. 1829. 43 S. mit Biogr. (M.: A. ten Brink.) (3.—) 23651
Oppon.: C. Brueninghausen, R. Savels, C. Thulemeyer. — Seinem Vater gewidmet (Joseph Moormann).

Moormann, Arnold [aus Werne]: Aus d. chirurg. Univ.-Klinik zu Bonn. Ueber Tuberculose der Wirbelbögen und ihre operative Behandlung ... Bonn, Buchdr. v. A. Henry, 1897; 28 S., 2 Bl. 8.
Bonn, Med. Fak., Inaug.-Diss. v [27 Febr.] 1897

Moormann, Jos., Andachtsübungen u. Gebete, die nothwendigsten u. heilsamsten, nach Anleitung der Philothea des heil. Franz. von Sales. 12. Münster 838. Deiters. 1/12 ℛ

Moormann, Jos., die nothwendigsten u. heilsamsten Andachtsübungen am Morgen u. Abende, bei d. heil. Messe, Beichte u. Kommunion, nebst Ablaß-, Vesper- u. a. Gebeten u. Litaneien. Ausg. mit grober Schrift. 8. (13 B. u. 1 Stahlst.) Münster 840, Deiters.

Moormann, Jos., die nothwendigsten und heilsamsten Andachtsübungen am Morgen u. Abende, bei der heil. Messe, Beichte u. Kommunion, nebst Ablaß-, Vesper- u. a. Gebeten. (Nach der Philothea des h. Franz v. Sales.) 3. verm. u. verb. Ausg. 18. Münster 843, Deiters. 1/12 ℛ geb. n. 1/6 ℛ
— Dass. u. d. T.: Betet ohne Unterlaß! Die nothwend. u. heilsamsten Andachtsübungen 2c. 4. verb. u. verm. Aufl. 16. Ebend. 846. 1/12 ℛ Velinp. 6 ngl

Moormann, Jos., betet ohne Unterlaß! Die nothwendigsten und heilsamsten Andachts-Uebungen am Morgen und Abende, bei der heil. Messe, Beichte 2c., nebst Ablaß-, Vesper- und andern Gebeten und Litaneien. Nach Anleitung der Philothea des heil. Franziskus von Sales zusammengetragen. 4. Aufl. 1847. und 5., verb. und verm. Aufl. 64. (144 S. mit 1 Holzschn.) Münster 849, Deiters.

— s. kurze Lebensbeschreibung des heil. Franziskus von Sales.

—— kurze Lebensgeschichte d. h. Franziskus v. Sales, Bischofs v. Genf. 2., auf's Neue durchges. u. bedeut. verm. Ausg. 8. (4 B. u. Bildn.) Münster 837, Deiters.

Moormann, Jos., Philothea, s.: Sales, Franzisk. v.

Moormann, Karl: Die Durchbrechungen des Beweisvorzugs des Beklagten und deren Rechtsgrund im deutschen Strafprozesse der fränkischen Zeit und des Mittelalters. Borna Leipzig 1910. 8°
Breslau, Jur. Diss. v. (1910).

Moormann, Carl, Hildesheim. Ein Führer für Einheimische u. Fremde. Unter Mitwirkung hervorrag. Fachleute zusammengestellt. Mit dem Plane der Stadt u. zahlreichen Abbildgn. u. Grundrissen. 7. Aufl. (IV, 152 S.) kl. 8. Hildesheim 904. Gerstenberg. n. 1. —

Moormann, C., Hildesheim, neue Aufl., s.: Haass, Ludw.

— das Wesen der Elektrizität u. des Magnetismus, in gemeinverständl. Darstellung erklärt. (VII, 60 S. m. 25 Abb.) gr. 8. Leipzig (904). E. H. Mayer. n. 1. 80

Moormeister, Eduard Beiträge zur Geschichte der Stadt und Herrschaft Altkirch. 29, 32 SS. **Progr.** *Altkirch* 1876. 1878.

Moormeister, E. [Dir. Dr]: Über volkswirtschaftliche Belehrungen im Unterrichte der höheren Schulen. Strassburg i. E., Buchdr. M. Du Mont-Schauberg, 1889; 44 S. 4°
Schlettstadt, G, P 1889 (489)

Moormeister, E., üb. volkswirtschaftliche Belehrungen im Unterrichte der höheren Schulen. 4. (44 S.) Schlettstadt 889. (Leipzig, Fock.) n. 1. —

Moormeister, Ed., d. ersten Elemente d. Wirtschaftslehre, s. a. Cossa, Luigi.

Die ersten Elemente der Wirtschaftslehre. Nach d. 9. Aufl. der Primi elementi di economia sociale von Dr Luigi Cossa, Prof., Pavia, bearb. von Dr Ed. **Moormeister**, Gymn.Dir. 2 Aufl. Freiburg i. B. Herder 1893. (VII, 159 S.) 8° [Ant. u. F.] 05. 10461 5

— Das wirthschaftliche Leben. Vergangenheit u. Gegenwart, dargestellt f. Schule u. Haus. 8. (VIII, 180 S.) Freib. i. Br. 891, Herder. * 1 80

Moormeister, Eduardus, De antiquarum quae feruntur utopiarum vera natura. Dissertatio philologica etc. 8°. Euskirchenae, typis Aug. Rabuskii, 1869.

MOORMEISTER, Franz (Wiesbaden): Ueber einen Fall von Gangraena cutis multiplex neurotica.- München: Ernst. 1903. 38 S. Diss. Ingolst.-Landsh.-Mchn.
10.3.1903 - Chr 1902/03,25; Jv 1902/03,312

Moorner, General, oder der Streit zwischen Liebe und Pflicht; ein Schauspiel in fünf Aufz. ... Leipzig 1785. V: *Thilo, Friedrich Theophilus.* (NN) (Ky) (MGT) (Stockmayer, D. dtsch. Soldatenstück. Weim. 1898. S. 108.)

Moorner, General; oder der Streit zwischen Liebe und Pflicht. Schausp. v. Verf. d. Emilie Sommer. 8. Leipz. Schneider. (Linke.) 785.

Moor- und Alpenpflanzen, Die, (vorzugsweise Eiszeitflora) des Alpengartens Zöschen bei Merseburg ... 2. Aufl. Halle a. S. [1900]. V: *Dieck, G.* (Berl)
Vgl. Moorflora, Die,...

Wahl, Jo. Friedr. [Präs.] u. Joh. Isaac Moors (Frankf. a. M.) [Resp.]
Dissertatio juridica de actionis editione per libellum secundum jus commune et Francofurtense reformatum.
Giessae 19. Nov. 1732: Eberh. Henr. Lammers. 22 ungez. Bl. 4°
publice defendenda

Moors, Joh. Isaac (Frankfurt a. M.)
Dissertatio inauguralis juridica, de jure protimeseos sive retractus conventionalis et legalis.
Giessae Dez. 1732: Eberh. Henr. Lammers. 68 S. 4°
pro summis in utroque jure honoribus ac privilegiis doctoralibus rite obtinendis.

— Wilhelm Carl Ludwig (Frankfurt / Main), De testamento per matrimonium vel nullo vel rupto ad reformationem Francofurtanam part. IV. tit. IX. et part. III. tit. IV. § 7. Diss. jur. Präs. Jo. Christoph Koch. Gießen (J. J. Braun) April 1773. 48 S. (5.50) 23654

van Moorsel, Adolphus Carolus Maria [Militairarzt d. 2. Niederländ. Husarenregim. zu Venlo]: Casuistische Beiträge zur Parametritis purulenta ... Jena, G. Fischer, 1895; 2 Bl., 7—70 S., 1 Bl. 8.
Jena, Med. Fak., Inaug.-Diss. v. [29. Jan.] 1895

Moorsel, F. H. van, und E. H. v. Baumhauer, Tafeln zur Bestimmung des Alkoholgehalts, s. Baumhauer, E. H. v.

Moorss, Henr. (geb. Paderborn 1829): De perfrigerio. Berolini (1853). (10 S.) 4°
Berlin, Med. Diss. v. 14. Dez. 1853

Moorstadt, Rob. Ad., Chrestomathie aus latein. Dichtern, z. Schulgebrauche zusammengestellt. breit 8. Frankf. 833 (832). Schmerber. 12 gr.

Moorwiesen, baltische, in Einzeldarstellungen. Zusammengestellt v. balt. Samenbauverband, liv-estländ. Landeskulturbureau u. v. der Versuchsstation. (120 S.) gr. 8. Dorpat 908. (Riga, Jonck & Poliewsky.) — 70

Moorzeitschrift, Österreichische. Monatshefte des Deutschösterreichischen Moorvereines. Jg. 1—15. Staab 1900—1914

Moorzeitschrift, österreichische. Monatshefte des „deutsch-österreich. Moorvereines". Schriftleiter: Hans Schreiber. 1.—3. Jahrg. 1900—1902. à 12 Nrn. hoch 4. (à ca. 16 S.) Staab bei Pilsen, Geschäftsleitung. (Nur direkt.) à Jahrg. n. 5. 50

Moorzeitschrift, österreichische. Monatshefte des „deutsch-österreich. Moorvereines". Schriftleiter: Hans Schreiber. 4.—7. Jahrg. 1903—1906. à 12 Nrn. (200, 204, 192 u. 190 S. m. Abb. u. 2, 3, 12 u. 12 Taf.) Lex.-8. Staab bei Pilsen, Geschäftsleitung. (Nur direkt.) à Jhrg. n.n. 5. 50

Moos u. Kohl, kleine Bier-Bibel, e. Studenten- u. Turnerliederbuch, s.: Mück's praktische Taschenbücher. 18. Bd.

Moos, David von

— s. Kalender, astronom.-histor.-polit., v. Zürich

Moos, David von s. Müller, Johannes J. Merkwürdige Überbleibsel von Alter Thümeren .... [Zürich] 1773–1783.

Moos, David von. Thuricum Sepultum & tantum non ignoratum indagatum atque retectum, das ist Sammlung alter und neuer Grabschrifften ...; samt einigen kurzen Nachrichten von den Lebens-Umständen der selig Verstorbenen männlichen Geschlechts. Hrg. von D' von M'. 5 Theile. 8. [Zürich] 1778–1780.
[Theil 1.] ... Grabschrifften, welche in der Stiffts-Kirche zum grossen Münster in Zürich ... vorgefunden werden ... .
Theil 2. ... G', welche in der Kirche zum Frau Münster in Z'... vorgef' werden ... .
Theil 3. ... G', welche in der K' zu St. Peter in Z'... vorgef' werden ... .
Theil 4. ... G', welche in der K' zum H. Geist oder Predigern in Z'... vorgef' werden ... .
Theil 5. ... G', welche in den Kirchen auf der Landschaft Z'... vorgef' werden ... .

Moos, Ernst, Justizref. in Stuttgart: Die **Klage** auf künftige Leistung nach Reichsprozeßrecht. ⟨C.P.O. §§ 257—259.⟩ *Stuttgart 1902: Paulinenpflege.* (78 S.) 8° [J.]
Tübingen, Jur. Diss. v. 1902

Moos, Ernst, die Klage auf künftige Leistung nach Reichsprozeßrecht. (C. P. O. §§ 257—259.) Diss. (78 S.) gr. 8. Stuttgart (903). (R. Kaufmann.) n. 2. —

Moos, Eugen: Heine und Düsseldorf. ⟨Beiträge z. Kritik von Heinrich Heines 'Memoiren' u. 'Buch le Grand'.⟩ Marburg 1908: (Ohligschläger, Düsseldorf). 80, x S. 8°
Marburg, Phil. Diss. v. 19. Sept. 1908, Ref. Elster
[Geb. 24. März 85 Düsseldorf-Grafenberg; Wohnort: Marburg; Staatsangeh.: Preußen; Vorbildung: Gymn. Düsseldorf Reife O. 04; Studium: Marburg 3, München 1, Berlin 1, Marburg 5 S.; Rig. 9. März 08.] [U 09. 3196

Heine und Düsseldorf. Neue Beiträge zu e. Heine-Biographie. Von Eugen **Moos**. Düsseldorf: Schmitz & Olbertz 1909. 79, x S. 8° [09. 3003]

Moos, F. Ueber das Wasser. Mit Berücksicht. Geraer Wasserverhältnisse. gr. 8. (22 S.) Gera 892, Bauch. ** — 25

Die Finanzen Rußlands. Von Ferdinand **Moos**. *Berlin: G. Stilke 1896.* (VIII, 142 S.) 8° [96. 3074]

Moos, Ferd., das neue Rheingauer Kaiser-Skatspiel, s.: Mitteldorf, Ant.

Moos, F. Ursprung, Entwickelung und Zusammenbruch der Spekulation in Goldaktien. Nach statistischen Quellen. (Abdruck aus den Jahrbüchern für Nationalökonomie und Statistik, Band 65.) Jena 1895.

Moos, Friedrich, appr. Arzt: Aus d. Path.-anat. Inst. in Heidelberg. Ein Fall von subkutanem Sakralparasiten. Ein Beitr. z. Frage d. Histol. und Einteilung der Teratome. Heidelberg 1908: Hörning. 63 S. 8°
Heidelberg, Med. Diss. v. 1908, Ref. Ernst
[Geb. 22. Apr. 82 Heddesheim; Wohnort: Heidelberg; Staatsangeh.: Baden; Vorbildung: Gymn. Mannheim Reife M. 02; Studium: Heidelberg 9, München 1 S.; Coll. 2. März 08; Approb. 16. Nov. 07.] [U 09. 1970

Moos, Fritz [aus Wiesbaden]: Über die Einwirkung von Aldehyden auf Aethylenanilin, Aethylen-β-Dinaphtyldiamin und Trimethylenanilin und von Trimethylenbromid auf Aethylenanilin. (Beitrag zur Kenntnis ringförmig geschlossener Verbindungen.) . . . Wiesbaden, Buchdr. v. Carl Ritter, 1889; 38 S. 8°
Erlangen, Phil. Fak., Inaug.-Diss. v. 1889

Moos, Hans, s.: Centralblatt, schweizer. landwirtschaftl.

— die Landwirtschaft d. Verein. Staaten v. Amerika in ihrem Lande u. an der Weltausstellg. in Chicago. Bericht d. schweizer. Delegierten üb. d. Weltausstellg. in Chicago, 1893. gr. 8. (180 S.) Bern 894. (Zürich, A. Raustein.) n. 3. —

Moos, H., Punktir- u. Meßtabellen, nebst kurzer Anleitung zum Messen u. Punktiren d. schweizerischen Rindviehs. schmal Lex.-8. (24, 23 u. 35 S.) Bern 890. Wyß. cart. n. 1. 50; in französ. Sprache. (27, 23 u. 35 S.) cart. n. 1. 50

Moos, H. Punktier- und Mess-Tabellen nebst kurzer Anleitung zum Messen und Punktieren des schweizerischen Fleckviehes. 2. Aufl. In-8°. Bern, K. J. Wyss. 1893. 1 80

— Tables de pointage et de mesurage pour le bétail suisse de la race tachetée, précédées d'une brève instruction concernant leur emploi. Trad. de l'éd. allemande. Gr. in-8°. 27 et 23 p. Ibd. 1891. **Cart. 1 80**

Moos, Hans. Wie baut der Landwirt zweckmässig und billig? 2., stark vermehrte Aufl. Mit 26 Abbildungen im Text, 2 Tafeln und 7 Planbeilagen. VI + 147 S. 8. Frauenfeld, Huber & Co., 1904. [geb. fr. 3. —]

Moos, Hans, einige praktische Winke f. die Anwendung v. Hülfsdünger. 2. Aufl. 8. (46 S.) Luzern 893. (Aarau, J. J. Christen.) n.n. — 30

Moos, H. Einige praktische Winke für die wendung von Hülfsdünger. 2. Aufl. In-8°. Aarau, E. Wirz. 1893.

Moos, Heinr., Album vom Höhgau und Untersee. Nach der Natur gez. und in Holz geschn. Mit Erläuterungen. 1. Thl. qu. 4. (21 S. mit eingedr. Holzschn. und 12 Holzschntaf.) Schaffhausen 867, Brodtmann'sche Buchh. geb. mit Goldschn. *

Moos, Hugo [pr. Arzt aus Ulm a. D.]: Ueber das Cholesterin und seine medizinische Bedeutung '(literarisch-theoret. Studie)' ... Erlangen, Druck d. Univ.-Buchdr. v. E. Th. Jacob, 1892; 25 S. 8.
Erlangen, Med. Fak., Inaug.-Diss. v. Mai 1892

Moos, Johann, und Wyss, Anton. Festreden an der Schlachtfeier in Sempach vom 8. Juli 1901 von Hrn. Professor Johann Moos in Zürich und Hochw. Hrn. Anton Wyss, Domherr in Solothurn. Auf Anordnung des hohen Regierungsrates gedruckt. 32 S. 8. Luzern, Räber & Cie., 1901. [fr. —. 30]

Moos, Joh., s. a. Festreden a. d. Schlachtfeier in Sempach.

Moos, Carl Joseph. Kleines in die Stadt ZUG gefallenes Liebs-Füncklein, So von dem In dem Hertz JEsu Angezündten Feuer-Werck Entsprungen, Und von der Studierenden Jugend den 1. Tag May 1713 in folgendem Kurtzen Schau-Spihl ist nach offenlich-gehaltenem GOtts-Dienst Gespilt worden Zug, Schäll, 1713. Kl.8° *Frontispiz*, 4 Bl. 130 (gez. 128) S. *Mit einem Holzschnitt am Schluß (Christi Geburt)*, Anhang: Reglen Oder Satzungen Für die Bruderschafft der ewigen Anbettung deß Heiligsten Hertzens Jesu So Anno 1713 bey Denen Schwesteren Tertij Ordinis S. Francisci in Zug . . auffgerichtet . . Zug, Schäll, 1713. 16 S. Text und *17 Seiten Musik. Mit e. kleinen Holzschnitt.* Pbd. d. Z., Deckel mit schönem Buntpapier überzogen, Rücken mit Papierstreifen beklebt.
1. Ausgabe, von großer Seltenheit. Vgl. Histor. Biogr. Lex. d. Schweiz V 154.

(F) **Die katholische Kirchenreform** und der **Altkatholizismus** von L. K. **Moos** und Engelbert A. **Zdenek**. (Nach der 2. Beschlagnahme. 3. Auflage.) Mährisch-Schönberg. 1900. Selbstverlag. [In Comm.] Emmer. 8°. 27 S. K — 30

Moos, Ludw., s.: **Erinnerungen** an die Oeffnung der Kaisergräber usw. im Dom zu Speyer.

Moos, Mart. v., **Andachtsbuch** zur Verehrung der heiligsten Herzen Jesu und Mariä. Mit Morgen-, Abend-, Meß-Andacht rc. 8. (VIII und 208 S. mit 1 Stnt.) Luzern 850, Gebr. Räber.

— die heilige Familie. Ein Weihgeschenk für alle frommen Verehrer u. Verehrerinnen Jesu, Mariä u. Joseph. Mit Morgen-, Abend-, Meß-Andacht rc. 8. (VIII u. 352 S. m. 1 Lith.) Ebd. 849. n. ⅓ ₰; m. 8 Lith. n. 17 ngr.

Moos, Mart. v., Gebenedeit sei, der da kommt im Namen des Herrn! Kurze Betrachtungen und Tugendübungen vor und nach der heil. Messe und bei Besuchungen des heil. Altarssakramentes auf alle Tage eines Monats. Nebst Andachten aus den Gebeten der Kirche und den Schriften der Heiligen Gottes. Mit 3 (lith.) Bildern. Einsiedeln 855. Benziger. 24. (VI, 234 S.) 4½ ngr.

— ein **Leit-Stern** durch das Kirchenjahr. Gebete und Andachtsübungen zunächst für die gottesfürchtige kathol. Jugend dann auch für jeden kathol. Christen, meistens aus öffentl. Kirchengebeten und den Schriften der Heiligen gezogen. 8. (VI und 236 S. mit 1 Stnt.) Luzern 850, Gebr. Räber.

— **Maria-Hilf-Büchlein** zur größern Verehrung der allersel. Jungfrau und Mutter Gottes Maria für alle andächt. Verehrer Mariens. Mit Morgen-, Meß-, Beicht-Gebeten rc. 8 (240 S. und 1 Stnt.) Luzern 845, Gebr. Räber.

Moos, Mart. v., Maria-Hilf-Büchlein zur größern Verehrung der allerseligsten Jungfrau und Mutter Gottes Maria für alle andächtigen Verehrer Mariens. Mit Morgen-, Abend-, Meß-, Beicht- und Kommuniongebeten, nebst verschiedenen andern von der Kirche empfohlenen und mit Ablässen versehenen Andachten und Novennen. 2. etwas verm. u. verb. Aufl. Luzern 856. Räber. 16. (288 S. u. 1 Lithogr.) 9 ngr.

— die wunderbaren Wege der göttlichen Vorsehung. Ein christliches Unterhaltungsbuch. 1. Bdchn. u. 2. Bdchn. 1. Abth. Solothurn 854. Scherer. 8. (X, 252; 192 S.) 1.: n. 20 ngr.; II. 1.: n. 10 ngr.

Moos, Moriz, a. Neustadt-Haardt: Ueber plötzlichen Herztod nach Ueberanstrengung mit Berücksichtigung der Unfallgesetzgebung. Aus d. path. Institut d. Univ. München Obermedizinrat [!] v. Bollinger. Neustadt-Haardt [1908]: E. Munz. (19 S.) 8° [F.]
München, Med. Fak., Ref. v. Bollinger, Diss. v. 21. März 1908
[Geb. 20. Nov. 82 Neustadt-Haardt; Wohnort: Neustadt-Haardt; Staatsangeh.: Bayern; Vorbildung: Gymn. Neustadt-Haardt Reife Juli 01; Studium: Straßburg 2, Würzburg 3, Kiel 1, Berlin 1, München 3 S.; Coll. 21. März 08; Approb. 20. Jan. 08.]

Moos, R. v., Sammlung der Gesetze und Verordnungen des Kantons Unterwalden ob dem Wald. Mit Bewilligung der hohen Regierung herausg. Luzern 853. Räber. 8. (425 S.) n. 1 ₰. 12 ngr.

Moos, R. v., Sammlung der Gesetze und Verordnungen von Unterwalden, s. a. Sammlung.

Moos, Oscar [aus Buchau a/F. '(Württemb.)']: Ein Fall von Noma faciei bei einem Erwachsenen ... München, *Druck v. L. Weil in Ellwangen*, 1892; 26 S. 8.
München, Med. Fak., Inaug.-Diss. v. 1893

(Moos, Paul.) Der Kongress der Internationalen Musikgesellschaft zu Basel 25.—27. September 1906. Zwanglose Erinnerungen eines deutschen Teilnehmers. Separatabdruck aus dem Sonntagsblatt der «Basler Nachrichten» vom 21. und 28. Oktober 1906. 18 S. 8. [Basel, Basler Berichthaus A.-G.]

Moos, Paul, moderne Musikästhetik in Deutschland. Historisch-krit. Uebersicht. gr. 8. (VI, 455 S.) Leipzig 902. H. Seemann Nachf. n. 10.—; geb. n. 12.—

Ⓢ **Moos**, Paul, mod. Musikästhetik. 902. (KBL 32.) Jetzt: Berlin, Schuster & Loeffler. Erm. Pr. 8.—, geb. 9.—

Moos, Paul, Richard Wagner als Aesthetiker. Versuch e. krit. Darstellg. (476 S.) 8. Berlin 906. Schuster & Loeffler. n. 5.—; geb. n. 6.—

Moos, Salomon

Moos, S., Beiträge zur normalen und pathologischen Anatomie und zur Physiologie der Eustachischen Röhre. gr. 8. (58 S. mit 18 lithogr. Abbild. auf 7 Taf.) Wiesbaden 874, Kreidel's Verlag. *

Moos, S., die Blutgefässe u. der Blutgefäss-Kreislauf des Trommelfells u. Hammergriffs. Untersuchungen über deren Verhalten. Mit 2 lith. Taf. [Aus: „Arch. f. Augen- u. Ohrenheilkunde".] gr. 8. (28 S.) Wiesbaden 877. Bergmann. n. 2. —

Moos, S., die Blutgefässe und der Blutgefäss-Kreislauf des Trommelfells und Hammergriffs. Untersuchungen über deren Verhalten. gr. 8. (28 S. mit 2 lithogr. Taf.) Wiesbaden 877, Kreidel's Verlag. *
Aus: Archiv für Augen- und Ohrenheilkunde, besonders abgedruckt.

— H. Pollnow und D. Schwabach, die Gehörsstörungen des Locomotivpersonals und deren Einfluss auf die Betriebssicherheit der Eisenbahnen. 2. Abdr. gr. 8. (56 S.) Wiesbaden 882, Bergmann. *
1. Aufl. erschien 1882 in Zeitschrift für Ohrenheilkunde.

Moos, S., Katalog der Sammlung mikroskopischer Präparate betr. die normale u. pathologische Histologie d. Gehörorgans. gr. 8. (39 S.) Wiesbaden 890. Bergmann. n. 1 20

Moos, S., Klinik der Ohrenkrankheiten. Ein Handbuch für Studirende und Aerzte. gr. 8. (X und 348 S. mit 26 in den Text gedr. Holzschn.) Wien 866, Braumüller. *

Moos, S., über Meningitis cerebrospinalis epidemica (Genickkrampf), insbesondere über die nach derselben zurückbleibenden combinirten Gehörs- und Gleichgewichtsstörungen. gr. 8. Heidelberg 881, C. Winter's Universitäts-Buchh. [*M* 2.40.] * — 80

Moos, S., Untersuchungen und Beobachtungen über den Einfluss der Pfortaderentzündung auf die Bildung der Galle und des Zuckers in der Leber. Habilitationsschrift. gr. 8. (30 S.) Leipzig 859, C. F. Winter'sche Verlagsh. *

Moos, S. Histologische u. bacterielle Untersuchungen ub. Mittelohr-Erkrankungen bei den verschiedenen Formen der Diphtherie. [Nach e. in der otiatr. Section der 62. Naturforscher-Versammlg. gehaltenen Vortrag.] gr. 8. (31 S. m. 8 lithogr. Taf.) Wiesb. 890, Bergmann. · · 3 60
Aus: Zeitschrift f. Ohrenheilkunde, besonders abgedruckt.

Moos, S., Untersuchungen über Pilz-Invasion des Labyrinths im Gefolge von einfacher Diphtherie. gr. 8. (III, 46 S. mit 11 Taf.) Wiesbaden 887, Bergmann. *

—— Untersuchungen über Pilz-Invasion des Labyrinths im Gefolge von Masern. gr. 8. (III, 58 S. mit 5 Taf.) Ebendas. 888. *
Vorstehende zwei Schriften sind aus: Zeitschrift für Ohrenheilkunde, besonders abgedruckt.

Moos, S., s.: Zeitschrift f. Ohrenheilkunde.

Moos, Semi: Über septischen Abortus. Berlin 1909: (Gellert). 38 S. 8°
Freiburg i. B., Med. Diss. v. 1909, Ref. Krönig
[Geb. 25. Aug. 83 Randegg; Wohnort: Konstanz; Staatsangeh.: Baden; Vorbildung: Gymn. Konstanz Reife Juli 02; Studium: München 2, Freiburg i. B. 3, München 1, Freiburg i. B. 1, Berlin 2, Freiburg i. B. 2 S.; Coll. 23. Juli 08.] [U 09. 960

Moosauer, Sigmund, aus Dingolfing: Ueber Vorzeitige Lösung und Prolaps der Placenta. *Würzburg 1903: A. Borst.* (25 S.) 8°
Würzburg, Med. Diss. v. 1903

Moosbach, A. v., der verborgene Schatz. gr. 8. (39 S.) Aachen 887. (Cremer.) n. — 90

Moosbach, A. v.: Schuld und Sühne. Erzählung.
in: St. Michaels-Kalender f. christl. Familien. 1886.
Auszugsweise abgedr. in: BrL. 5 (1886—1887) S. 30—32 [u. d. Tit.: „Eine fromme Geschichte"].
Angriff auf die Frmrei.
[BrL. 5 (1886—1887) S. 32.]

MOOSBERGER, Heinrich: Die Bündnerische Allmende. - Chur 1891
III, 157 S. - Diss. Univ. Zürich, Jur. Fak. 1891

Moosberger, Jean, Kunstfahr-Pyramiden. (1 Bl. m. Abbildgn.) Fol. Stuttgart (898). Glaser & Sulz. n. 1. —

Moosberger, med. pract. Johann Konrad, Assistenz-Arzt der medic Universitätsklinik in Zürich (von Flawyl, Kt St Gallen. Aus der medicinischen Klinik des Herrn Professor Eichhorst in Zürich. Ueber genuine fibrinöse Pneumonie nach Beobachtungen auf der Züricher medicinischen Universitätsklinik des Herrn Professor Dr Eichhorst 1. Januar 1884 bis 30. Dezember 1889. Uster-Zür. A. Diggelmann Dr. 1891. 62 S., 1 Bl. 8°.
Zürich. Med. Diss. [v 25. Juli 1891].

Moosblüthen, zum Christgeschenk v. F. W. Carové. (1830). M. Titelk. u. 5 Kpf.
Frankfurt/M.

Moosbrugger, Franz — Der Vormund, oder Schuld und Vernichtung. Drama in zwei Akten. Von — —. Wien, 1855. Gedr. bei M. Lell und Komp. (Als Manuskript gedruckt.) (16 S. 8.)

Moosbrugger, Jos. Pius, Frohlocket im Herrn! Vollständiges Unterrichts- und Gebetbüchlein für kathol. Christen, namentlich jüngeren Alters. 16. (XVI und 295 S. mit 1 Stahlst.) Lindau 861, Stettner.

Moosbrugger, Kasp., psychische Erlebnisse. gr. 8. (16 S.) Dornbirn 893. (J. Rusch.) n. — 40

Moosbrugger, Kasp., Kultur-Gespräche aus Vorarlberg. 8. (72 S.) Innsbruck 878, Wagner'sche Universitäts-Buchh. *

Moosbrugger, Paul [Assistenzarzt an der chirurg. Klinik]: Über Aktinomykose des Menschen Tübingen, H. Laupp'sche Buchh., 1886; 4 + 57 S. u. Taf. III. 8°.
Tübingen, Med. Fak., Inaug.-Diss. v. 1886.

Moosdorf & Hochhäusler: Das Bad in Wort und Bild. 18. Aufl. Berlin 1907

Moosdorf & Hochhäusler: Preis-Verzeichnisse über Badeeinrichtungen usw. Berlin 1891? 1899. 1900

Moosdorfer-Rossberger, Christian Gottfried Wilhelm, Commentarius ad L. XVI. § 8. D. de poenis. Diss. jur. civil. Leipzig (Fr. G. Jacobaeer) 18. VIII. 1808. 43 S. (4.—) 23655
Gew.: Cajetan August Jahn.

Moosdorff, J.Fr. (Resp.): Diss de valetudinariis imaginariis..., s. Alberti, M. (Praes.)

Mooser, J[ohannes]. Die Entstehung der Ringgebirge des Mondes. Vortrag, gehalten an der 42. Jahresversammlung des «Vereins schweizerischer Gymnasiallehrer» am 5. und 6. Oktober 1902 in St. Gallen. Separatabdruck aus dem 33. Jahresheft des V'Schweiz. Gymn'. II + 14 S. 8. Aarau, H. R. Sauerländer & Co., [1903].

Mooser, Johannes. Theoretische Kosmogonie des Sonnensystems. [Mit Figuren.] 83 S. 8. St. Gallen, Fehr, 1906. [fr. 5. —]

Mooser, J[ean]. Theorie der Entstehung des Sonnensystems. Eine mathematische Behandlung der Kant-Laplace'schen Nebularhypothese. 30 S. 8. St. Gallen, Fehr, 1903. [fr. 1. 50]

Mooser, J[ean]. Theorie der Entstehung des Sonnensystems. Eine mathematische Behandlung der Kant-Laplace'schen Nebularhypothese. Neue Bearbeitung. 39 S. 8. St. Gallen, Fehr, 1904. [fr. 1. —]

Mooser, Jean, aus Altstätten [Kt. St. Gallen]. Untersuchung der durch Zerstäuben der Kathode erhaltenen Metallschichten mittelst Widerstandsmessungen. [S. A. aus: Wiedemann's Annalen der Physik u. Chemie. N. F. Bd 42. S. 639—663.]. Leipz. A. Barth 1890. 32 S. 8.
Zürich, Phil. Diss. [v 21. Juli 1890].

Mooser, K., vollständiges vierstimmiges Taschen-Choralbuch mit liturg. Gesängen, Intonationen, Responsorien, zugleich auch als Choralbuch für Orgel, Pianoforte, Violine rc. nach Hiller, Schicht u. A., mit vollständ. Register und genauem Verzeichniß metrisch-gleicher Melodieen, sowie den Namen der Componisten für Seminarien, Gymnasien, Bürgerschulen rc. hrsg. Neue verm. und verb. Ausg. 8. (XX, 208 S.) Hildburghausen 871, Nonne.
Vgl. Mooser, Ludwig.

Mooser, K., vollständiges vierstimmiges Taschen-Choralbuch mit liturgischen Gesängen, Intonationen, Responsorien, zugleich auch als Choralbuch für Orgel, Pianoforte, Violine, sowie als Partitur für Posaunenchöre, nach Hiller, Schicht u. A., mit vollständ. Register und genauem Verzeichniß metrischgleicher Melodien, sowie den Namen der Componisten für Seminarien, Gymnasien, Bürgerschulen ꝛc. hrsg. Neue, verm. und verb. (Titel-)Ausg. 8. (XII, 208 S.) Hildburghausen (864)76, Kesselring'sche Hofbuchh.

Mooser, Ludw., Aufgaben zum Kopfrechnen für Volksschulen. 3 Abthlgn. Leipzig 860. Mittler. 8. 20 ngr

1. Abth.: Aufgaben für die Unterclasse. (72 S.) 6 ngr
2. Abth.: Aufgaben für Mittelclassen und die unteren Abtheilungen der Oberclasse. (72 S.) 6 ngr
3. Abth.: Aufgaben für die Oberclasse. (106 S.) 8 ngr

Mooser, Ludw., Aufgaben zum Kopfrechnen f. Volksschulen. Nach der neuen Reichsmünze, so wie nach dem neuen Maß u. Gewicht methodisch geordnet. 2., umgearb. u. verb. Aufl. 8. (63 S.) Meißen 874. Schlimpert. n. — 60

—— Aufgaben zum Tafelrechnen für Volksschulen. 1. und 2. Heft. 2., durchgeseh. Aufl. und 3—6. Heft. 8. (1. Heft 48 S. und 2—6. Heft à 32 S.) Meißen 858, Sächsische Verlags-Schulbuchhandlung. (Leipzig, Mittler.) à Heft * 1½ Ngr. *

—— Auflösungen zu den Aufgaben zum Tafelrechnen für Volksschulen. Neue Aufl. 2 Abthlgn. (1—3. Heft und 4—6. Heft.) 8. (80 S.) Leipzig 860, Mittler. à Abthl. * 5 Ngr. *
Zu jedem Hefte einzeln *

— Aufgaben zum Tafelrechnen für Volksschulen. 1. Heft. Für Elementarclassen. Die vier Grundrechnungsarten mit reinen, gleichbenannten Zahlen. — 2. Heft: Für Mittelclassen. 5., verb. Aufl. Leipzig 861, 62. Mittler. 8. (48; 40 S.) Jedes Heft 1½ ngr

Mooser, Ludw., Aufgaben zum Tafelrechnen für Volksschulen hrsg. 1.—3. Heft. 8. Meißen, Mosche. à Heft 1½ Ngr.

Inhalt:

Heft 1. Für Elementarclassen. Die 4 Grundrechnungsarten mit reinen gleichbenannten Zahlen. 6.—10., verb. Aufl. (48 S.) 863—68.
" 2. Für Mittelklassen. 2. Heft 5.—8., verb. Aufl. (40 S.) 863—67.
" 3. Die 4 Grundrechnungsarten mit Brüchen, Verhältnisse, Proportionen, Regel de tri. 4. und 5., verb. Aufl. (40 S.) 863,65.

Mooser, Ludw., Aufgaben zum Tafelrechnen für Volksschulen herSg. 1—3. Heft. Meißen, Mosche. 8. Jedes Heft 1½ ngr

1. Heft. Für Elementarklassen. Die 4 Grundrechnungsarten mit reinen gleichbenannten Zahlen. 7—10. verb. Aufl. (48 S.) 865—68.

2. Heft. Für Mittelklassen. 2. Heft. 6—8. verb. Aufl. (40 S.) 865—67.

3. Heft. Die 4 Grundrechnungsarten mit Brüchen, Verhältnisse, Proportionen, Regel de tri. 5., verb. Aufl. (40 S.) 865.

—— Auflösungen dazu. 1.—3. Heft. 3. und 4., genau revid. Ausg. 8. (48 S.) Ebendas. 863,68. *

—— Aufgaben zum Tafelrechnen für Volksschulen. Mit besond. Berücksicht. des neuen metr. Maßes und Gewichtes. 7 Hefte. 8. Ebendas. à Heft 15 Pf.

Inhalt:

Heft 1. Für Elementarklassen. 12., umgearb. und verb. Aufl. (48 S.) 870.
" 2. Für Mittelklassen. 8., umgearb. Aufl. (46 S.) 870.
" 3. Für Oberklassen. 7. Aufl. (40 S.) 870.
" 4. Für Elementarklassen. 5. Aufl. (40 S.) 870.
" 5. 7., umgearb. Aufl. (24 S.) 870.
" 6. 4. umgearb. Aufl. (32 S.) 870.
" 7. Für Oberklassen. 4. umgearb. Aufl. (20 S.) 871.

—— Auflösungen zu den Aufgaben zum Tafelrechnen für Volksschulen, nach dem neuen Maß und Gewicht methodisch geordnet. 7 Hefte. 5., umgearb. und verb. Aufl. 8. (15; 16; 14; 12; 4; 8; 7 S.) Ebendas. 870,71. à Heft * 20 Pf. *

Mooser, Ludw., Aufgaben zum Tafelrechnen für Volksschulen. 7 Hefte. 8. Meißen 875—79, Schlimpert. à Heft 15 Pf.

Inhalt:

Heft 1. Für Elementarklassen. Die vier Grundrechnungsarten in reinen oder gleichbenannten Zahlen. Neubearb. von A. Schuster. 13.—18. Aufl. 2 Abthlgn. 1. Abthl.: Zahlenraum von 1—100. (34 S.) 2. Abthl.: Zahlenraum von 1—1000. Unbegrenzter Zahlenraum. (42 S.)
" 2. Für Mittelklassen. Resolution, Reduction, die vier Grundrechnungsarten mit ungleichbenannten Zahlen, Durchschnitts- und Zeitrechnung. Neubearb. von A. Schuster. 9.—14. Aufl. (44 S.)
" 3. Für Oberklassen. Regel de tri und einfache Zinsrechnung ohne Brüche. Die vier Grundrechnungsarten mit Brüchen. Neubearb. von A. Schuster. 8.—12. Aufl. (42 S.)
" 4. Für Oberklassen. Decimalbruchrechnung. Neubearb. von A. Schuster. 6.—9. Aufl. (50 S.)
" 5. Für Oberklassen. Einfache Zinsrechnung, zusammengesetzte Regel de tri und Kettenrechnung mit Brüchen. 8—12. Aufl. (35 S.)
" 6. Rechnung von Zins auf Zins oder Zinseszinsrechnung. Terminrechnung oder Reduction der Kapital-Termine. Procentrechnung, Rabattrechnung oder Dicontorechnung. 5. Aufl. (32 S.)
" 7. Einfache und zusammengesetzte Gesellschaftsrechnung. Repartitionsrechnung, Mischungsrechnung. Progressionen oder Reihen. 5. Aufl. (20 S.)

—— Auflösungen zu den Aufgaben zum Tafelrechnen für Volksschulen. Neubearb. von A. Schuster. 7 Hefte. 8. Ebendas. 878,79. [1. Heft. 6. und 7. Aufl. (23 S.); 2. Heft. 6.—8. Aufl. (16 S.); 3. Heft. 6. und 7. Aufl. (15 S.); 4. Heft. 6.—8. Aufl. (12 S.); 5. Heft. 6. und 7. Aufl. (4 S.); 6. und 7. Heft. (18 S.)] à Heft * 20 Pf. *

—— Aufgaben für den Unterricht in der deutschen Sprache und im schriftlichen Gedankenausdrucke; für die Volksschule, wie für den Hausfleiß der Kinder methodisch fortschreitend geordnet. 3 Hefte. 8. Annaberg, Ronne.

Inhalt:

Heft 1. Für die Hand der Kinder in Elementarklassen. Buchstaben, Silben, Wortarten, Wortbildung. Anwendung derselben in kleinen Sätzen. (IV und 63 S.) 863. * 2 Ngr.
" 2. Satzlehre, für die Hand der Kinder in Elementarklassen. Einfacher und ausgebildeter Satz. Zusammengesetzter Satz: Satzverbindungen, Satzgefüge ꝛc. (63 S.) 863. * 3½ Ngr.
" 3. Für die Hand der Kinder in Oberklassen. Anleitung zum schriftlichen Gedankenausdrucke. Erzählungen, Beschreibungen, bürgerl. Geschäftsaufsätze, Briefe ꝛc. nebst Musteraufsätzen und Formularen. (131 S.) 864. 6 Ngr.

— Aufgaben für den Unterricht in der deutschen Sprache im schriftlichen Gedankenausdrucke; für die Volksschule, wie für den Hausfleiß der Kinder methodisch fortschreitend geordnet. 3. Heft. Für die Hand der Kinder in Oberklassen. Anleitung zum schriftlichen Gedankenausdrucke. Erklärungen, Beschreibungen, bürgerl. Geschäftsaufsätze, Briefe ꝛc. nebst Musteraufsätzen u. Formularen. Annaberg 869. Ronne. 8. (131 S.) 6 ngr

—— Aufgaben für den Unterricht in der deutschen Sprache und im schriftlichen Gedankenausdrucke; für die Volksschule, wie für den Hausfleiß der Kinder methodisch fortschreitend geordnet. 1. Heft: Für die Hand der Kinder in Elementarklassen. Buchstaben, Silben, Wortarten, Wortbildung. Anwendung derselben in kleinen Sätzen. 2. Aufl. 8. (IV, 63 S.) Hildburghausen 872, Ronne.

Mooser, Ludw., Aufgaben für den Unterricht in der deutschen Sprache und im schriftlichen Gedankenausdrucke, für die Volksschule, wie für den Hausfleiß der Kinder methodisch fortschreitend geordnet. 3 Hefte. 8. Hildburghausen 876, Kesselring'sche Hofbuchh. *

Inhalt:

Heft 1. 1. Abthl.: Für die Hand der Kinder der 1. Elementarstufe. Laute, Buchstaben, Silben, Wortarten, Wortbildung, Anwendung derselben in kleinen Sätzen. 3. Aufl. (IV, 43 S.) * 10 Pf. — 2. Abthl.: Für die Hand der Kinder der 2. Elementarstufe. 3. Aufl. (42 S.) * 10 Pf.
" 2. Satzlehre, für die Hand der Kinder in Mittelklassen. 2. Aufl. (63 S.) * 15 Pf.
" 3. Für die Hand der Kinder in Oberklassen. 3. Aufl. (131 S.) * 30 Pf.

—— allgemeines evangelisches Choralmelodienbuch. Instruktiv bearb. und für Kirche, Schule und Haus hrsg. 8. (IV und 60 S.) Leipzig 861, Mittler.

— Gelegenheitsgedichte für Schule und Haus. Gesammelt u. herausg. Langensalza 858. Schulbuchhandlung. gr. 8. (XII, 196 S.) 15 ngr

— Gelegenheitsgedichte für Schule und Haus. 2. Aufl. 859. (XII, 196 S.) — 3—5., verm. u. verb. Aufl. Langensalza 861—64. Greßler. gr. 8. (VIII, 220 S.) 15 ngr

— Gelegenheitsgedichte für Schule und Haus. 4.—6., verm. und verb. Aufl. gr. 8. (VIII und 222 S.) Langensalza 862—66, Schulbuchh. von Greßler.

Mooser, Ludw., Gelegenheitsgedichte für Schule und Haus gesammelt und hrsg. 7.—9. verm. und verb. Aufl. gr. 8. (VIII, 224 S.) Langensalza 869—74, Schulbuchh. von Greßler.

— Gelegenheitsgedichte für Schule und Haus. 10. Aufl. gr. 8. (VIII, 227 S.) Langensalza 877, Schulbuchh. von Greßler.

Mooser, Ludw., Gelegenheitsgedichte für Schule und Haus. Gesammelt und hrsg. 11. Aufl. gr. 8. (VIII, 227 S.) Langensalza 881, Schulbuchh. von Greßler.

Mooser, Ludw., Gelegenheitsgedichte für Schule und Haus. Gesammelt und hrsg. 12. Aufl. gr. 8. (VIII, 227 S.) Langensalza 886, Schulbuchhandlung.

Mooser, Ludw., Gelegenheitsgedichte f. Schule u. Haus. Gesammelt u. hrsg. 13. Aufl. gr. 8. (VIII, 227 S.) Langensalza 890. Schulbuchhandlg. 1. 50

Mooser, Ludw., Gelegenheitsgedichte f. Schule u. Haus. Gesammelt u. hrsg. 14. Aufl. gr. 8. (VIII, 227 S) Langensalza 896. Schulbuchh. 1. 50

Gelegenheitsgedichte für Schule und Haus. Gesammelt und hrsg. von Ludwig **Mooser**. 15. Aufl. Langensalza: F G L. Greßler 1905. (VIII, 237 S.) 8° [F.] [o6. 3983

— und Berthelt, neuester, vollständigster und zuverlässigster Rechenknecht nach sächsischem Gelde. Ein nützl. Hülfsbuch beim Ein- und Verkauf für Geschäftsmänner jeden Standes, Kaufleute, Fabrikanten rc. Neue verm. Aufl. 8. (IV, 316 S.) Einbeck 869, (Ehlers.)

Mooser, Ludwig. Das Brüderpaar die Orgelbaumeister Andreas und Gottfried Silbermann. Strassburg 1861

— Gottfried Silbermann der Orgelbauer. Ein historisches Lebensbild. (IV und 159 S.) Langensalza 857, [Schulbuchhandlung von Greßler.]

— vollständiges vierstimmiges Taschen-Choralbuch mit liturg. Gesängen, Intonationen, Responsorien, zugleich auch als Choralbuch für Orgel, Pianoforte, Violine, sowie als Partitur für Posaunenchöre, nach Hiller, Schicht u. A. Neue verm. und verb. Ausg. 8. (XX und 208 S.) Hildburghausen 864, Nonne. — Vgl. Mooser, K.

— vollständiges vierstimmiges Taschen-Choralbuch mit einfachen, vierstimm. Zwischenspielen, liturg. Gesängen, Intonationen, Responsorien rc. 4., verm. und verb. Aufl. 12. (XXII und 168 S.) Wurzen 864, Verlags-Comptoir. —

— tabellarische Uebersicht der neuen metrischen Maße und Gewichte, sowie deren Vergleichung mit den bisher in Preußen und Sachsen eingeführten. Für Schulen und für das gewerbl. Leben bearb. und mit Erklärungen versehen. 1. Aufl. 1868, und 2. verb. Aufl. gr. Fol. Meißen 869, Schlimpert.

Mooser, W. F., die städtischen Knabenschulen in St. Gallen und Vorschlag zu deren Reorganisation. 8. (IV und 41 S.) St. Gallen 852, Huber und Comp. *

Mooser, W F Die Pönitentiar-Anstalt St. Jakob bei St. Gallen in ihrem Wesen u. Wirken mit Vorschlägen zu einer verbesserten Strafrechtspflege. Ein Beitrag zur Geschichte der

— die Pönitentiar-Anstalt St. Jakob bei St. Gallen in ihrem Wesen u. Wirken, mit Vorschlägen zu einer verbesserten Strafrechtspflege. Ein Beitrag zur Geschichte der verschied. Strafsysteme. Mit 8 lith. Taf. (in Fol.) gr. 8. (XII u. 344 S. m. 8 Tab. in Fol. u. gr. Fol.) St. Gallen 852, Scheitlin & Zollikofer. 2 ₰

Mooser, Werner. Beitrag zur Kenntnis der aromatischen Körper des Harns. Diss. Phil. Basel. [Mit 1 Figur.] 83 S. 8. Basel, Brin & Cie., 1908.

Moosherr, Theodor [aus St. Gallen]: A. E. Biedermann nach seiner allgemeinphilosophischen Stellung ... Jena, Druck v. A. Kämpfe, 1893; 109 S. 8.
Jena, Phil. Fak., Inaug.-Diss. v. 1893

Moosherr, Thdr., A. E. Biedermann nach seiner allgemeinphilosophischen Stellung. gr. 8. (109 S.) Berlin 893. Speyer & Peters. n. 1. 80

Moosmair, A., neueste Eisenbahn-, Post- und Telegraphen-Karte des Königr. Württemberg. 1 : 350,000. Chromolithogr. Imp.-Fol. Stuttgart 882, (Rieger'sche Verlagsh.) * 1 50

Moosmair, Aug. D., Missa de Angelis ad quatuor voces inaequales, organo, tromba, alto in C. cornu in B, alto et trompone comitantibus ad libit. Fol. (56 S.) Einsiedeln 878, Gebr. Benziger.
Stimmen (à 8 S.) à

MOOSMAIR, Moriz (Ingolstadt): Ueber den Abdominal-Typhus.- München: Mühlthaler 1874. 23 S.
2.3.1874 - Urk (Titel: De typho abdominali.); Chr 1873/74,14
Diss.Ingolst.-Landsh.-Mchn.

Moosmann, Alfred. Ueber Gesichts- und Stirn-Lagen der Berner Universitäts-Frauen-Klinik und Poliklinik in den Jahren 1874-1901. Diss. Med. Bern. 88 S. 8. Luzern, H. Keller, 1903.

Moosmann, Eberhard, Magdeburg John Lacy's Sauny the Scot. Eine Bearbeitung von Shakespeare's The Taming of the Shrew aus d. Restaurationszeit. (1667.) *Halle a. S. 1901.* (70 S.) 8°
Halle, Phil. Diss. v. 1901

Moosmann, Franz Xaver. Ein Blatt der Erinnerung, s. Sauder, Herm.

Moosmann, Frz. Xaver, Leitfaden der Geschichte Vorarlberg's für die Volksschulen. gr. 8. (51 S.) Innsbruck 872, (Wagner'sche Universitäts-Buchh.) *
— dass. — an der Hand der österreich. und allgemeinen Geschichte für die Volksschulen. 2. umgearb. und verm. Aufl. gr. 8. (77 S.) Ebendas. 874. *

Moosmüller, Oswald, Europäer in Amerika vor Columbus. Nach Quellen bearb. gr. 8. (XII, 251 S.) Regensburg 879, Manz. *

Moosmüller, Osw., St. Vincenz in Pennsylvanien. gr. 8. (II, 384 S. mit eingedr. Holzschn. und Photographien.) Regensburg 873, Pustet. *

Moosrose, die. Aus dem Engl. 16. (96 S.) Cleveland 871. (Philadelphia, Schäfer und Koradi.) geb. *

Moosrose, die. Eine Erzählg. f. die liebe Jugend. Aus dem Engl. 8. (82 S.) Stuttg. 889, Verlag der Evangel. Gemeinschaft. — 15

Moosrosen. Erzählungen, Geschichten u. kleine Romane, v. Ludw. Theod. Becker. Mit 1 K. 8. Nürnberg, Zeh. 814.

Moosrosen. Taschenbuch für 1826 hrsg. v. Wolfgang Menzel. Mit Ludwig Uhlands Bilde.
Stuttgart: J. B. Metzler [1826]. IV, 404 S., 1 Titelkupf. 16°
[Kupfert.]
Darin u. a. 22 neue Lieder von Friedrich Rückert.

— Taschenbuch für 1845. Herausgeg. von C. O. Sternau. Mit 1 Stahlst. 8. Magdeburg 845, Falckenberg u. Comp. geb. 1 ₰

Moosrosen. Ein Kranz von Novellen, Erzählungen, Mährchen u. Gedichten, durch Beiträge v. J. A. Bachmann, Ed. v. Bauernfeld, F. Botgorscheck, F. v. Braunau ꝛc. (Hrsg. v. Carl Löffel.) gr. 12. (14 B.) Wien 846, Stöckholzer v. Hirschfeld.

Moosrosen zum Christgeschenk. Hg.: F. W. Carové.
(1831).
Frankfurt/M.
Goed. VIII, 127, 339.

Moossen, Michael, appr. Arzt a. Holt bei M.-Gladbach: Über Spätblutungen im Wochenbett. Würzburg 1905: F. Staudenraus. (51 S.) 8°
Würzburg, Med. Fak., Ref. Hofmeier, Diss. v. 15. Apr. 1905
[Geb. 2. Juli 77 Holt bei M.-Gladbach; Wohnort: Würzburg; Staatsangeh.: Preußen; Vorbildung: Gymn. M.-Gladbach Reife O. 00; Studium: Bonn 1, Würzburg 3, München 2, Berlin 1, Würzburg 2 S.; Coll. 1. März 05; Approb. 20. Jan. 05.]

v. Moosthal, Erwin, s. Ausland, das belletristische, von K. Spindler, 45.—71., 84.—87., 92.—98., 175.—183., 270.—279., 579.—580. Bdchn.

Moosthal, Erwin von [Übers.]
s. Cooper, James Fenimor: Edward Myers ... 1844.

Moosthal, Erwin von [Übers.]
s. Dickens, Ch.: Martin Chuzzlewit. 1844.

Moosthal, Erwin von [Übers.]
s. Dickens, Ch.: Das Grillchen auf dem Heerde. 1846.

Moosthal, Erwin von [Übers.]
s. Dickens, Ch.: Ein Weihnachtslobgesang. 1844.

Moots, Friedrich Rudolf Theophil, Arzt an der Provinzial-Irrenanstalt zu Schwetz a./W.: Aus der Provinzial-Irrenanstalt zu Schwetz a./W. Über die Wirkung von Typhus abdominalis auf bestehende Psychosen. Breslau 1906: Breslauer Genoss.-Buchdr. (36 S.) 8°
Breslau, Med. Fak., Ref. Bonhoeffer, Diss. v. 25. April 1906
[Geb. 2. Juni 72 Fischau, Kr. Marienburg; Wohnort: Schwetz a. W.; Staatsangeh.: Preußen; Vorbildung: Gymn. Elbing Reife O. 94; Studium: Königsberg 4, Bonn 1; Greifswald 3, Breslau 11 S.; Coll. 21. April 06; Approb. 4. April 02.]

Mootz, Heinrich: Die N a m e n der Orte in Deutsch-Schantung. Festgestellt u. erl. 2. Aufl. (Tsinglau 1901: Missionsdr.) 86 S. 8°

[Ant. u. Chines.] Deutsche Sprachlehre ... Entworfen u. hrsg. von Heinrich Mootz. Als Entwurf gedr. *Tsingtau 1901: Missionsdr.* (112 S.) 8°
[5.]

Mootz, J.: Anleitung zur Behandlung des Weinstockes, mit einem kurzen Anhange über Obstbaumzucht etc. Mit einer Kupfertaf. erläuternder Zeichnungen. 2., verm. Aufl. Weimar: Voigt in Komm. 1845. 55 S. -- 63°
--- Dass. 1. Aufl. Weimar 1834. -- [Zit. nach BJ]

Mooy sr., Polman

Mooy sr., P., Geschichte u. Beschreibung der Tulpen u. deren Cultur, s.: Bibliothek gärtnerischer Spezial-Culturen.

Mooyer, Ernst Friedrich

Mooyer, E. F., über die angebliche Abstammung des normannischen Königsgeschlechts Siziliens von den Herzögen der Normandie. Eine genealog. Untersuchung. [Als Mscr. gedruckt.] gr. 4. (24 S.) Minden 850, Körber & Freitag in Comm. baar n. 1/3 ₰

Mooyer, E. F., s. Dichtungen, altdeutsche.

Mooyer, Ernst Friedr., die Einfälle der Normannen in die pyrenäische Halbinsel. Eine größtentheils aus dem Dän. übers. Zusammenstellung der darüber vorhand. Nachrichten. 8. (3 1/4 B.) Münster 844, Wundermann'sche Buchh. *

Mooyer, Ernst Friedr., Onomastikon chronographikon hierarchiae germanicae. Verzeichnisse der deutschen Bischöfe seit dem J. 800 nach Chr. Geb. Nebst einem Anhange: die Würdenträger einiger Abteien und Ritterorden enthaltend. gr. 8. (VIII und 100 S.) Minden 854, (Körber und Freytag.) **

Mooyer, Ernst Friedr., die vormalige Grafschaft Schaumburg in ihrer kirchlichen Eintheilung. Lex.-8. (68 S.) Bückeburg 858, Wolper's Buchh. *
Schreibp. *

Mooyer, Ernst Friedrich: Z u s ä t z e zu den Nachträgen zum Commentar des Calendarium Merseburgense. o. O. u. J. 8°

Mooz, Heinr., geognostische Karte der Umgegend von Osnabrück. Nach den neuesten Quellen entworfen. 1 : 120,000. Chromolithogr. Imp.-Fol. Osnabrück 881, Veith. * 3 50

Moppelchen oder die Folgen eines Maskenballs im Schützenhause oder der kleine Türke. 8. (23 S. m. eingedr. Holzschn. wovon 1 color.) Leipzig 851, Naumburg. n. n. 1/6 ₰

Moppert, Rechenbuch f. Mittel- u. Fortbildungsschulen. (IV, 214 S.) 8. Metz 908. P. Even. Geb. 2.40

Moppert, Willy A. [de Baden-Baden]: Über quantitative Bestimmungen des Kohlenstoffes, Stickstoffes und der Halogene in einigen organischen Verbindungen mittelst Alkali-Persulfates auf nassem Wege. Lausanne 1899. 60 p. 8°.
Lausanne. Thèse sc. 1899/1900.

Moppey, J., der Mensch, wie er leibt und lebt. Eine anthropolog. Skizze in 12 populären Vorlesungen, gehalten im Winter 1866 für jedes Alter und Geschlecht zu Pforzheim. 8. (VIII, 193 S.) Pforzheim 866, (Riecker's Buchh.)

Moppey, J., die Stellung der badischen Aerzte in der Zukunft. Ein Wort zur Verständigung. gr. 8. (30 S.) Pforzheim 870, Riecker. *

Moppey, Jos., Lehrschule d. geistlichen Lebens in Betrachtungen auf alle Tage d. Jahres. Systematisch dargestellt m. den nothwendigsten Gebeten. 12. (III, 666 S.) Kempten 898. J. Kösel. 2.70; geb. in Halbldr. n. 3.70

Möpschen, Das. Halberstadt 1791. V: *Gleim, Joh. Wilhelm Ludw.* (Ky)

Möpschen, das, (v. Gleim). 8. Halberst. 791. Vgler. 2 gl

Mopsiade, die. Eine Militär-Burleske. Frei nach der Jobsiade. Von Mikado. 8. (79 S.) Leipzig 888, Reißner. *

Mopsus, Der Satyr, eine Idylle in drey Gesängen . . . Frankf. u. Leipzig 1775. V: *Müller (Maler), Frdr.* (Mn) (GGr)

Moquerien, aus dem Franz. übersetzt. 8. Cöln. 753.

Moquin-Tandon, Alfred

Moquin-Tandon, Pflanzen-Teratologie. Lehre v. d. regelwidrigen Wachsen u. Bilden d. Pflanzen. Aus d. Französ. v. Joh. Conr. Schauer.
(Nees v. Esenbeck: Handb. d. Pflanzen-Pathologie etc. 2. Bd.) gr. 8. Berlin, 1842. Haude u. Spener. 2. —

Moquin-Tandon A.: Pflanzen-Teratologie ... Aus d. Franz., m. Zusätzen v. J. C. Schauer. Berl. 1842. 399 S.
(= Handbuch d. Pflanzen-Pathologie u. Pflanzen-Teratologie. Herausg. v. C. G. Nees v. Esenbeck. Bd. 2).

Moquin-Tandon, Pflanzen-Teratologie, s. Nees v. Esenbeck, Chr. G., Handbuch der Pflanzen-Pathologie.

Mor, Randbemerkungen zum österreichischen Gebührengesetze vom 9. Febr. 1850. gr. 8. (70 S.) Wien 870, Manz. *
Aus: Allgemeine österreichische Gerichts-Zeitung, besonders abgedruckt.

Mor, Antonis, Prinz Wilhelm I. v. Oranien, s.: **Blätter, bunte,** aus aller Welt.

Mor, Eug. Ritter v., Anleitung zum Sammeln von Autographen. 8. (100 S.) Wien 887, Verlag der Oesterreich. Buchhändler-Correspondenz. *

Mor Gabriel von: Historisch-statistischer Rückblick auf das erste Vierteljahrhundert des Bestandes des k. k. Gymnasiums in Radautz. 91. 12. Radautz 97. 98.
Progr.

Mor, J. Bt.: Real-Repertorium über sämmtl. Grossherz. Bad. ält. u. neuere Gesetze. *Freiburg.* 812. 8.

Mor Dr. K. v.: Anwendung der Horner'schen Methode zur Berechnung der imaginären Wurzeln numerischer Gleichungen. 17. Innsbruck R. 84.
Progr.

Mor Dr. K. v.: Zur Bestimmung der linearen Vergrößerung eines Fernrohres. 10. Innsbruck R. 84. Progr.

Mor, B. Ritter v., die Finanzgesetzkunde des österreichischen Kaiserstaates, s. Konopásek, A.

Mor, B. v., und A. Konopásek, Leitfaden zur Finanzgesetzkunde des österreich. Kaiserstaates, s. Konopásek.

Mor Yaqûb, des, Gedicht über den gläubigen König Aleksandrûs und über das Thor, das er machte gegen Ogûg und Mogûg. Ein Beitrag zur Geschichte der Alexandersage im Orient. gr. 8. (35 S.) Berlin 852, Wiegandt und Grieben. *

Moer, J. van de, dissertatio chirurgica inauguralis, de Gangraena sicca, inprimis ratione habita gangraenae spontaneae siccae. 8maj. ($4^1/_4$ B.) Groningae 844. (Leer, Praetorius u. Seyde.) Thlr. *

Mora, Miguel M. de la, catecismo de sociologia cristiana, s.: Dogma y razón. (Bongiorni, Emilio.)

Mora, Otto [Pseud.], s.a. Mysing, Oskar

—— u. H. Thoele. Heidnische Geschichten. Novellen aus dem Altertum. 8. (V, 427 S.) Ebd. 891. * 5 —; geb. ** 6 —

Mora, Otto. [Osk. Mysing.] Ein Reaktionair. Moderner Roman. 8. (340 S.) Lpz. 890, W. Friedrich. * 3 —

— e. Revolutionär. Moderner Roman. 8. (346 S.) Berlin 893. O. Janke. u. 5. —; geb. 6. —

— Ueberreif. Moderner Roman. 8. (374 S.) Leipzig 891. W. Friedrich. n. 5. —; geb. n.n. 6. —

Moraczewska, Sophie v., aus Warschau: Aus dem chemischen Laboratorium der Medicinischen Klinik des Herrn Prof. Dr. H. Eichhorst in Zürich. Blutveränderungen bei Anämien. Mit zwei Tafeln. (S.A. aus: Virchow's Archiv für pathol. Anatomie und Physiologie, Bd 144 [S. 127—158]). Berl. (G. Reimer) 1896. 28 S., Tafel IV, V. 8°.
Zürich, Med. Diss. [v. 29. April 1896].

Moraczewski, Andr., Sendschreiben an Hrn. Heinr. Wuttke die polnische Frage betreff. 1. Aufl. ($2^3/_4$ B.) u. 2. Aufl. gr. 8. ($3^1/_4$ B.) Leipzig 846, Keil u. Comp. *

Moraczewski, Dr. phil. Waclaw v., aus Warschau. Chem. Assistent der Med. Klinik: Aus dem chemischen Laboratorium der Medicinischen Klinik des Herrn Prof. Dr. H. Eichhorst in Zürich. Ueber den Chlor- und Phosphorgehalt des Blutes bei Carcinom. (S.A. aus: Virchow's Archiv f. pathol. Anatomie u. Physiologie. Bd 139 [S. 385—405]). Berl. (G. Reimer) 1895. 1 Bl., 21 S. 8°.
Zürich, Med. Diss. [v. 19. März 1895].

Moraczewski, W. v., s.: Pathologie, die chemische, der Tuberculose.

Moraczewski, Waclaw v. Chem. Assist. der med. Klinik von Warschau (Polen): Über den Phosphorgehalt der Verdauungsproducte des Caseïns. [S.A. aus: Zeitschrift f. physiol. Chemie. Bd 20, S. 28—51: Titel: Verdauungsproducte des Caseïns und ihr Phosphorgehalt. Strassbg K. J. Trübner 1894. 2 Bl., 23 S. 8°.
Zürich, Phil. Diss. [v. 2. Aug. 1894].

MORAD, eine Erzählung aus der orientalischen Welt. 2 Thle. Berlin, Litfass, 1806. 8°. (In München: P. o. germ. 949.)
Kayser, Romane p. 87: „1808" (?). — Selten!

Moraglia, G. B.: Neue Forschungen auf dem Gebiete der weiblichen Criminalität, Prostitution u. Psychopathie. Autoris. Ueber. v. Walter Wenge. — Berlin: Skopnik 1897. 47 S. 8°
Aus: Zeitschrift für Criminal-Anthropologie, Gefängniswissenschaft u. Prostitutionswesen.

Die Onanie beim normalen Weibe und bei den Prostituierten. '(Neuere Forschgn auf d. Geb. d. Weibl. Criminalität, Prostitution u. Psychopathie. III.)' Von Dr. G. B. **Moraglia,** vice Pretore alla Pretura urb. Turin. Autoris. Uebs. ... *Berlin: M. Priber & Lammers 1897.* (21 S.) 8. = Sammlung Criminalanthropologischer Vorträge. H. 2. (M. 0,60)

MORAGLIA, G. B. Die Onanie beim normalen Weibe und bei den Prostituierten. Übersetzt. 3. Auflage. Leipzig 1906. Lex.-8°. 21 S.

Moraht, (Ernst) Adolf

Moraht, A., Bleibet beständig in der Apostel Lehre, in der Gemeinschaft, im Brodtbrechen und im Gebet. Eine Confirmationsrede über Apostelgeschichte 2, 42. am Sonntage Quasimodogeniti 1860 in der St. Nikolaikirche zu Möllen gehalten. gr. 8. (16 S.) Ratzeburg 860, Linsen. *

—— Carl Friedrich Wilhelm Catenhusen, weil. Superint. des Herzogth. Lauenburg. Ein Denkmal. gr. 8. (127 S.) Ratzeburg 861, Linsen. *

Moraht, (Ernst) A., am Dankfest für den Frieden. Predigt am 22. März 1871 in der Hammer Kirche gehalten. gr. 8. (16 S.) Hamburg 871, (Agentur des Rauhen Hauses.) *

Moraht, Ado., Harfenklänge. Eine Samml. christl. Gedichte. gr. 12. (8⅓ B.) Lüneburg 840, Herold u. Wahlstab.

Moraht, Adph., Harfenklänge. Eine Sammlung christl. Gedichte. 2. Aufl. 16. (282 S.) Hamburg 865, Agentur des Rauhen Hauses. cart. * 24 Ngr.; geb. mit Goldschn. *

Moraht, Ernst Adph., Harfenklänge. Eine Sammlung christl. Gedichte. 2. Sammlung. 16. (III, 127 S.) Hamburg 880, (Koch.) geb. mit Goldschn. *
1. Sammlung. Hamburg 1871, Herold'sche Buchh. geb. mit Goldschn. * ℳ 1,20.

Moraht, Adph., abendliche Harfenklänge. Als Jubiläumsgabe hrsg. v. Adph. Otte. (VIII, 184 S. m. Bildnis.) 8. Hamburg 906. Herold. n. 2.—; geb. in Leinw. n. 3.—

— patriotische Harfenklänge. Zwölf Zeitgedichte. gr. 16. (29 S.) Hamburg 873. Herold. n. — 75; cart. m. Goldschn. n. 1. 20

Moraht, A., die lutherische Mission und die Kaste in Ostindien. In Uebereinstimmung mit mehreren seiner Amtsbrüder hrsg. gr. 8. (50 S.) Rostock 859, Stiller'sche Hofbuchh. Thlr. *

—— noch ein Wort über den nicht christlichen Staat und dessen Stellung zur evangelisch-luther. Kirche und zur evangelisch-luther. Schule des Herzogth. Lauenburg. Ein Wort der Erwiederung auf die Schrift des Hrn. Reg.-R. Hoppenstedt: „Zwei Worte zur Verständigung." gr. 8. (40 S.) Ratzeburg 850, Linsen.

Moraht, (Ernst) Adph., vier Predigten. Ein Vermächtniß an seine Gemeinde. gr. 8. (56 S.) Hamburg 879, Nolte. *

Moraht, A[dolf]: Unsre Trauer, unsre Pflicht ... [Leichenpredigt auf Carl Friedrich Wilhelm Catenhusen, † 24. April 1853.] – Ratzeburg: Linsen in Comm. 1853. 16 S. 8⁰

Moraht, Versuch einer Methodik d. Religionsunterr. 1e Abthl. Stufengang d. Entwickelung der religiösen Anlage im Menschen. 8. Halle 831. (Eisleben, Reichardt). 12 gr

Moraht, Ad., Versuch e. Methodik d. Religionsunterr. 2 Abthln. 2. Ausg. 8. (11¼ B.) Merseburg 833, Weidemann. Thlr.
Die 1. Abthl. erschien in d. 1. Aufl. Halle 831.

Moraht, A., ein Wort über die Stellung der evangelisch-luther. Kirche des Herzogth. Lauenburg zu dem nicht christl. Staate. gr. 8. (25 S.) Ratzeburg 849, Linsen. 1/12 Thlr

MORAHT, Hans (Hamburg): Beitrag zur Anwendung des Cocains in der internen Medizin, speciell bei Magen-Affektionen.- Regensburg: Verl.-Anstalt 1886. 54 S.
30.7.1886 - Chr 1886/87,11; Jv 1886/87,181
Diss. Ingolst.-Landsh.-nachw.

Moraht, Hans, Beitrag zur Anwenduug des Cocains in der internen Medizin, speciell bei Magen-Affectionen. Diss. München 1886, A. Buchholz. 8⁰. 54 S.

Moraht, Hermann [aus Hamburg]: Untersuchungen über das Beryllium. . . . München, k. Hof- u. Univ.-Buchdr. v. Dr. C. Wolf & Sohn, 1880; 4 Bl. + 84 S. 8⁰
München, Phil. Fak., Inaug.-Diss. v. 1880

Moraht, Carl, der Liederfreund. Ein Commentar zu dem lauenburg. Gesangbuch. Hrsg. von H. J. Bestmann und Otte. gr. 8. (XV, 376 S.) Mölln 888. (Ratzeburg, Schmidt.) Alwart. *

Anleitung für Polizeibehörden betreffend die Behandlung der Strafsachen nebst einer Nachweisung wichtiger Verordnungen und Gesetze betr das Verwaltungsfach in der Provinz Schleswig-Holstein. Zum Handgebrauch für untere Verwaltungsbehörden v. L. Moraht. Kiel 1876 8⁰

Moraht, L., Anleitung für Polizeibehörden betr. die Behandlung der Strafsachen, nebst einer Nachweisung wicht. Verordnungen und Gesetze betr. das Verwaltungsfach in der Prov. Schleswig-Holstein. Zum Handgebrauch für untere Verwaltungsbehörden. 8. (41 S.) Kiel 877, (Lipsius und Tischer.) *

Moraht, Otto: De lingua. Halae (1829). Ruff. 35 S. 8⁰
Halle, Wittenberg, Med. Diss., nachgeliefert von dem am 9. Mai 1829 auf Thesen (loco dissertationis de bromio) promovierten Verf
Geb. Hamburg 14. 2. 1806 [nach hs. Vita u. Schröder, Lex. Hamburg. Schriftst. 5, 382: 11. 1. 1807] V

v. Morajn, L., Gedichte. 8. (VIII u. 232 S.) Berlin 848, A. Duncker. 1½ Thlr

de Moraine, R. Costumes de l'armée fédérale suisse (1 f.) qu. fol. Bale 1863. [Lang.]

Moraites, S., De Platonis paedagogica. Diss. 1874. 79 S.

Moral [Sachliches OW]

Moral,

— zur, aus d. Griech. übers. v. Er. Chr. Reiske. 8. Dessau u. Leipz. 782. (W. Rauck.) 18 gr

Moral (Anarchistische). Anarchistische Bibliothek, Heft 4. Hrsg. von Albert Brock. Berlin, Verlag W Werner, s. a.

Moral in Beispielen. Th. 1 [einz.?]. Halle 1795. V: *Wagnitz, Heinrich Balthasar.* (BGE V³, 168)

— in Beyspielen, Leseb. f. d. Jugend v. Splittegarb 2r Thl. nach dessen Tode herausgegeb. v. F. W. Wilmsen, m. K. 8. Berlin, Lange. 805.
Schreibp. m. illum. K.

Moral in Beispielen. Nach Weiße's Lehrart. Mit 71 Kpf. 8. Leipz. 810. (W. Rauck). 1 Thlr 16 gr

Moral in Beyspielen. Nach Weiße's Lehrart. Mit 71 Kupfrn. 8. Leipzig, Sommer. 820.

Moral in Beispielen, od. Lebensbilder zur Weckung d. christl. Sinnes; nach Ordnung d. heil. zehn Gebote Gottes. 1. Bd. gr. 8. (25 B.) München 834. (Regensburg, Manz.)

Moral in Beispielen, od.: Lebensbilder z. Weckung d. christl. Sinnes; nach Ordn. d. heil. zehn Gebote Gottes. 2. Bd. gr. 8. (26 B.) München 834. (Regensburg, Manz.) *
1. Bd. Ebendas. 1834. * 16 Gr.

Moral in Beispielen für Frauenzimmer edler Erziehung. Leipzig 1789 bis 1790. V: *Lehotzky, Martin.* (BGE V², 168)

— in Beyspielen f. Frauenzimmer edl. Erzieh. 2 Thle. m. K. 8. Leipz. Walther. 789–91.

— — ders. 3r Thl. Leipz. Pott. 795.

— in Beispielen für Frauenzimmer edler Erziehung, (von Mt. Lehotzky). 3 Bde. 8. Leipz. 789—91. N. A. 801. Reinicke u. C. in Halle. 3 Thlr

C. Z. Moral in Beyspp. f. d. Jugend. *Berl.*, Felisch. (794. 796. 799.) 4ᵉ A. 802. 8° m. Kpf. 16 gr — 2ʳ Th. Moral in Fabeln. (799.) 802. 8° m. Kpf. 20 gr

— in Beispielen f. die Jugend v. C. C. Z. 1r Thl. Mit Vign. 8. Berl. ... 4e A. 802. (Reimer). 16 gr mit ill. Kpf. 1 Thlr 4 gr

— in Beyspielen f. Kinder, m. illum. K. 8. Leipz. Sommer. 810.

— die, in ausgesucht reizend. Beyspielen u. Fab. f. d. Jugend, m. K. Augsb. Daisenberger.

Schreibp.
illumin.

Moral, Biblische, des A. T. Leipzig 1803—5. V: *Bauer, Georg Lorenz.* (Winer)

Moral, Die, des Christen, wie sie seyn soll, in geistlichen Reden. Augsburg 1793—96. V: *Storchenau, Siegmund von.* (Jes) (So) »1793« (Schmal) (AarK) (Th)

— d. Christen, wie sie seyn soll; in Reden auf alle Festtage, v. Verf. d. Relig.-Philosophie (S. von Storchenau.) 4 Bde. 8. Augsb. 793—96. Veith. 3 Thlr 6 gr

— christliche, od. Sittenlehre, d. i. Uebung christl. Tugend u. Pflichten d. Menschen; aus d. Engl. 8. Altdorf 756. (Endter in Nürnb.) 5 gr

Moral, christliche, oder: wahre Weisheit des Lebens zur Belehrung für Volk und Jugend. 8. (27 S.) Neuhaus 863, Landfraß und Sohn. *

— christliche, z. Belehr. d. Verstandes u. Bildung des Herzens. 8. Neust. 783. Riedel. 10 gr

Moral, Christliche, für den Kanzelgebrauch in alphabetischer Ordnung . . . Dortmund und Leipzig 1797—1803. II: *Fuhrmann, Wilhelm David.* (Ky) (MGT)

— f. d. Kanzelgebrauch, in alphabet. Ordn. (hrsgg. v. W. D. Fuhrmann). 6 Bde. gr. 8. Leipz. u. Dortm. 797—803. Mallinckrodt. (Hamm, Schulz). 6 Thlr 16 gr

— d. christliche, s. Schüler. 8. Marb. 784. Krieger. 3 gr

Moral, Doppelte. Roman. 2. Aufl. München [1909]. V: *Fleck, Georg.* (Berl 1909, S. 1470)

— d. Epikur, s. Batteux.

— d. Epikurismus, od. Ueberschriften a. d. Philosophie des Epikur m. Erl. d. Abt Batteux. gr. 8. Halberstadt, Groß. 792.

— in Fabeln, Erzähll. u. Denksprüchen. (Von Mor. Erdm Engel). 8. Leipz. 792. 12 gr 2e Aufl. unt. d. T.: Für jugendl. Seelenveredlung in Fabeln etc. 8. Ebd. 795. (Märker). 10 gr

— in Fabeln, s. Engel.

— in Fabeln f. d. Jugend, m. Abbild. a. d. Naturgesch. 8. Berlin, Realschulbuchh. 802.

illumin.

— in Fabeln f. die Jugend; mit Abbildd. aus d. Naturgesch. 8. Berl. 802. (Reimer). 20 gr ill. 1 Thlr 12 gr

— u. persönliche Freiheit. Ein Wort zur lex Heinze u. den Bestrebungen der Sittlichkeitsvereine. Von R — — C — —. 8. (21 S.) Hagen (898). H. Risel & Co. n. — 50

Moral und persönliche Freiheit. Ein Wort zur lex Heinze u. den Betrebungen d. Sittlichkeitsvereine. Von R -- C--. Hagen i. W.: H. Risel & Co. [1899] (21 S.) 8°

Moral v. heut. Zwei lose Blätter v. „Einem Ungenannten". (52 S.) 8. Zürich 904. [C. Schmidt.] Schweizer Druck- u. Verlagshaus. 1. —

Moral, die, der Jesuiten u. ihrer Angreifer, s.: Flugschriften, katholische, zur Wehr u. Lehr'

— für die Jugend. 8. Nördl. 789. Beck. 2 gr (bei Löffler in Manh.) 3 Thlr

— f. gebildete Jünglinge. 8. Halberst. 794. (W. Nauck in Leipzig). 6 gr

— f. gebildete Jünglinge. 8. Halberstadt. (Sommer, Lpz.) 79⁴.

Moral, die katholische, ihre Gegensätze u. ihre Verleumder. (Von August. Egger.) 8. (63 S.) St. Gallen 899. (A. & J. Köppel.) n. — 40
Sonderabdruck aus: „Ostschweiz".

Moral, clericale. Eine antiultramontane Betrachtung. gr. 8. (15 S.) Berlin 880, Dolfuß. *

MORAL der Könige in den ältesten Zeiten, erläutert durch Beispiele aus der wirklichen Geschichte. Scheschian, bey Machiavelli's Erben 1172. (Altona 1794.) 8°. 254 S. (3 Mk. 50 Pfg. Adolf Weigel, 1893:)

— d. Könige in d. ältesten Zeiten, erläut. durch Beispiele aus d. Geschichte. 8. Altona 794. Verlagsgesellsch. 16 gr

— f. Krieger. 8. Wien, Geistinger. 812. 16 gr (Gerold). Hbg.

— u. Leben. Beitrag zur Religions- u. Sittenlehre v. e. Nichttheologen. gr. 8. (60 S.) Berlin 899. A. Deubner. n. — 80

Moral, die, im öffentlichen u. privaten Leben. Aus d. Franz. gr. 8. (64 S.) Leipzig 897. Th. Thomas. n. 1. —

Moral, Natürliche; in Briefen eines Vaters an seine Tochter. Lemgo 1792. V: *Barkhausen, Heinrich Ludwig Willibald.* (Ky) (MGT)

— die natürl., in Briefen e. Vaters an seine Tochter, (v. H. L. Wilib. Barkhausen). 8. Lemgo. 792. Meyer. 6 gr.

— von d. natürlichen; aus d. Französ. d. Hrn. M * * (Meisters) v. Sch * * (S. Schulthess). hrsgg. mit Anmerkk. v. C. M. Wieland. 8. 789. Göschen. 20 gr.

— populäre, d. Christenthums. 8. Leipz. 794. Jacobäer. (Aue in Altona.) 1 ℛ

Moral, die religionslose, e. Ersatz d. religiösen Moral?, s.: Volksbibliothek, apologetische. Nr. 12.

— u. Satyre f. Leser v. Geschmack. 1s Bdchn. 8. Magdeb. 775. Creutz. 3 gr.

— die, der Vernunft, aus d. Franz. des Lachabeaussiere übersetzt von S. H. Catel. Mit dem franz. Texte. 8. Berlin 798. (Leipzig, Fr. Fleischer.) 1/6 ℛ

Moral [Verfasser]

Moral, Fel., die Taxation maschineller Anlagen. (74 S.) 8. Berlin 909. Polytechn. Buchh. A. Seydel. 3.50; geb. in Leinw. 4. —

Die Taxation maschineller Anlagen. Von Zivilingenieur Felix Moral. [Nebst] Anh. Berlin: Seydel 1909–11. 8° (11. 7667

Moral, H.: Die Leitungsanästhesie im Ober- u. Unterkiefer ..., s. Bünte, H.

Moraldino, Gustav, der edle Banditensohn. Posen 1803. 2. Aufl. 1806. V: *Kühne, Friederike Henriette.* (schl) (GGr)

Moraldino, Gustav, d. edle Banditensohn, v. Fioraventi (Henriette Kühn.) m. K. 3 Thle. 8. Posen, Kühn. 806.

Morale, La,

— de l'enfance. 12. Regensb. 791. Montag u. W. 10 gr. (Wien, Gerold) 8 gr. (Eichenberg in Frankf. a. M.) 9 gr.

— de l'enfance. 4. Salzb. 796. Duyle. 4 gr.

— — 4. Salzb. Mayr. 796.

— — 32. Basel, Tourneisen. 797.

— — 4. Salzb. Duyle. 797.

— de l'enfance ou contes pour serv. à l'instruct. et à l'amusem. des enfans. 8. Dresd. 800. Walther. 14 gr.

Morale, la, enseignée par l'exemple, s.a. Bibliothèque, petite, française.

— la, enseign. p. l'exemple. avec fig. 8. Berlin, Felisch. 796.

— la, enseignée par l'exemple. 8. Leipz. 806. (W. Nauck). 10 gr.

Morale, la, enseignée par l'exemple, Ouvrage composé à l'instruction de la jeunesse. 8. Leipsic, Sommer. 816.

— la petite, ou sentences p. tous les jours. Mit deutscher Uebersetz. 8. Berl. 806. Quien. 8 gr.

Morale, la, de la raison, par Lachabeaussiere, avec la traduction allemande en Vers, par S. H. Catel. 8. Berlin 798. (Leipzig, Fr. Fleischer.) 1/3 ℛ

— de L. A. Senecque, extr. des ses oeuvres. 8. Dresde Walther. 786.

Morales Choisies, De l'Histoire de Telemach Oder Auserlesene Sitten-Sprüche und Lehren, Zusammen gezogen Aus der Lebens-Beschreibung des Griechischen Helden Telemach. 1708. 99 S.

Morales, Balthasar Graciány

Balthasar Graciáns, homme de cour, Oder: Kluger Hof- und Welt-Mann, nach Monsieur Amelot de la Houssaie, seiner Französischen Version, ins Teutsche übersetzet von Silentes. Nebst (s.t.) Herrn Christiani Thomasii Judicio vom Gracián. Andere Auflage, welche durchgehends mit grossem Fleisz aufs neue übersehen, und an vielen Orten verbessert worden ... Augspurg, Verlegts Paul Kühtze, 1715.

Der Entdeckte Selbst-Betrug, oder Balthasar Graciáns Criticon über die Allgemeinen Laster des Menschen, Welche demselben in der Jugend, in dem männlichen und hohen Alter ankleben; Welches aus der Frantzösischen Sprache in die Teutsche übersetzet worden ist ... zum andern Mahl heraus gegeben ... Von Caspar Gottschling, Siles ... I.II.III. Theil. Halle und Leipzig bey Joh. Friedr. Zeitlers Erben 1721.

Moralgesetz, Das, des Judenthums in Beziehung auf Familie, Staat und Gesellschaft. Wien 1882. V: *Steiner, Maximilian* (?). (EB)

Moralgesetz, Das, des Judentums in Beziehung auf Familie, Staat un Gesellschaft. Wien 1882. V: *Kayserlin Meyer.* (Jüdisches Volksblatt Nr. 17, 28. Apr 1905, VII. Jg.) (Jewish Encyclopaed VII, 460.)

MORALIS (ps.), („Vf. der „Reisen durch die Irrgänge des Lebens"), Die Familie Treumund oder die Erziehungskünstler. Ein pädagogischer Schattenriß. Leipzig, bei Wilh. Nauck. 1830. 8°. 179 S. Zahm.
A. G. Schmidt, Gallerie etc., hat irrig „Hartmann" als Verleger.

Moralis, ..., die Familie Treumund, od. die Erziehungskünstler. Ein pädagog. Schattenriß. 8. Leipz. 830. Hartmann. 15 gr

Moralismus oder Emancipation des Geistes. In sechs Conversationen. gr. 8. (VIII, 187 S.) Wien 869, (Gerold's Sohn.) *

Moralist, der, Jer. Bentham u. d. Geldaristokratie d. Zeit. Etwas in d. Waage d. gesellschaftl. Wohls. gr. 8. (8½ B) Darmstadt 836, Jonghaus. *

Moralist, der irrende; Lstspl. 8. Liegnitz 756. Siegert.

Moraliste, le, aimable. III Tom. gr. 12. Amsterd. (Mainz, Kupferberg). 1 rth 8 gr

MORALISTEN-BIBLIOTHEK, Neueröffnete, oder die durch Engeländische, Französische, Holländische, Deutsche, Italiänische, Griechische und Lateinische Schriften erläuterte Geistliche Moral oder Sittenlehre. (Hrsg. von M Lentner aus Breslau.) 10 Stücke. Leipzig 1715—18. 8°. Cplt. rar! (In Rostock, Landesbibl.)

Moralistenbibliothek v. auserles. Schriften, meist aus d. Engl. übers. 33 Thle. 8. Görl. 735—63. Marche. 16 rth 12 gr

MORALISTEN-BIBLIOTHEK, auserlesener kleiner moralischen Schriften, mehrentheils aus dem Engl. übersetzt. mit Abt Mosheims Vorrede. 7 Theile. Görlitz 1737—40. 8°. (3½ Rthl.)
Cat. univ. d. Buchh. d. Waisenh. in Züllichau (174*).

* **MASKENBÄLLE.** — Ueber die Moralität der Maskenbälle (in Nürnberg), ein Gespräch. Schwabach 1783. 8°. 22 S. (1 Mk. Völcker, Frf. a. M., vor 1885, jetzt theurer!)

Ueber die Moralität der Maskenbälle ein Gespräch. Schwabach 1783. 8° 32 S. (In Berlin: Db 6310, mit 1 Beibd.) (3 Mk. Jacques Rosenthal, c. 1903.)

Moraller, Franz u. Erwin Hoehl: Atlas der normalen Histologie der weiblichen Geschlechtsorgane . unter Mitw. von Prof Dr. Robert Meyer. Mit Abb auf Taf Abt. 1-3. Leipzig: J. A. Barth 1909-12. 4° (8°)
1. 1909. 2. 1910. 3. 1912.

Moraller, Frz., u. Erwin **Hoehl**, Atlas der normalen Histologie der weibl. Geschlechtsorgane, unter Mitwirkg. v. Rob. Meyer. 1. Abtlg. Mit 56 Abb. auf 26 [farb.] Taf. (S. 1—25 m. 26 Bl. Erklärgn.) Lex. 8. Leipzig 909. J. A. Barth. In Mappe 18. —

Moralphilosophie eines Morgenländers. Berlin 1777. V: *Bremer, Johann Gottfried.* (KY) (MGT) (Kordes, Schlesw.-holst. u. eutin. Schriftst. Schlesw. 1797.)

Moralphilosophie eines Morgenländers, (v. Jh. Gf. Bremer). 8. Leipz. 777. Eisfeld. 8 gr

Moralpredigten. Von Josef d. Keuschen, Freiheitsdichter u. Moralprediger. (32 S.) 16. Berlin (909). P. Fischer. — 50

Moral-Spiegel in Beispielen, bestehend aus 100 kurzen u. lehrreichen Anekdoten etc. Ein zweckmäß. Geschenk für die unerfahr. Jugend, (v. W. Maurer). Mit 1 Stndr. 2e verb. Aufl. 12. Passau 829. Ambrosi. 6 gr

Moral-Spiegel in Beispielen, s. Mauerer, Wolfg.

Moralsysteme, die, oder Ludw. v. Eisach, v. A. Lafontaine, s. Schilderungen d. menschlichen Lebens. 5r u. 6r Band.

Moralt, F. A., Arbeiterkrankheiten. I. Schädliche Gase, II. schädliche Dämpfe, als Krankheitsquellen und die von ihnen heimgesuchten Fabrikationszweige. 8. (16 S.) Augsburg 877, Volksbuchh. *

Moralt, F. R.: Arbeiterkrankheiten. 1. Schädliche Gase, 2. schädliche Dämpfe, als Krankheitsquellen u. die von ihnen heimgesuchten Fabrikationszweige. Augsburg. J. Endres, 1877. Kl. 8°

Moralt, Jul., Beschreibung d. heil. Frohnleichnams-Prozession, wie sie alljährlich in der k. Haupt- u. Residenzstadt München abgehalten wird. München, 1860. Druck von Dr. C. Wolf & Sohn. 8°. 32 S., 1 Bl. Cart.
In der Prozession befand sich auch Se. königl. Hoheit Prinz Luitpold.

Moraltheologie oder theologische Moral . . . München 1803. V: *Thanner, Ignaz.* (HR)

Morand, Kunst auf Steinkohlen zu bauen; aus d. Französ. Mit Kpf. gr. 4. Königsb. 771. Kanter. 2 rth 8 gr

Morand, Ch. L., Fisch- und Krebsfangsgeheimnisse, oder die leichteste, angenehmste u. ergiebigste Fischerei mit Angel und Reusen. Nach d. Franz. frei ins Deutsche übertragen, durch Resultate eigener, vieljähr. Erfahrungen verm. u. unter Gewährleistung für die gegeb. Hülfsmittel verbürgt u. garantirt von J. K. v. Train. 8. Weimar u. Ilmenau 835. Voigt. 2/3 rth — 2e sehr verm. Aufl. 8. Ebd. 839. 2/3 rth

Morand, Ch. L., Fisch- u. Krebsfangsgeheimnisse, od. d. leichteste, angenehmste u. ergiebigste Fischerei mit Angel u. Reusen. N. d. Franz. frei ins Deutsche übertr., durch Resultate eigner, vieljähr. Erfahrn. verm. u. unt. Gewährleistung f. d. gegeb. Hülfsmittel verbürgt u. garantirt v. J. K. v. Train. 1. Aufl. (10 B.) 835. u. 3., sehr verm. A. 8. (13 B.) Weimar 839, Voigt. à

Morand, Franz Salvator
s.: Morand, Sauveur François

Arien und Gesänge aus: Ein Ehemann vor der Tür [Un mari à la porte]. Komische Operette in 1 Akt von [Alfred-Charlemagne] Delacour u. [L.] Morand. Deutsch von A[dolf] Bahn u. J[ohann] C[hristoph] Grünbaum. Musik von J[acques] Offenbach. (Textbuch.) Berlin Bote & Bock [1908]. 16 S. 8° (11.'38)

Morand, Sauveur François: Vermischte chirurgische Schriften. (Opuscules de chirurgie. Dt.) 450 S., gbd.

Leipzig: Hilscher 1776

Morand, verm. chirurg. Schriften. Mit e. Vorrede v. Er. Platner. 8. Leipz. 776. Hilscher. 1 rth

Morandi, F., il trovatello e il suo tesoro; **Cherubina,** — e **E. Corti,** le avventure di Pinotto ed altri raconti, s.: **Biblioteca italiana.**

Morandi, L., e. D. Ciámpoli, Poeti stranieri, lirici, epici drammatici. Scelti nelle versioni italiane di M. e C. Parte I. Lyrica e poemetti. Vol. 1 e 2. 8. Leipzig 904. R. Gerhard. n. 18. —
I, 1. Giapponesi — Cinesi — Indiani — Persiani — Ebraici — Arabi — Russi — Polacchi — Slavi meridionali — Greci moderni — Albanesi — Rumeni — Ungheresi. (X, 568 S.) n. 8. —
2. Finlandesi — Svedesi — Norvegesi — Danesi — Inglesi e Americani — Olandesi — Tedeschi — Spagnoli e Americani — Portoghesi e Americani — Provenzali. — Francesi. (703 S.) n. 10. —

Morandi, Luigi. Die Erziehung Victor Emanuels III. Erinnerungen von L' M'. Ins Deutsche übersetzt von Dr. Fr[iedrich] Noack. Mit 10 Abbildungen [wovon 9 Tafeln]. XII + 140 S. 8. Rom, Loescher & Co., 1902. (M. 3. —)

Morandière, Jules, Bericht über die bei der französischen Westbahn in Anwendung befindliche Westinghouse-Bremse, vorgetragen in der Versammlung der Société des ingénieurs civils am 1. Juli 1881. gr. 4. (15 S. mit 5 lithogr. Taf.) Wiesbaden 882, Kreidel's Verlag. *
Aus: Organ für die Fortschritte des Eisenbahnwesens, besonders abgedruckt.

MORANDO Morandini, der furchtbare und unerschrockene Land- und Seeräuber, oder: Der Todtenritter. Eine höchst abenteuerliche Räubergeschichte. 3 Thle. Nordhausen 1843. 8°.
Wildmoser's (München) Leihbibl.-Cat., no. 17, 229—31.

Moranek, Jos., der Herrschaftsbeamte wie er sein soll, oder Pflichten d. herrschaftl. Ober-Kassen-, untergeordnete Wirthschafts- u. Kanzleibeamte gegen den Staat, den Grundherrn u. dessen Unterthanen. gr. 8. Wien 841, Singer u. Goering. $^2/_3$ ₰

Morani, Giovanni, (Psdn.), Arzobiso, od. die Räuberkluft im Cabrillasgebirge; aus d. Zeiten d. Kreuzzüge. — Die Novize, od. d. Kloster Santa Speranza; aus d. französisch-italien. Feldzuge. 2 Novellen. 8. Leipz. 829. Kollmann. 1 ₰ 12 ℊ

— — Mareb u. Olavides, oder die Freischaar der kantabrischen Gebirge. Romantische Erzählung aus der letzten Hälfte des 18. Jahrh. 2 Thle. Ebd. 1831. 8°. 30 Bogen.

MORANI, Giovanni (ps.), Thanatos und Valdea oder Zaubermacht und Liebe. Romantische Räubergeschichte. Leipzig, Kollmann, 1828. 8°. (1 Mk. 50 Pfg. Franz Teubner, Bonn, c. 1895.)
275 Seiten. Theilweise etwas frei. —

Morani, G., die Tochter der Unterwelt. Romant. Erzählung. 8. Leipzig 834. Hartknoch. (Braunschw., Leibrock) n. 1 ₰

Morano; Roman aus d. Papieren des Barons D—n. Herausg. v. G. Blumröder. 8. Nürnb., (v. Ebner). 1 ₰

Morano. Aus den Papieren des Baron D—n. Herausgeg. v. G. Blumenröder. 8. Nürnb. 824, Lechner.

Moranow, s.: Morawetz v. Moranow.

Morant, Geo., Winke für Ehemänner, f. Gesundheit, Wohlstand und Glück.

Morant, G., Winke f. Ehemänner, f.: Gut, das höchste.

Morant, Geo., Winke für Ehemänner. Enthüllte Geheimnisse der männlichen Geburtshülfe. Aus dem Engl. übers. von C. W. 3. Aufl. gr. 8. (52 S. mit 1 Stint.) Neustadt O/S. 861. (Oppeln, Clar.) *

Morant, Geo., Winke f. Ehemänner. Enthüllte Geheimnisse der männl. Geburtshilfe. Neu hrsg. v. W. Winkler. 12. (99 S.) Frauendorf (900). Gesundheitsblätter-Verl. n. 1.—

Morant, J., die Krankheiten der Fortpflanzungsorgane. 2. [Umschlag-]Aufl. 12. (87 S.) Ebd. (899). n. 2. —

Morariu, Constantin

—: Historische Skizzen über die Rumänen der Bukowina. 2 Bde. Czernowitz: Selbstverl. 1893/94.

Morariu, Constantin: Kulturhistorische und ethnographische Skizzen über die Rumänen der Bukowina. 2 Bde. Wien, Reschitza: Selbstverl. 1888/91.

Moras, Anne Marie de, **Comtesse de Courbon**, Mémoires, écrits par elle-même. IV Part. 8. **Leipzig**, Weidmann. 740.

Moras, Ferdinand. Gedichte und Randzeichnungen. Philadelphia, 1882. GSP, UC

Moras, Theobald, über die Erziehung in unserer Zeit. 2., verm. Aufl. gr. 8. (32 S.) Leipzig 847, **Verlagsbureau.**

—— **Haft und Flucht.** gr. 16. (128 S.) Leipzig 847, **Verlagsbureau.** *

Morasch, Ed., das große Faß. Ein Tübinger Fastnachtsschwank aus Herzog Ulrichs Zeit. gr. 8. (24 S.) Tübingen 899. (J. J. Heckenhauer.) n. — 60

Morasch, J. Adam

Morasch, J. A., resp. W. **Pergbauer**, Ignavum caput ferulis academicis submissum, i. e tract. med.-pr. de affectibus cataphoricis s. soporosis. 2 p. 505, 560 pp. Ingolst. 4°. Auch in seinen: Prael. acad. 4°. Ingolst. 1725, 505—560. 1723

—, resp. J. G. **Vogel**, Insanum caput Anticyris academicis submissum, i. e. tractatus med.-pr. de affectibus paraphoricis s. deliriis. 488 pp. Ingolst. 4°. Auch: Ibidem, p. 361—488. 1723

Morasch, Diss. de externis capitis morbis atque catarrhis. Ingolst. 4°.

1719

— philosophia atomistica. 2 part. 8. ibid. 727.

Morasch, Adam, Praelectiones acad. ex medic. pract. de febribus et capitis morbis. 4. Ingolstadt, Krüll. 725.

Morasch, Jos. Ign., der Frauenzimmerdoctor, od. Erläuter. von d. Krankheiten d. weibl. Geschlechts. 8. Landsh. 790. Kopp; a. Storno.) 8 ℊ

Morasch, Jos. Ign., d. Frauenzimm. Doctor, od. Erläut. v. d. Krankh. d. weibl. Geschl. 8. Landshut, Mat. Hagen. 790.

Moraß, J. G., Rechenbuch f. Oberklassen v. Mädchen- u. höh. Mädchenschulen, f. Mädchenfortbildungs-, Haushaltungs-, Koch- u. Frauenarbeitsschulen, sow. f. Geschäfts- u. Gewerbegehilfinnen. 3 Hfte. gr. 8. Karlsruhe. Wiesbaden, O. Nemnich. à n. — 50
1. Wiederholg. u. Ergänzg. Rechenvorteile; Proportionen; Verhältnisrechngn.; Tageszinsen; Kontokorrent; Wertpapiere, Wechsel, Check; rechnerische Kurzweil (Knacknüsse). (VIII, 76 S. m. Abb.) 896.
2. Aufgaben aus d. Hauswirtschaft, insbes. üb. Nahrungsmittel, Küche u. Kochen. (IV, 80 S. m. 9 Abb.) 896.
3. Aufgaben üb. Gründung e. Geschäfts od. Übernahme e. schon bestehenden. Geschäftsbetrieb; Buchführung; weibl. Handarbeiten; Kleidg. u. Wäsche; Hilfspersonal; Handel u. Verkehr; Arbeiterversichergn. (IV, 67 S. m. 1 Abb.) 895.

— dasselbe. Lehrerheft. 3 Hfte. gr. 8. (84; V, 81 u. IV, 67 S. m. Abb.) Ebd. 896. 95. à n. 1. —

Moraß, J. G., Rechenbuch f. Oberklassen v. Mädchen- u. höh. Mädchenschulen, f. Mädchenfortbildungs-, Haushaltungs-, Koch- u. Frauenarbeitsschulen, sowie f. Geschäfts- u. Gewerbegehilfinnen. 2. Heft. Schüler- u. Lehrerheft. 8. Leipzig 910. O. Nemnich. Geb. 1. 90
2. Aufgaben aus verschied. Rechengebieten m. besond. Berücksicht. der Hauswirtschaft. Mit 8 Abbild. im Text u. Münztaf. 3., vollst. umgearb. u. bedeutend verm. Aufl. Schülerheft. (V, 89 S.) Geb. — 70; Lehrerheft. (V, 89 S.) Geb. 1. 20

Morat, s. L'Europe illustrée.

Morat. (L'Europe illustrée. № 167. 168.) Zürich s. [Stock, Friedrich].

Morat, R., s.: Weissenburg u. Wörth.

Morath, ... s. 1) Bemerkk. üb. militär. Gegenstände. 2) Pasigraphie.

Einiges aus der Vergangenheit des Krummauer Scharfschützenkorps. Von Anton Mörath Krummau J. Wiltschko 1904 (15 S.) 8° [3] [1904 007]

Mörath, Anton, zur Geschichte der Marien-Verehrung in der Pfarrkirche zu Gojau bei Krummau. (22 S.) kl. 8. Krummau (Böhmen) (907). Jos. Wiltschko. (Nur direkt.) — 25
Sonderabdr. aus: „Deut. Böhmerwald-Zeitg."

Mörath, Ant., Schloß Schwarzenberg in Franken, das Stammhaus der Fürsten zu Schwarzenberg. Eine histor. Skizze. gr. 8. (29 S.) Krumau (Böhmen) 902. Fürstlich Schwarzenberg'sches Central-Archiv. (Nur direkt.) n. 1.—; m. Ansichtspostkarte n. 1. 15

Mörath, J., k. k. Marine-Ingenieur. Bericht über die hervorragendsten Erscheinungen im Gebiete des Schiffsmaschinenwesens auf der Pariser Ausstellung 1867 und über einige andere Gegenstände des Seewesens. (Mit 4 Taf.) gr. 8. Wien 1867.

Moratín, Leandro Fernández de

v. Moratin, L. F., la Comedia nueva, o el Cafe. Das neue Lustspiel, oder d. Kaffeehaus. Aus d. Span. von M. Ojamar. Mit Originaltext zur Seite. 8. ... 800. (Leipz., Weygand). 12 Ӄ

Moratin, Leand. Fern. de, das Kaffeehaus, od. d. neue Schauspiel, e. Lustsp. in 2 Akt. A. d. Span. frei übers. u. z. gesell. Unterhalt. am Kamin, imgleichen f. kleinere Privatbühnen auf d. Lande, bestimmt v. Ant. v. Halem. 8. (5½ B.) Bremen 835, [Schünemann's Verl.-Buchh.] Thlr. *

Moratín, Don Leandro Fernandez de, el si de las niñas, s.: Bibliothek spanischer Schriftsteller. 28. Bdchn.

— El Si de las niñas, Comedia, s. Bühnenstücke, Spanische.

de Moratin, L. F., sämmtl. dramat. Werke, s. Bibliothek, dramat., des Auslandes.

Moratori, Ant

— Anweis. d. spanischen Spr. 8. Ebend. 713.

— ital. deutsche Gespräche. 8. Ebend. 721.

MORATORI, A., Sinnreiche teutsche u. italien. Historien wie auch angenehme Schertzreden, sonderbahre Gedancken u. kluge Antworten. Nürnberg 1720. 8°. (3 Mk. 50 Pfg. Wilh. Koebner, Breslau, vor 1885)

— sinnr. Historien ital. u. deutsch. 8. Ebendas. 721.

Moratori, Ant., bequemes Correspondenz- u. Conversationslexikon. 8. Nurnb. Monath. 727.

— vierfaches Wörterbuch, lat. deutsch. ital. u. franz. 12. Ebend. 727.

Moratorial- und Accord-Verfahren, das bremische, verglichen mit dem Accordverfahren der preuß. Concursordnung. Eine Denkschrift mit Rücksicht auf die bevorsteh. Fallitgesetzgebung des deutschen Reiches verfaßt im Auftrage der Handelskammer in Bremen. gr. 8. (46 S.) Bremen [Halle] 871, Gesenius. *

Moratz, s.: Geologische Karten. Preussen 96.

Moratzký, W[alter], Referendar a. Elberfeld: Die rechtliche Natur der Eisenbahnfahrkarte, welche nicht auf den Namen lautet. Leipzig 1906: (Breitkopf & Härtel). (V, 33 S.) 8°
Leipzig, Jur. Fak., Diss. v. 28. Febr. 1907
[Geb. 28. Dez. 78 Elberfeld; Wohnort: Elberfeld; Staatsangeh.: Preußen; Vorbildung: Städt. Gymn. Barmen Reife O. 00; Studium: Rostock 1, Bonn 5 S.; Rig. 21 Dez. 06.]

Mőraus, Paul v., das Gesetz vom 25. X. 1896, betr. die directen Personalsteuern, s.: Reisch, Rich.

Morava a Slezsko, koruni země, podle nejnovějších vědeckých a úředních pramenů navržené a pomocí. Imp. Fol. Lith. u. color. Brünn 850, Buschak & Irrgang. n. 12 ℳ

Moravec, Wenzel, Heilbarkeit der Tuberkulose. Private Mittheilg. gr. 8. (16 S.) Prag 899. (Bursik & Kohout.) n. — 60

Morávek, ärztlicher Rathgeber zur Schönheitspflege, s.: Rožánek.

Morávek, Wolfg. Selecta variorum auctorum lectio unius auctoris lectioni praeferenda est. – Braunau, Progr. 1855.

Morávek, Wolfg.: Einige Worte über Friedrich Süpfle's Aufgaben zu lateinischen Stilübungen. H.Th.5.Aufl.12 S. 8°.– Braunau, Progr. 1859.

Moravia. Ein Blatt z. Unterhaltung, z. Kunde des Vaterlandes, des gesellschaftlichen u. industriellen Fortschrittes. 1— 4. Jahrg. à 52 Nrn. gr. 4. Brünn ... ? Winiker. à J. *

Moravia, ein Archiv des Mannigfaltigen und Interessanten. Brünn 1815.
H: *Jurende, Carl Joseph.* (ErschDL)

Moravia, ein Archiv des Mannichfaltigen u. Interessanten, für das J. 1815. 1r Jahrg. in 12 Heften. 4. Brünn, Gastl.

Moravia. Kalender zur Verbreitung gemeinnütziger Kenntnisse und der Vaterlandskunde, für das gemeine Jahr 1854. 1. Jahrgang. 4. (104 S.) Brünn. Druck und Verlag der Rudolph Rohrer'schen Erben.

Moravia. Eine Monatsschr. für Literatur und Heimatkunde. Jg 1—4. — Olmütz: Müller; (Jg 3—4:) Brünn: Rohrer 1878—1882.

Moravian pura sunra lawana wol wongkataya. Miskito bila. 2. ed. Herrnhut 1902: Winter. 160 S. 8°
[Gesangbuch in Mosquitosprache.]

Moravičanský, F. S. P., Das slavische Altgermanien. Historisch-etymologische Abhandlung. 8. (125 S.) geh. 60 kr. In Comm. Prag: Urbánek 1882.

Moravitz, Ferd., quaedam ad anatomiam Blattae germanicae pertinentia. Dissert. inaug. Dorpati Livonor. 853. (Glaeser.) Lex.-8. (56 S. u. 1 lith. Taf.) n. 15 ngr.

Moravský, G. Pf., z malého světa, — ztracený život, } s. Besedy, slovanské.

Moravsky, Mich., s.: Ben Jedidja, Jechiel.

Moravsky, V., Praktisches Lehrbuch der böhmischen Sprache. Zunächst für den Selbstunterricht. 8. (92 S.) Wien, Pražák geb. fl. 1 20. 1886

Morawa, Josephus *(geb. Zottwitz bei Ohlau 22. 11. 1796)* Nonnulla quae in generatione notatu digna sunt. Vratislaviae (1820). (18 S.) 4°
Breslau, Med. Diss. v. 17 März 1820

Morawe, Chr. F., Papparbeit, s.: Handarbeit f. Knaben u. Mädchen. I.

Moraweck, Johannes: Aus der Königl. Universitäts-Frauenklinik in Breslau. Prof. Küstner. Über Eklampsie. *Breslau 1898: Bresl. Gen.-Buchdr.* (72 S.) 8°
Breslau, Med. Diss. v. 1. März 1898

Morawek, Ant., systematische Zeichen-Schule. Vorlagen für den ersten Schulunterricht. 2. verm. Aufl. qu. 4. (64 Bl. und 10 S. Text.) Pilsen 869, Maasch. *

Morawek, Ant., systematische Zeichnungsschule f. Knaben. Vorlagen f. den ersten Schulunterricht zusammengestellt. 3. verm. Aufl. qu. gr. 8. (80 Steintaf.) Pilsen 873. Maasch. n. 2. 40

— dasselbe f. Mädchen. Vorlagen f. den Unterricht in Schule u. Haus. qu. gr. 8. (40 Steintaf. m. 10 S. Text.) Ebend. 873. n. 1. 60

Morawek, Frz., pharmaceut.-techn. Rathgeber vieler chem. Operationen. Ein Auszug aus d. reichhalt. chem. Zeitschriften, mit besond. Berücksichtig. d. neuest. nutzanwendbaren Erfahrn. im Gebiete d. Pharmacie u. den damit verbund. Wissenschaften. Mit Zusätzen, Tabellen u. Abbildn., zum nützl. Gebr. hilfreicher Berathungen im Erwerbszweige; f. Aerzte, Apotheker u. Fabrikanten, u. überh. f. Freunde pharmaceut.-techn.-chem. Wissens journalmässig bearb. u. zusammengestellt. Lex.-8. (16½ B., 2 Tab. u. 1 Kpfrt. Fol.) Wien 833, Beck.

— s. der Seidenraupen-Wärter in der Brianza.

Morawek, Carl Glob., Jahrbuch der Geschichte der Armbrust- und Büchsen-Schützen-Gesellschaft zu Zittau mit theilweiser Beziehung auf die Schützen-Gesellschaften der Oberlausitz, Böhmens und Schlesiens. Eine Fest- und Denkschrift zum 300jähr. Verfassungs-Jubiläum der Schützen-Gesellschaft zu Zittau vom 29. Juni bis 1. Juli 1884. Im Auftrage des Festkomités verf. gr. 8. (VII, 135 S.) Zittau 884, (Oliva's Buchh.) **

Morawek M.: Bestimmungsmethoden u. einige Eigenschaften der Gerbsäuren. 23. Czernowitz R. 80. **Progr.**

Morawek M.: Einiges über die Hauptbehelfe bei der Herstellung der Mikrophotogramme. 27 u. 2 Figurent. Olmütz R. 95.
Progr.

Morawetz, Frz., genealog. Fragment e. abelichen aus d. Königr. Neapel nach Mähren gekommenen Geschlechts, d. Ritter v. Galotti. 8. Brünn 790.

Morawetz, Frz. et A. Pilarz, Moraviae historia politica et ecclesiastica, cum notis et animadv. criticis probatorum auctorum. III Tom. 8maj. Brünn 785—87. Gastl. 2 ♂ 20 ℊ. Hlbg. Pr. 1 ♂ 8 ℊ. (Pilarz besorgte blos d. Styl u. d. Druck).

Morawetz, Frz., moderne Tendenzen im operativen Verpflegswesen. (26 S. m. 4 Beilagen.) gr. 8. Sarajevo 905. (Wien, L. W. Seidel & Sohn.) n. 1. 20

Morawetz, *Johann* Über die Berührung und den Winkelschnitt von Kreisen und Kugeln. 8 (S. 3–28).
Progr. K. k. Oberrsch. in d. II. Bezirke Wien 1892

— Joh.: Einige Bewegungen unveränderlicher Systeme. (26). Salzburg R. 94.
Progr.

— Zur analytischen Geometrie des Punktes und der Geraden. (22). ibd. 95.
Progr.

Morawetz Johann Über die Grundlagen der Arithmetik und Algebra im Mittelschulunterrichte. 36. Salzburg R. 04
Progr.

Morawetz J.: Die Isophengen der Flächen II. Ordnung. 17. Wien R, VI. 88.
Progr.

Morawetz, Carl, die militärische Landesbeschreibung in grafischer und lexicalischer Form. gr. 8. (25 S. mit 3 Stnt. in Fol.) Wien 873, Seidel und Sohn. *

Morawetz, C., Ritte in's Freie m. Officieren, Unterofficieren u. der Mannschaft. Beispielsammlung aus dem Felddienste. 8. (50 S.) Wien 888. Seidel & Sohn. n. 1. —

Morawetz, Carl, der Sicherungs- und Nachrichtendienst einer Eskadron. Systematischer Abrichtungs-Vorgang. gr. 8. (38 S.) Wien 879, Seidel und Sohn. *

Morawetz, Max, zur Abwehr der klerikalen Angriffe auf das freiheitl. Schulwesen. Vortrag, geh. auf dem deutsch-österreich. Lehrertage zu Linz am 20. VII. 1908. (34 S.) 8. Budweis (909). Verlagsanstalt „Moldavia". — 20

Morawetz, O.: Behelfe zum Studium der Militär-Geographie. Oberitalien. Für den ausschliesslichen Gebrauch der Frequentanten der k. k. Kriegsschule als Manuscript gedruckt. Wien 1882. 8°

Morawetz Dr. O.: Ueber das Princip der gleichen Action u. Reaction, sowie über das Princip der Erhaltung der lebendigen Kraft in der Theorie der Wechselwirkung zwischen Magneten und elektrischen Strömen. 20. Bielitz R. 77. **Progr.**

Morawetz, Sigm. Jos.

Morawetz, S. J. The clearing-house. Ein Auszug aus dem Werke Money and the mechanism of exchange von W. St. Jevons, übersetzt und durch neueste statistische Daten, sowie practische Beispiele ergänzt. Prag 1883.

Morawetz, Sigm. Jos., die Stenographie im Dienste des Kaufmannes. gr. 8. (12 S.) Prag 881, (Mercy.) *

Morawetz Wilhelm Über die Kondensation von Äthylmethylakrolein mit Isobutyraldehyd. S 113. IIb. 1899 vgr
Separatabdruck

MORAWETZ von MORANOW

Aufmärsche der Cavallerie-Truppen-Division. Von Morawetz von Moranow. Wien. 1899. Seidel & Sohn. 16°. 15 S. Mit 10 Tafeln. fl. —.50

Morawiew-Burjakow, H. v., der Czarenmord am 13. März 1881. Eine polit. Studie. gr. 8. (46 S.) Dresden 882, v. Grumbkow. *

Morawitz, A., Beitrag zur Käferfauna der Insel Jesso, s. Mémoires de l'académie impér. des sciences de St.-Pétersbourg. 7. Série, Tome VI. Nr. 8.

Morawitz, A., zur Kenntniss der adephagen Coleopteren, s. Mémoires de l'Académie impériale des sciences de St.-Pétersbourg.

Morawitz, Charles, die Türkei im Spiegel ihrer Finanzen. Nach dem französ. Original „Les finances de la Turquie". Uebers. u. m. e. Nachträge versehen v. Geo. Schweitzer. (XIV, 511 S.) gr. 8. Berlin 903. C. Heymann. n. 10.—

Morawitz, Hugo: Ueber Adsorption und Kolloidfällung. Dresden: Steinkopff 1910. 30 S. 8° ¶ (Aus: Kolloidchem. Beihefte. Bd 1, H. 8. 9.)
Leipzig, Phil. Diss. v. 26. Mai 1910, Ref. Le Blanc, Beckmann
[Geb. 11. Okt. 82 Petersburg; Wohnort: Braunschweig; Staatsangeh.: Braunschweig; Vorbildung: Wilhelm-Gymn. Braunschweig Reife O. 02; Studium: Berlin 2, Leipzig 9 S.; Rig. 1 März 10.] [U 10. 3198

Morawitz, Karl, aus Arbeitstagen u. Mußestunden. (VIII, 258 S.) 8. Wien 907. W. Braumüller. 3.40; geb. in Leinw. n 5.—

Morawitz, Lucia [med. pract. aus Wien]: Klinische Mischformen von Katatonie und Epilepsie. Strassburg i. E. 1900. 33 S. 8°.
Zürich. Med. Diss. 1900/1901

Morawitz, Moriz, Schlagworte. Betrachtungen über Eisenbahn-Fragen wirthschaftlichen Gebietes. 8. Wien 873, v. Waldheim. *

Morawitz, Mor., die Strassen- und Eisenbahncurve. Eine Sammlung neuester Tabellen zum Behufe des Bogenaussteckens nach einer schnellen, in allen Fällen — namentlich bei Gebirgsbahnen — praktisch anzuwendenden Methode. Mit einer einleitenden Gebrauchsanweisung, mehreren Formeln und in den Text gedr. Holzschn. 8. (47 S.) Reichenberg 858, Jannasch. *

Morawitz, Mor., die Strassen- u. Eisenbahn-Curve. Formeln u. Tabellen zum Behufe des Bogenaufsteckens nach einer schnellen, in allen Fällen, namentlich im coupirten Terrain u. bei Gebirgsbahnen praktisch anzuwendenden Methode. 2. Aufl. Wien 869. Hartleben. 8. (48 S. mit eingedr. Holzschn.) 12½ ngr.

Morawitz, Mor., die Strassen- u. Eisenbahn-Curve. Formeln u. Tabellen zum Behufe d. Bogenaussteckens nach e. schnellen, in allen Fällen, namentlich im coupirten Terrain u. bei Gebirgsbahnen, praktisch anzuwend. Methode. 3. Aufl. gr. 8. (48 S.) Wien 871. Hartleben 1. 25

— dasselbe. 4. Aufl. gr. 8. (48 S. m. eingedr. Holzschn.) Ebend. 875. n. 1. 35

Morawitz, Moriz, Studie über Eisenbahnen im Kriege. gr. 8. (64 S.) Wien 871, v. Waldheim. *
Aus: Allgemeine Bauzeitung, besonders abgedruckt.

Morawitz, Paul, approb. Arzt aus Braunschweig: (Aus d. physiol. Institut zu Jena.) Zur Kenntniss der Knorpelkapseln und Chondrinballen des hyalinen Knorpels. *Bonn: F. Cohen (1902).* (34 S.) 8° ¶ Aus: Archiv f. mikrosk. Anat. u. Entwicklungsgesch., Bd 60.
Jena, Med. Diss. v. (1. März) 1902

Morawitz, P., Dr., Assistent an der medizinischen Klinik: Klinische Untersuchungen über Blutverteilung und Blutmenge beim Gesunden und Kranken. Mit 5 Abb. Leipzig 1907: Breitkopf & Härtel. (34 S.) 8° ¶ (Aus: Beiträge z. klin. Chirurgie Bd 61 H. 2.)
Mit: Einladung zur ... Probe-Vorlesung ... d. 23. November 1907 ... Thema: Ueber Kompensationsvorgänge im Kreislauf. Heidelberg (1907): J. Hörning. (1 Bl.) 8°
Heidelberg, Med. Fak., Hab.-Schrift v. 1907

Klinische Untersuchungen über Blutverteilung und Blutmenge beim Gesunden und Kranken. Von P[aul] **Morawitz**. Heidelberg Leipzig: Breitkopf & Härtel 1907 (S. 107-130.) 8°
— **Sammlung** Klinischer Vorträge. N. F No 462. 07. 18006

Morawitz, Rud., Betrachtungen über den Heeresgeist und dessen Einfluss auf Staat und Krieg. gr. 8. (31 S.) Wien 875, (Seidel und Sohn.) *

Morawitz, V., Gerichtsorganisation von Ungarn etc., s. Putz, K.

Morawitzky. Abbildungen von Soldaten verschiedener Armeen.
o. O. um 1820. 10 Aquarelle 2°
(Bad., engl., franz., hess., italien., koburg., niederländ., schwed. Militär.)

Morawitzky, Leo Ewald: Beiträge zur Vorgeschichte der mittelalterlichen Kaiseridee. 1. Die Kaiseridee in den echten und unechten Martyrerakten der Christenverfolgung des Decius. Breslau 1909: Nischkowsky. 82 S. 8°
Breslau, Phil. Diss. v. 31. Aug. 1909, Ref. Kampers
[Geb. 25. Okt. 83 Schewkowitz; Wohnort: Schimischow; Staatsangeh.: Preußen; Vorbildung: Gymn. Gr.-Strehlitz Reife O. 04; Studium: Breslau Theol. 7, Phil. 4 S.; Rig. 29. u. 31. Juli 09.] [U 10. 635

Morawitzky, M. Grf Topor Beiträge zur Geschichte der Türkenkriege von 1683 bis 1702. H. 1. 2. München 1857.

Morawitzky, M., Grf. Topor: Beiträge zur Geschichte des Volksaufstandes in Niederbayern in den Jahren 1705 und 1706. Landshut 1862.

Morawitzky, Graf Topor. Gefangenschaft des königl. schwedischen Feldmarschalls Gustaf Horn im Schlosse zu Burghausen von 1634—1641. Aus den Akten des königl. bair. Reichsarchivs. 8. München 1857.

Morawitzky, M. Grf Topor über sicht der von dem Kloster Benediktbeuern für das allgemeine Landesdefensionswesen im spanischen Erbfolgekriege aufgebotenen Untertanen etc. sowie der 1702—1705 getroffenen Verteidigungsanstalten.
München 1857. 26 S.

Morawitzky, (Johann Heinrich) Theodor Graf Topor: Die alte Bekanntschaft, ein Original-Nachspl. in 1 Aufz. München 1773. 8°

— die Hausfreunde; e. Lstspl. in 3 Aufz. 8. München 774.

Morawitzky, Theod. Graf v. (geb. zu München, d. 21. Oktob. 1735, † ebd., d. 14. Aug. 1810), akadem. Rede vom *Nutzen der Wissenschaften in Rucksicht* (!) *auf die Bildung des Herzens*, gehalten an dem .... Namensfeste Sr. churfürstl. Durchleucht in Bayern etc. etc., bey der churfürstl. Akad. d. Wiss. Gedr. in d. churfürstl. akadem. Buchdruckerey, 1769. 4°. 10 Bll. Cart.

Morawski, F., De Graecorum poesi aenigmatica. Diss. 1862. 83 S.

Morawski, Felix [app. Arzt aus Blendau in Westpreussen]: Zur Anatomie der menschlichen Placenta. . . . Königsberg i. Pr., Druck v. Emil Rautenberg, 1889; 35+1 S. 8°
Würzburg, Med. Fak., Inaug.-Diss. v. 1889

Morawski, Franz v., Der kommende Tag. Erwägungen über die Neuordnung d. Bodenbesitzes in Deutschland. Posen 1909. 8°.

Morawski, Kasimir von

— Rhetorum Romanorum ampullae. gr. 8. (20 S.) Ebd. 901. n. — 30
Sonderabdruck aus: „Diss. philol. classis acad. litt. Cracov."

Morawski, Casimir v. Beiträge zur Geschichte d. Humanismus in Polen. Lex.-8. (26 S.) Wien 889, (Tempsky). * — 50
Aus: Sitzungsber. d. k. Akad. d. Wiss., besonders abgedruckt.

Morawski, K. v., Bericht üb. die Litteratur zu C. Velleius Pat. f. d. Jahre 1878—1892. S.-A. 1892. 16 S. —.50

Morawski, Casim., Catulliana et Ciceroniana. (21 S.) gr. 8. Krakau 903. Buchh. der poln. Verlags-Gesellschaft. n. — 40
Sonderabdr. a.: „Dissertat. philol. classis Acad. litt. Cracov."

Morawsky, Casim., Historya uniwersytetu Jagiellońskiego, s.: Munera saecularia universitatis Cracoviensis.

Morawski, Casimir, de sermone scriptorum latinorum aetatis quae dicitur argentea observationes. [Aus: „Eos".] gr. 8. (12 S.) Leopoli 895. (Berlin, Mayer & Müller.) n. — 60

— Parallelismoi sive de locutionum aliquot usu et fatis apud auctores Graecos nec non Latinos. gr. 8. (28 S.) Krakau 902. Buchh. der poln. Verlags-Gesellschaft. n. — 50
Sonderabdruck aus: „Bulletin internat. de l'acad. des sciences de Cracovie".

Morawski, Casim. a, Quaestiones Quintilianeae. Dissertatio inauguralis. gr. 8. (68 S.) Posen 874. Berlin, Mayer und Müller. *

—— De rhetoribus latinis. Observationes. gr. 8. (20 S.) Krakau 892, (Buchh. der poln. Verlags-Gesellschaft). * — 60
Aus: Dissertationes classis philologicae Academiae litterarum Cracoviensis, besonders abgedruckt.

Morawski, C., Observationum de rhetoribus Latinis auctarium. S.-A. 1899. 8 S.

Morawski, Marian. Abende am Genfer See. Grundzüge einer einheitlichen Weltanschauung. Von P. M' Morawski S. J. ... in Krakau. Genehmigte Übertragung aus dem Polnischen von Jakob Overmans S. J. XII + 258 S. 8. Freiburg im Breisgau, Herder, 1904. [M. 2. 20]

Morawski, Marian. Abende am Genfer See. Grundzüge einer einheitlichen Weltanschauung. Von P. M' Morawski S. J. ... in Krakau. Genehmigte Übertragung aus dem Polnischen von Jakob Overmans S. J. 2. Aufl. XVI + 258 S. 8. Freiburg im Breisgau, Herder, 1906. [M. 2.20, geb. 2. 80]

Morawski, Marian. Abende am Genfer See. Grundzüge einer einheitlichen Weltanschauung. Von P. M' Morawski S. J. ... in Krakau. Genehmigte Übertragung aus dem Polnischen von Jakob Overmans S. J. 3. Aufl. XVI + 258 S. 8. Freiburg im Breisgau, Herder, 1908. [M. 2. 20, geb. 2. 80]

Morawski, P. Marian. Abende am Genfer See. Grundzüge einer einheitlichen Weltanschauung. Von P. M' Morawski S. J. .. . Genehmigte Übertragung aus dem Polnischen von Jakob Overmans S. J. 4. Aufl. XVI + 258 S. 8. Freiburg im Breisgau, Herder, 1909. [M. 2. 20, geb. 2. 80]

Morawski, Theodor

— und Klaudy J.: Über Chlor- und Bromsubstitutionsprodukte des Zitrakonanilins. S. 96. II. 611 . . . . vgr.
Separatabdruck

Morawski, Th., über die Citramalsäure. [Aus: „Sitzungsber. d. k. Akad. d. Wiss."] Lex.-8. (12 S.) Wien 877. (Gerold's Sohn.) n.n. — 25

Morawski, Thdr., üb. die substituirten Crotonsäuren aus den Brenzcitronensäuren. [Aus: „Sitzungsber. d. k. Akad. d. Wiss."] Lex.-8. (10 S.) Wien 876. (Gerold's Sohn.)

Morawski, Thdr., üb. chlorfreie Derivate der Monochlorcitramalsäure. [Aus: „Sitzungsber. d. k. Akad. d. Wiss."] Lex.-8. (21 S.) Wien 871. (Gerold's Sohn.) — 40

— über die Einwirkung v. Chlor auf citraconsaures Natrium. [Aus: „Sitzungsber. d. k. Akad. d. Wiss."] Lex.-8. (22 S.) Ebend. 875. n.n. — 30

— und Gläser M.: Über die Einwirkung von Zitrakonsäure auf die Naphtylamine (mit 3 Holzschnitten). S. 97. II b. 229 . . . . vgr.
Separatabdruck

Morawski, Theodor u. Stingl: Über das Fett der Sojabohne.
Separatabdruck aus: Sitzungsberichte d. k. Akad. d. Wissenschaften in Wien. Bd. 95. II. S. 269.

— zur Kenntniss der Oxycitraconsäure u. anderer Abkömmlinge der Brenzcitronensäuren. [Aus: „Sitzungsber. d. k. Akad. d. Wiss."] Lex.-8. (38 S.) Ebend. 875. n.n. — 50

— vorläufige Mittheilung üb. e. Isomere der Citronensäure. [Aus: „Sitzungsber. d. k. Akad. d. Wiss."] Lex.-8. (3 S.) Wien 873. (Gerold's Sohn.) — 15

—— über die Monochloritamalsäure. Lex.-8. (5 S.) (Ebendas.) 873.
aus: Sitzungsberichte der k. Akademie der Wissenschaften, besonders abgedruckt.

—— mesaconsaures Natrium und Chlor. Lex.-8. (8 S.) (Ebendas.) 875. *
aus: Sitzungsberichte der k. Akademie der Wissenschaften, besonders abgedruckt.

— und Stingl: Über die Natur der Zuckerarten der Sojabohne. S. 95. II. 88 . . vgr.
Separatabdruck

Morawski, Th., technisch-chemische Rechenaufgaben, s.: Kalmann, W.

Morawsky, S., s.a. Echo der russischen Umgangssprache.

Morawsky, S., Echo der russischen Umgangssprache. Mit e. russisch-deutschen Spezialwörterbuch von H. Sack. 2. Aufl. 8. (III, 120 u. 71 S.) Leipzig 902. R. Giegler. Geb. in Leinw. n. 3. —

Morax, J[ean-Marc]. La tuberculose à Lausanne. [Avec des graphiques et 1 plan.] Extrait du «Journal de statistique suisse» [44e année. Band 2, Liefg. 6]. II + 13 p. 4. Berne, Stæmpfli & Cie, 1908.

Statistique du canton de Vaud. 6e Livraison.

Morax, René. Der Julblock. Drama in einem Akt. Aus dem Französischen übersetzt von Minna Hoffmann. 46 S. 8. Lausanne, Th. Sack, 1904. [fr. 1. 50]

Morax, René. Die Quatembernacht. Drama aus dem schweizerischen Hochgebirge von René Morax. Autorisierte Uebersetzung von Jakob Bosshart. II + 148 S. 8. Zürich, Verlag des Lesezirkels Hottingen, 1903. [fr. 3. 50]

(Zum ersten Mal aufgeführt am 27. Januar 1903 im Stadttheater in Zürich.)

Morayta, Miguel, Alt-Egypten. Essay. Deutsch von Adf. Schwarz. gr. 8. (75 S.) Berlin 887, K. Siegismund. *

Morayta, Miguel. Alt-Egypten. Essay. Deutsch v. Adf. Schwarz. 2. Aufl. gr. 8. (75 S.) Berl. 889, Siegismund. * 1 50

Morbach, s.: Geologische Karten. Preussen. 79.

Morbach, s.: Preussen. Messtischblätter.

Moerbe, Johs., die vollständige Angelfischerei in ihrer praktischen und allseitigen Anwendung für jeden Angler oder interessante und leicht faßl. Anleitung, wie man die Fischerei mit der Angel und anderen Geräthschaften im Kleinen und Großen, sowohl die Teich- als wilde Fischerei mit gutem Erfolge betreiben soll, auch wie man die Fische vermittelst Lockspeisen herbeilockt, und wie man sie am leichtesten fängt. Nebst Belehrungen über künstl. Fischzucht rc. 8. (143 S.) Berlin 865, Mode's Verlag.

Moerbe, Johs., die vollständige Angelfischerei in ihrer praktischen und allseitigen Anwendung für jeden Angler oder leicht faßl. Anleitung, wie man die Fischerei mit der Angel und anderen Geräthschaften im Kleinen und Großen, sowohl die Teich- als wilde Fischerei mit gutem Erfolg betreiben soll, auch wie man die Fische vermittelst Lockspeisen herbeilockt und wie man sie am leichtesten fängt. Nebst Belehrungen über künstl. Fischzucht und die verschiedenart. Fische, als: Karpfen, Hechte, Aale rc., deren Kennzeichen, Fütterung und Fortpflanzung, nebst einem Fisch- und Krebskalender oder prakt. Anweisung, wie und wann man am vortheilhaftesten die Angelfischerei betreibt und welche Fischarten man in jedem Monat am zweckmäßigsten einfängt. Nebst allen Fisch- und Krebsfang-Geheimnissen und Angabe der besten Lockspeisen. 2.—6. stark verm. und verb. Aufl. 8. (148 S.) Berlin 873—76, Mode's Verlag.

Moerbe, Johs., die vollständige Angelfischerei in ihrer praktischen und allseitigen Anwendung für jeden Angler oder leicht faßl. Anleitung, wie man die Fischereien mit der Angel und anderen Geräthschaften im Kleinen und Großen, sowohl die Teich- als wilde Fischerei mit gutem Erfolge betreiben soll, auch wie man die Fische vermittelst Lockspeisen herbeilockt und wie man sie am leichtesten fängt. Nebst Belehrungen über künstl. Fischzucht und die verschiedenart. Fische, als: Karpfen, Hechte, Aale, Zander, Forellen rc., deren Kennzeichen, Fütterung und Fortpflanzung, nebst einem Fisch- und Krebskalender oder prakt. Anweisung, wie man am vortheilhaftesten die Angelfischerei betreibt und welche Fischsorten man in jedem Monat am zweckmäßigsten einfängt. Nebst allen Fisch- und Krebsfang-Geheimnissen und Angabe der besten Lockspeisen. 7. stark verm. und verb. Aufl. 8. (148 S.) Berlin 887, Mode's Verlag.

Moerbe, Johs., die vollst. Angelfischerei in ihrer prakt. u. allseit. Anwendg. f. jeden Angler od. leicht faßl. Anleitg., wie man d. Fischerei m. d. Angel u. and. Geräthschaften im Kleinen u. Großen, sow. d. Teich- als wilde Fischerei m. gutem Erfolge betreiben soll, auch wie man die Fische vermittelst Lockspeisen herbeigelockt u. wie man sie am leichtesten fängt. Nebst Belehrungen üb. künstl. Fischzucht u. d. verschiedenart. Fische, als: Karpfen, Hechte, Aale, Zander, Forellen rc., deren Kennzeichen, Fütterg. u. Fortpflanzung, nebst e. Fisch- u. Krebskalender od. prakt. Anweisg., wie u. wann man am vortheilhaftesten die Angelfischerei betreibt u. welche Fischsorten man in jedem Monat am zweckmäßigsten einfängt. Nebst allen Fisch- u. Krebsfang-Geheimnissen u. Angabe der besten Lockspeisen. 10., stark verm. u. verb. Aufl. 8. (148 S.) Berlin 895. S. Mode's Verl. 1. 50

Moerbe, Johs., die vollständige Angelfischerei in ihrer praktischen u. allseitigen Anwendung f. jeden Angler, od. leicht faßl. Anleitg., wie man die Fischerei m. der Angel u. anderen Geräthschaften im Kleinen u. Großen, sowohl die Teich- als wilde Fischerei m. gutem Erfolg betreiben soll, auch wie man die Fische vermittelst Lockspeisen herbeilockt u. wie man sie am leichtesten fängt. Nebst Belehrgn. üb. künstl. Fischzucht u. die verschiedenart. Fische, als: Karpfen, Hechte, Aale, Zander, Forellen rc., deren Kennzeichen, Fütterg. u. Fortpflanzg., nebst e. Fisch- u. Krebskalender od. prakt. Anweisg., wie u. wann man am vortheilhaftesten die Angelfischerei betreibt u. welche Fischsorten man in jedem Monat am zweckmäßigsten einfängt. Nebst allen Fisch- u. Krebsfang-Geheimnissen u. Angabe der besten Lockspeisen. 12. Aufl. 8. (148 S.) Berlin (901.) S. Mode. 1. 50

Moerbe, Johs., die vollständige Angelfischerei in ihrer prakt. u. allseitigen Anwendg. f. jeden Angler, od. leicht faßl. Anleitung, wie man die Fischerei m. der Angel u. anderen Geräthschaften im Kleinen u. Großen, sowohl die Teich- als wilde Fischerei m. gutem Erfolge betreiben soll. Nebst Belehrgn. üb. künstliche Fischzucht u. die verschiedenart. Fische, als: Karpfen, Hechte, Aale, Zander, Forellen etc., deren Kennzeichen, Fütterg. u. Fortpflanzung. Nebst e. Fisch- u. Krebskalender. Nebst allen Fisch- u. Krebsfang-Geheimnissen u. Angabe der besten Lockspeisen. 14. Aufl. (148 S.) 8. Berlin (907). S. Mode. 1.50

—— der erfahrene Gartenfreund, ein zuverläss. Rathgeber für Haus- und Handelsgärtner oder prakt. Anleitung, wie man Gemüse-, Lust-, Zier- und Blumengärten rc. zweckmäßig anlegen, einrichten und bestellen soll rc. Für Landwirthe und Gartenfreunde. 8. (256 S.) Berlin 866, Mode's Verlag.

—— der erfahrene Gartenfreund. Ein zuverläss. Rathgeber für Haus- und Handelsgärtner oder prakt. Anleitung, wie man Gemüse-, Lust-, Zier- und Blumengärten, Mistbeete, Spargelbeete, Treibhäuser zweckmäßig anlegen, einrichten und bestellen, alle Küchengewächse anbauen, Blumen aus Samen, Knollen- und Zwiebelgewächse im Freien, in Mistbeeten und als Topfgewächse nach dem beigefügten Garten-Kalender monatlich ziehen, vervielfältigen, allerlei Samen gewinnen, die Obstbaumzucht und den Weinbau betreiben und die gewonnenen Früchte aufbewahren soll. Mit besond. Berücksicht. der decorativen Pflanzen und der Veredlung der Gewächse. Für Landwirthe und Gartenfreunde. 2.—7. verm. und verb. Aufl. 1873—78. *M* 2,50.; 8. Aufl. 8. (VIII, 312 S.) Ebendas. 879.

— der erfahrene Gartenfreund. Ein zuverläss. Rathgeber f. Haus- u. Handelsgärtner od. prakt. Anleitg., wie man Gemüse-, Lust-, Zier- u. Blumengärten, Mistbeete, Spargelbeete, Treibhäuser zweckmäßig anlegen, einrichten u. bestellen, alle Küchengewächse anbauen, Blumen aus Samen, Knollen- u. Zwiebelgewächse im Freien, in Mistbeeten u. als Topfgewächse nach dem beigefügten Garten-Kalender monatlich ziehen, vervielfältigen, allerlei Samen gewinnen, die Obstbaumzucht u. den Weinbau betreiben u. die gewonnenen Früchte aufbewahren soll. Mit besond. Berücksichtg. der decorativen Pflanzen u. der Veredlg. der Gewächse. Für Landwirthe u. Gartenfreunde. 6. verm. u. verb. Aufl. 8. (VIII, 312 S.) Ebend. 876. 2. 25

Moerbe, Johs., der erfahrene Gartenfreund. Ein zuverlässiger Rathgeber für Haus- u. Handelsgärtner, oder prakt. Anleitung, wie man Gemüse-, Lust-, Zier- u. Blumengärten, Mistbeete, Spargelbeete, Treibhäuser zweckmäßig anlegen, einrichten u. bestellen, alle Küchengewächse anbauen, Blumen aus Samen, Knollen- u. Zwiebelgewächse im Freien, in Mistbeeten u. als Topfgewächse nach dem beigefügten Garten-Kalender monatlich ziehen, vervielfältigen, allerlei Samen gewinnen, die Obstbaumzucht u. den Weinbau betreiben u. die gewonnenen Früchte aufbewahren soll. Mit besond. Berücksicht. der decorativen Pflanzen u. der Veredelung der Gewächse. Für Landwirthe u. Gartenfreunde. 8., verm. u. verb. Aufl. 8. (VIII, 312 S.) Berlin 879. Mode's Verl. 2. 80

—— der erfahrene Gartenfreund. Ein zuverläss. Rathgeber für Haus- und Handelsgärtner oder prakt. Anleitung, wie man Gemüse-, Lust-, Zier- und Blumengärten, Mistbeete, Spargelbeete, Treibhäuser zweckmäßig anlegen, einrichten und bestellen, alle Küchengewächse anbauen, Blumen aus Samen, Knollen- und Zwiebelgewächse im Freien, in Mistbeeten und als Topfgewächse nach dem beigefügten Garten-Kalender monatlich ziehen, vervielfältigen, allerlei Samen gewinnen, die Obstbaumzucht und den Weinbau betreiben und die gewonnenen Früchte aufbewahren soll. Mit besond. Berücksicht. der decorativen Pflanzen und der Veredlung der Gewächse. Für Landwirthe und Gartenfreunde. 9. verm. und verb. Aufl. 8. (VIII, 312 S.) Ebendas. 886.

Moerbe, Johs. Der erfahrene Gartenfreund. Ein zuverläss. Rathgeber f. Haus- u. Handelsgärtner ꝛc. 12. verm. u. verb. Aufl. 8. (VIII, 312 S.) Berl. 891, S. Mode's Verlag. 2 50

— der erfahrene Gartenfreund. Ein zuverläss. Rathgeber für Haus- u. Handelsgärtner od. prakt. Anleitg., wie man Gemüse-, Lust-, Zier- u. Blumengärten, Mistbeete, Spargelbeete, Treibhäuser zweckmäßig anlegen, einrichten u. bestellen, alle Küchengewächse anbauen, Blumen aus Samen, Knollen- u. Zwiebelgewächse im Freien, in Mistbeeten u. als Topfgewächse nach dem beigefügten Garten-Kalender monatlich ziehen, vervielfältigen, allerlei Samen gewinnen, die Obstbaumzucht u. den Weinbau betreiben u. die gewonnenen Früchte aufbewahren soll. Mit besond. Berücksicht. der decorativen Pflanzen u. der Veredelg. der Gewächse. Für Landwirthe u. Gartenfreunde. 15. verm. u. verb. Aufl. 8. (VIII, 312 S.) Ebd. 900. 2.50

—— Hauptgrundzüge und Regeln des Ackerbaues oder leicht faßl. Anweisung, den Ackerbau mit möglichstem Nutzen zu betreiben. Nebst Angabe der vortheilhaftesten Düngungsarten und der vorzüglichsten Mittel zur Vertilgung der den Feldfrüchten schädl. Thiere und Gewächse. 8. (160 S.) Berlin 866, Mode's Verlag.

Mörbe, Jh., Orts-Chronik von Petershain im Rothenburger Kreise, nebst einigen Nachrichten aus der Nachbarschaft u. mehreren Urkunden. 8. Rothenburg 844. (Bautzen, Schlüssel.) geb. n. 1/2 ₰

Mörbe, Joh., Orts-Chronik von Petershain im Rothenburger Kreise, nebst einigen Nachrichten aus der Nachbarschaft u. mehreren Urkunden. 8. (10 B.) Rothenburg 844. (Bautzen, Weller.) *

—— der praktische Vogelfreund oder nützl. Anleitung, wie man 94 der beliebtesten in- und ausländ. Sing- und Stubenvögel besonders Kanarienvögel, Lerchen, Nachtigallen, Sprosser ꝛc. ziehen, warten und zähmen muß. Nebst zuverläss. Angabe ihrer Nahrung, Pflege, Behandlung in und außer der Hecke, der besten Fangmethoden ꝛc. 8. (144 S.) Berlin 865, Mode's Verlag.

Moerbe, Johs., der praktische Vogelfreund oder nützl. Anleitung, wie man 94 der beliebtesten in- und ausländ. Sing- und Stubenvögel, besonders Kanarienvögel, Lerchen, Nachtigallen ꝛc. ziehen, warten und zähmen muß. 5. verb. Aufl. 8. (VIII, 152 S.) Berlin 871, Mode's Verlag.

—— der praktische Vogelfreund oder nützliche Anleitung, wie man 94 der beliebtesten in- und ausländ. Sing- und Stubenvögel, besonders Kanarienvögel, Lerchen, Nachtigallen ꝛc. ziehen, warten und zähmen muß. Nebst zuverläß. Angabe ihrer Nahrung, Pflege, Behandlung in und außer der Hecke, der besten Fangmethoden, ihrer Krankheiten und Mittel, sie zu curiren, auch wie man Vögel sprechen lehren und ausstopfen muß. 6.—10. verb. Aufl. 8. (VIII, 152 S.) Ebendas. 874—79.

Moerbe, Johs., der praktische Vogelfreund. ꝛc. Nebst zuverläss. Angabe ihrer Nahrg., Pflege, Behandlg. in und außer der Hecke, der besten Fangmethoden, ihrer Krankheiten u. Mittel, sie zu curiren, auch wie man Vögel sprechen lehren u. ausstopfen muß. 8. verb. Aufl. 8. (VIII, 152 S.) Berlin 876. Mode's Verl. 1. 50

—— der praktische Vogelfreund oder nützl. Anleitung, wie man 94 der beliebtesten in- und ausländ. Sing- und Stubenvögel, besonders Kanarienvögel, Lerchen, Nachtigallen ꝛc. und ihre verschiedenen Arten ziehen, warten und zähmen muß. Nebst zuverläss. Angabe ihrer Nahrung, Pflege, Behandlung in und außer der Hecke, der besten Fangmethoden, ihrer Krankheiten und Mittel, sie zu curiren, auch wie man Vögel sprechen lehren und ausstopfen muß. 11.—14. verb. Aufl. 8. (VIII, 152 S.) Ebendas. 885—87.

Moerbe, Johs., der praktische Vogelfreund. Nebst zuverläss. Angabe, wie man Vögel sprechen lehren u. ausstopfen muß. 17., verb. Aufl. 8 (VIII, 152 S.) Berlin 893. S. Mode's Verl. 1. 50

— der prakt. Vogelfreund od. nützl. Anleitg., wie man 94 d. beliebtesten in- u. ausländ. Sing- u. Stubenvögel, besond. Kanarienvögel, Lerchen, Nachtigallen, Sprosser, Drosseln ꝛc. u. ihre verschied. Arten ziehen, warten u. zähmen muß. Nebst zuverläss. Angabe ihrer Nahrung, Pflege, Behandlg. in u. außer d. Hecke, d. besten Fangmethoden, ihrer Krankheiten u. Mittel, sie zu curiren, auch wie man Vögel sprechen lehren u. ausstopfen muß. 20., verb. Aufl. 8. (VIII, 152 S.) Ebd. 898. 1. 50

— Der praktische Vogelfreund od. nützl. Anleitg., wie man 94 d. beliebtesten in- u. ausländ. Sing- u. Stubenvögel, besonders Kanarienvögel, Lerchen, Nachtigallen, Sprosser, Drosseln ꝛc. u. ihre verschiedenen Arten ziehen, warten u. zähmen muß. Nebst zuverläss. Angabe ihrer Nahrg., Pflege, Behandlung in u. außer der Hecke, der besten Fangmethoden, ihrer Krankheiten u. Mittel, sie zu curiren, auch wie man Vögel sprechen lehren u. ausstopfen muß. 22. verb. Aufl. (VIII, 152 S.) 8. Ebd. (907). 1. 50

Morbeck, J. Georg

Morbeck, Geo., medicin.-prakt. Beobacht. im Geist d. Brown. Lehre. 1r Thl. gr. 8. Heilbronn 797. Claß. 16 gr.

Morbeck, J. Georg, s. Frank, J. Pt. Grundsätze ...

v. Mörbeck, A. Abr., neue holländ. Sprachlehre, of nederlandsche Spraakmester voor Dutschers. 8. Amsterd. 796. N. A. 8. Leipz. 809. (Hahn in Hannov.) 18 gr.

Mörbeck, A. Abr. v., neue vollkommne holländ. Sprachlehre fur Deutsche. 8. Leipz. Linke. (Hahn in Hannover.) 809.

Mörbel, Karl, die Hussitenkrone, od. Wanderungen durch d. Hauptstädte Europas. Erzähl. f. d. reif. Jugend. gr. 12. (10⅝ B.) Brieg 837, Schwartz.

16 Maurer-Lieder. Dem Hochw. Protector sämmtlicher Freimaurer-Logen in den preussischen Staaten, dem durchlauchtigsten Prinzen Friedrich von Preussen ehrfurchtsvoll gewidmet von Karl **Mörbel.** Breslau [ca 1860]: Krone. 14 S. 2° [Lithogr.] [Umschlagtit.]
Tt. 2324. Mit Noten. 157.

Morbio, Carlo, Catalog einer Sammlung italienischer Münzen aller Zeiten, sowie von Bronzemedaillen der besten italienischen Meister des XV. u. XVI. Jahrhunderts und italienischen Medaillen verschiedener Jahrhunderte. Mit 6 Taf. Abbildgn. Mit Vorwort v. F. J. Wesener. 8. München 882. Th. Ackermann, jetzt Ad. Weyl in Berlin. Mit der Preisliste. 8.—; herabgesetzt auf 2. 50

Mörbitz, Bernh., Mörbitziaden. 1. Bd. Lustige gereimte Schnurren zum Vortragen. (36 S.) 8. Leipzig (908). R. Gleißenberg. 1.—

Moerbitz, Georg Martin, De actione ex convictu academico competente. Diss. jur. Präs. Job Thielmann. Wittenberg (Gerdes) 3. VIII. 1723. 24 S. (4.50) 23559

Mörbitz, Walter, appr. Arzt: Aus d. Med. Universitätspoliklinik zu Leipzig. Dir.: Fr. A. Hoffmann. Abt. f. Haut- u. Geschlechtskrankh.: H. Vörner. Ueber die Formen der Arzneiexantheme unter besonderer Berücksichtigung eines varicelliformen Exanthems. Leipzig 1909: Georgi. 42 S. 8°
Leipzig, Med. Diss. v. 16. März 1909, Ref. Hoffmann
[Geb. 29. Jan. 82 Bautzen; Wohnort: Leipzig; Staatsangeh.: Sachsen; Vorbildung: Gymn. Bautzen Reife O. 01; Studium: Freiburg i. B. 1, Leipzig 3, Greifswald 1, Leipzig 5 S.; Coll. 25. März 09; Approb. 25. Juni 08.] [U 09. 2834

Morbitzer: Abriß zur Geschichte der Zementfabrik in Straza. Czernowitz 1887

Morburger, Carl, die da gefallen sind... Eine Geschichte aus den Niedergn. (79 S.) kl. 8. Wien (905). Szelinski & Co. n. 1. 25
Im Deutschen Reiche verboten.

Morburger, Carl (Jos. Schossberger), Knut Hamsun. Eine literar. u. psycholog. Studie. (Porträt Hamsuns Reproduktion e. Ölgemäldes v. Henrik Lund aus d. J. 1909.) (121 S.) 8. Leipzig 910. Xenien-Verlag. 2.—; geb. 3.—

— **Rebellen.** Ein sozialer Roman. (282 S.) 8. Wien (904). Moderner Verlag. n. 3.—

Morburger, Carl, Wie sie sind ...... Ein Wiener Skizzenbuch. 8. (VII, 142 S.) Leipzig 899. Bernh. Meyer. n. 1. 50

— im Wirbel. Ein Buch aus der Anarchie des Lebens. 8. (III, 236 S.) Ebd. 899. n. 2.—

Morburgo, Bened., physiolog. Zellneubildungsprocess während der acuten Inanition des Organismus, s. Beiträge zur pathologischen Anatomie und zur allgemeinen Pathologie.

Morbus ingenii humani, alios ad consensum in opiniones suas pertrahendi... Gottingae 1788. V: *Heyne, Chn Glob.* (MGT)

Morceau d'architecture prononcé et couplets chantés dans la r*** L*** des Amis réunis à l'Or. de Mayence à la fete de la St. Jean d'été et à l'occasion de l'avènement du S*** G*** M*** [Joseph Bonaparte) au trône de Naples. Mayence 1806. V: *Duhem.* (wolfstieg II, 465)

Morceaux choisis de Buffon, ou recueil de ce que ses écrits ont de plus parfait, sous le rapport du style et de l'éloquence. 12. à Liège. (Dresd., Walther). 18 gr.

— choisis de Chateaubriand, extrait de ses ouvrages les plus connus. 8. Braunschw. 814. Pluchart. 1 Rthlr 8 gr.

Morceaux choisis de poésies, à l'usage de l'enfance. 2. édit. augm. 12. (3½ B.) Bâle 845, libr. Bahnmaier. *

Morceaux choisis de poètes français particulièrement des poètes lyriques du XIXe siècle hrsg. v. Alfr. Graz, s.: Reformbibliothek, neusprachl. 8.

Morceaux choisis de prose française à l'usage du cours de diction. 2e éd. Gr. in-8°. 84 p. Bâle et Genève, Georg & Co. 1899. 1 25

Morceaux de déclamation et saynètes, (petites pièces de théâtre) pour enfants et adultes, à l'usage de pensionnats, réunions de famille et concerts d'amateur. Par l'auteur du dictionnaire de la causerie française (J. Grüner). gr. 8. (IV und 83 S.) Wien 864, Lechner's Universitäts-Buchh.

Morceaux de déclamation et saynètes pour enfants et adultes ... Wien 1864. *Grüner, Jos.* (Ky)

— d'éloquence, de morale et de philosophie tirés des meilleurs auteurs franç. 8. Stuttgart, Steinkopf. 807.

— extraits des meilleurs auteurs. 8. Frankfr. a. M. 784. Streng. 5 gr.

— intéressans, propres à former le goût et le style etc. 8. Stettin 791. Kaffke, (Nicolai in Berl.) 14 gr. le même. 8. Leipz. 798. Hinrichs. 14 gr.

Morcelli — Fra — Visconti. La villa Albani ora Torlona descritta. gr. 8. (XV, 355 S.) Róm. 869. (Spithoever.) n. 1. 20

Morcelli, Stefano Antonio

Morcelli, Steph. Ant., Africa Christiana in tres Partes tributa. fol. Brixiae, 816 et 17. (Vienne, Volke.)

Morcelli, Steph. Ant., et Phil. Schiassi, de Napoleone Magno Aug. imp. Gallorum rege Italiae deque rebus ad Italiae regnum pertinentibus inscriptiones, quas Mich. Ferruccius in unum collectas nunc primum edendas curavit. Lex.-8. (XIV und 64 S.) Paris 858, Didot frères, fils et Comp. *

— *ΠΑΡΕΡΓΟΝ.* Inscriptionum Novissimarum ab anno MDCCLXXXIIII. Andreae Andreii Rhetoris cura editum. 4maj. ibid. 818. (ibid.)

— de Stilo inscriptionum latinarum. Liber I et II. Editio altera auctior et emendatior. 4maj. Patavii, 819 et 20. (ibid.) (Liber I. 8 Thlr. 12 Gr. II. 7 Thlr. 12 Gr.)

Morcelli, (Steph. Ant.,) Operum epigraphicor. Vol. III. de Stilo inscript. latin. lib. III. kl. Fol. Patavii Typ. Seminar. 822. (Volke in Wien)

Morcelly, Delphine, die Pariser Range. 1. u. 2. Bd. 8. Leipzig-R. (902). Jacobi & Zocher. à n. 1. —
1. In Moulin rouge. 1. u. 2. [Umschlag-]Aufl. (à 152 S.)
2. Im Quartier latin! (144 S.)

Mörch, J. O., die Autotypie in ihren verschiedenen Ausführungsarten. Ein prakt. Führer zur Erzeugg. v. Druckplatten auf photomechan. Wege f. die Buch-, Stein- u. Kupferdruckpresse nach photograph. Aufnahmen u. Originalen m. ungebrochenen Abtongn. Mit 8 erläut. Taf. Nach eigenen Erfahrgn. bearb. gr. 8. (VII, 129 S.) Düsseldorf 891. E. Liesegang. n. 5. —

Mörch, J. O., Handbuch der Chemigraphie u. Photochemigraphie. Nach eigenen Erfahrgn. bearb. Mit 16 Abbildgn. u. 8 Beilagen. 8. (X, 156 S.) Düsseldorf 886. Liesegang. n. 4. —

Mörch, O. A. L., Catalogus conchyliorum quae reliquit C. P. Kierulf. Nunc publica auctione X Decembris MDCCCL Hafniae dividenda. Cum tab. II lith. gr. 8. (VI u. 34 S.) Hafniae 850. Hoest.) n. 28 ngr

Mörch, O. A. L., Catalogus conchyliorum quae reliquit D. Alphonso d'Aguirra et Gadea, comes de Yoldi. Fasc. I et II. gr. 8. Kopenhagen 852. 53(58). (Ursin.) *
Inhalt:
Fasc. I. Cephalophora. (IV und 172 S.)
» II. Acephala. Annulata cirripedia. Echinodermata. (IV und 76 S.)

—— Prodromus faunae moluscorum Grönlandiae. (Saerskilt Aftryk af Tillaeggene til „Grønland, geographisk og statistisk beskrevet" af H. Rink.) gr. 8. (28 S.) Kopenhagen 857. (Leipzig, A. Dürr.) * *

Morche Josef: Die Beziehungen zwischen Kardinal Otto, Truchsess von Waldburg und Bischof von Augsburg, und den Habsburgern.
II. 1907 PN 2301 Diss. Wien, Univ.

Mörchen, C. P., Versuch e. kurzen Beschreib. u. prakt. Darstell. d. wechselseit. Schuleinrichtung, od. gegenseit. Einübung in d. Elementarschule. Denkenden Lehrern u. Schulfreunden gew. 8. (7⅛ B. u. 1 Tab.) Gummersbach 838, (Luyken. ?)

Mörchen, Friedrich, Volontärarzt an d. Irrenheilanst. Marburg: Aus d. psychiatr. Klinik zu Marburg. Über Dämmerzustände. Ein Beitrag zur Kenntnis d. pathol. Bewusstseinsveränderungen. *Marburg 1901: R. Friedrich.* (83 S.) 8°
Marburg, Med. Diss. v. 10. Aug. 1901

Mörchen, Frdr., über Dämmerzustände. Ein Beitrag zur Kenntnis der patholog. Bewusstseinsveränderg. (Diss.) gr. 8. (82 S.) Marburg 901. N. G. Elwert's Verl. n. 1. 50

Moerchen, F., Die 55. Generalversammlung der Katholiken Deutschlands. 8°.
(Aus: Zeitschrift f. Religionspsychologie. Bd 2. H. 8. (1908.)

Moerchen, Frdr., die Psychologie der Heiligkeit. Eine religionswissenschaftliche Studie. (47 S.) gr. 8. Halle 908. C. Marhold. 1. —

Wirklichkeitssinn und Jenseitsglauben. Die geistige Grundlage staatl. Einrichtungen in naturwiss.-psychol. Betrachtung. Von Oberarzt Dr. Friedr. **Mörchen.** Halle a. S.: Marhold 1909. 84 S. 8°
Aus: Zeitschrift f. Religionspsychologie. Jg. 3, H. 4–10. [10. 3410 3

Mörchen, Karl

Mörchen, K. Vide: Arbeiterkolonie.

Mörchen, Wandernde Arbeitslose. Vorbericht für die 4. Versammlung des Verbandes deutscher Arbeitsnachweise am 9. Nov. 1905 in Wiesbaden. 8°. Berlin, C. Heymann, 1905. (Schriften d. Verb. deutscher Arbeitsnachweise.)

Mörchen, Karl, der preußische Gesetzentwurf üb. Wanderarbeitsstätten vom 14. V. 1906. Fachmännisch u. sozialpolitisch begutachtet. (30 S.) 8. Bethel bei Bielefeld 906. (Verlagsbuchh. der Anstalt Bethel.) n. — 80
Sonderabdruck aus: „Der Wanderer".

Der preußische Gesetzentwurf über Wanderarbeitsstätten vom 14. Mai 1906. Fachmännisch u. sozialpol. begutachtet von Karl **Mörchen.** Bethel b. Bielefeld: Der Wanderer 1906. (30 S.) 8° [F.]
Aus: Der Wanderer. [07. 9493 6

Mörchen, K., Gutachten, s.: **Milbradt, Alb.**

Mörchingen [Schlagwort]

Mörchingen. Karte von Mörchingen u. Umgegend. 1 : 100,000. 40×33,5 cm. Photolith u Farbdr. Bruchsal (901). O. Katz. — 40; auf Leinw. — 60

DISTELN für Schilda's Bürger (von *Toni Morchutt*). Fulda 1850.
Anon.-Lex. I. p. 413 (nach Kayser).

Morck: Die Werthermittlungen d. bestimmten Integrale u. einig. Eigenschaften d. logarithm. Transcendenten. Göttingen 1863. 35 S.
Schul-/Univ.-Schrift

Morck, Dietrich: Über die Formen der Bakteroiden bei den einzelnen Spezies der Leguminosen ... Leipzig, akad. Buchh. '(W. Faber)', 1891; 2 Bl., 43 S., 5 Taf. 8.
Leipzig, Phil. Fak., Inaug.-Diss. v. [20. Dez.] 1891

Morck, E[manuel]: Theorie der Wechselstromzähler nach Ferrarisschem Prinzip und deren Prüfung an ausgeführten Apparaten. 1905. 116 S. 8° ¶ Auch bei Enke in Stuttgart u. als: Sammlung elektrotechn. Vorträge. Bd 8, H. 8/10.
Berlin, Dr.-Ing.-Diss. v. 10. 2. 1905

Theorie der Wechselstromzähler nach Ferrarisschem Prinzip und deren Prüfung an ausgeführten Apparaten. Von Dr.-Ing. E[manuel] **Morck.** Mit 93 Abb. Stuttgart: F. Enke 1905. (S. 278–392.) 8° [Umschlagt.]
— **Sammlung** Elektrotechnischer Vorträge. Bd. 8, H. 8–10. [06.

Morck, Leop., **Sibirien in Kissingen.** D. deutschen Volke kund u. zu wissen, d. grausame, gewissenlose u. unfäh. Behandlg. d. armen kranken Arbeiter, Veteranen u. Invaliden v. d. Bezirks- u. Oberstabsarzt a. D. Glaser in Bad Kissingen. 8. (165 S.) Kissingen 896. (Nürnberg, A. Henning.) n. 1. —

Morck, Mor. Beiträge zum geometrischen Unterricht. 18 S. und 1 Taf. **Progr.** Rg. *Dresden-Neustadt* 1883.

Mörck: K o r t over Hadersleben Fjord: (1: 20 000.) Darunter: Grundrids over Hadersleben Skibsbro Plads med de tilgrændsende Dele af Havnen, optaget 1840 af Mörck. (Hadersleben. 1843.) Lithogr. 1 Bl. Fol., 50,5/69,5 cm.

Mörck, J. P. A.: Aus d. patholog. Institute zu Kiel. Beitrag zur pathol. Anatomie der congenitalen Syfilis .... Kiel, Druck v. Schmidt & Klaunig, 1888; 14 S. + 1 Bl. 8°
Kiel, Med. Fak., Inaug.-Diss. v. 19. Apr. 1888

Mörck, J. P. A., Beitrag zur pathol. Anatomie der congenitalen Syfilis. Inaug.-Diss. gr. 8. (14 S.) Kiel 888. (Lipsius & Tischer.) n. 1. —

Mord, der,. Trauersp. 8. Wien, Schaumburg. 789.

Mord, der, zu Damaskus od. wie e. christlicher Priester v. Juden geschächtet wurde. Nach den Akten zu Nutz u. Frommen dem Volk erzählt. 8. (24 S.) Marburg 888, Verlag d. „Reichsherold". — 20

Ein **Mord** im Dunkeln. Berlin: Norddeutsche Verl.-Anst. [1905]. (124 S.) 8° [F.]
[Sondert.:] Eine frivole Wette. Kriminalgeschichte von L. Schubar [d.i. Rudolf Lubarsch].

Mord, e., im Dunkeln. (124 S.) 8. Berlin (905). Norddeutsche Verlags-Anstalt L. Hohenstein & Co. 1. —

Der Mord | aus | Eifersucht und Liebeswuth, | ausgeübt von dem Maurergesellen und Landwehrmann | Carl Gottfried Mecke | aus Mühlhausen, | an seiner ehemaligen Geliebten | Louise Hagemann | zu Erfurt. | Hiebei ein Gedicht: »Herzens-Ergießungen | des Carl Gottfried Mecke.« | Hamburg. o. J. (1854?), 4 Bl. n. n., 180 × 105.
LBO Jahrmarktslit. R. c. 3, 93 und Bänkelsängerlit. I, 2. Ein anderer Druck dieses Textes (ebenda R. c. 2, 67) trägt das Kol.: Druck von Büttner & Winter in Oldenburg.

Zweite Auflage. | Der | Mord zu Evern, | im Amte Burgdorf | verübt | am 18. November vorigen Jahres. | Ausführliche Beschreibung der Thatumstände und der | bisherigen Ermittelungen. | (Fig.: *Mörder erschlägt Mädchen in der Nacht*, 53 × 82) | Preis nebst Gedicht 10 Pfg. | Druck und Verlag von Fr. Rodewald, | Hannover, | Eckerstraße 3.
o. J. (um 1883), 4 Bl. n. n., 185 × 110.
U/SB Göttingen Poet. Germ. IV. 7588 (15.

Mord, Der falsche; Schauspiel. **Frankfurt 1778.** V: *Ewald, Schack Hermann.* (Ky) (ADB 13, 793)

— der falsche; Schspl. (von S. H. Ewald).. 8. Frankf. 778. Erfurt, Keyser.

Der furchtbare Mord, | welchen der Sohn an seiner | Mutter und seinen vier Ge- | schwistern verübt hat. | (Fig.: *Mann ersticht Frau*, 55 × 85, wie auf Nr. 255b) | Geschehen den 12. Juni 1874 in | Mühlhausen (sic) im Elsaß. | (Eigenthum von Florenz Harder.) | Druck und Verlag von H. A. Kahlbrock, Hamburg, Hütten 63.
o. J., 4 Bl. n. n., 183 × 110.
LBO Bänkelsängerlit. III, 81.

Ein geheimnisvoller **Mord.** Aus d. Erinnerungen e. Kriminal-Beamten. Berlin: Berliner Verl.-Anst. [1905]. (176 S.) 8° [F.] [06. 1841]

Grauenhafter Mord, | den | eine Mutter an ihr eignes Kind, welches sie nicht kannte, aus | Habsucht verübte. | Eigenthum von Florenz Harder. | 1865.
Kol.: Druck von F. J. Rohr in Vegesack.
8 S., 182 × 110.
LBO Bänkelsängerlit. II, 66.

—— der Gregy'sche. Prozeß-Verhandlungen wider Louis Grothe, angeklagt des Mordes, wider die Marie Fischer und Wittwe Quinche, wegen Theilnahme am Morde, und wider Roßkamm, der schweren Hehlerei angeklagt. 16. (64 S.) Altona 864, Verlags-Bureau. *

Mord, der Gregy'sche. Criminal-Prozeß, verhandelt zu Berlin vor dem Schwurgerichtshofe vom 20. bis 26. Oktbr. 1864 wider den Arbeitsmann Louis Grothe, die Wittwe Quinche und die unverehelichte Marie Fischer und Gen., welche drei Genannten zum Tode verurtheilt wurden. 8. (32 S.) Berlin 864, Humburg und Comp.) *.

Mord oder Justizmord? Der Fall (Johann) Schaber vor dem Schwurgericht Ludwigsburg 1859 u. vor d. Strafkammer d. Landgerichts Stuttgart 1894. Hrsg. im Auftr. von J. Schaber in Cleveland, Ohio. *Zürich 1896: Schweiz. Grütliverein.* (404 S.) 8° [F.] [04. 1909 6

Mord, der, in Konitz am 11. III. 1900. Die öffentl. Gerichtsverhandlg. in der Konitzer Mordaffaire u. s. w. seit dem 18. VII. 1900. In zwanglosen Heften. 8. (16 S.) Chemnitz (900). C. A. Hager. — 10

Mord, Der Konitzer. Ein Beitrag zur Klärung. Breslau 1900. V: *Hamburger, Hermann.* (Berl)

— der Konitzer. Ein Beitrag zur Klärg. 1.—10. Tausd. 8. (48 S.) Breslau 900. Preuß & Jünger. n. — 60

—— der, zu Lutscha. Aktenmäßige Darstellg. d. in Galizien v. Judenhand begangenen Mordes an Franziska Mnich, sowie der darüber gepflogenen Gerichtsverhandlgn., nebst e. Schlußbetrachtg. 2. Aufl. 8. (14 S.) Ebd. 888. — 20

Mord. Der M' an Jakob Ritter in Altstädten, am 1. April 1852 verübt durch Karl Joseph Thür. Ausführlich und getreu nach den Akten. Mit beigefügtem Urtheil des Kantonsgerichts und dem ... Bild des Verbrechers [Tafel]. 8. St. Gallen 1852.

Mord des 12jährigen Knaben | Karl Rucka | durch seine | eigene Mutter Anna Rucka. | Eine wahre Begebenheit. | (*Text*).
Kol.: Druck und Verlag der J. F. Rietsch'schen Buchdruckerei in Landshut. (Vor Nachdruck wird nach § 48 des Gesetzes vom 16. Juni 1870 »Ueber das Urheberrecht an Schriftwerken etc.« gewarnt).
o. J., 1 Bl. zweiseitig bedruckt, 315 × 205, Fig. über Titel, 97 × 72.
LBO Bänkelsängerlit. II, 40.

— der, am Kronprinzen Rudolf v. Oesterreich. Von e. Eingeweihten. (63 S.) 8. Frankfurt a/M. (903). J. B. Müller-Herfurth. n. 1. 50

Mord. Der schreckliche M' in Glattfelden, verübt an Frau Pfarrer Emma Jäggli-Appenzeller durch die Dienstmagd Auguste Lehmann (am 1. November 1882). Nebst der Trauerrede bei der Beerdigung der Ermordeten [und 1 Vignette]. 8. (St. Johann [1882].)

Mord, der sechsfache, in Pantin bei Paris und Untersuchungen gegen die vermeintlichen Mörder. Frei nach franzöf. Quellen. 1.—3. Aufl. 8. (48 S.) Leipzig 869, Minde.

Der Mord | am Sohne. | Eine wahre Begebenheit | aus der neuesten Zeit. | Nebst einem schönen Liede. | Druck von Fr. Giese in Zerbst.
Kol.: Eigenthum von Carl Böttcher.
o. J., 4 Bl. n. n., 183 × 110.
LBO Bänkelsängerlit. III, 86.

— und Todschlag; od. so bekommt man die Louise. Lustspiel in 2 Aufz. 8. Wien, Wallishäußer. 806.

Mord. Der M' verübt an Ludwig Lessing aus Freienwalde, gewesener Rechtskandidat an der Universität in Zürich, oder aktenmässige ... Darstellung der gegen den Zacharias Aldinger von Dörzbach, angeblichen Baron (Karl August) von Eib, und übrige Eingeklagte desshalb geführten Untersuchung, nebst Entscheidungsgründen und Urtheil des Kriminalgerichtes des Kantons Zürich. 8. Zürich 1837.

Mord, der, verübt an Ludw. Lessing aus Freienwalde, gewesener Rechtscandidat an der Universität in Zürich, oder actenmäßige, geschichtl. Darstellung der gegen den Zacharias Aldinger von Dörzbach u. übrige Eingeklagte deßhalb geführt. Untersuchung rc. gr. 8. Zürich 837. Orell u. Comp. 1/4 ℛ

Mord Al.: John Locke's Gedanken über Erziehung. 17. Wien R. VII.878. Progr.

Mordax, Franc. de, primo dizionario e frasario di corrispondenza mercantile, italiano-tedesco. Tratto dai migliori e più recenti autori in questa sfera e corredato da due appendici, l'una delle quali contiene una ben ordinata collezione di ragguagli mercantili e l'altera una nomenclatura di merci le più importanti in ambo le lingue. 18 Disp. Lex.-8. (IV und 571 S.) Triest 860, Schubart. à Disp. * 6 Ngr. *

Mordax, Franc. de, primo Dizionario e Frasario di corrispondenza mercantile, italiano-tedesco, tratto dai migliori e più recenti autori in questa sfera e corredato da due appendice, l'una delle quali contiene una ben ordinata collezione di ragguagli mercantili e l'altra una nomenclatura di merci le più importanti in ambo le lingue. 861. n. 3 ℛ 18 ngr.
— 2. edizione. Triest 862. Schubart. Lex.-8. (IV, 571 S.) n. 2 ℛ

Mordax, Franc. de, primo dizionario e frasario di corrispondenza mercantile, italiano-tedesco, tratto dai migliori e più recenti autori in questa sfera e corredato da due appendice, l'una delle quali contiene una ben ordinata collezione di ragguagli mercantili e l'altra una nomenclatura di merci le più importanti in ambo le lingue. 2. ediz. Lex.-8. (IV und 571 S.) Triest 862, Dase. *

Mordax, Franc. de, primo dizionario e frasario di corrispondenza mercantile, italiano-tedesco, tratto dai migliori e più recenti autori in questa sfera e corredato da due appendice, l'una delle quali contiene una ben ordinata collezione di ragguagli mercantili e l'altra una nomenclatura di merci le più importanti in ambo le lingue. 3. ediz. Triest 868. Dase. Lex.-8. (IV, 571 S.) n. 20 ngr.

Mordax, Franc. de, primo Dizionario e frasario di corrispondenza mercantile, italiano-tedesco. Tratto dai migliori e più recenti autori in questa sfera e corredato da due appendici ecc. 3a ediz. (Titel-Ausg.) Lex.-8. (571 S.) Triest (862)69, Dase. *

† MORDAX, Guilelmus (ps.), Breslau wie es war! Genrebilder von *Guilelmo Mordax*. Breslau, H. Richter, 1835. 8°. 24 S.
Fehlt in Wellers' Lex. Ps.

Schaudervoller | Mord-Brand, | welcher in dem | Städtchen Hobroe in Jütland, | von einem | Bauer, seiner Frau und seinem Knechte, | an | einer Altentheilsfrau und derem Kinde | verübt wurde. | (Fig.: *Enthauptung eines sitzenden Delinquenten*, 52 × 68) | Hamburg. 1849. | Gedruckt bei J. Kahlbrock Wwe., Grünersood Nr. 52.
4 Bl. n. n., 178 × 110.
LBO Jahrmarktslit. R. c. 1, 30.

Mordbrenner, der, vor Hornberg, oder: es ist kein Fädchen so fein gesponnen, es kommt doch endlich an die Sonnen. 2. Aufl. 8. (58 S. mit eingedr. Holzschn.) Reutlingen 869, Enßlin und Laiblin.

Mordbrenner, der, von Hornberg, oder es ist kein Fädchen gesponnen, es kommt doch endlich an die Sonne. 3. Aufl. 8. (58 S.) Reutlingen 876, Enßlin und Laiblin's Verlagsh.

Morde, rätselhafte, s.: Fragen, brennende.

(Mordechai Ben Salomo Pelungian, Abhandlungen über das logisch-talmudische Gesetz der Analogie nebst Erläuterung aller talmudischen Analogieen.) גבר חרל־חרר gr. 8. (IV und 69 S.) Wilna 849. (Leipzig, C. L. Fritzsche.) *

Morden, G[ilbert] W[alworth]: Die Stickoxydbildung aus Luft mit Hilfe einer Gleichstromentladung niedriger Spannung unter vermindertem Drucke. 1909. 52 S. 8°
Karlsruhe, Dr.-Ing.-Diss. v. 28. 7. 1908

v. Mordenstein, Thankmar, od. die Abentheuer e. Nacht unter Ruinen. 8. Wien 802. Wallishausser. 1 ℛ

v. Mordenstein, Thankmar, hat auch das Central-Comptoir in Leipzig.

MORDENSTEIN, Thankmar von. Mit Kpf Leipzig, Commissions-Büreau, 1805. 8°. (1/2 Rthl.)

Mörder [Sachliches OW]

Mörder, der. Von ***. 12. (104 S.) Großenhain 888, Baumert und Ronge. *

Mörder, Der. Von ***. Grossenhain 1889. 1890. V: *Alten, Hedwig von.* (Pataky I, 8) (Zeitschr. f. Büch. N. F. 15, 1923, S. 117)

Mörder, der begnadigte, Georg Leonh. Steinbauer von Wattenbach. 8. (16 S.) Ansbach 853, Gummi's Buchh.

Mörder, Der, bei kaltem Blute und mit Ueberlegung, und doch ein Mann, welcher Achtung verdient. ... Kiel 1806. V: *Kruse, Laurids.* Ü: *Eckermann, Carl Theodor.* (LS) (Call) (NN) (GGr)

Mörder, der, bei kaltem Blute u. doch ein Mensch, der Achtung verdient. Ein psychol. Versuch rc. nach d. Dänisch. frei übers. v. Theodor (Karl Th. Eckermann). 8. Kiel 806. Hesse. 1 ℛ N. A. 818. 18 ℛ

Der | erkaufte Mörder, | oder: | Die Ermordung | der | Ehefrau Snater zu Holtgast. | *(Vignette)* | 1863.
Kol.: Druck von D. H. Zopfs in Leer.
4 Bl. n. n., 181 × 111.
LBO Bänkelsängerlit. II, 29.
Der Druck bei J. Kahlbrock Wwe. (ebenda II, 30), Hamburg o. J., trägt einen Holzschnitt: *Mann ersticht Frau*, 55 × 85).

Mörder und Gespenster aus Nante's Tagebuch, s. Nante.

Der schändliche | verruchte Mörder | seiner Frau | und | seiner vier Kinder. | Geschehen im Jahre 1859 zu Pesth in Ungarn. | *(Vignette)* | Zu haben bei J. F. Baumbach.
Kol.: Schnellpressendruck von Büttner & Winter in Oldenburg.
o. J., 4 Bl. n. n., 186 × 108.
LBO Bänkelsängerlit. II, 60.

—— der, Georg Michael Stiegler von Külsheim auf dem Schafot. gr. 8. (8 S.) Ansbach 856, Gummi's Buchh. *

Mörder [Verfasser]

Mörder, Josias

— — De conjugio illicito. Disput. jur. Präs. Heinrich Bodin. Halle/Magdeburg (Chr. Henckel) Okt. 1703. 24 S. (4.50) 23561

Mörder, Josias (Magdeburg), De jure apostolorum. Disput. Jur. Präs. Andreas Götsche. Halle (Chr. A. Zeitler) Nov. 1702. 48 S. (6.50) 23560
Gew.: Josias Mörder (Vater).

Moerder, Iwan v., die russischen Pferderassen, s.: Simonoff, L.

Moerder, J. v., die Pferdezucht in Russland. Ein kurzer Ueberblick. gr. 8. (16 S.) Wien 873, Rosner. *

Moerder, N., s.: Zolltarif, allgemeiner, d. Russischen Kaiserreichs.

Mörderin, die; Trspl. in 3 A. 8. Leipz., Centr.-Compt.

Mörderin, die,. Trauerspiel in 3 Akten. 8. Leipzig, Joachim.

Mörderin, die, M. A. Birnbaum aus Nürnberg, hingerichtet in München am 12. Nov. 1836. Aktenmäß. Darstell. ihrer verübten unmenschl. Grausamkeiten. Ein höchst merkwürd. Beitr. z. Gesch. d. Ausartung d. menschl. Herzens. gr. 8. (6¼ B.) München 837, Fleischmann. *

Mördes, Florian, die deutsche Revolution mit besond. Rücksicht auf die badische Revolutions-Episode. 8. (IV und 318 S.) Herisau 849, [Schläpfer und Meisel.]

Mordgeschichte, eine entsetzliche, von d. jungen Werther, (v. Hnr. Gf. v. Bretschneider). . . . 774.

Mordgeschichte, Eine entsetzliche, von dem jungen Werther, wie sich derselbe den 21. December durch einen Pistolenschuss eigenmächtig ums Leben gebracht . . . [Frankfurt a. M.] 1776. V: *Bretschneider, Heinrich Gottfried.* (Appell) (Ky) (BrMm) (MGT) (Wr)

Mordgeschichte, Eine entsetzliche, von dem jungen Werther. Fac. Neudruck in 99 Ex. den Leipziger Bibliophilen gewidmet zum 28. Mai 1910. Leipzig. V: *Bretschneider, Hch. Gottfr. von.* H: *B*[*aensch, W*[*ilhelm*], *E*[*rnst*] *R*[*owolt*] *K*[*urt*] *W*[*olff*], (BGE ³VIII/382) (BiblPort)

Mordgeschichte, verübt am 3. Jul. 1822 u. 10. Sept. 1823 zu Beuel, am Bürgermeister Vilich, Landkreis Bonn, Reg. Bezirk Köln, durch d. Schuster Adolph Moll. 8. Bonn, Habicht. 2 Gr.

MORD- und Unglücksgeschichten, Französische, wie sich solche seit den Unruhen in Frankreich wirklich zugetragen haben. Aus d. Französ. übers. von einer Gesellschaft Bürger der kaiserl. königl. Haupt- u. Residenzstadt Wien. 5 Bde. Wien u. Prag 1793/94. 8°. (6 Mk. E. Frensdorff, 1908.)
So cplt. rar! Eine der interessantest. Sammlungen über die französische Revolution u. deren Gräuel.

Mord- u. Unglücksgesch. in Frankreich seit d. Revolution. 8 Bde. 8. Prag 793, 94. Schönfeld. 5 ₰ 8 Gr

Mord- und Geistergeschichten. Herausgegeben vom Verfasser Heraldo's des Unergründlichen. 2 Thle. Leipzig 1811. Elberfeld 1824. V: *Hoffmann, Carl Friedrich.* (BGE V³, 170)

Mord- u. Geistergeschichten, v. Verf. Heraldo's des Unergründlichen. 2 Bde. m. K. 8. Leipz. Bruder u. H. 811—12.
2r Bd. auch unter dem Titel: Räuber-, Mord- u. Geistergesch. ꝛc.

Mord- u. Geistergeschichten. 2 Thle. 8. Leipzig, Bruder u. H. (Büschler in Elberfeld.)

Mord- u. Geistergeschichten; v. Verf. Heraldo's d. Unergründlichen. 2 Bde. 8. Leipz. . . . N. Aufl. 8. Elberf. 824. Schönian. 1 ₰ 12 Gr

Mordgrundbrück, Die, bei Dresden. Komische Oper. Schleusingen 1850. V: *Otto, Ernst Julius.* (Kat. Hugo Thimig) (Hdschr. Mitth. von Erich Mennbier, Wien)

MORDGRUNDBRUCK, Die, bei Dresden, oder Liebe, Verzweiflung, Hass, Reue, Plaisirvergnüglichkeit u. Indifferentismus. Grosses Blut-Trauer- u. Thränenspiel in 3 jammervollen, miserabeln Acten, mit vollständiger Vernachlässigung d. aristotelischen Einheiten u. kolossal fabelhaften Anachronismen, jedoch nicht ohne einige obligate Accorde aus d. Harmonie der Sphären u. sichere Aussicht auf pyramidale Tantièmen. Dichtung vom Sohne meines Vaters. Composition vom Gatten meiner Mutter. 4. Abdr. Schleusingen 1852. (Textbuch.) 8°. (2 Kr. 40 H. A. H. Huber, Salzburg, 1908.)

Mordhorst, [A. H.]: Was kann geschehen, um unsere Gottesdienste unseren Gemeindegliedern möglichst anziehend zu machen? Referat. Brunsbüttel. (1894.) 8°

Der Evangelische Bund. Vortrag geh. auf d. Propstei-Synode Süderdithmarschen 1907 von P. [Adolf] **Mordhorst**-Schleswig. Meldorf (1907): B. S. Darger. (11 S.) 8° [ℱ.] [07. 1889a]

Mordhorst, Arthur, aus Flensburg: Zur coxa vara. *Halle a. S. 1898: C. A. Kaemmerer & Co.* (29 S.) 8°
Halle, Med. Diss. v. 17. Dez. 1898

Mordhorst, Carl, Antwort auf Hrn. Dr. Ziemssen's „Offene Erwiderung auf Hrn. Dr. Mordhorst's Wiesbaden gegen chronischen Rheumatismus, Gicht etc.“ gr. 8. (14 S.) Wiesbaden 885. (Moritz & Münzel.) n. — 50

— Beitrag zur Lehre v. der Gicht, deren Diät u. Behandlung. Zugleich Besprechg. der Gichttheorie Emil Pfeiffer's u. Erwiderg. auf seine Bemerkgn. in der Abhandlg. „Ueber Harnsäure u. Gicht“. [Aus: „Wiener medizin. Wochenschr.“] gr. 8. (34 S. m. 1 Tab.) Wien 893. M. Perles. n. — 80

Mordhorst, Carl, zur Entstehung der Scrophulose und der Lungenschwindsucht, s. Sammlung klinischer Vorträge.

Mordhorst, C., therapeutische Erfolge m. elektrischer Massage etc. Ergänzung zu e. Vortrage: „Ueber elektr. Massage“, geh. am VIII. Congresse f. innere Medicin. gr. 8. (26 S.) Wiesbaden 889. Bergmann. n. 1. —

Mordhorst, Carl. Erfolge m. elektrischer Massage in Verbindung m. e. Badekur in Wiesbaden. Ergänzung zu e. Vortrage: „Ueber elektr. Massage“, geh. am VIII. Congresse f. innere Medicin. 2. verm. Aufl. gr. 8. (36 S.) Wiesb. 890, Bergmann. * 1 —

Mordhorst, C., die bei der Behandlung der Gicht u. Harnsäureconcremente in Betracht kommenden Mittel u. ihre Wirkungsweise. Nach e. Vortrag, geh. am XI. internationalen Congress zu Rom 1894. gr. 8. (78 S.) Rom 894. Loescher & Co. n. 1. —

—— der Rheumatismus und seine Behandlung mittelst elektrischer Massage etc. in Verbindung mit einer Bade- und Trinkcur in Wiesbaden. gr. 8. (20 S.) Leipzig 888, G. Thieme. *
Aus: Deutsche medicinische Wochenschrift, besonders abgedruckt.

Mordhorst, Karl [app. Arzt aus Glückstadt]: Zur Therapie der Anaemie und Chlorose ... Glückstadt, Druck v. J. J. Augustin, 1893; 23 S. 8.
Kiel, Med. Fak., Inaug.-Diss. v. [17. Apr.] 1893

Mordhorst, Carl, Ursache, Vorbeugung und Behandlung der Lungenschwindsucht. Nebst einem Anhang: „Weshalb erkranken die Bewohner des Hochlandes nie an der Lungenschwindsucht.“ gr. 8. (VIII, 80 S.) Berlin 874, Th. C. F. Enslin. *

—— Wiesbaden gegen chronischen Rheumatismus, Gicht, Ischias etc. und als Winter-Aufenthalt. gr. 8. (48 S.) Wiesbaden 885, Bergmann. *

Mordhorst, C., Wiesbaden gegen chronischen Rheumatismus, Gicht, Ischias etc. u. als Terrain- u. Winter-Curort. 2., verm. Aufl. gr. 8. (III, 57 S.) Wiesbaden 890. Bergmann. n. 1. —

— Wiesbaden als Terrain-Curort zur Behandlung v. Herz- und Lungenkrankheiten, Bleichsucht, Fettsucht etc. Mit 1 Karte der Terrain-Curwege. Im Auftrage d. Wiesbadener Curvereins veröffentlicht. gr. 8. (19 S.) Wiesbaden 886. (Moritz & Münzel). n.n. 1. —; Karte ap. n.n. — 60

Mordhorst, Otto: Egen von Bamberg und 'die geblümte Rede'. ⟨T. 1. Egen von Bamberg.⟩ (Berlin 1909: Ebering.) 62 S. 8° ¶(Ersch. vollst. in: Berliner Beiträge z. german. u. roman. Philol.
Berlin, Phil. Diss. v. 24. Nov. 1909, Ref. Roethe
[Geb. 25. Okt. 83 Berlin; Wohnort: Berlin; Staatsangeh.: Preußen; Vorbildung: Prinz Heinrichs-Gymn. Schöneberg Reife O. 03; Studium: Berlin 8 S.; Rig. 17. Dez. 08.] [U 10. 216

Mordje und Estherleben, oder a Souwaren ünsere Leut zün Zeiten Ohosverüs, Ane komische Operette in 5 Aufzügen. 8. Zerbst, Füchsel. 817.

Mordje u. Estherleben, oder a su waren ünsere Leut zün Zeiten Ohasverüs. Ane kom. Operette in 5 A. 8. Zerbst 819. Füchsel. Kummer.

Mordkammer, die, zu Constanz. Deutsche Volkserzählung. Neu an's Licht gestellt von G. und B. Dom. 8. (53 S.) Urfahr-Linz 878, Kraußlich.

Mordkapelle, Die, auf dem hohen Felsen am Vierwaldstätter-See. Eine Geschichte ... Heidelberg 1830. V: *Schlossmann, K. J.* (Cat. d. Stadtbibl. Zürich. Zürich 1864—97.)

Mordnacht. Die M' auf der Löbern ... 1275 (Njbl.) s. [Keiser, Carl Caspar].

Mordnacht, die, zu Luzern. Schausp. in 5 Aufz. von F. M. Crauer. 8. Luzern, Anich. 787.

Mordnacht, Die, in Zürich, ein Schauspiel. Zürich 1781. V: *Am Buhl, Johann Ludwig.* (MGT) (Ky) (BrMm) (Cat. d. Stadtbibl. Zürich. Zürich 1864—97.)

— die, in Zürich. Tragödie v. Verf. des Schweizerbundes. 8. Zürich, Geßner. 781.

Mord-Prozeß Heinze, der. (Verhandelt vor dem Schwurgericht zu Berlin in den J. 1891 u. 1892.) Der unfreiwill. Taufpate der „Lex Heinze“. gr. 8. (78 S.) Berlin (900). J. Gnadenfeld & Co. n. — 50

[Umschlagt.:] [ℱ.] **Mordprozess** gegen Witwe Karl Schula und Genossen. SA. a. d. „Neuen Meidericher Ztg“, zugl. „Beecker u. Hamburger Ztg“. *(Meiderich: Dr. r. A. Marquard [1897].)* (22 S.) 1 Bd 8. [98. 2170

Mordsgedanken v. Honestus. 8. (48 S.) Leipzig 895. Hannov. Münden, R. Werther. n. — 80

Haarsträubende | Mordthat! | Zwei junge Leute schlachten eine | wehrlose, alte Frau mit der größten | Kaltblütigkeit und Ueberlegung ver- | mittelst eines Rasirmessers ab, | um in Besitz einiger Thaler zu ge- | langen. | Die beiden Mörder | Johann Maturski und Ferdinand | Malitz | wurden am 2. März 1874 in Berlin | zum Tode verurtheilt. | Grausamer als dieser Mord ist noch | keiner verübt worden. | (Fig.: *Verschlungene Hände in ovalem Kranz,* auf dem Kopf stehend gedruckt, 33 × 44) | gedruckt und zu haben bei J. Bauer in Recklinghausen.
o. J. (1874), 4 Bl. n. n., 185 × 115, Fig. am Ende: *Grabdenkmal,* 49 × 49.
LBO Bänkelsängerlit. III, 98.

Schreckliche | Mordthat, | verübt von einem | nur 12 Jahre alten Knaben | an fünf | unschuldigen Kindern | zu Bolkenhain. | Oldenburg, 1858. | Druck von Büttner & Winter.
o. J., 4 Bl. n. n., 180 × 110.
LBO Bänkelsängerlit. I, 3 und Jahrmarktslit. R. c. 2, 69. Ein anderer Druck (LBO Bänkelsängerlit. I, 4) erschien 1858 in Bremen bei N. A. Ordemann. Der in Hamburg o. J. (1857?) erschienene hat auf dem Titelblatt eine Fig.: *Frau findet Kind in einer Truhe,* 58 × 74, und den Vermerk »Druck und Verlag von J. Kahlbrock Wwe., | Grünersood No. 52.« (Dt. Vl.-Arch. Freiburg V 1. 1135/1). – Schenda VoB S. 358.

Drey erschröckliche Mordthat. Das Erste: „Hat man jemahls gehöret" etc. Das Andere: „O Ihr Menschen hört jetzunder" etc. Das Dritte: „Mein frommer Christ thu stille stahn" etc. Franckfurt a. M. 1749. 4 *Bll.*

Gräßliche Mordthaten, | die ein junges Frauenzimmer, Marie Z.., | verübt hat. | Nebst Lied | *(Text).*
o. O., o. J., 2 Bl. n. n., 175 × 105.
LBO Bänkelsängerlit. I, 6.

Preis 10 Pfennig. | Zwei neue | Mordthaten | aus der Gegend von Bochum, | verübt | I. am 10. April dieses Jahres | an der 16jährigen Dienstmagd | Ostermann aus Hiltrop, | II. am 21. Mai dieses Jahres | an der Dienstmagd | Gantenberg aus Dahlhausen. | (Fig.: *Sonne, Kreuz und andere Symbole,* 36 × 62) | Zweite Auflage. | Enthaltend die neuesten gerichtl. Ermittelungen. | Druck und Verlag von Fr. Rodewald | Hannover Eckerstraße 3.
o. J. (um 1883), 4 Bl. n. n., 180 × 115.
U/SB Göttingen Poet. Germ. IV. 7588 (18.

Mordtmann, A. D., die Amazonen. Ein Beitrag zur unbefangenen Prüfung und Würdigung der ältesten Ueberlieferungen. gr. 8. (X und 136 S.) Hannover 862, Hahn'sche Hofbuchh. *

Mordtmann, A. D., Belagerung und Eroberung Constantinopels durch die Türken im J. 1453. Nach den Originalquellen bearb. gr. 8. (III und 148 S. mit 1 lithogr. Plan in qu. gr. 4.) Stuttgart 858, Cotta'sche Buchh. *

Mordtmann, A. D., kurze Beschreibung von Magrib el Aksa, oder Schilderung der Staaten von Marokko in geograph., statist. u. polit. Hinsicht. gr. 8. (Mit 1 lith. Karte.) Hamburg 841, Agentur des Rauhen Hauses. 1/3 ß

Mordtmann, A. D., historische Bilder vom Bosporus, s. Bosporus. N. F. 3. 4.

Mordtmann, A. D., Die Chronologie der Sassaniden. S.-A. 1871. 28 S. 1.20

Mordtmann A. D. Dr., und Dethier Philipp Anton, Dr.: Epigraphik von Byzantion und Constantinopolis von den ältesten Zeiten bis zum Jahre Christi 1453 (mit 8 Taf.) D 13. II. 1 . . . . vgr.
Separatab.

— und P. A. Dethier, Epigraphik von Byzantion und Constantinopolis, s. Dethier, P. A.

Mordtmann, A. D., Erklärung der Münzen mit Pehlvi-Legenden. gr. 8. (194 S. mit 5 Stnt. und 4 Taf. in Congrevedr.) (Leipzig 854, Brockhaus' Sortiment und Antiquarium.) *

— Erklärung der Münzen mit Pehlvi-Legenden. (Abdr. aus der Zeitschrift d. Deutschen morgenländ. Gesellschaft.) (Leipzig 854. Brockhaus.) (194 S. u. 10 lith. Taf.) a. 2 ß. 15 ngr.

Mordtmann, A. D., Führer von Constantinopel mit historischer Einleitung und 1 color. Plane der Stadt [Stambul, Galata, Pera, Skutari], nebst 1 (lithogr.) Uebersichtskarte des Bosporus. 12. (49 S.) Constantinopel 881, Lorentz und Keil. cart. *

Mordtmann, A. D. (Hrsg.), s. Muḥammad b. ʿUmar al-Wāqidī: Gesch. d. Eroberung v. Mesopotamien u. Armenien.

— s. Schriften d. Akad. von Ham.

Mordtmann, August

Die Avaren und Perser vor Konstantinopel. Von Dr. A. **Mordtmann.** *Konstantinopel: O. Keil 1903.* (44 S.) 8°
= **Mitteilungen** d. Deutschen Excursions-Klubs in Konstantinopel. 1903, H. 5.

Eine deutsche Botschaft in Konstantinopel anno 1573—1578. Vortr. geh. in d. 'Teutonia' ... 1894 v. Dr. A. **Mordtmann.** *Bern: Haller'sche Buchh. 1895.* (50 S., 5 Taf.) 1 Bd 8.
= [**Mitteilungen** d. Deutschen Excursions-Clubs in Constantinopel. N. F. Heft III.] [97. 5388

Mordtmann, A., e. deutsche Botschaft in Konstantinopel anno 1573—1578. Vortrag, geh. in der „Teutonia" im Novbr. 1894. Mit 1 Plan von Konstantinopel u. 4 Abb. gr. 8. (50 S.) Bern 895. (Konstantinopel, O. Keil.) n. 2. 50

Justinian und der Nika-Aufstand 10./19. Jan. 532 v. Dr. A. **Mordtmann.** *Konstantinopel: O. Keil 1898.* (48 S., 3 Taf.) 1 Bd 8.
= **Mitteilungen** d. Deutschen Exkursions-Klubs in Konstantinopel. N. F. H. IV. [98. 8397

Mordtmann, A[ugust]. Die letzten Tage von Byzanz. 8. Bern 1895.

Das Albumblatt. Bekenntnisse e. Frau. Von A[ugust] J. **Mordtmann.** Mit Ill. von A. v. Schrötter. *Berlin, Eisenach, Leipzig: H. Hillger [1900].* (123 S.) 8° [F.]
— Bücherschatz, Kürschners. No 212. [02. 14657

Mordtmann, A. J., das Albumblatt, s. a. Kürschner's, Jos., Bücherschatz.

Jasilü-Tasch. Zacharula. 2 Geschichten vom 'Goldenen Horn' von A[ugust] J. **Mordtmann.** Mit Ill. von A. Lewin. Berlin, Leipzig: H. Hillger [1908]. (96 S.) 8° [F.]
= **Bücherschatz,** Kürschners. No 613. [08. 12085

Mordtmann, A. J., Jasilü-Tasch. Zacharula, s. a. Kürschner's Bücherschatz.

Die Königin von Golkonda. Novellen von A[ugust] J. **Mordtmann.** Schöneberg-Berlin: Unterborn [1906]. 224 S. 8°
(Deutsche Erzähler. Bd 10.)

Mordtmann, A. J., Die Königin von Golkonda, s. a. Erzähler, deutsche. 10. Bd.

Die Perlen der Adhermidacht. Roman von A[ugust] J. Mordtmann. Bonn: Rhein. Union [1905]. (319 S.) 8° [F.]
— Viktoria-Sammlung spannender u. interess. Erzählungen. No 2. [05. 1005]

— Pfingsten. Roman. (402 S.) 8. Leipzig 908. G. Wigand. 4.—; geb. in Leinw. 5. —

Mordtmann, A. J., der Ring, s. Phantasus, neuer.

Der Schlangenring. Roman von A[ugust] J. Mordtmann. [Berlin: Oestergaard 1909.] 271 S. 8°
(Wissen. Jg. 3, Beil.)

Sonnige Tage. Der Roman eines Geigers. Leukothea. Pfingstidylle. Von A[ugust] J. Mordtmann. Mit Ill. von Braune. *Berlin, Eisenach, Leipzig: H. Hillger [1903].* (108 S.) 8° [F.]
— Bücherschatz, Kürschner's. No 372. [04. 996

— sonnige Tage. Der Roman e. Geigers. Leukothea. Pfingstidylle, s. a. Kürschner's, Jos., Bücherschatz.

Mordtmann, August J.: Aus 2 Welten, s. Phantasus, Neuer.

Mordtmann, J., die Insel Zipangu. Märchen. Mit Bildern u. Zeichngn. v. Hugo L. Braune. gr. 4. (III, 171 S.) Leipzig (899). Schmidt & Spring. Geb. in Leinw. 10.—

Beiträge zur minäischen Epigraphik. Von J[ohannes] H. Mordtmann. M. 22 in d. Text gedr. Facs. *Weimar: E. Felber 1897.* (XIV S., 1 Bl., 127 S.) 1 Bd 8.
= Studien, Semitistische. H. 12. [97. 234

Mordtmann, J. H., und D. H. Müller, sabäische Denkmäler. Imp.-4. (114 S. mit 8 photozinkogr. Taf.) Wien 883, (Gerold's Sohn.) *
Aus: Denkschriften der k. Akademie der Wissenschaften, besonders abgedruckt.

— *Επιγραφικαί διατριβαί.* 2 Tle. S.-A. 1885. 32 S. 4°.

- Mordtmann, J., Gordium, Pessinus, Sivri Hissar. Ak. 1860. 32 S. 1.20

Mordtmann, J., Inschriften aus Bithynien. S.-A. 1863. 37 S.

Mordtmann, J. H., himjarische Inschriften u. Alterthümer, s.: Mitteilungen aus den orientalischen Sammlungen der königl. Museen zu Berlin.

Mordtmann, Joan.: Marmora Ancyrana. Berolini 1874 (40 S.). Diss.

Mordtmann, J[ohannes H.]: Palmyrenisches. Berlin: W. Peiser (1899). (1 Bl., 50 S.) 8°
= Mitteilungen d. Vorderasiat. Gesellschaft. 1899. [H.] 1.

[Mordtmann, Johannes H.:] Übersicht über die türkischen Druckwerke von Constantinopel während des Jahres 1883. [Konstantinopel 1884.]

Mordverdacht, der. Eine Kriminal-Geschichte. Nach d. Engl. v. Wilh. Ad. Lindau. 3 Bde. gr. 12. (34⅙ B.) Dresden u. Leipzig 844, Arnoldische Buchh.

Mordversuch, der, gegen den Lehrer Wander vor den Geschwornen zu Jauer, oder: Wie ein Demokrat in Preußen vogelfrei erklärt wird. Neustadt 861. (Altona, Verlagsbureau.) 8. (40 S.) n. 5 ngr

—— an Sr. Maj. Wilhelm I. König von Preußen in Baden-Baden am 14. Juli 1861. Mit Bericht über Becker's Lebensverhältnisse, die angestellten Untersuchungen rc. Nebst (lithogr.) Portr. und facs. (lithogr.) Original-Brief Becker's rc. gr. 8. (8 S.) Leipzig 861, Pönicke. *

Mordwinoff, v., ein Wort üb. Homöopathie. Nebst e. Briefe u. Verzeichniß üb. die im Gouvernement Saratoff in Rußland bei Cholerakranken mit d. glücklichsten Erfolge angewandten homöopath. Heilmittel. Ins Deutsche übers. v. J. Eckenstein. gr. 8. (1¼ B.) Dresden 832, (Arnold.)

v. Mordwinoff, Kais. Russ. Admiral, ein Wort über Homöopathie. Nebst e. Briefe u. Verzeichniß üb. die im Gouvernement Saratoff in Rußland bei Cholerakranken mit d. glückl. Erfolge angewandten homöopath. Heilmittel. Ins Deutsche übersetzt v. Dr. J. Eckenstein. gr. 8. Dresd. (u. Leipz.) 832. (Arnold). 3 gr

Mordziol, Carl, über den Nachweis v. älterem Löss bei Wiesbaden. (S. 257—262 m. 3 Fig.) gr. 8. Wiesbaden 910. J. F. Bergmann. — 40
Sonderabdr. aus: „Jahrbb. d. nass. Ver. f. Naturkde."

Mordziol, Carl: Über das jüngere Tertiär und das Diluvium des rechtsrheinischen Teiles des Neuwieder Beckens. Berlin 1908: A. W. Schade. S. 348—429. 8° ¶ (Aus: Jahrbuch der Kgl. Preuß. Geol. Landesanstalt f. 1908 I, Bd 29, H. 2.)
Gießen, Phil. Diss. v. 17. Nov. 1908, Ref. Kaiser
[Geb. 17. Jan. 86 Mainz; Wohnort Gießen; Staatsangeh.: Hessen; Vorbildung: Oberrealsch. Mainz Reife O. 04; Studium: Darmstadt Techn. Hochsch. 1, Basel 1, Straßburg 1, Gießen 5 S.; Rig. 28. Juni 07] [U 09. 1224

— Über das jüngere Tertiär u. das Diluvium des rechtsrhein. Teiles des Neuwieder Beckens. (S. 348—430 m. 1 Karte.) Lex. 8. Berlin (N. 4, Invalidenstr. 44) 908. Vertriebsstelle der köngl. geolog. Landesanstalt. nn 3. —
Sonderabdr. aus: „Jahrb. d. kgl. preuss. geolog. Landesanstalt".

More [Sachliches OW]

More, Hannah. Ein christl. Lebensbild nach Roberts u. Thompson. Mit ein. biograph. Register der vorkommenden Personen. gr. 8. (23 B. u. M's. Bildn.) Stuttgart 846, (47,) J. F. Steinkopf.

More, Hanna, auch ein Schriftstellerleben . . . Hamburg 1849. V: *Julius, Henriette Marie.* (Ky)

More, Hanna, auch ein Schriftstellerleben. Dargestellt nach Roberts und anderen Quellen von der Verfasserin des: „Leben und Denkwürdigkeiten der Frau Elisabeth Fry." Mit einem Anhange, enth.: Auszüge aus Hanna More's Schriften. gr. 12. (XVI und 388 S.) Hamburg 849, Agentur des Rauhen Hauses.

Moore, Thomas. Ein Trauerspiel in fünf Aufzügen. Leipzig 1786. V: *Dyk, Johann Gottfried.* (BrMm)

More [Verfasser]

Moré, Arnold, a. Berlin: Ueber geschwefelte Anilide der Malonsäure und der Bernsteinsäure und deren Umwandlungsprodukte. Marburg 1906: Köster & Schell. (49 S.) 8°
Marburg, Phil. Fak., Ref. Zincke, Diss. v. 25. Mai 1906
[Geb. 2. Dez. 77 Berlin; Wohnort: Marburg; Staatsangeh.: Preußen; Vorbildung: Realgymn. Erfurt Reife O. 98; Studium: München 3, Marburg 6 S.; Rig. 7. Febr. 06.]

Moré, G., Dresden types. Fol. (12 farb. Taf. m. 2 Bl. deutschem u. engl. Text.) Dresden 895. (C. Tittmann.) In Leinw.-Mappe n. 20. —

More, Hannah

— Cölebs, oder d. junge Wanderer der eine Gattin sucht. Ein Beitr. z. genauern Kenntniß d. häusl. Gewohnheiten u. Sitten Englands. Aus d. Engl. v. Blumhard. Mit e. Vorrede u. Einleit. von Steinkopf in London. 2 Bde. 8. Stuttg. 816. Steinkopf. 2 ℛ

More, Miß Hanna, († d. 7. Sept. 1833.) geistl. Dramen, n. bibl. Geschichten, nach d. Engl. bearb. f. junge Personen. 8. Erlang. 792. Palm. ÷ gr

More, Hanna, über weibliche Erziehung. Aus dem Engl. übers. und mit einer Einleitung über den gegenwärt. Stand der Litteratur über weibliche Pädagogik begleitet von Rob. Koenig. 8. (72 S.) Oldenburg 856, Stalling.
Aus dem Programm der Cäcilienschule für 1856, besonders abgedruckt.

— Versuche, mancherlei Inhalts f. junge Frauenzimmer; Miß Chapone, Brief an e. verheirath. Frauenzimmer; Cartwright, Briefe üb. weibl. Erziehung; aus d. Engl. 8. Altenb. 778. Richter. (Weidmann in Leipz.) 16 gr

Moré, Harold, Das Schwabenalter des Deutschen Parlaments. E. heitere Chronik d. Deutschen Reichstages zsgest. a. d. „Jugend", d. „Kladderadatsch" u. mit e. Vorw von Albert *Traeger* Berlin 1909. 8°.

MORÉ, HERMOLAUS Ord. Cap. Katholische Betrachtungen über die Leidens-Geschichte Jesu Christi. Wien 1787 Ghelen. 174 (2) S. - 160 mm

(MORÉ, GEORG) HERMOLAUS: Lob-Rede / auf die / Heilige Elisabeth / Königliche Stifterin / des Ordens / der WW. EE. Elisabethinerinnen / unter der dritten Regel / des H. Vater Franciskus / zu Preßburg / den 19. Wintermonats im J. 1792 / gehalten / und / auf Verlangen herausgegeben / von P Hermolaus Kapuziner (Preßburg 1792). Gedr mit Patzkoischen Schriften. 48 S. - 167 mm

Moré, Jean Charles, de la colonisation dans la province de St. Pierre de Rio-Grande do Sul, Brésil. gr. 8. (VIII und 262 S. mit 1 lithogr. Karte in qu. Fol.) Hamburg 863. (Berlin, Stilke und van Muyden.)

—— die Colonisation in der Provinz São Petro de Rio Grande do Sul in Brasilien. Aus dem Französ. übers. von H. Wertheim. gr. 8. (VIII und 227 S. mit 1 lithogr. Karte in qu. Fol.) Berlin 863, Stilke und van Muyden.

Moré, Jean Charles: Die Colonisation in der Provinz São Pedro do Rio Grande do Sul in Brasilien. Aus dem Französischen übers. von H. Wertheim. Hbg 1863: Langhoff. VIII, 227 S. mit 1 Kt.

More, Margaretha. — Tagebuch der 16jähr. Margaretha More, Tochter des Sir Thom. More, Kanzler's des Königs Heinrich VIII. von England aus den J. 1522—1535. Nach der 4. Aufl. aus dem Engl. übers. von Adf. Bacmeister. 2., deutsche Ausg. Stuttgart 867. Mäcken. 8. (VII, 172 S.) 15 ngr

More's, Margaret, Tagebuch. 1522—1535. Deutsch von Adf. Bacmeister. 3. Ausg., mit Einleitung und Noten von F. J. Köhler. 16. (XLVII, 229 S.) Paderborn 870, Schöningh.
geb. *
mit Goldschn. *

More's, Margaret, Tagebuch. 1522—1535. Deutsch von Adf. Bacmeister. 4. Ausg., mit Einleitung und Anmerkungen von F. J. Köhler. 16. (XLVI, 232 S.) Paderborn 877, F. Schöningh.
*
geb. mit Goldschn. *

More's, Margaret, Tagebuch. 1522—1535. Deutsch v. Adf. Bacmeister. 5. Ausg., m. Einleitg. u. Anmerkgn. v. F. J. Köhler. 12. (XLIII, 214 S.) Paderb. 892, F. Schöningh.
geb. in Leinw. m. Goldschn. * 3 —

More, Thomas, s. Morus, Thomas.

Moere, Josephus van der. Die Verfolgung der Genter Seminaristen in den Jahren 1813 und 1814. Nebst einem Rückblick auf die Kirchengeschichte jener Zeit. Uebersetzt . . . Mainz 1874. Ü: *Doss, Adolph von.* (SO)

Moere, J. van der, die Verfolgung der Genter Seminaristen in den J. 1813 und 1814 nebst einem Rückblicke auf die Kirchengeschichte jener Zeit. 8. (XIII, 195 S.) Mainz 874, Kirchheim.

Morea olim Peloponnesus. Per Gerardum Mercatorem.
1 1,000,000. 1 Bl.

Moreau [Sachliches OW]

— General. Abriß seiner Geschichte 2c., siehe Jochmus, K.

General Moreau. —
Leben und Feldzüge, mit hierauf beziehenden merkwürdigen Anekdoten. Mit Plänen und Karten. Aus dem Französischen. 8. Leipzig 1802.

— Leben u. Feldzüge, mit sich hierauf beziehend. merkwürd. Anekdoten. 8. Cöln 804. (Leipz., Andreä). 2 ℛ 2e Aufl. 8. Leipz. 814. Hinrichs. 1 ℛ 4 gr

Moreau, Feldherr. Wien 1813. V: *Rittig von Flammenstern, Andreas.* (WBL)

Moreau und sein letzter Feldzug . . . Tübingen 1801. V: *Woyda, Carl von.* (Ky) (MGT) (Pr)

— u. sein letzter Feldzug; e. histor. Skizze (. . . v. Woyda). 8. Tübing. 801. v. Cotta. 10 gr

Moreau, Jh. Vict., Biographie 2c., s. Biographie.

— eine Uebersicht d. wichtigst. Ereignisse ss. Lebens, nebst e. Beschreib. d. Feierlichkeit bei d. Einweihung des ihm bei Räcknitz errichteten Denkmals. Mit color. Kpf. Leipz., Joachim. 16 gr

— ein Blick auf seine Feldzüge, seinen Charakter u. seine Schicksale. 2e verm. Aufl. Mit sm. Bildniß. 8. Berl. 814. (Sander). 16 gr

— Ein Blick auf seine Feldzüge, seinen Charakter u. s. Schicksale. 2te verm. Aufl. m. d. Bildniß d. General Moreau. 8. Berl. N. Soc. Verlagsbuchh. 814.

Moreau, Johann Victor. Sein Leben und seine Todtenfeier, Dresden den 4. November 1814, erzählt für junge Krieger und Freunde der Geschichte. Dresden 1816. V: *Hasse, Friedrich Christian August.* (HHBD IX, 330)

— sein Leben u. seine Todtenfeier d. 4. Nov. 1814; erzählt f. junge Krieger u. Freunde d. Geschichte, (v. Fr. Chr. A. Hasse). Mit e. Abbild. s. Denkmals. 8. Dresd. 814. N. Aufl. 821. Arnold. 16 gl.

Moreau, Joh. Victor, u. seine Todtenfeier. Dresden d. 4. Nov. 1814, v. F. C. A. Hase, mit e. Abbildung sein. Denkmals. gr. 8. Dresd. Arnold. 815.

Moreau [Verfasser]

Moreau et Dumolard, Avant-postes du Maréchal de Saxe Comédie en 1 A. gr. 8. Rudolst. 811. Hofbuchh. 8 gl.

Moreau et Delacour, la femme qui trompe son mari, siehe: Répertoire du théâtre Français à Berlin, Nr. 371.

— et Lafortelle, poisson chez Colbert. Comédie. gr. 8. Ebd 811.

Moreau und Delacour, ein edles Weib, s. Both's Bühnen-Repertoir rc.

—— —— ein edles Weib, s. Bühnen-Repertoir des Auslandes von L. W. Both rc.

Moreau, (C.,) Uebersicht des britischen Handels nach allen Ländern d. Welt. Eine große Tabelle in 4 gr. Fol.-Blättern. Stuttg. 825, Metzler.

Moreau, C., über Wolle u. Wollmanufaktur in Großbritannien, von frühester bis auf gegenwärt. Zeit. Nach amtl. Urkunden. A. d. Engl. 4. (7½ B. u. 1 Tab.) Berlin 829, Rücker. Gehört auch als Beilage zu den „Möglin. Annalen d. Landwirthschaft."

Moreau C.: Ueber Wollhandel u. Wollmanufaktur in Grossbritannien v frühester bis auf gegenwärtige Zeit . Aus d. Engl. Berl. 1829. 59 S. (Beilage zu Möglinschen Annalen. Bd. 24). 373.

MOREAU, Ferdinand Frh. von (München): Ueber Haftung wegen Eviction der verkauften Pfandsache.- München: Rieger 1878. 55 S.
23.12.1878 - Urk (Titel: De evictione pignoris venditi praestanda.); Chr 1878/79,11
Diss. Ingolst.-Landsh.-Mchn.

Moreau, Friedr. Frhr. v., Bericht über den landwirthschaftlichen Theil der Weltausstellung zu Paris im J. 1867. gr. 4. (77 S. mit 10 erläut. Taf., wovon 3 in Holzschn. und 7 lithogr. und ill.) München 867, Literarisch-artistische Anstalt. cart. *

Moreau, H., Lieder, s. Lieder von Beranger.

Moreau, Jak. L., Naturgeschichte d. Weibes. Ein Handbuch f. Aerzte u. gebild. Leser rc. Nach d. Französ. bearb. von Rink u. Jh. Karl Fr. Leune. 4 Bde. Mit Kpf. 8. Altenb. 805. Lpz. 810, 11. Hinrichs. (1r Bd. A. u. d. T.: Geschichte d. Weibes in Betreff sr. Eigenthümlichkeit u. Verschiedenheit rc., mit Anmerkk. v. Rink. Mit Kpf. 1 ₰ 4 gl. 2r u. 3r Bd. A. u. d. T.: Gesch. d. Weibes als Mädchen, Gattin u. Mutter nach Moreau bearb. von J. K. F. Leune. 2 Bde. Mit Kpf. 2 ₰ 8 gl. Schrbp. 2 ₰ 16 gl. 4r Bd. A. u. d. T.: Gesch. d. Weibes u. sr. vier Lebensperioden u. verschied. Temperamente rc, nach Moreau v. J. K. F. Leune. Mit 1 Kpf. 811. 1 ₰ 4 gl. Schrbp. 1 ₰ 8 gl.) 4 ₰ 16 gl.

Moreau, Jean-Victor s. Lecourbe, Claude-Jacques, et Moreau, Jean-Victor.

Moreau, M.: Ibrahim. Schauspl in 2 Aufz. Aus d. Franz. frei in's Deutsche übertr. von E. Huss (Hüss), kath. Priester. Duisburg: J. Hoffmann 1898. (45 S.) 8°
= Vereins-Theater, Katholisches. Bdch. 62.

Moreau, (P. Marcel). Journal de Dom M', Bernardin de Lucelle, du 21 avril 1792 au 27 janvier 1793. Publié et annoté par Casimir Folletête.... 8. Fribourg 1899.

Moreau, Dom Marcel, Leben der ehrwürdigen Mutter Anna Elisabetha Gottrau, Aebtissin der Cisterzienserinnen der Maigrauge [Freiburg, Schweiz]. Hrsg. von Charles Ruédin. Uebers. aus dem Französ. von Alois Osterberger. gr. 8. (VIII, 96 S.) Bregenz 888, Teutsch. *

Moreau, Marcel, et Charles Ruedin. Vie de la vénérée Anne-Elisabeth Gottrau, abbesse des Bernardines de la Maigrange, œuvre posthume de Dom Marcel Moreau, directeur du monastère (1803), suivie de notices sur la sœur Elisabeth Castella, la sœur Marie Reif et la mère Catherine Cordela, éditée par le directeur actuel Charles Ruedin. Beau vol., orné d'une chromolithographie. In-8°, 130 p. Fribourg, impr. de St-Paul. 1893.

Moreau, P., wissenschaftl. Beschreibung u. malerische Ansichten von d. Eisenbahn zwischen Liverpool u. Manchester; nach einer an Ort u. Stelle angestellt. Untersuchung, so wie nach Angaben d. Baumeisters Stephenson u. den aus d. Werken d. Letztern, des Hrn. Wood rc. entlehnten Materialien dargestellt. Georb. v. Auguste Notré. M. 1 Charte u. 5 Taf. Abbild. (Fol. u. gr. 4.) gr. 4. (3½ B.) Weimar 831, Landes-Indust.-Compt.

Moreau, Paul. Der Irrsinn im Kindesalter. Autoris. deutsche Ausg. v. Demetrio Galatti. gr. 8. (VII, 362 S.) Stuttg. 889, Enke. 8 —

Moreau, René: Petrus Brissot. 42 S. (S.105 - 146), gbd.

Halae: Hemmerde 1742
in: Moreau, R.: De missione sanguinis in pleuritide... Ad exemplum Parisiis... 1630 recusum. 1742

Renat. Moreau de missione sanguinis in pleuritide, ubi demonstratur, ex qua corporis parte detractus ille fuerit a duobus annorum millibus ex omnium pene medicorum Graecorum, Latinorum, Arabum, Barbarorum exacta enumeratione juxta temporum quibus floruere seriem instituta. Adjuncta est Petri Brissoti vita. Paris 1622. 8; ibid. 1630. 8. — *Recus cura* Jo. Henr Schulze. Hal. 1741 8 *et additum Schulzii Compendio historiae medicinae.* Hal. 1742. 8, *v supra pag* 6.

Moreau, René: De missione sanguinis in pleuritide, ubi demonstratur, ex qua corporis parte detractus ille fuerit a duobus annorum millibus ex omnium pene medicorum Graecorum, Latinorum, Arabum, barbarorum exacta enumeratione iuxta temporum quibus floruere seriem instituta. Adiuncta est vita Petri Brissoti... Ad exemplum Parisiis apud Samuelem Celerium 1630 recusum. 152 S., gbd.

Halae: Hemmerde 1742

Moreau zu Bar-le-Duc, Versuch über d. Resection d. Knochenextremitäten cariöser Gelenke; aus d. Französ. übers. von C. Krause. Mit e. Vorrede v. G. Wedemeyer. gr. 8. Hannov. 822. Helwing. 12 gl.

Moreau de Jonnès fils, A., la Prusse, son progrès politique et social. Suivi d'un exposé économ. et statist. des réformes opérées depuis 1806 jusqu'à l'époque actuelle. Traduit de l'allem. de M. Dieterici. gr. 8. (XVI u. 455 S.) Paris 848. (Berlin, Schneider & Co.) n. 2⅓ ₰

Moreau de Jonnes, Alexandre

Moreau de Jonnes, (M. A.,) Untersuchungen üb. die Veränderungen, die durch die Ausrottung der Wälder in dem physischen Zustande der Länder entstehen. Aus d. Franz. v. W. Widenmann. gr. 8. Tübingen 827, Osiander.

Moreau de Jonnes, M. A., Untersuchungen üb. die Veränderr., die durch d. Ausrottung d. Wälder in dem phys. Zustande der Länder entstehen. Aus d. Französ. v. W. Widenmann. gr. 8. Tübing. 828. Osiander. 20 gl

MOREAU de JONNES, Alexandre: Untersuchungen über die Veränderungen, die durch die Ausrottung der Wälder in dem physischen Zustande der Länder entstehen. A. d. Franz. übers. v. W. Widenmann. - Tübingen 1828. X, 212 S.

[MOREAU de Saint Méry, Médéric Louis Elie] 1750 - 1819
Die nach den englischen Grundsätzen verbesserte Pferdezucht in Amerika zur Nachahmung anderer Länder. Nebst einer Nachricht von den Sächsischen Stuttereien. Ein Lehrbuch für Pferdeliebhaber und Oekonomen.
[A. d. Franz.]
Leipzig: Müller. 1797. XIV, 63 S. 8°.
Landesbibliothek Coburg
Übers. v. Essai sur la Manière d'ameliorer l'education des chevaux en Amerique, Philadelphia 1795.
Baginsky 1376: mit Verfasser.

Moreau v. St. Mery, Reise d. Gesandtschaft d. Holländ.-Ostind. Compagnie an d. Kaiser v. China in d. J. 1794 u. 95. Aus d. Französ. mit Anmerkk. 2 Bde. gr. 8. Leipz. 798. (Brockhaus). 1 rthl 16 gl

Moreau de Saint-Mery, Médéric Louis Elie. Reise der Gesandtschaft der holländisch-ostindischen Gesellschaft an den Kaiser von China . . . Leipzig 1798—99. Ü: *Bergk*, *Joh. Adam*. (EngG)

Moreau's

— Leben, seine Anklage u. Vertheidigung. Aus Staatspapieren. 2 Bde. 8. Gotha, Hennings. 1 rthl 18 gl

Moreau's Leben, seine Anklage u. Vertheidigung. Aus Staatspapieren. 2 Bde. 8. Erfurt, Hennings. 804.

Moreau's Proceß; aus d. französ. Akten frei übers. v. Louis 8. Hamb. 804. Nestler. 1 rthl

Moreau's Reise v. Frankreich nach Amerika; aus d. Französ. 8. Gotha, Hennings. 10 gl

Moreck, Curt, die Puderquaste der Venus v. Medici. (163 S.) kl. 8. Berlin-Charlottenburg (910). A. Juncker Verl. 2.50; geb. n 3.50

Die Puderquaste der Venus von Medici von Curt **Moreck.** 2. Aufl. Berlin-Charlottenburg: Juncker (1910). 163 S. 8° [10. 14307]

Morel, tableau denrologique, contenant la liste des plant. etc. 8. Strasb. König. 800.

Morel, A.

— et Ed. Gérimont, l'esprit des Allemands. Pensées, maximes, sentences et proverbes tirés des meilleurs écrivains allemands recueillis et mis en ordre alphabétique. gr. 12. (846 S.) Leipzig 861, A. Dürr. *

Morel, A., l'esprit des Grecs. Pensées, maximes, sentences et proverbes tirés des meilleurs écrivains grecs, recueillis et mis en ordre alphabétique. 12. (355 S.) Leipzig 861, A. Dürr. *

— la morale universelle. Les moralistes orientaux. Pensées, maximes, sentences et proverbes tirés des meilleurs écrivains de l'Orient recueillis et mis en ordre alphabétique. gr. 12. (357 S.) Leipzig 859, A. Dürr. *

— les moralistes latins. Pensées, maximes, sentences et proverbes tirés des meilleurs écrivains latins recueillis et mis en ordre alphabétique. gr. 12. (337 S.) Leipzig 860, A. Dürr. *

Morel, A. Kurzgefaßte Übersicht und Vergleichung der gewöhnlichen Bedingungen und Usancen bei Vers. gegen Seegefahr, wie sie auf d. Hauptvers.-Plätzen Europas in Wirksamkeit sind. Hbg. 1840.

Morel, Alex(andre). Une page d'histoire: La Croix-Bleue dans le Jura 1880—1905. Travail lu au temple français de Bienne, le 26 juin 1905, au 25e anniversaire de la Croix-Bleue jurassienne. II + 16 p. 8. Berne, Magasin des Bons Livres, [1905]. [fr. —. 25]

Morel, Alex[andre]. (... Prédications, [publiées] sous forme de traité[s].) Numéro 1. 8. Berne ... (1905).
Numéro 1: Ils furent tous remplis du St-Esprit. (Actes II, 4.) II + 11 p. Berne, Magasin des Bons Livres, (1905). (fr. —. 25)

Morel, Alex[andre]. [Prédications.] Numéro 2—6. 8. Berne ... [1905—] 1907.
Numéro 2: Lié par l'Esprit. (Actes 20, 22.) II + 8 p. Berne, Magasin des Bons Livres, [1905]. (fr. —. 25)
Numéro 3: Daniel à la cour des rois de Babylone. II + 48 p. Berne, Mr des Bons L', [1906]. (fr. —. 60)
Numéro 4: L'image du céleste en nous. II + 11 p. Berne, Staempfli & Cie., [1906]. (fr. —. 25)
Numéro 5: Quand tu jeûnes, parfume ta tête. II + 11 p. Berne, Staempfli & Cie, [1906]. (fr. —. 25)
Numéro 6: Ne juges point. II + 20 p. Berne, St' & Cie, 1907. [fr. —. 40]

Morel, Alex[andre]. [Prédications.] Numéro 7: Le chaos. II + 24 p. 8. Berne, Stæmpfli & Cie, 1908. [fr. —. 50]

Morel, Alex[andre]. [Prédications.] Numéro 8: Plus loin et plus haut! II + 31 p. 8. Berne, Stæmpfli & Cie, 1909. [fr. —. 60]

Morel, Alex[andre]. Au VIIIe Régiment d'infanterie. Souvenir des Manœuvres de 1905. Allocution prononcée à Porrentruy au culte militaire du 17 septembre 1905. II + 8 p. 8. [Berne, Hans Feuz, 1905.]

Morel, C., Recherches sur un poème Latin du IVe siècle. S.-A. 1868. 28 S. —.80 .25

Morel, Camillo, d. internat. kathol. Universität Freiburg i. d. Schweiz. Uebersetzg. d. 2. französ. Aufl.; m. 20 Illustr. gr. 8. (83 S.) Freiburg i. B. 895. Herder. n. 1.50

Morel, Charles s. Nicole, Jules, et Morel, Charles.

Morel. Charles-Ferdinand. Service divin, célébré le 25 novembre 1832, pour la dédicace du temple de Sonvillier. 8. Berne 1832.

Morel, Daniel (Lausanne/Schweiz), De signis morborum, quae ex faciei habitu petuntur. Diss. semiol. Berlin (Nietack) 10. VIII. 1836. 44 S. u. Biogr. (M.: E. Buttex.) (3.—) 23659
Oppon.: A. Kuehn, C. Chonski, H. Scherbel.
— Seinem Vater gew. (Johann Ludwig Morel).

Morel, Dom. Robert

— Betracht. v. d. Geheimnisse des allerheil. Altarsacraments; aus d. Französ. v. Seb. Greuther. 8. Const. 778. 8 gl

Morel, Dom. Rob., geistl. Betracht. üb. d. Passion. 8. Const. 776. (Doll; a. Wolf in Augsb.) 16 ℊ

— Vorbereitung zu e. glückſel. Tode. 8. Conſt. 782. (Doll in Augsb.) 1 ℊ

Morel, C. G., ſ. Baudelocque, Geburtshülfe.

Der Kongostaat und seine Errungenschaften. Ein Kapitel aus 'Red Rubber' von E[dmund] D. Morel. Dem deutschen Publikum gewidmet von Ludwig Deuss. (Hamburg 1900: Rothschild, Behrens & Co.) 28 S. 8° [Umschlagt.]

Morel, E. D., die Zukunft des belgischen Congo. Eine krit. Untersuchg. der Vorschläge der belg. Regierg. zur Congo-Reform. Autoris. deutsche Übersetzg. v. Curt Abel-Musgrave. (87 S.) gr. 8. Berlin 910. D. Reimer. 1.—

Morel, Eugène, die Buren. Roman. Uebertr. u. bearb. v. H. Häſker. gr. 8. (88 S.) Dresden 900. C. Reißner. n. 1.—

Morel, François Henri: Circa successiones praesertim testamentarias. 40 S. Basel, Jur.Diss.v. 21.Okt.1791

Morel, Gall

— ſ. Allocution Gregor XVI.

Morel, Gall, der Befreite, / — Benno, } ſ. Jugend- und Schultheater.

Morel, P. Gall, s. Bibliothek des litterarischen Vereins in Stuttgart LXIX.

Morel, Gall: Blind geladen, s. Jugend- und Schultheater.

Morel, P. Gall. Albert von Bonstetten ([geb.] um 1445), Decan in Einsiedeln. Sein Leben und seine Schriften, verfasst und vorgetragen vor dem fünfortlichen historischen Verein in der Versammlung des 11. Herbstmonats 1843 (*i. e.* 1845) zu Schwyz. [SA.] 8. (Einsiedeln [1846].)

— Die ungleichen Brüder, s. Jugend- und Schultheater.

Morel, P. Gall. Das Büchlein vom Anfange der Hofstatt zu den Einsiedeln und die Einsiedlerchroniken vom 14–19 Jahrhundert. Ein Beitrag zur Literargeschichte der Schweiz. [SA.] 8. [Einsiedeln 1857.]

Morel, Gall, Cäcilia. Religiöſe Gedichte. 16. (297 S. mit 1 Stahlſt.) Einſiedeln 863, Gebr. Benziger.

— Einsiedler-Handschriften der lateinischen Kirchenväter bis zum 9. Jahrh. (Suppl. zu K. Halm: Verzeichniss der ältern latein. Kirchenväter in den Bibliotheken der Schweiz.) Lex.-8. (19 S.) Wien 867, (Gerold's Sohn.) **
Aus: Sitzungsberichte der k. Akademie der Wissenschaften, besonders abgedruckt.

Morel, Gall., Eremus sacra oder die heil. Wüſte. Ein Andenken von Einſiedeln für Gebildete. qu. 4. Einſiedeln 840, Gebr. Benziger. Pracht-Ausg. ⅛ ℊ

Morel, Gall., eremus sacra. Die heil. Wüſte. Erinnerung an Maria-Einſiedeln. 16. (47 S. m. 1 Stahlſt.) Einſiedeln 885. Benziger. geb. in Leinw. n. 1. 20; ſeine Ausg. auf Büttenpap. cart. n. 1. 60

[Morel, P. Gall.] Erinnerung an P. Karl Brandes (1810–1867), Professor und Dr. der Theologie. [Mit Bibliographie. (Progr.) 4. (Einsiedeln ... 1868.)

— Zwei Freunde, s. Jugend- und Schultheater.

Morel, Gall, ſ. Gallerie religiöſer Bilder.

Morel, Gall, Gedichte. 16. (VIII u. 296 S. m. Portr. in Stahlſt.) Einſiedeln 852, Gebr. Benziger. 24 ℊ In Engl. Einb. m. Goldſchn. n. 1 ℊ 6 ℊ

Morel, Gall, Gedichte. 2. Sammlung. 16. (320 S. mit 1 Stahlſt.) Einſiedeln 859, Gebr. Benziger. Thlr.
1. Sammlung. Ebendaſ. 1852. 24 Ngr.

— Geheimniſſe, die fünfzehn, des heil. Roſenkranzes, ſ. a. Geheimniſſe.

— und A. Stolz, die 15 Geheimniſſe des heiligen Roſenkranzes, ſ. a. Stolz, A.

Morel, Gall, u. Athan. Tſchopp, Geſchichte d. Schweiz f. Schule u. Volk. gr. 12. (8⅙ B.) Luzern 836. (Augsburg, Kollmann'ſche Buchh.)

Morel, P. Gall, u. P. Athanas Tſchopp, Geſchichte der Schweiz für Schule u. Volk. 1e u. 2e Lfrg. gr. 8. Luzern 836, 37. Gebr. Räber. (St. Gallen, Scheitlin u. Zollikofer.) ⅚ ℊ

Morel, P. Gall, und Tschopp, P. Athanas. Geschichte der Schweiz für Schule und Volk. Von P. G' Morell und P. A' T'.... 2 Theile. 8. Luzern (*Theil 2:* L', Saxeln) 1836–1838.

Morel, P. Gall, Geschichtliches über die Schule in Einsiedeln. Einsiedeln 1855. Progr.

Morel, Gall, u. Vogel v. Glarus, die Glocke im Lichte der deutſchen Dichtung. Geſammelt u. hrsg. 2., verm. Aufl. 8. (237 S.) Glarus 894. J. Vogel. 2.—

— Der Hausfriede, s. Jugend- und Schultheater

— ſ. Herchenbach, Wilh., das chriſtliche Feſtjahr.

[Morel, P. Gall], Horaz als Ästhetiker in seinem Brief an die Pisonen. Einsiedeln 1860. Progr.

— lateinische Hymnen des Mittelalters, grösstentheils aus Handschriften schweizerischer Klöster. Als Nachtrag zu den Hymnensammlungen von Mone, Daniel u. A. hrsg. 2 Hälften. gr. 8. Einsiedeln, Gebr. Benziger. [1. Hälfte. (VI und S. 1—182.) 867. 1 Thlr. 15 Ngr., 2. Hälfte. (VI S. 183—342.) 868. 1 Thlr. 9 Ngr.)

— aus Italien. Dichtungen in deutſcher Ueberſetzung. gr. 16. (VI und 192 S.) Stuttgart 866, Gebr. Scheitlin.

— Jugend- und Schul-Theater, ſ. Abendunterhaltungen, lehrreiche.

[Morel, P. Gall.] Die Kapelle am Linthport. Geschichte ihrer Entstehung ... im Jahre 1580, nebst einigen Erwägungen. 8. Einsiedeln 1861.

— das Leben des Johann Joſeph Müller, Nationalrath, Kantonsrath und Kaſſationsrichter in St. Gallen, mit einer Zugabe aus dem Leben ſeines Bruders Johann Baptiſt Müller. gr. 8. (VIII und 319 S. mit dem Portr. J. J. Müller's in Stahlſt.) St. Gallen 863. Köppel.

— die Legende von St. Meinrad und von dem Anfange der Hofstatt zu den Einsiedeln vor 400 Jahren in Holztafeln geschnitten, in treuer Nachbildung, nebst dem Facsim. des ältesten Kupferstichs der Engelweihe vom Meister E., Abbildungen des Klosters u. der Marienkapelle aus frühern Jahrhunderten, des Marienbildes nach Photographien rc., sowie mit Erläuterungen. Als Festgabe der Bibliothek von Einsiedeln zum Millenarium dieses Stiftes herausg. Einsiedeln 861. Gebr. Benziger. gr. 8. (80 S. u. 6 Lithogr.) n. 1 ₰ 4 ngr.

Morel, P. Gall s.a.Legende. Die L' von Sankt Meinrad.... Einsiedeln... 1861.

Himmlisches Palmgärtlein [Coeleste Palmetum]. Gebet- u. Andachtsbuch f. kath. Christen. Von d. ehrw. Vater Wilhelm Nakatenus aus d. Ges. Jesu. Nach d. lat. u. deutschen Orig. neu bearb. u. mit Gedichten von P. Gall Morel, sowie mit vielen beliebten Andachten verm. Ausg. No 2. *Einsiedeln, Köln: Benziger & Co. [um 1902].* (446 S.) 8° [J.] [illegible]

Morel, [P.] Gall. Predigt auf das Fest des Heiligen Gall, des Apostels der Allemannen. Gehalten.. [zu] St. Gallen den 16. October 1834 8. Einsiedeln 1834.

Morell, Gall., Predigt auf das Fest des heil. Gall, des Apostels der Allemanen. gr. 8. Einsiedeln 834, Gebr. Benziger. 2 ngr

— Rede auf das Fest des heil. Meinrad, des ersten Bewohners und großen Beschützers von Einsiedeln. Gehalten in der Stiftskirche daselbst, den 21. Jänner 1861. 1. u. 2. unveränd. Aufl. Ebend. 861. 8. (48 S.) 3 ngr.

Reding, Augustin, Fürstabt von Einsiedeln als Gelehrter und Schulmann, von P. Gall Morel. Einsiedeln 1861.
Progr.

Morel, P. Gall. Die Regesten der Benedictiner-Abtei Einsiedeln Bearb. von P Gallus M' . 4. Chur 1848.
(Die Regesten der Archive in der schweizerischen Eidgenossenschaft. Band 1, Heft 1)

— Spruchverse ernsten und heitern Inhalts zur Erbauung und Unterhaltung. 16. (VIII und 212 S. mit 1 Stahlst.) Einsiedeln 859, Gebr. Benziger.

– Der Taubstumme, s. Jugend - und Schultheater.

Morel, P. Gall. Ursprung des Krieges und Bedingung d. Sieges. Predigt bei Anlass der gemeinsamen Wallfahrt des... Kantons Schwyz, nach Maria Einsiedeln, den 17 Oktober 1847. gehalten von P. G' M'. 8. Einsiedeln 1847.

— Waldblumen, s. Waldblumen.

Morel, Gall., das andächtige Zeitglöcklein d. Lebens u. Leidens unseres Herrn Jesus Christus v. Bruder Berchtold. Ein Betrachtungsbuch d. 13. Jahrh. Mit 25 Stahlst. 16. (350 S.) Einsiedeln 874. Benziger. 3. 30

Morel, Gall. (P.) Zeitglöcklein, das andächtige des Lebens und Leidens unseres Herrn Jesus Christus von Bruder Berchtold des Dominikaner-Ordens. Ein Betrachtungsbüchlein d. 13. Jahrhunderts. Eleg. Ausg. mit rother Einfassung und 7 Stahlst. u. feinen Illustrat. Gr. in-24°, 384 S. Einsied., Gbr. Benziger. 1879 2 50

– Zriny, s. Jugend - und Schul- theater.

Morel, Henri. Mit der Bundesbank die Postsparkasse. Von Heinrich M', gew. Präsident des Nationalrates. Nach einem unter den Auspizien der neuenburgischen gemeinnützigen Gesellschaft gehaltenen Vortrag. ⟨Übersetzung von Professor E[rnst] Röthlisberger.⟩ 32 S. 8. Bern, A. Francke, (1907). [fr. —.60]

Morel, Heinr., die Postsparkassen. Einführung derselben in der Schweiz. 8. (42 S.) Bern 882, [Dalp'sche Buchh.] Schmid, Francke und Comp. *

Morel, Carl s.a.Morell, Carl

Morel, Carolvs (geb. 1837 in Lignerolles Kant. Waadt): Qvaestiones de libello qvi dicitvr Xenophontis De repvblica Atheniensivm ... Bonnae, form. Carthavsii 1858. 2 Bl., 33 S., 1 Bl. 8. ¶ In Komm. bei Lempertz in Bonn.
Bonn, Phil. Fak., Diss. v. 3 Dez. 1858

Morel, Louis

Morel, L., La biographie de Rotrou. Zürich, Lehrerinnen-Seminar 1885.
Progr.

Morel, L., choix de critiques littéraires à l'usage de l'enseignement supérieur. 8. (VIII, 111 S.) Zürich 896. A. Müller's Verl. Geb. n. 2. —

Morel, Louis. Essai sur la métaphore dans la langue grecque. Les noms d'animaux pris métaphoriquement In-8°, 123 p. Genève et Bâle, H. Georg. 1879. 3 50

— études littéraires. Sainte Beuve. Sainte Beuve, poète et romancier, Pascal et les Pensées. gr. 8. (V, 248 S.) Zürich 898. (F. Schulthess.) n. 3. —

Morel, L[ouis]. [Johann Wolfgang von] Goethe et les Français de passage en All(e)magne. Goethe et Napoléon. S. 5—39. 8.
Programm der Höheren Töchterschule der Stadt Zürich. Schuljahr 1900/1901. Beilage.... Zürich, Schulthess & Co., 1901.

Morel, L(ouis). Trois tragédies sur Marie Stuart en France au XVIe, XVIIe et XVIIIe siècle. S. 5—54. 8.
Programm der Höheren Töchterschule der Stadt Zürich. Schuljahr 1907/1908. Beilage.... Zürich, Müller, Werder & Co., 1908.

Morel, L., De vocabulis partium corporis in lingua Graeca metaphorice dictis. Diss. 1875. 88 S. 1.20

Morel, P[ierre]. Neue logarithmische Tabellen zur Berechnung von Balken, Säulen, Überfällen und Kanälen, zum Gebrauche für Ingenieure, Architecten und Unternehmer = Nouveaux Abaques logarithmiques pour le calcul des Poutres, Colonnes, Déversoirs et Canaux.... [Mit Figuren.] II + 4 Bl. fol. Zürich, Albert Raustein, 1906. [fr. 2. —]

Morel, R[udolf]. Der Schweizerische Juristenverein in seiner Thätigkeit während den ersten vierzig Jahren seines Bestehens. 1861—1901. Mit Benützung und als Fortsetzung des von Herrn Prof. Dr. (A[lbert]) Zeerleder im Jahre 1887 veröffentlichten Abrisses der Vereinsgeschichte dargestellt von Dr. R. M'.... II + II + 69 S. 8. Basel, R. Reich, 1901

Morel, Th.: Die Pyrotechnie ... s. Ruggieri, C.

Morel-Fatio, Alfr., l'Espagne au XVIe et au XVIIe siècle. Documents historiques et littéraires publiés et annotés. gr. 8. (XI, 697 S.) Heilbronn 878, Gebr. Henninger. *

Morel-Fatio, A., u. J. Saroïhandy, Grammatik der katalanischen Sprache. 2. verb. u. verm. Aufl. (III u. S. 841—877.) Lex.-8. Strassburg 906. K. J. Trübner. n. 1. —
Sonderabdruck aus: „Gröber's Grundr. d. roman. Philol."

Morel-Fatio, Alfr., s.: Libro. el. die Alixandre.

(Morel-Fatio, Arnold.) Imitations ou contrefaçons de la monnaie suisse fabriquées à l'étranger aux 16ème et 17ème siècles. [Avec 2 planches.] (E.) 8. Zurich 1862.

Morel-Fatio, A. Notice sur les monnaies romaines coupées en deux ou plusieurs fragments. In-8°. 6 p. Genève, Bâle, Lyon, H. Georg. 1890
, Extrait du „Bulletin de la Soc. suisse de numismatique. 1890. N° 3."

Morel-Rubempré, J., s. Rubempré, J.

Morel-Rubempré, J., die Geheimnisse d. Zeugung, oder d. Kunst, nach Willkühr Knaben od. Mädchen, geistvolle, moralisch u. physisch schöne, gesunde u. starke Kinder zu erzeugen; nebst Angabe derjen. Mittel, welche die vollkommenste Zeugungsfähigkeit bis ins höchste Alter gewähren rc. Mit 1 Abbild. 16. Stuttg. 832. Scheible. 22 gr

— der Lavater d. Temperamente u. der Constitutionen, od. die Kunst, durch untrügl. Zeichen an jedem Menschen zu erfahren, ob er mit e. sanguinischen, nervös., gallígt., muskulös., melanchol., lymphatisch., verliebten rc. Temperamente begabt ist rc. Nebst Angabe d. vernünftigst. Mittel z. Verlänger. d. Lebens u. fröhl. Genusses desselben. 16. Stuttg. 832. Scheible. 16 gr

— Schutz u. Hülfe bei der Lustseuche. Ein nützl. Handbüchlein f. Alle, welche sich vor d. venerischen Uebel Syphilis bewahren, dasselbe leicht erkennen, bei stattgefund. Ansteckung diese sicher entfernen u. verschied. and. Krankh. d. Geschlechtsorgane selbst heilen wollen. 16. Stuttg. 832. Scheible. 12 gr

— der Selbstarzt in galanten Krankheiten, od. d. Kunst, alle Formen d. Syphilis od. Lustseuche sanft, sicher, schnell u. ohne großen Kostenaufwand zu heilen; aus d. Französ. v. Fr. Reinhard. 8. Ilmen. 826. Voigt. 12 gr

— Venus. Ein höchst nützl. Taschenbuch f. Alle, welche geheime od. Geschlechtskrankheiten, ohne Arzt in d. schwierigst. Fällen u. verschied. Verhältnissen, mit einfachen, unschädl. rc. Mitteln selbst heilen wollen. 16. Stuttg. 832. Scheible. 12 gr

— der Weg zu e. hohen Lebensalter u. die wahre Heilkunde ohne Arzt. Ein vollständ. Gesundheits-Handbuch f. Alle, welchen es wichtig ist, e. klare Belehrung üb. d. Entstehungs-Ursachen u. Symptome d. Krankheiten zu erlangen; aus d. Französ. d. 6n Aufl. 2 Bde. 16. Stuttg. 832. Scheible. 1 rß 12 gr

Morel-Rubempré, J., die Zeugung d. Menschen; die Stärkung d. geschwächt. männl. Vermögens u. d. Heilung d. Onanismus bei beiden Geschlechtern. Ein populär. Rathgeber f. Alle, welche üb. diese wichtigen Gegenstände Belehrung suchen. 16. Stuttg. 832. Scheible. 14 gr

Morel-Vindé, Ch.- G. de

Morel, Ch. G., la morale de l'enfance, ou collection de quatrains moraux, mis à la portée des enfans, et rangés par ordre méthodique. 7me Edition. 8. Wien 817. (Gerold). 8 gr (Fr. Fleischer in Leipz.) 12 gr (a. Plüchart in Braunschw.) 10 gr

Morel, Vte. de Morel-Vindé, Ch. G., la Morale de l'enfance, ou: Quatrains moraux à la portée des enfants, et rangés par ordre méthodique. 12. édit. 16. Vienne 837. Armbruster. 1/3 rß

Morel de Morel-Vindé, Ch.-G., la morale de l'enfance, ou: Quatrains moraux à la portée des enfants, et rangés par ordre méthodique. 12. édit. 16. (7½ B.) Vienne 837, (Gerold's Vrlsh.)

Morel-Vindé, Vte. de, la morale de l'enfance etc. — A. u. d. T.: Die Tugendlehre d. Kindheit, od. moral. Vierverse d. kindl. Fassungskraft angemessen u. method. eingetheilt. Ins Deutsche übers. v. Bentz. 12. (2½ B.) Straßburg 834, Levrault.

Morel-Vindé, de, la morale de l'enfance, ou quatrains moraux à l'usage de la jeunesse, et rangés méthodiquement. Traduit en vers allemands par L. Bentz. 2. Edition augmentée. A. s. l. t.: die Tugendlehre der Kindheit rc. Aus dem Französ. in deutsche Verse übers. von L. Bentz. 2., verm. Aufl. 16. (91 S.) Straßburg 855, Wwe. Berger-Levrault und Sohn.

Moerel, Gustaaf Salomon [Arzt Aus Breda in Holland]: Ueber Unterschiede in der physiologischen Wirkung der Salicylsäure verschiedenen Ursprungs. Aus d. patholog. Laboratorium zu Amsterdam. '(Prof. Dr. B. J. Stokvis)' ... Breda, Broese & C., 1896; 3 Bl., 26 S., 1 Bl., 1 kl. Bl., 1 Tab. 8.
Freiburg i. B., Med. Fak., Inaug.-Diss. v. 1896

Moreland, des Grafen Heinrich, merkwürd. Geschichte; nach Brooke (v. J. F. Jünger). 2 Thle. 8. Leipz. 783. Weygand. 2 rß 16 gr

Morelet, Arth., Reisen in Central-Amerika, s. Bibliothek geographischer Reisen und Entdeckungen.

Morelet, Arth., Reisen in Central-Amerika. In deutscher Bearbeitung von H. Hertz. gr. 8. (X, 362 S. mit eingedr. Holzschn., 7 Illustr. in Tondr. und 1 lithogr. Karte in 4.) Jena 872, Costenoble. *

v. Morell, A., s. Actenstücke, die arabischen, über die Ermordung des P. Thomas.

Morell, A. Anatomisch-histologische Studien an Vogeltänien. Mit 1 Tfl. In-8°. 27 S. Basel. These. 1895.

Morell, Adf., der Handlungsreisende u. d. f. s. Gewerbebetrieb maßgeb. Bestimmgn. unt. Berücksicht. d. v. Bundesrat zugelassenen Ausnahmen, sowie der Zoll- u. Handelsverträge. 12. (39 S.) Frankfurt a/M. 898. J. D. Sauerländer. n. — 80

Morell, C., Polonaise mit militair. Evolutionen. 12. (½ B. u. 16 Zeichnn. a. 1 Bl.) Crefeld 836, Schüller.

Morell, Franciscus de, S. J., das Glaubensleben. Unterrichtsbuch üb. das Leben nach dem kathol. Glauben f. Familie u. Kirche. Nach d. Span. bearb. v. Laurentius Eberhard, O. S. B. (646 S. m. 6 Vollbildern.) 16. Einsiedeln 909. Verlagsanstalt Benziger & Co.
Geb. in Leinw. 2. —

Morell, P. Gall s. Morel, P. Gall.

MORELL, Johann (Bergamo): De regione inguinali.- Monachii: Rösl 1837. 20 S., Taf.
18.5.1836 - Urk; F 63
Diss. Ingolst.-Landsh.-Mchn.

Morell, Joh., de regione inguinali. Dissert. anatom. 4maj. (3½ B. u. 2 Stnt.) Monachii 837. (Erlangae, F. Enke.) *

Morell, Johann Georg (Augsburg), De jure deceptorum Vom Recht der Hintergangenen. Präs. Ulrich Marbach. Jena (Muller) April 1714. 72 S. (6.50) 23660

— — Dasselbe. Jena (Muller) April 1714. 72 S. (7.25) 23661
Widm. v.: Burkard Gotthelf Struve, Ulrich Marbach, Jo. Ernst Stolte, Abrah. Scheffler (dtsch.), Friedr. Schwarz, Adolph Mees, Jo. Martin Christel.

Morell, K., Erfahrr. üb. das kleine Mais (Zea praecox) in d. J. 1802 u. 3. Nebst e. Anh. über d. zweckmäß. Gebrauch d. Düngers. 8. Bern 804.

Morell, Karl [Pseud.], s. Ridley, Charles

Morell, Carl, der badische Aufstand in seinem innern Zusammenhange mit der Reformbewegung Deutschland's. gr. 8. (IV und 160 S.) St. Gallen 848, Scheitlin und Zollikofer.

Morell, C. Der badische Aufstand. (IV. 160) 8. St. Gallen 1848. 1,50. — 2 umg. Aufl.: Die Märzrevolution u. der badische Aufstand. (VI. 160) 8. ib. 1849.

Morell, Karl, Karl v. Bonstetten. Ein schweizerisches Zeit- und Lebensbild. Nach den Quellen dargestellt. Winterthur 861. Lücke. 8. (VII, 392 S.) 1 ₰ 15 ngr

Morell, Carl. Karl (Victor) von Bonstetten [1745–1832]. Ein schweizerisches Zeit- und Lebensbild. Nach den Quellen dargestellt von K' M' 8. Winterthur.
Ausg A 1861
Ausg B. Wohlfeile Ausg 1864

—— das schweizerische Eisenbahnnetz und seine national-ökonomische, politische und sociale Bedeutung. 8. (XII und 92 S. mit 1 schweizer. lithogr. Eisenbahnkarte in Imp.-4. und 1 Tab. in qu. 4.) Bern 851, Jent und Reinert.

— Gedichte. 16. (XII u. 148 S.) St. Gallen 852, Scheitlin & Zollikofer. 1/2 ₰ In Engl. Einb. m. Goldschn. 3/4 ₰

Morell, Karl, die helvetische Gesellschaft. Aus den Quellen dargestellt. gr. 8. (VII und 448 S.) Winterthur 863, Lücke. *

Morell, Carl. Die Helvetische Gesellschaft Aus den Quellen dargestellt von K' M' . 8 Winterthur
Ausg A. 1863
Ausg B Wohlfeile Ausg 1864

—— die März-Revolution und der badische Aufstand. 2., umgearb. Aufl. gr. 8. (VI und 160 S.) St. Gallen 849, Scheitlin und Zollikofer.

Morell, Carl, die Schweizerregimenter in Frankreich. 1789—1792. Episoden aus der Revolutionsgeschichte Frankreichs und der Schweiz. St. Gallen 858. Scheitlin u. Zollikofer. 8. (4 Bl., 171 S.) 24 ngr

—— Struensee. Trauerspiel in 5 Aufzügen. (Den Bühnen gegenüber Mscr.) 8. (149 S.) St. Gallen 860, Scheitlin und Zollikofer.

Morell, C[arl]. Unruhen im Unterwallis 1790. [SA.] 8. [Bern, Zürich 1855.]

Morell, C[arl] F[riedrich]. Chemische Untersuchung einiger der bekanntern... Gesundbrunnen und Bäder der Schweiz, insbesonders des Cantons Bern. Nebst einer Beschreibung der neuesten Untersuchungs-Methoden; durch eigene Erfahrungen vermehrt und bestätiget von C. F. M'.... [Mit 1 Tabelle und 1 Tafel.] 8. Bern 1788.

Morell, Karl Fr., chemische Untersuch. einiger d. bekanntest. u. besuchtesten Gesundbrunnen u. Bäder d. Schweiz, insbesond. d. Kanton Bern. 8. Bern 788. Haller. 20 ℊ.

Morelle, u. Böger, Orthschafts-Verzeichniß f. Schleswig-Holstein. Lex.-8. (XXXIV, 180 S.) Kiel 873. (Homann.) n. 6. —

Morelli, Andr., thesaurus numismatum imperator. roman. c. Schlegelii, Havercampii et Gorii commentar. et praef. Wesseling. III Tomi, c. fig. Fol. Amsterd. 752. 36 ₰

Morelli, Ant., prakt. Anweisung zur Fabrikation der Darmsaiten. Nach der italien. Handschrift des Verf. deutsch bearb. 8. Quedlinburg 842. Basse. 1/3 ₰

Morelli, Ettore, neueste Gespräche, nebst Wortsammlung, Spracheigenheiten und Briefen aus dem tägl. Leben in italienischer und deutscher Sprache. 16. (111 S.) Wien 880, (Wenedikt.)

— neuer italienischer Sprachquetscher. Eine leicht faßl. Methode, die italien. Sprache in 12 eingetheilten Lectionen richtig lesen, schreiben u. sprechen zu lernen. Mit einer Beigabe von Aufgaben, Gesprächen, Sprichwörtern u. Wörtersammlung. 16. (160 S.) Wien 880. Wenedikt in Comm. — 90

Morelli, Ettore. Neuer italien. Sprachquetscher. Fassl. Methode, die italienische Sprache in 12 eingetheilt. Lectionen zu lernen. 3. Aufl. 16. (160 S.) Wien, Alb. A. Wenedict. 36 kr. 1883.

Morelli, Ettore, italienischer Sprachquetscher. Eine leichtfassliche Methode, die italienische Sprache in 12 eingetheilten Lectionen zu erlernen. Nebst Aufgaben, Gesprächen, Sprichwörtern und Wortsammlung 24° (160 S.) Wien Wenedikt. fl. —.36. 1887

Morelli, Ettore, Italienischer Sprachquetscher. Eine leichtfassliche Methode, die italienische Sprache in 12 eingetheilten Lectionen zu erlernen. Nebst Aufgaben, Gesprächen, Sprichwörtern und Wortsammlung. 6. Auflage. 24. (160 S.) Ebda. 1891. —.36

Morelli, Ettore, neuer italienischer Sprachquetscher. E. leicht faßl. Methode, d. italien. Sprache in 12 eingetheilten Lectionen richtig lesen, schreiben u. sprechen zu lernen. M. e. Beigabe v. Aufgaben, Gesprächen, Sprichwörtern u. Wörtersammlg. 8. Aufl. 16. (160 S.) Wien 896. (Leipzig, Literar. Anstalt, A. Schulze.) n. — 72

Morelli, Giacomo

Morellii, Jac., Epistolae VII variae eruditionis, quarum tres nunc primum prodeunt. 8maj. Patavii, 818. (Viennae, Volke.)
Charta scriptoria
Charta velina

Morelli, Jac., Operette. Ora insieme raccolte con opuscoli di antichi scrittori col ritratto dell' Autore. 3 Vol. in 8. Venezia, 820. (Vienna, Volke.)

Morelli, Giovanni, s.: Lermolieff, Ivan.

Morelli, S., 100 effectvolle leichtfaßliche Zaubereien, s.: Volksbücher, Münchener.

Morelli, Thom., thesaurus graecae poeseos, s. Lexicon graeco-prosodiac. versus, synonyma, epitheta etc. complect. 4. maj. Etonae. (Walther, Dresd.) 762.

Morelli v. Schönfeld, Karl, saggio storico della Contea di Gorizia, dall' anno 1500 all' anno 1600. II Partes. 4. Görz 773.

Morelly

— Grundgesetz der Natur Anonym übersetzt 1846

Morelly, C., das berühmteste Lotto-, Ruf- u. Extrato-Spiel. Nebst e. Lotto-Würfelspiel od. genaue u. Jedermann verständl. Anweisg., wie man bei geringem Einsatze u. m. großer Wahrscheinlichkeit sich e. sorgenfreie Zukunft bereiten kann. (15 S. m. 2 Fig.) 16. Wien (867). F. C. Mickl. —25

(F) **Morelly**, C., Das berühmteste Lotto-, Ruf- und Extratospiel. 16°. (15 S.) K —.30
Wien: Mickl 1909.

Morelot, Sim., histoire naturelle appliquée à la chimie etc. II Vol. 8. Paris, Schöll. 809.

Morelot, Sim., pharmaceutische Naturgesch. od. Beschreib. d. in d. Pharmacie, Chemie rc. gebräuchl. Körper. 3 Thle. 8. Leipz. 801. (Aue in Altona). 4 ₰ 12 ℊ

— pharmaceutische Naturgeschichte od. Beschr. der in der Parmacie, Chemie rc. gebräuchl. Korper. 3 Thle. 8. Leipz. Jacobaer. 801.

— — dieselbe französ. III Vol. 8. Paris et Strasb. Trauttel et W. 804.

Morén, C. G., s.: Methode Toussaint-Langenscheidt Schwedisch.

Morén, C. G., Taschenwörterbuch der schwedischen u. deutschen Sprache. (Methode Toussaint-Langenscheidt.) Mit Angabe der Aussprache nach dem phonet. System der Methode Toussaint-Langenscheidt. II. Tl. Deutsch-Schwedisch. Nebst: Sanders, Dan., das deutsche Zeitwort. Schema der Konjugation u. Wörterbuch der Zeitwörter. Rev. u. bearb. v. Jul. Dumcke. (X, 433 u. 40 S.) kl. 8. Berlin-Schöneberg (907). Langenscheidt's Verl. Geb. in Leinw. 2. —

Methode Toussaint-Langenscheidt. Taschenwörterbuch der schwedischen und deutschen Sprache. Mit Angabe d. Aussprache nach d. phonet. System d. Methode Toussaint-Langenscheidt. Zsgest. von C. G **Morén**. T. 2. Berlin-Schöneberg: Langenscheidt [1907]. 8° [Ant. u. J.] [Nebent.] Fickordbok öfver svenska och tyska språket af C G Morén. 2. (Langenscheidts Taschenwörterbücher f. Reise, Lektüre, Konversation u. d. Schulgebrauch.)

— dasselbe. I. Bd., s.: Wrede, Ernst.

Morena, C., goldene Leier. Perlen der Tonkunst. Ausgewählt v. M. (388 S.) 34×27 cm. Berlin (908). R. Bong. Geb. in Leinw. 12. —

Moreno, Don Gabriel Garcia. Ein Lebensbild, s. George-Kaufmann, Amara.

Moreno, Er compromittirt seine Frau, s. Theater-Repertoir, Wiener.

Moreno, Jos., s.: Erdentage, d. letzten, e. jungen Frau.

Moreno, Luis. O. S. Dom., Oficio del sagrado corazón de Jesús para uso de las congregaciones erigidas en su honor. 2. ed. mejorada. (VIII, 394 S. m. Titelbild.) 16. Freiburg i/B. (906). Herder. Geb. in Leinw. n. 1.60

Moreno, Ph., im Höllenloch, s.: Erzählungen, zwei.

Morenz, Edwin, Referendar: Der privatrechtliche Schutz des nasciturus. Zeitz 1909: Jubelt. 69 S. 8°
Erlangen, Jur. Diss. v. 14. Mai 1910, Ref. Binder
[Geb. 29. Mai 81 Grana; Wohnort: Berlin; Staatsangeh.: Preußen; Vorbildung: Gymn. Torgau Reife M. 01; Studium: Jena 4, Kiel 2 S.; Rig. 16. Dez. 09.]
[U 10. 735

Morenz, Paul: Über die 3,5 Methylpyrazolcarbonsäure und über die Pyrazol-3, 5-Dicarbonsäure, ein Beitrag zur Kenntnis der Carbonsäuren in der Pyrazolreihe *Erlangen 1897: A. Vollrath.* (58 S.) 8°
Erlangen, Phil. Diss. v. 15. Dez. 1897

Mörer, C. A., s. Karl Bell, Grundlehren der Chirurgie.

Moréri, Louis

Moreri, L., Dictionnaire historique, le grand, ou le Mélange curieux de l'hist. sacree et profane. VI Tmi. fol. Basle. 740.

Morerre, de, recueil de programmes de Ballets. 8. Vienne, Camesina. 776.

Mores Eruditorum, Lipsiae 1760. V: *Klotz, Christian Adolph.* (ML) (BrMm) (ADB) S. l. 1759. (Cat. d. Stadtbibl. Zürich. Zürich 1864—97.)

Mores eruditorum. 8. Altenb. Richter 760.

Mores, Marg., Gedichte. 8. (V, 84 S.) Dresden 901. E. Pierson. n. 2. —; geb. n. 3. —

Moreschii, A., Commentarium de Urethra Corporis Glandisque Structura VI. idus Decbr. Ann. 1810 detecta ab J. R. Scientiarum literarum artiumque instituto. Accedunt de vasorum splenicorum in animalibus constitutione nec non de utero gravido epitomae. fol. maj. Mediolani. (ibid.) 817.

Moresco, Mattia, s.: Festschrift, Emil Friedberg zum 70. Geburtstage gewidmet.

Moret, Eug., s.: Conteurs modernes.

Moret, Jocondé, s.: West.

MORET, Eugène, Die Sirenen von Paris. Roman aus dem Leben unserer Tage. Aus d. Französ. 4 Thle. (Die Sirenen. — Die Geheimnisse eines Irrenhauses.) Berlin 1864. Gr 8°. (2 Rthl. 7 Sgr) (2 Mk. 25 Pfg., gutes Expl., Friedr. Klüber, 1905.)
238, 239, 239, 186 S. — Zahm.

Moret, Eug., die Sirenen von Paris. Roman aus dem Leben unserer Tage. 1. u. 2. Heft. Berlin 864. Weyl & Co. 8. (1. Bd.: S. 1—96.) Jedes Heft 3 ngr.

Moret, Eug., die Sirenen von Paris. Roman aus dem Leben unserer Tage. 3—19. Heft. Berlin 865. Weyl & Co. gr. 8. (810 S.) Jedes Heft 3 ngr.

Moret, Eug., die Sirenen von Paris. Roman aus dem Leben unserer Tage. 4 Bde. in 19 Heften. gr. 8. (906 S.) Berlin 865, Weyl und Comp. à Lfg. 3 Ngr.

Moreto, Agustin, el desden con el desdon, s.: Sammlung beliebter spanischer Lust- u. Schauspiele.

— Moreto, Comedia fórmosa. El Desden con el Desden. 8. Leipz., (Fr. Fleischer).

Moreto, A., Donna Diana, s. Theater-Repertoir, Wiener.

— — s. Theater-Bibliothek, classische. — Universal-Bibliothek.

de Moreto, Augustin, Donna Diana. Lstspl. in 3 Akten. Nach d. Span. von C. A. West. 8. Wien 819. 2e A. 823. Wallishausser.

de Moreto, (A.) Donna Diana, Lustspiel in 3 Akten. Nach d. Span. von C. A. West. 2te Aufl. 8. Wien 824, Wallishauser.

Moreto, Augustin, Donna Diana Comédie en 3 actes et en prose, imitée de l'Espagnol par Henri Jouffroy. gr. in-8. Leipzig et Paris 838. Brockhaus et Avenarius. n 1/2 ₰

Moreto, Don Augustin, Doña Diana. Lustspiel in 3 Akten nach dem Span. von Carl August West. 5. Aufl. Mit einer Einleitung von J. W. Appell. Wien 862. Wallishausser'sche Buchh. 8. (202 S.) n. 1 ₰

— Weiber hüten ist nicht möglich! Lustspiel in 3 Abtheilgg. Nach d. Span. v. C. Richard. gr. 12. Aachen 826, Mayer.

— Weiber hüten ist nicht möglich! Lstspl. in 3 Abtheill. Nach d. Span. d. C. Richard. gr. 12. Aachen 827. Mayer.

Moreton, J. B., Schilderung d. häusl. Lebens, der Sitten u. Gebräuche d. Einwohn. auf d. Insel Jamaika; aus d. Engl. 8. Prag 793. Herrl. (Joachim in Leipz.) 12 gr

Moretto da Brescia [eigentl.: Alessandro Bonvicino]

Moretto, die hl. Justina, s.: Meisterbilder fürs deutsche Haus.

Die Meisterbilder von [Alessandro Bonvicino-]Moretto da Brescia (ca 1498 – ca. 1554). 60 Reprod. von Orig.-Aufnahmen, die d. Künstlers Werke trefflich charakterisieren. Berlin & Leipzig. Weicher 1910. 63 S. 8°
(Weichers Kunstbücher Nr 35.) [10. 1339]

Moretto da Brescia, Meisterbilder, s.a. Weicher's Kunstbücher.

Morf, Heinr., s.: Archiv f. das Studium d. neueren Sprachen u. Literaturen.

(Morf, H[einrich].) Bericht des Rektors über die zwei ersten Studienjahre Wintersemester 1901/2 — Sommersemester 1903 [der] Akademie für Sozial- und Handelswissenschaften zu Frankfurt am Main. 67 S. 8. Jena, Gustav Fischer, 1904. [M. —. 50]

— Pestalozzi's Berufswahl u. Berufslehre. 8. (39 S.) Liegnitz 895. C. Seyffarth. n. — 50

[Morf, Heinrich I.] Zur Biographie [Johann] Heinrich Pestalozzi's. [3 Hefte.] Njbl. Hülfsges. Winterthur 1864–1866. 8. Winterthur. P

[Heft 1 =] 1. Hälfte. Die schweizerische Volksschule am Ende des 18. Jahrhunderts. [Mit 1 Porträt-Tafel.] Njbl. 1864.
[Heft 2 =] Der 2. Hälfte Theil 1. Aus Pestalozzi's Leben und Wirken. ([Mit 2 Tafeln, 2 Tabellen und] Beilage: Die Abendstunde eines Einsiedlers von P.) Njbl. 1865.
[Heft 3 =] Der 2. Hälfte Theil 2: Aus Pestalozzi's L' und W' [Mit 1 Tafel.] Njbl. 1866.

Morf, H[einrich] I. Zur Biographie (J[ohann] Heinrich) Pestalozzi's. Ein Beitrag zur Geschichte der Volkserziehung. 4 Theile. 8. Winterthur 1868–1889.

Theil 1. Pestalozzi's Wirksamkeit bis in die Mitte des Burgdorfer Aufenthaltes. 2. vermehrte Aufl. 1868.
Theil 2. Pestalozzi und seine Anstalt in der zweiten Hälfte der Burgdorfer Zeit. 1885.
Theil 3. Von Burgdorf über Münchenbuchsee nach Yverdon. 1885.
Theil 4. Blüthe und Verfall des Instituts zu Yverdon. Pestalozzi's letzte Lebenstage. 1889.

Morf, H., zur Biographie Pestalozzi's. Ein Beitrag zur Geschichte der Volkserziehung. 1. Thl.: Pestalozzi's Wirksamkeit bis in die Mitte des Burgdorfer Aufenthaltes. 2. verm. Aufl. 2 Hälften. gr. 8. Winterthur, Bleuler-Hausheer und Comp. [1. Hälfte. (S. 1—192.) 868. *ℳ 2,40.; 2. Hälfte. (S. 193—344.) 869. *ℳ 1,60.] *

Morf, H., zur Biographie Pestalozzi's. Ein Beitrag zur Geschichte der Volkserziehung. 2. Thl.: Pestalozzi und seine Anstalt in der zweiten Hälfte der Burgdorfer Zeit. gr. 8. (X, 275 S.) Winterthur 884, Bleuler-Hausherr und Comp. *
1. Bd. Ebendas. 1869. *ℳ 4.

Morf, H., zur Biographie Pestalozzi's. Ein Beitrag zur Geschichte der Volkserziehung. 3. Thl.: Von Burgdorf über Münchenbuchsee nach Yverdon. gr. 8. (IV, 385 S.) Winterthur 885, [Bleuler, Hausheer und Comp., Verlag.] Geschw. Ziegler. *
1. und 2. Thl. Ebendas. 1869,84. *ℳ 7.20.

Morf, Hch. Zur Biographie Pestalozzi's. Ein Beitrag zur Geschichte der Volkserziehg. 4. Thl.: Blüthe u. Verfall d. Instituts zu Yverdon. — Pestalozzi's letzte Lebenstage. (VIII, 619 S.) gr. 8. Winterthur 889, Geschw. Ziegler. * 6 40
1.—3. Thl. Ebd. 1869—85. * 11 20.

— einige Blätter aus Pestalozzi's Lebens- u. Leidensgeschichte. gr. 8. (VII, 136 S.) Langensalza 887. Beyer & Söhne. n. 1. 80

Morf, H., die Cäsartragödien Voltaire's u. Shakspere's. Eine akadem. Vorlesg. gr. 8. (21 S.) Oppeln 888. Berlin, W. Gronau. n. — 40

[Morf, Heinrich I.] Adelbert von Chamisso (1781–1838). Njbl. Hülfsges. Winterthur 1868. 8. Winterthur 1868.

Morf, Heinrich II [geb. 1854]. Deutsche und Romanen in der Schweiz. (S A.) 8. Zürich 1900.

Morf, Heinr., Deutsche u. Romanen in der Schweiz. gr. 8. (61 S.) Zürich 901. Fäsi & Beer. n. 1. 20

Aus Dichtung und Sprache der Romanen. Vorträge u. Skizzen von Heinrich Morf. Straßburg: K. J. Trübner 1903. (XI, 540 S.) 8° [F.] [03. 1275]

Morf, Heinrich. Aus Dichtung und Sprache der Romanen. Vorträge und Skizzen. 2 Reihen. 8. Strassburg, Karl J. Trübner, 1903—1911.

[Reihe 1.] XII + 540 S. 1903. (M. 6. —, geb. 7. —) — Reihe 2. XII + 387 S. 1911. [M. 5. 50, geb. 6. 50]

— die sprachlichen Einheitsbestrebungen in der rätischen Schweiz. gr. 8. (43 S.) Bern 888. Wyss. n. — 80

[Morf, Heinrich I.] Erholungsreise eines Pädagogen aus [Johann Heinrich] Pestalozzi's Schule (Johannes Niederer). Njbl. Hülfsges. Winterthur 1885. 8. Winterthur 1885.

[Morf, Heinrich I.] Ein Erziehungs- und Unterrichtsplan aus [Johann Heinrich] Pestalozzi's Schule. Njbl. Hülfsges. Winterthur 1884. 8. Winterthur 1883.

[Morf, Heinrich /.] Friedrich Fröbel (1782–1852) und die Kindergärten. Njbl. Hülfsges. Winterthur 1870. 8. Winterthur.

Morf H, aus der Geschichte des französischen Dramas. (Sammlung gemeinverständlicher wissenschaftlicher Vorträge NF II, 21) Hamburg 1887

— aus der Geschichte d. französischen Dramas, s.a. Sammlung gemeinverständlicher wissenschaftlicher Vorträge.

Morf, Heinr., Geschichte der neuern französischen Litteratur (XVI.–XIX. Jahrh.). Ein Handbuch. 1. Buch: D. Zeitalter d. Renaissance. 8. (X, 246 S.) Strassburg 898. K. J. Trübner. n. 2. 50; geb. in Leinw. n. 3. –

[Morf, Heinrich /.] Aus der Geschichte des Waisenhauses Winterthur. Njbl. Hülfsges. Winterthur 1871. 8. Winterthur.

Morf, Heinrich / s. Heer, Jacob Christoph, und Morf, Heinrich

Morf, H[einrich] /. Zweiunddreissig Jahre aus dem Leben eines Waisenvaters. Ein Stück Autobiographie von Dr. H. M', Waisenvater und Alt-Seminardirektor zu Winterthur.... 8. Bielefeld [1895].
. Sammlung pädagogischer Vorträge. Hrg. von Wilhelm Meyer-Markau. Band 7. Heft 9.

Morf, H., 32 Jahre aus d. Leben e. Waisenvaters, } **s.a. Sammlung pädagog. Vorträge.**

[Morf, Heinrich /.] Vor hundert Jahren. Njbl. Hülfsges. Winterthur 1867. 8. Winterthur.

Morf, H[einrich] /. Ist Volksbildung wirklich Volksbefreiung? Materialien zur Beantwortung dieser Frage aus der Heimat Pestalozzi's. [SA.] 8. (Neuwied [1875].)

Morf, Hrch., Ueber den Fröbelschen Kindergarten. Winterthur, Lehrerinnen-Sem. 1873. Progr.

— s.: Kultur, die, der Gegenwart (Literaturen u. Sprachen, die romanischen.)

(Morf, H[einrich] /.) Zwei ostschweizerische Lehrerbildungsanstalten aus dem Anfange des neunzehnten Jahrhunderts. Njbl. Hülfsges. Winterthur 1890. 8. Winterthur 1890.

Morf, Heinrich. Die Literaturen der romanischen Völker; ihre Entwickelung und ihre Stellung in der Weltliteratur. Programm des Lehrgangs von Professor Dr. H' M' ⟨Januar und Februar 1907⟩ — Freies Deutsches Hochstift zu Frankfurt a. M. —. 8 S. 8. Frankfurt a. M., Gebrüder Knauer.

Morf, Heinrich /.] John Milton (geb. 1608, gest. 1674). Njbl. Hülfsges. Winterthur 1869. 8. Winterthur.

Morf, H[einrich] /. [Johann Heinrich] Pestalozzi als Anfänger und Begründer unserer Armenerziehungsanstalten. SA. 8. Zürich 1894.

Pestalozzi als Begründer unserer Armen-Erziehungs-Anstalten. Von Dr. H[einrich] Morf, Alt-Seminardir. ... zu Winterthur. *Bielefeld: A. Helmich [1895]*. (48 S.) 8.
— Sammlung pädagogischer Vorträge. Bd VIII. H. 4. [94. 1082

[Morf, Heinrich /.] ([Johann] Heinrich) Pestalozzi in Spanien. Njbl. Hülfsges. Winterthur 1876. 8. Winterthur 1876.

Morf, H[einrich] /. ([Johann] Heinrich) Pestalozzi in Spanien. Ein Kulturbild aus dem Anfange des 19. Jahrhunderts. Zur Erinnerung an Pestalozzi's Geburtstag 12. Januar. Wieder zum Druck gebracht von Dr. H. M'. 8. Winterthur 1897.

— s. Pestalozzi, [Johann Heinrich]. Pestalozzi's Zweites Zehntenblatt 1799. Winterthur 1895.

Morf, H. El poema de José. Siehe: *Gratulationsschrift.*

(Morf, H[einrich] //.) François Rabelais († 1553). [Biographische und literarische Skizze.] SA. 8. (Berlin 1894.)

Morf, H[einrich]. Rektoratswechsel an der Akademie für Sozial- und Handelswissenschaften zu Frankfurt a. M. am 21. Oktober 1903: 1. Rede des abtretenden Rektors Prof. Dr H. Morf; 2. Rede des antretenden Rektors Prof. Dr K[urt] Burchard. 36 S. 8. Jena, Gustav Fischer, 1903. [M. —.80]

— s. a. Rektoratswechsel an der Akademie f. Sozial- u. Handelswissenschaften zu Frankfurt a. M.

[Morf, Heinrich /.] Christian Gotthilf Salzmann (1744–1811). [Mit 1 Porträt-Tafel.] Njbl. Hülfsges. Winterthur 1887. 8. Winterthur 1887.

— s.: Sammlung vulgärlateinischer Texte.

[Morf, Heinrich /.] Joseph Schmid (geboren 1787). 2 [Hefte]. Njbl. Hülfsges. Winterthur 1888 *u.* 1889. 8. Winterthur 1888–1889.

[Morf, Heinrich /.] Die bedeutendsten Schriftstellerinnen auf dem Gebiete der Erziehung. 2 [Hefte]. Njbl. Hülfsges. Winterthur 1880 *u.* 1883. 8. Winterthur 1879–1882.
[Heft] 1: Karoline Rudolphi (1754–1811). Njbl. . . 1880. W' 1879.
[Heft] 2: Betty Gleim (1781–1827). Njbl. . . 1883. W' 1882.

— die Schule als Erziehungsanstalt im Sinn u. Geist Pestalozzis. Beigabe zu dem an d. Schulen als Wandschmuck abgegeb. Bilde d. Pestalozzi-Denkmals zu Yverdon. 2. Aufl. gr. 8. (31 S. m. 1 Abb.) St. Gallen 895. Leipzig, Verlag d. liter. Bulletin A. v. Stern. — 40; erm. Preis — 20

Morf, H., der Sprachunterricht in der Volksschule. Eine erläuternde Beigabe zum Unterrichtsplan für die reformirten deutschen Primärschulen des Kantons Bern. Bern 857. (Dalp.) 8. (VIII, 260 S.) n. 22½ ngr.

Morf, Heinrich: Der Sprachunterricht in der Volksschule. Bern 1860.

Morf, H. Das Studium der romanischen Philologie. Eine akademische Antrittsrede. Gr. in-8°. 48 S. Zürich, Orell Füssli & Co. 1890. 1 50

Morf, H[einrich] /. Johann Georg Sulzer. Ein Lebensbild. ([Sep.-Ausg. von:] Njbl. Hülfsges. Winterthur 1863.) 8. Winterthur 1863.

Morf, H. Tutti e tre. Univ. Zürich 1891. 9 S. 4. Progr.

[Morf, Heinrich /.] Die Uebersiedlung der pestalozzischen Anstalt von Burgdorf nach Münchenbuchsee. Njbl. Hülfsges. Winterthur. 1882. 8. Winterthur 1882.

(Morf, H[einrich] //.) Drei Vorposten der französischen Aufklärung: [Charles de] St.-Evremond (1613–1703) — (Pierre) Bayle (1647–1706) — (Bernard le Bovier de) Fontenelle (1657–1757). SA. 8. (Berlin 1891.)

[Morf, Heinrich Z.] Johann Jakob Wehrli (1790–1855). Njbl. Hülfsges. Winterthur 1891. 8. Winterthur 1890.

Morf, Heinrich: Die Wortstellung im altfranzösischen Rolandsliede. (Separat-Abdruck aus den Romanischen Studien, herausgegeben von Eduard Boehmer.) Strassburg. Karl J. Truebner. 1878. 8. S (96 S.)

— Zeittafel zu Vorlesungen üb. Molière. gr. 4. (10 S.) Born 886. Wyss. n. — 40

Morf, Jacob, z. Z. Assistenzarzt am Kantonsspital zu Winterthur (von Winterthur, Kt. Zürich): Experimentelle Beiträge zur Lehre von den Abflusswegen der vorderen Augenkammer. Winterthur J. Kaufmann Dr. 1888. 33 S. 1 Taf. 8°.

Zürich, Med. Diss. [v. 16. Juli 1888].

Morf, J., Beiträge zur Pathogenese u. Radicaloperation des Mittelohr-Cholesteatoms, s.: Mitteilungen aus Kliniken u. medicin. Instituten d. Schweiz, III, 7.

Morf, J[acob]. Ueber Ictus laryngis. Von Dr. med. J. Morf <Winterthur>. <Sonder-Abdruck aus dem Archiv für Laryngologie. Bd. 16. Heft 1.> 5 S. 8. [Berlin, A. Hirschwald, 1905.]

MORF, Jakob (Krefeld): Die Vaccination resp. Revaccination in ihrer Wirksamkeit gegen Variola nebst Beobachtungen, gesammelt während einer Pockenepidemie zu Crefeld in den Jahren 1871 u. 1872.- München: Straub 1883. 26 S.
26.8.1883 - Urk (Titel: De vaccinatione et revaccinatione.); Chr 1883/84,13
Diss. Ingolst.-Landsh.-Mchn.

Morf, Johannes. Ein Wort an das Publikum über den Prozess des B. Pfarrer [Johann Jacob] Schweizers von Embrach. Hauptsächlich zu seiner eigenen Vertheidigung hrg. von Distriktsrichter J. M.... 8. *o. O.* 1800.

Morf, J[ohann Jacob]. Predigt, gehalten am Kommunionssonntag vor dem Bettag 1839, nach dem Landsturm vom 6. Sept., in Wildberg. 8. Winterthur.

Morf, Léon, Manuel d'arithmétique commerciale, s.: Bonjour, P.-E.

Morf, Max: Ueber den reichsrechtlichen Begriff des Personenstandes und über die Personenstandsdelikte. Greifswald 1904: J. Abel. (86 S.) 8°
Greifswald, Jur. Fak., Ref. Sartorius, Diss. v. 22. Dez. 1904
[Geb. 14. Juli 79 Zürich; Wohnort: Zürich; Staatsangeb.: Schweiz; Vorbildung: Gymn. Zürich Reife M. 98; Studium: Zürich 2, Heidelberg 1, Berlin 3 S.; Rig. 9. Juni 04.]

Morf, Rudolf

Morf, R., Freiheit, Industrie u. Landwirtschaft. (16 S.) gr. 8. Zürich 909. Buchh. des schweiz. Grütlivereins. — 20

Morf, R., Statistische Mitteilungen über die Arbeitslosigkeit in Zürich im Winter 1900/1901 und die Unterstützung der Arbeitslosen. Bericht des Sekretärs der Arbeitslosenkommission (der Stadt Zürich). 12 S. 4. Zürich, '01. C. Conzett's Wwe.

Morf, R., Die Verkürzung der täglichen Arbeitszeit. Ihre Ursachen, Wirkungen und Folgen. Erfahrungen und Urteile von Geschäftsleuten. 1.—7. Aufl. 8°. Zürich, Verlag des schweizer. Grütlivereins, 1892. Neue umgearb. Aufl. 8°. Ebd. 1898.

(Morf, Rud[olf].) Proportional-Wahlsystem (*d. i.* Wahlsystem). 8 S. 8. [Zürich, Conzett & Wirz, 1903.] [für 600 Ex. fr. 10.—]

Morf, Salomon, das Nassauische Confirmationsbüchlein. Neu hrsg. von Friedr. W. Cuno. 16. (24 S.) Heilbronn 869, Gebr. Henninger. *

Morfeus, oder: Das Reich der Träume. Aus dem Klarfeldischen Archive vom Herausgeber des goldenen Kalbes. Regensburg 1808. V: *Benzel-Sternau, Carl Christian Ernst Graf.* (Russell IX, 652)

Morfeus, od. d. Reich d. Träume, a. d. Klarfeld'schen Archive v. Herausg. d. goldnen Kalbes (d. Grafen Benzel-Sternau.) 8. Regensb. Montag u. W. 808.

Morgagni, Giovanni Battista

Morgagni, I. Bapt., adversaria anatomica omnia. 4. Leiden et Bas (Gleditsch, Lips.) 762.

— epistolae anatom. fol. Venet. (Gleditsch, Lips.) 763.

Morgagni, Jh. Bapt., opera anatomica. V Voll. Fol. Leyd. 762.

— id. VI Tom. in II Voll. Fol. Patav. 765.

— opuscula miscell. IV Pts. 4. Lipsiae, Weidmann. 770.

— de sedibus et causis morborum p. anatomen indagatis. II Tomi. fol. Venet. (Gleditsch, Lips.) 761.

— de sedibus et causis morborum p. anatomen indagatis. III Tomi. 4maj. Ebrod. 779. (Steiner in Winterth.) 9 ℛ

Morgagni, I. Bapt., de sedibus et causis morborum p. anatomen indagatis. II Tmi. 4. maj. Salzburg, Mayr. 779. Rthlr. 1

— — id. l. 4. maj. Prag. Gerle. 781.

Morgagni, Giovanni Battista: De sedibus et causis morborum per anatomen indagatis libri quinque. Editionem reliquis emendatiorem et vita auctoris auctam curavit Justus Radius. Tom. 1-6, gbd.

Lipsiae: Voss 1827-1829
(Scriptorum classicorum de praxi medica nonnullorum opera collecta. Vol. 4-9)

Morgagni, Joh. Bapt., de sedibus et causis morbor., cur. J. Radius, VI Ti., s. Scriptorum classicor., Vol. IV—IX.

Morgagni, Giovanni Battista: Von dem Sitze und den Ursachen der Krankheiten, welche durch die Anatomie sind erforscht worden. (De sedibus et causis morborum per anatomen indagatis libri quinque. Dt.) Bd 1 übers. von Georg Heinrich Königsdörfer. Bd 2 - 5 übers. von Johann Gotthelf Herrmann. Bd 1 - 5, gbd.

Altenburg: Richter 1771 - 1776

— vom Sitze u. d. Ursachen d. Krankheiten, welche durch d. Anatomie sind erforscht worden; aus d. Latein. 5 Bücher. gr. 8. Altenb. 771—76. (Akadem. Buchh. in Jena). (Hennings in Neisse). (1s 1 ℛ, 2s 1 ℛ 20 gr, 3s 2 ℛ 20 gr, 4s 1 ℛ 16 gr, 5s 1 ℛ 12 gr) 8 ℛ 20 gr

Morgagni, Johann Baptista: Von dem Sitze und den Ursachen der Krankheiten, welche durch die Anatomie sind erforscht worden. Buch 1—5. Altenburg 1771—76.
Buch 1. Von d. Krankheiten d. Kopfs. Aus d. Lat. übers. von Georg Heinrich Königsdörfer. 1771.
Buch 2, (Abschn. 1. 2.) Von d. Krankheiten d. Oberleibs. Aus d. Lat. übers. von Johann Gotthelf Herrmann. 1772.
Buch 3, (Abschn. 1—3.) Von d. Krankheiten d. Unterleibes. Aus d. Lat. übers. von Johann Gotthelf Herrmann. 1773.
Buch 4. Von solchen Krankheiten, welche zur Chirurgie, oder zu dem ganzen Körper gehören. Aus d. Lat. übers. von Johann Gotthelf Herrmanr. 1775.
Buch 5. Zusätze zu allen vorhergehenden 4 Büchern. Aus d. Lat. übers. 1776.

Morgagni, Joh. Bapt., patholog.-anatom. Untersuchungen üb. d. Sitz u. d. Ursachen d. Krankheiten. N. d. lat. Urschrift bearb. v. M. S. Krüger. 1. Lfg. gr. 8. (12 B.) Berlin 836, [Förstner.]
Wurde nicht fortgesetzt.

Morgagni, Joh. Bapt., patholog-isch-anatom. Untersuchungen über den Sitz u. die Ursachen der Krankheiten. Nach der latein. Urschrift bearb. von M. S. Krüger. 1e Lfrg. gr. 8. Berlin 836. Schüppel. 5/6 ℛ

Morgan, Appleton, der Shakespeare-Mythus. William Shakespeare u. die Autorschaft der Shakespeare-Dramen. Autoris. deutsche Bearbeitg. v. Karl Müller-Mylius. gr. 8. (XV, 306 S.) Leipzig 886. Brockhaus. n. 6. —

Morgan, Bayard, a. Boston, Mass.: Zur Lehre von der Alliteration in der westgermanischen Dichtung. Halle a. S. 1907: E. Karras. (87 S.) 8° ¶ [Aus: Beiträge z. Gesch. d. deutschen Sprache u. Literatur Bd 33.]
Leipzig, Phil. Fak., Ref. Sievers-Wülker, Diss. v. 2. Nov. 1907
[Geb. 5. April 83 Boston; Wohnort: Hartford, Conn.; Staatsangeh.: Vereinigte Staaten; Vorbildung: Trinity College Hartford B. A. Juni 04; Studium: Leipzig 6 S.]

Morgan, Camillo, König Camille, s.: Montry.

Morgan, Camillo, der Fischotter u. seine Jagd- u. Fangarten. Ein Taschenbuch f. Otternjäger u. Otternfänger. 2. [Titel-]Aufl. (67 S. m. Abbildgn.) 8. Wien [901] 905. K. Mitschke. n. 2. 50

Morgan, Camillo, die Glücksgodl, s.: Ressel, Gust. Andr.

Morgan, Camillo: Der Hund. Seine Abstammung u. Geschichte ... Mit 11 Abb. Stuttgart [1910]. 38 S.
(Monographien unserer Haustiere. Bd 3.)

Morgan, Camillo, der Hund, s. a. Monographien unserer Haustiere. III.

(F) **Morgan, C,** Die Jagd im Fürstentum Lippe. 8°. (31 S.) K 1.80
Wien: Mitschke 1906.

— aus Ionien. Skizzen u. Studien. Illustr. v. A. Klinger. 8. (61 S.) Wien 893. G. Szelinski. n. 2. 50

Morgan, Camillo. Unser Kaiser als Jäger. Ein Buch für Oesterreichs Jägerei. Mit 1 Titelbild und 1 Porträt Sr. Majestät. kl. 8. Wien 1904.

Morgan, C., kreuz u. quer durch Bulgarien. Reise-Skizzen. gr. 16. (113 S.) Leipzig 889. Baldamus. n. 2. —

Morgan, Camillo, Lublin und Nekul, die jüdischen Kammergrafen. Historischer Roman aus Österreichs Vorzeit. 8 (136 S) 1.30
Wien: Szelinski 1894.

— u. F. Burger, Nassr-Eddin Schah u. das moderne Persien. Eine populär-wissenschaftl. Darstellg. Mit e. Vorworte eingel. von P. v. Melingo. Illustr. v. Wernigk. 8. (39 S. m. Abbildgn.) Dresden 889. v. Grumbkow. n. 4. 50

—— u. Fritz Burger. Nassr-Eddin Schah u. das moderne Persien. Eine populär-wissenschaftl. Darstellg. Mit e. Vorworte eingeleitet von P. v. Melingo. Illustr. v. Wernigk. 8. (93 S. m. Abbildgn.) Dresd. 889, v. Grumbkow. * 4 50

Morgan, Camillo, im Redaktionsbureau, s.: Theater, kleines.

— dreissig Tage in Kleinasien. Reiseskizzen. 8. (74 S.) Wien 886. Künast. 3. —

Die jagdbaren Tiere Mitteleuropas von Camillo **Morgan** (René de la Pré). Berlin, Leipzig: H. Hillger [1900]. (96 S.) 8° [F.]
— **Volksbücher,** Hillgers illustrierte. Bd 49. [07. 16100

— die jagdbaren Tiere Mitteleuropas, s. a. Hillger's illustr. Volksbücher. 49. Bd.

— Totis u. sein Theater. 8. (14 S.) Wien 889. Szelinski. n. — 80

— unseres Thronfolgers u. Erzprinzen Waidwerk. (59 S. m. Abbildgn. u. 4 Taf.) gr. 4. Wien 903. K. Mitschke. Geb. in Leinw. n 20. —; in Ldr. n. 50. —

— das Waldveilchen. Ein Einacter. gr. 16. (31 S.) Linz 886. Danner's Sort. n. 1. 25

Was die Wildbahn erzählt. Von Kamillo **Morgan.** Mit Ill. von A. Lewin. Berlin, Leipzig: H. Hillger [1907]. (94 S.) 8° [F.]
— **Bücherschatz,** Kürschners. No 575. [07. 15391

— Was die Wildbahn erzählt, s. a. Kürschner's Bücherschatz.

— In den Wildnissen Afrikas, s.: Josef, Erzherzog v. Österreich.

Morgan, Conwy Lloyd

Morgan, C. Lloyd, Instinkt u. Gewohnheit. Autoris. deutsche Übersetzg. v. Maria Semon. (VII, 396 S. m. Titelbild.) gr. 8. Leipzig 909. B. G. Teubner. 5.—; geb. 6. —

MORGAN, Eduard (ps.?), Das Buch des Schrecklichen u. Abenteuerlichen. Eine historische Gallerie der furchtbarsten Ereignisse aller Zeiten, Länder u. Völker, in Erzählungen von Gräßlichkeiten, empörenden Rachenehmungen u. Verbrechen; Biographieen u. Charakterzügen menschlicher Ungeheuer, Despoten, Wüthriche u. Feinde des Menschengeschlechts; schauervollen Kriegsscenen; merkw. Reisen u. Jagdabenteuern zu Land u. zu Wasser; schrecklichen Naturereignissen, Erdbeben, Feuersbrünsten, Ueberschwemmungen etc.; Schilderungen von Hungersnoth, ansteckenden Krankheiten u. anderen Qualen; Berichten von Personen, welche mancherlei Ungemach erduldeten, eines gräßlichen Todes starben, u. entsetzlichen, ungeheuern, außerordentlichen u. seltsamen Begebenheiten aller Art. 2 Bde. Mit 2 Titelkpfrn. (in Wirklichkeit Steindrucke, v. Mosmann). Stuttgart, Fr. Brodhag, 1831—32. 8°. (2 Mk. 50 Pfg. Franz Teubner, Bonn, 1894.)

Morgan, Ed., das Buch d. Schrecklichen u. Abenteuerlichen. Eine histor. Gallerie d. furchtbarsten Ereignisse aller Zeiten, Länder u. Völker, in Erzähln. v. Gräßlichkeiten rc. rc. 1. Bd. — A. u. d. T.: Histor. Schilderungen interessant. Reiseabenteuer zu Wasser u. zu Land, u. von Tyrannenwuth, Rachethaten, Grausamkeiten rc. in alter u. neuer Zeit. Zur Unterhalt. f. Leser aus allen Ständen. Mit Ttlkpfr. gr. 12. (13 B.) Stuttgart 831, Brodhag.

—— dass. 2. Bd. — A. u. d. T.: Interessante Gemälde wicht. Feldzüge, Schlachten, Belagerungen u. Eroberungen; großer Erdrevolutionen rc. Mit Ttlkpfr. gr. 12. (13 B.) Ebds. 832.

Morgan, Frances Elizabeth, aus London: Über progressive Muskelatrophie. Zür. J. Schabelitz Dr. 1870. 2 Bl., 58 S., 1 Bl. Thesen. 8°. Zürich, Med. Diss. v. 12. März 1870.

Morgan, Frances Elizabeth, über progressive Muskel-Atrophie. gr. 8. (III, 59 S.) Zürich 870, Verlags-Magazin. *

Morgan, G. E., Vorlesungen üb. die Elektricität; aus d. Engl. Mit 2 Kpf. gr. 8. Leipz. 798. Weidmann. 1 ℔

Morgan, G. Campbell, alles neu. Eine Botschaft an junge Christen. Autoris. Übersetzg. v. F. Siegmund-Schultze. Bevorwortet v. Dryander. (20 S.) 8. Berlin 909. M. Warneck. — 30

— Berge u. Täler im Leben Jesu. Übersetzung des engl. Mountains and valleys in the ministry of Jesus v. M. K.-G. (54 S.) kl. 8. Basel 910. Kober. — 80

— u. Wilberforce, Weiheklänge v. der Friedensfahrt deutscher Kirchenmänner nach England 27. V.—7. VI. 1908. Zwei Festpredigten. Autoris. Übersetzg. v. E. Schneider. (47 S.) 8. Halle 908. R. Mühlmann's Verl. — 75

Morgan, G. E., ins Land der Wahrheit! Kurze Kapitel christl. Lebensweisheit. Einzig berecht. Übertragg. v. Dick. (112 S.) 8. Barmen 908. E. Müller. 1.20; geb. 2. —

Morgan, J. P.: Neue Verbesserungen in der Fabrikation des Pebble-Pulvers. Berlin 1875

Morgan, Jacques de

Morgan, J. de, s.: Catalogue des monuments et inscriptions de l'Égypte antique.

— fouilles à Dahchour mars—juin 1894. Avec la collaboration de Berthelot, G. Legrain, G. Jéquier, V. Loret, D. Fouquet. Imp.-4. (VI, 169 S. m. Abb. u. 40 Taf. in Lith., Farbendr., Photogr. u. Photograv.) Wien 895. A. Holzhausen. (Leipzig, K. W. Hiersemann.) n.n. 42. —

— Fouilles à Dahchour en 1894—1895. Avec la collaboration de G. Legrain et G. Jéquier. (VIII, 119 S. m. Abbildgn. u. 27 Taf.) Imp.-4. Wien 903. A. Holzhausen. (Leipzig, K. W. Hiersemann.)
Geb. in Leinw. n.n. 42. —

Morgan, James, u. C. Just, Englisch f. Hotel- u. Restaurant-Angestellte. Ein Lehr- u. Übungsbuch der engl. Umgangssprache f. die Gehilfen im Gastwirtsgewerbe. Aussprache, Grammatik. Wörterschatz, Gesprächsstoff u. Gespräche. Mit e. Einführg. in den Hotelbriefwechsel. Für den Selbstunterricht bearb. u. m. vollständ. Ausspracheübertragg. versehen. 2. Aufl. (Violets Berufssprachführer.) (VII, 159 S.) 8. Stuttgart (907). W. Violet.
In Leinw. kart. 2. —

Morgan, *John* Livingston Rutgers [aus New Brunswick N. J. U. S. America]: Die Bestimmung von Cianionen auf elektrometrischem Wege ... (Aus: Zeitschr. f. physik. Chem., Bd XVII Heft 3.) Leipzig, W. Engelmann, 1895; 25 S. 8.
Leipzig, Phil. Fak., Inaug.-Diss. v. [21. Aug.] 1895

Morgan, Lewis Henry

Morgan, Lewis H. Die Urgesellschaft. Untersuchungen üb. den Fortschritt der Menschheit aus der Wildheit durch die Barbarei zur Zivilisation. Aus dem Engl. übertr. v. W. Eichhoff unter Mitwirkg. v. Karl Kautsky. 10 Hefte. gr. 8. (XVI, 480 S.) Stuttg. 891, Dietz.
à Heft * — 50; * 5 —; geb. ** 7 25
Vgl.: Engels, Friedr. Der Ursprung d. Familie, d. Privateigenthums u. d. Staats.

Die Urgesellschaft (Ancient Society). Untersuchungen über d. Fortschritt d. Menschheit aus d. Wildheit durch d. Barbarei zur Zivilisation von Lewis H[enry] **Morgan**. Aus d. Engl. übertr. v. W[ilhelm] Eichhoff unter Mitw. v. Karl Kautsky. 2. durchges. Aufl. Mit e. Portr. d. Verf. Stuttgart: J. H. W. Dietz Nachf. 1908. (XVI, 480 S.) 4° [5. u. Ant.] 108.17997 G

Morgan, Lady Sidney, das Boudoir-Buch. Ein Geschenk f. gebild. Damen-Kreise. N. d. Engl. v. A. Ludwig. 2 Bde. gr. 12. ... Stuttgart 830, [Brodhag.] Thlr.

—la France en 1829 et 1830. Trad. de l'Angl. par Mlle A. Sobri. II Tom. gr. 12. Stuttg. 830. Hoffmann. 2 ℔

—— la France en 1829 et 1830. Trad. de l'Angl. par Mlle. A. Sobry. II Ts. gr. in-12. (31 B.) Stuttgart 830, [Scheible.]

Morgan, Lady, la france en 1829 et 1830. Traduit de l'anglais par Mlle. Sobry. 2 Vol. 8. Stuttgart 839. (Cöln, jetzt Gaul et Tonger.) $1^1/_2$ ℔

—— (dass. u. d. T.:) Frankreich in 1829—1830. Uebers. v. C. Richard. 3 Thle. 8. (57 B.) Aachen 830, Mayer.

—Frankreich in d. J. 1829 u. 30. Deutsch v. Fr. Gleich. 8 Lieferr. od. 2 Thle. 8. Leipz. 831. Allgem. Niederländ. B. 3 ℔ 4 gr

Morgan, Lady, Frankreich in den Jahren 1829 u. 1830. Deutsch von Fr. Gleich. 2 Thle. 2. unveränd. Aufl. 8. Leipzig 844, Melzer. $1^1/_2$ ℔

Morgan, Lady, Frankreich in d. Jahren 1829 u. 1830. Deutsch v. Friedr. Gleich. 2 Thle. 2., unveränd. Aufl. 8. ($44^3/_4$ B.) Leipzig 844. [Braunschweig, Westermann.]
Vgl.: Bibliothek ausgew. Romane.

Morgan [fr. S. O.]. Glorwina oder das wilde Mädchen in Irland; a. d. Engl. ... Leipzig 1809. N. A. 1823. Ü: *Lindau, Wilhelm Adolph.* (Ky) (GGr)

Morgan, (Lady,) Glorwina. Roman. Aus d. Engl. übers. v. W. A. Lindau. 3 Thle. 2e Ausg. 8. Leipz. 823, Rein.

— Italien; aus d. Engl. gr. 8. Weim., Ind.-Cpt. 1 ₰ 21 gr

— Italien; aus d. Engl. gr. 8. Jena 822. Bran. 2 ₰

Morgan, Sidney

Florentina Macarthy. Eine Irländische Novelle. Nach dem Englischen frei bearb., mit erl. Anm. v. B.J.F. von Halem. Bdchn 1-3. Mit dem Bildnis der Verfasserin.
Leipzig: Hinrichs 1821. 8°

Morgan [früher Sidney Owenson]. Florentina Maccarthy; a. d. Engl. Leipzig 1821. Ü: *Halem, Bernhard Jacob Friedrich von.* (Ky)

Morgan's, Lady, memoirs, s. Collection of British authors.

—— the O'Briens and the O'Flahertys, s. Library, a new English, Vol. II—V.

— O'Donnel, oder die Reise nach den Riesendamme. Irisches Nationalgemälde. Nach den Engl. v. L. M. v. Wedell. 2 Thle. 8. Berlin 824, Voß.

Morgan, Sidney

O'Donnel oder die Reise nach dem Riesendamm. Irisches National-Gemälde. Nach dem Englischen der Lady Morgan von Leopold M. von Wedell. Th. 1.2.
Berlin: Voss 1825. 8°

— the Princess; or the Beguine. gr. in-8. Brüssels 835. (Frankfort, Fr. Wilmans.) n. 1½ ₰ (Vergl. Wahlen, modern british authors.)

— die Prinzessin, oder die Beguine. Roman. Aus d. Engl. von P. Helling. 3 Bde. 8. Aachen 835, Mayer. (Brüssel, Mayer u. Somerhausen.) 3 ₰

— die Prinzessin. Uebersetzt von Georg Nicol. Bärmann. 3 Thle. gr. 12. Berlin 835. Duncker u. Humblot. 3 ₰

— die Prophetin v. Caschemir, od. Glaubenskraft u. Liebesglück; übers. v. F. Tarnow. 2 Thle. 8. Leipz. 825. Rein. 2 ₰

Morgan, Sidney

Die Prophetin von Caschimir. [Bearb.]
s.a. Tarnow, Fanny: Die Prophetin von Caschimir... 1826.

Morgan, der Lady, Reisen. 2 Thle. I. Frankreich. II. Italien 1r Thl. 8. Leipzig, Brockhaus. 821. (1r Thl. 1 Thlr. 18 Gr. 2r Thl. 2 Thlr.)

Morgan [fr. S. O.]. Reisen. I. Frankreich. II. Italien. Leipz. 1821—23. Ü (I): *Schubart, Henriette.* (II): *Kind, Moriz.* (schl) (GGr)

— Reisen I. Frankreich. 2 Thle. 8. Leipz. 821. 2e Aufl. 825. Brockhaus. 3 ₰ 12 gr

— Reisen II. Italien. 4 Bde. Lpz. 822—23. Brockhaus. 8 ₰ 16 gr

Morgan, Lady. Salvator Rosa und seine Zeit. Aus dem Engl. Dresden 1824/5. III. Ü: *Hell, Theodor (= Karl Gottlieb Theodor Winkler).* (DARP)

— Salvator Rosa u. seine Zeit; aus d. Engl. 3 Bde. 8. Dresd. 824—26. Arnold. 3 ₰ 6 gr

— dass.; aus d. Engl. v. G. Lotz. 3 Bde. 8. Braunschw 824—25. Meyer. 3 ₰

—— dramatische Scenen aus d. wirkl. Leben. Uebers. v. Louis Lax. 2 Bde. 8. (27½ B. u. Bildn. d. Verfin.) Aachen 834, Mayer.

— sämmtl. Werke. 8 Bde. 8. Leipzig ... (Berger's B.) 3 ₰

Morgan, Lady Sidney, sämmtliche Werke. Neu übers. 1—8. Bdchn. — A. u. d. T.: Die O'Brien's u. O'Flaherty's, eine National-Gesch. 8 Bdchn. gr. 12. (36½ B.) Stuttgart 828, [Brodhag.]

Morgan, Sidney

Sämmtliche Werke der Lady Sidney Morgan. Neu übers. Bdchn 1.4.
Stuttgart: Franckh 1828. 8°

1.4. Die O'Brien's und O'Flaherty's. Eine National-Geschichte. Aus dem Englischen.

Morgan, Thomas Hunt, die Entwickelung des Froscheies. Eine Einleitg. in die experimentelle Embryologie. Nach der 2. engl. Aufl. übers. v. Bernh. Solger. (XV, 292 S. m. 62 Abbildgn.) gr. 8. Leipzig 904. W. Engelmann. n. 6.—

Regeneration. Thomas Hunt **Morgan**. Mit Genehm. d. Verf. aus d. Engl. übers. u. in Gemeinschaft mit ihm vollst. neu bearb. von Max Moszkowski. Deutsche Ausg. zugl. 2. Aufl. d. Orig. Mit 77 Textfig. Leipzig: W. Engelmann 1907. (XVI, 437 S.) 8° [07. 9974]

Morgan, Thom. Hunt, experimentelle Zoologie, unter verantwortl. Mitred. v. Ludw. Rhumbler übers. v. Helene Rhumbler. Vom Verf. autoris. u. v. ihm m. Zusätzen u. Verbessergn. verseh. deutsche Ausg. (X, 570 S. m. Abb.) gr. 8. Leipzig 909. B. G. Teubner. Geb. in Leinw. 12.—

Morgan, Tom

— Die Parforcedressur des Jagdhundes, seine Pflege u. Behandlung, nebst Ratschlägen f. Wahl der Rasse u. Ankauf sowie e. Anh. üb. die hauptsächlichsten Krankheiten. Mit Einleitg. von Graf v. Bernstorff. (VII, 96 S. m. 1 Bildnis u. 8 Taf.) 8. Berlin 908. R. Schröder. 2.—; geb. 2. 60

Morgan, Tom., wie erziehe u. dressiere ich meinen Hund? Praktisches Hilfsbuch f. den Gebrauch in der Familie. (IV, 126 S.) 8. Berlin 906. R. Schröder. Geb. in Leinw. n. 2. 50

Morgan, Tom., wie erziehe u. dressiere ich meinen Hund? Praktisches Hilfsbuch f. den Gebrauch in der Familie. 2. Aufl. (119 S. m. Abbildgn.) 8. Berlin (910). Neufeld & Henius. 2.—; geb. in Leinw. 2. 50

Morgan, Walt., s. a.: Meding, Osk. — Samarow, Greg.

Morgan, Walt. [Osk. Meding.] Honni soit qui mal y pense. Roman. 3 Bde. 8. (246; 266; 266 S.) Stuttg. 891, Deutsche Verlags-Anstalt. * 10 —; geb. * 13 —

— Honni soit qui mal y pense. Roman. 3 Tle. in 2 Bdn. Neue [Titel-]Ausg. 8. (246, 266 u. 266 S. m. Abb.) Stuttgart [891.] (900). Deutsche Verlags-Anstalt. n. 2.50; kart. n. 3.—

Die Freimaurerei; oder Offenbarung aller Geheimnisse etc. [Von William Morgan] nebst einer genauen Beschreibung von der Entführung des Wm. Morgan. 1829.

19.

Morgana. Erzählungen u. Mährchen von G. Jördens. 8. Leipzig, Voß. 820.

Morgant der Riese, s. Bibliothek des litterarischen Vereins in Stuttgart CLXXXIX.

Morgante, Aler., Lehr- und Handbuch der Algebra verfaßt für den Unterricht an der k. k. Ingenieur-Akademie in Wien, gleichzeitig für das Selbst-Studium eingerichtet. gr. 8. (VII und 276 S.) Wien 849, Gerold, Verlag.

—— Lehr- und Handbuch der Arithmetik. Für den Unterricht an der k. k. Ingenieur-Akademie in Wien verfaßt und gleichzeitig für das Selbststudium eingerichtet. gr. 8. (XVIII und 320 S.) Wien 847, Gerold, Verlag. Thlr. *

Morgante, Aler., Lehr- und Handbuch der Geometrie verfaßt für den Unterricht an der k. k. Ingenieur-Akademie in Wien, gleichzeitig für das Selbststudium eingerichtet. gr. 8. (XV und 160 S. mit eingedr. Holzschn.) Wien 849, Gerold, Verlag. *

Morgarten, oder der erste Sieg für die Freyheit: ein Schauspiel. O. O. 1781. V: *Müller von Friedberg, Carl Ritter.* (Adel) (Ky) (MGT)

Mörgelin, J., über angeborne Harnblasenspalte und deren Behandlung. Inaugural-Dissertation. Lex.-8. (62 S. mit 6 Stnt. in qu. gr. 4.) Bern 855, (Blom.) *

Morgen [Sachliches OW]

Morgen, der. Monatsschrift f. religiöse, künstler. u. wissenschaftl. Kultur. Hrsg.: Frz. Clement. 1. Jahrg. Oktbr. bis Dezbr. 1908. 3 Hefte. (à ca. 64 S.) gr. 8. München, R. Abt. à n. — 50

Morgen. Wochenschrift f. deutsche Kultur. Begründer u. Hrsg. Werner Sombart, Richard Strauss . . No 1. Berlin Marquard & Co. (1907). 8° [i̇̃.] [07. 10844

Morgen. Wochenschrift f. deutsche Kultur, begründet v. Werner Sombart, Rich. Strauß, Geo. Brandes, Rich. Muther unter Mitwirkg. von Hugo v. Hofmannsthal. Schriftleitung: Art. Landsberger. 2. Jahrg. 1908. 52 Nrn. (1722 S. m. Taf.) gr. 8. Berlin, [Morgen-Verlag]. Charlottenburg, Verlag der Neuen Revue. 20.—; in 2 Bde. geb., Pappbd. à 10.—

Morgen. Wochenschrift für deutsche Kultur. Berlin 1907 1908. 8° *[Erscheint nicht mehr. 1. Jan. 1909 vereint mit „Neue Revue", 1. Sept. 1909 mit „Nord und Süd".]*

— dasselbe. Vereinigt m. der Wochenschrift Neue Revue. Red.: Jos. Adf. Bondy, f. Österreich-Ungarn: Adf. Träger. Jan.—Juni 1909. 26 Nrn. (à ca. 48 S. m. Abbild.) gr. 8. Charlottenburg, Verlag der Neuen Revue. 10.—
Fortsetzung s.: Nord u. Süd.

— der. Blätter zur Bekämpfg. des Alkoholismus u. zur Erneuerg. christl. Lebens. Organ des kathol. Mäßigkeitsbundes Deutschlands E. V. Schriftleitung: J. Haw. 1.—4. Jahrg. 1907—1910. à 12 Hefte. (IV, 192; IV, 200; IV, 192 u. IV, 192 S.) 8. Trier, Paulinusdruckerei. 1. u. 2. Jahrg. à 1.—; 3. u. 4. Jahrg. à 1.60

Morgen, attische, 8. Braunschweig, 781. Schröder 15 sgl.

Morgen, attische, (v. Aug. Raabe). 8. Braunschw. 791. Schröder. 12 gr

Morgen, Der glückliche; Schauspiel in zwei Akten. Schwerin 1795. V: *Badewitz, Frdr. Gustav.* (Ky)

Morgen, der glückliche,. Schausp. in 1 A. von K. Bahr. 8. Berlin, Belitz. 799.

Morgen, Des Sängers letzter, bei A. Apels Tode. [Leipzig 1819.] V: *Naubert, Christiane Benedicte Eugenia geb. Hebenstreit.* (schl)

Morgen, ein, in Sanssouci. (Gedicht.) Berlin 837. (Gropius.) Mit Goldschnitt n. 1/3 ₰

MORGEN, Der, in prosaischer Schreibart, nebst etlichen Gedichten. O. O. (Unter dem Vorworte: S**1 den 20sten des Winterm. 1760. *H.*) 1762 8° (1 Mk. Jos Baer & Co., jetzt theurer!)

Morgen, der, in prosaisch. Schreibart, n. Gedichten. 8. Quedlinb. 762. Bisterfeld. 3 gr

Morgen, Theodors glücklicher, vom Verfasser v. Hallo's glücklichem Abend . . . Berl. 1789. Frankf. u. Leipz. 1791. N. . . . Aufl. Hamburg 1801. V: *Sintenis, Christian Frdr.* (StAt) (BrMm) (EE)

Morgen, Der tolle. Lustspiel in zwei Aufz. Strassburg 1864. 2. umgearb. Aufl. Ebenda 1877. V: *Pick, Alphons.* Vgl. (Mohr) Littér. du dial. alsacien. Strassburg 1877. S. 14 f. (DARP)

Trüber Morgen, goldener Tag. Milwaukee, 1885

Morgen, Der, beym Wilhelmsbade vor Hanau. O. O. 1779. V: *Bergsträsser, Johann Andreas Benignus.* (MGT)

Morgen, Arth., der Bauschwindel — e. Folge des Bodenwuchers. Ein Beitrag zur Beurtheilg. der vorhandenen Schäden u. Vorschläge zur Beseitigg. derselben. gr. 8. (12 S.) Berlin 894. J. Bohne. n. — 30

Morgen, Arthur, Der Bauschwindel — eine Folge des Bodenwuchers. Ein Beitrag zur Beurtheilung der vorhandenen Schäden und Vorschläge zur Beseitigung derselben. gr. 8⁰. Berlin, J. Bohne's Sort., 1895.

Morgen, August: Über den Assimilationsprocess der keimenden Kresse (Lepidium sativum L.)
Sep.-Abdr. a. d. Botan. Zeitung, 1877.

Morgen, Aug.: Bericht über die Thätigkeit der landwirtschaftlich-chemischen Versuchsstation Hohenheim vom 1. Jan. 1895 bis 1. April 1896. Progr. Das. 1896.

Morgen, A., s. a. Bericht üb. die Thätigkeit der landwirtschaftl.-chem. Versuchsstation Hohenheim.

Morgen, A., Fütterung u. Schlachtergebnis, s.: Maercker, M.

— Rathschläge zur rationellen Milchvieh-Fütterung, nebst e. Anh. betr. typ. Futterrationen der agric.-chem. Versuchsstation zu Halle a. S. Auf Grund der vom Verband der landwirthschaftl. Genossenschaften der Prov. Sachsen u. der angrenz. Staaten angestellten Ermittelgn. bearb. gr. 8. (III, 37 S.) Halle 893. (Bremen, M. Heinsius Nachf.) n.n. 1. —

Morgen, A., Wesen u. Verwertung d. getrockneten Diffusionsrückstände d. Zuckerfabriken, s.: Maercker, M.

Morgen, A., über den Zusammenhang des specifischen Gewichts mit dem Stärkemehl- und Trockensubstanzgehalt der Kartoffeln, s. Behrend, P.

Morgen, Bernhard [cand. med. aus Willmantinen]: Ueber Reizbarkeit und Starre der glatten Muskeln. . . . Halle a. S., Druck v. Ehrhardt Karras, 1889; 1 Bl. + 33 S. + 1 Bl. u. 2 Taf. 4⁰
Halle, Med. Fak., Inaug.-Diss. v. 16. Aug. 1888

Die Geschichte der Loge zur weissen Taube in Neisse während des ersten Jahrhunderts ihres Bestehens. Zur Säcularfeier am 24. Nov. 1873 zsgest. von [Herm.] Morgen. Neisse 1873: Letzel. 59 S. 8⁰ [Umschlagtit.]
Nebst Verzeichn. der Mitgl. der Loge von 1773 bis 1873. **358 a.**

Morgen, Jo. Fr., praes. Jo. Dan. Metzger, Diss. exhibens observationum anatom.-pathologicarum bigam cum epicrisi. 26 pp. Regiom. 4°. Salzb. med. chir. Zt. 1793, IV, 85. 1792

Morgen, Julius Robert Eduard (Tilsit), De noma infantum. Diss. med. Berlin (Natorff) 15. IX. 1837. 29 S. mit Biogr. (M.: W. Steinberg.) (3.—) 23663
Oppon.: W. Phemel, G. Aust, E. Schenk. — Gew.: Friedrich Morgen (Vater), Ferdinand

Morgen, C., durch Kamerun von Süd nach Nord. Reisen u. Forschgn. im Hinterlande 1889 bis 1891. Mit 19 Sep.-Bildern u. 50 Abbildgn. im Text v. R. Hellgrewe, 1 Portr. u. 1 Karte gr. 8. (X, 390 S.) Leipzig 893. F. A. Brockhaus. n. 9. —; geb. n. 10. —

— Kriegs- u. Expeditionsführung in Afrika. 8. (40 S.) Berlin 893. H. Peters. n. — 60

Morgen. Wegeskizzen zu einer Reise im Hinterlande von Kamerun, ausgeführt vom 5. November 1889 bis 13. Januar 1890. 1 : 770000. 1 Bl. c. L. Sch.

Morgen- u. Abendandacht, welche an zehn Freitagen zum Gedächtnisse u. zur Verehrung des großen Indianerapostels, des hl. Franziskus Xaverius gehalten wird. 12. (16 S.) Hildesheim 901. A. Lax. — 30

Morgen- u. Abendandachten z. Erbauung. gr. 8. Altenb. 779. (Hennings in Neisse). 12 Gr.

Morgen- od. Abendandachten z. Erbauung. gr. 8. Altenb. Richter. (Akad. m. Buchh. in Jena.) 779.

Morgen- u. Abend-Andachten, in Gesängen deutscher Dichter, mit 2 Musikblättern. 8. Berlin, Mittler. 813.

Morgen- u. Abend-Andachten f. jeden Tag in d. Woche, s. a. Heß, Joh. Heinr.

Morgen- u. Abend-Andachten für jeden Tag in der Woche, nebst Worten des Trostes in allen Leiden u. Anfechtungen. Zum tägl. Gebrauch für Väter u. Mütter im Kreise ihrer Hausgenossen, so wie für jede Christenseele, besonders im stillen Kämmerlein u. auf Reisen (von Jh. H. Heß). 16. Winterthur 832. (Leipzig, Rein.) 1/6 Thlr. — Vergl. Worte des Trostes.

Morgen- und Abendandachten auf jeden Tag in der Woche, nebst Worten des Trostes in allen Leiden und Anfechtungen . . . Winterthur 1832. V: *Hess, Johann Heinrich.* (zu) »für jeden Tag« (Ky)

— — auf alle Tage im Jahre. 4 Bde. gr. 8. Leipz. Jacobäer.

Morgen- und Abendandachten auf alle Tage der Woche. Bern 1799. V: *Heinzmann, Johann Georg.* (Ky) (MGT)

— auf alle Tage der Woche, von Crügot, (J. G. Heinzmann). gr. 8. Bern 799. Typ. Soc. 12 Gr. (Ulm, Ebner). 16 Gr.

— u. Abendandachten auf alle Tage in d. Woche f. Familien. 8. Leipz. Schneider. 785.

Morgen- u. Abendandachten auf alle Tage in der Woche nebst Fest- u. Gelegenheitsgebeten. Gesammelt u. herausg. zur Beförderung häusl. Andacht. 8. Leipzig u. Freiburg 845. Franke. 1/4 Thlr.

— auf alle Tage in der Woche, zum Gebr. f. Soldaten. 8. Danz. 781. (Leipz., W. Nauck). 4 Gr.

— — zum Gebrauch d. Soldaten. 8. Danzig. Sommer. 781.

Morgen- und Abendandachten auf zwölf Wochen . . . Stuttgart 1797. 6. Aufl. 1804. V: *Friedrich Eberhard, Prinz zu Hohenlohe-Kirchberg.* (winer)

— — auf 12 Wochen. 8. Stuttgard, Löflund. 804.

— — auf zwölf Wochen. 7e Aufl. 8. Stuttg. 813. Löflund. 20 gl.

Morgenandachten für Bergleute auf der Grube und im Hause. Nebst einigen Bergfestliedern. Zwickau 1861. V: *Franke, Carl Chn Leberecht.* (zu)

Morgenandachten für Bergleute auf der Grube und im Hause. Nebst einigen Bergfestliedern. Zwickau 861. Buchhandlung des Volksschriften-Vereins. 8. (120 S.) n. 4 ngr.

— zur Erbauung häusl. Gottesverehrung. 8. Bresl. 812. W. G. Korn. 4 gl.

Morgenandachten f. das ganze Jahr. Dargeboten v. den Freunden der Christl. Welt. (VIII, 416 S.) Lex. 8. Tübingen 909. J. C. B. Mohr. 5.—; geb. in Leinw. 6.50; in Ldr. m. Goldschn. 10. —

— kurze erbaul., auf alle Tage in d. Woche, dann Beicht-, Kommunion-, Kranken- u. a. Gebete, aus neuern u. ältern Schriften gesammelt. 8. Kulmbach . . . 4e A. 829. (Lübeck, v. Rohden). 4 gl.

Morgenandachten, Neue, auf alle Tage im Jahre. Leipzig 1784. V: *Seyfert, Johann Christian.* (Ky) (MGT)

Morgenandachten, neue, auf alle Tage im Jahre, (v. J. Chr. Seyfert). 8. Leipz. 784. N. A. 787. 3e A. 792. 4e A. 796. N. Aufl. 2 Thle. 8. Ebd. 805. (Aue in Altona). 1 rℓ 8 gl. Schrbp. 1 rℓ 16 gl.

Morgen- und Abendandachten, Tägliche, auf das ganze Jahr. Stuttgart 1791—92. V: *Müller, Georg Heinrich.* (Ky) (MGT)

Morgen- u. Abendandachten, tägl., aufs ganze Jahr, (v. Geo. H. Müller). 2 Bde. gr. 8. Tübing. 791,/92. Schramm. 1 rℓ 8 gl.

— — tägl. a. e. Jahr üb. Sprüche. 2 Bde. gr. 8. Tüb. Schramm. 793.

Morgen- Tisch- u. Abendandachten. Fragment ein. Familienliturgie. 8. Basel, Wilh. Haas. 780.

— — dieselben. 8. Basel, Turneisen. 780.

— zur Verehrung d. heil. Ant. v. Padua. 12. Cöln 824. Mathieux. Das Dutzend. 10 gl.

Morgenbesser, A. Anleitung zur Ausführung der mathematischen Rechnungen bei Lebens- und Rentenversicherungen. Berlin 1882.

Morgenbesser, A., die mathematischen Grundlagen des gesammten Versicherungswesens. Ein Lehr- u. Handbuch zum Gebrauche für höhere Lehranstalten, Versicherungs-Beamte, Agenten, Police-Inhaber u. Versicherte. gr. 8. (XII, 412 S.) Leipzig 882. (Berlin, Puttkammer & Mühlbrecht.) n. 20. —

Morgenbesser, A., die mathematischen Grundlagen d. gesammten Versicherungswesens. Ein Lehr- u. Handbuch. 2. Ausg. gr. 8. (XII, 412 S.) Berlin 883. Puttkammer & Mühlbrecht. n. 15. —

—— Versuch zur Aufstellung von Sterblichkeits- und Invaliditäts-Tafeln für preussische Bergleute. gr. 8. (III, 49 S.) Ebendas. 882. *

Morgenbesser, B., Martin Luther, ein Mann von Gottes Gnaden. Predigt, zur 400. Gedächtnisfeier des Geburtstages Dr. Mart. Luthers am 11. Novbr. 1883 im Schulsaale zu Blasewitz gehalten. gr. 8. (19 S.) Blasewitz 884. (Dresden, J. Naumann.) **

Morgenbesser, Heinrich (Carl Heinrich Michael) (Breslau), De amauroseos aetiologia. Diss. med. Halle (Ploetz) 11. VIII. 1845. 24 S. u. Biogr. (M.: Raebiger.) (3.—) 23664
Argum. oppon.: G. Nottebohm, E. Brasche.

Morgenbesser, Johann Gottfried

Morgenbesser, Jh. Gf., († d. 8. Febr. 1804.) Abhandl. von d. Nothwendigkeit des Zufühlens. 3 Stcke. 8. Bresl. 773, 74.

— Anleit. zur Kenntn. d. Wirkung d. äußerl. Arzneien. 8. Bresl. 771. J. F. Korn. 4 gl.

— Progr. von Becken- Weiten. 16 Stck. 8. Bresl. 792.

— Betracht. über die Art d. Zubereitung vor d. Einpfropfung d. Kinderblattern. 8. Bresl. 768.

Morgenbesser, Johann Gottfried: Lehrbuch für Hebammen. 284 S., gbd.

Breslau u. Leipzig: Korn 1805

— Nachricht, die Gesundbrunnen zu Cudowa, Reinerz, Altwasser, Charlottenbrunn u. Salzbrunn in Schlesien betreff. 4. Bresl. 777.

— Nothwendigkeit zur Zubereit. zu d. Einpfropf. d. Kinderblattern. 8. Bresl. 768.

— **Johann Gottfried** (Breslau / Schlesien), De fetus non vitalis partu dirigendo. Frankfurt/Oder (J. Chr. Winter) 12. VIII. 1767. 54 S., 1 Taf. (5.50) 23665
Widm. v.: Christian Ludwig, Christian Friedrich Ludwig, Johann Ehrenfried Pohl, Johann Daniel Reichel.

Morgenbesser, Johann Gottfried, s. Unterricht f. Mütter, welche ihre Kinder selbst tränken.

Morgenbesser, J. G., Über den Wurm der Pferde, s.: Hurel.

Morgenbesser, Michael

— Anweis. f. Volksschullehrer z. richtig. Gebrauch u. Verständniß d. bibl. Geschichte. 8. Bresl. 818. 2e verb. A. 822. Graß, B. u. C. 8 gr

— Anweis. f. Volksschullehrer z. richt. Gebrauch u. Verständniß d. bibl. Geschichte. 2e Aufl. 8. Bresl. 823, Holdufer.

(Morgenbesser, Mich.,) Aufgaben zur Erlern. u. Uebung der im bürgerl. Leben vorkomm. Rechnungsarten. 1—3. Hft. 8. (19¼ B.) Breslau 833, Graß, Barth u. Comp. à

(——) Auflösungen hierzu. 1. u. 2. Hft. 8. (8½ B.) Ebds. 833. à

— Aufgaben zur Erlernung und Uebung der im bürgerl. Leben vorkomm. Rechnungsarten. 1s Hft. 3e verb. Aufl. 8. Breslau 837, 4e verm. Aufl. 840. Graß, Barth u. C. ¼ rℓ

— Auflösung. hierzu. 3e verb. Aufl. 8. Ebd. 837, 4e Aufl. 840. ⅛ rℓ

— Aufgaben 2c. 2s Hft. 2e, berichtigte u. verm. Aufl. 8. Ebd. 837; 3e Aufl. 840. ¼ rℓ

— Auflösungen hierzu. 2e, bericht. u. verm. Aufl. 8. Ebd. 837.

Morgenbesser, Mich., Aufgaben z. Erlern. u. Uebung d. im bürgerl. Leben vorkomm. Rechnungsarten. 1—3. Hft. 8. Breslau, Graß, Barth u. Comp. [1. 5. Aufl. (10¼ B.) 842., 2. 3. A. (6¾ B.) 3. 2. A. (7½ B.) 840. à ¼ Thlr.]

—— dass. — Auflösungen hierzu. 1—3. Hft. 8. Ebds. [1. 4. Aufl. (4¼ B.), 2. 3. A. (3⅛ B.), 3. 2. A. (3¾ B.) 840. à ⅛ Thlr.]

Morgenbesser, Mich., Aufgaben z. Erlernung u. Uebung der im bürgerl. Leben vorkommenden Rechnungsarten. 1. Hft. 6., verb. Aufl. 8. (10¼ B.) Breslau 845, Graß, Barth u. Comp., Verl.

—— Auflösungen dazu. 1. Hft. 5., verm. Aufl. 8. (4¼ B.) Ebds. 845.

—— dass. 2. Heft. 4., verm. Aufl. 8. (6⅝ B.) Ebds. 845.

—— dass. 2. Hft. 4., verm. Aufl. 8. (3⅛ B.) Ebds. 845.

Morgenbesser, Mich., Aufgaben zur Erlernung u. Uebung der im bürgerl. Leben vorkomm. Rechnungsarten. 1. Hft. 8. verb. Aufl. 8. (VIII u. 155 S.) Breslau 849, Graß, Barth & Co. Verl. — 2. Hft. 5. Aufl. 8. (106 S.) Ebd. 848. — 2. Hft. 6. Aufl. 8. (106 S.) Ebd. 850. — 3. Hft. 3. verb. Aufl. 8. (120 S.) Ebd. 847. (à Hft. ¼ rℓ) ¾ rℓ

—— Auflösungen der Aufgaben zur Erlernung und Uebung der im bürgerl. Leben vorkommenden Rechnungsarten. 1. Heft 6., verm. Aufl. 8. (67 S.) Breslau 851, Graß, Barth und Comp., Verlagsb.

—— dass. — 2. Heft. 5., verb. Aufl. 8. (49 S.) Ebds. 852.

Morgenbesser, Mich., Aufgaben zur Erlernung und Uebung der im bürgerlichen Leben vorkommenden Rechnungsarten. 1. Heft. 10., verb. Aufl. 8. (VIII und 155 S.) Breslau 854, Graß, Barth und Comp. Verlag.

—— dass. — 2. Heft. 7. Aufl. 8. (106 S.) Ebds. 854.

—— dass. — 3. Heft. 4., verb. Aufl. 8. (120 S.) Ebds. 854.

— Auflösungen der Aufgaben 2c. 1. Heft. 7 verm. Aufl. — 2. Heft. 6. verb. Aufl. Ebend. 858. 8. (67; 49 S.) Jedes Heft 3¾ ngr

Morgenbesser, Mich., Aufgaben zur Erlernung und Uebung der im bürgerlichen Leben vorkommenden Rechnungsarten. 1. Heft. 12., verb. Aufl. und 2. Heft. 9. Aufl. 8. (VIII und 155 S.; 106 S.) Breslau 858, [W. G. Korn.] à Heft 7½ Ngr.

Morgenbesser, Mich., Aufgaben zur Erlernung und Uebung der im bürgerl. Leben vorkommenden Rechnungsarten. 1. und 2. Heft. 14., verb. Aufl. 8. Breslau 863, Korn. [1. Heft. (IV und 64 S.) * 3 Ngr., 2. Heft. (II und 100 S.) * 4 Ngr.] *

—— Breslau u. seine Merkwürdigkeiten. Ein Taschenbuch f. Fremde u. Einheimische. gr. 12. (8 B.) Breslau 831, [W. G. Korn.]

—— Geschichte d. evangel. Haupt- u. Pfarrkirche zu St. Bernhardin in Breslau. gr. 8. (2¾ B.) Breslau 838, Graß, Barth u. Comp.

Michael Morgenbesser Geschichte des Hospitals und der Schule zum heil. Geist, so wie auch der Bibliothek zu St. Bernhardin. Zum Andenken der 600jährigen Dauer des Hospitals abgefasst. Breslau 1814. 4. Mit 1 Kpf.

— Geschichte des Hospitals u. der Schule zum heil. Geist. Mit 1 Kpf. 4. Bresl. 814. (Graß, B. u. C.) 12 gr

Morgenbesser, M., Geschichte des Hospitals u. der Schule zum heil. Geist. 4. Bresl. Holdufer. 814.

— Geschichte d. christl. Kirche. Für gebild. Christen, besond. z. Gebrauch f. Prediger u. Schullehrer. 2e A. gr. 8. Bresl. 824. Gosohorsky. 2 rℓ 16 gr

— Geschichte Schlesiens. Ein Handbuch, mit Vorwort v. K. A. Menzel. gr. 8. Bresl. 829. Max u. C. 1 rℓ 18 gr

— Geschichte Schlesiens. Ein Handbuch. Mit e. Vorworte vom Königl. Konsistorial- u. Schulrath K. A. Menzel. 2e verb. Aufl. (Mit Tabb.) gr. 8. Breslau 833. Max u. C. 1¾ rℓ

Morgenbesser's, Mich., Geschichte v. Schlesien. 3. gänzlich umgearb. Aufl. v. Heinr. Schubert. 10 Lfgn. gr. 8. (IX, 457 S.) Bresl. 889—92. Max u. Comp. à Lfg. * — 50; * 5 —; geb. * 6 —

Morgenbesser's, Mich., Geschichte v. Schlesien. Hrsg. v. Heinr. Schubert. 4., verb. Aufl. (IX, 447 S.) gr. 8. Breslau 908. [M. Woywod.] F. Goerlich. 6. —; geb. in Leinw. 7. —

— Geschichte von Schlesien. Ein Leitfaden für Schüler. 2e Aufl. 8. Breslau 837. Max u. Comp. ⅛ rℓ

—— Geschichte Schlesiens. Ein Leitfaden für Schüler. 4. Aufl. 8. (82 S.) Breslau 846, Max und Comp. *

Morgenbesser, M., Geschichte d. evangelisch-lutherisch. Schule zu Groß-Glogau. 8. Glogau, Fr. Günther. 809.

— Geschichte d. evangel. luther. Schulen. 8. Ebendaselbst. 810.

— biblische Geschichten aus d. A. u. N. Testamente, für Bürger- u. Landschulen. 8. Ebend. 815.

Morgenbesser, biblische Geschichten des alten und neuen Testaments, mit nützlichen Lehren begleitet. 2te Aufl. 8. Breslau, Holdufer. 819.

— biblische Geschichten des alten u. neuen Testaments, mit nützl. Lehren begl. 8. Bresl. 815. 10e A. 823. Graß, B. u. C. 6 gl

Morgenbesser, biblische Geschichten aus d. alt. u. neuen Testamente, mit nützlichen Lehren begleitet, besond. f. Bürger- u Landschulen. 7e Aufl. Mit 1 Vign. 8. Breslau 826, Holäufer.

—— biblische Geschichten aus d. alten u. neuen Testamente, mit nützl. Lehren begleitet, besond. f. Bürger- u. Landschulen. 10—16. Aufl. (à 16¼ B.) 8. Breslau 831—35, Graß, Barth u. Comp. à

— biblische Geschichten aus dem alten und neuen Testamente, mit nützl. Lehren begleitet, besond. für Bürger- u. Landschulen. 17e Aufl. 837. 18e Aufl. 8. Ebd. 838. ¼ rß — 19e Aufl. 839, 20e Aufl. 840. ¼ rß

—— bibl. Geschichten aus d. alt. u. neu. Testamente, mit nützl. Lehren begleitet, besond. f. Bürger- u. Landschulen. 17—22. Aufl. 8. (à 16¼ B.) Breslau 837—42, Graß, Barth u. Comp. à

Morgenbesser, Mich., biblische Geschichten aus dem alten u. neuen Testamente, mit nützlichen Lehren begleitet, besond. für Bürger- u. Landschulen. 23. Aufl. gr. 8. Breslau 844, Graß, Barth u. Comp. ¼ rß — 24. Aufl. gr. 8. Ebend. 845. ¼ rß

— biblische Geschichte aus dem alten u. neuen Testamente, mit nützlichen Lehren begleitet, besonders f. Bürger- u. Landschulen. 28 Aufl. [4. Ster.-Ausg.] 8. (252 S.) Breslau 849, Graß, Barth & Co. Verl. — 29. Aufl. [5. Ster.-Ausg.] 8. (VIII u. 248 S.) Ebd. 850. — 30. Aufl. [6. Ster.-Ausg.] 8. (252 S.) Ebd. 851. — 31. Aufl. [7. Ster.-Ausg.] 8. (252 S.) Ebd 851. — 32. Aufl. [8. Ster.-Ausg.] 8. (VIII u 248 S.) Ebd. 852. ¼ rß

— biblische Geschichten aus dem alten und neuen Testamente, mit nützlichen Lehren begleitet, besonders für Bürger- und Landschulen. 33—36. Aufl. (9—12. Stereot.-Ausg.) Breslau 853—57. Graß, Barth u. Co. gr. 8. (VIII, 252 S. u. Anhang: Bibelsprüche u. Liederverse rc. 30 S.) 7½ ngr; der Anhang apart 1 ngr.

—— biblische Geschichten aus dem alten und neuen Testamente mit nützlichen Lehren begleitet, besonders für Bürger- und Landschulen. 34. Aufl. 1853 und 35. Aufl. (11. Ster.-Ausg.) 8. (252 S. und Anhang: Bibelsprüche und Liederverse 30 S.) Breslau 854. Graß, Barth und Comp. Verlag.

— biblische Geschichten aus dem alten und neuen Testamente, mit nützlichen Lehren begleitet, besonders für Bürger- u. Landschulen. 37. u. 38. Aufl. [13. u. 14. Stereot.-Ausg.] Breslau 860, 62. (Leuckart.) 8. (VIII, 252 S. u. Anh.: Bibelsprüche und Liederverse 30 S.) 7½ ngr; der Anhang apart 1 ngr

Morgenbesser, Mich., biblische Geschichten aus dem alten u. neuen Testamente, mit nützl. Lehren begleitet, besonders für Bürger- u. Landschulen. 39. Aufl. (15. Ster.-Ausg.) Breslau 866. (Leipzig, Leuckart.) 8. (VIII, 280 S.) 7½ ngr

— Schlesischer Kinderfreund, ein Lese- u. Lehrbuch f. d. Stadt- u. Landschulen Schlesiens. 1r u. 2r Thl. 8. Breslau 826 — 27, Max u. C. à 6 gr.

—— Schlesischer Kinderfreund, e. Lese- u. Lehrbuch f. d. Stadt- u. Landschulen Schlesiens. 2 Thle. 2. Aufl. (33½ B.) 828, 29. 11 Gr., 1. Thl. 3—5. A. ... 830—34., 2. Thl. 3. u. 4. A. ... 832, 34. 8. Breslau, Max u. Komp. à 4 Gr.

— Schlesischer Kinderfreund, ein Lese- u. Lehrbuch für die Stadt- u. Land-Schulen Schlesiens. 1r Thl. 6e Aufl. 8. Ebd. 836. ¼ rß — 2r Thl. 3e Aufl. 8. Ebd. 832, 5e Aufl. 836. ¼ rß

— Schlesischer Kinderfreund, ein Lese- u. Lehr-Buch f. die Stadt- u. Land-Schulen Schlesiens. 1. Thl. 11. Aufl. 2. Thl. 8. Aufl. 8. (I: XII u. 260 S. II: VIII u. 264 S.) Breslau 851. 48, Max & Co. (à ¼ rß) ½ rß

—— erstes Lesebuch f. d. Stadt- u. Landschulen Schlesiens. 1. Aufl. (7½ B.) 829., 2—4., verb. A. (à 7 B.) 8. Breslau 831, Max u. Komp. à

— erstes Lesebuch für Stadt- und Landschulen Schlesiens. 5e Aufl. 8. Ebd. 836. 2½ gl — 8e Aufl. 840. 2½ gl

—— erstes Lesebuch. 11. Aufl. 8. (7½ B. u. ⅛ B. Schreibschrift.) Breslau 845, Max u. Comp. *

Morgenbesser, Mich., erstes Lesebuch. 18. Aufl., verb. u. hrsg. von L. Sonnabend. Breslau 866. (Leipzig, Leuckart.) 8. (126 S.) n. 3 ngr

— über die Pflicht der Wahrhaftigkeit. Ein Versuch. (Als besond. Abdruck aus dem Schulboten.) 8. Neiße u. Frankenstein 841, Hennings. ⅛ rß

—— Schreib-Lesefibel hrsg. von L. Sonnabend. (Abdr. aus dem Ersten Lesebuche von Mich. Morgenbesser. 18. Aufl.) 8. (32 S.) Breslau 866, Leuckart. **

Morgenbesser, Michael, Eine Schrift, // durch welche, // im Jahre 1736. den 7. Octobr. // den // in der deutschen Gesellschaft // aufgesetzten // ausserordentlichen Preis // erhalten hat // Michael Morgenbesser, // der Arzneywissenschaft Beflissener, // aus Breslau. // Leipzig bey Bernh. Christoph Breitkopf. - 30 S. und ein Schlußblatt.
Die Schrift handelt : Von der Absicht des Schöpfers bey Darstellung der Blumen.

— Schulgesänge z. Gebrauch f. Volksschulen. 2e verb. Aufl. 8. Bresl. 827. Graß B. u. C. 3 gl

—— Schulgesänge zum Gebr. f. Volksschulen. 3., durchges. Aufl. 8. ... Breslau 830, Graß, Barth u. Comp.

Morgenbesser, Mich., Schulgesänge z. Gebr. f. Volksschulen. 3., verm. Aufl. 8. (...) Breslau 836, Graß, Barth u. Comp. Thlr.

—— Wandfibel in 13 Tafeln, entworfen nach dess. Erstem Lesebuche f. Stadt- u. Landschulen, aber auch zu jedem and. Lesebuche brauchbar. gr. Fol. (13 B.) Breslau 834, Max u. Komp.

Morgenbesser, Moritz

Morgenbesser, Mor., Auswahl kaufmänn. Briefe üb. alle Gegenstände d. Handels, nebst Abhandln. u. Aufsätzen, enthalt.: Darstelln. üb d. Handel im Allgemeinen, Erörterungen üb. d. Wechsel-, Staatspapier- u. Waarenhandel; üb. Rhederei, Havari u. Assecuranzwesen, mit Bezugnahme auf d. verschied. Anstalten zur Beförderung d. Handels rc., verbunden mit e. vollständ. mercantil.-terminolog. Wörterbuch. Zum Gebr. f. angeh. Kaufleute verfert. gr. 8. (23½ B.) Halle 832, (Buchh. d. Waisenhauses.)

— Handlungs-Briefe z. Uebung in d. deutschen Correspondenz u. zum Uebersetzen in d. engl. Sprache. Mit Erklär. kaufmänn. Ausdrücke. gr. 8. Bresl. 822. J. F. Korn. 1 rß

— kaufmänn. Correspondenz-Buch f. Jünglinge, die sich d. Handlung widmen. Zur Uebung in d. deutschen Correspondenz, u. zum Uebersetzen in die engl. u. französ. Sprache bearb. Nebst e. Erklär. kaufmänn. Ausdrücke. 8. Bresl. 831. Aderholz. 1 ℳ

— neues Kaufmännisches Rechenbuch f. Banquiers u. Kaufleute. 1r Thl. gr. 8. Breslau 827, Graß, Barth u. C.

—— neues kaufmänn. Rechenbuch f. Banquiers u. Kaufleute, nach den gegenwärtig besteh. Verhältnissen nicht allein in Europa, sond. auch auf denen Handelsplätzen in d. Vereinigten Staaten u. d. sämmtl. Amerika, welche mit Europa vorzügl. in Handlungs-Verbindung stehen. 2 Thle. 1. Aufl. 827. 2 Thlr. 8 Gr., neue, wohlf. Ausg. (à 21 B. u. 4 Tab. gr. 4.) gr. 8. Halle 827, 31, (Buchh. d. Waisenhauses.) Thlr.
Neue, verb. Aufl., vgl. Sigismund.

Morgen-Betrachtungen od.: Das Gebet des Herrn in seiner Anwendg. auf die 7 Wochentage. 2. Aufl. (40 S. m. 1 Abbildg.) 16. München (908). J. Pfeiffer. — 20

Morgen- u. Abendbetrachtungen, in Gebeten f. evangel. Christen bei Annäherung d. Cholera. 8. Bresl. 831. Schulz u. C. 1¼ ℛ

Morgenbetrachtungen üb. d. religiös. Abendunterhaltungen v. F. J. M. Helferich 2c., s. Gegner, der, d. Kirche.

Morgenbetrachtungen über die religiösen Abendunterhaltungen des Franz Jos. Helferich . . . Augsb. 1838. V: *Boost, Johann Adam.* (Gla I, 2, 668)

Morgenbetrachtungen über die religiös. Abendunterhaltungen des F. J. M. Helferich, ehemal. kathol., nun protestant. Pfarrers. Verfaßt von einem kathol. Laien. A. u. d. T.: Der Gegner der Kirche, widerlegt durch die Geschichte 2c. gr. 8. Augsburg 838. Kollmann. ¾ ℳ

Morgen-Betrachtungen eines Christen. Zürich 1757. V: *Vögelin, Sal.* (Cat. d. Stadtbibl. Zürich. Zürich 1864—97.)

Morgenbibliothek, neue, f. d. gebild. Lesewelt. 1. Bd. — A. u. d. T.: Der Palast d. Wahrheit. A. d. Franz. d. Gräfin v. Genlis übers. v. L. Petz. 12. (7 B.) Kaschau 827. [Pesth, Heckenast.]

Morgenbibliothek, neue, für die gebildete Lesewelt. 1r Bd. A. u. d. T.: Der Pallast d. Wahrheit; aus d. Französ. der Gräfin v. Genlis übers. v. L. Petz. 12. Kaschau 827. Wigand. 8 ℛ 8. Meißen 829. Goedsche. 8 ℛ

Morgenblatt. Redakteur Joh. Rippl. Druck aus Joh. Rippl's artist. Anstalt. 4. 2spaltig. Jeden Mittwoch. 1 fl. und 1 fl. 52 kr. jährlich.
Iglau 1854.

Morgenblatt. Verantwortl. Redakteur: Joh. Rippl. Druck aus Joh Rippl's artist. Anstalt. 4. 2spaltig. Jeden Mittwoch. Jährlich 1 fl. und 1 fl. 52 kr.
Iglau 1855.

Morgenblatt. Verantw. Redakteur: Johann Rippl. Druck aus J. Rippls artistischer Anstalt. 4. 2spaltig. Erscheint wöchentlich einmal.
Iglau 1856.

Morgenblatt. Redakteur: Joh. Rippl. Druck von Joh. Rippl in Iglau. Erscheint in 4. 2spaltig.
1857.

— u. Abendblatt; hrsgg. von L. A. W. Martell. Leipz., Mai 1811 — Febr. 1812.

Morgenblatt. – Ansbacher Morgenblatt. –
2.V.1845 – 31.XII.1863.
Vorh. u.d.T.: Ansbacher Tagblatt.
Fortges. u.d.T.: Fränkische Zeitung.

Morgenblatt. – Bamberger Morgenblatt. –
1.X.1853 – 30.IX.1856.

—— Breslauer, e. Zeitschr. f. gebild. Leser. Redig. v. Karl Schur u. Gust. Schneiderreit. 1. u. 2. Jahrg. 1832 u. 33. à 52 Nrn. (Bog.) Mit lith. Abbild. gr. 4. Breslau, Pelz. à J.

Morgenblatt, elbinger. Redig. von F. W. Neumann-Hartmann. Jahrg. 1848. Mai — Novbr. 78 Nrn. (½ Bog.) gr. 4. Elbing, Neumann-Hartmann. Thlr. *

Morgenblatt. – Elbinger Morgenblatt. –
1.V.1848 – 30.III.1849.

Morgenblatt, Hamburgisches, (sonst Orient) f. 1816. 12 Hefte. gr. 4. (Leipzig, Rein u. Comp. in C.) Rthlr.
Forts. unt. d. T.: Hamburgs Wächter.

Morgenblatt für gebildete Leser. 35.—40. Jahrg. 1841—1846. Redakteur: Hauff. Mit Intelligenz-Blatt u. den Beilagen: Kunstblatt. 22.—27. Jahrg. Redakteur: v. Schorn, Er. Förster u. Frz. Kugler. Mit Kupfern 2c. — Literaturblatt. 12.—17. Jahrg. Redigirt von Wolfg. Menzel. — 550 Numm. (½ Bog.) 4. Stuttgart u. Tübingen, Cotta'sche Buchh. à n. 11⅓ ℳ (Vom Kunst- u. Literaturblatte kostet jedes einzeln n. 3⅓ ℳ; beide ungetrennt nur n. 5⅔ ℳ)
Vorh. unt. d. T.: Morgenblatt f. gebildete Stände.

Morgenblatt f. gebildete Leser. Red.: H. Hauff. 41 u. 42. Jahrg. 1847 u. 1848. à 300 Nrn. 43. Jahrg. 1849. Januar — Juli. 156 Nrn. gr. 4. (½ Bog.) Mit den Beiblättern: Kunstblatt. Unter Mitwirkung v. Ernst Förster u. Franz Kugler. 1847 u. 1848. à 64 Nrn. 1849. 32 Nrn. Mit Kpfrn. gr. 4. (½ Bog.) — Literaturblatt. Red.: Wolfg. Menzel. 18 u. 19. Jahrg. à ca. 92 Nrn. 20. Jahrg. 45 Nrn. gr. 4. (½ Bog.) Stuttgart, Cotta. 1847 u. 48: à n. 11⅓ ℳ 1849: n. 5⅔ ℳ Das Kunstblatt u. das Literaturblatt jedes einzeln 1847 u. 48: à n. 3⅓ ℳ 1849: n. 1⅔ ℳ

—— —— Mit Kunstblatt. Redig. von Dens. 29. Jahrg. Januar — Juni. Mit Kpfrn. — Literaturblatt. Redig. von Dems. 19. Jahrg. Januar — Juni. gr. 4. Ebds. *
Das Kunstblatt und das Literaturblatt jedes einzeln kostet * 3 Thlr. 10 Ngr.

Morgenblatt f. gebildete Leser. Red.: H. Hauff. (43. Jahrg.) 1849. Juli—Decbr. Nr. 157—312. gr. 4. (½ Bog.) (44 u. 45. Jahrg.) 1850 u. 1851. à 312 Nrn. gr. 4. (½ Bog.) (46. Jahrg.) 1852. 52 Nrn. gr. 4. (à 3 Bog.) Ebd. 1849: n. 4 ℳ 1850—1852: à n. 8 ℳ

Morgenblatt für gebildete Leser. Red.: Hauff. 47—52. Jahrg. 1853—58. à 52 Nrn. (à 3 Bgn.). Stuttgart, Cotta. gr. 4. Jeder Jahrg. n. 8 ℳ

Morgenblatt für gebildete Leser. Red.: Hauff. 53—58. Jahrg. 1859—64. à 52 Nrn. (à 3 Bgn.) Stuttgart, Cotta. gr. 4. Jeder Jahrg. n. 8 ℳ

Morgenblatt für gebildete Leser. Redact.: (H.) Hauff. 59. Jahrg. 865. 52 Nrn. (à 3 Bgn.) Stuttgart, Cotta'sche Buchh. gr. 4. n. 8 ₰

Morgenblatt. – Mannheimer Morgenblatt – 4.IV 1840 – 31.X.1848
Vorh. u.d.T Neues Mannheimer Abendblatt
Fortges. u.d T.: Badische Zeitung.

Morgenblatt. – Münchner Morgenblatt 1.VII.1840 – 21.(?)VI.1848.
Vorh. u.d.T.: Münchner Tagpost.

— **Oesterreichisches**, Zeitschrift für Vaterland, Natur u. Leben. 1r – 5r Jahrg. 1836 – 1840. Redakteur: Ludw Aug. Frankl. Herausg. von R. Oesterlein's Wittwe. 156 Numm. ($^{1}/_{2}$ Bog.) Mit außerordentl. Beilagen. gr. 4. Wien, Heubner. 1r – 4r Jahrg. ... 5r Jahrg. n. $7^{1}/_{3}$ ₰

— Oesterreichisches. Redakt.: Ih. Rev. Vogl. 6.–11. Jahrg. 1841 — 1846. à 156 Numm. Roy.-4. Wien, Jasper's Buchh. à n. 8 ₰

Morgenblatt, österreichisches — für Kunst, Wissenschaft, Literatur und geselliges Leben. I. Jhrg. Verantw. Red. u. Herausg. *Isidor Gaiger*. Druck u. Verl. v. *Ant. Renn.*
Erscheint in **Prag**, wöchentlich 6mal, 1 Bog. in Fol. 3-spalt. Prän.-Pr. $^{1}/_{4}$-jähr. 2 fl. 30 kr. — pr. Post 3 fl. 30 kr. Einzelne Blätter 6 kr. Inserate: In die Sonntagsbeilage für die 3-spalt. Petitzeile 2 kr. = $^{2}/_{3}$ Ngr.

Morgenblatt, österreichisches — für Kunst, Wissenschaft, Literatur und geselliges Leben. Neue Folge. Redigirt und herausgegeben von *Isidor Gaiger*. Druck bei *Katharina Gerzabek*.
Erscheint in **Prag**, jeden Sonnabend, 2 Bog. in 4°. 2-spalt. Prän.-Pr. $^{1}/_{4}$-jähr. 1 fl. — pr. Post fl. 1.18.

Morgenblatt. – Regensburger Morgenblatt – 1.I 1861 – 31.XII 1910.
Vorh u d T Bayerisches Volksblatt

Morgenblatt. – Schlesisches Morgenblatt Breslau. – 2 IV 1861 – 28.IX 1867

Morgenblatt. – Schlesisches Morgenblatt Breslau. – 2.(?)I.1880 – 1893.
Fortges u.d T Schlesische Morgenzeitung.

Morgenblatt für gebildete Stände. Stuttgart u. Tüb. 1807—1852. Red: *Haug, Joh. Chph., Carl Grüneisen, Gust. Reinbeck, Frdr. Rückert, Therese Huber, Wilh. Hauff, Gust. Schwab, Herm. Hauff.* Literaturblatt. 1809—49. Red: *Voss, Joh. Heinr., Adolph Müllner, Wolfg. Menzel.* Kunstblatt 1816—48. Red: *Schorn, Ludwig, Ernst Förster, Franz Kugler.* (AarK)

Morgenblatt für gebildete Stände. Stuttg. 1807[–65]. H (1807—16): *Haug, Joh. Chph. Frdr. & Frdr. Chph. Weisser.* MH (1808—11): *Reinbeck, Georg.* H (1816—23): *Huber, Therese, geb. Heyne.* H (1827): *Hauff, Wilhelm*, dann: *Hauff, Hermann.* MRed (poet. Theil, 1816): *Rückert, Frdr.* (1828): *Schwab, Gust. Benj.*, später: *Pfizer, Gust.* (GGr VIII, 17 f.)

Morgenblatt, f. gebildete Stände 1r bis 5r Jahrg. m. K. gr. 4. Tübing. Cotta. 807 — 11. (1r 8 Rthlr. 2r bis 5r à 8 Rthlr. 16 gr.) 4

— — das Kunstblatt besonders. à Jahrg. 3 Thlr. 8 Gr.

— — das Literaturblatt besond. à Jahrg. 3 Thlr. 8 Gr.

Morgenblatt f. gebild. Stände. 6r — 10r Jahrg. mit Kupf. gr. 4. Tübing. Cotta. 812 — 16. (jeder Jahrgang 8 Rthlr. 16 gr.)

— — f. gebildete Stände. 11r — 13r Jahrg. 1817 — 1819. gr. 4. Stuttgart, Cotta. à Jahrg. 8 Thlr. 16 Gr.

— — Jahrg. 1820 u. 1821. nebst Literatur- u. Kunstblatt. gr. 4. Ebend. à Jahrg. 11 Thlr. 8 Gr.

Morgenblatt f. gebild. Stände, Jahrgg. 1822 — 27. Nebst einem Kunst- u. Literaturblatte u. Kupf. gr. 4. Stuttg. v. Cotta. à Jahrg. 11 Rthl. 8 gr.

Morgenblatt f. gebild. Stände. 22—29. Jahrg. 1828—35. (Mit Intelligenz-Blatt u. d. Beilagen: Kunst-Blatt. Mit Kpfr. 2c. — Literatur-Blatt. Mit Ttlvign.) à 550 Nrn. ($^{1}/_{2}$ Bog.) gr. 4. Stuttgart, Cotta. à J.
Jahrg. 1828–31, ohne genannten Redakteur, J. 1832–35, hrsg. v. Hauff.
1–13. Jahrg. 1807—19. à 8 Thlr. 16 Gr. — 14–21. J. 1820—27. (Mit Kunst- u. Literaturbl.) à 11 Thlr. 8 Gr. Ebendas.
Die Beilagen apart:
Kunst-Blatt. 9—16. Jahrg. 1828—35. Redakt.: Schorn. à 3 Thlr. 8 Gr.
1–8. Jahrg. 1820–27. à 3 Thlr. 8 Gr.
Literatur-Blatt. (J. 1820—25, redig. v. Ado. Müllner, 1826—29, ungen. Redact., 1830—35 od. 1—6. J. redig. v. Wolfg. Menzel.) à 3 Thlr. 8 Gr.
Beide Beilagen ungetrennt à J. 5 Thlr. 16 Gr.

Morgenblatt f. gebild. Stände. 30—36. Jahrg. 1836—42. Redakt.: Hauff. Mit Intelligenz-Blatt u. d. Beiln.: Kunst-Blatt u. Literatur-Blatt. Mit Ttlvignn. à 550 Nrn. ($^{1}/_{2}$ Bog.) gr. 4. Stuttgart u. Tübingen, Cotta'sche Buchh. à J. *
Die Beilagen apart:
Kunst-Blatt. Redakt.: Schorn. 17—23. Jahrg. 1836—42. M. Kpfrn. à * 3 Thlr. 8 Gr.
Literatur-Blatt. Redig. v. W. Menzel. 7 — 13. Jahrg. 1836—42. à * 3 Thlr. 8 Gr.
Beide Beilagen ungetrennt à J. * 5 Thlr. 16 Gr.

Forts.unt.d.T.:Morgenblatt f.gebild. Leser.

— für den Tag des Herrn, ausgefüllt durch Arbeiten würdiger Lehrer aus d. kathol. u. protestant. Kirche, u. herausgeg. v. J. A. Jacobi. 1s Halbjahr v. Oct. 1818 bis März 1819. gr. 4. Gotha, Steudel.

— — dasselbe. Jahrg. 1819. 12 Hefte. gr. 4. Ebend.

Morgenbote, Der. Eine Zeitschrift für die österreichischen Staaten. Wien 1809. H: *Huber, Franz Xav.* (Feil)

Morgenbote, der. Blätter für Glaubensfreiheit u. Volksbildung. Redact.: K. Zittel. (1. Jahrg.) 1846. 104 Nrn. (1/2—1 Bog.) gr. 4. Freiburg, Emmerling. n. 2 ₰

Morgenbote. Blätter für Glaubensfreiheit u. Volksbildung. Red.: K. Zittel. 1847. 104 Nrn. (1/2 Bog.) Mit der Beilage: Der Sonntagmorgen. 52 Nrn. gr. 4. (1/2 Bog.) Freiburg, Emmerling. n. 2 ₰

Morgenbote, der fränkische. Zeitschrift zur Förderung der neuen Reformation. Redig. von A. Goldberg. Jahrg. 1851. 52 Nrn. (1/2 Bog.) gr. 4. Nürnberg, (Zeh'sche Buchh.) *

Morgenfeyer am Johannis-Tage. [Hamburg] o. J. 2 Bl. 8° [Kopftit.]
2 Lieder ohne Noten: 1. „Das ist der Tag des Herrn!" 2. Festlied: „Es rauscht des Festes Genius, . . ." u. Maurer-Cantate ohne Noten von F. Kuhlau: „Liebe strömt durch die Welten, . . ." 3.

Morgenfeyer am Johannis-Tage. [Hamburg] o. J. 2 Bl. 8° [Kopftit.]
Lied, komp. von K. M. v. Weber: „Segen und Heil der Wahrheit kühnem Streiter..." Maurer-Cantate, komp. von F. Kuhlau u. Schlussgesang, komp. von A. Neidhardt: „Brüder, auf!" 3.

Morgenfeier, Karl Edmunds. Mannheim 1803. V: *Peterson, Carl Chph.* (MGT)

Morgen- und Abendfeier, Louisens. Ein Erbauungsbuch für die erwachsenen Töchter ... Augsburg 1834. V: *Nebel, W. M.* (winer)

Morgengabe. Ein Geschenk für Bräute und Gattinnen. 16. Berlin, Mittler. 819. •

Morgengabe, kleine, f. fromme u. dankbare Kinder zu Familienfesten, nebst e. Anh. v. Sittensprüchen. Mit Ttlkpfr. 16. (4 B.) Berlin 829, Natorff u. Comp.

MORGENGEBET Magyarkimle (Ungarisch-Kimling) o. J. Buchdruck. u. Verbreitung guter Schriften. 48 S. - 8°

Morgen- und Abendgebet für katholische Christen ... Salzb. 1876. V: *Winner, Joseph.* (Hr)

MORGEN- UND ABEND-GEBETH samt Gesänger Zum Gebrauch der k. k. Josephinischen Militaere Fundation zu Tyrnau. Tyrnau 1777 Gedr. mit Ofnerisch kön. Univ.-Schriften. 7 f. - 8°

Morgen- und Abend-Gebet der Soldaten, auf gegenwärtige Umstände gerichtet. Zürich 1755. V: *Ziegler, Joh. Rud.* (Cat. d. Stadtbibl. Zürich. Zürich 1864—97.)

MORGEN- und Abendgebet. Täglich verrichtet in der Residenz Sr. Exc. Erzbischof Peter von Klobusiczky in Kalocsa. Pest 1823: Gedr. bei Joh. Thom. Trattner. 16 S. - 8°

MORGEN- und Abendgebeth, welches in der Residenz Seiner Bischöflichen Gnaden des Hochwürdigsten Herrn Peter von Klobusiczky, Bischofs zu Szathmár täglich verrichtet wird. Pesth 1809: Trattner. 15 (11) S. - 160 mm

MORGENGEBET AM LENZENFESTE. Ofen 1788. o. Dr. 4 S. - 4°

Morgengebetbuch. –

— Morgen- u. Abend-, wie auch vor u. nach d. Beichte u. Communion. 8. Wien 775. Trattner. 3 kr

Morgen- und Abendgebete zur gemeinsamen häuslichen Andacht mit ihren Kindern und Dienstboten für christliche Hausväter, besonders auf dem Lande. Mit Linzer'scher Ordinariats-Bewilligung. Linz, 1856. Druck von Johann Huemer's Witwe. (16 S. 8.)

Morgen-, Abend-, Beicht-, Kommunion-, Meß- und anderer Gebete zunächst für die Wallfahrter nach Maria Zell wie auch zu anderem religiösen Gebrauche. Gratz, 1856. Gedruckt bei Josef Kienreich. (215 S. 8. Mit einem Titelbild.)

Morgen-, Abend- u. and. Gebethe, zur Zeit d. herannah. Cholera-Krankheit frommen Christen gewidmet. 8. (1½ B.) Straubing 831, Schorner.

Morgen-, Abend- u. andere Gebete zur Zeit der herannahend. Cholera-Krankheit, frommen Christen gewidmet. 2e Aufl. 12. Würzburg 838. Etlinger'sche Buchh. 1/12 ₰

Morgen- u. Abendgebete

— — für christliche Haushaltungen. 8. St. Gallen, Huber u. C. 786. •
Schreibp. •

Morgen- u. Abendgebete für reifere Kinder. Allen religiösen Eltern gewidmet vom Verf. Z. 8. (37 S.) Wien 879. Gerold's Sohn in Comm. n. — 60

— Abend- u. Meßgebete, nebst lehrreich. Betrachtt. über wicht. Wahrheiten aus d. Leben u. Sterben Jesu rc., ausgewählt v. Sigm. Gr. v. Spr. (Spreti). 8. Münch. 789.

MORGEN-, Abend-, Meß- und Communion-Gebethe, mit auserlesenen Meß- und andern Kirchen-Gesängen. Ofen 1806: Typ. Gesellschaft. 12°
- Dass. Ofen 1812. Gedr. bey der Kön. ung. Universitäts-Buchdruckerey 12°
- Dass. Ofen 1831. Druck. Univ. - 12°

Morgen- und Abendgebete, denen beigefügt sind: Reise-, Beicht-, Communion-, Fest-, Kranken- und Wetter-Gebete, nebst Morgen-, Abend- und anderen Gesängen. Budapest o. J. V: *Habermann, Johann.* (Russell XII, 1, 648)

Morgen- u. Abendgebete

— auf jeden Tag in d. Woche. 8. Quedlinb. 765. Ernst. 2 gr.

— — auf alle Tage im Jahre, siehe: Hausschatz, christlicher.

—— —— auf alle Tage im Jahre, nebst Anhang auf alle Festzeiten u. wichtige Tage. 1—4. Hft. 8. (18 B. u. 4 Stahlst.) Reichenbach 840. (Leipzig, C. L. Fritzsche.) à *

— — auf alle Tage des Jahres üb. auserlesene Bibelsprüche für Freunde u. Verehrer des evangel. Christenthums mit besond. Rücksicht auf die Sonntage und christl. Festzeiten. Mit e. Vorr. v. E. C. Flatt. 12 Hefte u. Anhang, in 2 Bänden. Stuttgart, Steinkopf. 820.

— —auf alle Tage d. Jahres üb. auserles. Bibelsprüche f. Freunde u. Verehrer d. evangel. Christenthums ꝛc. Mit e. Vorred. v. E. C. Flatt. 2 Bde. Mit 1 Titelk. gr. 8. Stuttg. 821. Steinkopf. 4 ⁄

Morgen- u. Abendgebete, auf alle Tage des Jahres über auserles. Bibelsprüche ꝛc. 3r Bd.— A. u. d. T.: Heiligung d. Morgen- u. Abendstunden in auserles. Gebet-Liedern ält. u. neuerer christl. Dichter. Mit Anhang v. Liedern a. die christl. Festtage ꝛc. gr. 8. Stuttg. 826, Steinkopf.

Morgen- und Abendgebete auf alle Tage im ganzen Jahre mit beigefügten Betrachtungen . . . Nürnberg 1789. H: *Meierlein, Conr., Georg Jacob Schäblen* & *Joh. Leonh. Neusinger* (Ky)

Morgen- u. Abendgebete auf alle Tage im ganzen Jahre, mit beigefügt. Betrachtt. üb. allerlei Vorfälle u. Werke d. Natur ꝛc.; (hrsgg. v. K. Meierlein). 16 Quartal. 8. Nürnb. 789. Die Fortsetz. (v. Schabler u. Neusinger). Ebd.

Morgengebete und Abendgebether auf alle Tage der Woche. Samt einer Zugabe von einigen neuen Gebethern und Liedern. Zürich 1777. V: *Lavater, Johann Kaspar.* (schstr S. 114)

— — auf alle Tage der Woche mit Meß- und andern Andachtsübungen, für Kranke. 8. Salzburg Duyle. 821.

Morgen- u. Abendgebete in den Tagen der Woche, u. in christl. Feyertagen. 8. (Berlin, Maurersche Buchh. in Comm.) 817.

Morgen-, Abend-, Tisch- und Festgebete für Schule und Haus. 2. Aufl. Cobram 859. (Stralsund, Schmidt.) 16. (16 S.) 2 ngr.

Morgen-, Abend-, Tisch- und Festgebete für Schule und Haus. 2. Aufl. gr. 16. (16 S.) Cobram 859. (Salzkotten, Grasso's Verlags-Anstalt.) **

Morgen- und Abendgebete, Allgemeine, auf jeden Tag in der Woche. Tübingen 1787. V: *Dillenius, Friedrich Wilhelm Jonathan.* (MGT) (Ky) (Gradmann, Gel. Schwaben. 1802.)

— auf jeden Tag in d. Woche, (v. F. W. J. Dillenius). 8. Tübing. 787. (Osiander). 2 ⁄

— — auf jeden Tag der Woche. 8. Tübing. Heerbrand. 787.

— auserles., auf alle Tage im Jahre; aus d. erbaul. Schriften gesammelt. gr. 8. Nürnb. 790. Grattenauer. 2 ⁄

Morgen- u. Abendgebete, christliche, auf alle Tage der Woche nach Dr. Joh. Habermann, sammt Beicht-, Abendmahls- u. andern Gebeten. Mit Liederanhang hrsg. v. der Berliner Stadtmission. 4. Aufl. 32. (160 S.) Berlin 885. Buchh. der Berliner Stadtmission. geb. n. — 20

Morgengebete der alten Kirche des Orients für die Festzeiten. Verdeutscht von Frz. Dietrich. gr. 16. (IV und 76 S.) Leipzig 864, Vogel.

— kleine, f. fromme u. dankbare Kinder zu Familienfesten, nebst Anhang von Sittensprüchen. Mit Titelkpf. 16. Berl. 829. Natorff u. C. 9 ⁄

Morgengebete, kurze. Für den Schulgebrauch zusammengestellt. 16. (20 S.) Neubrandenburg 891. O. Nahmmacher. n. — 25

Morgen- u. Abendgebete, kurze, nebst einem Anhang von Fest- u. andern Gebeten in verschied. Verhältnissen des Lebens für christl. Familien. gr. 8. Stuttgart 840. (Belser.) n. 1/2 ⁄

Morgen- u. Abendgebete, kurze, nebst Anhang von Fest- u. andern Gebeten in verschied. Verhältnissen des Lebens für christliche Familien. Mit Vorworte von Wlh. Hofacker. 2. verm. Aufl. gr. 8. (Mit 1 Stahlstich.) Stuttgart 843, Belser. 1/2 ⁄ — 3. verm. Aufl. Mit 1 Stahlstich. gr. 8. Ebend. 844. 1/2 ⁄

Morgen- u. Abend-Gebete, kurze, auf sechszehn Wochen, nebst einem Anhang von Fest- u. andern Gebeten in verschiedenen Verhältnissen des Lebens f. christl. Familien. Mit einem Vorwort v. Wilh. Hofacker. Mit 1 Stahlst. 4. stark verm. Aufl. gr. 8. (350 S.) Stuttgart 847, Belser. — 5. Aufl. gr. 8. (350 S.) Ebd. 848. — 6. Aufl. gr. 8. (350 S.) Ebd. 851. 1/2 ⁄

Morgen- und Abend-Gebete, kurze, auf sechszehn Wochen, nebst einem Anh. von Fest- und andern Gebeten in verschiedenen Verhältnissen des Lebens für christl. Familien. Mit e. Vorw. von W. Hofacker. 7. Aufl. Stuttgart 857. Belser. gr. 8. (350 S.) 15 ngr.

Morgen- und Abend-Gebete, kurze, auf 16 Wochen, nebst einem Anh. von Fest- und andern Gebeten in verschied. Verhältnissen des Lebens für christl. Familien. Mit einem Vorworte von Wilh. Hofacker. 8. Aufl. gr. 8. (350 S.) Stuttgart 863, Belser's Verlag.

Morgen- u. Abendgebete, kurze erbauliche, auf alle Tage in d. Woche, dann Beicht-, Kommunion-, Kranken- u. and. Gebete; aus neuern u. ältern Schriften. 4., verm. Aufl. 8. (3½ B.) Kulmbach 829. (Lübeck, v. Rohden.)

Morgen-Gebete und Lieder für die Hüttenandachten. Hoyerswerda (858.) Erbe. 8. (96 S.) n. 10 ngr.

Morgen-, Mittag- und Abendgebete zu gemeinsamer Andacht mit seinen Kindern und Dienstboten für den lieben Bauersmann, auch für den braven Bürgersmann nicht unbrauchbar. Von dem Verf. des „Buer paß up!" gr. 12. (48 S.) Paderbern 850, Schöningh.

Morgen- und Abendgebete, Neu ausgearbeitete, auf jeden Tag in der Woche, zur Beförderung christlicher Gesinnungen. Memmingen 1797. V: *Wachter, Samuel von.* (Ky) (MGT)

Morgen- u. Abendgebete

— — siebenmal sieben, f. das christliche Haus. Mit e. Anh.: Tischlieder. gr. 8. (VI, 124 S.) Augsburg 886. Literar. Institut v. Dr. M. Huttler. n. 1. 20; geb. n. 2. 20

Morgengebete, z. Vorerweckung d. Andacht. ꝛc. 8. Bresl. Gehr.

Morgen- u. Abendgedanken. gr. 8. Königsberg, Hartung. 763.

— — ein. jung. Frauenz. 8. Berlin, Schmidt. (Gräff, Leipz.) 795.

— e. jungen Frauenzimmers. Mit 1 Kpf. 8. Berl. 795. Schmidt; (a. Wienbrack in Leipz.) 6 ⁄

— — auf alle Tage in d. Woche. gr. 8. Züllichau. (Frommann, Jena.) 776.

Morgen- und Abendgedanken auf alle Tage in der Woche. Züllichau 1777. V: *Crugot, Martin.* (Ky) (ML) (Roterm)

— auf alle Tage in d. Woche, (v. Mt. Crugot). gr. 8. Züllich. 777. Frommann in Jena. 3 ggr

Morgengedanken und Abendgedanken auf alle Tage der Woche . . . Frankf. u. Leipz. 1778. V: *Crugot, Martin.* (Cat. d. Stadtbibl. Zürich. Zürich 1864—97.)

Morgen- und Abendgedanken, Christliche, zur Erweckung und Beförderung eines wahrhaft christlichen Sinnes und Wandels. Regensburg 1841. H: *Sintzel, Michael.* (Russell IX, 652)

Morgen- u. Abend-Gedanken, christliche, zur Erweckung u. Beförderung eines wahrhaft christl. Sinnes u. Wandels. (Mit 1 Stahlst.) 12. Stadtamhof 841. (Regensburg, Pustet.) n. 1/6 Thlr

Morgengedanken einer Frau. Zürich 1853. 2. Aufl. Zürich 1854. V: *Stadlin, Josephine.* (Zuwachsverz. d. Bibliotheken in Zürich 1898 ff.) (Cat. d. Stadtbibl. Zürich. Zürich 1864—97.)

Morgengedanken einer Frau. 853. (342 S.) — 2. Aufl. Zürich 854. Meyer u. Zeller. 16. (328 S.) n. 1 Thlr. 5 ngr.

Morgengedanken einer Frau. 3. Aufl. Zürich 862, Meyer & Zeller. 16. (328 S.) 1 Thlr

Morgengesänge für die Schulen. 1s — 4s Bdchn. 8. Zwickau u. Leipzig 835. Gebr. Schumann. (à 1¼ ggr) 5 ggr

Morgen- und Abendgeschäfte, Tägliche, zum Besten einer vornehmen Jugend entworfen. Frankf. u. Leipzig 1764. V: *Ouvrier, Ludw. Benjamin.* (Ky) (ML) (Stri)

— u. Abend-Geschäfte, tägl., zum Besten d. Jugend. 8. Frankf. a. M. 764. Fleischer. 13 ggr

Morgengesellschaft am Theetisch, s. Geliebten, die getrennten.

Morgengespräche zweyer Freunde über die Rechte der Vernunft in Rücksicht auf Offenbahrung. Leipzig 1795. V: *Gesner, Johann Anton Wilh.* (Ky) (MGT)

Morgengespräche zweier Freunde, über Rechte d. Vernunft, in Rücksicht a. Offenbarung, (von J. A. W. Gesner). gr. 8. Leipz. 795. Griesdammer. 12 ggr

Morgengespräche, Theodor's, mit seinen Freunden . . . Halle 1792. V: *Thormeyer, Andreas Friedrich Christian.* (Ky)

Morgengrauen. (Gedichtsammlung.) Schmal in-12°. V, 102 S. Zürich, Verlag von Stern's literar. Bulletin der Schweiz. 1896. Brosch. 2 75
gebd. 3 75

Morgengruss. Ihrem Br. Wilhelm Friedrich Siegfr. Boedeker, zum 30. Juni 1855 dargebracht von den dankbaren Brüdern der Freimaurer Loge Friedrich zum weissen Pferde im O. von Hannover. (Nicht ist der Jahre lange Reihe) [Hannover 1855.] V: *Voigts, Friedrich.* (wolfstieg I, 721)

Morgengruss an Goethe zum 7. Nov. 1825 . . . Berlin 1825. V: *Riemer, Friedrich Wilhelm.* (GGr)

Bischoff, Joh. Nikol.: **Morgengruss** am Nicolaustage. Unserm allverehrten Br. Nicol. Bischoff gesungen. [Unterz.:] P. o. O. u. J. 1 Bl. 8° [Kopftit.]
Ohne Noten: „Sey uns gegrüsst du heitrer Morgen, . . ." 283.

Morgenheim, D. A., kurzer Abriß einer Geschichte des Königr. Preußen von 1228 bis jetzt. 8. Halle 803. Hendel. 4 ggr

Morgen Journal-Tageblatt: 1901. New York, NY
Daily, 1901- -April 29, 1928 as MORGEN JOURNAL. Yiddish.

Morgenklänge, eine Samml. romant. Erzählungen und Gedichte, von F. L. Würkert. 8. Leipzig, Mag. f. Ind. 821.

Morgenklänge. Erinnerungs-Blätter. Mit ausgewählten Dichtgn. 16. (12 S.) Leipzig 889. Baldamus, Sop.-Cto. cart. m. Goldschn. n. — 70

Morgenland [Sachliches OW]

Morgenland: Das Morgenland
① Altes und Neues für Freunde der hl. Schrift ⑤ Juni 1838—30. 9. 1844 ⑥ 8° ⑦ Monatsblatt ⑧ Basel: Seul & Mast ⑨ Samuel Preiswerk, Pfarrer ⑪ Samuel Preiswerk ⑭ Bs: U: Be: L (1838—1843) ⑮ Die Zeitschrift enthält Aufsätze uber Archäologie und Geschichte Palästinas und des Judentums und über die aktuelle Lage der jüdischen und christlichen Gemeinschaft im Orient. Ausführliche regelmäßige Berichte über die politische Situation im Orient («Stand der Dinge im Orient»).

—— das, Altes u. Neues f. Freunde d. heil. Schrift. 1—5. Jahrg. 1838—42. à 12 Hfte. (à 2 Bog.) Mit Karten u. Zeichnn. gr. 8. Basel, (Bahnmaier's Buchh.) à J. *
Der 1. Jahrg. beginnt mit dem Monat Juni.

Morgenland, das, Altes und Neues für Freunde der heiligen Schrift. 1e—3e Lfrg. (Mit 2 farbigen Karten.) Monat Juni u. Juli 1838. (Herausg. von S. Preiswerk.) gr. 8. Basel 838. Spittler. 12 Lfrgg. n. 1⅓ Thlr — 2r u. 3r Jahrg. 1839 u. 1840. à 12 Hfte. Mit Karten u. Zeichnn. gr. 8. Ebd. à n. 1⅓ Thlr

— das, Altes u. Neues für Freunde der heil. Schrift. 4.—6. Jahrg. 1841—1843. à 12 Hfte. (à 2 Bogen. Mit Karten u. Zeichn.) gr. 8. Basel 841—43. (Spittler u. Comp.) à n. 1⅓ Thlr

Morgenland, das. (1. Abtheil.) „Aegypten." 8. Zwickau 845, Verein z. Verbreit. guter u. wohlf. Bücher. 3 ngl

Morgenland, das, die Sinaihalbinsel u. das heilige Land (von J. G. Günnel). 2. Bdchn. Mit 1 Kärtchen. 8. (160 S.) Zwickau 847, Verein zur Verbreitung von Volksschriften. n. 4 ngl (1. Bdchn. 3 ngl)

Morgenland, das —. Ein Central-Organ für Synagoge und Schule, wie auch für Kritik, Geschichte und Literatur des Judenthums. Herausgegeben von Dr. Jakob Goldenthal. 1. Jahrgang. 1855. Nr 1—9. Wien. Druck und Verlag von L. C. Zamarski. (S. 1—72. 4.) Erscheint jeden Donnerstag.

Morgenland, das —. Ein Central-Organ für Synagoge und Schule, wie auch für Kritik, Geschichte und Literatur des Judenthums. Herausgegeben von Dr. Jakob Goldenthal. 1. Jahrgang. 1855. Nr. 10—13. Wien. Druck und Verlag von L. C. Zamarski. (S. 73—104. 4.)

Morgenland und Abendland. Bilder von der Donau, Türkei, Griechenland . . . Stuttg. u. Tübingen 1841. V: *Hailbronner, Carl von.* (M. Allg. Ztg. 12/1 1841, Hauptbl. S. 92.)

— und Abendland. Bilder von der Donau, Türkei, Griechenland, Aegypten, Palästina, Syrien, dem Mittelmeer, Spanien, Portugal u. Südfrankreich. Vom Verf. der Cartons. 3 Bde. 16. Stuttgart u. Tübingen 841, Cotta'sche Buchh. 2¼ ℛ — 2. Aufl. 2 Bde. Ebend. 845. 2¼ ℛ

Morgenland, Das alte und neue ꝛc. s. Rosenmüller.

Morgenland [Schlagwort]

Morgenland, s.: Europa. Langhans.

Morgenländer, der, in Deutschland. Schausp. in 5 Aufz. von Anton. 8. Regensb. Montag. 798.

(Morgenländer): „Forstbeschreibung von Ostpreussen, Westpreussen, Litthauen, Churmark (Schönfeld'scher District), Churmark (Krossigk'scher District), Neumark, Vorpommern, Hinterpommern, Altmark, Magdeburg, Halberstadt, Westphalen, Cleve, Ostfriesland; angefertigt im Jahre 1780 von dem königl. preussischen Geheimen Ober-Finanz-, Kriegs- und Domainen-Rath Morgenlaender", Manuscript, 12 Bände. — Vorh.: Preuß. Staatsbibl. Berlin.

Morgenländerin, Die schöne, oder Mädchentreue . . . Hamb. 1820. V: *Müller, Heinrich August.* (MGT) »Quedlinburg 1821« (Ky)

Morgenländerin, die schöne, oder Mädchentreue. Vom Verf. des Romans: Paulowna. 8. Quedlinb. Basse. 821.

Morgen-und Abendlieder, alte und neue geistliche, sammt vierstimmig gesetzten Melodien, für die häusl. Andacht christl. Familien hrsg. von Johs. Zahn. 4. (VI und 132 S.) Erlangen 853, Blaesing. *

Morgen- und Abendlieder, geistliche. s. Zahn.

Morgenlieder f. Schulen. 12. Altenb. 826, Lit.-Cpt.

[F.] Morgenlieder für Schulen. *Königsberg: Hartung 1897.* (36 S.)

Morgenlieder f. Schulen. (2. Aufl.) gr. 8. (36 S.) Königsberg 897. Hartung. Kart. n. — 40

TÄGLICHE Morgenmeinung und nothwendige Tugend-Acten zu Erlangung der Seligkeit. Fünfkirchen (1773): Engel. (2 f.) - 160 mm

Morgen- und Abendopfer. Eine Sammlung poetischer Gebete für denkende Christen. Als Fortsetzung der Morgen- und Abendopfer von Witschel. 8. (X und 294 S.) Stuttgart 850, Hofbuchdruckerei Zu-Guttenberg.

Morgen- und Abendopfer. Eine Sammlung poetischer Gebete für denkende Christen. (Von Herib. Rau.) Als Fortsetzung der Morgen- und Abendopfer von Witschel. (Neue Aufl.) Stuttgart (856.) Hofbuchdr. Zu Guttenberg. 8. (XII, 316 S.) 18 ngr.

Morgen- und Abendopfer. Eine Sammlung poet. Gebete für denkende Christen. Von dem Verf. des „Evangelium der Natur" ꝛc. Als weitere Fortsetzung der Morgen- und Abendopfer von Witschel. 2. Thl. Neueste Folge. 8. (VIII und 339 S.) Frankfurt a. M. 864, Auffarth. *

Morgen- und Abendopfer. Eine Sammlung poet. Gebete für denkende Christen. Als Fortsetzung der „Morgen- und Abendopfer" von Witschel. 3. Aufl. 8. (VIII, 293 S.) München 872, Homolatsch. [Stuttgart, Koch und Comp.] geb. mit Goldschn.

Morgen- u. Abendopfer ein. Christen in e. klein. Gebetbüchlein f. Reisende u. a. Person. 8. Stuttg. (Cotta, Tüb.) 793. *

— für evangelische Christen in auserlesenen Gebeten auf alle Tage in der Woche, wie auch auf alle Fest- u. Feiertage, für Beicht u. Kommunion ꝛc. Ausgewählt u. herausg. von einem Gläubigen in der Gemeinde Christi. 32. (306 S.) Reutlingen 849, Fleischhauer & Spohn. — 2. Abdr. 32. (IV u. 323 S.) Ebd. 850. — 3. Abdr. 32. (323 S.) Ebd. 851. 6 ngl In Engl. Einb. 9 ngl

Morgen- und Abend-Opfer für evangelische Christen in auserlesenen Gebeten auf alle Tage in der Woche, wie auch auf alle Fest- und Feiertage, für Beichte und Kommunion, für Kranke und Sterbende ꝛc. Ausgewählt und hrsg. von einem Gläubigen in der Gemeinde Christi. 5. Aufl. 1854. und 6. Aufl. 32. (319 S.) Reutlingen 856, Fleischhauer und Spohn.

Morgen- und Abend-Opfer für evangelische Christen in auserlesenen Gebeten auf alle Tage in der Woche, wie auch auf alle Fest- und Feiertage, für Beicht und Kommunion, für Kranke und Sterbende ꝛc. Ausgewählt und hrsg. von einem Gläubigen in der Gemeinde Christi. 7. Aufl. 1857. und 8. Aufl. 32. (319 S.) Reutlingen 859, Fleischhauer und Spohn. geb. 9 Ngr.; geb. mit Goldschn.

—— für evangelische Christen in auserlesenen Gebeten auf alle Tage in der Woche, wie auch auf alle Fest- und Feiertage, für Beicht und Kommunion, für Kranke und Sterbende ꝛc. Ausgewählt und hrsg. von einem Gläubigen in der Gemeinde Christi. 10. Aufl. 1864. und 11. Aufl. 32. (319 S.) Reutlingen 867, Fleischhauer und Spohn. cart. 6 Ngr.; geb. geb. mit Goldschn.

Morgen- u. Abend-Opfer für evangelische Christen in auserlesenen Gebeten auf alle Tage in der Woche, wie auch auf alle Fest- u. Feiertage, für Beicht u. Kommunion, für Kranke u. Sterbende ꝛc. Ausgewählt u. hrsg. von einem Gläubigen in der Gemeinde Christi. 12. Aufl. Reutlingen 869. Fleischhauer & Spohn. 32. (IV, 319 S.) In engl. Einb. mit Goldschn. 12 ngr.

— — für evangelische Christen in auserlesenen Gebeten auf alle Tage der Woche, wie auch auf alle Fest- u. Feiertage, für Beichte u. Kommunion, f. Kranke u. Sterbende ꝛc. Ausgewählt u. hrsg. v. e. Gläubigen in der Gemeinde Christi. 14. Aufl. 32. (319 S.) Reutlingen 874. Fleischhauer & Spohn. — 60; geb. — 90; geb. m. Goldschn. 1. 20.

Morgen- und Abend-Opfer für evangelische Christen in auserlesenen Gebeten auf alle Tage der Woche, wie auch auf alle Fest- und Feiertage, für Beicht und Kommunion, für Kranke und Sterbende rc. Ausgewählt und hrsg. von einem Gläubigen in der Gemeinde Christi. 16. (319 S.) Reutlingen 878, Fleischhauer und Spohn. cart.
geb. 90 Pf.; geb. mit Goldschn.

Morgen- u. Abend-Opfer f. evangelische Christen in auserlesenen Gebeten auf alle Wochen-, Fest- u. Feiertage, f. Beicht u. Kommunion, f. Kranke u. Sterbende rc. Ausgewählt aus den Schriften hervorrag. Gottesmänner. 16. Aufl. 32. (320 S.) Reutlingen 885. Fleischhauer & Spohn. cart. — 60; geb. in Leinw. — 90; m. Goldschn. 1. 20

Morgen- u. Abend-Opfer f. evangelische Christen in auserlesenen Gebeten auf alle Wochen-, Fest- u. Feiertage, f. Beicht u. Kommunion, f. Kranke u. Sterbende rc. Ausgewählt aus den Schriften hervorrag. Gottesmänner. 17. Aufl. 24. (320 S.) Reutlingen 890. Fleischhauer & Spohn. cart. — 60; geb. in Leinw. — 90; m. Goldschn. 1. 20

Morgen- u. Abendopfer

— neue, in Gesängen nach Witschel. 2. sehr verm. rc. Aufl. Umgearb. von P. C. W. Falke. Leipzig 855. H. Fritzsche. 16. (VIII, 290 S.) 12½ ngr.

— — neue, in Gesängen nach Witschel. Umgearb. von P. C. W. Falcke. 3. Ausg. Leipzig 869. Keßler. gr. 16. (VIII, 293 S.) n. 10 ngr.

—— neue, in Gesängen nach Witschel. Umgearb. von P. C. W. Falcke. 3. Ausg. gr. 16. (VIII, 293 S.) Leipzig 869, H. Fritzsche's Verlag. [Alfr. Krüger.] *

Morgen-Post. Eigenth. u. verantw. Red. Dr. *Leop. Landsteiner.* Druck u. Verl. v. *Friedr. Förster.*
Erscheint in **Wien**, wöchentl. 6 mal, 1 Bog. in Fol. 3-spaltig. Prän.-Pr. ¼-jähr. 2 fl. 15 kr.; pr. Post 3 fl. 15 kr. Einzelne Blätt. 2 kr.

Morgen-Post. Red. und Eigenthümer Leopold Landsteiner. Verlag und Druck Joh. Stöckholzer v. Hirschfeld. 3. Jahrg. Folio. 2spltg. Erscheint täglich excl. Montag. 1 fl. vierteljährig. 1853.

Morgen-Post. (4. Jahrgang.) Herausgeber und Redakteur Dr. Leop. Landsteiner. Druck und Verlag des Jos. Stöckholzer von Hirschfeld. Fol. 2spaltig. Täglich excl. Montag. 1 fl. und 2 fl. vierteljährig. Wien 1854.

Morgenpost. 5. Jahrgang. Eigenthümer und Redakteur: Dr. Leop. Landsteiner. Druck und Verlag von Jos. Stöckholzer v. Hirschfeld. Fol. 2- u. 3spaltig. Täglich. 1 fl. 12 kr. und 2 fl. 20 kr. vierteljährig. Wien 1855.

Morgen-Post. (VI. Jahrg.) Eigenthümer und verantw. Redakteur: Dr. Leop. Landsteiner. Druck und Verlag von Josef Stöckholzer v. Hirschfeld. Fol. 2 und 3spaltig. Erscheint täglich. Wien 1856.

Morgen-Post. (7. Jahrg.) Eigenthümer und verantw. Redakteur: Dr. Leop. Landsteiner. Druck und Verlag v. Jos. Stöckholzer von Hirschfeld. Fol. 2 und 3spaltig. Erscheint täglich in Wien. 1857.

Morgenpost. – Berliner Morgenpost. –
20.IX.1898 – 24.IV.1945.
26.IX.1952 ff.

Prager Morgenpost. **Herausgeb.** *Heinr. Mercy.* Verantw. Red. *Heinr. Schindler.* Druck der *C. Vetterl'schen* Buchdr. *(A. Renn.)*
Erscheint in **Prag**, täglich ½ Bogen in 4°. 2- u. 3-spalt. Prän.-Pr. ¼-jähr. 1 fl. 39 kr.; pr. Post 3 fl. Mit Mercy's Anzeiger.

Morgenpost. – Recklinghauser Morgenpost. –
23.VII.1907 – 6.X.1909.
Vorh. u. fortges. u.d.T.: Recklinghäuser Volkszeitung.

Morgenpost. – Stuttgarter Morgenpost. –
27.III.1904 – 30.VI.1910.

Morgenrot. –

Morgenroth f. Afrika. gr. 16. (52 S.) Basel 876. Missionsbuchh. — 30

Morgenroth für Afrika. 2. Aufl. 8. (46 S.) Basel 878. Missionsbuchh. n. — 25

Morgenroth, das erste, oder die erste Unterweisung im Christenthum. Ein Büchlein für Kinderstuben u. Kleinkinderschulen. Nach dem Engl. bearb. von H. Rogge. Düsselthal 868. Rettungs-Anstalt. 16. (3 Bl., 211 S.) 7½ ngr.

Morgenroth, das erste, oder die erste Unterweisung im Christenthum. Ein Büchlein für Kinderstuben und Kleinkinderschulen. 2. Aufl. 16. (214 S.) Düsselthal 868. (Barmen, Buchh. der evangel. Gesellschaft.) *

— das erste, oder die erste Unterweisung im Christenthum. Ein Büchlein für Kinderstuben u. Kleinkinderschulen. 2. Aufl. Düsselthal 1868. (Barmen, Klein.) 16. (214 S.) n. 15 ngr.

Morgenroth, das, über dem Grabe eines Unglücklichen, oder Joh. Heinr. Waser, weil. Pfarrer zum Kreuz in Riesbach, vor dem Blutrathe in Zürich, enthauptet am 27. Mai 1780. 8. (135 S.) St. Gallen 865, Altwegg-Weber.

Morgenrot in Indien. Nr. 1—8. Kleine Missionsschriften, hrsg. vom Missionshause in Breklum. 8. Breklum (Christl. Buchh.). à n.n. — 10
Ahrens, Thdr., wie Heiden darnach ringen, selig zu werden. 2. u. 3. Tauf. (16 S. m. Abbildgn.) 903. (Nr. 7.)
Dittmer, Th., die Kaste, das stärkste Bollwerk des Heidentums in Indien. (20 S. m. Abbildgn.) 903. (Nr. 6.)
Frieling, v., 16 Jahre in Indien. (24 S. m. Abbildgn.) 903. (Nr. 8.)
Gloyer, E., in Gefahr unter wilden Tieren im Urwald v. Jeypur. (24 S. m. Abbildgn.) 903. (Nr. 5.)
Pohl, E., Jesus nimmt die Sünder an. (Paul Chinnayah in Salur.) 3. Aufl. (4. u. 5. Tauf.) (20 S. m. Abb.) 903. (Nr. 2.)
Schulze, Paul, Schiwaya, der kleine Waisenknabe in Salur. 3. Aufl. (24 S.) 902. (Nr. 3.)
Timm, Jobs., einfache Geschichte e. einfachen Mannes aus unserer Mission, der Heide war und Christ wurde. 2. Aufl. (24 S. m. Abbildgn.) 902. (Nr. 1.)
— Gonga u. Cartima od. Das Evangelium — e. Kraft Gottes. 2. Aufl. (32 S.) 901. (Nr. 4.)

Morgenrot in Indien. Breklum. 8°
Nr. 9: Die Aussätzigen im Jeypur-Lande oder „Jesu, lieber Meister, erbarme Dich unser!" Von W(ilhelm) Ahrens. 1904. (16 S.)

Im **Morgenrot der Reformation.** In Verbind. mit ... hrsg. von Julius v. **Pflugk-Harttung.** Mit zahlr. Textill. u. vielen Taf. (In 22 Lfgen.) Hersfeld: Zulauf; (Stuttgart: F. Lehmann) 19(09–)12. XII, 729 S. 4°
A 12. 7404

Morgenröte. –

Morgenröthe, s.: Hajnalpir.

Morgenröthe, die, herausgeg. von A. Gebauer. s.a. Gebauer, A.

Die *Morgenröthe*. Hrsg. v. August Gebauer.
Elberfeld: Buschler
(Bd. 1. 1819.)

Morgenröthe, die. Mit Beitrr. von L. Brachmann, Ehrenberg, Fouqué u. A. hrsgg. v. A. Gebauer. 1r u. 2r Bd. Mit Kpf. 8. Elberf. 819, 20. Schönian. 3 ₰ 4 gr. Ohne Kpf. 2 ₰

Morgenröthe, die, protestant. Kirchenblatt aus der bayer. Pfalz. Herausgeg. von Fr. Th. Frantz. Jahrg. 1846. 12 Hfte. ... Landau 846. (Kaußler.) n. 1 1/6 ₰
Vgl. Kirchenblatt, Protest.

Morgenröthe, die, protestant. Kirchenblatt für denkende Leser aller Klassen. Hrsg. von Fr. Th. Frantz. (2 u. 3. Jahrg.) 1847 u. 1848. à 12 Hfte. gr. 8. (564 u. 472 S.) Landau, Kaußler in Comm. à Jahrg. n. 1 1/6 ₰

Die Morgenröthe : 1853
Weekly. Organ of Freie Gemeinde. A second attempt to launch a liberal religious paper. It failed. Edited & published by the Rev. G. Scheibel.
Buffalo, NY

Morgenröthe, die. Ein christliches Sonntags-Blatt für Stadt und Land. Zur Belehrung und Erbauung. Redig. von H. Geyer. Jahrg. 1861. 52 Nrn. (Bog.) 4. Berlin, Jansen. **

Morgenröthe, die. Ein christl. Sonntagsblatt für Stadt und Land. Zur Belehrung und Erbauung. Redact.: H. Geyer. Jahrg. 1862 und 1863. à Jahrg. 52 Nrn. (Bog.) 4. Berlin, Jansen. à Jahrg.

Morgenröthe, die. Blatt zur Erbauung und Belehrung im Geiste ächter Religion von Chr. Elsner. 5.—8. Jahrg. 1868—1871. à Jahrg. 52 Nrn. (à 1/2 Bog.) gr. 4. Nürnberg, (Zeh'sche Buchh.) à Jahrg. **

—— dass. — 9.—11. Jahrg. 1872—1874. à Jahrg. 52 Nrn. (à 1/2 Bog.) hoch 4. Zittau, (Oliva.) à Jahrg. *

Morgenröthe, die. Blatt zur Erbauung und Belehrung im Geiste ächter Religion von Chr. Elsner. 12.—14. Jahrg. 1875—1877. à Jahrg. 52 Nrn. (à 1/2 Bog.) hoch 4. Zittau, (Oliva's Sortimentsb.) à Jahrg. *

—— erster Religionsunterricht für Kinder. Von der Verf. des „Licht in den Wohnungen". Aus dem Engl. von A. Steen. Bevorwortet von H. A. Hesse. 16. (XIII, 182 S. mit eingedr. Holzschn. und 1 Holzschntaf.) Bremen 872. (Barmen, Klein.) cart. *

Morgenröthe, erster Religionsunterricht f. Kinder. Von der Verf. v. „Licht in den Wohngn" rc. Frei nach dem Engl. v. A. Steen. Bevorwortet v. H. A. Hesse. 2. Aufl. 8. (VIII, 135 S. m. eingedr. Holzschn. u. e. Holzschntaf.) Barmen 875. Wiemann. n. 1. 20

—— **die.** Deutschkatholisches [freireligiöses] und freiprotestant. Sonntagsblatt. Hrsgbr.: Karl Voigt. Jahrg. 1878 und 1879. à Jahrg. 52 Nrn. (Bog.) gr. 4. Offenbach a. M. (Zittau, Oliva's Sortimentsb.) à Jahrg. *

Morgenröte, die. Deutsch-katholisches [freireligiöses] und freiprotestant. Sonntagsblatt. Hrsgbr.: Karl Voigt. 3. Jahrg. 1880. 52 Nrn. (à Nr. 1/2—1 Bog.) gr. 4. Offenbach a. M. (Wiesbaden, Limbarth.)
Forts.s.:Morgenröte, Die, der Reformation des 19.Jahrh.

Morgenröthe, die. Sozialdemokratisches wissenschaftlich-polit. Journal. Hrsg. unt. Mitwirkg. v. C. Plechanow, Wera Sassulitsch u. P. Axelrod. (In russ. Sprache.) Jahrg. 1901. 4 Bde. gr. 8. (à ca. 288 S.) Stuttgart, J. H. W. Dietz Nachf. à Bd. n. 4.—

Morgenröte, die. Eine zwanglose Folge v. Einzelschriften üb. Lebensfragen des Lehrerstandes. Hrsg. von Baron Cay v. Brockdorff, Gust. Hecke u. Hugo Egotinus. I. Bd. 1.—5. Heft. gr. 8. Osterwieck, A. W. Zickfeldt. 3. 30
Brockdorff, Baron Cay v., die Kunst des Verstehens. (VI, 64 S.) 908. (Heft 1.) — 60
— Das Wesen der Religion. (VIII, 36 S.) 910. (Heft 5.) — 50
Meyer, Otto, die Lehrerbildung. (VII, 69 S.) 909. (Heft 3.) — 80
Runze, Geo., der Religionsunterricht e. Gewissensfrage. Schule u. Universität. (60 S.) 906. (Heft 2.) — 60
Schneider, Matthias, Begriff u. Methode der Taubstummenbildung. Eine Antwort auf die Frage: Ist das die heut. Taubstummen-Unterrichtsmethode beherrsch. Prinzip der sogenannten „unmittelbaren Lautsprachassoziation" psychologisch zu begründen? (VII, 68 S.) 909. (Heft 4.) — 80

Morgenröthe der dunklen Frage: was von heut zu Tag ... einschleichenden eintzeln Zusammenkünfften zu halten sey. Altdorff 1702. V: *Räthel, Wolfgang Christoph.* (BGE V[2], 171)

Morgenröthe der dunkeln Frage: was von heut zu Tag ... einschleichenden einzeln Zusammenkünften zu halten sey ... Neustadt 1702. V: *Räthel, Wolfgang Chph.* (Adel) (Wr) (Fiker)

Morgenröthe der verschönerten Gattenliebe, (v. G. Wastel). 8. Prag 820. Hartmann. 18 gr.

Morgenröte, Die Härrisburger,
s. Morgenröte-Zeitung, Unpartheyische Härrisb.

Morgenröthe: Die Morgenröthe des XX. Jahrhunderts
① Propagandist für die Humanität und Reformen im socialen Leben ⑤ 1885 (ohne Angabe des Datums: »nur noch 15 Jahre und wir sind im XX. Jahrhundert«) ⑥ 2° ⑧ Bern: E. W. Krebs ⑪ William Allmend ⑫ politisch neutral ⑭ Be: L ⑮ Das Blatt erstrebt einen »sozialen Vertrag«, der die Produktion ordnet und auf republikanisch demokratischer Basis die Arbeit gerecht verteilt. Ohne bestimmte Parteizugehörigkeit.

—— und Nacht in Italien. Eine Erzählung aus dem Reformationszeitalter. 8. (VI und 224 S.) Berlin 867, (W. Schultze.) cart. *

— oesterreichische. Festschrift aus Anlaß der ersten Wahlen nach dem gleichen Wahlrecht. (Red.: Vikt. Stein.) (8 S. m. 2 Bildnistaf. u. farb. Titelbild.) 35,5×27,5 cm. Wien (907). Wiener Volksbuchh. — 20

—— die, der Reformation des 19. Jahrh. Sonntagsblatt für Freunde der religiösen Reform. Hrsgbr.: Karl Voigt. 4. Jahrg. 1881. 52 Nrn. (à Nr. 1/2—1 Bog.) gr. 4. (Ebendas.) *
—— dass. — Beiträge zur religiösen Reform. Hrsgbr.: Karl Voigt. 5.—7. Jahrg. 1882—1884. à Jahrg. 24 Nrn. (Bog.) gr. 8. (Ebendas.) à Jahrg. *
Jg.1-3 s.:Morgenröte, Die.

Morgenröte, die, der Reformation des 19. Jahrh. Beiträge zur religiösen Reform. Hrsgbr.: Karl Voigt. 8. und 9. Jahrg. 1885 und 1886. à Jahrg. 24 Nrn. (Bog.) gr. 8. Offenbach a. M. (Wiesbaden, Limbarth.) à Jahrg. *
— — dass. — 10. und 11. Jahrg. 1887 und 1888. à Jahrg. 52 Nrn. (à Nr. 1/2—1 Bog.) gr. 8. (Ebendas.) à Jahrg. *

Morgenröte, die, der Reformation d. 19. Jahrh. Blätter f. religiöse Reform u. Humanität. Hrsg. v. Karl Voigt. 12.—15. Jahrg. 1889—1892. à Jahrg. 24 Nrn. (à Nr. 1/2—1 Bog.) gr. 8. Offenb. a. M. (Wiesb., Limbarth.) à Jahrg. * 5 —

Morgenröte, die, der Reformation des 20. Jahrh. Blätter f. religiöse Reform u. Humanität. Hrsg.: Karl Voigt. 14.—17. Jahrg. 1891—1894. à 24 Nrn. (à 1/2—1 Bog.) gr. 8. Offenbach a/M. (Wiesbaden, Ch. Limbarth.) à Jahrg. n. 5. —

Morgenröte, die, d. Reformation d. 20. Jahrh. Blätter f. religiöse Reform u. Humanität. Hrsg.: Karl Voigt. 18. u. 19. Jahrg. 1895—1896. à 24 Nrn. (Bog.) gr. 8. Offenbach a/M. (Wiesbaden, Ch. Limbarth's Verlag.) à Jahrg. n. 6. —

— dasselbe. 20. u. 21. Jahrg. 1897—1889. à 24 Nrn. (Bog.) gr. 8. Ebd. à Jahrg. n. 6. —

Morgenröthe eines besseren Tages, für Deutschlands Schullehrer. Bremen 1803. V: *Lange, Johann.* (Ky)

Morgenröthe e. bessern Tages, f. Deutschlands Schullehrer. 8. Brem. 803. Seyffert. 14 gr

—— die, des jüngsten Tages. Ein offener Brief an den Hauptpastor Dr. Alt über den sogen. „protestantischen Verein". Von Philalethes. gr. 8. (23 S.) Altona 868, Verlags-Bureau.

— d. Weisheit. 8. Frankf. a. M. 762. Fleischer. 4 gr

—— die, der Weisheit und der Baum des Lebens; das ist: Grund und Schlüssel zum wahrhaftigen Erkennen Gottes, des Menschen, der ganzen Welt, und Offenbarung des Geheimnisses der dreieinigen Weisheit. Getreu nach der Ausg. von 1762. gr. 16. (128 S.) Stuttgart 862, Scheible.

—— einer besseren Zukunft. Ein Volksblatt zur Unterhaltung und Erhebung des Geistes und Herzens. Redig. von Ludw. Donath. Jahrg. 1848. 12 Hefte. (à 2 Bog. und 3 Stnt.) 4. Neusalza, Donath. (Altenburg, Helbig.) *

—— einer bessern Zukunft für ganz Deutschland oder Antwort auf das offene Sendschreiben an Se. Excellenz den Hochwürdigsten Herrn Erzbischof von München-Freysing. gr. 8. (46 S.) München 867, Lentner'sche Buchh.

Unpartheyische Härrisburg Morgenröthe Zeitung : no. 1- 2220, Mar. 12, 1799- Nov. 5, 1840.

Democratic weekly. Title varies: 1) UNPARTHEYISCHE HÄRRISBURG MORGENRÖTHE ZEITUNG, Mar. 12, 1799 - Aug. 4, 1800; 2) DIE HÄRRISBURGER MORGENRÖTHE ZEITUNG, Aug. 11, 1800; 3) DIE HARRISBURGER MORGENRÖTHE, Aug. 18, 1800--1826? ["Die" often and irregularly omitted]; 4) HARRISBURGER MORGENRÖTHE UND DAUPHIN UND CUMBERLAND CAUNTIES ANZEIGER, 1827—40? Subscription held by Harmony Society, 1826 - 28. Edited & published by Benjamin Mayer & Conrad Fahnestock, Mar. 12--Aug. 5, 1799; by Benjamin Mayer, Aug. 13, 1799--Apr. 13, 1811; by Christian Gleim & Johann Wiestling, Apr. 20, 1811—Dec. 1812; by Johann S. Wiestling, Jan. 5, 1813 -1826; by William Boyer & Jacob Baab, Jan.—Nov. 3, 1827; by Jacob Baab, Nov. 10, 1827—?; by Jacob Baab & Ritter, by Jacob Baab & Friedrich Hummel, ?--1839, by Friedrich Hummel, 1840.
Harrisburg, PA

Morgenroth [Sachliches OW], s. Morgenrot.

Morgenroth [Schlagwort]

Morgenroth, s.: Bergbau. Spezialkarte.

Morgenroth [Verfasser]

Morgenroth, A. Geognostische Karten der Forstinspectionen Lautenthal, Herzberg, Zellerfeld, Lauterberg und Elbingerode in 16 Blättern; sowie 5 uncolorirte Blätter. Clausthal. 1834.

Morgenroth, Ed., die fossilen Pflanzenreste im Diluvium der Umgebung v. Kamenz in Sachsen. Mit (1 lith.) Taf. gr. 8. (50 S.) Halle 883. Tausch & Grosse. n. 2. —

Morgenroth, Eduard, die Stammformen der französ. Verben. (31 S.) gr. 8. Berlin 910. Weidmann. — 60

Morgenroth, Eduard: Die französischen Verben im Schulunterricht. Berlin: Weidmann 1908. 45 S. 8°
Berlin, Humboldt-G OP 1908 (68)

Morgenroth, Emil: Sein schwerster Gang! Nach d. Tagebuch d. invaliden Unteroffiziers Emil Morgenroth v. 3. Thür. Inf.-Regt Nr. 71. Mit Ill. von Hugo Enders. Zur Erinnerung an d. große Zeit von 1870-71. (Zur 30jähr. Erinnerung.) Hrsg. von Emil Morgenroth, Gehren. Leipzig 1900: Hallberg & Büchting. 263 S. 8°

Sein schwerster Gang! Nach d. Tagebuch d. invaliden Unteroffiziers Emil **Morgenroth** v. 3. Thür. Inf.-Rgt Nr 71. Zur Erinnerung an d. große Zeit von 1870–71. 4. (auf d. Umschl.: 5.) Aufl. Leipzig 1902 (1906): Hallberg & Büchting. 263 S. 8° A 12. 2044 3

Morgenroth, Er. Chr. Fr., s. 1) Erzähll. des Interessantesten u. Nützl. aus d. Gesch. d. Deutschen. 2) Erzähll. aus d. Welt- u. Menschengeschichte. 3) Vorbereitungsbuch, erstes, d. latein. Sprache.

Geschichte des Westfälischen Dragoner-Regiments Nr 7 von seiner Formierung im J. 1800–1910. Unter Benutzung d. bis 1885 reichenden Alten Regimentsgeschichte des Lt. Böhm zsgest. von [Ernst] **Morgenroth**, Oberlt. [Mannschafts-Ausg.] Mit zahlr. Abb. sowie Ill. von Ernst Zimmer u. 3 Kt. Berlin: Stilke 1910. 156 S. 4°(8°)

Morgenroth, Geschichte des westfälischen Dragoner-Regiments Nr. 7 von seiner Formierung im J. 1860—1910. Unter Benutzg. der bis 1885 reich. alten Regimentsgeschichte v. Böhm zusammengestellt. Mit zahlr. Abbild. sowie Illustr. v. Ernst Zimmer u. 3 Karten. (XII, 156 S. m. 16 [1 farb.] Taf. u. 1 eingedr. Kartenskizze.) Lex. 8. Berlin 910. G. Stilke. Geb. in Halbleinw. 4.—; Offiziersausg. (m. 21 Taf.), geb. in Leinw. 7. 50

Morgenroth, *Ernst August Richard* [Referendar]: Der Umfang der Abgabenfreiheit der diplomatischen Funktionäre nach deutschem Reichsrecht ... Greifswald, Druck v. J. Abel, 1896; 37 S. 8.
Greifswald, Jur. Fak., Inaug.-Diss. v. 1896

Morgenroth, Friedrich *Emil Albert* [aus Stettin]: Angiosarcoma uteri ... Greifswald, Buchdr. C. Sell, 1896; 37 S. 8.
Greifswald, Med. Fak., Inaug.-Diss. v. 29 Febr. 1896

Morgenroth, *Johann* Friedrich [aus Elberfeld]: Ueber habituelle Schlaflosigkeit ... Berlin, Buchdr. v. G. Schade, *1892*; 28 S., 2 Bl. 8.
Berlin, Med. Fak., Inaug.-Diss. v. 6. Aug. 1892

Morgenroth, G., Licht u. Trost f. den Christen angesichts der verheerenden Naturereignisse. Predigt, geh. am 7. III. 1909. (15 S.) kl. 8. Stuttgart 909. J. F. Steinkopf. — 20

Morgenroth, G., Unterrichtswesen u. staatliche Prüfungen in China. Ein erweiterter Vortrag, geh. in Straßburg u. Mülhausen. 8. (32 S.) Berlin 889. Buchhandlg. der Deutschen Lehrer-Zeitung. n. — 20

Morgenroth, H., kleine Chorgesangschule für die Hand der Schüler in Gymnasien, höheren Töchter- und Bürgerschulen. gr. 8. (24 S.) Leipzig 888, Gebr. Hug. *

Morgenroth, Heinr., Adreß-Handbuch für den Regenkreis des Königreichs Bayern. gr. 8. Regensburg (u. Landshut) 836. Manz. n. 7/12 ℔

—— über d. Industrie u. Kultur im Regenkreise u. d. Mittel z. Verbesserung d. Landwirthschaft u. Gewerbe in Bayern. gr. 8. (7½ B.) Regensburg 836, Manz. *

Morgenroth, H., über Verbesserr. in dem Anbau, der Zubereitung u. Bearbeitung des Flachses u. der Linnenfabrikation. gr. 8. Münch. 830. Finsterlin. 4 ℊ

— über Verbesserungen in dem Anbau, der Zubereitung u. Verarbeitung des Flachses und der Linnenfabrikation. 2e verm. u. verb. Aufl. (Mit 1 Steintaf.) gr. 8. Bayreuth 834. (Grau. München, Finsterlin.) 1/4 ℔

[F.] **Morgenroth,** *Hermann:* Die Anfänge der heutigen Chemie. *Quakenbrück, Druck v. H. Buddenberg, 1894;* 3—17 S. 4.
Quakenbrück, RG, OP 1894 (330)

Morgenroth, [Hermann], Prof.: Ergebnisse fünfundzwanzigjähriger Witterungsbeobachtungen in Quakenbrück. (26 S. o. O. u. J.) 4°
Quakenbrück, RG OP 1906 (403)

Morgenroth, Herm. Die verbreitetsten efsbaren und giftigen Pilze unserer Gegend. 22 S. Progr. *Quakenbrück* 1882.

Morgenroth, Hugo: Quellenstudien zu William Davenants Albovine. Borna-Leipzig 1911: Noske. VIII, 29 S. 8°
München, Phil. Diss. v. 29. Juli 1910, Ref. Schick
[Geb. 1. Dez. 77 Odessa; Wohnort: München; Staatsangeh.: Bayern; Vorbildung: Maximilians-Gymn. München Reife Juli 98; Studium: München 10 S.; Rig. 29. Juli 10.] [U 11. 3822

Morgenroth, J., u. L. Halberstaedter, über die Beeinflussg. d. experimentellen Trypanosomeninfection durch Chinin. (Aus der bakteriolog. Abtlg. d. patholog. Instituts Berlin. Vorgelegt v. Orth.) (S. 732—748.) Lex. 8. Berlin 910. G. Reimer. 1.—
Sonderabdr. a.: „Sitzungsber. d. preuss. Akad. d. Wiss."

Morgenroth, Johann Friedrich

Morgenroth, J. Fr., Peter Graf v. Provence, od. der Ritter mit d. silbernen Schlüssen ꝛc. 8. Leipz. 828. Sühring. 12 ℊ

Morgenroth, Joh. Friedr., Peter Graf v. Provence, od. der Ritter mit d. silbernen Schlüsseln. Ein histor. Gemälde a. d. 6. Jahrh. 8. (8 B.) Leipzig 829, [Klinkhardt.]

Morgenroth, Johann Georg (Merseburg), De exceptione spolii ejusdemque in foro Saxonico usu. Examen sententiarum receptarum. Präs. Mich. Heinrich Gribner. Wittenberg (Gerdes) 22. III. 1717. 26 S. (5.—) 23666

MORGENROTH, Julius (Bamberg): Über einen Fall von Purpura haemorrhagica.- München: Knorr & Hirth 1896. 24 S.
28.2.1896 - Chr 1895/96,9; Jv 1895/96,226
Diss. Ingolst.-Landsh.-Mchn.

Morgenroth, Martin, Rechtspraktikant a. Bamberg: Der Herausgabeanspruch des Eigentümers gegen den Untermieter im Bürgerlichen Gesetzbuch. Borna-Leipzig 1906: R. Noske. (IX, 50 S.) 8°
Erlangen, Jur. Fak., Ref. Siber, Diss. v. 27. Febr. 1906
[Geb. 23. Mai 80 Bamberg; Wohnort: München; Staatsangeh.: Bayern; Vorbildung: Neues Gymn. Bamberg Reife Juli 99; Studium: München 4, Berlin 2, Erlangen 2 S.; Rig. 26. Jan. 06.]

Morgenroth, Max., de condicionalium sententiarum apud Tacitum formatione. Dissertatio inauguralis. gr. 8. (18 S.) Salzungen 868, (Scheermesser.) *

Morgenroth, Max E., Rechtspraktikant aus Bamberg: Der Anspruch des Besitzers wegen Verwendungen. *Bamberg 1904: M. R. Schulz.* (120 S.) 8°
Erlangen, Jur. Diss. v. 2. Febr. 1904

Morgenroth, Mor., aus wachen Stunden. Gedichte. (IV, 140 S.) 8. Dresden (907). E. Pierson. 2.—; geb. n 3. —

Morgenroth, Willi: Die billigen Auslandsverkäufe der Kartelle. Altenburg 1907: Pierer. (50 S.) 8° ¶(Erscheint vollst. u. d. T.: „Die Exportpolitik der Kartelle" Leipzig: Duncker & Humblot.)
Heidelberg, Phil. Fak., Ref. Gothein, Diss. v. 24. Mai 1907
[Geb. 27. Jan. 77 Winnenhof bei Fulda; Wohnort: Cöln a. Rh.; Staatsangeh.: Preußen; Vorbildung: Realgymn. Weimar Reife O. 96; Studium: Jena 3, Berlin 3 S.; Rig. 6. Febr. 07.]

Die Exportpolitik der Kartelle. Untersuchungen über d. handelspolit. Bedeutung d. Kartellwesens. Von Dr. Willi **Morgenroth**, Köln. Leipzig: Duncker & Humblot 1907. (VIII, 119 S.) 8° [07. 9497

Morgenroth, W., Das Wirtschaftsgebiet der rheinisch-westfälischen Großindustrie. Köln, 1903. 51 S.

Morgenröthe, s. Morgenröte. —

Morgenschimmer, der erste, oder: Kurze und leichtfaßl. Erzählungen der heil. Schrift für kleine Kinder. Aus dem Engl. übers. Hrsg. von der amerikan. Tractat-Gesellschaft. 8. (184 S. und 1 Holzschn.) Philadelphia 851, [Schäfer und Koradi.] *

Morgen- u. Abendsegen. Ein Gebetbüchlein für gute Kinder (von Frdr. Graf). 32. (XII u. 99 S.) Aarau 852, Christen in Comm. n. 4 ℊ

— für das christliche Haus. Herausg. u. verlegt vom Haupt-Verein für christl. Erbauungsschriften in den Preuß. Staaten. Berlin 858. (Evangelische Buchhdlg.) 24. (110 S.) n. 3 ngr.

Morgen- und Abendsegen für das christliche Haus. Hrsg von dem Hauptverein für christliche Erbauungsschriften in den preuß. Staaten. 4. Aufl. 1859. und 5. Aufl. 24. (118 S.) Berlin 860, (Beck.)

Morgen- und Abendsegen für das christliche Haus. 7.—9. Aufl. 16. (118 S.) Berlin 864—67, (Beck.)

Morgen- u. Abendsegen für das christliche Haus. 8. u. 9. Aufl. Berlin 865—67. (Beck.) 16. (118 S.) 3 ngr.

Morgen- u. Abendsegen f. das christliche Haus. 14. Aufl. 8. (118 S.) Berlin 886. Hauptverein f. christl. Erbauungsschriften. — 37

—— für das christliche Haus nach dem Kirchenjahre. Hrsg. von dem Haupt-Verein für christliche Erbauungsschriften in den preuß. Staaten. 12. (840 S.) Berlin 860, (Beck.) geb. ** .

—— dass. — Nach dem Kirchenjahre. 1.—3. Aufl. 16. (840 S.) Ebendas. 865. geb. ** —

Morgen- u. Abendsegen f. das christliche Haus nach dem Kirchenjahre. 5. Aufl. 16. (VI, 840 S.) Berlin 873. (Beck.) geb. n. 2. 40

Morgen- und Abendsegen für das christliche Haus nach dem Kirchenjahre. 6. Aufl. 16. (840 S.) Berlin 880, Hauptverein für christliche Erbauungsschriften. geb. **

Morgen- u. Abendsegen f. das christliche Haus nach dem Kirchenjahre. 8. Aufl. gr. 16. (848 S.) Berlin 893. Hauptverein f. christl. Erbauungsschriften. Geb. n. 1. 80; n. 2. —; n. 2. 40 u. n. 3. 40

Morgen- und Abendsegen für das christliche Haus. Nach d. Kirchenjahre f. alle Tage d. Jahres. 9. Aufl. *Berlin: Hauptver. f. christl. Erbauungsschriften [1902].* (848 S.) 8° [F.]

Morgen- u. Abendsegen f. das christliche Haus. Nach dem Kirchenjahre f. alle Tage des Jahres. 9. Aufl. (848 S.) gr. 16. Berlin (904). Hauptverein f. christl. Erbauungsschriften. Geb. in Leinw. n. 2. —; in Ldr. 2. 40; m. Goldschn. 3. 40

Morgen- und Abendsegen auf alle Tage des Jahres. Mit Rücksicht auf die Sonntage, Festzeiten und besondere Fälle des Lebens hrsg. von Ed. Teichmann. 1. Aufl. (VII und 836 S.) 1853. und 2., verm. Aufl. Lex.-8. (VII und 856 S. mit 1 Stahlst.) Stuttgart 855, Scheitlin's Verlag.

— auf alle Tage des Jahres. Mit Rücksicht auf die Sonntage, Festzeiten und besondere Fälle des Lebens herausg. von Ed. Teichmann. 854. (VII, 836 S.) — 2., verm. Aufl. Mit 1 Stahlst. Stuttgart 855. Scheitlin's Verlag. Lex.-8. (VII, 856 S.) 1 ₰. 18 ngr.

Morgen- u. Abendsegen, des Christen, auf alle Tage der Woche, nebst dazu gehörigen u. andern Gebeten. Aus der Mitgabe für das ganze Leben: „Täglicher Wandel des Christen," besonders abgedruckt zu allgemeinem Gebrauche. 16. Nördlingen 844, Beck'sche Buchh. 3½ ngr

Morgen- und Abendsegen, Des Christen, auf alle Tage in der Woche nebst den dazu gehörigen und andern Gebeten . . . 2. Aufl. Nördlingen 1847. V. *Göring, Chn Carl Ernst.* (Ky)

Morgen- und Abendsegen, des Christen, auf alle Tage in der Woche nebst den dazu gehörigen und andern Gebeten. Aus „Täglicher Wandel des Christen" (von Chr. K. F. Göring) abgedr. 2., verm. Aufl. 16. (174 S.) Nördlingen 847, Beck'sche Buchh. *

Morgen- und Abendsegen, des Christen, auf alle Tage in der Woche, nebst dazu gehörigen und anderen Gebeten. Aus der Mitgabe für das ganze Leben: „Täglicher Wandel des Christen" abgedr. zu allgem. Gebrauche. (Von Chr. Göring.) 3. Aufl. 854. (XVI, 231 S.) n. 5 ngr — 4., viel verm. Aufl. Nördlingen 858. Beck. 16. (XXXVI, 307 S.) n. 7½ ngr.

— des Christen, auf alle Tage in der Woche, nebst dazu gehörigen und anderen Gebeten. Aus der Mitgabe für das ganze Leben: „Täglicher Wandel des Christen" abgedruckt zu allgemeinem Gebrauche. 5. vielfach verm. Aufl. Nördlingen 862. Beck. 16. (XLII, 351 S.) n. 6 ngr.

Morgen- und Abendsegen, Christlicher. Andachten und Gebete frommer Christen auf alle Tage im Jahr . . . Dresden [1854]. V: *Kauffer, Eduard.* (zu)

— — christlicher. Andachten und Gebete frommer Christen auf alle Tage im Jahr und die Festtage insbesondere. 1—17. Lfg. 4. (VII und 262 S.) Dresden 855, Breyer. à Lfg. 2 Ngr.

— — **christlicher. Andachten und Gebete frommer Christen auf alle Tage im Jahr und die Festtage insbesondere. Dresden (856.) Breyer. 4. (VII, 262 S.) 1 ₰. 4 ngr.**

Die Morgensonne, Organ für Wahrheit und Dichtung (Der Morgenturner [Altherrenriege] der Hamburger Turnerschaft von 1816), hrsg. v. W. Heyden, m. Abb., Hamburg 1893—1896, 2°.

MORGENSPATZIERGANGE. (14 Erzählungen nach d. Französ. des *Jean-François Marmontel* von Georg Christian Römer.) Gang 1. 2. (= 2 Thle.). Mannheim, im neuen Kunstverlage, 1795—96. 8°.

Morgenspaziergänge. 2 Thle. 8. Manh. 795, 96. Kaufmann. (a 12 ggr) 1 ₰ Fortsetz., s. E. Waldbaums Feierstunden.

Morgenspaziergänge u. Erzählungen; nach Marmontel, (v. Geo. Chr. Römer). 1r u. 2r Gang. 8. Leipz. 796. Hinrichs. 1 ₰

Morgenstern [Sachliches OW]

Morgenstern, der, s. Landtagsblatt, Dresdner polit. Zeitschrift.

Der Morgenstern: Aug. 11, 1835—1889?

Weekly. Established as an anti-Masonic, anti-Democratic paper, became strongly Republican, supported Hayes. Title varies: Bucks County Bauer, 1835—42. 2) Der Morgenstern und Bucks und Montgomery Caunties Berichter, 1843—76. Circulation: 1870, 800 (est.), 1885, 1984, 1890, 2180. Whig. Edited & published by Joseph Young [June], [with his brother, John Young, 1841—42], 1835—48; by Moritz Loeb 1848—84; by Bauman & Daubert, 1884—8?
Doylestown, PA

Morgenstern, der, ein christl. Sonntagsblatt für Alle, die den Herrn suchen. Herausg. von Pf. A. C. Lämmert. 1r u. 2r J. 1839 u. 1840. à 12 Hefte oder 52 sonntägl. Lfrgq. (½ Bog.) 4. Mergentheim, Neue Buch- u. Kunsth. à Jahrg. 1 ₰

Morgenstern, der, e. christl. Sonntagsbl. f. Alle, die d. Herrn suchen. Hrsg. v. A. C. Lämmert. 1. u. 2. Jahrg. 1839 u. 1840. à 12 Hfte. od. 52 Lfg. (½ Bog.) 4. Mergentheim. [Augsburg, Schlosser'sche Buchh.] à J.

Der Morgenstern: vol. 1, no. 1, June 8, 1839—Sept. 16, 1841 Waterloo, Ont.
Editor and publisher: Benjamin Burkholder.

Morgenstern: Der Morgenstern (Gr)
① Eine Volkszeitung für Graubünden. Motto: Schlicht, wahr und eidgenössisch ④ Der freie Rhätier (1) ⑤ Probeblätter: 11., 18. und 25. 1841; 1. 1. 1842—26. 9. 1843 ⑥ 4° ⑦ wöchentlich 2× ⑧ Chur: Gebrüder Sutter ⑨ Nachjauchzer ⑩ Gebr. Sutter ⑪ Advokat Ludw. Christ ⑬ BGSZ: 1001 ⑭ Ch: K.

Morgenstern, der. Unterhaltungsblatt für die gebildete Lesewelt. Herausgeg. von C. Herloßsohn. 1. Jahrg. 1843. Octbr.—Decbr. 13 Numm. (Bog.) 4. Leipz., Reclam jun. ¼ ₰ — 2. Jahrg. 1844. 52 Numm. (Bog.) 4. Ebd. 1 ₰

—— der. Organ für allgem. Volksbildung. Hrsg. von dem Vereine zur Unterstützung brodloser Arbeiter. 1. Jahrg. 1848. Octbr. — Decbr. 12 Nrn. und 2. Jahrg. 1849. 52 Nrn. (Bog.) Mit eingedr. Holzschn. und artist. Beilagen. gr. 4. Leipzig, (G. Pönicke.) Vierteljährl. * 1 Thlr. *

Morgenstern, der. Monatsschrift für Kunst, Literatur, Unterhaltung, Politik und soziales Leben. Redig. von J. Schanz und G. Liebert. (Neue Folge.) 2. Jahrg. 1850. 12 Hefte oder 52 Nrn. (Bog.) Mit artist. Beilagen. gr. 4. Leipzig, Expedition. *

— Wochenschrift f. Kunst rc. Red.: Leo Bergmann. Neue Folge. 3. Jahrg. 1851. 52 Nrn. gr. 4. (B.) Mit artist. Beilagen. Nebst dem Beiblatt: Die Sternwarte. Harmlose Blätter in harmvoller Zeit. 2. Jahrg. 1851. 52 Nrn. gr. 4. (½ B.) Leipzig, Expedition. à Jahrg. n. 4 ₰ Die Sternwarte allein. 1851: n. 1⅓ ₰

Morgenstern, der. Monatsschrift zur Belehrung und Unterhaltung für den Bürger und Landmann in Wort und Bild. Jahrg. 1861. 12 Hefte (à 4 Bgn. m. Holzschn.). Langensalza 861. Expedition. gr. 4. Jedes Heft n. 5 ngr

Morgenstern, der. 1. Jahrg. 1861. Redacteur: Georg Popovic. 36 Nrn. gr. 8. Neusatz, Bischöfl. Druckerei. 3 fl.

Morgenstern : Band 1—13, 1863—1875?

Reformed Church monthly. Sub-title: Sonntags-Schul-Blatt, 1871—1874. Title varies: Sonntags-Schul-Blatt, Band 1—8, 1863—70. Organ of Deutsch-Reformirte Kirche in den Vereinigten Staaten. Merged with Der Lammer-Hirte. Large quarto, each issue 4 pages; illustrated. Circulation 1865, 3773, 1869, 5361; 1875, 10,720. Edited by the Rev. C. Bank, 1863—Dec. 1864; by the Rev. M. Müller, Jan.—Aug. 1870; by the Rev. Hermann Julius Ruetenik, 1871—75. Published by Evangelisch-Reformirte Buchverein in Cleveland, 1863—June 1868; by Evangelisch-Reformirte Buch-Anstalt, July 1868—1875.
Cleveland, OH

Morgenstern, der. Sonntagsschul- u. Missionsblatt f. die deutschen Südsee-Kolonien. Schriftleiter: E. Schneider. 1. Jahrg. 1889. 12 Nrn. (B.) 4. Berlin, Morgenstern-Mission (E. Schneider). n. — 50

— dasselbe. Sendblatt u. Anzeiger f. deutsche Gemeinden d. In- u. Auslandes zur Förderg., Festigg., Erbaug. u. Begründg. der Volkskirchen. 2. Jahrg. 1890. 45 Nrn. (B.) 4. Ebd. n. 4. —

Morgenstern, der. Sendblatt u. Anzeiger f. deutsche Gemeinden d. In- u. Auslandes zur Förderg., Festigg., Erbaug. u. Begründg. der Volkskirchen. 3. Jahrg. 1891. 12 Nrn. (à Nr. ½ Bog.) 4. Berl., Morgenstern-Mission. * 1 —
Nicht weiter erschienen. — 1. Jahrg. 1889. 12 Nrn. * — 50; 2. Jahrg. 1890. 45 Nrn. * 4 —.

Morgen-Stern : Jahrgang 1—31, no. 29, Mar. 10, 1891—Sept. 13, 1921.

Weekly edition of Nord-Stern. Title varies: Belletristische Nordstern Blätter, Mar. 10, 1891—Feb. 12, 1895; Nordstern Blätter, Feb. 19, 1895—Feb. 3, 1914, Morgen-Stern, Feb. 10, 1914—Sept. 13, 1921. Merged with Wis. Wochenblatt (Wausau). Circulation: 1909, 3760; 1915, 3000; 1920, 3462.
La Crosse

— Hrsg. vom Hamburger Traktatverein. Red.: Johs. G. Lehmann. 9. Jahrg. 1894. 24 Nrn. (¼ Bog. m. Bild.) gr. 8. Hamburg, (J. G. Oncken Nachf.). n.n. 1. —

Morgenstern. Hrsg. v. Hamburger Traktatverein. Red.: Johs. G. Lehmann. 10.—13. Jahrg. 1895—1898. à 24 Nrn. (à ca. 4 S. m. Abb.) gr. 8. Hamburg. Cassel, (Verlagshaus d. dtsch. Baptisten J. G. Oncken Nachf.). à Jahrg. n.n. 1. —

Morgenstern. Hrsg. v. der christl. Traktat-Gesellschaft in Cassel (vormals Hamburger Traktat-Gesellschaft). Red.: Johs. G. Lehmann. 14.—16. Jahrg. 1899—1901. à 24 Nrn. gr. 8. (à ca. 4 S. m. Abbildgn.) Cassel (J. G. Oncken Nachf.) à Jahrg. n.n. 1. —

— dasselbe. 17. Jahrg. 1902. 52 Nrn. gr. 8. (à ca. 4 S. m. Abbildgn.) Ebd. n.n. — 50

Morgenstern. Hrsg. v. der christl. Traktat-Gesellschaft in Kassel. Red.: Johs. G. Lehmann. Jahrg. 1903—1906. à 52 Nrn. (à 4 S. m. Abbildgn.) gr. 8. Kassel (J. G. Oncken Nachf.) à Jhrg. n. 2. —

Morgenstern. Hrsg. v. der christl. Traktat-Gesellschaft in Kassel. Red.: Johs. G. Lehmann. Jahrg. 1907—1910. à 52 Nrn. (à 4 S. m. Abb.) Lex. 8. Kassel, (J. G. Oncken Nachf.). à Jahrg. nn — 50

Morgenstern, der aufgehende. Enthält: Ein Familientempel, aufgeführt in einem Aufbaue von moralisch-religiösen Abhandlungen u. erhebenden Feierklängen. Ein lehrreicher Hausschatz für Alle, die auf den Namen „Jesu" getauft sind. Als Festgabe gewidmet u. hersg. von einem Arbeiter im Weinberge des Herrn. 7. Aufl. St. Gallen 865. Altwegg-Weber. 8. (553 S. mit 1 Titelkpfr.) 1 Rthlr 3 ngr. geb. in Halblw. 1 Rthlr 9 ngr.; eleg. geb. 1 Rthlr 11 ngr.

Morgenstern, der aufgehende. Enthält: Ein Familientempel, aufgeführt: in einem Aufbaue von moralisch-religiösen Abhandlungen, christl. Betstunden und erhebenden Feierklängen. Ein lehrreicher Hausschatz für Alle, die auf den Namen „Jesu" getauft sind. Als Festgabe gewidmet und hrsg. von einem Arbeiter im Weinberge des Herrn. 7. Aufl. gr. 8. (552 S. mit 1 Titelkpfr.) Leipzig 886, Ziegenhirt. *
geb. *

Morgenstern, eine z. geistl. Leben im Herrn erstehende Seele begleitend bis zum erwünschten Ziele ihrer Pilgerreise. Von e. kathol. Priester. 2. Aufl. 12. (17 B.) Straubing 846, Schorner'sche Buchh.

CATHOLISCHER MORGENSTERN, dadurch ein jeder Gutherzigen zur Erkanntnuss des hellen Tags der Wahrheit . . . kommen kann. Ödenburg 1737: Druck Schmid. (24 f.) - 130 mm

Der Libanoner Morgenstern : Dec. 7, 1808—1840?

Weekly. Sub-title: Ein republikanisches Wochenblatt für Stadt- und Landleute, 1837?—1840. Follows Der Freymüthige Libanoner, but adopted its own volume numbering. Edited & published by Jacob Stöver, Dec. 7, 1808—1835?; by Stöver & Scott, 1836?—37; by Samuel Miller, 1837—40.
Lebanon, PA

'Morgenstern auf finst're Nacht.' Lichtbilder u. Nachtschatten aus d. Heidenwelt. Von e. Missionar. Hamburg: J. G. Oncken Nachf. [1897]. (99 S.) 8°

WERNER und Julie Morgenstern oder So findet man seinen Himmel auch schon auf Erden. (Zahmer Roman.) Mit Titelkpfr. u. gestoch. Tit. mit Vignette. Lübben, bei Christian Traugott Gotsch. 1802. 8°. 2 Bll. u. 315 S. (4 Kr. Halm & Goldmann, Wien, 1907.)

Morgenstern [Verfasser]

Morgenstern, eine deutsche Schutzvereinigung v. Besitzern fremder Werthpapiere, ihre Nothwendigkeit u. Beschaffenheit. gr. 8. (31 S.) Leipzig 899. F. Luckhardt. n. — 50

Morgenstern, A., Dichter-Garten. Poetisches Unterhaltungsbuch für Töchter zur Bildung des Geistes und zur Veredlung des Herzens. (Neue Titel-Ausg.) 8. (VIII und 296 S.) Quedlinburg 849, Ernst'sche Buchh.

Morgenstern, A., Geschenk d. Liebe u. Freundschaft. Eine Blumenlese vorzügl. Stellen d. besten Originalschriften. gr. 16. (3 B.) Quedlinburg 834, Ernst.

Morgenstern, A., s.: Gregorius Abulfarag, Scholien zum Buch d. Könige.

— die vier Jahreszeiten. Eine Sammlung d. besten Gedichte u. pros. Aufsätze üb. d. Schönheiten d. Natur, nebst e. Anh. vermischter Gedichte, gesamm. aus d. vorzügl. Schriften Deutschlands. 8. (13 B.) Quedlinburg 832, Ernst.

Morgenstern, A., die vier Jahreszeiten, od. Frühlings-, Sommer-, Herbst- u. Winter-Schilderungen, nebst Betrachtn. üb. d. Schönheiten d. Natur. A. d. vorzügl. Schriften gesammelt. 2. Ausg. 8. (13 B.) Quedlinburg 840, Ernst'sche Buchh.

— Polyhymnia. Eine Auswahl der vorzügl. Aufsätze aus d. besten Originalschriften, für Jungfrauen zur Bildung des Geistes u. Veredlung des Herzens herausg. 8. Ebd. 834. 1 Rthlr —
Auch ohne den Titel: Polyhymnia. 1 Rthlr

Morgenstern, A., erhabene Stellen und Lebensregeln aus Basedow, Campe, Knigge rc., s. Stellen, erhabene.

— erhabene Stellen u. moral. Aufsätze aus d. Werken v. Franklin, Campe, Knigge, Ehrenberg, Wieland u. a. berühmt. Schriftstellern rc. 2., sehr verb. Aufl. 8. (11 B.) Quedlinburg 830, Ernst. 12 Gr., Blnp.

— erhabene Stellen z. Beförderung e. glückl. u. tugendhaften Lebens u. z. Befestigung guter Grundsätze; für Jünglinge u. Jungfrauen gesammelt. 3. u. 4. Ausg. 8. (à 19 B.) Quedlinburg 840, Ernst'sche Buchh. à

— erhabene Stellen, Lebensregeln u. moralische Aufsätze, aus Deutschlands Meisterwerken gesammelt. Ein Buch für Jedermann, besonders für Söhne u. Töchter zur Beförderung eines tugendhaften u. glückl. Lebens rc. 3e verb. u. verm. Aufl. 8. Ebd. 836. ⅔ Rthlr — 4e Ausg. 840. ⅚ Rthlr

Morgenstern, A., erhabene Stellen und Lebensregeln zur Beförderung eines glücklichen und tugendhaften Lebens und zur Befestigung guter Grundsätze, zum Nutzen für Jedermann und besonders für Jünglinge aus Basedow, Campe, Knigge, Franklin rc. und anderen Meisterwerken gesammelt. 4. verb. Aufl. Quedlinburg 853. Ernst. 16. (VII, 291 S.) 20 ngr.

Morgenstern, A., aus dem Tagebuche des Verliebten u. Anderes. 8. (V, 55 S.) Dresden 901. E. Pierson. n. 1.—; geb. n. 2.—

— Tempel der Wahrheit, Weisheit, Tugend, Liebe, Freundschaft, Zufriedenheit u. des häusl. Glücks. Ein Lebensbuch f. Jünglinge u. Jungfrauen. 2 Thle. 8. Quedlinb. u. Leipz. 830. Ernst. 1 ₰

—— Tempel d. Wahrheit, Weisheit, Tugend, Liebe, Freundschaft, Zufriedenheit u. d. häusl. Glücks. Zur Bildung d. Geistes u. zur Veredl. d. Herzens. 2 Thle. — A. u. d. Ttln.: Ueber Wahrheit, Tugend, Geduld, Liebe, Freundschaft, Zufriedenheit, Vertrauen, häusl. Glück. — Ueber Tod, Vorsehung, Unsterblichkeit, Lebensphilosophie, weibl. Geschlecht, Ehe, Bestimmung d. Menschen, Glück, Mißgeschick. 1. u. 2. Aufl. (à 22 B.) 8. Quedlinburg 830, 33, Ernst. à Thl. 12 Gr.

—— Tempel d. Wahrheit, Tugend, Liebe, Freundschaft, Zufriedenheit u. d. häusl. Glücks. Ein moral. Wegweiser f. Jünglinge u. Jungfrauen. 2 Thle. 2. Ausg. 836. u. neue A. 8. (à 21¾ B.) Quedlinburg 839, Ernst'sche Buchh. à

Morgenstern, A., das beste Unterhaltungsbuch für Töchter, zur Bildung des Geistes u. zur Veredlung des Herzens. Neue Ausg. 8. Quedlinburg 841, Ernst. ⅔ ₰

—— poet. Unterhaltungsbuch f. Töchter, z. Bildung d. Geistes u. z. Veredl. d. Herzens. (Neue Ausg.) 8. (19 B.) Quedlinburg 841, Ernst'sche Buchh.

Morgenstern, Ad., Skizzen im modernen Stil für Dekorations- u. Zimmermaler. gr. Fol. (25 Bl.) Dresden 900. (J. Albrecht.) In Mappe n. 15.—

Morgenstern, *Friedrich* Adolf [aus Ostpreussen]: Ueber subphrenische Abscesse ... Greifswald, Druck v. J. Abe [!], 1893; 31 S. 8.
Greifswald, Med. Fak., Inaug.-Diss. v. 1. Juli 1893

Morgenstern, Alfred: Die Ansichten über die Aetiologie der Ozaena m. bes. Berücks. d. Abel'schen ... Leipzig, Druck v. Hesse & Becker, *1896*; 26 S. 8.
Leipzig, Med. Fak., Inaug.-Diss. v. 11. Mai 1896

Im Café chantant. Erzählung aus d. Artistenleben von Alfred Morgenstern. Berlin: Berliner Roman-Verl. [1904]. (48 S.) 8° [F.]
— Geschichten, Intime. 15.

Morgenstern, Arthur, a. Berlin: Beiträge zur numerischen Lösung der Gleichungen fünften Grades. Halle a. S. 1907 (Berlin: W. Pormetter). (49 S.) 8°
Halle, Phil. Fak., Ref. Gutzmer, Diss. v. 13. Dez. 1907
[Geb. 29. April 80 Berlin; Wohnort: Berlin; Staatsangeh.: Preußen; Vorbildung: Lessing-Gymn. Berlin Reife M. 99; Studium: Berlin 3, Freiburg i. B. 1, Berlin 4 S.; Rig. 17. Mai 07.]

Morgenstern, Arthur: Beiträge zur numerischen Lösung der Gleichungen fünften Grades. Berlin 1908: Pormetter. 47 S. 8°
Berlin, k. Luisen-G OP 1908 (74) [S 08. 317

Morgenstern, B., Bericht üb. den internationalen Getreide- u. Saatenmarkt in Wien 1884, s.: Mittheilungen der Handels- u. Gewerbekammer in Brünn.

Morgenstern, Bodo Heinrich (Braunschweig), De pyrrhonismo juridico programmate, lectionibus juridicis, in collegio Carolino Brunsvigae, insti-

Morgenstern, C., Australien, wie es wirklich ist! Zuverlässiger Rathgeber für Solche, die dahin auswandern wollen oder Verwandte und Bekannte dort haben. Hamburg 861. Falcke. 16. (112 S.) n. 12 ngr.

v. *Morgenstern*, **C. W.**, Examen de principes repandus dans l'ouvrage de M. Paine intitulé: les droits de l'homme. 8. Kopenh. 793. Brummer. 6 ℊ Schrbp. 8 ℊ

Morgenstern, Carl, s. Morgenstern, Karl.

Morgenstern, Christian, Einkehr. Gedichte. (99 S.) 8. München 910. R. Piper & Co. 2.50; kart. 3. 50

Christian **Morgenstern**. Galgenlieder. Berlin: B. Cassirer 1905. (48 S.) 8° [05. 10,60

Morgenstern, Christian, Galgenlieder. 2. Aufl. (VII, 48 S.) 8. Berlin 906. B. Cassirer. n. 1.60

Christian **Morgenstern**. Galgenlieder. 3. veränd. u. durch den 'Gingganz' u. anderes ums Doppelte verm. Aufl. (Vorr.: Dr. Gundula Mueller.) Berlin: B. Cassirer 1908. (72 S.) 8° [08. 8,36

— Galgenlieder. Nebst dem „Gingganz". 8.—6. Aufl. (VII, 74 S.) kl. 8. Berlin 908—10. B. Cassirer. 2.—; geb. 3.—

Morgenstern, Chrn., Horatius travestitus. E. Studentenscherz. (2. Aufl.) 8. (65 S.) Berlin 897. Schuster & Loeffler. —75

— dasselbe, s. a.: Horatius travestitus.

— Ich u. die Welt. Gedichte. gr. 8. (168 S.) Berlin 898. Schuster & Loeffler. 3.—

— Die Märchen vom Rübezahl, s.: Musäus, J. K. A.

Morgenstern, Christian, Melancholie. Neue Gedichte. (89 S.) 8. Berlin 906. B. Cassirer. n. 2.—

— Osterbuch, s.: Freyhold, K. F. v.

— Palmström. 1. u. 2. Aufl. (55 S.) kl. 8. Berlin 910. B. Cassirer. 2.—; geb. 3.—

Morgenstern, Christian: In Phanta's Schloss. Ein Cyklus humorist.-phantast. Dichtungen. (Neue Ausg.) (Berlin: Schuster & Loeffler 1897.) (74 S.) 8°

— in Phanta's Schloss. Ein Cyklus humoristisch-phantast. Dichtgn. schmal 8. (VIII, 74 S.) Ebd. 898. 1. 50

Ein Sommer. Verse [von] Christian Morgenstern. *Berlin: S. Fischer 1900.* (80 S.) 8° [00. 8,01

Morgenstern, Chrn., und aber ründet sich e. Kranz. 8. (106 S.) Berlin 902. S. Fischer, Verl. n. 1.50; geb. n.n. 2.50

[F.] Auf vielen Wegen. Gedichte v. Christian Morgenstern. M. 1 Umschlagzeichng v. Friedrich Behlo. *Berlin: Schuster & Loeffler 1897.* (136 S.) 1 Bd 8. [98 4240

Entwurf eines revidirten Statuts für den Börsenverein der Deutschen Buchhändler zu Leipzig. Der Statuten-Revisions-Commission unterbreitet von E. MORGENSTERN. Als Manuscript gedruckt. (Breslau 1879. Druck von Grass, Barth und Comp.) fol.

Morgenstern, E., das neue Apothekengesetz. Arzt u. Apotheker. Weckrufe an das deutsche Volk. Anh.: Satzungen des Vereins zur Wahrg. des Dispensierrechts u. der freien Forschg. der Aerzte. (16 S.) gr. 8. Berlin (W., Nollendorfplatz 6) 908. E. Pankow. nn — 50

Grundzüge eines Statuten-Entwurfes für den Börsenverein der Deutschen Buchhändler zu Leipzig. Der Statuten-Revisions-Commission unterbreitet von E. MORGENSTERN Als Manuscript gedruckt. (ib 1879. —) fol.

. Warum? Wodurch? wird man krank und unglücklich? Ein sicherer neuer Weg z. Gesundheit u. z. wahren Glucke. Von E. B. G Morgenstern. (Schweidnitz: P. Frömsdorf [1905].) (19 S.) 8°
[Umschlagt.] Ein sicherer Weg zu Glück u. Gesundheit. Von Morgenstern. 106. 117

— **Eduard (Dessau/Anhalt), De origine et ambitu regulae contumacia non accusata non nocet. Diss. Leipzig (G. Maret) 5. II. 1829. VI, 42 S. (3.50)** 23676
Gew.: Johann Christian Morgenstern (Vater), Johann August Adolph Winter, Eduard Friderici.

Morgenstern, Emil

Morgenstern, kurze Anleitung zum Gebrauche der Mineralquellen u. Quellenprodukte des Bades Tölz-Krankenheil, s.: Letzol.

Morgenstern, Emil, die Mineralquellen u. Kurmittel des Jodbades Tölz (in Oberbayern), m. besond. Berücksicht. ihrer Anwendungsweise. Mittheilungen f. Ärzte u. Kurbedürftige. 2. umgearb. u. verb. Aufl. gr. 8. (III, 81 S. m. 1 Titelbild.) Bonn 899. C. Georgi. n. 1. 50

Morgenstern, Emil [aus Beuthen in Oberschlesien]: Ueber das Vorkommen von Microorganismen bei Puerperalfieber Würzburg, Paul Scheiner's Buchdr., 1886; 43 S. 8°.
Würzburg, Med. Fak., Inaug.-Diss. v 1886.

Morgenstern, Emil, über das Vorkommen der Microorganismen bei Puerperalfieber. Diss. Würzburg 1887, Stahelsche Univ.-Buchh. 8°. 43 S.

Ottmar Mergenthaler's Setz- und Giess-Maschine 'Linotype', ihr Siegeszug durch die Welt u. ihr Erscheinen in Deutschland im Januar 1895: M. Ill. u. e. Anh.: Die Entwickelg d. Satzes u. d. Setz-Maschine. (Vf.: Ernst **Morgenstern.**) *Berlin: Geschäfts-Stelle des 'Deutscher Buch- u. Steindrucker' (1895).* (52 S.) 1 Bd 8. [96, 548

Morgenstern, Ernst: Tarif und Lohn im deutschen Buchdruckgewerbe. Berlin 1905: Feyl. (89 S.) 8°
Leipzig, Phil. Fak., Ref. Bücher, Stieda, Diss. v. 9. Jan. 1906
[Geb. 23. Febr. 83 Berlin; Wohnort. Berlin; Staatsangeh.: Preußen, Vorbildung: Falk-Realgymn. Berlin Reife O. 02; Studium: Berlin 2, Genf 1, München 1, Leipzig 3 S.; Rig. 18. Juli 05.]

Morgenstern, Ernst, Tarif u. Lohn im deutschen Buchdruckgewerbe. (91 S.) gr. 8. Berlin 905. E. Morgenstern. n. 2. 50

Morgenstern, F. L., Einführung in das Gebiet der Physik. Ein Hülfsbüchlein für die Hand des Lehrers und zum Selbstunterrichte. gr. 8. (XVI, 164 S.) Jena 887, Busleb. *
—— dass. — Frageheft dazu. Ein Hülfsbüchlein für die Hand des Schülers. gr. 8. (VIII, 56 S.) Ebendas. 887. cart. *

Morgenstern, Ferdinand von, a. Prenzlau: Über den Solaningehalt der Speise- und Futterkartoffeln und über den Einfluß der Bodenkultur auf die Bildung von Solanin in der Kartoffelpflanze. Rostock 1906: C. Hinstorff. (60 S.) 8°
Rostock, Phil. Fak., Ref. Heinrich, Diss. v. 5. Juni 1906
[Geb. 1. Febr. 73 Rathenow; Wohnort: Rathenow; Staatsangeh.: Preußen; Vorbildung: Realgymn. Rathenow Prima-Reife O. 90; Studium: Marburg 6,

Morgenstern, Frz., Vivat! Hoch soll er leben! oder: so sollt ihr Toaste ausbringen! Ein unentbehrl. Rathgeber bei allen nur erdenklichen Gelegenheiten, in Gesellschaften, bei Geburtstagen, Kindtaufen 2c. 16. (134 S.) Hamburg 853, B. S. Berendsohn. Thlr.

Morgenstern, Frz., Vivat! Hoch soll er leben! oder: so sollt Ihr Toaste ausbringen! Ein unentbehrl. Rathgeber bei allen nur erdenklichen Gelegenheiten, in Gesellschaften, bei Geburtstagen, Kindtaufen 2c. Hamburg 854. Berendsohn. 16. (134 S.) 7½ ngr

Morgenstern, Frz., Vivat! **Hoch soll er leben! oder: so sollt ihr Toaste ausbringen. Ein unentbehrlicher Rathgeber bei allen nur erdenklichen Gelegenheiten, in Gesellschaften, bei Geburtstagen 2c. 2., stark verm. u. verb. Aufl. Hamburg 861. B. S. Berendsohn. 16. (VI, 130 S.)** 10 ngr

Morgenstern, **Frz., Vivat! hoch soll er leben! oder so sollt ihr Toaste ausbringen. Ein unentbehrl. Rathgeber bei allen nur erdenkl. Gelegenheiten, in Gesellschaften, bei Geburtstagen 2c. 2., stark verm. und verb. Aufl. 16. (VI und 136 S.) Hamburg 863, B. S. Berendsohn.** cart.

Morgenstern, Friedrich, Referendar: Beiträge zur Lehre von der rechtlichen Stellung des stillen Gesellschafters unter besonderer Berücksichtigung der Einlagepflicht. Elberfeld 1908: Dick. 54 S. 8°
Leipzig, Jur. Diss. v. 19. Dez. 1908
[Geb. 13. Sept. 83 Elberfeld; Wohnort: Elberfeld; Staatsangeh.: Preußen; Vorbildung: Gymn. Elberfeld Reife O. 02; Studium: Bonn 1, Lausanne 1, Freiburg i. B. 1, Bonn 3 S.; Rig. 3. Aug. 05.] [U 09. 2611

Morgenstern, Friedr. Die Fürther Metallschlägerei. Eine mittelfränk. Hausindustrie u. ihre Arbeiter. gr 8. (VIII, 289 S.) Tüb. 890, Laupp. * 4 —

Morgenstern, Frdr., Verfassung u. Verwaltungsorganisation der Städte des Königr. Bayern, s.: Stern, Bruno.

Morgenstern, Friedrich Simon, s. Tissot: Vertheidigung der Einpropfung d. Pocken.

Friedrich Simon Morgensterns [Morgenstern] Unterricht in der Hebammenkunst nebst e. kurzen diätetischen und medicinisch- practischen Anweisung f. Schwangerg, Gebährende,... Magdeburg: Creutz 1779. 416 S. 8°

Morgenstern, Georg [aus Danzig]: Cyprian, Bischof von Carthago, als Philosoph. . . . Jena, Hermann Pohle, 1889; 2 Bl. + 49 + 1 S. 8°
Jena, Phil. Fak., Inaug.-Diss. v. 1889

Morgenstern, Geo., drei Festpredigten, an Kaisers Geburtstag, am Charfreitage u. Pfingstfeste in Langendreer geh. gr. 8. (II, 30 S.) Witten 893. (B. Koetzold & Co) n. — 50

Morgenstern, Ghlf., das Ganze d. Ledergerberei 2c. Mit 1 Holzschn. 8. Ilmen. 826. Voigt. 18 gr

Morgenstern, Gustav

— arnamagnäanische Fragmente (Cod. AM. 655 4to III—VIII, 238 fol. II, 921 4to IV 1. 2). Ein Supplement zu den Heilagra Manna Sögur, nach den Handschriften hrsg. gr. 8. (VII, 54 S.) Kopenhagen 893. Leipzig, E. Gräfe. n. 3. —

Morgenstern, Gust, Geschichten v. der Straße. 8. (136 S.) Berlin 891. Eckstein Nachf. n. 1. —

— dasselbe, s.: Eckstein's humoristische Bibliothek.

Morgenstern, Gust., Geschichten v. der Straße. Neue Folge. 8. (III, 297 S.) Dresden 897. E. Pierson. 4. — (1. u. 2.: n. 5. —)

Morgenstern, Gust., e Kapitel aus Hans Jägers Christiania-bohême, s.: Diskussionen, Zürcher, Nr. 2.

— Miza. Ein Reise- u. Liebesgesang. 8. (171 S.) Dresden 893. E. Pierson. n. 2. —; geb. n. 3. —

Morgenstern, Gustav *Johannes Bernhard:* Oddr, Fagrskinna und Snorre. . . . Leipzig, Druck v. J. B. Hirschfeld, 1890; 2 Bl., 57 S. 8°
Leipzig, Phil. Fak., Inaug.-Diss. v. [25. Okt.] 1890

Morgenstern, Gust. (I.). Oddr Fagrskinna Snorre. Beiträge zur altnord. Litteraturgeschichte. gr. 8. (IV, 57 S.) Lpz. 890, E. Gräfe. * 1 60

Morgenstern, Gust., Leipziger Theater-Not. (33 S.) 8. Leipzig (910). Haupt & Hammon. — 50

Morgenstern, Hugo, die in Österreich geltenden (24) Dienstboten-Ordnungen, sammt d. Entwurfe der neuen Wiener Dienstboten-Ordnung, s.: Gesetz-Ausgabe, Manz'sche. 22.

— Gesindewesen u. Gesinderecht in Oesterreich, s.a. Mitteilungen des k. k. arbeitsstatist. Amtes im Handelsministerium. 3.

Morgenstern, Hugo, Gesindewesen und Gesinderecht in Oesterreich. 1. Theil. Geschichtlicher Ueberblick. Statistik u. wirtschaftliche Lage des Gesindes. gr. 8⁰. Wien, Hölder, 1902. (Mitteilgn. des k. k. arbeitsstatist. Amtes im Handelsministerium, Heft 3.)

Morgenstern, J., die französische Akademie und die „Geographie des Talmuds". 1. Aufl. (35 S.) * ℳ 1,50., und 2. vollständ. Aufl. gr. 8. (96 S.) Berlin 870, (Cohn.) *

Morgenstern, Jacob: Der falscher Auscher, ain wunder scheine Geschichte. [Auch russischer Titel.] Warschau 1881

Morgenstern oder **Schulze,** Johanne Kath., (+ d. 11. Sept. 1796.) s. 1) Abendandachten. 2) Abendbetrachtr. 3) Erfahrr. u. neue Erfahrr. e. Hausmutter. 4) Journal f. Frauenzimmer. 5) Lehren u. Erfahrr. 6) Lesebuch f. weibl. Dienstboten. 6) Unterr. f. e. junges Frauenzimmer. 7) Unterr. v. Seidenbau.

(**Morgenstern,** J. K. verehel. Schulzin): „Neue Erfahrungen einer Hausmutter, für angehende Hausmütter, Haushälterinnen und Köchinnen", Leipzig 1793 (Härtel).

Morgenstern, Jos., der Traum des Fürsten von Monaco. Drama in 1 Aufzuge. gr. 8. (24 S.) Basel 901. Selbstverlag. n. 1. 20

Morgenstern, Jul., allgemeine deutsche Buchführung oder die Vorzüge und Ergebnisse der doppelten [italien.] Buchführung in einfacher Buchführung dargestellt. Ein neues, höchst zuverlässiges System. 11 Hefte. gr. 8. (31; 16; 16; 8; 8; 4; 8; 24; 8; 15; 11 S.) Berlin 879, Mode's Verlag. In Callico-Decke mit Futteral

Morgenstern, Jul., allgemeine deutsche Buchführung od. die Vorzüge u. Ergebnisse der doppelten (ital.) Buchführung in einfacher Buchführung dargestellt. Ein neues, höchst zuverlässiges System, bearb. u. begründet v. M. 11. Hfte. 5. Aufl. gr. 8. Berlin (901). S. Mode. In Leinw.-Mappe 5. —
1. Erläuterungen. (31 S.) — 2. Verzeichniß der Geschäftsvorfälle, welche in den hierzu gehörigen Geschäftsbüchern (Hft. 3—10) auf Grund der in Hft. 1 gegebenen Erläuterungen zur Buchung gelangt sind. (16 S.) — 3. Waarenbuch. (6 Doppels. u. 3 S.) — 4. Geldbuch. (3 Doppels. u. 1 S.) — 5. Wechselbuch. (3 Doppels. u. 1 S.) — 6. Buch f. Verschiedenes. (1 Doppels. u. 1 S.) — 7. Verlust- u. Gewinnbuch. (3 Doppels. u. 1 S.) — 8. Hauptbuch. (11 Doppels. u. 1 S.) — 9. Vermögensbuch. (3 Doppels. u. 1 S.) — 10. (Waaren-)Lagerbuch. (7 Doppels.) — 11. a) Die Beweisführung der Richtigkeit der Buchungen u. der Gewinnermittelung. b) Die Einführg. des neuen Systems bei schon besteh. Geschäften. (11 S.)

Allgemeine Deutsche Buchführung oder die Vorzüge und Ergebnisse der Doppelten (ital.) Buchführung in einfacher Buchführung darge st. Ein neues . . System bearb. u. begründet von Jul. **Morgenstern**, Lehrer in Magdeburg (In 11 H.) 5. Aufl. *Berlin: S. Mode [1902]* (Getr. Pag.) 8° [5.]

—— die einfache Buchführung für Engros- und Detail-Geschäfte, zur Selbsterlernung bearb. gr. 8. (VI, 114 S.) Leipzig 878, Hirt und Sohn. *

Morgenstern J, prakt. Buchführung i. d. Handwerkerstand. 1. u 2. A. Weimar 1877 90

Morgenstern, Jul. Praktische Buchführung f. den Handwerkerstand. 2. Aufl. gr. 8. (IV, 47 S.) Weimar 890, B. F. Voigt. — 75

— prakt. Buchführung f. den Handwerkerstand. 3. Aufl. gr. 8. (IV, 47 S.) Leipzig 902. B. F. Voigt. — 75

— die Buchführung des Waaren-Verkaufs-Agenten. Belehrung über praktische u. übersichtliche Einrichtung u. Führung der Geschäftsbücher für Agentur- u. Commissions-Geschäfte. gr. 8. (70 S.) Leipzig 881. Morgenstern. n. 1. 50

Morgenstern, Jul., die Hotel-Buchführung, s.: Trempenau, W.

—— Lehrbuch der kaufmännischen Correspondenz. Theoretisch-prakt., mit vielen Erläuterungen und den bezügl. Gesetzesstellen versehene Darstellung des Briefwechsels unter Kaufleuten. gr. 8. (V, 138 S.) Leipzig 881, O. Wigand. *

—— die kaufmännischen Mahnbriefe und das Mahnbuch. Ein Beitrag zur Handelscorrespondenz, nebst Anleitung, die Gefahren der Creditgewährung möglichst zu parallelisiren, und als Anhang: Verzeichniss gleichnam. und ähnl. lautender Postorte. gr. 8. (40 S.) Eisenach 877, Bacmeister. *

— die kaufmännischen Mahnbriefe u. das Mahnbuch. Ein Beitrag zur Handelscorrespondenz, nebst Anleitung, die Gefahren der Creditgewährung möglichst zu paralysiren, u. als Anh.: Verzeichniss gleichnamig u. ähnlich laut. Postorte. gr. 8. (40 S.) Dresden 877. Bleyl & Kämmerer. n. — 60

Morgenstern, Julian, a. Amerika: The doctrine of Sin in the Babylonian Religion. Part I. The Use of Water in the Âšipu-Ritual. Kirchhain N.-L. 1905: M. Schmersow. (46 S.) 8° ¶ (Das Ganze ersch. als H. 3 des Jahrg. 1905 der Mitteilungen der Vorderasiatischen Gesellschaft in Berlin.)
Heidelberg, Phil. Fak., Ref. Bezold, Diss. v. 28. Juli 1905
[Geb. 18. März 81 St. Francisville, Ill.; Wohnort: Cincinnati; Staatsangeh.: Ver. St.; Vorbildung: Höh. Schule Cincinnati; Studium: Univ. of Cincinnati 8, Berlin 2, Heidelberg 2 S.; Rig. 21. Juli 04.]

The Doctrine of Sin in the Babylonian Religion. By Julian **Morgenstern.** Berlin: W. Peiser (1905). (158 S.) 8°
— Mitteilungen d. Vorderasiat. Gesellschaft. 1905, 3. [06. 608]

Morgenstern, Julius (geb. Delitzsch 1814) De dothienenteritide Berolini (1839). (32 S.) 8°
Berlin, Med. Diss. v 4. Apr 1839

Morgenstern Julius: John Crownes Tragödien. II. 1910 PN 2973 Diss. Innsbruck, Univ. 1998

— **Julius Otto (Julius Wilhelm Otto)** (Hedersleben bei Eisleben), De rara hermiae cruralis specie in muliere observata. Diss. anat.-path. Halle (Ruff) 2. IX. 1843. 44 S., 1 Taf. u. Biogr. (M.: F. Kramer.) (3.50) 23677
Contra advers.: W. Klotz, C. Kirchner. — Gew.: Carl Ritter.

Morgenstern, Karl

K. Morgenstern: Comment. de arte veterum mnemonica. *Dorpat*, 805. fol.

Morgenstern, C., De arte veterum mnemonica. I. Pr. 1805. 14 S. Fol. 1.—
— — Gel. 1885. 44 S. Fol. 2.—

Morgenstern, Karl, Comment. de arte veterum mnemonica. Pars I. secundis curis retractata. Pars II. III. nunc primum accesserunt. Fol.maj. Dorpati 835. (Lips., Kummer.) n. 1 ℛ

Morgenstern, K., Auszüge aus d. Tagebüchern eines Reisenden. 2 Bdchen. gr. 8. Dorpat. (Kummer, Leipzig.) 810.

— Auszüge aus d. Tagebüchern u. Papieren e. Reisenden. 1s Hft. Neapel. Mit 1 Kpft. 2s Hft. Florenz. 3s Hft. Milano, Parma rc. A. u. d. T.: Reise in Italien im J. 1809. 1r Bd. gr. 8. Dorpat u. Leipz. 811—13. (Kummer). 3 ℛ 18 gℊ

Morgenstern, Karl, Auszüge aus den Tagebüchern u. Papieren e. Reisenden. 3 Hefte. 8. Leipzig, Kummer. 812—14.

Morgenstern, Karl, dörptische Beiträge, Zeitschrift f. Freunde der Philosophie, Literatur u. Kunst. 1813. 2 Stücke 1814. 1 Stück. 8. Leipz. Kummer. Rthlr.

— Dörptische Beyträge f. Freunde d. Philosophie, Literatur u. Kunst. Jahrg. 1814 2tes Stück und Jahrg. 1816 1r u. 2r Thl. 8. Ebend. (Ebend.) 817. à 1 Thlr. 12 Gr. (alle 3 Jahrg. oder 6 Thle. 9 Thlr.)

— Dörptische Beitr. f. Freunde d. Philosophie, Literatur u. Kunst. In 3 Bden. Jahrg. 1813, 14, 16. 1r u. 2r Bd. 1815. 3r Bd. 1821. gr. 8. Dorpat. (Leipz., Kummer). 9 ℛ

Morgenstern, K., reichs- und landesgesetzliche in dem Königr. Sachsen geltende Bestimmungen, Anlage, Betrieb und Beaufsichtigung der Dampfkessel betr. Für den prakt. Gebrauch zusammengestellt, mit Anmerkungen und einem Sachregister versehen. 8. (VIII, 105 S.) Leipzig 886, Roßberg'sche Buchh. *
geb. **

Morgenstern, K., reichs- u. landesgesetzliche in dem Königr. Sachsen geltende Bestimmungen, Anlage, Betrieb u. Beaufsichtigung der Dampfkessel betr. Für den prakt. Gebrauch zusammengestellt, m. Anmerkgn. u. e. Sachregister versehen. 2. Aufl. 8. (VII, 85 S.) Leipzig 891. Roßberg. n. 1. 70; geb. n.n. 2. —

Morgenstern, K., die im Königr. Sachsen geltenden Bestimmungen über Dampfkessel, s. a. Handbibliothek, Leipziger juristische.

Morgenstern, K., die im Königr. Sachsen geltenden Bestimmungen üb. Dampfkessel, 4. Aufl. v. K. E. Th. Schlippe, s.: Handbibliothek, juristische.

— Ciceronis Oratio in Catilin. siehe Cicero erste Rede.

— — Orationes IV. vide Cicero orat.

[F.] Die Dampfkessel und Dampfmaschinen im Königreiche Sachsen am 1. Januar 1896. (Vf.: Geh. Regiergsr. [Carl Friedrich] Morgenstern.) Abschn. 1. *Dresden: Dr. v. B. G. Teubner (1898).* 4.
= Zeitschrift d. k. Sächsischen Statist. Büreaus. Jg 1898. H. 1. 2. Beil. [98. 6636

— adumbratio quaestionis de satirae atque epistolae Horatianae discrimine. Disp. Prs. I—III. 4maj. Danz. 799—802.

— de satirae atque epistolae Horatianae discrimine. 4. Lpz. 801. Dyck. 20 gℊ

Morgenstern, K., Einrichtungen und Schutzvorkehrungen zur Sicherung gegen Gefahren für Leben und Gesundheit der in gewerblichen Etablissements beschäftigten Arbeiter. Handbuch für Fabrikbesitzer, Betriebsleiter, Konstrukteure, Techniker rc., für Justiz- und Verwaltungsbehörden, sowie für die mit der Beaufsichtigung der Fabriken betrauten Staatsbeamten. 2 Thle. gr. 8. Leipzig 883, Gebhardt's Verlag. [1. Thl. (I—XII, S. 1—132 mit 154 eingedr. Holzschn.-Abbild.) *ℳ 4.; 2. Thl. (XIII—XXII, S. 133—300 mit 132 eingedr. Holzschn.-Abbild.) *ℳ 4,50.] *ℳ 8,50.; geb. *

— Entwurf von Plato's Leben, s. Entwurf.

— Entwurf von Platons Leben, nebst Bemerkungen über dessen schriftsteller. und philosophischen Charakter. Aus dem Englischen. Leipz. 797. 8. 16 gr.

Morgenstern, C., Enumerationum numorum familiarum Romanarum qui in Museo acad. (Dorp.) servantur. II. Pr. 1816. 12 S.

— Erklärungsversuch einer noch nicht bekannt gemachten Abraxas-Gemme. An H. Staatsr. und Ritter Joh. Fr. von Recke in Mitau. gr. 4. Dorpat 843. Leipzig, Kummer. baar 1/3 ℛ

— de fide historica Velleji Paterculi, inprimis de adulatione ei objecta. Comment. crit. 4. Danz. 798. 8 gℊ

— zum Gedächtniß Ihrer hochsel. Maj. Maria Feodorowna. 4. Riga u. Leipz. 820. (Kummer). 12 gℊ

Morgenstern, Karl, zum Gedächtniss Ihrer hochsel. Maj., d. Kaiserin Mutter, Maria Feodorowna. — Vortrag. gr. 8. (5¼ B.) Riga 829. (Leipzig, Kummer.)

— über einige Gemählde in Dorpat. 8. Leipzig, Kummer. 805.

— s. Göthe, über.

Morgenstern, Karl, Johann Wolfgang Göthe. Vortrag, gehalten in der feierl. Versammlung der Kaiserl. Universität Dorpat, den 20. November 1832. gr. 8. St. Petersburg 833. (Dorpat, Severin.) n. 1/3 ℛ

Morgenstern, Carl, Grundriß einer Einleit. zur Aesthetik. 8. Dorpat. 815. (Leipzig, Kummer in Comm.)

—— Dr. Glob. Benj. Jäsche, Univ.-Senior Ritter etc., Kathedervortrag etc. gehalt. d. 3. Septbr. 1842 in der Aula etc.

— Klopstock, eine Vorlesung. gr. 4. Riga, Hartmann. Holl. Pap.

— Klopstock, e. Vorlesung. gr. 4. Dorpat 807. (Kummer in Leipz.) 16 Gr. Holl. P. 20 Gr.

— Klopstock, als vaterländ. Dichter, e. Vorlesung. 4. Dorpat 814. (Kummer in Leipz.) 18 Gr.

——, Heinrich Karl Ernst Köhler. Zur Erinner. an d. Verewigten. gr. 4. (9 B. u. K's. Portr.) St. Petersburg 839. (Moscau, Severin's Vrlsh.) *

Aus: Recueil des actes de la séance publ. de l'Académ. Imp. des scienc., tenue le 29. Déc. 1838, vgl. Mémoires de l'Acad. Imp., besond. abgedruckt.

Morgenstern, Karl, s. Krieg, Der, in der Hand.

— s. Kühlstaedt, Car., Observationes.

— Johannes Müller, oder Plan im Leben, nebst Plan im Lesen u. von d. Gränzen weibl. Bildung. Drei Reden. gr. 4. Lpz. 808. Göschen. 1 Thlr. Schrbp. 1 Thlr. 8 Gr.

— zwei Reden: Plan im Leben und Plan im Lesen. gr. 4. Riga, Hartmann.

— Johannes Müller od. Plan im Leben. 4. Leipzig, Göschen. 810. Schreibp.

— — Praelectiones semestres in Universitate litterarum Caesarea quae Dorpati constituta est . . . inest Narratio de quadam epistolarum autographarum congerie, p. I. Dorpat (M. G. Grenz) Febr. 1807. 16 S. mit Namen. (4.—) 23670

— — Oratio de literis humanioribus, sensum veri, honesti et pulchri excitantibus atque acuentibus. Leipzig u. Danzig (J. G. Dyk u. Fr. Troschel) (Halle/Sachsen (Schimmelpfennig)) 29. XI. 1798. 73 S. (7.50) 23669
Gew.: L. F. von Schroetter, E. J. W. E. von Massow, C. W. von Schroetter.

— oratio, de literis humanioribus, sensum veri excitantibus. 8. Leipz. 800. Dyck. 12 Gr.

— — Praelectiones semestres in Caesarea Universitate Litteraria, quae Dorpati constituta est . . . insunt In Ciceronis paradoxa prolegomena. Dorpat (J. C. Schünmann) 20. I. 1819. 10 S. u. Lectiones . . . . 6 S. mit Namen. (4.—) 23672

— Carl, Quid Plato spectaverit in dialogo, qui meno inscribitur, componendo. Commentatio praelectionibus in Academia Fridericiana. Halle / Sachsen (Hemmerde) (April) 1794. 21 S. (4.—) 23668

— quid Plato spectaverit in Dialogo, qui Meno inscrib., componendo. Comment. 4. Halle 794. Schwetschke u. S. 4 Gr.

— Quintiliani de Classicis, vide Quintilianus.

— Recensio numorum imperatoriorum Aeneorum a Julio Caesare usque ad Domitianum. Pr. 1820. 16 S. 1.—

—— Prolusio etc. cont. I. Recensionem numor. imperator. aeneor. a Nerva usque ad Faustinam, qui in Museo Academ. servantur. — II. Probabilia critica expensa. Fol. maj. (13 B.) Dorpati 834. (Lipsiae, Kummer.)

— — Praelectiones semestres in Caesarea Universitate Litteraria, quae Dorpati constituta est . . . inest Recensio XXX. numorum veterum Graecorum Argenteorum, qui in Museum Academicum nuper sunt illati. Dorpat (J. C. Schünmann) 15. I. 1820. 10 S. u. Lectiones . . . . 6 S. mit Namen. (4.—) 23673

— zwei Reden am Sarge des General-Feldmarschalls Fürsten Kutusow-Smolenskoy. gr. 4. Dorpat 814. (Kummer in Leipz.) 2 Gr.

— de Platonis repubI. 3 Comment. 8. maj. Halae, Hemmerde. 794. 95.

— de Platonis republica, III commentatt. 8maj. Halle 794, 95. Schwetschke u. S. 1 Thlr. 8 Gr.

— s. September, D. 15.

— über das Studium der Byzantinischen Geschichtschreiber, steht in d. Mémoires présentés à l'Acad. de St. Pétersb. T. IV.

— Symbolae criticae in Plat. Critonem a Biestero ac Buttmanno nuper tertio editum. Pr. 1812. 10 S. Fol. —.9

— Symbolae criticae in Platonis Critonem a Biestero et Buttmanno etc. Fol. Dorpat 814. (Kummer in Leipz.) 6 Gr.

Morgenstern, C., Symbolae crit. ad Ciceronis disputat. Tusculan. libr. I. P. I. 181 10 S. Fol.

— — Symbolae criticae ad Platonis et Horatii loca nonnulla. Prolusio praemissa catalogo praelectionum semestrium in universitate litteraria Dorpatensi. Dorpat (J. C. Schünmann) 17. I. 1821. 8 S. (4.—) 23674

— Symbolae criticae in quaedam loca Platonis et Horatii. II. Pr. 1821. 20 S. Fol.

v. *Morgenstern*, Karl, Symbolae crit. ad Platonis et Horatii loca nonnulla. II Ptes. Fol. Dorpat 822. (Leipz., Kummer). 12 Gr.

— Symbolae crit. ad Platonis et Horatii loca nonnulla. II. Part. Fol. Dorpat. (Lips., Kummer.) 823.

— — Praelectiones semestres in Caesarea Universitate Litteraria, quae Dorpati constituta est . . . insunt Symbolae criticae ad Platonis politiam ab astio denuo editam. Partic. I. Dorpat (J. C. Schünmann) Aug. 1815. 21 S. u. Lectiones . . . 6 S. mit Namen. (4.—) 23671

— Symbolae crit. ad Platonis politiam ab Astio denuo editam. Fol. Dorpat 815. (Kummer in Leipz.) 8 Gr.

Morgenstern, Carl, Spinners Taschenbuch. Formeln u. Tabellen zur Berechnung der Zähnezahlen für d. Wechselräder der Baumwollspinnereimaschinen, u. zur Nummerbestimmung ihrer Produkte. Für Krempel- u. Spinnmeister, sowie Spinnereipraktiker überhaupt. Leipzig 865. Gumprecht. 8. (XI, 87 S. mit eingedr. Holzschn.) cart. n. 20 ngr.

– s. Töne v. Lebenspfade.

— Töne vom Lebenspfade. gr. 8. Dorpat. (Leipzig, Kummer.) 818.

— über Stollbergs Uebersetzung v. Plato's Gesprächen. gr. 8. Leipz. 797. Dyck. 5 gr.

—— vom Verdienste. Zum Gedächtniss Alexanders d. Ersten gr. 4. (4 B.) Mitau 827. (Hamburg, Perthes u. Besser.)

— über Raphael Sanzio's Verklärung. 4. Dorpat 822. (Leipz., Kummer). 18 gr.

— Johann Winkelmann, e. Rede, nebst d. Rede über d. Einfluß des Studiums der griech. u. röm. Klassiker auf harmon. Bildung zum Menschen. Mit Winkelmanns Portr. gr. 4. Leipz. 805. Göschen. 1 ℛ 4 gr. — Die letzte Rede besonders. 4. Ebd. 6 gr.

— **Carl Moritz Ernst** (Stuttgart), De limite animae humanae. Diss. philos. Präs. Gottfried Ploucquet. Tübingen (Erhard) Aug. 1757. 38 Seiten. (5.50) 23675
Widm. v.: Gottfried Ploucquet.

[A.] Aufstellung eines Lehrplans über den gesamten naturwissenschaftlichen Unterricht in höheren Mädchenschulen und Erläuterungen dazu. Von Dr. L. **Morgenstern**, Dir. ... in Göttingen ... *Bielefeld: A. Helmich [1898].* (13 S.) 1 Bd 8.
= Abhandlungen, Pädagogische. N. F. Bd II. H. 5. [98. 119]

Morgenstern, Leopold von

Morgenstern, Dr. L. v., Das Bedürfniß eines Staatsraths für das deutsche Reich. Dessau 1848. 14 S. 8°.

Morgenstern, Dr. L. v., Bemerkungen zu dem Entwurfe des deutschen Reichsgrundgesetzes, welcher der Hohen deutschen Bundesversammlung als Gutachten der siebenzehn Männer des öffentlichen Vertrauens am 26. April 1848 überreicht worden ist. Leipzig, B. Tauchnitz jun., 1848. 39 S. 8°.

—— Beurtheilung des Entwurfes der Verfassungsurkunde für das Herzogth. Anhalt-Deßau, so wie des Wahlgesetzes und der Geschäftsordnung für die Stände-Versammlung. gr. 8. (28 S.) Deßau 848, Neubürger. *

Morgenstern, Leop. v., Mensch, Volksleben und Staat, im natürlichen Zusammenhange. 2 Bde. Leipzig 855. B. Tauchnitz. 8. (XII, 443; 2 Bl., 654 S.) 4 ℛ 15 ngr.

v. **Morgenstern**, L., Vorschlag zu dem Entwurfe einer landständischen Verfassung für das Herzogthum Anhalt-Dessau-Cöthen. gr. 8. (80 S.) Leipzig 852, Bernh. Tauchnitz. ½ ℛ

Morgenstern, Lina, Augusta, erste deutsche Kaiserin. Culturhistorisches Zeit- u. Lebensbild. 2. Aufl. [Aus: „Die Frauen d. 19. Jahrh."] gr. 8. (134 S. m. 2 Portr.) Berlin 890. Verlag der deutschen Hausfrauen-Zeitung. geb. n. 1. 50

Ⓑ **Morgenstern**, Lina, Augusta, erste deutsche Kaiserin 890. (KVL 26.) sowie die übrigen Schriften aus d. Verlag d. deutsch. Hausfrauen-Zeitung. Jetzt: Berlin, L. Morgenstern.

Morgenstern, Lina. Der häusliche Beruf u. wirtschaftl. Erfahrgn. Die Grundlagen d. häuslichen Glücks. Anleitung zur Einrichtg. u. Führg. des Haushalts. Häusliche Erziehg., Gesundheits- u. Krankenpflege. 3. umgearb. Aufl. der „Praktischen Studien über Hauswirtschaft". (288 S.) 889; u. 4. Aufl. 8. (VIII, 284 S.) Berl. 890, Verlag d. deutschen Hausfrauenzeitg. geb. * 3 50

— Der Beruf des Weibes. (Programm und Schulnachrichten der Academie zur wissenschaftl. Fortbildung für Damen in Berlin. 8°. Berlin.

Morgenstern, Lina, das Bienenkäthchen. Ein episches Märchen in 15 Kapiteln für die liebe Jugend. 4. (53 S. mit 7 lithogr. und ill. Bildern von L. Thalheim.) Berlin 863, Plahn'sche Buchh. cart. -

Morgenstern, Lina, das Bienenkäthchen. Ein episches Märchen in 15 Kapiteln für die liebe Jugend. 2. Aufl. Berlin 867. Schotte & Co. Lex.-8. (53 S. mit 7 lith. u. color. Bildern von Louise Thalheim.) geb. n. 20 ngr.

Morgenstern, Lina, Blüthenleben. Original-Novelle. br. 8. (VII, 282 S. mit 1 lithogr. Titelbild.) Neu-Ruppin [Leipzig] 869, Oehmigke's Verlag. ℳ 3.: geb. *

Morgenstern, Lina, in der Dämmerung. Neue Mährchen für junge Herzen. br. 8. (VI und 95 S. mit 4 lithogr. und ill. Zeichnungen in Tondr.) Berlin (861)62, Springer's Verlag.

—— in der Dämmerung. Mährchen, Sagen und Parabeln für junge Herzen. 2. Aufl. br. 8. (97 S. mit 4 lithogr. und color. Zeichnungen.) Ebendas. 869. cart. (ℳ 2,25.) *

— Erinnerungsblätter aus dem Kriegsj. 1870/71. Die Verpflegung durchzieh. Truppen, Verwund. u. Gefangener auf d. ost- u. niederschles. Bahnhöfen. gr. 8. (69 S.) Ebd. 895. n. 1.—

Morgenstern, Lina, die menschliche Ernährung und die culturhistorische Entwicklung der Kochkunst. Ein Geschenk für Frauen und Mütter und unentbehrl. Handbuch für Fortbildungs- und Kochschulen. gr. 8. (VIII, 162 S.) Berlin 882, Stuhr'sche Buchh. *ℳ 2.; geb. **

Morgenstern, Lina, die menschliche Ernährung und die culturhistorische Entwicklung der Kochkunst. 29 Vorträge für Hausfrauen und Mütter sowie für Lyceen, Fortbildungs-, Haushaltungs- und Kochschulen. 2. Aufl. gr. 8. (VIII, 162 S.) Berlin 886, Verlag der deutschen Hausfrauen-Zeitung. geb. *

— Ernährungslehre. Anleitung zur häusl. Gesundheitspflege. 25 Vorträge f. Lyceen, Fortbildungs-, Haushaltungs- u. Kochschulen, Kurse f. häusl. Gesundheitslehre, sow. z. Selbstunterricht f. Lehrerinnen, Hausfrauen u. Mütter. 3., umgearb. u. erweit. Aufl. gr. 8. (IV, 215 S.) Ebd. 895. Geb. in Leinw. n. 3.—

Morgenstern, Lina, Ernährungslehre. Grundlage e. häusl. Gesundheitspflege. 5. erweit. Aufl. Ein nützl. Geschenk f. erwachs. Mädchen, Frauen u. Mütter. Lehrbuch f. Fortbildungs-, Haushaltungs-, Kochschulen u. Kurse f. häusl. Krankenpflege. (III, 268 S.) gr. 8. Berlin 903. Schall & Rentel. Geb. in Leinw. n. 3.—

Morgenstern, Lina, errichtet Entbindungsasyle f. notleid. Ehefrauen. Vortrag, geh. am 18. März im Bürgersaale d. Berliner Rathauses. gr. 8. (16 S.) Berlin 895. Verlag d. Deutschen Hausfrauen-Zeitg. — 30

—— hundert Erzählungen aus der Kinderwelt für Kinderstube und Kindergarten. gr. 8. (IV, 188 S. mit 8 farb. Bildern nach Aquarellen von L. v. Kramer.) Stuttgart 887, Thienemann. geb. *

— 100 Erzählungen aus d. Kinderwelt f. Kinderstube u. Kindergarten. M. 4 Farbendr.-Bild. nach Aquarellen v. R. Gutschmidt. 2. Aufl. gr. 8. (159 S.) Stuttgart 895. K. Thienemann. Geb. in Leinw. n. 3. —

— 100 Erzählungen aus der Kinderwelt f. Kinderstube u. Kindergarten. Mit 4 Farbendr.-Bildern nach Aquarellen v. R. Gutschmidt. 3. Aufl. (159 S.) gr. 8. Stuttgart (903). K. Thienemann. Geb. in Leinw. n. 3. —

—— Festschrift zum 25jähr. Jubiläum d. Vereins d. Berliner Volksküchen v. 1866—1891. gr. 4. (92 S.) Ebd. 891. * 1 50

—— die Frauen des 19. Jahrhunderts. Biograph. und culturhistor. Zeit- und Charactergemälde. Lex.-8. (391 S. mit Illustr.) Berlin 888, Verlag der Deutschen Hausfrauen-Zeitung. geb. *

— dasselbe. 2. Folge. Lex.-8. (384 S.) Ebd. 889. geb. n. 10. —

— dasselbe. 25.—30. [3. Folge, 1.—6.] Hft. Lex.-8. (192 S.) Ebd. 890. à n. — 50

Morgenstern, Lina, die Frauen des 19. Jahrh. Biographische u. culturhistor. Zeit- u. Charactergemälde. Mit Illustr. 31.—36. [3. Folge 7.—12.] Hft. Lex.-8. (VII u. S. 193—391.) Berlin 890. 891. Verlag der „Deutschen Hausfrauen-Zeitung". à n. — 50 (3. Bd. kplt. geb. in Leinw.: n. 10. —; 1—3 zusammen, geb. n. 24. —)

— Frauenarbeit in Deutschland. I. Tl. Geschichte der deutschen Frauenbewegg. u. Statistik der Frauenarbeit auf allen ihr zugängl. Gebieten. II. Tl. Adressbuch u. Statistik der Frauenvereine in Deutschland. gr. 8. (VIII, 248 u. VIII, 276 S.) Ebd. 893. n. 6. —

Morgenstern, Lina, 4. Die Frauenbestrebungen unserer Zeit. (Allgem. Frauenkalender, Jhrg. 3, 1887.) 8⁰. Berlin, Verl. d. „Deutschen Hausfrauen-Zeitung, 1887.

—— s. Frauenbestrebungen. — Frauenkalender.

—— Friedrich Fröbel. Festschrift zur 100jähr. Geburtstagsfeier. gr. 8. (41 S.) Berlin 882, Walther und Apolant. *

— Gedenkblatt zum 25jährigen Jubiläum des Kinderschutzvereins. gr. 8. (15 S. m. 1 Bild.) Ebd. (894). n. — 40

— Geschichten aus dem Kinderleben des 18., 19. u. 20. Jahrh. (158 S.) gr. 8. Zossen (909). P. Otte. Geb. in Leinw. 2. —

—— und Imman. Heinr. Ritter, Glaube, Andacht und Pflicht. Ein Buch zur häusl. Erbauung für die reifere israelit. Jugend. 2 Thle. gr. 16. (VIII und 104 S.) Berlin 863, Springer's Verlag. geb. *

Morgenstern, Frau Lina, s.: Hausfrauen-Zeitg., deutsche.

— zuverläss. Hülfsbuch zur Gründg., Leitg. u. Controle v. Volksküchen u. anderen gemeinnütz. Massen-Speiseanst. Mit 15 Formularen zur Buchhalterei u. 66 Kochrezepten. Nach 26jähr. Erfahrg. verf. u. hrsg. gr. 8. (98 S. m. 3 Taf.) Berlin 892. Verl. d. deutschen Hausfrauenzeitg. n. 1. 50

Zuverlässiges Hilfsbuch zur Gründung, Leitung und Controle von Volksküchen und anderen gemeinnützigen Massen-Speiseanstalten. Mit Kochrezepten d. Berliner Volksküchen u. d. Gesch. d. Vereins von 1866 verf. von Lina **Morgenstern**. In 3. erweit. Aufl. *Berlin: Deutsche Hausfrauen-Zeitung (1900).* (210 S.) 8°

— s.: Jahrbuch f. junge Mädchen nach d. Schulzeit.

— Jugend-Kalender f. d. J. 1893. Für Knaben u. Mädchen. Unter Mitwirkg. namhafter Schriftsteller, Schriftstellerinnen u. Pädagogen hrsg. gr. 8. (192 S. m. Abbildgn.) Berlin, R. Gerbe. Geb. n. 1. —

Morgenstern, Lina, der Kindergarten u. die Schule, u. in welcher Weise ist die organ. Verbindg. zwischen beiden herzustellen. Mit Portrait Frdr. Fröbel's (in Holzschn.) 8. (48 S.) Leipzig 874. Hirt & Sohn. — 75

—— Koch-Recepte der Berliner Volksküchen von 1866 und die Nährwerthe der Speisen oder wie bereitet man schmackhaft und nährend die billigste Massenspeisung? 4. durchaus verb. und verm. Aufl. gr. 8. (29 S.) Berlin 883, Stuhr'sche Buchh. *

Morgenstern, Lina, aus Friedrich Fröbel's Leben und Wirken. gr. 8. (16 S. mit Portr. in Holzschn.) Leipzig 878, Hirt und Sohn.
Aus: Das Paradies der Kindheit, besonders abgedruckt.

— aus Friedrich Fröbel's Leben u. Wirken. [Aus: „Paradies der Kindheit". 4. Aufl.] gr. 8. (16 S. m. Portr. in Holzschn.) Leipzig 878. Stralsund, Misch. — 25

—— das Leben Galileo Galilei's. Gedenkblatt zur Feier seines 300jähr. Geburtstages den 18. Febr. 1864. 8. (VIII und 40 S.) Berlin 864, Plahn'sche Buchh. *

— 10 goldene Leitworte für Mädchen im Hausdienst. Nach e. Entwurf v. G. R. Brecka verf. gr. 8. (10 Blatt.) Berlin (894). Verlag d. Deutschen Hausfrauen-Zeitg. In Karton n. 1. —

—— Liebe und Leid. Novelle nach dem Leben. Für die weibl. Jugend. 2. (Titel-)Ausg. (von „Blüthenleben"). Mit (lithogr.) Titelbild. br. 8. (VII, 282 S.) Leipzig (869)79, Dehmigke's Verlag. geb. *

Morgenstern, Lina, bunter Märchenkranz f. Mädchen u. Knaben. Gesamtausg. d. Orig.-Märchen. M. 5 Bild. v. A. de Witt. 2. Aufl. gr. 8. (VI, 148 S.) Berlin 898. Verlag d. deutschen Hausfrauen-Zeitung. Geb. n. 2. 50

MORGENSTERN, LINA: *Die kleinen Menschen.* 101 Geschichten und Lieder aus der Kinderwelt für kleine Leser, erzählende Mütter ... von Lina Morgenstern. Für das Alter von 6—11 Jahren. Mit 5 [statt 8] bunten Illustrationen in Farbendruck und Colorit von LOUISE THALHEIM. Berlin, Ernst Schotte & Co. [1865]. VI, 1 Bl. 238 SS. 1 Bl. Anzeigen. 8⁰. Alter Hldr. ★ 1. Ausg. Teilw. leicht fleckig, 3 Tafeln fehlen. 12.—

—— die kleinen Menschen. 101 Geschichten und Lieder aus der Kinderwelt für kleine Leser, erzähl. Mütter, Kindergärtnerinnen und Erzieherinnen. Für das Alter von 6—10 Jahren. 2. durchgeseh. Aufl. gr. 8. (VI, 223 S. mit 8 bunten Illustr. in Farbendr. und Colorit von Louise Thalheim.) Berlin 871, Schotte und Comp. [Leipzig, Hirt und Sohn.] geb.

— die neuesten religiösen Nationallieder Polens mit den vier Hauptmelodien. Ins Deutsche treu übertragen u. herausg. (In polnischer u. deutscher Sprache.) Berlin 861. (Behr.) 8. (2 Bl., 39 S.) n. 10 ngr.

—— das Paradies der Kindheit durch Spiel, Gesang und Beschäftigung. Friedrich Fröbel's Spielbeschäftigungen als ein zusammenhängendes Ganzes nebst Erzählungen und Lieder zur Spielanwendung. Ein prakt. Handbuch für alle Freunde der Kinderwelt. gr. 8. (XIV und 194 S. mit 170 eingedr. Holzschn., 5 Stnt. und Noten.) Berlin 861, Schotte und Comp. *

Morgenstern, Lina, das Paradies der Kindheit nach Friedrich Fröbels Grundsätzen. Praktisches u. ausführl. Handbuch für den Selbstunterricht u. zur Benutzung in den Fröbel'schen Bildungsinstituten. 2., verm. u. umgearb. Aufl. 1865 u. 2. (Titel-) Ausg. Berlin 867. Schotte & Co. gr. 8. (VIII, 280 S. mit eingedr. Holzschn.) n. 1 $\mathscr{A}$ 15 ngr.

—— das Paradies der Kindheit. Eine ausführl. Anleitung für Mütter und Erzieherinnen Friedr. Fröbel's Spiel-Beschäftigungen in Haus und Kindergarten praktisch auszuüben. 3. vollständig umgearb. Aufl. gr. 8. (288 S. mit 150 eingedr. Holzschn.) [Ebendas.] 871. *M 4,50.; geb. *

—— das Paradies der Kindheit. Eine ausführl. Anleitung für Mütter und Erzieherinnen, Friedrich Fröbel's Spiel-Beschäftigungen in Haus- und Kindergarten praktisch auszuüben. 4. umgearb. Aufl. gr. 8. (292 S. mit 150 eingedr. Holzschn.) Leipzig 878, Hirt und Sohn. *M 4,50.; geb. *

Morgenstern, L., das Paradies der Kindheit. gr. 8. Leipzig 878. Stralsund, Misch. * 4 50

— das Paradies der Kindheit. Eine ausführl. Anleitg. f. Mütter u. Erzieherinnen zur Kindespflege u. Erziehg. in den ersten 6 Jahren, sowie zur prakt. Anwendung v. Frdr. Fröbel's Spiel-Beschäftiggn. in Haus- u. Kindergarten. 5., umgearb. Aufl. gr. 8. (IV, 320 S. m. 2 Vollbildern u. 150 Holzschn.) Wien 889. Pichler's Wwe. & Sohn. n. 4. 50

— das Paradies der Kindheit. Lehrbuch f. Mütter, Kindergärtnerinnen u. Erzieherinnen. Nach Friedrich Fröbel's System. 6. erweit. Aufl. (V, 317 S. m. 1 Bildnis.) 8. Regensburg 904. W. Wunderling. n. 3. —; geb. in Leinw. n. 4. —

Morgenstern, Lina, die Plauderstunden. 8. Leipzig 874. Gera, Griesbach's Verlag. geb. 4 50

—— die Plauderstunden. 12 Erzählungen für die reifere Jugend. 8. (205 S. mit 1 Stnt.) Leipzig 874, Hirt und Sohn. *M 2,80.; geb. *

— Saccharin im Haushalt u. f. den Krankentisch, s. a. Graf, Emilie, die bürgerliche Küche in Deutschland u. Oesterreich.

— Saccharin im Haushalt u. f. d. Krankentisch. Eine Studie, nebst 100 Koch-, Back- u. Conserven-Recepten m. Saccharin. 95. Taus. 8. (37 S.) Magdeburg 889. Ebd. n. 1. —

— der Schlüssel zum häuslichen Glück. Tage-, Kassa- u. Haushaltungsbuch der Hausfrau. gr. 4. (144 S.) Ebd. (892). Geb. in Leinw. n. 3. —

— der Schlüssel zum häuslichen Glück. Tage-, Kassa- u. Haushaltungsbuch. 3. Aufl. (146 S.) Lex.-8. Berlin (906). Globus Verlag. Geb. in Leinw. 3. —

Morgenstern, Lina, die Stellung der Frau im Leben, s. a. Schriften, deutsche, f. nationales Leben.

Die Stellung der Frau im Leben. Von Lina Morgenstern, Luise Otto-Peters [u. a.] — Kiel & Leipzig: Lipsius & Tischer 1891. 52 S. 8° (Deutsche Schriften f. nationales Leben. R. 1. H. 6.)

— die Storchstraße. Hundert Bilder aus der Kinderwelt in Erzählungen u. Liedern für erzählende Mütter, Kindergärtnerinnen u. kleine Leser. Mit 8 (lith.) bunten Illustr. von Louise Thalheim. Breslau 861. Trewendt. gr. 16. (VIII, 240 S.) 1 $\mathscr{A}$ 7½ ngr.

—— praktische Studien über Hauswirthschaft für Frauen und Jungfrauen. 1. Bd. gr. 8. (VIII, 167 S. mit Portr. der Verf. in Stahlst.) Ebendas. 875. M 3.; geb.

—— s. Thierleben, das, in Bildern und Erzählungen.

— Universal-Kochbuch für Gesunde, Kranke und Genesende und erstes Lehrbuch für Kochschulen. Ein unentbehrl., systemat. Handbuch für Kochschulen, Hausfrauen, junge Damen 2c., sowie eine Sammlung von über 2300 Kochrecepten und Speisezetteln. 8. (XXXII, 656 S.) Berlin 881, Hermann. geb. *

— Universal-Kochbuch f. Gesunde u. Kranke. 2., erweit. Aufl. gr. 8. (XLIX, 982 S.) Berlin 890. Verlag der „Deutschen Hausfrauenzeitung". geb. n. 6. —

—— Universal-Kochbuch f. Gesunde u. Kranke. Dies Buch giebt systemat., klar verständl. Anleitg. zum prakt. Unterricht in Kochschulen, wie zum Selbstunterricht in der Familie u. zur Diät in der Krankenpflege. 3. u. 4. Aufl. gr. 8. (XLIX, 982 S.) Berl. 890,91, Verlag der deutschen Hausfrauenzeitung. geb. * 6 —

— Universal-Kochbuch f. Gesunde u. Kranke. 3., sorgfältig durchgearb. u. erweit. Aufl. Geprüft in der Kochschule d. Berliner Hausfrauenvereins. gr. 8. (XLIX, 982 S.) Berlin 891. Verl. der „Deutschen Hausfrauenzeitung". Geb. in Leinw. n. 6. —

— Universal-Kochbuch f. Gesunde u. Kranke. Dies Buch giebt systemat., klar verständl. Anleitg. zum prakt. Unterricht in Kochschulen, wie z. Selbstunterricht in der Familie u. zur Diät in d. Krankenpflege. 4. Aufl. gr. 8. (XLIX, 954 S.) Berlin 891. Verl. d. deutschen Hausfrauen-Zeitg. Geb. n. 6. —

Morgenstern, Lina: Victoria, Deutsche Kaiserin, Königin v. Preussen. Ein Lebensbild. — Leipzig: Kempe 1888. 107 S. 8°

—— Victoria, Kronprinzessin des deutschen Reichs, Prinzeß Royal von Großbritannien. Festschrift zur Feier der silbernen Hochzeit Ihrer kaiserl. Hoheiten des deutschen Kronprinzen und der deutschen Kronprinzessin den 25. Jan. 1883. 8. (107 S.) Leipzig 883, Kempe. *M 1,20.; geb. *

—— die Volksküchen. Wirthschaftliche Anstalten für billige, gesunde, nährende und schmackhafte Massenspeisung im Krieg und Frieden. Motive, Bedeutung, Organisation und culturhistor., statist. Darstellung. 4. verm. und gänzlich umgearb. Aufl. gr. 8. (VIII, 222 S.) Berlin 882, Stuhr'sche Buchh. *

Morgenstern, Lina, die Berliner Volksküchen. Eine culturhistor. statist. Darstellung nebst Organisationsplan. 1. und 2. Aufl. Lex.-8. (III, 63 S.) Berlin 868, (Löwenstein.) *

—— dass. — Organisationsplan und cultur-histor. statist. Darstellung nebst Statut, Verwaltungs- und Kassenberichten und 37 Kochrecepten. 3. Aufl. gr. 8. (III, 100 S.) Ebendas. 870. [Staude.] *

—— aus dem Volksleben. Drei Erzählungen. br. 8. (III, 140 S. mit 3 lithogr. Bildern in Tondr. nach Orig.-Zeichnungen von W. Schäfer.) Neu-Ruppin [Leipzig] 869, Oehmigke's Verlag. cart. (ℳ 2,75.) *

— Was kochen wir heute, s.a.Davidis, Henriette, prakt. Kochbuch.

—— Was kochen wir heute? Speisezettel auf 1 Jahr f. die reiche Küche u. den bürgerl. Tisch, nebst Verdeutschg. aller in der Küche übl. Fremdwörter. 16. (123 S.) Berl. 890, Verlag d. deutschen Hausfrauenzeitg. geb. 1 — 50; * — 60

Morgenstern, Frau Lina, was kochen wir heute? 730 Speisezettel f. Hausmannskost u. reiche Küche. Verdeutschung aller in der Kochkunst vorkomm. Fremdwörter. 104 Wochensprüche u. Kochrezepte. 6. Aufl. 16. (133 S.) Berlin 899. Verlag der deutschen Hausfrauen-Zeitg. Geb. — 75

—— Wirtschafts- u. Wäsche-Kontrollbuch. gr. 8. (99 S.) Ebd. 891. — 75

Morgenstern, Lina: Ein offenes Wort über das medizinische Studium der Frauen an Herrn Prof. Dr. W. Waldeyer. — Berlin: Deutsche Hausfrauen-Zeitung 1888. 22 S. 8°
Aus: Deutsche Hausfrauenzeitung. 1888. Nr 44—46.

—— die Zeichenschule, s. Kindergarten, der praktische.

Morgenstern, M. S., William Waller's Wanderungen. Nach dem Engl. Manuscripte mitgetheilt. 2 Bde. 8. Berlin 830. (A. Förstner.) 2⅓ ₰

Morgenstern, M. S., William Walther's Wanderungen; nach d. Engl. 2 Bde. 8. Berl. 830. Schüppel. 2 ₰ 8 gr

Morgenstern, Marie, Glück auf! Aus den Aufzeichngn. e. oberharz. Bergarztes. 8. (143 S.) Hannover 884. Weichelt. n. 1. 60

Morgenstern, Marie, siehe: *Marshall, E.* und *Prentiss, G. L.*

— ein Menschenleben. Eine wahre Geschichte. Mit Titelbild (Holzschn.). 8. (38 S.) Basel 883. Spittler. n. — 50

Morgenstern, Maria, siehe: *Prentiss, E.*

Morgenstern Max: Einwirkung von verdünnter Schwefelsäure auf das aus Isovaleraldehyd erhaltene Glykol. S. 112. IIb. 48 . . . . vgr.
Separatabdruck

Morgenstern, Mich. Grundriss d. Zahnersatzkunde. Nach L. P. Haskell' the students manual and hand-book for the dental laboratory. gr. 8. (IV, 80 S.) Lpz. 890, Felix. * 2 —

Morgenstern, Mich., Untersuchungen üb. den Ursprung der bleibenden Zähne. Ausgeführt in dem Institute der normalen Histologie zu Genf. Mit 4 lith. Taf. u. 6 Holzschn. gr. 8. (VII, 114 S.) Leipzig 885. (Felix.) n. 4. —

Morgenstern, Olga, s. a.: Arendt-Morgenstern, Olga.

Morgenstern, Olga, f. gesellige Kreise. Eine Sammlung ernster u. heiterer Deklamationsstücke, nebst e. Anh. v. Gelegenheitsgedichten. Mit e. Vorwort v. Minona Frieb-Blumauer. 8. (XIV, 358 S.) Berlin 888. Rosenbaum & Hart. n. 3. —; geb. n. 4. —

Märchen-Bilderbuch von Olga Morgenstern. Dichtung zu lebenden Bildern, mit genauer Anweisung z. Aufstellung u. geeign. Musik-Begleitung. *Berlin: E. Bloch [1894].* (53 S.) 8° [F.]
— Gallerie. Ludwig Blochs, lebender Bilder. Lief. 13 [co. 1532]

— Märchen-Bilderbuch, s. a. Bloch's, Ludw., Gallerie lebender Bilder.

Morgenstern, Otto: Curae Catullianae. Berlin, Hofbuchdr. Gebr. Radetzki, *1894;* I–XX S. 4.
Gross-Lichterfelde, G, P 1894 (78)

Morgenstern, Otto, curae Catullianae. Progr. gr. 4. (XX S.) Gr.-Lichterfelde 894. Selbstverlag. 1. —

Morgenstern, Otto: Die alten Drucke der Gymnasialbibliothek. III. Die Sebersche Bibliothek. (Forts. d. v. Herm. Wagner veröffentl. P-Beil. 1879. 1883.) Meiningen, Druck d. Keyssnerschen Hofbuchdr. (1890); S. 3–14; 4°
Schleusingen, k. Hennebergisches G, P 1890 (244)

Morgenstern, Otto Die alten Drucke der Gymnasialbibliothek. III. Die Sebersche Bibliothek. (Umschlagtitel: Verzeichnis der alten Drucke der Gymnasialbibliothek. Teil III.) 4 (S. 3–14).
Progr. Hennebergisch. G. *Schleusingen* 1890 (244).

Morgenstern, Otto: Michael Franck. Ein Gedächtnisblatt z. 16. März 1909, dem 300sten Geburtstage dieses Schleusinger Dichters. Schleusingen 1909: Lang. S. 15—27. 4°
Schleusingen, k. Hennebergisches G P 1909 (341) [S 09. 329

Morgenstern, Otto: Hennebergica: Verzeichnis der alten Drucke aus der Gymnasialbibliothek, die sich auf die ehemalige Grafschaft Henneberg beziehen. T. 1. *Meiningen 1903: Keyßner.* (S. 3—22.) 4°
Schleusingen, k. preuß. Hennebergisches G, P 1903 (292)

Morgenstern Otto: Über die Kondensation von Opiansäure und Phtalaldehydsäure mit Zyklohexanon und Diathylketon. S. 118. IIb. 65 . . . . vgr.
Separatabdruck

— Über das Laserpitin (mit 1 Textfigur). S. 121. IIb. 58 . . . . vgr.
Separatabdruck

— Über Verbindungen der 3. 5-Dinitroparaoxybenzoesäure mit Kohlenwasserstoffen. 1. Mitteilung. S. 119. IIb. 151 . . . . vgr.
— — 2. Mitteilung. S. 120. IIb. 523 . . . . vgr.
Separatabdruck

— und Zerner E.: Versuche zur Synthese des 1. 5-Diaminopentanols 3. S. 119. IIb. 590 . . . . vgr.
Separatabdruck

Morgenstern, Paul (geb. Halberstadt 7. 2. 1855): Die Servitut des Usus nach gemeinem und preussischem Rechte. Berlin (1879). (IV. 45 S.) 8°
Berlin, Jur. Diss. v. 3. März 1879

Morgenstern, Paul, aus Duisburg: **Untersuchungen über die Entwicklung von Cordylophora lacustris Allman. Mit 2 lithogr. Taf.** *Leipzig: W. Engelmann 1901.* (29 S.) 8°
¶(Aus: Zeitschrift f. wiss. Zool., Bd 70, H. 4.)
Rostock, Phil. Diss. v. [15. Mai] 1901

Morgenstern, Philipp

Morgenstern, Ph., Turba philosophor., d. i., d. Buch v. d. güldn. Kunst, n. a. Auctorib., w. zusamm. 36 Bücher ausmachen. 2 Bde. m. K. 8. Leipz. Sommer. 750.

Turba philosophorum... In 2 Th. abgefasset ... in die deutsche Sprache übers. u. hrsg. durch Philippum Morgenstern. Th.1.2. Wienn: Krauß 1750. 8°

Morgenstern, R., s.: Rechenbuch f. Fortbildungs-, Fach- u. gewerbliche Schulen.

Morgenstern, Raphael. Regiments-Kaplan. Oesterreichs Helden des XVII. und XVIII. Jahrhunderts. 8. St. Pölten **1783.**

Morgenstern, Raph., Oestreich. Helden d. 17n u. 18n Jahrh. gr. 8. Wien 783. Hörling. 16 gl.

Der Weisheit Morgenröthe oder Reinhard Morgensterns Epilog an meine lieben Brüder Freymaurer und zugleich ans Publikum. Athen [Leipzig: Fritsch] 1786. 238 S. 8°
cf. D. neuesten Religionsbegebenheiten. 9 (1786) S. 479—512, 578—620.
Kl. 2934. Handelt von den Spaltungen, die sich unter den Mr eingeschlichen haben, den Geheimnissen, die man dem „Orden" angedichtet hat, u. enth. Vorschläge zur Verbesserung des Bundes. Nach Kloss' brieflichen Mitteilungen vom 19. Jan. 1850 ist J. A. Frh. v. Starck der Verf. 23. 25. 193.

Morgenstern, Rudolf: Das chirurgische Nähmaterial. Berlin, gedruckt bei L. Schumacher, 1880. 8. VIII, 46 S.

Morgenstern, Sal. Jak., († d. 16. Nov. 1785.) über Friedrich Wilhelm I. König v. Preußen; ein hinterlassenes Werk. 8. Braunschw. 793. Vieweg. 16 gl.

Morgenstern, Sal. Jac. Über Friedrich Wilhelm I. 8. s. l. 1795.

— neueste Staatsgeographie. 8. Jena. (F. C. W. Vogel in Leipz.) 735.

— Simon (Halle/Magdeburg), De hypotheca tacita propter pecuniam lustricam, Occasione Ordin. Proc. Magdeb. C. XLIX. § 54. Diss. jur. Präs. Christian Thomasius. Halle/Magdeburg (Salfeld) 23. XII. 1717. 68 S. (6.50) 23678

— — Dasselbe. Halle/Magdeburg (Salfeld) 23. XII. 1717. Rec. 1729. 68 S. (6.50) 23679

— — De hypotheca tacita propter pecuniam lustricam. Diss. jur. Präs. Christian Thomasius. Halle/Magdeburg (J. Chr. Grunert) 23. XII. 1717. Rec. 1748. 68 S. (6.50) 23680

Morgenstern, W.

— s. W. Scott, Harold d. Unerschrockene, — dess. Marmion, — dess. Mathilde v. Rokebie.

v. Morgenstern, W., (C. E. Wlh. v. Gersdorf), Thirza, die Seherin aus Griechenland, od. die deutschen Schleichhändler. 8. Leipz. 822. Lauffer. 1 ₰ 12 gl

Morgenstern, (Wilh.), († d. . . . . 1850), Grundzüge des Münster'schen ehelichen Güterrechts, ein Beitrag zur Lehre u. Geschichte der deutschen ehelichen Gütergemeinschaft. gr. 8. (57 S.) Siegen 849. (Münster, Coppenrath.) n. ⅔ ₰

Morgenstern, Wilh., Handbuch für Sattelmacher. Genaue Anleitg. zur Anfertigg. der Herren- u. Damen-Sättel m. allem Zubehör. Mit 156 Textabbildgn. u. e. Schnittmuster-Mappe (in gr. 8, enth. 9 Bog.) (je 100,5×75,5 cm.) m. 60 Orig.-Schnittmuster-Zeichngn. 8. (VII, 95 S.) Berlin (902). Berg & Schoch. Geb. n. 12.—

Morgenstern, Wilh., der Sattler als Zuschneider. Eine Sammlg. v. Zeichngn. f. Stall-, Reit- u. Fahr-Requisiten, nebst genauer Angabe der dazu erforderlichen Maße u. s. w. 6. Aufl. 4. (80 autogr. S. m. Abbildgn.) Potsdam 892. (Berlin, A. Nesselmann.) n. 2. 50

Der Sattler als Zuschneider. Eine Sammlung von Zeichnungen f. Stall-, Reit- u. Fahr-Requisiten, nebst genauer Angabe der dazu erforderl. **Maße** etc. Nach eigenen Erfahrungen bearb. von Wilhelm **Morgenstern,** Sattlermeister. 8. Aufl. Berlin: Laubsch & Everth 1904. (80 S.) 8° [F.] [Text autogr.] [c5. 13566

Morgenstern, Wilh., der Sattler als Zuschneider. Eine Sammlg. v. Zeichngn. f. Stall-, Reit- u. Fahr-Requisiten, nebst genauer Angabe der dazu erforderl. Maße 2c. Nach eigenen Erfahrgn. bearb. 9. Aufl. (VII, 126 S. m. Abb. u. Taf.) 15×23 cm. Berlin (907). Laubsch & Everth. 5.—

Morgenstern, J., neuestes Vademekum. Eine Auswahl der witzigst. Anecdoten u. sinnreichsten Einfälle. 16. Berl. 811. Hayn. 16 gl.

Morgenstern-Weigl, Josef. **50,000 Franken Theater-Subvention!!! I. Die Basler Stadttheaterfrage — II. Radikale Lösung der Theaterfrage überhaupt. 16 S. 8. Basel, (Walz & Miéville,) 1901. fr. —. 25**

Morgenstunde hat Gold im Mund! Anleitung zum frühen Aufstehen . . . 2. Aufl. Zürich 1886. 7. Aufl. 1903. 8. Aufl. [1906]. V: *Weber, Herm.* **(Zuwachsverz. d. Bibliotheken in Zürich 1898 ff., 8.) (BSchwLk V, 8, 2) (BBullSchw 3, 1903)** *Weber, Heinrich.* **(ZZ)**

Morgenstund hat Gold im Mund! Anleitung zum frühen Aufstehen. Insbesondere allen Kurbedürftigen gewidmet von H. W. 1.–3. Aufl. 8. (III, 70 S.) [Stuttgart 886.] Zürich, Schröter und Meyer. *
geb. *

Morgenstund hat Gold im Mund! Anleitg. zum frühen Aufstehen. Jedermann, insbes. allen Kurbedürft. gewidm. v. H. W. 4. Aufl. 8. (70 S.) Zürich u. Leipzig 895. Th. Schröter. n. — 80

Morgenstund hat Gold im Mund! Anleitung zum frühen Aufstehen. Jedermann, insbesondere allen Kurbedürftigen gewidmet v. *H. W.* 5. (Titel-) Aufl. 12°. III, 69 S. Zürich, Th. Schröter's Verlag. 1900. 1 —

Morgenstund hat Gold im Mund! Anleitung zum frühen Aufstehen. Jedermann, insbesondere allen Kurbedürftigen gewidmet v. H. W. 6. Aufl. 8. (V, 69 S.) Zürich 903. Th. Schröter. Kart. n. — 80

Morgenstund hat Gold im Mund! Anleitung zum frühen Aufstehen. Jedermann, insbesondere allen Kurbedürftigen gewidmet v. H. W. 8. Aufl. (26.—30. Taus.) (75 S.) 8. Zürich (906). Th. Schröter's Nachf. n. — 80

Morgenstund hat Gold im Mund! Anleitung zum Frühaufstehen. Jedermann, insbesondere allen Kurbedürftigen gewidmet v. H. W. 9. Aufl. (81.—85. Taus.) (75 S.) 8. Zürich (908). A. Bürdeke. — 80

Morgenstunden. Zürich 1797. V: *Gessner, Johann Georg.* (Ky)

Morgenstunden, (v. J. G. Geßner). gr. 8. Zürich 797. Ziegler u. S. 16 gr. Schrbp. 18 gr.

Morgenstunden eines Einsiedlers. Nürnberg 1799. V: *Sattler, Johann Paul.* (Ky) (MGT) (Will)

Morgenstunden eines Einsiedlers, (v. J. P. Sattler). 2 Bde. 8. Nürnb. 799. Eichhorn. 1 Thlr 8 gr.

— e. Einsiedlers. 2 Bdchen. 8. Nürnberg, Grattenauer. 799.

Morgenstunden, Fatimes. Leipzig 1799. V: *Oehme, Sophie Constanze Theodore geb. Breitkopf.* (Schl)

Morgenstunden, die, eines deutschen Fürsten oder die Kunst zu regieren. Unveränderter Abdr. einer Uebersetzung nach dem Orig. des 18. Jahrh. nebst den Anmerkungen des damal. Herausgebers. 8. (47 S.) Reutlingen 863, [Baur.]

Morgenstunden, Die, der Grazien. Hsg. von Charlotte Weddigen geb. Stohlmann. Bremen 1795. V: *Weddigen, Peter Florens.* (GGr) (Ky) (MGT)

— der Grazien, (v. P. F. Weddigen); hrsgg. v. Charl. Weddigen. 8. Brem. 795. Müller. (Fr. Wilmanns in Frkf.) 12 gr.

Morgenstunden, Die, des Königs von Pr...... oder lehrreiche Vorschriften an seinen Thronfolger. [A. d. Franz.] Boston 1783. N. A. Reutlingen 1863. Ü: *Schwerin, Wilh. Frdr. Carl Graf von.* (Wr)

— königliche, oder die Kunst zu herrschen. Angeblich von Friedrich dem Großen. Aus dem Französ. gr. 8. (31 S.) Leipzig 863. (Pardubitz.) *

MORGENSTUNDEN, Die, einer Kurtisane. (= Neue Bibliothek Nr. V.) O. O. u. J. (um 1910). 8°.
Verb. d. Ldg. III Berlin A. 4 J. 197/12.

Morgenstunden, Die, eines Vaters mit seinen Kindern. Glogau 1801. V: *Wisselinck, Friedrich Wilh. Carl von.* (Ky) (MGT)

— die, e. Vaters mit sn. Kindern, (v. W. Wisselink). 2 Thle. 8. Glogau 801 u. 3. Neue Günter'sche B. 1 Thlr 8 gr. 3r u. 4r Thl. A. u. d. T.: Seelenlehre f. Kinder e. guten Erziehung. 1r u. 2r Bd. 8. Königsb. 804. (Leipz., Kummer). 1 Thlr 12 gr.

MORGENSTUNDEN, Vergnügte, in verschiedenen Erzählungen. Th. 1. Leipzig, b. Carl Wilh. Hollen. 8°.
M. M. V. 1769. S. 1190, s. l. f. n. p.

Morgenthal, Mor. (Schriftl.), s. Almanach, Heidelberger akademischer.

Morgenthaler, H., die elektrischen Einrichtungen der Vesuvbahn, s.: Strub, E., die Vesuvbahn.

Morgenthaler, H., die elektrischen Lokomotiven der Wengernalpbahn. (10 S. m. Abb.) 32×24 cm. Zürich 910. Rascher & Co. — 80
Sonderabdruck aus: „Schweiz. Bauztg."

Morgenthaler, J., die künstliche Ernährung d. Säuglings. Nach den neuesten Grundsätzen dargestellt. Mit e. Vorwort v. G. Custer. gr. 8. (23 S.) Aarau 894. E. Wirz. n. — 60

Morgenthaler, J. Die Feinde der Kartoffel u. ihre Bekämpfung. gr. 8. (82 S. m. 23 Illustr.) Aarau 892, J. J. Christen, Verlag. * 1 50

Morgenthaler, J., zur Frage der Errichtung e. deutsch-schweizerischen Obst-, Wein- u. Gartenbauschule in Verbindung m. e. Versuchsstation u. Obstverwerthungsanstalt. Vortrag. gr. 8. (15 S.) Aarau 889. Wirz-Christen. n. — 40

Morgenthaler, J.: Der echte Mehltau. Oidium Tuckeri Berk. Aarau: Wirz 1893. 29 S., mit 12 Abb. -- 121*
--- Dass. 2. Aufl. Ebd. 1900. 35 S., mit Abb. -- [Zit. nach Kayser]

Morgenthaler, J., der falsche Mehltau, sein Wesen und seine Bekämpfung. Nach den neuesten Erfahrungen dargestellt. gr. 8. (48 S. mit 1 Formular.) Zürich 888, (Schröter und Meyer.) *

--- Ders.: Der falsche Mehltau, sein Wesen und seine Bekämpfung. 2., durch einen Anhang verm. Ausg. Zürich: Selbstverl. 1891. 48, 31 S. -- 121*
--- Dass. 1. Aufl. Zürich: Zürcher & Furrer 1888. 48 S. -- [Zit. nach Kayser]

— der falsche Mehltau, sein Wesen u. seine Bekämpfg. Nach den neuesten Erfahrgn. dargestellt. 2., durch e. Anh. verm. Ausg. gr. 8. (48 u. 25 S. m. 1 Formular.) Zürich 891. (Aarau, J. J. Christen's Sort.) n. 1. 25

Morgenthaler, J. Der falsche Mehltau, sein Wesen und seine Bekämpfung. 2. Aufl. In-8°. 48 S. nebst Anhang 32 S. Zürich, E. Speidel. 1893.

— der Schulgarten. Mit besond. Berücksicht. der schweizer. Verhältnisse. Auf Grundlage eines vom Verf. am 8. Jan. 1887 in der Aula des Fraumünsterschulhauses zu Zürich gehaltenen Vortrages. gr. 8. (24 S.) Ebendas. 887. *

— der Wein-, Obst- u. Gartenbau auf der Pariser Weltausstellung u. der internationale landwirtschaftliche Kongress vom 4.—11. Juli 1889. Bericht. gr. 8. (88 S.) Aarau 890. Wirz-Christen. n. 1. 50

Morgenthaler, J.: Vom Tridentiner Weinbaukongreß. Studien über den Weinbau in Südtirol, Norditalien und im Tessin. Ein Reisebericht. Zürich 1899: Rüegg. 16 S. — 121

— vom Tridentiner Weinbaukongreß. Studien üb. d. Weinbau in Südtirol, Norditalien u. im Tessin. E. Reisebericht. M. 2 Illustr. v. Anna Boßhard. gr. 8. (16 S.) Zürich 899. E. Speidel. n. — 50

Morgenthaler, Jakob: Beiträge zur Entwicklungsgeschichte der Quitte '(Cydonia vulgaris Pers.)'. [Erschien unter dem Titel: Erste Beiträge zu einer Monographie des Qittenbaumes. Mit vielen Illustr. im Text und 1 kolor. Doppeltafel, im Verlag v. E. Wirz in Aarau]. Aarau E. Wirz Dr. 1897. 2 Bl., 65 S., 1 Bl., 1 Doppeltafel. 8°
Zürich, Phil. Diss. [v. 10. Juli 1897].

Erste Beiträge zu einer Monographie des Quittenbaumes v. Dr. J. Morgenthaler, Hauptl. an d. kanton. landw. Schule Strickhof in Zürich. M. vielen Ill. im Text u. 1 kolor. Doppeltaf. *Aarau: E. Wirz 1897.* (1 Bl., 65 S., 1 Taf.) 1 Bd 8. [97. 5078]

— u. J. Leder, Rechenbuch f. landwirtschaftl. Jahres- u. Winterschulen sowie f. landwirtschaftl. Fortbildungsschulen. 1. u. 2. Tl. gr. 8. Ebd. n. 4. 90
1. (VIII, 104 S.) 900. n. 2.50. — 2. (IV, 115 S.) 901. n. 2.40

Morgenthaler, Otto, aus Ursenbach (Kanton Bern): Ueber die Bedingungen der Teleutosporenbildung bei den Uredineen. [Mit 18 Abbildungen im Text.] Jena 1910. 22 S. 8°. S.-A. aus dem Centralblatt für Bakteriologie, Parasitenkunde und Infektionskrankheiten. II. Abteilung. Band 27. 1910. No. 1/3. [2. III. 10.]
Bern. Phil. Diss. 1909/10.

Morgenthaler, Otto. Über die Bedingungen der Teleutosporenbildung bei den Uredineen. Diss. Phil. Bern. Mit 18 Textfiguren. (Abdruck aus dem Centralblatt für Bakteriologie, Parasitenkunde und Infektionskrankheiten. Abt. II.... Bd. 27. 1910. No. 1/3.) 22 S. 8. Jena, Gustav Fischer, 1910.

Morgenthaler, W[alter]. Blutdruckmessungen an Geisteskranken. (Aus der psychiatrischen Universitätsklinik Waldau, Bern ....) [Mit 1 Figur und 2 Tafeln.] Separatabdruck aus der »Zeitschrift für Psychiatrie usw.« Bd. 67. II + 35 S. 8. Berlin, Georg Reimer, [1909].

Morgenthaler, Walter. Blutdruckmessungen an Geisteskranken. Diss. Med. Bern. (Sonder-Abdruck aus »Allgemeine Zeitschrift für Psychiatrie«. Bd. 67....) [Mit 1 Figur und 2 Tafeln.] II + 35 S. 8. Berlin, Georg Reimer, 1909.

Morgenthau. Erbauliche Betrachtungen auf alle Tage des Jahres. gr. 8. (X, 489 S.) Bremen 882. Müller. n. 5. —; geb. n. 6. 50

Morgenthau, des Herrn von, Geschichte, von dem Verf. der Geschichte des Hrn. Stillings, 2 Thle. m. 1 Kupf. 8. Berlin, 779. Rottmann. 1 Rtl. 5 Ggl.

Morgenthau, d. Herrn v., Gesch., v. Heinrich Stilling, (Jung) m. K. 2 Bde. 8. Berlin, Rottmann. 779.

Morgenthau, Jul. C. [aus New York]: Ueber d. Zusammenhang der Bilder auf griechischen Vasen. Th. I.... Leipzig, Druck v. Bär u. Hermann, 1886: 88 + 2 S. 8°.
Leipzig, Phil. Fak., Inaug.-Diss. v. 20. März 1886.

Morgenthau, Jul. C., der Zusammenhang der Bilder auf griechischen Vasen. I. Die schwarzfigurigen Vasen. gr. 8. (88 S.) Leipzig 886. (Liebisch.) n. 1. 50

Morgenthau, Ludwig, appr. Arzt aus Hüttenbach: Statistik der in den Jahren 1892—1899 in der chirurgischen Klinik zu Erlangen ausgeführten grösseren Amputationen und Exartikulationen. *Erlangen 1900: E. Th. Jacob.* (96 S.) 8°
Erlangen, Med. Diss. v. [11. Juni] 1901

Morgenträume. 8. Bresl. 800. Schr. 18 gr.

Morgenträume e. alten Mannes, über Wucher, Umlauf d. Münze, Brodpreis, Schul- u. Erziehungswesen, nebst e. Anh. über Lehensystem. 8. Wien 802. Pichler; (a. Joachim in Leipz.) 12 gr.

Morgenwachen. Hrsg. von der Wupperthaler Traktat-Gesellschaft. 16. (124 S.) Barmen 874, Wiemann. *

Morgenwachen. Vom Verf. des „Bogen in den Wolken", „Er ist treu", „Bethanien" u.a. (Nach Macduffs Schriften bearb.) 3. Aufl. (15.—18. Tausd.) gr. 16. (124 S.) Barmen (898). Wupperthaler Traktat-Gesellschaft. n. — 30; geb. n. — 60; m. Goldschn. n. — 75

Morgenweihe, zur. Den gel. Eltern F. F. von Broke und Frau A. v. Broke bei dem Aufgange ihres Silbertages den 27. Mai 1853. Töchterchen Helene im Sanges-Geleit noch anderer jungen Luftinen vom Archimed. Altenburg. 8. 2 Bl.

Morgenzeitung, eine Wochenschrift. Königsberg 1806—8. H: *Böckel, Ernst Gottfried Adolph & Peter Alex. D. Wegoldt.* (MGT)

Morgenzeitung. –
Hamburg. – 31.III.1852 – 13.IV.1852.
[der „Beobachter" wird zum Beiblatt]
Vorh. u. fortges. u.d.T.: Der Hamburger Beobachter.

Morgenzeitung. –
Breslau. – 1.I.1858 – 30.IX.1862.
Vorh. u.d.T.: Kleine Morgenzeitung.
Fortges. u.d.T.: Breslauer Morgenzeitung.

Basler Morgenzeitung
v. Schweizer Grenzpost und Tagblatt der Stadt Basel.

Morgen-Zeitung. – Berliner Morgen-Zeitung. –
1.IV.1889 – 15.II.1939.

Morgenzeitung, Braunschweigische, f. gebild. Leser. Mit Literatur-, Kunst- u. Intelligenz-Blatt. Redig. v. Gust. Bacherer rc. 1840. Juli—Dec. 104 Nrn. (½ Bog.) gr. 4. Braunschweig, G. C. E. Meyer sen. *

Morgenzeitung. – Breslauer Morgenzeitung. –
1.X.1862 – 29.IX.1922.
Vorh. u.d.T.: Morgenzeitung.

Morgenzeitung, Dresdner, herausgeg. v. Fr. Kind u. Carl Const. Kraukling. 1r Jahrgg. 1827. gr. 4. Dresd., Wagner.

Morgen-Zeitung, Dresdner, f. 1828. Jan.—Juni, (schließt mit No. 121). Hrsg. v. Fr. Kind u. K. C. Kraukling. Nebst: Dramaturg. Blätter v. L. Tieck. — Literaturblatt v. Fr. Ad. Ebert. — Meteorolog. Beobachtn. am mathemat. Salon zu Dresden, v. W. G. Lohrmann. Mit Vign. gr. 4. Dresden, Wagner. Thlr.

Morgenzeitung. – Fränkische Morgenzeitung. –
Erlangen, sp. [ab 1.X.1894] in Nürnberg. –
1893 – 31.III.1909.

Morgenzeitung. – Hannoversche Morgenzeitung. – 1.I.1845 – 31.III.1850.
Vorh. u.d.T.: Die Posaune. (Leipzig)

Morgenzeitung, hannoversche. Verantw. Redakteur: H. Harrys. (1. 2. Jahrg.) 1845 u. 1846, à 208 Numm. Mit Beilagen. 4. Hannover 845, 46, Hahn'sche Hofb. à n. 6²/₃ ₰ B. 2. Semester an: Helwing'sche Hofb. pr. Quartal n. ³/₄ ₰

Morgenzeitung, Hannoversche. Red.: H. Harrys. (3 u. 4. Jahrg.) 1847 u. 1848. à 156 Nrn. gr. 4. (à ¹/₂ B.) Hannover, Helwing. à n. 3 ₰

Morgenzeitung. – Hessische Morgenzeitung. – Kassel. – 10.XI.1859 – 31.XII.1911.

Morgenzeitung. – Kleine Morgenzeitung. – Breslau. – 29.III.1853 – 31.XII.1857.
Vorh. u.d.T.: Breslauer Anzeiger.
Fortges. u.d.T.: Morgenzeitung.

Morgen-Zeitung. – Neueste Berliner Morgen-Zeitung. – 30.IX.1851 – 3.I.1853.
Vorh. u. fortges. u.d.T.: Die Zeit.

Morgen-Zeitung. – Nordwestdeutsche Morgen-Zeitung. – Oldenburg. – 7.IX.1905 – 30.III.1913.
Vorh. u.d.T.: General-Anzeiger.

Morgenzeitung. – Schlesische Morgenzeitung. – Breslau. – 1893 – 14.IV.1918.
Vorh. u.d.T.: Schlesisches Morgenblatt.
Fortges. u.d.T.: Schlesische Tagespost.

Morgenzeitung: Schweizerische Morgenzeitung v. Schweizer Grenzpost und Tagblatt der Stadt Basel.

Morgen-Zeitung für die gebildete Welt. Jahrg. 1838. Redig. von Gust. Schneiderreit. 156 Numm. (¹/₂ Bog.) gr.4. Breslau, Verlags-Comtoir. (Kohn.) n. 4 ₰

Morgen-Zeitung. – Zittauer Morgen-Zeitung. – 1.IV.1876 – V.(?)1941.

Morgenzeitvertreib, Fatimens, in d. Gärten des Serails, Deutschlands Töchtern geweiht. 8. Leipz. 797. Leo. 5 gr

[**Morger**, Robert.] Die Elektrizität und das Gewerbe. (Von einem der Gewerbepartei zugehörenden Grossratsmitglied.) Separatabdruck aus der Aargauischen Gewerbezeitung [Jahrg. 4, 1902,] Nr. 16 u. 17. 6 S. 8. [Aarau, H. R. Sauerländer & Co.]

Morgner, Chr. Gtli., Anweisung zu e. gründl. u. naturgemäßen Behandl. d. Schönschreibeunterr. in Elementarschulen, nach bewährten Grundsätzen. Nebst e. Anh.: Der Schreibeunterricht in unmittelb. Verbind. mit d. Sprech- u. Leseunterr. gr. 12. (2 B. u. 2 lith. Tab.) Grimma 839, Verlags-Comptoir. Thlr.

Morgner, Chr. G., vollständige Gesang-Schule. Ein Beitrag zur Beförderung u. Verbesserung des Gesanges in Stadt- und Landschulen. Nach einer genauen Stufenfolge method. bearb. sowohl für Volksschulen, als auch für den Privatunterricht. 8. Leipzig 835. (Friese.) ⁷/₁₂ ₰

Morgner, Johannes Felix, bacc. iur. Referendar: Die Einrede der Vorausklage des Bürgen im jetzt geltenden deutschen Recht. Aue i. E. 1910: Gärtner. VIII, 100 S. 8°
Leipzig, Jur. Diss. v. 19. Febr. 1910
[Geb. 25. Febr. 86 Netzschkau i. V.; Wohnort: Schneeberg i. S.; Staatsangeh.: Sachsen; Vorbildung: Fürstensch. Meißen Reife O. 05; Studium: Leipzig 6 S.; Rig. 26. Juni 08.] [U 10. 2809

Morgott, Franz von Paula

Morgott, Fr., Dompropst Dr. Jos. Ernst, der erste Regens des bischöfl. Seminars zu Eichstätt. Eine Lebensskizze, gezeichnet zur goldenen Jubelfeier gen. Seminars im J. 1888. gr. 8. (VI, 91 S.) Eichstätt 888, Brönner. *

Morgott, Franz, Geist und Natur im Menschen. Die Lehre des hl. Thomas über die Grundfragen der Psychologie, in ihrer Beziehung zur Kirchenlehre und zur neuern Wissenschaft. Eichstätt, 1860, 4°, 71 S., Lycealprogramm.

—— Leo XIII., der Friedensfürst. Festrede gehalten bei der Feier des goldenen Priesterjubiläums Sr. Heil. des Papstes Leo XIII. in der Aula der k. Studienanstalt zu Eichstätt den 26. Decbr. 1887. gr. 8. (10 S.) Ebendas. 888. *

Morgott, Frz. v. Paula. Dr. Franz Leopold Freiherr v. Leonrod, Bischof v. Eichstätt. Eine Lebensskizze. Festgabe zu Hochdessen 25jähr. Bischofsjubiläum am 19. März 1892. gr. 8. (XI, 42 S. m. farb. Titel u. 1 Bildnis.) Ingolst. 892, Ganghofer. cart. * — 50

Die Mariologie des hl. Thomas von Aquin. Dargestellt von Dr. Franz Morgott, Domkapitular und L. P. — 1878. Freiburg, Herder. — S. 1—121 gr. 8°. (In das Französische, Italienische und Ungarische übersetzt.)
Progr. Eichstätt, bischöfl. Lyzeum

Morgott, Frz., die heilige Ordensprofeß e. geistliche Vermählung m. Gott. Festpredigt, geh. bei den goldenen Jubelprofeß [16. Oktbr. 1886] der ehrwürd. Frauen M. Eduarda Benedikta, Priorin, u. M. Theresia Josepha, Conventualin im Benediktinerinnenconvent St. Walburg zu Eichstätt. 8. (17 S.) Eichstätt 886. Brönner. n. – 20

— der Spender der heil. Sacramente nach der Lehre d. heil. Thomas v. Aquin. Eine theolog. Studie. gr. 8. (VII, 181 S.) Freiburg i/Br. 886. Herder. n. 3. —

Morgott, Franz, Die Theorie der Gefühle im Systeme des hl. Thomas. Eichstätt, 1864, 4°, 73 S., Lyceal-Programm.

Morgott, L., Ergänzungen zum Deharbe'schen Katechismus Nr. 1 u. kurze Anleitung zum Katechisieren zunächst für bayer. Lehrerbildungsanstalten. gr. 8. (VIII, 63 S.) Augsburg 890. Literar. Institut von Dr. M. Huttler. geb. n. 1. 40

[F.] **Morhart**, Gabriel [app. Arzt, z. Z. Assistenzarzt im k. b. 19. Inf.-Reg.]: Statistische und klinische Beiträge zur Kenntniss der kroupösen Pneumonie ... Erlangen, k. b. Hof- u. Univ.-Buchdr. v. F. Junge, 1892; 44 S., 1 Bl. 8.
Erlangen, Med. Fak., Inaug.-Diss. v. 26. Febr. 1892

Morhart, Gelas., († 1778.) kurze histor. Nachricht von d. Ursprung u. Fortgang des Stifts u. Klosters Understorff (Indersdorf) in Oberbaiern. Mit Kpf. Fol. Augsb. 762.

Morhof, Daniel Georg

Morhof, D. G., Vita, qua, Praeter alia, labores ejus Academici, et Scripta praecipuè, tùm edita, tùm edenda; et affecta haec quidem partim, partim animo tantùm concepta, enumerantur: quam item in Polyhistore edendo rationem secutus sit, indicatur. Accedunt Elogia à clarissimo quodam viro collecta; et Carmina, Maximam partem à Summis Viris Morhofiano honori consecrata, atque adeò Elogiorum ferè loco habenda. o. O. u. J. 143 S. mit Biogr. (M.: A. Hintze.) (7.75) 23681
Enth. gesammelte Widm. v.: Joh. Georg Dorsch, Heinr. Rahne, Andr. Tscerning, Lorenz Bodock,

Josua Arnd, Casp. Voigt, Alb. Willebrandt, August Varenius, Johann Bernhard Zinzerling, L. Banck, Heinrich Müller, Christian Klein, Theodor Suter, Mich. Kirsten, Thomas Bartholini, Friedr. Rappolt, Erich Mauritius, A. Tribbechovius, David van der Brügge, Paul P. F. Sperling, Fried. Joach. Langelott, Joh. Georg Pellicer, Peter Musaeus, Christian Kortholt, Samuel Rachelius, Magnus Wedderkop, Adam Lorenz Nicolai, Justus Tribbech, Bernhard Schultz, Nicolaus Martini, Heinrich Opitz, Georg Ernst Heldberg, J. L. Hanneman, Johann Georg Wasmuth, Michael Freud, L. Joach. Feller, August Pfeiffer, Enoch Svantenius, C. F. Kienius, Casp. Dan. Morhof, Simon Heinrich Musaeus (dtsch.), W. H. Waldschmidt, Franz Dieter Colenius, Heinrich Muhl.

— De legendis, imitandis et excerpendis auctoribus libellus posthumus, qvem in supplementum Polyhistoris Morhofiani, ex accurato qvodam manuscripto luci nunc primum tradit JOH. PT. KOHLIUS. Hamburg. 1731. Brand.

MORHOF, DAN. GEO., Delitiæ oratoriæ intimioris. Sive de dilatatione et amplificatione rhetorica liber studiosæ juventuti utilissimus, et a multis hactenus desideratus. Cum indice necessario. Lubecæ. 1701. — Ed. 2da correctior. Cum indice necessario. Sm. St. 1712.

Morhof, Dan. Geo., delicia e oratoriae. 8. Hannover. Boeckmann. 730. Rühlr.

— De arguta dictione tractatus, quo artis argute discendi scriptores tam veteres quam recentiores cum censura exhibentur et de argutiarum principiis, subsidiis atqve objectis, inspersis ubique exemplis agitur. Lubecæ. 1705. — Ed. III necessariis indicibus instructa. Cum Jo. Henr. a Seelen præfatione de apto ac incepto argutiarum studio, illiusque commodis, hujus incommodis. Sm. St. 1731.

Morhof, Dan. Geo., de arguta dictione liber. 8. Hannov. Bockmann. 731.

— De pura dictione latina liber. JO. LAUR. MOSHEMIUS edidit et notas adjecit. Hanoveræ. 1725. Helwing.

— disciplina argutiarum. 8. Lips.

Morhof, D. G., Gedichte, s. Bibliothek deutscher Dichter.

Morhof, (D. G.,) Gedichte, s. W. Müller, Bibl. deutsch. Dichter.

— v. Goldmachen. 8. Bayreuth, Lübeck. 764.

— de patavinitate Liviana. 4. Hamb.

MORHOF, DANIEL GEORG. Polyhistor, in tres tomos; Literarium (Cujus soli tres libri priores hactenus prodiere, nunc autem quatuor reliqvi, a Viro in Acad. Lipsiensi Erudito revisi atqve aucti, e Mss. acced.) Philosophicum et Practicum.(nunc demum editos, primoqve adjunctos) divisus. — Opus posthumum, ut multorum votis satisfieret, Accurate revisum, emendatum. . . . Morhofii vitam et scripta, partim edita, partim inedita . . . [exhibens] illustratum a JOHANNE MOLLERO. Acced. Indices necess. Lübeck, P. Böckmann, 1708. 4°. *Porträt-Kupfer (D. Lemkiis fec:)* 6 Bl. 30 S. 3 Bl. (Index) 406 S. — [2.] Polyhistoris Continuatio, Contin. qvatuor posteriores Tom. Liter. Libros, . . . 1 Bl. 534 S. 20 Bl. (Index) 130 S. 82 Bl. (Index). JOH. MOLLERI Prolegomena in Morhofii Polyhistorem liter. . . . 40 Bl. — In 2 gleichzeitigen Pgtbdn.

1. Titel in rot und schwarz; Sondertitel zum zweiten Band. Ebert 14406: „Das Werk verdient auch heute noch Achtung, wäre es auch nur, weil es das Studium der Literaturgeschichte in Deutschland weckte." 2. Gesamtausgabe. Mit Moller's Prolegomena erschien das Werk in seiner Ganzheit zum erstenmal im Jahre 1707. Vgl. die besondere Würdigung in ADB XXII, S. 236–242.

— Polyhistor literarivs philosophicvs et practicvs. Maximam partem opvs posthvmvm, accurate revisum . . . atqve auctum . . . T. I. atqve II. praefixis, quarum prior Morhofii vitam et scripta, partim edita, partim inedita atqve affecta, Polyhist. item historiam, et ervditorvm de illis jvdicia exhibet, illustratum a JOHANNE MOLLERO, Flensb. Editio secvnda . . . correctior. Lübeck, P. Böckmann, 1714. 4°. *Gestochenes Porträt Morhofs (von D. Lemküs)*, 3 Bl. 28, 80 und 1072 S., 694 S. 102 Bl.

Danielis Georgii Morhofii Polyhistor, Literarius, Philosophicus et Practicus cum accessionibus virorum clarissimorum Joannis Frickii et Johannis Molleri, Flensburgensis. Editio Tertia, cui Praefationem, Notitiamque Diariorum Litteratiorum Europae praemisit Jo. Albertus Fabricius ... Lubecae, Sumtibus Petri Boeckmanni. 1732.

— Polyhistor, Literarius, Philosophicus et Practicus cum accessionibus virorum clarissimorum JOANNIS FRICKII et JOHANNIS MOLLERI . . . Editio Quarta cui praefationem, notitiamque diariorum litterariorum Europae praemisit JO. ALBERTUS FABRICIUS. Nunc auctam et ad annum 1747 continuatam. 3 tomi in 2 vol. Lubeck. P. Boeckmann, 1747. *Mit gestochenem Porträt Morhofs v. C. Fritzsch.* 2 starke Quartbde. Etwas ben. HPgt. d. Z., Ecken teilw. lädiert.

G. III. 272, 12, FdF. 1522. *Eines der hervorragendsten Werke des deutschen Barocks:* Morhofs „magnum opus", mit dem er sich den Ehrennamen des „Polyhistor" kat exochen erwarb und das für die übrigen Enzyklopädisten maßgebend wurde.

— De ratione conscribendarum epistolarum libellus, quo de artis epistolographici scriptoribus tam veteribus qvam recentioribus censuræ feruntur, et de epistolarum charactere, numero, periodis, locis communibus et imitatione agitur. Ed. II. Lubecæ. 1702. — Recensuit, emendavit novisqve accessionibus, adnotamentis et exemplorum libro tertio adauxit JO. BURCH. MAIUS. Sm. St. 1716.

Morhof, Daniel Georg. De ratione conscribendarum epistolarum libellus, quo de artis epistolae scriptoribus . . . et de epistolarum usu, charactere, numero, periodis . . . agitur. Rec., emend., notisque adauxit IO. BURCHARDUS MAIUS. Lübeck, P. Böckmann, 1716. 8°. 464 S. 16 Bl.

— Tractatus polyhistoricus de excerpendi ratione, in qvo varia, collectionem tum in eloqventia tum in disciplinis instituendi, consilia et subsidia proponuntur. Lubecæ. 1692. 4. — Sm. St. 1708. 4.

Morhof, Daniel Georg, Daniel Georg Morhofens // Unterricht // von der // Teutschen Sprache und Poesie /// Deren Ursprung / Fortgang und // Lehrsätzen /// Sampt dessen // Teutschen Gedichten /// Jetzo von neuem vermehret und // verbessert / und nach de3 Seel. Au= //toris eigenem Exemplare übersehen /// zum andern mahle /// Von den Erben /// herauß gegeben. // Lübeck und Franckfurt /// In Verlegung Johann Wiedemeyers /// M. DCC. - 12 Blatt (nicht paginiert) Titelkupfer, Titelblatt, Vorrede und Untertitel:
Daniel George Morhofens // Unterricht // von der // Teutschen Sprache und Poesie /// Deren Ursprung / Fortgang und // Lehrsätzen.
728 Seiten.
Angehangt:
Daniel George Morhofens // Teutsche // Gedichte. - Untertitel und 510 S.

Daniel George **Morhofens** Unterricht von der teutschen Sprache und Poesie, sammt dessen teutschen Gedichten, jetzo von neuem vermehret und verbessert, zum andern mahle von den Erben hrgg. Lübeck u. Franckfort. 1702. 8°

— Unterr. v. d. deutschen Sprache u. Poesie. 8. Leipzig. 708.

—, — 3. Ausg. Lübeck & Leipzig 1718. 8. . . . . (D.)

Mori, Mademoiselle, s. Collection of British authors.

Mori, Mademoiselle. Eine Erzählung aus dem heutigen Rom. Aus dem Engl. von Elise Mirus. 4 Bde. Hamburg 868. Bernhardt'sche Buchh. 8. (XII, 929 S.) 3 ₰

Mori, Armité, Afghanistan, its people, their customs and history, with an account of the government from the year 1800. (2d edit.) 8. (16 S.) London 879. (Leipzig, O. Schulze.)

Mori, Masamitsi [aus Ise (Japan)]: Über Meningitis tuberculosa der Kinder. . . . Freiburg i. B., Buchdr. H. Epstein, 1891; 36 S., 1 Bl. 8°
Freiburg i. B., Med. Fak., Inaug.-Diss. v. 1891

Morian, Carl: Beitrag zur Kenntnis der Pankreas-Entzündungen und Fettnekrose. Darmstadt 1904: L. C. Wittich. (29 S.) 8°
Straßburg, Med. Fak., Ref. Madelung, Diss. v. 3. Dez. 1904
[Geb. 17. Nov. 79 Darmstadt; Wohnort: Essen; Staatsangeh.: Hessen; Vorbildung: Gymn. Darmstadt Reife O. 98; Studium: Würzburg 1, München 4, Straßburg 1, Berlin 2, Straßburg 3 S.; Coll. 28. Juli 04; Approb. 1. Juli 03.]

MORIAN, Karl (Blieskastel): Zwei Fälle von Osteosarkom.- München: Wolf 1895. 24 S.
15.2.1895 - Chr 1894/95,21; Jv 1894/95,205
Diss. Ingolst.-Landsh.-Mchn.

Moriarty, Edward A., s. Boz, M.: Humphrey's sämmtl. Werke.
— dessen Wanduhr.

Moriarty, E A [Übers.]
s. Dickens, Charles: Barnaby Rudge. 1841.

Moriarty, E A [Übers.]
s. Dickens, Charles: Master Humphrey's Wanduhr. 1840.

Moriarty, Edw. A., the Examiner, s. Examiner.

Moriarty, Edw. A., die vollkommene Handelsfreiheit, s. Handelsfreiheit.

— s. Hood, Thom.: Romane.

— Leben u. Wirken O'Connells mit dessen Denkschrift an die Königin von England. gr. 8. (11 B. u. 1 Portr.) Berlin 843. Trautweinsche Buchh. *

Moriarty, E. A., London, s. Neigebaur, J. F.

— Selections from british authors in prose and poetry. A classbook for the use of schools. A. u. d. T.: Chrestomathie aus engl. Autoren in Prosa u. Poesie. Zum Schul- u. Privatgebrauche. gr. 16. (26½ B.) Leipsic 844, Bernh. Tauchnitz jun.

— s. Slick's S.: Reden und Thun.

— s. Turnbull, P. E.: Reise durch die Österr. Staaten.

— s. Turnbull, P. E.: Österreich polit. Zustände.

Moricand, S., flora Veneta, seu enumeratio plantarum circa Venetiam nascentium, secundum methodum Linnaeanam disposita. Vol. 1. in 8. Genevae, 820.

Morice, Alex., über das Bierbrauen 2c., s. Verhandll. der Gesellschaft z. Beförder. d. Naturkunde.

Morich, C. Th. Lor., die freie Gemeinde und ihr vermeintliches Recht. 8. (61 S.) Helmstedt 872, Beyer'sche Buchh.

Morich, C. Th. L., d. heil. Apostel Petrus Leben u. Lehre. gr. 8. (X, 235 S.) Braunschweig 873. J. H. Meyer. n. 4. —

— die confessionslose Schule in pädagogischer Beziehung. Ein Conferenzvortrag. 8. (67 S.) Helmstedt 870, Beyer'sche Buchh. *

— die nationale Schule. Eine Warng. gr. 8. (III, 60 S.) Braunschweig 872. J. H. Meyer. — 80

— Synodalpredigt über Eph. 3, 14—21 auf der Kreissynode zu Ummendorf am 16. Septbr. 1868 gehalten. 8. (18 S.) Helmstedt 868, Bruhn. *

— Synodalpredigt über Eph. 3, 14—21 auf der Kreissynode zu Ummendorf am 16. Septbr. 1868 gehalten. Helmstedt 870. Bruhn. 8. (18 S.) n. 2½ ngr

Morich, Heinr., Bilder aus der Mineralogie. Für Lehrer u. Lernende bearb. gr. 8. (VII, 341 S. m. 111 Abb.) Hannover 899. C. Meyer. n. 3. —; geb. n. 3. 50

Morich, H., Präparationen f. den Unterricht in der Mineralogie u. Geologie an Volksschulen. Ein Hilfsbuch zur Vorbereitg. f. Lehrer u. Seminaristen. Nach neuen method. Grundsätzen bearb. (VIII, 268 S.) gr. 8. Hannover 909. Helwing. 3.20; geb. 3. 70

Morich, Rudolf J.

Morich, R. J., der englische Stil. Ein Übungsbuch f. Deutsche. 2 Tle. (VIII, 335 S. u. Schlüssel 94 S.) 8. Wien 907. F. Deuticke. Geb. 6. —

Morich, Sophie: Bemerkungen zu den „wichtigen Fragen", das höhere Mädchenschulwesen betreffend. v. Cl[emens] Nohl. — Neuwied & Leipzig: Heuser [1874]. 13 S. 8°

Morich, Sophie, Bemerkungen zu den „wichtigen Fragen", das höhere Mädchenschulwesen betr., v. Cl. Nohl. gr. 8. (13 S.) Neuwied 875. Heuser. — 30

Morich, Sophie, Leitfaden für den ersten Geschichtsunterricht. 16. (63 S.) Braunschweig 877. Haering & Co. n. — 45; cart. n. — 60

Moericke, Dagobert, Rechtsprakt.: Die deutschen Tumultgesetze insbesondere das badische Gesetz, die Entschädigungspflicht der Gemeindeangehörigen wegen der bei Zusammenrottungen verübten Verbrechen betr. vom 13. Febr. 1851. Berlin & Leipzig: Rothschild 1909. XI, 20—73 S. 8° ¶(Ersch. vollst. als: Rechtseinheit. H. 5.)
Heidelberg, Jur. Diss. v. 10. Jan. 1910, Ref. Heinsheimer
[Geb. 31. Dez. 85 Heilbronn; Wohnort: Karlsruhe i. B.; Staatsangeh.: Württemberg u. Baden; Vorbildung: Gymn. Karlsruhe Reife 03; Studium: Freiburg i. B. 1, Paris 1, München 2, Heidelberg 3 S.; Rig. 13. Mai 09.]

Moericke, Dagobert: Die deutschen Tumultgesetze, insbes. d. badische Gesetz d. Entschädigungspflicht d. Gemeindeangehörigen wegen d. bei Zusammenrottungen verübten Verbrechen betr. vom 13. Febr. 1851.
Berlin & Leipzig: Rothschild 1910. XI, 78 S. 8°
(Die Rechtseinheit. H. 5.)

Möricke, Johann Christian Ludwig,
s. Mörike, Johann Christian Ludwig.

Möricke, Karl Friedr., Abhandlung über die Natur und Heilung der gegenwärtigen Hornviehseuche etc. 8. Ludwigsburg 797.

— Diss. inaug. de morbis acutis. 4. Stuttg. 793.

Die Agrarpolitik des Markgrafen Karl Friedrich von Baden. Von Dr. Otto **Moericke**, Rechtsprakt. Karlsruhe: G. Braun 1905. (96 S.) 8°
= **Abhandlungen**, Volkswirtschaftl., d. Bad. Hochschulen. Bd 8. H. 2. [05 6572

Moericke, Otto: Die Gemeindebetriebe Mannheims. Im Auftr. d. Vereins f. Sozialpolitik hrsg. von Carl Johannes Fuchs. Leipzig: Duncker & Humblot 1909. VI, 192 S. 8°
(Gemeindebetriebe. Bd 2, T. 4.)
(Schriften d. Vereins f. Sozialpolitik. 129, 4.)

— Die Gemeindeordnung u. die Städteordnung des Großherzogt. Baden, s.: Sammlung deutscher Gesetze.

Moericke, Paul, aus Driesen a. d. Netze: Waldemar der Grosse Markgraf von Brandenburg. T. 1: Brandenburgs auswärtige Politik von 1303 bis 1308 bis zum Tode des Markgrafen Otto IV. *Halle a. S. 1902: (A. Schmidt, Frankfurt a. O.).* (77 S.) 8°
Halle, Phil. Diss. v. 3. März 1902

Moericke, Paul, Waldemar der Grosse, Markgraf von Brandenburg. 1. Tl. Brandenburgs auswärt. Politik v. 1303 bis 1308 bis zum Tode Ottos IV. gr. 8. (VII, 77 S.) Frankfurt a/O. 902. Waldow. n. 1. 50

Möricke, Robert

Mörike, Rob. (geb. Hohenbach in Wurtt. a. 3 1851) Ueber die Amputation der Portio vaginalis. Stuttgart (1878) (30 S.) 8° • Aus: Zeitschr. f. Geburtshulfe u. Gynakologie Bd 3. 1878.
Berlin, Med. Diss. v. 12 Nov 1878

Moericke, R., die patholog. Anteflexio uteri u. ihre Behandlg., s.: Arbeiten aus d. Gebiete d. Geburtshülfe u. Gynaekologie.

— s.: Arbeiten aus dem Gebiete d. Geburtshülfe u. Gynaekologie.

Zur Ätiologie der Tuben-Gravidität von Robert **Moericke**. *Halle a. S.: C. Marhold 1900.* (108 S.) 8°
— **Sammlung** zwangloser Abhandlungen aus d. Geb. d. Frauenheilkunde. Bd 3. H. 4. 5.

Ueber Menstruation und Dysmenorrhoe. Von Prof. Dr. R[obert] **Moericke** . . . *Halle a. S.: K. Marhold 1898.* (85 S.) 1 Bd 8.
— **Sammlung** zwangl. Abhandlungen a. d. Gebiete d. Frauenkrankheiten. Bd II. Heft 6 7. [98. 8633 II.

Möricke, Wilhelm [aus Stuttgart]: Die Crustaceen der Stramberger Schichten. . . . (Aus: Palaeontolog. Mittheilungen Bd. 3.) Stuttgart, E Schweizerbart'sche Verlagsh. (E. Koch), 1889; 2 Bl. + S. 43—72 u. 1 Taf. 8°
München, Phil. Fak., Inaug.-Diss. v. 1889

Die Crustaceen der Stramberger Schichten v. Wilhelm **Moericke** . . . *Stuttgart: E. Schweizerbart 1897.* (1 Bl., 43—72 S.) 4.
— **Palaeontographica**. Suppl. II. Abth. 6. [97. 8368

Möricke, W[ilhelm]: Die Gold-, Silber- und Kupfer-Erzlagerstätten in Chile und ihre Abhängigkeit von Eruptivgesteinen. M. 7 Textfig. *Freiburg i. B. 1897: C. A. Wagner.* (49 S.) 8° (Aus: Berichte der Naturforschenden Gesellschaft zu Freiburg i. B., Bd 10 H. 2.)
Freiburg i. B., Phil. Hab.-Schr. v. 1897

v. Moricourt, Ed. Bouslfet. Ritter, Thèmes français. Ein Uebersetzungsbuch für Deutsche, welche bereits einen Kursus der franz. Sprachlehre gehört haben, und sich in den grammatikal. Regeln u. im franz. Briefstyle üben wollen. gr. 8. Prag 835. Eggenberger. 5/8 ₰

de Moricourt, E. B., traité de la conjugaison française d'après un système absolument nouveau, fondé sur le génie de la langue. Ouvrage au moyen duquel on parvient, en très peu de temps et d'une manière également sûre et facile, à la parfaite connaissance de toutes les variat. et de toutes les irrégularités des verbes français. gr.-in 8. Wien 841. (Volke.) n. 1/3 ₰

Morier, Dav. R., Photo, der Suliot. Aus dem Engl. übers. 4 Bde. Leipzig 858. Kollmann. 8. (204; 180; 169; 186 S.) 2 ₰. 20 ngr.

Morier, Dav. R., Politik und Christenthum, oder: Was hat die Religion mit der Politik zu schaffen? Briefe an seinen Sohn. Ins Deutsche übertr. von Ernst Rud. Wagner. gr. 8. (VIII und 73 S.) Basel 851, Schweighauser'sche Vrlgsh.

Morier, James (Justitian)
Die Abenteuer Hajji Baba's aus Ispahan. Aus dem Engl. übers. v. Friedrich Schott. Nebst erl. Anm. Th. 1-3.
Wien: Schade 1825. 8°
(Classische Cabinets-Bibliothek. Bdchn 40.)

MORIER, J., Die Abenteuer Hajji Baba's aus Ispahan. Aus d. Englischen von Fr. Schott. 4 Bde. Mit 4 Kpfrn. Wien 1826. 8°. (6 Kr. Halm & Goldmann, Wien 1907.)

Morier, Jak., die Abenthener Hajji Baba's aus Ispahan; aus d. Engl. übers. von Fr. Schott; nebst erläut. Anmerkk. 3 Thle. 2e wohlf. Ausg. 8. Dresd. 827. (Gerold in Wien). 2 ₰ —

Morier, die Abenteuer Hajji Baba's aus Ispahan. Aus d. Engl. v. Fr. Schott. Nebst erläut. Anmerkk. 3 Thle. 2e wohlf. Ausg. 8. Dresden 827, Hilscher.

Morier, Jak., die bunten Abentheuer Hadschi Baba's v. Ispahan; aus d. Engl. 2e Ausg. Mit e. Vorworte u. erläut. Anmerkk. v. W. A. Lindau. 3 Thle. 8. Leipz. 827. Rein. 1 ₰ 12 gr

—— (dass. unt. d. T.:) Die Abenteuer Hadschi Baba's aus Ispahan in England. A. d. Engl. v. Fr. Schott. Nebst erläut. Anmerkn. 2 Thle. 8. (36 B.) Leipzig 828, Lehnhold.]

—— Ajischa, die Jungfrau v. Kars. A. d. Engl. 3 Thle. 16. (53¼ B.)) Braunschweig 835, Vieweg u. Sohn.
Neue Aufl., s. oben dess. sämmtl. Werke, 4—6. Bd. (Braunschw.)

—— Ajischa, die Jungfrau v. Kars. A. d. Engl. v. Friedr. Wilh. Bruckbräu. 2 Bde. (Neue Ausg.) 16. (53¾ B.) Augsburg 840, v. Jenisch u. Stage'sche Buchh.
1. Ausg. erschien als dess. sämmtl. Werke, 1—7. Lfg., vgl. oben.

Morier, Jak., Begebenheiten d. Hajji Baba v. Ispahan in England. 2 Thle. 8. (26 B.) Stuttgart 829, Cotta.

— s. auch Marryat's sämmtl. Werke, 43r u. ff.

Morier, James, der Mirza. Aus d. Engl. von Otto v. Czarnowski. 3 Thle. 8. Berlin 842, Hermes. 3 ℛ

Morier, J., Reise durch Persien, Armenien u. Klein-Asien nach Konstantinopel, s. Bibliothek, neue, d. wichtigst. Reisebeschreibb. 2r Bd.

(Morier, James): Jacob Morier's Reise durch Persien. Armenien und Klein-Asien nach Constantinopel in den Jahren 1808 und 1809. Aus dem Englischen im Auszuge übersetzt. Mit einer Reise-Charte. Weimar 1815. VI, 210 S. 8°

— zweite Reise durch Persien, Armenien u. Klein-Asien n. Konstantinopel rc., s. Bibliothek d. Reisebeschreibb. 23r Bd.

—— sämmtl. Werke. A. d. Engl. neu übers. 1—12. Lfg. 12. Hanau, Edler'sche Buchh. à 1/6 Thlr.

A. u. d. Ttln.:

Lfg. 1— 6. Ayesha, die Jungfrau v. Kars. Uebers. v. J. Meurer. 2 Bde. (à 3 Lfgn.) (33⅔ B.) 836.

" 7—12. Zohrab der Geißel. 2 Bde. Uebers. v. F. L. Rhode. (à 3 Lfgn.) (34 B.) 837, 38.

Morier, James, sämmtl. Werke. 1—15. Bd. 8. Braunschweig 837, Vieweg u. Sohn. à 1/3 Thlr. *

A. u. d. Ttln.:

Bd. 1— 3. Zohrab, der Geißel. A. d. Engl. 3 Thle. (59 B.) * 1 Thlr.

" 4— 6. Aejischa, die Jungfrau v. Kars. A. d. Engl. 3 Thle. (53¼ B.) * 1 Thlr.

" 7— 9. Die Abenteuer Hadschi Baba's aus Ispahan. A. d. Engl., nach d. neuen, mit Anmerkn. vers. Aufl. Von G. N. Bärmann. 3 Thle. (43¼ B.) * 1 Thlr.

" 10—12. Hadschi Baba's aus Ispahan Abenteuer in England. A. d. Engl., nach d. neuen, mit Anmerkn. u. e. Anh. vers. Aufl. übers. v. G. N. Bärmann. 3 Thle. (34 B.) * 1 Thlr.

" 13—15. Abel Allnutt. A. d. Engl. v. G. N. Bärmann. 3 Thle. (41¼ B.) * 1 Thlr.

—— sämmtl. Werke. A. d. Engl. v. Friedr. Wilh. Bruckbräu. 1—7. Hft. — A. u. d. T.: Aejischa, die Jungfrau v. Kars. 2 Thle. 16. (54 B.) Augsburg 837, 38, v. Jenisch u. Stage'sche Buchh. à * 1/6 Thlr. *

—— Zohrab, der Geißel. A. d. Engl. v. J. Sporschil. 3 Thle. 12. 8. (58¾ B.) Braunschweig 832, Vieweg.

Morier, R. B. D., „Selbstregierung". Die deutsche Gemeindeverwaltung auf Grundlage der preuß. Kreis-Ordnung im Vergleich zum engl. Selfgovernment. Hrsg. von H. Beta. Mit einem Vorwort von F. v. Holtzendorff. gr. 8. (VIII, 96 S.) [Leipzig 876.] Rudolstadt, Hartung und Sohn. *

—— dass. — Mit einem Vorwort von F. v. Holtzendorff. 2. verm. und bericht. Ausg. gr. 8. (XIV, 97 S.) Ebendas. 876. *

Mörig, Heinrich, appr. Arzt: Ueber tuberkulöse Ileocoecaltumoren. Heidelberg 1909: Hörning. 20 S. 8°

Heidelberg, Med. Diss. v. 18. Aug. 1909, Ref. Narath

[Geb. 25. März 82 Gunsleben; Wohnort: Offenburg; Staatsangeh.: Preußen; Vorbildung: Neues Gymn. Braunschweig Reife M. 01; Studium: Marburg Phil. 2, Med. 1, Göttingen 5, Leipzig 4 S.; Coll. 24. Juli 09; Approb. 31 März 09.] [U 10. 2078

Moriggl: Monologium des h. Anselm von Kanterburg. Eine philosophische Abhandlung. 23 N.–Innsbruck, Progr. 1854.

Moriggl, A(lois), Alpenblumen aus Tirol auf das Grab des höchstsel. Königs von Sachsen Friedrich August II. Ein Nachtrag zu der Beschreibung von Höchstdessen letzter tiroler Reise. gr. 8. (32 S.) Dresden 854, Schönfeld's Buchh. *

—— Einfall der Franzosen in Tirol bei Martinsbruck und Nauders im J. 1799. Aus verläßl. Quellen geschöpft und nach Urkunden bearb. gr. 8. (VI und 122 S. mit einer lithogr. Karte des Kriegsschauplatzes in qu. 4.) Insbruck 855, Wagner'sche Buchh. *

(F) Einfall der Franzosen in Tirol bei Martinsbruck und Nauders im Jahre 1799. Aus verlässlichen Quellen geschöpft und nach Urkunden bearbeitet von Alois Moriggl. 2. Auflage, bearbeitet von Franz Schoepf Innsbruck. 1900. Wagner. Gr.-8°. XXII, 136 S. K 2.—

Moriggl, Alois, der Feldzug des Jahres 1805 und seine Folgen für Oesterreich überhaupt und für Tyrol insbesonders. 3 Bde. Mit 2 (lith.) Karten (in 4. u. Fol.). Innsbruck 860, 61. Wagner. gr. 8. (769 S.) n. 3 ℛ

Moriggl, A., Leben und Heldentod des Grafen v. Lodron, s. Zeitschrift des Ferdinandeums.

—— letzte Reise Sr. Maj. des Königs von Sachsen Friedrich August von Zirl nach der Alpe Lisens und von da über Kühetei nach Silz am 7. und 8. Aug. 1854. Ferner: Reise nach Imst am 9. Aug. und der erfolgte Unglücksfall bei Brennbichl. Nach zuverlässigen Quellen und Schilderungen eines Augenzeugen zusammengestellt. 16. (16 S.) Insbruck 854, Wagner'sche Buchh. *

Moriggl, Jos., Anleitung zum Kartenlesen im Hochgebirge m. besond. Berücksicht. der vom d. u. ö. Alpenverein hrsg. Spezialkarten. 15 Fig. im Text u. 14 Kartenbeilagen nebst Zeichenschlüssel im Umschlag. Hrsg. vom Zentralausschuss des d. u. ö. Alpenvereins. (93 S.) 8. München 909. (J. Lindauer.) Geb. in Leinw. 4.—

Morigi, Angelo. Über den fugirten Contrapunkt. A. d. Ital. Leipzig [1816]. Ü: *Michaelis, Christian Friedrich.* (MGT) (NN) (BrMm) (Ky)

Morigi, ..., Abhandl. über d. fugirten Contrapunkt. Aus d. Italien. (v. Chr. Fr. Michaelis III.) gr. 8. Leipz. (816). Breitkopf u. H. 12 ℊ

Mörike. Karl Eberhard Gottlieb M' (1822–1866). Ein Lebensbild aus der Basler Mission (*Umschlag* Leben, Leiden und Wirken eines schwäbischen Kandidaten in Indien). [Umschlag illustriert] 8. Basel 1887

Mörike, Karl Eberhard Gottlieb. Ein Lebensbild aus der Basler Mission. 8. (104 S.) Basel 887. Missionsbuchh. n. — 50

Mörike, Eduard, s. Klassiker, moderne.

MÖRIKE, Eduard. Anakreon und die ſogenannten anakreontiſchen Lieder. Reviſion und Ergänzung der J. Fr. Degenſchen Überſetzung mit Erklärungen. Stuttgart, Krais & Hoffmann, 1864. Kl. 8°.

— Auswahl aus den Dichtungen, s.: Hausbücherei der deutschen Dichter-Gedächtnis-Stiftung. 16. Bd.

— Der Bauer u. sein Sohn, s.: Schatzgräber, der.

Mörike, Ed., classische Blumenlese. Eine Auswahl v. Hymnen, Oden, Liedern, Elegien, Idyllen, Gnomen u. Epigrammen d. Griechen u. Römer; nach d. besten Verdeutschungen, theilw. neu bearb., mit Erklärn. f. alle gebild. Leser. 1. Bdchn. gr. 8. (19 B.) Stuttgart 840, Schweizerbart'sche Buchh. *

Eines Dichters Liebe. Eduard **Mörikes** Brautbriefe. Eingel. u. hrsg. von Walther Eggert Windegg. München: C. H. Beck 1908. (XVIII, 221 S.) 8° [Fr.] [07. 17083

— Brautbriefe, s. a. Dichters, e., Liebe.

— Briefe. Ausgewählt u. hrsg. v. Karl Fischer u. Rud. Krauß. 2 Bde. gr. 8. Berlin, O. Elsner. à n. 4. —; geb. in Leinw. à n. 5. —
1. (1816—1840.) Von Rud. Krauß. Mit Mörikes Jugendbildnis nach J. G. Schreiner. (VII, 340 S. m. 1 Fksm.) 903.
2. (1841—1874.) Von Karl Fischer. Mit e. Bildnis Mörikes aus seinen späteren Lebensjahren nach Karl Bauer. (371 S. m. 1 Fksm.) 904.

Mörike, Eduard: Briefe von Eduard Mörike, seiner Schwester Luise und einigen seiner Freunde getreu nach den Orig. veröffentl. von W[ilhelm] Camerer-Urach. Stuttgart 1908: Stuttg. Buchdr.-Gesellsch. 15 S. 8°
Aus: Staats-Anzeiger f. Württemberg. 1908. Nr 18 u. 19 d. Besond. Beil.

Eduard Mörike's Briefe und Gedichte an Margarete v. Speeth. Mit 3 Portr.-Silhouetten. Stuttgart K. A. E. Müller [1906]. (80 S.) 8° [F.] [07. 13] 7

—— f. Briefwechsel zwischen Moritz v. Schwind u. Ed. Mörike.

Eduard Mörike 'Du bist Orplid, mein Land'! Ausgewählte Gedichte u. Erzählungen, hrsg. von Will Vesper. Mit 1 Portr.-Silhouette u. mit 7 Zeichn. Schwind's z. 'Schönen Lau' 1.–10. Taus. Düsseldorf & Leipzig. K. R. Langewiesche [1905]. (296 S.) 8°
== Worte, Lebende, u. Werke. Bd 8. [06. 1310]

Erzählungen von Eduard Mörike. Stuttgart & Berlin: J. G. Cotta Nachf. [1906]. (244 S.) 8° [F.]
== Handbibliothek, Cotta'sche. No 130. [06. 14017]

Mörike, Ed., gesammelte Erzählungen. 3. Aufl. 8. (III, 426 S.) Stuttgart 894. Leipzig, G. J. Göschen. n. 4. —; geb. in Leinw. n. 5. —

Mörike, Ed., gesammelte Erzählungen. 5. Aufl. 8. (III, 426 S.) Leipzig 900. G. J. Göschen. n. 4. —; geb. n. 5. —

— gesammelte Erzählungen. 8. [Titel-]Aufl. (III, 426 S.) 8. Leipzig 904. G. J. Göschen. n. 2. 50; geb. in Leinw. n. 3. —

Mörike, Ed., vier Erzählungen. 16. (III und 178 S.) Stuttgart 856, Schweizerbart'sche Vrlgsh.

— Gedichte. 8. Stuttgart u. Tübingen 838. Cotta. $1\frac{1}{4}$ ß

Mörike, Eduard, Gedichte. 2., verm. Aufl. 8. (VIII und 203 S.) Stuttgart 848, Cotta'sche Buchh. Thlr.

—— Gedichte. 3., verm. Aufl. 32. (VIII und 346 S.) Stuttgart 856, Cotta'sche Buchh.

Mörike, Ed., Gedichte. 4., verm. Aufl. gr. 8. (X und 428 S. mit 1 Photogr. des Verf.) Stuttgart 867, Cotta'sche Buchh. * geb. * 1 Thlr. 12 Ngr.; geb. mit Goldschn. *

Mörike, Eduard: Gedichte 5. Aufl. Stuttgart. 1873 8°

— Gedichte. 9., m. e. Nachtrag verm. Aufl. 8. (XXXII, 408 S.) Ebd. 890. n. 4. —; geb. n. 5. —

Mörike, Ed., Gedichte. 10., m. e. Nachtrag verm. Aufl. 8. (XXXII, 408 S.) Stuttgart 892. G. J. Göschen. n. 4. —; geb. in Leinw. n. 5. —

— Gedichte. 11., m. e. Nachtrag verm. Aufl. 8. (XXXII, 408 S.) Ebd. 894. n. 4. —; geb. n. 5. —

— Gedichte. 14. u. 15., m. e. Nachtrag verm. Aufl. 8. (à XXXII, 408 S.) Ebd. 900. 901. n. 4. —; geb. n. 5. —

— Gedichte. 21. u. 22. Aufl. (Je XXXI, 428 S.) kl. 8. Ebd. 904. 905. 4. —; geb. 5. —; erm. Pr. n. 2. 50; geb. in Leinw. n. 3. —

Gedichte von Eduard Mörike. Ausgewählt u. mit e. Einl. versehen von Friedrich Bernt. Mit d. Bilde d. Dichters. Halle a. S.: O. Hendel (1905). (272 S.) 8° [F.]
(Bibliothek d. Gesamtliteratur d. In- u. Auslandes. No 1933–36.) [06. 7094]

— dasselbe, s. a. Bibliothek der Gesamtliteratur.

Gedichte von Eduard Mörike. (Textrevision, Einl. u. Erl. von Franz Deibel.) Berlin: S. Fischer [1906]. (XIV, 362 S.) 8°
(Pantheon-Ausg.) [06. 4660 II]

— dasselbe. (XII, 330 S.) kl. 8. Stuttgart (906). C. Krabbe. Geb. in Halbleinw. n. 3. —

Mörike, Eduard: Gedichte ausgew. u. eingel. von Ernst Lissauer. Berlin: Concordia 1908. 99 S. 8°
(Das Erbe. Bd 1.)

- Gedichte, s. a. Erbe, das.

— Gedichte. (Auswahl.) (476 S.) 5,1×3,9 cm. Leipzig 909. H. Schmidt & C. Günther. Geb. in Ldr. m. Goldschn. 1. 50

— dasselbe, s.: Hesse's, Max, Volksbücherei.

— dasselbe, s.: Krauß, Rud., Eduard Mörike als Gelegenheitsdichter.

— dasselbe, s.: Meyer's Volksbücher.

— dasselbe, s.: Universal-Bibliothek.

Eduard Mörike. Ausgewählte Gedichte. Hrsg. von d. Freien Lehrervereinigung f. Kunstpflege zu Berlin. Für Knaben u. Mädchen v. 13. Jahre an. (Vorw. Carl Meyer-Frommhold.) Köln a. Rh.: H. & F. Schaffstein [1906]. (50 S.) 8° [F.]
= Volksbücher, Schaffsteins, f. d. Jugend. Bd 24.

— ausgewählte Gedichte. — Das Stuttgarter Hutzelmännlein, s. a. Schaffstein's Volksbücher f. die Jugend.

Gedichte und Briefe [Eduard] Mörikes an seine Braut Margarete v. Speeth. Hrsg. von Marie Bauer. *München: Allg. Zeitung 1903.* (71 S.) 8° [F.]
Aus: Beilage z. Allg. Zeitung in München.

— Gedichte u. Briefe an seine Braut Margarete v. Speeth. Hrsg. v. Marie Bauer. (71 S.) gr. 8. München 903. (Leipzig, E. F. Steinacker.) — 75
Sonderabdruck aus: „Allg. Zeitg. Beilage".

Gedichte und Idylle vom Bodensee von Eduard Mörike. Stuttgart & Berlin: J. G. Cotta Nachf. [1906]. (260 S.) 8° [F.]
= Handbibliothek, Cotta'sche. No 128. [06. 14015]

Mis Jenny Harrower. Eine Skizze von Eduard Mörike. (Hrsg.: Karl Schüddekopf.) Weimar: Gesellsch. d. Bibliophilen 1907. (59 S.) 8°
= Gesellschaft d. Bibliophilen. [10.] [07. 18644]

Eduard Mörikes Haushaltungsbuch aus den Jahren 1843 bis 1847. Von Walther Eggert-Windegg. Stuttgart: Strecker & Schröder 1907. (34 S.) 8° [F.] [07. 6184]

— Haushaltungsbuch. Von Walth. Eggert-Windegg. Volksausg. (VII, 26 S. u. 34 S. in Fksm. m. Abb.) 8. Stuttgart (909). Strecker & Schröder. Kart. 2. —

Mörike, Ed., die Historie von der schönen Lau. Mit 7 Umrissen von Mor. v. Schwind; in Kupfer radirt von Jul. Naue. Fol. (46 S.) Stuttgart 873, Göschen'sche Verlagsh. *

— Das Stuttgarter Hutzelmännlein, s.: Quickborn.

— dasselbe, s.: Hesse's Max, Volksbücherei.

— dasselbe, s.: Universal-Bibliothek.

— dasselbe, s.: Volksbibliothek des Lahrer hinkenden Boten.

—— das stuttgarter Hutzelmännlein, Märchen. 16. 1. Aufl. 1853. und 2. Aufl. (V und 168 S.) Stuttgart 855, Schweizerbart'sche Vrlgsh. -

Das Stuttgarter Hutzelmännlein. Der Bauer u. s. Sohn. Die Hand der Jezerte. 3 Märchen von Eduard **Mörike**. Berlin: H. Neelmeyer [1906]. (123 S.) 8° [F.]
— Bücherei, Deutsche. Bd 45.

Das Stuttgarter Hutzelmännlein. Märchen von Eduard **Mörike**. Mit d. Bilde d. Dichters u. e. Vorbemerkung. Halle a. S.: O. Hendel [1906]. (VI, 86 S.) 8° [F.]
(Bibliothek d. Gesamtliteratur d. In- u. Auslandes. No 1947. 1948.)

— das Stuttgarter Hutzelmännlein, s.a. Bibliothek der Gesamtliteratur.

— Das Hutzelmännlein u. andere Märchen. (178 S.) 8. Leipzig 909. Insel-Verlag.
3.—; geb. in Leinw. 4.—; in Ldr. 5.—

—— und W. Zimmermann, Jahrbuch schwäb. Dichter rc. s. Jahrbuch.

— Idylle vom Bodensee, s.: Volksbücher, Wiesbadener.

—— Idylle vom Bodensee, oder: Fischer Martin und die Glockendiebe. In 7 Gesängen. 8. (148 S.) Stuttgart 847, Schweizerbart'sche Vrlgsh.

—— Idylle vom Bodensee oder Fischer Martin. In 7 Gesängen. 2. Aufl. 16. (V und 142 S. mit 1 Ttlkpfr.) Stuttgart 856, Schweizerbart'sche Vrlgsh. *

—— Iris. Eine Samml. erzähl. u. dramat. Dichtungen. Mit zwei Darstelln. nach Zeichnn. v. Fellner u. Nisle. 8. (17¾ B.) Stuttgart 839, Schweizerbart'sche Buchh.

— Lieder u. Gedichte in Auswahl. (Buchschmuck v. H. Vogeler-Worpswede.) (VII, 96 S.) 8. Leipzig 905. G. J. Göschen. Kart. n. 2.50; auf Büttenpap., geb. in Perg. od. Ldr. n. 12.—

[Eduard **Mörike**:] Mörike-Brevier. Von Hugo Oswald. Berlin & Leipzig: Schuster & Loeffler 1906. (192 S.) 8° [F.]

Mörike-Storm-Briefwechsel. Hrsg. v. Jak. Bächtold. gr. 8. (74 S.) Stuttg. 891, Göschen. * 1 80

— Mozart auf der Reise nach Prag. Novelle. 1. u. 2. unveränd. Abdr. Stuttgart 856. Cotta. 8. (2 Bl., 114 S.) 15 ngr

— Mozart auf der Reise nach Prag. Novelle. 3. Aufl. 12. (105 S.)
Stuttg.: Göschen 1890.

—— Mozart auf der Reise nach Prag. Novelle. 3. u. 4. Aufl. gr. 16. (105 S.) Ebd. 891,92. geb. * 2 50

— Mozart auf der Reise nach Prag. Novelle. 5. Aufl. 12. (105 S.) Stuttgart 892. 893. G. J. Göschen. Geb. in Leinw. n. 2. 50

— Mozart auf d. Reise nach Prag. Novelle. 6. Aufl. 12. (105 S.) Leipzig 897. G. J. Göschen. Geb. in Leinw. n. 2. 50

— Mozart auf der Reise nach Prag. Novelle. 7. Aufl. 12. (105 S.) Ebd. 902. Geb. in Leinw. n. 2.50

— Mozart auf der Reise nach Prag. Novelle. 8. [Titel-] Aufl. u. 9. Aufl. (à 105 S.) kl. 8. Ebd. [902]. 904. 905. Geb. in Leinw. n. 1. 50

Mozart auf der Reise nach Prag. Von Eduard **Mörike**. Mit e. Einl. versehen von Friedrich Bernt. Mit d. Bilde d. Dichters. Halle a. S.: O. Hendel (1905). (XIV, 55 S.) 8° [F.]
(Bibliothek d. Gesamtliteratur d. In- u. Auslandes. No 1937.)

— dasselbe, s.a. Bibliothek der Gesamtliteratur.

Mozart auf der Reise nach Prag. Novelle von Eduard **Mörike**. Hrsg. u. mit e. Einl. versehen von Prof. Dr. Edm[und] v. Sallwürk. Leipzig: Ph. Reclam jun. [1905]. (80 S.) 8° [F.]
(Universal-Bibliothek. 4741.)

— dasselbe, s.a. Universal-Bibliothek.

Mozart auf der Reise nach Prag. Lucie Gelmeroth. Der Schatz. 3 Erzählungen von Eduard **Mörike**. Berlin: H. Neelmeyer [1906]. (150 S.) 8° [F.]
— Bücherei, Deutsche. Bd 46.

(F) Mörike, E, Mozart auf der Reise nach Prag. Novelle. [Volksbücherei Nr. 136/137.] 8°. (94 S.) K —.40
Graz: Styria 1905.

— dasselbe, s.a. Volksbücherei.

— dasselbe. (80 S.) kl. 8. Leipzig 906. C. F. Amelang. Kart. n. 1.—

— dasselbe. Hrsg. u. m. e. Einleitg. u. m. Anmerkgn. versehen v. Heinr. Klenz. Illustriert v. Ant. C. Baworowski. (91 S.) gr. 8. Leipzig 906. A. Cavael. n. 3.75; geb. n. 5.—

— Mozart auf der Reise nach Prag, e. Novelle. (Die Zeichngn. f. Einbd., Titel u. Initial sind v. Walt. Tiemann.) (99 S.) 8. Leipzig 906. Insel-Verlag. 2.50; geb. in Leinw. 3.50; in Ldr. 4. 50

Mozart auf der Reise nach Prag. Erzählung von Eduard **Mörike**. In vereinf. deutscher Stenogr., Einigungssystem Stolze-Schrey. Berlin: F. Schulze 1907. (72 S.) 8° [Text stenogr.]

(F) Mörike, E., Mozart auf der Reise nach Prag. [Pichlers Jugendbücherei. Bd. 49.] 8°. (ill. 96 S.) geb. K 1.—
Wien: Pichler 1908.

— dasselbe, s.a. Pichler's Jugendbücherei.

— dasselbe. Novelle. Für den Schulgebrauch hrsg. v. Leo Hornung. (116 S. m. Bildnis.) kl. 8. G. Freytag. — Wien, F. Tempsky. 1909. Geb. — 70

(F) **Mörike, E.**, Mozart auf der Reise nach Prag. Die Historie von der schönen Lau aus dem Märchen „Das Stuttgarter Hutzelmännlein". [Graesers Schulausgaben klassischer Werke. Heft 73.] 8°. (67 S.) K —.60
Wien: Graeser 1910.

— dasselbe u. Die Historie v. der schönen Lau, hrsg. v. Leop. Brandl, i.a. Graeser's Schulausgaben klassischer Werke.

— dasselbe, s.: Hesse's, Max, Volksbücherei.

— dasselbe, s.: Meyer's Volksbücher.

— dasselbe, s.: Reuter's Bibliothek f. Gabelsberger'sche Stenographen.

— dasselbe, s.: Schaffstein's Volksbücher f. die Jugend.

— dasselbe, s.: Volksbibliothek des Lahrer hinkenden Boten.

— dasselbe, s.: Volksbücher, Wiesbadener.

— dasselbe, s.: Von Buch zu Buch.

Mörike, Ed., Maler Nolten. Novelle. 2 Thle. M. 1 Musikbeil. (2 B. qu. 8.) 8. (40½ B.) Stuttgart 832, Schweizerbart.

— Maler Nolten. Roman. 2., überarb. Aufl. 1. u. 2. Bd. 8. (VII, 348 u. 302 S.) Ebend. 877. n. 9. 60

— Maler Nolten. Roman. 4. Aufl. 3. Abdr. der Neubearbeitg. 2 Bde. 8. (VII, 348 u. 302 S.) Ebd. 893. n. 8. —; geb. in Leinw. n. 10. —

— Maler Nolten. Roman. 5. u. 6., überarb. Aufl. 2 Bde. 8. (à VII, 348 u. 302 S.) Ebd. 897. 901. n. 8. —; geb. n. 10. —

— Maler Nolten. Roman. 8. [Titel-]Aufl. 2 Bde. (VII, 348 u. 302 S.) 8. Leipzig 904. G. J. Göschen. n. 5. —; geb. in Leinw. n. 6. —

Maler Nolten. Novelle in 2 T. von Eduard **Mörike**. Mit d. Bilde d. Dichters u. e. Vorbemerkung. Halle a. S.: O. Hendel [1906]. (VI, 367 S.) 8° [F.]
(Bibliothek d. Gesamtliteratur d. In- u. Auslandes. No 1966–70.) [07. 1691

— dasselbe, s.a. Bibliothek der Gesamtliteratur.

Maler Nolten. Roman in 2 T. von Eduard **Mörike**. Stuttgart & Berlin: J. G. Cotta Nachf. [1906]. (392 S.) 8° [F.]
= **Handbibliothek**, Cotta'sche. No 129. [06. 19016

— dasselbe, s.: Hesse's, Max, Volksbücherei.

— dasselbe, s.: Meyer's Volksbücher.

— Novellen u. Märchen, s.: Hesse's, Max, Volksbücherei.

Mörike's, Ed., gesammelte Schriften. 4 Bde. 8. Stuttgart 878, Göschen'sche Verlagsh. à Bd. * ℳ 4,80. *

Inhalt:
Bd. 1. Gedichte. (XLII, 407 S.)
" 2. Erzählungen. (426 S.)
" 3. 4. Maler Nolten. Roman. 1. und 2. überarb. Aufl. 2 Thle. (VII, 348; 302 S.)

Mörike's, Ed., gesammelte Schriften. 4 Bde. 8. Stuttg., Göschen. à Bd. * 4 —; geb. * 5 —
1. Gedichte. 8. Aufl. (XXXII, 400 S.) 889.
2. Erzählungen. 2. Aufl. (426 S.) 890.
3. 4. Maler Nolten. Roman. 3. überarb. Aufl. 2 Bde. (VII, 348; 302 S.) 890.

— gesammelte Schriften. In 4 Bdn. Volksausg. (313, 253, 212 u. 178 S. m. Bildnis.) kl. 8. Leipzig 905. G. J. Göschen. In 2 Leinw.-Bdn. n. 5. —; in 2 Halbfrz.-Bdn. n. 6. 50

Mörike's, Eduard, gesammelte Schriften. In 4 Bdn. Mit e. biograph. Skizze u. Einleitgn. hrsg. v. Rud. Krauß. Mit des Dichters Bildnis u. Fksm. (XVI, 254, 256, 203 u. 306 S.) kl. 8. Leipzig (906). M. Hesse. In 1 Leinw.-Bd. n. 2. —

Mörike, Ed., s. Waiblinger, W., Gedichte.

Mörike's, Eduard, Werke. Auswahl in 1 Bde. Mit e. Vorbemerkg. u. dem Bilde des Dichters. (268, 367 u. 86 S.) kl. 8. Halle (906). O. Hendel. Geb. in Leinw. n. 3. 25; in Geschenkbd. n. 4. 50

Eduard **Mörikes** Werke. Ausgewählt u. hrsg. von Walther Eggert-Windegg. 2 Bde. Bd [1.2.] Mit d. Bildn. d. Dichters, sowie 2 Beilagen. Münster i. W.: Aschendorff 1906. 2 Bde 8° [F.]
[1.] Gedichte. [2.] Novellen u. Märchen.
(Aschendorff's Sammlung auserlesener Werke d. Literatur.) [07. 3461

— dasselbe. Ausgewählt u. hrsg. v. Walth. Eggert-Windegg. 2 Bde. kl. 8. Münster 906. Aschendorff. Geb. in Leinw. n. 2. 75; in Geschenkbd. n. 3. 60
1. Gedichte. Mit dem Bildnisse des Dichters u. e. Beilage. (218 S.) Geb. in Leinw. 1. 25; in Geschenkbd. 1. 60
2. Novellen u. Märchen, Mit e. Beilage. (308 S.) Geb. in Leinw. 1. 50; in Geschenkbd. 2. —

Eduard **Mörike**. (Sämtliche) Werke. Hrsg. v. Kunstwart durch (Geheimrat Dr.) Karl Fischer, [Wiesbaden]. Mit Bild., Handschriftproben u. Noten. Bd 1-6. München: G. D. W. Callwey (1906[–07]). 6 Bde 8° [F.]
1. Gedichte. 2. Gedichte-Nachlese. Idylle v. Bodensee. Wispeliaden.
3. Dramatisches u. Novellen. 4. Das Stuttgarter Hutzelmännchen. Mozart auf der Reise nach Prag. Selbstbiographie. Bruchstücke.
5. 6. Maler Nolten. T. 1. 2. [08. 300

Mörike, Eduard, Werke. Hrsg. vom Kunstwart durch Karl Fischer. Mit Bildern, Handschriftproben u. Noten. 6 Bde. 8. München, G. D. W. Callwey. à 3. —; geb. in Perg. à 5.50
1. Gedichte. (XLVI, 277 S.) (908.)
2. Gedichte-Nachlese. Idylle vom Bodensee. Wispelinden. (VIII, 246 S.) (908.)
3. Dramatisches, Märchen u. Novellen. (253 S.) (908.)
4. Das Stuttgarter Hutzelmännlein. Mozart auf der Reise nach Prag. Selbstbiographie. Bruchstücke. (253 S.) (908.)
5. 6. Maler Nolten. 2 Tle. (VIII, 259 u. 197 S. m. 14 Taf.) (908.)

Mörike, Eduard: Werke. In 4 Tlen. Hrsg., mit Einl. u. Anm. versehen von August Leffson. T. 1-4 [in 2 Bden]. Berlin, Leipzig, Wien, Stuttgart: Bong [1908]. 8°
1. Gedichte. Idylle vom Bodensee. Mit e. Lebensbild versehen.
2. Erzählungen. Dramatisches. 3. 4. Maler Nolten. 1.2.
(Goldene Klassiker-Bibliothek.)

— dasselbe, s.a. Klassiker-Bibliothek, goldene.

Mörike, (Eduard). **Mörikes Werke.** Hrg. von (Prof. Dr.) Harry Maync (Bern). Kritisch durchgesehene und erläuterte Ausgabe. 3 Bände. 8. Leipzig und Wien, Bibliographisches Institut, (1909). [*zus.* geb. M. 6. — u. 9. —]
Band 1: (Gedichte — Idylle vom Bodensee.) [Mit 1 Porträt- und 1 Faksimile-Tafel.] 29* + 506 S.
Band 2: (Maler Nolten — Vermischtes.) 508 S.
Band 3: (Erzählungen — Dramatisches — Übersetzungen.) 536 S.
(Meyers Klassiker-Ausgaben.)

Eduard **Mörikes** sämtliche Werke in 6 Bden. Hrsg. von Rudolf Krauß. Mit 4 Bildn., 2 Schattenrissen u. 1 Brief. Bd 1–6. Leipzig: M. Hesse (1905). 6 Bde (in 2 Bden) 8° [F.]
1. Mörikes Leben u. Schaffen nebst Auswahl s. Briefe. 2. Gedichte. 1. Samml.
3. Gedichte. 2. u. 3. Samml. Idylle v. Bodensee. Dramatisches …
4. 5. Maler Nolten. T. 1. 2. 6. Novellen u. Märchen. [05. 6619

— dasselbe, in 6 Bdn. Hrsg. v. Rud. Krauß. Mit 4 Bildnissen, 2 Schattenrissen u. e. Brief als Handschriftprobe. (261, 198, 238, 256, 203 u. 306 S) kl. 8. Leipzig (905). M. Hesse. In 2 Bde. geb. n. 4. —; feine Ausg. n. 5. —; in 2 Leinw.-Bdn. n. 5. —; feine Ausg. in 2 Halbfrz.-Bdn. n. 6. 50; Luxusausg. in 2 Liebhaber-Halbfrz.-Bdn. n. 8. —

— sämtliche Werke in 4 Büchern. Mit e. auf Grund selbständ. Forschgn. verf. neuen Bearbeitung des Romans „Maler Nolten". Hrsg. u. m. Lebensabriß eingeleitet v. Walt. Heichen. (68, 258, 221 u. 320 S. m. Bildnis.) kl. 8. Berlin (906). A. Weichert. Geb. in Leinw. n. 2. —

— dasselbe in 2 Bdn. Hrsg. u. m. e. biograph. Einleitg. versehen von Edm. v. Sallwürk. (476 u. 439 S. m. 2 Bildnissen.) kl. 8. Leipzig (906). Ph. Reclam jun. Geb. in Leinw. n. 3. 50

— dasselbe. Hrsg. u. eingeleitet v. Gust. Keyßner. (XLIV, 490 S. m. Bildnis.) gr. 8. Stuttgart (906). Deutsche Verlags-Anstalt. Geb. in Leinw. n. 3. —

Mörike, Johann Christian Ludwig

Möricke, Jh. Chr. Ldw., meine Abstammung von Dr. Luther u. sein Tischbecher. Mit 4 Abbildd. u. 1 Stammtafel der Lütherschen Familie. gr. 8. Stuttg. 817. Sattler. 9 gr.

Mörike, Joh Chrn. Ludw., meine Abstammung v. D. Luther u. sein Tischbecher. Bekannt gemacht aus Veranlaßg. d. 3. Reformations-Jubiläum. Ein Nachtrag zu meinem schon 1802 hrsg. Schriftchen. Mit 5 Abbildgn. u. 1 Stammtaf. der Luther'schen Familie 1817. Neue Ausg. 8. (29 S.) Stuttgart 883. Kohlhammer. n. — 60

— z. Andenken Luthers. Aus Gelegenheit eines noch vorhandenen Familienbechers von dem großen Manne. 8. Stuttg. 802. Magaz. f. Lit. 5 gr.

— zwei Predigten bei der 3n Jubelfeier unserer evangel. Kirche. Mit 1 Abbild. Margaretha: Luthers Tochter. Stuttg. 817. Sattler. 4 gr.

Mörike, Karl, Cäcilia. Eine Auswahl vorzügl. Lieder und Gesänge von den besten u. beliebtesten Meistern. Mit religiösen u. moral. Texten versehen. Für die Jugend, deren Erzieher und Freunde des religiösen Gesanges. 1s Hft. qu. Fol. Stuttgart 834. Metzler. 1/2 Thlr.

— des Vaters Geburtstag. Lustspiel in 5 Akten. kl. 8. Stuttgart 838. Beker'sche Buchh. 3/4 Thlr.

—— des Vaters Geburtstag. Lustsp. in 5 Akt. 8. (12 1/8 B.) Stuttgart 838, [Rommelsbacher.]

Mörike, Carl, Maximen beim Musikunterricht. Mit eingestreuten bis jetzt noch ungedruckten Gedanken Karl Maria von Webers. Ein Geschenk für denkende Eltern, Lehrer und Schüler. 16. (VIII und 170 S.) Stuttgart 848, Göpel.

Mörike, C., die Prüfung. Ein Schausp. in 1 Akt f. Kinder z. Feier d. Geburts- od. Namensfestes e. geliebten Mutter. 16. (3 1/2 B.) Stuttgart 837, (Neff.) *

[Mörike, Karl:] Ueber die Verbesserung der Gemeindeverwaltung als Mittel zum National-Wohlstand. Von einem Vaterlandsfreunde. Esslingen: Seeger 1822.

Mörike, Robert, s. Möricke, Robert.

Mörikofer, Georg Peter. Wie der Christ die über ihn ergehende Feur-Gerichte anzusehen, und wie er sich darbey zu verhalten habe: wurde am zweyten Sonntag nach dem schrecklichen Brand zu Frauenfeld ... daselbst, vorgetragen. 8. Schaffhausen 1771.

[Mörikofer, J Peter.] Lebensabriss des Herrn Landammanns ... (Johannes) Morell (1759–1835). [Mit 1 Porträt-Tafel.] Thurg. Njbl. (13. 1836). 4. [Frauenfeld] 1836.

2 in der Druckanordnung des Titels verschiedene Ausgaben.

Mörikofer, J[ohann] C[aspar]. Landammann (Joseph) Anderwert (1767–1841) nach seinem Leben und Wirken. Ein Beitrag zur Geschichte des Kantons Thurgau. ⟨In Auftrage der thurgauischen gemeinnützigen Gesellschaft verfasst ....⟩ Nebst Anderwerts Bildniss [Tafel]. [Thurg. Njbl. 18 und 19, 1842.] 8. Zürich und Frauenfeld 1842.

Mörikofer, J. C., Bilder aus dem kirchlichen Leben der Schweiz. br. 8. (XV und 375 S.) Leipzig 864, Hirzel.

Mörikofer, J[ohann] C[aspar]. J(ohann) J(akob) Breitinger (1575–1645) und Zürich. Ein Kulturbild aus der Zeit des dreissigjährigen Krieges. 8. Leipzig 1874 (*Umschlag*: 1873).

Mörikofer, J. C., J. J. Breitinger und Zürich. Ein Kulturbild aus der Zeit des 30jähr. Krieges. 8. (VII, 304 S.) Leipzig 874, Hirzel.

Mörikofer, J. C., Erlebnisse, s.: Beiträge, Thurgauische, zur vaterländ. Geschichte.

[Mörikofer, Johann Caspar.] Frauenfeld, dargestellt nach seinem gegenwärtigen Zustand und seinen bisherigen Schicksalen. Mit einer Ansicht der Stadt [Tafel] und einer Charte des Bezirks. Thurg. Njbl. (3, 1826). 4. (Frauenfeld) 1826.

Mörikofer, J. C., Geschichte der evangelischen Flüchtlinge in der Schweiz. gr. 8. (XVI, 437 S.) Leipzig 876, Hirzel. *

[Mörikofer, Johann Caspar.] Geschichte des Schlosses Frauenfeld und der thurgauischen Landvögte. Mit einer Ansicht ([Tafel, 1 Illustration und] Zugaben). Thurg. Njbl. 12, 1835. 4. (Frauenfeld) 1835.

Mörikofer, J. C., Klopstock in Zürich im J. 1750—1751. 8. (VI und 119 S.) Zürich 851, Beyel.

—— Klopstock in Zürich im J. 1750—1751. Neue (Titel-) Ausg. 8. (VI und 119 S.) Bern (851)64, Heuberger's Verlag.

Mörikofer, J. C., die schweizerische Literatur des 18. Jahrhunderts. gr. 8. (XIV und 537 S.) Leipzig 861, Hirzel. +

—— die schweizerische Mundart im Verhältniß zur hochdeutschen Schriftsprache aus dem Gesichtspunkte der Landesbeschaffenheit, der Sprache, des Unterrichtes, der Nationalität und der Literatur. Neue (Titel-)Ausg. 8. (VI und 158 S.) Bern (838)64, Heuberger's Verlag.

[Mörikofer, Johann Caspar.] Tobel, dargestellt nach seinem gegenwärtigen Zustand und seinen bisherigen Schicksalen. (Mit einer Ansicht [Tafel].) Thurg. Njbl. (9, 1832). 4. (Frauenfeld)

Mörikofer, J. C., Ulrich Zwingli nach den urkundlichen Quellen. 2 Bde. Leipzig 867,69. Hirzel. gr. 8. (XVI, 352 S. u. XVI, 527 S.) 4 Thlr.

Mörikofer, Ruprecht Friedrich: Specimen inaugurale medicum de rheumatismo.
Basel; med. Diss. 1751

Morill, Bianka, stimmerziehende Lautbildungslehre nach e. Lautbildungsgesetz. Auf Grund prakt. Erfahrgn. dargestellt. (VII, 114 S. m. Abb., 5 Taf. u. 1 Tab.) 8. Berlin-Gr. Lichterfelde-W. (907). Ch. F. Vieweg. 3. 50

Morillot, André

Morillot, A., de la protection accordée aux oeuvres d'art, aux photographies, aux dessins et modèles industriels et aux brevets d'invention dans l'empire d'Allemagne. 8. (VII, 163 S.) Berlin 878. Puttkammer & Mühlbrecht. n. 3. 20

Rapport sur les comparaisons qui ont été faites à Paris en 1859 et 1860 de plusieurs kilogrammes en platine et en laiton avec le kilogramme prototype en platine des Archives Impériales. — Etudes sur les diverses circonstances qui peuvent influer sur l'exactitude des pesées par Regnault, Morin et Brix. Berlin 1861. 4. —

Morin, A. L. van Beethovens 6. Symphonie in C-moll. s.: Musikführer, der.

L. v. Beethoven, Sechste Symphonie. F-dur. '(Pastorale.)' op. 68. Erl. v. A. Morin. *Frankfurt a. M.: H. Bechhold [1896].* (26 S.) 1 Bd 8.
— Musikführer, Der. No 81. [97. 1304

Morin, A., s.: Beethovens Symphonien.

— s.: Brahms, Johannes.

— Johannes Brahms' Leben u. Schaffen, s.: Meisterführer.

— s.: Musikführer, der.

Morin, Antoine (vgl. Morin, Aug.)

Morin, A., Abriß der politischen Geschichte der Schweiz. Vom Ursprunge der Eidgenossenschaft bis auf unsere Tage. Deutsch von Thdr. Beck. 10 Lfgn. gr. 8. (XIV und 460 S. mit Anhang: „Urkundliche Belege." 149 S.) Leipzig 857.58, Weber. à Lfg. * 7½ Ngr.

Morin, Arthur, Hülfsbuch für prakt. Mechanik, zum Gebrauche für Artillerieoffiziere, Civil- u. Militäringenieure, die wichtigsten Regeln u. Formeln zur Beurtheilung u. Entwerfung von Konstruktionen enthalt. Aus d. Franz. übersetzt von C. Holtzmann. (Mit 58 Figur.) gr. 8. Karlsruhe 838. Groos. 1⅓ ₰

Morin, (Arthur,) Hülfsbuch des prakt. Mechanikers z. Gebr. von Artillerieoffizieren, Civil- u. Militäringenieuren, deutsch bearb. v. C. Holtzmann. 2. Aufl. der deutschen Bearbeitung mit Zugrundlegung der 3. des Orig. gr. 8. (21½ B. m. 61 Figuren.) Karlsruhe 811, Groos. Thlr.

Morin's Hilfsbuch des praktischen Mechanikers zum Gebrauche von Artillerieoffizieren, Civil- und Militäringenieuren, deutsch bearb. von C. Holtzmann. Mit 60 Fig. (in eingedr. Holzschn.) 3., erweiterte und verb. Aufl. der deutschen Bearbeitung, mit Zugrundelegung der 4. des Originals. gr. 8. (VIII und 359 S.) Karlsruhe 851, Groos.

(Morin.) Vademecum des österreichischen praktischen Mechanikers. Enthltd. die bequemsten Formeln und Tabellen über die Bewegung des Wassers und der Luft, die Beurtheilung der Anlage der Wasserräder u. Dampfmaschinen, die Schwungräder, die Uebertragung und die Hindernisse der Bewegung, die Festigkeit der Materialien, nebst einer Sammlung von Beobachtungsresultaten ꝛc. Nach Morin's Aide-Mémoire 4. Orig.-Ausg. übers. u. für österreich. Maß u. Gewicht vollständig umgerechnet von Frz. v. Schwind. Mit 65 in den Text eingedr. Holzschn. Wien 856. Braumüller. gr. 8. (XVII, 410 S.) n. 2 ₰.

Morin, Vademecum des österreichischen praktischen Mechanikers, s. Schwind, F. v.

Morin, Aug., Abriß der politischen Geschichte der Schweiz. Vom Ursprunge der Eidgenossenschaft bis auf unsere Tage. Aus dem Französ. von Thdr. Beck. Leipzig 858. Weber. gr. 8. (XIV, 460 S. u. Anh. 149 S.) n. 2 ₰. 15 ngr.
Vgl. Morin, Antoine.

Morin, Aug., Choralgesänge für vierstimmigen gemischten Chor. Für alle Zeiten des Kirchenjahres u. besondere feierliche Gelegenheiten. Als Ergänzung zu jeder Liedersammlung f. höhere Schulen od. gemischte Gesang-Vereine hrsg. 8. (VIII, 40 S.) Wiesbaden 882. Gestewitz. n. — 50

Morin, C. J., s. Berlinghieri: Methode ...

Morin, C. J., d. Gesundheitsfreund; e. theoret. u. prakt. Handbuch f. Krankenpfleger u. diejen., die sich selbst warten wollen; aus d. Französ. v. G. Wendt. gr. 12. Leipz. 824. Fest. 16 gl

Morin, Friedrich

Morin, F. (Bearb.), s. Almanach für Bade-Reisende auf 1862,63,65.

Morin, Friedr., Almanach für Bade-Reisende auf 1862. Die Fahrten von den deutschen Hauptstädten nach den vorzüglichsten Badeorten Deutschlands und der Nachbarstaaten, deren ärztl. Hülfen, Einrichtungen, Sehenswürdigkeiten und Umgebungen enth. Nach eigener Erfahrung und den besten ärztl. und anderen Quellen bearb. 16. (XV und 336 S. mit 1 lithogr. Karte der Badeorte in gr. 4.) Berlin 862, Nicolai's Verlag.

— — auf 1863. Die Fahrten von den deutschen Hauptstädten nach den vorzüglichsten Badeorten Deutschlands u. der Nachbarstaaten, deren ärztliche Hülfen, Einrichtungen, Sehenswürdigkeiten u. Umgebungen enthaltend. Nach eigener Erfahrung u. den besten ärztlichen u. anderen Quellen bearb. Mit 1 (lith.) Karte der Badeorte (in 4.). Ebend. 863. 16. (XVI, 368 S.) n. 1 ₰

Morin, Friedr., Almanach f. Bade-Reisende auf 1865. Berlin, Nicolai's Verl. 16. (XV, 336 S. mit 1 lith. Karte der Badeorte in 4.) 20 ngr.

Morin, Friedr., Berlin und Potsdam im J. 1860. Neuester Führer durch Berlin, Potsdam und Umgebungen. Ein Taschenbuch für Fremde und Einheimische. Nach eigener Erfahrung und den besten Quellen bearb. Mit den neuesten Plänen von Berlin (chromolithogr. in Imp.-Fol.), Potsdam und Sanssouci (lithogr. in gr. 8.), 1 Abbild. des Denkmals Friedrichs des Grossen und 1 Ansicht vom Sanssouci (in Holzschn.) 16. (XL und 284 S.) Berlin 860, Nicolai'sche Verlagsh. geb.

— — im Jahre 1863. Mit den (lith.) Plänen von Berlin, Potsdam u. Sanssouci (in 4. u. Fol.) u. 5 (lith.) Abbildgn. 863. (XXXIX, 283 S.) — 2. verb. Aufl. Ebend. 864. 16. (XXXVI, 220 S.) n. 15 ngr.

— Berlin und Potsdam im J. 1864. Neuester Führer durch Berlin, Potsdam und Umgebungen. Ein Taschenbuch für Fremde und Einheimische. Nach eigener Erfahrung und den besten Quellen bearb. 1. Aufl. 1863. und 2., verm. und verb. Aufl. 8. (XXXVI und 220 S. mit den neuesten lithogr. Plänen von Berlin, Potsdam und Sanssouci in 4. und gr. Fol. und 5 Abbild. in Holzschn.) Berlin 864, Nicolai's Verlag. *

Morin, Friedr., Berlin und Potsdam im J. 1869. Neuester Führer durch Berlin, Potsdam und deren Umgebungen. Nach eigener Erfahrung und den besten Quellen bearb. Mit den neuesten (chromolithogr. und lithogr.) Plänen von Berlin, Potsdam und Sanssouci (in 8. und Imp.-4.), den Abbildungen des Denkmals Friedrichs des Gr., der beiden königl. Museen etc. 5. verm. und verb. Aufl. 8. (XXIX, 182 S. mit 6 Holzschntaf. und 1 Stnt. in qu. 4.) Berlin 869, Nicolai's Verlag.

Morin, Friedrich: Neuester Führer durch Berlin und Potsdam. Berlin 1871. 8°

—— nouveau **guide** de l'étranger dans Munich et ses environs. Avec 45 Illustr. et un plan de la ville. gr. 16. (XXIV und 219 S. mit eingedr. Holzschn. und Plan in Holzschn. in 4.) Berlin 861, Nicolai'sche Verlagsh. geb. *

Morin, Fréder., nouveau guide de l'étranger à Munich et dans ses environs. Nouvelle éd. Avec 44 illustr. (inprimées) et un plan (lith.) de la ville (in qu. gr. 4.) 8. (VIII, 211 S.) Berlin 872. Nicolai's Verl. geb. n. 3. 50

Morin, F., Guide du voyageur à Berlin, s. Guide.

Morin, Friedr., München im J. 1861. Neuestes Taschenbuch für Fremde und Einheimische. 3., verm. und verb. Aufl. 16. (XXXII und 208 S. mit 1 Plan in Kpfrst. in gr. 4.) München 861, [Gummi.] geb. Thlr. *

Morin, Friedr., München im J. 1862. Neuestes Taschenbuch für Fremde und Einheimische. 4., verm. und verb. Aufl. 16. (XXXII und 212 S. mit 1 lithogr. Karte in 4.) München 862, Gummi. * 12 Ngr.; geb. * Mit 12 Stahlst. geb. *

— Nordfrankreich. (Grieben's Reisebibliothek 67) Berlin 1866

— Nord-Frankreich, } s. Grieben's Reise-Bi-
— Süd-Frankreich, } bliothek.

Morin, Frdr., *Süd-Frankreich.* Handb. f. Reisende. („*Grieben's* Reisebibliothek". Nr. 63.) Mit 1 Karte von Südfrankreich. Berlin, o. J. 8°. Orig.-Lwdb.
VIII—252 S.

Morin Fr, Südfrankreich. (Grieben's Reisebibliothek 63) Berlin (1866)

Morin, Friedr., neuester Wegweiser durch München und seine Umgebungen für Fremde und Einheimische. Mit e. alphabet. geordneten Verzeichniss der Königl. Institute u. Gebäude, aller stabilen Sehenswürdigkeiten etc. Nach den besten Quellen etc. bearb. 3. verb. etc. Aufl. Mit 1 (lith.) neuen Plane von München (in Fol.) u. 1 lith. Tableau u. d. Grundriss der Residenz (in 4.). München 857. Kaiser. 12, (XXXIV, 194 S.) 15 ngr.

1. u. 2. Aufl. erschien anonym.

— neuester Wegweiser durch München und seine Umgebungen für Fremde und Einheimische. Mit einem alphabetisch geordneten Verzeichniss der Königlichen Institute u. Gebäude, aller stabilen Sehenswürdigkeiten, so wie der bemerkenswerthesten Privatanstalten zum Nutzen u. Vergnügen des Publikums, nebst den nöthigsten statistischen u. historischen Notizen. Nach den besten Quellen u. nach eigener Erfahrung bearb. 4. verb. u. verm. Aufl. Im Anhang: Regensburg, Innsbruck u. Salzburg. A. u. d. T.: Ganz München für 48 Kreuzer. Mit 1 neuen (lith.) Plane von München (in Fol.), 1 (lith.) Tableau der inneren Eintheilung des königlichen Hof- u. National-Theaters (in 4.) u. dem (lith.) Grundriss der Residenz. 859. (XXXVI, 211 S.) — 5. verb. Aufl. München 861. Kaiser. 12. (XXXV, 259 S.) 15 ngr.

[Morin, Frits.] Leysin, Klimatischer Höhen-Kurort 1450 m über Meer ⟨Kanton Waadt, Schweiz⟩. Sanatorien für Spezielle Behandlung der Lungen-Tuberkulose. [Prospekt, mit Illustrationen und Tafeln.] [II + 36 + *Tafeln* 32 S.] quer-8. (Montreux, Soc. de l'Imprimerie et Lith., [1903].)

Tuberkulose-Behandlung im Höhenklima. Erfolge d. Sanatorien von Leysin i. J. 1905 von Dr. F. **Morin.** Aigle: Borloz 1906. 19 S. 8°

Morin, George, Erzählungen e. Wandervögleins. Stimmungsbilder aus verschied. Zonen u. Zeiten. 8. (III, 149 S. m. Bildn.) München 896. Münchener Handelsdruckerei & Verlagsanstalt M. Poeßl. n. 3. —; geb. in Leinw. m. Goldschn. n. 4. —

Morin, Geo., s.: Führer durch München.

Morin, Geo. Gesammelte Gedichte. gr. 8. (275, 5 S. m. 1 Bildnis.) Münch. 892, Handelsdruckerei u. Verlagsanstalt. * 5 — geb. m. Goldschn. * * 6 —

Morin, Geo., König, Dichter und Maler. Dem Andenken Karl's XV., König von Schweden und Norwegen gewidmet. gr. 16. (46 S. mit Portr. König Karl's XV. in Holzschn.) Leipzig 875, Theile. *ℳ 1,20.; cart. *

Morin, George, König Ludwig II. v. Bayern. Sein Leben, Wirken u. Tod geschildert. 8. (68 S.) München 886. Franz' Verl. 1. —

— **München u. Umgebung, s.: Grieben's Reisebücher.**

— **Plan u. Wegweiser v. München, s.: Grieben's Reisebücher.**

— Regentropfen. Ernste u. heitere Gedichte. 12. (63 S. m. 5 Taf. u. Bildnis.) München 898. Münchner Handelsdruckerei u. Verlagsanstalt M. Poeßl. Geb. in Leinw. m. Goldschn. n. 4. —

Morin, Geo., Stern und Rose. Poetische Erzählung aus dem Orient in fünf Gesängen. 16. (III und 68 S.) Landshut 863, (Krüll'sche Buchh.) *

Morin, George, aus ruhmvollen Tagen. Erinnerungen an den deutsch-französ. Krieg von 1870/71, nach dem Tagebuche eines bayer. Offiziers mitgetheilt. gr. 8. (179 S.) München 882, Franz'sche Buchh. *

Morin, Germanus, s.: Anecdota maredsolana.

Morin, Germanus. Der Ursprung d. gregorianischen Gesanges. Eine Antwort auf Gevaerts Abhandlg. üb. „den Ursprung d. röm. Kirchengesanges". Deutsch von Thom. Elsässer, aus derselben Kongregation. gr. 8. (V, 90 S.) Paderb. 892, F. Schöningh. * 2 80

Morin, Heinr., Naturkunde f. Mittelschulen. Im genauen Anschluß an die kgl. allerhöchste Schulordng. vom 23. Juli 1891. 1. Tl., 2. Tl. Ausg. A u. B, 3. Tl. gr. 8. München, R. Oldenbourg, Abteilg. f. Schulbücher. Geb. in Leinw. n. 9. 25

1. Botanik. Mit 338 teilweise vom Verf. selbst gezeichneten Illustr. 2. Aufl. (X, 258 S.) 894. n. 2. —
2. Zoologie. Ausg. A für humanistische Gymnasien. Mit 273 großenteils vom Verf. selbst nach Momentaufnahmen gezeichneten Illustr. (VIII, 312 S.) 893. 2. 50
2. Zoologie. Ausg. B f. techn. Anstalten. Mit 313, großenteils vom Verf. selbst nach Momentaufnahmen gezeichneten Illustr. (VIII, 334 S.) 893. n. 2. 75
3. Mineralogie. Mit 104, teilweise vom Verf. selbst gezeichneten Illustr. (VIII, 172 S. m. 1 Taf.) 893. n. 2. —

Morin, Heinr., Naturkunde f. d. humanist. Gymnasien (Ausg. A.) im genauen Anschluß an d. kgl. allerhöchste Schulordng. v. 23. Juli 1891. II. Tl. Zoologie. M. 273, großenteils v. Verf. selbst nach Momentaufnahmen gezeichneten Illustr. 2. Aufl. gr. 8. (VIII, 312 S.) München 896. R. Oldenbourg, Abteilg. f. Schulbücher. Geb. in Leinw. n.n. 2. 50

— dasselbe f. Mittelschulen. Im genauen Anschluß an d. kgl. allerhöchste Schulordng. v. 23. VII. 1891. III. Tl.: Mineralogie. M. 104, teilweise v. Verf. selbst gezeichn. Illustr. 2. Aufl. gr. 8. (VIII, 172 S. m. 1 Taf.) Ebd. 897. Geb. in Leinw. n.n. 2. —

Morin, *Heinrich:* Schutzfärbung und Schreckfarben in der Tierwelt. Studie. München, Buchdr. v. J. B. Lindl, 1895; 32 S., 1 Taf. 8.
München, k. Luitpold-G, P 1895*

Morin, Heinrich: Am Indischen Strand. Naturbilder aus dem Sunda-Archipel. Mit 6 Originalzeichn. München 1909: Lindl. 30 S. 8°
München, k. Luitpold-G P 1909* [S 09. 330

Morin, Heinr., am indischen Strand. Naturbilder aus dem Sunda-Archipel. Mit 6 Orig.-Zeichngn. des Verf. (im Text u. auf 4 Taf.). Progr. (30 S.) gr. 8. München 909. (Dr. H. Lüneburg's Sort.) 1. —

— Unter der Tropensonne. Streifzüge auf Java, Sumatra u. Ceylon. (176 S. m. Abb. u. 5 [3 farb.] Taf.) Lex. 8. München (910). Isaria-Verlag. 8.50; geb. 10. —

Morin, H., botanische Wandtafeln, s.: Ross, H.

— Zeichnen u. Zeichenunterricht in alter u. neuer Zeit. Studie. (28 S.) 8. München 910. M. Beckstein. 1.—

Morin, J., der engl., franz. u. teutsche Schuhmacher in allen seinen Arbeiten, od. Anweis., Schuhe u. Stiefel aller Arten bequem u. dauerhaft zu verfert. Nach d. Franz. Mit vielen Abbild. (auf 1 lith. Bl. qu. gr. Fol.) 12. (6⅓ B.) Ulm 834, Ebner.

Evangelisches Erwachen im katholischen Canada. Von Pastor J. L. **Morin** in Montreal. *München: J. F. Lehmann 1901.* (58 S.) 8° [F.]
— Berichte über d. Fortgang d. 'Los von Rom-Bewegung.' H. 6. [... 7488

Morin, K. M., Lehrbuch d. Kriegswirthschaftslehre; od. Grundsätze zur Verwaltung d. Kriegswesens im Frieden u. im Kriege; aus d. Französ. übers. u. mit Zusätz. u. Anmerkk. versehen v. F. v. Schmid. gr. 8. Erlang. 819. Palm u. E. 1 ℛ 8 gℓ.

Morin, K. M., vormals Oberbeamter bei dem Kriegsrechnungswesen etc. Lehrbuch der Kriegswirthschaftslehre, oder Grundsätze zur Verwaltung des Kriegswesens im Frieden und im Kriege. Nach der zweiten französischen Grundschrift frei übersetzt, mit einer Einleitung, berichtigenden Zusätzen und Anmerkungen versehen, von Ferdinand Schmid. 8. Erlangen 1819.

Morin, K. M. Lehrbuch der Kriegswirtschaftslehre, oder Grundsätze zur Verwaltung des Kriegswesens im Frieden u. im Kriege. Aus dem Franz. v. F. v. Schmid.
Erlangen 1819. 388 S.

Morin, M., Handbuch für Stärke- u. Fadennudelnmacher. Aus d. Franz. Mit Abbildd. 8. Quedlinburg 838. Basse. ⅔ ℛ

Morin, Pyrame. Ueber das Mineralwasser von Saxon im Canton Wallis.... (Mitgetheilt der Genfer physikalischen ... Gesellschaft, den 12. Mai 1859.) [SA.] 8. [Leipzig 1859.]

Morin-Dériaz, Louis, Traité de musique théorique et pratique, compr. la mélodie et l'harmonie simple. 12. (6⅙ B.) Genève 844. (Kessmann.) *

MORINA, Antonia, Seeräuber-Königin. (18**.)
Seltene Jahrmarktsschrift.

Morinaga, Yuseki, aus Tokio (Japan): Über Maligne Erkrankung der Tube und Metastasenbildung im Uterus *Würzburg 1903: A. Borst.* (77 S.) 8°
Würzburg, Med. Diss. v. 1903

Morinami, Shigeru, aus Aichi (Japan): Beiträge zur Therapie und Diagnostik der Augentuberkulose. (1. Lufteinblasungen in d. vordere Kammer bei Iritis tuberculosa. 2. Diagnost. Tuberkulininjektionen bei Keratitis parenchymatosa.) *Rostock i. M. 1903: Adlers Erben.* (48 S.) 8°
Rostock, Med. Diss. v. [20. Aug.] 1903

Morine, M., positions apparentes des taches solaires photographiées à Poulkovo, s.: Hasselberg, B.

Der | Räuber Moring, | genannt: | Der Hundssattler. | Eine schrecklich wahre Geschichte aus | der Mitte des vorigen Jahrhunderts. | Nach den besten Quellen bearbeitet | Eigenthum von A. Harder. | Gedruckt bei Gebr. Hasskerl. Hamburg.
o. J., 4 Bl. n. n., 184 × 112.
LBO Bänkelsängerlit. II, 31.

Moering

— s. a. **Moehring, Mohring.**

Moering, Ernst. Halberstadt 1786. V: *Gleim, Johann Wilhelm Ludwig.* (Körte, Gleim. Halberstadt 1811.) (GGr)

Moering, Friedrich Gustav (Dohnensis), Diss. med. sistens historiam cholerae cum subsequente pleuroperipneumonia. Leipzig (Breitkopf u. Haertel) 7. IV. 1830. 23 S. (3.—) 23562
Gew.: Carl August Kuhl, Ernst Pienitz.

Möring, Georg Friedrich

Möring, G. F., Stadt und Burg Dohna. Dohna 1848. 8.

— **Georg Friedrich** (Dohna), Tentamen disquisitionis de linguae integumentis. Diss. med. Leipzig (Staritz) 9. V. 1845. 32 S. (3.—) 23563
Gew.: Georg Friedrich Moering (Vater), Carl Andreas Berthelen, Julius Viktor Carus.

Möring, Guido, Cuxhaven als Fischereihafen u. Fischmarkt. (39 S. m. 1 Tab.) 8. Hamburg (904). H. Seippel. n. — 50

Moering, Carl, Armee und Flotte der Vereins-Staaten, bezügl. einiger technischen Einrichtungen. Als Vorlage zur Gründung einer deutschen Flotte. Lex.-8. (X und 78 S. mit 18 Steint.) Wien 848, Tendler und Comp.

(Moering, Karl), Cameo, Der rechte Augenblick. An die Völker Deutschlands und Oesterreichs. Wien, Tendler & Co., 1848. 6 S. 8°.

Moering, Carl, Abgeordneter aus Wien bei der deutschen National-Versammlung zu Frankfurt am Main, Offener Brief an das Wiener Ministerium. Wien, Tendler u. Comp., 1848. 16 S. 8°.

(Möring, Carl, k. k. Ingenieur-Hauptm., etc.) Sibyllinische Bücher aus Oesterreich. 1. Bd. Der Staat. 2. Bd. Das Heer. (2 Bde.) 8. Hamburg 1848.

Moering, Carl, der Dienst des k. k. Genie-Stabes im Felde. Lex.-8. (XVI und 648 S.) Wien 862, Gerold's Sohn. *

Moering, Carl, Abgeordneter aus Wien bei der deutschen Nationalversammlung in Frankfurt a. M., Entweder — oder! Frankfurt a. M., Fr. Wilman, o. J. 15 S. 8°.

(Moering, Karl). Cameo, Unsere Gegenwart. 1. Die neue deutsche Kaiserzeit. 2. Der drängende Moment. Ausgegeben am 29. März. Wien, Tendler & Comp., 1848. 16 S. 8°

(Moering, Karl), Cameo, Oesterreichs Lage und sein Weltberuf. Ausgegeben am 27 März. Wien, Tendler u. Co., 1848. 14 S. 8°

—— zur Marine-Frage. Lex.-8. (28 S.) Wien 862, (Gerold's Sohn.) * *
Aus: Oesterreichische militärische Zeitschrift, besonders abgedruckt.

— s.: Miscellen.

Möring, Walther, a. Hamburg: Ueber die Kondensation von Aldehyden mit p-Diketohexamethylen. Heidelberg 1905: K. Rössler. (37 S.) 8°
Heidelberg, Naturw.-math. Fak., Ref. Curtius, Diss. v. 13. Jan. 1906
[Geb. 22. Okt. 77 Hamburg; Wohnort: Hamburg; Staatsangeh.: Hamburg; Vorbildung: Gymn. Katharineum Hamburg Reife O. 98; Studium: Heidelberg 4, München 1, Heidelberg 9 S., Rig. 31. Okt. 05.]

Moringen, s.: Geologische Karten (Preussen).

Moringen, s.: Preussen. Messtischblätter.

Möringer, J. F., Bet- u. Lobopfer. 8. Zerbst. 723.

Morino, Johann. Auswahl der vornehmsten, schönsten und merkwürdigsten Lustschlösser und Gegenden in den Königl. Preussischen Staaten. 3 Hefte. Berlin 1788. Fol.

Moris, Alexandre: Die Triasformation im Grossherzogthum Luxemburg. S. 1-30. Luxemburg, Athénée, Progr. 1852.

Moris, Jos. Hyacinthus, Flora Sardoa, seu historia plantarum in Sardinia et adjacentibus Insulis, vel sponte nascentium vel ad utilitatem excultarum. Vol. I. Cum Iconographia. Roy.-4. (Mit 72 Kupfertaf.) Taurini 837. (Lipsiae, T. O. Weigel.) n. 23²/₃ ℛ

Moris, Laurian

— s. Chronik, deutsche. —

Moris, Laurian, Frieden. 16. (VI und 248 S.) Paris 855, Gläser. *

— sechs Nächte am Zürichersee, den Freien gewidmet. gr. 8. Leipzig 843, W. Engelmann. ¼ ℛ

Moris, Laurian, Nächte am Zürichersee. Als Fortsetzung der Lieder eines Gefangenen. 16. (2 B.) Berlin 843. (Hermes.)*

Moris, Laurian: Die Sagen der Pfalz,
s. Baader, Friedrich

—— Stunden am Meere. (Gedichte.) 16. (IV und 106 S.) Erfurt 832, Bartholomäus.

Moeris, Atticista, Aelius
Moeridis Atticae *λέξεις Αττικῶν*, **e rec. et c. not Hudsoni, cur. Fischer. 8. Lips. Fritsch. 756.**

***Moeris* Atticista,** *λέξεις Αττικῶν καὶ Ἑλληνικῶν* **e rec. et cum not. Hudsonii, acc. Timaei Soph.** *λεξικον περι των παρα Πλατωνι Λεξεων* **e rec. D. Ruhnkenii. Cur. notasq. suas adj. Jh. Fr. Fischer. 8. Leipz. 756. Hahn. 12 gl.**

Moeris, *de vocibus* Atticis.
— — cum Timaei Lexico Platonico. Graece cum notis Hudsoni suisq. ed. J. F. Fischer. Lips. 756. 8. 12 gr.

— Lexicon Atticum, cum Jo. Hudsonii, Steph. Bergleri, Claud. Sallierii aliorumq. notis. secund. ordin. MSStorum restituit. emend. Joa. Piersonus. Acc. *ΑΙΛΙΟΥ ἩΡΩΔΙΑΝΟΥ ΦΙΛΕΤΑΙΡΟΣ* **Aelii Herodiani Philetaerus etc. 8maj. Leyden 759. Van der Eyk. 4 ℛ**

— Lexicon Atticum gr., cum Jo. Hudsonii, Steph. Bergleri, Claud. Sallierii aliorumque notis, secund. ord. MSStorum restituit. emend., animadvers. illust. Joa. Piersonus. Acc. *Αἰλιου Ἡρωδιανοῦ Φιλεταιρος* **Aelii Herodiani Philetaerus e Ms. nunc primum editus, item ejusdem fragmentum e Mss. emend. atque auctius. (Ed. nova, auct., cui addita sunt Piersoni Verisimilia). 8maj. Leipz. 830. C. H. F. Hartmann. 2 ℛ**

—— id. — cum Jo. Hudsoni, Steph. Bergleri, Claud. Sallierii, aliorumque notis. Secund. ord. Msstor. restituit, emend., animadvers. illust. Jo. Piersonus. Acced. *Αἰλίου Ἡρωδιανοῦ φιλέταιρος* **Aelii Herodiani Philetaerus e Ms. nunc primum edit. item ejusdem fragment. e Mss. emend. atque auctius. (Edit. nova, auctior, cui addita sunt Piersoni Verisimilia.) 8 maj. (37½ B.) Lipsiae 831, [Böhme.]**

Moeridis Attic. Lexicon Atticum; cum Jo. Hudsoni, Steph. Bergleri, Claud. Sallierii, Schlaegeri alior. notis. Secund. ord. Msstor. restituit, emend. animadvers. illustr. Jo. Piersonus. Acced. Aelii Herodiani Philetaerus e Ms. nunc primum edit. item ejusdem fragment. e Mss. emend. atque auctius. Cum annotat. suis et plerisque Jo. Frider. Fischeri denuo edid. Geo. Aen. Koch. (II Vol.) 8maj. (38 B.) Lipsiae 830, 31, Lauffer.

Mörisch, Jh. Wenzel, über d. üble Behandlung d. Kranken u schleunige Beerdigung bei d. Juden. gr. 8. Lemb. (o. Jahrz.

— Diss. inaug. phys.-chem.-medica sistens animal in sua elementa resolutum. 8. Wien 782.

Morison, Alex., Physiognomik der Geisteskrankheiten. Aus der 2. Aufl. des Engl. übers. Mit Portr. von Geisteskranken. (51 Lfgn.) gr. 8. (IV und 40 S. Text mit 102 Stat. und 103 Bl. Erklarung.) Leipzig 853, E. Schäfer. (à Lfg. * 7½ Ngr.) * 1

Morison James: Der elfte Sarga aus dem Prithivirajavijaya mit „Some account of the Genealogies“ in demselben.
H. 1893 PN 793 **Diss.** Wien, Univ

Morison, James Cotter

— s. a. Cotter-Morison, J.

—— Im Dienste der Menschheit. Ein Versuch üb. e. Zukunfts-Religion. Autoris. Uebersetzg. von J. Odenwald. gr. 8. (XXV, 248 S.) Lpz. 890, O. Wigand. * 4 —

Morison, James Cotter. Menschheitsdienst. Versuch e. Zukunftsreligion. Autoris. Übersetzg. v. L. Lauenstein. Mit e. Vorwort von Ludw. Büchner. gr. 8. (III, 312 S.) Lpz. 890, Reißner. * 4 —; geb. * 5 —

Morisoniana, od. allgem. Rathgeber d. Britt. Gesundheitscollegiums. Eine Samml. d. Werke d. Hrn. Morison d. Hygeisten; enthalt.: Eine Abhandl. üb. d. Ursprung d. Lebens u. d. wahre Ursache d. Krankheiten — Wicht. Nachricht an d. Welt — Schreiben üb. d. Cholera Morbus in Indien — Antilanzette. Ein vollständ. Handb. sowohl f. einzelne Personen als f. ganze Familien. Worin alles, was auf d. Erhalt. d. Gesundheit, sowie auf Heilung d. Krankheiten Bezug hat, deutl. abgehandelt wird. Das Ganze erprobt u. bewährt gefunden v. d. Mitgliedern d. Britt. Gesundheitscollegiums. Nach d. 3. Aufl. A. d. Engl. v. C. E. E. Tollhausen. gr. 8. (41 B. u. 1 Bildn.) Frankfurt a. M. 834, (Döring.)

—— dass. — Zusätze. Für die Besitzer d. 1. Ausg. besond. abgedruckt. gr. 8. (3 B.) Ebds. 838.

—— oder allgem. Rathgeber d. brit. Gesundheitskollegiums. Eine Samml. d. Werke d. Hrn. Morison des Hygeisten. Ein vollständ. Handb. z. Belehr. f. Jedermann. Worin alles, was auf d. Erhalt. d. Gesundheit, so wie auf Heilung d. Krankheiten Bezug hat, deutlich abgehandelt wird. A. d. Engl. 3. Ausg. gr. 8. (34¼ B. u. 4 Stnt.) Frankfurt a. M. 840, (Döring'sche Buchh.)

Morisoniana, oder allgem. Rathgeber d. Brittischen Gesundheitskollegiums. Eine Samml. der Werke des Hrn. Morison des Hygeisten. Ein vollständiges Handbuch zur Belehrung für Jedermann. Worin alles, was auf die Erhaltung der Gesundheit, so wie auf Heilung der Krankheiten Bezug hat, deutlich abgehandelt wird. Aus dem Engl. 4. Ausg. Mit 4 lith. Abbild. gr. 8. Frankf. a/M. 842. (Döring.) n. 2½ ₰

Morisoniana od. allgemeiner Rathgeber d. Brittischen Gesundheitskollegiums. Eine Sammlung der Werke des Hrn. Morison des Hygeisten. Ein vollständ. Handbuch zur Belehrung f. Jedermann. Worin alles was auf Erhaltung der Gesundheit, so wie auf Heilung der Krankheiten Bezug hat, deutlich abgehandelt wird. Das Ganze erprobt u. bewährt gefunden von den Mitgliedern des Brittischen Gesundheitskollegiums. Aus dem Engl. 6. Ausg. Mit 4 lith. Abbildgn. gr. 8. (IV u. 532 S.) Frankfurt a. M. 852, Döring in Comm. baar n. 2½ ₰

—— oder allgem. Rathgeber d. brit. Gesundheitscollegiums in fast allen Krankheiten, nebst Anleit. z. Gebr. Hochdessen Wunder wirk. Arzneien rc. mit Aufzähl. vieler Wunderkuren. N. d. 3. Aufl., a. d. Engl. übers., und in e. Ausz. gebracht v. G. F. G. Kaiser. 8. (8½ B.) München u. Regensburg 838, Daisenberger.

Morisoniana, ou collection des traités de Morison l'hygiéiste. Manuel général et complet de santé, publié par le collège britannique de santé, où chacun trouvera clairement exposé tout ce qu'il lui importe de connaitre pour la conservation de sa santé et la guérison des maladies, le tout basé sur des faits attestés par le dit collège. Avec quatre dessins lithogr. gr. in-8. Francfort s. l. M. 841. (Doering.) n. 2½ ₰

Morisse, A. M., Ernst v. Wildenbruch, s.: Mitteilungen der literarhistorischen Gesellschaft Bonn. 1910. Nr. 2.

Morisse, Rudolf, aus Elberfeld. Ueber die Addition von schwefliger Säure an ungesättigte Verbindungen. *Heidelberg 1903: Morell.* (79 S.) 8°
Heidelberg, Naturw.-math. Diss. v. 1903

Morisson, G., mercantiles lettres. gr. 8. Brem. 815. Kaiser. 12 gr

Moriton-v. Mellenthin, B., Bath. Ein Lebensbild. 2 Bde. (285 u. 253 S.) 8. Dresden (907). E. Pierson. à 3. —; geb. à n 4. —

Moriton-v. Mellenthin, B., Kismet. Roman. Aus dem Amerikan. (418 S.) 8. Dresden 906. E. Pierson. n. 5. —; geb. n.n. 6. —

Mit deutschen Waffen üb. Paris nach London. Briefe v. der Elbe v. Moriturus. Eine sachl. Antwort auf Seestern, Hansa, Beowulf. (VI, 84 S.) gr. 8. Hanau, Clauss & Feddersen. 1906 1. 50.

Mit deutschen Waffen über Paris nach London. Briefe von d. Elbe von Moriturus. Eine sachl. Antwort auf Seestern, Hansa, Beowulf. 6. Taus. Hanau: Clauss & Feddersen 1900. (84 S.) 8° [F.] [06. 870] 4

Moriturus, s. Mit deutschen Waffen üb. Paris nach London.

Moritz [Sachliches OW]

Moritz, Pfarrer, s. Pfarrer

Moritz; e. Gegenstück zu d. Gemälde d. großen Welt, Joseph betitelt. 2 Bde. 8. Bayreuth 784. Lübeck. 1 ₰

Moritz; ein kleiner Roman, v. Fr. Schulz, m. K. 8. Weimar, Hoffmann. 792.

Moritz, ein kleiner Roman, von Fr. Schulz, dritte verbesserte Ausgabe, mit Kupf. 8. Weimar, 792. Holländisch-Pap. 1 Rthl. 20 sgl. Dasselbe Buch auf Schreibp. 1 Rthl. 10 sgl.

— od. der Mann wie er ist, vom Verfass. der Weibes wie es ist, (v. Gustav Schilling.) 8. Dresden, Arnold. 806.

Moritz. Eines armen Waise.knaben außerordentl. Schicksale, Land- u. Seereisen durch einen großen Theil v. Europa, Afrika u. Amerika, v. fr. zart. Jugend an bis ins reifere Mannsalter; nebst besond. angehängt. naturhistor. u. geograph. Notizen über jene Länder, Städte u. Ortschaften, welche dieser auf seinen Reisen durchwandert hat. Ein rc. belehr. Lesebuch f. d. Jugend rc. Von d. Verf. d. Jugendwerke: Peter u. Paul, Isidors Gleichnisse rc. Mit Titelkpf. 8. Grätz 832. Ferstl. (Leipz., Kummer.) 10 gr (11½ B.)

— und Amalie, oder Liebe und Trennung, von Gustav Stelle. 8. Jena, Stahl. 802.

Moritz und Auguste, oder die Kleinen, wie sie seyn sollten ... Leipzig 1800. V: *Voigt, Christian Friedrich Traugott.* (Ky) (MGT)

— u. Auguste, od. die Kleinen wie sie seyn sollten, vom Verf. d. Robert, od. d. Mann wie er seyn soll. 8. Leipz. Böhme. 800.

Moritz u. Auguste, od. die Kleinen wie sie sein sollten, (v. Chr. Fr. Tr. Voigt). 8. Leipz. 800. Enobloch. 1 ₰

— der Gensd'arme. 8. Hamb. 801. (Campe). 1 ₰ 4 gr

— der Gensd'arme; eine wahre Gesch. a. d. Zeiten d. ersten Vendeekrieges, m. K. 8. Hamb. Hoffmann. 801.

Moritz; Graf v. Portokar, zwei Jahre aus d. Leben e. Geistersehers rc. (v. Er. Bornschein). 2 Thle. 8. Meißen 800, 801. Goedsche. 1 ₰ 18 gr 2e Aufl. unt. d. T.: Der Bund der Geheimen; e. Geistergeschichte aus d. 18n Jahrhund. 2 Thle. 8. Ebd. 815. 1 ₰ 16 gr

Moritz und Henriette; eine wahre Geschichte. Prag 1791. V: *Kottnauer, Joseph.* (KY)

— und Henriette, eine wahre Geschichte, von Kottnauer, mit 10 Kupf. 8. Prag, 791. Diesbach. 20 sgl.

Moritz, Karl Philipp, als Aesthetiker, s. Dessoir, Max.

Moritz, Der kleine. Roman. Dessau, Wien u. Leipzig 1768. V: *Schulz, Joach. Chn. Fch.* (Der deutsche Zuschauer 1785/1788, 8. Bd., S. 190) (Oesterreichischer Toleranzbote 1788. Wien) (GGr IV³/930, Nr. 24/9) (BiblPort)

Moritz, Churfürst v. Sachsen, ein hist. Gemälde. 4 Thle. 8. Zürich, Ziegler. 799.

Moritz, Kurfürst v. Sachsen, geschildert. Mit Portr. u. Kpf. (Aus d. Pantheon der Deutschen.) N. A. gr. 8. Leipz. 817. (Aue in Altona). 1 Rthl.

Moriz, Kurfürst von Sachsen, geschildert. Mit Portrait u. Kupf. (Aus d. Pantheon der Deutschen.) N. A. gr. 8. Leipzig, Jacobäer. 817.

Moritz und Louise. Eine Geschichte. 8. Leipzig, Sommer.

— u. Louise, e. wahre Geschichte. 8. Eisenach 791. Bärecke; (a. Nauck in Leipz.) 20 gr.

— und Luise, eine wahre Geschichte, von dem Verf. der Amalia Rutland, 8. Eisenach, 791. Krumbhaar. 25 sgl.

— u. Louise; eine wahre Gesch. 8. Eisenach, Wittekind. 791.

Moritz, Bruder, der Sonderling. Oder: die Colonie für die Pelew-Insel. Lustspiel in drei Aufzügen. Leipzig 1791. V: *Kotzebue, Aug. Frdr. Ferd. von.* (BrMm)

Moritz, Bruder, der Sonderling. Lustsp. von Kotzebue. 8. Leipzig, Kummer. 791.

— v. Tannenhorst, od. der Versteinerte in d. Eulenhöhle. Mit Kpf. 8. Wien 819. K. Haas. 18 gr.

Moritz von Warsberg. Leipzig 1794. V: *Seidel, Karl August.* (StAt) (Zeitschr. f. Büch. N. F. 15, 1923, S. 117)

— v. Warsberg. 2 Thle. 8. Leipz. 794. Baumgärtner. 1 Rthl. 20 gr.

Moritz Wilhelm, Hertzog zu Sachsen-Zeitz. Merckwürdiges Leben des Durchlauchtigsten Fürsten und Herrn ..... Mit Kupfern. 2. Aufl. 8. Frankfurt 1720.

St. Moritz [Schlagwort]

St. Moritz. s.: Schweiz. Atlas.

Moritz [Verfasser]

Moritz von Sachsen. Des Herrn Graf Moritz von Sachsen Einfälle über die Kriegskunst Herausgegeben vom Herrn von Bonneville Aus dem Französischen ins Teutsche übersetzet von G. R. Faesch Leipzig und Frankfurt, in der Weidmannischen Handlung 1757 VIII – 80 S. 40 Taf. in Kupferst. 2°

— — dieselben im Auszuge v. Struensee. gr. 8. Liegnitz, Siegert. 767.

Maurice de Saxe. Esprit des lois de la tactique et de différentes institutions militaires ou notes du maréchal de Saxe contenant plusieurs nouveaux systèmes sur l'art de la guerre Edit. par Bonneville 4 La Haye 1762. – Leipzig 1762.

(Moritz) Marschall v. Sachsen. Gedanken über die Infanterie oder Abhandlung von den Legionen Deutsch. 8. Frankfurt 1753. – 8. Strassburg 1753.

Moritz, Herzog u. Kurfürst v. Sachsen, s. a. Korrespondenz, politische.

Politische Korrespondenz des Herzogs und Kurfürsten Moritz von Sachsen. Hrsg von Erich Brandenburg. Bd 1 *Leipzig: B. G. Teubner 1900.* 4° (8")
— Schriften d. K Sächs. Kommission f. Geschichte. [4.] (vo. 9730

Moritz von Sachsen. Politische Korrespondenz des Herzogs und Kurfürsten ... Herausgegeben von Erich Brandenburg 1 Bd. Bis zum Ende des Jahres 1543. (Vom 2 Bd. bisher nur die 1 Hälfte [1544 u. 1545] erschienen.) 8. Leipzig 1900–1903.

— die Kriegskunst; aus d. Französ. v. K. A. v. Struensee. gr. 8. Liegn. 767. Siegert. 1 Rthl. 16 gr. — Dass. von demselb. Mit 25 K. gr. 8. Wien 785. Trattner. 1 Rthl. 20 gr.

Maurice, etc. de Saxe. Mémoires sur l'art de la guerre. Traité des légions. Lettres sur ses opérations militaires. Dresde 1742

Moritz, le Comte de Saxe, mémoires sur l'infantérie, ou traité des Légions. 8. Strassb. 753. König. 8 gr.

(Maurice) Maréchal de Saxe. Mémoires sur l'infanterie ou traité des Légions suivant l'exemple des anciens Romains 8 Basle 1753 La Haye 1753.

Maurice, Maréchal de Saxe. Les Rêveries ou Mémoires sur l'Art de la Guerre. Ouvrage posthume, éd. par Bonneville (XII, 228) fol. av 40 pl La Haye 1756. — 2 v 4. av 84 pl Paris 1757 — 2 v 4. av pl Amsterdam et Leipzig 1757 — (493) 8. av pl Dresde 1757 — (228) fol av pl La Haye 1761 — 2 v 4. av pl Paris 1763.

— les reveries, ou mémoires sur l'art de la guerre. II Vols. avec fig. 4. Manh. 757. 4 Rthl. 12 gr.

Maurice. Compte de Saxe. Mes rêveries. Ouvrage posthume de Maurice Comte de Saxe augmenté d'une histoire abrégee de sa vie, & de differentes pièces qui y ont rapport par Pérau. A Amsterdam et à Leipzig, chez Arkstée et Merkus M. DCC LVII [1757].
2 Bde. 4°
1 CXXXIV – 150 S. 30 Taf. in kol. Kupferst.
2. 2 Bl. Tit., 259 S. 26 Taf in kol. Kupferst.
»Mes rêveries« bereits 1732 geschrieben. Die erste Veröffentlichung scheint die von Bonneville, Den Haag 1756 gewesen zu sein.
Graesse VI, 1. 286

— mes reveries, ouvrage posthume. II Vols. avec fig. Berl. 758. 14 Rthl.

MORITZ von der Weser (ps.), Der Kampf der Finsterniss mit dem Lichte des 19. Jahrhunderts. 1822.
Weller, Lex. Ps. p. 371. — Rar!

Moritz, Prof. Das Bier in der Alkoholfrage. Hildesheim?

Moritz, A. (wirkl. Name), s. a. Amor, J. T Z (Pseud.)

Moritz, A. (Hrsg.), s. Abich, Hermann: Ueber krystallischen Hagel im thrialetischen Gebirge

— Dr., Ueber die Anwendung des Pistor'schen Reflections-Kreises zum Messen von Angular-Distanzen zwischen terrestrischen Objecten. (Aus Astron. Nachr., 1859. No. 1193.)

Moritz, A., über die Anwendung des Pistor'schen Reflections-Kreises zum Messen von Angular-Distanzen zwischen terrestrischen Objecten. gr. 8. (4 S.) Tiflis 866. (Dorpat, Gläser's Verlag.)

Moritz, A. Bemerkungen über die Meereshöhe von Tiflis. 1866.

Moritz, A., Zwei Bemerkungen zu Regnault's Tafel der Spannkraft des Wasserdampfes. Tiflis 1870. (I. Publizirt im Bull. phys.-mathem. de l'Acad. de St. Petersbourg, Tome XIII unter dem Titel Rectification d'une erreur découverte dans la table de M. Regnault, relative à la force expansive de la vapeur d'eau. Lettre de M. A. Moritz à M. Lenz. Lu le 17 février 1851.) (II. Publizirt im Bull. de l'Acad. Imp. des Sc. de St. Pétersbourg, Tome XIV unter dem Titel Ueber eine Correction der Regnault'schen Tafel der Spannkraft des Wasserdampfes. Aus einem Schreiben des Herrn Moritz in Tiflis an Akademiker Wild Lu le 21 janvier 1869.)

—— der Bewegungs-Mechanismus am Drehthurme des Observatoriums zu Tiflis. gr. 8. (9 S. mit 1 Stnt. in Fol.) Dorpat 866, Gläser's Verlag.

Moritz, A., Dr., Der Bewegungs-Mechanismus am Drehthurme des Observatoriums zu Tiflis. Tiflis 1866.

Moritz, A. Collection de tables à l'usage des stations météorologiques du Caucase Tiflis 1868.

— Ueber eine Correction der Regnault's Tafel d. Spannkraft d. Wasserdampfes. (Aus dem Bulletin der k. Akd. d. Wiss. zu St. Petersburg.) 1869.

Moritz, A. (I.), Lebenslinien der meteorologischen Stationen am Kaukasus. Eine Uebersicht der Tagebücher, welche in dem meteorolog. Archive des Tiflisschen Observatoriums aufbewahrt werden. Imp.-4. (12 S. mit 1 Stnt. in qu. gr. Fol. und 1 lithogr. Karte.) St. Petersburg 859. Leipzig, Voss. * *
Aus: Mémoires des savants étrangers, besonders abgedruckt.

Moritz, A., Das Reflexions-Thermometer Tiflis 1876.

Moritz, A. und H. Kiefer Sammlung von Hülfstafeln zur Berechnung barometrischer Höhenbestimmungen Tiflis 1870. 4

Moritz, A. (II.), Schemacha und seine Erdbeben. Ein Beitrag zur Beantwortung der Fragen welche sich an das Erdbeben vom 16. [28.] Januar 1872 knüpfen. gr. 8. (21 S.) Tiflis 872, Bärenstamm.

Moritz, A., Die Sonnenfinsterniss vom 6. März (22. Februar) 1867 St. Petersburg

— A., Verzeichniss der bemerkenswerthesten Erderschütterungen des Jahres 1868. [In russ. Spr.] Tiflis 1869.

Moritz, Alexander, s. Moritzi

Moritz, Alfred, approb. Arzt aus Tempelburg: **Beitrag zur Lehre von der Pseudobulbärparalyse.** *Kiel 1903: Schmidt & Klaunig.* (31 S.) 8°
Kiel, Med. Diss. v. [10. Sept.] 1903

Moritz, August

—— Großvater's Erzählungen. Märchen für Kinder von 8—12 Jahren. 8. (183 S. mit 7 lithogr. und ill. Bildern von Th. Hosemann.) Berlin 853, Winckelmann und Söhne. -

Moritz, Aug., s.: Gedichte von Gaulke ꝛc.

Moritz, Aug., das Gesangbuch, s. Erzählungen für Taubstumme.

Moritz, A., erstes Lesebuch ꝛc., s. Irmer, W.

— u. W. Irmer, erstes Lesebuch f. gehobene Volks-Schulen. 3. verm. Aufl. 8. Berlin 846, G. Bethge. In Lederrücken. geb. n. 1/6 ℳ

— u. W. Irmer, Liederbuch für Schule u. Haus, siehe: Irmer, W.

—— März-Veilchen. Ein Kranz des Andenkens auf das Grab seiner Minna. 8. (5¼ B.) **Berlin 845, J. A. Wohlgemuth,** Verl. * *

Moritz, A. (I.), Norwegen, s. Grieben's Reise-Bibliothek.

Moritz, August Sozialpolitische Reiseresultate. Drei Vorträge. Berlin 1850. 112 S. 8.

—— bunte Steine. Lehrreiche und unterhaltende Geschichten der reifern Jugend erzählt. 8. (V und 183 S. mit 7 ill. Stnt.) Berlin 854, Winckelmann und Söhne. -

Moritz, Aug. (II.), Tagebuch der Reisen in Norwegen in den J. 1847 und 1851. Vollständige Anweisung zur Bereisung dieses Landes, nebst Gesellschafts-Reiseplan, Reiserouten, 17 (lithogr.) Illustr. und 1 correcten (lithogr.) Reise-Karte in gr. Fol. gr. 8. (VIII und 375 S.) Stettin 853. (Leipzig, Kittler.) 1 Thlr. *

Moritz, August, Ein Vorschlag zur Verbesserung der socialen Zustände. 8°. Stettin 1840.

Moritz, Bernhard, s. **Barhebraeus, Gregorius.**

Moritz, B., Arabic palaeography. A collection of Arabic texts from the first century of the Hidjra till the year 1000. (Publications of the Khedivial library, Cairo. Nr. 16.) (188 Taf. m. IX S. Text.) gr. Fol. Cairo 905. (Leipzig, K. W. Hiersemann.)
In Leinw.-Mappe n.n. 145.—

—— Sammlung arabischer Schriftstücke aus Zansibar u. Oman, s. a. Lehrbücher d. Seminars f. orientalische Sprachen zu Berlin.

Moritz, B. Sammlung arabischer Schriftstücke aus Zanzibar und Oman. Mit einem Glossar herausgegeben. Stuttgart u. Berlin **1892**. XXXIV. 112 S. = Lehrbücher des Seminars für Orientalische Sprachen zu Berlin. Bd. 9. 8°.

Moritz, Bernh. (geb. 14. 9. 1859) Gregorii Barhebraei in duodecim prophetas minores scholia. Ad trium codicum fidem recensuit. Lipsiae 1882. 52 S. 8°
[Berlin, Phil. Diss. v. 8. Nov. 1882]

Moritz, Bernh., Zur antiken Topographie der Palmyrene. gr. 4. (40 S. m. 2 Taf.) Berl. 889, (G. Reimer). cart. * 4 —
Aus Abhandlgn. d. preuss. Akad. d. Wiss., besonders abgedruckt.

— die Wahrheit üb. Emin Pascha, s.: Hassan, Vita.

Moritz, C., s. M o r i t z , Karl

Moritz, C. H. E., s. M o r i t z , Karl Heinrich Er.

Moritz, C. Ph., s. M o r i t z , Karl Philipp

Moritz, Carl, s. M o r i t z , Karl

Moritz, Carl Wilhelm, s. M o r i t z , Karl Philipp

Moritz, Chr., Prinz v. Ysenburg, s. Bolingbroke von d. Verbannung.

Moritz, Dav., das betende Kind oder Anleitung und Uebung im Beten für die liebe Jugend. 12. Aufl. 32. (VI und 198 S. mit chromolithogr. Titel.) Innsbruck 866, Wagner'sche Universitäts-Buchh. *

Moritz, Dav., das betende Kind, oder Anleitung und Uebung im Beten für die liebe Jugend. 13. Aufl. 32. (272 S. mit 1 Stahlst.) Innsbruck 879, Wagner'sche Universitäts-Buchh. *

Moritz, E. Über Lebensprognosen. 2. Auflage. Petersburg 1905.

Moritz, E., Lehrbuch zum Selbstunterricht in den Grundregeln der Maschinentechnik. Nebst Anleitg. zum richt. Verständniß u. zur Anfertigg. v. Skizzen u. Maschinenzeichnungen f. Werkführer, Monteure, Maschinisten u. Heizerschulen. Mit zahlreichen Taf., Konstruktions-Zeichnungen u. in den Text gedr. Illustr. 9.—30. (Schluß-) Hft. Lex.-8. (IV, VI u. S. 129—618, 33—104 u. XXXIII—LXXII.) Leipzig 891. 892. [A. H. Payne.] Cannstatt, E. Geiger's Verl. à n. — 50
(kplt. geb. in 2 Bde.: n. 20. —

Modelle für Maurer von E Moritz. (33 Stück) aus Holz. Leipzig

Moritz E, Vorlagen für Maschinenbauer. (15 T) fol Leipzig

Moritz E, Vorlagen für Maurer. (12 T) fol und (33 Holzmodelle) Leipzig

Moritz E, Vorlagen für Zimmerleute. (15 T) fol Leipzig

Moritz, E. (Red.), s. W o c h e n s c h r i f t , St. Petersburger medicinische.

Moritz, Ed., der neue Münchhausen. Wunderbare Erlebnisse und Abenteuer eines Commis Voyageur. 8. (90 S.) Leipzig 876, Exped. des allgem. literar. Wochenberichts. *

Moritz, Ed., der neue Münchhausen. Wunderbare Erlebnisse u. Abenteuer e. Commis Voyageur. 8. (90 S.) Leipzig 876. Wölfert. n. 1. —

Moritz, Ed., die Wendung auf den Kopf. Inaugural-Dissertation. gr. 8. (33 S.) Königsberg 873. (Leipzig, Kessler.) n. 1. 20

Moritz, Ed. Ralph

Moritz u. Morris, Handbuch der Brauwissenschaft. Auf Veranlassg. der Versuchs- u. Lehranstalt f. Brauerei in Berlin ins Deutsche übertr. v. Wilh. W i n d i s c h. gr. 8. (XXIII, 491 S. m. 49 Abbildgn.) Berlin 893. P. Parey. Geb. in Leinw. n. 12. —

Moritz, Edmund, appr. Arzt: Aus d. Frauenklin. d. Univ. Bonn. Ruptur der Vagina intra partum mit Vorfall von Adnextumoren: 9 Fälle von Vorfall e. Ovarientumors aus d. Liter. zsgest., nebst e. eigenen Fall von Prolaps e. Hydrosalpinx. Bonn: Georgi 1910. 70 S. 8°
Bonn, Med. Diss. v. 2. Juli 1910, Ref. Fritsch
[Geb. 19. Aug. 82 Hatzenport; Wohnort: Bonn; Staatsangeh.: Preußen; Vorbildung: Realgymn. Koblenz Reife O. 04; Studium: München 3, Leipzig 4, Bonn 3 S.; Coll. 4. Juni 10; Approb. 25. Juni 10.] [U 10. 325

Moritz, Eduard, Oberlehrer a. Berlin: Die Entwickelung des Kartenbildes der Nord- und Ostseeländer bis auf Mercator. Mit besonderer Berücksichtigung Deutschlands. Halle a. S. 1908: C. A. Kaemmerer & Co. (V, 84 S.) 8° ¶ (Erscheint als Ganzes an anderer Stelle.)
Halle, Phil. Fak., Ref. Philippson, Diss. v. 5. Mai 1908
[Geb. 22. Juli 64 Guben; Wohnort: Berlin; Staatsangeh.: Preußen; Vorbildung: Realgymn. Guben Reife M. 83; Studium: Berlin 8 S.; Rig. 5. März 08.]

Die Hallig Jordsand v. Eduard **Moritz.** Ausschnitt aus: Globus. Bd. 88. Nr. 7. Braunschweig. 1905. 4°.

Moritz, Eduard: Die geographische Kenntnis von den Nord- und Ostseeküsten bis zum Ende des Mittelalters. T. 1. Berlin: Weidmann 1904. (29 S.) 4°
Berlin, Sophienschule OP 1904**

Moritz, Eduard, die Insel Röm, s.a. V e r ö f f e n t l i c h u n g e n des Instituts f. Meereskunde u. des geographischen Instituts an der Universität Berlin. 14. Heft.

— **die Nordseeinsel Röm. (VIII, 210 S. m. 3 Karten.) gr. 8. Hamburg 908. L. Friederichsen & Co. n. 6. —**
Sonderabdr. a.: „Mittlgn. d. geogr. Gesellsch. in Hamburg".

Die Insel R ö m . Von Prof. Dr. Eduard Moritz. Mit 2 Kt. Berlin: Mittler (1909). IV, 72 S. 4° (8°)
(Veröffentlichungen d. Instituts f. Meereskunde u. d. Geogr. Inst. an d. Univ. Berlin. H. 14.)

Moritz, Eduard: Das antike Theater und die modernen Reformbestrebungen im Theaterbau. 1910. IV, 114 S. 4° ¶ Auch als: Beiträge zur Bauwissenschaft. H. 17.
Karlsruhe, Dr.-Ing.-Diss. v. 19. 5. 1909

Dr.-Ing. Eduard **Moritz,** Das antike Theater und die modernen Reformbestrebungen im Theaterbau. Berlin: Wasmuth 1910. 114 S. 4°(8°)
Von d. Techn. Hochschule zu Karlsruhe genehm. Doktordiss.
(Beiträge z. Bauwissenschaft. H. 17.) [11. 9323

Moritz, Eduard: American Vacation Schools. *Berlin: R. Gaertner 1902.* (28 S.) 4°
Berlin, Sophien-S, OP 1902**

Moritz, Eduard, American vacation schools. Progr. 4. (28 S.) Berlin 902. [R. Gaertner.] Weidmann. n. 1.—

Moritz, Edward R., Beiträge zur Kenntniss der Fettsäurecyanide u. der aus ihnen entstehenden Ketonsäuren. Inaugural-Dissertation. gr. 8. (49 S.) Göttingen 881. (Vandenhoeck & Ruprecht.) n. 1. 20

Moritz, Emanuel, Livländer, Untersuchungen über die Entwickelung der quergestreiften Muskelfaser. Diss. Dorpat 8°. 41 pp. mit einer lithographirten Tafel. 1860.

Moritz, Ernst

Moritz, Er., s.a. Geisterinsel.

Moritz, Ernst, d. Geisterinsel v. E. M. Arndt. 8. Leipz. Steinacker.

MORITZ, Ernst, Masken der Liebe. Mit Titelkpfr. Leipzig 1803. 8°. XVIII—156 S. (12 Mk., ohne das Kpfr., Hugo Streisand, Berlin, 1908.) Hinrichs.

Moritz, Eug., Eisenindustrie, Zolltarif u. Aussenhandel. Ein prakt. Beitrag zur Wirtschaftspolitik nach Informationen aus Industrie- u. Exportkreisen. gr. 8. (IV, 74 S.) Berlin 902. F. Siemenroth. n. 1. 50

Moritz, Eug., die Familienfideikommisse Preußens u. ihre Bedeutung f. die deutsche Volkswirtschaft. Ein Beitrag zur Frage des Großbetriebes in der Landwirtschaft. gr. 8. (XVI, 88 S.) Berlin 901. F. Siemenroth. n. 2. 50

— Die Fideikommisse Preussens und ihre Bedeutung für die deutsche Volkswirtschaft. Ein Beitrag zur Frage des Grossbetriebes in der Landwirtschaft. gr. 8°. Berlin, Siemenroth u. Troschel, 1900.

Kaiser Wilhelm I. und die Freimaurerei. Actenmässige Darstellung für Maurer und Nichtmaurer von F. M[oritz]. Königsberg: Hartung 1888. 16 S. 8°

[Dasselbe.] 2. Taus. Ebendas. 1888. 16 S. 8°

Recens: FZ. 42 (1888) S. 271 (K. Pilz). Fast nur auf eignen Aussprüchen des Kaisers beruhend.

Moritz, Fd. C., Diss. de convulsionum therapia. 38 pp. Frcf. ad M. 4°. 1792.

Moritz, Felix

Moritz, F., Schlachthöfe u. Viehmärkte, s. a Handbuch der Architektur. IV. 3. II.

Schlachthöfe und Viehmärkte. Von Felix Moritz, Magistratsbaurat in Posen. Markthallen. Märkte f. Pferde u. Hornvieh. Von Dr. Eduard Schmitt, Prof. in Darmstadt. 3. Aufl. Mit 391 Abb. sowie 30 Taf. Leipzig: Kröner 1909. VIII, 429 S. 4°(8°)
(Handbuch d. Architektur. T. 4. Halbbd 3. H. 2.) 109. 16,04

Moritz, Filß, Briefe von Staatssachen. 8. Halle. 746.

Moritz, Fr. Gli., s. Rußland, e. geograph. Kartenspiel.

Moritz, Franz Jakob (*geb. Groß-Hoschütz in Oberschles. 20. 7 1831*): Die Tuberkulose, mit einem Hinweis auf ihr Verhältniss zur Syphilis. Breslau (1872). (36 S.) 8°
Breslau, Med. Diss. v. 5. Aug. 1872

Moritz, Frdr., s.: Archiv, deutsches, f. klinische Medizin.

Moritz Friedrich August:

Frider(icus) Augustus Moritz: Observationes quaedam in uteri morbos organicos. Berolini (1830:) Petsch. 28 S. 8°
Berlin, Med. Diss. v. 3. Mai 1830

Moritz, Fritz (Hrsg.), s. Abhandlungen, Münchener medicinische, Reihe 9.

Moritz, Fritz, Arbeiten aus d. medicin. Poliklinik, s.: Abhandlungen, Münchener medicin.

MORITZ, Fritz (Mainz): Beiträge zur Lehre von den Exsudaten und Transsudaten.- Leipzig: Hirschfeld 1886. 2 Bl.,25 S.
29.7.1885 - Chr 1885/86,16; Jv 1885/87,181
Diss. Ingolst.-Landsh.-Mchn.

Moritz, Fritz, Medizinalprakt.: Ueber Einwucherung von malignen Tumoren in die Herzmuskulatur. München 1907: Wolf. 26 S. 8°
München, Med. Diss. v. 17. Aug. 1908, Ref. v. Bollinger
[Geb. 16. Sept. 83 Neu-Ruppin; Wohnort: Neu Ruppin; Staatsangeh.: Preußen; Vorbildung: Gymn. Neu-Ruppin Reife O. 02; Studium: Freiburg i. B. 1, Berlin 1, München 8 S.; Coll. 17. Aug. 08; Approb. 31. Juli 08.] [U 09. 3370

— Grundzüge d. Krankenernährung. 21 Vorlesgn. f. Studierende u. Aerzte. Mit 1 Tab. u. 1 Taf. in Farbendr. gr. 8. (VIII, 408 S.) Stuttgart 898. F. Enke. n. 9. —

Moritz, G. [Pseud.], s.a. Bauschke, Moritz Gustav

† **MORITZ**, G., Das Faszbier wird alle! Oder der über die untergehenden Kretschmerhäuser verzweifelnde Breslauer. Ein Lokalscherz. (Deutsches Gedicht.) Breslau, Verlags-Comtoir, 1846. 8 S. 8°.

Moritz, G., der Flüchtling, od. geprüfte Treue. Doppel-Erzähl. 8. (10 B.) Breslau 834, Verlags-Comptoir.

— s. de Kock, P., Physiologie des Ehemannes.

Moritz, G., die Kunst zu lieben u. sich liebenswürdig zu machen. kl. 8. Breslau 846, Verl.-Compt. $^1/_{12}$ ℔

— s. Martin, W. C. L., Naturgeschichte d. Menschen.

† **Moritz**, G., (Moritz Gust. Bauschke,) Vorurtheile. Erzähl. frei n. d. Engl. d. Miß Edgeworth, u. and. Erzähln. 8. (10 B.) Breslau 835, Verlags-Comtoir.

Moritz, Gottfried Joseph

Godefridus Josephus Moritz. Theses logicae pro secunda disputatione menstrua quas propugnabit ingenuus ac eruditus: Godefridus Josephus Moritz, Mannheimensis, logicus. Oppugnabunt ornatus ac eruditus Petrus Bausch, Bruchsaliensis, physices, ethices et metaphysices auditor, et ingenui ac eruditi Antonius Betz, Joseph Endres, Bruchsalienses, logici.
Badenae in principali Athenaeo die XX. Aprilis, anno MDCCLXIII. horis ante et post meridiem consuetis.
Prolusio: Joannes clericus, quid in logica Aristotelis post Antonium Arnaldum, et quo iure reprehenderit?
Rastadii typ. C. A. Schell, typogr. aul. 4°. 4 S. Rastatt, P 1763

Moritz, Gust., Geschichte der Moritzburg zu Halle a. S. (40 S. m. 9 Abbildgn.) 8. Halle 908. G. Moritz. nn — 50

Moritz, Gust., das wahre Lebensglück. Studie. gr. 8. (34 S.) Leipzig 871. Schwabe in Comm. n. — 50

Moritz, H., Sendschreiben an die Actionaire der thüringischen Eisenbahn-Gesellschaft. Der Verkauf der zweiten Emission der thüringer Prioritäts-Obligationen. gr. 8. (58 S.) Weimar 860, Böhlau. *

Moritz, H. A., Erdbeben in Kaukasien. St. Petersburg 1865.

Moritz, Heinrich: Die Zunamen bei den byzantinischen Historikern und Chronisten. 1. Tl. Landshut, Druck d. J. Thomannschen Buchdr., *1897*; 55 S. 8.
Landshut, k. Humanist. G, P 1897*

Moritz, Heinrich: Die Zunamen bei den byzantinischen Historikern und Chronisten. II. T. *Landshut (1898): J. Thomann.* (56 S.) 8° ¶ (Fortsetzung d. P-Beilage 1897.)
Landshut, k. Humanist. G. P 1898*

Moritz, Heinrich Andreas

Moritz, H. Andr.: Einreden zu dem tabellar. Entwurf von gerichtl. Klagen. *Landshut*, (*München*, Hofbuchhandl.) 818. fol. (12 Gr.)

— Einreden zu dem tabellar. Entwurf von gerichtl. Klagen rc. Fol. Landsh. 818. Weber in Münch. 12 Gr

Moritz, Hnr. A., tabellar. Entwurf von gerichtl. Klagen u. Einreden. Fol. Landsh. 4e A. 816. Weber in Münch. 16 Gr

Moritz, H. Andr.: Tabellar. Entwurf zu gerichtl. Klagen u. Einreden, woher solche nach d. vorgesetzten Haupteintheilung entspringen; wem eine jede insbesondere zukommt; wider wen sie geht u. worauf sie zu richten. 4e Aufl. *Landshut*, (*München*, Hofbuchh.) 818. fol. (12 Gr.)

— Handbuch sämmtl. Wechsel u. Merkantil-Gesetze f. d. ält. sieben Kreise des Königr. Baiern, nebst den, üb. die einzelnen Materien derselben in der Folge erschienenen, erläuternden, u. am gehörig. Orte eingeschalt. Verordnungen. gr. 8. Ottobeuern 826, (Landshut, Krüll.)

Moritz, Heinr. Andr.: Handb. sämmtl. Wechsel- u. Merkantil-Gesetze f. d. ält. sieben Kreise d. Königr. Bayern, nebst den, üb. d. einz. Materien ders. in d. Folge erschien. erläut. u. am gehör. Orte eingeschalt. Verordnn. *Ottobeuern*. (Manz in *Regensb.*) 826. gr. 8. (1 Thl. 20 Gr.)

— Handbuch sämmtl. Wechsel- u. Merkantil-Gesetze f. d. ält. 7 Kreise des Königr. Baiern, nebst den, üb. die einzelnen Materialien derselben in d. Folge erschien. erläuternden, u. am gerig. Ort eingeschalt. Verordnn. gr. 8. Ottobeuern 826. (Weber in Münch.) 1 Thlr 14 Gr

Moritz, Heinr. Andr., Conspect sämmtl. Stellen u. Behörden d. Königr. Bayern (nach dess. Eintheil. v. J. 1817 u. 1837), sammt e. Verzeichn. d. k. Advocaten, Wechsel-Notarien u. Sensale. Zusammengest. unt. Benützung amtl. Quellen. gr. 8. (5½ B.) München 838, Franz.

— s. Novellen zur Baier. Gerichtsordnung u. Landrecht.

Moritz, H. Andr.: Novellen z. Baierischen Gerichtsordnung. Bd. 1. *München*. 811. 8. (1 Thl. 14 Gr.) 2. Aufl. unt. d. Tit.

Ders.: Novellen zur Baierischen Gerichts-Ordnung (Codex juris bavarici judiciarii de anno 1753.) Herausgeg. mit Königl. Allerhöchst. Privilegium. 1r Thl. (4 Lief.) enthaltend die zum I. u. II. Capitel vom Jahre 1754 — 1838 erschienenen Gesetze, Verordnungen u. Verfügungen. *München*, Franz. 838. gr. 8. (3 Thl. 20 Gr.) [2r Thl. ist noch nicht erschienen.]

Anhang. Beilagen zum 1. Thle. der von Dr. *Moritz* mit Königl. Allerhöchst. Privilegium herausgeg. neuesten Sammlung von Novellen zur Baierischen Gerichts-Ordnung. (1853 — 1838.) 1e Lief. *München*, Franz. 838. (18 Gr.)

Ders.: Novellen z. Baier. Gerichtsordn., als Beitr. z. jenen v. 1811 u. Samml. d. hierzu b. 1817 erschien. Verordnungen. *Landshut*, Krüll. (Manz.) 818 — 29. Bd. 2 — 4. gr. 8. (3 Thl.)

— 2. Aufl. des 3. Bds. enth. die Verordnungen v. J. 818, 19 nebst den Ergänz. zu den ersten 2 Bdn. *Ottobeurn*, (*Landshut*, Manz.) 834. 8. (1 Thl. 4 Gr.)

Novellen zum baier. Landrecht (*v. H. A. Moritz*) *Landshut*, (Manz in *Regensburg*.) 820. gr. 8. (2 Thl. 4 Gr.)

—— Real-Commentar zu d. k. bayer. Gesetze v. 17. Nov. 1837, einige Verbessern. d. Gerichtsordn. in bürgerl. Rechtsstreitigkeiten betreff. Nebst e. Anh. bezügl. d. k. b. Präjudicien-Gesetzes v. J. 1837. Mit höchster Erlaubniß d. k. b. Ministerien d. Justiz u. d. Innern hrsg. gr. 8. (57 B.) Erlangen 840, Palm'sche Vrlsbuchh.

Moritz, H.: Ueb. d. Rechtsmittel d. Wiedereinsetzung in d. vorigen Stand gegen richterl. Urtheile. *Landsh.*, Storno. 816. 8. (7 Gr.)

— über das Rechtsmittel d. Wiedereinsetzung in den vor. Stand gegen richterl. Urtheile. 8. Landsh. 818. Weber in Münch. 8 Gr

Moritz, H. A., s. Sammlung sämmtl. Plenar-Beschlüsse des Oberappellat.-Gerichts in Bayern.

Moritz, H[elwig], Referendar: Über Haftung aus Spezifikation nach gemeinem Recht und B.G.B. *Rostock [1904]: Adlers Erben.* (127 S.) 8°
Rostock, Jur. Diss. v. [16. Mai] 1904

Moritz, Hermann, aus Berlin: Die staatsrechtliche Stellung des Reichslandes Elsass-Lothringen. *Berlin 1901: Wildgrube & Co.* (51 S.) 8° [J.]
Rostock, Jur. Diss. v. [26. Dez.] 1901

Moritz, Hugo, Dr.: Reformation und Gegenreformation in Fraustadt. T. 1. Posen 1907: Merzbach. (40 S.) 4°
Posen, k. Friedrich-Wilhelms-G OP 1907 (205)

Moritz, Hugo: Reformation und Gegenreformation in Fraustadt. T. 2. Posen 1908: Merzbach. 44 S. 4° ¶ [Forts. d. P-Beil. 1907.]
Posen, k. Friedrich Wilhelms-G OP 1908 (220) [S 08. 318

Moritz, Hugo, die Wahl Rudolfs II., d. Reichstag zu Regensburg (1576) u. d. Freistellungsbewegg. gr. 8. (XXIV, 466 S.) Marburg 895. N. G. Elwert's Verlag. n. 12. —

Moritz, Hugo *Heinrich* [aus Posen]: Der Wahltag zu Regensburg im Jahre 1575 ... (Erscheint vollst. u. d. T.: „Die römische Königswahl Rudolfs II., der Reichstag zu Regensburg '(1576)' und die Freistellungsbewegung" bei N. G. Elwert in Marburg.) Marburg, Univ.-Buchdr. '(R. Friedrich)', 1895; VIII S., 1 Bl., 48 S., 1 Bl. 8.
Göttingen, Phil. Fak., Inaug.-Diss. v. [12. Juni] 1895

Moritz, Hugo, d. Wahltag zu Regensburg im J. 1575. Diss. gr. 8. (X, 48 S.) Marburg 895. (Göttingen, Vandenhoeck & Ruprecht.) n. 1. 20

Moritz, J. C., s. Moritz, Johann Chr. Fr.

Moritz, J. C. C., Angebinde beim Jahreswechsel, in Wünschen an Gönner u. Freunde mit Bezug auf alle Grade d. Verwandtschaft. 8. Berl. (827.) Hayn. 8 Gr

Moritz, J. C. C., neue Trinksprüche f. 121 verschiedene Fälle und Gegenstände. 16. Berlin, Kunst u. Industrie Comtoir. 810.

— neue Trinksprüche f. 121 verschied. Fälle u. Gegenstände. 16. Berl. 810. (Schlesinger). 6 Gr

Moritz, Jh. A., vermischte Gedichte. 8. Wien 811.

Moritz, Jh. Ant., († d. 22. Juni 1820.) Magazin f. d. Mittelrhein. Rechte u. Gesch. 1e Hft. 4. Frkf. a. M. 804. Guilhaumann. 1 ℳ

— Versuch e. Einleit. in d. Staatsverfassung d. Oberrhein. Reichsstädte. 2 Thle. gr. 8. Frkf. a. M. 785. Andreä. 1 ℳ 21 gl

Moritz, Jh. Chr. Fr., († d. 3. Juni 1795.) Beitrr. z. Liefländ. Pädagogik. 1e Samml. 4. Leipz. 781. Hartknoch. 8 gl

Moritz, Jh. Fr., († 1771.) Abhandl. von d. Austrägen d. unmittelbaren Grafen d. Reichs geg. mittelbare Kläger. 4. Frkf. a. M. 750.

Moriz, J. F., hist. diplomatische Abhandlungen vom Ursprunge der Reichsstädte insond. von Worms. 4. Frankfurt, Eßlinger. 756.

— histor.-diplomat. Abhandl. vom Ursprung d. Reichsstädte, insonderheit v. d. freien Reichsst. Worms. 4. Frkf. a. M. 756. (Schäfer). 2 ℳ 8 gl

MORITZ, JOH. FRIEDR., Historische und diplomatische Nachrichten. I. Stück. Von Stiftungen, deren Ursprung, Fortgang und Nutzen. Altona und Lpz. 1761. (U. B.).

Moritz, Jos. (Mitarb.), s. Abhandlungen d. bayer. Akad. d. Wiss. Denkschriften. Hist. Classe. Bd. 1.

Moritz, Jos., Beantwort. d. histor. Preisfrage: Wer, u. von welchem Geschlechte war jener Pfalzgraf Rapotho, v. welchem vom Cosmas Pragensis ad annum 1703 gesagt wird, daß er so mächtig u. reich war, daß er von Böhmen bis nach Rom durch lauter eigenthüml. Güter u. Kastelle reisen konnte? gr. 8. Münch., (G. Franz). 12 gl

— kurze Gesch. d. Grafen v. Farmbach, Lambach u. Pütten, in Hinsicht auf ihre Abstammung, Besitzungen, Ministerialien u. Stiftungen. Eine Preisschr. gr. 8. Münch. 803. (G. Franz). 1 ℳ

— s. Repertorium oder Register über d. Matrikel rc.

Moritz, Jos., Stammreihe u. Geschichte der *Grafen von Sulzbach.* 2 Bde. (in 1). München 1833. 4°. Ppbd. m. Pgtecken.
I. IV. 403 S., 14 gefalt. Tabellen. II. 152 S.

Moritz, Jul., das Buch der Welt, s. Kinderbuch, das illustrirte goldene.

— und F. Körner, die alte und neue Welt, s. Körner, F.

Moritz, Jul., gesittetes und wildes Leben in der neuen Welt, s. Feierstunden, malerische.

Moritz, Juliane, die Tauschmädels. Eine Erzählg. f. junge Mädchen. Mit 16 Text- u. 8 ganzseit. Bildern v. Fritz Bergen. (232 S.) 8. Stuttgart (903). K. Thienemann. Geb. in Leinw. n. 4. —

Moritz, Julius

Moritz, J., die Alkoholgehalte v. 65 aus den Kellern der Gebr. Blankenhorn zu Müllheim stammenden Markgräfler Weinen. [Aus: „Annalen d. Oenol."] gr. 8. (8 S.) Heidelberg 875. C. Winter. n.n. — 25

— Beiträge zur Monographie des Sylvaners. gr. 8. (10 S.) Ebendas. 875. *

Vorstehende zwei Schriften sind aus: Annalen der Oenologie, besonders abgedruckt.

Moritz, J., Beobachtungen u. Versuche betr. die Reblaus, Phylloxera vastatrix Pl., u. deren Bekämpfung. [Aus: „Arbeiten aus dem kaiserl. Gesundheitsamte".] Lex.-8. (72 S. m. Abbildgn. u. 3 Lichtdr.-Taf.) Berlin 893. J. Springer. n. 4. —

Über die Bodenbehandlung mit Schwefelkohlenstoff und ihre Einwirkung auf das Pflanzenwachstum. Von Dr. J[ulius] Moritz, Geh. Reg.R. u. Dr. R[ichard] Scherpe, Hilfsarb. im Kais. Gesundheitsamt. *Berlin: P. Parey 1904.* (S. 123–156.) 4°(8°)
= Arbeiten aus d. Biolog. Abteilung f. Land- u. Forstwirtschaft am Kais. Gesundheitsamte. Bd 4, H. 2, [1.] [04. 1569]

— u. C. Ritter, die Desinfektion v. Setzreben vermittelst Schwefelkohlenstoff zum Zwecke der Verhütung e. Verschleppung der Reblaus (Phylloxera vastatrix Pl.) gr. 8. (47 S. m. 2 Fig.) Berlin 894. J. Springer. n. 1. —

— Ders.: Bei Gelegenheit der Phylloxera-Vernichtungs-Arbeiten an der Ahr gesammelte Erfahrungen. Rüdesheim a. Rh.: Fischer & Metz 1882. 16 S. — 36

Maßregeln zur Bekämpfung der Reblaus und anderer Rebenschädlinge im Deutschen Reiche. Zusammenstellung der in Geltung befindl. reichs- u. landesgesetzl. Vorschriften, sowie einer Anzahl ergangener Vollzugsverfügungen. Bearb. in d. biolog. Abth. f. Land- u. Forstwirthschaft am Kais. Gesundheitsamte. Von Reg.R. Dr. [Julius] Moritz. *Berlin: P. Parey 1902.* (XXIII, 370 S.) 8° [F.] [02. usine 11]

Moritz, J., s.: Phylloxera, die.

Moritz J.: Die Rebenschädlinge, vornehmlich die *Phylloxera vastatrix Pl.*, ihr Wesen, ihre Erkennung u. die Maassregeln zu ihrer Vertilgung. 2. vollst. neubearb. Aufl. Berl. 1891. 92 S. Fig.

Versuche, betreffend die Wirkung insekten- und pilztödtender Mittel auf das Gedeihen damit behandelter Pflanzen. Über d. Wirkung von Schwefelkohlenstoff auf Schildläuse (Aspidiotus perniciosus Comst.). Versuche, betreffend d. Wirkung von gasförmiger Blausäure auf Schildläuse, insbes. auf d. San José-Schildlaus (Aspidiotus perniciosus Comst.). Von Dr. J[ulius] Moritz, Kais. Reg.R. Kleinere Mitteilungen. *Berlin: P. Parey 1902.* (S. 104–150.) 4°
— Arbeiten aus d. Biolog. Abteilung f. Land- u. Forstwirtschaft am Kais. Gesundheitsamte. Bd 3, H. 2. [02. 11833 7]

Moritz, Julius (geb. Schneidemuhl (20. 11. 1831)): De vincturis gypseis. Berolini (1857). (31 S.) 8°
(Berlin, Med. Diss. v. 5. Aug. 1857

Moritz, J., was kann u. soll der deutsche Winzer zur Bekämpfung der Reblauskrankheit tun?, s. a. Flugblätter des kaiserl. Gesundheitsamtes, Nr. 34.

Was kann und soll der deutsche Winzer zur Bekämpfung der Reblauskrankheit tun? Von Dr. J[ulius] Moritz, Geh. Reg.R. 2. Aufl. (Berlin: P. Parey) 1906. (4 S.) 8° [Kopft. F.]
= Kais. Biolog. Anstalt f. Land- u. Forstwirtschaft. Flugblatt. No 34. [06. 13968]

— die Wurzellaus des Weinstockes, s. Blankenhorn, A.

Moritz, Karl

Moritz, K., Anleitung zum Bau e. elektrisch betriebenen Modell-Schiffes. Hand- u. Lehrbuch für erwachsene Knaben. Mit 17 Abbildgn. im Text u. 1 Konstruktionstaf. (40 S.) gr. 8. Leipzig 906. Hachmeister & Thal. n. 1. 25

Kirchliche Bauten und Klöster, Erziehungsanstalten und Krankenhäuser. Carl Moritz, Architekt in Cöln. Berlin: Wasmuth (1910). 61 S. 4°
(Die Architektur d. 20. Jahrhunderts. Sonderh. 7.) [11. 9394]

Moritz, K., Berechnung u. Konstruktion von Gleichstrommaschinen. Eine prakt. Anleitg. zum Entwurf u. zur Ausführg. kleiner u. mittelgrosser Maschinen. Mit 67 Abbildgn., 11 Kurventaf., 3 Konstruktionstaf. gr. 8. (VIII, 111 S.) Leipzig 901. Hachmeister & Thal. Geb. in Leinw. n. 4. —

— **Berechnung u. Konstruktion v. Gleichstrommaschinen.** Eine prakt. Anleitg. zum Entwurf u. zur Ausführg. kleiner u. mittelgrosser Maschinen. 2., vollständig neu bearb. Aufl. Mit 80 Abbildgn., 4 Konstruktionstaf., 11 Kurventaf. (VIII, 150 S.) gr. 8. Ebd. 905. Geb. in Leinw. n. 4. 50

Moritz, K., Berechnung u. Konstruktion v. Gleichstrommaschinen. Eine prakt. Anleitg. zum Entwurf u. zur Ausführg. kleiner u. mittelgrosser Maschinen. 3., neu bearb. Aufl. Mit 83 Abb., 4 Konstruktionstaf., 10 Kurventaf. (VIII, 160 S.) gr. 8. Leipzig 910. Hachmeister & Thal. Geb. in Leinw. 4. 50

Moritz, C. Über das elfte Buch der Ilias. Ein Beitrag zur homerischen Frage. S. 95—131. Fr. Wi. G. **Posen* 1884.
Progr.

Moritz, über das 11. Buch der Ilias. Ein Beitrag zur homer. Frage. gr. 4. (37 S.) Berlin 884. (Posen, Jolowicz.) n. 1. 20

Moritz, Karl, Christus d. Ueberwinder. Ein Gedicht in fünf Gesängen. 8. (8½ B.) Oppeln 841, (Graß, Barth u. Comp.) *

Moritz, Karl, Christus der Ueberwinder. Ein Gedicht in fünf Gesängen. 2. unveränd. Abdr. 854. (136 S.) — 3. verb. Aufl. Oppeln 854. Clar. 8. (118 S.) 10 ngr.

Moritz, Karl, aus Neu-Ruppin: Ueber die Einwirkung von Kaliumpersulfat auf aromatische Kohlenwasserstoffe. *Berlin (1900): G. Schade.* (55 S.) 8°
Berlin, Phil. Diss. v. 4. Aug. 1900

—— Lichtbilder. Novellen und Erzählungen. I. Bdchn.: „An der Grenze." 8. (IV und 244 S.) Oppeln 855(56,) Clar. *

Moritz: (Lateinische) Ode zu Königs Geburtstag. 4 S. – Progr. Posen Fr. W. G. 1857.

Moritz, C.: De Iliadis libr. IX. suspiciones criticae. 32 S. – Posen Fr. W., Progr. 1859.

Moritz, Karl, vom modernen Theaterbau, s.: Flugblätter f. künstlerische Kultur. 3. Hft.

Moritz, Carl, lateinisches Vocabular für Sexta. Vorstufe zu der von Dr. Otto Haupt besorgten 2. Aufl. des Vocabularium latinum für Quinta und Quarta von Dr. O. Haupt und Dr. H. Krahner. 8. (XV und 32 S.) Posen 864, Merzbach. *

Moritz, Carl, Wohnhäuser u. Villen, s.: Architektur, die, des XX. Jahrh. 2. Sonderheft.

Moritz, Karl Hnr. Er., treue Erzähl. meiner gehabten Schicksale vor u. nach Aufnahme in d. Charité. 8. Berl. ... 2e A. 803. Matzdorf. 18 ℊ

Moritz, Karl Paul, Handwörterbuch der schönen zeichnenden Künste, od. Samml. allegor. Vorstellungen, f. Maler, Zeichner, Kupferstecher ꝛc. 8. Zwickau 807. Schumann. 1 ℛ 8 ℊ

Moritz, Karl Philipp

— nouv. ABC pour apprendre à lire et à penser; av. fig. 8. Berl. 793. Schöne. 4 ℊ enlum. 6 ℊ

Moritz, Karl Phil., († d. 26. Juni 1793.) neuestes ABCBuch, welches zugleich e. Anleit. zum Denken f. Kinder enthält. Mit Kpf. 8. Berl. 790. 2e Aufl. 794. N. A. 820. Schöne. 6 ℊ illum. 9 ℊ

Moritz, Karl Philipp (Hrsg.), s. Almanach, Mythologischer, für Damen.

— mytholog. Almanach f. Damen. Mit Kpf. 16. Berl. 791. Unger. 1 ℛ

Moritz, Karl Ph., Roms Alterthümer. Ein Buch für d. Menschheit. 2 Bde. 8. Berlin 796, 97. Jetzt Heymann. 3 ℛ

Moritz, K. P., Anleitung zum Briefschreiben und zu Geschäftsaufsätzen verschied. Art. 8. Berlin, Sander. 814.

— Anleit. z. Briefschreiben, in e. zweckmäß. Samml. v. Briefen. 8. Berl. 783. 2e A. 795. 3e Aufl. unt. d. T.: kleiner Briefsteller, od. Anleit. zum Briefschreiben ꝛc. 8. Ebd. 820. Sander. 6 ℊ

— s. Anna St. Ives.

— Annalen d. Akademie d. Künste u. mechan. Wissensch. 1s Stck. 8. Berl. 791. Akadem. B. 8 ℊ

Moritz, C. Ph., Ansichten zu e. Experimental-Seelenlehre. Brl. 8°.
1782.

Moritz, K. P., Anthusa oder Roms Alterthümer. Fortges. von F. Rambach. Mit Kupf. Berlin 791. 96. 2 Th. 8. 3 rthl. Neue Ausg. mit neuen Kupf. Eb. 797. 2 Thle. 8. 3 rthl.

— *Ανθουσα* oder Roms Alterthümer. 2 Thle. 8. Berl. 796. Maurers B. (2r Thl. v. Fr. Eb. Rambach. Mit 25 Kpft.) 3 ℛ illum. 3 ℛ 12 ℊ

— s. Anton Reiser.

— Anweis. zur engl. Accentuation. 8. Berl. 780. Wever. (Sander). 6 ℊ

— vom richtigen deutschen Ausdruck, od. Anweis., die gewöhnl. Fehler im Reden zu vermeiden; für solche, die keine gelehrte Sprachkenntniß besitzen. 8. Berl. 792. 2e A. 796. (Maurers B.) 16 ℊ

— v. richt. deutschen Ausdrucke. 8. Ebd. 796. Jetzt Heymann. ⅔ ℛ

Moritz, (K. Ph.) vom richtigen deutschen Ausdruck od. Anleit., die gewöhnl. Fehler im Reden zu vermeiden ꝛc. 2e Aufl. 8. Berl. 823, Maurersche Buchhandl. Rthlr.

— Aussichten zu e. Experimentalseelenlehre. 8. Berl. 782. Mylius. 2 ℊ

— s. Beatties Grundlinien.

Moritz, C. P, Beiträge zur Geschichte Friedrichs II. Hamb. 1790. 8.

Beiträge zur Philosophie des Lebens aus dem Tagebuche eines Freimäurers [d. i. Karl Phil. Moritz]. Berlin: Wever 1780. 120 S. 8°
[2. Aufl. u. d. Tit.:]
Beiträge zur Philosophie des Lebens. Hrsg. von Carl Phil. Moritz. 2. verb. Aufl. Ebendas. 1781. 167 S. 8°

K. Ph. **Moritz**: Beyträge z. Philos. d. Lebens; — auch unt. d. Tit.: Fragmm. a. d. Tagebuche e. Geistersehers. *Berl.*, Wever. (Sander.) (787...) 3e vb. A., m. e. Anh. üb. Selbsttäusch. 791. 8° 8 gl

°[Dasselbe.] Ebendas. 1791. 8°
Kl. 428, Tt. 1694. Samml. von philosophischen Betrachtungen üb. ethische Gegenstände.

Moritz, Karl Ph., Blunt; oder d. Gast. Schspl. 8. Berl. 781. (Sander). 2 gl

— Briefe üb. den Märkischen Dialekt. 2 Stücke. 8. Berl. 781. Wever. 4 gl

— allgem. deutsch. Briefsteller. 8. Berl. 793. N. A. verm. von Theod. Heinsius. 8. Ebd. 805. 10e A. 832. (Rücker). 18 gl
— Anh. dazu unt. d. T.: der vollkomm. Geschäftsmann von Theod. Heinsius. 8. Ebd. N. A. 821. Maurers B. 6 gl

— — Anhang dazu unt. d. Tit. d. vollkomm. Geschäftsmann v. Theod. Heinsius. 8. Ebend. 804.

— — allgemeiner deutscher Briefsteller. 7te Auflage, von Th. Heinsius. 8. Berl. Maurer'sche Buchh. 815.

— allgem. deutsch. Briefsteller, welche eine kl. deutsche Sprachlehre, d. Hauptregeln des Styls u. eine vollständ. Beispielsamml. aller Gattungen von Briefen u. Geschäftsaufsätzen enthält. 9e Aufl. v. Th. Heinsius. 8. Berl. 826, Maurersche Buchhandl.

Moritz, Karl Phil., allgem. deutscher Briefsteller, welcher enthält: Grundsätze d. Rechtschreibung u. Interpunktion; Lehre v. Unterschied d. Accusat. u. Dativs, v. d. Präpositionen u. d. unregelmäß. Zeitwörtern rc. (Hrsg. v. Aug. Rücker.) 10., gänzl. umgearb. Aufl. 8. (24 B.) Berlin 832, Rücker.

— — kleiner Briefsteller, oder kurzgefaßte Anleitung zum Briefschreiben und zu Geschäftsaufsätzen verschiedener Art. 3te Aufl. 8. Berlin, Sander. 820.

Moritz, K. Ph., die neue Cecilie. 8. Berl. 794. (Reimer). 8 gl

— d. Dankbarkeit gegen Gott erhöht unsere Freuden auf Erden, eine Predigt. gr. 8. Berlin, Wever. (Sander.) 780.

— u. K. F. Pockels, Denkwürdigkeiten, z. Beförder. d. Edlen u. Schönen. 2 Bde in 4 Quartalen. 8. Berl. 786—88. (Reimer). 2 ß

— u. Pockels, Denkwürdigkeiten, z. Beförd. d. Edlen u. Schönen. 2 Bde. in 4 Quartal. 8. Berl. Unger. 786—788. (Quartal 12 gr.)

— üb. d. märkschen Dialekt. 2 Stck. 8. Berlin, Wever. 781.

Moritz, ..., engl. Farben- u. Muster-Tabellen. Fol. Freiberg 809. Craz u. G. 2 ß

— engl Farben- u. Mustertabellen. Fol. Freyberg, Craz u. G. 810.
s. a. Fragmente aus d. Tagebuche e. Geistersehers.

— Fragmente aus dem Tagebuche eines Geistersehers. 8. Leipz. Sommer.

— — dasselbe. 8. Berlin, Himburg. 786.

Fragmente aus dem Tagebuche eines Geistersehers. Von dem Verf. Anton Reisers [d. i. Karl Phil. **Moritz**]. Berlin: Himburg 1787. 116 S. 8°
Kl. 3352 b, TB. 57.

— sechs deutsche Gedichte, dem König v. Preußen gewidmet. 8. Berl. 780. 2e A. 781. Wever. (Sander). 2 gl

— Geist d. römisch. Alterthümer. 2 Thle. 8. Berl. Maurer. 797–96. (2r Thl. ist v. Rambach fortgesetzt.) (à 1 Rthlr. 12 gr.)
illum. (à 1 Rthlr. 18 gr.)

Moritz, Karl Philipp (Hrsg.), s. a. Gnothi seauton.

— *Γνωθι σεαυτον*, Magazin z. Erfahrungsseelenkunde, als Lesebuch für Gelehrte u. Ungelehrte. 10 Bde zu 3 Stück. gr. 8. Berl. 783—98. Mylius. (10n Bdes 3s Stck. 12 gl, die and. alle à 10 gl) 12 ß 14 gl

— Götterlehre u. mytholog. Dichtungen der Alten. Mit 65 in Kpf. gestochenen Abbildd. 8. Berl. 791. 6e A. 825. 7e A. 832. Herbig. 1 ß Cart. 1 ß 4 gl

— Götterlehre, od. mytholog. Dichtungen d. Alten, m. K. 8. Berl. Unger. 804.

— — Götterlehre, od. mythologische Dichtungen der Alten. 5te verb. Aufl. Mit 65 Abbild. 8. Berlin, Schade. 819.

— — Götterlehre, od. mytholog. Dichtungen d. Alten. M. 65 Abbild. (u. Titvign.) nach antiken geschnitt. Steinen u. a. Denkmälern d. Alterthums neu gezeich. v. W. Herbig, gest. v. L. Meyer. 7., Orig.-Ausg. 8. (20 B. u. 24 Taf.) Berlin 832, Herbig.

Moritz, Carl Phil., Götterlehre od. mytholog. Dichtungen der Alten. Mit 65 Abbild. nach antiken geschnitt. Steinen u. a. Denkmälern des Alterthums. 8. Aufl. 8. (19½ B. u. 23 Taf. Abbild.) Berlin 843, Herbig.

Moritz, Carl Phil., Götterlehre oder mythologische Dichtungen der Alten. 9. Aufl. 8. (VIII und 287 S. mit 65 Abbild. nach antiken geschnitt. Steinen und andern Denkmälern des Alterthums.) Berlin 848, Herbig.

Moritz, Carl Phil., Götterlehre oder mythologische Dichtungen der Alten. Mit 66 in Holz geschn. (eingedr.) Abbild. 10. Aufl. umgearb. und hrsg. von Friederichs. gr. 8. (VIII und 348 S.) Berlin 861, Herbig.

Moritz, K. Ph., Götterlehre der Griechen und Römer, s. Universal-Bibliothek Nr. 1081—1084.

— Grundriß zu meinen Vorlesungen üb. d. Styl. 8. Berl. 791.

— Guderlaere oversat og tilligemed et Omrids af den nordiske Mythologie udgivet, af Christ. Winther. Mit 65 Afbildninger. 8. (391 S.) Kjøbenhavn 847, Philipsen. 2 ℛ

— mytholog. Handlexikon fortges. v. Schmidt. 8. Berlin, Schöne. 798.

s.a. A. Hartknopf Allegorie u. dess. Predigerjahre.

Andreas Hartknopf. Eine Allegorie [von Karl Phil. Moritz]. Berlin: Unger 1786. 160 S. 8°
cf. °Gothaer gel. Ztg. 1785 St. 97; 1786 St. 55; °Göttinger gel. Anz. 1785 St. 203; °ALZ. 1786 No 136; °Halle'sche gel. Ztg. St 28.
TB 51. Roman. Hartknopf personifiziert die Mrei. Die Allegorie scheint auf schottische Mrei zu deuten.
[Forts. u. d. Tit.:]
°Andreas Hartknopfs Predigerjahre. [Von Karl Phil. Moritz.] Berlin: Unger 1790. 140 S. 8°
cf. °Allg. Deutsche Bibliothek. 97 (1791) St. 2; °ALZ. 1791 No 88; Schlichtegroll, F.: Nekrolog. 4, 2 (1795) S. 209, 254; °Morgenblatt für gebild. Stände. 1811 No 103 S. 274.
TB. 73. Kayser gibt als Verleger Reimer an.

— Ideal einer vollkommenen Zeitung. 8. Berl. 784.

— Italien u. Deutschland, in Rücks. a. Sitten, Gebr. rc. 16 - 6s Stck. 8. Berl. Akadem. 789 - 92.

— u. A. Hirt, Italien in Rücksicht auf Sitten, Gebräuche, Litteratur u. Künste. Mit Kpf. 6 Stück in gr. 8. Berl. 789—92. (Rauck). 2 ℛ Hdg. Pr. 18 gℊ

Moritz, C. P. Kabinet der neuesten englischen Romane, 2 Theile, mit Kupf. 8. Daselbst, 793. W. Oehmigke. 1 Rthl.
(der 1ste Theil enthält Vancenza, der 2te Theil die Leiden der Familie Delborough)

— Launen u. Phantasien; hrsgg. v. K. P. Klischnig. 8. Berl. 796. (Wienbrack in Leipz.) 1 ℛ

— Launen u. Phantasien ed. v. K. P. Klisching. 8. Berl. (Sommer, Leipz.) 796.

— lectures p. les enfans avec fig. 8. Berl. 793. Schöne. 4 gℊ enlum. 6 gℊ

— Lectures p. les Enfans. avec fig. 8. Berlin, Schöne. 799.
enlum.

— mytholog. Lehrbuch. Mit Kupf. 8. Berl. 790.

— Lesebuch f. Kinder, ein Pendant zu dess. ABC Buch. 8. Berl. 792. Schöne. 4 gℊ ill. 6 gℊ

— Lesebuch f. Kinder, ein Pendant zu dessen ABC-Buche. 8. Berl. Schöne. 810. –
illum. –

— lettres sur la Logique prat., adr. à une jeune Demoiselle de qualité (la Comtesse Auguste Marcolini); d'après l'Allemand par Mr. A. S. G. A. Scheppach, av. fig. 8. Gotha 790. Ettinger. 12 gℊ

s.a. Loge d. Große.

Die grosse Loge oder Der Freimaurer mit Wage und Senkblei. Von dem Verf. der Beiträge zur Philosophie des Lebens [d. i. Karl Phil. Moritz]. Berlin: Felisch 1793. 278 S. 8°
Kl. 539.
[N. Ausg. u. d. Tit.:]
Launen und Phantasien von Carl Phil. Moritz. Hrsg. von Carl Friedr. Klischnig. Berlin: Felisch 1796. 375 S. 1 Kpfr. 8°
Kl. 548. Um 18 Stücke vermehrt.

K. Ph. Moritz: Magazin z. Erfahrungsseelenkunde. *Berl.*, Mylius. 1-4r Bd. 783-86. 5-7r B. m. K. F. Pockels. 787-89. 8r B. 790. 9-10r B. m. Sal. Maimon. 791-93. 8° zus. 12 ℛ 14 gℊ

- s. Sal. Maimon Leben.

s. Monatschrift f. Academie.

Moritz, K. Ph., über die bildende Nachahmung des Schönen.	s.a. Litteraturdenkmale, deutsche, des 18. und 19. Jahrh.

— üb. die bildende Nachahmung des Schönen. 8. Braunschw. 788. Schulbuchhdlg. 3 gℊ

HARTKNOPFS, Andreas, Predigerjahre (vom Vorigen). Mit Titelvign. von J. W. Meil. Ebd. 1790. 8°. 140 S.
Anon.-Lex. III. p. 291 (nach Engelmann u. Jördens).
Kayser hat „1789".

Moritz, Karl Phil., von d. deutschen Rechtschreibung. gr. 8. Berl. 784. (Sander). 8 gℊ

Rede am Geburtstage des Königs bei einer Gesellschaft patriotischer Freunde gehalten von C. P. Moriz. Berlin, den 24sten Januar 1781. bei G. J. Decker, Königl. Hofbuchdrucker.

Moritz, Carl Philipp, Reisen eines Deutschen in England im J. 1782, s. a. Litteraturdenkmale, deutsche, des 18. u. 19. Jahrh.

MORIZ (!), Karl Phil. (1757—93), Reisen eines Deutschen in England im J. 1782; in Briefen an Friedr. Gedike. Berlin, Maurer, 1783. 8°. (16 gr.)
Sittengeschichtlich interessant.
— — Dasselbe. Ebd. 1785. 8°.
Ersch IV, 1. 1827. no. 7292 a.

Reisen eines Deutschen in England im Jahr 1782 von Carl Philipp Moritz. Hrsg. von Otto zur Linde. *Berlin: B. Behr 1903.* (XXXIII, 167 S.) 8°
— Literaturdenkmale, Deutsche, d. 18. u. 19. Jahrhunderts. No 126.

Moritz. Karl Philipp: Reisen eines Deutschen in Italien in den Jahren 1786 bis 1788. In Briefen. T. 1. 2. Berlin 1792. 2 Bde. (IV, 224 S., 1 Tf.; 238 S., 1 Tf.) 8°

— Reisen e. Deutschen in Italien in d. J. 1786—88. in Briefen. 3 Thle. Mit Kpf. 8. Berl. 792, 93. Maurers B. 2 ℛ 8 g, ill. 3 ℛ

Moritz, K. Ph., Anton Reiser, s.a. Litteraturdenkmale, deutsche, d. 18. u. 19. Jahrh.

— Anton Reiser, s.a. Universal-Bibliothek.

Anton Reiser, ein psychologischer Roman von Carl Phil. Moritz. T. 1—5. Berlin: Maurer 1785. [T. 5:] Berlin: Vieweg 1790—1794. 8°

T. 5 u. d. Tit.: Erinnerungen aus den zehn letzten Lebensjahren meines Freundes Anton Reiser. Als ein Beitrag der Lebensgeschichte des Herrn Hofrath Moritz von Karl Friedr. Klischnig. 1794.

[N. Ausg. u. d. Tit.:]

Anton Reiser. Ein psychologischer Roman von Karl Phil. Moritz. Hrsg. von Ludw. Geiger. Leipzig: Göschen 1886. XXXVIII, 443 S. 8°

Anton Reiser. Ein psychologischer Roman von Karl Phil. Moritz. Heilbronn: Henninger 1886. XXX, 443 S. 8°
(Deutsche Litteraturdenkmale des 18. und 19. Jahrhunderts, in Neudrucken hrsg. von Bernh. Seuffert No. 23.)

Anton Reiser. Ein psychologischer Roman von Karl Phil. Moritz. Neu hrsg. und mit Einl. und Anm. versehen von Hans Henning. Mit 1 Bildn. von K[arl] Ph[il.] Moritz. Leipzig: Reclam jun. [1906]. 476 S. 8°
(Universal-Bibliothek 4813—4816.)

cf. Wolf: Allg. Geschichte des Romans. 2 Aufl. 1850 S. 408; Goedeke: Grundriss zur Gesch. der deutschen Dichtung. 2. Ausg. Bd 5 (1893) S. 490; Deutsches Anonymen Lexikon. 3 (1905) S. 164, 368. Kl. 4075. TB. 47, 413.

— über die Schrift Campe'ns: über d. Rechte d. Schriftsteller. 8. Berl. 789. Maurers B. 2 g

— kl. Schriften, die deutsche Sprache betreffend. 8. Berl. 782. N. A. 792. Wever. (Sander). 12 g

— Deutsche Sprachlehre in Briefen. 2. verb. Aufl. Berlin 1791. 8.

— deutsche Sprachlehre f. d. Damen; in Briefen. 8. Berl. 782. 2e A. mit Weglass. d. Zusatzes: f. d. Damen 791. 3e A. 794. 4e A. 806. Sander. 16 g Schrbp. 20 g

— engl. Sprachlehre f. die Deutschen. gr. 8. Berl. 783. 2e A. 786. 3e A. 790. 4e A. 796. 5e A. 801. Sander. 16 g

— — a. ders. ist bes. abgedr. 3 Tab. v. d. Engl. Aussprache. 795.

— italien. Sprachlehre f. d. Deutschen. gr. 8. Berl. 791. Sander. 16 g

— Tabelle, die italien. Aussprache u. Etymologie betreffend. gr. Fol. Berl. 791. Sander. 4 g

— zwei Tabellen v. d. engl. Aussprache u. von d. engl. Etymologie. gr. Fol. Berl. 779. 2e A. 781. N. A. 3 Tabell. 795. Sander. 8 g

Moritz, C. P., travels in England in 1782. gr. 16. (192 S.) Leipzig 889. Grossner & Schramm. n. — 80

— s. Trußler, Regeln e. feinen Lebensart.

— Unterhaltungen mit seinen Schülern. 2 Stücke. 8. Berl. 783. Sander. 12 g

— vom Unterschiede des Accusativs u. Dativs, oder des Mich u. Mir, Sie u. Ihnen. 8. Berl. 780. 7e Aufl. 825. Sander. 16 g

— v. Unterschiede d. Accusativs u. Dativs od. üb. Mich — u. Mir 2c. m. Anh. 8. Ebend. 805. Schreibp.

— — vom Unterschiede des Accusativs und Dativs, oder des Mich und Mir, Sie und Ihnen. 6te Aufl. 8. Berlin, Sandersche Buchh. 817.

— Vancenca, od. die Gefahren d. Leichtgläubigkeit; nach d. Engl. der Miß Robinson. 2 Bde. 8. Berl. 811. (Sander). 16 g (s. auch Kabinet engl. Romane.)

Moritz, Karl Philipp. *Versuch einer kleinen praktischen Kinderlogik,* welche auch zum Theil für Lehrer und Denker geschrieben ist. 3. Aufl. Berlin, Aug. Mylius, 1805. 2 Bl. 156 S. u. 7 gefaltete Kupfertafeln von D. Chodowiecki m. zahlr. Darstellungen. Kl.-8°. Reizender brauner Halbmaroquinbd. d. Z. m. Rückenvergold. 33.—
Sehr schönes, fleckenloses Ex. mit Exlibris Leuchtenberg. — Erstmals mit diesen Kupfern, vgl. Engelmann 322—24. Selten!

— Versuch ein. deutsch. Prosodie. 8. Berlin, Wever. (Sander.) 786.

— Versuch e. deutschen Prosodie. 8. Berl. 786. N. Aufl. 815. Sander. 16 g

Moritz, Karl Philipp. Vorbegriffe zu einer Theorie der Ornamente ... Berlin 1793. In Karl Matzdorff's Buchhandlung.
143 S., 4 Taf. in Kupferst., 4°
S. 129—142 behandelt ästhetische Fragen der Tracht.

— Vorbegriffe zu einer Theorie der Ornamente. 8. Berl. 793. (Neimer). 16 g

— Vorles. üb. d. Styl, fortges. u. beend. v. D. Jenisch. 2 Thle. 8. Berl. 794. N. A. 800. N. Ausg. verb. u. mit e. Anh. versehen v. J. J. Eschenburg. 8. Braunschw. 808. Vieweg (1r 16 g, 2r 20 g) 1 ℛ 12 g

— — dasselbe französisch von Eschenburg. gr. 8. Ebendaselbst. 808.

— s. Wälker, Bemerkt. auf einer Reise.

s.a. Weisheit, symbol., d. Aegypter.

Moritz, Karl Philipp. Die symbolische Weisheit der Aegypter aus den verborgensten Denkmälern des Alterthums. Berlin 1793. 8°.

Dreymal drey Worte zur Lehre und Warnung. Eines gewesenen Freymäurers [d. i. Karl Phil. Moritz] Hinterlassenschaft für seine Brüder. Berlin: Maurer 1796. 37 S. 8⁰
cf. Taschenbuch f. Frmr. 1798 S. 306—309.
Kl. 542 b, Tt. 1695. 9 poet. Abhandl. u. Reden.

— grammat. Wörterbuch f. Schulen, 1r - 3r Bd. 8. Berl. Felisch. (Gräff in Leipz.) 798.

Moritz, Karl Phil.: Grammatisches Wörterbuch der deutschen Sprache. (Bd 2. 3:) Fortges. von Joh. Ernst Stutz, (Bd 4:) von Joh. Chrph. Vollbeding. Bd 1—3, Abth. 1. Bd 4. Berlin 1793—1800. 2 Bde

— grammat. Wörterbuch d. deutschen Sprache f. Schulen. 1r—3r Bd. (2r u. 3r Bd. v. J. E. Stutz u. Balth. Stenzel). 8. Berl. 798. Felisch. (Wienbrack in Leipz.) 3 ℛ

— mytholog. Wörterbuch z. Gebrauch f. Schulen. 2 Thle. Fortges. v. V. H. Schmidt. 8. Berl. 794. 2e A. 798. N. A. 816. Stubr. 18 ℊ

Moritz, Karl Wilhelm, s. Moritz, Karl Philipp

Moritz, (Guilielmus) Ludovicus *(geb Breslau 12. 9. 1810)*: De pathologia ac diagnosi aneurysmatum internorum. Vratislaviae (1835). (40 S., 1 Taf.) 4°
Breslau, Med. Diss. v. 27. Nov. 1835

Moritz, Mauritius, offene Antwort auf das Schreiben des Hrn. Johannes Ronge an die niedere kathol. Geistlichkeit, mit besond. Rücksicht auf dessen Rechtfertigungsschrift. 1. u. 2. verm. Aufl. gr. 8. Frankfurt a/M. 845, Varrentrapp's Verlag. 1/8 ℛ

— kathol. Bekenntniß. Predigt an dem Feste der hh. Apostel Petrus u. Paulus zu Aschaffenburg. gr. 8. Aschaffenburg 845, Pergay. 1 3/4 ℊ

— kathol. Erzähler f. Jung u. Alt. 1. Bdchn. 12. (11 B.) Mainz 846, (47,) Kupferberg.

Moritz, Maur., katholischer Erzähler für Jung und Alt. 2. Bdchn. 12. (IV und 224 S.) Mainz 848, Kupferberg.
1. Bdchn. Ebendas. 1846. 10 Ngr.

— offenes Sendschreiben an Herrn Johann Ronge, in Laurahütte, „den in Trier ausgestellten heiligen Rock betreffend." gr. 8. Berlin 844, Eyssenhardt'sche Buchh. n. 1/12 ℛ

— die Verehrung heil. Reliquien u. Bilder, u. das Wallfahrten nach der Lehre der kathol. Kirche. Mit besond. Rücksicht auf Ronge's Brief an den hochw. Bischof Arnoldi in Trier kurz dargestellt. 2. verm. u. verb. Aufl. gr. 8. Aschaffenburg 845, Pergay. 1/4 ℛ

— auch ein Wort für die Jesuiten. Besond. abgedruckt aus der kathol. Kirchenzeitung. gr. 8. Frankfurt a/M. 845, Varrentrapp's Verlag. 1/8 ℛ

Einige Worte über Offenbarung und Erziehung. Von Mauritius Moritz, Stdl. — 1840. Würzburg, Thein. S. 3—6.
Progr. Neustadt a./S.

Moritz, Max

Moritz, M., über die Tagesbeleuchtung der Schulzimmer. (16 S. m. 12 Abb.) gr. 8. Jena 905. G. Fischer. n. — 60
Sonderabdruck aus: „Klin. Jahrb."

Gymnasii evg. Glogoviensis veterani. 13 Zeichnungen von Max Moritz. Glogau: Glogauer Dr. [1908]. 13 Taf. 4° [illegible]

Moritz, Oswald: Beitrag zur Kenntnis der homogenen Harnzylinder. *Freiburg i. B. 1898: F. Wagner.* (40 S.) 8°
Freiburg i. B., Med. Diss. v. 1898

Moritz, Paul

Moritz, P., David Balfour od. die Seelenverkäufer. Schicksale u. Abenteuer e. Flüchtlings in den schott. Hochlanden. Eine Erzählg. f. die reifere Jugend. Nach R. L. Stevenson frei bearb. Mit 16 Bildern in Tondr. v. W. B. Hole. Autoris. Verdeutschung. 8. (134 S.) Stuttgart 890. Thienemann. geb. n. 2. —

Moritz, P[aul]: Aus d. physiolog. Institut zu Jena. Ueber die Funktion der sogenannten 'Leber' der Mollusken. *Jena 1899: G. Neuenhahn.* (23 S.) 8°
Jena, Med. Diss. v. (4. Juli) 1899

Moritz, Paul, David Copperfields Jugendjahre. Nach Charles Dickens d. Jugend erzählt. M. 4 Farbendr.-Bild. nach Aquarellen v. Fritz Bergen. gr. 8. (160 S.) Stuttgart 896. K. Thienemann. Geb. n. 2. —

Moritz, Paul, David Copperfields Jugendjahre. Nach Charles Dickens der Jugend erzählt. Mit 4 Farbendr.-Bildern nach Aquarellen v. Fritz Bergen. 2. Aufl. (160 S.) 8. Stuttgart (909). K. Thienemann. Geb. in Leinw. 2. —

Moritz, Paul, Kindermärchen, s.: Grimm, Jac., u. Wilh. Grimm.

Moritz, Paul, Leben u. Abenteuer Don Quixote's, des sinnreichen Ritters v. der Mancha. Nach Miguel de Cervantes Saavedra für die Jugend frei bearb. Mit 6 Farbendr.-Bildern nach Orig.-Aquarellen von G. Franz. 4. (54 S.) Stuttgart 882. Loewe. geb. 2. 50

Moritz, Paul, Leben und Abenteuer Don Quixotes, des sinnreichen Ritters von der Mancha. Nach Miguel de Cervantes Saavedra für die Jugend frei bearb. 2. verb. Aufl. 4. (VIII, 101 S. mit 6 Farbendr.-Bildern nach Orig.-Aquarellen von G. Franz.) Stuttgart 888, F. Loewe. geb.

Moritz, Paul, Leben u. Abenteuer Don Quixotes, des sinnreichen Ritters von der Mancha. Nach Miguel de Cervantes Saavedra f. die Jugend frei bearb. Mit 6 Farbendruck-Bildern nach Orig.-Aquarellen v. G. Franz. 3., verb. Aufl. 4. (VIII, 101 S.) Stuttgart 894. F. Loewe. Kart. 3. —

— Leben u. Abenteuer Don Quixotes, des sinnreichen Ritters v. der Mancha. Nach Miguel de Cervandes Saavedra f. d. Jugend frei bearb. Mit 6 Farbdr.-Bildern nach Orig.-Aquarellen von G. Franz. 4. 4. verb. Aufl. (VIII, 101 S.) Stuttgart (899.) Loewe. Geb. 3. —

— dasselbe. Mit 6 Voll- u. 24 Textbildern v. Fritz Bergen. 7., verb. Aufl. 8. (VIII, 142 S.) Ebd. (902.). Geb. 1.20

— Leben u. Abenteuer Don Quixotes, des sinnreichen Ritters v. der Mancha. Nach Miquel de Cervantes Saavedra f. die Jugend frei bearb. Mit 6 Farbdr.-Bildern nach Orig.-Aquarellen v. G. Franz. 8. Aufl. (VIII, 101 S.) Lex.-8. Stuttgart (904). Loewe. Geb. 3. —

— dasselbe. Mit 6 Voll- u. 24 Textbildern v. Fritz Bergen. 9. u. 10. Aufl. (VIII, 142 S.) 8. Ebd. (904. 906.) Geb. 1. 20

— Leben u. Abenteuer Don Quixotes, des sinnreichen Ritters v. der Mancha. Nach Miquel de Cervantes Saavedra f. die Jugend frei bearb. Mit 6 Voll- u. 24 Textbildern v. Fritz Bergen. 11. Aufl. (VIII, 142 S.) 8. Stuttgart (909). Loewe. Geb. 1. 20

— dasselbe. Mit 6 Farbdr.-Bildern nach Orig.-Aquarellen v. G. Franz. 12., verb. Aufl. (VIII, 101 S.) Lex. 8. Ebd. (910). Geb. 3. —

— Lederstrumpf oder die Ansiedler an den Quellen d. Susquehanna. Eine Erzählung für die Jugend. Nach Fenimore Cooper frei bearb. Mit 4 Farbendr.-Bildern. 8. (160 S.) Ebd. 890. geb. * 2 —

— Lederstrumpf oder die Ansiedler an den Quellen d. Susquehanna. Eine Erzählung f. die Jugend. Nach J. Fenimore Cooper frei bearb. Mit 4 Farbendr.-Bildern nach Aquarellen v. W. Hoffmann. 2. Aufl. 8. (167 S.) Stuttgart 894. K. Thienemann. Geb. n. 2. —

— Lederstrumpf od. Die Ansiedler an den Quellen des Susquehanna. Eine Erzählg. f. die Jugend. Nach J. Fenimore Cooper frei bearb. Mit 4 Farbendr.-Bildern nach Aquarellen v. W. Hoffmann. 3. Aufl. 8. (167 S.) Stuttgart (899). K. Thienemann. Geb. n. 2. —

— Lederstrumpf od. die Ansiedler an den Quellen des Susquehanna. Eine Erzählg. f. die Jugend. Nach J. Fenimore Cooper frei bearb. Mit 4 Farbendr.-Bildern nach Aquarellen v. W. Hoffmann. 4. Aufl. (167 S.) 8. Stuttgart (903). K. Thienemann. Geb. in Leinw. n. 2.—

— Lederstrumpf-Erzählungen, s.: Cooper, J. F.

Moritz, P., die schönsten Märchen aus 1001 Nacht. Für die Jugend ausgewählt u. bearb. 8. (207 S. m. 4 Farbendr.) Stuttgart 889. Thienemann. geb. n. 2. —

— die schönsten Märchen aus 1001 Nacht. Für die Jugend bearb. Mit 4 Farbendr.-Bildern nach Aquarellen v. Wilh. Süs. 2. Aufl. 8. (207 S.) Stuttgart 891. K. Thienemann. Geb. n. 2. —

— dasselbe. Mit 4 Farbendr.-Bildern nach Aquarellen v. W. Hoffmann. 3. Aufl. 8. (207 S.) Ebd. 893. Geb. n. 2.—

— die schönsten Märchen aus 1001 Nacht. F. d. Jugend bearb. M. 4 Farbendr.-Bild. nach Aquarellen v. W. Hoffmann. 4. Aufl. 8. (207 S.) Stuttgart 896. K. Thienemann. Geb. n. 2. —

— die schönsten Märchen aus 1001 Nacht. Für d. Jugend bearb. Mit 4 Farbendr.-Bildern nach Aquarellen v. W. Hoffmann. 6. Aufl. 8. (207 S.) Stuttgart (899). K. Thienemann. Geb. in Leinw. n. 2.—

— die schönsten Märchen aus 1001 Nacht. Für die Jugend bearb. Mit 4 Farbendr.-Bildern nach Aquarellen v. W. Hoffmann. 8. Aufl. (207 S.) 8. Ebd. (906). Geb. in Leinw. n. 2. —

— Die schönsten Märchen aus 1001 Nacht. Für die Jugend bearb. Mit 4 Farbdr.-Bildern nach Aquarellen v. W. Hoffmann. 9. Aufl. (215 S.) 8. Stuttgart (909). K. Thienemann. Geb. in Leinw. 2. —

— der letzte Mohikaner. Eine Erzählg. f. die Jugend. Nach J. Fenimore Cooper frei bearb. 8. (168 S. m. 4 Farbendr.) Ebd. 889. geb. n. 2. —

— der letzte Mohikaner. Eine Erzählg. f. die Jugend. Nach J. Fenimore Cooper frei bearb. Mit 4 Farbendr.-Bildern nach Aquarellen v. W. Hoffmann. 2. Aufl. 8. (175 S.) Ebd. 894. Geb. n. 2. —

— der Pfadfinder. Eine Erzählg. f. die Jugend. Nach Fenimore Cooper frei bearb. Mit 4 Farbendr.-Bildern nach Aquarellen v. G. Franz. 8. (152 S.) Ebd. 890. geb. n. 2. —

— der Pfadfinder. Eine Erzählg. f. d. Jugend. Nach J. Fenimore Cooper frei bearb. M. 4 Farbendr.-Bild. nach Aquarellen v. W. Hoffmann. 2. Aufl. 8. (159 S.) Ebd. 895. Kart. n. 2. —

— der Pfadfinder. Eine Erzählg. f. die Jugend. Nach J. Fenimore Cooper frei bearb. Mit 4 Farbendr.-Bildern nach Aquarellen von W. Hoffmann. 3. Aufl. 8. (159 S.) Ebd. 901. Geb. n. 2.—

— Don Quixote, s.: Erzählungen, lustige.

— der schweizerische Robinson. Eine Erzählg. f. die Jugend. Nach Joh. Dav. Wyß frei bearb. Mit 4 Farbendruck-Bildern nach Aquarellen v. Wilh. Hoffmann. gr. 8. (172 S.) Ebd. 894. Geb. in Leinw. n. 3. —

— Der schweizerische Robinson. Eine Erzählg. f. die Jugend. Nach Joh. Dav. Wyß frei bearb. Mit 4 Farbendr.-Bildern nach Aquarellen v. Wilh. Hoffmann. 2. Aufl. (172 S.) 8. Ebd. (907). Geb. in Leinw. 3. —

— Sigismund Rüstig od. der Schiffbruch d. Pacific. Eine Erzählg. f. die Jugend. Nach Marryat frei bearb. Mit 4 Farbendr.-Bildern nach Aquarellen v. W. Hoffmann. 8. (153 S.) Ebd. 892. Kart. n. 2. —

— Sigismund Rüstig od. d. Schiffbruch d. Pacific. E. Erzählg. f. d. Jugend. Nach Marryat frei bearb. M. 4 Farbendr.-Bild. nach Aquarellen v. W. Hoffmann. 3. Aufl. 8. (153 S.) Ebd. 897. Geb. n. 2. —

— Sigismund Rüstig od. der Schiffbruch des Pacific. Eine Erzählg. f. die Jugend. Nach Marryat frei bearb. Mit 4 Farbendr.-Bildern nach Aquarellen v. W. Hoffmann. 4. u. 5. Aufl. 8. (à 153 S.) Stuttgart (900. 902.) K. Thienemann. Geb. in Leinw. n. 2. —

— Sigismund Rüstig od. der Schiffbruch des Pacific. Eine Erzählg. f. die Jugend. Nach Marryat frei bearb. Mit 4 Farbendr.-Bildern nach Aquarellen v. W. Hoffmann. 6. Aufl. (153 S.) 8. Ebd. (906). Geb. in Leinw. n. 2. —

Moritz, Paul, der Sturmvogel. Gefahren u. Abenteuer im indischen Ozean. Für die reifere Jugend erzählt. Mit 4 Farbendr.-Bildern. 8. (IV, 205 S.) Leipzig 882. C. Zieger. cart. n. 3. —

— der Sturmvogel. Kämpfe u. Abenteuer e. Kriegsbrigg an der afrikan. Ostküste. Aus dem Engl. Für die reifere Jugend erzählt. Mit 41 Textbildern v. E. Klingebeil. 2., verb. Aufl. gr. 8. (IV, 200 S.) Berlin 890. Meidinger. geb. n. 3. —

— d. Sturmvogel. Kämpfe u. Abenteuer e. Kriegsbrigg an d. afrikan. Ostküste. D. reif. Jugend erzählt. Mit Bild. nach Originalen v. E. Klingebeil. 3., verb. Aufl. (7. bis 9. Taus.) gr. 8. (IV, 198 S.) Berlin 896. H. J. Meidinger. Geb. in Leinw. n. 3. —; erhöht. Preis 3. 50

— die letzten Tage v. Pompeji. Eine Erzählg. f. die Jugend. Nach Edward Bulwer Lytton frei bearb. Mit 4 Farbendr.-Bildern nach Aquarellen v. Fr. Stahl. gr. 8. (158 S.) Ebd. 892. Geb. in Leinw. n. 3. —

— die letzten Tage von Pompeji. Eine Erzählg. f. die Jugend. Nach Edward Bulwer Lytton frei bearb. Mit 4 Farbendr.-Bildern nach Aquarellen von Fr. Stahl. 2 Aufl. gr. 8. (158 S.) Ebd. (899). Geb. in Leinw. n. 3. —

— die letzten Tage v. Pompeji. Eine Erzählg. für die Jugend. Nach Edward Bulwer-Lytton frei bearb. Mit 4 Farbendr.-Bildern nach Aquarellen v. Fr. Stahl. 3. Aufl. (158 S.) gr. 8. Ebd. (903). Geb. in Leinw. n. 3. —

— Die letzten Tage v. Pompeji. Eine Erzählg. f. die Jugend. Nach Edward Bulwer-Lytton frei bearb. Mit 4 Farbendr.-Bildern nach Aquarellen v. Fr. Stahl. 4. Aufl. (158 S.) 8. Ebd. (908). Geb. in Leinw. 3. —

— Tokeah od. d. weiße Rose. Nach Charles Sealsfield f. d. Jugend bearb. M. 4 Farbendr.-Bild. nach Aquarellen v. Alb. Richter. gr. 8. (154 S.) Stuttgart 895. K. Thienemann. Geb. in Leinw. n. 3. —

—— der Waldläufer. Eine Erzählung, nach Gebr. Ferry für die liebe Jugend frei bearb. 4. (III, 116 S. mit 4 Farbendr.-Bildern nach Aquarellen von F. Bergen.) Ebendas. 888. geb.

Moritz, Paul. Der Waldläufer. Eine Erzählg., nach Gabr. Ferry f. die liebe Jugend frei bearb. 2. Aufl. 4. (III, 116 S. m. 4 Farbdr.) Stuttg. 892, Loewe. cart. 3 —

— der Waldläufer. E. Erzählg. nach Gabr. Ferry f. d. liebe Jugend frei bearb. 4. Aufl. M. 5 Farbdr.- u. 30 Textbildern v. F. Bergen u. W. Zweigle. 8. (III, 283 S.) Stuttgart 898. F. Loewe. Geb. in Leinw. 3. —

— der Waldläufer. Eine Erzählg. nach Gabr. Ferry f. die liebe Jugend frei bearb. 5. Aufl. Mit 5 Farbendr.- u. 30 Textbildern von F. Bergen u. W. Zweigle. 8. (III, 283 S.) Stuttgart (900). Loewe. Geb. in Leinw. 3. —

— der Waldläufer. Eine Erzählg., nach Gabriel Ferry f. die liebe Jugend frei bearb. Mit 6 Bunt- u. 30 Textbildern v. F. Bergen u. W. Zweigle. 6. Aufl. (III, 283 S.) 8. Stuttgart (906). Loewe. Geb. in Leinw. n. 3. —

— Der Waldläufer. Eine Erzählg., nach Gabriel Ferry f. die liebe Jugend frei bearb. Mit 6 Bunt- u. 30 Textbildern v. F. Bergen u. W. Zweigle. 7. Aufl. (III, 283 S.) 8. Stuttgart (910). Loewe. Geb. in Leinw. 3. —

— dasselbe. Mit 30 Textbildern v. F. Bergen u. W. Zweigle. Volksausg. (III, 283 S.) 8. Ebd. (910). Kart. 1. 80

Moritz, Paul, u. O. Höcker, Waldläufer- u. Lederstrumpf-Erzählungen. Für die liebe Jugend hrsg. Mit 5 Farbdr.-Bildern v. F. Bergen u. C. Offterdinger. gr. 4. (III, 116 u. 124 S.) Stuttgart 891. F. Loewe. Kart. 5. —

— u. O. Höcker, Waldläufer- u. Lederstrumpf-Erzählungen. Nach G. Ferry u. J. F. Cooper f. die Jugend frei bearb. M. 12 Farbdr.- u. 55 Textbild. v. Offterdinger, Bergen u. Zweigle. 8. (VII, 283 u. III, 292 S.) Ebd. 897. Geb. in Leinw. 6. —

—— Der Wildsteller oder die Prairie. Eine Erzählg. f. die Jugend. Nach J. Fenimore Cooper frei bearb. Mit 4 Farbendr.-Bildern. 8. (152 S.) Stuttg. 891, Thienemann. cart. * 2 —

— d. Wildsteller od. d. Prairie. E. Erzählg. f. d. Jugend. Nach J. Fenimore Cooper frei bearb. M. 4 Farbendr.-Bild. nach Aquarellen v. W. Hoffmann. 2. Aufl. gr. 8. (156 S.) Stuttgart 896. K. Thienemann. Geb. n. 2. —

—— der Wildtöter, s. a. Cooper, J. F.

— der Wildtöter. Eine Erzählg. f. die Jugend. Nach J. Fenimore Cooper frei bearb. Mit 4 Farbendr.-Bildern nach Aquarellen v. G. Franz. gr. 8. (160 S.) Stuttgart 888. Thienemann. geb. n. 2. —

— d. Wildtöter. E. Erzählg. f. d. Jugend. Nach J. Fenimore Cooper frei bearb. M. 4 Farbendr.-Bild. nach Aquarellen v. W. Hoffmann. 2. Aufl. 8. (167 S.) Ebd. 895. Kart. n. 2. —

— der Wildtöter. Eine Erzählg. f. die Jugend. Nach J. Fenimore Cooper frei bearb. Mit 4 Farbendr.-Bildern nach Aquarellen von W. Hoffmann. 3. Aufl. 8. (167 S.) Stuttgart (901). K. Thienemann. Geb. n. 2. —

Moritz, Peter [aus Altenbeken]: Zur Frage über das Vorkommen von Tuberkelbacillen im Blute der mit Tuberkulin behandelten Kranken ... Würzburg, P. Scheiner's Buchdr., 1891; 16 S. 8.
Würzburg, Med. Fak., Inaug.-Diss. v. 1891

Moritz, Peter, aus Pommern a. d. Mosel: Lässt sich bei unvollendeten oder nichtigen Verträgen eine Klage auf Schadensersatz begründen? *Erlangen 1899: F. Th. Jacob.* (59 S.) 8° [F.]
Erlangen, Jur. Diss. v. 16. Okt. 1898

Moritz, Peter Josef: Aus der Geschichte Aldenhovens und seiner Schützengesellschaften. Festschrift zum 375jährigen Stiftungsfest der St.-Sebastianus-Schützengesellschaft in Aldenhoven am 14. Juni 1908. Düren, 1908.

Moritz, Philipp, Medizinalprakt.: Über vorzeitigen Blasensprung in Beziehung auf Spontaninfektion. Borna-Leipzig 1910: Noske. 26 S. 8°
Leipzig, Med. Diss. v. 15. Juli 1910, Ref. Zweifel
[Geb. 27. Dez. 84 Müden a. M.; Wohnort: Müden; Staatsangeh.: Preußen; Vorbildung: Friedrich-Wilhelm-Gymn. Trier Reife O. 05; Studium: Freiburg i. B. 2, München 1, Freiburg i. B. 2, Berlin 1, Leipzig 4 S.; Coll. 20. Juli 10.] [U 10. 3033

Halloren-Geschichten. Im Dialekt erzählt von Robert **Moritz**. Mit kleinen Zeichn. vom Verf. (Bdch. 1.) Halle a. S. 1907: (E. Karras). 8° [F.] 07. 9951 3

Moritz, Rob., Halloren-Geschichten. Im Dialekt erzählt. Mit kleinen Zeichngn. vom Verf. 4 Bdchn. 8. Halle, G. Moritz. 2. 15
1. (38 S.) 907. —35. — 2. (58 S.) 907. —00.
3. (47 S.) 909. —60. — 4. (48 S.) 909. —60.

Moritz, Rob., die Schrift. Hrsg. unter Mitwirkg. v. Alb. Knab. (In 8 Lfgn.) 1.—4. Lfg. (28 Bl.) qu. gr. 4. Berlin (903. 904.) (Leipzig, G. Hedeler.) à n. 1. 25

Moritz, Robert Edouard, aus Lincoln, Nebraska, U. S. A.: Ueber Continuanten und gewisse ihrer Anwendungen im zahlentheoretischen Gebiete. *Göttingen [1902]: W. F. Kästner.* (36 S.) 8°
Straßburg, Math.-naturw. Diss. v. 1902

Moritz, Rudi, die wichtigsten Begebenheiten aus der Kirchengeschichte. Zum Gebrauch an evangel. Mittel- und mehrklass. Volkschulen. 8. (III, 67 S.) Forbach 885, Hupfer. *
geb. *

Moritz, S., Ansicht der Turnhalle der 6. Bezirksschule zu Leipzig. 1 Bl.

Moritz, S., Grundriß der Turnhalle der 6. Bürgerschule zu Leipzig. Parterre, 1 Bl., 4°.

Moritz, Theodor [aus Weilburg a/L.]: Die neueren Phosphoritvorkommen im Oberlahnkreis ... Erlangen, k. b. Hofbuchdr. v. A. Vollrath, 1895; 24 S., 1 Bl., 1 Kt. 8.
Erlangen, Phil. Fak., Inaug.-Diss. v. 24. Juli 1895

Moritz, Victor, prakt. Arzt aus Günterberg: Ueber die tuberculöse Peritonitis mit Rücksicht auf ihre spontane Ausheilung. *Leipzig 1902: B. Georgi.* (50 S.) 8°
Leipzig, Med. Diss. v. (17. Juli) 1902

Moritz, Wilhelm, Referendar in Dresden: Der Eigentumserwerb des Finders nach dem Bürgerlichen Gesetzbuch. Coburg 1908: A. Roßteutscher. (30 S.) 8°
Leipzig, Jur. Fak., Diss. v. 18. Juli 1908
[Geb. 13. Mai 82 Ohrdruf b. Gotha; Wohnort: Radebeul b. Dresden; Staatsangeb.: Sachsen; Vorbildung: Gymn. Casimirianum Koburg Reife O. 01; Studium: Lausanne 1, Berlin 3, Leipzig 3 S.; Rig. 30. Juli 04.]

Moritz, Guil. (geb. Arnoldsweiler im Rheinl. [2. 6.] 1838): De epilepsia. Berolini (1860). (32 S.) 8°
Berlin, Med. Diss. v. 10. Aug. 1860

Moritz, Wlh., Mergel v. Bruna; e. Lesebuch f. Jedermann. 2 Bde. 8. Leipz. 789, 90. (Cnobloch). 1 ₰ 20 gr

Moritz, Wilh. Eugen [app. Arzt aus Bergzabern]: Zwanzig Fälle von primärer Sehnervenatrophie m. bes. Berücks. d. Allgemeinbefundes ... Würzburg, kgl. Universitätsdr. v. H. Stürtz, *1896;* 26 S. 8.
Würzburg, Med. Fak., Inaug.-Diss. v. 1896

Moritz, Wilhelm Ludwig, s. Moritz, Ludwig

Moritzberg [Schlagwort]

Moritzberg, s.: Hildesheim.

Moritzburg [Schlagwort]

Moritzburg, s.: Sachsen. Karte.

Moritzburg, s.: Sachsen. Messtischblätter.

Moritzburg-Klotzsche, s.: Geologische Karten. Spezialkarte (Sachsen).

Moritzens Liebschaften u. Schwänke, v. Gustav Schmidt. 8. Penig, Dienemann. 803.

Moritzer, Georg, Gedichte. 8. (236 S.) Wien 847, Gerold, Verlag. *

Moritzi, Alexander

Moritzi, A., die Flora der Schweiz, mit besond. Berücksichtigung ihrer Vertheilung nach allgemein physischen u. geolog. Momenten. kl. 8. (Mit 1 geolog. Karte d. Schweiz.) Zürich u. Winterthur 844, Literar. Comptoir. n. $2^2/_3$ ₰

Moritzi, A., die Flora der Schweiz, mit besond. Berücksichtigung ihrer Vertheilung nach allgem. physischen und geolog. Momenten. (2. Ausg.) gr. 16. (XXII und 640 S. nebst 1 Karte in 4.) Leipzig 847, Verlagsbureau. *

Moritzi, Alexander. Die Pflanzen Graubündens. Ein Verzeichniss der bisher in Graubünden gefundenen Pf, mit besonderer Berücksichtigung ihres Vorkommens. ⟨Die Gefässpflanzen.⟩ [Mit 6 Tafeln.] (N. Denkschr. Schweizer. Ges. für Naturwiss. Band 3.) 4. (Neuchâtel 1839.)

Moritz, Alex., die Pflanzen d. Schweiz, ihrem wesentl. Charakter nach beschrieben u. mit Angaben üb. ihr. Standort, Nutzen etc. versehen. (Die Cotyledonalpflanzen.) 8. ($30^1/_2$ B.) Chur 832. (Zürich, Schulthess.)

Moritzi, A., Réflexions sur l'espèce en histoire naturelle, s.a. Facsimile-Edition. Nr. 14.

Moritzi, A(lexander). Réflexions sur l'espèce (en histoire naturelle). (Par) A. M ... Soleure (Impr. de Fr. Vogelsang-Graff,) 1842. Avec une préface [allemande] du M. le Prof. H[enry] Potonié. II + XII + 110 p. 8. Berlin, W. Junk, 1910. [M. 5. —]
Facsimile-Edition. Ed. W. Junk. No. 11.

—— systemat. Verzeichniss d. v. H. Zollinger in den Jahren 1842—44 auf Java gesammelten Pflanzen nebst e. kurzen Beschreibung d. neuen Gattungen u. Arten. gr. 8. ($9^3/_4$ B.) Solothurn 845, 46. (Leipzig, Ernst Fleischer.) *

Mörix, Ad., Lobet Gott alle Völker, lobet ihn alle Nationen. Ein Gebet- und Erbauungsbuch für jeden kathol. Christen. gr. 8. (627 S. mit 5 Stahlst.) Neuhaus 859, Landfraß und Sohn. *

Mörixbauer, Adf., Gelobt sei Jesus Christus! oder der christl. Reisegefährte. Ein vollständ. Gebet- und Erbauungsbuch für kathol. Christen. Hrsg. von der Marian. Gesellschaft zur Verbreitung guter Schriften. gr. 16. (VIII, 468 S. mit 1 Stahlst.) Innsbruck 869, Vereins-Buchh.

Moriz, s. Moritz

Moriz, C. P., s. Moritz, Karl Philipp

Moriz, Christian Gottlieb (Langensalza), De juramentis Judaeorum. Vom Juden-Eyden. Präs. Christian Wildvogel. Jena (Muller) März 1720. 32 S. (5.50) **23686**
Widm. v.: J. H. Schaull.

Henricus Ignatius Moriz. Theses ex philosophia mentis, quas pro disputatione prima defendet Henricus Ignatius Moriz Badensis, logices auditor, oppugnabunt ornatus et eruditus Christophorus Conrad, ethices et physices auditor, et ingenui ac eruditi Ignatius Prinz, Ettlinganus, Joannes Edicot, Badensis, logices auditores.
Badenae in principali Athenaeo Marchio-Badensi die 21. Januarii MDCCLXVII. Rastadii typis C. A. Schell, typogr. aul. 4 S.
Rastatt, P 1767

Moriz, J., s. Moritz, Josef

Moriz, J. F., s. Moritz, Johann Chr. Fr.

Moriz, Karl Phil., s. Moritz, Karl Philipp

100 Jahre Hannoversche Husaren. Hist. Festspiel in 4 Bild. von Moriz-Eichborn, Oberlt. Wandsbeck: F. Puvogel 1903. (50 S.) 8° [F.] [07-9973]

Am Tage von Jena. Ein Bild aus Preußens schwerster Zeit in 1 Akt von Oberlt. **Moriz-Eichhorn.** Hamburg: Ch. Brandis in Komm. 1906. (24 S.) 8° [F.] [07. 9976

Moriz-Eichhorn, Kurt, der Skulpturencyklus in der **Vorhalle des Freiburger Münsters u. seine Stellung in der Plastik des Oberrheins, s.a. Studien zur deutschen Kunstgeschichte. 16.**

Moriz-Eichborn, Kurt: Der Sculpturencyklus in der Vorhalle des Münsters zu Freiburg im Breisgau. *Strassburg 1898: J. H. E. Heitz.* (97 S.) 8°
Heidelberg, Phil. Diss. v. [22. Dez.] 1898

Moriz-Eichborn, Kurt: Der Skulpturencyklus in der Vorhalle des Freiburger Münsters und seine Stellung in der Plastik des Oberrheins von Kurt Moriz-Eichborn, Dr. phil. Mit 60 Abb. Strassburg: J. H. E. Heitz 1899. (XIV,439 S.) 8°
Studien z. deutschen Kunstgeschichte. H. 16.

Moriz-Eichborn, Kurt, das Soll u. Haben v. Eichborn & Co. in 175 Jahren. Ein schles. Beitrag zur vaterländ. Wirtschaftsgeschichte. (XVIII, 371 S. m. Abb. u. 7 Taf.) gr. 4. Breslau 903. W. G. Korn. n. 18.—; geb. in Leinw. n. 20.—

Moriz-Eichborn, W., der Kuhstall. Ein Handbüchlein zur Belehrung für unsere Viehwärter. 1. und 2. Aufl. (69 S.) 1871,72. * 60 Pf., und 3. verm. Aufl. 8. (76 S.) Breslau 873, Korn. cart. *

Moriz-Eichhorn, Kurt, s. Moriz - Eichborn.

Mork E, Theorie der Wechselstromzähler nach Ferrarischem Prinzip u deren Prüfung an ausgeführt. Apparaten. (116 S) (Slg. elektrotechn. Vortr. VIII, 8-10) Stuttgart 1905

Mork, Heinr., des Erfinders Nachschlagebuch. 2. Aufl. (II, 88 S.) 8. Bonn 904. O. Paul. n. 1.50

Mörk, W., d. taktischen Reglements d. drei Waffen. 8 Taf. à 89×49 cm. Wien (892). (L. W. Seidel & Sohn.) n. 1. 70

Morkel, Daniel [aus Stellenbosch (Kapland)]: Ueber die conservative Behandlung der Handverletzungen. . . . Erlangen, Druck d. Univ.-Buchdr. v. E. Th. Jacob, 1889; 28 S. 8°
Erlangen, Med. Fak., Inaug.-Diss. v. 27. Mai 1889

Mörkens, Mich., conatus chronologicus ad Catalog. Episcopor. Archiepiscopor., Cancellar., Archicancellar., et Electorum Coloniae Claudiae Aug. Agripp. 4. Cöln, Rommerskirchen. 745. 1

Morkramer, Franz: Die Einwirkung sehr starker Gaben von Futterrüben auf die Milchsekretion der Kühe. Weida i. Th. 1908: Thomas & Hubert. 54 S. 8°
Leipzig, Phil. Diss. v. 20. Nov. 1908, Ref. Kirchner, Beckmann
[Geb. 4. Febr. 81 Bochum; Wohnort: Bochum; Staatsangeh.: Preußen; Vorbildung: Gymn. Bochum bis Oberprima; Studium: Bonn 2, Leipzig 5 S.; Rig. 24. Juli 08.] [U 09. 3026

Mörl, Ant. v., Tod od. Leben f. unsere Kriegsmarine. (72 S.) kl. 8. Wien 909. A. Opitz Nachf. (Urspr. Pr. — 80)

Mörl, G. P. Communionbuch, m. K. 12. Nürnberg, Endter. 747.

Moerl, Gustav Philipp [Praes.], s. Sonnenmajer, Johann Nikolaus: Disputatio V. et ultima quae cognatus cum praedestinatione doctrinas, de particularitate mortis Christi, gratiae irresistibilitate, ejusdemque inamissibilitate evolit.

Mörl, Jh. Sigm., († d. 22. Febr. 1791.) Predigten v. d. Auferziehung d. Jugend. 8. Nürnb. 765. Felssecker. 16 ℊ

— scholia philologica et critica ad selecta S. Codicis loca. 8. Nürnb. 737. Edit. altera emend. et multum auctior, post mortem auctoris cur. a G. Cph. Wildero; cum introductione J. P. Gableri. 8. ibid. 793. Stein. 14 ℊ

Moerl, Iust. Phil., Ethica s. philosophia moral. fol. Nürnberg, Felsecker, 715.

— Tod und Auferstehung Jesu Christi. 4. Ebendas. 736.

Mörl, Maria v., s. a. Emmerich, A. K.

Mörl, Maria von, in Kaltern und Dominica Lazzari in Capriana. Zwei Wunder der Gnade für unsere Zeit. Bearb. nach frühern Zeugnissen und eigener Anschauung von F. Th. C. 12. (IV und 64 S. mit 3 lithogr. Abbildungen.) Einsiedeln 848, Gebr. Benziger.

Carlos Morla Vicuña. Estudio historico sobre el descubrimiento y conquista de la Patagonia y de la Tierra del Fuego. *Leipzig: F. A. Brockhaus 1903.* (V, 304, 223 S.) 8° [illegible]

v. Morla, Thom., Lehrbuch d. Artilleriewissenschaft; aus d. Span. mit Anmerkk. von J. G. Hoyer. 2 Thle od. 3 Bde. Mit Kpf. gr. 8. Leipz. 795—97. 2e verm. u. verb. Aufl. 3 Bde. Mit Kpf. u. Tabb. gr. 8. Ebd. 821—26. Leipz. Barth. 12 ℊ Weiß Drckp. 14 ℛ 3 ℊ Schrbp. 16 ℛ Velinp. 17 ℛ 12 ℊ 44 Kpfr. dazu mit erklär. Texte. gr. Fol. Ebd. 826. mit 5 Bog. Text. Der 3e Bd. A. u. d. T.: die Minirkunst. 2 Thle. Mit 14 Kpft. 2e A. 826. 5 ℛ Weiß Pap. 5 ℛ 15 ℊ Schrbp. 6 ℛ 12 ℊ Velinp. 7 ℛ (44½ B.) Leipzig, Barth.

Morlacca-Kanal [Schlagwort]

Morlacca-Canal, s.: Adriatisches Meer.

Morlaken, die, von J. Wynne, Gräfin von Ursink und Rosenberg, aus dem Franz. übersetzt von S. G. Bürde, 2 Theile, mit 1 Kupf. 8. Halberstadt, 795. Großens. 1 Rthl. 15 sgl.

Morlaken, die, v. J. Wynne, Gräfin v. Ursini u. Rosenberg, a. d. Franz. von Bürde. 2 Thle. (hat a. d. Titel: Jella, od. das Morlachische Mädchen. 2 Thle.) 8. Bresl. Löwe. (Sommer in Leipz.) 807. Rthlr.

Morland, Egbert Coleby. Über die klinische Bedeutung der Opsonine. Diss. Med. Bern. [Mit Figuren.] II + 40 S. gr.-8. Samaden, Engadin Press Co., 1908.

Morländer, Er ist ein Narr, s. Theater-Repertoir, Wiener.

Morländer, Kling! Kling! s. Theater-Repertoir, wiener.

Morländer, theatralischer Unsinn, s. Theater-Repertoir, Wiener.

Mörle, H., von Partenkirchen über Nassereit nach Imst in Tirol. Mit Benutzung von Beiträgen Max v. Isser's hrsg. Nebst 1 (lithogr.) Karte. gr. 16. (56 S.) Gera 879, Reisewitz. *

Moerlein, George. Eine Reise um die Welt. Cinci, 1886.

Morlet, A., Reisen in Central-Amerika, s.: Bibliothek geographischer Reisen u. Entdeckungen.

Morley, Basil, s. Sammlung unterhaltender Schriften der neuern engl. Literatur.

Morley, C. Lud., Collectanea chym. Leidensia, in 700 chym. Processen. 8. Jena, Cröcker. 726.

— — idem libr. 8. Antw. (Wolf, Augsb.) 702,

Morley, Edward W.
Ueber die Dichten von Sauerstoff und Wasserstoff und über das Verhältniss ihrer Atomgewichte. Aus den "Smithsonian Contributions to Knowledge," 1895, übersetzt von M. Le Blanc. Leipzig, 1896. 8vo. Ill.

Morley, Henry, of English Literature, s. Collection of British Authors.

Morley, John, Oliver Cromwell, hrsg. v. K. Pusch, s.: Perthes' Schulausgaben engl. u. französ. Schriftsteller.

Morley, John, Ueberzeugungstreue. Autoris. deutsche Bearbeitung des Essay „On Compromise". Mit Einleitung und Anmerkungen von Ludw. Haller. gr. 8. (LXXXVI, 185 S.) Hannover 879, Rümpler. *

Morley, Karl H.

— Charles H., Ciel et enfer ou description du globe céleste arabe qui est conservé au Musée Mathématique Royal de Dresde (en latin et en allemand) suivie d'un supplément des commentaires sur la Divine Comédie de Dante Alighieri (en français). [Enthält nur das Supplément, mit besonderem Titel, der das Datum Dresde 1865 trägt.] Dresde et Leipsic 1866. 4°.

— Karl H., Die Arabischen Inschriften in der Königl. Gemälde-Gallerie, dem Grünen Gewölbe und dem Alterthums-Museum zu Dresden ... nebst einem Nachwort des Verfassers zu seinen Erklärungen der räthselhaften Verse in Dante's Göttlicher Comödie und den dagegen erhobenen Einwendungen. [Mit 3 Tafeln.] Leipzig 1869. 4°.

Morley, Margaret Warner, vom Leben, s. a. Wissen u. Können.

Vom Leben (A Song of Life). Ein Blick in die Wunder d. Werdens von Margaret Warner **Morley**. Deutsch von Marie Landmann. Autor. Übers. Mit Abb. d. Verf. u. von Robert Forsyth. Leipzig: J. A. Barth 1908. (109 S.) 8°
= **Wissen** u. Können. 3. [08. 10940

Thomas **Morley**. 'Come, lovers, follow me.' 'Kommt, ihr Verliebten alle, folget mir.' Vierstimmiges Madrigal aus 'Madrigales to Foure Voyces' ⟨1594⟩. Deutscher Text von John Bernhoff. Hrsg. von W[illiam] Barclay Squire. (Leipzig: Breitkopf & Härtel [1901].) (11 S.) 4° [Kopft.]
— **Madrigale**, Ausgewählte, u. mehrstimmige Gesänge berühmter Meister d. 16. u. 17. Jhs. N. F. 17. [07. 13714

Thomas **Morley**. 'I will no more come to thee'. 'Will nicht mehr um dich werben'. Vierstimmiges Madrigal aus 'Madrigals to foure Voyces' ⟨1594⟩. Deutsch von John Bernhoff. Hrsg. von W[illiam] Barclay Squire. (Leipzig: Breitkopf & Härtel [1901].) (11 S.) 4° [Kopft.]
— **Madrigale**, Ausgewählte, u. mehrstimmige Gesänge berühmter Meister d. 10. u. 17. Jhs. N. F. 15. [07. 13712

Morliere, s. a. Lamorliere.

Morliere, s. a. Rochette Chevalier de Morliere.

MORLIÈRE. Angola, ein indisches Feenmärchen. Neu aus dem Französischen übertragen. 2 Teile. Hamburg, K. Minde (1888). 8°.

Morliere, des Chevalier de la, der Einfluß des Schicksals auf die Geschichte des menschlichen Herzens in einer Sammlung von Anecdoten, aus dem Franz. 8. Leipzig, 770. Crusius. 10 sgl.
(J. C. W. Vogel.)

Mörlin. Das Buch der Stände. Ein Bilderbuch m. Versen v. Johs. Trojan. gr. 4. (22 Farbendr.-Bilder m. eingedr. u. 1 Bl. Text.) Hamb. 892, Verlagsanstalt u. Druckerei, A.-G. cart. * 5 —

Mörlin, Christian Gottfr. (Leipzig). De differentiis juris Romani et Germanici in doctrina de donationibus propter nuptias. Diss. jur. Präs. Christian Gottfr. Hoffmann. Frankfurt/Oder (J. Chr. Schwartz) 3. X. 1727. 30 S. (5.—) 23564

— — Dasselbe. Leipzig (G. Trog) 3. X. 1727. Rec. (7. VI.) 1736. 35 S. (5.—) 23565

Mörlin, Ed. Chr., s. Mörlin, Friedrich August Christian

Mörlin, Friedrich August Christian

Mörlin, E. Chr., Alamon u. Erminia, Rache u. Liebe, Schicksal u. Freiheit. Eine morgenländische Erzählung. 2e Aufl. 8. Eisenberg 838. Schöne. 1/2 rthl.

— Almonam u. Erminia, Rache u. Liebe, Schicksal u. Freiheit. Eine Erzählung aus d. letzten Jahren d. 18n Jahrhund. 8. Eisenberg 803. Schöne. 12 gr.

MÖRLIN, Friedr. Aug. Chrn. (1775—1806), Almanon und Erminia, Rache und Liebe, Schicksal und Freiheit. Eine morgenländische Erzählung aus dem letzten Jahre des 18. Jahrhunderts. Neue Auflage. Mit 1 Kpfr. Eisenberg, Schöne, 1807. 8°. (1/2 Rthl.)
Zuerst gedr. ebd. 1803. (Citirt Ersch.)

Mörlin, E. Chr., Antigone, Züge d. Pietät aus dem Alterthume. 8. Eisenberg 805. Schöne. 12 gr.

— Antigone. Züge der Pietät aus dem Alterthume. 2e Aufl. 8. Ebd. 838. 1/2 rthl.

Baumann, Karl Gotthilf Dankegott: [Lied.] Zum Abschied. Dem Br. Baumann, und dem Br. [Karl Aug.] Staude. Am 19. April 5841. [Unterz.: Friedr. Aug. Christian] Mörlin. [Altenburg 1841.] 1 Bl. 8° [Kopftit.]
Ohne Noten: „Bruderliebe, Trost des Lebens, ..."

Beiträge zur Beantwortung der Frage: Ist es recht und zweckmässig, dass eine St. Johannis-Loge, aus Brüdern, die zu ihrem Oriente gehören, eine neue St. Johannis-Loge errichte? [Von Friedr. Aug. Christian **Mörlin.**] [Altenburg] **1806. 31 S. 8° [Umschlagtit.]**
Aus: AJ. 2 (1805—1806) S. 335—363.
Kl. 2950. In 50 kurzen Sätzen werden die Gründe entwickelt, die die Loge Archimedes in Altenburg bestimmten, in Gera eine selbständige Loge zu errichten.

— ſ. Briefe über Schillers Braut von Meſſina.

Mörlin, Fr. Aug. Chr., († d. 4. Sept. 1806.) Erbauungsreden, gehalten im Gymnaſio 1802—1806. Nebſt Mörlins Biographie u. Todtenfeier u. e. Anhange einiger Schulreden herâgg. v. A. Matthiä. 8. Altenb. 820. (Leipz., Brockhaus). 3 ℛ 2 g A. 821. Hbg. Pr. 1 ℛ 18 g.

Mörlin, (Fr. A. Chrſt.,) Erbauungsreden. Herausgeg. von Aug. Matthiä. Neue A. 8. Leipz. 823, Brockhaus.

Hymne bei der Feierloge den 1sten Aug 1803. [Von Friedr. Aug. Christian Mörlin.] [Altenburg 1803.] 1 Bl. 8⁰ [Kopftit.]
Ohne Noten: „Gott, dem, so weit der Wesen Schar . . .“

Mörlin, F. A. Ch., Irene. 8. Jena, Akadem. Buchh.

— Irene. 8. Jena, (Henningſ in Neiſſe). 12 gr

— Kenotaphien; Dichtungen, d. Andenken verdient. Männer gewidmet. 8. Altenb. 801. Lit. Compt. 11 gr Hbg. Pr. 4 gr (Brockhaus in Leipz.) 10 gr

— Proſerpina. 8. Eiſenb. 805. Schöne. 12 gr

— Proſerpina. 2e Ausg. 8. Ebd. 837. 1/2 ℛ

— Kants Todtenfeier. 8. Altenb. 804. Schnuphaſe 10 gr Schrbp. 12 gr Holl. P. 16 gr Velinp. 21 gr

Moerlin, J.G.: De vett. Christianorum agapis. – Lips. 1730.

Moerlin, Jo. Chr.: De Medicis ab ecclesia pro sanctis habitis, s. Carpzov, Christian Benedikt (Präs.)

Moerlin, Johann Gottfried (Baalsdorf) u. Carl Erdmann Dienemann, De connubiis inaequalium, ex. principiis. philosophicis et. ex. antiquitatibus. Leipzig (J. A. Zschau) 14. VII. 1721. 34 Seiten. (4.50) 23567
Gew.: Johann Jakob Zobel, Johann Florentin Rivinus, Johann Heinrich Ernesti.

Moerlin, Julius [aus Pasewalk]: Ueber indirecte Sternalfracturen . . . . Greifswald, Druck v. Julius Abel, 1887; 30 S. 8⁰.
Greifswald, Med. Fak., Inaug.-Diss. v. 26. Mai 1887.

Moerlin, Julius, über indirecte Sternalfrakturen. Diss. Greifswald 1887, Jul. Bindewald. 8⁰. 30 S.

Morlini's, Girolamo, Novellen, s. a. Perlen älterer roman. Prosa.

MORLINI. — Die Novellen Girolamo Morlinis. Zum erſten Male überſetzt, eingeleitet und erläutert von A. Weſſelski. Mit 6 Bildbeigaben von Franz von Bayros. (Titel in illuſtriertem Rahmen.) 8⁰. Halbpergament. Kopfgoldſchnitt. Seiten nicht beſchnitten. Einmalige Auflage 800 numer. Expl. München, Georg Müller, o. J. (1907). (Als Band 7 der »Perlen älterer romaniſcher Proſa«.) 2 Titelbl., 340 S. [Einer der ſeltenſten Bände der Perlenreihe.] Die lateiniſchen Original-Ausgaben zitiert Gay, Bibl. de l'amour, IV. Auflage, Band II, Spalte 479; Band III, Spalte 279 und Spalte 580; für die franzöſiſchen Überſetzungen Gay, Band I, 693; ferner für die deutſchen Überſetzungen Hayn, Biblioth. Germ. Erotica, Band V, S. 172—174. Die beſten bibliographiſchen Mitteilungen aber von Weſſelski, in der Einleitung zu ſeiner Ausgabe (S. 1—13). Außerordentlich wertvoll ſind auch Weſſelskis Anmerkungen, umfaſſend mehrere enggedruckte Bogen am Schluſſe des Buches, die S. 265—332. (vgl. Stern-Szana S. 41—45.)
[B. V. 174.]

MORLINO, Girolamo (schrieb Anfang d. XVI. Jh.). — Reich, Das, der Kypris. Zum erstenmal ins Deutsche übertragen von Dr. Alfred Semereau (so!). 1906. Privatdruck. (2ter Titel, links: Curiosa der Weltliteratur. Eine Sammlung seltener galanter Werke aller Völker. Hrsg. von Dr. Georg Cordesmühl (ps.). Bd. 3.) Imp.-8⁰. Lat. Lett. (Br. Mk. 15—, gebd. 18—.)
Doppeltitel (roth u. schwarz) u. 243 S. (incl. S. 1—18 Einleitung, unterz.: Semerau (!). Berlin-Steglitz, u. S. 235 bis 243 Anmerkgn.), 1 Bl. Inh., 1 leeres Bl. Enth. 16 Novellen (1—6 von *Morlino*, stark erotisch; 7—16 von Bandello, stellenw. sehr frei).

Mörlins, Fritz, Kruut u. Reuben. En lüttje Sammlg. v. idel luſt. Kneep u. Döhntjes för fidele Geſellſchaften, wo't nich op en Woort ankummt. Utheckt u. in de famoſe hamborger Mundart verſaat't. 12. (VII, 111 S.) Leipzig 893. G. Fock. n. 1. 20; geb. m. Goldſchn. n. 2. —

Morlock: Die Zahnradbahn bei Wasseralfingen. Vortrag. Stuttgart 1878

Morlock, Herm., Hannibal ante portas! Ein Heldengedicht. (15 S.) kl. 8. Hamburg 907. C. H. A. Kloß. — 30

— Das Schwert des Damokles. Komödie in Versen u. 3 Akten. (109 S.) 8. Ebd. 910. 1. 75

— Der „Self-made-man“. Eine Satire. (154 S.) 8. Ebd. 907. 2. 50

Morlok, Georg von

Morlok, G. v., die königl. württembergischen Eisenbahnen. Rückschau auf deren Erbauung während der J. 1835—1889, unter Berücksicht. ihrer geschichtl., techn. u. finanziellen Momente u. Ergebnisse dargestellt. Mit 55 Illustr. u. e. Uebersichtskarte üb. die königl. württ. Staatseisenbahnen. gr. 4. (VIII, 234 S.) Stuttgart 890. Deutsche Verlags-Anstalt. n. 10. —; geb. n. 11. 20

Morlok, G., die Heizung durch Zimmeröfen. Mit 44 (lith.) Taff. (in qu. 4. u. Fol.) u. 79 Abbildungen von zweckmässig angelegten Oefen u. deren Einrichtung. Bericht erstattet im Auftrag des k. württ. Ministeriums für die Verkehrsanstalten. Stuttgart 870. Metzler's Verl. Lex.-8. (VIII, 97 S.) n. 3 ℛ 6 ngr.

Morlok, G., Sammlung ausgeführter ländlicher Bauten. 1. u. 2. Heft. Esslingen 853, 55. Weychardt. qu. Fol. Jedes Heft von 8 lith. Taf. n. 1 ℛ. 20 ngr.

Morlok, Geo., Sammlung ausgeführter ländlicher Bauten. (2 Hefte.) qu. Fol. (5 S. Text und 16 Stnt. in Tondr.) Esslingen 853—55, Weychardt. à Heft * 1 Thlr. 20 Ngr. *

Morlok, Geo., Sammlung ausgeführter ländlicher Bauten. 16 Taf. in Lithogr. und Farbendr. 2., wohlf. Ausg. Fol. (2 S. Text.) Esslingen 866, Weychardt. *

Morlok, G. v. Die königl. württembergischen Staats-Eisenbahnen. Rückschau auf deren Erbauung während d. J. 1835—1889, unter Berücksicht. ihrer geschichtl., techn. u. finanziellen Momente u. Ergebnisse dargestellt. Mit 55 Illustr. u. e. Uebersichtskarte über die königl. württ. Staatseisenbahnen. 1890. gr. 4. (VIII, 234 S.) Stuttg., Deutsche Verlags-Anstalt. * 10 —; geb. * 11 20

Morlot, Adolf von

Sechs Abhandlungen über die Ergebnisse der im Sommer 1849 vorgenommenen Begehungen. (Aus d. Jahrb. d. k. k. geol. Reichsanst.) Wien. 1851. 4.

Morlot, A., das graue Alterthum. Eine Einleitung in das Studium der Vorzeit. Aus dem Franzöſ. überſ. von F. Bärenſprung. Schwerin 865. (Stiller'ſche Hofbuchh.) gr. 8. (52 S.) n. 10 ngr.

Morlot, A[dolf von]. L'archéologie du Mecklenbourg. D'après les travaux du Dr. [G. C. Friedrich] Lisch, comparée à celle de l'Europe centrale. 1re [et seule] partie: Age de la pierre. ([Publiée par] S[ylvius] Chavannes. [Avec figures.]) 8. Zurich 1868.

(Morlot, A[dolf von].) Allgemeine Bemerkungen über die Alterthumskunde.... [Mit 1 Vignette.] 8. Bern 1859.

Morlot, Adolf: Einige Bemerkungen über die geologischen Verhältnisse von Untersteier. 1850?

Morlot, Adolf von s. Cérésole, Victor, et Morlot, Adolf von.

(Morlot, A[dolf von].) Considérations générales sur l'archéologie. [Avec 1 figure.] 8. Berne, Septembre 1859.

Morlot A. von: Über künstliche Darstellung von Dolomit. S. 1. 580 . . . . vgr.
Separatabdruck

Morlot, A., Ueber die Diluvial- und Gletschergebilde zwischen Solothurn, Burgdorf und Langenthal. Bern 1855.

— über erratisches Diluvium bei Pitten, siehe a. Abhandlungen, naturwissenschaftliche, herausgeg. von W. Haidinger, IV. Bd.

Morlot, A. v. Ueber erratisches Diluvium b. Pitten. (Aus den naturw. Abh. von W. Haidinger. Vol. 4.) Wien. 1850. 4.

Ueber den Dolomit. (Aus d. Ber. über d. Mitth. v. Freunden d. Naturwissenschaften.) Wien. 1847. 8.

— über Dolomit u. seine künstliche Darstellung aus Kalkstein, siehe a. Abhandlungen, naturwissenschaftl., herausg. von W. Haidinger, I. Bd.

Morlot, A. v. Ueber Dolomit und seine künstliche Darstellung aus Kalkstein. (Aus den naturw. Abh., herausg. von Haidinger. Wien. 1847. 4.

— Über bequemere Einrichtung meteorologischer Instrumente und jüngst erhaltene wissenschaftliche Resultate. S. 4. 185. . . . . vgr.
Separatabdruck

—— Erläuterungen zur geologisch bearb. achten Sektion der Generalquartiermeisterstabs-Spezialkarte von Steyermark und Illyrien. gr. 8. (VII und 86 S.) Wien 848, (Braumüller.) *

— Erläuterungen zur geologischen Uebersichtskarte der nordöstlichen Alpen. Ein Entwurf zur vorzunehmenden Bearbeitung der physikal. Geographie u. Geologie ihres Gebietes. gr. 8. (VIII u. 211 S. m. 1 lith. u. col. Taf. v. 32" Breite u. 9" Höhe.) Ebd. 847, in Comm. n. 1 ₰ 6 ngr

Morlot, A[dolf von]. Der Freistein von Attiswyl. [Mit 1 Tafel. SA.] 8. (Bern 1855.)

(Morlot, A[dolf von].) Ueber die Gletscher der Vorwelt und ihre Bedeutung. 8. Bern 1844.

Morlot, A. v. Ueber die Gliederung der azoischen Abtheilung des Uebergangsgebirges im Murthal. (Aus d. Mittheil. von Freunden der Naturwissenschaft.) Wien. 1847. 8.

Morlot, A. v. An W. Haidinger über die Formationsreihe in den Alpen, insbesondere die Stellung des Wiener Sandsteins. (Aus den Berichten von Freunden der Naturwissenschaften.) Wien. 1847. 8.

Morlot, A. v. Geologische Karte der Umgebungen von Leoben und Judenburg. Wien. 1848. Folio.

— Über die Niveaus des älteren Diluvium und der Miozän-Formation. S. 4. 58 . . . vgr.
Separatabdruck

Ueber die Niveauverhältnisse der Miocenformation in den östlichen Alpen. (Aus den Berichten von Freunden der Naturwissensch.) Wien. 1849. 8.

Morlot, A[dolf von]. Les premiers pas dans l'étude de la haute antiquité, soit des temps antéhistoriques. (E.) 8. (Porrentruy 1863.)

Morlot, A[dolf] v[on]. Ueber die Rauchwacke und die Eisenerzlagerstätte bei Pitten. [Mit Figuren.] SA. 8. ([Wien] 1850.)

Uebersicht der geol. Verhältnisse des südlich von der Drau gelegenen Theiles von Steiermark. (Aus d. Mittheil. von Freunden d. Naturwissensch.) Wien. 1849. 8

Morlot, A. v. Geologische Uebersichtskarte der östlichen Alpen. Wien. 1847. Fol.

—— über die geologischen Verhältnisse von Istrien mit Berücksicht. Dalmatiens und der angrenzenden Gegenden Croatiens, Unterkrains und des görzer Kreises. Imp.-4. (61 S. mit 2 Stnt. und 1 lithogr. und ill. Karte.) Wien 848, (Braumüller.) *
Aus: Naturwissenschaftl. Abhandlungen, gesammelt und hrsg. von W. Haidinger, II. Bd. 2. Thl., besonders abgedruckt.

Ueber die geol. Verhältnisse von Oberkrain. (Aus d. Jahrb. d. k. k. geol. Reichsanst.) Wien. 1850. 4.

Ueber die geolog. Verhältnisse von Raibl. (Aus d. Jahrb. der k. k. geol. Reichsanst.) Wien. 1850. 4.

Morlot, G. C. v., die Bienenzucht, theoret. u. prakt., unt. Berücksichtig. d. verschied. Climate bearb., mit neuen Entdeckungen üb. d. Leben u. Weben d. Bienen, u. mit e. eigenen Methode, die Bienen d. ganzen Winter hindurch bequem u. wohlf. zu füttern, unt. Verzeichnung e. verbess., den Zwecken d. Bienenzucht vollkommen entsprech. u. bewährten Bauart d. Bienenstöcke. Mit e. Vorw. v. Perthy. 8. (24¾ B. u. 9 Stnt.) Bern 839, Fischer. *

Morlot, Marc v[on]. Über den Geburtsverlauf der alten Erstgeschwängerten. Diss. Med. Bern. [Mit 1 Tabelle.] 51 S. 8. Bern, K. J. Wyss, 1903.

Moerman, P. A., Arzt aus Leiden: (Aus d. physiol. Laboratorium d. Universität Leiden.) Ueber die Methode, einen isolirten Nerven durch frequente Wechselströme zu erregen. *Leiden: S. C. van Doesburgh 1901.* (91 S.) 8°
Freiburg i. B., Med. Diss. v. 1901

Mormann, B., Kaiser Josef u. das Nähkätchen, s.: Zeitvertreib.

Das Buch Mormon. Ein Bericht geschrieben von der Hand Mormon's auf Tafeln. Nephi's Tafeln entnommen. In das Engl. übers. v. Joseph Smith. Aus dem Engl. v. John Taylor u. G. Parker Dykes. 6. Aufl. Hrgg. v. Hugh J. Cannon. Berlin. 1902. 8°

Mormonengräuel, dargelegt in den Erlebnissen einer aus Utah entflohenen Mormonenfrau, so wie in den Enthüllungen des socialen, administrativen und religiösen Lebens dieser Secte. Aus dem Engl. von Heinr. Gauß. br. 8. (VIII und 310 S. mit 4 lithogr. Illustr.) Weimar 856(57,) Voigt.

Mormonen Zeitung: Aug. 26, 1882 –? Salt Lake City, UT
Weekly, published in the interests of the Mormons.

Mörner, Ad., Gedichte. 8. Landsberg 842, Schäffer u. Comp. n. 1/3 ₰

Moerner, Birger, Inshallah. Türkische Impressionen. (Berechtigte Übersetzg. v. Marie Franzos. Titel, Initialen u. Einbd. v. E. R. Weiss.) (128 S.) 8. Frankfurt a/M. 908. Literar. Anstalt. 3.50; geb. 5. —

Mörner, Birger, allerhöchst Plaisir, s. a. Collection Fischer, Bd. 8.

Allerhöchst Plaisir. Ein Barock-Interieur v. Birger Mörner. Autorisierte Uebersetzung a. d. Schwedischen v. Francis Maro. Ausschnitt aus: Neue Deutsche Rundschau, Jg. 8 H. 12. Berlin. 1897. 8°.

[F.] Allerhöchst Plaisir. E. Barock-Interieur v. Birger Mörner. Autoris. Uebs. a. d. Schwed. v. Francis Maro. *Berlin: S. Fischer 1898.* (2 Bl., 90 S.) 1 Bd 8.
= Collection Fischer. Bd VIII. [98. 10049

Mörner, Carl Otto von, s. Mörner, Karl Otto von

Mörner, Curt Erentreich von, s. Mörner, Kurt Erentreich von

Mörner, Friedrich

—: [Professor Crueger † 20. Febr. 1910.] S. 35—36. 4.
Progr. Gymn., Oberrealschule, Vorschule *Stolp* 1910 (213).

Moerner, [Friedrich]: [Prorektor a. D. Prof. Luckow † 19. August 1909.] S. 34. 4.
Progr.

Moerner, Fridericus [Schlawensis]: De P. Papinii Statii Thebaide quaestiones criticae, grammaticae, metricae. . . . Regimonti, ex offic. Hartungiana, 1890; 2 Bl. + 78 S. + 1 Bl. 8°
a. Königsberg, Phil. Fak., Inaug.-Diss. v. 1. Aug. 1890

Moerner, Frdr., de P. Papinii Statii Thebaide quaestiones criticae, grammaticae, metricae. Diss. inaug. gr. 8. (78 S.) Königsberg i/Pr. 890. (W. Koch.) n. 1. 20

Moerner, [Friedrich]: [Worte bei der Gedächtnisfeier für den verstorbenen Prof. Farne.] S. 32—33. 4.
Progr. Gymn., Oberrealschule i. E., Vorschule *Stolp* 1908 (200).

Mörner, Jul. v., die deutschen u. französischen Heldengedichte d. Mittelalters als Quelle f. die Culturgeschichte. Aus dem handschriftl. Nachlass. gr. 8. (VIII, 180 S.) Leipzig 886. O. Wigand. 3. —

Mörner, Karl Otto von

Mörner, Carl Otto v., kurze Erzählung d. Ursprungs d. im J. 1810 zu Oerebro erfolgten Wahl d. Prinzen v. Ponte-Corvo z. Kronprinzen v. Schweden. Gedr. zu Stockholm 1834. In's Deutsche übers. 8. (3¼ B.) Berlin 837, Mittler.

Mörner, Kurt Erentreich von

— Curt Erentreich von (Brandenburg. Adel), De statuis Rolandinis in urbibus et vicis quibusdam Germaniae jurium aliquorum indicibus. Disput. Jur. Präs. Johann Friedrich Rhetius. o. O. (Fr. Eichorn) 25. XI. o. J. (6.50) 23569

Moerner, Ludwig (Frankfurt/Oder), De indicationibus et contraindicationibus amputationis. Diss. med.-chir. Jena (C. W. Th. Joch) 20. XI. 1817. 27 S. (3.50) 23570

Mörner, Graf R., die Anwendung der Stenographie im Militärwesen. Vortrag vor Sr. Maj. dem König Oscar v. Schweden. Mit Genehmigg. d. Verf. in das Deutsche übertr. v. F. H. Engel. Mit e. Einleitg. d. Oberst Grafen v. Geldern-Egmond, dem Bildniss d. Vortragenden, sowie biograph. Notizen üb. denselben. Hrsg. vom Hauptverbands-Vorstand Arendsscher Stenographen. gr. 8. (19 S.) Berlin 891. (Th. Thiele.) n. — 30

Mörner, Thdr. v., märkische Kriegs-Obersten des 17. Jahrhunderts. Ernst Georg und Otto Christof Sparr. gr. 8. (X und 370 S.) Berlin 861, Hertz. *

Moerner, Thdr. v., Kurbrandenburgs Staatsverträge von 1601 bis 1700. Nach den Orig. des königl. geh. Staats-Archivs bearb. Lex.-8. (XX und 864 S.) Berlin 867, G. Reimer. *

de Mörner, (Guil.) Theod. (geb. Habelschwerdt 21. 4. 1817): De Orosii vita eiusque historiarum libris septem adversus paganos. Berlini (1844). (184 S.) 8°
Berlin, Phil. Diss. v. 1. Aug. 1844

de Mörner, Theod., de Orosii vita ejusque historiarum libris septem adversus Paganos. 8maj. Berlin 844. (Schröder.) n. 1 ß

VON MÖRNER. — Über Das Grabmahl Der Weyland . . . Frauen Wilhelmina Sophia von Mörner, gebohrne von der Marwitz, Des . . . Hans Wilhelm von Mörner, . . . Erbherrn auff Dölzig und Clossow . . . Frau Gemahlin, Welche den 8ten Decembr. 1734 zu Helmstädt das Zeitliche mit dem Ewigen verwechselte . . . Nachfolgendes Ehren-Gedächtniß auff. 22 S.

Morneweg, Karl, Johann v. Dahlberg, ein deutscher Humanist und Bischof [geb. 1455, Bischof von Worms 1482, gest. 1503]. gr. 8. (VII, 375 S. mit Dahlbergs Lichtdr.-Bildniß.) Heidelberg 887, C. Winter's Universitäts-Buchh. *

Stammtafel des mediatisierten Hauses Erbach. Hrsg. von d. Verein d. Deutschen Standesherren. Bearb. von Karl Morneweg. 2. Aufl. Stuttgart 1908: Greiner & Pfeiffer. 12 Bl. 2° [11. 60079

Morning, Richard [Pseud.]
s.a. Zeising, Adolf [Wirkl. Name]

Morning, Richard, die pantheistische Tendenz des Christenthums. Ein Beitrag zur wissenschaftl. Beurtheilung der neuesten kirchl. Bewegungen. gr. 8. Leipzig 846. (Gebauer'sche Buchh. in Berlin.) 14 ngr

—— Zeitgedichte. 8. (12 B.) Leipzig 846. [Berlin, Gebauer'sche Buchh.]

Moerning, Alfr., die zwei Prinzipe in der Architektur und ihre Begründung. Ein Wort zu Gunsten des Rundbogenstyls veranlasst durch die k. Preisaufgabe bezüglich der Erbauung des Athenäums. 8. (16 S.) München 853, Franz.

Morny, Hilfe für Haarleidende oder die endliche Befreiung vom Schinnenübel, Haarausfall, Haarergrauen etc. Der haarleidenden Menschheit übergeben. 1. Aufl. 1860. und 2. Aufl. 8. (55 S.) Altona 861, Verlagsbureau.

Morny, Hilfe für Haarleidende oder die endliche Befreiung vom Schinnenübel, Haarausfall, Haarergrauen etc. Der haarleid. Menschheit übergeben. 3.—6. Aufl. 8. (IV und 50 S.) Altona 862—64, Verlags-Bureau.

Moro, Ant. Laz.

— — Philosophische Ergötzungen, oder Untersuchung, wie die wahrhaften Seemuscheln auf die höchsten Berge u. in die festesten Steine gekommen. Auf Veranlassung des Hrn. Moro. Herausgegeben von E. F. E. Bremen. 1765. 8.

Moro, Ant. Laz., neue Untersuchung d. Veränder. d. Erdbodens. Mit Kpf. 8. Leipz. 751. Jacobäer. (Aue in Altona). 1 ß 4 gr

Moro, Ernst, Diätetik u. Therapie der Kinderkrankheiten. (69 S.) 8. Wien 904. F. Deuticke. n. 1. —
Sonderabdr. aus: „Landesmann, die Therapie an den Wiener Kliniken". 7. Aufl.

Moro, Ernst, Experimentelle u. klinische Überempfindlichkeit (Anaphylaxie). (169 S.) Lex. 8. Wiesbaden 910. J. F. Bergmann. 4. 80
Sonderabdr. a.: „Lubarsch-Ostertag, Ergebn. d. pathol. Anat."

Moro, Ernst, über das Verhalten hämolytischer Serumstoffe beim gesunden u. kranken Kind. (Aus der königl. Universitätskinderklinik in München. [Verstand: M. Pfaundler.]) (III, 100 S. m. 15 Abb.) Lex. 8. Wiesbaden 908. J. F. Bergmann. 2. 80

Moro, Hugo. Behelfe zur Gründung u. Führung öffentlicher Fortbildungscurse. Hermagor, Bertschinger in Klgft., 1895. 28 S.

Moro, Hugo, das Gailthal m. dem Gitsch- u. Lessachthale in Kärnten. Hrsg. vom Comité der Gailthalbahn u. red. v. M. Mit 3 Karten u. 40 Illustr. 8. (VIII, 224 S.) Hermagor 894. (Klagenfurt, A. Raunecker.) n.n. 2. 40

Moro, Hugo, s.: **Lehrerkalender, kärntischer.**

— zum 14. Mai 1894. Festschrift zur Feier d. 25jähr. Bestandes der Neuschule. gr 8. (II, 51 S. m. 2 Bildnissen.) Klagenfurt 894. (J. Leon sen.) n.n. 1. —

Moro, K., unter jungtürkischer Gewaltherrschaft. (IV, 84 S.) gr. 8. Wien 910. (St. Norbertus.) 2. —

Moro, Max Ritt. v. Ueber den Bau der kärntnerischen Burgen. (Klgft., Leon. ca. 1894.) 21 S.

(**Moro**, Max Ritt. v. Familiengeschichte. Klgft., Leon. 1888.) 7 S.

Moro, Max. Ritter v., der Fürstenstein in Karnburg und der Herzogstuhl am Zollfelde in Kärnthen. 8. (36 S. mit 4 eingedr. Holzschn.) Wien 862. (Klagenfurt, Leon's Buchh.) *
Aus: Mittheilungen der k. k. Central-Commission zur Erforschung und Erhaltung der Baudenkmale, besonders abgedruckt.

Morochowetz, Leo (Léon Morokhovetz), die Einheit der Proteinstoffe, histor. & experimentelle Untersuchgn. I. Bd. Das Globulin u. seine Verbindgn. [albuminum autorum]. I. Tl. Zooglobin. Aus dem Russ. übers. deutsche Ausg., vom Verf. revidirt u. m. Zusätzen vermehrt. 1. Lfg. (S. 1—192.) Lex.-8. Berlin 906. (A. Hirschwald.) n. 5. —

Morochowetz, Leo (Léon Morokhovetz), die Einheit der Proteinstoffe, histor. u. experimentelle Untersuchgn. I. Bd. Das Globulin u. seine Verbindgn. [albuminium autorum]. I. Tl. Zooglobin. Aus dem Russ. übers. deutsche Ausg., vom Verf. revidirt u. m. Zusätzen vermehrt. 2. Lfg. (S. 193—384.) Lex. 8. Berlin 908. (A. Hirschwald.) 5. —
Lfg. 1. Ebd. 906. 5.—

Die Grundlage der menschlichen Sprache. Ein Universalalphabet. Von Leo **Morochowetz**, Prof., Moskau. Mit 61 Holzschn. u. 1 Tab. Berlin: Hirschwald 1903. (43 S.) 4°(8°) [03. 7386]

Morochowetz, Leo, zur Histochemie des Bindegewebes. [Aus: „Verhandlgn. d. naturhist.-med. Ver. zu Heidelberg".] gr. 8. (4 S.) Heidelberg 877. C. Winter. n. — 20

Moroder, Frz., das Grödner Thal. Hrsg. v. der Section Gröden d. deutschen u. österreich. Alpenvereins m. Wegweiser u. Karte als Anh. 8. (202 S.) St. Ulrich in Gröden 891. (München, J. Lindauer.) In Leinw. kart. n.n. 3. —

Markt St. Ulrich im Grödentale. Denkschrift aus Anlass d. Markterhebung 1907. Im Auftr. d. Gemeinde St. Ulrich verf. von Wilhelm **Moroder-Lusenberg**. Mit 28 Abb. u. 4 Faks. St. Ulrich: Selbstverl. d. Marktgemeinde 1908. III, 71 S. 8° A 12. 9512 b

Moroff, Allgemeine Anweisungen für die Wurfübungen mit Handgranaten (Stiel-, Kugel- u. Diskusgranaten), m. Abb., 16 S., 16°.

Moroff, Aug. Die Algebra in natürlicher Herleitung. I. Jahreskursus als Leitfaden zum Unterricht in der fünften Lateinklasse. 48 S. u. 1 Taf. 8. **Progr.** *Landshut* 1881.

Moroff, Aug., die ersten Sätze der ebenen Geometrie. Grundbegriffe. Winkel. Dreieck. Viereck. Mit in den Text gedr. (Holzschn.-) Fig. 8. (IV, 45 S.) Hof 876. Büching. n. — 80

Moroff, Aug., Prof.: Die **Schul-Algebra** als niederste Analysis. *Bamberg 1900: W. Gärtner.* (62 S.) 8° [J.]
Bamberg, k. altes G, P 1900*

Moroff, A., Regeln und Erläuterungen zum Rechnen nebst Skizze eines Lehrganges und Maßtafel. Zum Gebrauche an Gymnasien und anderen Mittelschulen. 8. (42 S.) Bamberg 888, Buchner'sche Buchh. *

Moroff, August [Prof.]: Das Winkelfeld und die anderen ebenen Felder. Hof, Druck d. Mintzel'schen Buchdr., 1890; 21 S. 8°
Hof, k. StA, P 1890 •

— Hubert Kurze und schulgemäfse Behandlung der Determinanten. 19 S. **Progr.** Lyz. *Metz* 1876.

Moroff, Karl „Ein Rückblick auf die ersten 50 Jahre der Anstalt". (Vorwort.) pg. 3—12. 8°. Mintzel'sche B. (H. Hörmann).
Hof, Progr. 1883/84

Moroff, Karl „Ein Rückblick auf die ersten 50 Jahre der Anstalt". (Forts. und Schluss.) pg. 3—7. 8°. Mit einer Frequenztafel. Mintzel'sche Buchdr. (H. Hörmann).
Hof, Progr. 1884/85

Moroff, N. Carl (kgl. Lehrer der Mathematik) „Die Goniometrie als Vorbereitung für die Trigonometrie". pg. 2—23. 4°. Mit 2 Tafeln. Mintzel'sche Buchdr. (C. Hörmann).
Hof, Progr. 1851/52

Moroff, N. Carl „Die ebene Trigonometrie". (Forts. des Progr. 1851/52.) pg. 27—54. 4°. Mit einer Tafel. Mintzel'sche B. (C. Hörmann).
Hof, Progr. 1852/53

Moroff, Theodor, aus Gabrovo (Bulgarien): Ueber die **Entwicklung** der Kiemen bei Knochenfischen. *Bonn: F. Cohen 1902.* (33 S.) 8° ¶ Aus: Archiv f. mikrosk. Anat. u. Entwicklungsgesch., Bd 60. (Ohne Taf.) — (Soll fortges. werden.)
München, Phil. Diss. v. 1902

Tactique navale ou traité des évolutions & des signaux, avec figures en taille-douce. Par M. *le Vicomte de Moregues*, Capitaine des vaisseaux du Roi, Chef-de-Brigade du Corps Royal de l'artillerie, membre de l'Académie de Marine, Corespond. de l'Acad. Roy. des sc. à Paris. Dieses wurde auch zu Amsterdam und Leipzig 1764. chez Arkstee & Merkus. 4. 480 S. 49 Kupferpl. gedruckt. 1763

Morogues, Bigot v., Verf. a. d. Centralkräften, d. Wirkung. d. Schießpulvers zu bestimmen, m. K. 8. Nürnberg, Kraus. 766.

Moroianu, Georges: La loi agraire de 1864 et l'état du paysan en Roumanie. *Stuttgart 1898: Union Deutsche Verlagsges.* (VIII, 97 S.) 8°
Tübingen, Staatswiss. Diss. v. 1898
(Nicht f. d. Austausch)

Morold, Max. Der Bundschuh. Oper. Musik v. Jos. Reiter. Klgft., Bertschinger, 1895. 42 S.

Morold, Max, Klopstock in Zürich. Lyrisches Drama in 1 Aufzuge. Musik v. Jos. Reiter. 8. (V, 51 S.) Klagenfurt 893. (Wien, R. Lesk.) n. 1. 20

Klopstock in Zürich. Lyrisches Drama in 1 Aufz. Dichtung von Max **Morold** [d. i. Max v. Millenkovich]. Musik von Josef Reiter. Klagenfurt: Selbstverl. d. Dichters 1893. (51 S.) 8° [J.] [06. 12414]

Morold, Max. Klopstock in Zürich. Lyrisches Drama. Musik v Jos. Reiter. Klgft., Bertschinger, 1895. 57 S.

Morold, Max (Max v. Millenkovics), Stephan Milow. Eine litterar. Skizze. M. d. Bildnisse d. Dichters. 8. (108 S.) Leipzig 897. G. H. Meyer. n. 2. —

Morold, Max (Max v. Millenkovich), Josef Reiter. Eine Studie. Mit 2 Portr. des Künstlers. Hrsg. vom Josef Reiter-Verein. (62 S.) gr. 8. Wien 904. C. Fromme. n. 1. —

Morold, Max (Max v. Millenkovich), Ferdinand v. Saar, s.: Hesse's, Mar. Volksbücherei.

— der Totentanz. Ein Tanz- u. Sing-Spiel in 3 Aufzügen. Nach e. schles. Sage. In Musik gesetzt v. Jos. Reiter. Mit Titelzeichng. v. Ferd. Dorsch. (68 S.) 8. Ebd. 903. n. 1. —

Morolf, Ferd., drei Lustspiele: Wie Du. — Unterscheidungszeichen. — Offene Logen. 8. (III, 124 S.) München 871, Stahl. *

Morolf, Ferd., Raucher u. Schnupfer. Lustspiel in 3 Aufzügen. [Für Bühnen Mscr.] gr. 8. (III, 68 S.) München 871. Stahl. n. 1. 60

Morone. Nuntiatur 1536—1538, s. Nuntiaturberichte aus Deutschland.

— Nuntiaturberichte vom deutschen Königshofe 1539, 1540, s.: Quellen u. Forschungen aus dem Gebiete der Geschichte.

Morosi, G., Intorno al motivo dell' abdicazione dell' imperatore Diocleziano. 1880. 128 S. 1.50

Morosini, Giov., la leggenda di Dante nella regione Giulia. Nel VI. centenario della visione divina. gr. 8. (31 S.) Triest 900. (F. H. Schimpff.) n.n. 1. —
Sonderabdruck aus: „Archeografo Triestino".

Morosoff, N. A., s. Morozov, Nikolaj A.

Morosow, W. S., s. Morozov, Vasilj Stepanovič

MOROT, Hugues
Anbetung Jesu. ... Luxemburg: [Andreas Chevalier?] 1725. 2 Bde.

Morotius, Karl

Morotius, Carol. Jos., cursus vitae spiritualis facili ac perspicua methodo perducens hominem ab initio conversionis usque ad apicem sanctitatis. Ed. nova a sacerdote Congr. SS. Redemptoris adornata. 8. (XX, 324 S.) Regensburg 891. Pustet. n. 2. 40

Morotius, Carol. Jos., O. Cist., Cursus vitae spiritualis facili ac perspicua methodo perducens hominem ab initio conversionis usque ad apicem sanctitatis. Ed. III a quodam sacerdote congr. ss. redemptoris adornata. (XVI, 331 S.) 8. Regensburg 905. F. Pustet. n. 2. 40; geb. in Leinw. n. 3. 20

Morowski, [Andreas]: • De Solonis Vita. 69 S. 4° (2°)
Halle-Wittenberg, Phil. Diss. v. 24. Febr. 1842
Geb. [Łayczówka bei Kłodawa (Masovien; Polen) 1814]
Promot.-Datum nach den Fleissproben. — „Nachdem M. die anfänglich beabsichtigte öffentliche Disputation wegen Verweigerung des Drucks seiner Abhandlung aufgegeben hatte, ist derselbe den 16. März inter privatos parietes promovirt worden." (Alb. prom.)

Morozewicz, J., der geologische Aufbau des Hügels v. Issatschki. (Deutsch u. russisch) (Mémoires du comité géologique.) (III, 40 S. m. 4 Taf.) 4. St. Petersburg 903. (Leipzig, M. Weg.) n.n. 2. 16

— über einige Ganggesteine des Bezirks v. Taganrog. (Deutsch u. russisch) (Mémoires du comité géologique.) (III, 56 S. m. 5 Taf.) 4. Ebd. 903. n.n. 2. 79

Morozo, s. Morozzo

Morozond, Nik., Die Kampfmethode der Terroristen. 8°. London, Russ. Buchdr., 1880.

Morozov, Nikolaj A.

Morosoff, N. A., die Evolution der Materie auf den Himmelskörpern. Eine theoret. Ableitg. d. period. Systems. Vortrag, geh. auf dem 1. Mendelejeff-Kongresse zu St. Petersburg am 4. I. 1908. Autoris. Übersetzg. v. B. Pines u. A. Orechoff. (41 S.) gr. 8. Dresden 910. Th. Steinkopff. 1. 50

[Russ.] V(asilj) S(tepanovič) **Morozov**. Za odno slovo. Razskaz. s predisl. L('va) N[ikolaeviča] Tolstogo. Berlin: Ladyschnikow (1908). 21 S. 8°
[Auf d. Umschl.:] Für ein Wort von W. Morosow. (09. 8780

Morosow, W. S., für e. Wort. Erzählg. Mit e. Vorwort v. Leo N. Tolstoi. (In russ. Sprache.) (21 S.) 8. Berlin (908). J. Ladyschnikow Verl. nn — 50

Morozowicz, v., Grundzüge der Astronomie und mathemat. Geographie. Populär dargestellt. gr. 8. (VIII und 170 S. mit 5 Stnt. in qu. Fol.) Berlin 848, Mylius'sche Vrlgsh.

Morozowicz, v., General-Lieutenant und Chef der Landes-Aufnahme. Die Königlich Preussische Landes-Aufnahme. (Separat-Abdruck aus dem: „Beiheft zum Militär-Wochenblatt" 1879 1. Heft.) 8. Berlin 1879.

Der Normal-Höhenpunkt für das Königreich Preussen und das geodätische Institut. (Von v. **Morozowicz.**) Berlin. 1881. 4°.

Morozzo, ..., Schreiben an Macquer, üb. d. Zerleg. d. fixen u. Salpeterluft; aus d. Französ. v. Forster. 8. Stendal 784. Franzen u. Gr. 2 gr

Morpheus oder das Reich der Träume: Zwei Seitenstücke zu Proteus ... Regensb. 1807. V: *Benzel-Sternau, Carl Christian Ernst Graf.* (HS) (Ky) (EE) »Morfeus. 1808.« (AarK)

Morpheus, od. d. Reich d. Träume, (v. Graf. K. C. E. v. Benzel-Sternau). 8. Regensb. 807. Montag u. W. 2e Aufl. Ebd. 811. 1 ₰ 16 gr (?)

Morpheus, od. der unterhalt. Traumdeuter nach alphabet. Ordnung, nebst dem Punktirspiel. 12. Leipz. 822. Magaz. f. Ind. 8 gr

Allgemeine **Morphologie** und Physiologie der Gärungsorganismen. Unter Mitw. ... hrsg. von Dr. Franz Lafar. Mit 2 Taf. u. 95 Abb. Jena: G. Fischer 1904–06. (XVI, 749 S.) 4°(8°)
— **Handbuch** d. Techn. Mykologie. Bd 1. (08. 8604 4

Die *Morphologie* d. Missbildungen d. Menschen u. d. Tiere ... Herausg. v. E. Schwalbe. Jena. Delvis kol. Fig. og Tvl. 4°.

I. E. Schwalbe: Allgemeine Missbildungslehre ... 1906.
II. – Die Doppelbildungen. 1907.
III. Die Einzelmissbildungen:
– 1. Abt. Missbildungen d. äusseren Form:
– – Kap. 1. E. Schwalbe: Missbildungen d. ganzen Eis. Missbildungen d. gesamten äusseren Form d. Embryos u. d. Individuums d. postfötalen Periode. 1909.
– – Kap. 2. F. Kermauner: Die Missbildungen d. Rumpfes. 1909.
– – Kap. 3. – – (Fortsetzung). 1909.
– – Kap. 4-6. Die Missbildungen d. Kopfes:
– – I. C. Grünberg: Die Gesichtsspalten u. die zu ihnen in genetischer Beziehung stehenden anderwertigen Missbildungen d. Gesichts. 1913.
– – II. E. Schwalbe u. H. Josephy: Die Cyclopie. 1913.
– – III. H. Josephy: Octocephalie u. Triocephalie. Missbildungen d. Halses. 1913.
– 2. Abt. Missbildungen d. einzelnen Organe u. Organsysteme:
– – Kap. 1. E. v. Hippel: Die Missbildungen d. Auges. 1909.
– – Kap. 2. P. Ernst: Missbildungen d. Nervensystems. 1909.

III. 2. Abt. Kap. 3. F. Kermauner: Die Missbildungen d. weiblichen Geschlechtsorgane. 1909.
– – Kap. 4. G. Herxheimer: Missbildungen d. Herzens u. d. grossen Gefässe. 1910.
– – Kap. 5. H. Peckert: Die Missbildungen d. Gebisses. 1911.
– – Kap. 5. H. Marx: Die Missbildungen d. Ohres. 1911.
– – Kap. 7. Bettmann: Die Missbildungen d. Haut. 1912.
– – Kap. 8. P. Schneider: Die Missbildungen d. Atmungsorgane. 1912.
– Anhang. Kap. 1. A. Dietrich: Entwicklungsstörungen d. postfötalen Lebens. 1911.
– – Kap. 2. G. Herxheimer: Gewebsmissbildungen. 1913.

Morphologie, die, der Missbildungen des Menschen u. der Tiere. Ein Hand- u. Lehrbuch f. Morphologen, Physiologen, prakt. Ärzte u. Studierende. Unter Mitwirkg. zahlr. Fachgenossen hrsg. v. Ernst Schwalbe. III. Tl. Die Einzelmissbildgn. 1.—3. Lfg. Lex. 8. Jena. G. Fischer. 21. —

1. Enth. 1. Abtlg.: Missbildgn. der äusseren Form. Bearb. v. E. Schwalbe, F. Kermauner. 2. Abtlg.: Missbildgn. der einzelnen Organe u. Organsysteme. I. Kapitel. Bearb. von E. v. Hippel. (V. 112 u. 66 S. m. z. Tl. farb. Abb.) 909. 6. —
2. 2. Abtlg.: II. Kapitel. Missbildgn. des Nervensystems v. Paul Ernst; III. Kapitel. Die Missbildgn. der weibl. Geschlechtsorgane v. F. Kermauner. (S. 67—338 m. Abb.) 909. 10. —
3. 2. Abtlg.: IV. Kapitel. Missbildungen des Herzens u. der grossen Gefässe v. Ghold. Herxheimer. (S. 339—504 m. Abb.) 910. 5. —

I. u. II. Tl. u. d. T.: Schwalbe, E., Morphologie. Ebd. 906. 07. 17.—; geb. 19.50.

Morphy, Guillermo

Morphy, G., les luthistes espagnols du XVIe siècle. (Die spanischen Lautenmeister des 16. Jahrh.) Mit 5 Taf. u. e. Vorwort v. F. A. Gevaert. Französischer Text rev. v. Charles Malherbe. Deutsche Übersetzg. v. Hugo Riemann. 2 Bde. Imp.-4. (LIII, 252 S.) Leipzig 902. Breitkopf & Härtel. 30. —

Morphy, Paul, s. Lange, Max.

Morphy's, Paul, Schachspielkunst. Aus dem Engl. Eine prakt. Anleitung die Kunst des regelrechten Schachspiels leicht und gründlich zu erlernen. Mit Musterpartien und zahlreichen Fig. Für Anfänger und Geübte. Nebst Anh.: Enth. die besten Partien des Londoner Schach-Turniers von 1862 und Blindlingspartien von Louis Paulsen. 8. (166 S.) Berlin 864, Mode's Verlag.

Morphy's, Paul, Schachspielkunst. Eine prakt. Anleitung die Kunst des regelrechten Schachspiels leicht und gründlich zu erlernen. Mit Musterspielen und vielen Abbild. Für Anfänger und Geübte. Nebst den besten Partien verschiedener Schachwettkämpfe der neuesten Zeit und einer Anzahl auserlesener Aufgaben. 7. verb. und verm. Aufl. 8. (IV, 180 S.) Berlin 873, Mode's Verlag.

Morphy's, Paul, Schachspielkunst. Eine prakt. Anleitung die Kunst des regelrechten Schachspiels leicht und gründl. zu erlernen. Mit Musterspielen und vielen Abbildungen. Für Anfänger und Geübte. Nebst den besten Partien verschiedener Schachwettkämpfe der neuesten Zeit und einer Anzahl auserlesener Aufgaben. 8.—11. verb. und verm. Aufl. 8. (IV, 180 S.) Berlin 876—79, Mode's Verlag.

Morphy's, Paul, Schachspielkunst. Eine prakt. Anleitung, die Kunst des regelrechten Schachspiels leicht u. gründlich zu erlernen. Mit Musterspielen u. vielen Abbildungen. Für Anfänger u. Geübte. Nebst den besten Partien verschiedener Schachwettkämpfe der neuesten Zeit u. einer Anzahl auserlesener Aufgaben. 11., verb. u. verm. Aufl. 8. (IV, 180 S.) Berlin 879. Mode's Verl. 2. —

Morphy's, Paul, Schachspielkunst. Eine prakt. Anleitg., die Kunst d. regelrechten Schachspiels leicht u. gründlich zu erlernen. Mit Musterplänen u. vielen Abbildgn. Nebst den besten Partien verschiedener Schachwettkämpfe der neuesten Zeit u. e. Anzahl auserlesener Aufgaben. 12. Aufl. 8. (IV, 180 S.) Berlin 885. Mode's Verl. 2. —

Morphy's, P., Schachspielkunst. 14. Aufl. 8. (IV, 180 S. m. Diagrammen.) Berlin 890. Mode's Verlag. 2. —

Morphy, Paul. Skizze aus der Schachwelt. Leipzig 1859. V: *Lange, Max.* (Centr.-Anz. f. Fr. d. Lit. 2. Jg. 1859, S. 21.)

Morphy, Paul. **Skizze aus der Schachwelt. (1. Thl.) gr. 8. (VIII und 206 S.) Leipzig 859, Veit und Comp.** *

— dass. — **2. Thl.: Schachkämpfe in Paris vorzüglich mit deutschen Meistern. Lex.-8. (108 S. mit 1 Titelbild in Holzschn.) Ebendas. 859.** *

Morpurgo, A., Arbogaste e l'impero romano dal 379–394. Pr. 1888. 34 S. u. 1 Taf. 1.25

Morpurgo, A., Pietro Mattei Commemorazione. Pr. 1888. 21 S.

Morpurgo, Benedetto, über die Entwicklung der Arterienwand. [Aus dem physiolog. Institute der Universität zu Wien.] Lex.-8. (22 S. mit 2 lithogr. Taf.) Wien 884, (Gerold's Sohn.) *

Aus: Sitzungsberichte der k. Akademie der Wissenschaften, besonders abgedruckt.

Morpurgo, C., **Manuale di storia sacra ad uso dei fanciulli israeliti. 2. Ediz. riveduta e corretta. 16. (167 S.) Triest 861, Coen.** *

Morpurgo, C., Manuale di storia sacra ad uso dei fanciulli israeliti compilato. 3. ediz., rived. e corretta. Triest 867. Coen. gr. 16. (167 S.) n. 6 ngr.

Morpurgo, Emilio, die Statistik und die Socialwissenschaften. Einzig vom Verf. autoris. deutsche Ausg. Aus dem Italien. gr. 8. (VIII, 555 S. mit 3 lithogr. Taf. und 1 chromolithogr. Karte in qu. 4.) Jena 877, Costenoble. *

Morpurgo, Giulio, Legge del 16 I. 1896 b. l. i. N. 89 ex 1897 riguardo il commercio con sostanze alimentari ed alcuni oggetti d'uso. Il testo tedesco con traduzione italiana, note e commento in base a dati ufficiali. gr. 8. (III, 58 S.) Triest 897. F. H. Schimpff. n. 1. 20

Morpurgo, Giulio, dei legnami. Brevi cenni sulla produzione, sugli usi e sul commercio del legno. Compilazione ad uso degli studenti della scuola superiore di commercio di fondazione Revoltella in Trieste. (20 S.) gr. 8. Triest 909. M. Quidde. nn 1. —

Morpurgo, Salomone, s.: Breviarium, das, Grimani.

Morpurgo Vittorio: Ad casuum syntaxin Ovidianam symbolae.
II. 1901 PN 1459 Diss. Wien. Univ. 1580

Morr Josef: Menandrea aetate quales fuerint educatio et institutio communes, ex scaenica Romanorum poesi cognoscendum est.
1908 PN 2549 Diss. Wien, Univ. 1645

Morra, D. T. Der große Held hat geweint. Druck von W. Fähndrich u. Co. 1 Bl. Fol.
Flugblatt. Derlin, 18. Sept. 1848.

Morré, moderne **Chirurgie** in amerikanischer Beleuchtung. (8 S.) 8. Leipzig 905. B. Konegen. n. 1. —

— zwei **Fälle** v. Morbus Basedowii. (4 S.) 8. Ebd. 905. n. 1. —
2 Sonderabdrucke aus: „Reichs-Medizinal-Anzeiger".

— über **Uterusblutungen** u. ihre Behandlung (8 S.) 8. Ebd. (906). n. 1. —
Sonderabdruck aus: „Der Frauenarzt".

Morre, Carl, s. Morre, Karl

Morré, Harold, die **Drei**. Roman. (230 S.) 8. Berlin (909). Hesperus-Verlag. 2. 50

Allgemeine Heiterkeit ⟨Das Schwabenalter des Deutschen Parlaments⟩. Eine heitere Chronik d. Deutschen Reichstages, zsgest. von Harold **Morré** aus d. 'Lustigen Blättern', d. 'Kladderadatsch' u. a. mit e. Vorw. von Albert Traeger. 2. Aufl. Berlin: Lustige Blätter 1910. 149 S. 8°
Die 1. Aufl. ersch. u. d. T.: Morré. Das Schwabenalter d. Deutschen Parlaments. [illegible]

— **20 Jahre S. M.** Heitere Bilder zu ernsten Ereignissen, gesammelt aus den „Lustigen Blättern", der „Jugend" u. dem „Kladderadatsch". (Mit e. Vorrede v. Max. Harden.) (126 S. m. Abbildgn.) 8. Ebd. 909. 1. 50

— **Das Schwabenalter** des deutschen Parlaments. Eine heitere Chronik des deutschen Reichstages, zusammengestellt aus der „Jugend", dem „Kladderadatsch", den „Lust. Blättern", „dem Ulk", „Dorfbarbier", „Roland v. Berlin", „Narrenschiff" u. a., m. e. Vorwort v. Alb. Traeger. (149 S. m. Abb.) 8. Berlin 909. Concordia. 2. —

Morré, Harold: Das Schwabenalter d. Deutschen Parlaments. 2. Aufl. 1910
sa Morré: Allgemeine Heiterkeit. [illegible]

Morré, Harold, Serenissimus-Gedichte u. andere. (80 S.) 8. Berlin (906). E. Bloch. n. 1. 50

Morre, Karl

Morre, Carl, die Arbeiter-Partei u. der Bauernstand. Ein ernstes Wort in ernster Zeit. 1. u. 2. Aufl. gr. 8. (75 resp. 82 S.) Graz 891. 893. Verlag „Leykam". n. 1. 20

Morre, Carl, für's **Bucklkrax'ntrag'n**. Ländl. Zeitbild m. Gesang in e. Aufzug. — A. Räuscherl. Ländl. Gemälde in e. Aufzuge. — Vor'n Suppenessen. Ländl. Gemälde in e. Acte. gr. 8. (84 S.) Graz 896. H. Wagner. n. 1. 20

Morre's, Karl, Gedichte u. humoristische Vorträge. Hrsg. v. Leo Harand. 8. (V, 135 S. m. Bildnis.) Graz 899. (Leykam.) n. 2. —; geb. in Leinw. n.n. 3. —

Morre, Carl, der **Glückselige**. Posse m. Gesang in 3 Acten. gr. 8. (71 S.) Graz 886. Goll. n. 1. —

— der **Glückselige**. Posse m. Gesang in 4 Acten. 2., vollst. geänd. Aufl. gr. 8. (79 S.) Ebd. 896. n. 1. —

—— 's **Nullerl**. Volksstück mit Gesang in 5 Aufzügen. Musik nach steir. Motiven von Vinc. Pertl. 1.—3. Aufl. gr. 8. (84 S.) [Ebendas.] 885. *

— 's **Nullerl**. Volksstück m. Gesang in 5 Aufzgn. Musik nach steir. Motiven v. Vinc. Pertl. 4. Aufl. gr. 8. (80 S.) Ebd. 896. n. 1. 20

Morre, Karl, 's **Nullerl**. Volksstück m. Gesang in 5 Aufzügen. Musik nach steir. Motiven v. Vinzenz Pertl. 5. Aufl. (80 S. m. 1 Taf.) gr. 8. Graz 904. M. Pock. n. 1. 50

— durch die **Presse**. Posse m. Gesang in 1 Akt, Musik v. A. Tobisch. gr. 8. (18 S.) Bruck a/M. 885. Ebend. n. — 80

Morre, Carl, die **Frau Räthin**. Charakterbild mit Gesang in 3 Acten. gr. 8. (72 S.) Graz 884, (Goll.) *

Morre, Karl, ein **Regimentsarzt**. Volksstück m. Gesang in 4 Aufzügen. (94 S.) 8. Graz 910. M. Pock. 1. 20

— die **Familie Schneck**. Volksstück m. Gesang in 5 Aufzügen. gr. 8. (118 S.) Ebend. 881. n. 1. 20

—— **Silberpappel** und Korkstoppel oder die Statuten der Ehe. Charakterbild mit Gesang in 4 Aufzügen. gr. 8. (73 S.) [Ebendas.] 885. *

Morreau, F., Madame Sans Gêne, s.: **Sardou**, Victorien.

Morrell, Robert Selby [aus Bradford '(Engl.)']: Über die Configuration der Rhamnose und Galactose ... Würzburg, Druck d. Stahel'schen k. Hofbuchdr., 1894; 30 S. 8.
Würzburg, Phil. Fak., Inaug.-Diss. v. 1894

Morren, Charl., s. **Annales** de la Société Royale d'agriculture etc.

— **Mémoire** sur la formation de l'indigo dans les feuilles du polygonum tinctorum ou renouée tinctoriale. Avec une pl. color. gr. in-4. Ebd. 839. (Ebd.) n. 1 ℳ

Morren, Ch., **Observations** ostéologiques sur l'appareil costal des batraciens, presentées à l'Académie royale de Bruxelles dans la séance du 3. Avril 1835. Avec une planche lithogr. gr. in-4. Bruxelles 836. (Bonn, Marcus.) n. 2/3 ℳ

— **Recherches** sur le mouvement et l'anatomie du stylidium graminifolium. Avec une planche coloriée. gr. in-4. Ebd. 838. (Ebd.) n. 1 ℳ

— **Recherches** physiologiques sur les hydrophytes de la Belgique. Premier mémoire: Histoire d'un genre nouveau de la tribu des conferves nominé aphanizomène. Avec une planche color. gr. in-4. Ebd. 838. (Ebd.) n. 1 ℳ

Die Arbeiten auf einer Kaffeeplantage. Von F W **Morren**. Übers. u. mit Anm. versehen durch Carl Ettling, Tanga. Mit Abb. T. 1. 2 *Berlin 1900: E. S. Mittler & Sohn.* 8°
— **Tropenpflanzer**, Der. Beihefte. Bd 1, No 2. 3. [illegible]

Morren, Theophil, gestern. Studie in 1 Akt, in Reimen 12. (47 S.) Leipzig 892. J. Klinkhardt. n. 1. —

Morren, Theophil, **Gestern**. Studie in einem Act in Reimen. 8. (46 S.) In Comm. * —.50
Wien: Weiss 1892.

Morres, Eduard

Morres, E., Herder als Pädagog, s. Studien, pädagogische.

Morres, Eduard: Lehrplan für die evangelische Knabenelementarschule in Kronstadt. Festgabe der Kronstädter Elementarlehrerkonferenz an den im Honterusjahre abgehaltenen VIII. siebenbürgisch-sächsischen Lehrertag. 4 (45 S., 1 S. Nachwort).
Progr. Ev. G. A. B. u. verbund. Lehranstalten *Kronstadt* 1898.

Morres, Ed., deutsches Lesebuch, s.: Obert, Frz.

Morres, Wilh, der Hanklichrand. Sächsisches Volksstück in 4 Aufzügen. Nach der gleichnam. Erzählg. v. Tr. Teutsch in dem Kronstädter Kalender vom J. 1878. [Aus: „Neuer Volkskalender".] 12. (31 S.) Hermannstadt (901.) W. Krafft. n.n. — 21

— am heimischen Herd, s.a. Volksbücher, neue sächsische.

(F) **Morres,** W., Am heimischen Herd. Ernste und heitere Geschichten aus dem sächsischen Volksleben. [Neue sächsische Volksbücher. 1.] 8°. (IV, 130 S.) K —.40
Wien: Karl Graeser & Kie 1905.

— Johannes Honterus, d. Reformator des Siebenbürger Sachsenlandes, s.a. Zeidner's, H., sächs. Volks- u. Jugendbibliothek.

Morres, Wilh., Johannes Honterus. Zu s. 400. Geburtsfeier d. sächs. Jugend erzählt. 12. (36 S. m. Abb.) Kronstadt 898. H. Zeidner. n. — 30

Morres, W., der teure Knopf. Volksstück in 2 Akten. (28 S.) 8. Kronstadt (910). H. Zeidner. — 30

— deutsches Lesebuch, s.: Obert, Frz.

— u. Ed. Morres, Lese- u. Lehrbuch f. d. ländlichen Fortbildungsschulen, s.: Meschendörfer, J. T.

— d. Sachsengraf Markus Pempflinger od. Deutsche Treue, s. Zeidner's, H., sächs. Volks- u. Jugendbibliothek.

Morres, Wilh., die deutschen Ritter im Burzenland, s.: Zeidner's, H., sächs. Volks- u. Jugendbibliothek. 5. Bdchn.

— Stephan Ludwig Roth, der Volksfreund u. Held i. Pfarrerrock, s.a. Zeidner's, H., sächs. Volks- u. Jugendbibliothek.

Morres, Wilhelm, Stephan Ludwig Roth, der Volksfreund und Held im Pfarrer-Rock. Ein sächsisches Lebensbild aus der ersten Hälfte dieses Jahrhunderts. 8. (VIII, 100 S.) Cart. —.50
Kronstadt: Zeidner 1897

— Michael Weiß, d. Stadtrichter v. Kronstadt, s.: Zeidner's, H., sächs. Volks- u. Jugendbibliothek.

Morrien, Johann Gerhard von (Ubius. Adel), De feudis clivensium vel zutphaniensium more concessis. Präs. Joh. Friedr. Rhetius. Frankfurt / Leipzig (J. Schrey u. H. J. Meyer) 5. VIII. 1682. (5.—) 23689

— **Johann Heinrich Georg** (Celle), De servitutibus meletematum decas. Präs. Jo. Friedrich Wahl. Göttingen (Hager) 29. VII. 1748. 24 S. (4.75) 23690
Gew.: Gerlach Adolph von Munchhausen,

Morrier, J. P.

Morrier, über d. Feldzug d. Türken in Aegypten im J. 1800. Aus d. Engl. 8. Leipz. 802. Rein. 8 gr.

Morrin, J. J., s.a. Beautés tirées du Faust par Goethe.

Morrin, J. J., beautés tirées du Faust par Goethe. Pensées traduites par les meilleurs auteurs. (Mit gegenüberstehendem deutschen Original.) Grimma 857. (Leipzig,) Werl. 16. (2 Bl., 148 S.) n. 16 ngr.

Morris, Handbuch der Brauwissenschaft, s.: Moritz.

Morris, Versuch über das Exterieur des Pferdes. Aus dem Französ. übers. von Graefe. Mit 7 Taf. Abbildgn. (in Holzschn.) Berlin 860. Bosselmann. (Wiegandt & Hempel.) gr. 8. (XII, 131 S.) n. 25 ngr

Morris, David K., member of the physical society, London, associate of the institution of electrical engineers [aus London]: The magnetic properties and electrical resistance of iron as dependent upon temperature. ([S. A. aus:] Phil[osophical] Mag[azine and journal of science] S. 5, Vol. 44 [S. 213—254 mit] Pl. II, III). London Taylor & Francis Pr. 1897. 1 Bl., 42 S., Taf. II, III. 8°.
Zürich, Phil. Diss. [v. 23. Sept. 1897].

Morris, Geo., Geschichte und System der „mildernden Umstände" im deutschen Strafrechte und Prozeß. gr. 8. (30 S.) Berlin 887, Lazarus.

MORRIS, GEORGE HARRIS. Beitrag zur Geschichte Destillationsproducte des Colophoniums. Würzburg, 1882.

Morris, Henricus Sutherland (geb. 1803 in London): Dissertatio ... exhibens casum singularem morbi medullae spinalis et gangliorum nervorum spinalium, cum adnotationibus ... Bonnae, ex off. Thormanniana (1827). 3 Bl., 35 S. 4.
Bonn, Med. Fak., Diss. v. 20 Juli 1827

Morris, J. (II.), Doctor Wespe, s. Sammlung deutscher Lust- und Schauspiele.

MORRIS, JAMES. Ueber den Einfluss der Masse auf chemische Umsetzung. Tübingen, 1879.

Morris, Johannes

Morris, J. (I.), die Bedrängnisse der katholischen Kirche in England. Beiträge zur Geschichte der kathol. Kirche in England nach Documenten aus dem 16., 17. und 18. Jahrhundert. Autoris. Uebersetzung. Aus dem Engl. gr. 8. (VI, 404 S.) Mainz 874, Kirchheim.

Morris, J., die englischen Martyrer, s.: Flugschriften, katholische, zur Wehr u. Lehr'.

— Memoiren eines Jesuiten. Aus dem Engl. von M. Hoffmann. 1. Aufl. (VIII, 190 S.) 1872, und 2. neu durchgeseh. Aufl. 8. (VIII, 251 S.) Freiburg i. Br. 873, Herder'sche Verlagsh.

Morris, J. Kardinal Wiseman, in seiner letzten Krankheit. Mit Autorisation übersetzt . . . Münster 1865. Ü: *Boeddinghaus, Carl.* (Biogr. Jahrb. 8, 83)

Morris, Johs., Cardinal Wiseman in seiner letzten Krankheit. Mit Autoris. übers. von einem Priester der deutschen Mission zu London. gr. 8. (56 S.) Münster 865, Aschendorff'sche Buchh. *

Morris, John, Organic history of English words. Part I: Old English. (VIII, 128 S.) gr. 8. Strassburg 909. K. J. Trübner. 3.—; geb. 3. 60

Morris, L., bunte Blumen. Ein Liederbuch. 16. (128 S.) Wien 874, Hölder.

Morris, Lewis

— Evenings at Home, an english reading-book comprising a choice of miscellaneous pieces etc. — Abende im häusl. Kreise, ein engl. Lesebuch enth. eine Auswahl gemischter Lesestücke, mit bezeichneter Aussprache der schwersten Wörter u. Phrasen. 2. unveränd. Aufl. 8. Ebend. 846. n. 1/2 ₰

Morris, Lewis, english reading-book comprising a choise of miscellaneous pieces or instructive and entertaining subjects, with the pronunciation and signification of the most different words and phrases. — Englisches Lesebuch ꝛc. für den Schulgebrauch u. zum Selbstunterrichte. 8. Hamburg 844, Heubel. 2/3 ₰

Morris, Malcolm, s.: Atlas, internationaler, seltener Hautkrankheiten.

Morris, Max

— Goethes u. Herders Anteil an dem Jahrgang 1772 der Frankfurter Gelehrten Anzeigen. (V, 502 S.) 8. Stuttgart 909. J. G. Cotta Nachf. 10.—

Morris, Max (Berlin), Über die Behandlung der febris intermittens mit Salicylsäure. Diss. med. u. chir. Berlin (M. Cohn) 31. VII. 1882. 29 S. u. Biogr. (2.50) 23691
Oppon.: William Lebegott, Victor Lehmann, Otto Pniower. — Gew.: J. u. S. Morris (Verwandte).

Morris genannt Haslinger, Max [aus Stralsund in Pommern]: Ueber die gechlorten Derivate des Orthokresol's . . . . Freiburg i. B., Buchdr. v. Chr. Strocker, 1887; 40 S. + 1 Bl. 8°
Freiburg i. B, Phil. Fak., Inaug. Diss. v. 1887

Morris. Max. s.: Goethe's. Joh. Wolfg. v.. Gespräche.

— s.: Goethe. Joh. Wolfg. v., der junge.

— s.: Goethe's Schweizer Reise 1775.

Morris, Max, Goethe-Studien. gr. 8. (171 S.) Berlin 897. C. Skopnik. n. 2. 40

— dasselbe. 2. Bd. gr. 8. (VI, 236 S.) Ebd. 898. n. 3. —

Morris, Max, Goethe-Studien. 2 Bde. 2. veränd. Aufl. gr. 8. (VII, 340 u. III, 297 S.) Berlin 902. C. Skopnik. à n. 3.—; in 1 Bd. geb. n. 7. 50

— s.: Jahresberichte f. neuere deutsche Literaturgeschichte.

Die Mentawai-Sprache von **Max Morris**. *Berlin: C. Skopnik 1900.* (VI, 356 S.) 8° [G. 4344

— **Heinrich v. Kleists Reise nach Würzburg.** 8. (V, 45 S.) Ebd. 899. n. 1. —

Morris, T. A., eine Rede über die Verfassung der Bisch. Meth. Kirche. 8. (46 S.) Cincinnati 868. (Philadelphia, Schäfer und Koradi.) *

Morris, Will., rasch Englisch. Zum prakt. Gebrauche f. jedermann auf der Reise wie im Auslande. Unter besond. Berücksicht. englisch-amerikan. Verhältnisse hrsg. 12. (VI, 157 S.) Zittau 893. Pahl. Kart. n. 1. 50

— Gesänge für Sozialisten. Verdeutscht von W. L. Rosenberg, Andreas Scheu und John Henry Mackay. 8°. Milwaukee Wis., Freidenker Publishing Co., 1889.

Morris, William, die Geschichte der glänzenden Ebene, auch das Land der Lebenden od. das Reich der Unsterblichen genannt. (Roman.) Einzig autoris. deutsche Uebersetzg. v. R. Schapire. 8. (172 S.) Leipzig 902. H. Seemann Nachf. n. 3.—

— wahre u. falsche Gesellschaft. (Übers. v. R. Seliger.) gr. 8. (46 S.) Ebd. 902. n. 1.—

— Kunde v. Nirgendwo. Ein utop. Roman. Hrsg. von Wilh. Liebknecht. (Illustr. v. H. G. Jentzsch.) Fol. (IV, 56 S. m. Bildn.) Stuttgart 900. J. H. W. Dietz Nachf. Geb. 4.—

— die Kunst u. die Schönheit der Erde. gr. 8. (31 S.) Leipzig 901. H. Seemann Nachf. n. 2.—

— Kunsthoffnungen u. Kunstsorgen. I—V. gr. 8. Ebd. à n. 2.—
I. Die niederen Künste. (44 S.) 901.
II. Die Kunst des Volkes. (61 S.) 901.
III. Die Schönheit des Lebens. (55 S.) 902.
IV. Wie wir aus dem Bestehenden das Beste machen können. (74 S.) 902.
V. Die Aussichten der Architektur in der Civilisation. (68 S.) 902.

Morris, William, eine königliche Lektion. — Ein Traum v. John Ball. Autor. Uebersetzg. aus dem Engl. (128 S.) kl. 8. Wien (904). Szelinski & Co. n. 1. 50

— Neues aus Nirgendland. Ein Zukunftsroman. Einzig autoris. Ausg., aus dem Engl. übers. v. Paul Seliger. 8. (302 S.) Ebd. (901). n. 6.—; geb. n. 7. 50

Morris, W., a selection from the poems, s. Collection of British Authors.

— kunstgewerbliches Sendschreiben. gr. 8. (25 S.) Ebd. 901. n. 2.—

— ein paar Winke üb. das Musterzeichnen. (50 S.) gr. 8. Leipzig 902. [H. Seemann Nachf.] Klinkhardt & Biermann. n. 2.—
Auch die übrigen Morris'schen Schriften aus dem Verl. v. H. Seemann Nachf. Berlin sind an obige Firma übergegangen.

— Zeichen der Zeit. 7 Vorträge, bei verschiedenen Gelegenheiten geh. Aus dem Engl. von Paul Seliger. 8. (VIII, 200 S.) Ebd. (902). n. 3.—

Morrisania Taghlatt Jan 1871 1900

Tri-weekly 1871 72 weekly, 1873 1900 Democratic Title varies NEW YORKER TAGBLATT Place of publication varies Melrose N Y Dated also at Morrisania. Circulation 1872, 325, 1875, 800 (est.) 1880, 1000 1890, 5210 1900, 5210. Edited & published by Karl Henry Bauer 1871—1900
New York, NY

Morrisania Volksfreund: 1880– 1900

Weekly Dated also at Morrisania, N Y Circulation 1900, 4000. Edited by H. Graebner, & published by A. Heydenaber & H. Graebner, 1880–81, edited & published by Charles R. Langner, 1893?—1900.
New York, NY

Morrison, Arth., a child of the Jago, s.a. Collection of British authors.

A Child of the Jago. By Arthur **Morrison**. Copyright ed. Leipzig: Tauchnitz 1897. 279 S. 8°
(Collection of British authors. Tauchnitz Ed. Vol. 3209.) [11. 8163

Morrison, Arth., der grüne Diamant, s.: Enßlin's interessante Bibliothek.

Morrison, Arth., The green Eye of Goona, s.a. Collection of British authors.

The green Eye of Goona. Stories of a case of Tokay. By Arthur **Morrison**. Copyright ed. Leipzig: Tauchnitz 1905. 287 S. 8°
(Collection of British authors. Tauchnitz Ed. Vol. 3791.) [11. 8391

Morrison, Arth., Geschichten aus den Winkelgassen. Aus dem Engl. v. Edward Falck. Umschlagbild v. Emil Orlik. 8. (V, 206 S.) Wien 900. Wiener Verlag. n. 2. 50

— **Green ginger.** s.a. Collection of British authors.

Green Ginger. By Arthur **Morrison**. Copyright ed. Leipzig: Tauchnitz 1909. 311 S. 8°
(Collection of British authors. Tauchnitz Ed. Vol. 4105.) [11. 8829

— **Detektiv Hewitt,** s.: Aus' Kriminal- u. Detektiv-Romane.

— **the hole in the wall,** s.a. Collection of British authors.

The Hole in the wall. By Arthur **Morrison**. Copyright ed. Leipzig: Tauchnitz 1902. 271 S. 8°
(Collection of British authors. Tauchnitz Ed. Vol. 3605.) [11. 8461

— **ein Kind des Jago.** Einzig autoris. Uebersetzg. aus dem Engl. v. Clara Markus. 8. (271 S.) Wien 902. Wiener Verlag. n. 2. 50; geb. n. 3. 50

— **to London town,** s.a. Collection of British authors.

To London Town. By Arthur **Morrison**. Copyright ed. Leipzig: Tauchnitz 1899. 279 S. 8°
(Collection of British authors. Tauchnitz Ed. Vol. 3390.) [11. 8296

— **Cunning Murrell,** s.a. Collection of British authors.

Cunning Murrell. By Arthur **Morrison**. Copyright ed. Leipzig: 1900. 288 S. 8°
(Collection of British authors. Tauchnitz Ed. Vol. 3466.) [11. 8336

— **tales of mean streets,** s.a. Collection of British authors.

Tales of mean streets. By Arthur **Morrison**. Copyright ed. Leipzig: Tauchnitz 1895. 279 S. 8°
(Collection of British authors. Tauchnitz Ed. Vol. 3059.) [11. 8086

— **Der rote Triangel,** s.a. Hillger's, Herm., Sammlung illustr. Kriminalromane. Bd. 2. 3.

Der rote Triangel [The red triangle]. Kriminalroman von Arthur Morrisson (vielm. **Morrison**). Autor. Übers. u. Bearb. von Siegfr V Lutz. Mit Ill. von H. Binde. Berlin, Leipzig: H Hillger [1907]. (221 S.) 8° [F.]
= **Sammlung**, Hillgers, illustrierter Kriminalromane. Bd 2/3. 107. 15630

— **dasselbe,** s.a. Kürschner's Bücherschatz.

Der rote Triangel [The red Triangle]. Kriminalroman von Arthur Morrisson (vielm. **Morrison**). Autor. Übers. u. Bearb. von Siegfr. V. Lutz. Mit Ill. von H. Binde. Berlin, Leipzig: Hillger [1909]. 204 S. 8°
(Kürschners Bücherschatz. Nr 701/2.) [10. 7402

— **Divers vanities,** s.a. Collection of British authors.

Divers Vanities. By Arthur **Morrison**. Copyright ed. Leipzig: Tauchnitz 1905. 295 S. 8°
(Collection of British authors. Tauchnitz Ed. Vol. 3844.) [11. 8631

Morrison, Geo. H., wie mach' ich glücklich? Mit Erlaubnis des Verf. ins Deutsche übertr. v. G. Holtey-Weber. (55 S.) 8. Barmen (906). E. Müller. n. — 75

Wie mach' ich glücklich? [Gentle art of making happy.] Von Georg H. **Morrison**, Pastor in Glasgow. Mit Erlaubnis d. Verf. ins Deutsche übertr. von Pastor G[ustav] Holtey-Weber. 2 Aufl. Barmen: E. Müller [um 1907]. (54 S.) 8° [F.] [08. 4609

Morrison, William Douglas, jugendliche Übelthäter. (Mit besond. Berücksicht. Englands.) Autoris. deutsche Ausg., frei bearb. v. Leop. Katscher. gr. 8. (X, 146 S.) Leipzig 899. Freund & Wittig. n. 3. 30

Morre, *Ernst Hermann* Willy [aus Storkow]: Die Indicationen der ventralen Methode der Totalexstirpation des Uterus. . . . Halle a. S., Hofbuchdr. v. C. A. Kaemmerer & Co., 1891; 27 S., 1 Bl. 8°
Halle, Med. Fak., Inaug.-Diss. v. 11. Aug. 1891

Mors D. Ignatii de Loyola . . . Tyrnaviae 1728. V: *Kazy, Joh. Bapt.* (Jes)

Mors, J. B., alphabet. Real-Repertorium üb. sämmtl. Großherzogl. Badische Gesetze u. Verordnn. von 1710—1810. 2 Bde. gr. 8. Heidelb., Oswald. 1 ℳ 18 ℊ

Mors, Rud., die alte Linde, s. Volks-Bibliothek, christliche.

— Unterhaltungen auf einem landwirthschaftlichen Verein über die Frage: Was wollen und was können die Socialdemokraten. 1.—7. Aufl. gr. 8. (16 S.) Rathenow 874,75. (Haase.) *

Mors, Rud., Unterhaltungen auf einem landwirthschaftlichen Verein über die Frage: Was wollen u. was können die Socialdemokraten? 8. Aufl. gr. 8. (16 S.) Rathenow 877. Haase. n. — 15

Mors, Rud., Was Graf Eulenburg und Fürst Bismarck dem Lande über die Socialdemokratie gesagt haben. gr. 8. (16 S.) Rathenow 876, Haase. *

Mörs [Sachliches OW]

Mörs, Walram Graf von, Bischof, und Johann, Graf von Hoja, Protektor zu Münster . . . Münster 1798. V: *Driver, Friedrich Matthias.* (MGT)

Moers [Schlagwort]

Moers. Anschütz, E., Uebersichts-Karte des Kreises Moers. 1 : 125,000. 38,5×26 cm. Farbdr. Moers (904). J. W. Spaarmann. n. — 40

Mörs [Verfasser]

Mörs, die Brunnen der Stadt Mülheim am Rhein vom bakteriologischen Standpunkte aus betrachtet, s. Centralblatt für allgemeine Gesundheitspflege.

Moers, Avgvstvs (geb. am 3 Dez. 1840 in Arsbeck bei Erkelenz): De lentis inflammatione pvrvlenta . . . Bonnae, typ. C. Georgi (1864). 30 S., 1 Bl. 8.
Bonn, Med. Fak., Diss. v. 8 Aug. 1864

Moers, Iosephvs (geb. am 16 Juli 1842 in Emmerich): De fontibvs Paradisi amissi Miltoniani . . . Bonnae, form. C. Georgi (1865). 2 Bl., 30 S., 1 Bl. 8.
Bonn, Phil. Fak., Diss. v. 23 März 1865

Moers, Jos. Die Form- und Begriffsveränderungen der französischen Fremdwörter im Deutschen. 35 S. *Progr.* HB. *Bonn* 1884.

Moers, Kurt, a. Berlin: Zur Kenntnis des Glycerinaldehyds. (Berlin 1907: G. Schade.) (29 S.) 8°
Berlin, Phil. Fak., Ref. Gabriel, Diss. v. 10. Aug. 1907
[Geb. 31. Aug. 77 Berlin; Wohnort: Wiesbaden; Staatsangeh.: Preußen; Vorbildung: Gymn. Plön Reife O. 98; Studium: Bonn 2, Berlin 9 S.; Rig. 18. Juli 07.]

Moers, Th. E., resp. J. M. **Faber**, De idea organi gustus ejusque usu physiologico. 34 pp. Heid. 4°. 1750

Moers, Wilhelm, Referendar: Die Rechtsverhältnisse des Erbbauhauses. Borna-Leipzig 1910: Noske. IX, 86 S. 8°
Münster, Rechts- u. staatsw. Diss. v. 23. März 1910, Ref. Erman, His
[Geb. 25. Nov. 81 Heinsberg Rhl.; Wohnort: M.-Gladbach; Staatsangeh.: Preußen; Vorbildung: Gymn. M.-Gladbach Reife M. 02; Studium: Münster 2, Berlin 2, Bonn 2 S.; Rig. 14. Jan. 10.] [U 10. 3750

Moers, v., Verlöbnis u. Ehe. Anfechtung, Nichtigkeit u. Scheidg. der Ehe nach dem bürgerl. Gesetzbuch m. gemeinverständl. Erläutergn. u. Sachregister. (96 S.) kl. 8. Berlin 909 [G. Beck]. Patria-Verlag. 1.50; ern. Pr. 1.—

Verlöbnis und Ehe. Anfechtung, Nichtigkeit u. Scheidung der Ehe nach d. BGB. mit gemeinverst. Erl. u. Sachreg. von Dr. [Willy] v. **Moers**, Rechtsanw. Berlin: Skubig 1909. 96 S. 8° [10. 3048

Morsak, Carl [Arzt aus München]: Zur Histologie der Herzsarkome ... München, kgl. Hof- u. Univ.-Buchdr. Dr. C. Wolf & Sohn, 1895; 20 S. 8.
Würzburg, Med. Fak., Inaug.-Diss. v. 1895

Morsbach, Antonius, im Massai-Lande. Eine Erzählg. 12. (64 S.) Reutlingen (900). R. Bardtenschlager. — 25

— Matukis Verrat. Eine Erzählung. 12. (64 S.) Ebd. (900). — 25

Morsbach, B. Geschichte des 4. Westfäl. Inf.-Reg. Nr. 17 vom Jahre 1853—1870. Mit besond. Berücksichtigung des Feldzuges von 1866. Mit Anl. u. 1 Pl. Berlin 1870. 206 S.

Morsbach, Engelbert Das papillaere Kystom in seiner klinischen Bedeutung Dortmund 1881 Wörle. 60 S. 8°
Halle-Wittenberg, Med. Diss. v 11 März 1881
Geb. Dortmund 23. 5. 1855. V

Morsbach. [illegible]

Morsbach, Lavrentivs ⟨geb. am 6 Jan. 1850 in Bonn⟩ De dialecto Theocritea Pars I (§ 1–17) . Bonnae, form. C. Georgi (1874). 2 Bl., 91 S. 8. ¶ [Pars II (§ 18–28)] in d. Studien zur gr. u. lat. Gramm. hrsg. v. Curtius u. Brugmann X 1878 S. 1 ff. *u. d. T.* Über d. Dialekt Theokrits.
Bonn, Phil. Fak., Diss. v. 11 Febr. 1874

Morsbach, Lor., de dialecto Theocritea pars 1. gr. 8. (87 S.) Bonnae 874. (Tübingen, Heckenhauer.) n. 1. 20

Morsbach, Lor., mittelenglische Grammatik, s. a. Sammlung kurzer Grammatiken german. Dialekte.

Mittelenglische Grammatik v. Lorenz **Morsbach**. (Hälfte 1.) *Halle: M. Niemeyer 1896.* 8.
= Sammlung kurzer Grammatiken german. Dialekte. [No] VII.

Grundzüge einer Bibliographie zum Studium der englischen Philologie. ⟨Als Ms. f. Vorlesungen gedruckt.⟩ [Verf.: Lorenz **Morsbach** u. Levin Ludwig Schücking.] Göttingen [1900]: W. F. Kaestner. (10 S.) 8° [Kopft.] [06. 4400 7

Morsbach, Lorenz, die Lyrik Robert Burns'. (Erläuterung zu e. Vortrage Burns'scher Lieder in den Orig.-Melodien am 14. II. 1910.) (7 S.) gr. 8. Göttingen 910. Akadem. Buchh. v. G. Calvör. — 25

Morsbach, Lorenz, die angebliche Originalität des frühmittelenglischen „King Horn“, nebst e. Anh. über anglofranzösische Konsonantendehnung. gr. 8. (34 S.) Halle 902. M. Niemeyer. n. 1. 20

— s. a. Studien zur englischen Philologie.

Studien zur englischen Philologie, hrsg. v. Lorenz **Morsbach**, o. ö. Prof. an d. Univ. Göttingen. H. 1. *Halle a. S.: M. Niemeyer 1897.* 8. [97. 6758

— s.: Texte, alt- u. mittelenglische.

— s.: Texts, old and middle English.

Morsbach, L., über den Ursprung der neuenglischen Schriftsprache. gr. 8. (X, 188 S.) Heilbronn 888. [Gebr. Henninger.] Leipzig, Reisland. n. 4. —

Morsbach, Marie, s. Morsbach - Hartstein

MORSBACH, Paul (Dortmund): Über maligne Lymphome. (Titel nach der Urkunde) 7.7.1892 – Urk; Chr 1892/93,14
Diss. Ingolst.-Landsh.-Mchn.

Morsbach, Th., die Pariser Gewerbesyndikate, s. a. Jahrbücher für Nationalökonomie und Statistik.

Morsbach, Dr. Thdr., Die Pariser Gewerbesyndikate. (Chambres syndicales de patrons et ouvrières.) (Suppl.-Heft 2 der Jahrb. f. Nat.-Oekon. u. Stat.) gr. 8°. Jena, Fischer, 1878.

Morsbach-Hartstein, Marie, Ebbe u. Flut. Zwei Novellen. Mit e. Titelzeichng. v. E. Krupa-Krupinski. (VII, 135 S.) kl. 8. Düsseldorf (904). A. Schneider. n. 1. 80; geb. n. 2. 50

Morsbach-Hartstein, M., die Geschichte der Insel Juist. (42 S.) 12,5×16 cm. Norden 906. Norderney, H. Hofmann. — 50

Meer, Heide und Heim. Gedichte von Marie **Morsbach**. (Vorr.: Dr. J[ul.] Asbach.) *Düsseldorf: A. Schneider [1903]* 163 S.) 8° [03. 7600 5

Moersberger, Frau Rose, s. a. Rose, Felicitas.

Allerhand Frohes! Neue Ausg. von Kerlchen, Lustige Geschichten. Von Felicitas **Rose** [d. i. Felicitas Rose **Moersberger**]. Cassel: G. Dufayel 1907 (180 S.) 8° [J.] [07. 14450 4

Morsch, Anna, der italienische Kirchengesang bis Palestrina. Zehn Vorträge, gehalten im Victoria-Lyceum zu Berlin 1885. 8. (VI, 267 S.) Berlin 887, Oppenheim. * geb. *

— der italienische Kirchengesang bis Palestrina. 10 Vorträge. Geh. im Viktoria-Lyceum zu Berlin 1885. 2. (Titel-)Aufl. 8. (VI, 267 S.) Ebd. 894. n. 4. —

Morsch, Anna, Deutschlands Tonkünstlerinnen. Biographische Skizzen aus der Gegenwart. 2. (Titel-)Aufl. gr. 8. (239 S.) Berlin 894. H. Steinitz' Verl. n. 3. —

Morsch, Hans: De Graecis auctoribus in Georgicis a Vergilio expressis. Halis Saxonum 1878: Karras. 91 S. 8°
Halle-Wittenberg, Phil. Diss. v. 20. Apr. 1878
Geb. Frankfurt a. d. O. 25. 5. 1855. V.

Morsch, Friedrich Otto (Potsdam), De signis vitiorum cordis organicorum generalibus, adiecta morbi historia. Diss. med. Berlin (Friedlaender) 23. III. 1837. 32 S. mit Biogr. (M.: van der Bosch.) (3.—) 23692
Oppon.: A. Meinhard, G. Plass, G. Kuhn. — Gew.: Carl von Gräfe, P. Lenné.

Morsch, Hans Goethe und die griechischen Bühnendichter. 4 (S. 3—55). Progr. Kön. Rsch. (Rg.) Berlin 1888 (90).

Morsch, H., Goethe u. die griechischen Bühnendichter. gr. 4. (55 S.) Leipzig 890. Fock, Verlag. n. 2. 50

Morsch, Hans, das höhere Lehramt in Deutschland u. Oesterreich. Ein Beitrag zur vergleich. Schulgeschichte u. zur Schulreform. (IV, 332 S.) Lex.-8. Leipzig 905. B. G. Teubner. n. 8. —; geb. in Leinw. n. 9. —

Morsch, Hans, das höhere Lehramt in Deutschland u. Österreich. Ein Beitrag zur vergleich. Schulgeschichte u. zur Schulreform. Ergänzungsbd. (IV, 136 S.) Lex. 8. Leipzig 907. B. G. Teubner. 5.—; geb. in Leinw. 6.— Hauptwerk. Ebd. 905. 8.—; geb. 9.—.

— dasselbe. 2. verb. u. verm. Aufl. m. e. alphabet. Sach- u. Namensregister. (VIII, 486 S.) Lex. 8. Ebd. 910. 12.—; geb. in Leinw. 13. —

Morsch, Hans, Prof. Dr.: Schiller als Vorbild für die deutsche Jugend. Gedächtnisrede zu Schillers hundertj. Todestage. Berlin 1906: A. W. Hayn's Erben. (S. 3—15.) 4°
Berlin, k. Kaiser-Wilhelms-RG OP 1906 (107)

Morsch, Hans: De Varrone Reatino auctore in Georgicis a Vergilio expresso. 4 (S. 65—78).
Festschrift z. 150jähr. Bestehen des Kgl. Rg. Berlin 1897
Nicht im Tauschverkehr
Progr.

Morsch, Helene, s.: Staub, J. B., ein Edelmensch im schlichtesten Gewande.

Morsch, Hugo, a. Ratingen: Das Bogenspektrum von Tantal. Bonn 1905: P. Hauptmann. (22 S.) 8°
Bonn, Phil. Fak., Ref. Kayser, Diss. v. 16. Mai 1905
[Geb. 2. Dez. 80 Ratingen; Heimatsort: Ratingen; Staatsangeh.: Preußen; Vorbildung: Kgl. Gymn. Düsseldorf Reife O. 01; Studium: Bonn 2, Tübingen 1, Marburg 1, Bonn 3 S.; Rig. 22. Febr. 05.]

Morsch, J., s. Morsch, Hans

Morsch, J. B., ins Algäu! Reiseerinnerungen aus dem bayer. Hochgebirge. 8. (152 S.) Straßburg 884. Schultz & Co. Verl. n. 2. —

Mörsch, Emil

Mörsch, E., Berechnung v. eingespannten Gewölben. (6 S. m. Fig.) 4. Zürich 906. Rascher & Co. n. — 60
Sonderabdruck aus: „Schweiz. Bauztg."

Mörsch, E., der Betoneisenbau, s. a. Wyss & Freytag.

Wayss & Freytag A. G. Neustadt a. d. Haardt, Berlin ... Der Betoneisenbau, seine Anwendung und Theorie. Theoret. Teil bearb. von Reg.-Baumeister E. Mörsch. *Neustadt a. d. H., Berlin, München: Selbstverl. d. Firma 1902.* (118 S.) 4°(8°)

— der Eisenbetonbau, seine Theorie u. Anwendung. Hrsg. v. Wayss & Freytag A.-G. 2., verm. u. verb. Aufl. Mit 227 Textabbildgn. u. e. Anh. (VIII, 252 S.) Lex.-8. Stuttgart 906. K. Wittwer. Geb. in Leinw. n. 6.50
1. Aufl. s.: Wayss & Freytag. Ebd. 902.

Mörsch, E., der Eisenbetonbau, seine Theorie u. Anwendung. 3., vollständig neu bearb. u. verm. Aufl. Mit 347 Textabbildgn., 2 Anhängen u. 4 Tab. Mit Versuchen u. Bauausführgn. der Firma Wayss & Freytag A.-G., Neustadt a. H. etc., Hrsg. der 1. u. 2. Aufl. (VIII, 376 S.) Lex. 8. Stuttgart 908. K. Wittwer. Geb. in Leinw. 8. 80

— Die Gmündertobel-Brücke bei Teufen im Kanton Appenzell. (18 S. m. Abbildgn.) 32×24 cm. Zürich 909. Rascher & Co. nn 1. 30

— die Isarbrücke bei Grünwald. (8 S. m. Abbildgn.) 4. Zürich 905. Rascher & Co. n. — 50

— Die Isarbrücke bei Grünwald. 2. Aufl. (8 S. m. 17 Abbildgn.) 32,5×23,5 cm. Ebd. 910. — 80
2 Sonderabdrucke aus: „Schweiz. Bauztg."

Mörsch, [Emil]. Schub- und Scherfestigkeit des Betons. [Mit Figuren.] Sonderabdruck aus der Schweizerischen Bauzeitung, Bd. 44, No. 26 und 27. II+6 S. 4. Zürich, Ed. Raschers Erben, 1904. (fr. —.50.)

Morschach am Vierwaldstättersee. ([Illustrierter Prospekt, hrg. durch] Ambros Eberle, Besitzer [von] Hotel & Pension Frohnalp und Kurhaus M'.) 16 S. quer-8. Luzern, C. J. Bucher, [1907].

Morschansk [Schlagwort]

Morschansk, s.: Geologische Karten. Karte (Russland).

Morschbach, August, aus Hochheim a. M.: Beiträge zur Statistik der Diphtherie. *Göttingen 1900: Dieterich.* (70 S.) 8°
Göttingen, Med. Diss. v. [12. Juli] 1900

Morschbach, Aug., Beiträge zur Statistik der Diphtherie. Diss. gr. 8. (70 S.) Göttingen 900. (Vandenhoeck & Ruprecht.) n. 1. 70

Mörschbacher, Jakob, Die Aufnahme griechischer Gottheiten in den römischen Kultus. Jülich. 1882. 4°. 10 S., Progr. des Progymn.

Moerschbacher, Jac., quibus fontibus Plutarchus in vita Demetrii describenda usus sit. (Inaugural-Dissertation.) gr. 8. (44 S.) Strassburg 876, Trübner. *

Morscheid [Schlagwort]

Morscheid, s.: Geologische Karten (Preussen).

Morscheid, s.: Preussen. Messtischblätter.

Mörschel, Daniel Ernst

Mörschel, Dan. E., d. Bibel im Ausz. m. Erläut. und Anmerk. 8. Berlin, Realsch. 784.

Mörschel, Dan. Er., († 1798.) d. Bibel in Luthers Uebersetz. f. Kinder, ein Ausz. mit Erläutt. u. Anmerkk. 8. Berl. 784. Reimer. 12 gl.

— s. Forschen nach Recht.

Mörschel, Gedächtnisspredigt auf des Königs von Preussen Friedrichs des Zweiten, Majestät. Von dem Verf. der neuen Morgen- und Abendandachten. Berlin 1786. 8.

[Gedicht.] Dem [Br.] J. C. A. Theden bei seiner funfzigjährigen Amtsfeier ehrerbietigst überreicht von D[aniel] E[rnst] Mörschel. Berlin, den 29. Julius 1787. [Berlin 1787]: Decker. 2 Bl. 8°
[Umschlagtit.]
Xl. 1764 b. „Durchdrungen vom erhabnen Reiz ..."

– über d. Geist e. Preuß. Militärschule. gr. 8. Berl. 786.

— Gesch. der Mark Brandenburg, seit d. Stiftung ders. od. seit Albrecht d. Bären. 1r Bd. 1r u. 2r Thl. 8. Berl. 783—86. Unger. 1 ℛ 12 ℊ

— Kanzelreden. 8. Berl. 780. Reimer. 4 ℊ

— Leseb. z. Gebr. in nied. Stadt- und Garnisonschulen. 8. Berlin, Decker. (Rottmann.) 779.

— Lesebuch z. Gebrauch in nied. Stadt- u. Garnisonschulen. 8. Berl. 780. Decker. (Rottmann). 3 ℊ

— Lesebuch f. Kinder a. d. Bürgerst. rc. 1s Bdch. 8. Berl. Realsch. 784.

— Lesebuch f. Kinder aus d. Bürgerstande. 1s Bdchn. 8. Berl. 784. Reimer. 6 ℊ

— s. Samml. v. Reden, Predd. auf d. Tod Friedrich d. Gr.

— s. Tyrtäus Lieder.

Mörschel, Friedrichs Volk an Friedrichs Geist. (Berlin 1786.) 8.

Moerschell, Karl Josef

Moerschell, Carl Jos., an der Grenze der Zivilisation. Südafrikanische Skizzen. (VII, 155 S. m. 28 Abbildgn., 10 Taf. u. 1 eingedr. Kartenskizze.) gr. 8. Würzburg 910. H. Stürtz. Geb. in Leinw. 3. —

MOERSCHELL, Martin Josef (Miltenberg): De apoplexia.- Amorbachii: Volkhardt 1856. 16 S.
23.7.1856 - Urk; P 63
Diss. Ingolst.-Landsn.-Mchn.

Morschöck, Fritz, Chemiker d. landw. Inst. d. Univ. zu Königsberg. Ueber Brommethacryl- und Isobrommethacrylsäure. *Königsberg i. Pr. 1902: H. Jaeger.* (55 S.) 8°
Königsberg, Phil. Diss. v. 8. Aug. 1902

Morscov, Pet., politica ecclesiastica, q. vulgo agendam voc. etc. 4. Nrnb. Felsecker. 745.

Morse, Edward S., Anfangsgründe der allgemeinen Zoologie für Schulen und zur Selbstbelehrung. Autoris. deutsche Ausg. 8. (XVI, 196 S. mit 166 eingedr. Holzschn. und 1 Taf.) [Stuttgart 877, Auerbach.] Berlin, Stubenrauch. *
cart. *

Morse, Edward S., Anfangsgründe der allgemeinen Zoologie für Schulen und zur Selbstbelehrung. Autoris. deutsche Ausg. 2. verb. und veränd. Aufl. 8. (XII, 152 S. mit 166 eingedr. Holzschn.) Berlin 881, Stubenrauch'sche Buchh. *

Morse, Harmon, über einige Derivate des Ortho- und Paraamidophenols. Inaugural-Dissertation. gr. 8. (31 S.) Göttingen 875, (Vandenhoeck und Ruprecht's Verlag.) *

Morse, Harry: Über die Dissociation der Merkurihaloide. Mit 3 Fig. im Text. *Leipzig: W. Engelmann 1902.* (30 S.) 8° ¶(Aus: Zeitschr. f. physikal. Chemie, Bd 41, H. 6.)
Leipzig, Phil. Diss. v. [6. Nov.] 1902

MORSE, Jedidiah 1761 - 1826
Ueber die verschiedenen vornehmsten Religionspartheyen in den nordamerikanischen Freystaaten
s. Matthias Christian SPRENGEL, Auswahl der besten ausländischen geographischen und statistischen Nachrichten zur Aufklärung der Völker und Länderkunde, Bd. 5 [1796], S. 243-288, Nr. 674.

Morse, John Frederick (geb. Sacramento, Cal. 12. 9. 1856). Eingangspforten der Infectionsorganismen. Berlin (1881). (31 S.) 8°
Berlin, Med. Diss. v. 30. Apr. 1881

Morse, M. Rowena, a. New-York: Über den Widerspruch im Wahrheitsbegriff in Lockes Erkenntnislehre. Jena 1904: A. Kämpfe. (50 S.) 8°
Jena, Phil. Fak., Ref. Eucken, Diss. v. 30. Juli 1904
[Geb. 16. Juli 71 Ithaca, N. Y.; Wohnort: New York, Staatsangeh.: Verein. Staaten; Vorbildung: University of Jowa Reife Juni 91; Studium: Chicago 5, Berlin 1, Jena 1 S.; Rig. 30. Juli 04.]

Morse, William H., approb. Arzt aus Trenton N. J. (Nordamer.): Ein Fall von Hydronephrose durch secundäre Nephrektomie geheilt. *Leipzig 1900: B. Georgi.* (30 S.) 8°
Leipzig, Med. Diss. v. (31. Dez.) 1900

Morselli, H., der Selbstmord, s. a. Bibliothek, internationale wissenschaftliche.

Morselli H, der Selbstmord. (Bibliothek, Internat. wissenschaftl. 50) Leipzig 1881

Morsen. Eine königlich dänische Hofgeschichte ... Leipzig 1848. V: *Hesekiel, George.* (Ky)

Morsen. Eine königl. dänische Hofgeschichte. Nach den Papieren einer kürzlich zu Rom verstorbenen deutschen Fürstentochter. (Von G. Hesekiel.) 8. (226 S.) Leipzig 848, Kollmann.

Morsesignal-Taschenbuch. Hrsg. vom deutschen Seefischerei-Verein. (15 S. m. farb. Abbildgn.) kl. 8. Berlin 910. (Hannover, Hahn.) Geb. in Leinw. — 50

Morsey, Fr. v

Morsey, Baron, die Klosterhetze in Oesterreich, s.: Sammlung zeitgemäßer Broschüren.

— Rede über die Orden, s. a. Volksbroschüre, kathol.

(F) **Morsey**, Fr. v., Rede über die Orden, gehalten bei der Congregations-Debatte im österr. Abgeordnetenhause. 8°. (46 S.) Linz-Urfahr: Verlag des Kath. Pressevereins 1902.

Morsezeichen-Tabelle nach Hauptmann Keil vom Inf.-Regt. Graf Kirchbach (1. Niederschles.) Nr. 46. Ein Hilfsmittel zur Einübg. der Vorschrift f. den Gebrauch der Signalflaggen. Erweiterter Sonderabdruck aus dem deutschen Offizierblatt. (4 S.) kl. 8. Oldenburg (906). G. Stalling's Verl. n.n. — 25

Morsheim, J. v., s. Morssheim, Johann von

Morsier, Auguste de, Frauenrecht u. Geschlechtsmoral, s. a. Frau u. Sittlichkeit. 2. Hft.

Morsier, Auguste de: Frauenrecht und Geschlechtsmoral. [Le droit des femmes et la morale intersexuelle; 1903.] Eine soziale Erziehungsfrage. Autor. Übertragung aus d. Franz. v. Melanie Blaustein. — Zürich: Albert Müller 1904. 73 S. 8° (Frau u. Sittlichkeit. 2.)

Morsier, Emilie de: Reden und Fragmente nebst einem kurzen Lebensabriss. Nach „La Mission de la femme“ m. Einl. v. Eduard Schuré bearb. v. Lotte Kühne-Brenner. M. Portr. — Frauenfeld: Huber 1900. VI, 112 S. 8°

Morskóy, Makár, Weltunterg. — Pygmalion. 8. (V, 154 S.) München 902. (A. Ackermann's Nachf.) Kart. n. 2. 50

Mörss, Eugen von, Ref. in Elberfeld: Der Erwerb eigener Aktien durch die Aktiengesellschaft. Borna-Leipzig 1906: R. Noske. (VIII, 31 S.) 8° [J.]
Leipzig, Jur. Fak., Diss. v. 30. Juli 1906
[Geb. 20. März 83 Elberfeld; Wohnort: Elberfeld; Staatsangeh.: Preußen; Vorbildung: Oberrealsch. Elberfeld Reife O. 02; Studium: Berlin 3, Bonn 1, Berlin 2, Bonn 3 S.; Rig. 11. Jan. 06.]

Morssheim, Johann von

Morszheim, Johann v., Spiegel des Regiments. Hrsg. von Karl Goedeke, s. Bibliothek des litterarischen Vereins in Stuttgart, Bd. 37.

Spiegel des Regiments, | in der Fürstenhöfe, da Fraw | Untrewe gewaltig ist.
Kumt her lesent diß newgedicht,
Was fraw Untrew hat zugericht, ...
4°. 15 S.
Verf. Joh. von Morszheim (1497). Die 1. Ausg. Oppenheim 1515. Der vorsteh. Abdruck erschien um 1830. G. G. E. 444 Nr. 4

(MORSHEIM, J. v.) Spiegel des Regiments, in der Fürstenhöfe, da Fraw Vntrewe gewaltig ist. O. O. u. J. (Berlin ca. 1830). Kl. 4°.
Goed. I, 399, 9. Lehrgedichte eines pfälzischen Verfassers; Neudruck nach dem ersten Druck von 1515.

Bibliothek des litterarischen Vereins in Stuttgart. XXXVII. Stuttgart, 1856. (2. Titel:) Spiegel des Regiments von Johann von Morszheim. Herausgegeben von Karl Goedeke. 8°.

Morstaat, R. A., s. Morstadt, Robert Ad.

Morstadt, C. Ed., s. Morstadt, Karl Eduard

Morstadt, Eduard, s. Morstadt, Karl Eduard

Morstadt, H. G., Anleit., d. Zucker aus Runkelrüben zu bereiten, u. die Abfälle auf Branntwein, Rum u. Essig zu benutzen. 8. Stuttgart 815. Steinkopf. 5 ℊ

Morstadt, Karl Eduard

— siehe: Bauer, Ant., Lehrbuch des Strafprocesses.

Morstadt, Denkschrift: statt Manuscriptes (über den Prozess Winter-Gensler gegen Gross-Morstadt wegen der von letzteren ver-veranstalteten Ausgabe des Gensler'schen Commentars). Heidelberg. 1834. 8°.

— s. Jh. Ksp. Gensler, Rechtsfälle.

—— Inquisition auf den Rattenkönig-Spuk in Heidelberg. Seitenstück zu den Aufsätzen von Gibbon und Gentz: „Wer war die Eisenmaske?“ und: „Wer war Junius?“ Vademecum für alle jetzigen und gewesenen Universitätsbürger. gr. 8. (IV und 68 S.) Heidelberg 849, Groos. *

—— ausführlicher kritischer Commentar zu Feuerbach's Lehrbuch des gemeinen in Deutschland gültigen peinlichen Rechts. Nach dem Tode Morstadt's vollendet von Jos. Schauberg. 1. Hälfte, §. 1 bis §. 331. gr. 8. (S. 1—560.) Schaffhausen 851(52,) Hurter'sche Buchh. Thlr. *

Morstadt, Carl Ed., ausführlicher kritischer Commentar zu Feuerbach's Lehrbuch des gemeinen in Deutschland gültigen peinlichen Rechts. Nach dem Tode Morstadt's vollendet von Ed. Osenbrüggen. 2. Hälfte. §. 332 bis §. 494. gr. 8. (XVI und S. 561—816.) Schaffhausen 855, Hurter'sche Buchh. *
1. Hälfte. Ebendas. 1852. * 2 Thlr. 15 Ngr.

Morstadt, Carl Eduard, Commentar über das Handelsrecht Deutschlands und Frankreichs. Kritisch-pragmatisch: auf der Basis des (mitabgedr.) Grundrisses von Martens. 1. Thl.: das Ganze befassend, außer dem Wechselbrief- und dem Seefracht-Wesen. gr. 8. (XII und 164 S.) Heidelberg 849, Groos. *

Morstadt, Karl Ed., kritisch-pragmat. Commentar üb. Mittermaiers Grundsätze des deutschen Privatrechts. 1s (arretirt gewesenes) Heft als Probe. A. u. d. T.: Ueber Mittermaiers Theorie v. Verlagscontract, Schrifteigenthum, Nachdruck u. Collegienheften. gr. 8. Heidelb. 831. (Oswald). 18 ℊ

—— polemisch-humoristische Leuchtkugeln in das deutsche Privatfürstenrecht. 1. Wurf. Bekämpfung von Heffter's Irrlehren über Gewissensehe, heimliche Ehe und Mantelkinds-Erbrecht. gr. 8. (XVIII und 98 S.) Heidelberg 847, Groos. *

MORSTADT, K. Ed.: Materialkritik von *Martin's* Civil-Proc.-Lehrb.; zugl. als e. Mitcommentation v. diesem Gegenst. berechnet. 91 Entwürfe. *Heidelb.*, Groos. 820. gr. 8. (1 Thl. 16 Gr.)

—— Materialkritik v. Martin's Civilproceß-Lehrbuch: zugleich auf e. Mitcommentation von dess. Gegenstand berechnet. Ein Hundert u. ein Entwürfe. 2., verm. Ausg. gr. 8. (26 B.) Heidelberg 828, Groos.

—— der Nationalökonom rc., s. Nationalökonom.

— Diss. jurid. num Germanorum jureconsulti novo legum civilium codici condendo idonei sint censendi? 8maj. Heidelb. 815. Oswald. 5 ℊ

s. Sal, Nationalökonomie.

Morstadt, C. E., Vertheidigung d. Universitäts-Professoren geg. Dr. Diesterweg's Schmähungen u. Recepte. 8. (4 1/4 B.) Mannheim 836, Hoff.

Morstadt, Carl Ed., († d. 10. Jan. 1850), gemein-deutscher Civilproceß-Schlüssel. Pragmatisch-kritischer Commentar üb. Linde's Civilproceß-Lehrbuch. Publicirtes Collegienheft. gr. 8. (VI u. 280, 28 u. XI S.) Heidelberg 847, Groos. n. 2 ℛ

Morstadt, Raf., über die directe Bestimmung der Achsen von Kreisbildern. [Aus den Sitzungsber. der k. Akad. der Wiss.] Wien 867. (Gerold's Sohn.) Lex.-8. (5 S. mit 1 Steintaf. in 4.) n. 5 ngr.

Morstadt, Rob. Ad., Beiträge zur Exegese und Kritik des Sophokleischen Ajas. 4. (IV und 82 S.) Schaffhausen 863, Hurter'sche Buchh. *

—— Beiträge zur Exegese und Kritik der Sophokleischen Tragödien Elektra, Aias und Antigone. gr. 4. (IV und 54 S.) Schaffhausen 864, Hurter'sche Buchh. *

— s. Beitrr. z. Kritik rc.

Morstadt, Rob. Ad., Chrestomathia ex poetis latinis, in us. scholar. congesta. 8. (10 B.) Francofurti ad M. 836. [Lipsiae, Kersten.]

Morstadt, Rob. Ad., Chrestomathie aus Latein. Dichtern, zum Schulgebr. zusammengest. Breit 8. (10 B.) Frankfurt a. M. 853, Schmerber.

Morstadt, Rob. Ad., Chrestomathia ex poetis latinis, in us. schol. congesta. 8 Francofurti 836. Schmerber. 1/3 ℛ

Morstaat, R. A., Emendationen zu Platos Gorgias. Pr. 1866. 18 S. 4°.

(——) über Euripides Rhesos, s. Beitrag zur Kritik ꝛc.

– s. **Thucydides de bello Peloponnes.**

Morstadt, W., Ansichten von Prag, s. Prag im 19n Jahrh.

MORSTADT, Wilhelm (Karlsruhe): Ueber die Lähmung des Musc. serratus anticus major nebst vier Beobachtungen dieser Lähmungsform.- München: Ernst 1884. 30 S.,1 Bl.
19.5.1884 - Urk (Titel: De paralysi musculi serrati antici maioris.); Chr 1883/84,14
Diss. Ingolst.-Landsh.-Mchn.

Morstatt, Hermann, aus Cannstatt Beiträge zur Kenntnis der Resedaceen. *Stuttgart 1903: A. Bonz' Erben.* (65 S.) 8°
Heidelberg, Naturw.-math. Diss. v. 1903

Morstatt, Paul, appr. Arzt: Experimentelle Untersuchungen über Auffassung und Merkfähigkeit bei Kranken mit Korsakoffschem Symptomenkomplex. Stuttgart 1909: Steinkopf. 46 S. 8°
Tübingen, Med. Diss. v. 26. Mai 1909, Ref. Gaupp
(Geb. 7. Dez. 82 Cannstatt; Wohnort: Cannstatt; Staatsangeh.: Württemberg; Vorbildung: Gymn. Cannstatt Reife M. 01; Studium: Tübingen 6, Berlin 2, Tübingen 1, Straßburg 1, Tübingen 1 S.; Coll. 8. März 09; Approb. 4. Nov. 08.)
[U 09. 3938

Morstedt, ..., s. Ansichten v. Prag.

Morstein, Aug. v Die ultraelliptische Integrale erster Gattung von der zweiten Ordnung und ihre Umkehrung. 20 S. Wi. G *Königsberg* 1880 Progr.

Morstein, v.: Ueber die kürzesten Linien auf dem dreiaxigen Ellipsoid. 24 S. 4° – Posen, Fr W., Progr 1871.

Morstein, H. v., neueste Getreide-Reductions-Tabelle nach Markwährung. schmal 16. (8 S.) Danzig 894. (Th. Bertling.) n. — 25

Liebknecht, Johann Georg [Präs.] u. Ernst Ludw. Moerster de Moerschid [Resp.]
Desideria mathematica nov- antiqua ex architectura militari, generatim collecta.
Giessae 8. 11. 1721: vidua J. R. Vulpii Sign. $A^4 - D^4$ 4°

Morstin, Alfred Graf, a. Plawowice (Russisch-Polen): Über die Höhe der Trockensubstanzmenge bei der Zusammensetzung der Futterrationen. Halle 1905: (Roßberg, Leipzig). (56 S.) 4° [F.] ¶[Aus: Berichte aus d. physiol. Laborat. u. d. Versuchsanst. d. landw. Inst. d. Univ. Halle, H. 18.]
Halle, Phil. Fak., Ref. Kühn, Diss. v. 25. Jan. 1900
(Geb. 25. Nov 83 Krakau; Wohnort: Plawowice, Russ. Polen, Staatsangeh.: Rußland; Vorbildung: Gymn. Krakau Reife M. 01; Studium. Halle 8 S.; Rig.. 29. Juni 05.)

Morszheim, Johann von, s. Morssheim, Johann von

Mort, la, d'Adam. Tragédie de Klopstock. 8. Berlin, Nicolai. 758.

Mort Artu. An old French prose romance of the XIIIth century being the last division of „Lancelot du lac". Now first ed. from Ms. 342 (fonds français) of the bibliothèque nationale, with collations from some other Mss. by J. Douglas Bruce. (XXXVII, 316 S.) gr. 8. Halle 910. M. Niemeyer. 10. —

La mort d'Atu-Mori. Episode de la bataille d'Iti-No-Tani dans le drame et dans les chroniques. Textes japonais, transcrits et traduits par *Ch. Valenziani.* (Extrait de l'Atsume Gusa.) In-4°. 46 p. Av. 6 pl. Genève et Bâle, Georg & Co. 1893 7 —

Mort, la, de Garin le Loherain. Poëme du XII. siècle, publié pour la première fois d'après douze mscrs. par Édélestand Du Méril. gr. 8. (XCVIII und 260 S.) Leipzig et Paris 862, Franck. *

Mort, la, de Henri IV. Roi de france. Trag. en 5 Actes. par Légouvé. gr. 8. la même. 8. 8.

Mort, La, du maréchal Cte de Saxe; poème. Dresde 17?? V: *Arnaud, Franç. Thom. d'.* (Cat. d. Stadtbibl. Zürich. Zürich 1864—97.)

Mort, Michel, d. Kreuznacher; e. romant. Ausstellung ꝛc. 8. Elberfeld, Büschler. 805.

Mort, Michel, der Kreuzmacher; e. romant. Ausstellung ꝛc. Vom Verf. d. „Henriette v. Detten." 8. Elberf. 805. (Schönian). 16 gr.

Mort, Michel, der Kreuznacher. Eine romantische Ausstellung aus der vaterländischen Geschichte mit historischen Farben gezeichnet. Vom Verfasser der Henriette von Detten. Leipzig u. Elberfeld 1805. V: *Grüner, Christoph Sigmund.* (BGE V[3], 176) (GGr V, 506, 6, 12)

MORT, Esq. (ps.), Geistes-Mukken auf einer Stegreif-Partie von Wandsbeck bis vor —! Nebst einem politisch-diplomatisch-militairisch-humoristisch-gemüthlichen Coup d'œil auf —, und einigen nothwendigen Abstechern nach Teplitz, Prag und Fischbach. Im *Anhange* Geistes-Mukken-Nachkommenschaft(,) die auch noch mitsprechen will.
Wenn Jemand eine Reise thut etc.
Claudius.
Hamburg, 1836. Im Magazin für Buchhandel, Musik und Kunst. 8°. Sehr selten! (In Posen: Kaiser Wilhelms-Bibl.) (25 B.)

Mortag, Beiträge zur juristischen Praxis aus dem Fürstenth. Reuß u. angrenz. thüring. Gerichtsbezirken. 1–8. Hft. gr. 8. (208 S.) Gera 871–73. Griesbach. à n. — 50

— zur Lehre vom Arrest, den Protestationen u. Vormerkgn., m. besond. Berücksicht. der Gesetzgebg. d. Fürstenth. Reuß j. L. [Aus den Beiträgen zur jurist. Praxis a. d. Fürstenthümern Reuß.] gr. 8. (48 S.) Ebend. 872. n. 1. —

Mortagno, Gräfin Dianora, Rinaldo Rinaldinis Geliebte. 2 Thle. 8. Leipz. 801. Joachim. 1 Rthlr 3 gr.

Mortalitätsverhältnisse nach Todesursachen in den schweizerischen Städten, im Durchschnitte der Jahre 1877—1880. V: *Durrer, J.* (BSchwL V, 8, 1, S. 64)

Mortara, Edgard. Den Israeliten des 19. Jahrhunderts, den Vätern und Müttern aller Nationen und aller Religionen gewidmet. Leipzig 860. O. Wigand. gr. 8. (24 S.) n. 4 ngr

— der kleine Neophyt. Aus dem Italien. der Civiltà cattolica. gr. 16. (64 S.) Würzburg 859, Kellner.

Mortara, Pius Maria. Ein Kind der Vorsehung oder e. Veilchen herzinnigster Dankbarkeit auf das Grab meines hochsel. Pflegevaters Papst Pius IX. 8. (40 S.) Brixen 892, (Weger). * — 60

Mortczini, Fr. Josef von

— s. **Abentheurer, d. geistl.**

—vernünft. Gedanken üb. die geoffenbarte Religion. 8. Zerbst 783.

—Leben, von ihm selbst beschrieben. 8. Wittenb. 782. N. Aufl. 8. Helmst. 784.

—zwei Predigten. 8. Königsb. 783.

v. Mortezini, (auch Pallini; Pannich,) Frhr. Fr. Jos., († ...) (Jh. Gli. Hermann, gen. Eichhörnl.) kleine Samml. von vermischten Gedichten f. meine Freunde. 8. Wittenb. 782. Helmst. 784. Fleckeisen. 2 ℳ

—Wir haben recht gelesen u. geschrieben, oder der Werth des neuen Berlin. Gesangbuches. 8. Berl. 782.

Morteani, Luigi, compendio di geografia per la seconda classe ginnasiale. gr. 8. (91 S. m. 2 Fig.) Triest 895. (F. H. Schimpff.) n.n. 1.—

Morteani, Luigi, Compendio di geografia per la terza classe gimnasiale. gr. 8. (69 S.) Triest 896. (F. H. Schimpff.) n.n. 1.—

— Compendio die geografia della monarchia Austro-Ungarica per la quarta classe delle scuole medie. gr. 8. (88 S.) Ebd. 897. n.n. 2.—

— elementi di geografia per la prima classe ginnasiale. gr. 8. (63 S. m. 20 Abb.) Ebd. 894. n.n. 1.—

Mörtelabfälle zusammen gefügt zu einem »cantus« so für die Nachsitzung geeignet. (»Heutzutage feiert man was man nur feiern kann, mit grossem Jubel.«) Von R. B. Leipzig o. J. V: *Bachmann, Reinh.* (wolfstieg I, 585)

Der unberufene **Mörtellieferant** für Freimaurer. Von einem dienenden Bruder. Freiburg i. B. 1862: Poppen & S. 15 S. 8⁰. [Umschlagtit.]
Vgl. W. 23428.

Der unberufene Mörtellieferant für Freimaurer. Eine Abwehr der Alban Stolz'schen Anklagen. Von einem dienenden Bruder. 3. verm. u. umgearb. Aufl. Freiburg i/B.: Poppen & S. Diernfellner in Comm. 1862. VI, 52 S. 8⁰
Recens: FZ. 16 (1862) S. 388—390 (W. Keller). Holländ. Übers. hiervon in: MW. 12 (1863) No 4; Bh. 5 (1862) S. 398—399.
Tt. 1693. Widerlegung von Stolz: Mörtel f. d. Frmr. 1862.

Mörtellieferant, der unberufene, für Freimaurer. Eine Abwehr der Alban Stolz'schen Anklagen. Von einem dienenden Bruder. 3., verm. und umgearb. Aufl. 8. (52 S.) Freiburg im Br. 862, (Trömer.) *

de **Mortemart-Boisse**, Cheval. Bon., Voyage pittoresque dans le Grand-Duché de Bade. Orné de 24 vues, dessinées d'après nature par F. A. Pernot. gr in-4. Paris 836. (Carlsruhe, Creuzbauer.) n. $6^2/_3$ ℳ

Mortensen, H., Nordostsjaelands Flora. Med et Kort. (in gr. Fol.) gr. 8. (169 S.) Kopenhagen 872. Hagerup. 3.—

Mortensen M. L.: Versuche üb. die Giftwirkung v. Kobalt-Salzen auf *Aspergillus niger* bei Kultur auf festen u. flüssigen Medien. Jena 1909. (18) S. Fig. (Særtr.). P.

Mortensen, Th., d. Echinodermenlarven, s. a. Ergebnisse d. Plankton-Expedition d. Humboldt-Stiftg. II.

Die Echinodermenlarven der Plankton-Expedition nebst e. system. Revision d. bisher bekannten Echinodermenlarven v. Th. **Mortensen**, Dr. phil., Kopenhagen. M. 9 Taf., 1 Kt. u. 13 Fig. im Text. *Kiel & Leipzig: Lipsius & Tischer 1898.* (1 Bl., 120 S., 9 Taf., 1 Kt.) 4.
— **Ergebnisse** der ... 1889 ausgef. Plankton-Expedition d. Humboldt-Stiftung. Bd II. J. (98. 1931)

Mortensen, Th., die Echinoiden der deutschen Südpolar-Expedition 1901—03, s.: **Südpolar-Expedition, deutsche.** XI. 1.

Mortesagne, de. Briefe ... über die erloschenen Vulkane von Vivarais und Velay. A. d. Franz. Hamburg 1791. Ü: *Witte, Samuel Simon.* (BrMm)

v. **Mortesagne**, Abbé, Briefe üb. die erloschenen Vulkane v. Vivarais u. Velay; aus d. Französ. von S. S. Witte. 8. Hamb. 791. Campe. 12 ℳ

Mortgens, Abraham, s. Mortier

Morth, J. D., Exemples d'Ecritures franc. 4. Berl. Lagarde. 798.

MOERTH, Franz: Epiktet und das Christentum. — 1907. V, 143 Bl. Diss. Graz, Univ.

Mörth Wilhelm Die Ausrüstung S. M. Schiffes „Pola“ für Tiefsee-Untersuchungen (mit 9 Taf. und 4 Textfiguren). Siehe I. Abt. Berichte der Kommission für Erforschung des östlichen Mittelmeeres. I. Reihe. Separatabdruck

Morthier, Jean-Frédéric s. Ladame, Abram-Henri, et Morthier, Jean-Frédéric.

Morthier, Paul[us] Carol[us] Freder[icus], Neocomensis a Dombresson: De eczemate. Tur. ex offic. Zürch. et Furr. 1846. 17 S. 8⁰.
Zürich, Med. Diss. v. 18. März 1846.

Mortier, Abraham genannt Mortgen (auch Mortgens)

Mortgens, Abr., s. Geheimnisse aller Handelsvortheile rc.

Mortgens, Abr., Geheimnisse f. Pferdehändler, s. Geheimnisse aller Handelsvortheile f. Pferdehändler.

Mortgens, Abraham: Enthüllte Geheimnisse aller Handelsvortheile und Pferde-Verschönerungskünste der Pferdehändler. Nebst e. Anh. über d. neueste, leichteste u. einfachste Art d. Englisirens u. d. für d. Händler daraus erwachsenden Vortheile. Ilmenau 1824. VI, 226 S.

Mortgens, Abrah., enthüllte Geheimnisse aller Handelsvortheile u. Pferdeverschönerungskünste d. Pferdehändler. Nebst e. Anh. üb. d. leichteste u. einfachste Art d. Englisirens, u. die f. den Händler daraus erwachs. Vortheile. 3., v. C. F. Lentin revid. Aufl. gr. 8. (13 B.) Weimar 840, Voigt. Thlr.
Anhang, s. Moses Aron, Redensarten.

(Mortgens.) Enthüllte Geheimnisse aller Handelsvortheile und Pferdeverschönerungskünste der Pferdehändler. Aus den Papieren des verstorbenen israelit. Pferdehändlers Abr. Mortgens in Dessau, zum Nutz' und Frommen aller Derer mitgetheilt, welche bei'm Ein- und Verkauf von Pferden mit Vortheil handeln und Schaden und Betrug vermeiden wollen. Nebst einem Anhange über die leichteste und einfachste Art des Englisirens ꝛc. 4. von C. F. Lentin revid. unveränd. Aufl. Weimar 856. Voigt. gr. 8. (X, 198 S.) 1 ℛ.

Mortier, Abr., gen. Mortzen, u. C. F. Lentin, Geheimnisse d. Pferdehandels. Ein Taschenbuch f. Pferdekenner. Ergebnisse e. mehr als siebzigjähr. Ausübg. d. Pferdehandels, nebst e. Anh., selbsterlebte Anekdoten im Pferdehandel enth. 2. Aufl. 8. (VIII, 238 S.) Oranienburg 884. Freyhoff. n. 3. —; geb. n. 3. 75

Mortier, Abr., gen. Mortgen, und C. F. Lentin, Taschenbuch für Pferdekenner und Pferdeliebhaber. Erlebnisse einer mehr als 70jährigen Ausübung des Pferdehandels. Nebst e. Anhang, selbst erlebte Anekdoten im Pferdehandel enthltd. Dessau 857. Neubürger. 8. (X, 238 S. u. 1 Holzschn.) 1 ℛ.

Mortier, Barth. Car. du, hepaticae Europae. Jungermannideae Europae post semiseculum recensitae adjunctis hepaticis. gr. 8. (203 S. m. 4 lith. u. color. Taf.) Brüssel 875. Muquardt. n. 6. 40

Mortier, Barth. Car. du, Hepaticae Europae. Jungermannideae Europae post semiseculum recensitae adjunctis hepaticis. gr. 8. (203 S. mit 4 lithogr. und color. Taf.) Brüssel 877, Muquardt's Hofbuchh. *

Mortier, Pet., Lobrede a. H. Jac. Matth. Reinhard, Mstr. d. Lobl. Schustergewerks ꝛc. a. d. Frz. 8. Gött. Dieterich. 759.

Mortier, Walter, sie beisst! Burlesker Schwank in 4 Aufzügen. (215 S.) 8. Leipzig-Gohlis 908. B. Volger. 2. 50

v. Mortigny, ... v. d. Krankheit d. Viehes, s. Krankheit.

Mortimer, Eduardus (Hull)
[hat. lt. Dekanatsbuch Thesen aus Therapeutik und Pathologie übersandt.]
Dr. med. Giessen 30.12.1844.

Mortimer, G., Reisen, s. Portlock.

Mortimer Georg: Bemerkungen auf einer Reise in der Brigantine Merkur unter Anführung des Herrn John Henry Cox, nach Teneriffa, Amsterdameiland, den Mariencilanden, O-Taheiti, den Sandwich- und den Fuchsinseln, Tinian, und von da nach Kanton. [Aus dem Englischen übersetzt von Georg Forster.]
in: Forster Geschichte der Reisen an der Nordwest-Küste von Amerika seit Cook. Th. 3. S. 1—77. Berlin 1792. 77 S., 1 Tf., 2 Krt. 8°

Mortimer, Heinr., die Geheimnisse d. Bastille. Deutsch v. Ludw. Dorn. 3 Thle. (in 1 Bde.) 1. u. 2. Aufl. 8. (à 24½ B.) Leipzig 845, 46, Otto Wigand. à

Mortimer, John. Die ganze Wissenschaft des Feld- und Ackerbaues a. d. Engl. Braunschweig 1753. Ü: *Arnold, Theodor.* (ML)

Mortimer, Jh., die ganze Wissensch. d. Feld- u. Ackerbaues. Aus d. Engl. von Th. Arnold. 4. Braunschw. 753. Meyer. 1 ℛ 4 𝒩

Mortimer, Peter

Mortimer, Pt., d. Choralgesang z. Zeit d. Reformation, oder woher kommt es, daß in d. Choralmelodien d. Alten etwas ist, was heutzutage nicht mehr erreicht wird. Mit Luthers Bildn. gr. 4. Berl. 820. Reimer. 3 ℛ 12 𝒩 Nachtrag. gr. 4. Ebd. 823. 12 𝒩

— Geschichte d. neuesten evangel. Anstalten in England. 2 Thle. u. 3r Bd. 1s Heft. 8. Barby 800, 801. (Kummer in Leipz.) 3 ℛ (A. u. d. T.: Predigten, in London gehalten bei Errichtung der Missions-Societät am 22., 23., 24. u. 25. Sept. 1795 ꝛc. Aus d. Engl. übers. 8. Barby u. Leipz. 797. 2e A. 800. u. d. T.: Missions-Societät in England, Gesch. ihres Ursprungs u. ihrer ersten Unternehmungen. 8. Herrnhut 797. 2e Aufl. 800.)

Mortimer, Pt., Lobrede auf H. Jak. Matth. Reinhard, Meister d. löbl. Schustergewerks ꝛc. Aus dem Französ. 8. Götting. 759. Dieterich. 6 𝒩

— s. Jos. Milner, Gesch. d. Kirche Christi.

Mortimer, Thom. Grundsätze der Handlungs-, Staats- und Finanzwissenschaft; aus dem Englischen mit Zusätzen von J. A. Engelbrecht. gr. 8°. Leipzig, Brockhaus, 1781.

Mortimer, Thom., Grunds. d. Handl.-, Staats- u. Finanzw., a. d. Engl. m. Zus. v. Engelbrecht. gr. 8. Leipzig, Gleditsch. 781.

Mörtl, Theod., Alpenblumen. (Erzähln. u. Gedichte.) 8. (8 B.) München 831, [Jaquet.]

Mörtl, Thdr., Bilder aus dem Bayerwalde. (Gedichte.) 12. (119 S.) Straubing 848, Schorner.

—— Bruchstücke aus Hermanns Leben. 8. (10 B.) München 828, Lentner.

— Bruchstücke aus Hermanns Leben. 8. Münch. 830. Lentner. 12 𝒩

Mörtl, Thdr, Deutschland, mit besonderer Rücksicht auf Bayern. 5. verm. u. verb. Aufl. Augsburg 1853. 12.
A. u. d. T.: Mörtl Geographie für die lat. Schulen in Bayern. Bdch. 2.

— Gedichte. 8. Amberg 827. (Mag. f. Ind. in Lpz.) 6 𝒩

Mörtl, Th., Geographie, f. d. latein. Schulen in Bayern. Mit besond. Rücksichten auf d. neue Schul-Ordnung. 2 Bdchn. 3., verm. u. verb. Aufl. gr. 12. München. [Augsburg, Jaquet.] [1. (7 B. u. 1 Stnt.) 840., 2. (7½ B.) 841. à ¼ Thlr.]
2. Bdchn. a. u. d. T.: Deutschland, m. besond. Rücksicht auf Bayern. Nach d. neuen Kreiseintheilung.

—— Geographie für die latein. Schulen in Bayern. 1. Bdchn. 4., verm. und verb. Aufl. 12. (154 S. mit 1 Stnt.) Augsburg 846, Jaquet's Vrlgsh.

—— dass. — 2. Bdchn. A. u. d. T.: Deutschland, mit besond. Rücksicht auf Bayern. 4., verm. und verb. Aufl. 12. (182 S.) Ebds. 847.

Mörtl, Thdr., Geographie für die lateinischen Schulen in Bayern. 1. Bdchn. 5., verm. und verb. Aufl. 12. (IV und 156 S mit 1 Stnt.) Augsburg 853, Jaquet's Vrlgsh.

—— dass. — 2. Bdchn. 5., verm. und verb. Aufl. A. u. d. T.: Deutschland, mit besond. Rücksicht auf Bayern. 5., verm. und verb. Aufl. 12. (168 S.) Ebds. 853.

Sr. königl. Hoheit dem durchlauchtigsten Kronprinzen von Bayern bei Höchst Dessen erfreulicher Anwesenheit in der Stadt Straubing als Ausdruck tiefster Ehrfurcht gewidmet von den Schülern des Gymnasiums dahier den 25. Juli 1842. — ½ Bog. Gedicht in 4 sechz. Stroph. [v. Dr. Theod. Mörtl. (G. P.)]
Progr. Straubing.

— Lieder und Sagen. 12. Straubing 846, Schorner'sche Buchh. 1 ℛ

Sr. Kön. Majestät, dem Allerdurchlauchtigsten Könige von Bayern, Maximilian II, bei Allerhöchstderselben erfreulicher Anwesenheit in der Stadt Kempten als Ausdruck der allertiefsten Ehrfurcht gewidmet von der k. Studien-Anstalt den 13. Juli 1854. — 6 sechszeil. Str. v. Rektor Mörtl. — ½ Bog. ohne Druckort.
Progr. Kempten

— Rheinbilder. Neue Ausg. 12. (156 S.) Straubing 847, Schorner in Comm. 1/4 ℛ

Mörtl, (Th.,) Graf Robertin, Trauersp. in 4 A. 12. Münch. 823, Lentner.

Deutscher Unterricht an Gymnasien von Dr. Theodor Mörtl, P. — 1843. Ebend. — S. III—XIV.
Progr. Straubing.

—— erster Unterricht in d. Geographie, f. d. unt. latein. Schulen in Bayern. 2 Abthln. gr. 12. München 832, [Jaquet.]
Abthl. 1. Für die ersten Klassen. Mit besond. Rücksicht auf d. neue Schul-Ordnung. (6 1/2 B.) 6 Gr.
„ 2. Für die zweiten Klassen, od. Geographie v. Deutschland u. Bayern. (5 1/2 B.) 6 Gr.

„Dem Verdienste Seine Krone." Huldigung der Verehrung, Freude, Liebe, dem Herrn Dr. Georg v. Jäger, k. Hofrathe u. Kreisschol., R. des L. u. G. in Speier, Ritter des k. B. O. der b. Kr. u. des k. Civilverdienstordens v. hl. M. bei dessen fünfzigj. Dienstes-Jubiläum dargebracht v. der k. Std. Anst. in Kempten am 14. Dzbr. 1854. — 7 sechszeil. Strophen v. Mörtl. — 1 Bog. in extenso ohne Druckort.
Progr. Kempten

—— der Vierzehnender. Drama. 8. (4 1/4 B.) München 828, Lentner. (Leipz., Volkmar).

Wie sollen studirende Jünglinge die Schulbibliothek benutzen? Von Dr. Theodor Mörtl, G. P. — 1849. Ebend. — S. 3—10.
Progr. Amberg

—— Zwillinge. Zwei Erzähln. 8. (9 B.) Passau 829, Ambrosi.

Moertlbauer, Fritz, landw. techn. Hilfsarb. im Bayer. Landwirtschaftsrat: Ueber den Einfluss verschiedenzeitiger Salpeterdüngung auf Ausbildung und Ertrag der Getreidepflanze. München 1910. III, 152 S. 8⁰
München, Dr.-Ing.-Diss. v. 5. 8. 1910

Morton oder die grosse Tour . . . Zweite . . . Aufl. Stuttgart 1844. V: *Postl, Carl* (ps. *Charles Sealsfield*). (EE)

Morton od. die große Tour. Vom Verf. des Legitimen, des Virey, der Lebensbilder aus der westl. Hemisphäre rc. 2 Thle. 2., durchges. Aufl. 8. (26 B.) Stuttgart 844, Metzler'sche Bh.

Morton, John, Bodenkunde od. Belehrung über die physischen Eigenschaften der verschied. Bodenarten, ihre geolog. Grundlagen u. Formationsverhältnisse u. die besten Mittel zur nachhaltigen Erhöhung ihrer Ertragsfähigkeit rc. Nach der 4. Aufl. aus d. Engl. übers. u. bevorw. v. Mor. Beyer. gr. 8. (10 3/4 B.) Pesth 844. [Leipzig, Händel.]

Morton, John, Bodenkunde oder Belehrungen über die phys. Eigenschaften der verschied. Bodenarten, ihre geolog. Grundlagen und Formationsverhältnisse, und die besten Mittel zur nachhalt. Erhöhung ihrer Ertragsfähigkeit, sowie über Grund- und Capitalrente, Gewinn bei der Landwirthschaft, Pachtwesen rc. 2. (Titel-)Ausg. Nach der 4. Ausg. aus dem Engl. übers. und bevorwortet von Mor. Beyer. gr. 8. (XVI und 101 S.) Leipzig 848, Haendel.

—— Californien, s. Californien und seine Goldminen.

Morton, John Chalmers, Handbuch der Meierei-Wirthschaft. Aus dem Engl. übers. gr. 8. (VII und 178 S.) Berlin 861, Decker'sche geheime Ober-Hofbuchdruckerei. Thlr.

Morton, John Maddison

— and **Thomas,** All that glitters is not gold, siehe: Theatre, the modern English comic. Serie IV. Vol. 2.

Morton, John Maddison, Box and Cox, s.: Theatre, modern English comic.

Morton, J. M., Margery Daw, s. Theatre, the modern English comic.

Morton, J. M., Grimshaw, Bagshaw and Bradshaw, s.: Theatre, the modern English comic. Serie IV. Vol. 7.

Morton, John Maddison, the attic story, s. Theatre.

Morton, Ralph, wie werde ich Detektiv? Eine Einführg. in e. neuen, ehrenvollen u. einträgl. Beruf f. intelligente, energ. u. strebsame Menschen. (67 S.) gr. 8. Berlin-Friedenau 908. Berlin, Columbus-Verlag. 1. —

Morton, Rich., opera medica. 4. Genev. Cramer. 727.

Morton, Rich., Phthisiologie, od. Abhandl. v. d. Schwindsucht; aus d. Latein. gr. 8. Helmst. 780. Fleckeisen. 18 gr

Morton, Richard: Phthisiologie oder Abhandlung von der Schwindsucht. (Phthisiologia seu exercitationes de phthisi... Dt.) Aus dem lateinischen übers. 296 S., gbd.

Helmstedt: Kühnlin 1780

JB 2.183

Morton, Th., der wilde Onkel. Lustspiel, s. Blüthen, dramat., deutsch. Dichter, 3. Bdchn.

Morton, Th., der Schneider und sein Sohn, oder Mittel gegen Herzweh. Lustspiel in 5 Aufzügen. Aus d. Engl. (Nach dem Aufführungs-Exemplare des k. k. Hofburgtheaters.) 8. Wien 835. Wallishauser. 1/2 ℛ

Mortonval, Celeste. Eine Erzähl. n. d. Verf. „Un sécret d'Etat." A. d. Franz. übers. v. L. Kruse. 2 Thle. 8. (28 1/2 B.) Leipzig 836, Kollmann.

Mortonval, M., Fray-Eugenio, od. das Auto-da-Fé v. 1680; aus d. Französ. von L. A. Magnus. 3 Thle. 8. Leipz. 817. Lehnhold. 3 ℛ

— dass. aus d. Franz. v. L. A. Magnus. 3 Thle. 8. Leipz. 826, Hartmann.

— Fray-Eugenio, oder das Auto-da-Fé von 1680. Deutsch v. Fr. Gleich. 3 Thle. 8. Leipz. 826, Weygand.

Mortonval, Fray Eugenio, od. das Auto da Fé v. 1680. Deutsch v. Fr. Gleich. 3 Thle. 2. Ausg. 8. (56 B.) Leipzig 828, [Weygand'sche Vrls.-Buchh. L. Gebhardt.]

—— die Feldzüge in Frankreich in d. J. 1814 u. 15, s. Geschichte, allgem., d. Kriege d. Franzosen, 1—3. Bdchn.

Mortonval, die Feldzüge in Frankreich in d. J. 1814 u. 15. 3 Bdchen. 16. Darmst. 826—27. Leske. (à 9 gr) 1 ℛ 3 gr (Ist: Gesch. d. Kriege d. Franzosen rc. 1s — 3s Bdchen.)

— die Frau v. Saint-Bris. Eine Chronik aus d. Zeiten d. Ligue 1587. 4 Bdchen. 12. Stuttg. 827. Brodhag. 2 ℛ 9 gr

— die Frau von Saint-Bris. Eine Chronik aus d. Zeiten d. Ligue 1587. 4 Bdchen. 12. Stuttg. 827, Frankh.

—— Geschichte d. Feldzugs in Rußland, im J. 1812, s. Geschichte, allgem., d. Kriege d. Franzosen, 22—24. Bdchn.

Mortonval. Geschichte des Feldzugs in Russland im J. 1812. Aus dem Französ. Darmstadt 1831. III. Ü: *Kruse, Laurids.* Vgl. Alberti 1 (1867), S. 487 ohne Anonymitäts-Vermerk. (DARP)

— Geschichte d. Feldzugs in Rußland, im J. 1812; aus d. Französ. mit Anmerkk. u. Zusätz. 3 Bdchen. Mit 1 Uebersichtskarte d. Kriegsschauplatzes u. mit den Pl. d. Schlachten v. Smolensk u. an d. Moskwa. 16. Darmst. 831. Leske. 1 ₰ 3 gr.

— Martin Gil, übersetzt von L. Kruse, s. Don Pedro's Rache.

—— die Kriege d. Vendée, v. 1792—96, s. Geschichte, allgem., d. Kriege d. Franzosen, 10. u. 11. Bdchn.

Mortonval. Die Kriege in der Vendée 1792—96. A. d. Frz. 2 Bd. (XIV. 474.) 16. M. 2 Krt. 1 Pl. Darmstadt 1828—29. 2,25.

— die Kriege d. Vendee v. 1792—96; aus d. Französ. mit Anmerkk. u. Zusätz. 1s u. 2s Bdchn. Mit 3 Karten. 16. Darmst. 829. Leske. 18 gr

—— der Mönch u. die Dame, s. Kruse, L.

—— Mein Freund Norbert. Eine Erzähl. A. d. Franz. übers. v. L. Kruse. 2 Thle. 8. (30 B.) Leipzig 836, Kollmann.

—— Maurice Pierret, s. Kruse, L., der Sansculotte.

— s. Saint-Maurice.

—— der Graf v. Villqmajor, od. Spanien unt. Carl IV. A. d. Franz. v. L. Kruse. (4 Thle.) 8. (71¼ B.) Leipzig 832, Kollmann.

Mortraye, s. de Lamottraye.

Mortraye, v., Reisen in Europa, Asia und Afrika, a. d. Franz. im Ausz. gr. 8. Berlin, Nicolai. 783.

Morum proborum elegantis doctrinae .. sedi.. scholae Turicensi Helvetiorum ... ante hos 50 annos ad academiae formam evectae gratulantur iussu univ. Frid. Guil. Berol. Rector et Senatus. (Berolini 1883.) (1 Bl.) 2°

Morus, Thomas; Trspl., s. a. J. G. Dyck, Theater.

— Thomas. Trauerspiel v. Knüppeln. 8. Berlin, Maurer. 785.

Morus, Thomas. Trauersp. 8. Leipzig, Dyk. 786.

— — dasselbe. 8. München, Fleischmann. 786.

Morus, Thomas, oder d. Kraft d. Christenthums. Eine rühr. Gesch. aus d. christl. Vorzeit. (Von Kostka.) 8. (5½ B.) Augsburg 840, (Kollmann'sche Buchh.)

Morus, Thomas, Lordkanzler v. England. Ein kleines Lebensbild d. großen Mannes, gezeichnet v. e. Priester der Erzdiöcese Cöln. Mit 4 Bildern. 12. (97 S.) Steyl 885. Missionsdruckerei. n. — 40

Morus (Thomas), Lordkanzler von England. Ein kleines Lebensbild des grossen Mannes, gezeichnet von einem Priester der Erzdiöcese Köln. 8°. Steyl, Missionsdruckerei, 1894.

Morus, Unserm vollendeten. Leipzig 1793. V: *Hahn, Joh. Zacharias Herm.* (MGT)

Morus, physici analysis in us. stud. juvent. c. figur. 8. Breslau, W. G. Korn. 752.

Morus, Johann Gottfried

Morus, J. G., Versuch e. physisch-chem. Untersuchung d. Mineralquelle bei Homburg v. d. Höhe. 8. Hadam. 811. (Lenz in Weilb.) 4 gr

Morus, Johann Gottfried.
Versuch einer physisch-chemische Untersuchung der Mineralquelle bei Homburg vor der Höhe. Homburg, 1811.

Morus, Ph. Chr. Wlh., Maienthal u. Karoline Silbing; e. Geschichte in Briefen. 8. Coburg 800, Sinner. 1 ₰

Morus, Ph. Chr. Wlh., Miscellaneen f. Menschenkenntniß u. Moralität. 8. Ansb. 794. (Grau in Hof). 16 gr

— das Nelkenbeet, od. Moritz u. Elmire. 8. Ansb. 813. Verf. (Erlang., Heyder). 12 gr

— s. Unterhaltt. in Erholungsstunden.

— Heinrich v. Wild, od. der gute Onkel u. die böse Tante. 8. Ansb. 804. Gassert. 12 gr

Morus, S. N., s. Morus, Samuel Friedrich Nathan

Morus, Samuel Friedrich Nathan

— Abhandl., daß Erfahrr. u. Thatsachen immer Mittel gewesen sind, die Menschen auf Religionskenntn. zurückzuführen; aus d. Latein. v. Gli. Göpfert. gr. 8. Lpz. 790. (W. Nauck). 9 gr

— Abh. v. d. Demuth d. Menschen geg. Gott, a. d. Lat. v. Petsche. 8. Leipz. Crusius. (F. C. W. Vogel.) 790.

— — ebend. unter dem Titel: Samml. akad. Schr. 1r.

Morus, Samuel Friedrich Nathan. Acroases in epistolas Paulinas ad Galatas et Ephesios. Lipsiae 1795. H: *Eichstädt, Heinrich Carl Abraham.* (Ky) (MGT) (Winer)

— acroases in epist. P. ad Galatas et Ephes., (ed. H. K. A. Eichstaedt). 8maj. Leipz. 795. Köhler. 1 ₰

— super hermenentica N. Test. acroas. acad. ed. H. K. A Eichstaed. II Voll. 8maj. Leipz. 797—802. Köhler. 3 ₰

— super Hermeneutica novi Testamenti acroas. acad. ed. H. C. A. Eichstaedt. Vol. III. et ultim. 8maj. Lips. Köhler. 811.

Morus, S. F. N. Anleitung für künftige Religionslehrer . . . Leipzig 1785. Ü: *Just, Justus Coelestin.* (MGT)

— Anleit. f. die künft. Religionslehrer, d. öffentl. Vortrag so einzurichten, daß die geistl. Erfahrung der Christen beförd. wird; übers. v. J. Cöl. Just. 8. Leipz. 785. Schwickert. 2 gl.

— Anl. f. d. künft. Religionslehr., d. öffentl. Vortr. so einzuricht., daß d. geistl. Erfahrung der Christen beförd. w. übers. v. Just. 8. Leipzig, Sommer. 785.

— s. M. Antonini; commentarii.

— Anweis., wie man Gott als Geist auf eine gemeinfaßl. Art vorstellen kann; aus d. Latein. v. P. C. Glo. Andreä. 8. Dresd. 793. Hilscher. 3 gl. 2e A. . . . 3e A. gr. 8. Jena 817. Schreiber. (Schmid); (a. Centr.-Compt. in Leipz.) 6 gl.

Morus, Sam. F. Nat., Anweisung, wie man Gott als Geist auf eine gemeinfaßl. Art vorstellen könne, aus dem Latein. übers. von P. C. G. Andreä. 2te Aufl. 8. Leipz. Martini. 811.

— Bescheidenh. u. Nachgiebigkeit in Beurtheil. dogmat. Lehren. 8. Cöthen 790. (Brose in Götting.) 6 gl.

— d. Brief an die Hebräer. gr. 8. Leipzig, Schwickert. 786.

– s. **Jul. Caesar.**

— — Theol. prof. ord. et theol. ordinis H. T. Procancellarius ad solemnia trium disputationum quas tres candidati doctissimi pro licentia summos in theologia honores . . . . invitat. — Disseritur De Christo, demandatum sibi a Patre duplex negotium exsequente cum virtute, et hactenus Patri obediente. (Leipzig (Klaubarth)) 14. u. 15. IX. (1785.) 26 S. (4.50) 23702
Biogr. v.: Carl Christian Degenkolb (Stolpen/Meißen) (M.: Chr. E. Boethig), Christian Gottlieb Kuehnoel (Chemnitz) (M.: A. S. Stein), Johann August Wolf (Naunhof/Grimma) (M.: J. D. Eccart).

– s. **Chr. A. Clodius.**

— — (Lauban/Lausitz) u. **Christian Gotthilf Benjamin Morus** (Lauban/Lausitz), Disputatio de cognatione historiae et eloquentiae cum poesi. Leipzig (Langenheim) 26. IX. 1761. 40 S. (5.50) 23706
Gew.: Christian Gottlieb Ludwig.

— — De commendatione veri subtilitatis accessione disputat et ad audiendam orationem qua munus professoris philosophiae extraordinarii. Leipzig (Langenheim) 2. III. 1768. 16 S. (4.50) 23694

— commentarius in suam theologiae christ. epitom. ed. K. A. Hempel. II Tom. 8maj. Halle 797. 98. Renger. 3 Rthl. 20 gl.

Morus, Samuel Friedrich Nathanael, Defensionem narrationum Novi Testamenti quoad modum narrandi auctoritate amplissimi philosophorum ordinis pro loco in eo olim occupando ad disputandum proponit. Leipzig (Langenheim) 25. X. 1766. 35 S. (5.—) 23693

— — Gr. et Lat. lingu. professor ordinis philosophici H. T. procancellarius candidatis honorum philosophicorum examina solemnia humanissime indicit. — Disseritur de discrimine sensus et significationis in interpretando. (Leipzig (Langenheim) 1. Adv. 1777.) 28 S. (4.50) 23697

— — Disputatio ad locum Paulinum I. Corinth. XV, 35—55. Leipzig (Klaubarth) 20. u. 21. III. 1782. 40 S. (4.—) 23700

Morus, S. F. N. Dissertationes theologicae et philologicae. Lipsiae 1787-94. H (vol. 2): *Keil, Carl Aug. Glieb.* (BrMm)

— dissertationes theolog. et philolog., c. S. Ebert, cum praef. Keil. II Tom. 8. Leipz. 787, 94. Ed. II. 798. Grieshammer. 1 Rthl. 16 gl. — Deutsch, s. : kl. Schriften.

— Dogmatik, od. kurzer Begriff d. christl. Religion; aus d. Latein. von J. H. A. Schneider. 8. Halberst. 795. Groß. (W. Nauck in Leipz.) 16 gl.

— Epitome theologiae Christianae. 8. Lips. Schwickert. 799.

Morus, S. N., Epitome Theologiae Christianae futuris doct. religionis. Editio Vta. passim aucta. 8. Leipzig, Schwickert. 820.

Morus, S. F. N. Erklärung der Briefe Pauli an die Korinther. Leipzig 1794. Ü: *Holzapfel, Joh. Tob. Glieb.* (Ky)

— Erklärung d. Briefe Pauli an d. Korinther, (v. J. T. G. Holzapfel). 8. Leipz. 794. Schwickert. 1 Rthl.

— Erklär. d. Br. Pauli an die Römer u. d. Br. Judä n. s. Vorles. 8. Ebend. 794.

— Erklärung d. Briefe Pauli an d. Römer u. d. Briefe Judä, nach sn. Vorlesungen. 8. Leipz. 799. Schwickert. 18 gl.

— Gott als Geist gemeinfaßlich dargestellt. Mit Anmerk. von P. C. G. Andreä. 3te Ausg. gr. 8. Jena, Schreiber. 817.

— kurzer Inbegriff d. christl. Gottesgelahrtheit; aus d. Latein. übers. v. J. F. Heynatz. 8. Leipz. 794. Schwickert. 20 gl. s. auch : Dogmatik.

– s. **Isocrates Panegyricus.**

— — Johann Jacob Reiskens von ihm selbst aufgesetzte Lebensbeschreibung. Leipzig 1783.

Morus, Sam. Fr. Nath., libellus animadversionum ad Longinum. 8maj. Leipz. 773. Weidmann. 4 gl.

Morus, S. F. N., Libellus animadversionum ad Longinum. 1778. 64 S.

— — Ad audiendas orationes memoriae Heinrich Ridel et Seifert sacras recitabuntur humanissime invitat. — Disseritur de loco Paulino 2 Cor. 10, 12—17. Leipzig (Langenheim u. Klaubarth) 31. I. (1781). 23 S. mit Namen. (4.—) 23698

– s. **Longinus, Dion., de sublimi orationes.**

— de modo cogitandi de officiis e locis S. Script. moral. class. prim. proposito et varie deinde aucto. 8. Leipz. 794. Fr. Fleischer. 12 gl

— v. Nachdenken über freigelass. Handlungen; aus d. Latein. v. Gli. Göpfert. 8. Chemn. 788. Mauke. 4 gl

— — De nexu significationum eiusdem verbi disserit et ad audiendas orationes in memoriam Heinrich Ridel et Seifert recitandas humanissime invitat. Leipzig (Langenheim) 14. XII. 1776. 16 S. mit Namen. (4.50) 23696

— — u. (Resp.) **Carl Aug. Theophil Keil**, Disputatio de notionibus universis in theologia. Leipzig (Klaubarth) 18. VI. 1782. 39 S. (4.75) 23705

(— —) Rector Academiae Lipsiensis Sacra Pentecostalia in aede Paulina indicit. — De religionis notitia, cum rebus, experientiae obuiis, et in facto positis, copulata. Pars IIII. (Leipzig) (Klaubarth) 27. V. 1787. 18 S. (4.50) 23703

— — Theol. Prof. ordinar. facultatis theologicae H. T. Procancellarius sollemnia disputationis duorum doctissimorum candidatorum summi gradus theologici et remunciationis eorum licentiatorum et doctorum theologiae . . . . indicit. — De notitia religionis, cum rebus, experientiae obuiis, et in facto positis, copulata. Pars V. (Leipzig (Klaubarth)) 29. u. 30. VIII. (1787). 26 S. (4.50) 23704
Biogr. v.: Christian Friedrich Pezold (Schlesien), Ernst Wilhelm Hempel (Altenhain/Grimma) (M.: J. Th. Alberti).

– s. **Pauli, Brief an d. Hebräer u. an d. Römer.**

– s. **Philonis Judaei liber de virtutibus.**

— — De Euripidis phoenissis disserit et ad audiendam orationem qua recitanda munus professoris ordinarii linguae Graecae et Latinae in Academia Lipsiensi. Leipzig (Langenheim) 31. VII. (1771). 28 S. (4.50) 23695

– s. **Praecepta maxime necessaria theolog. dogmat.**

— praelect. in epistolam Pauli ad Romanos ed. J. T. G. Holzapfel. Praemissa est Chr. Dn. Beckii praefatio. 8maj. Lpz. 794. Shwickert. 16 gl

— praelect. in Jacobi et Petri epist., ed. K. A. Donat. 8. Leipz. 794. (List in Berl.) 1 ß 4 ß Schrbp. 1 ß 14 gl Velinp. 2 ß

— praelect. in Evangel. Lucae, ed. K. A. Donat. 8maj. Leipz. 795. (List in Berl.) 2 ß Schrbp. 2 ß 8 gl

Morus, S. F. N. Praelectiones exegeticae in III Joannis epistolas. Lipsiae 1796. H: *Hempel*, *Carl Aug* (Ky)

— praelect. exeget. in III Joannis epistolas. (Ed. C. A. Hempel). 8. Leipz. 796. (Centr.-Compt). 8 gl

— praelect. exeget. in 5. Ioannis epist. 8. Lips. Fr. Bruder. (Herzog.) 810.

— Predigten. gr. 8. Leipz. 796. Weidmann. 18 gl

— nachgelassene Predigten, aus dess. Handschriften zum Druck befördert v. v. K. A. G. Keil. 3 Bde. gr. 8. Leipz. 794—97. (W. Vogel). 2 ß 12 gl

— — Gr. et Lat. lingu. professor Ordinis philosophici H. T. procancellarius candidatos magisterii ad examina sollemnia humanissime invitat. — Ostenditur quibus causis allegoriarum interpretatio nitatur. (Leipzig (Klaubarth) 1. Adv. 1781.) 23 S. (4.—) 23699

— recitation. in Evang. Joannis, ed. Gli. Im. Dindorf. 8maj. Leipz. 796. Ed. n. 808. (Brockhaus). 1 ß 12 gl Ed. II. 821. Lauffer. 1 ß 4 gl

Mori, (S. F. N.,) Recitationes in evangelium Joannis, ed. T. J. Dindorff. Edit. IIda. gr. 8. Leipz. 822, Lauffer.

— Samml. einiger akadem. Schriften. 1r Thl. Abhandl. von d. Demuth; aus d. Latein. übers. von G. J. Petsche. 8. Leipz. 790. (W. Vogel). 8 gl

Morus, S. F. N. Kleine Schriften theologischen und philologischen Inhalts; a. d. Latein. . . . Leipzig 1793—94. Ü: *Reichel*, *Glieb Benjamin*. (Ky) (MGT) (OL)

— kl. Schriften, theolog.-philolog. Inhalts; aus d. Latein. nebst dess. Leben, (v. Gli. B. Reichel). 2 Bde. 8. Leipz. 793, 94. Köhler. 1 ß 14 gl

– s. **Sophocles, Oedip. Tyrannus.**

— — Ad audiendam orationem qua recitanda munus professoris theologiae ordinarii adibit humanissime invitat. — Disseritur de utilitate notionum universarum in theologia. Leipzig (Klaubarth) 25. VI. (1782). 20 S. (4.—) 23701

Morus, Sam. Fr. Nath., († d. 11. Nov. 1792.) versio et explicatio actuum apostolor. ed. Gli. Im. Dindorf. II Ptes. 8maj. Gera 794. Heinsius. 1 ß 16 gl

Morus, S. N. F., Vita J. J. Reiskii. Lips. 775. 8. 6 gr.

—de vita J. Jac. Reiskii. 8. Leipz. 777. Weidmann. 6 ℊ

Morus, S. F. N. Akademische Vorlesungen über die theologische Moral . . . Leipzig 1793—95. Ü: *Voigt*, *Christian Frdr. Traugott.* (OL) (MGT) »1794—95« (Ky)

—Vorlesungen üb. d. theolog. Moral; hrsgg. u. mit e. Vorrede begl. (v. Chr. Fr. Tr. Voigt). 3 Bde. gr. 8. Leipz. 794, 95. Schwickert. 4 ℛ — Register. gr. 8. Ebd. 801. 4 ℊ

– s. **Xenophontis Anabasis et ejusd. Cyropaedia et historia graeca.**

Morus, Thomas

More, Th., & A. Gentilis. — [1.] Herrn THOMAE MORI, Welt-berühmten Engelländischen Cantzlers, Ausführliche Beschreibung Der Insul Utopia, Worinnen So wohl die überaus herrlichen, und gantz wunderbahrlichen Umstände dieser bißhero wenigen bekandten Insul, als auch deroselben Gelegenheiten, Städten . . . ausführlich vorgestellet wird. Mit vielen schönen Kupfferstücken erleutert. Erster Theil. Franckfurth und Leipzig. 1730. — [2.] ALBERICI GENTILIS Angli, Die Heutige Neue alte Welt, Oder so genanntes Schlar-Affen-Land, Welches In sich begreifft Crapulia oder Schlampampen-Land, Yuronia Sauff-Land, Viraginia sonst Neu-Gynia oder das Weiber-Land, Moronia oder Narragonien und Lavernia, oder das Land zu Dieben. Nebst vielen andern, doch bißhero wenigen bekandten Insuln . . . beschrieben. Auch mit schönen Kupffern erleutert. Anderer Theil. Franckfurth und Leipzig. 1730. Kl.8°. 10 Bl. 213 S., 234 S. (inkl. Titel), 3 Bl. (die beiden letzten leer); sowie *2 Porträts (Morus und Erasmus) und 7 gefalteten Kupfern.* Pgt. d. Z. mit neuerem Rsch.

Vgl. Maltzahn I, 1252, wo eine frühere Ausgabe (1612) dieses Werkes beschrieben wird. Es wird merkwürdigerweise weder von Hayn-Gotendorf zitiert, noch von O. Poeschel (Vom Schlaraffenland, Paul & Braunes Beitr. V, p. 389), oder Jensch (Schlaraffia Politica), Bolte-Polivka (III, Nr. 158) u. a. besprochen. Die beiden Teile sind trotz ihrer inneren Verschiedenheit als ein Werk gedacht. Die Übersetzung von More's Utopia geht vielleicht auf eine ältere deutsche Fassung zurück. Das Schlaraffen-Buch des Gentilis (sicher ein Pseudonym) ist zwar von den volkstümlich-märchenhaften Berichten (wie sie z. B. in Hans Sachsens Gedicht und in den Märchen von Grimm und Bechstein Niederschlag fanden) beeinflußt, stellt sich aber mehr als eine geographisch-topographische Beschreibung dar, in der allerhand mythologische Vorstellungen und sonstige Bezüge zur Antike eingeflochten sind; sie bemüht sich ferner um eine gewisse Angleichung an More's Beschreibung von Utopien und benutzt mehr oder minder fabelhafte orientalische Berichte.

Morus, Thomas: „De optimo reipublic. statu, deque nova insula Utopia", 1516. — Ders.: „De opti / mo reip. statu deqve / noua insula Vtopia libellus ue / re aureus, nec minus salutaris / quàm festiuus, clarissimi disertis / sim. uiri Thomae Mori in / clytae ciuitatis Londinensis ciuis / & vicecomitis. / Epigrammata clarissimi / disertissim. uiri Thomae / Mori, pleraq. è Graecis uersa. / Epigrammata. Des. Erasmi Roterdami / Apud inclytam Basileam". [a. E.] „Basileae apud Jo. / Frobenivm mense Martio, an. MDXVIII". — Vorh.: StB Nürnberg. — Viele Neuauflagen; ins Deutsche übersetzt, Frankfurt a. M., (Brönner) und Leipzig 1753.

Morus, Thom., Thatsache, binnen 24 Stunden Kupfer-, Stahl- u. Holzstiche, so wie Steinabdrücke, den schönsten Miniatur-Gemälden ähnlich zu illuminiren. Nebst Anhang, Landschaften, Porträts, Karten, Pläne, Blumen ꝛc. schnell, einfach u. treu zu copiren ꝛc. qu. 16. (2 B.) Gratz 846, Ludwig. *

Morus, Thomas, Utopia. Teutsch. 2 Theile. 8°. Frankfurt, Gensch, 1704.

— Utopia. Lips. 751. 8. 3 gr. Hamb. 752. 12.

Morus, Thom., Utopia, deutsch. 8. Frkf. a. M. 753. Brönner. 6 ℊ

Morus, Thomas, und sein berühmtes Werk Utopia. A. d. Engl. . . . Leipzig 1846. Ü· *Kothe*, *Hermann.* (BrMm) (Mn)

Morus, Thomas, u. sein berühmtes Werk Utopia. Aus dem Engl. übersetzt. Mit bio- u. bibliograph. Einleitung herausgeg. von E. M. Oettinger. kl. 8. Leipzig 846, Ph. Reclam jun. 3/4 ℛ

— Utopia. Deutsch von H. Kothe. 8°. Leipzig, Reclam (1874). (Univ. Bibl. 513—14.)

Morus, Thom., Utopia, s.a. Litteraturdenkmäler, latein., d. XV. u. XVI. Jahrh., 11. Hft.

Thomas Morvs [More] Vtopia. Hrsg. v. Victor Michels u. Theobald Ziegler. M. 2 phototyp. Nachbildgn. *Berlin: Weidmann 1895.* (LXX, 115 S., 1 Taf.) 1 Bd 8.
= Litteraturdenkmäler, Lateinische, d. XV. u. XVI. Jahrhunderts. [No] 11.

Morus, Thom., Utopia. Hrsg. von V. Michels und Theob. Ziegler. (Lateinische Litteraturdenkmäler des 15. und 16. Jahrh.) gr. 8°. Berlin 1896.

— dasselbe, s. a. Sammlung gesellschaftswissenschaftlicher Aufsätze.

[Ü. u. Ant.] Thomas Morus. Utopia. Uebs. u. m. sachl. Anm. vers. v. Dr. Ignaz Emanuel Wessely. Nebst e. Vorw. d. Hrsg. M. 5 phototyp. Nachbildgn u. d. Bildn. des Th. Morus. *München: M. Ernst 1896.* (XXII S., 1 Bl., 170 S., 1 Bl., 1 Portr.) 1 Bd 8.
= Sammlung gesellschaftswissenschaftl. Aufsätze. H. 11—13.

— **Utopien in einer neuen und freyen Uebersetzung von J. B. K.** 8°. Frankfurt, Brönner, 1753.

MORVA, NIKOL(AUS): Die feierliche Eröffnung der Trinitarier Pfarrkirche in Pressburg. Pressburg 1854: Druck v. Alois Schreiber. - 8°

MORVA, NIKOLAUS: Feierliche Eröffnung des Vereines vom heiligen und unbefleckten Herzen Mariä durch Se. Eminenz den Hochwürdigsten Herrn Kardinal Fürst-Primas von Ungarn und Erzbischof zu Gran, Johann Bapt. Scitovszky von Nagykér, in der heiligen Dreifaltigkeits-Pfarrkirche zu Pressburg. Sonntag unter der Octave des Festes Himmelfahrt Christi, d. i. den 28. Mai 1854. Pressburg 1854. Druck v. Alois Schreiber. 16 S. - gr. 8°

Morveau, s. Guyton de Morveau, Louis Bernard

Morvell, Dr. [Pseud.], s.a. Vollmer, W. F. A.

† Morvell, (C.,) (W. F. A. Vollmer,) Erzählungen u. Phantasiestücke. 2 Bde. 8. (41 3/4 B.) Stuttgart 836, [Stoppani.]

Morvell, Dr. (Vollmer), Erzählungen u. Phantasiestücke. 2 Bde. 8. Stuttgart 836. Weise. 2 ℛ

—— romant. Erzählungen im poet. Gewande. 4 Thle. 8. (60 B.) Leipzig 834, [Böhme.]

— romantische Erzählungen im poetischen Gewande. 4 Thle. 8. Leipzig 834. Hartmann, jetzt Böhme. 5 ℛ

—— Furchtlos u. treu. Histor. Roman aus d. Zeiten d. 30jähr. Krieges. 3 Bde. 8. (60 B.) Stuttgart 836, [Stoppani.]

— Furchtlos u. treu. Histor. Roman aus d. Zeiten d. 30jähr. Krieges. 3 Bde. 8. Stuttgart 836. Weise. 3 1/4 ℛ

Morvell, C., Hyder Aly, Sultan v. Mysoore u. d. Engländer in Indien. Histor. Roman. 3 Thle. 8. (60 B.) Leipzig Leo.

— Hyder Aly, Sultan von Mysoore, und die Engländer in Indien. Histor. Roman. 3 Thle. 8. Leipz. 833. Leo. 3 1/2 ℛ

—— der Jesuit. Histor.-romant. Gemälde aus d. Anfang d. 18. Jahrh., nach d. hinterlass. Papieren d. Grafen Orloff bearb. 3 Thle. — A. u. d. T.: Der Geisterseher. Aus d. Memoiren d. Grafen v. O***. Hrsg. v. Friedr. v. Schiller. 2—4. Thl. 8. (69½ B.) Leipzig 833, O. Wigand.
„Fr. v. Schiller, der Geisterseher," 1. Thl. 8. Leipzig, Göschen. 1799. 1 Thlr.

—— der Jesuit. Histor.-romant. Gemälde aus d. Anfang d. 18. Jahrh., nach d. hinterlass. Papieren d. Grafen Orloff bearb. 3 Thle. 2. (wohlf.) Ausg. 8. (63 B.) Leipzig 836, Otto Wigand.

Morvell, Memoiren eines berliner Nachtwächters. 6 Bdchn. 8. (37½ B.) Danzig 845, Gerhard'sche Buchh. à 10 Ngr.
Hrbges. Pr. -

— die Räuber in d. Karpathen, oder Ungarn vor 150 Jahren. 2 Thle. 8. Leipz. 837. Literar. Museum, (jetzt Schreck). 2½ ₰

—— die Räuber in d. Karpathen, od. Ungarn vor 150 Jahren. 2 Thle. 8. (33¼ B.) Leipzig 837, [Schreck.]

—— die Walküre. Romant. Sittengemälde aus Norwegens letzter Zeit. 3 Bde. gr. 12. (37 B.) Stuttgart 831, Brodhag.

—— der Weltton, s. Weltton, der.

Morville, Eug., l'écho de Paris, s.: Cray's Sammlung v. Echo's.

— le parfait Français, der perfekte Franzose, s. a. Cray's, O., Sammlung v. Sprachführern.

Morville, Eugene, le parfait Français. Der perfecte Franzose. Eine Anleitung, in 14 Tagen Französisch richtig lesen, schreiben und sprechen zu lernen. Mit vollständig beigefügter Aussprache. 16. (188 S.) Berlin 885, Berliner Verlags-Anstalt.

Morville, E., le parfait Français. Der perfecte Franzose. Eine Anleitg., ohne Lehrer Französisch richtig lesen, schreiben u. sprechen zu lernen. Mit beigef. Aussprache. 2., verb. Aufl. 12. (186 S.) Berlin 888. Berliner Verlags-Anstalt (O. Cray). — 75; geb. n. 1. 5

Le parfait Français. 1. Der perfekte Franzose. 1. Teil. Eine Anleitung ohne Lehrer Französisch richtig lesen, schreiben u. sprechen zu lernen. Mit vollst. beigefügter Aussprache von Dr. Eugène Morville. 16.–19. Taus. *Schweidnitz & Leipzig: C. Lerch [1900].* 8° [Ant. u. F.]
= Sammlung, O. Cray's, von Sprachführern. No 3. [∞. 8.07 2

Morville, Nils

Morville, N., von Vertheilung d. Felder, s. J. W. Christiani.

Morwitz, E.

Morwitz' New Dictionary of the English and German Languages with special attention to Americanisms as well as to the words used in business, in trades and in technical and scientific pursuits giving besides the pronunciation of words in either language. In 2 Parts. — Neues Wörterbuch der Englischen und Deutschen Sprache mit besond. Berücksicht. der Amerikanismen, sowie aller im geschäftl., gewerbl., techn. und wissenschaftl. Leben gebräuchl. Wörter nebst Aussprache-Bezeichnung in beiden Sprachen. In 2 Thln. 8. (1232 S.) Philadelphia 885. Leipzig, Brockhaus. geb. in 1 Hfrzbd.

Morwitz, E., Geschichte der Medicin, s. Encyklopädie der medicin. Wissenschaften.

Morwitz' Taschenwörterbuch der englischen u. deutschen Sprache m. besond. Berücksicht. der Amerikanismen, sowie aller im geschäftl., gewerbl., techn. u. wissenschaftl. Leben gebräuchl. Wörter, nebst Aussprache-Bezeichng. in beiden Sprachen. 2 Thle. 8. (624 S.) Philadelphia 885. Leipzig, Brockhaus. In 1 Bd. geb. n. 4. 50

— neues Wörterbuch der englischen u. deutschen Sprache. 2 Thle. 8. (1232 S.) Ebend. 885. In 1 Bd. geb. n. 6. —

Morwitz, Eduard. (geb. Danzig): De scotomatibus. Berolini (1841). (27 S.) 8°
Berlin, Med. Diss. v. 5. Juli 1841

Morwitz, Ernst, Kammergerichtsrefer.: Ueber die Frage, ob ein Beschluss, durch den die Trunksuchtsentmuendigung wieder aufgehoben wird, ausser Kraft gesetzt werden kann. Berlin 1910: Buschhardt. 37 S. 8°
Heidelberg, Jur. Diss. v. 11. Mai 1910, Ref. Heinsheimer
[Geb. 13. Sept. 87 Danzig; Wohnort: Berlin; Staatsangeh.: Preußen; Vorbildung: Kaiserin-Augusta-Gymn. Charlottenburg Reife O. 06; Studium: Freiburg i. B. 1, Berlin 4, Heidelberg 1 S.; Rig. 3. März 10.] [U 10. 1948

Morwitz, Joach., d. Photographie m. Röntgen'schen Strahlen. M. Anleitg. zum Experimentieren auch f. Laien. Nach neuesten wissenschaftl. Versuchen gemeinverständl. dargest. gr. 8. (41 S. m. Abb. u. 1 Taf.) Berlin 896. A. Dressel. n. — 60

Mory, E[mil]. Die Bedeutung der schweizerischen Kurorte und die soziale Frage der Schweizerärzte, von Dr. E. M' in Adelboden. Separatabdruck aus dem 2. Jahresheft der Schweizerischen balneolog. Gesellschaft. S. 62—71. 8. Aarau, H. R. Sauerländer & Co., 1906.

Mory, Emil s. Cuttat, Ch[arles-]A[lbert]. Thoune et ses environs. Thoune 1899 — Huber, C[arl]: Thun and its Environs. Thun 1898 *u.* Thun und seine Umgebung. Thun 1898 — Kocher, F[ranz] W[alther]. Thun und seine Umgebung. Thun 1906.

Mory, E., Thun u. seine Umgebung, s.: Huber, C.

Mory, Emil, Standesfragen. Betrachtungen e. Landarztes. 1. u. 2. Aufl. gr. 8. (VIII, 132 S.) Basel 892. C. Sallmann. n. 2. —

Mory, Eug., english grammar and reader. 3 courses. gr. 8. Basel, B. Schwabe. Kart. n. 5. 20
1. (88 S.) 895. n. 1. 20. — 2. (123 S.) 895. n. 1. 60. 3. (169 S.) 896. n. 2. 40.

Mory, Eug., English grammar and reader. 1. course. 2. ed. gr. 8. (84 S.) Basel 900. B. Schwabe. Kart. n. 1. 20

Mory, Eug., English grammar and reader. 1. course. 3. ed. (84 S.) 8. Basel 905. B. Schwabe. Kart. n. 1. 20

— der Vortrinker u. andere Basler Novellen. 8. (159 S.) Zürich 902. Th. Schröter. n. 2. —

Mory, Eug., Arnold Winkelried. Schauspiel in 5 Aufzügen. 8. (III, 135 S.) Basel 883. Jenke. n. 2. —

MOERZ, Alexander (Augsburg): De usu apomorphini hydrochlorici.- München: Straub 1872. 15 S. 15.3.1872 - Urk; F 73; Chr 1871/72,20
Diss. Ingolst.-Landsh.-Mchn.

Mörz, Ghld., Gesch. der Deutschen, f. Frauenzimmer. 2 Thle. 8. Gera 797. Rothe. (Haller). 1 ₰ 12 ₰

Morzinger, Joh., „Beichtstuhl-Romane". (75 S.) 8. Wien 904. „Austria" F. Doll. n. — 50

Mörzinger, Joh., „Petrus stirbt nicht!" Gedanken üb. die Unzerstörbarkeit des Felsen Petri. Aus Anlaß des 25. Jahres der Thronbesteigg. Sr. Heil. Papst Leo XIII. verf. 12. (VII, 172 S.) Wien 902. H. Kirsch. n. 1.—

Moes, E. W., s.: Handzeichnungen (alter Meister) der holländ. u. vläm. Schule im Kupferstichkabinet zu Amsterdam.

Moes, E. W. Ein moderner Herostrat. Verweigert in der „Kunstchronik, Wochenschrift f. Kunst u. Kunstgewerbe". Ein Beitrag zur heut. deutschen Kunstforschg. gr. 8. (23 S.) Amsterd. 891, (Seyffardt). * — 50
Gegen die Schrift von M. Lautner (s. d.). Wer ist Rembrandt?

Moes, E. W., Text, s.: Hals, Frans.

Mosaideli, F. F., Lose Gedanken. Sonder-Abdruck aus der „Ostdeutschen Rundschau". 2. Auflage. 8. (72 S.) —.50
Wien: Lesk & Schwidernoch 1892.

Mosaik. Aus dem Magyarischen übersetzt. 8. Leipzig 1844.

Mosaik. Album deutscher Schriftsteller mit Beiträgen von Th. Apel, Ad. Böttger, Borott, A. Ad. v. Carlowitz, Delius, Drobisch, Em-Tor, Gerhard, Herloßsohn, K. Knorrn, Köberle, Mautner, E. Mecklenburg, Nordmann, Oelckers, Oettinger. Hrsg. von K. Wilh. Kirsch. 8. (VI und 319 S.) Leipzig 847, O. Klemm.

Mosaik. Dichtungen hrsg. von d. Freien Vereinigung deutscher Schriftstellerinnen. Berlin: Freienwalder Tageblatt, Freienwalde a. O. 1908 (1909).

Mosaik, Das Cölner; Programm zu Winckelmanns Geburtstage 1845. Bonn 1846. V: *Lersch, Lor.* (Cat. d. Stadtbibl. Zürich. Zürich 1864—97.)

Mosaik, das Cölner. Programm z. Winckelmanns Geburtstage 1845. Hrsg. v. Vorstande d. Vereins v. Alterthumsfreunden im Rheinlande. gr. 8. (2 B. u. 1 Taf. in Farbendr.) Bonn 846. Marcus. *

Mosaik der hohen *patriot. Lieder z. Feier des 25jahr. Regierungs-Jubiläums König Otto* (sic) *von Griechenland*, (verfasst; von *Johannes Bapt. Greger* (k. b. quiesc. Kreis- u. Stadtgerichts-Rath zu München). München (Selbstverlag d. Vf.) 1858. 12⁰. Ppb.
120 S. Dem Könige Otto gewidmet. — Als Anhang 3 autographirte Bll.: Mein (Greger's) 50jähr. Dichterjubiläum. Im Jahre 1858. (Ueber d. Vf. s. auch Nr. 2085 d. Cat.)

— militairische, v. einem activen Offiziere (C. W. v. Spiegel). gr. 8. (IV u. 103 S.) Leipzig 847, Arnold. — 2. Abth. gr. 8. (IV u. 96 S.) Ebd. 848. (1: 18 ngr 2: 1/2 rß) 1 rß 3 ngr

Mosaik der Römischen Villa zu Nennig. (Von J. J. Hewer.) Trier 854. Lintz. 8. (15 S.) 3 ngr.

Mosaikarbeiten, stilgerechte. 32 Orig.-Vorlagen zum Nachlegen f. Kinder. Entworfen u. ausgef. in Richter's Kunst-Anstalt in Rudolstadt. 8. (32 farb. Steintaf. m. 3 S. deutschem u. französ. Text.) Leipzig 887. Leipziger Lehrmittel-Anstalt v. Dr. O. Schneider. — 90

Mosaikbild, Das grosse, in der italienischen Kirche zu Wien. [Engländers »Salon«, III. Heft, S. 98.] S.-A. V: *Lyser, Joh. Peter.* (Friedrich Hirth: J. P. Lyser. München u. Leipzig 1911. S. 573)

Mosaikbild von Orbe. Zürich 1868. V: *Bursian, Conrad.* (Bibl. d. archäol. Instituts in Rom. Rom 1900—02.) (Cat. d. Stadtbibl. Zürich. Zürich 1864—97.)

Mosaik-Bilder. Ein Taschenbuch für 1843. gr. 12. Leipzig 842, Fort. n. 1 1/2 rß Hrsg. v. Dr. Zimmermann.

Mosaikboden, aufgegraben in der Gegend von Sasso Ferrato. [Tübingen 1814.] V: *Grass, Carl Gotthard* (R-N)

Mosaiken a. d. Kapelle Palatina zu Rom. 78 Zeichnungen nach d. Antike. 2 Bde. 4⁰

Die **Mosaikkarte** von Madeba. Im Auftr. d. Deutschen Vereins z. Erforschung Palästinas gezeichnet von Architekt P. Palmer in Jerusalem, hrsg. u. erl. von Prof. Dr. [Hermann] Guthe in Leipzig. 1. Leipzig: Verl. d. deutschen Vereins z. Erforsch. Palästinas 1906. 2⁰

Mosaik-Spiel, leichtes unterhaltendes f. die Jugend (eine Veränderung des bekannten chinesischen Puzzlespiels). Mit einem Kästchen, enthaltend 16 doppelfarbige Täfelchen. Leipzig, Leo. 819.

Mosaïque, s. Bibliothèque française, par Ch. Zoller.

Mosaismus, der reine. Interconfessionelle Religionslehre. II. Vom Verf. der Religion des kommenden Jahrh. gr. 8. (56 S.) Budapest 882, Aigner. **

Mosandl, Andr., Jubiläums-Predigten. Homilien üb. das v. unserm hl. Vater Papst Leo XIII. ausgeschriebene u. unter den Schutz Mariens, der Königin d. hl. Rosenkranzes, gestellte außerordentl. Jubiläum im J. d. Heiles 1886. gr. 8. (112 S.) Kempten 886. Kösel. 1. 50

— das Ordenswesen in seiner religiös-kirchlichen und ethisch-socialen Stellung und Bedeutung. Religiöse Vorträge zur Belehrung des kathol. Volkes und zur geistl. Lesung in Ordensfamilien. gr. 8. (VII, 167 S.) Ebendas. 887.

Mosapp, H., Jakob Andreä, e. Glaubenskämpfer u. Friedensstifter d. Reformationsjahrhunderts, s.: Für die Feste u. Freunde d. Gustav-Adolf-Vereins.

Mosapp, Herm., Bilder aus d. Kirchengeschichte. M. bes. Berücksicht. d. Kirchenlieds, d. äuß. u. inn. Mission. (Neue [Titel-] Ausg. v. M., Leitfaden f. d. evang. Religionsunterr. in d. allgem. Fortbildungsschule.) gr. 8. (III, 87 S.) Eßlingen (895) 897. Stuttgart, A. Lung. n. 1. —

Mosapp, Herm., s.: Blätter, neue, aus Süddeutschland f. Erziehung u. Unterricht.

— Herzog Christoph v. Württemberg. Ein Lebensbild, zur Enthüllg. seines Denkmals in Stuttgart gezeichnet. 12. (68 S.) Barmen 889. Klein. n. 1. —

— dasselbe, s. a. Familien-Bibliothek fürs deutsche Volk.

— Karl Gerok. Ein Bild seines Lebens u. Wirkens. gr. 16. (V, 84 S. m. Portr. in Lichtdr.) Stuttgart 890. Greiner & Pfeiffer. n. 1. — ; geb. n. 1. 50

— dasselbe, s. a. Für die Feste u. Freunde des Gustav-Adolf-Vereins.

Mosapp, Herm., Biblische Geschichten, s.: Freihofer, K. G.

— Wilhelm Hauff, s.: Volksabende. Nr. 2.

— Herr, bleib bei uns! Tägliche Andachten fürs christl. Haus, in Verbindg. m. v. Braun, v. Burger, v. Burk u. v. a. hrsg. 1.—5. Tausf. (VIII, 392 S.) gr. 8. Stuttgart 903. M. Kielmann. Geb. in Leinw. n. 2. —; in Ldr. n. 4. —

— Herr, bleib bei uns! Tägliche Andachten fürs christl. Haus, in Verbindg. m. v. Braun, v. Burger, v. Burk u. vielen a. hrsg. 2. [Titel-]Aufl. (VIII, 392 S.) 8. Stuttgart [903] 910. M. Kielmann. Geb. in Leinw. 2.50; in Ldr. m. Goldschn. 5. —

— Leitfaden f. d. evang. Religionsunterricht in der allgem. Fortbildungsschule. gr. 8. (II, 87 S.) Ebd. (895). n. 1. —

— Luther u. Schiller. Ein Nachklang v. der Schillerfeier zum Luthertage 1905. (32 S.) 8. Stuttgart (906). M. Kielmann. n. — 80; bessere Ausg. n. — 60

— Luther als deutscher Volksmann, s.: Volksabende. Nr. 4.

— Lutherstätten, s.: Für die Feste u. Freunde des Gustav-Adolf-Vereins.

Mosapp, Herm., die württembergischen Religions-Reversalien. Sammlung der Orig.-Urkunden, samt e. Abhandlg. üb. die Geschichte u. die zeitgemäße Neuregelg. der Religionsreversalien. gr. 8. (VIII, 113 S. m. 1 Stammtaf.) Tübingen 894. H. Laupp. n. 2. —

— Charlotte v. Schiller. E. Lebens- u. Charakterbild. M. 2 Lichtdr.-Taf. u. 3 Textillustr. gr. 8. (VIII, 224 S.) Heilbronn 896. Stuttgart, M. Kielmann. n. 2. 80; geb. n. 3. 60

Mosapp, Herm., Charlotte v. Schiller. Ein Lebens- u. Charakterbild. Mit 2 Lichtdr.-Beilagen u. 21 Textbildern. 2., verm. Aufl. gr. 8. (XII, 268 S.) Stuttgart 902. M. Kielmann. n. 4. —; geb. n. 5. —

Charlotte von Schiller. Ein Lebens- u. Charakterbild von Hermann Mosapp. Mit 2 Lichtdruckbeil. u. 22 Textbild. 3. verb. Aufl. Stuttgart: M. Kielmann 1905. (X, 271 S.) 8° [F.] .05. 1191 6

— Friedrich Schiller. Zur 100. Wiederkehr seines Todestages, 9. V. 1905, f. Deutschlands Jugend u. Volk dargestellt. Hrsg. vom württemb. evang. Lehrer-Unterstützungsverein. 1.—129. Tausf. (Je 104 S. m. 7 Abbildgn.) 8. Stuttgart 905. A. Bonz & Co. n.n. — 25

Mosapp H. die Stiftskirche in Stuttgart. Stuttgart 1887

Mosapp W. Abriss d. Geschichte u Geographie d. Kgr. Württembg. Braunschweig (1876)

Mosbach [Schlagwort]

Mosbach i/B., s. a. Deutschland. Kürschner-Peip.

Mosbach. Hoffmann, J. J., Schulwandkarte des Kreises Mosbach. 4 Blatt à 56 × 61 cm. Lith. u. kolor. Bonndorf 896. J. A. Binder's Nachf. Auf Leinw. m. Stäben n.n. 14. —

Mosbach [Verfasser]

Mosbach, Albert (geb. Arendsee bei Prenzlau 28. 11. 1854): De Aeneae Tactici commentario poliorcetico. Berolini: Mayer et Mueller 1880. (48 S.) 8°
Berlin, Phil. Diss. v. 8. Juli 1880

Mosbach, August

Mosbach, A., kurzer Abriß eines etymolog. Wörterbuches der polnischen Sprache ꝛc., s. Kampmann, Elementarwerk der polnischen Sprache.

Mosbach, Aug., der französische Feldzug auf St. Domingo 1802/3. Nach den Berichten vier poln. Offiziere. gr. 8. (32 S.) Breslau 882, Köhler. *

Mosbach, Aug., zur französisch-deutschen Kriegsgeschichte 1800—1813. Aus Denkschriften poln. Offiziere mitgetheilt. gr. 8. (IV, 499 S.) Breslau 883. Köhler. n. 12. —

AUGUST MOSBACH, Dwa poselstwa do Polski przez Ślązaków odprawione w latach 1611 i 1620. Poznań. 1863. W Komisie u N. Kamieńskiego i. Sp. 8°.

AUGUST MOSBACH, Przyczynki do dziejów polskich z archiwum miasta Wrocławia. Poznań. 1860. Nakładem Towarzystwa Przyjaciół Nauk Poznańskiego. 8°.

Mosbach, A., i X. F. A. E. Łukaszewski, Polsko-Niemiecki słownik kieszonkowy, s. Łukaszewski.

Mosbach, A., und X. F. A. E. Łukaszewski, polnisch-deutsches Taschen-Wörterbuch, s. Łukaszewski, X. F. A. E.

Mosbach, Aug., die Wahl des elfjährigen polnischen Prinzen Karl Ferdinand zum Bischof von Breslau 1625. gr. 8. (51 S.) Breslau 871, Mälzer. [Gera, Reisewitz' Verlag.] *

Mosbach, Aug., deutsch-polnisches u. polnisch-deutsches Wörterbuch, s.: Lukaszewski, Xav. F. A. E.

Mosbach, Karl, s.: Beamtenzeitung, hessische.

Mosbach, Carl, das neue System, s.: Reuter's Bibliothek f. Gabelsberger-Stenographen.

Mosbacher, *Felix* [pr. Arzt aus Eschau (Unterfranken)]: Über Enchondrom des Oberkiefers ... Würzburg, J. M. Richter's Buchdr., 1892; 46 S., 1 Bl. 8.
Würzburg, Med. Fak., Inaug.-Diss. v. 1892

Mosbacher, L., die Definitionen u. Regeln der elementaren Algebra u. ihre Anwendungen. (III, 43 S.) 8. Nürnberg (907). C. Koch. — 60

Mosberg, Bernhard, aus Bielefeld: Über die Ausscheidung des Phlorhizins und des Zuckers in der Niere. *Würzburg 1898: Becker.* (47 S.) 8°
Würzburg, Med. Diss. v. 1898

Mosblech, Bonif., vocabulaire Océanien-Français et Français-Océanien des dialectes parlés aux iles Marquises, Sandwich, Gambier etc. 8. (20⅞ B.) Paris 843, Renouard u. Comp.

Mosbrugger, Frz., ein Jahr aus dem Leben eines Subalternbeamten. Ein Souvenir für jedes gemeine, selbst avancementslose Jahr nach dem neuesten Spar- und Reduzirungssystem. gr. 8. (36 S. mit eingedr. Fig.) Wien 879, Neidl. *

Mosca, Cesare, Quid agendum nella legge sugli scioperi. 8°. Biella, tip. Amosso, 1882.

Moscati, Pietro

— üb. die Anwendung d. Systeme auf die prakt. Heilkunde. gr. 8. Wien 801. Schaumburg u. C. 8 gr

— s. J. Bruno, clementa medicinae.

Moscati, Pietro (Conte): Über eine konvulsivische Krankheit im Waisenhause zu Mayland an Herrn Alois v.Careno, ausübenden Arzt in Wien... Aus dem Italienischen. 38 S., gbd.

Wien: Patzowsky 1796
beigedr.: (Moscati, P.Conte): Meinungen eines Arztes über die Kriebelkrankheit... (Aus dem Italienischen.) (1796)

JB 4.915

— über e. konvulsivische Krankheit; aus d. Italien. 8. Wien 796. Sammer. 5 gr

Moscati, Pietro Conte): Meinungen eines Arztes über die Kriebelkrankheit sammt einer neuen Kurmethode für dieselbe, welche den im Waisenhause bei St.Pietro in Gessate ordentlich angestellten Aerzten angerathen wird. (Aus dem Italienischen.) 19 S.(S.39 - 57), gbd.

(Wien: Patzowsky 1796)
in: Moscati, P.Conte: Über eine konvulsivische Krankheit im Waisenhause zu Mayland... Aus dem Italienischen. 1796

JB 4.915

Moscati, Pietro. Unterschied der Structur der Thiere und Menschen; a. d. Ital. Göttingen 1771. Ü: *Beckmann, Johann.* (Ky)

Moscati P.: Von dem körperlichen wesentlichen Unterschiede zwischen der Structur d. Thiere u. d. Menschen. Eine akadem. Rede. Aus d. Ital. übers. v. J. Beckmann. Götting. 1771. 100 S.

— de usu system. in medicina. 8maj. Leipz. 801. Wolf. (Schmidt). 6 gr

Moscati, Pet., neue Versuche u. Beobachtt. über d. Blut, u. über d. Ursprung d. thierischen Wärme; aus d. Italien. übers. 8. Stuttg. 780. Metzler. 4 gr

Moscau, s. Moskau

de Mosch, Major, s. *Tactique* de l'infanterie.

Mosch, C. F., s. Mosch, Karl Friedrich

Mosch, Carl, s. Mosch, Karl

Mosch, Cora von, ein Buch f. kleinere Kinder, s. Buch.

Mosch, Cora de, Lectures instructives et amusantes pour le jeune âge. gr. 8. (11¾ B.) Posen 846, Scherk, frères. * —

Mosch, Cora de, Lectures instructives et amusantes pour le jeune âge. 2. édition augmentée. gr. 8. (VIII und 183 S.) Berlin 857, Gebr. Scherk's Verlag. *

Mosch, Emil. 50 Aufgaben u. 12 Tabellen aus dem Schiesswesen f. das Repetier-Gewehr M. 1895. Zusammengestellt u. ausgearb. (45 S. m. 5 Taf.) 8. Krakau 904. (Wien, L. W. Seidel & Sohn.) n. 2. —

— **Aufgaben-Sammlung aus dem Schiesswesen.** Zusammengestellt u. ausgearb. (153 S. m. 150 Fig. im Texte u. 1 Tab.) gr. 8. Prag 901. (Wien, L. W. Seidel & Sohn.) n. 3. 20

Mosch, Erich: Zur **Methode** der richtigen und falschen Fälle im Gebiete der Schallempfindungen. Mit 11 Fig. im Text. *Leipzig: W. Engelmann 1898.* (61 S.) 8° ¶ (Aus: Philosoph. Studien, Bd 14, H. 4.)
Leipzig, Phil. Diss. v. [10. Jan.] 1899

Mosch, H. von, s. Deutsche Hochwacht.

Politische Gedichte. Von Hans v. **Mosch.** (Friedenau: Selbstverl. [um 1907].) 79 S. 8° A 12. 9967

Mosch, Hans v., Referendar: Der Mißbrauch des Sparkassenbuchs im Rechtsverkehr. Borna-Leipzig 1910: Noske. 48 S. 8°
Heidelberg, Jur. Diss. v. Febr. 1910, Ref. Heinsheimer
[Geb. 29. Jan. 81 Durlach; Wohnort: Heidelberg; Staatsangeh.: Preußen; Vorbildung: Gymn. Heidelberg Reife 00; Studium: Heidelberg 3, Freiburg i. B. 2, Berlin 1, Bonn 1 S.; Rig. 7. Aug. 09.] [U 10. 1949

Mosch, Hans v., das Wiedererwachen des deutschen Geistes. Eine dramat. Dichtg. (Geeignet zur Aufführg. in antisemit. Vereinen 2c.) gr. 8. (15 S.) Steglitz 894. (Berlin, G. A. Dewald.) n.n. — 25

Mosch, Johann Christoph (Kleinhartmannsdorf / Meißen), De vero actus et viae discrimine, ad cap. I. Pr. π. De servit. praed. rust. Diss. Präs. August Friedrich Schott. Leipzig (Loeper) 17. I. 1767. 20 S. (5.—) **23709**
Gew.: Carl Gottlob von Bose.

Mosch, Karl

Allgemeines: [Autogr.] [Entwurf der Statuten eines Unterstützungsvereins für die unter der Grossloge von Ungarn stehenden Logen. Unterz.:] Carl **Mosch.** Pest 1871. 2 Bl. 2°
cf. Bh. 14 (1871) S. 107 (J. G. Findel).
Tt. 1238. Betr. eine Bruderhilfs-, Witwen- u. Waisenkasse.

Mosch, Karl Frdr., Die Bäder u. Heilbrunnen Deutschlands u. der Schweiz. Ein Taschenbuch für Brunnen- u. Bade-Reisende. 2 Thle. Mit 36 Kpfrn. u. 1 Karte. (Ansichten.) Leipzig 1819—20. 8. . . . . (D.; FBA.)
——. —— Mit 50 landschaftlichen Ansichten und 1 Karte. Leipzig 1821. 8. . (FWJ.)

Mosch, Karl Fr., die Bäder u. Heilbrunnen Deutschlands u. der Schweiz. Ein Taschenbuch f. Brunnen- u. Bade-Reisende. 2 Thle. Mit 36 Kpf. u. 1 Karte. 8. Leipz. 820. Brockhaus. 5 rthl 8 gr Ohne Kpf. 3 rthl

Fr. Mosch, Zur Geschichte des Bergbaues in Deutschland. Liegnitz, 1829. 2 Bde. (Darin finden sich Nachrichten über den Bergbau in Schlesien, Thüringen, der Grafschaft Mansfeld, im Harz, am Niederrhein und in Westfalen.)

Mosch, K. F., Zur Geschichte des Bergbaues in Deutschland. 2 T. in 1 Bd. Liegnitz, 1829. 624 S.

— die Heilquellen Schlesiens u. der Grafschaft Glatz, nebst 10 Kpf. 8. Bresl. 821. W. G. Korn. 2 rthl

— u. Friedrich Karl Christian Ziller

— — neueste Kunde des Königr. Sachsen. s. Länder- u. Völkerkunde 2c. 20r Bd.

Mosch, C. F. Leitfaden zum Ueberblick der Erdoberfläche und der auf ihr befindlichen vorzüglichsten Wohnplätze, als Grundlage für den ersten Unterricht in der Geographie. 30 S. . . . . . .
Progr. Liegnitz R. 1831

Mosch, Karl Friedr., die alten heidnischen Opferstätten und Steinalterthümer des Riesengebirges. (Aus dem Neuen Laus. Magazine abgedr.) Görlitz 855. (Hirschberg, Nesener.) 8. (34 S. u. 17 lith. Taf.) n. 15 ngr.

Mosch, (Carl Friedr.), das Riesengebirge, seine Thäler und Vorberge und das Isergebirge, s. Weber's illustrirte Reisebibliothek.

— Sachsen, histor.-topograph.-statistisch u. mit naturhistor. Bemerkk. dargestellt. 1r u. 2r Bd. Mit Kpf. gr. 8. Leipz. 817—19. (Steinacker). 3 ₰ 16 gr.

Mosch, Carl Friedrich u. Friedrich Carl Christian Ziller. Versuch einer Beschreibung der Sachsen-Gothaischen Lande Erste Abth. Enthaltend das Fürstenthum Gotha Erster Abtheilung erster Band. Gotha. In Commission in der Beckerschen Buchhandlung und bey den Verfassern 1813.
XII — 322 S.; 4 Taf. in Aquatinta 8°.

Mosch, Karl Frdr., Versuch einer Geschichte des ältesten Bergbaues in Deutschland Liegnitz 1825. 4.
Progr.

Mosch, K. F. Versuch einer Geschichte des ältesten Bergbaues in Deutschland. 14 S.
Liegnitz, R., Progr. 1825

Mosch, Karl Frdr., Versuch einer Geschichte des Bergbaues in Deutschland im Mittelalter. Bd. 1. 2. Liegnitz 1829. 8. . . . . (TBA.; D.)

—— Wanderungen durch das Riesen- und Iser-Gebirge und durch die ihnen benachbarten Thäler. Ein Leitfaden für Reisende durch diese Gegenden. 2., verb. und mit einem Nachtrag versehene Ausg. Mit (lithogr.) Profil-Umriß (in qu. Fol.), gez. von Mosch, und 1 (lithogr.) Karte (in qu. Fol.) 8. (118 S.) Warmbrunn 855. (Leipzig, Hinrichs'sche Sortimentsbuchh.) *

— Wanderungen durch das Riesen- und Iser-Gebirge und durch die ihnen benachbarten Thäler. Ein Leitfaden für Reisende durch diese Gegenden. 2. verb. u. mit einem Nachtrag versehene Ausg. Mit (lith.) Profil-Umriß u. 1 (lith.) Karte (in Fol.). Warmbrunn 858. (Leipzig, Hinrichs.) 8. (118 S.) n. 15 ngr.

Mosch's, Prof., Wanderungen durch das Riesen- und Iser-Gebirge und durch die ihnen benachbarten Thäler. Ein Leitfaden für Reisende durch diese Gegenden. Vollständig umgearb. von J. G. Kutzner. 16. (VIII und 143 S. mit lithogr. Profil-Umriß, gez. von Mosch, und 1 lithogr. und ill. Karte in Fol.) Warmbrunn 864. (Leipzig, Hinrichs'sche Sortimentsb.) *

Mosch, Rud. v., s. Materialien zu einem Katechismus der Sozialreform.

Mosch, R. v., Materialien zu e. Katechismus der Sozialreform. Gesammelte Aufsätze. 8. (XIV, 556 S.) Berlin 888. Aktiengesellschaft „Pionier". n. 6.—

In zweimal 24 Stunden. Humoreske aus d. Garnisonleben von R[udolf] v. Mosch. Gr.Lichterfelde: M. Elliesen 1907. (78 S.) 8° [F.] [C. B. 1240]

Mosch, R. v., in zweimal 24 Stunden. Humoreske aus dem Garnisonleben. (III, 78 S.) 8. Gr. Lichterfelde 907. B. Gebel Nachf. 1.25; geb. n 2.25

Moesch, C., s. Moesch, Kasimir

Moesch, Casimir, s. Moesch, Kasimir

Moesch, Ferd., in schweren Banden. Sozialer Roman aus der neuesten Zeit. 2 Bde. 8. (VII, 277 u. 262 S.) Leipzig 882. Zangenberg & Himly in Comm. n. 6. —

Mösch, F., die Erziehung in Schule und Haus. gr. 8. (24 S.) Kempten 871, Kösel'sche Buchh. *

Moesch, Ferd., kurzer Leitfaden zur schnellen und gründlichen Erlernung der englischen Sprache. Zum Selbstunterricht und für Schulen bearb. Durchgehends mit der Aussprache versehen. gr. 8. (88 S.) Nördlingen 854(55,) Beck'sche Buchh. *

Moesch, Ferd., kurzer Leitfaden zur schnellen und gründlichen Erlernung der Englischen Sprache. Zum Selbstunterricht u. für Schulen bearb. Durchgehends mit der Aussprache versehen. Nördlingen 855. Beck. gr. 8. (88 S.) n. 7½ ngr.

—— französisches Lesebuch für Mittelschulen und zum Selbststudium nebst umfassendem Notenverzeichniß. 8. Kempten 873, Dannheimer.

Mösch, Ferd., the principles of english grammar designed for the use of schools as well as for private learners. 1. Part. — Die Grundzüge der englischen Sprachlehre zum Gebrauche für Schulen und Privat-Unterricht. 1. Thl. 8. (VI und 122 S.) Schweinfurt 852, Giegler.

—— die Regeln der französischen Sprache in Frage und Antwort. Elementarunterricht auf Grund seiner neuen französ. Schulgrammatik. gr. 8. (64 S.) Kempten 871, Kösel'sche Buchh.

Mösch, F., neue französische Schulgrammatik. 1. Theil: Elementar-Unterricht. Kempten 868. Kösel. gr. 8. (VI, 153 S.) n. 14 ngr.

— die neueren Sprachen u. ihr bildendes Element. gr. 8. (33 S.) Ebend. 870. — 30

—— der moderne Sprachunterricht an den bayerischen Gewerbeschulen. Ein Wort für Alle. br. 8. (24 S.) Ebendas. 870.

Moesch, F., u. G. Diercks, Taschenwörterbuch d. span. u. deutschen Sprache, nach d. besten Wörterbüchern beider Völker verf. 2 Tle. gr. 16. Leipzig, O. Holtze's Nachf. n. 4. 50; geb. in Leinw. n. 5. 20; in 1 Halbfrzbd. n. 5. 25
1. Deutsch-Spanisch. Von F. Moesch. (IV, 450 S.) 895. n. 2. 15; geb. n. 2. 40
2. Spanisch-Deutsch. Von G. Diercks. (IV, 490 S.) 896. n. 2. 35; geb. n. 2. 80

Moesch, F., u. G. Diercks, Taschenwörterbuch der spanischen u. deutschen Sprache, nach den besten Wörterbüchern beider Völker verf. 2., verb. Aufl. 2 Tle. in 1 Bde. 16. Leipzig 907. O. Holtze's Nachf. 4.50; geb. in Halbfrz. 5.25; einzelne Tle., geb. in Leinw. 2. 70
1. Moesch, F., deutsch-spanisch. (IV, 450 S.)
2. Diercks, G., spanisch-deutsch. (IV, 490 S.)

Moesch, Heinrich, von Bühler, Kt. Appenzell, prakt. Arzt in Urnäsch, ehem. Assistent der chirurg. Klinik und der Poliklinik in Lausanne: Aus der chirurgischen Klinik zu Lausanne. Prof. Dr. C. Roux. Beiträge zur Kenntnis der Aetiologie der Appendicitis durch Eingeweidewürmer. Herisau 1904. 22 S. 8°.
Lausanne. Thèse méd. 1904/1905.

(Mösch, Johann.) Die Schulen von Bellach: Denkschrift zur Einweihung des neuen Schulhauses in B' 1908. ([Hrg. unter Mitwirkung] einiger Mitglieder der Baukommission und der Lehrerschaft.) [Illustriert.] 74 S. 8. Solothurn, Vogt & Schild, 1908.

Mösch, Johann. Die Solothurnische Volksschule vor 1830. Bändchen 1: Die sol' V' von ihren Anfängen bis zum Bauernkriege ⟨1500—1653⟩ (mit 9 Faksimiles). XVI + 232 S. 8. Solothurn, C. Gassmann, 1910. [fr. 4. 50]
Mitteilungen des Historischen Vereins des Kantons Solothurn. Heft 5.

Moesch, Kasimir

Mösch, C. Vorläufiger Bericht über die Ergebnisse der Untersuchungen im weissen Jura der Kantone Solothurn und Bern. Luzern 1863.

Moesch, Casimir, geologische Beschreibung d. Kalk- u. Schiefergebirge zwischen d. Reuss- u. Kienthal, s.a. Beiträge zur geolog. Karte d. Schweiz.

Geologische Beschreibung der Kalk- und Schiefergebirge zwischen dem Reuß- und Kienthal von Dr. Casimir Moesch. Mit e. Atlas von 35 Taf. u. e. geolog. Kärtchen d. Umgebungen von Meiringen. *Bern: Schmid, Francke & Co. in Komm. 1894.* 2 Bde 4°
= Boiträge z. geolog. Karte d. Schweiz. Lfg 24, Abt. 3.

Moesch, Casimir. Geologische Beschreibung der Kalkstein- und Schiefergebilde der Kantone Appenzell, St. Gallen, Glarus und Schwyz. Bern 1881 *s.* Beschreibung. Geologische B' des Kantons St. Gallen und seiner Umgebungen....

– geologische Beschreibung des Kantons St. Gallen und seiner Umgebungen, s. Beiträge zur geologischen Karte der Schweiz.

Moesch, Casimir, geologische Beschreibung d. westlichen Theils des Aarmassivs, s.: Fellenberg, Edm. v.

Moesch, C[asimir]. Geologische Beschreibung der Umgebungen von Brugg, mit Karte und Profilen [im Text und auf 1 Tafel]. 4. 1867.
Ausg. A. (Njbl. Naturf. Ges. Zürich 1867.) Zürich 1867.
Ausg. B. ([Sep.-Ausg. von:] Njbl. ... [1867].) Zürich (*Umschlag:* Aarau) 1867.

Moesch, C., geologische Beschreibung der Umgebungen von Brugg mit Karte und Profilen. gr. 4. (89 S. mit eingedr. Holzschn. und 2 Chromolithogr. in Imp.-Fol.) Aarau 867, (Sauerländer's Sortiment.) *
Text mit Profilen apart. *
Geologische Karte apart. *

Mösch, C. Das Flözgebirge im Kanton Aargau. Ellingen 1856. 4.

Moesch, C. Das Flötzgebirge im Canton Aargau. (Aus d. Denkschr. d. Schweiz. Naturf. Ges.) Zürich. 1857. 4.

– geologischer Führer durch die Alpen, Pässe u. Thäler der Centralschweiz. 12. (IV, 120 S.) Zürich 894. A. Raustein. Kart. n. 2. 60

– geologischer Führer durch d. Alpen, Pässe u. Thäler d. Centralschweiz. 2. Aufl. gr. 16. (IV, 120 S.) Zürich 897. A. Raustein. Kart. n. 2. —

Moesch, Casim., die Jagd. Lex.-8. (16 S.) Brugg 870. (Zürich, Schmidt.) *
Aus: Allgemeine Beschreibung und Statistik der Schweiz, besonders abgedruckt.

— der Aargauer Jura, s.a. Beiträge zur geolog. Karte der Schweiz.

Moesch, Casimir. Der Aargauer-Jura und die nördlichen Gebiete des Kantons Zürich, geologisch untersucht und beschrieben. Mit in den Text eingedruckten Localprofilen, zwei Karten [*d. i.* 1 Karte] und 13 [*d. i.* 10] Tafeln, enthaltend geologische Durchschnitte und Petrefacten [sowie 1 Anhang]. (Beitr. Geol. Karte Schweiz. Lieferung 4.) 4. Bern 1867.
Anhang s. Moesch, Casimir. Der südliche Aargauer-Jura .... Bern 1874.

Mösch, Dr. Cas., der Jura in den Alpen der Ostschweiz. 4. Zürich, C. Schmidt. 1872. 2. 50

Moesch, C., der südliche Aargauer-Jura und seine Umgebungen, s.a. Beiträge zur geolog. Karte der Schweiz.

Moesch, Casimir. Der südliche Aargauer-Jura und seine Umgebungen, enthalten auf Blatt 8 des eidgenössischen Atlas, geologisch aufgenommen und beschrieben. Mit 2 Tafeln Profilen. (Beitr. Geol. Karte Schweiz. Lieferung 10.) 4. Bern 1874.
Dazu: Anhang zur 4. Lieferung der Beiträge ‹Aargauer-Jura›. Mit 2 Profil-Tafeln.

Moesch, C[asimir]. Monographie der Pholadomyen. [Mit 1 Tabelle und 40 Tafeln.] Gekrönte Preisschrift. 4.
Ausg. A. Abhandl. Schweizer. Paläont. Ges. Vol. 1 *u.* 2. Basel und Genf ... 1874–1875.
Ausg. B. [Sep.-Ausg. von:] Abhandl. ... [Vol. 1 *u.* 2]. Zürich, December 1875.

—— Monographie der Pholadomyen. 2 Thle. in 1 Bd. gr. 4. (IV, 135 S. mit 40 Stnt.) Zürich 875. (Basel, Georg. — Berlin, Friedländer und Sohn.) **
Aus: Abhandlungen der schweizer. paläontologischen Gesellschaft, besonders abgedruckt.

— dasselbe, s.a. Abhandlungen der schweizer. paläontolog. Gesellschaft.

== zur Paläontologie des Säntisgebirges, s. Beiträge zur geolog. Karte der Schweiz.

Moesch, Casimir. Zur Palæontologie des Sentisgebirges. Ueber einige neue und weniger bekannte Petrefacten aus der Kreide des Sentisgebirges. Mit 3 Tafeln. 1878. 4.
Ausg. A. Nachtrag zu [Arnold] Escher [von der Linth]'s Sentisgruppe. (Beitr. Geol. Karte Schweiz. Lieferung 13.) (Bern 1878.)
Ausg. B. [Sep.-Ausg. von: Beitr. .... Lieferung 13.] Zürich 1878.

Moesch, Cas[imir]. Reisebericht über meine diesjährigen geologischen Beobachtungen. SA. 8. Basel 1877.

[Moesch, Casimir.] Der japanische Riesensalamander ‹Cryptobranchus japonicus› und der fossile Salamander von Oeningen ‹Andrias Scheuchzeri›. [Mit 1 Tafel.] (Njbl. Naturf. Ges. Zürich 1887.) 4. (Zürich.)

Moesch, Casim., das Thierreich der Schweiz. Lex.-8. (19 S.) Brugg 869. (Zürich, Schmidt.) *
Aus: Allgemeine Beschreibung und Statistik der Schweiz, besonders abgedruckt.

[Moesch, Casimir.] Wohin und Warum ziehen unsere Vögel? Mit einer Figurentafel in Farbendruck. (Njbl. Naturf. Ges. Zürich 1877.) 4. Zürich 1876.

79. Neujahrsblatt. Hersg. von der Naturforschenden Gesellschaft in Zürich. Zurich, Zürcher & Furrer. 4. „Wohin und warum ziehen unsere Vögel? (Von Dr. C. Mösch, Direktor der zoologischen Samml. des Polytechn.) 23 Stn. Mit 1 Lith. in Farbendruck. 1877.

Moesch, C., Centralgebiet der Schweiz, s.: Beiträge zur geologischen Karte der Schweiz.

Moschakes, J. G., s. Moschakis, Ignatius

Μοσχακις, Ιγνατιος Γ[εωργιου] **[Moschakis, Ignatius]: * *Ὁ Πλάτων καὶ οἱ θεοὶ τῆς πόλεως*. 127 [vielmehr: 109 beschriebene] S. 8° (4°)**
Halle-Wittenberg, Phil. Diss. v. 31. Okt. 1872
Geb. [Thera = Santorin (Griechenland) 15. 11. 1845]
Im Druck ersch.: *Μοσχακης, Ιγνατιος Γ[εωργιου]*: *Ο Πλατων και οι θεοι της πολεως. εν Λειψια* 1872: Brockhaus. VI, 67 S. 8°
[Halle-Wittenberg, Phil. Diss. v. 31. Okt. 1872.]
Privatdruck! Nicht im Austausch! vorh. Göttingen UB

(Moschard, August.) An die Herren Präsident und Mitglieder des Grossen Raths des Kantons Bern. (Münster, den 25. Januar 1850.) 8. *o. O.*

Moscharowsky, Rebekka. Thrombose der Hirnarterien. Aus der medizinischen Klinik Zürich.... Diss. Med. Univ. Zürich. 53 S. 8. Zürich, Schereschewsky, 1910.

Moschatos, A., De insula Teno ejusque historia commentatio. Diss. 1855. 50 S.

Moschatos, *Hermann* [aus Göttingen]: Ueber Additionsproducte des Hexamethylenamins ... Göttingen, Druck d. Dieterichschen Univ.-Buchdr., 1892; 48 S. 8.
Erlangen, Phil. Fak., Inaug.-Diss. v. 1892

Moscheowitz, Eli, 700 diagnostisch-therapeutische Ratschläge f. die chirurgische Praxis, s.: Brickner, Walt. M.

Mosche, Antonie, die weiblichen Handarbeiten in der Volksschule. Ein Leitfaden f. den Gebrauch beim Unterricht. Mit e. Begleitworte v. G. Spieker. Mit 39 Abbildgn. im Texte. 8. (31 S.) Hannover 884. Meyer. n. — 50

Mosche, Antonie. Die weiblichen Handarbeiten in der Volksschule. Ein Leitfaden f. den Gebrauch beim Unterricht. Mit e. Begleitworte von G. Spieker. 2. Aufl. [4.—6. Tausend.] Mit 39 Abbildgn. im Text. gr. 8. (31 S.) Hannov. 890, C. Meyer. * — 50

Mosche, Christ. Julius Wilhelm

— animadv. in Xenophontis oeconomicum. 8. Frcf. Varrentrapp et W. (Fleischer, Lips.) 793.

— ausgewählte deutsche Aufsätze u. Reden, nebst dessen Leben u. Charakter; hrsgg. v. F. C. Matthiä u. R. G. Eichhoff. gr. 8. Frankf. a. M. 821. Herrmann. 2 ₰ 8 gr, Hbg. Pr. 1 ₰ 4 gr.

Moscho, C. J. G., de eo, quod in Cornelii vitis faciendum restat; addita commentatione super iis, quae de pace inter Persas victos et graecos Cimone duce victores composita vario narrantur. Francof. 802. 4. (39 S.)

Mosche, Christ. Julius Wilhelm (Arnstadt), Commentatio historico theologica exhibens historiae sententiarum remonstrantium de rebus ad religionem et conscientiam pertinentibus. Specimen primum. Präs. Johann Jakob Griesbach. Jena (Goepferdt) 10. VII. 1790. 71 S. (5.—) 23710
Widm. v.: Johann Jakob Griesbach.

Mosche, Chr. Jul. Wlh., († d. 19. Dec. 1815.) Leben, Charakter u. Schriften Gabr. Chr. Benj. Mosche. Mit e. Vorrede v. W. F. Hufnagel. gr. 8. Frankf. a. M. 792. Pech. 14 gr.

— — Oratio de seculi nostri misologia in lustratione Gymnasii Lubecensis. Ad Friedrich Hermann. Lübeck (Borchers) 1815. 27 S. (4.—) 23712

— — (Lübeck), Symbolae ad crisin textus Cornelii Nepotis. Partic. I. Ad solemnia Scholae Catharineae. — Inest Descriptio codicis axeniani. Lübeck (Römhild) 10. IX. u. 6. X. 1808. 16 S. mit Namen. (4.—) 23711

Mosche, C. J. W., Ueber die Tragödie des Sophocles Aias. Frankf. 799. 800. 2 Progr. 4.

— über den Unterricht im Lateinischen in d. Lübeckischen Bürgerschule. 1e u. 2e Abtheil. 4. Lübeck 807, 8.

Mosche, Gabr. Cph. Benj., († d. 8. Febr. 1791.) Absichten Gottes bei d. Trennung derer, die einander lieben; e. Abschiedspredigt. 8. Arnstadt 774. Waisenhausbuchh. 4 gr

— katechet. Anleit. zur Erkenntniß d. Heils in Christo. 12. Arnstadt 767. 2e A. 771.

— Anmerkk. zu den Sonn- u. Festtags-Episteln. 2 Thle. gr. 8. Frankf. 776, 77. (W. Nauck in Leipz.) 2 ₰ 10 gr

— Anmerk. üb. d. Sonn- u. Festtagsepisteln. 2 Thle. gr. 8. Frankf. (Sommer, Leipz.) 780.

— Auszüge aus seinen Predigten über d. Epist. u. Evangel. v. 1775—89. 15 Jahrgg. 8. Frankf. a. M., Brönner; (a. Gebhardt u. K.) (Jahrg. à 1 ₰) 15 ₰

— Beyträge z. Rett. d. Auferstehungsgesch. Jesu rc. 2 Thle. gr. 8. Frankf. Gebhardt u. K. (a. Brönner.) 779—780.

— Beitrr. zur Vertheidigung d. Auferstehungsgeschichte Jesu rc. 2 Thle. gr. 8. Frkf. a. M. 779, 80. Gebhardt u. K.; (a. Brönner). 1 ₰ 2 gr

— der Bibelfreund; e. Wochenschrift. 6 Thle. gr. 8. Arnst. u. Frkf. a. M. 770—80. Brönner; (a. Gebhardt u. K.) 6 ₰ 2 gr

— d. Bibelfreund. 6 Thle. gr. 8. Frankf. Brönner. (a. Gebh. u. K.) 778—80.

— Denkmal der Jubelfeier, welche wegen des, d. 25. Sept. 1555 zu Augsburg geschloss. Religionsfriedens gehalten. 8. Erf. 755.

— Denkmal des Hrn Schmidt. 8. Frkf. a. M. 776. Brönner. 6 gr

— Erklär. d. Leidensgesch. Jesu Christi. 2 Thle. gr. 8. Frankf. a. M. 785, 86. (Fr. Fleischer in Leipz.) 2 ₰ 8 gr

— Erklär. aller Sonn- u. Festtags-Episteln. 1r u. 2r Thl. 1r u. 2r Abschn. gr. 8. Frkf. a. M. 774—90. (1r Thl. 2e A. 780. 3e A. 788.) (W. Nauck in Leipz.) 3 ₰ 2 gr

— Erklär. aller Sonn- u. Festtags-Evangelien. 3 Bde. gr. 8. Frankf. a. M. 781—90. 5 ₰ 16 gr

— s. Gesangbuch, Frankfurter.

— Jesus, als d. Preis d. Volkes Israel. Predigt vor d. Taufe zweier Jüdisch. Studenten. 8. Frkf. a. M. 781. Hermann. 2 gr

— drei Predigten über d. Herrlichkeit Gottes im Reiche d. Natur. 8. Frankf. a. M. 771.

— Predigten auf alle Sonn- u. Festtage d. ganz. Jahres. 4. Frkf. a. M. 775. Brönner; (a. Gebhard u. K.; a. Hermann). 3 ₰

— Samml. e. Casualpredigten u. Reden. 8. Frankf. a. M. 780. Brönner. 16 gr

— Samml. e. Predigten üb. d. im Reiche d. Natur geoffenbart. Herrlichkeit Gottes in d. Natur. 8. Frankf. a. M. 774. 2e A. 783. Brönner. 14 gr

— Spec. inaugur. de theologia populari. 4. Götting. 773. Dieterich. 4 gr

— Gabriel Christoph Benjamin, De theologia populari, quod judicio et examini summe venerabilis theologorum in Academia Georgia Augusta ordinis pro obtinendis summis in theologia honoribus submittit. Specimen inaug. theolog Göttingen (Fr. A. Rosenbusch) (26. VIII.) 1773. 47 S. (6.—) 23713

— zwo Ursachen, warum Diener Christi sein Evangelium in großen Gemeinen getrost verkündigen können; e. Antrittspredigt. 8. Frankf. a. M. 774. Brönner. 4 gr.

— Hermann, Über Hydrophthalmie. Inaug.-Abhandlg. Würzburg (C. W. Becker's Wwe.) 1834 (3.—) 23714

Mosche, K., das Kirchenlied der Reformationszeit des 16. Jahrh., eine Weckstimme für die Gegenwart. Denkschrift an alle Freunde und Beförderer des deutschen Volksgesanges. gr. 8. (48 S.) Lübeck 849, v. Rohden'sche Buchh.

Möschekopp. Düsseldorfer Lokalposse in 6 Bild. Mit e. Vorw. u. mundartl. Erl. Düsseldorf: Tönnes 1907. XVI, 114 S. 8° [illegible]

Möschekopp. Düsseldorfer Lokalposse in 6 Bildern. Mit e. Vorwort u. mundartl. Erläutergn. (XVI, 114 S.) 8. Düsseldorf 907. (Werkmeister-Buchh.) 1.—

Moschel, F. Ph. H., Jesus Christus auch heute noch der rechte Grund unserer Kirche. Predigt, am 24. Oktbr. 1848 beim Schluß-Gottesdienste der außerordentl. General-Synode in Speyer. gr. 8. (12 S.) Speyer 848, Neidhard's Buchh.

Möschel, Landsyndikus, oder Schrecklichkeit der Cabinets-Criminaljustitz. [Braunschweig 1798.] V: *Schulze, Johann Heinrich August.* (MGT)

Moscheles, s. Aus Moscheles' Leben.

Moscheles, Ignaz und Charlotte, Briefe an dieselben, s. a. Mendelssohn-Bartholdy, Felix.

Moscheles, Felix. Briefe von Felix Mendelssohn-Bartholdy an Ignaz und Charlotte Moscheles. Leipzig 1888.

Moscheles, Charlotte, das Brautgeschenk. 3. verm. Aufl. 16. (XI, 180 S.) Leipzig 874, Geibel. geb. mit Goldschn. *

Moscheles, Charlotte, das Brautgeschenk. 4. und 5. verm. Aufl. 12. (XI, 180 S.) Leipzig 877,80, [Geibel.] Reichardt Verlag. geb. mit Goldschn. *

Moscheles, Charlotte, das Brautgeschenk. 6. Aufl., s. Brautgeschenk.

Moscheles, J. und [F. J.] **Fétis**. Die vollständigste Pianoforte-Schule. Abtheilung I. Méthode des méthodes de piano. Berlin.

Moscheles, Robert [aus Prag]: Ueber die Constitution der Tetrinsäure und ihrer Homologen. . . . München, akad. Buchdr. v. F. Straub, 1888; 27 S. 8°
Erlangen, Phil. Fak., Inaug.-Diss. v. 1888

Möschell, Ch., Quaestiones aliquot practicas circa Jus salinarium Hallense. Halle-Magdeburg. 1706. 46 S.

Moscheles, J., u. Fetis, Methode des Methodes de Piano. — Die vollständigste Pianoforte-Schule, od. d. Kunst d. Pianofortespiels, als Resultat e. genauen Prüfung d. besten Werke dies. Gattung, sowie d. Vergleich. u. Würdigung d. verschied. Spielarten u. Systeme d. berühmt. Meister, nebst Anfangs-Uebungen u. fortschreit. Etüden, u. neuen f. Spieler höh. Ausbild. compon. Etüden. 1—9. Lfg. Fol. (55 B.) Berlin 841, Schlesinger'sche Buchh. *

Moschenbach, Andreas

Einige Bemerkungen über den Einfluß guter Sitten und die Mittel, sie zu befördern, von Subr. Moschenbach. — 1838. Wunsiedel, Beer. — S. 3—5 des Jahresber.
Progr. Wunsiedel.

Moschenbach, Andr. (Lehrer der Religion) „Betrachtung der Schöpfung als Anleitung zur Erkenntnis des Schöpfers". pg. 10—16. 4°. Bayreuth, Heinrich Höreth.
Wunsiedel, Progr. 1844/45

Moschenbach, Andr. (Kgl. Pfarrer) „Betrachtung der Schöpfung, als Anleitung zur Erkenntniss des Schöpfers". pg. 13—21. 4°. (Forts. des Programms vom Jahre 1844/45.) Bayreuth, Heinrich Höreth.
Wunsiedel, Progr. 1848/49

Freundliche Erinnerung (über die Nützlichkeit und Nothwendigkeit des Turnens) von Subr. Moschenbach. — 1839. Ebend. — S. 3—5 des Jahresberichtes.
Progr. Wunsiedel.

Moschenbach, A. (Pfarrer) „Einige Worte in Beziehung auf den, an den technischen Gymnasien zu ertheilenden Unterricht in der Arithmetik". pg. 10—12. 4°. Bayreuth, F. C. Birner.
Wunsiedel, Progr. 1835/36

Moschenross, Victor [aus Hagenau i. E.]: Ueber die Gastrostomie im Anschl. an einen in d. chirurg. Klinik zu Freiburg nach Witzel operierten Fall . . . Freiburg i. B., Buchdr. E. Kuttruff, 1896; 51 S. 8.
Freiburg i. B., Med. Fak., Inaug.-Diss. v. 1896

Moscherosch, s. a. Wirth, Johann.

Asinus Percussus d. i. Herr Hinrich **Bracker**, Capellan zu S. Nicol. in Flenssburg, Wegen Sein zu weit auffgethanes Läster-Maul unter dem Bilde Eines ESELS nach der Würde abgeprügelt v. **Moscherosch** Gedruckt im Hollsteinischen. o. J. (nach 1705). 4° k.
Moscherosch ist an dieser Stelle offenbar ein Pseudonym und nicht der bereits 1669 verstorbene Joh. Mich. Moscherosch (Bruun, Bibliotheca Danica. 3.1650).

Moscherosch, Eliza v., die Adoptivtochter. Eine sinnige Erzählung für Frauen und Töchter gebildeter Stände. 8. (223 S.) Stuttgart 859, Belser'sche Verlagsh. *

—— ein Sommer auf Falkenstein. Sinnige Erzählung für Frauen und Töchter gebildeter Stände. 8. (VI und 180 S.) Stuttgart 861, Schweizerbart'sche Verlagsbuchh.

Moscherosch, Hans Michel,
s. Moscherosch, Johann Michael

Moscherosch, J. D., praes. Jo. Gttl. **Krueger**, De lege naturae quod in corpore animali spasmum excipiat atonia spasmo proportionata. 32 pp. Helmst. 4°. 1754

Moscherosch, Jh. Chr., gemeinfaßl. Predigten über e. wicht. Wahrheiten d. Religion. 8. Worms 790. (Gebhardt u. K. in Frankf. a. M.) 9 gr.

Moscherosch, Johann Michael

Moscherosch, Joh. Mich., s. a. **Philander v. Sittewald.**

Moscherosch, H.M. (Mitarb.), s. Abraham a Santa Clara: Ausgewählte komische Erzählungen, Fabeln u. Einfälle.

Moscherosch, Hans Michel, insomnis cura parentum, s.: Neudrucke deutscher Litteraturwerke des XVI. u. XVII. Jahrh.

Moscherosch, Jh. Mich., auserlesene Gedichte, s. Bibliothek deutscher Dichter XIV.

Moscherosch, Gesichte Philanders v. Sittewaldt, s.a. National-Litteratur, deutsche.

— Philanders v. Sittewald wunderliche u. wahrhaftige Gesichte, s.a. Universal-Bibliothek.

Moscherosch, H. M.: Philanders von Sittenwald wunderliche und wahrhaftige Geschichte. Sprachl. erneuert v. K. Müller. Leipzig 1883. 2 Bde (Reclams Univ.-Bibl. 1871—77.)

FREIBALL 1789. — *Philander v. Sittewald* (ps.). Affentheuerliche und rauppengeheuerliche Geschichtsklitterung, der Schwänke, Volksnarrheiten und Schwenigeleyen (so!), die sich auf dem .... Freyball zugetragen, den der durchl. Churfürst von Pfalzbayern im J. 1789 ... in München anstellen liess. O. O. (München) 1790. 8°. 40 SS. Sehr rar!: (Expl. in der Bibl. d. histor. Vereins von und für Oberbayern.)

Moscherosch, H. M., die Patientia, s.a. Forschungen zur neueren Litteraturgeschichte II.

Die Patientia v. H[ans] M[ichel] (d. i. Johann Michael) Moscherosch. Nach der Hs. der Stadtbibliothek zu Hamburg z. erstenmal hrsg. v. Dr. Ludwig Pariser. *München: Franke & Haushalter* (a. d. Umschl. übergedr.: *C. Haushalter) 1897.* (VI S., 1 Bl., 120 S.) 8.
— Forschungen z. neueren Litteraturgeschichte. [H.] II. 97. 3337

Moscherosch, J. M., satyr. Schriften, s. Bibliothek der pros. Satyriker.

SITTEN, Die, der heutigen Welt auf eine lustige und scharfsinnige Art durchgehechelt (von *Hans Michael Moscherosch*). Cöln, gedruckt bey Peter Hammern, 1711. 8°. 836 S. (6 Mk. Völcker, Frf. a. M., 1909.) Sehr selten!

(*U.-Titel:*) Moschesch, der Bassuto-Häuptling. | (Fig.: *Porträt des Negerfürsten*, 100 × 83) | Herausgegeben vom ev.-luth. Missionsverein für Bayern in Nürnberg. | In Commission bei Gottfr. Löhe in Nürnberg. (= *Missions-Tractat*, 2).
Kol.: Gedruckt bei U. E. Sebald in Nürnberg.
o. J. (um 1875), 16 S., 130 × 100.
UB Tü Gk II. 69c.

Moschick, Paul

Moschick, P., die Bahnen der am 3. VIII. u. am 28. IX. 1905 erschienenen hellen Meteore, s.a. Mitteilungen der grossh. Sternwarte zu Heidelberg. XV.

Die Bahnen der am 3. August und am 28. September 1905 erschienenen hellen Meteore. Von P. **Moschick**. Karlsruhe: Braun in Komm. 1909. 32 S. 8°
(Mitteilungen d. Grossh. Sternwarte zu Heidelberg. 15) 09. 18442

Moschick, P., eine neue Methode z. Bahnbestimmung v. Meteoren. Die Bahn des am 21. III. 1904 in Süddeutschland sichtbaren Meteors, s.: Mitteilungen der grossh. Sternwarte zu Heidelberg. V.

Moschick, Paul, a. Plauen im Vogtland: Roger Barrys Sternverzeichnis nach den Beobachtungen am Mauerquadranten der Sternwarte zu Mannheim in den Jahren 1807—1811. Erster Teil. Sterne zwischen den Rektascensionen 20^h und 24^h und den Deklinationen $+4°$ und $-7°$. Rostock 1905: C. Hinstorff. (68 S.) 4°
Heidelberg, Naturw.-math. Fak., Ref. Valentiner, Diss. v. 1905
[Geb. 9. Febr. 79 Plauen im Vogtland; Wohnort: Heidelberg; Staatsangeh.: Sachsen; Vorbildung: Furstensch. Grimma Reife O. 00; Studium: Leipzig 6, Heidelberg 3 S.; Rig. 10. Nov. 04.]

Mösching, A. Zur Lehre von der Torsio uteri gravidi. In-8°. 20 S. Bern. These. 1894.

Moschion, de mulierum passionib. gr. et lat. 8. Vien. Sammer. 790.
Schreibp.

— — idem. 8. Lips. Sommer. 793.
Schreibp.

***Moschionis* de mulierum passionib. liber graec. et lat. ed. F. O. Dewez. 8. Wien 793. A. Blumauer. (List in Berl.) 18 gr. Schrbp. 1 ℛ**

Moschion: Peri ton gynaikeion pathon. - De mulierum passionibus liber (Griech.u.Lat.), quem ad mentem manuscripti Graeci in Bibliotheca Caesareo Regia Vindobonensi asservati, tum propriis correctionibus emendavit, additaque versione Latina edidit F(ranz) O(livier) Dewez. 240 S., gbd.

Viennae: Graeffer 1793

JB 3.930

Moschionis quae feruntur sententiae, s.: Epicteti sententiae.

Moschionis quae feruntur sententiae, s. Gnomica.

Moschkau, Alfr., s.: Auf dem Oybin.

Moschkau, A. (Hrsg.), s. Bergen. Aus Deutschen.

—— Wettiner Besuche in Zittau u. d. südlichen Oberlausitz. Ein Festgabe zum 800jähr. Wettiner Jubiläum. Mit Portr. gr. 8. (VIII. 42 S.) [Zittau 889.] Lpz., Fiedler. — 50

Moschkau, Alfr., deutsches Briefmarken-Album. Illustrirt mit 80 Länderwappen (in eingedr. Holzschn.). gr. 4. (II, 145 Bl. mit 2 Stnt.) Leipzig 877, L. Senf. cart.
geb. in Calico
Prachtausg. auf Kpfrdrpap. geb. mit Goldschn.
Prachtausg. auf Kpfrdrpap. in Saffianbd. mit 2 Schlössern *
Dieselbe mit color. Wappen *

— Friederike Brion v. Sessenheim. Ein Beitrag zur Friederiken-Literatur. 8. (III, 22 S.) Leipzig 879. Gebr. Senf. — 60

Moschkau, Dr. Alfred, Die Burgen Burgstein-Schwolka in Nordböhmen. kl. 8. (VI u. 62 S. mit 3 Abbild.) Böhm. Leipa, Joh. Künstner. 50 kr.

Moschkau, Alfr., der Cottmar bei Walddorf. Seine Beschreibung, Geschichte und Sagen, nebst Nachrichten über seinen Aussichtsthurm. 2. verb. Aufl. gr. 8. (20 S. mit 1 eingedr. Holzschn. und 2 Stnt.) Oybin 881. (Zittau, Oliva's Buchh.) · *

Moschkau, A., Dr. Friedrich der Grosse in der südlichen Oberlausitz. (1745—1757.) Ein Beitrag zur Kriegsgeschichte der südlichen Oberlausitz. (Mit 1 Abbild.) 8. Zittau 1891.

—— Führer durch die Oberlausitz. Mit besond. Berücksicht. des Zittauer Gebirges. Mit 1 (lithogr.) Kärtchen der Oberlausitz und mehreren Illustr. 3. Aufl. 16. (76 S.) Leipzig 877, [L. Senf.] Gebr. Senf. *

—— dass. — Mit besond. Berücksicht. des Zittauer Gebirges [Oybin, Hochwald, Lausche, Iserkamm etc.] und des angrenzenden Böhmens. Mit 2 (lithogr.) Karten und 30 (lithogr.) Illustr. 4. neu umgearb. Aufl. 8. (XVI, 290 S.) Ebendas. 880. geb. *

Moschkau, Alfr., Geschichte der Briefmarken und der Philatelie [Briefmarkenkunde]. Nebst einer Beschreibung aller bekannten Wasserzeichen auf Briefmarken, Couverts etc. 3. gänzlich umgearb. Aufl. 8. (VI, 88 S. mit 106 Abbild. auf 12 Stnt.) Leipzig 878, L. Senf. *

1. Aufl. Selbstverlag; 2. Aufl. Dresden, Dietze.

—— zur Geschichte der Philatelie. Gesammelte Beiträge zur Geschichte der Briefmarken und der Briefmarkenkunde. 8. (III, 80 S. mit eingedr. Portr. und Illustr.) Ebendas. 879. *

—— Goethe und Karl August auf dem Oybin bei Zittau. Vom 28. bis 29. Septbr. 1790. Eine Erinnerung für Verehrer Goethes und Karl Augusts und für Besucher des Oybin. Mit 1 Kpfrst., das alte Gesellschaftshaus auf dem Oybin darstellend; nebst mehreren ungedr. Handschriften Goethes. 8. (VII, 30 S.) Ebendas. 879. *

— Handbuch f. Essais-Sammler. Verzeichniss aller bis dato bekannten officiellen postal. Essais. Mit Illustr. (1 Steintaf.) 8. (VIII, 51 S.) Ebend. 876. n. 1. —

Moschkau's, Alfr., illustrirtes Handbuch für Postmarken-Sammler. Grosser Katalog aller bis zur neuesten Zeit erschienenen Postmarken, Couverts u. Streifbänder m. vielen erklär. Noten u. ca. 2000 Marken-Abbildgn. 6. Aufl. Neu bearb. v. Rich. Senf. 1. Bd. 6 Lfgn. 8. (509 S.) Leipzig 888—890. Gebr. Senf. n.n. 2. 50

— dasselbe. 1. Nachtrag. Alle bis Mitte 1890 hrsg. Postmarken, Couverte u. Streifbänder enth. 8. (55 Bl.) Ebd. 890. n. 1. —

—— Handbuch für Postmarken-Sammler. Catalog aller seit 1653 bis Decbr. 1875 ausgegebenen Briefmarken, Briefcouverts, Postkarten, Postanweisungen und Streifbänder aller Länder. Mit beigedruckten Verkaufspreisen der Briefmarkenhandlung von Louis Senf in Leipzig. 2. Aufl. Mit Biographie und Portr. des Verf. (Holzschntaf.), sowie mehreren (4 lithogr.) Taf. Illustr. 8. (XII, 223 S.) Ebendas. 876. *

1. Aufl. Ebendas. 1874. *ℳ 2.

—— dass. — Nachtrag aller seit Decbr. 1875 bis 1. Juli 1876 emittirten Briefmarken, Briefcouverts, Postkarten, Postanweisungen und Streifbänder aller Länder. Mit beigedruckten Verkaufspreisen der Briefmarkenhandlung von Louis Senf in Leipzig. gr. 8. (18 S.) Ebendas. 876. *

—— dass. — Illustrirter Catalog aller seit 1653 bis Mai 1877 erschienenen Postmarken, Couverte, Postkarten, Anweisungen und Streifbänder etc. Unter Beifügung erklär. Noten. Mit ca. 1100 Illustr. (auf 89 Stnt.) und dem (Holzschn.-) Portr. des Verf. Nebst beigedruckten Verkaufspreisen der Briefmarkenhandlung von Louis Senf in Leipzig. 3. verm. und verb. Aufl. gr. 8. (XII, 268 S.) Ebendas. 877. *

— Handbuch für Postmarkensammler. Illustrirter Catalog aller seit 1653 bis Mai 1877 erschienenen Postmarken, Couverte, Postkarten, Anweisungen u. Streifbänder etc. Unter Beifügung erklärender Noten. Mit ca. 1100 Illustr. (auf 89 Steintaf.) u. dem (Holzschn.-)Portr. d. Verf. Nebst beigedruckten Verkaufspreisen der Briefmarkenhandlung von Louis Senf in Leipzig. 4., verm. u. verb. Aufl. gr. 8. (XII, 268 S.) Ebend. 877. n. 1. 85

—— Handbuch für Postmarkensammler. Illustr. Catalog aller seit 1653 bis Aug. 1879 erschienenen Postmarken, Couverte, Postkarten, Anweisungen und Streifbänder etc. Unter Beifügung erklärender Noten. Mit ca. 1500 Illustr. und 1 Portr. des Verf. in Lichtdr. Nebst beigedruckten Verkaufspreisen der Briefmarkenhandlung von Louis Senf, Leipzig, Inselstrasse 3/4. 4. verm. und verb. Aufl. gr. 8. (VIII, 315 S.) Ebendas. 880. *

—— dass. — Nachtrag: Alle seit Septbr. 1879 bis Febr. 1881 neuerschienenen und neu bekannt gewordenen Postmarken etc. enthaltend. gr. 8. (48 S. mit 54 Abbild.) Ebendas. 881.

Moschkau's, Alfr., Handbuch f. Postmarken-Sammler. 5. verb. u. bis auf die neueste Zeit ergänzte Aufl. Grosser illustr. Katalog aller seit 1653 bis heute erschienenen Postmarken, Postkarten, Anweisgn., Streifbänder etc. m. vielen erklär. Noten u. ca. 2590 Marken-Abbildgn., nebst beigedruckten Verkaufspreisen der Briefmarkenhandlg. v. Gebr. Senf, Leipzig. 6 Lfgn. gr. 8. (1. Lfg. 64 S. m. 16 Holzschntaf.) Leipzig 883. Gebr. Senf. Subscr.-Pr. n.n. 3. 60; Ladenpr. cplt. n.n. 4. —; geb. n.n. 5. —

Moschkau's, Alfr., Handbuch f. Postwertzeichen-Sammler. 7. Aufl. Mit vielen erläut. Anmerkgn. u. zahlreichen Abbildgn. 2 Bde. 8. Leipzig 891—893. Gebr. Senf. n. 8. —; geb. in Leinw. n. 10. —

1. Handbuch sämtlicher Postmarken, Briefumschläge u. Streifbänder. Bearb. v. Rich. Senf. (VI, 632 S.) n. 5. —; geb. n.n. 6. —
2. Handbuch sämtlicher Postkarten, Kartenbriefe, Postanweisungen u. Paket-Begleitadressen. Bearb. v. Thdr. Haas. (VI, 330 S.) n. 3. —; geb. n. 4. —

Moschkau, Dr. A. Vor und nach Hochkirch im Jahre 1758. Beitrag zur Kriegsgeschichte der Oberlausitz, insbesondere der Stadt Reichenberg in Böhmen und deren Umgebung. (Aus: „Jeschken-Jahrbuch 1904“.) 8. Oybin 1904.

— s.: Just, O., Oybin im Zittauer Gebirge als Terrain-Kurort.

Moschkau, Dr. A. Theodor Körner und das Lützower Freicorps in der Oberlausitz und im Isergebirge. April bis Juni 1813. 8. Oybin 1893.

Moschkau, Alfred (Dr. phil., Archäologe). Ueber Leichenverbrennung. Vortrag am 19. April 1874 in Ober-Oderwitz gehalten. Zittau 1874. E. Mederake.

Moschkau, Alfr., über Leichenverbrennung. Vortrag am 19. April 1874 in Ober-Oderwitz gehalten. gr. 8. (16 S.) Zittau 874, (Pahl.) *

—— Löbau und dessen Umgegend. Ein Führer durch die alte Vierstadt, auf den Löbauer Berg, Cottmar, Rothstein, Sonneberg, Horken und in die Scala. 16. (112 S. mit 1 Taf. Abbildungen in Holzschn. und 1 lithogr. Karte.) Dresden 871, (C. C. Dietze.) *

—— Magazin für den Sammler von Essais-, Privatpost-, Wechsel-, Stempel-, Telegraphen- und Eisenbahn-Marken. 1. Jahrg. 12 Nrn. (à $\frac{1}{2}$ Bog.) hoch 4. Dresden 871, C. E. Dietze. **

Moschkau, Dr. Alfred. Napoleon I. in Zittau und sein Zug über das Zittauer Gebirge. Ein Beitrag zur Kriegsgeschichte des Zittauer Gebirges. Nach authentischen Quellen bearbeitet. 8. Oybin 1890.

—— die Oberlausitz. Führer durch die Städte Bautzen, Bischofswerda, Camenz, Löbau, Herrnhut, Görliz, Lauban, Zittau und deren Umgebungen. Mit 1 (lithogr.) Karte der Oberlausitz und mehreren Illustrationen (in eingedr. Holzschn.). 1. Aufl. 1872, und 2. Aufl. 16. (XVI, 76 S.) Ebendas. 873. *

— die Burg Oybin bei Zittau. Topographisch u. historisch beschrieben. Mit 2 Kupferstichen, die Ruine der Burg im J. 1836 u. das obere Burgthor darstellend. 8. (VI, 108 S.) Leipzig 879. Gebr. Senf. n. 1. 20

ALFRED MOSCHKAU, Der Luftkurort und Berg Oybin im Zittauer Gebirge (Sachsen). Mit eingehender Beschreibung seiner nächsten Umgebung und einem ausführlichen Touren-Verzeichnisse. Herausgegeben vom Gebirgs-Verein zu Oybin. (Mit Tafeln.) Oybin. Im Verlage des Gebirgs-Vereins. 8°.

Moschkau, Alfr., Ritterburg und Kloster Oybin im Zittauer Gebirge. Deren Beschreibung und Geschichte. 8. (64 S. mit Illustr. von Rich. Püttner, M. Dietrich u. A.) Oybin 888. (Zittau, Oliva.) *

—— Oybin und seine Umgebung. Ein Führer durch Zittau, auf den Oybin, Töpfer, Ameisenberg, Brandsteine, Carlsfried und Weißbachthal, Pferdeberg, Johannisberg, Hochwald, Nonnenklunzen, Lausche, Cottmar, Spitzberg 2c. 4. Aufl. 8. (78 S. mit eingedr. Holzschn.) Zittau 883, Schaeffer. *

—— der Oybin bei Zittau. Seine Beschreibung, Geschichte und Sagen. 1.—3. Aufl. 8. (16 S.) Zittau 873—75, Münnich. cart.

—— der Oybin bei Zittau, seine Beschreibung, Geschichte und Sagen, nebst Führer durch Zittau, auf den Töpfer, Ameisenberg 2c. 1.—3. Aufl., illustrirt durch 14 Ansichten (in eingedr. Holzschn.) von Gust. Berthold. 8. (60 S.) Zittau 875—78, Schaeffer. *

— Oybin-Chronik. Urkundliche Geschichte v. Burg, Cölestinerkloster u. Dorf Oybin bei Zittau. Mit 6 Abbildgn. gr. 8. (VIII, 390 S.) Böhm.-Leipa 885. Künstner. n. 3. 50

—— Josef Pitzinger. Ein tiroler Sängerleben. 8. (IV, 32 S.) Leipzig 878. L. Senf.

—— die von den Oberlausitzer Sechsstädten eroberten und zerstörten Raubburgen der Lausitz, Schlesiens und Böhmens historisch und topographisch beschrieben. 8. (130 S. mit 1 lithogr. Taf. Abbildungen.) Zittau 874, Pahl. *

—— Schiller in Gohlis. Für Besucher des Schillerhauses in Gohlis und Verehrer des Dichters. gr. 16. (II, 116 S. mit 2 Abbild. in Holzschn.) Ebendas. 877. *

Moschkau, Alfr., Burg Tollenstein. Topographie und urkundl. Geschichte. 12. (VII, 128 S. mit 8 Lithogr. und 1 lithogr. Grundrisse.) Rumburg 882, Pfeifer. geb. *

Moschkau, Alfr., die Wasserzeichen anf Briefmarken u. Couverts etc., s.a. Bibliothek, philatelistische.

—— die Wasserzeichen auf den seit 1818 bis dato emittirten Briefmarken und Couverts nebst Abriss einer Geschichte der Briefmarken und des Briefmarkensammelwesens [Philatelie]. Neue Aufl. gr. 8. (VIII, 49 S. mit 1 Portr. in Holzschn. Rowland Hill's und 84 in den Text gedr. Holzschn.) Dresden 872, C. E. Dietze. [Leipzig, Louis Senf.] (*M 1.)

— die Wasserzeichen auf Briefmarken, Couverts, Postkarten etc. Nebst einer Geschichte der Briefmarken u. des Briefmarkensammelwesens [Philatelie]. 4. Aufl. gr. 8. (IV, 98 S. m. 12 Holzschntaf.) Leipzig

—— die Burgen Wehlen und Rathen in der sächsischen Schweiz. Topographisch und histor. beschrieben. 16. (71 S. mit 4 lithogr. Abbild.) Ebendas. 876. *

—— Zittau und dessen Umgebung. Ein Führer durch diese Stadt, auf den Oybin, Töpfer, Hochwald etc. 16. (32 S. mit 2 Stnt. in 16. und qu. 8.) Dresden 872, C. E. Dietze. *

—— Zittau und seine Umgebung. Ein Führer durch Zittau, das Neißthal, auf dem Oybin, Töpfer, Ameisenberg, Brandsteine, Carlsfried und Weißbachthal, Pferdeberg, Johannisberg, Hochwald, Nonnenklunzen, Lausche, Cottmar, Spitzberg 2c. 4. Aufl. 8. (78 S.) Zittau 882, Schaeffer. *

— Zittau u. seine Umgebung. Ein Führer durch Zittau, seine nächste Umgebg., in das Zittauer Gebirge u. das nördl. Böhmen etc. Mit Illustr. v. Max Dietrich. 5. Aufl. 12. (VII, 116 S. m. 11 Bilder-Taf. u. 1 Plan.) Zittau 893. E. Oliva. n. 1. —; m. 1 Karte n.n. 1. 50

Moeschke, Paul, die Erdbeeren, ihre Eintheilung, Beschreibung u. Cultur im Freien sowie unter Glas (Treiberei), s.a. Büchersammlung, gärtnerische.

Möschke, Paul. Die Erdbeere, ihre Eintheilg., Beschreibg. u. Cultur im Freien sowie unter Glas [Treiberei], nebst 19 Abbildgn. 8. (35 S.) Berl. 892, Grundmann. cart. * — 80

Die Erdbeere, ihre Einteilung, Beschreibung und Kultur im Freien und unter Glas ⟨Treiberei⟩ mit Beschreibung u. Abb. d. anbauungswertesten Sorten von Paul **Möschke**. 2. erw. u. umgearb. Aufl. mit 62 Abb. Neudamm: J. Neumann 1905. (83 S.) 8° [J.]
= **Büchersammlung**, J. Neumanns Gärtnerische. [Bd 7.] [o4. 3896

Möschke, Paul, die Kunst d. Boukett- u. Kranz-Bindens, s.: **Brinckmeier**, Ed.

— prakt. Obstbau. E. Buch f. Jedermann, m. leichtverständl. Anweisgn. üb. d. zweckmäßigste Anzucht u. Behandlg. d. Obstbäume, sow. e. Anleitg. f. richt. Sortenwahl in d. verschied. Bodenverhältnissen m. Berücksicht. aller Obstgattgn. Anlage nutzbring. Plantagen. Nebst e. kleinen Anh. üb. Topfobstkultur. gr. 8. (IV, 87 S. m. 24 Abb.) Leipzig 897. H. Voigt. n. 1. 20; zusammen m. Ph. Gielen, prakt. Gemüsebau, in 1 Leinw.-Bd. n. 2. 20

Moschkoff, V., Mundarten der bessarabischen Gagausen, s.: Radloff, W., die Sprachen der türkischen Stämme. X.

Moschkowitsch, H[eja] F[eiga]. Zur Wertbestimmung der Präparate der Folia Digitalis. Diss. Med. Univ. Zürich. (Besonderer Abdruck a. d. Archiv d. Pharmazie. Band 241. Heft 5. [Berlin] 1903.) *Kopftitel:* Aus dem pharmakologischen Institut zu Zürich. II + 14 S. 8. Zürich, Buchdr. des Schweiz. Grütlivereins, 1903.

Moeschler, Fel., die Schaf-Zucht u. -Haltung, ihre Rentabilität u. ihre Bedeutung f. die Gegenwart u. Zukunft, s.: „Ceres-Bibliothek". 5. Bdchn.

Moeschler, Felix, a. Kronförstchen i. Sa.: Gutsherrlich-bäuerliche Verhältnisse in der Ober-Lausitz. Rekonstruktion der Dörfer Rennersdorf, Berthelsdorf und Groß-Hennersdorf bei Herrnhut i. S. Ein Beitrag zur Erforschung der Siedelungsverhältnisse im Kolonialgebiet. Leipzig 1905. (VIII, 72 S.) 8°
Leipzig, Phil. Fak.. Ref. Seeliger, Stieda, Diss. v. 2. April 1906
[Geb. 10. April 78 Kronförstchen b. Bautzen; Wohnort: Herrnhut; Staatsangeh.: Sachsen; Vorbildung: Höhere Landwirtschaftssch. Döbeln Reife O. 01; Studium: Leipzig 6 S.; Rig. 25. Juli 04.]

Gutsherrlich-bäuerliche Verhältnisse in der Ober-Lausitz. Rekonstruktion d. Dörfer Rennersdorf, Berthelsdorf u. Groß-Hennersdorf bei Herrnhut i. S. Ein Beitrag z. Erforschung d. Siedelungsverhältnisse im Kolonialgebiet. Von Felix **Moeschler**. Görlitz: Oberlaus. Ges. d. Wiss. 1906. (VIII, 64 S.) 8°
Erschien auch als Inaug.-Diss. Leipzig 1905. [o6. 1331

Moeschler, Fel., gutsherrlich-bäuerliche Verhältnisse in der Ober-Lausitz. Rekonstruktion der Dörfer Rennersdorf, Berthelsdorf u. Gross-Hennersdorf bei Herrnhut i. S. Ein Beitrag zur Erforschg. der Siedelungsverhältnisse im Kolonialgebiet. Mit Unterstützg. der oberlausitz. Gesellschaft der Wissenschaften in Görlitz gedr. (Diss.) (VIII, 72 S. m. 6 Karten.) gr. 8. Görlitz (906). (H. Tzschaschel.) n. 2. 40

Möschler, Fritz, a. Zwickau: Platons Eroslehre und Schopenhauers Willensphilosophie. Weida i. Th. 1907: Thomas & Hubert. (78 S.) 8° [F.]
Leipzig, Phil. Fak., Ref. Heinze-Wundt, Diss. v. 18. Juli 1907
[Geb. 16. Febr. 83 Zwickau; Wohnort: Dresden; Staatsangeh.: Sachsen; Vorbildung: Heil. Kreuz-Gymn. Dresden Reife O. 02; Studium: Leipzig 8 S.; Rig. 16. Mai 07.]

Möschler, H. B., Beiträge zur Schmetterlings-Fauna der Goldküste. gr. 4. (52 S. mit 1 Taf. und 1 Bl. Erklärungen.) Frankfurt a. M. 887, (Diesterweg.) *

—— Beiträge zur Schmetterlings-Fauna von Jamaica. gr. 4. (63 S. mit 1 chromolithogr. Taf.) (Ebendas.) 886. *
Vorstehende zwei Schriften sind aus: Abhandlungen der Senckenbergischen naturforschenden Gesellschaft, besonders abgedruckt.

Möschler, H. B., Beiträge zur Schmetterlings-Fauna von Surinam. I—III. [Aus: „Verhandlgn. d. k. k. zool.-bot. Gesellsch. in Wien".] gr. 8. Wien 877—80. (Leipzig, Brockhaus' Sort.) n. 7. 70
1. (60 S. m. 2 Steintaf.) n. 2. 40
2. (72 S. m. 3 Steintaf.) n. 2. 50
3. (108 S. m. 2 Steintaf.) n. 2. 80; m. color. Taf. n. 6. 60

—— die Familien und Gattungen der europäischen Schwärmer, s. Abhandlungen der naturforschenden Gesellschaft zu Görlitz.

—— die Familien und Gattungen der europäischen Tagfalter. gr. 8. (79 S. mit 3 Stnt.) Görlitz 879, (Remer.) *
Aus: Abhandlungen der naturforschenden Gesellschaft zu Görlitz, besonders abgedruckt.

Möschler, H. B. Die Lepidopteren-Fauna von Portorico. Mit dem Bildnisse d. Verf. u. e. Taf. gr. 4. (S. 69—360.) Frankf. a. M. 890, (Diesterweg). * 12 —
Aus: Abhandlgn. d. Senckenb. naturforsch. Gesellsch., besonders abgedruckt.

Möschler, H. B., die Lepidopteren-Fauna v. Portorico. Zum Druck vorbereitet durch M. Saalmüller. [Aus: „Abhandlgn. der Senckenberg. naturforsch. Gesellsch."] gr. 4. (S. 69—360 m. Bildnis, 1 farb. Taf. u. 1 Bl. Erklärgn.) Frankfurt a/M. 894. (M. Diesterweg.) n. 12. —

Ⓢ **Möschler**, H. B., Lepidopteren-Fauna v. Portorico. 894. (KBL 28.) Jetzt: Frankfurt a/M. (Viktoria-Allee 7), Senckenberg. naturforsch. Gesellsch. nn 5. –

Moeschlin, Fel., Hermann Hitz. Roman. (376 S.) 8. Berlin 910. Wiegandt & Grieben. 3.50; geb. 4. 50

Moeschlin, Felix. Die Königschmieds. Roman. IV + 400 S. 8. Berlin, Wiegandt & Grieben, 1909. [M. 4. 50, geb. 5. 50]

Moeschlin, Fel., Hermann Hitz. — Die Königschmieds. Jetzt: Leipzig, G. K. Sarasin.

Moschner, F. J., Conspectus partuum in Lechodochio Pragensi, a prima ejus origine usque ad finitum annum scholasticum, sive usque ad ultimam mensis Aug. 1825, celebratorum; nec non rerum memoratu dignarum in matribus et infantibus observat. 8maj. Prag 826. Kronberger u. W. 16 *gl*

Moschner, Ignaz Ernest —. Hilfsbuch zum Dienstunterrichte für die k. k. Finanzwache, wie auch zum Gebrauche anderer mit der Bemessung, Einhebung und Ueberwachung der indirekten Abgaben betrauter Organe. Mit besonderer Berücksichtigung des inneren Zollgebietes. Bearbeitet und herausgegeben von — —. Krems. 1855. Druck von Maxim. Pammer. (432 S. 8.)

Moschner, Ignaz Ernest — Hilfsbuch zum Dienstunterrichte für die k. k. Finanzwache. Bearbeitet und herausgegeben von — —. Dritte verbesserte und vermehrte Auflage. Krems, 1856. Druck von Maximilian Pammer. (471 S. 8.)

Moschner, Ignaz Ernest. Hilfsbuch zum Dienst-Unterrichte für die k. k. Finanzwache. Vierte verbess. u. verm. Aufl. *Stein* 1857. Im Selbstverlage des Herausgebers. 517. S. 8°.

Moschner, Paul (Carl Albert) *(geb. Silberberg in Schles. 9. 2. 1859)*: Beiträge zur Histologie der Magenschleimhaut. Breslau 1885. (31 S.) 8° *[Im Buchhandel 1885 bei Köhler in Breslau.]*
Breslau, Med. Diss. v. 4. Mai 1885

Moscho, Staurus Poliso (Thessaloncensis), De mensium vitiis. Specimen med. Halle (Bathe) 27. IX 1800. 40 S. (4.—) 23715
Gew.: ΠΟΛΙΣΩΧ: ΜΟΣΧΟΥ.

Moschopulus, Manuel

Moschopuli in Batrachomyomachiam commentarii pars I, ed. Arth. Ludwich. gr. 4. (7 S.) Königsberg i/Pr. 890. (W. Koch's Antiqu.) n. -- 60

Moschopuli in Batrachomyomachiam commentarii pars II ed. Arth. Ludwich. gr. 4. (41 S.) Königsberg i/Pr. 891. (Akadem. Buchhandlg. v. Schubert & Seidel.) n. — 60 (I. II.: n. 1. 20)

Moschopuli, **Man. Cretensis**, Opuscula grammatica, in quibus etiam de usitata graecis ex omni aevo diphthongor. pronuntiatione doctrina insignis; e cod. nuper in Bohem. reperto, ed. F. N. Titze. 8maj. Prag 822. Krauss. (Cnobloch in Leipz.) 15 *gl*

— *liber de partibus orationis.* Graece: Vindob. 773. 8.

— In II priores Iliados libros scholia, auxit ac rec. L. Bachmann. I. Pr. 1835. 52 S. 4°. VII, 1.20

Moschopuli περὶ σχεδῶν ἤτοι γραμματική. Graece, ed. Cajus. Vienn. 781. 8. 16 gr.

Moschus

—— carmina, s. Bio et Moschus carmina.

Moschi carmina, s. Bionis carmina.

Moschus. Die geraubte Europa. Zürich 1753. Ü: *Bodmer, Joh. Jac.* (Hoff) (GGr) (Ky)

§ * **MOSCHUS,** Demetr. Laco (= Lacedaem.), Die geraubte Europa, übers. von J. J. Bodmer. Zürich 1753. 4°. (In Berlin, mit d. Jahrz. „1752": B. Dz. 4° 2639; in München: A. gr. 255, 1.)

Moschus, vorhandene Gedichte, s. Bukoliker, die.

Moschus. Drittes Idyll, Klaggesang auf Bion ... übersetzt. [Helmst. 1789.] Ü: *Ricklefs, Frdr. Reinhard.* (MGT)

Moschi idyllia, s. Theocritus.

Moschus ed. H. L. Ahrens, s.: Bucolici Graeci.

Moschos, deutsch im Versmaße der Urschrift, s. Theokritos.

Moschus, übers. v. A. W. R. Naumann, s. : Uebersetzungsbibliothek d. griech. u. röm. Klass., I. Abthl.

Moschus, Demetr., Neaera. Komödie. Nach dem 1845 in Athen erschienenen ersten Abdruck der Florentinischen Handschrift. Nebst einer literarhistorischen Abhandlung des griechischen Herausgebers Andreas Mustoxydis von Korcyra. Griechisch und deutsch mit Einleitung und Anmerkungen von A. Ellissen. gr. 8. (115 S.) Hannover 859, O. Rümpler. *

— s. Volksbibliothek, deutsche, der griech. u. römischen Classiker.

de Mościcki, Adam. Hieron. (geb. Bzowica in Galizien 23. 9. 1825): De pneumonia. Berolini (1852). (55 S.) 8°
Berlin, Med. Diss. v. 7. Juni 1852

Moscovia gloriosa, d. unt. Peter I. blüh. Moscau. 8. Erf. Mumme. 741.

Mosczenska, I.

Was wir von unsern Kindern nicht wissen [Czego nie wiemy o naszych synach]. Von L. Moszenska [vielm.: I. **Mosczeńska**]. Aus d. Poln. übers. von H. Chojnicki. Berlin: Bermühler [1900]. 79 S. 8°
A 12. 10118

Mosdorf, s. Mossdorf.

Mosdorf, Otto, Studien für Landschaftsgärtner. qu. Fol. (10 Stnt. mit 1 Bl. Text.) Leipzig 888, E. Thiele. *

Mose s. *Moses*.

Mosè, il Dante ebreo, s. Dante ebreo.

[Hebr.] 'jjn njj' Qlagljd be-niggūn Prōsṭiṣer qedōšimlid 'jbr d'en grwsn 'eršr'eqlikn 'ippūš ww'elkr pō Prag angjhwbn hat 473. Na'ase 'al jedē **Mōše** (Ben-Ḥajjim) 'jjzn-šṭaṭ [Eisenstadt]. Be-ōtijjōt Amsterdam. [Hamburg: A. Goldschmidt 1896.] (8 Bl.). 8° [lith.]
[Ein neues Klaglied nach d. Melodie 'Prostitzer Qedōšim-lied' über d. große erschreckliche Pest, welche hier in Prag 1713 angehoben hat.] 1o8. 13433

Mose ben Maimun, s. a. Maimonides.

Mose ben Maimun's (Maimonides) acht Capitel. Arabisch und deutsch mit Anmerkungen von M. Wolff. gr. 8. (VIII und 111 S.) Leipzig 863, (Hunger.)

Mose ben Maimûni, s.: Maimonides.

Mose ben Nachman's Dissertation über die Vorzüge der Mosaischen Lehre, gehalten in Saragossa vor König Jakob von Aragonien. Nach der seltenen Prager Edition v. J. 1595 verb. und mit erläuternden Anmerkungen herausg. von Adph. Jellinek. Leipzig 853. Hunger. 8. (VIII, 40 S.) 12 ngr

Mose ben Nachmann's, R., Dissertation über die Vorzüge der Mosaischen Lehre, gehalten in der Synagoge zu Barcelona. 2. nach einer Handschrift verb. und verm. Ausg. von Ad. Jelinek. gr. 8. (VI, 42 S.) Wien 872, Herzfeld und Bauer. [Brüder Winter.] *

[Hebr.] S. Mesillat ješārim. Ḥibberō **Mōše** Ḥajjim Lwṣ'ṭw (Luzzatto). 'Im ba'atāqā li-lešōn aškenaz mim- menni Jōsēf Ww'hlgmwṭ (Wohlgemuth). Berlin: L. Lamm 666 (1906). (79, 161, XXVIII S.) 8°
[Nebent.:] Der Weg der Frommen von R. Mosche Chajim Luzzatto, neu hrsg., übers. u. mit e. Einl. u. Quellenangabe versehen von J. Wohlgemuth. 1o8. 13415

Moše Meseritz, Baruḵ Bendit ben Miḵa'el: סגרסא דינקותא Girsa dějanquta |: Børnelærdom. Grammatiske og halakiske Regler for Drenge. Hebr. og Jødetysk. Altona ([5]568 i Kronogr. (ɔ: 1807—08)) :|.

Mose e Nehemiah B. Meschullam Phöbus, s. a. Phöbus.

Mose Nehemiah B. Meschullam Phöbus, Nethiboth Ha-Schalom (Semitae pacis), opus bipartitum: a) Orchoth Chajim (Viae vitae) Novellae in Eben ha-Eser. b) Orchoth Mischpat (Viae juris) Novellae in Choschen Mischpat. 4. (XIII und 256 S.) Berlin 859, Adolf und Comp. **

Mose, Franz [approb. Arzt aus Preetz]: Über Exenteratio bulbi .... Kiel, Druck v. A. F. Jensen, 1887; 20 S. 8°.
Kiel, Med. Fak., Inaug.-Diss. v. 11. Jul. 1887.

Mose, Frz., über Exenteratio bulbi. Inaugural-Dissertation. gr. 8. (20 S.) Kiel 887, (Lipsius und Tischer.) *

Mose, Heinr., Führer durch Gloggnitz u. seine malerische Umgebung. (III, 42 S. m. Abbildgn.) 8. Wr.-Neustadt (904). A. Folk. Kart. n. 1.—

Mose, Heinrich, Illustrirter Führer auf der Zagorianer-Bahn und durch die Curorte Zagoriens. 8. (34 S.) —.35
Neunkirchen: Liepsch 1892

Mose, Heinr., Führer durch d. Bergschloß Seebenstein, s.: Wanderbücher, heimatliche.

Mose, Heinr., Pitten, das Bergschloß Seebenstein u. seine Sammlungen, der Türkensturz, s.: Durch das niederösterr. Alpengebiet.

Mose, Heinr., aus der Waldmark. Sagen u. Geschichten aus dem Rax-, Semmering-, Schneeberg- u. Wechsel-Gebiete. 2., veränd. Aufl. 8. (VI, 87 S. m. 4 Illustr.) Pottschach 894. (Neunkirchen, P. Liepsch.) n. — 70

— aus der Waldmark. Sagen u. Geschichten aus dem Rax-, Semmering-, Schneeberg- u. Wechselgebiete. 3. verm Aufl. (VII, 99 S. m. 4 Abbildgn.) 8. Neunkirchen 904. P. Weidinger. n. 1.—

Mose, Frl. Josepha, s. a. Torrund, Jassy.

Die graue Frau. Erlebnisse einer Mutter und andere Kriegserzählungen v. Jassy Torrund [d. i. Josepha **Mose**]. o. O. u. J. 8°

Die Gipskatze und andere lustige Geschichten von Jassy **Torrund** [d. i. Josepha **Mose**]. Leipzig: Reclam [1910]. 101 S. 8°
(Universal-Bibliothek. 5166.) (10. 6973

Sein Herzenskind. Novelle v. Jassy Torrund (d. i. Josepha **Mose**). Leipzig. [1907.] 8°

Weiße Narzissen und andere Novellen v. Jassy Torrund [d. i. Josepha **Mose**]. Leipzig. [1904.] 8°

Spätsommer und andere Novellen v. Jassy Torrund [d. i. Josepha **Mose**]. Leipzig. [1906.] 8°

Jassy Torrund [d. i. Josepha **Mose**]: Was das Leben bringt. Großenhain. [1895.] 8°

Anleitung zum praktischen Gebrauche des Rechenschiebers. Von Paul **Mose**, Ingen. Hrsg. v. Kieler Techniker-Ver. Kiel 1907: (Schmidt & Klaunig). (8 S.) 8° [Umschlagt.] (08. 5517

[Hebr.] **Netib Môšê.** Maamar ... 'al netibôt hat-tôrâ ... mêitti ... **Môšê** ... **Salmôn** ... *Wien: Zelbstverlag 656 l. p. k.* [Pfad d. Moses. Abhdlg üb. die Pfade d. Gesetzes ... v. M. Ś. *Wien: Selbstverl. 1896.*] (31 S.) 1 Bd 8. (99. 1419

[Hebr.] **Netib Môšê.** Maamar ... 'al hak-kabbalâ we-'al mišpaṭ talmîdê ḥâkâmim ... mêitti ... **Môšê** ... **Salmôn** ... *Wien: Zelbstferlag 657 l. p. k.* [Pfad d. Moses. Abhdlg üb. d. Kabbala ... v. M. Ś. *Wien: Selbstverl. 1897.*] (51 S.) 1 Bd 8. (99. 1410

[Hebr.] **Netib Môšê.** Maamar ... 'al koaḥ hâ-ḥâkâmim ... mêitti ... **Môšê** ... **Salmôn** ... *Budapest: Zelbstferlag 658 l. p. k.* [Pfad d. **Moses**. Abhdlg üb. d. Autorität d. Weisen v. M. Ś. *Budapest: Selbstverlag 1898.*] (48 S.) 1 Bd 8. (99. 1411

Mosebach, F., Über die Bildung einer Handelsgesellschaft zum Zwecke des Ankaufs und Wiedervertriebs der Kohlenproduction des Oberbergamtsbezirks Dortmund. 8. (47 S.) Recklinghausen 887, Albn. *

Mosebach, Herbert, Referendar: Die offene Handelsgesellschaft im Prozeß. Borna-Leipzig 1909: Noske. VIII, 29 S. 8°
Leipzig, Jur. Diss. v. 26. Juli 1909
[Geb. 28. Sept. 82 Zwickau i. S.; Wohnort: Zwickau; Staatsangeh.: Sachsen; Vorbildung: Gymn. Zwickau Reife O. 02; Studium: Tübingen 3, Leipzig 1, München 1, Leipzig 3 S.; Rig. 17. Jan. 06.] [U 09. 2612

Mosebach, Osc. Die Rohstoffe der Lackfabrikation. Eine Skizze. gr. 8. (19 S.) Zwickau 892, (Förster u. Borries). * 1 —

Mosebach, Oscar, approb. Arzt aus Leipzig: Aus d. hygien. Institut zu Bonn. Ueber Verbreitung des Milzbrandes durch Rohwolle, Rosshaare und Torfstreu. *Bonn 1901: J. Trapp.* (23 S.) 8°
Bonn, Med. Diss. v. [4. Jan.] 1902

Mosebach, Philipp Wilhelm u. Jac. Carl Römheld (Kirchberg) [Resp.]
De o. servatoris nostri innocentia, ex conjugis Pilati somnio evicta, Matth. XXVII, 19.
Giessae [15.] Oct. 1767: Braun. 20 S. 4°

Mosebach, Philipp Wilhelm, Lectiones suas aestivas indicaturus de diis polymorphis quidpiam disserit. Accedit Coniectatio de Venere ἀμβοογήσα Gießen (Braun) (7. IV. 1768). 16 S. (4.—) 23717

Mosebach, Phil. Wilh.: De morte pro fratribus, s. Benner, Johann Hermann [Praes.]

Mosebach, Philipp Wilhelm [Praes.], s. Roemheld, Jakob Karl: De o. servatoris nostri innocentia ex coniugis Pilati somnio evicta Matth. XXVII, 19.

Mosegaard, Anna, der Deserteur, s.: Arbeiterbühne.

Moseide, die, in achtzehn Gesängen. Uebers. [von Em. Wessely] nach dem hebraischen Original von Hartw. Wessely, mit neuen teutschen Anmerkungen des Verfassers. 1. H. Berlin. 1795. (jf. Lübker und Schröder. II. p. 692).

Moseide, die, in 18 Gesängen; nach d. Hebr. v. Hartw. u. Em. Wessely: 1s Hft. gr. 8. Berl. 795. W. Biewen. 18 gr.

Mosel [Sachliches OW]

Mosel, die, von Koblenz bis Trier, s.a. Grieben's Reisebücher.

Die **Mosel** (Deckelt: Das Moselthal) von **Koblenz** bis Trier. Prakt. Reiseb. 3. Aufl. m. 2 Kartenbeil. *Berlin: A. Goldschmidt 1895.* (IV, 100 S., 2 Kt.) 1 Bd 8.
= Reisebücher, Griebens. Bd 28. (95. 2727

Die **Mosel** von **Coblenz** bis Trier. Prakt. Reisehandb. 5., neu bearb. Aufl. Mit 2 Karten beil. *Berlin: A. Goldschmidt 1900.* (IV, 123 S.) 8°
= Reisebücher, Griebens. Bd 28. (00. 10608

Die **Mosel** von **Coblenz** bis Trier. Prakt. Reisebuch. 6., neu bearb. Aufl. Mit 3 Karten. *Berlin: A. Goldschmidt 1903-04.* (IV, 134 S.) 8° [J. u. Ant.]
= Reiseführer, Griebens. Bd 28. (04. 3843

Die **Mosel** von Coblenz bis Trier. Prakt. Reisebuch. 7. neu bearb. Aufl. Mit 3 Karten. Berlin: A. Goldschmidt 1905–06. (IV, 136 S.) 8° [J. u. Ant.]
= Reiseführer, Griebens. Bd 28. (06. 5700

Die **Mosel** von Coblenz bis Trier. Prakt. Reisebuch. 8. neu bearb. Aufl. Mit 3 Karten. Berlin: A. Goldschmidt 1907–08. (IV, 132 S.) 8°
= Reiseführer, Griebens. Bd 28. (07. 15399

Die Mosel von Coblenz bis Trier. Prakt. Reiseführer. Mit 3 Kt. u. neu bearb. Aufl. Berlin: Goldschmidt 1910–11. 135 S. 8°
(Griebens Reiseführer Bd 28.) A 12. 5769

Mosel, die, von Metz bis Coblenz, s.a. Czarnowsky, O. v.

Mosel, die, von Metz bis Coblenz. Ein Wegweiser für Reisende. 16. (32 S. mit 1 Panorama des Flusses.) Coblenz 847, Reiff'sche Buchh. *

Mosel, die, u. ihre nächsten Umgebungen von Metz bis Coblenz. (Von v. Czarnowsky.) In 16 Lfrgg. mit 32 Kupferstichen, 1 Karte u. Text. (Supplem. z. maler. u. romant. Deutschland.) 1e Lfrg. Mit 2 Kupferst. gr. 8. Coblenz 840. Hölscher. n. 1/3 rf

Mosel, Die, und ihre nächsten Umgebungen ... Coblenz 1841. V: *Czarnowsky, Otto von.* (Ky) (BrMm)

Mosel [Schlagwort]

— s. a.: Rhein. — Weinbaukarten.

Mosellae — Delineatio — Fl. Zu finden bey Jacob Koppmayer 1700? 1 : 580,000. 1 Bl.

Mosel. Friedrich, Aug., Mosel, Eifel u. Hunsrück. Wanderkarte, gezeichnet u. hrsg. Mit Verzeichnis bevorzugter Ausflugsorte, Sommerfrischen, Hotel-Restaurants u. Gastwirtschaften (auf der Rückseite). 1 : 75,000. 50,5×51,5 cm. Farbdr. Braubach a/Rh. (909). Aug. Friedrich. — 75

Mosel. Hees, J., Moselkarte von Coblenz bis Trier. 1 : 200,000. 57 × 13,5 cm. Farbendr. Trier 896. H. Stephanus. n. — 60

— Hees, J., Moselkarte Coblenz—Trier. 1 : 200,000. 13,5×57 cm. Farbdr. Trier (910). H. Stephanus. — 60

Mosel [Verfasser]

Mosel, A. v., die schöne Sünderin, s.: Weber's mod. Bibl.

Mosel, Alfr., Jesus allein. Abschiedspredigt, geh. am 16. VI. 1907 im Betsaal der Brüdergemeine zu Breslau. (7 S.) gr. 8. Breslau (907). W. G. Korn. — 20

Mosel, C. v. der, s.a. Mosel, Kurt von der

Mosel, C., s.: Gnadenfrei, Brüdergemeine, in Schlesien.

Mosel, G. v. d., Hauptregister, s.: Fischer's, Otto, Zeitschrift f. Praxis u. Gesetzgebung der Verwaltung.

Mosel, Heinr. v. d., Examensfälle m. Lösungen. Eine Sammlg. lehrreicher, zum Tl. im jurist. Staatsexamen gegebener, in der Praxis vorgekommener Fälle m. ausführl. Besprechgn., zum Tl. m. den zugehör. Urteilen, nebst e. Anh., betr. Anträge, Beschlüsse usw. Zur unmittelbaren Vorbereitg. auf die schriftl. jurist. Prüfgn. f. Studierende u. Referendare. 1. Heft. (IV, 108 S.) 8. Kötzschenbroda (Bahnhofstr. 121) (910). (F. Klinger.) 2. —

Mosel, Heinr. v. der, Lösungen zu dem Civilrechtspraktikum zum Selbststudium u. zum Lehrgebrauch von Kammerger.-R. Rich. Schück. Nach dem bürgerl. Gesetzbuch bearb. f. Studierende u. Referendare. Mit Genehmigg. des Verf. des Textes hrsg. 1. Heft. (VIII, 108 S.) gr. 8. Berlin 903. J. Guttentag. Kart. n. 1. 50

Lösungen zu dem Civilrechtspraktikum. Zum Selbststudium u. z. Lehrgebr. von Dr. jur. et phil. Richard Schück, Kammerger.R. in Berlin. Nach d. B.G.B. bearb. f. Studierende u. Referendare. Mit Genehmigung d. Verf. d. Textes hrsg. von Heinrich v. der Mosel, Ref. in Dresden. H. 1. *Berlin: J. J. Heine 1903.* 8° [F.] [03. 1098]

— Lösungen zu dem Zivilrechtspraktikum, hrsg. v. Rich. Schück. Mit Genehmigg. des Verf. bearb. nach dem bürgerl. Gesetzbuch f. Studierende u. Referendare. 2. Aufl. (160 S.) gr. 8. Berlin 909. J. Guttentag. Geb. 4. —

Mosel, Ignaz Franz von

v. Mosel, I. Fr., s. Delavigne, u. Paris.

Mosel, Ig(naz) Fr(anz) von: Geschichte der kaiserl.königl.Hofbibliothek zu Wien. 398 S., gbd., 2 Taf.

Wien: Beck 1835

JB 5.505

v. Mosel, (I. F. Edler,) üb. das Leben u. die Werke d. Anton Salieri. gr. 8. Wien 827, Wallishauser.

— s. Miscellen, dramatische.

Mosel, J. F. v.- Nekrolog des grossen Tonsetzers, Herrn Abbé Maximilian Stadler. (Aus der Wiener „Zeitschrift für Kunst, Literatur &" 1833.) Wien 1864.

Mosel, I. F. v., Nekrolog des großen Tonsetzers Herrn Abbé Maximilian Stadler. Aus der Wiener „Zeitschrift für Kunst, Literatur, Theater und Mode" vom 12. und 14. December 1833 abgedr. und den Verehrern des Verblichenen gewidmet durch seinen vertrauten Freund und dankbaren Schüler Grafen Moriz v. Dietrichstein. gr. 8. (15 S.) Wien 864, Braumüller's Sortiment. *

Mosel, J. F. Edler von. Ueber die Original-Partitur des Requiem von W. A. Mozart. Wien 1839.

Mosel, J. F., Versuch e. Ästhetik des dramatischen Tonsatzes. (Wien 1813.) Mit e. Einleitg. u. Erläutergn. neu hrsg. v. Eug. Schmitz. (75 S.) 8. München 910. Dr. H. Lewy. 1. 80

Mosel, Karl Joh. von der (Pseud.), s. Kohn, Johann Karl (wirkl. Name)

Mosel, Karl Joh. v. der, Lisra, die germanische Fürstentochter, s.: Dasbach's Novellenkranz.

Mosel, Karl Joh. von. Lisra, die germanische Fürstentochter, s. Novellenkranz.

Mosel, Kurt von der

Mosel, C. v. der, Handbuch d. königl. sächsischen Verwaltungsrechtes. 7. Aufl. gr. 8. (III, 704 S.) Leipzig 895. Roßberg. n. 12. —; geb. n.n. 14. —

Mosel, Curt v. der, Handbuch d. kgl. sächs. Verwaltungsrechts. 8. Aufl. gr. 8. (III, 718 S.) Leipzig 897. Roßberg. n. 12. —; geb. n. 14. —
Erschien auch in 8 Lfgn. à n. 1. 50.

Mosel, Curt v. der, Handwörterbuch des königl. sächsischen Verwaltungsrechts. 9. Aufl. gr. 8. (VI, 822 S.) Leipzig 901. Roßberg'sche Verlagsbuchh. n. 16.—; geb. n.n. 18.—

Mosel, Curt v. der, Handwörterbuch des sächsischen Verwaltungsrechts. 10. Aufl. 2 Bde. (VI, 568 u. 462 S.) gr. 8. Leipzig 903. Roßberg'sche Verlagsbuchh. n. 20. —; geb. in Leinw. n. 22. —; in Halbfrz. n. 24. —

Mosel, Curt v. der, Handwörterbuch des sächsischen Verwaltungsrechts. 11. Aufl. (IV, 896 S.) Lex. 8. Leipzig 907. Roßberg'sche Verlagsbuchh. 25.—; geb. 28. —

— das Recht der Gemeindebesteuerung im Königr. Sachsen, s.: Handbibliothek, juristische. 175. Bd.

Mosel, C. v. der, Repertorium der Verfassungs- und Verwaltungs-Gesetzgebung des Königr. Sachsen vom J. 1818 an, sowie des Deutschen Reichs, so wie zur Zeit gültig, zusammengestellt. 2. vollständig umgearb. Aufl. 8. (263 S.) Plauen 875, Schöne's Nachf.

Mosel, C. v. der, Repertorium der königl. sächs. Verfassungs- und Verwaltungs-Gesetzgebung der Jahre 1815 bis 1875, ingleichen der gesammten Reichsgesetzgebung, soweit zur Zeit gültig. 8. (180 S.) Plauen 875, Schöne's Nachf.

Mosel, C. v. der, Repertorium des deutschen Verwaltungsrechtes. Alphabetisch zusammengestellt. 8. (III, 207 S.) Plauen 877. Schöne. n. 2. —

— Repertorium des königl. sächs. Verwaltungsrechtes, unter Berücksichtigung der einschlagenden reichsgesetzlichen Bestimmungen alphabetisch zusammengestellt. 3. Aufl. [Textausg.] gr. 8. (VIII, 651 S.) Leipzig 879. Roßberg. n. 7. —

Mosel, C. v. der, Repertorium des königl. sächs. Verwaltungsrechtes, unter Berücksicht. der einschlagenden reichsgesetzl. Bestimmungen alphabetisch zusammengestellt. 4. verm. und verb. Aufl. 8 Lfgn. gr. 8. (III, 728 S.) Leipzig 882, Roßberg'sche Buchh. *M 10.; geb. *

Mosel, C. v. der, Repertorium d. königl. sächsischen Verwaltungsrechtes, unter Berücksicht. der einschlag. reichsgesetzl. Bestimmgn. alphabetisch zusammengestellt. 5. bis zur Gegenwart fortgeführte Aufl. (In ca. 8 Lfgn.) 1—3. Lfg. gr. 8. (S. 1—288.) Leipzig 886. Roßberg. à n. 1 40

Mosel, C. v. der, Repertorium d. königl. sächsischen Verwaltungsrechtes, unter Berücksicht. der einschlag. reichsgesetzl. Bestimmgn. alphabetisch zusammengestellt. 5. bis zur Gegenwart fortgeführte Aufl. 4.—8. (Schluß-)Lfg. gr. 8. (III u. S. 289—692.) Leipzig 887. Roßberg. à n. 1. 40 (cplt.: n. 12.—; geb. n.n. 14.—)

Mosel, C. v. der. Repertorium d. Königl. Sächsischen Verwaltungsrechtes, unter Berücksicht. der einschlag. reichsgesetzl. Bestimmgn. alphabetisch zusammengestellt. 6. bis zur Gegenwart fortgef. Aufl. 8 Lfgn. gr. 8. (III, 697 S.) Lpz. 891, Roßberg. à Lfg. * 1 50; * 12 — geb. in Hlbfrz. ** 14 —

—— Verordnungen und Entscheidungen zu den in den Gesetzblättern des Deutschen Reichs und des Königr. Sachsen enthaltenen Bestimmungen des Verfassungs- und Verwaltungsrechts, im Auszuge alphabetisch zusammengestellt. 8. (133 S.) Plauen 876, Schöne's Nachf.

—— das königl. sächs. Volksschulgesetz vom 26. April 1873, nebst der Ausführungsverordnung vom 25. Aug. 1874 und den damit in Verbindung stehenden Gesetzen und Verordnungen. Mit ausführl. Sachregister. 8. (III, 230 S.) Ebendas. 881. *

v. d. Mosel, Edw., u. S. v. Tennecker, Archiv f. thierärztl. Erfahrr. 1r Bd. 1s—3s Stck. gr. 8. Chemn. 806. Maute. 1 ℛ

Mosel, Ludw. v. u. S. v. Tennecker, Archiv für tierärztliche Erfahrungen. 1 Jahrg. Heft 1—3. gr. 8. Chemnitz 06. Starke. M. 3.

Mosel, Mor. v. der, die Landes-Heil- und Versorg-Erziehungs- und Besserungs-Anstalten im Königr. Sachsen nach deren Einrichtungen und Bestimmungen. Für Verwaltungsbeamte, Gemeinde- und Armenvereins-Organe, Geistliche, Lehrer und Aerzte zusammengestellt. 8. (IV und 60 S.) Leipzig 867, Hinrichs'sche Verlagsb. *

Mosel-Album. qu. 16. (15 Photogr.-Imitationen.) Trier 886. Lintz. In Leinw.-Decke. 1. 50

Mosel-Eisgangs-Lied, Das, von einer wunderbar erhaltenen Familie und einem traurig untergegangenen Mägdlein in dem Dorfe Lay bei Coblenz am 10. Februar 1830. O. O. V: *Brentano, Clemens.* (Grisebach, Weltlitteraturkatalog. Berlin 1898-1900. I, 266.)

Moseler, L. T., s. 1) R. C. Rist, über d. Ursprung der Bischöfl. Würde. 2) J. v. Lennep, die Rose von Dikama.

Moseler, L. T., s. v. Saint-Priest, Geschichte des Sturzes d. Jesuiten im 18. Jahrh. — Toussaint, A. L. G., gesammelte Novellen. — de Vries, J. C., Westburg.

Moseley, Benjamin: Abhandlung von den Krankheiten zwischen den Wendezirkeln und von dem Klima in Westindien. (A Treatise on tropical diseases and on the climate of the West-Indies. Dt.) 463 S., gbd.

Nürnberg u.Altdorf: Monath & Kußler 1790

JB 5.178

Moseley, Benj., Abh. v. d. Wirk. u. Eigensch. d. Kaffee, a. d. Engl. Lübeck, Donatius. (Niemann u. R.) 786.

Moseley, Benjamin.
Abhandlung über den Zucker, aus dem englischen mit Anmerkungen und einem Anhange von Karl August Nöldechen. Berlin und Stettin, 1800. 8vo.

—Abhandl. üb. d. Zucker; aus d. Engl. mit Anmerkk. u. Anh. v. K. Nöldechen. 8. Berl. 800. Nicolai. 10 ℊ

Moseley, Benj., V. d. Eigenschaft u. den Wirkungen des Coffé's A. d. Engl. Lüb. 8°. A. D. B. LXXV, 148. 1786

Moseley, Hnr., die mechanischen Prinzipien der Ingenieurkunst u. Architektur. Aus dem Engl. übers. u. mit Erläuterungen versehen von H. Scheffler. Mit über 300 in den Text gedr. Holzschnitt. 9 Liefg. gr. 8. Braunschweig 845, Leibrock. (à n. 1/2 ℛ) 2 Bde. cpl. n. 4 1/2 ℛ

Moseley, J., Rußland in seinem Rechte oder die andere Seite der türkischen Frage. Nach dem Englischen. Stuttgart 854. Fr. Köhler in Comm. (Aue.) 8. (64 S.) 7 1/2 ngr.

Moselführer, kleiner. Das Moselthal von Trier bis Coblenz. Mit 1 Moselkarte 1:200,000. 12. (32 S.) Trier 897. H. Stephanus. n. 1.—

Moselführer, kleiner. Kurze Beschreibung des Moselthales von Trier bis Coblenz, seiner Städte, Burgen u. bemerkenswerten Punkte. Mit e. Moselkärtchen 1:300,000 u. 10 Ansichtspostkarten in Lichtdr. gr. 16. (40 S.) Trier (902). H. Stephanus. n. 1.—

Moselführer, kleiner. Das Moseltal von Trier bis Coblenz. Mit e. (farb.) Moselkarte. 1 : 200 000. 2. Aufl. (38 S.) kl. 8. Trier 910. H. Stephanus. —80

Mosel- u. Saarführer. D. Thäler d. Mosel u. d. Saar von Coblenz bis Metz u. bis Saarbrücken. M. 5 Karten, 4 Stadtplänen u. Bild. 12. (IV, 188 S.) Ebd. 896. Geb. in Leinw. n. 2.—

Mosel- u. Saarführer. Die Thäler der Mosel u. der Saar von Coblenz bis Metz u. bis Saarbrücken. Mit einigen Wanderungen in die vulkan. Eifel u. in den Hochwald. Mit 5 (z. Tl. farb.) Karten, 4 Stadtplänen u. Bildern. 2. Aufl. 12. (VI, 204 S.) Ebd. 898. Geb. in Leinw. n. 2.—

Mosel- u. Saarführer. Die Täler der Mosel u. der Saar von Coblenz bis Metz u. bis Saarbrücken. Mit einigen Wandergn. in die vulkan. Eifel, in den Hochwald u. in das Grossherzogt. Luxemburg. Mit 4 Karten, 3 Stadtplänen u. 43 Bildern. 3. verm. Aufl. (VIII, 231 S.) kl. 8. Trier 906. H. Stephanus. Geb. n. 2. 25; in 2 Bdn. à n. 1. 20

I. Das Moseltal von Coblenz bis Trier. Nebst einigen Wandergn. in die vulkan. Eifel u. in den Hochwald. Mit 1 Karte, 2 Stadtplänen u. 31 Bildern. (VIII, 151 S.) —
II. Die Täler der Mosel u. der Saar von Trier bis Metz u. bis Saarbrücken. Nebst einigen Wandergn. in den Hochwald u. in das Grossherzogt. Luxemburg. Mit 3 Karten, 1 Stadtplan u. 9 Bildern. (VIII u. S. 153—231.)

Moselgebiet [Schlagwort]

— s. a.: Radfahrerkarten. Ravenstein.

Moselgebiet. Verkehrskarte f. Mosel-, Saar- u. Nahe-gebiet, Eifel, Hochwald u. Luxemburg. 28×33,5 cm. Farbdr. Trier (902). H. Stephanus. n. — 25

[Moselkanalisierung.] Die Mosel- und Saarkanalisierung keine Gefahr! Hrsg. vom Verband für Kanalisierung der Mosel und der Saar. Koblenz, 1904. 19 S.

Mosella. Herausgegeben von Th. v. Haupt. Trier 1823. 8°

Moselland. Zeitschrift zur Hebung des Fremdenverkehrs. Juli—Dezbr. 1907. 6 Nrn. (à 8 S. m. Abb.) Lex.8. Diedenhofen, H. Hupfer. à Nr. — 40

— das, u. die westdeutsche Eisenindustrie. Vorträge, hrsg. v. der Vereinigg. f. staatswissenschaftl. Fortbildung zu Berlin. 2 Tle. 8. Leipzig 910. Duncker & Humblot. Geb. in Leinw. 7. —

1. Das Moselland. Vorträge v. Sering, Krüger, Kentenich, Keune, Böhmer, Brümmer, Weismüller, Gerdolle. Mit zahlr. Abb. im Text, 1 zweifarb. Karte u. 1 Plan des röm. Trier. (V, 204 S.) Geb. in Leinw. 4. —
2. Die westdeutsche Eisenindustrie u. die Moselkanalisierung. Vorträge. Von Herm. Schuhmacher. (IX, 153 S.) Geb. in Leinw. 3. —

Mosellanus, Petrus

Mosellani, Petri, Dialogi. Lips. 517. 8.; oft hernach. Helmst. 706. 8.

Mosellani, Pet., s.a. *Epistolae*.

Mosellani, Pet., Casp. Borneri, Iani Cornarii, I. Rivii etc. aliorumq. viror. doct. Sec. XVI. Epistolae ad Iul. Pflugium etc. notis instr. C. G. Müller. 8. maj. Lips. Barth. 8o3.

Mosellani, Petri, litterar. graec. in Saxonia instauratoris memoria. Ed. J. F. Koehler. Lips. 806. 8. 5 gr.

Mosellanus, Petrus, Paedologia, s.a. Literaturdenkmäler, lateinische, des XV. u. XVI. Jahrh.

Petrus **Mosellanus** [d. i. Peter Schade]. Paedologia. Hrsg. von Hermann Michel. Berlin: Weidmann 1906. (LIV, 54 S.) 8°
— Litteraturdenkmäler, Lateinische. d. 15. u. 16. Jhs. 18.

Mosellanus, X. [Pseud.], s. Wagner, Antoine

Mosellieder, die ältesten. Die Mosella des Ausonius u. die Moselgedichte des Fortunatus. Deutsch in den Versmaßen der Urschrift v. Karl Hessel. 2. durchgeseh. Aufl. (32 S.) 8. Bonn 904. A. Marcus & E. Weber. n. — 60

Mosel-Reise von Trier bis Koblenz, mit geschichtl. Bemerkn. 1. Aufl. gr. 12. (4 B. u. 1 Karte.) 835. 5/12 Thlr., 2., verb. u. verm. Aufl. 8. (6 3/4 B. u. 1 Karte.) Koblenz 839, Bädeker.

Moselreise v. Trier bis Koblenz m. geschichtl. Bemerkungen. 3., verb. Aufl. 8. (5 5/8 B., Titlvign. u. 1 Kärtchen.) Koblenz 846, Bädeker.

Moseltal [Sachliches OW]

Moseltal, das romantische. Ein Moselführer, hrsg. vom allgemeinen Moselverein. Mit einleit. Text v. Herm. Ritter u. e. Titelbild v. B. Gauer. (79 S. m. Abbildgn. u. 3 farb. Karten.) kl.8. Bonn 910. C. Georgi. 1. —

Moselthal, das, von Trier bis Coblenz. In maler. Ansichten nach d. Natur gezeichnet v. C. Bodmer, in aqua tinta (sehr sauber) geätzt v. R. Bodmer. 1e—9e Liefrg. (27 Blätt.) 4. Coblenz (831, 32.) Hölscher. Subscr.-Pr. à Liefrg. 20 gr, ill. à 1 Thlr 16 gr, ausgemalt à 2 Thlr. Dass. auch französ. Ders. Preis.

Moselthal, das, von Trier bis Coblenz. Leitfaden für Reisende an und auf der Mosel. 16. (58 S. nebst 1 lithogr. Karte des Mosellaufes.) Trier 872, Troschel. *

Moseltal [Schlagwort]

Moselthal, s.: Woerl's Reisehandbücher.

Moselweinbau, der, und seine Veredelung, von einem Rhein- und Weinländer. gr. 8. (71 S.) Leipzig 887, Grunow. *

Moselweinbaukarten [Schlagwort]

Moselweinbaukarten. Koch, F. W., u. Heinr. Stephanus, Weinbau-Karte der Gebiete v. Mosel u. Saar. 1 : 60,000. 29,5 × 193 cm. Farbdr. Mit erläut. Text: Die Weine im Gebiete der Mosel u. Saar. 12. (IV, 86 S.) Ebd. 898. Karte in Mappe, Text geb. in Leinw. n. 6. —

— Markworth, Mosel-Weinbau-Karte f. d. Reg.-Bez. Coblenz. 1897. Angefertigt im Bureau der königl. Regierg. zu Coblenz. 1 : 50,000. 38 × 130,5 cm. 2 Blatt. Farbdr. Trier 897. F. Lintz. n. 3. —

Mosen, Julius, s. Klassiker, moderne.

Mosen, Julius. Eine biograph. Skizze. 8. (30 S.) Oldenburg 878. Schulze. n. — 60

Mosen, Carl, s. Moser, Karl

Mosen, Gustav

Mosen, G., Die Anfänge der Tragödie bei den Griechen u. die Keime einer christlichen Tragödie der Zukunft. Pr. 1866. 40 S. 4°.

Mosen, Gust., in Dämmerlicht und Sonnenschein. Gedichte. 8. (IV, 176 S.) Zwickau 888, Bär. geb. mit Goldschn. *

— In Dämmerlicht u. Sonnenschein. Gedichte. 2. Aufl. (IV, 176 S.) kl. 8. Gera (908). F. M. Koch. 2. 50

Mosen, Gust., u. Alfr. Müller, Christi Geburt, s.a. Sammlung christlicher Fest- u. Schauspiele. 1. Hft.

Mosen, Gust., Christi Geburt. Weihnachtsfestspiel in 7 Handlgn. f. Vereine u. Schulen. 2. (der erweit. Fassg. 1.) Aufl. Durchgesehen u. m. e. Notenbeilage hrsg. v. Alfr. Müller. 12. (62 u. 8 S.) Annaberg 894. H. Graser's Verl. n. — 50; kart. n. — 60

— dasselbe. Volksausg. ohne Spielanweisg. u. Notenbeilage. 12. (56 S.) Ebd. 894. n. — 30

Mosen, Gust., Christi Geburt. Weihnachtsfestspiel in 7 Handlgn. f. Vereine u. Schulen. 4. (der erweit. Fassg. 3.) Aufl., durchgesehen u. hrsg. v. Alfr. Müller. (46 S.) 8. Annaberg 910. Graser's Verl. — 60

Mosen, Gust., was e. Morgensonnenstrahl hervorgerufen hat. Eine beglück. Weltanschaug., gegründet auf sichere naturwissenschaftl. Thatsachen u. alltägl. Erfahrgn. 8. (226 S.) Zwickau 884. Werner. n. 2. 40

Mosen, Gust., die Weihnachtsspiele im sächsischen Erzgebirge. 8. (IV und 87 S.) Zwickau 861, Buchh. des Volksschriften-Vereins. *

Mosen, Julius, Ahasver. Episches Gedicht. gr. 8. Dresden u. Leipzig 838. Gerh. Fleischer. 1½ ℛ

Mosen, Jul., Ahasver. Episches Gedicht. gr. 8. (12 B.) Dresden 838. [Leipzig, Weichardt.]

Mosen, Jul., Herzog Bernhard. Historische Tragödie. 8. (93 S.) Leipzig 855, Brockhaus. *

Mosen, Jul., Bilder im Moose, s. a. Universal-Bibliothek.

Mosen, Jul., Bilder im Moose. Novellenbuch. 2 Thle. 8. (41 B.) Leipzig 846, Brockhaus. *

Bilder im Moose. Ein Novellenbuch von Julius Mosen. Mit e. biogr. Einl. von Rudolf Kleinecke. Leipzig: Reclam [1909]. 384 S. 8°
(Universal-Bibliothek. 5108. 5110) [illegible]

— die blaue Blume, zum Uebersetzen aus dem Deutschen ins Russische bearb. von A. Boltz, s. Collection de Comédies.

— meines Großvaters Brautwerbung, Ismael, s.: Volksbücher, Wiesbadener. Nr. 55.

Mosen, Jul., ausgewählte Dichtungen. Hrsg. u. m. e. Einleitg. versehen v. M. Rudolf. (XV, 295 S. m. Bildnis.) 8. Rochlitz 905. R. Zimmermann. n. 2. 50

Mosen, Julius. Erinnerungen, s. a. Zschommler, Max.

Mosen, Jul., Erinnerungen. Fortgeführt, erläutert u. hrsg. v. Max Zschommler. Nebst e. Vorwort v. Rhard. Mosen. 8. (IV, 168 S.) Plauen 893. F. E. Neupert's Verl. n. 1. 50; kart. n. 1. 80; geb. n. 2. —

Mosen, Jul., u. Ad. Stahr, über Göthe's Faust. Zwei dramaturgische Abhandlungen. 8. Oldenburg 845, Schulze-sche B. n. ⅔ ℛ

Mosen, Jul., der Gang nach d. Brunnen. Eine Novelle. 12. Jena 825. (Cröker). 8 ℊℊ

Mosen, Jul., Gedichte, s. a. Bibliothek d. Gesamtlitteratur d. In- u. Auslandes.

— Gedichte. 8. (12 B.) Leipzig 836, (Ph. Reclam jun.)

— Gedichte. 8. Leipz. 836. Liter. Museum, jetzt Schreck. 1 ℛ

Mosen, Jul., Gedichte. 2., verm. Aufl. gr. 8. (20 B.) Leipzig 843, Brockhaus. Thlr. *

[S.] Gedichte von Julius Mosen. Hrsg. v. Paul Friedrich [d. i. Eugen Richter]. Halle a. S.: O. Hendel (1897). (X S., 1 Bl., 128 S., 1 Portr.) 1 Bd 8.
= Bibliothek d. Gesamtlitteratur d. In- u. Auslandes. No 1103. 1104. [illegible]

— die Dresdener Gemälde-Galerie in ihren bedeutungsvollsten Meisterwerken erklärt. Nebst 1 Steindrucktaf. 12. Dresden und Leipzig 844, Arnoldische B. cart. n. 1⅙ ℛ geb. n. 1⅓ ℛ

— Das Heimweh, s. a. Verein f. Verbreitung guter Schriften, Zürich.

— das Heimweh, s. a. Volksbücher, Wiesbadener. Nr. 80.

Mosen, Julius. Das Heimweh. Erzählung. [Mit illustriertem Titel.] IV + 64 S. 8. Zürich, Verein für Verbreitung guter Schriften, Mai 1909. fr. —. 10
Verein für Verbreitung guter Schriften. Zürich, Nr. 74.

—, Heinrich der Finkler, König d. Deutschen. Ein histor. Schausp. in 5 Act. 8. (14¾ B.) Leipzig 836, (Ph. Reclam jun.)

— Heinrich der Finkler, König der Deutschen. Ein historisches Schauspiel in fünf Acten. 8. Leipzig 836. Literar. Museum, jetzt Schreck. 1½ ℛ

— der Congreß von Verona. Ein Roman. 2 Thle. 8. (49 B.) Berlin 842, Duncker u. Humblot.

Mosen, Jul., s. Lied, das, vom Ritter Wahn.

Mosen, Jul., die italienische Novelle, s. Novellenschatz, neuer deutscher.

— Novellen. 1. Bd.: Ismael. — Die italien. Novelle. — Helena Vallisneria. — Das Ondinenbild. 8. (15¼ B.) Leipzig 837, (Ph. Reclam jun.)

— der Sohn des Fürsten. Trauerspiel. 12. (X und 118 S.) Oldenburg 858, Schulze'sche Buchh. geb. *

— s. Stahr, Ad., kl. Schriften.

— Theater. Enthält: Kaiser Otto III. — Cola Rienzi, der letzte Volkstribun der Römer. — Die Bräute von Florenz. — Wendelin u. Helene. gr. 8. Stuttgart u. Tübingen 842, Cotta. 2 ℛ

— Georg Venlot. Eine Novelle mit Arabesken. 8. Leipzig 831. (Künzel.) 1½ ℛ

— Georg Venlot. Eine Novelle mit Arabesken. 8. (19 B.) Leipzig 831, Schumann. 1 Thlr. 12 Gr., Binr.

Mosen, Jul., Titania's Wahl u. die glücklichste Liebe. Festspiel zur Geburtstagsfeier J. K. Hoh. der Frau Erbgroßherz. v. Oldenburg am 26. März 1852. gr. 8. (14 S.) Oldenburg 852, Schmidt. n. 4 ℊℊ

— Was die Einsamkeit raunt, s.: Gerstäcker, Frdr.

Mosen, Jul., ausgewählte Werke. Hrsg. u. m. e. Lebensgeschichte des Dichters versehen v. Max Zschommler. Nebst e. Vorwort v. Rhard. Mosen. 4 Bde. gr. 8. (351 S. m. Stahlst.-Bildnis; 334 S. m. 2 Bildnissen; 260 S. m. 3 Taf. u. 358 S. m. 1 Taf.) Leipzig 899. A. Strauch. à n. 3. —; geb. in Leinw. à n. 3. 60; auch in 24 Lfgn. à n. — 50

Mosen, Jul., sämmtliche Werke. 8 Bde. gr. 16. (XLI und 2031 S.) Oldenburg 863,64, Schmidt. à Bd. * 20 Ngr. *

Mosen, Jul., sämmtliche Werke. 6 Bde. Neue Ausg. gr. 16. Leipzig 871. Berlin, Neufeld. ℳ 12.; geb. 18 —

Mosen, Jul., sämmtliche Werke. 8 Bde. Neue Ausg. gr. 16. (XV, 278 m. e. Stahlst.; 327; 415; 477; IV, 248; 308; 439 u. 539 S.) Leipzig 871. Zander. 5. 25
geb. 8. 50

Hieraus apart 1. Bd. Gedichte. — 75

Mosen, Jul., sämmtliche Werke. Neue verm. und durch eine Biographie des Dichters von dem Sohne desselben bereicherte Aufl. Mit Mosen's Portr. 17 Lfgn. oder 6 Bde. 8. (III, 391; 371; 530; 492; 476; VI, 339 S.) Leipzig 880, Friedrich.
à Lfg. *
compl. *ℳ 12.; geb. *

Mosen, Karl, s. Moser, Karl

Mosen, Paul *Eduard:* Hieronymus Emser, der Vorkämpfer Roms gegen die Reformation. . . . Halle a. S., Hofbuchdr. v. C. A. Kaemmerer & Co., 1890; S. 3--77; 8°
Leipzig, Phil. Fak., Inaug.-Diss. v. [11. Nov.] 1890

Mosen, Reinhard

Mosen, Rhard., über Thomas Otway's Leben und Werke, mit besond. Berücksicht. der „tragedies". Inaugural-Dissertation. gr. 8. (47 S.) Jena 875, (Deistung's Buchh.) *

Mosen, Rhard., zur Nachfeier des 18. u. des 28. Februar 1878. Dichtung. gr. 8. (16 S.) Oldenburg 878. Schulze.
n. — 80

Mosen, Rhard., s.: **Tremoille, Prinzessin Charlotte Amélie de la.**

(Mosen, R., u. Leop. v. Schultzendorff) Vorfeier des Sedantages am 1. September 1879. Ansprache von R. M. 3 S. Nachruf (Gedicht) von L. v. Schultzendorff. S. 4—5. OR. *Oldenburg* 1880.
Progr.

Vortrag in der Trauer ▭ der ▭ zum goldenen Hirsch im Or. Oldenburg für Se. Majestät den Deutschen Kaiser und König von Preussen, Wilhelm I. am 18. März 1888, gehalten von Reinhard Mosen. [Oldenburg 1888.] 2 Bl. 4⁰ [Kopftit.]
Schildert den Kaiser als Vorbild für jeden Mr.

Mosenberg, R., Datura, s.: **Dasbach's Novellenkranz.** 9.

Mosenberg, R., Datura, s.: **Novellenkranz.**

Mosenberg, R., zurück zur Mutter, s.: **Dasbach's Novellenkranz.**

Mosengeil, F., poetische Erläuterung der Musik v. L. van Beethoven zu Goethe's Egmont, s.: **Breitkopf & Härtel's Textbibliothek.**

Mosengeil, Friedrich

— Anleit. zur Stenographie, nach Taylor u. Bertin. Mit Kpf. 8. Eisen. 796. Wittekind. 16 gr 2e Aufl. u. d. T.: Stenographie, die Kunst, mit d. höchstmögl. Geschwindigkeit v. allen and. Schriftzügen völlig verschied. Zeichen zu schreiben. 8. Ebd. 799.

— das Bad zu Liebenstein u. seine Umgebungen. Mit Kpf. 12. Meining. 815. (Gotha, Ettinger). 12 gr

— Rosaliens Briefe an Serena; geschrieben auf e. Reise nach Cöln im Nov. 1816. 12. Meining. 817. Keyßner. 16 gr

Mosengeil, (Fr.,) Briefe über den Dichter E. Wagner, s. a. Briefe

Mosengeil, Fr., Briefe über den Dichter E. Wagner, s. a. Er. Wagner.

Mosengeil, Fr., Briefe über den Dichter Ernst Wagner ꝛc. 2 Bde. 8. Leipzig 826, jetzt (Künzel). 1 ₰

Mosengeil, Friedr., drei Freunde auf Reisen. Erzähln. u. kleine Schriften heiterer Mußestunden. 3 Bde. 8. (54½ B.) Leipzig 828, [E. Fleischer.]

—— das Jubelfest an d. Luthersbuche; gefeiert am 26. Jun. 1830. Schilderung u. Rede. 1. u. 2. Aufl. (à 1½ B.) gr. 8. Hildburghausen, Kesselring. à

— Lehrbuch d. deutschen Stenographie umgearbeitet. Mit 8 Kpft. 4. Jena 819. Schmid. 18 gr

— kleines Lesebuch f. d. mittleren Schulklassen. 8. Meining. 824. (Keyßner). 8 gr

— Liebenstein u. d. neuen Arkadier. Naturgemälde u. Erzählungen. 2e sehr verm. Aufl. Mit 7 Ansichten. 8. Frankf. 826, Fr. Wilmanns.

— Gottgeweihete Morgen- u. Abendandachten in ländl. Einsamkeit gefeiert. 8. Hildburgh. 821. Kesselring. 1 ₰ 14 gr N. A. 826. Hbg. Pr. 1 ₰

—— Reisegefährten. Eine Samml. v. Novellen u. and. Dichtungen. 3. Bd. 8. (22 B.) Frankfurt a. M. 828, Fr. Wilmans.
1. u. 2. Bd Ebendas. 1825, 26. à 2 Thlr.

— s. Fr. v. Selona.

— Sommerabendstunden in Ida's Garten. Erzählungen. 2 Bde. 8. Hildburgh. 831. Kesselring. Velinp. 1 ₰ 18 gr

Mosengeil, F., Stenographie, m. K. 8. Eisenach, Wittekind. 796.

Mosengeil, Frdr., Stenographie, die Kunst, m. der höchstmöglichsten Geschwindigkeit u. Kürze in einfachen, v. allen andern Schriftzügen völlig verschied. Zeichen zu schreiben. Für die deutsche Sprache erfunden. Eisenach 1796. (Fksm.-Ausg.) Hrsg. vom akadem. Stenographen-Verein nach Stolze-Schrey zu Berlin. (47 S. m. 7 Taf.) 8. Berlin 903. (Buchh. des Stenographen-Verbandes Stolze-Schrey.) n. 3. —

— christl. Uebungsbuch f. d. obern Klassen d. Volksschulen. 8. Meining. 824, (Keyßner.)

Mosengeil, Fr., die Wiederkehr; Schspl. 8. Hildburgh. 809. (Keyßner in Meining.) (Er. Fleischer, a. Krappe in Leipz.) 8 gr

von **Mosengeil,** Karl (geb. Meiningen 25. 5. 1840): Beitrag zur Geschichte der osteoplastischen Resectionen. Berlin (1868). (32 S.) 8°
Berlin, Med. Diss. v. 31. Juli 1868

Mosengeil, Kurd von, a. Bonn: Theorie der stationären Strahlung in einem gleichförmig bewegten Hohlraum. (Berlin 1906: G. Schade.) (56 S.) 8°
Berlin, Phil. Fak., Ref. Planck, Diss. v. 1906

Mosengel, A., s.a. : *Schweizer Landschaften.*

Mosengel's Schweizer-Landschaften. (In 8 Lfgn.) 1.—3. Lfg. Fol. (à 6 Bl.) Wandsbeck 874,75, Seitz. à Bl. *
à Lfg. * ℳ 24. *
Mappe für das ganze Werk *
Contouren auf Aquarellpapier zum Nachmalen à Bl. *
Inhalt:
Schloss Rhäzüns. Ruine Wartenstein. Schloss Marschlins. Blümlisalp. Thuner See. Der grosse Buchen. Brienzer See. Vierwaldstätter See. Stansstadt. Katzis in Domleschg. Friedrichshafen. Am Wallensee. Staubbach. Berninafall. Die Jungfrau. Eiger. Rheinfall. Solisberg.

Mosengel A. die Schweiz. (10 T) fol [VS] Wandsbeck

Mosengel, Geo., deutsche Aufsätze für mittlere u. obere Klassen höherer Lehranstalten im Anschluß an den deutschen Lesestoff. Entwürfe u. ausgeführte Aufsätze. Neue Folge. (VI, 146 S.) gr. 8. Leipzig 903. B. G. Teubner. Geb. n. 1.80

Mosengel, Geo., deutsche Aufsätze f. mittlere u. obere Klass. höherer Lehranstalten im Anschluß an den dtschen. Lesestoff. Entwürfe u. ausgeführte Aufsätze. 2., verb. u. verm. Aufl. (VIII, 139 S.) 8. Leipzig 906. B. G. Teubner. Geb. 1.80

— dasselbe. Neue Folge. 2., verb. u. verm. Aufl. (VIII, 169 S.) 8. Ebd. 910. Geb. in Halbleinw. 2.—

Mosengel, Geo., deutsche Aufsätze f. die Mittelstufe höherer Lehranstalten im Anschluß an den deutschen Lesestoff. Entwürfe u. ausgeführte Aufsätze. gr. 8. (VII, 116 S.) Leipzig 901. B. G. Teubner. Geb. n. 1.40

Deutsche Aufsätze für die Mittelstufe (N. F.: f. mittlere u. obere Klassen) höherer Lehranstalten im Anschluß an den deutschen Lesestoff. Entwürfe u. ausgeführte Aufsätze von **Georg Mosengel**, Prof. zu Elberfeld. [Nebst] Neue Folge. *Leipzig & Berlin: B. G. Teubner 1901–03.* 2 Bde 8° [F.] [04. 8510

Mosengel, Georg, Vindiciae Juvenalianae. Diss. Erlangen 1887, Th. Blaesing. 8°. 72 S.

Die Mosenstiftung am Gymnasium zu Plauen. S. 4—5. 4.
Progr. Kgl. Gymn. *Plauen i. V.* 1905 (658).

Mosenthal, Albert J., approb. Arzt aus Burghersdorp ⟨Cap-Colonie⟩: Beitrag zur Kenntniss der weiblichen Genitaltuberkulose aus der Universitäts-Frauenklinik zu Heidelberg. *(Berlin 1903: C. Gröninck.)* (41 S.) 8°
Heidelberg, Med. Diss. v. 1903

Mosenthal, H. S., s. Mosenthal, Salomon Hermann

Mosenthal, Hermann. Gesch d Vereins Dter Liederkranz in NY ... zur Feier des 50jhr Bestehens ... 9. Jan 1897. NY. 1897.

Geschichte des Vereins Deutscher Liederkranz in New York. Im Auftr. d. Vereins z. Feier s. 50jähr. Bestehens 1897 verf. von Hermann **Mosenthal.** New York: The F. A. Ringler Co. 1897. (VII, 161 S.) 4° [08. 6469

Mosenthal, Moritz [pract. Arzt aus Eisenach]: Geburtshilfliche Operationslehre bei Eucharius Roesslin, Walther Reiff und Jacob Rueff.... Würzburg, Becker's Univ.-Buchdr., 1887; 26 S. + 1 Bl. 8°.
Würzburg, Med. Fak., Inaug.-Diss. v. 1887.

Mosenthal, Moritz, geburtshilfliche Operationlehre bei Eucharius Roesslin, Walther Reiff und Jakob Rueff. Diss. Würzburg 1887, Stahelsche Univ.-Buchh. 8°. 26 S.

Mosenthal, Salomon Hermann

Mosenthal, S. H. — Albin. Oper in drei Aufzügen von — —. In Musik gesetzt von Friedr. v. Flotow. Für das k. k. Hoftheater nächst dem Kärntnerthore. Wien, 1856. Gedruckt bei A. Pichlers Witwe und Sohn. (46 S. 8.)

Mosenthal, S. H., das gefangene Bild. Dramatische Phantasie in 3 Aufzügen. 8. (IX und 107 S.) Stuttgart 858, Cotta'sche Buchh. *

— s.: Cäcilia v. Albano.

— Deborah

— dasselbe, s. a. Bibliothek der Gesamt-Litteratur d. In- u. Auslandes.

—— Deborah. Volks-Schauspiel in vier Akten. 1. und 2., unveränd. Aufl. 16. (120 S.) Pesth 850, Heckenast. Leipzig, G. Wigand. Thlr. *
Blnv. *

—— Deborah. Volks-Schauspiel in 4 Akten. 2., unveränd. Aufl. 8. (103 S.) Pest 858, Heckenast.

Mosenthal, S. H., Deborah. Volks-Schauspiel in 4 Akten. 4., unveränd. Aufl. 8. (108 S.) Preßburg 875. Heckenast. n. 1. 20

—— Deborah. Volks-Schauspiel in 4 Akten. 5. unveränd. Aufl. (Pracht-Ausg.) [Mit dem Bildniß des Verf. in Stahlst.] br. 8. (137 S.) Preßburg 875, Heckenast's Nachf. *
geb. *

Mosenthal, S. H., Deborah. Volksschauspiel in 4 Akten. 6., unveränd. Aufl. 8. (82 S.) Preßburg 890. Heckenast's Nachf. n. 1. 20

Mosenthal, S. H., Deborah, s. a. National-Bibliothek, allg.

MOSENTHAL, S. H.
(F) Deborah. Volks-Schauspiel in vier Acten von S. H. Mosenthal. (Allgemeine National-Bibliothek. Nr. 207—208.) Wien. [1899.] Daberkow. 8°. 82 S. fl. —.20

Mosenthal, S. Herm. v., Deborah. s. a. Universal-Bibliothek.

Deborah. Volks-Schauspiel in 4 Aufz. von S(alomon) Hermann **Mosenthal.** Mit e. biogr. Einl. Leipzig: Ph. Reclam jun. [1908]. (75 S.) 8° [F.] (Universal-Bibliothek. 4978.) [08. 4800

Mosenthal S. H. Dr. Der Dorflehrer Dramatisches Seelengemälde in 1 Akt. Wien, C. Ueberreuter 1852. 8.

— Dramen. 1. Folge. Deborah. — Cäcilie von Albano. Mit dem Bildniß des Verf. (in Stahlst.) Pesth 853. Heckenast. 16. (2 Bl., 120; 156 S.) 1 ℳ.

—— Düwele. Drama in 5 Aufzügen. gr. 16. (140 S.) Leipzig 860, Weit und Comp. *

Mosenthal, H. S., Fata morgana. Lyrisch-choreographisches Drama in 4 Acten. Musik von Josef Hellmesberger jun. 8°. (36 S.) Wien, Künast (Wallishausser'scher Verlag). Baar fl. — 25. 1886.

Mosenthal, S. H., Gedichte. 16. Wien (846), 847, Klang. 1/8 ℳ

— Gedichte. 16. (236 S.) Wien 847, Klang.

— gesammelte Gedichte. 16. (VIII und 303 S.) Wien 866, Gerold's Sohn. geb. mit Goldschn. *

— Tante Guttraud, s.a. Novellenschatz, jüdischer. II.

Tante Guttraud. Bilder aus d. jüd. Familienleben von S[alomon] H[ermann R'] v. Mosenthal. Berlin & Leipzig: Seemann [1908]. 271 S. 8°
(Jüdischer Novellenschatz. Bd 2)

Mosenthal, S. H., die deutschen Comödianten. Drama in 5 Aufzügen. (Den Bühnen gegenüber Mscr.) 16. (156 S.) Leipzig 863, Weber. geb. mit Goldschn. *

Mosenthal, S. H., die Königin von Saba. Oper in 4 Acten. Musik von Carl Goldmark. (Textbuch.) 8. (32 S.) Wien 888, Künast.

— Das goldene Kreuz. s.: Brüll, Ign.

Mosenthal, S. H., Maryna. 16. Leipzig 871. Gera, Köhler. 2 40

— Maryna. Historisches Drama in 5 Aufzügen. 16. (169 S.) Leipzig 871. Weber. n. 2. 40; geb. m. Goldschn. n. 3. —

— Museum aus den deutschen Dichtungen österreich. Lyriker und Epiker, s.a. Museum.

— Museum aus den deutschen Dichtungen österreichischer Lyriker und Epiker der frühesten bis zur neuesten Zeit ausgewählt und in neuhochdeutscher Sprache zusammengestellt. Wien 854. Gerold. 8. (XVI, 515 S.) 1 ♂. 20 ngr.

— Isabella Orsini. Drama in 5 Aufzügen. Leipzig 870. Weber. 16. (135 S.) n. 24 ngr.; in engl. Einb. n. 1 ♂

— Isabella Orsini. From the German by E. Vincent. gr. 16. (144 S.) Wien 875. Braumüller. n. 3. —

Mosenthal, S. H., Pietra. Tragödie in 5 Aufzügen. (Den Bühnen gegenüber als Mscr.) 16. (182 S.) Leipzig 865, Weber. * 24 Ngr.; geb. *

Mosenthal, Dr. S. H. Gabriele von Precy. Schauspiel in 4 Aufzügen. (Als Manuskript gedruckt). 8. (64 S.) Wien, K. Ueberreuter, 1853.

— der Schulz von Altenbüren. Schauspiel in 4 Aufzügen. (Den Bühnen gegenüber Mscr.) 16. (119 S.) Leipzig 868, Weber. * 20 Ngr.; geb. *

— die Sirene. Komödie in 4 Aufzügen. gr. 16. (140 S.) Leipzig 875. Weber. n. 2. 40; geb. n. 3. —

— der Sonnenwendhof. Volksschauspiel in 5 Aufzügen. 16. (V und 152 S.) Leipzig 856(57,) Weber. *

— der Sonnwendhof. Volksschauspiel in 5 Aufzügen. Leipzig 857. Weber. 16. (3 Bl., 152 S.) n. 1 ♂.

— der Sonnwendhof. Volksschauspiel in 5 Aufzügen. 2. Aufl. 16. (V und 152 S.) Leipzig 868, Weber. * 24 Ngr.; geb. *

— der Sonnwendhof. Volksschauspiel in 5 Aufzügen. 3. Aufl. 16. (152 S.) Leipzig 875, Weber. *

Mosenthal, S. H., d. Sonnwendhof. Volksschausp. in 5 Aufzgn. 4. Aufl. 12. (88 S.) Leipzig 896. J. J. Weber. n. 2. —

— Der Sonnenwendhof, s.a. Bibliothek der Gesamtliteratur.

Der Sonnwendhof. Volksschauspiel in 5 Aufz. von S[alomon] H[ermann] Mosenthal. Mit e. Vorbemerkung von Paul Schaumburg u. d. Bilde d. Verf. Halle a. S.: Hendel [1908]. IV, 73 S. 8°
(Bibliothek d. Gesamtliteratur d. In- u. Auslandes. Nr 2101.)

— dasselbe, s.a. Universal-Bibliothek.

Der Sonnwendhof. Volks-Schauspiel in 5 Aufz. von S[alomon] Hermann [R' v.] Mosenthal. Leipzig: Reclam [1908]. 80 S. 8°
(Universal-Bibliothek. 5042.)

— dasselbe. s.a. Mehrakter.

Der Sonnwendhof. Schauspiel in 5 Aufz. von S[alomon] H[ermann] Mosenthal. Für d. Volksbühne eingerichtet von Demetrius Schrutz. Mühlhausen i. Thür.: Danner [1910]. 80 S. 8°
(Mehrakter. Nr 49.)

Mosenthal, S. H., auf'm Sunnwendhof. Volksstück in 4 Aufzügen. In neuer Bearbeitg. u. Dialektübertragg. v. Anny Schaefer. 8. (80 S.) München 892. H. Lukaschik. n. — 80

— dasselbe, s.a. Theater-Bibliothek, Münchener.

Mosenthal, S. H., Jephtha's Tochter, s. Novellenschatz, neuer deutscher.

— Die lustigen Weiber v. Windsor, s.a. Nicolai, Otto.

Mosenthal, Dr. S. H. — Die lustigen Weiber von Windsor. Komisch-phantastische Oper in drei Akten, mit Tanz, nach Shakspeare's gleichnamigem Lustspiel von — —. Musik von Otto Nikolai. Für das k. k. Hoftheater nächst dem Kärnthnerthore. Wien, 1852. Gedruckt bei A. Pichler's Witwe. (48 S. 8.)

— die lustigen Weiber v. Windsor. Komisch-phantast. Oper in 3. Akten, m. Tanz. Nach Shakespeare's gleichnamig. Lustspiele. Musik v. Otto Nicolai. gr. 16. (55 S.) Wien 871. Wallishausser'sche Buchh. n. — 75

— die lustigen Weiber von Windsor. Komisch-phantast. Oper in 3 Acten, mit Tanz. Nach Shakespeare's gleichnam. Lustspiele. Musik von Otto Nicolai. (Textbuch.) 8. (48 S.) Ebendas. 888.

Die lustigen Weiber von Windsor. Komisch-phantast. Oper in 3 Akten nach Shakespeares gleichnam. Lustspiel von H. S. [d. i. Salomon Hermann v.] Mosenthal. Musik von Otto Nicolai. Halle a. S.: Hendel [1909]. 42 S. 8°
(Hendels Operntexte. 23.)

Mosenthal's, S. H., gesammelte Werke. Mit dem Portr. Mosenthal's in Stahlst. 6 Bde. 8. (VII, 318; 246; 262; 260; 258; 341 S.) Stuttgart 878, Hallberger. à Bd. * M 3. *.

Moser, Heinrich. Lebensbild, s.: Pfaff, A.

Moser's, Joh. Jak., Biographie, s.: Wächter, O.

Moser, Joh. Jak., als württemberg. Landschaftskonsulent, s.: Adam, Alb. Eug.

Moser, Johann Jakob, der württ. Landschaftskonsulent (1759—65). Zur Aufführg. f. Vereine u. Schulen. Von J. L. 8. (14 S.) Gablenberg 897. (Stuttgart, J. F. Steinkopf.) n. — 20

Moser, Johann Jakob, der württembergische Landschaftskonsulent (1759—1765). Zur Aufführg. f. Vereine u. Schulen. Von J. L. 2. Aufl. (16 S.) 8. Stuttgart 903. J. F. Steinkopf. n. — 30

Moser, Joh. Jak. — Das Leben Joh. Jak. Moser's. Aus seiner Selbstbiographie, den Archiven u. Familienpapieren dargestellt von Aug. Schmid. Stuttgart 868. (Gütersloh, Bertelsmann.] 8. (VIII, 600 S.) n. 1 ₰ 18 ngr; geb. n. 1 ₰ 28 ngr.

Moser, Regine. Im Dienst, in der Fabrik u. am eignen Herd. 8. (128 S.) Stuttgart 883. Buchh. der Evangel. Gesellschaft. cart. n. — 60

Moser. Denkschrift über die Höhe der finanziellen Belastung, welche den nach dem Entwurfe zu einem Bundesgesetze betr. die Krankenversicherung einzurichtenden Krankenkassen voraussichtlich erwachsen wird. Veröffentl. durch d. Schweizer. Industriedepartement. 2. Aufl. In-fol. 193 S. Bern, Buchdruckerei Stämpfli & Co. 1896.
*** Auch in französischer Sprache erschienen.

Moser, Diak., fünfzig Denksprüche für Confirmanden, neu ausgewählt. (51 Blätter mit Einfassung.) qu. 8. Ulm 836. Rübling. n. ½ ₰ — 2e Aufl. qu. 8. Ebd 838. ⅓ ₰

Moser, das Gebet des Herrn, als Labequelle für die Pilger zur Ewigkeit. In Morgen- und Abendgebeten auf jeden Tag der Woche. 8. (48 S.) Stuttgart 880, Fink. geb. *

— Ueber die schweizerische Kranken- und Unfallversicherung, insbes. über ihre ökonomische Tragweite, nach den in Aussicht genommenen Bundesgesetzen. 8°. Mailand, Buchdr. Reggiani, 1894.

Moser Ob die klass. Studien Grundlage der wissenschaftlichen Ausbildung sein und bleiben sollen? 9 S.
Progr. Sorau 1840

Moser, Rede am Grabe der neun bei der Ueberschwemmung in Schkölen Verunglückten, den 16. Mai 1861 auf dem Gottesacker daselbst gehalten. gr. 8. (8 S.) Jena 861, Doebereiner.

Moser u. J. Flögel Reden bei Einführ. des Directors (J. Flögel) in sein Amt. 10 S.
Sagan, Progr. 1840

—— zwei Reden, geh. im Münster zu Ulm, s. Reden.

Moser's Sammlg. zeitgem. Broschüren. 1.—11. Hft. gr. 16. Graz, U. Moser. à n. — 16
1. Ist Eigenthum — Diebstahl? Brauchen wir Gütergemeinschaft? Ein Beitrag zur Bekämpfg. wirtschaftl. Irrlehren v. Carl Aichinger. (47 S.) 895.
2. Arbeit u. Arbeiter ohne u. m. Christus. Ein Wort zur Weihnachtszeit an d. arbeit. Volk v. Alois Stradner. 2., neu durchgeseh. u. verm. Aufl. (59 S.) 897.
3. Freunde u. Feinde d. arbeit. Volkes. Ein Wort d. Warng. u. Ermunterg. an d. Bauern-, Handwerker- u. Arbeiterstand v. Karl Schwechler. (44 S.) 896.
4. Faule Früchte am Baume d. heut. Gesellschaft. Krit.-sociale Skizze v. Wendel Kiefer. (44 S.) 896.
5. 6. Kannst du e. Sozialdemokraten wählen? Als Anh.: Wahlkatechismus f. d. d. Curie. Von Karl Schwechler. (64 S.) 897.
7. I. Liberalismus u. Socialdemokratie. II. Die Sclaverei od. Heidenthum u. Christenthum. Von Geo. Freund. (47 S.) 897.
8. Die Frau im alten u. neuen Heidenthum. Von Jos. Grall. (48 S.) 898.
9. Presse, die, e. Großmacht d. XIX. Jahrh. Für Christen beleuchtet von K. M. v. R. (51 S.) 898.
10. D. alte Zunftleben. Nach steir. Urkunden zusammengestellt. Von M. Ljubša. (72 S.) 898.
11. Die Inquisition u. ihre Gegner. Von C. A. Schelbicky. (778 S.) 899.

Moser's Sammlung zeitgemäßer Broschüren, Fortsetzg., s.: Sammlung.

Moser. Die Pönitentiar-Anstalt St. Jakob bei St. Gallen, in ihrem Wesen und Wirken. St. Gallen 851. (6. —)

Moser-Dietersdorf, Sitten u. Unsitten bei Taufen, Trauungen u. Begräbnissen in der Grafsch. Stolberg-Roßla (Harz). Conferenzbericht. gr. 8. (24 S.) Roßla 896. (Leipzig, F. Schneider.) — 30

Moser, der französische allgemeine Tarif, die Vertrags-Tarife Großbritanniens, Belgiens u. Italiens für die Einfuhr nach Frankreich u. der Vertrags-Tarif A. des Zollvereins vom 2. Aug. 1862, ergänzt durch die sämmtl. später von Seiten Frankreichs zugestandenen Tarif-Begünstigungen, nebst den Instruktionen für die französ. Zollbehörden. Auf Veranlassung Sr. Exc. des Herrn Ministers für Handel, Gewerbe u. öffentl. Arbeiten, Grafen von Itzenplitz, zusammengestellt. Berlin 865. v. Decker. gr. 8. (XII, 198 S.) 20 ngr

— Versicherungstechnische Untersuchungen über die nach dem Entwurfe zu einem Bundesgesetze einzurichtende eidgenöss. Unfallversicherung. Veröffentl. durch das Schweizer Industriedepartement. In-fol. 266 S. Ebd. 1896.
*** Auch in französischer Sprache erschienen.

Moser: Ueber das Verhältnis der römischen Verskunst zur griechischen. 12 S.–Sorau, Progr. 1867

Moser, A. (Übers.), s. Curling, Thom. Blizard: Abhandlung über den Tetanus.

Moser, A. (K.), die medicin. Diagnostik u. Semiotik, s. Encyklopädie d. medicin. Wissensch. 3. Abthl.

—— Encyklopädie der medicin. Wissenschaften, s. Encyklopädie.

Moser, A., Erläuterungen üb. die in dessen Hülfsbuche befindl. Regeln d. deutschen Rechtschreibung, zum Gebrauch f. Lehrer u. Lernende. 2 Thle. 8. Prag, Enders. 815.

—— Erläuterungen über die im gegenwärtigen Schulbuche befindlichen Regeln der deutschen Rechtschreibung. 2 Thle. 8. Prag, Enders.

Moser, A. (M.), das Gefängniß von Illok, od. Gottvertrauen läßt nicht zu Schanden werden, als Seitenstück zur „Beatushöhle." Eine Erzählung aus der Vorzeit f. d. reifere Jugend. 1. Aufl. (8 B. u. 1 Titkpfr.) 844. u. 2. Aufl. 12. (8½ B. u. 1 Abbild.) Reutlingen 845, Fleischhauer u. Spohn. à -

Moser, A., u. J. C. Strahl, Handbuch der physiolog. u. patholog. Chemie, s. Encyklopädie der medicin. Wissenschaften. V. Abthl.

MOSER, A., UND J. K. STRAHL.
Handbuch der physiologischen und pathologischen Chemie nach den neuesten Quellen bearbeitet. Leipzig, 1851. 12mo.

Moser, A., Hülfsbuch für Anfänger, welche die deutsche Sprache nach grammatikalischen Regeln erlernen wollen. 8. Prag, Enders.

— Hülfsbuch f. Anfänger, welche die deutsche Sprache nach grammatikalischen Regeln erlernen wollen. 8. Ebendas. 815.

Moser, A., die Capitalanlage in Werthpapieren der Staaten und grossen Actiengesellschaften des In- und Auslandes. Sammlung des histor., statist. und gesetzl. Materials zur Beurtheilung der Sicherheit, sowie der sonstigen fact. und rechtl. Verhältnisse der — namentlich auf deutschen Börsen umlaufenden Staatspapiere, Actien, Prioritätsobligationen etc. Mit einer kurzen Einleitung über den Verkehr mit Werthpapieren überhaupt. 5 Lfgn. Lex.-8. (XII und 595 S. mit 8 Tab. in qu. gr. 4. und qu. Fol.) Stuttgart 860, Nitzschke. [1—4. Lfg. à * 24 Ngr., 5. Lfg. * 1 Thlr.] *

Moser, A., die Capitalanlage in Werthpapieren der Staaten und grossen Actiengesellschaften des In- und Auslandes. Sammlung des historischen, statistischen u. gesetzlichen Materials zur Beurtheilung der Sicherheit, sowie der sonstigen factischen u. rechtlichen Verhältnisse der — namentlich auf deutschen Börsen umlaufenden Staatspapiere, Actien, Prioritätsobligationen etc. Mit einer kurzen Einleitung über den Verkehr mit Werthpapieren überhaupt. Stuttgart 862. Nitzschke. Lex.-8. (XII, 595 S. u. 8 Tab. in 4. u. Fol.) n. 4 af 6 ngr.

Moser, A., d. Künstler Freund. 2 Thle. 8. Wien, Rehm.

* — der Künstlerfreund; ein Buch f. Chemiker, Mechaniker, Oekonomen, Kupferstecher, Lakirer, Drechsler u. s. w. 8. Wien, Rehm. 804.

— das erste Schulbuch rc., s. Schulbuch.

Moser, A., Uebersicht über die Verloosungstermine der an deutschen Börsen hauptsächlich im Verkehr stehenden Werthpapiere. Zusammengestellt nach den einschläg. Gesetzen, Anlehensverträgen und nach den bisher. Verloosungen. 1 Tab. Imp.-Fol. Stuttgart 864, Nitzschke.
Aus: Zeitschrift für Kapital und Rente, besonders abgedruckt.

Moser, A., s. Zeitschrift für Kapital und Rente

Moser, Adalb., Wochenlohn-Tabelle für Ingenieure, Architekten, Bau-Unternehmer, Fabrikbesitzer, Handwerker u. dgl. Halle 869. Knapp's Verl. 16. (15 S.) n. 5 ngr.

Moser, Adolph

Moser, A., Analekten d. Chirurgie, s. Analekten.

—— Anleitung z. Gebrauche des Mikroskops, f. Aerzte, Naturforscher u. Freunde d. Natur. Nach d. besten Quellen bearb. gr. 8. (10¾ B. u. 1 lith. Beil.) Berlin 839. [Nordhausen, Büchting.]

Moser, A(dolph): Anleitung zum Gebrauche des Mikroskops, für Aerzte, Naturforscher und Freunde der Natur. 163 S., gbd., 1 Taf.

Berlin: Liebmann 1839

JB 1.116

Moser, A(dolph) (Comm.):

s.: Brierre de Boismont, A(lexandre Jacques François): Die Menstruation in ihren physiologischen, pathologischen und therapeutischen Beziehungen. (De la Menstruation considérée dans ses rapports physiologiques et pathologiques. Dt.) Übers. von J(ohann) C(hristoph) Krafft. Berlin: 1842

JB 4.041

Moser, A(dolph) (Übers.):

s.: Dewees, William P(otts): Die Krankheiten des Weibes. (Treatise on the diseases of females. Dt.) Mit Zusätzen und Anmerkungen von Dietr(ich) Wilh(elm) Heinr(ich) Busch. Berlin: 1837

JB 3.985

Moser, A(dolph): Handbuch der Geburtskunde in alphabetischer Ordnung. Bd 1 - 4. Berlin: 1840 - 1843

s.: Busch, Dietrich Wilhelm Heinrich

JB 4.014

Moser, A(dolph): Lehrbuch der Geschlechtskrankheiten des Weibes nebst einem Anhange, enthaltend die Regeln für die Untersuchung der weiblichen Geschlechtstheile. 685 S., gbd.

Berlin: Hirschwald 1843

JB 4.720

Moser, Adf., Mittheilungen aus dem Tagebuche eines Schauspielers. Begonnen am 25. Novbr. 1855, geschlossen am 2. Jan. 1856. Lex.-8. (24 S.) Ulm 856, Gebr. Nübling.

Moser, Adolph (Berlin), De cultus nexu et discrimine scientiarum naturalium et medicarum. Diss. med. Berlin (Nietack) 23. V. 1833. 40 S. u. Biogr. (M.: Bamberg.) (3.—) 23721
Oppon.: M. Baschwitz, Alb. Heydeman, J. Philipp. — Gew.: J. J. Wolff.

Moser, Adolf: Religion und Strafrecht insbesondere die Gotteslästerung. Breslau: Schletter 1909. 105 S. 8° ¶(Ersch. auch als: Strafrechtl. Abhandlungen. H. 110.)
Würzburg, Jur. Diss. v. 18. Dez. 1909, Ref. Oetker
[Geb. 22 Dez. 81 Schollenstein, Wohnort: Berg b. Landshut, Staatsangeh. Bayern; Vorbildung: Gymn. München Reife Juli 02; Studium München 4, Würzburg 4 S.; Rig. 13. Jan. 09.] [U 10.4317

Moser, Adf., Religion u. Strafrecht, insbesondere die Gotteslästerung, s.a. Abhandlungen, strafrechtliche.

Religion und Strafrecht insbesondere die Gotteslästerung. Von Dr jur. et rer. pol. Adolf **Moser**. Breslau Schletter 1909. 105 S. 8°
(Strafrechtliche Abhandlungen. H. 110.) [10. 727 2

MOSER, Alexander De sancto Augustino ecclesiae rhetore. — (1908)
188 S. 4° (Handschr.) Diss. 696
Diss. Wien, Univ.

Moser, Alex., u. F. **Haber**, die elektrolytischen Prozesse der organischen Chemie, s.a. Monographien üb. angewandte Elektrochemie. 36. Bd.

Die elektrolytischen Prozesse der organischen Chemie. Unter Mitw. von Dr F[ritz] Haber verf. von Alexander **Moser**. Halle a. S.: Knapp 1910. XVI, 205 S. 8°
(Monographien über angewandte Elektrochemie. Bd 36.) [10. 10701

Moser, Alfred [Thierarzt aus La Chaux-de-Fonds, Schweiz]: Über Eutertuberkulose. Mit 11 Abbildungen im Text. (S.-A. aus dem Archiv für wissenschaftliche und praktische Thierheilkunde. Bd. 28. Heft 1 und 2 1902.) Berlin 1901. 27 S. 8°.
Bern. Vet.-med. Diss. 1901/1902.

Moser, Alfred. Ueber Eutertuberkulose. Diss. Vet.-Med. Bern. Mit 11 Abbildungen im Text. (Sonder-Abdruck aus dem Archiv f. wissensch. u. prakt. Thierheilk[unde] Bd. 28. H. 1 u. 2. 1902.) IV + 27 S. 8. Berlin, L. Schumacher, 1901.

MOSER, Alois (Reichenhall): Ueber Leber-Krankheiten.- München: Schurich 1858. 15 S.
4.8.1854 - Urk (Titel: De morbis hepaticis.); F 68
Diss.Ingolst.-Landsh.-Mchn.

Moser, Alois: Die privatrechtliche Stellung der Frau nach Luzerner Recht. Luzern 1898. 146 S. 8°.
Bern. Jur. Diss. 1898/99.

Moser, Alois: Die privatrechtliche Stellung der Frau nach Luzerner Recht. — Luzern 1898: Keller. IV, 146 S. 8°
Bern, Jur. Diss. v. 1898.

Moser, Andreas

Moser, Andr., Joseph Joachim. Ein Lebensbild. gr. 8. (VIII, 303 S. m. 8 Bildnistaf. u. 2 Fksms.) Berlin 898. B. Behr's Verl. n. 5. —; geb. in Leinw. n.n. 6. —

Moser, Andr., Joseph Joachim. Ein Lebensbild. 2. Aufl. 3. Taus. gr. 8. (IX, 303 S. m. 9 Bildnistaf. u. 3 Fksms.) Berlin 900. B. Behr's Verl. n. 5. —; geb. n.n. 6. —

Moser, Andr., Joseph Joachim. Ein Lebensbild. 3. [Titel-] Aufl. Neue wohlfeile Volksausgabe. (VIII, 303 S. m. 9 Bildnistaf. u. 3 Fksms.) Berlin [900] 904. B. Behr's Verl. Geb. in Leinw. n. 3. —

Moser, Andr., Joseph Joachim. Ein Lebensbild. Neue, umgearb. u. erweit. Ausg. in 2 Bdn. 8. Berlin. Dtsche. Brahms-Gesellschaft. 8.50; geb. n 10.50
1. (1831—1856.) (XII, 225 S. m. 5 Bildnissen u. 3 Fksms.) 908. 4. —
2. (1856—1907.) (401 S. m. 2 Bildnistaf.) 910. 5.50; geb. n 6.50

— der Kampf eines Layen mit e. Priester, od. Vertheidigung u. Beleuchtung des gesund. Menschenverstandes gegen J. J. Pfleger. 8. Helvetien, (Bern) 802.

Moser, Andr., Gesunder Menschenverstand über die Kunst, Völker zu beglücken. Eine Morgengabe allen Völkern, Volksregierern, Priestern, Lehrern, Eltern und Freunden der gegenwärtigen und künftigen Generationen dargereicht mit warmem Brudergefühle von ihrem Freunde und Weltmitbürger A. Moser. gr. 8°. Gedruckt im Lande der Freiheit für das Jahr der Gegenwart und die Zeit der Zukunft.

Moser, Andr., († d. .. März 1806.) gesunder Menschenverstand über die Kunst, Völker zu beglücken etc. 8. (Bern) 800. N. Aufl. St. Gallen 806. Huber u. C. 1 Thlr. 12 Gr.

Moser, Andr., Karoline v. Sonneburg. 8. Wien 797. Rehm. 12 Gr.

Moser, Andreas: Violinschule, s. Joachim, Joseph

Moser, Aug., dies ABC-Buch soll allein, für gute, fleißige Kinder seyn. Mit 72 illum. Abbildd. 8. Leipz. 822. Lauffer. 5 Gr. ill. 9 Gr. — Dass. ohne Abbildd. unt. d. T.: das erste Schulbuch f. d. Unterricht im Lesen. 8. Ebd. 822. 2 Gr.

— 1840. Frommer Lieb' und Freude Feierklänge. Zum ersten 100jähr. Jubiläum der allgem. Anpflanzung der Kartoffeln als Nahrungsmittel in Sachsen. Nebst Mittheilungen über Kartoffeln u. einer Lebensbeschreibung Franz Drake's. Mit 1 Bildnisse Drake's und einigen Gedichten. 8. Eisenberg 840. Schöne. 1/3 Thlr.

— Angelica. Ein Buch f. Kinder gebild. Aeltern. Kinderbibliothek. 1s Bdchen. Mit 8 color. Steindr. u. 1 Vorschrift. 16. Leipz. 824. Lauffer. 16 Gr.

— Briefsamml. f. Kinder gebild. Aeltern, zum Schul- u. Privatgebrauch. 8. Kaschau 802. Wigand, u. Lauffer in Lpz. 9 Gr.

— Briefsammlung f. Kinder gebild. Aeltern zum Schul- u. Privatgebrauch. 8. Kaschau 822, Wigand, u. Leipz., Lauffer.

— der Geist u. Charakter d. Kirche kurz vor ihrer Reformation u. die Bildungsgeschichte Dr. M. Luthers. Ein Buch f. Schul- u. Familienkreise zur Würdigung des Jubelfestes d. evangel. Kirche im J. 1830. Nebst e. Glaubensbekenntniß, das unt. d. Namen e. Herzogs im Druck erschien, welcher von d. evangel.-protestant. Kirche zur päpstl. übertrat. 8. Halle 830. (Leipz., Lauffer). 9 Gr.

— Geschichtskalender aus Luthers Leben u. Wirken. 8. Lpz. 817.

— Luther, od. Reformationsgeschichte. Mit Luthers Bildn. u. einem facsimile von dessen u. Melanchthons Handschrift. 8. Leipz. 817. N. A. 820. Kollmann. 12 Gr.

— Marienstein, od. d. Gründung d. Klosters zu Laußnitz. Aus e. alten Handschrift mitgetheilt. Mit Bemerkn., größten Theils zur Kloster- u. Religionsgesch. gehörig. gr. 12. (6 B.) Zeitz 833, (Webel.)

— Marienstein, od. d. Gründ. d. Klosters zu Laußnitz. A. alt. Handschriften mitgetheilt. Mit Bemerkn., größtentheils z. Kloster- u. Religionsgesch. gehörig. 2. Ausg. gr. 12. (6 B.) Eisenberg 837. Schöne'sche Buchh.

— Pretiosa, od. Kinderbiblioth. 2s Bdchn. Mit 8 color. Steindr. 16. Lpz. 825. Lauffer. 16 Gr.

— ein Pro ohne u. ein Contra mit Grund u. Beweis, od. auch eine bittere Arznei für d. Claus-Harmse. 8. Zeitz 819. Webel. 4 Gr.

— Unterricht in d. deutschen Rechtschreibung auf Vorlegeblättern. 8. Leipz. 820. Lauffer. 10 Gr. 2r Thl. A. u. d. T.: Unterricht etc. f. Schullehrer-Seminarien, Stadt- u. Landschulen, wie auch zur Selbstbelehrung; nebst Bemerkk. f. Lehrer. 8. Leipz. 825. Lauffer. 14 Gr. — Die Bemerkk. f. Lehrer apart. 4 Gr.

Moser, C.

— E. Noyer, E. Wüthrich, über d. Einfluss der Fütterung roher Kartoffeln in tierphysiolog. u. milchwirtschaftl. Hinsicht. [Aus: „Jahresber. d. landwirtschaftl. Schule Rütti".] 4. (31 S. m. 2 Tab.) Bern 896. Suter & Lierow. n.n. — 90

Moser's C., Schreibkalender f. d. schweizer. Landwirte u. Bauern. Hrsg. v. C. Moser (bisher. Häni.). 1899. 38. Jahrg. 12. (XVII S., Schreibkalender u. 156 S.) Bern, Schmid & Francke. Geb. in Leinw. n. 2. —; in Ldr. u. durchsch. n. 3.50

Moser's, C., Schreibkalender für die Schweizer. Landwirte u. Bauern. Hrsg. v. C. Moser (bisher Häni). 1900. 39. Jahrg. 12°. XVI. S. Schreibkalender u. 148 S. Text. Bern. Schmid & Francke. Geb. in Leinwand 2 — Geb. in Leder u. durchschossen 3 50

Moser's Schreibkalender für die schweiz. Landwirte und Bauern. Herausgeg. von *C. Moser*, Direktor der Landw. Schule Rütti b./Bern (bisher Nat.-Rat Häni). 40. Jahrgang 1901. 4°. Kalender und 152 S. Text. Bern, Schmid & Francke. 2 —

Moser's Schreib-Kalender f. die schweizerischen Landwirte u. Bauern. Hrsg. v. C. Moser. 1903. 42. Jahrg. 12. (XVIII S., Schreibkalender u. 178 S.) Bern, A. Francke. Geb. in Leinw. n. 2.—; in Ldr. u. durchsch. n. 3.—

Moser's, C., Schreibkalender für die schweizerischen Landwirte. 1907. 46. Jahrg. (XVI S., Schreibkalender, 85 u. 124 S. m. 1 Taf.) kl. 8. Bern, A. Francke. Geb. in Leinw. n. 1. 80; in Ldr. u. durchsch. n. 3.—

Moser's, C., Schreib-Kalender f. die schweizerischen Landwirte. 1911. 50. (Jubiläums-)Jahrg. (XVIII S., Schreibkalender, 24 u. 135 S. m. 2 Bildnistaf.) kl. 8. Bern, A. Francke. Geb. in Leinw. 1.80; in Ldr. u. durchsch. 3. —

v. **Moser, C. F.**, s. *Fritsch*, Ahasv. Commentat.

Moser, C. F. D., s. M o s e r , Karl Fr. Dav.

Moser, Carl, s. M o s e r , Karl

Moser, Ch.: Über G e b i l d e , welche durch Fixation einer sphaerischen Curve und Fortbewegung des Projectionscentrums entstehen. Bern 1887.

Moser, Ch. G., per ferias. Versuch e. latein. Uebersetzg. v. 18 bekannten Kirchenliedern. [Hrsg. zur Feier seines 50-jähr. Amtsjubiläums am 6. Novbr. 1874. gr. 8. (47 S.) Stuttgart 875. Moser. n. 1. —

M o s e r, Christian. Etat actuel de la question des accidents du travail et des assurances sociales en Suisse. [Rapport présenté au] Congrès international des accidents du travail et des assurances sociales, 6e Session - Düsseldorf - 17 au 24 Juin 1902. 11 p. 8. (Breslau-Berlin, C. T. Wiskott.)

Moser, Christian. Invaliden- und Altersversicherung. Auszug aus einem vom Centralkomitee des Schweizerischen Lebens-Versicherungs-Verein in Basel eingeholten Gutachten. 26 S. 4. Bern. Neukomm & Zimmermann, 1901.

M o s e r , Ch[ristian]. Mondschein in der Nacht vor der Laupenschlacht ⟨21. Juni 1339⟩. Prüfung einer durch die Tradition übermittelten Angabe. SA. 8. Bern 1898.

— Christian, De propagatione ecclesiae Christianae aetate apostolorum. Diss. histor.-theol. Präs. Johann Philipp Beyckert. Straßburg (Heitz) 5. V. 1774. 36 S. (5.50) 23722

M o s e r , Ch[ristian]. Recherches et matériaux relatifs à la critique des six projets pour une caisse de secours en faveur du personnel des administrations fédérales. Préavis élaboré sur l'invitation du Comité central de la Société suisse d'assurance sur la vie à Bâle.... ⟨22 juin 1901.⟩ Traduit de l'allemand par R[obert] Straub-Robert. [Avec 5 tableaux graphiques.] VI + 119 p. 4. Berne, Neukomm & Zimmermann, 1901.

(**Moser,** Chr[istian].) Professor Dr. Georg Sidler. (1831—1907. Separatabdruck aus der Beilage »Nekrologe« zu den Verhandlungen der schweiz. naturf. Gesellschaft, Glarus 1908.) [Mit Porträt-Tafel.] II + 8 S. 8. [Aarau, H. R. Sauerländer & Co.]

M o s e r, Christian. Gegenwärtiger Stand der Frage der Berufsunfälle und der socialen Versicherung in der Schweiz. [Bericht vorgelegt am] Internat. Arbeiter-Versicherungs-Congress, 6. Tagung - Düsseldorf - 17. bis 24. Juni 1902. 11 S. 8. (Breslau-Berlin, C. T. Wiskott.)

M o s e r , Ch[ristian]. Untersuchungen und Materialien zur Beurteilung der sechs Entwürfe für eine Hülfskasse des Personals der eidg. Verwaltungen. Vom Centralkomitee des Schweizerischen Lebens-Versicherungs-Vereins in Basel eingeholtes Gutachten, verfasst von Dr. Ch. Moser, Mathematiker des schweizerischen Industriedepartements in Bern. ⟨22. Juni 1901.⟩ [Mit 5 graphischen Tafeln.] VI + 119 S. 4. Bern, Neukomm & Zimmermann, 1901.

Moser, Christian Gottlob

Moser, Chr. G., s. A p o l l o d o r ' s mytholog. Bibliothek.

Moser, Chr. Glo.: Beitrag zur Prüfung des Württembergischen Schulgesetzes-Entwurfs, mit Rucksicht auf den ständischen Commissions-Bericht. Stuttgart: Steinkopf 1836.

Moser, Chph. Ferd.

— s. a. A n w e i s. z. Briefschreiben.

M o s e r , Chph. Ferd., Anweis. z. B r i e f s c h r e i b e n u. a. schriftl. Aufs. z. Gebr. f. Schul. 8. Stuttg. Metzler. 789.

Moser, Cph. Fd., († d. 31. Aug. 1800.) allgem. deutsch. Briefsteller f. das bürgerl. Geschäftsleben. 3e umgearb., verb. u. verm. Aufl. d. Anweis. z. Briefschreiben rc. 8. Stuttg. 822 Metzler. 22 gr

M o s e r , (C F.,) allgem. deutscher Briefsteller f. das bürgerl. Geschäftsleben, 3 umgearb., verb. u. verm. Aufl. 8. Stuttg. 823, Metzler.

— u. Chr. Fr. Wittich, der Landschullehrer. 3 Bde. 8. Ulm 798 —801. Wohler. 2 ℛ

Moser, Cph. Fd., Leichen- u. Hochzeitabdankungsreden. 2 Thle. 8. Ulm 788—94. Wohler. 1 ℛ 8 gr

— Taschenbuch f. deutsche Schullehrer, auf die J. 1786—97. 8. Ulm, Wohler. 3 ℛ

– (Hrsg.), s. T a u b e n b u c h , Nützliches und vollständiges ...

Moser, Curt, s. M o s e r , Kurt

MOSER, Donat

(F) D e r h e i l i g e J o s e f und sein Scapulier. Herausgegeben von P. Donat M o s e r. Mit kirchlicher Druckerlaubnis. I n n s b r u c k. 1900. Rauch. 16°. 16 S. K —.05

Moser, E., die Lehre vom Hufbeschlag, s.: G u t e n ä c k e r , Frdr.

Moser, E., pharmacopoea oeconomica, s.: Bary, W. de.

Moser E, der französische allgemeine Zolltarif, die Vertrags-Tarife Grossbritanniens, Belgiens und Italiens für die Einfuhr nach Frankreich etc. Berlin 1865

Moser, Ebhrd. Fr., († d. 9. Dec. 1794.) Realindex u. Auszug d. Herzogl. Würtemberg. Hofgerichtsordnung. 8. Tübing. 784. Heerbrand. (Osiander). 16 gr

Moser, Ed., der Pauperismus in Flandern und die zu dessen Abhülfe in gewerblicher Beziehung getroffenen Maßregeln insbesondere die Ateliers modèles. Eine Denkschrift dem Herrn Minister für Handel, Gewerbe u. öffentliche Arbeiten, Herrn von der Heydt Exc. überreicht. Berlin 853. Jonas' Sorthdlg. gr. 8. (2 Bl., 80 S.) n. 16 ngr.

Moser, Edmund. (geb. Berlin 23. 3. 1819): De compressionis vi physiologica et therapeutica. Berolini (1843). (29 S.) 8°
Berlin, Med. Diss. v. 12. Aug. 1843

Moser, Emil, Initialbuchstaben, gezeichnet von E. M., Lehrer der Freihandzeichnung an der k. k. Oberrealschule in Ofen und Correspondent des k. k. Museums für Kunst und Industrie in Wien. Ofen, Nagel & Wischán. In Umschlag. 1865. 1 fl.

Moser, Emil, Rechtspraktikant in Würzburg: Die staatliche Nachlaßfürsorge im Sinne der §§ 1960ff. B.G.B. nach modernem Reichs- u. Landesrechte. Würzburg 1906: C. J. Becker. (164 S.) 8°
Würzburg, Jur. Fak., Ref. Mayer, Diss. v. 25. April 1907
[Geb. 14. März 81 Würzburg; Wohnort: Würzburg; Staatsangeh.: Bayern; Vorbildung: Gymn. Würzburg Reife Juli 00; Studium: München 1, Würzburg 7 S.; Rig. 21. Nov. 06.]

Moser, Emil [cand. med.]: Über das Wachsthum der menschlichen Wirbelsäule. . . . Strassburg, Univ.-Buchdr. v. J. H. Ed. Heitz (Heitz & Mündel), 1889; 59 S. 8°
Strassburg, Med. Fak., Inaug.-Diss. v. 1889

Moser, Emma, lustiges Allerlei aus d. Spielwarenland. Ein Bilderbuch m. Überraschgn. 4. (20 S. m. z. Tl. farb. u. ausgestanzten Abb.) Stuttgart 898. F. Loewe. Geb. 1. 60

Moser, Emma, Aufgepaßt! Lustiges Bilderbuch. 4. (20 S. m. z. Tl. farb. u. ausgestanzten Abb.) Stuttgart 898. F. Loewe. Geb. 1. 60

— Don Quixote v. La Mancha. Nach Miguel Cervantes de Saavedra f. d. Jugend bearb. M. 6 Bild. in Farbendr v. W. Zweigle u. 8 Holzschn. im Text. 12. (80 S.) Stuttgart 895. G. Weise. Kart. n. — 50

— Münchhausens Reisen u. Abenteuer. Für d. Jugend bearb. Mit 6 Bild. in Farbendr. von W. Zweigle u. 11 Holzschn. im Text. 12. (80 S.) Ebd. 895. Kart. n. — 50

— Schnurr, Schnurr! E. droll. Bilderbuch. E. Bilderbuch m. Überraschgn. 4. (40 S. m. z. Tl. farb. u. ausgestanzten Abb.) Ebd. 898. Geb. 3. —

Moser, Emma, Puppe Wunderhold u. ihre Freundinnen, s.: Cosmar, A.

Abendzauber. Kinder- u. Hausmärchen von Ernst **Moser**. Königsberg i. Pr.: E. Moser [1896]. (203 S.) 8° [F.] [06. 14739 10

Moser, Ernst, Charakterspiegel. Woran erkennt man die verborgenen Charaktereigenschaften der Menschen? Etwas f. jedermann. (96 S.) 8. Leipzig (906). M. Spohr. n. 1. 50

Moser, Ernst, ein Eheturann, s.: Weichert's Wochen-Bibliothek.

— Entlarvt, s.: Kriminal-Kommissar, der.

Moser, Ernst, (III.), der Erbuntergang, } s. Album für Liebhaber-Bühnen.

Moser, Ernst, Berlin: Erfüllungs- und Gewährleistungspflicht für Fehler bei der Miete. Berlin 1906: Mesch & Lichtenfeld. (32 S.) 8°
Heidelberg, Jur. Fak., Ref. Bekker, Diss. v. 13. Juni 1906
[Geb. 25. Mai 81 Berlin; Wohnort: Berlin; Staatsangeh.: Preußen; Vorbildung: Gymn. Freienwalde Reife M. 01; Studium: München 1, Freiburg i. B. 1, München 2, Berlin 4 S.; Rig. 19. Dez. 05.]

– In der Falle, s. Album für Liebhaber-Bühnen.

Moser, Ernst: Ueber Dupuytren'sche Fingercontracturen und deren Operationen ... Berlin, gedr. bei L. Schumacher, 1894; 30 S., 1 Bl. 8.
Berlin, Med. Fak., Inaug.-Diss. v. 8. Juni 1894

— aus e. kleinen Garnison. Schwank in 1 Aufzuge. (28 S.) gr. 8. Berlin (904). M. Böhm. n. 1. 50

— der Geburtstag des sozialdemokratischen Zukunftsstaates. Humoreske. Illustriert v. H. Susemihl. (96 S.) 8. Dessau 905. [P. Baumann's Verl.] C. Dünnhaupt. n. 1. —

— Gewitterwolken, s.: Für den Familienkreis.

— Der Glückspilz. Schwank in 3 Akten. (86 S.) 8. Leipzig (907). M. Spohr. 1. 50

— Auf wankendem Grunde. Schauspiel in 4 Akten. (77 S.) 8. Ebd. (907). 1. 50

Moser, E., Hamburg, Altona u. Umgebungen, s.: Grieben's Reise-Bibliothek.

Eine verrückte Idee. (Der Liebesbazillus.) Schwank in 4 Aufz. von Ernst **Moser**. Leipzig: M. Spohr [1907]. (100 S.) 8° [F.] [05. 12298

— Das Kainsmal, s.: Kriminal-Kommissar, der.

Moser, Ernst: Zur Kenntnis aromatischer Sulfaminsäuren. Basel 1908: Kreis. 40 S. 8°
Tübingen, Naturw. Diss. v. 27. Juli 1908, Ref. Wislicenus
[Geb. 12. Mai 81 Neuhausen a. Rheinfall; Wohnort: Tübingen; Staatsangeh.: Schweiz; Vorbildung: Realabt. d. Gymn. Schaffhausen Reife M. 00; Studium: Lausanne 4, Basel 5, München 3, Tübingen 2 S.; Coll. 27. Juli 08.] [U 09. 4010

Moser, Ernst, Frau Clara, } s. Kühling's, A., Album für Liebhaber-Bühnen.

Moser, E., humoristische Kleinigkeiten, s.: Büchersammlung, allgemeine, lebender Schriftsteller.

Königsberger Konservatorium für Musik. Zum 25jähr. Jubiläum s. Bestehens. Hrsg. von Ernst **Moser**. Königsberg i. Pr. (1906): R. Gruel. (32 S.) 8° [F.] [06. 3986 10

— Meerfahrt. Drama in 4 Akten. (90 S.) 8. Leipzig (907). M. Spohr. 1. 50

Moser, Ernst, Kammergerichtsrefer.: Die Mitgift. Eine rechtsgeschichtl. u. dogmat. Abhandlung, zugl. e. Beitr. z. Lehre von d. Schenkung. Borna-Leipzig 1910: Noske. VIII, 60 S. 8°
Rostock, Jur. Diss. v. 5. Nov. 1910, Ref. Bernhöft, Lehmann
[Geb. 18. März 85 Berlin; Wohnort: Berlin; Staatsangeh.: Preußen; Vorbildung: Wilhelms-Gymn. Berlin Reife M. 03; Studium: Berlin 1, Freiburg i. B. 1, Berlin 4 S.; Rig. 12. Aug. 10.] [U 11. 4061

Moser, Ernst, (II.), hoch-, mittel- und niederdeutsche Mundarten und Zungen. Gesammelt und hrsg. gr. 8. (VIII, 108 S.) Dessau 888, Art'l. *

— Schatten, s.: Sammlung interessanter Kriminal- u. Detektiv-Romane. 28. Bd.

— Sehnsucht, s.: Weichert's Wochen-Bibliothek.

—— Sprüche, Sentenzen, Aphorismen und Epigramme lebender deutscher Dichter. Gesammelt und hrsg. 12. (VII, 117 S.) Brünn 885, Irrgang. geb. *

Moser, Ernst [aus Cöslin in Pommern]: Über die organischen Substanzen des Mainwassers bei Würzburg. Ein Beitrag zur Frage der Flussverunreinigung .... Würzburg, Druck & Verl. d. Stahel'schen Univ.-Buch- & Kunsth., 1887; 2 Bl. + 15 S. 8°.
Würzburg, Med. Fak., Inaug.-Diss. v. 1887.

Moser, Ernst, (I.), über die organischen Substanzen des Mainwassers bei Würzburg. Ein Beitrag zur Frage der Flussverunreinigung. gr. 8. (15 S.) Würzburg 887, Stahel'sche Universitäts-Buchh. *
Aus: Verhandlungen der physikalisch-medicinischen Gesellschaft zu Würzburg, besonders abgedruckt.

Königsberger Theatergeschichte. Von Ernst **Moser**. *Königsberg i. Pr.: Karg & Manneck 1902*. (204 S.) 8° [F.] [02. 11746 10

— s.: Theater- u. Musik-Zeitung.

— Vergangenheit, s.: Weichert's Wochenbibliothek.

Vergangenheit. Roman von Ernst **Moser**. Mit 3 Vollbild. Berlin: A. Weichert [1904]. (90 S.) 8° [F.]
— Wochen-Bibliothek, A. Weichert's. Bd 166. [05. 5300

—— altdeutsche Weisen aus dem XII. bis XVII. Jahrh. Urtext mit Uebertragungen. 8. (IV, 176 S.) Ebendas. 886. *ℳ 3.—; geb. *

— Wetterwolken. Drama in 3 Akten. (98 S.) 8. Leipzig (907). M. Spohr. 1. 50

— wir werden Nonne, s.: Kühling's, A., Album f. Liebhaber-Bühnen.

Moser, Eugen Otto: Die Enkel Winkelrieds. Epische Dichtung von Salomon Tobler. Eine literarhist. Untersuchung. Maennedorf 1909: Meyer. 93 S. 8°
Tübingen, Phil. Diss. v. 16. April 1910, Ref. v. Fischer
[Geb. 17. Juli 84 Weyach b. Kaiserstuhl; Wohnort: Zürich; Staatsangeh.: Schweiz; Vorbildung: Realgym. Zürich Reife M. 04; Studium: Zürich 7, Tübingen 2 S.; Coll. 15. Juli 09.] [U 10. 4189

Moser, F., s.a. M o s e r - Naunhof, Felix H.

Grundriss des weltzerstörenden Planes des Freimaurerordens, oder Der hohe Rath in der Hölle. Ein Schauspiel der Form, ein Trauerspiel der That nach. I. Akt. Nach Originalschriften bearb. von F. Moser. Deggendorf: Krüll 1872. 29 S. 8° [Umschlagtit.]
Tt. 1696. Von katholischer Seite verf. Identifiziert die „unbekannten Obern" mit Beelzebub, die untern Teufel sind die Gross-, Logen- und Stuhlmeister. Zum Schluss werden die Leser aufgefordert, für die Bekehrung und Erleuchtung der Frmr zu beten.

Moser, F. C. von, s. M o s e r , Heinrich Christoph

Moser, F. W., Dominhio, od. Geschichte eines indisch. Fürstensohnes. 8. Merseb. 823. Sonntag. 1 ß 4 gr

— der Erzähler in d. Herbst- u. Winterabenden. 2 Thle. 8. Merseb. 824. Sonntag. 2 ß 8 gr

— Hirsul, die Hexe der Bielshöhle. 12. Merseb. 823. Sonntag. 1 ß

— der Kastelan, Geschichte aus d. Mittelalter. 2 Thle. 8. Merseb. 823. Sonntag. 2 ß 18 gr

— s. W. Genst, Edmund u. Mathilde.

Moser, F. W., Burgfräulein Sisiven, od. d. warnende Korbmännchen. Geschichte aus den Ritterzeiten. 8. Merseb. 824. Sonntag. 1 ß 2 gr

— Scenen aus d. deutschen Bauernkriege. 2 Thle. 1r Thl. Hanno der Kühne, od. der räthselhafte Kriegsknecht. 2r Thl. Spießbach, der Rothbart, Thomas Münzers Todfeind. 12. Merseb. 823. Sonntag. 2 ß 8 gr

Moser, F W
Scenen aus den deutschen Bauernkriegen. Th. 2. Merseburg: Sonntag 1823. 218 S. 8°
2. Spießbach, der Rothbart; Thomas Münzers Todtfeind.

— das Vehmgericht, od. die unterird. Racheschwerter. 12. Merseb. 823. Sonntag. 1 ß 4 gr

Moser, Fanny: Aus d. zool. Institut in München. **Beiträge** zur vergleichenden Entwicklungsgeschichte der Wirbeltierlunge. ⟨Amphibien, Reptilien, Vögel, Säuger.⟩ Hierzu 4 Taf. *Bonn: F. Cohen 1902.* (82 S.) 8° ¶ Aus: Archiv f. mikrosk. Anat. u. Entwicklungsgesch., Bd 60. (Ohne die Taf.)
München, Phil. Diss. v. 1902

Moser, Fanny, japanische Ctenophoren, s.a. Beiträge zur Naturgeschichte Ostasiens.

Japanische Ctenophoren. Von Dr. Fanny **Moser.** (München: Akad. Franz in Komm. 1906.) 77 S. 4°
(Beiträge z. Naturgeschichte Ostasiens. Abh. 4.)
(Abhandlungen d. Kgl. Bayer. Akad. d. Wiss. Math.-phys. Kl. Suppl.Bd 1, Abh. 4.) [11. 9183 4

Moser, Fanny, die Ctenophoren der Siboga-Expedition. (Siboga-Expeditie XII.) (84 S. m. 4 Taf. u. 4 Bl. Erklärgn.) Imp. 4. Leiden 903. Buchh. u. Druckerei vorm. E. J. Brill. n.n. 6. —

Moser, F., die Ctenophoren der deutschen Südpolar-Expedition, s.: Südpolar-Expedition, deutsche, 1901—1903. XI. 2.

Moser, Felix (Hrsg.), s.a. Buch, Das, der Jugend-Spiele und-Beschäftigungen...

— das Buch der Jugend-Spiele u. -Beschäftigungen, f. Knaben u. Mädchen von 8—16 Jahren zur Unterhaltg. u. Belehrg. hrsg. gr. 8. (XV, 413 S. m. 379 Abbildgn.) Wien (899). A. Hartleben. Geb. in Leinw. n. 6. —

Moser, Felix, d. Buch d. Liebhaber-Künste u. Dilettanten-Arbeiten. Sachverständige Anleitgn. zu künstler., kunstgewerbl. u. sonst nützl. Beschäftiggn. aller Art. Mit 267 Abb. gr. 8. (XVI, 416 S.) Wien 898. A. Hartleben. Geb. in Leinw. n. 6. ·

Moser, Fel., allerlei Erwerb u. Nebenerwerb. Ueber 100 Ratschläge zum Geldverdienen m. u. ohne Capital, für Damen u. Herren aller Stände, f. Gesunde u. Kranke, in u. außer dem Haus, in Stadt u. in Land. Auch f. solche, die lediglich ihre Einkünfte aus Renten, Pensionen, Capitalien rc. unauffällig u. reell erhöhen u. Zeit, Kraft od. Raum außerhalb ihres Berufes nutzbringend verwerthen möchten. gr. 8. (160 S.) Leipzig (901). Geschäftsstelle des „Hausfleiß". 3. —

Moser, Fel., u. Wanda Moser, der häusliche Ratgeber. 1. bis 6. Taus. (VII, 350 S.) kl. 8. Berlin 908. [R. Oesler.] W. Vobach & Co. Geb. 2. —

— Weihnachts-Arbeiten u. Christbaumschmuck. Allerlei schöne Dinge aus Papier, Pappe, Schwedenschachteln, Walnüssen, Haselnüssen, Korkstöpseln, Apfelsinen, Eicheln, Tannenzapfen, Gurken- u. Kürbißkernen, Postkarten, Kastanien, Federn, Federposen u. vielen Anderem. Für Kinder u. Erwachsene hrsg. 8. (III, 127 S. m. 90 Abbildgn.) Leipzig (899). Ernst. 2. —

Moser, Felix Hugo (wirkl. Name), s.a. F e l i x , Hugo (Pseud.)

Text der Gesänge zu Husarenblut. Operette in 3 Acten von I[gnaz] Schnitzer. ... Musik von Hugo **Felix** [d. i. Felix Hugo Moser]. Wien, Leipzig: G. Lewy [1894]. (48 S.) 8° [F.] [06. 8477

Moser, Ferd., Handbuch der Pflanzenornamentik, s.a. Seemann's Kunsthandbücher.

Handbuch der Pflanzenornamentik. Zugl. e. Sammlg v. Einzelmotiven f. Musterzeichner u. Kunstgewerbetreibende. Hrsg. v. Ferdinand **Moser,** Dir. ... in Magdeburg. M. 525 Abb. auf 120 Tondrucktaf. *Leipzig: E. A. Seemann 1893.* (VII, 68 S., 120 S.) 1 Bd 8. [96. 7364

Moser, Ferd., der **Kunstschlosser**. Entwürfe zu Kunstschlosserarbeiten, vorzugsweise im Style d. 16., 17. u. 18. Jahrh. Ampelträger, Beleuchtungsgegenstände, Hängeschlösser, Gitter, Kassettenfriese, Thürbänder, Thürgriffe, Schlüsselschilde, Grabkreuze, Thurmkreuze, Thore, Thürfüllgn., Firmenschilder etc. (In 4 Lfgn.) 1. Lfg. gr. Fol. (6 Taf.) Berlin 890. Claesen & Co. In Mappe. n. 5. —

— der **Kunstschlosser**. Entwürfe zu Kunstschlosserarbeiten, vorzugsweise im Style d. 16., 17. u. 18. Jahrhunderts. Ampelträger, Beleuchtungsgegenstände, Hängeschlösser, Gitter, Kasettenfriese, Thürbänder, Thürgriffe, Schlüsselschilde, Grabkreuze, Thurmkreuze, Thore, Thürfüllgn., Firmenschilder etc. 2.—4. Lfg. gr. Fol. (à 6 Taf. m. 1 Bl. Text.) Berlin 891. Hessling & Spielmeyer. In Mappe. à n. 5. — (kplt. in Mappe: n. 20. —)

Moser, Ferd., d. **Kunstschlosser**. Entwürfe zu Kunstschlosserarbeiten vorzugsweise im Style d. 16., 17. u. 18. Jahrh. Ampelträger, Beleuchtungsgegenstände, Hängeschlösser, Gitter, Kasettenfriese, Thürbänder, Thürgriffe, Schlüsselschilde, Grabkreuze, Thurmkreuze, Thore, Thürfüllgn., Firmenschilder etc. 2. [Titel-]Aufl. gr. Fol. (24 lith. Taf. m. 4 S. Text.) Berlin (891) 896. B. Hessling. In Mappe n. 20. —

Ⓢ **Moser,** Ferd., der Kunstschlosser. 896. (KBL 30.) Erm. Pr. 12. —

Moser, Ferd., eine Nacht im Walde. Bilder u. Reime. gr. 4. (32 S. m. farb. Abbildgn.) Kaiserslautern (902). Thiemesche Druckereien. Geb. 3. —

Moser, Ferd., Ornamentvorlagen f. gewerbliche Fach- u. Fortbildungsschulen, sowie f. kunstgewerbliche Werkstätten gezeichnet u. hrsg. (In 5 Hftn.) 1—3. Hft. Fol. (à 10 Photolith.) Leipzig 885. 86. Seemann. In Mappe. à n. 3. —

— Ornamentvorlagen f. gewerbliche Fach- u. Fortbildungsschulen, sowie f. kunstgewerbliche Werkstätten gezeichnet u. hrsg. 4. u. 5. (Schluss-)Hft. Fol. (20 Photolith.) Leipzig 887. E. A. Seemann. In Mappe. à n. 3. — (cplt.: n. 15. —)

— u. Carl **Skomal**, Ornamentvorlagen f. gewerbliche Fach- u. Fortbildungsschulen. 6.—10. Hft. (2. Reihe 1.—5. Hft.) Fol. (à 10 Bl.) Leipzig 893. 894. E. A. Seemann. à n. 4. — (1—10.: n. 35. —; 2. Reihe, kplt. in Mappe: n. 20. —)

Moser, Ferd., u. C. **Skomal, Ornamentvorlagen** f. gewerbl. Fach- u. Fortbildungsschulen, sowie f. kunstgewerbl. Werkstätten. 1. Reihe. 2. Aufl. Fol. (50 z. Tl. farb. photolith. Taf. m. 4 S. Text.) Leipzig 895. Seemann & Co. In Mappe n. 20. —

— **Pflanzenornamente** f. Holztechniken. Entwürfe f. Schnitzarbeiten u. f. Intarsia. In 2 Thln. à 4 Lfgn. Fol. Ebd. 896. 97. à Lfg. n. 4. 50 (kplt. 2 Thle. in Mappe à n. 18. —)
I. Ornamente f. Schnitzarbeiten. — II. Ornamente f. Intarsia.

Ⓢ — Pflanzenornamente. 896. 897. (KBL 30.) Erm. Pr. à Ser. 12.—

—— ornamentale Pflanzenstudien auf dem Gebiete der heimischen Flora. Eine Anregung für Lehrende und Lernende in Bild und Wort. gr. 4. (30 Taf., nebst 20 S. Text mit eingedr. Illustr.) Berlin 888, Claesen und Comp. In Mappe *

— ornamentale **Pflanzenstudien** auf d. Gebiete der heim. Flora. Eine Anregg. f. Lehrende u. Lernende in Bild u. Wort. 2. [Titel-] Aufl. Fol. (30 lith. Taf. m. Ill, 26 S. Text.) Ebd. (888) 896. In Mappe n. 12. —

— 24 **Wandtafeln** f. den elementaren Zeichenunterricht m. Verwendung einfacher Pflanzenformen. à 54,5×48 cm. Leipzig 892. E. A. Seemann. In Mappe n. 12. —; doppelseitig auf 12 geösten Pappen aufgezogen m. Kiste n. 20. —

— das **Zeichnen** u. Malen v. Pflanzen nach der Natur u. die Verwertung d. gewonnenen Grundgedankens zu kunstgewerblichem Schmuck. I. Mit 18 zeichner. Beilagen auf 7 Tab. Gekrönte Preisschrift. Hrsg. vom Vereine deutscher Zeichenlehrer. [Aus: „Zeitschrift d. Ver. deutsch. Zeichenlehrer".] gr. 8. (III, 16 S.) Stade 891. (A. Pockwitz.) n. 1. 50
Die 2. Abtlg. s.: Oettel, A.

— das **Zeichnen** an niederen gewerblichen Schulen. gr. 8. (51 S.) Kaiserslautern 901. J. J. Tascher. n. 1. 20

— **Ziele** u. Wege des Zeichenunterrichts. gr. 8. (48 S.) Ebd. 899. n. 1. —

Moser, Frz., Beantwort. d. Frage: da das Electrum ein starkes Reizmittel ist; so wird gefragt, ob dasselbe nicht auch zu Erweckung d. Scheintodten angewendet werden könne? Nebst e. entsprech. Antwort. 4. Manh. 790.

— solutio calculi in vesica urinaria luthetis lithotornia. 4. Heidelb. 794.

Moser, Franz: Die Wuchergrundgeschäfte im Reichs-Strafgesetzbuch. München: Schweitzer 1908. VI, 25 S. 8° ¶(Ersch. auch als Buch ebd. 1909.)
Würzburg, Jur. Diss. v. 18. Dez. 1908, Ref. Oetker
[Geb. 8. Okt. 83 Nürnberg; Wohnort: München; Staatsangeh.: Bayern; Vorbildung: Gymn. München Reife Juli 01; Studium: München 8 S.; Rig. 17. Juli 08.] [U 09. 4072

Moser, Frz., die Wuchergrundgeschäfte im Reichs-Strafgesetzbuch. (VI, 25 S.) gr. 8. München 909. J. Schweitzer Verl. — 80

Moser, Frz. Jos., gesammelte Kanzelreden; hrsgg. v. Dr. Räß u. Dr. Weis. 1r Bd. 1r u. 2r Thl. Sittenreden. 2 Bde. Mit d. Bildn. u. d. Lebensgesch. d. Verfass. gr. 8. Frankf. a. M. 831, 32. Andreä. 3 ₰ 4 gr 3r Bd. Predigten auf die Festtage des Herrn u. d. allerseligsten Jungfrau. gr. 8. Ebd. 833. 1 ₰ Alle 3 Bde 4 ₰ 16 gr

Moser, Frz. Jos., gesammelte Kanzelreden. Herausg. von Dr. Räß u. Dr. Weis. 4r Bd. Lobreden auf verschiedene Heilige. gr. 8. Frankfurt 833. Andreä, $1^1/_2$ ₰ — 5r—7r Bd. Der Glaubenspredigten 1r—3r Thl. gr. 8. Ebd. 835, 36. (à $1^1/_3$ ₰) 4 ₰ — 1r—3r Bd. $4^2/_3$ ₰

Moser, Frz. Jos., gesamm. Kanzelreden. Hrsg. v. Räß u. Weis. 7. Bd. Der Glaubenspredigten 3. Thl. Nebst e. Anh. gr. 8. (24 B.) Frankfurt a. M. 836, Andreäische Buchh.
1—6. Bd. Ebendas. 1831—35. 8 Thlr. 20 Gr.

Moser's, Frz. Jos., gesammelte Kanzelreden. Herausgeg. von Dr. Räß und Dr. Weis. (In 7 Bden.) 1. u. 2. Bd. I. u. II. Thl. der Sittenreden. Mit der Lebensgeschichte des Verf. 3. Bd. Predigten auf die Festtage des Herrn u. der allersel. Jungfrau. — 4. Bd. Lobreden auf verschied. Heilige. Neue wohlf. Aufl. gr. 8. Frankfurt a/M. 844, 845, Andreäische Buchh. à Bd. $^5/_6$ ₰

Moſer's, Frz. Joſ., († 1780), ſämmtliche Kanzelreden. Hrsg. von Räß u. Weis. 1—4. Bd. Neue wohlf. (Titel-) Aufl. gr. 8. 1 u. 2. Bd. Sämmtliche Sittenreden. 2 Bde. 1. Bd. Mit der Lebensgeſchichte des Verf. (LX u. 233 S. 2. Bd. VI u. 301 S.) 3. Bd. Sämmtliche Predigten auf die Feſttage des Herrn u. der allerſeligſten Jungfrau. (VI u. 312 S.) 4. Bd. Lobreden auf verſchiedene Heilige. (VI u. 324 S.) Conſtanz (831. 33) 850, Meck. à 7/12 ℛ︁ — 5. Bd. 2. Aufl. A. u. d. T.: Sämmtliche Glaubenspredigten. In 3 Bdn. 1. Bd. 2. Aufl. gr. 8. (VI u. 242 S.) Ebd. 853. 27 ngr (1—5, 1: 2 ℛ︁ 19½ ngr)

Moſer's, Frz. Joſ., ſämmtliche Kanzelreden. Herausg. von Räß und Weis. 6. Bd. A. u. d. T.: Sämmtliche Glaubenspredigten. 2. Bd. 2. Aufl. Conſtanz 854. Meck. gr. 8. (VI, 254 S.) 25 ngr

Moser, Frz. K. von, s. M o s e r , Friedrich Karl von

MOSER, Franz Seraph (Pfarrkirchen): Einige Beobachtungen über die Wirkung des neutralen salicylsauren Natrons.- Leipzig: Hirschfeld 1877. 30 S.
26.7.1876 - Urk (Titel: Observationes quaedam de natro quod dicitur neutrali acidum salicylicum continente.); Chr 1876/77,9
Diss. Ingolst.-Landsh.-Mchn.

MOSER, Franz Xaver (Rabenhausen/Schweiz): De miliaria.- Monachii: Deschler 1842. 17 S.
17.8.1840 - Urk; F 65
Diss.Ingolst.-Landsh.-Mchn.

(M o s e r , Fr[iedrich].) Offizieller Führer (zu den) Schauspiel-Aufführungen in Mett 1903 (: «Die Henkerstochter von Biel»). [Mit 9 Tafeln.] 48 [+ 12] S. 8. Biel, E. Andres, 1903. [fr. —.50]

Moſer, Frdr., an der Goldküſte, ſ.: Volks-Erzählungen, kleine.

Moſer, Frdr., d. Goldſchmied v. Amſterdam, ſ.a. Volks-Erzählungen, kleine.

Der Goldschmied von Amsterdam. Eine Erzählung von Friedrich Moser. Mülheim a. d. Ruhr: J. Bagel [1902]. (63 S.) 8° [F.]

Moser, Friedrich [von Rüderswil, Assistenzarzt am Zieglerspital in Bern]: Über Morbidität und Mortalität bei Abortus. Bern 1900. 26 S. 4°. (S.-A. aus der Zeitschrift für schweizerische Statistik, 36. Jahrgang, 1900.)
Bern. Med. Diss. 1900 1901.

Moſer, F., das Negerſchiff, ſ.a. Volks-Erzählungen, kleine.

Moſer, Frdr., das Negerſchiff. Erzählung. 16. (63 S.) Mühlheim 875. Bagel. n. — 25

[M o s e r , Friedrich.] The Selzach P a s s i o n Play, Switzerland. For the Year A. D. 1909. Official Guide. Published by the Committee of the P' Pl'. [Illustrated.] 79 p. + *Advertisements*. 8. Solothurn, Vogt & Schild, 1909. (fr. —. 50)

(M o s e r , Fr[iedrich].) Das P a s s i o n s - Spiel in Selzach im Jahre 1905. Offizieller Führer. Hrg. vom Passionsspiel-Komitee. [Illustriert.] 103 S. 8. Solothurn, Zepfel, 1905. [fr. —.50]

[M o s e r , Friedrich.] Das P a s s i o n s - S p i e l in Selzach (bei Solothurn) im Jahre 1909. Offizieller Führer und Gesangtext. Hrg. vom Passionspiel-Komitee. [Illustriert.] 82 S. + *Anzeigen*. 8. Solothurn, Vogt & Schild, 1909. (fr. —. 50)

M o s e r , Fr[iedrich]. Die Selzacher Passions-Spiele 1901. ([1.] Passionsspiele in der Schweiz. Ein litterarhistorischer Exkurs. — [2.] Die Selzacher Passions-Spiele. [Mit 4 Illustrationen.]) 4 S. fol. (Biel, E. Andres,) 1901.

Moſer, Frdr., ſ.: Volkserzählungen, kleine.

Moser, Fridericus Augustus: Theses loco dissertationis de institutione anatomiae propediem edendae.
Halle-Wittenberg, Med. Thesen v. 18. März 1824
Geb. [Görlitz]
Ein Exemplar nicht nachweisbar. Auch die Diss. ist nicht nachweisbar.

Moser, Friedrich Karl von

– ABHANDLUNG VON AHNDUNG FEHLERHAFFTER UND UNANSTÄNDIGER SCHREIBEN nach dem Gebrauche der Höfe und Kanzleyen. – Frankfurt: Andreae 1750. 272 S.

– ABHANDLUNG VON DEN EUROPÄISCHEN HOF- UND STAATS-SPRACHEN. Nach deren Gebrauch im Reden und Schreiben. Mit authentischen Nachrichten belegt. – Frankfurt a. M.: Andreä 1750.

– (Hrsg.), s.a. A b h a n d l u n g e n , Frankfurter Wöchentliche.

M o s e r , Friedrich Karl Freiherr von: „Frankfurter wöchentliche Abhandlungen zur Erweiterung der Wissenschaften", 2 Theile, Frankfurt 1756 (Schäfer).

– RECHTLICHE ABHANDLUNGEN. Bd 1–3. – Regensburg 1760–1765.
Bd 1 (1760):
1. Rechtliche Gutachten, über verschiedene aus der lezten Willenverordnung des J. J. 1754 in W. verstorbenen A. F. v. G. entstandene streitige Rechtsfragen (S. 1–50).
2. Beantwortung der Frage: ob, zur Verbeßerung der burgerlichen Gesezen und des gerichtlichen Verfahrens ... ein ... Collegium Ictorum ... viel beitragen könne ... ? (S. 51–72).
3. Versuch zu einer Verbeßerung einer practischen Materie aus dem Röm. Gesezbuch ... (S. 73–126).
4. Untersuchung und Erörterung verschiedener bei dem hohen Reichshofrathe vorgekommener Rechtsfälle (S. 127–144).
5. Erörterung der Frage: Ob es dem Röm. Reich zuträglich sei, daß beim Leben Ihro ... Kaiserlichen Majestät, ein Römischer König gewehlet werde (S. 145 bis 269).
Bd 2 (1760):
1. Anmerkungen über den Zustand und Beschaffenheit derer Menschen, nach denen Begriffen des Römischen und deutschen Rechts (S. 1–37).
2. Supplica pro rescripto poenali cassatorio ... (S. 38–73).
3. Supplica pro mandato poenali ... (S. 74–80).
4. Supplica pro mandato inhibitorio ... (S. 81–95).
5. Processus fiscalis, mit allen seinen Saz- und andern übergebenen Schriften (S. 96–157).
6. Relatio über eine bei dem N. Hr. anhengig gewesenen Rechtssache (S. 158–204).
7. Votum ad Imperatorem, die Standeserhöhung der Gemahlin des F. zu N. betreffend (S. 205–234).
8. Abhandlung von denen Verbindlichkeiten und Verträgen überhaupt (S. 235 bis 268).
Bd 3 (1765):
1. Gegenbericht in caussa adpellationis (S. 1–33).
2. Supplica pro Rescripto S. C. impetrando (S. 33–41).
3. Supplica pro interventione (S. 42–44).
4. Allerunterthänigste Anzeige interventionis (S. 44–56).
5. Supplica pro impertiendo remedio restitutionis (S. 57–61).
6. Libellus restitutorius, mit einem dazu gehörigen Nachtrag (S. 62–74).
7. Interpositio remedii supplicationis, pro revisione actorum (S. 75–78).
8. Supplica pro decernendis plenis adpellationis processibus ... (S. 79–85).
9. Legitimatio ad acta (S. 86).
10. Purgatio morae, et legitimatio ad acta (S. 87 f).
11. Reproductio atque edoctio rite factae insinuationis mandati S. C. (S. 89 f).
12. Declaratio ad partionem Principis Leod. (S. 91–96).
13. In iure et facto bestgegründete Replicae (S. 97–118).
14. Allerunterthänigste Vorstellung und Anzeige, loco exceptionum fori declinatoriarum (S. 119–130).
15. Rechtliches Gutachten, den Herrn Grafen von Mand. und die Gemeinde Oß. betreffend (S. 131–141).
16. Rubricae ad processum Rescripti, Mandati, atque Adpellationis (S. 142–216).
17. Ein fasciculus von Schriften, die in einem Reichshofraths Proceße übergeben worden (S. 217–680).

– (Hrsg.), s. A b h a n d l u n g e n , Wöchentliche Frankfurtische.

v. Moſer, Frhrr. Fr. Karl, († d. 10. Nov. 1798.) des Fränkiſch. Kreiſes Abſchiede u. Schlüſſe von 1600—1748, aus Archiven. 2 Thle. 4. Nürnb. 752. (Brockhaus in Leipz.) 3 ℛ︁

Ders.: Des Fränk. Kreises Abschiede u. Schlüsse, v. J. 1600—1748, aus Archiven. *Nürnberg*, Grattenauer. 752. 2 Thle. 4. (3 Thl. 16 Gr.)

Moser, F. K. v., d. fränkisch. Kreises Abschiede u. Schlüsse von 1600—1748. 2 Thle. 4. Nurnb. (Stage in Augsb.) 752.

— — dasselbe. 4. Nürnb. (Gleditsch in Leipz., auch Hermann in Frankf.) 752.

Moser, Friedrich Karl von (Hrsg.), s.a. Abschiede, Des hochlöblichen obersächsischen Kreises.

Moser, Fried. Carl: Des hochlöblichen Ober-Sächsischen Krayses Abschide. Aus Archiven erstmals an das Licht gestellt. Jena 1752.

— d. Obersächs. Kr. Abschiede. 4. Jena, Cröcker. 752.

— von Ahndung fehlerhafter u. unanständ. Schreiben nach d. Gebr. d. Höfe u. Kanzleien. 8. Frkf. a. M. 750. Andreä. 6 gr

– L'AMBASSADRICE ET SES DROITS. Par Moser. – Berlin 1754. VI. 181 S.

(Freih. v. MOSER, F. K.:) L'ambassadrice et ses droits. 3. édit. *Francf.* 757. 4.

– ANKÜNDIGUNG ANS VATERLAND, die zu Berath- und Verbesserung des allgemeinen Nahrungs-Standes angeordnete Land-Commission betreffend. – Darmstadt 1777. 7 S.

– s.a. Antwort auf Ortmanns Sendschreiben.

– ANTWORT AUF DES HERRN INSPECTOR ORTMANNS SENDSCHREIBEN an den Verfasser der Reliquien. – o.O. 1766.

Moser, Friedrich Karl Freiherr v.: „Antwort auf Ortmanns Sendschreiben an den Verfasser der Reliquien", Frankfurt 1766 (Hermann).

— Antwortschreiben an Bretschneider von der jurist. Pedanterei. 4. Frankf. 750. Raspe. 3 gr

Moser, Friedrich Carl Freiherr von: „Antwortschreiben an Bretschneider, von der juristischen Pedanterei", Frankfurt a. M. 1751 (Raspe).

– ANTWORT-SCHREIBEN VON DER JURISTISCHEN PEDANTEREY an Herrn Johann Carl Bretschneider, Hochgräfl. Reuß-Plauischen Secretarius und Forst-Inspector, erlassen von Friedrich Carl Moser, Hochfürstl. Hessen-Homburgischen Hof-Rath. – Frankfurt a.M.: Hutter 1750. 35 S.
– – Frankfurt a.M.: 1851.

Moser, Friedrich Karl von (Hrsg.), s.a. Archiv. (Neues) Patriotisches, für Deutschland.

— neues patriot. Archiv f. Deutschl. 2 Bde. gr. 8. Ebend. 792—94. (à 1 Rthlr. 12 gr.)

Moser, Friedrich Karl Freiherr von (Herausgeber): „Patriotisches Archiv von und für Deutschland", Frankfurt und Leipzig 1784—1786, 7 Bände, Fortsetzung Mannheim und Leipzig 1787 bis 1790, 5 Bände. — Derselbe: „Neues patriotisches Archiv von und für Deutschland", 2 Bände, Mannheim und Leipzig 1792 und 1794.

— patriot. Archiv f. Deutschl. 12 Thle. n. Regist. m. K. gr. 8. Mannheim, Schwan u. G. 784—92. (à 1 Rthlr. 12 gr. Reg. 4 gr.)

Moser, Frhr. Friedr. Karl v., Auswahl aus den patriotischen Schriften. Neu hrsg. und mit erläut. Anmerkungen von Wilh. Zimmermann. 1. Bd. Reliquien. gr. 8. (160 S.) Stuttgart 866, Rieger'sche Verlagsh.

– KURTZER BEGRIFF DES FÜRSTLICH HESSEN-DARMSTÄDTISCHEN BESTBEGRÜNDETEN LANDESHERRLICHEN HOHEITS-RECHTS über das Teutsch-Ordens-Haus und Commende Schiffenberg im Ober-Fürstenthum Hessen gelegen. – o.O. 1755. 52 S.

– s.a. Beherzigungen.

– BEHERZIGUNGEN als der zweyte Theil des Herrn und Dieners von Friedrich Carl von Moser. – Frankfurt a.M.: Knoch & Eßlinger 1761. 648 S.
– – Frankfurt & Leipzig 1761.
– – 3. Aufl. – Frankfurt 1763.
– – Frankfurt & Leipzig 1766. 430 S.
– – 4., und verb. Aufl. – Frankfurt a.M.: Eßlinger 1767.

— Beherzigungen, enth. moral. hist. satyr. Abschilder. 8. Ebend. (Fr. Günther, Glogau.) 767.

– BEHERZIGUNGEN DER BEHERZIGUNGEN. – Lindau 1762.
– – Berlin 1763.

– BEYTRÄGE ZUR ERÖRTERUNG DER FRAGE: in wieweit ist die Gerichtsbarkeit des Kaisers über reichständische Unterthanen und besonders ihre Beamten begründet? – o.O. 1795.

— Beitrr. zu d. Staats-Völkerrecht. 4 Bde. gr. 8. Frkf. a. M. 763—72. Brönner; a. Gebhardt u. K. 4 thl

— Beyträge z. d. Staats- u. Völkerrecht. 4 Thle. gr. 8. Frankf. Brönner. (Hermann.) 763—72.

Moser, Friedrich Carl Freiherr von: „Beyträge zu dem Staats- und Völcker-Recht und der Geschichte", 4 Bände, Frankfurt a. M. 1764 bis 1772 (Brönner, auch Gebhardt & K.). — Vorh.: Bibl. des Kammergerichts Berlin — Jb. 938.

— diplomat. u. histor. Belustigungen. 7 Thle. 8. Frankf. a. M. 753—64. 2 thl 12 gr

– DIPLOMATISCHE UND HISTORISCHE BELUSTIGUNGEN. Bd 1–7. – Frankfort & Leipzig: Knoch und Eßlinger 1753–1764.

– GESCHICHTS- UND ACTENMÄSSIGER BERICHT VON DEN VORMUNDSCHAFTEN IN DEM FÜRSTL. GESAMT-HAUS HESSEN. – o.O. 1751.

– s.a. Betrachtungen über die Aufrichtigkeit.

– BETRACHTUNGEN ÜBER DIE AUFRICHTIGKEIT nach den Wirkungen der Natur und Gnade. – Frankfort & Leipzig: Raspe 1753.

— Betracht. üb. d. Aufrichtigkeit, n. d. Wirk. d. Natur und Gnade. 8. Frankf. Eßlinger. 763.

— Betrachtt. über alle Theile d. neuen landesfürstl. Steuerregulirung. 8. Wien 789.

MOSER Karl Freiherr von. Betrachtungen über alle Teile der neuen landesfürstlichen und obrigkeitlichen Steuerregulierung von –. Trattner, Wien 1789. 1 vol. 72 S.

Moser, Friedrich Karl von (Hrsg.), s. Bretschneider, Carl Johann: Vertraute Briefe . . . .

– s.a. Briefe, Patriotische.

– PATRIOTISCHE BRIEFE. – o.O. 1766.
– – Frankfurt 1767.

— patriot. Briefe. 8. Frankf. Gebhardt u. K. (auch Hermann.) 767.

– BRIEFE ÜBER DAS PROTESTANTISCH-GEISTLICHE RECHT. – Frankfurt: Eßlinger 1771

– BRIEFE, DIE RELIQUIEN UND DEREN VERFASSER BETREFFEND. – Hamburg & Leipzig 1767.

– s.a. Briefe, Vertraute, ...

Moser, Friedr. Carl Frhr. v., vertraute Briefe über die wichtigsten Grundsätze und auserlesenen Materien des protestantischen geistlichen Rechts. 4. Aufl. gr. 8. (X und 218 S.) Reutlingen 861, Rupp und Baur. *

— vertr. Briefe üb. Grundſ. und Mater. d. proteſt. geiſtl. Rechts. 8. Frankf. Eßlinger. 771.

v. MOSER, Fr. K.: Vertraute Briefe über die wichtigsten Grundsätze d. auserlesensten Materien des protest. geistl. Rechtes. 3e Ausg. *Frankf. a. M.*, Esslinger. (761.) 771. 8. (20 Gr.)

— vertraute Briefe üb. d. proteſtant. geiſtl. Recht. 8. Heidelberg, Braun.

– BRIEFWECHSEL DER »GROSSEN LANDGRÄFIN« CAROLINE VON HESSEN. 30 Jahre eines fürstlichen Frauenlebens. Nach den im grossh. Haus-Archiv zu Darmstadt befindlichen Papieren hrsg. von Ph. A.F. Walther. T. 1. 2. – Wien: Braumüller 1877.

– s.a. Charakter eines Christen ...

[–] DER CHARAKTER EINES CHRISTEN UND EHRLICHEN MANNS BEY HOFE. In dem Schreiben des Herrn von ** [d.i. F.C. v. Moser] an seinen jungen Vetter. – Franckfurt: Hutter 1751. 96 S.

[–] DER WAHRE CHARAKTER DES HERRN C(ARL) F(RIEDRICH) BAHRDT. – o.O. 1779.

– s.a. Christ, Der, in der Freundschaft.

– DER CHRIST IN DER FREUNDSCHAFT. – Frankfurt & Leipzig: Raspe 1754. 248 S.
– – Frankfurt 1771.

– La Cour, fables allégoriques,
s. Moser: Der Hof in Fabeln.

– DANIEL IN DER LÖWEN-GRUBE. In sechs Gesängen. – Frankfurt a.M.: Gebhard 1763. 144 S.
– – Frankfurt & Leipzig 1763. 144 S.
– – 3., verb. Aufl. – 1767.

— Daniel in der Löwengrube; in 6 Geſängen. 8. Frankf. a. M. 763. Gebhardt u. K.; (a. Hermann). 8 gr

— Daniel in d. Löwengrube, in 6 Geſ. 8. Frankf. Gebhardt u. K. 767.

— — daſſelbe. 8. Frankf. Hermann 783.

– DEDUKTION FÜR DIE REFORMIRTEN UNTERTHANEN ZU DIERDORF gegen den dortigen Klosterbau. – 1755.

– DER NEUE DIENER. Zum Besten der Teutschen politischen Kannengießer mit patriotischer Freyheit geschildert. – 1766.

[–] UEBER DEN DIENSTHANDEL DEUTSCHER FÜRSTEN. – Frankfurt & Leipzig 1786. 94 S.
[–] – Mannheim: Schwan 1786. 78 S.

— üb. d. Dienſthandel d. deutſchen Fürſten. 8. Mannh. Schwan u. G. 790.

— Dienſtjahre in d. Heſſendarmſt., z. Erläut. d. Neuſ. Schr. 8. Vobenh. Nicolai. 789.

– FABELN. Mit 1 Kupfertafel. – Mannheim: Schwan 1786. 264 S. *(Die Fabeln 1–50 sind neuer Abdruck von Moser: Der Hof in Fabeln, Leipzig 1762.)*

– NEUE FABELN. – Mannheim: Schwan 1789. 118 S.

Moser, Friedrich Karl von (Hrsg.), s. Friedrich Wilhelm II. von Preußen: Konzession für die ev. Brüdergemeinden ....

Moser, Frhr. F. C. v., Gottes Führung im Alten Testament, } s.a. Brosamen.

– GOTTES FÜHRUNG IM ALTEN TESTAMENT. 2. Aufl. [1889]. – Calw & Stuttgart: Verl. der Vereinsbuchh. 92 S.

— D. Luthers Fürſtenſpiegel. gr. 8. Frankf. Gebhardt u. K. (auch Hermann.) 783.

Moser, Friedrich Carl Freiherr von: „Dr. Martin Luthers Fürstenspiegel von Regenten, Räthen und Obrigkeit", Frankfurt a. M. 1783 (Brönner); 2. Auflage 1834.

Moser Gedanken über den Charakter der germaniſchen Welt im Vergleich zur romaniſchen, nebſt einem geſchichtlichen Überblick bis 1740. 18 S.
Sorau, Progr. 1845

– s.a. Gedanken, Patriotische, von Staatsfreigeisterei.

[–] PATRIOTISCHE GEDANKEN VON DER STAATS-FREYGEISTEREY. – o.O. u.J. [Frankfurt 1755].

– GEDANKEN ÜBER DAS NEU ERFUNDENE VERNÜNFFTIGE STAATSRECHT. – o.O. 1767.

— geiſtl. Gedichte. 1s Bdchen. N. A. 8. Neudietend. 816. (Kummer in Leipz.) 3 gr

– GEISTLICHE GEDICHTE, PSALMEN UND LIEDER von Friedrich Carl von Moser. – Frankfurt a.M.: Gebhard 1763. 256 S.

— geiſtl. Gedichte, Pſalmen u. Lieder. gr. 8. Frankf. Brönner. (Gebhardt u. K., auch Hermann.) 763.

– GEISTLICHE GEDICHTE, PSALMEN UND LIEDER. Neue Aufl. Bd 1. – Neudietendorf: Petsch 1816. 109 S.

— üb. d. Geduld. 2 Bde. m. K. gr. 8.

[–] BUNTSCHÄCKIGES GEMÄLDE. Verfertigt von einem teutschen Bidermann. – o.O. 1766.
[Laut Meusel, Lexikon der vom Jahr 1750 bis 1800 verstorb. deutschen Schriftsteller, nicht von Friedrich Karl Moser verfaßt.]

– ACTENMÄSSIGE GESCHICHTE DER WALDENSER, ihrer Schicksale und Verfolgungen in den letzten dritthalbhundert Jahren überhaupt und ihrer Aufnahme und Anbau im Herzogthum Würtemberg insbesondere. Mit Urkunden und Beylagen. – Zürich: Orell, Geßner, Füßli und Comp. 1798. 556 S.

– s.a. Geschichte der päbstlichen Nuntien in Deutschland.

– GESCHICHTE DER PÄBSTLICHEN NUNTIEN IN DEUTSCHLAND. Bd 1. 2. – Frankfurt & Leipzig (Mannheim: Schwan & Götz) 1788.

— pragmat. Geſch. u. Erläuter. d. Kaiſerl. Reichshofrathsordnung. 2 Thle. 8. Frankf. u. Leipz. 751. 1 ß 4 gr

– PRAGMATISCHE GESCHICHTE UND ERLÄUTERUNGEN DER KAISERLICHEN REICHS-HOF-RATHS-ORDNUNG. In 2 Büchern beschrieben von Friedrich Carl Moser. Bd 1. 2. – Frankfurt & Leipzig: Hutter & Raspe 1751–1752.

– DER HANNOVERSCHEN GESCHICHTSSCHREIBUNG 1.Th[eil]. 1–3. Bd. – o.O. u.J.

[–] DIE GESETZMÄSSIGKEIT DER RELIGIONS-VERSICHERUNG, welche des Herrn Erb-Prinzens Friedrichs zu Hessen Cassel Hochfürstliche Durchlaucht, nach Dero Uebertritt zu der Römischen Kirche, dem 28. Oct. 1754 von sich gestellet, gegen die sogenannte Gesetz- und Vernunfft-Schlüsse nach Anleitung der göttlichen, natürlichen, Völker- und Teutschen Reichsrechte, der Analogie ähnlicher Fälle und der Catholischen eigenen Grundsätze erwiesen und vertheidigt [Von Friedrich Carl Frhr. von Moser]. – o.O. 1765. VI, 91 S.

– (Friedrich Carl) Frh. von Moser und (August Ludwig) Schlözer: Über die oberste Gewalt im Staate, mit Anm. eines Unparteyischen und ein Versuch über Staats-Verbindung. – Meissen 1794. *(Eine Forts. dazu u.d.T.: Etwas vom Staatsvertrag, ein Nachtrag zu der Schrift: Friedrich Karl von Moser und August Ludwig Schlözer von der obersten Gewalt im Staate. Meissen 1795. – 170.)*
– – Meissen: Goedsche 1809. 128 S.

Moser, Friedrich Carl Freiherr von und Schlözer, August Ludwig: „Ueber die oberste Gewalt im Staate, mit Anmerkungen eines Unpartheyischen", Meissen 1794 (Goedsche). — Vorhanden: Bibliothek des Kammergerichts Berlin — Ja 5438. — Nachträge 1) „Etwas vom Staatsvertrage", ebenda 1795; 2) „Ueber das Sittengesetz in Bezug auf den Staat", ebenda 1795. — Neue Auflage, ebenda 1809.

Moser, Friedrich Carl Freiherr von und Schlözer, August Ludwig von: „Ueber die oberste Gewalt im Staate; mit Anmerkungen eines Unpartheiischen und einem Versuch über Staatsverbindung", Meißen 1794 (Goedsche); 2. Auflage ebenda 1809.

— u. Schlözer, üb. die oberste Gewalt im Staate. Mit Anmerkk. e. Unpartheiischen. gr. 8. Meißen 809. Goedsche. 16 gr

Moser, Friedrich Carl Freiherr von: „Der Herr und der Diener geschildert mit Patriotischer Freyheit", Frankfurt a. M. (Raspe), 1759. — Vorh.: Bibl. des Kammergerichts Berlin — Ja 5412. — Neue Auflage, Frankfurt a. M. 1761, vorhanden: Com. Bibliothek Hamburg; Neue Auflage, Frankfurt a. M. 1766, vorh.: StB Nürnberg. — Dasselbe ins Französische übersetzt u. d. T.: „Idée d'un bon gouvernement ou traduction commentée de l'ouvrage allemand de Mr. de Moser, connu sous le titre de der Herr und der Diener", Tome I et II. Politicopolis 1761. (Tome I angebunden): „Lettres, qui servent de Supplement à la traduction .....", ebenda 1760. Insgesamt 2 Bände, vorh.: StB Nürnberg.

— der Herr u. der Diener, geschildert mit patriot. Freiheit. 8. Frankf. a. M. 759. 2e Aufl. 763. (Schäfer; a. Streng; a. W. Vogel in Leipz.) 16 gr — Dass. ins Französ. übers. von de Champigny. gr. 8. Hamb. 760. J. G. Herold. 16 gr

– DER HERR UND DER DIENER. – Frankfurt a.M.: Raspe 1759. 422 S. *(T. 2. u.d.T.: Beherzigungen. – 1761 u.ö.*
– – Frankfurt & Leipzig (Mannheim: Kurf. Hofbuchdruckerei) 1759. 220 S.
– – Frankfurt: Raspe 1761. 422 S.
– – Berlin 1763.
– – Frankfurt 1763.
– – Frankfurt 1766.
– – Frankfurt & Leipzig 1766–1774.
– – o.O. 1774.
– [–, franz.] L'idée du Prince et de son ministre. Tracé avec la liberté d'un patriote. – Francfort & Leipsic: Knoch & Eslinger 1760.
– [–, –] Le maître et le serviteur trad. par Champigny. – Hamburg 1760
– [–, –] Hamburg 1761.
– [–, –] Idée d'un bon gouvernement. – Politicopolis 1761.
– [–, span.] Idea d'un buon governo o traduzione commentata dell' opera: der Herr und Diener – tradotta da traduzion francese. – In Cosmopoli 1761.
– – T. 2. – s. Moser: Beherzigungen.
– – Anhang. – s. Moser: Ministerschule.
– – Supplement. – s. Moser: Lettres.

— d. Herr u. d. Diener geschild. rc. 8. Frankf. Eßlinger. (a. Crusius. (F. C. W. Vogel.) Leipz.) (a. Lessier in Mannh.) 766.

– DER HOF IN FABELN. – Leipzig 1761.
[–] – Leipzig 1762. 108 S. *(Neuer Abdruck hiervon sind die Fabeln 1–50 in: Moser. Fabeln. – 1786.*
Erstausgabe des Hof in Fabeln im Jahre 1761.)
– – Leipzig 1763.
[–] [–, franz.] La Cour, fables allégoriques. Ouvrage trad. de l'allemand par un allemand. – Erlang: Walther 1763. 116 S.
[–] [–, –] Erlang: Walther 1768. 116 S.

– s.a. Hof, Der, in 50 Fabeln.

Moser, Friedrich Carl Freiherr von: „Der Hof", in 50 Fabeln. Leipzig 1761 (Vandenhoeck in Göttingen). 2. Auflage, in 72 Fabeln, Mannheim 1786 (Schwan).

– TEUTSCHES HOF-RECHT. In zwölf Büchern entworfen von Friderich Carl von Moser. Bd 1. 2. – Frankfurt & Leipzig: Andreä in Comm. 1754–1755.
– – Bd 1. 2. – o.O. 1761.
– – enthaltend eine systematische Abhandlung ... Nebst vielen ungedr. Hof-Ordnungen und Ceremoniel-Nachrichten. Bd 1. 2. – Franckfurt & Leipzig: Knoch & Eßlinger 1761.

Frh. v. Moser, F. K.: Deutsches Hofrecht. *Frankf. a. M.*, Esslinger. 754. 2 Thle. 4. (6 Thl. 16 Gr.)

Moser, Friedrich Carl Freiherr von: „Teutsches Hof-Recht", 2 Bände, Frankfurt a. M. und Leipzig 1754, 1755 (Schäfer; auch Brönner). — Vorh.: Bibl. des German. Museums Nürnberg.

— deutsch. Hofrecht. 2 Thle. 4. Frankf. Eßlinger. (a. Brönner.) 760.

Moser, Frid. Carl v.: Teutsches Hof-Recht, enth. eine system. Abh. von der Geschichte des Teutschen Hofwesens. Nebst vielen ungedr. Hof-Ordnungen u. Ceremoniel-Nachrichten. Bd 1. 2. Franckfurt u. Leipzig 1761. 2 Bde

— von den europ. Hof- u. Staatssprachen, nebst d. Gebr. in Reden u. Schrift. 8. Frankf. a. M. 750. Andreä. 8 gr

– IDEA D'UN BUON GOVERNO. – In Cosmopoli 1761. – s. Moser: Der Herr und der Diener [span.].

— Idea d'un buon Governo, o traduz. comment. della cel. opera. 8. ibid. 762.

– IDÉE D'UN BON GOUVERNEMENT. – Politicopolis 1761. – s. Moser: Der Herr und der Diener [franz.].

— Idee d'un bon Gouvernement, ou traduct. commentée de l'ouvrage allem. III Tom. 8. Cosmop. (Walther, E.) 764.

– L'IDÉE DU PRINCE ET DE SON MINISTRE. – Frankfort & Leipzig 1760. – s. Moser: Der Herr und der Diener [franz.].

Catharina II., Kaiserin von Russland, ein Gemälde ohne Schatten (von *Friedr. Carl* Frhrn. *v. Moser*). (Leipzig 1776.)
Anon.-Lex. I. p. 311 (nach Meusel u. Strieder).

— Friedrich Wilhelms II. Concession f. d. evangel. Brüdergemeinen rc. mit Anmerkk. 8. Manh. 790. Schwan u. G. 6 gr

– s.a. Leidemit, Doktor.

– Doktor Leidemit, s.a. Brosamen.

– DOCTOR LEIDEMIT. Fragmente von seiner Reise durch die Welt, seinen Gedanken, Wünschen und Erfahrungen. – Frankfurt a.M.: Garbe 1783. 336 S.
– – 2. Aufl. 1889.
– – Neue verb. Ausg. – Frankfurt a.M. 1843: J.G.L. Brönner. 214 S.

— Doctor Leidemit, Fragmente v. s. Reise d. d. Welt. 8. Frankfurt, Gebhardt und K. (auch Hermann.) 783.

v. Moser, Frhr. Fr. Carl, Doctor Leidemit. Fragmente aus seiner Reise durch die Welt, seinen Gedanken, Wünschen und Erfahrungen. Neue verb. Ausg. 8. Frankfurt a/M. 843, Brönner. n. 2/3 ℔ (NB. Die 1. Aufl. erschien 1783 und kostete 5/6 ℔)

– LETTRES QUI SERVENT DE SUPLEMENT à la traduction commentée du Herr und Diener de Moser. – Politicopolis 1760.
– – T. 3. – Politicopolis 1762.

– s.a. Lieder und Gedichte.

LIEDER und Gedichte (von *Fr. Carl* Frhrn. *v. Moser*). Tübingen, bey J. G. Cotta, 1752. 8°.
Anon.-Lex. III. p. 71 (nach W. v. Maltzahn u. Meusel); Kayser hat „1763".

– LIEDER UND GEDICHTE. – Tübingen: Cotta 1752. 140 S.

– LIEDER UND GEDICHTE. – Tübingen 1753.

Moser, Friedrich Karl von (Hrsg.), s. Luther, Martin: Fürstenspiegel.

— le Maître et le Serviteur, trad. de l'Original allem. p. de Champigny. gr. 8. Hamb. Herold. 760.

– MANNIGFALTIGKEITEN. Bd 1. 2. – Zürich 1796. 338, 245 S.

Moser, Friedrich Karl Freiherr von: „Mannigfaltigkeiten", zwei Theile, Zürich 1796 (Gessner).

– MINISTERSCHULE. – Freystadt 1762.
– – Als ein Anh. zu dem Moserischen Herrn und Diener. 2., stark verm. und verb. Aufl. – Freystadt 1763. 92 S.

– MOSES IN MIDIAN, ein poetisch Gemälde. – Frankfurt & Leipzig 1765.

– s.a. Nationalgeist, Vom deutschen.

— v. d. deutschen Nationalgeiste. 8. Frankf. a. M. 761. (Schäfer). 4 gr

VOM DEUTSCHEN NATIONALGEIST. – o.O. 1764.
[–] – 1765.
[–] – o.O. 1766.

— von dem deutschen Nationalgeiste. 8. Frkft. Eßlinger. 765.

Moser, Friedrich Carl Freiherr von: „Von dem deutschen Nationalgeiste", Frankfurt a. M. 1765 (Schäfer).

Moser, Frdr. Karl von, Von dem deutschen Nationalgeist. O. O. 1766. 8. . . . . (D.)

– SUPPLEMENT DES VERSUCHS EINER PRAGMAT. GESCHICHTE DES TEUTSCHEN NATIONALGEIST BETREFFEND. – Frankfurt a.M. 1767.

– s.a. Necker, in Briefen an Jselin.

[Moser, Frdr. Karl v.: Jacques] Necker. In Briefen an Herrn Iselin in Basel. [Frankfurt a. M.] 1782.

– NECKER. In Briefen an Herrn Iselin in Basel. Von Friedrich Karl von Moser. – o.O. [Frankfurt: Hermann] 1782. 456 S.

— Necker in Briefen an Iselin in Basel. 8. Frankf. Gebhardt u. K. (auch Hermann.) 782.

Moser, Friedrich Carl Freiherr von: „Neujahrswünsche an den Reichstag zu Regensburg", Frankfurt a. M. 1765.

— über Regenten, Räthe u. Regierung; Schutt zur Wegebesser. künft. Jahrh. 8. Frkf. a. M. 784. Brönner. (Hermann). 1 ℔ 8 gr

Moser, Friedrich Carl Freiherr von: „Ueber Regenten, Regierung und Ministers; Schutt zur Wegebesserung künftiger Jahrhunderte", Frankfurt a. M. 1784 (Brönner). — Vorh.: Bibl. des Kammergerichts Berlin — Ja 5432.

(–) UEBER REGENTEN, REGIERUNG UND MINISTER. Schutt zur Wege-Besserung des kommenden Jahrhunderts. – Frankfurt a.M.: Garbe 1784. 422 S.

– ÜBER DIE REGIERUNG DER GEISTLICHEN STAATEN IN DEUTSCHLAND. – Frankfurt & Leipzig: 1787. 220 S.

— üb. d. Regierung d. geistlichen Staaten in Deutschland. 8. Frankf. u. Leipz. (v. Mösle in Wien.) 787.

— — dasselbe 8. Mannh. Schwan und G. 787.

– DIE REICHSFREIHEIT DER GERICHTE UND GEMEINDEN SULZBACH UND SODEN, gegen die Kurmainzische und Stadt Frankfurtische Vogtey und schutzherrliche Eingriffe erwiesen und vertheidiget. – o.O. 1753.

– GRONENBERGISCHE RELIGIONSHANDLUNGEN. Von Friedrich Karl Freih. von Moser. – o.O. 1754. 170 S.

– s.a. Reliquien.

[–] RELIQUIEN. – Frankfurt a.M.: Gebhard 1766. 406 S.
– – 2., verb. Aufl. – Frankfurt & Leipzig 1766.
[–] – 3., verb. Aufl. – Franckfurt a.M.: Gebhard 1766. 380 S.
– – 4. Aufl. – 1767.
[–] – T. 2. [Von Friedrich Carl von Moser und Adolf Diedrich Ortmann.] – Frankfurt & Leipzig 1767. 64, 64 S.
– – Stuttgart 1866. (Moser: Auswahl aus den patriotischen Schriften. 1.)

RELIQUIEN. (Aphorismen über Staat, Kirche u. gesellschaftliches Leben, von *Friedr. Carl* Frhrn. *v. Moser*, 1723—98). Mit (unsign.) Titel-Vignette: Schmetterling, der Puppe entschlüpft, auf Tisch von Arabesken u. Blumen umgeben, oben mit Bandschrift: „Linquit perennius ipso.") 2. verbeßerte Auflage. Franckfurt a. Mayn, bey Joh. Chrn. Gebhard. 1766. 8°. Zahm.
Tit., 3 Bll. Vorr., 376 S. — Die erste Ausgabe von demselben Jahre. (Expl. im British Museum und in Leipzig. Bibl. d. Börsenvereins d. dtsch. Buchhändler.)
Anon.-Lex. III. p. 374 (nach Meusel, Strieder, Kayser, Ersch u. d. Allg. dtsch. Biogr. 22, 770).

— Reliquien. 8. Frankf. Brönner. (Gebhardt u. K., auch Hermann.) 767.

— — dieselben. 8. Frankf. (Fr. Günther, Glogau.) 767.

– NEUE RELIQUIEN DER RELIQUIEN. – Frankfurt 1767.
– – Frankfurt 1769.

– DAS STATISTISCHE RELIQUIENKABINET. Nebst zwei Abhandlungen vom Staate. – Altona 1768.

– s.a. Rettung der Ehre und Unschuld des ... von Schlitz.

Rettung der Ehre und Unschuld, des weiland Königlich Schwedischen Staats-Ministers etc. Georg Heinrichs, Freyherrn von Schlitz, genannt von Goerz, aus des Königs Carl des XII. des Schwedischen Senats, der Schwedischen Herrn und Männer, Original- und andere Urkunden, erwiesen. [Vom Freiherrn Fr. Karl von **Moser.**] Mit 30 Beilagen. o. O. 1776. 8°.

– RETTUNG DER EHRE UND UNSCHULD DES SCHWEDISCHEN STAATSMINISTERS GEORG HEINRICHS FREIHERRN VON SCHLITZ, gen. v. Goerz, aus des Königs Carl des XII. Original und andern Urkunden erwiesen. – o. O. 1776.

– – Rettung der Ehre und Unschuld des weyland königl. Schwedischen Staatsministers und herzogl. Schleswig Holsteinischen geheimen Rathe und Oberhofmarschalls Georg Heinrichs, Freyherrn von Schlitz, genannt von Görz, aus des Königs Karl des XII., des Schwedischen Senats, der Schwedischen Herren und Männer, Original- und andern Urkunden, erwiesen. Mit 30 Beilagen. – Hamburg 1776.

– – 2. Aufl. – Hamburg 1782.

– – 2., verm. Aufl. – Hamburg 1791.

Ders.: Samml. der Abschiede d. Chursächs. Kreiges aus Archiven. *Jena*, Cröker. 751. 4. (1 Thl.)

— Samml. d. Abschiede des Obersächs. Kreises. 4. Hanau 752. (Cröker in Jena). 1 ß

Moser, Friedrich Karl von (Hrsg.), s.a. S a m m l u n g der neuesten und wichtigsten Deduktionen ....

M o s e r, Friedrich Carl Freiherr von: „Sammlung der neuesten und wichtigsten Deductionen in Teutschen Staats- und Rechts-Sachen", 9 Teile, Frankfurt a. M. und Ebersdorf 1752 bis 1764 (Leipzig; Fleischer).

— Samml. d. neuesten wicht. Deductionen in deutschen Staats- u. Rechtssachen. 9 Bde. 4. Frkf. a. M. 752—54. Gebhardt u. K. 9 ß 8 gl

— Samml. der neuest. u. wichtigst. D e d u c t i o n e n in deutschen Staats- und Rechtssachen. 9 Bde. 4. Frankf. Gebhardt u. K. (Brönner, auch Hermann.) 752—56.

— Samml. d. wicht. Deductionen in deutsch. Staats- u. Rechtssachen. 8 Bde. 4. Ebersd. (Frkf. a. M.) 752—64. Guilhaumann. 8 ß

Moser, Friedrich Karl von (Hrsg.), s.a. S a m m l u n g des Hl. Röm. Reichs sämtlicher Kreis-Abschiede ....

Frhr. v. MOSER, Frz. K.: Samml. d. heil. röm. Reichs sämmtl. Kreisabschiede u. anderer Schlüsse, nebst vielen dazu gehörigen Beilagen, auch mit Summarien, Marginalien u. Anmerkk. versehen, grösstentheils zum ersten Male an's Licht gestellt. 3 Thle. *Ebersdorf*, 747—48. (Brockhaus in *Leipz.*) 4. (3 Thl.)

M o s e r, Friedrich Carl Freiherr von: „Sammlung des Heil. Römischen Reichs sämmtlicher Crayss-Abschiede und anderer Schlüsse, vom Anfang der Crayssverfassung bis 1600", Frankfurt a. M., Leipzig und Ebersdorf 1747 bis 1752.

— Samml. d. heil. Röm. Reichs K r e i s a b s c h i e d e. 2 Bde. 4. Ebersdorf. (Gleditsch, Leipz.) 747. 48.

SAMMLUNG DES HEIL. RÖMISCHEN REICHS SÄMTLICHER CRAYS-ABSCHIEDE UND SCHLÜSSE ... Von Friderich Carl Moser. Th. 1–3. – Leipzig, Ebersdorf i. Vogtl. & Homburg v. d. H.: Vollrath 1747–1748.

Moser, Friedrich Karl von (Hrsg.), s.a. S a m m l u n g von Reichs-Hof-Rats-Gutachten .

— Samml. von Reichshofrathsgutachten. 6 Thle. 8. Frkf. a. M. 752—69. Andreä. 1 ß 12 gl

– s.a. S c h r e i b e n, Treuherziges, eines Layenbruders ...

(M o s e r, Friedrich Carl Freiherr von): „Treuherziges Schreiben eines Laienbruders im Reich an den Magum im Norden, oder doch in Europa", o. O. 1762.

– Friderich Carls von Moser GESAMMELTE MORALISCHE UND POLITISCHE SCHRIFTEN. Mit einem Bildnis Mosers. Th. 1. 2. – Frankfurt a. M.: Gebhard 1763–1764. 531, 536 S. (*Bd 1 mit 1 Bildnis*).

Bd 1:

1. Der Character eines Christen und ehrlichen Manns au Hofe. 1751 (S. 1–80).

2. Grund-Sätze der Chicane, zum Gebrauch der Anfänger in Staats-Sachen. 1753 (S. 81–100).

3. Plan zu Errichtung eines Schulden-Archivs. 1753 (S 101–118).

4. Patriotische Gedanken von der Staats-Freygeisterey. 1755 (S. 119–152).

5. Das Gedächtniß. 1755 (S. 153–178).

6. Lisabon. 1755 (S. 179–188).

7. Empfindungen der Ewigkeit. 1755 (S. 189–201).

8. Das Publicum. 1755 (S. 202–234).

9. Von Anwendung des Vermögens. 1755 (S. 235–284).

10. Trost-Schreiben über den Tod der Freunde. 1754 (S. 285–314).

11. Der Christ höher als der ehrliche Mann. 1755 (S. 315–342).

12. Von der Zeit worein man kommt. 1755 (S. 343–368).

13. Der Christ, der beste Unterthan. 1755 (S. 369–400).

14. Von der Ehrerbietung gegen grosse Herrn. 1756 (S. 401–438).

15. Von den Gränzen der Unpartheylichkeit und Gleichgültigkeit in Religions-Sachen. 1761 (S. 439–468).

16. Vorschlag eines Patrioten-Saals (S. 469–492).

17. Yukle und Yarika. Dritte Fortsetzung. 1762 (S. 493–502).

18. Treuherziges Schreiben eines Layen-Bruders im Reich an den Magum in Norden, oder doch in Europa. 1762 (S. 503–531).

Bd 2:

1. Betrachtungen über die Aufrichtigkeit, nach den Würkungen der Natur und Gnade. 1753 (S. 1–324).

2. Brunnen-Gespräch zwischen einem ältern und jüngern Staats-Mann von dem Danck grosser Herrn und wie man ihre Gunst benutzen solle. 1762 (S. 325–348).

3. Ueber das Podagra. 1763 (S. 349–366).

4. Die schöne Wissenschaften und Künste im Bunde und Glanz der Religion. 1764 (S. 367–536).

(*Bd 1, 4–14 zuerst in: Moser: Frankfurtische Abhandlungen. 1755.*

– GESAMMELTE MORALISCHE UND POLITISCHE SCHRIFTEN. 2. Aufl. Bd 1. 2. – Frankfurt a. M.: 1766–1768.

v. Moser, Frhrr. Fr. Karl, gesammelte polit. u. moral. Schriften. 2 Bde. gr. 8. Frkf. a. M. 763, 64. Brönner; (a. Gebhardt u. K.; a. Hermann). 2 ß

— kl. Schriften zur Erläuter. d. Staats- u. Völkerrechts. 12 Bde. 8. Frankf. a. M. 751—65. Andreä. 6 ß

Fridrich Carl Mosers KLEINE SCHRIFTEN zur Erläuterung des Staats- und Völcker-Rechts wie auch des Hof- und Canzley-Ceremoniels. Bd 1–12. – Franckfurt a. M.: Andreä 1751–1765.

Bd 1 (1751):

1. Von der Staats-Galanterie (S. 1–181).

2. Von dem Gehalt der Gesandten (S. 182–290).

3. Von der Gevatterschaft grosser Herren (S. 291–365).

4. Von dem Titel: Vater, Mutter und Sohn (S. 366–473).

5. Von dem Canzley-Decoro (S. 474–542).

Bd 2 (1752):

1. Unpartheyische Betrachtungen über den gegenwärtigen Zustand der Reichs-Ritterschaft (S. 1–99).

2. Acten-mäßige Geschichte der Excellenz-Titulatur (S. 100–559).

Bd 3 (1752):

1. Rest der Geschichte der Excellenz-Titulatur (S. 1–132).

2. Die Gesandtin nach ihren Rechten und Pflichten (S. 133–331).

3. Archivalische Nachrichten von dem A. 1683 zu Leipzig gehaltenen lezten Ober-Sächsischen Crays-Convent (S. 332–394).

4. Nachrichten von alten Canzley- und Gerichts-Formular-Büchern, als ein Beytrag zu der Geschichte des Canzley-Ceremoniels (S. 395–440).

5. Summarischer Begriff alles dessen, was bey und nach Eröffnung der Friedens-Tractaten zwischen Ihro Kayserlichen Majestät, dem Reich und dessen hohen Aliierten, als Spanien, Engel- und Holland an einem, und der Crone Franckreich andern Theils, sowohl zu Ryßwick in dem Königlichen Haus Neuburg, als auch in dem Congreß der Reichs-Aliirten im Haag, verhandelt worden (S. 441–495).

Bd 4 (1753):

1. Geschichts- und Acten-mäßiger, mit vielen Archiv-Urkunden bestärkter Bericht, von dem Streit der Reichs-Erb-Aemter mit den Kayserlichen Hof-Aemtern, wegen Belehnung und Incumbenz der Erb-Aemter vorgefallenen Verhandlungen, vom Jahr 1356. bis 1745. (S. 1–176).

2. Der Courir nach seinen Rechten und Pflichten (S. 177–510).

3. Vermischte practische Anmerkungen (S. 511–532).

Bd 5 (1755):
1. Abhandlung von der Contra-Signatur, nach dem neuern Gebrauch der Höfe und Canzleyen (S. 1–126).
2. Abhandlung von Staats-Prophezeyungen (S. 127–228).
3. Abhandlung von Canzley-Fehlern (S. 229–312).
4. Auserlesene Titulatur-Anmerckungen (S. 313–416).
5. Abhandlung von dem Praesentato, nach dem Gebrauch der Collegien und Canzleyen (S. 417–425).
6. Actenmässiger Bericht von dem Ursprung des besondern Sitz- und Stimm-Rechts des Fränckischen Reichs-Grafen-Collegii auf Reichs-Tägen (S. 426–510).
Bd 6 (1757):
1. Von dem Protocollo oder Diario rerum exhibitarum, nach dem Gebrauch der Canzleyen (S. 1–19).
2. Der Titul: Majestät, aus den Geschichten, dem Ceremoniel und Völker-Recht erläutert (S. 20–167).
3. Anmerkungen von denen dem Dohm-Capitul zu Constanz, Sede vacante, zustehenden Crays-Ausschreib-amtlichen Gerechtsamen (S. 168–177).
4. Der Titul Gnade, nach dem Welt-Hof- und Canzley-Gebrauch (S. 178–271).
5. Anmerkungen von dem Senio der auf Schwäbischen Crays-Tägen alternirenden Gräflichen Häuser (S. 272–286).
6. Abhandlung von dem Recht eines Souverains und freyen Staats, den andern wegen seiner Handlungen zur Rede zu stellen (S. 287–346).
7. Die Rechte der Gesandten, in Ansehung der militarischen Ehren-Bezeugungen (S. 347–528).
Bd 7 (1758):
1. Abhandlung von der Zoll- und Accis-Freyheit der Gesandten (S. 1–166).
2. Der Titul: Hoheit, Altesse, Altesse Serenissime, Celsitudo etc. mit historischen und Ceremoniel-Anmerkungen erläutert (S. 167–318).
3. Versuch eines Staats-Rechts des in Corpore betrachteten Schwäbischen Creyses (S. 319–386).
4. Historischer Beytrag zu Erörterung der Frage von der Gerichtsbarkeit des Kaysers über mittelbare Reichs-Unterthanen, in persönlichen Verbrechen. Aus ungedruckten Urkunden (S. 387–540).
Bd 8 (1759):
1. Actenmäßiger Bericht und Gutachten von der Schwäbischen Creys-Kriegs-Verfassung, samt beygefügten rectificirten Matricular-Tabellen (S. 1–80).
2. Abhandlung von Ausschaffung der Gesandten, und was derselben anhängig, nach den Grund-Sätzen des europäischen Völker- und Teutschen Staats-Rechts (S. 81–516).
Bd 9 (1761):
1. Schluß der im achten Band enthaltenen Abhandlung von Ausschaffung der Gesandten (S. 1–128).
2. Von der Subrepartition der Millionen-Verwilligung beym Reich (S. 129–138).
3. Actenmäßiger Bericht von dem Praesentations-Recht zu den Reichs-Cammer-Gerichts Beysitzer-Stellen, nach dem Herkommen des Ober-Rheinischen Crayses (S. 139–266).
4. Rechtliches Gutachten, die Feststellung des Principii Cognoscendi in der Gräflich-Hatzfeldischen Successions-Streitigkeit betr. (S. 267–287).
5. Abhandlung von dem Seegel-Streichen und Schiffs-Gruß nach den Grund-Sätzen und Praxi der Völker (S. 287–436).
Bd 10 (1763):
1. Rechtliches Bedenken, die Gerichtsbarkeit der Reichs-Städte über die darinnen sich aufhaltende Reichs-Ritterschaftl. Canzleyen und deren Untergebene betreffend (S. 1–41).
2. Von einigen Irrthümern in denen Reichs-Gesetzen (S. 41–67).
3. Untersuchung der Rechtmässigkeit des Reverses, welchen die den 13. September 1759. in Königlich-Preussische Kriegsgefangenschaft zu Leipzig gerathene Fränkische und Ober-Rheinische Crays-Officiers von sich gestellet haben, nach den Grundsäzen und Praxi des Völker- und Teutschen Staats-Rechts (S. 67–181).
4. Von den Gebrechen des Schwäbischen Crays-Directorii (S. 181–218).
5. Fortsezung der Abhandlung vom Schiffs-Gruß und Seegel-Streichen (S. 218 bis 397).
6. Bericht von dem Activ- und Passiv-Lehen des Fürst- und Gräflichen Hauses Hohenlohe (S. 397–418).
7. Entwurf eines Sohnsischen Staats-Rechts (S. 418–527).
Bd 11 (1764):
1. Auserlesene Anmerkungen aus dem Teutschen Staats-Recht, aus ungedruckten Urkunden (S. 1–63).
2. [Hrsg.]: D. Johann Conrad Kreydenmanns Bedencken über den Zustand, Gebrechen, innere Verfassung, zu errichtende Ordnung und anzunehmende Grundsatze der Reichs-Ritterschaft überhaupt, und der Schwäbischen ins besondere. 1644. (S. 63–223).
3. Ordnung der Begräbnus und Begengnus meines gnädigen Herrn, Graf Ulrichs von Württemberg seel. zu Stuttgardten vf. Sontag Dionisii Anno 1480 (S. 223 bis 341).
4. Ungedruckte Beschreibung der Vermählungs-Feyerlichkeiten, Herzog Johann Friedrichs zu Würtemberg, mit der Churfürstlichen Prinzeßin, Barbara Sophia von Brandenburg, vom Jahr 1609 (S. 341–371).
5. Ungedruckte Beschreibung der Vermählungs-Solennitäten Prinzeßin Even Christinen zu Würtenberg, mit Marggrafen Johann Georgen zu Brandenburg in Jägerndorf. Anno 1610 (S. 371–427).

Bd 12 (1765): Nebst einem Haupt-Register über alle 12 Bände.
1. Fortsetzung und Schluß der Abhandlung vom Schiffs-Gruß und Seegelstreichen (S. 1–33).
2. Actenmäßiger Bericht von dem Beytrag der Juden zu Reichs- und Crays-Steuren; insbesondere in des Heil. Röm. Reichs Städ en Franckfurt und Friedberg (S. 34–229).
3. Des Hrn. Prof. von Selchow zu Göttingen Beurtheilung des in dem zehnden Band dieser kleinen Schrifften befindlichen Bedenckens von der Gerichtsbarkeit der Reichs-Städte über die darinn sich aufhaltende Ritter-Canzleyen, nebst Anmerckungen (S. 230–244).

— polit. moral. Schriften. 2 Bde. gr. 8. Frankf. Brönner. (Gebhardt u. K. auch Hermann.) 766—68.

– Aus seinen Schriften sein Geist an das 19. Jahrhundert. [Hrsg.] von Hermann von dem Busche. – Stuttgart: Hallberger 1816.

– Verschiedene Schriften in der Dierdorfer Klostersache. – 1755.

– [–, Teils.] Wohlzusammengesetztes Skelet aus den Reliquien des Herrn Reichshofraths von Moser. – Lipsianopolis 1768. 304 S.

v. Moser, Fr. C.: Staatsgrammatik. *Frankf.* 749. 8.

Moser, Friedrich Carl Freiherr von: „Commentarius de titulo domini moribus aevi et saeculi accomodatus", geschrieben 1748, veröffentlicht Leipzig 1751.

– Friderici Caroli Moseri de Titulo domini commentarius moribus aevi et saeculi accomodatus. – Leipzig 1750.

— Commentarius de titulo Domini moribus aevi accom. 4. Leipz. 751. 6 gr

– Trostschreiben über den Tod der Freunde. – 1754.

– Ausgesuchte Überbleibsel zu allen Moserischen Reliquien und dessen patriotischen Briefen. – Frankfurt (1768).

- Untersuchung der Rechtmässigkeit des Reverses, welchen die den 13. Sept. 1759 in Königl. Preussische Kriegsgefangenschaft zu Leipzig geratenen Officiers von sich gestellet haben. – Leipzig 1760.
[Laut Balth. Haug (Schwäb. Magazin, Stuttgart 1778) 1764, laut Meusel in St. Petersburg erschienen.]

– Verordnung wegen Feyerung der Sonn- und Festtage in der kaiserl. Reichs-Grafschaft Falkenstein. – 1770.

– Verordnung wegen des Land- und Gassenbettels, in gleichen der Austheilung der Allmosen in der Grafschaft Falkenstein. – 1770.

– Versuch einer Staats-Grammatic, Entworffen von Friderich Karl Moser. – Franckfurt am Mayn: Bey Johann Benjamin Andreä. 1749.

— Vers. einer Staatsgrammatik. gr. 8. Frankf. Raspe. 749.

- Verzeichnis einer aus 58 Bänden bestehenden Sammlung Manuskripte, den kirchlich politischen Zustand der Erblande des Hauses Österreich betreffend. – o. O. u. J.

– Ueber die Volksmenge und Auswanderung in Sachsen; in dem Journal von und für Teutschland 1787, St. 3, S. 288 ff u. St. 6, S. 592 ff.

— polit. Wahrheiten. 2 Bdchn. 8. Zürich 796. Geßner. 1 Rthlr 12 gr

– s.a. Was ist gut kaiserlich ...

[–] Was ist: gut kayserlich und: nicht gut Kayserlich? – [Frankfurt]: o.O. 1766. 335 S.
– – 2. Aufl. – Gedruckt im Vaterland. 1766.

(Moser, Friedrich Carl Freiherr von): „Was ist: gut Kayserlich, und: nicht gut Kayserlich? Gedruckt im Vaterland, mit leserlichen Schriften" (Frankfurt a. M., Brönner, auch Hermann), 1766. — Vorh.: Bücherei der Industrie- und Handelskammer Leipzig.

— was ist gut Kaiserlich u. nicht gut Kaiserl.? 8. Frankf. Brönner. (Gebhardt u. K.) 766.

— — dasselbe. 8. Frankf. Hermann. 769.

Moser, Friedr. Sal., über d. Abschaffung d. Beichtgelds u. d. Entbehrlichkeit d. Kirchenagenden. 8. (3 B.) Leipzig 833, Lauffer.

Moser, Fr. Salomo, die 50jähr. Amtsjubelfeier des Herrn Geh. Consist.-Raths Dr. Chr. Friedr. Böhme in Luckau. Erinnerungsblätter für die Freunde u. Verehrer des Jubilars. gr. 8. Altenburg 843, Helbig. 8 ngl

Moser, Fr. Sal., Gustav Adolph d. Beschützer protestant. Religion u. deutscher Freiheit. Ein Buch f. den gebild. Bürger u. Landmann zur würd. Feier des 16. Nov. 1632. Mit Gustav Adolphs II. Bildniß. 8. Leipz. 832. Lauffer. 8 gl

— Gustav Adolph u. die dankbare Nachwelt. 8. Zwickau 844. (Leipzig, Klinkhardt.) $4^1/_2$ ngl

— Gustav Adolph u. die dankbare Nachwelt. 8. ($7^1/_4$ B.) Zwickau 855. (Leipzig, Klinkhardt.)

— Passionspredigten nach d. evangel. Geschichte Marci. Auch als Erbauungsb. f. d. gebild. Bürger u. Landmann zu gebrauchen. Lex.-8. ($8^1/_2$ B.) Leipzig 834, Andrä.

Moser, G., de mente ecclesiae circa absolutionem in articulo mortis a sacerdote schismatico vel haeretico collatam. 8maj. Mecheln 819. (Mainz, Müller). 16 gl

Moser, G., was enth. d. wahr. Urkund. d. christl. Alterth. von der Ohrenbeichte, wider Cybel? 8. Grätz, Ferstl. 784.

Moser, Georg [cand. med. aus Untergermaringen (Schwaben)]: Ueber zwei Fälle von Aphasie. . . . Augsburg, k. b. Hofbuchdr. v. Gebr. Reichel, 1891; 47 S. 8°
Erlangen, Med. Fak., Inaug.-Diss. v. 8. Dez. 1890

— **Georg Heinrich, Additamenta ad suam sex nonni librorum editionem. Quibus examina publica in Gymnasio Regio Ulmano . . . . indicit. Ulm (J. D. Wagner) 15. IX. o. J. 16 S. (3.50) 23723**

Moser, Geo. Hnr., v. Cicero Tusculanarum. — Dess. Briefe. — Dess. akadem. Untersuchungen.

— s. Cicero de Divinatione — de Legibus — de Natura Deor. — de republica.

— s. Cicero's Werke. — Ciceronis Paradoxa.

Moser, Geo. Hnr., Parodiarum Graecarum exempla ex Aristophane, Plutarcho et Luciano excerpta. 4. Ulm 829. (Stettin). 3 gl

— s.a. Nonni Dionysiacarum libri VI.

Moser, G. H., Nonni Dionysiacarum libr. VI. 8. maj. Heidelb. Mohr et Z. 809.
H. P.

— Rede über Erziehung u. Unterricht, Bildung u. Verbildung. gr. 8. Ulm 823. (Stettin). 2 gl

— Symbolae criticae ad aliquot Ciceronis de Finibus bonorum et malorum et Tusculan. disputt. loca. 4maj. Ulm 825. (Stettin). 4 gl

— Symbol.. crit. ad aliquot Ciceronis loca specim. II. 4maj. Ulm 828. (Stettin). 4 gl

Moser, G. H., Symbolarum criticarum ad Ciceronem III, IV, VI, VII, VIII. Pr. 1836, 1837, 1845, 1848, 1851. 26, 27, 18, 18, 22 S. 4°.

Moser, G. H., Symbolarum criticarum ad Ciceronem specimen quintum. 4maj. Ulm 841, Wagner. $^1/_6$ ß

Moser, Gottfried Wilhelm von: „Grundsätze der Forstökonomie", 2 Teile, Frankfurt a. M. und Leipzig 1757 (Gebhardt).

Moser, Gotth., was soll aus unsern Kindern werden? Ein dringendes Wort an alle Familienväter in Bezug auf die projectirte Trennung von Kirche und Schule. gr. 8. (8 S.) Neuß 848, Schwann. *

Moser, Gustav von

— Aus Liebe zur Kunst, s. Bloch's, E.: Theater-Correspondenz.

Moser, G. v., ein moderner Barbar, s. Bloch's, E., Dilettanten-Bühne.

— der Bojar, oder „wie denken Sie über Rumänien?" s. Bloch's, E., Theater-Gartenlaube Nr. 139.

Moser, Gust. v., fünf Dichter, } s.: Bloch's, Ed., Theater-Korrespondenz.

Moser, Gust. v., die Dienstboten, s.: Benedix, Roder.

— ein amerikanisches Duell, s.: Bloch's, E., Theater-Correspondenz.

— Eigensinn, s.: Benedix, Roder.

— u. Paul Lehnhard, Frau Ella, s.a. Thalia.

Frau Ella. Lustspiel in 1 Akt von Gustav v. Moser u. Paul R[oderich] Lehnhard. *Mühlhausen i. Th.: G. Danner [1902].* (40 S.) 8° [F.]
— Thalia. 91.

— er ist nicht eifersüchtig, s.: Elz, Alex.

Moser, G. v., Er soll dein Herr sein, s. Bloch's, E., Dilettanten-Bühne.

— Dass., s. Bloch's, Ed.: Theater-Correspondenz.

— eine kranke Familie, s.: Bloch's, Ed., Volkstheater.

Sein Fehltritt. Lustspiel in 3 Akten von Gustav v. Moser u. Paul R[oderich] Lehnhard. *Mühlhausen i. Th.: G. Danner [1902].* (128 S.) 8° [F.]
— Moser: Lustspiele u. Schwänke. No 2.

— eine Frau, die in Paris war, s. Bloch's, E., Volks-Theater.

— und Frz. v. Schönthan, unsere Frauen. Lustspiel in 5 Akten. 8. (194 S.) Berlin 882, Lassar's Buchh. *

—— Kaudel's Gardinenpredigten, } s. Bloch's, E., Theater-Correspondenz.

Moser, Gust. v., die Generalin, s.a. Bloch's, Ed., Theater-Korrespondenz.

[F.] Die Generalin. Lustsp. in 1 Aufz. v. Gustav v. **Moser**. *Berlin: (E. Bloch [1893]).* (38 S., 1 Bl.) 1 Bd 8.
— **Theater-Korrespondenz, Eduard Blochs**. No 279. [96. 8411

— die Gouvernante, s.a. Theater-Mappe.

Moser, Gust. v., die Gouvernante, s.a. Thalia.

Die Gouvernante. Lustspiel in 1 Akt von G[ustav] v. **Moser**. *Mühlhausen i. Th.: G. Danner [1901].* (45 S.) 8° [F.]
— **Thalia**. 81. [01. 6368 S

Moser, Gust. Die neue Gouvernante, s. Bloch's, Ed., Theater-Korrespondenz.

— u. Paul R. Lehnhard, die Heiratsfalle, s.: Thalia.

— Monsieur Herkules, s.: Belly, G.

— u. E. Thun, der tolle Hofjunker, s.a. Mehrakter. Nr. 10.

Der tolle Hofjunker. Schwank in 3 Akten von G[ustav] v. **Moser** u. E. Thun. *Mühlhausen i. Th.: G. Danner [1903].* (80 S.) 8° [F.]
— **Mehraktor**. No 10. [04. 1197 B

[F.] Ein Husarenstreich. Lustsp. in 1 Akt v. G[ustav] v. **Moser** u. T[hilo] v. Trotha. *Berlin: E. Bloch [1894].* (58 S.) 1 Bd 8.
— **Theater-Korrespondenz, Eduard Blochs**. No 269. [96. 1083

– Dass., s.a. Bloch's, Ed.: Theater-Korrespondenz.

Moser, G. v., Hypothekennoth, s.: Bloch's, E., Theater-Gartenlaube.

– Ich werde mir den Major einladen, s. Bloch's, E.: Dilettanten-Bühne.

— ich werde mir den Major einladen, s.: Bloch's, E., Theater-Correspondenz.

—— Jedem das Seine, s. Bloch's, E., Dilettanten-Bühne.

– Jedem das Seine, s. Bloch's, Ed.: Theater-Correspondenz.

– u. Paul R. Lehnhard, das Kind, s. Thalia.

— — klug wie die Schlangen, s.: Thalia.

—— und E. Heiden, Köpnickerstraße 120, s. Universal-Bibliothek Nr. 1866.

– u. Frz. v. Schönthan

—— —— Krieg im Frieden. Lustspiel in 5 Akten. 8. (182 S.) Ebendas. 881. *

—— —— dass. — s.a. Theater-Souvenir.

– u. Paul R. Lehnhard, der Laubfrosch, s. Thalia.

— die Leibrente, s.: Universal-Bibliothek.

— Leiden junger Frauen, s.: Bloch's, E., Theater-Correspondenz.

—— Lustspiele. 1. Bd. br. 8. (136 S.) Berlin 862, Lassar's Buchh. *

—— Lustspiele. 1.—4. Bd. gr. 8. Berlin, Behr's Buchh. à Bd. *

Inhalt:
Bd. 1. Das Stiftungsfest. Schwank in 3 Aufzügen. — Die Sünderin. Lustspiel in 1 Akt. (134 S.) 872.
» 2. Der Elephant. Lustspiel in 4 Acten. (128 S.) 874.
» 3. Ultimo. Lustspiel in 4 Acten. (132 S.) 874.
» 4. Der Veilchenfresser. Lustspiel in 4 Acten. — Die Versucherin. Lustspiel in 1 Act. 874.

Moser, G. v., Lustspiele. 1. und 5.—8. Bd. gr. 8. Berlin, Behr's Buchh. à Bd. * M 3. *

Inhalt:
Bd. 1. Das Stiftungsfest. Schwank in 3 Aufzügen. — Die Sünderin. Lustspiel in 1 Akt. 2. Aufl. (36 S.) 876.
» 5. Der Hypochonder. Lustspiel in 4 Akten. (130 S.) 877.
» 6. Die Raben. Lustspiel in 3 Akten. (98 S.) — Reflexe. Lustspiel in 1 Akt. (39 S.) 877.
» 7. Mädchenschwüre. Lustspiel in 3 Akten, nach dem Poln. des Grafen Fredro. (83 S.) — Der Sklave. Lustspiel in 4 Akten. Nach dem Russ. von Alexandrow. (121 S.) 878.
» 8. Onkel Grog. Lustspiel in 3 Akten. (106 S.) — Der Hausarzt. Lustspiel in 1 Akt. (32 S.) 879.
2.—4. Bd. Ebendas. 1874. à * M 3.

Moser, Gust. v., Lustspiele. 9. und 10. Bd. 8. Berlin 880, Behr's Verlag. à Bd. * M 3. *

Inhalt:
Bd. 9. Harun al Raschid. Lustspiel in 4 Akten. (134 S.)
» 10. Der Bibliothekar. Schwank in 4 Akten. (127 S.)
1.—8. Bd. Ebendas. 1874—79. à M 3.

Moser, Gust. v., Lustspiele. Einzel-Ausg. Nr. 1—4. 8. Berlin 882, Lassar's Buchh. à Nr. * M 2. *

Inhalt:
Nr. 1. Die Sünderin. Lustspiel in 1 Akt. (36 S.)
» 2. Die Versucherin. Lustspiel in 1 Akt. (38 S.)
» 3. Reflexe oder mein lieber Affe. Lustspiel in 1 Akt. (39 S.)
» 4. Der Hausarzt. Lustspiel in 1 Akt. (32 S.)

—— dass. — 1.—12. Bd. 8. Berlin 882, Lassar's Buchh. à Bd. * M 4. *

Inhalt:
Bd. 1. Das Stiftungsfest. Schwank in 3 Akten. 2. Aufl. (100 S.)
» 2. Der Elephant. Lustspiel in 4 Akten. (128 S.)
» 3. Ultimo. Lustspiel in 5 Akten. (132 S.)
» 4. Der Veilchenfresser. Lustspiel in 4 Akten. (128 S.)
» 5. Der Hypochonder. Lustspiel in 4 Akten. (130 S.)
» 6. Die Raben. Lustspiel in 3 Akten. (98 S.)
» 7. Mädchenschwüre. Lustspiel in 3 Akten. (83 S.)
» 8. Der Sklave. Lustspiel in 4 Akten. (121 S.)
» 9. Onkel Grog. Lustspiel in 3 Akten. (106 S.)
» 10. Harun al Raschid. Lustspiel in 4 Akten. (134 S.)
» 11. Der Bibliothekar. Schwank in 4 Akten. (127 S.)
» 12. Kalte Seelen. Lustspiel in 4 Akten. (111 S.)

Moser, Gust. v., Lustspiele. 4. und 13.—18. Bd. 8. Berlin 885—88, Lassar. à Bd. * M 4.—. *

Inhalt:
Bd. 4. Der Veilchenfresser. Lustspiel in 4 Akten. 4. Aufl. (126 S. mit phototyp. Portr. C. Mittell's.)
» 13. Graf Racozi. Schwank in 3 Akten. (101 S.)
» 14. Moser, G. v. und Otto Girndt, mit Vergnügen. Schwank in 4 Akten. (116 S.)
» 15. Glück bei Frauen. Lustspiel in 4 Akten. (100 S.)
» 16. Der Salontyroler. Lustspiel in 4 Akten. (122 S.)
» 17. Moser, G. v. und Fr. v. Schönthan, Krieg im Frieden. Lustspiel in 5 Akten. 2. Aufl. (121 S.)
» 18. Moser, G. v. und E. Thun, die Amazone. Schwank in 4 Akten. (97 S.)

—— dass. — Einzel-Ausg. Nr. 2: Die Versucherin. Lustspiel in 1 Akt. 2. Aufl. 8. (56 S.) Ebendas. 885. *

— Lustspiele. 19. u. 20. Bd. 8. Berlin 894. E. Bloch. à n. 4.—

19. Der Lebemann. Lustspiel in 4 Akten. Nach der Aufführg. im Thalia-Theater zu Hamburg eingerichtete neue Ausg. (117 S.)
20. Schulden. Lustspiel in 3 Akten von G. v. M. u. T. v. Trotha. (92 S.)

— Lustspiele. 3., 11., 17., 21. u. 22. Bd. 8. Berlin, E. Bloch. à Bd. n. 4. —
3. Ultimo. Lustspiel in 5 Akten. 2. Aufl. (125 S.) 896.
11. D. Bibliothekar. Schwank in 4 Akten. 2. Aufl. (112 S.) 896.
17. Krieg im Frieden. Lustspiel in 5 Akten von M. u. Fr. v. Schönthan. 3. Aufl. (112 S.) 896.
21. Frau Müller. Schwank in 3 Aufzgn. (86 S.) 895.
22. Der Militärstaat. Lustspiel in 4 Akten. Von M. u. Thilo v. Trotha. (111 S.) 897.

— Lustspiele. 4. Bd. Der Veilchenfresser. Lustspiel in 4 Akten. 5. Aufl. 8. (126 S.) Berlin (901). E. Bloch. n. 4. —

— u. Paul R. Lehnhard

— — Lustspiele u. Schwänke. Nr. 2. gr. 8. Mühlhausen i/Th. G. Danner. n. 3. —
Sein Fehltritt. Lustspiel in 3 Akten. (128 S.) (902.)
Nr. 1 ist noch nicht erschienen.

— — Lustspiele u. Schwänke. Nr. 1, 3 u. 4. 8. Mühlhausen i/Th.. G. Danner. à n. 3. —
1. Unsere Pauline. Schwank in 4 Akten. (136 S.) (904.)
3. Die schlanke Lina. Schwank in 3 Akten. (128 S.) (904.)
4. Direktor Buchholz. Schwank in 3 Akten. (112 S.) (906.)

[[F.] Militärfromm. Genrebild in 1 Aufz. v. G[ustav] v. Moser u. T[hilo] v. Trotha ... *Berlin: E. Bloch (1893).* (57 S.) 1 Bd 8.
— Theater-Korrespondenz, Eduard Blochs. No 261. [96. 1085

— Dass., s.a. Bloch's, Ed.: Theater-Korrespondenz.

—— eine kleine Mondfinsterniß, s.a. Bloch's, E., Dilettanten-Bühne.

— e. kleine Mondfinsternis, s.a. Bloch's, Ed., Theater-Korrespondenz.

[[F.] Eine kleine Mondfinsternis. Lustsp. in 1 Akt v. G[ustav] v. Moser. 2. Aufl. *Berlin: E. Bloch (1897).* (27 S.) 1 Bd 8.
— Theater-Korrespondenz, Eduard Blochs. No 53. [98. 1171

— u. Otto Girndt, Most, s.: Universal-Bibliothek.

— der Nimrod, s.: Universal-Bibliothek.

[[F.] Nur kein Lieutenant! Lustsp. in 1 Aufz. v. G[ustav] v. Moser u. T[hilo] v. Trotha. *Berlin: E. Bloch [1894].* (48 S.) 1 Bd 8.
— Theater-Korrespondenz, Eduard Blochs. No 265. [96. 1084

— Dass., s.a. Bloch's, Ed.: Theater-Korrespondenz.

— u. A. L'Arronge, Papa hat's erlaubt, s.: Bloch's, E., Theater-Correspondenz.

[Der Parlamentarier. Lustspiel in 1 Akt von G[ustav] v. Moser u. Paul R[oderich] Lehnhard. *Mühlhausen i. Th.: G. Danner [1903].* (32 S.) 8° [F.]
— Thalia. 100. [03. 7341 3

— Dass., s.a. Thalia.

— der Registrator auf Reisen, s.: L'Arronge, A.

—— Reif-Reiflingen. Schwank in 5 Akten. 8. (194 S.) Berlin 882, Lassar's Buchh. *

— u. Thilo v. Trotha, der wilde Reutlingen. Lustspiel in 4 Aufzügen, nach dem Roman v. Hans Werder. 8. (117 S.) Berlin 897. (E. Bloch.) n. 4. —

[Im Riesengebirge. Schwank mit Gesang in 1 Akt von Gustav v. Moser u. Paul R[oderich] Lehnhard. Musik von Paul Lincke. *Mühlhausen i. Th.: G. Danner [1902].* (40 S.) 8° [F.]
— Thalia. 97. [02. 14632 3

– Dass., s.a. Thalia.

Der Schäferhund. Lustspiel in 1 Akt von Gustav v. Moser u. Paul R[oderich] Lehnhard. *Mühlhausen i. Th.: G. Danner [1902].* (38 S.) 8° [F.]
— Thalia. 90. [02. 14663 3

– Dass., s.a. Thalia.

—— der Schimmel, } s. Bloch's, Ed., Theater-Correspondenz.

– Moritz Schnörche, s. Bloch's, E.: Dilettanten-Bühne.

– Dass., s. Bloch's, Ed.: Theater-Correspondenz.

—— kalte Seelen. Lustspiel in 4 Acten. 8. (111 S.) Berlin 881, Behr's Verlag. *

— u. Rob. Misch, der sechste Sinn, } s.a. Bloch's, Ed., Theater-Korrespondenz.

[F.] Der sechste Sinn. Schwank in 1 Akt v. G[ustav] v. Moser u. Rob. Misch ... *Berlin: E. Bloch [1893].* (36 S.) 1 Bd 8.
— Theater-Korrespondenz, Eduard Blochs. No 255. [96. 1086

— Sonntagsjäger od. Verplefft! s.: Kalisch, D.

— dasselbe, s.: Bloch's, E., Theater-Correspondenz.

— Splitter u. Balken, s.: Bloch's, E., Dilettanten-Bühne.

— ein altes Sprichwort, } s.: Benedix, Roder.

– Ein Stoff von Gerson, s. Bloch's, E.: Dilettanten-Bühne.

— ein Stoff v. Gerson, s.: Bloch's, E., Theater-Correspondenz.

— u. Thilo v. Trotha, auf Strafurlaub, s.: Universal-Bibliothek.

– Die Sünderin, s. Bloch's, Ed.: Theater-Correspondenz.

– u. T. v. Trotha,

— — die schöne Sünderin, s.: Universal-Bibliothek.

– Vernachlässigt die Frauen nicht, s. Bloch's, E.: Dilettanten-Bühne.

– Versalzen, s. Benedix, Roder.

– Die Versucherin, s. Bloch's, E.: Theater-Correspondenz.

Moser, Gust. v., vom Leutnant zum Lustspieldichter. Lebenserinnerungen. Mit e. Vorworte v. Paul Lindau. Hrsg. von Hans v. Moser. (VII, 112 S. m. Bildnis.) 8. Wismar 908. Hinstorff's Verl. 2. —

– Wenn man Whist spielt, s. Bloch's, E.: Dilettanten-Bühne.

– Wie denken Sie über Rußland, s. Bloch's, E.: Dilettanten-Bühne.

—— Wie denken Sie über Rußland? s. Bloch's Ed., Theater-Correspondenz.

– u. Paul R. Lehnhard,

— — wie soll er heißen?, s.: Festspiele zu Kaisers Geburtstag.

– u. Frz. v. Schönthan,

—— —— der Zugvogel, s. Bloch's, Ed., Volks-Theater.

Moser, (H.,) chemische Abhandlung üb. das Chrom, gr. 8. Wien 824, Gerold. 12 gr. Velin-Pap.

Moser, H. Wo soll der provisorische Bahnhof bei Schaffhausen angelegt und durch wen die Rheinfallbahn betrieben werden?

Moser, Hans: Über die Addition von Brom an Stilben, α-Methylstilben, Benzalmalonester u. seine Derivate. 1908. 61 S. 8° ¶ Vgl. Berichte d. Deutschen Chem. Gesellschaft. Jg. 40. 1907.
Stuttgart, Dr.-Ing.-Diss. v. 19. 12. 1907

Moser H, über die Addition von Brom an Stilben usw. (61) Würzburg 1908

Moser, Hans [Übers.]
s. Dostojewskij, Fjodor Michailowitsch: Schuld und Sühne. 1881.

Moser, Hans. Allgemeine Geschichte d. Stenographie vom klassischen Altertum bis z. Gegenwart. 1. Bd. gr. 8. (VIII, 236 S. m. 21 Taf.) Lpz. 889. Klinkhardt. · 4 —

Moser, Hans, neue praktisch-theoretische Grammatik der russischen Sprache. Für Militär-, Gymnasial- und Selbstunterricht nach eigener Methode bearb. gr. 8. (IX, 446 S.) Hannover 888, Hahn'sche Buchh. *
—— dass. — Schlüssel. Nebst einem Anhang über die russische Accentlehre und Metrik. gr. 8. (V, 150 S.) Ebendas. 888. *

—— Grundriß einer Geschichte der Weltsprache. Nach der natürl. Entwicklung des menschl. Geistes. gr. 8. (70 S.) Neuwied 888, Heuser's Verlag.

Moser, Hans: Zur Kenntnis der Ovarialhernien. *Berlin (1898): E. Ebering.* (37 S.) 8°
Berlin, Med. Diss. v. 4. März 1898

Moser, H., s.: Klassiker der Malerei.

—— s. Klassiker-Bibliothek der bildenden Künste.

— englische u. amerikanische Maler, s.: Klassiker-Bibliothek der bildenden Künste.

—— das Schönheits-Ideal in der Malerei. 8. (IV, 251 S. mit Illustr.) Leipzig 888, Lemme. geb.

Moser, Hans, das Schönheits-Ideal in der Malerei. Mit 46 Illustr. 2. Aufl. 8. (IV, 159 S.) Leipzig 894. F. Radestock. Geb. in Leinw. 6. —

—— die deutsche Stenographie, s.a. Sammlung gemeinnütziger Vorträge.

Moser, Hans, Die deutsche Stenographie. Nach Geschichte u. Bedeutung kurz zusammengefasst. Prag 1885. 8.
Ist: Sammlung gem.-nutz. Vortr. Nr. 105.

—— die Stenographie nach Geschichte und Wesen, s.a. Sammlung gemeinverständlicher wissenschaftlicher Vorträge.

Moser H, die Stenographie nach Geschichte und Wesen. (Sammlung gemeinverstandlicher wissenschaftlicher Vorträge Neue Folge II, 2) Hamburg 1887

—— zur Universal-Sprache. Kritische Studie über Volapük und Pasilingua. gr. 8. (32 S.) Neuwied 886, Heuser's Verlag.

—— die Weltsprache, s. Sammlung gemeinnütziger Vorträge.

Moser, Hans Joach., Frühlingsenzian. Ein Lied aus der Zeit des Minnesangs. (375 S.) 8. Berlin 908. J. Bard. 4.50; geb. 6. —

— Joseph Joachim, s.a. Neujahrsblatt, 96., der allgemeinen Musikgesellschaft in Zürich.

(Moser, Hans Joachim.) Joseph Joachim (1831–1907. [Biographie; mit einer Beigabe von] A[dolf] Steiner). [Mit Notenbeispielen und 2 Porträt-Tafeln.] 51 S. 4. Zürich, Orell Füssli (Komm. Hug & Co., Z' u. Leipzig). [fr. 3. –]
96. Neujahrsblatt der Allgemeinen Musikgesellschaft in Zürich 1908.

Joseph Joachim. (Verf.: Hans Joachim **Moser.**) Zürich (& Leipzig: Hug & Co. in Komm. 1908). (51 S.) 4°
— **Neujahrsblatt** d. Allgem. Musikgesellschaft in Zürich. 96. (08. 1309

Moser, Hans Joachim: Die Musikergenossenschaften im deutschen Mittelalter. Rostock 1910: Hinstorff. VIII, 130 S. 8°
Rostock, Phil. Diss. v. 29. Juni 1910, Ref. Thierfelder, Golther
[Geb. 25. Mai 89 Berlin; Wohnort: Rostock; Staatsangeb.: Preußen; Vorbildung: Realgymn. Wilmersdorf Reife O. 07; Studium: Marburg 2, Leipzig 2, Berlin 2, Rostock 1 S.; Rig. 27. Juni 10.] [U 11. 4160

(Moser, Heinrich.) Die Fahrt von Zürich nach Köln (*Umschlag: Im Langweidling von Z' nach K'). Am 26., 27., 28. u. 29. Juli 1903. [Ausgeführt vom] Pontonnier Fahrverein Zürich. (Separatabdruck aus der Neuen Zürcher Zeitung.) [Mit mehreren Beigaben.] IV + 56 S. 8. Zürich, Dr. der Neuen Zürcher Zeitung, 1903.

Moser, Heinr., s.: Frühlicht.

— u. Ulr. Kollbrunner, Jugendland. Ein Buch f. die junge Welt u. ihre Freunde. Unter Mitwirkg. zahlreicher Künstler, Dichter u. Dichterinnen aus allen Ländern deutsch. Zunge hrsg. 1. u. 2. Bd. gr. 4. (à 64 S. m. z. Tl. farb. Abb.) Zürich (901. 902). Gebr. Künzli. Geb. à n. 5. —
1. Für Kinder bis zum Alter v. 8 Jahren.
2. Für Kinder von 8 bis 12 Jahren.

Moser, Heinrich, und Ulrich Kollbrunner. *Jugendland.* Ein Buch für die junge Welt und ihre Freunde. Unter Mitwirkung zahlreicher Künstler, Dichter und Dichterinnen ... herausgegeben. Band I. Für Kinder bis zum Alter von acht Jahren. 2. Aufl. Zürich, München etc., Gebr. Künzli [1902]. 62 S. 1 Bl. mit vielen farbigen u. schwarzen Bildern. Kl.-fol. Farb. illustr. Or.-Halbleinenbd. 14.—
Schönes Bilderbuch illustr. v. E. KREIDOLF, F. KALLMORGEN, F. FLINZER, A. SCHMIDHAMMER u. a. Originalbeiträge v. PAULA DEHMEL, RICHARD DEHMEL, JOH. TROJAN usw.

— u. Ulr. Kollbrunner, Jugendland. Ein Buch f. die junge Welt u. ihre Freunde. Unter Mitwirkg. zahlreicher Künstler, Dichter u. Dichterinnen aus allen Ländern deutscher Zunge hrsg. 3. Bd. Für die reifere Jugend bestimmt. (64 S. m. z. Tl. farb. Abbildgn.) gr. 4. Ebd. (903). Geb. n. 5. —

— u. Ulr. Kollbrunner, Jugendland. Ein Buch f. die junge Welt u. ihre Freunde. Unter Mitwirkg. zahlr. Künstler, Dichter u. Dichterinnen aus allen Ländern deutscher Zunge hrsg. 1. Bd. Für Kinder bis zum Alter von 8 Jahren. 3. Aufl. (64 S. m. z. Tl. farb. Abb.) 32×25 cm. Zürich (907). Gebr. Künzli. Geb. 3. —

Moser, Heinr(ich). Sternschnuppen. Für die Jugend und ihre Freunde. Herausgeber: Heinr. Moser. Bilder: Gertrud Kohrt. IV + 16 S. 4. Zürich-München, Gebr. Künzli, [1903]. M. 1. — ⟨fr. 1. 25⟩

Moser, Heinr., Wandlungen der Gedichte Conrad Ferdinand Meyers. Mit zahlreichen Erstabdrücken u. Zwischenfassgn. u. den zum erstenmal gesammelten Gelegenheitsgedichten. 8. (CIII, 112 S.) Leipzig 900. H. Haessel, Verl. n. 4. —; geb. n. 5. —

Moser, Heinr., durch Central-Asien. Die Kirgisensteppe — Russisch-Turkestan — Bochara — Chiwa — das Turkmenenland und Persien. Reiseschilderungen. Autoris. deutsche Ausg. hoch 4. (XII, 442 S. mit 160 Abbild., 16 Lichtdr.-Taf. und 1 Karte von Central-Asien.) Leipzig 888, Brockhaus. *ℳ 18.—.; geb. *

Moser, H. Durch Central-Asien. hoch-4. Lpz. 888. Bern, Haller. * 18 —; geb. * 20 —

Heinrich Christoph Moser

Die praktisch-geometrische Aufnahme der Waldungen mit der Bousole und Meßkette. Ein Beitr.z.Forstwiss. Hrsg.von H[einrich] C[hristoph] Moser.Nebst e.Vorr.von J(ohann) H(einrich) Jung [1740-1817 Jung-Stilling]. Leipzig:Gräff 1797. XVIII,99 S. 8°

Moser, Hnr. Cph., die prakt.-geometr. Aufnahme d. Waldungen, mit d. Boussole u. Meßkette. Mit e. Vorrede v. Jh. Hnr. Jung. Mit 2 Kpft. u. 1 Karte. gr. 4. Leipz. 797. Wienbrack. 1 ₰ 6 𝔤𝔤

— Bemerkk. üb. kameral., ökonom. u. techn. Gegenstände des Forstwesens ꝛc. gr. 8. Hof 799. Grau. 16 𝔤𝔤

Moser, Heinrich Christoph von: „Bemerkungen über cameralistische und technologische Gegenstände des Forstwesens auf einer forstmännischen Reise", Hof 1799 (Grau). — Vorh.: UB Göttingen.

MOSER, Heinrich Christoph: Bemerkungen über Kameralistisch-ökonomisch und Technische Gegenstände des Forstwesens. Auf einer forstmännischen Reise gesammelt und als ein Beitrag zur Geschichte der deutschen Forstverfassung herausgegeben. - Hof 1799. 221 S.

MOSER, Heinrich Christoph: Die Bewirthschaftung eines Wald-Reviers. Ein Lesebuch für alle angehende Forstbediente. - Leipzig 1794. 95 S., 2 Kt.

— die Bewirthschaftung e. Waldreviers. Mit 2 Karten. gr. 8. Leipz. 794. Kummer. 12 𝔤𝔤

Moser, H. C., über Feld- u. Gartenprodukte, s. Feld- und Gartenprodukte.

(Moser, Hnr. Chrph.) Über Feld- und Gartenprodukte mit Rücksicht auf das Klima in Deutschland; für die Naturliebhaber, denkende Oekonomen und Gartenfreunde. Th. 1. 2. Leipzig 1791—95. 8. . . . . (D.)

Moser, Heinr. Christ., üb. Feld- u. Gartenprodukte, mit Rücksicht auf d. Clima in Deutschland. 8. Leipzig, 1791 u. 95. (Vogel.) 1. 2¾

Moser H. C.: Deutschlands oekonomische Flora. Ein Taschenb. . . . f. das Jahr 1796. Leipz. 199 S. 2 Tvl.

— Deutschlands ökonom. Flora; ein botan. Taschenbuch f. das Jahr 1796. Mit 2 Kpf. kl. 8. Leipz. 796. Andrä. 16 𝔤𝔤

— Deutschlands ökonomische Flora, und botan. Taschenb. m. K. kl. 8. Lpz. Kleefeld. (Bauer) 796.

— Deutschlands ökonom. Flora. Ein Taschenb. z. Gebrauch f. Landwirthe u. Freunde d. Gärtnerei, f. d. Jahr 1796. Mit 2 Kpf. 12. Leipzig. 1796. 2. Ausg. 1811. (Kleefeld.) — 20

— s.a. Forstnaturgeschichte.

[Moser H. C.]: Allgemeine praktische Forstnaturgeschichte Deutschlands. 2 Bd. Leipz. 1794.
[1. Botanik. — 2. Zoologi].

MOSER, Heinrich Christoph: Allgemeine praktische Forstnaturgeschichte Deutschlands. - Leipzig 1794. 2 Bd. 312 u. 468 S.

— allgem. prakt. Forstnaturgeschichte Deutschlands. 2 Bde. gr. 8. Lpz. Dyk. 794.

MOSER, Heinrich Christoph: Das Forstrecht. Nach allgemeinen Gründen der Forstwissenschaft und in Verbindung des allgemeinen Landrechts für die Königlich-Preußischen Staaten beurtheilt. - Bayreuth 1806. 128 S. - Dass. Leipzig 1813

— das Forstrecht nach allgem. Gründen d. Forstwissenschaft ꝛc. f. d. Königl. Preuß. Staaten bearb. 8. Baireuth 806. (Grau). 12 𝔤𝔤 — Dass. mit e. Tit. u. Jahrsz. Leipz. 813. Hinrichs. 12 𝔤𝔤

— d. Forstrecht für die königl. pr. Staaten. 8. Bayreuth. Lübeck. 806.

MOSER, Heinrich Christoph: Die wesentlichen Kennzeichen der deutschen und nordamerikanischen Holzarten und Forstkräuter. - Leipzig 1794. XVI, 158 S. - 2. Aufl. ebd. 1795. 158 S.

MOSER, Heinrich Christoph
Die wesentlichen Kennzeichen der deutschen und nordamerikanischen Holzarten und Forstkräuter. Zum Gebrauch der Oeconomen und Förster herausgegeben von Moser.
Mit 3 Kupfertafeln.
Leipzig: Gräff. 1794. XVI, 158 S. 8°.
Bayerische Staatsbibliothek München

— die wesentl. Kennzeichen d. deutschen u. nordamerikan. Holzarten u. Forstkräuter. Mit 3 Kpf. 8 Leipz. 794. 2e A. 795. (Wienbrack). 21 𝔤𝔤

MOSER, Heinrich Christoph
Die wesentlichen Kennzeichen der deutschen und nordamerikanischen Holzarten und Forstkräuter. Von H. C. Moser.
Mit illuminirten Kupfern.
Zweite verbesserte Ausgabe.
Leipzig: Gräff. 1795. XVI, 158 S. 8°.
Bayerische Staatsbibliothek München

MOSER, Heinrich Christoph: Torfbetrieb und Torfbenutzung aus eigenen Erfahrungen dargestellt. - Nürnberg 1840. 116 S., 6 Taf

Moser, H. C., Torfbetrieb u. Torfbenutzung, aus eigenen Erfahrungen dargestellt. Mit Abbildd. (auf 5 Kpfrtaf.) u. 1 Tabelle. gr. 8. Nürnberg 840. Riegel u. Wießner. 1 ₰

MOSER, Heinrich Christoph: Die Torfwirthschaft im Fichtelgebirge. - Nürnberg 1825. 174 S., 4 Taf.

— die Torfwirthschaft im Fichtelgebirge. Mit 4 Steintaf. u. 1 Vign. gr. 8. Nürnb. 825. Riegel u. W. 1 ₰

Moser, Herm., Vorlagen für Bau-Gewerke mit besond. Rücksicht auf prakt. Ausführung der Gegenstände. Vorlagen für Bau-Schlosser. 1. Heft. Fol. (12 Stnt., wovon 1 in Buntdr., und 2 S. Text.) Neu-Ruppin 866, Oehmigke. * —

—— dass. — Vorlagen für Bau- und Möbel-Tischler. 1. Heft. Fol. (10 Stnt., wovon 4 in Buntdr., und 2 S. Text.) Ebendas. 866. *—

— — Vorlagen für Steinmetzen. 1. u. 2. Heft. Ebend. 865,66. Fol. Jedes Heft (13 Steintaff., wovon 6 in Buntdr., u. 4 u. 2 S. Text.) n. 22½ ngr.

Moser, J., Anweisung die deutsche Orthographie, gründlich zu erlernen, od. die Kunst, jedes deutsche Wort richtig zu schreiben. 2e verb. u. verm. Aufl. 8. Pesth 836. Heckenast. ¼ ℛ

Moser, J., Anweisung die deutsche Orthographie gründlich zu erlernen, oder die Kunst jedes deutsche Wort richtig zu schreiben. 3. Aufl. 8. Pesth 844. Leipzig, Haendel. 8 ngr.

MOSER, J.
Grundzüge der Agricultur-Chemie. Wien, 1857. 8vo.
Lehrbuch der Chemie für Land und Forstwirthe. Wien, 1870. 8vo. Ill.
Leitfaden zur qualitativen und quantitativen agricultur-chemischen Analyse. Wien, 1855. 8vo.

Moser, J., Grundzüge der Agricultur-Chemie. gr. 8. (VIII und 218 S. mit 2 Tab. in gr. 8. und gr. Fol.) Wien 856(57,) Braumüller.

Moser, J., Grundzüge der Agricultur-Chemie. Wien 857. Braumüller. gr. 8. (VIII, 218 S. u. 2 Tab. in 8. u. Fol.) n. 1 ℛ 6 ngr.

Moser, J., Lehrbuch der Chemie für Land- u. Forstwirthe. Wien 870. Braumüller. gr. 8. (X, 369 S. mit 8 Tabb. in qu. 4. u. Fol.) n. 2 ℛ 10 ngr.

—— Leitfaden zur qualitativen und quantitativen agricultur-chemischen Analyse. Lex.-8. (IV und 136 S.) Wien 855. Braumüller. *

MOSER, J. A. Der Liebes-Wahnsinn. Wien 1843. 8°. 28 S. (Dissertation.)
Mit interessanten Literaturangaben.

Moser, J. B., die Gratulation zum Namenstag, nach J. B. M. umgearb. Komische Scene in 1 Akt. 8. (19 S.) Regensburg 888. (Paderborn, Esser.) n. — 70

—— J. B., s. a. Volksleben, Wiener.

Moser, J. B. Das Wiener Volksleben. in komischen Scenen mit eingelegten Liedern. Wien. Verlag von C. F. Mörschner . . . 1842—1844.
6 Hefte. 8°.
I Der Hausmeister comme il faut. 1842: 76 S., 1 Taf.
II Der politische Schneider und der phlegmatische Schuster. 1842 VIII + 68 S. 1 Taf.
III Die beiden Sesselträger . . . 1843: VIII + 88 S.; 1 Taf.
IV Der Scheerenschleifer . . . 1843: 78 S.; 1 Taf.
V Der Musß in Wien . . . 1842: 78 S.; 1 Taf.
VI Die Handwerker im Extrazimmer. 1844 77 S., 1 Taf.
Die Taf. in kol. Kupferst.

Moser, J. B., das wiener Volksleben, in komischen Scenen mit eingelegten Liedern. In zwanglosen Heften. 1—9. Hft. 8. Wien, [Mörschner's Wwe. u. Greeß.] à
A. u. d. Ttln.:
Hft. 1. Der Hausmeister comme il faut. (4¾ B. u. 1 ill. Bild.) 842.
„ 2. Der politische Schneider u. der phlegmatische Schuster. Im Lieder-Anhange: Die Donaulieder, die alte u. neue Welt, u. die wiener Gemüths-Walzer. (4¾ B. u. ill. Titlpfr.)

Moser, J. B., das wiener Volksleben, in komischen Scenen &c. 1—9. Hft.
Hft. 3. Die beiden Sesselträger, od. die mißlungene Serenade. Im Lieder-Anhange: Zwei Arien in einem Ton. — Eine Arie in zwei Tönen — Das thu' ich gar so gern? (4¾ B. u. 1 ill. Bild.) 843.
„ 4. Der Scheerenschleifer. (4¾ B. u. 1 ill. Bild.) 843.
„ 5. Der Muß in Wien. (4¾ B. u. ill. Bild.) 843.
„ 6. Die Handwerker im Extrazimmer. (4¾ B. u. 1 ill. Bild.) 843.
„ 7. Der Fiaker in Wien. (3 B. u. 1 ill. Bild.) 844.
„ 8. Der Tischler u. Tandler. (3 B. u. 1 ill. Bild.) 845.
„ 9. Nach Lessing! od. Männerherz u. Eisenbahn. (3 B. u. 1 ill. Bild.) 845

Moser, J. B. — Das Wiener Volksleben in komischen Scenen geschildert von — —. Volkssänger in Wien. Neue Folge. Erstes Bändchen. Die Conversation am Namenstage. Im Anhange, aus dessen Wiener Lokalgesängen: 1. Die Pech-Polka. 2. Schwarze Gedanken auf weißem Papier. Wien, 1857. Verlag von J. Dirnböck. Dr. von Friedrich Manz. (48 S. 8.) (Mit einem kolorirten Bilde.)

Moser, J. B., das Wiener Volksleben in komischen Scenen geschildert. Neue Folge. 1—4. Bdchn. Wien 858. Dirnböck. 8. Jedes Bdchn. mit 1 color. Lithogr. 7½ ngr.
1. Bdchn.: Die Conversation am Namenstage. Im Anh.: Die Pech-Polka. Schwarze Gedanken auf weißem Papier. 2. Aufl. (48 S.) — 2. Bdchn.: Die Conversation im Paradeisgartel. Im Anh.: Die G'frött-Polka. (50 S.) — 3. Bdchn.: Die Conversation im Versatzamte. Im Anh.: „Das Geduldlied.“ (46 S.) — 4. Bdchn.: Die Conversation durch's Fremdenblatt. Im Anh.: Wiener-Stadterweiterungs-Geplausch. (82 S.)

Moser, J. B., das Wiener Volksleben in komischen Scenen geschildert. Neue Folge. Wien 859, 60. Dirnböck. 8. Jedes Bdchn. m. 1 color. Lithogr. 7½ ngr.
5. Bdchn.: Die Conversation im Glashause. Im Anhang, aus dessen Wiener Lokalgesängen: Kometen-Geplausch. (50 S.) — 6. Bdchn.: Advokat und Klient, oder Fiaker und Sesselträger. Eine Conversation aus dem Wiener Volksleben. Im Anhang, aus dessen Wiener Lokalgesängen: Tritsch-Tratschpolka-Text. Schottische Polka aber Deutsch. Das Kartenspielen. (50 S.)

Moser, J. B., das Wiener Volksleben in komischen Scenen geschildert. Neue Folge. 7—12. Bdchn. Wien, Dirnböck's Buchh. 8. Jedes Bdchn. n. 8 ngr.
7. Bdchn. Der Nachtwächter in Gänsewitz, oder das unterbrochene Ständchen. Eine Burleske. (48 S. mit 1 lith. u. color. Bilde.) 865.
8. Bdchn. Abonnent u. Colporteur. Eine Burleske. (48 S. mit 1 lith. u. color. Bilde.) 865.
9. Bdchn. Zimmerputzer u. Bürstenbinder. Der politische Greißler. (47 S. mit 1 lith. u. color. Bilde.) 865.
10. Bdchn. Doktor u. Barbier. (48 S. mit 1 lith. u. color. Bilde.) 865.
11. Bdchn. Der Hausmeister comme il faut. (60 S. mit 1 lith. u. color. Bilde.) 866.
12. Bdchn. Der politische Schneider u. der phlegmatische Schuster. (68 S. mit 1 lith. u. color. Bilde.) 866.

Moser, J. B., Das Wiener Volksleben in komischen Scenen geschildert. 2. Bdchn. Mit 1 col. Bilde. 2. Aufl. 8. (48 S.) Wien, Dirnböck's Buchh. (G. Draudt.) 186. 35 kr.
Inhalt: Die Conversation im Paradeisgartel. — Im Anhange, aus dessen Wiener Localgesängen: Die G'frett-Polka.

Moser, J. B., Das Wiener Volksleben in komischen Scenen geschildert. N. F. 17. Bdchn. 2. Aufl. 8. (64 S.) Wien, Dirnböck's Buchh. (G. Draudt.) 1867. 35 kr.
Inhalt: Die Fiaker in Wien. Mit 1 color. Bilde. Im Anhange aus dessen Wiener Localgesängen: Das gleiche Paar. — Der Fremdling in Wien.

Moser, J. B., Das Wiener Volksleben in komischen Scenen geschildert. 16. Bändchen. Mit 1 Titelkupfer. 8. (56 S.) Wien, Dirnböck's B. (G. Draudt.) 1868. 35 kr.
Inhalt: Die Handwerker im Extrazimmer. Im Anhange aus dessen Wiener Lokalgesängen: Die Kaffee- und Lotterie-Schwestern. — Die Tarok- und Hundert-Eins-Brüder.

— — Dasselbe. 20 Bändchen. Mit einem color. Bilde. kl. 8. (40 S.) Ebds. 1868. 35 kr.
Inhalt: Im Volksgarten.

— — Dasselbe. 1. Bändchen. Die Conversation am Namenstage. Mit 1 colorirten Bilde. Im Anhange aus dessen Wiener Localgesängen: 1. Die Pech-Polka. — Schwarze Gedanken auf weißem Papier. 3. Auflage. 1869. kl. 8. (48 S.) Ebds. 35 kr.

— J. B., Wiener Volksleben. I. Bändchen. Die Conversation am Namenstage. Pechpolka. Schwarze Gedanken auf weissem Papier. 8. (48 S.) Wien, Jacob Dirnböck. 35 kr. 1835.

Moser, J. F. Schwäbische Nachrichten von Oekonom. Cameral Polizey-Handlungs-Sachen. Stutgard 1756-57. (Moser Schwäb. N.)

M(oser), J. G., Räthsel. 8. Stuttgart 835. Köhler. 3/4 ₰ — Neue Sammlung. 16. Ebd. 838. 1/4 ₰ Velinp. 3/8 ₰

—— Räthsel. Neue Samml., s. Bibliothek d. Frohsinns, V. Ser. 3. Bdchn.

Moser, J. K., Betrachtungen über das Baiersche Concordat. 8. München, Giel. 818.

Moser, J. M., s. Seneca's Werke.

Moser, J. P., Palästina. Beschreibung des heil. Landes für Elementarschulen. Mit e. (lith.) Karte von Palästina (in 4.). Langensalza 870. Greßler. 8. (III, 48 S.) 3 ngr.

Moser, J. P., Palästina. Beschreibg. d. heil. Landes f. Elementarschulen. 2. Aufl. Mit e. (lith.) Karte v. Palästina (in qu. 4.) Langensalza 871. Schulbuchh. 2. 40

— kleine deutsche Sprachlehre f. die obern Abtheilungen der Elementarschulen, f. Fortbildungs- u. Mittelschulen. [Nach Wurst u. Kellner.] 8. (42 S.) Saarlouis 876. Hausen. — 25

Moser, J. P., kleine deutsche Sprachlehre für die oberen Abtheilungen der Elementarschulen, für Fortbildungs- u. Mittelschulen. [Nach Wurst u. Kellner.] 2., verm. u. verb. Aufl. 8. (47 S.) Saarlouis 877. Hausen. — 30; geb. n. — 40

Moser, J. Ulr., d. Berechn. d. Ehegerade, m. K. 8. Stuttg. Erhard. 786.

Moser, J. W., des deutsch. Sprachmeisters kurzer Unterr., sich auf d. leichteste Art e. schöne Handschrift, e. richt. Wortschreibung u. e. klaren Gedankenausdruck anzueignen; nebst Interpunction, Titulatur, Mustern v. Briefen u. Geschäftsaufsätzen aller Art, ingl. Verdeutsch. u. Erklär. fremder u. vieler and. im tägl. Leben vorkomm. Wörter. M. 1 kalligraph. Musterbl. gr. 8. (11 B.) Berlin 830, Bethge.

Moser, James. Vergleichende Beobachtung v. Inductionscapacität u. Leitungsfähigkeit evacuirter Räume. Aus dem physikalisch-chem. Laboratorium der k. k. Universität Wien. Lex.-8. (4 S.) Wien 890, (Tempsky). * — 18
Aus: Sitzungsberichte d. k. Akademie d. Wissensch., besonders abgedruckt.

— Vergleichende Beobachtungen von Induktion-kapazität und Leitungsfähigkeit evakuierter Räume. S. 99. IIa. 110 . . . . . vgr.
Separatabdruck

— Elektrische und thermische Eigenschaften von Salzlösungen. 1. Mitteilung. S. 92. II. 652 . . . . . vgr.
— — 2. Mitteilung. S. 94. II. 115 . . . . . vgr.
Separatabdruck

Moser, James, der Kreisprocess erzeugt durch den Reactionsstrom der electrolytischen Ueberführung u. durch Verdampfung u. Condensation. [Aus: „Nova Acta d. ksl. Leop.-Carol.-deutschen Akad. d. Naturforscher".] gr. 4. (32 S.) Halle 879. Leipzig, Engelmann in Comm. n. 1. 20

Moser, James, die Lehre v. den Zeitgeschäften u. deren Combinationen. Mit 21 lith. Taf. gr. 8. (VIII, 87 S.) Berlin 875. Springer's Verl. geb. n. 6. —

— Über die Leitungsfähigkeit des Vakuums. S. 99. IIa. 7 . . . . . vgr.
Separatabdruck

— Elektrische Schwingungen in luftverdünnten Räumen ohne Elektroden. S. 99. IIa. 5 . . . . . vgr.
Separatabdruck

Moser, James (geb. Berlin 11. 3. 1852): Die Spectren der chemischen Verbindungen. Berlin 1877. (23 S.) 8°
Berlin. Phil. Diss. v. 9. Febr. 1877

Moser, James, elektrostatische Untersuchungen, insbesondere über die Verzweigung der Induction beim Differential-Inductometer und Elektrophor. Lex.-8. (17 S.) Wien 881, (Gerold's Sohn.) *
Aus: Sitzungsberichte der k. Akademie der Wissenschaften, besonders abgedruckt.

Moser James: Elektrostatische Untersuchungen, insbesondere über die Verzweigung der Induktion beim Differential-Induktometer und Elektrophor. S. 83. II. 633 . . . . . —.36
Separatabdruck

Moser, Ignaz

— Über Th. Clarks Methode, die Härte des Wassers durch eine titrierte Seifenlösung zu ermitteln. S. 4. 484 . . . . . vgr.
Separatabdruck

— Über die Zusammensetzung der Asche von Kartoffelknollen. S. 11. 667 . . . . . —.30
Separatabdruck

Moser Ignaz, Dr.: Über die Zusammensetzung zweier Letternmetalle. S. 2. 80 . . . . . vgr.
Separatabdruck

— Über die Zusammensetzung des Nilschlammes. S. 20. 9 . . . . . —.10
Separatabdruck

Moser, Jgnat. Maria a, Epitomium historiae litterariae theologiae. Klagenfurt, Kleinmayr, 1779. 8°.

Moser, Jo. N., Diss. nova mali hypochondriaci theoria. Mogunt. 4°. Salzb. med. chir. Zt. 1793, 1, 333.
1792

Moser, Johann —. Chronistisches Lexidion. Ein allgemeines alphabetisches Sachregister und Nachschlagebuch zum Reichsgesetz- und Regierungsblatte für das Kaiserthum Oesterreich, umfassend alle in diesem Blatte seit dessen Erscheinen aufgenommenen Gesetze und Verordnungen, mit besonderer Ersichtlichmachung des Zusammenhanges und genauer Angabe der ganz oder theilweise erfolgten Außerkraftsetzung, Vervollständigung und Berichtigung derselben. Von — —. Zweite, ganz neu bearbeitete und bis 1. Jänner 1855 ergänzte Auflage. Wien. 1855. Druck von Leopold Sommer. C. Haas'sche Buchhandlung. Preßburg. Leonh. Aug. Krapp. (1 Bl. 208 S. 4.) geh.

Moser, Joh., chronistisches Lexidion. Ein allgemein alfabet. Sachregister und Nachschlagebuch zum Reichsgesetz- und Regierungsblatte für das Kaiserth. Oesterreich, umfassend alle in diesem Blatte seit dessen Erscheinen aufgenommenen Gesetze und Verordnungen mit besonderer Ersichtlichmachung des Zusammenhanges und genauer Angabe der ganz oder theilweise erfolgten Außerkraftsetzung, Vervollständigung und Berichtigung derselben. 1. Aufl. (III und 207 S.) 1854. * 1 Thlr. 15 Ngr. und 2., ganz neu bearb. und bis 1. Jan. 1855 ergänzte Aufl. gr. 4. (V und 207 S.) Preßburg 855, Krapp.

Moser, Joh., allgemeines alfabetisches Sachregister und Nachschlagebuch zum Reichsgesetz- und Regierungsblatte für das Kaiserth. Oesterreich, umfassend alle in diesem Blatte aufgenommenen Gesetze und Verordnungen vom 2. Dezbr. 1848 bis einschließig letzten Dezbr. 1853, mit besonderer Einsichtlichmachung des Zusammenhanges und genauer Angabe der ganz oder theilweise erfolgten Außerkraftsetzung, Vervollständigung und Berichtigung derselben. Preßburg 854. Wigand. gr. 4. (2 Bl., 207 S.) n. 1 ₰. 15 ngr.

Moser, Joh., allgemeines alfabetisches Sachregister und Nachschlagebuch zum Reichsgesetz- und Regierungsblatte für das Kaiserth. Oesterreich. Umfassend alle in diesem Blatte seit dessen Erscheinen aufgenommenen Gesetze und Verordnungen mit besonderer Ersichtlichmachung des Zusammenhanges und genauer Angabe der ganz oder theilweise erfolgten Außerkraftsetzung, Vervollständigung und Berichtigung derselben. 8., neu bearb. und bis 1. Jan. 1858 ergänzte Aufl. gr. 4. (III und 248 S.) Wien 858, F. Manz.

—— und Wyrobisz, Jos., juridisch-politische Terminologie in deutscher und polnischer Sprache. 8. (244 S.) Krakau 860, Wildt.

Moser, J(ch.), die Weihe der Tage. Ein christl. Andachtsbuch auf die verschiedensten Zeiten und Lagen des Lebens. Mit dem Anhange: Christliche Lieder für die häusl. Erbauung. gr. 12. (VI und 366, IV und 155 S. mit 1 Stahlst.) Ulm 848, Fr. Ebner.

Moser, Johann H. Nord-Amerika nach d Friedensschlüssen v Jahr 1783, nebst (1) einem Vorbericht v Amerika überhaupt, (2) einigen Charten, u (3) einem hinlänglichen Register. 3v. Lpz, 1784-85.

Moser, Johann Jakob

– [–, deutsch] Academische Abhandlung von der Absolutions-Formul im Beicht-Stuhl. – Wernigerode: Struck; Altona: Korte 1739. 35 S. [5, 35.

– Abhandlung von der Bekänntnus und Vergebung der Sünden. Zur Erläuterung der Materie Von der Beicht und Absolution. – Jena: Cröker 1741. 146 S.

— Abhandl. üb. d. Ausländer Fähig- od. Unfähigkeit zu deutschen geistl. Würden. 4. Frankf. a. M. 783. Metzler; auch Steinkopf in Stuttg. 3 gl.

— Abhandl. üb. d. Hofgottesdienst eines Landesherrn, so einer andern Religion ist, als sein Land. 4. Stuttg. 765. Metzler. 5 gl.

— Abhl. von dem deutschen Kirchenrechte. 8. Tüb. Heerbrand. 772.

Moser (von Filsek), Johann Jacob: „Abhandlung von Landfriedensbruchssachen", Berlin 1759.

(*Eb.*): Abhandl. v. recesswidr. od. doch unbewilligten Landsteuern, derselben gewaltsamen Beytreib. u. schuld. Wiederersetz. *Eb.* 765. 4. (beide auch in den Samml. v. Abhdll. 765.)

Moser, Joh. Jac.: „Abh. von recesswidr. oder doch unbewilligten Landessteuern, derselben gewaltsamen Beytreibung und schuld. Wiederersatz", Stuttgart 1765 (Metzler).

Moser, Joh. Jac.: Abhandlung von Kayserlichen Macht-Sprüchen in Rechts-Staats- u. gemischten Sachen. Franckfurt a. M. 1750.

— Abhandl. v. Nöthigung d. Unterthanen zu regulären Kriegsdiensten, 4. Stuttg. 764. Metzler'sche B. 3 gl.

Moser (von Filsek), Johann Jacob: „Abhandlung von Nöthigung der Unterthanen zu regulairen Kriegsdiensten", Leipzig 1765.

— Abhl. v. Nöthigung d. Unterthanen zu regulären Kriegsdiensten. 4. Stuttg. Metzler. 765.

— Abhandl. von d. öffentlichen Privat- und Haus-Gottesdienst. 4. Stuttg. Metzler. 765.

— Abhandl. von Provisional-Verfügungen während d. Rechtsstreits zwischen Landesherrn u. dess. Landesständen. 8. Stuttg. 765. Metzler'sche B. 3 gl.

— Abhandl. verschied. Rechtsmaterien. 5 Bde od. 20 Stücke. 8. Ulm 772—78. Wohler. 5 ₰

Moser, J. Jac.: Abh. üb. versch. Rechtsmaterien. *Francf.* u. *Lpz.* (*Ulm*, Wohler.) 772—77. 20 St. in 5 B. 8. (5 Thl.) Früher auch u. d. Tit: Moser, J. Jac.: Opusc. acad. Acc. prolog. galeatus adv. B. Carpzovium. *Jen.* et *Lip.* 744. 4.

Anhang zu Joh. Jac. v. Moser Abhandlung von der Reichsstädtischen Regiments-Verfassung u. deren 2. Buch. Aus denen Westphälischen Friedens-Handlungen, . . . beygetragen. Frankfurt u. Leipzig 1773.

Moser, J. Jac.: Abhandll. a. d. teutschen Kirchenrecht. *Frkf. a. M.* u. *Lpz.* (*Tüb.*), Heerbrandt. (Osiander.) 772. 8. (8 Gr.)

Moser, Joh. Jak. (Hrsg.), s.a. Abhandlungen verschiedener Rechts-Materien.

Eb.: Abhandll. verschied. bes. Rechtsmaterien, auch and. brauchb. u. angenehmen Nachrr. u. Anmerkk. *Frkf. a. M.* u. *Leipzig*. (*Ulm*), Wohler. 772—78. 20 St. in 5 Bden. 8. (5 Thl.)

Moser v. Filsek, Jh. Jak., († d. 30. Sept. 1785.) verm. Abhandll. aus d. europ. Völkerrecht, a. Staats- u. Canzleisachen. 3 Stücke. 8. Frankf. 750. 6 gl.

Moser, J. Jac.: Verm. Abhandll. aus d. europ. Völkerrechte, wie auch v. deutschen u. and. europ. Staats- u. Kanzleysachen. *Frankf. a. M.* (*Nürnb.*), Raspe. 754. 3 St. 8. (6 Gr.)

Moser, Johann Jacob (Hrsg.), s. Acta publica.

– Altes und Neues aus dem Reich Gottes und der übrigen guten und bösen Geister, Bestehende in glaubwürdigen Nachrichten von allerley merckwürdigen Führungen GOttes, sonderlich in dem Werck der Bekehrung, erbaulichen und erschröcklichen letzten Stunden, erwecklichen Lebens-Beschreibungen, mancherley Erscheinungen und vielem anderem, so zur Befestigung in dem guten und Verwahrung für dem bösen dienen kan. Nebst einem Anhang von erbaulichen Brieffen, unbekannten und neuen geistlichen Liedern und einem kurtzen Bericht von vielerley zu Beförderung des wahren Christenthums dienlichen teutschen Büchern. Th. 1–24. *(Von Moser nur Th. 1–19.)* – Franckfurt & Leipzig: Erhard & Metzler 1733–1739.

1–3. 1733.
4–10. 1734.
11–18. 1735.
19. 1736.
20. 1737.
21. 22. 1738.
23. 24. 1739.

Moser (von Filsek), Johann Jacob: „Anfangsgründe der Wissenschaft von der gegenwärtigen Staatsverfassung von Europa und dem unter den europäischen Potenzien üblichen Völkerrecht", Tübingen 1732 (von Cotta).

— Anleit. z. studio juris. 8. Jena. 743.

— Anmerk. über das Absterben d. churfürstl. Haus. Bayern. 2 Stck. 4. Frkft. Bronner. (Gebhardt und K. auch Hermann) 778.

Moser. Joh. Jac. (k. dän. Etats-Rath, † 1701–85), Anmerkungen üb. das *Absterben des Churfürstl. Hauses Bayern*, in so ferne dasselbige einen Einfluss in vile (sic) Stucke d. Teutschen Staatsverfassung hat. Franckfurt a. Mayn, J. G. Garbe, 1778. 4°. 32 S. Frzb., m. 8 Beibänden.

—, fortgesetzte Anmerkungen üb. das Absterben des Churfürstl. Hauses Bayern, in so ferne es die hinterlassene Erbschafts-Stucke betrifft. Ibid. eod. 4°. 48 S. Beiband.

Moser, Johann Jacob: „Anmerckungen über Johann Peters von Ludewig Einleitung zu dem Teutschen Müntz-Wesen mittlerer Zeiten", Leipzig und Stuttgart 1722 (Christoph Thiem). — Vorh.: StB Nürnberg. — Dasselbe, Ulm 1752, vorh.: Bibl. des German. Museums Nürnberg und Com. Bibl. Hamburg.

— Anmerkk. zu d. modo procedendi antiquo, legali, usuali et communi in causis restitutionum ex instrumento Pacis Westphal. Fol. Regensb. 750

— Anm. üb. d. Kais. Franz I. Wahlcapitulation, u. Beysagen, s. Wahlcapitulation.

— von d. Ansehen d. Rechtsgelehrten in deutschen Sachen. 4. Regensb. 773. Montag u. W. 6 gr.

Eb.: Von d. Ansehen d. Rechtsgel. in deutschen Staatssachen. *Regensburg*, Montag. 733. 4. (16 Gr.)

– s.a. Anti-Mirabeau.

Moser (von Filsek), Johann Jacob: „Anti-Mirabeau; oder unpartheyische Anmerkungen über des Marquis von Mirabeau natürliche Regierungsform, einen Staat blühend, reich und mächtig, auch die Familien und einzelnen Personen, aus welchen er besteht, so glücklich als immer möglich zu machen, besonders in Absicht und Anwendung auf teutsche Länder" (anonym erschienen), Stuttgart 1771 (Metzler) (auch Leipzig 1778). — Vorhanden: LB Stuttgart.

Moser, Joh. Jac.: Diplomatisches Archiv des 18. Jahrhunderts, darinnen viele wichtige, das Heil. Röm. Reich u. dessen Stände betr. Urkunden, so vom J. 1701 an biß jetzo abgefasset worden . . . mitgetheilet werden. Franckfurt a. M. 1743.

— diplomat. Archiv des 18. Jahrh. 8. Frft. Hermann. (a. Brönner) 743.

[–] WOHLGEMEINTE AUFFMUNTERUNG ZUR GUTTHÄTIGKEIT Gegen die um der Evangelischen Religion willen vertriebene Saltzburger. – Tübingen: Schramm 1732. 24 S.

— Ausz. meines neuen deutschen Staatsrechts, als ein Handbuch zum Gebr. der größern. 8. Tübing. 777. (Osiander). 1 rthl. 12 gr.

Eb. Auszug seines neuen deutschen Staatsrechts, statt e. Real-Indicis. *Eb.*, (*Stuttg.*) Erhard. 776. 8. (1 Thl. 12 Gr.)

Moser (von Filsek), Johann Jacob: „Beantwortung der Frage, wie viel Soldaten eines deutschen Reichsstandes Land zu halten schuldig sey; wie auch, wer den Ausschlag darin geben könne?" Leipzig 1765.

— Beantwortung d. Frage: wie viel Soldaten eines deutschen Reichsstandes Land zu erhalten schuldig sey? 4. Stuttg. 765. Metzler. 8 gr.

Moser, J. Jac.: Bedenken üb. ein. Hauptpuncte, so bey Einricht. d. Visitationswesens b. d. Kais. K. K. G. zu beobachten. *Regensb.* 767. 4. (4 Gr.)

— Bedenken von d. Kammergerichts-Visitation, über e. Hauptpunkte, so bei Einrichtung d. Visitationswesens zu beobachten seyn. Mit Anmerkk. 4. (Stuttg.) 767. Metzler 4 gr.

— Bedenk. v. den Kammergerichtsvisitationen. 4. Stuttg. Metzler. 768.

– RECHTLICHES BEDENCKEN VON AUFHEBUNG DES JESUITEN-ORDENS; besonders so vil es die Befugnisse eines Evangelischen Reichsstandes dabey betrifft. – Frankfurt & Leipzig 1774.

— rechtl. Bedenken v. Aufhebung d. Jesuitenordens, n. Zugabe u. fortgesetzten Nachrr. 3 Stücke. 8. Ulm 774—75. Wohler. 8 gr.

– RECHTLICHES BEDENCKEN VON PRIVAT-VERSAMMLUNGEN DER KINDER GOTTES, nebst einer Erzählung, was sich kürtzlich in Hanover dißfalls zugetragen, und einem Gutachten des Ministerii einer vornehmen Reichs-Statt von dergleichen Versammlungen. – Tübingen 1734. 124 S.

– BEYTRAG ZU EINEM LEXICO DER JEZTLEBENDEN LUTHERISCH- UND REFORMIRTEN THEOLOGEN in und um Teutschland, welche entweder die Theologie offentlich lehren, oder sich durch theologische Schrifften bekannt gemacht haben; mit einer Vorrede, von dem, was bey einer nüzlichen Lebens-Beschreibung, besonders eines Theologen, zu beobachten nöthig ist. T. 1. 2. – Züllichau 1740–1741.

Moser v. Filseck, J. Jac.: Beytrag zum neusten Staatsrechte u. Staatshistorie Deutschlands. 1r Thl. *Leipzig*, 749. (Brockhaus.) 8. (16 Gr.)

— Beytrag z. d. neuest. Staatsr. u. Staatshistor. Deutschlands. 8. Lpz. Gleditsch. 749.

— Beitrr. zu d. neuesten europ. Gesandtschaftsrechte. 8. Frankf. a. M. 781. Varrentrapp. 16 gr.

Moser v. Filsek, Jh. Jak., monatl. Beitrr. zur Förderung d. Christenthums. 2 Bde. 8. Stuttg. 752, 53. 1 rthl. 16 gr.

– MONATHLICHE BEYTRÄGE ZU FÖRDERUNG DES WAHREN CHRISTENTHUMS. Bd 1 (St. 1–12). 2 (St. 1–12). – Stuttgart 1752–1753.

— Beitrr. zu reichsritterschaftl. Sachen. 4 Stücke. 8. Ulm 775. Wohler. 1 rthl.

Ders.: Beyträge zu d. Markgräfl. Bad. Staatsrecht. *Ebend.* 772. 8.

— Beitrr. zu d. Völkerrechte in Friedenszeiten. 3 Thle. 8. Tübing. 771—81. (Osiander). 2 rthl. 12 gr.

— — z. d. Völkerr. in Friedenszeiten. 3 Thle. 8. Ebendas. 779–81. (à 20 gr.)

— — z. d. neuest. europ. Völkerr. in Friedensz. 5 Thle. 8. Tüb. Heerbrand. 778–80. (à 20 gr.)

— Beiträge zu d. neuesten europ. Völkerrechte in Friedenszeiten. 5 Thle. 8. Tübing. 778—81. (Osiander). 4 rthl. 4 gr.

Ders.: Beiträge zu d. neuesten europ. Völkerrechte in Kriegszeiten. *Tüb.*, Osiander. 779—81. 3 Thle. 8. (2 Thl. 12 Gr.)

[–] WOCHENTLICHE BEYTRÄGE ZU FÖRDERUNG DES WAHREN CHRISTENTHUMS. T. 1. 2. (St. 1–48). – Homburg vor der Höhe 1748.

— Bekehrungsgeschichte d. Mohrensklaven, s. „Bekehrungsgeschichte", u. setze hinzu: (v. J. J. Moser).

[–] BEKEHRUNGSGESCHICHTE DER HEYDNISCHEN MOHRENSCLAVEN in denen Dänischen Insuln in Westindien. – Stuttgart 1782.

— Bekehrungsgeschichte der Mohrensclaven in Westindien. 8. Stuttg. Metzler.

— v. d. Bekenntniß und Vergebung der Sünden z. Erläut. d. Mater. v. der Beichte und Absolution. 8. Jena, Cröcker. 741.

[–] ACTEN-MÄSSIGER BERICHT VON DER JETZTMALIGEN SCHWEREN VERFOLGUNG DER EVANGELISCHEN IN DEM ERTZ-BISTUM SALTZBURG. T. 1. 2. – Franckfurt & Leipzig: Ebertus 1732. 244 S.

— Ber. von d. fatalen clausula art. IVti pacis Ryswicens. 4. Frft. 752.

[–] HANAUISCHE BERICHTE VON RELIGIONS-SACHEN. Bd 1 (Th. 1–8). 2 (Th. 9–16). – o.O. 1750–1751.
1–11. 1750.
12–16. 1751.

— Hanauische Berichte v. Religionssachen. 16 Thle. 8. Frankf. 750, 51. 1 ℛ 12 ℊ

— neue Berichte von Religionssachen. 6 Thle. 8. Frft. 751 – 756.

– NEUE BERICHTE VON RELIGIONS-SACHEN. Th. 1–4. – Frankfurt am Mayn: Hutter 1751.

— verm. Berichte in Religionssachen. 2 Bde. od. 16 Thle. 8. Stuttg. 752.

— vermischte Berichte in Religionssachen. 2 Bde oder 16 Thle. 8. Stuttg. 752—54. 1 ℛ 8 ℊ

– Johann Jacob Mosers VERMISCHTE BERICHTE VON RELIGIONS-SACHEN. Bd 1 (Th. 1–4). 2 (Th. 1–4). – Stuttgart: Metzler 1752–1754.
1, 1–4. 1752.
2, 1–2. 1753.
2, 3–4. 1754.

[–] BETRACHTUNGEN ÜBER DIE SONN- FEST- UND FEYERTÄGLICHE EVANGELIEN. – Franckfurt & Leipzig (Eßlingen) 1774.

– – Stuttgart 1775.

[–] GOTT-GEHEILIGTE BETRACHTUNGEN ÜBER DAS NEUE TESTAMENT unsers HErrn und Heilandes JEsu Christi. St. 1. 2. über das Evangelium Matthäi. – Stuttgart 1735.

— hist. u. rechtl. Betracht. d. Recurses v. d. höchst. Reichsgerichte an d. Reichsconvent. 8. Lpz. Junius. (Eurich) 750.

— Betrachtt. üb. die Sonn- u. Festtags-Evangelien. 8. Frankf. u. Leipz. 774. Stuttg. 775. (ohne s. Namen). 8. Gera 777. (Müller in Leipz.) 20 ℊ

– BETRACHTUNGEN ÜBER DIE SONN- UND FESTTAGS-EVANGELIEN; vornehml. zum Gebrauch unbemittelter und reisender Personen. Neue Aufl. – Gera: Böttger 1777. 914 S.

MOSER, Joh. Jac.: Betrachtt. üb. d. Wahlcapitulat. Joseph's II. *Frkf. a. M.*, Garbe. 777—78. 2 Thle. 4. (2 Thl. 16 Gr.)

— Betrachtt. üb. die Wahlkapitulation Josephs II. 2 Thle. 4. Frankf. a. M. 778. Brönner. 2 ℛ 20 ℊ

Moser, Joh. Jac.: Bibliotheca juris publici S. R. German. imperii, enth. eine genugsame Nachricht von denen autoribus, Innhalt, der von dem Staats-Recht des H. Röm. Reichs handlenden alten u. neuen Schrifften. Th. 1—(3). Stuttgardt 1729—34. 3 Bde

— bibliotheca MSptorum, max. anecdotor. historicor. 4. Nrnb. 722.

MOSER, J. Jac.: Gesammelte Bibliothek v. ökonom., cameralist., Policey-, Handlungs- u. Bergwerksgesetzen, Schriften u. kl. Abhandl. *Ulm*, Wohler. 758. gr. 8. (20 Gr.)

Moser v. Filsek, Jh. Jak. Bibliothek von ökonom. Cameral-Polizei-Handlungen, etc., Bergwerksgesetzen, Schriften und Abhandlungen, etc. gr. 8°. Ulm, Stettin, 1758.

— neueste Bibliothek d. allgem. deutsch. Staatsrechts. 8. Frankf. Gebhardt u. K. (a. Brönner.) 771.

— würtemberg. Bibliothek, od. Nachrr. v. Schriften v. Würtemberg. 4e Ausg. v. Chr. F. Spittler. gr. 8. Stuttg. 796. Metzler. 1 ℛ 8 ℊ — Dass. im Ausz. gr. 8. Stuttg. 776. Steinkopf. 12 ℊ

Moser, Johann Jakob [Praes.], s. Bingert, Friedrich Wilhelm: De jure et modo succedendi in regna Europae, speciatim in regnum Bohemiae.

Moser, Johann Jakob [Praes.], s. Böttiger, Jo. Gottfried: De dubiis regni Germanici finibus modernis.

MOSER, Jo. Jac.: Von d. Brudertitel unt. grossen Herren, besond. d. gekrönten Häuptern. 737. 4.

Moser, Jo. Jac.: Compendium juris publici moderni regni Germanici. Oder, Grundriß der heutigen Staats-Verfassung des Teutschen Reichs. Neueste Aufl. Franckfurt u. Leipzig 1738.

MOSER v. FILSEK, Joh. Jac: Compendium jur. publ. moderni regni germ., nebst Nachlese. *Jena* u. *Tüb.* 740. 48. 8. (1 Thl. 12 Gr.)

— 6. Aufl. [u. d. Tit.:] Grund-Riß der heutigen Staats - Verfassung des Teutschen Reichs. Zum Gebrauch Acad. Lectionen entworfen. Tübingen 1748.

— üb. d. Ausdruck: corpus evangelicorum. 4. Regensb. 772. Montag u. W. 3 ℊ

MOSER v. FILSECK, F. Jac.: Corpus jur. evangelicor. ecclesiast. od. Samml. evangel.-luther.- u. reform. Kirchen-Ordnungen. 2 Thle. *Züllichau*, (*Jena*, Frommann.) 737. 38. 4. (4 Thl.)

Moser, Johann Jakob [Praes.], s. D a n n , Jacob Heinrich: De legitima S. R. I. statuum liberorum utriusque sexus, tam legitimorum (sive ex aequali, sive ex inaequali matrimonio procreatorum), quam naturalium.

Moser, Johann Jakob [Praes.], s. D e q u e d , Georg Werner von: Observ. pract. jur. publ. de jure statuum imperii circa suos consiliarios.

— von Deutschland, s. Moser: neues deutsches Staatsrecht.

– Theses circulares: DE ECCLESIIS EVANGELICIS IN GENERE. Resp.: Jo. Ge. Krause. – Franckfurt 1736.

M o s e r (von Filsek), Johann Jacob: „Allgemeine Einleitung in die Lehre des besonderen Staats-Rechts aller einzelnen Stände des Heiligen Römischen Reichs", Frankfurt a. M. und Leipzig 1739. — Vorh.: Bibl. des German. Museums Nürnberg.

— Einleitung z. den Canzleygeschäften. 8. Ebersdorf. 750.

— Einleit. z. d. Canzleigeschäften. 8. Hanau 750. 12 gr.

— kurze Einleit. in d. deutsche Staatsrecht. 8. Tübingen, Cotta. 760.

– Einleitung

— — in d. Lehre des besond. Staatsrechts. Fol. Leipz. Heinsius. (Gleditsch.) 739.

— Einleit. z. d. Reichshofr. Proceß. 4 Thle. 8. Frft. u. Leipz. 733 – 37.

— Einleit. zu den neuesten deutschen Staatsangelegenheiten. 8. Ebersdorf 750. 8 gr.

M o s e r (von Filsek), Johann Jacob: „Einleitung zu denen neuesten Teutschen Staats-Angelegenheiten. Zum Gebrauch der Hanauischen Staats- und Cantzley-Academie", Hanau 1750. — Vorh.: Bibl. des Kammergerichts Berlin — Jb. 1668.

— Einleit. in die Staatshistorie Deutschlands unter Franz I. 8. Frankf. a. M. 755. Andreä. 8 gr.

— Einl. in d. markgräfl. Badenschen Staatsrecht. gr. 8. Carlsr. Macklot. (Gebhardt u. K., Frankf.) 772.

MOSER v. FILSECK, J. Jac.: Einleit. in d. Markgräfl. Badische Staatsrecht. *Karlsruhe.* 772. (Gebhard u. Körber in *Frankfurt.*) gr. 8. (1 Thl.)

— — in den churf. Bayersch. Staatsr. 8. Frankf. (Gräff, Leipz.) 754.

MOSER, J. Jac.: Einleit. in d. kurfürstl. Baier. Staatsrecht. *Frankfurt u. Leipzig.* (*Stuttgart,* Metzler.) 754. 8. (10 Gr.)

— Einleit. in d. kurfürstl. Baiersche Staatsrecht. 8. Frankf. a. M. 754. (Wienbrack in Leipz.) 9 gr. — Dass. 8. Augsb. 784. v. Jenisch u. Stage. 10 gr.

— — dieselbe. 8. Augsb. Stage. (Grattenauer in Nürnb.) 784.

MOSER v. FILSEK, J. Jac.: Einleit. in das churfürstl. u. herzogl. Braunschw.-Lüneburg. Staatsrecht. *Ulm, Stettin.* 755. (*Frankfurt,* Gebhard.) 8. (1 Thl.)

— Einleit. in d. kurfürstl. Mainz. Staatsrecht. 8. Frankf. 755. Andreä. 8 gr.

— — in d. churf. Pfälz. Staatsr. 8. Frankf. Eßlinger. (a. Schwan u. G. in Mannh.) 762.

— Einleit. in kurfürstl. Pfälz. Staatsrecht. 8. Frankf. a. M. 762. (Schäfer). (a. Schwan u. G. in Manh.) 1 rthl.

MOSER, J. Jac.: Einleit. in d. kurf. Pfälz. Staatsrecht. *Frankfurt a. M.*, Esslinger. 763. 8. (1 Thl.)

M o s e r (von Filsek), Johann Jacob: „Kürzere Einleitungen in das deutsche Staatsrecht", Tübingen 1753 (von Cotta).

— kürzere Einleit. in d. deutsche Staatsrecht. 8. (Tübing.) 753. v. Cotta. 8 gr.

Moser, Johann Jakob (Hrsg.), s.a. E m i g r a t i o n s a c t e n. Derer Salzburgischen.

DERER SALTZBURGISCHEN EMIGRATIONSACTEN Gesammlet von Johann Jakob Moser. Bd 1. 2. (St. 1–12.) – Frankfurt & Leipzig: Rothe 1732–1733.
Hrsg.: Joh. Jak. Moser.

— Entwickelung d. Begriffs unstandesmäßiger Ehe rc. 4. Stuttgart 781. Steinkopf. 12 gr.

– ENTWURFF EINER HISTORISCHEN BIBLIOTHEC FÜR KINDER GOTTES. – Ebersdorf 1745.

– DREYFACHER ENTWURFF EINER HISTORIE DES REICHS JESU CHRISTI AUF ERDEN, besonders von D. Speners Zeiten an, bis jetzo. – Ebersdorf 1745.

MOSER, J. Jak.: Entwurf e. Einleit. zu d. allerneuesten europ. Völkerr. in Kriegs- u. Friedenszeiten. 736.

— Erläut. d. Westphäl. Friedens. 2 Thle. 4. Erlang. 775, 76. (Heyder). 4 rthl.

MOSER, Joh. Jac.: Erläut. d. Westph. Friedens aus reichshofräthl. Handll. Th. I. *Erlangen.* 775. Th. II. *Frankf.* u. *Leipz.* 776. 4.

– ETWAS VON DEM INNEREN LEBEN DER SEELIGEN FRAUEN FRIDERIKEN ROSINEN MOSERIN; Aus einem Aufsatz ihres hinterlassenen Ehegatten Johann Jakob Moser. – [Stuttgart:] 1775. 48 S.

— — (Frankfurt/Oder), Ex Germanorum jure publico de exercitio religionis domestico eiusdemque jure inter eos, qui diversa sacra colunt, disserit, insimulque Reipublicae Francofurtensis omnium ordinum proceres atque cives, ut orationi inaugurali. Frankfurt/Oder (S. G. Alex) 19. VI. 1736. 16 S. (—.—) 23727

— — Dasselbe. Frankfurt/Oder (S. G. Alex) 19. VI. 1736. 12 S. (5.—) 23728

— [Neue Ausg. u. d. Tit.:] De exercitio religionis . . . germanis: Vom Recht eine Haus-Kirche zu halten unter widrigen Religions-Verwandten. Francofurti et Lipsiae 1744.

MOSER, J. J.: Von d. Excellenz d. Gesandten v. zweiten Rang. *s. l.* (*Stuttg.*, Metzler.) 783. 4.

— v. d. Excellenz d. Gesandten v. zweiten Range. 4. Tübing. 783. Heerbrand. 2 ggr Nachtrag. (Stuttg. 783. Steinkopf). 3 ggr

— — dass. 4. Stuttg. Steinkopf. 784.

— v. d. Excellenz d. Gesandten vom zweyten Range. 4. Tüb. Heerbrand. 784.

Moser, J. Jac.: Familienstaatsrecht d. deutschen Reichsstände. *Frankfurt a. M.*, Garbe. 775. 2 Thle. 4. (6 Thl. 16 Gr.)

Moser, Joh. Jak., De dubiis regni Germanici finibus modernis. Def. a Jo. Gfrd Boettiger. Ed. auctior. Lipsiae 1738. 4. . . . .

– Dissertatio Juris Evangelicorum ecclesiastici: DE FORMULA ABSOLUTIONIS CONFITENTIUM. Resp.: Godofr. Dav. Jasse. – Franckfurt 1739.
– – 2. ed. – Frankfurt 1739.

— v. d. reichsverfassungsmäßig. Freiheit, v. deutschen Staatssachen schreiben zu dürfen. 8. Götting. 772. Dieterich. 3 ggr

Moser, J. Jac.: Von der reichsverfassungsmäss. Freyheit, v. deutschen Staatsachen zu schreiben. *Götting.*, Dieterich. 772. 8. (4 Gr.)

Moser, J. J.: Belgrad. Friedensschluss zwisch. Ihro Röm. Kaiserl. Majestät u. d. ottoman. Pforte, m. Beill. u. Anmerkk., wodurch d. Historie sowohl d. Passarowitz. Friedens, als auch d. Ursachen d. letzten Krieges, der Feldzüge u. d. Friedenshandl., sodann d. Inhalt d. Artikel selbst erläut., die Uebereinstimm. u. Abweich. dieses u. d. Carlowitz. auch Passarowitz. Friedens gezeiget, u. was bei d. bevorsteh. Absendung d. Grossbotschafter beider Kaiser an einand. merkwürd. fürkommen möchte, vorgestellt wird. Mit e. Vorrede v. d. dermal. üblich. Gattungen d. Gesandten u. and. öffentl. Personen. *Jena.* 740. 4.

Moser, Joh. Jac.: Der Teschenische Fridensschluß vom Jahre 1779 mit Anm. Als eine Forts. der Staatsgeschichte des zwischen Oesterreich und Preussen in den J. 1778 u. 1779 geführten Krieges. Franckfurt a. M. 1779.

— d. Teschner Friedensschluß v. 1779. Mit Anmerkk. als Fortsetzung d. Staatsgesch. 4. Tübing. 779. Heerbrand; (a. Gebhardt u. K. in Frankf. a. M.) 1 Rthlr — Nachtrag zu den Anmerkk. 4. Stuttg. 780. Steinkopf. 9 ggr

Moser, Jo. Jac.: Von d. Garantie d. Westphäl. Friedens, nach d. Buchstaben u. Sinn desselben. 767. 4.

— Garantie d. Westphäl. Friedens, nach d. Buchstab. und Sinn desselben. 4. Stuttg. Metzler. 768.

– SCHRIFFTMÄSSIGE GEDANCKEN VON DER VERBINDUNG DER WELT-WEISHEIT, BESONDERS DER WOLFISCHEN, MIT DER THEOLOGIE. Nach Erforderniß der jetzigen Zeiten denen, die sich wollen warnen lassen, zur Prüfung vorgelegt von Johann Jakob Moser. – [Saalfeld] 1741. 64 S.

– s. Gedanken über das Staatsrecht des deutschen Reichs.

– THEOLOGISCHE GEDANCKEN VON DER EHLICHEN BEYWOHNUNG. – Züllichau 1741.
[–] – Theologische Gedancken von der ehlichen Beywohnung unbekehrter, erweckter und wiedergebohrener Personen; nebst des seeligen D. Speners Bedencken hievon und einem dreyfachen Anhang: 1. Ob das sibende Capitel der Ersten Epistel an die Corinthier besondere Umstände der Corinthischen Gemeine voraussetze und dahero nicht überall applicabel seye? 2. Was das Brunstleiden seye und wie ferne der Ehestand dagegen erlaubt seye? und 3. was die Gabe der Enthaltung seye? – Züllichau: In der Waysenhaus-Buchh. bey Joh. Jac. Dendeler 1743. 155 S.
– – Nach der – einzigen – Ausgabe vom Jahre 1743 aufs neue hrsg. – Leipzig: Strauch 1900. 136 S. *(Rezension von S. Eck in: ThLZ 25, 1900, Sp. 245–246.)*

– Gedancken

— —, Theologische, von der ehlichen Beywohnung unbekehrter, erweckter und wiedergeborner Personen (von *Joh. Jacob Moser*), nebst des sel. D. *Speners* Bedenken hievon und einem dreyfachen Anhange: 1) ob das 7de (sol) Cap. der 1sten Epist. an die Corinth. besondere Umstände der Corinth. Gemeine voraus setze, und dahero nicht überall applicabel sey? 2) was das Brunstleiden sey und wie fern der Ehestand dagegen erlaubet sey? und 3) was die Gabe der Enthaltung sey? Züllichau, Frommann, 1743. 8°. 10 Bogen.
Cat. univ. d. Buchh. d. Waisenh. in Züllichau (174*); Cat. Meissner I, S. 1089. — Anon.-Lex. II. p. 155 hat 1741 (?), nach Meusel.

Moser's, Joh. Jak., theologische Gedanken v. der ehelichen Beiwohnung unbekehrter, erweckter u. wiedergeborener Personen. Nach der — einzigen — Ausg. vom J. 1743 aufs neue hrsg. gr. 8. (136 S.) Leipzig 900. A. Strauch. n. 2. —; geb. n. 2. 60

Joh. Jac. **Moser:** Von Geduldung der Freymaurer-Gesellschaften; besonders in Rücksicht auf den westphälischen Friden [!]. [Frankfurt] 1776. 44 S. 8°
cf. Frmr.-Bibliothek. 1 (1778) S. 137—140; 2. Aufl. 1782 S. 137—140; 3. Aufl. 1792 S. 137 bis 140; MCG. 10 (1901) S. 46—47 (L. Keller), abgedr. in Bbl. 15 (1901) S. 267—268; ArSt. 4 (1907) S. 217—219 (L. Keller) und Bbl. 21 (1907) S. 465—466.
Kl. 406. Verf. ist Nichtmr. Wünscht Abschaffung der Frmrei.

Moser v. Filsek, Jh. Jak., von Geduldung der Freimaurergesellsch., besonders in Rücksicht auf den westphäl. Frieden. 8 Frankf. a. M. 776. Gebhardt u. K. 3 ggr

[**Moser**, Joh. Jak.]: Würtembergisches Gelehrten-Lexicon, so vil die jetzt lebende Würtembergische Schriftensteller betrifft. 2 in 1 Bd. [Stuttg.] 1772.

— würtemberg. Gelehrten-Lexicon. 2 Thle. 8. Stuttg. 772 Steinkopf. 8 ggr

— wirtembergisches Gelehrten-Lexikon. 2 Theile. 8. Stuttg. Steinkopf. 776.

— neueste Geschichte d. unmittelb. Reichsritterschaft. 2 Thle. 8 (Ulm). 775, 76. Wohler. 2 Rthlr

Moser, Joh. Jac.: Neueste Geschichte der Teutschen Staats-Rechts-Lehre u. deren Lehrer. Franckfurt a. M. 1770.

— neueste Geschichte d. Staatsrechtslehre u. der. Lehrer. 8. Frkft. Brönner, (a. Gebhardt und K.) 770.

Ders.: Neueste Geschichte d. Staatsrechtslehren, deren Lehrer. *Frkf. a. M.*, Garbe. 770. 8. (5 Gr.)

— neueste Geschichte der Staatsrechtslehre u. deren Lehrer. 8. Frankf. a. M. 771. Brönner; (a. Gebhardt u. K.) 5 gr.

— — Specimen juris publ. Germanici de gravaminibus religionis provisorie ad statum pacis Badensis reducendis. Jena (J. Fr. Ritter) 1741. 16 S. (4.50) 23726

— — (Stuttgart), De jure exequendi in Imp. in specie de executione ab uno der Crayß-ausschreibenden Fürsten altero impedito vel nolente suscepta. Diss. jur. publ. inaug. Präs. Michael Grass. Tübingen (J. Sigmund) 25. III. 1720. 44 S. (6.50) 23729

— erste Grundlehren d. deutschen Staatsgeschichte z. Vorbereit auf d. deutsche Staatsrecht. 8. Stuttg. 776. Metzler. 3 gr.

Eb. Erste Grundlehren d. deutschen Staatsrechts. *Ulm*, Wohler. 776. 8. (16 Gr.)

Moser (von Filsek), Johann Jacob: „Erste Grundlehren des Europäischen Völkerrechts in Friedens- und Kriegszeiten", Nürnberg 1778 (Raspe).

— erste Grundlehren des europ. Volksrechts in Friedens- u. Kriegszeiten. 8. Nürnb. 778. Raspe. 10 gr.

— Grundlehren d. deutschen Staatsrechts z. Gebr. f. Anfänger. 8. Ulm 776. Wohler. 16 gr.

Moser (von Filsek), Johann Jacob: „Grundriss des Staats-Rechts des Heiligen Reichs Statt Nürnberg", Ebersdorff 1741. — Vorh.: Bibl. des German. Museums Nürnberg.

— Grundriß d. heutigen Staatsverfassung d. deutschen Reichs 8. Tübing. 731. 2e A. 735. 3e A. 738. 4e A. 742. 5e A. 745. 6e A. 748. 7e A. 754. v. Cotta. 20 gr.

— Grundriß d. europäisch. Völkerrechts in Friedenszeiten. 8. Nürnb. Raspe. 776.

— Grundr. d. europ. Völkerrechts in Friedens- u. Kriegszeiten. 8. Nürnb. Raspe. 778.

Moser, J. Jac., Grundr. des europ. Völkerrechts in Kriegszeit. 8. Tübingen. 752. Rthlr.

— Grundsätze d. Besteuerungsrechtes d. deutschen Reichsstände rc. 4. Stuttg. 765. Metzler. 3 gr.

(Moser, J. Jac.): Grundsätze d. Besteurungsrechts d. deutschen Reichsstände. *Stuttgart*, Metzler. 766. 2 St. 4. (3 Gr.)

[–] Grund-Säze von dem offentlichen, Privat- und Haus-Gottesdienst, nebst einiger Erläuterung derselbigen aus offentlichen Staats-Handlungen. o.O. 1765. 88 S.

— Grundsätze von d. öffentl., Privat- u. Hausgottesdienst. 4. Stuttg. 765. Metzler. 5 gr.

Moser, Jo. Jac.: Grundsätze v. d. deutschen Privat-Rechte überhaupt. *Frkf.* 738. 4.

– s.a. Grundsätze einer vernünftigen Regierungskunst.

— Grundsätze einer vernünft. Regierungskunst. 4. Stuttg. 753. Metzler. 2 gr.

(Moser (von Filsek), Johann Jacob): „Einige Grund-Saetze einer vernünftigen Regierungs-Kunst, nach der jetzigen Gedenckens-Art und Handels-Weise verständiger Regenten, Ministers und Land-Staende", Stuttgart 1753 (bei Johann Bened. Metzler). — Vorh.: StB Nürnberg. — Neue Auflage Frankfurt a. M. 1761.

— Grundsätze d. Reichshofrathspraxis. 8. Frankfurt, Andreä. 743.

— Grundsätze d. europ. Völkerrechts in Kriegszeiten. 8. Tübing. 752. 8 gr.

Moser (von Filsek), Johann Jacob: „Grundsätze des jetzt üblichen europäischen Völker-Rechts in Friedens-Zeiten, auch anderer unter denen europäischen Souverainen und Nationen zu solcher Zeit fürkommender willkührlicher Handlungen", Frankfurt a. M. 1755. — Vorh.: Com. Bibl. Hamburg.

— Grunds. d. jetzt üblich. europ. Völkerrechts in Friedenszeiten. 8. Frankf. Eßlinger. 763.

— Grundsätze d. jetzt üblichen, europ. Völkerrechts in Friedenszeiten. 8. Frankf. a. M. 763. (Schäfer). 2e Aufl. 777. Bauer u. Raspe in Nürnb. 16 gr.

Moser, Johann Jakob (Hrsg.), s. Grünpeck, Jos.: Lebensbeschreibung Kaiser Friedrichs III.

— rechtl. Gutachten üb. d. zwischen Oesterr. u. d. Markgrafsch. Burgau obwalt. Streitigkeiten. Fol. Augsb. 781. v. Jenisch u. Stage. 1 rthl. 16 gr. bei Steinkopf in Stuttg. 1 rthl.

— rechtl. Gutachten üb. d. zwischen d. Erzhause Oesterreich u. d. Insassen d. Markgrafschaft Burgau herrschenden Streitigkeiten. Fol. Stuttg. 781. Steinkopf. 1 rthl. (v. Jenisch u. St. in Augsb.) 1 rthl. 16 gr.

[-] Unterthänigstes Gutachten, wegen der jezigen Religions-Bewegungen, besonders in der Evangelischen Kirche, wie auch über das Kayserliche Commissionsdecret in der Bahrdtischen Sache. – [Stuttgart] 1780. 48 S.

— 12 (13) Reichshofr. Gutachten wegen d. Jesuitenordens. 8. (Ulm) 775. Wohler. 6 gr.

— Reichsstädtisches Handbuch. 2 Theile. 8. Frkft. Andreä. 732.

Moser, Joh. Jac.: Reichs-Stättisches Hand-Buch, worinn die heutiges Tages noch einen Nuzen zu haben scheinende Urkunden, welche des Heil. Röm. Reichs Frey u. Reichs-Stätte angehen, aus. Lünigs Reichs-Archiv extrahirt ... seynd. Th. 1. 2. Tübingen 1732. 33. 2 Bde

— kurzgefaßte Historie d. Religionsangelegenheiten unter Kaiser Franz I. 8. Frankf. 756. 6 gr.

Moser, Johann Jakob (Hrsg.), s. Janneway, Jacob: Geistliches Exempelbüchlein.

— der Jesuit v. dem Richterstuhle. 8. Berlin. (Eßlinger, Frft.) 775.

Moser, J. Jac.: Von d. röm. Kaiser, röm. Könige u. d. Reichsvicarien, nach den Reichsgesetzen u. dem Reichsherkommen, wie auch a. d. Staats-Rechtslehren und eigner Erfahr. *Frkf. a. M.*, Garbe. 767. 4. (2 Th.)

Eb.: Von d. evangel. Reichsstände Collegial-Gerechtsamen, besond. in Anseh. ihrer innerl. Verfassungen. *Eb.* 772. 4.

Moser, Joh. Jac.: Von der evangelischen Reichsstände Collegial-Rechten, bes. in Ansehung ihrer inneren Verfaßung. Regensburg 1772.

— v. Comitialhandl. üb. d. Religionsbeschwerden. 8. (Stuttg.) 767. Metzler. 6 gr.

— von d. kaiserl. Concurrenz bei d. Kammergerichtsurtheil. 8. 776. Wohler. 3 gr.

Ders.: Von der kaiserl. Concurrenz bey den Kammergerichtsurtheilen u. deren Revisionen. *Ebend.* 776. 8. (3 Gr.)

[–] GEISTLICHE CORRESPONDENTZ, darinn Nachrichten von allerley Neuen und Alten das Reich GOttes und wahre Christenthum betreffenden gedruckt- und vorhabenden Schriften, wie auch von dergleichen Anstalten und erbaulichen Begebenheiten, so dann Vorschlägen zu noch mehreren Schrifften und Anstalten von jener Art zu befinden seynd. T. 1. (Nr 1–8). – (Leipzig) 1739.

– KRANKENTROST, das ist Sammlung von Liedern und Gebeten für Kranke und Sterbende, aus J.J. Mosers geistlichen Liedern. Hrsg. von Ottmar F.H. Schönhuth. – Nagold: Zaiser 1854. 110 S.

– Von der zukünfftigen Pfalz-Zweybrückischen Landesfolge. O. O. 1781. 4°. 30 S. Beiband.

— v. d. zukünft. Pfalz-Zweibrückschen Landesfolge. 4. Frankf. a. M. 781. Varrentrapp. 4 gr.

Moser, Johann Jacob: Von der Landes-Hoheit in Militär-Sachen, Nach denen Reichs-Gesezen und dem Reichs-Herkommen ... Frankf. a. M. 1773. 4°.

Moser, J. J. Von der Landeshoheit in Steuer-Sachen, wie auch anderen Geld- und Natural-Abgaben; nach denen Reichsgesetzen und dem Reichsherkommen, wie auch aus denen teutschen Staats-Rechts-Lehren, und eigener Erfahrung. 4°. Frankfurt u. Leipzig 1773.

Moser v. Filseck, von der Landeshoheit im Weltlichen. 9 Thle. u. Reg. Stuttgart 772. (22. 50)

— von d. deutschen Landstände-Convention ohne Bewilligung. 4. Stuttg. 765. Metzler. 5 gr.

— Leben, s. Leben.

— Leben, von ihm selbst beschrieben. 8. (Offenbach). 768. 3e verm. Aufl. 4 Thle. 8. Lemgo 777—83. Meyer. 1 rthl. 4 gr.

– LEBENS-GESCHICHTE Johann Jacob Mosers, von ihme selbst beschriben. [Offenbach] 1768. 216 S.

– LEBENS-GESCHICHTE Johann Jacob Mosers, Königlich-Dänischen Etats-Raths von ihm selbst beschrieben. 3., stark verm. und fortges. Aufl. T 1–4. – Frankfurt & Leipzig 1777–1783.
1–3. 1777. 199, 182, 256 S.
4. 1783. 238 S.

Moser, J. Jac.: Von d. deutsch. Lehnsverfass.

— Lexikon der jetzt lebenden Rechtsgel. in und um Deutschl. 8. Züllichau. (Frommann, Jena) 739.

— Lexikon der jetzt lebenden luther. und reformirten Theol. in und um Deutschl. 2 Thle. 4. Züllichau. (Frommann in Jena) 740–43.

— — dess. Forts. s. unter Neubauer.

– Johann Jakob Mosers, des unschuldigen Gefangenen auf Hohentwiel, AUSGEWÄHLTE GEISTLICHE LIEDER nebst einem Lebensabriss des Verfassers *(S. 1–54)* und einigen Briefen seiner frommen Gattin *(S. 247–261)*. Hrsg. von Ottmar F.H. Schönhuth. – Nagold: Zaiser 1854. 261 S.

– LIEDER ÜBER DIE GEWÖHNLICHE BEICHT-FORMEL, für Natürliche und Erweckte und Glaubige. – Stuttgart 1765. 112 S.

— Lieder üb. die gewöhnl. Beichtformulare. 8. Stuttg. 765.

— Lieder gegen d. falsche Christenth. 8. Lpz. 765.

– Johann Jakob Mosers LIEDER GEGEN DAS FALSCHE CHRISTENTHUM. – [Stuttgart] 1765. 185 S.

— Lieder gegen d. falsche Christenthum. 8. Stuttg. 765. 4 gr.

— Lieder v. wahren Christenthum. 8. Stuttg. 765.

– Fünfzig geistliche Lieder. – Tübingen 1732.

– GESAMMLETE LIEDER, so zum Theil schon vormals gedruckt, zum Theil aber bishero noch ungedruckt gewesen. Mit gedoppelten Registern. T 1 2 [Stuttgart] 1766–1767 917. 858 S.

— gesammelte Lieder. 2 Bdchen. 8. Stuttg. 766. Steinkopf. 16 gr.

– Johann Jakob Mosers LIEDER ÜBER DIE GRUND-WAHRHEITEN DER EVANGELISCHEN RELIGION, Nach Anleitung der Würtembergischen Confirmations-Fragen und Antworten. – Stuttgart 1766. 137 S.

— Lieder üb. Grundwahrheiten d. evangel. Religion. 8. Stuttgart 766.

– LIEDER IN KRANCKHEITEN WIE AUCH VOM TODE. Franckfurt 1765.
– – Lieder in Kranckheiten, wie auch vom Tode, jüngsten Gericht Himmel, Hölle und der Ewigkeit. Mit Freyheit, sie nach Belieben nachzudrucken. – [Offenbach] 1765. 179 S.

– – Speyer 1765.
– – Stuttgart 1765.

– LIEDER IN KRANCKHEITEN WIE AUCH VOM TODE Stuttgart 1766.
– – Nebst einem Anhang von andern Krancken Liedern. 6. Aufl. Mit Erlaubniß der Obern. – Reutlingen: Grözinger 1816. 186 S.

— Lieder in Krankheiten, üb. Tod u. Gericht rc. 8. Leipz. 765. Metzler in Stuttg. 4 gr.

— Lieder v. Kreuz u. Leiden. 8. Stuttg. 765.

– Johann Jakob Mosers LIEDER VON CREUZ UND LEIDEN. – Stuttgart: Häuser in Komm. 1765. 76 S.

– LIEDER AUF ALLERLEY PERSONEN, UMSTÄNDE UND ZEITEN. – Stuttgart & Frankfurt 1765. 106 S.

— Lieder auf allerlei Personen, Umstände u. Zeiten. 8. Stuttgart 765.

– LIEDER ÜBER STEINHOFERS SONN- FEST- UND FEYERTAGS-EVANGELIEN-PREDIGTEN. – Tübingen 1766. 160 S.

— Lieder üb. Steinhofers Sonn- u. Festtagspredigten. 8. Tübing. 766. (Osiander). 4 gr

— Johann Jakob Mosers LIEDER ÜBER STEINHOFERS SONN- FEST- UND FEYERTAGS-PREDIGTEN. – Tübingen 1763. 72 S.

— von Kaiserlichen Machtsprüchen in Rechts-, Staats u. gemischten Sachen. 8. Frst. Andreä. 750.

Moser (von Filsek), Johann Jacob: „Reichsstättisches Magazin, oder Sammlung ungedruckter und rarer, die Kayserlichen Reichsstädte betr. Aufsätze, Urkunden, Reichsgerichtserkenntnisse ....", Teil 1 und 2, Frankfurt a. M. und Leipzig 1774, 1775. — Vorh.: Bibl. des Kammergerichts Berlin — Bc. 4110.

— reichsstädt. Magazin. 2 Thle. 8. Ulm 774, 75. Wohler. 1 rthl

Moser, Joh. Jak.: Memoriale an das Corpus Evangelicorum in Regensburg, den gegen ihn verhängten fiskalischen Prozess betreffend. Dat. Stuttgart 26. Nov. 1777 [iing. Tit.]. (2°.) 4°.

— s. Merkwürdigkeiten, Schwäbische ...

Moser, Joh. Jac.: Miscellanea juridico-historica, enth. theils des editoris eigene, theils anderer bißhero unedirte ... opuscula, dissertationes, observationes etc. über allerhand materias juris publici, feudalis, ecclesiastici etc. Franckfurt u. Leipzig 1729.

Moser (von Filsek)) Johann Jacob: „Miscellanea juridico-historica", 2 Teile, Frankfurt a. M. und Leipzig 1729, 1730. — Vorhanden: Bibl. des German. Museums Nürnberg.

Moser, Johann Jakob [Praes.], s. Mohr, Ludwig Achat: Ex jure publico de potestate imperatoris circa concessionem privilegiorum.

— Nachlese z. s. comp. juris publ. moderni regni germ. 8. Ienae, Cröcker. 740.-

— Nachlese ungedr., doch rarer Staatsbedenken, Urkunden, Nachr. und Schr. 3 Thle. 8. Frankfurt, Andreä. 744-45.

Moser (v. Filsek) Johann Jakob: „Wiederholte Nachricht von einer Staats- und Cantzley-Academie, oder einer näheren Anleitung und Zubereitung junger von Universitäten oder Reisen kommender Printzen, Grafen .... und anderer Personen, zu der .... Staats-Klugheit, dem .... Völcker-Recht ....", Hanau 1749. — Vorh.: Preußische Staats-Bibliothek Berlin.

— s. Nachrichten für diejenigen, die sich d. württemberg. Wildbades bedienen ...

Moser, Johann Jakob (Hrsg.), s. Nachrichten, Erbauliche, und Briefe.

— genealog. Nachr. v. seiner eigenen u. allen davon abstammenden Familien. 8. Stuttg. 752. Verm. 8. Tübing. 756. (Steinkopf in Stuttg.) 3 gr

— neue Nachr. v. würtemberg. Stipendien rc. 8. Frankf. a. M. 783. Metzler in Stuttg. 9 gr

— schwäbische Nachrichten von Oekonomie, Cameral- rc. Sachen. 1s-10s Stck. 8. Stuttg. 757.

— Dass., s.a. Nachrichten, Schwäbische,...

— vermischte Nachr. v. reichsritterschaftl. Sachen. 6 Thle, mit Register. gr. 8. Nürnb. 773, 74. Bauer u. R.; (a. Wohler in Ulm). 2 rthl

— wiederholte Nachr. v. fr. Staats- u. Kanzlei-Academie. 8. Hanau. 750. 10 gr

Moser, Johann Jakob (Herausgeber): „Nebenstunden von Teutschen Staats-Sachen", Theil 1—6, Frankfurt und Leipzig 1757—1758 (Gaum). — Vorh.: UB Breslau.

Moser v. Filsek, Jh. Jak., Nebenstunden v. deutschen Staatssachen. 6 Thle. 8. Ulm 757, 58. Stettin. 1 rthl

Moser, Joh. Jac.: Nebenstunden v. deutschen Staatssachen u. s. w. bei Reichs- u. Kreis-Conventen. *Frkf. a. M. u. Lpz.* (*Ulm*), Stettin. 757—58. 6 Thle. 8. (1 Thl.)

— **Jo. Jakob**, De nexu studii critici cum prudentia juris publici. Diss. jur. publ. Tübingen (J. Sigmundi) 14. IX. 1720. 35 S. (6.50) 23724
Gew.: Friedrich Wilhelm von Graeveniz.

(Moser, Jo. Jac.?:) Charitinus, Caes.: Nichtigkeit d. Span. Prätensionen auf d. Ritterorden d. gold. Vliesses. *Essling*. 723. 4.

— nochmals befest. Verbind. d. evangel. Reichsgerichtsbeysitzer. 4. Frankf. Garbe. 777.

— nochmals befestigte Verbindlichkeit d. evangel. Reichsgerichtsbeisitzer. 4. Frankf. a. M. 777. (Steinkopf in Stuttg.) 6 gr

— Nordamerika nach d. Friedensschlüssen v. 1783. 3 Thle. Mit 2 Kart. u. Regist. gr. 8. Leipz. 784, 85. (Brockhaus). 5 rthl 20 gr

MOSER, Johann Jakob 1701 - 1785
Nord-America nach den Friedensschlüssen vom Jahr 1783.
Nebst 1. Einem Vorbericht von America überhaupt, 2. einigen Charten, und 3. einem hinlänglichen Register. Von Johann Jakob Moser ...
Erster [- Dritter] Band.
Leipzig: Junius. 1784 [- 1785]. 8°.
Landes- und Stadtbibliothek Düsseldorf
Sabin 51055. Baginsky 795. Palmer.

– Dissertatio ex Jure Naturae, Divino & Ecclesiastico: DE OFFICIO PRINCIPIS CIRCA RELIGIONEM & Salutem aeternam Subditorum. Resp.: Mich. Christian Barnwasser. – Franckfurt 1738.

Moser. Joh. Jac.: Opuscula academica quibus selecta iuris cum publici, tum privati, itemque ecclesiastici capita explicantur ... Acc. prologus galeatus adversus Frid. Bened. Carpzovium. Jenae et Lipsiae 1744.

— opuscula academica, quibus selecta juris cum publici tum privati, itemque eccles. capita expl. 4. Frst. Ritter. 745.

— — De pactis et privilegiis circa religionem et alia ecclesiastica, Diss. Frankfurt u. Leipzig 1738. 70 S. (8.25) 23725

Moser, Joh. Jac.: Praecognita juris publici Germanici generalissima. Oder Tractat von der Lehre der heutigen Staats-Verfassung von Teutschland. Franckfurt u. Leipzig 1732.

Moser, Joh. Jac.: Privat-Gutachten in der Fränkisch- u. Westphälischen Grafensache. o. O. 1783.

Moser, J. J. Probe einer Staatshistorie unter der Regierung Kaiser Josephs. 8. Züllichau 1738.

— vom Recht d. Kaisers in Landes-Friedensbruch-Sachen. 8. Ulm 757. 3 gl.

– DIE RECHTE DER MENSCHHEIT IN RELIGIONS-SACHEN, so wohl im Stande der Natur, als auch in einer bürgerlichen Gesellschaft. – o.O. 1782. 70 S. [Laut Moser, Lebensgeschichte, T. 4, in Stuttgart erschienen.]

— Rechte d. Menschheit in Religionssachen, im Natur- u. gesellschaftl. Stande. 8. Stuttg. 782. Metzler. 3 gl.

Moser (von Filsek), Johann Jacob: „Von der teutschen Unterthanen Rechte und Pflichten nach denen Reichsgesetzen und dem Reichs-Herkommen . . . .", Frankfurt a. M. und Leipzig 1774. — Vorh.: Com. Bibl. Hamburg.

— von den Rechten der Jesuiten in Deutschl. Fol. Regensb. Montag. 713.

— v. d. Rechten u. Pflichten d. Kammergerichte in Ansehung d. Matricularanschl. 8. Ulm. 775. Wohler. 6 gl.

Moser v. Filseck, J. Jac.: Von den Rechten u. Pflichten des Reichs-Kammer-Gerichts, in Ansehung der kammergerichtl. Matricularanschläge. *Ulm*, Wohler. 775. 8. (5 Gr.)

Eb. Allgem. Reg. üb. d. alte u. neue Staatsrecht, wie auch über alle andre *Mosersche* in alle Theile d. R.-Gel. u. Staatsgesch. einschlagenden Schriften. *Frkf. a. M. u. Leipz.*, Garbe. 775. 4. (12 Gr.)

— allgem. Register üb. d. alte u. neue Staatsrecht rc. 4. Frkf. a. M. 775. Gebhardt u. K.; (a. Brönner). 12 gl.

Moser (von Filsek), Johann Jacob: „Allgemeines Register über das alte und neue Staatsrecht . . . .", Frankfurt a. M. 1775 (Gebhardt & K.; auch Brönner). — „Zusätze zu dem neuen deutschen Staatsrechte", 3 Bände, ebenda 1781, 1782.

Moser, Joh. Jak.: Von der Reichs-Stättischen Regiments-Verfassung. Franckfurt u. Leipzig 1772.

REICHS-FAMA, welche das Merkwürdigste von demjenigen, so sich ganz kürzlich auf dem Reichs-Convent, an dem Kayserl. und anderen Höfen, auch mit den übrigen Ständen des H. Röm. Reichs zugetragen, mitteilt. (Vf.: *Johann Jacob Moser.*) Th. 1—23 (soviel ersch.?). Frankfurt und Leipzig 1727—38. (In Rostock, Landesbibl., 14 voll.)
Anon.-Lex. III. p. 354 (nach Mylius). — Wichtig zur Geschichte der deutschen Höfe!

— alte u. neue Reichshofr.-Conclusa in causis illustr. etc. 5 Thle. 8. Frkf. Andreä. 743-46.

— auserl. Reichshofr. Conclusa. 8 Stck. u. Regist. 8. Bayr. 740.

— merkw. Reichshofr. Conclusa. 8. Thle. 8. Frkf. 726.

Moser, J. Jac.: D. ächte Wormsische Reichsmatrikel v. J. 1521., erstmals aus einem reichsfürstlichen Archive in Druck gegeben. *Regensb.*, 758. fol.

— neuestes Reichsstaats-Handbuch. 2 Thle. 8. Frankf. u. Leipz. 768, 69. Metzler in Stuttg. 1 fl 8 gl.

— neuestes Reichsstaatshandbuch, oder Nachr. von d. neuest. Staatshandl. 8. Frkf. und Lpz. Metzler. 768.

— neuestes Reichsstaatshandbuch a. 1773. 4 Stck. und Anh. 8. Tüb. Heerbrand. 774.

— neuestes Reichsstaats-Handbuch auf 1773. 4 Stücke u. Anh. 8. Tübing. 774. (Osiander). 20 gl — Dass. auf d. J. 1769—75. 3 Thle. 8. Frankf. a. M. 776—78. Brönner. 3 fl 8 gl

— — a. d. J. 1769-75. 8. Frkf. Brönner. (auch Gebhardt und K. 776-78.

— v. d. evangel. Reichsstände-Collegiatrechten, besond. in Ansehung ihrer innerl. Verfassung. 4. Regensb. 772. Montag u. W. 4 gl

— v. d. Recurs an die Kammergerichtsvisitation. 8. Ulm 775. Wohler. 3 gl

— Relationen von gelehrten Neuigkeiten und Extr. allerh. Journale. 12 Stck. 8. Nrnb. 730.

– DIE RELIGIONS-FREYHEITEN UND BESCHWERDEN DERER EVANGELISCHEN in gantz Europa, besonders aber in Teutschland. St. 1. 2. - Ebersdorf i.V. 1741.

Moser, J. Jac.: Von d. deutschen Religionsverfass. *Frkf.* u. *Lpz.* 774. 4.

Eb.: Samml. einiger neuen Abhandll. v. deutschen Staatsschrr. *Hildesh.* (*Stuttg.*), Metzler. 765. 2 Samml. 4. (1 Thlr. 8 Gr.)

[–] SAMMLUNG EIGENTLICHER KRANCKEN-LIEDER. – Stuttgart 1757.

— Samml. aller wirtemberg. Stipendien u. a. Stiftungen. 8. Frankf. Metzler. 732.

— verm. Schrift. üb. manche, d. deutsche Staatsrecht betreff. Materien. 2 Thle. 8. Frankf. 733-36.

Moser, J. Jac.: Von d. reichsständ. Schuldenwesen, soviel es derer weltl. Kurfürsten, auch regierender Reichsfürsten und Grafen, Cameral-Schulden, u. d. Art, selb. abzustossen u. zu bezahlen, betrifft. *Frkf. a. M.* und *Leipz.* (*Tub.*) Berger. 774—75. 2 Thle. 4. (4 Thl.)

— v. den reichsständischen Schuldenwesen so viel d. weltl. Churf. betr. 2 Thle. 4. Tübingen, Heerbraud. 774. 75. (1r 2 Rthlr. 12 gr. 2r 1 Rthlr. 12 gr.)

— v. d. reichsständ. Schuldenwesen, so weit es d. weltl. Kurfürsten betr. 2 Thle. 4. Tübing. 774, 75. (Osiander). 4 fl

[-] SENDSCHREIBEN von der Gefahr der Heuräthen erweckter oder wiedergebohrener Personen mit Unbekehrten. – Ebersdorff 1741.
[-] – Leipzig 1741.
– Stendal 1741.
– verm. Aufl. – Züllichau 1741.
– – verm. u. mit Anmerkungen von einer 3. Hand. – Rostock 1752.
[Laut Moser, Lebensgeschichte, Offenbach 1768, 1742 in Rostock erschienen.]
– – Basel 1773.

Moser's, Joh. Jak., Sendschreiben von der großen Gefahr der Heirathen erweckter u. wiedergeborner Personen mit Unbekehrten. Nebst einem Gespräch aus dem klugen Hausvater von Abraham Kyburz, samt einem Brief von einem ungenannten Freund. Alles über die gleiche Materie. 4. durchgesehene Aufl. 24. (247 S.) Zürich 850, Hanke. 6 ngr.

– SEND-SCHREIBEN AN DIE HERRN VERFASSERE DER HAMBURGISCHEN BERICHTE VON GELEHRTEN SACHEN, wegen Herrn M. Pries in Rostock (der eine Stelle der Vorrede des Lexici Theologorum angepackt hatte.) und Herrn D. Darjes in Jena wider ihne herausgegebener Schrifften. – Leipzig (Ebersdorff) 1741.

— Sendschreiben v. d. gegenwärt. Zustande d. Staats- u. Kanzlei-Academie. 8. Hanau. 750.

– – Die Sittlichkeit in der Ehe. 2., rev. Ausg. von J. J. Mosers Theologische Gedanken. – Leipzig 1900.

Moser, Johann Jacob. Die gerettete völlige Souveraineté der löblichen Schweitzerischen Eydgenoßenschafft, Oder Gründlicher Beweiß, Daß in dem Westphälischen Frieden von dem H. Römischen Reich der löbl. Eydg'... die völlige Souv'...zugestanden worden seye.... Mit Beylegung derer nöthigen Actorum publicorum ausgefertiget Von J' J' M'.... 4. Tübingen 1731.

— Staats- und Kanzleyakademie. 8. Hanau. 749.

— deutsches Staatsarchiv v. 1751—57. 13 Thle. 4. Ebersdorf. 28 ℔

MOSER, J. Jac.: Deutsches Staats-Archiv. *Hanau u. Frankf. a. M.*, Esslinger. 751—56. jährl. 12 Thle.; Jahrg. 757. 6 Thle. 4. (32 Thl. 12 Gr.)

Moser, Joh. Jac.: Teutsches Staats-Archiv, oder Sammlung derer neuest- u. wichtigsten Reichs-Crays- u. anderer Handlungen, Deductionen, Urtheile derer höchsten Reichs-Gerichte, Verträge. Th. 1—6. Franckfurt u. Leipzig 1757.

Moser, J. J. Staatsgeschichte d. Krieges zwischen Österreich u. Preußen, in den Jahren 1778 u. 1779 bis auf die preuß.-franz. Friedensvermittelung. Frankfurt 1779. 112 S.

Moser, Joh. Jac. (1701—85), Staatsgeschichte des Krieges zwischen Oesterreich u. Preussen, in denen Jahren 1778. u. 1779. bis auf die Russisch- und Französische Friedensvermittelung. Franckfurt (!) a. Mayn, J. G. Garbe, 1779. 4°. 112 S. Beibd.
Bezißt auch den bayer. Successionskrieg.

— — Nachtrag zum vorigen. O. O. 1780. 4°. 99 S. Beibd.

— Staatsgesch. d. Kriegs zwischen Oesterreich u. Preußen, in d. Jahren 1778 und 779. 4. Frst. Brönner, (auch Gebhardt und K.) 779.

Moser, J. J. Staatshistorie Teutschlands unter Kaiser Karl VII. 2 Bde. 8. Jena 1743. 44.

— Staatshistorie Deutschlands unter Karln VII. 2 Thle. 8. Jena. 744.

— von d. Staatsjustiz, besond. auf Deutschland. 4. Regensb. 773. Montag u. W. 4 ℔

Moser (von Filsek), Johann Jacob: „Staats-Recht des Heil. Römischen Reichs Statt Aachen", Frankfurt a. M. und Leipzig 1740. — Vorh.: Bibl. des German. Museums Nürnberg.

MOSER, J. Jac.: (Altes) deutsches Staatsrecht. *Nürnb.* u. a. O. 737—53. 52 Thle. in 26 Bdn. m. Hauptreg. in 4. (80 Thl.) (mehre Thle. neu aufgelegt.)

— (altes) deutsches Staatsrecht. 50 Thle u. 2 Thle Zusätze u. Register. 4. Nürnb. u. Ebersdorf 737—53. 65 ℔

Moser (von Filsek), Johann Jacob: „Staats-Recht des Hochfürstlichen Hauses Anhalt, wie auch der Abbtey Gernrode, Graffschafft Holzapfel und Herrschafft Jever", Frankfurt a. M. und Leipzig 1740. — Vorh.: Bibl. des German. Museums Nürnberg.

MOSER, J. Jac.: Staatsrecht des fürstl. Hochstifts Augsburg. *Leipzig*, (Gebhard u. Körber in *Frankf.*) 740. Fol. (3 Gr.)

— Staatsrecht d. Hochstifts Augsburg. Fol. Leipz. Heinsius. (Gleditsch.) 740.

— — der Abtey Baindt. Fol. Ebend. 740.

Moser (von Filsek), Johann Jacob: „Staats-Recht der Reichs-Abbtey Baindt", Leipzig 1740. — Vorh.: Bibl. des German. Museums Nürnberg.

Moser (von Filsek), Johann Jacob: „Teutsches Staats-Recht", 50 Teile und 2 Teile Zusätze und Register, Nürnberg und Ebersdorf 1737 bis 1753. — Vorh.: Bibl. des German. Museums Nürnberg.

— deutsches Staatsrecht. 50 Thle. m. Zus. und Reg. 4. Nrnb. und Ebersdorf. (Gleditsch in Lpz.) 737-54.

Moser, Joh. Jac.: Teutsches Staatsrecht. Th. 1—50. 27 Bde
Th. 1. 2. Neue Aufl. o. O. 1764. 69.
„ 3. Frankfurt u. Leipzig 1740.
„ 4—6. 2. Aufl. 1748—52.
„ 7—40. Leipzig u. Ebersdorff 1742—49.
„ 41. Frankfurt u. Leipzig 1750.
„ 42. Hanau 1750.
„ 43. o. O. 1751.
„ 44—50. Frankfurt u. Leipzig 1751—53.
Zusätze. Bd 1. 2. Leipzig u. Ebersdorff 1744.
Haupt-Reg. o. O. 1754.

– Staatsrecht

— — der Reichsgräfl. Häus. v. d. Leyen, von Plettenberg ꝛc. Fol. Ebend. 740.

Moser (vom Filsek), Johann Jacob: „Staats-Recht derer Reichs-Gräflichen Häuser von der Leyen, von Plettenberg und von Pirmont", Leipzig und Ebersdorf 1744. — Vorh.: Bibl. des German. Museums Nürnberg.

Moser (vom Filsek), Johann Jacob: „Staats-Recht des fürstlichen Hoch-Stiffts Constanz, wie auch der fürstlichen Abbtey Reichenau", Leipzig 1740. — Vorh.: Bibl. des German. Museums Nürnberg.

— — des Hochstifts Constanz u. der Abtey Reichenau. Fol. Ebend. 740.

— neues deutsches Staatsrecht. 20 Bde. und Reg. als:
1r v. Deutschl. 4. Stuttg. Metzler. 761.
2r v. d. röm. Kaiser. 4. Frft. Brönner. (auch Gebhardt und K. 767.
3r v. d. Reichsständen. 4. Ebend. 767.
4r v. Reichtagsgeschäften. 4. Ebend. 768.
5r v. d. Kaiserlichen Regierungsrechten. 2 Thle. 4. Ebend. 772–73.
6r v. d. deutschen Reichstagen. 2 Thle. 4. Ebend. 774.
7r v. d. deutschen Religionsverfassung. 4. Ebend. 774.
8r v. d. deutschen Justizverfassung. 2 Bde. 4. Ebend. 774.
9r v. d. deutschen Lehnsverfassung. 4. Ebend. 774.
10r v. d. deutschen Kreisverfassung. 4. Stuttgart, Metzler. 773.
11r persönliches Staatsrecht der deutschen Reichsstände. 4. Frft. Gebhardt und K. (auch Brönner) 775.
12r Familienstaatsrecht. 2 Bde. 4. Ebend. 775.
13r v. d. deutschen Reichsstände Landen rc. 4. Ebendas. 769.
14r Landeshoh. d. deutschen Reichsstände überh. 4. Ebendas. 773.
15r v. d. Landeshoh. im Geistlichen. 4. Ebend. 772.
16r v. d. Landeshoh. im Weltlichen. 9 Thle m. Reg. 4. Ebend. 772. 73.
Auch werden diese 9 Theile vereinzelt, und enthalten:
a) die Landeshoheit in Regierungssachen.
b) — — in Justizsachen.
c) — — in Militärsachen.
d) — — in Steuersachen.
e) — — in Cameralsachen.
f) — — in Polizeysachen.
g) — — in Gnadensachen.
h) — — in Ansehung d. Unterthanen Vermögens.
i) — — der Erde u. des Wassers.
k) Register darüber.
17r v. d. deutschen Unterthanen Rechten u. Pflichten. 4. Ebend. 774.
18r v. der Reichsstädtisch. Regimentsverfass. u. Anh. 4. Stuttgart, Metzler. 772.
19r deutsch. nachbarl. Staatsrecht. 4. Frankf. Brönner. (Gebhardt u. K.) 775.
20r deutsch. auswärtig. Staatsrecht. 4. Stuttg. Metzler. 772.

— neues deutsches Staatsrecht. 20 Bde u. Regist. als: 1r Bd. v. Deutschland u. dessen Verfassung. 4. Stuttg. 766. Metzler. 1 Rthl. 16 gr. — 2r Bd. von d. Röm. Kaiser, König u. den Reichs-Vicarien. 4. Frankf. a. M. 767. Brönner; (a. Gebhardt u. K.) 2 Rthl. — 3r Bd. v. d. deutschen Reichsständen. 4. Ebd. 767. 3 Rthl. 8 gr. — 4r Bd. v. Reichstagsgeschäften. 4. Ebd. 768. 3 Rthl. 8 gr. — 5r Bd. v. d. Kaiserl. Regierungsrechten. 2 Thle. 4. Ebd. 772, 73. 3 Rthl. 4 gr. — 6r Bd. v. d. deutschen Reichstägen. 2 Thle. 4. Ebd. 774. 3 Rthl. 8 gr. — 7r Bd. v. d. deutschen Religionsverfassung. 4. Ebd. 774. 2 Rthl. 4 gr. — 8r Bd. v. d. deutschen Justizverfassung. 2 Bde. 4. Ebd. 774. 5 Rthl. 16 gr. — 9r Bd. v. d. deutschen Lehensverfassung. 4. Ebd. 774. 2 Rthl. 8 gr. — 10r Bd. von d. deutschen Kreisverfassung. 4. Stuttg. 773. Metzler. 2 Rthl. 8 gr. — 11r Bd. persönl. Staatsrecht d. deutschen Reichsstände. 4. Frankf. a. M. 775. Gebhardt u. K.; (a. Brönner). 3 Rthl. 8 gr. — 12r Bd. Familienstaatsrecht. 2 Bde. 4. Ebd. 775. 6 Rthl. 16 gr. — 13r Bd. v. deutscher Reichsstände Landen rc. 4. Ebd. 769. 3 Rthl. 16 gr. — 14r Bd. Landeshoheit d. deutschen Reichsstände überh. 4. Ebd. 773. 20 gr. — 15r Bd. v. d. Landeshoheit im Geistlichen. 4. Ebd. 772. 2 Rthl. 8 gr. — 16r Bd. v. d. Landeshoheit im Weltlichen. 9 Thle, mit Register. 4. Ebd. 772—73. 7 Rthl. 12 gr. Die 9 Thle des 16n Bandes auch einzeln: a) die Landeshoheit in Regierungssachen. 1 Rthl. 4 gr. b) die Landeshoh. in Justizsachen. 20 gr. c) d. Landeshoh. in Militärsachen. 16 gr. d) d. Landeshoh. in Steuersachen. 2 Rthl. 8 gr. e) d. Landeshoh. in Cameralsachen. 8 gr. f) d. Landeshoh. in Polizeisachen. 10 gr. g) d. Landeshoh. in Gnadensachen. 6 gr. h) d. Landeshoh. in Ansehung d. Unterthanen-Vermögens. 16 gr. i) d. Landeshoh. in Ansehung d. Erde u. d. Wassers. 16 gr. k) Register darüber, 4 gr. — 17r Bd. v. d. deutschen Unterthanen Rechten u. Pflichten. 4. Ebd. 773. 1 Rthl. 16 gr. — 18r Bd. v. d. reichsstädtisch. Regimentsverfassung, nebst Anh. 4. Stuttg. 772. Metzler. 2 Rthl. 12 gr. — 19r Bd. deutsch nachbarliches Staatsrecht. 4. Frankf. a. M. 773. Brönner. (Gebhardt u. K.) 2 Rthl. — 20r Bd. deutsch auswärt. Staatsrecht. 4. Stuttg. 772. Metzler. 1 Rthl. 12 gr.

Eb.: Persönl. Staatsrecht d. deutschen Reichsstände. *Eb.* 775. 2 Thle. 4. (3 Thl. 8 Gr.)

Moser (von Filsek), Johann Jacob: „Staats-Recht der Reichs-Grafschafft Sayn", o. O. 1749. — Vorh.: Bibl. des German. Museums Nürnberg.

Moser, J. Jac.: Staatsrecht d. kurfürstl. Erzstiftes Trier, wie auch der gefürst. Abtei Prüm u. d. Abtei St. Maximin. *Leipzig*, (Gebhard u. Körber in *Frankfurt.*) 740. Fol. (1 Thl. 12 Gr.)

— — des Erzstifts Trier, der Abtey Prüm u. St. Maximin. Fol. Ebend. 740.

Moser (von Filsek), Johann Jacob: „Staats-Recht des Heiligen Römischen Reichs Statt Zell am Hammersbach", Leipzig 1740. — Vorh.: Bibl. des German. Museums Nürnberg.

— — der Reichsst. Zelle. Fol. Ebend. 740.

Moser v. Filseck, J. Jac.: Neueste kl. Staatsschrr. *Frkf. a. M.* u. *Lpz.*, Kessler. (768.) 772. 8. (12 Gr.)

Moser v. Filsek, Jh. Jak., neueste kleine Staatsschriften. 8. Stuttg. 769. Metzler. 8 gr.

Moser, J. J. Die heutige Staats-Verfassung der Stände des Teutschen Reichs, oder Sammlung des bes. Staats-Rechts aller einzelnen Stände des Röm. Reichs. Leipzig 1745. fol.
Bd 1. Das Churfürstl. Erz-Stift Trier, wie auch die gefürstete Abtey Prümm u. Abtey St. Maximin.
„ 2. Das Fürstl. Haus Anhalt . . . Abtey Gernrode, Grafschafft Holzapffel und Herrschaft Jever.
„ 3. Die Abtey Baindt.
„ 4. Stadt Aachen.
„ 5. Stadt Zell am Hammersbach.

[Moser, Joh. Jak.:] Kurtzer Status causae u. vollständiger extractus actorum in Apellations-Sachen der Gevattere v. Steinberg wieder Ferdinand Grafen v. Plettenberg, die Eventual-Succession in denen Steinberg-Wispensteinischen Lehen-Gütern betreffend. [Hildesheim] 1740. (2°.) 4".

Moser, Johann Jakob [Praes.], s. Stockmaier, Georg Friedrich: De pactis et privilegiis circa religionem et alia ecclesiastica.

— letzte Stunden 31 hingerichtet. Personen. 8. Tübingen, Heerbrand. 767.

— letzte Stunden 31 hingerichteter Personen. 8. Tübing. 767. (Osiander). 1 Rthl.

– LETZTE STUNDEN ein und dreissig durch die Hand des Scharfrichters unterschiedener Verbrechen wegen hingerichteter Personen oder zuverlässige Nachrichten. – Stuttgart 1767: Erhard. 909 S.

[–] SEELIGE LEZTE STUNDEN einiger dem zeitlichen Tode übergebener Missethäter; mit einer Vorrede: 1. Von der Möglichkeit der wahren Bekehrung und eines seeligen Endes solcher Personen; 2. von der Mittelstrasse in Beurtheilung einer solchen Bekehrung; 3. von der rechten Art, mit solchen Leuten umzugehen etc. – (Ebersdorff) 1740.

– – Seelige lezte Stunden Einiger dem zeitlichen Tode übergebener Missethäter. Mit einer Vorrede 1. Von der Möglichkeit der wahren Bekehrung und eines seligen Endes solcher Personen. 2. Von der Mittel-Straße in Beurtheilung einer solchen Bekehrung. 3. Von der rechten Art, mit solchen Leuten umzugehen, und 4. Von dem rechten Gebrauch dieser Sammlung. Zu mehreren Nutzen und Erbauung anderweit gedruckt (mit mehreren Abbildungen auf 1 Tafel). – Jena: Buch 1742. 96 S.

– – Bd 1. 2. – Jena: Buch 1742–1745.

– – Seelige letzte Stunden Einiger dem zeitlichen Tode übergebener Missethäter, Welchen Die erbarmende Liebe Gottes Busse gegeben, daß sie sich von der Gewalt des Satans zu Gott bekehret, Vergebung der Sünden erlanget, und in voller Glaubens-Freudigkeit sich getrost haben köpffen, rädern und verbrennen lassen. 1.Sammlung (mit mehreren Abbildungen auf 1 Tafel). – Leipzig: Fuchs 1742. 64 S.

– – Erste Fortsetzung der seligen lezten Stunden Einiger dem zeitlichen Tode übergebener Uebelthäter, Auf vieler, auch an entlegenen Orten, geschehenen Nachfrage und inständiges Verlangen gesammlet und ans Licht gegeben (mit 1 Abbildung). – Leipzig: Walther & Fuchs 1750. 150 S.

– – Seelige Letzte Stunden, 31. Personen, so unter des Scharfrichters Hand gestorben: Vor der Welt, als Kindes- und andere Mörder, Duellanten, Räuber, Jauner, Diebe, Mordbrenner, Viehisch-Unzüchtige, falsche Münzer, andere Betrügere, und Militär-Verbrechere, Vor Gott aber, als in dem Blute Jesu gerechtfertigt- und abgewaschene, oder doch Gnadenhungrige Seelen. Zum Preis der erbarmenden Liebe Gottes, und zu Errettung noch mehrerer dergleichen Personen, auch anderer rohen und ehrbaren Sünder, gesammlet, und mit einer Vorrede begleitet von Johann Jakob Moser. – Stuttgart, Frankfurt & Leipzig: Jenisch 1753. 909 S.

Moser, Joh. Jac., Seelige Letzte Stunden, 31. Personen, so unter des Scharfrichters Hand gestorben .... Stuttgart, Frankfurt u. Leipzig, G. F. Jenisch, 1753. 8°.

Darin u. A.: Von Andreas Lepschen, einem Zimmermann, so zu Potsdam 1730 (wegen viehischer Unzucht) lebendig verbrannt worden. (Die gute alte Zeit!!)

Moser, Joh. Jak., selige letzte Stunden hingerichteter Personen. Nach einem Jahrhundert im Auszug herausg. u. mit neueren vermehrt von F. M. Kapff. Stuttgart 861. Belser. gr. 8. (206 S.) 14 ngr.

— syntagma dissertation. select., jus publ. Germ. univ. illustr. 4. Tub. 735.

[–] Theologia pastoralis exemplaris viva Oder Schöne und gesegnete Amts-Führung einiger noch lebenden treuen Knechte Gottes. Mit einer Vorrede: Von dem Haß der Welt und Amts-Seegen als ordentlichen und nöthigen Kennzeichen rechtschaffener Prediger. – Züllichau: Im Verlag des Waisenhauses bey Gottlob Benjamin Frommann 1740. 192 S.

[–] Erbauliche Todes-Stunden. T. 1. Von Christoph Gottlieb Erdmann [d.i. J.J. Moser]. – Tübingen 1730.

— Tract. von d. Lehre d. heut. Staatsverf. von Deutschland. 8. Frankf. 732.

— Unterr. v. d. letzten Burggrafenwahl zu Friedberg. 4. Gött. 750.

– s.a. Ursachen von Rechtsgelehrten.

– Eines evangelischen Rechtsgelehrten Ursachen, warum er sich nicht entschliessen kan, Römisch-Catholisch zu werden. Vorgestellet in Anmerckungen über Herrn Felbigers katholischen Catechismum. St. 1: Von der Kirche. – Ulm 1776. 127 S.

Moser, J. Jac.: Unparteiische Urtheile von jurid. u. histor. Büchern, VI. Th. *Frcf.* u. *Lpz.* 722—25. 8.

— Verbindung d. evangel. Reichsgerichtsbeysitzer an die Schlüsse des Corporis evangelicor. 4. Frft. Garbe. 775.

— von d. Verbindung der evangel. Reichsgerichtsbeisitzer an die Schlüsse d. corpus evangelicorum. 4. Frankf. a. M. 775. (Metzler in Stuttg.) 3 ℋ

— — dasselbe. 4. Stuttg. Steinkopf. 777.

Moser, Joh. Jac.: Versuch des neuesten Europäischen Völker-Rechts in Friedens- u. Kriegs-Zeiten. Th. 1—9. Frankfurt a. M. 1777—79. 5 Bde

Moser (von Filsek), Johann Jacob: „Versuch des neuesten Europäischen Völkerrechts in Friedens- und Kriegszeiten; vornehmlich aus denen Staats-Handlungen derer Europäischen Mächten, auch anderen Begebenheiten, so sich seit dem Tode Kayser Carls VI. im Jahre 1740 zugetragen haben", 10 Teile in 12 Bänden, Frankfurt a. M. 1777 bis 1780 (Varrentrapp). — Vorh,: Bibl. des Oberlandesgerichts Celle — Ra. 32.

— Versuch d. neuesten europ. Völkerrechts in Kriegs- u. Friedenszeiten. 10 Thle. 8. Frankf. a. M. 777—80. Varrentrapp. 13 ≠ 21 ℋ

— Vers. d. neuest. europ. Völkerrechts in Kriegs- u. Friedenszeiten. 10 Thle. 8. Frankf. Varrentrapp u. W. 799. (I. 20 gr. II. u III. à 1 Rthlr. 4 gr. IV. 1 Rthlr. 6 gr. V. 1 Rthlr. 2 gr. VI. 1 Rthlr. VII. 1 Rthlr. 20 gr. VIII. 1 Rthlr. 2 gr. IX. 1r Bd. 22 gr. 2r 1 Rthlr. 5 gr. X. 1r 1 Rthlr. 2 gr. 2r 1 Rthlr. 6 gr.)

Eb.: Von d. Corporis Evang. Vertretungsrecht sr. Glaubensgenossen zur Prüf. d. *Sündermahler* u. *Riesel.* Lehren davon. *Eb.* 772. 4. (5 Gr.)

— von d. corpus evangelicorum. Vertretungsrecht sr. Glaubensgenossen. 4. Regensb. 772. Montag u. W. 5 ℋ

Moser (von Filsek), Johann Jacob: „Verzeichniss vieler hundert gedruckter würtiembergischer Urkunden", Stuttgart 1755. — Vorh.: Bibl. des German. Museums Nürnberg.

— Verzeichn. vieler 100 wirtemb. Urkunden rc. 8. Stuttg. 755.

— Verzeichnisse vieler 100 würtemberg. Urkunden rc. 8. Stuttg. 753. Metzler. 4 ℋ

– Vitae professorum Tubingensium ordinis theologici. – Tübingen 1718. *(Es handelt sich um vorreformatorische Theologen.)*

— Vortheile f. Kanzleyverwandte, in Absicht a. Actenverzeichn. rc. 8. Tüb. Heerbrand. 773.

— Vortheile f. Kanzleiverwandte, in Absicht auf Actenverzeichnisse rc. 8. Tübing. 773. (Osiander). 4 ℋ

Moser, J. Jac.: Einige Vortheile für Kanzleyverwandte u. Gelehrte in Absicht auf Actenverzeichnen, Auszüge u. Register; desgl. auf Sammll. zu künft. Schriften. *Stuttg.*, Metzler. 773. 8. (4 Gr.)

Moser (von Filsek), Johann Jacob: „Einige Vortheile für Cantzley-Verwandte und Gelehrte in Absicht auf Actenverzeichnisse, Auszüge und Register, desgleichen auf Sammlungen zukünftiger Schriften und wirkliche Ausarbeitungen der Schriften", Tübingen 1773 (Osiander). — Vorh.: Bibl. des German. Museums Nürnberg.

Moser, Joh. Jac.: Wahl-Capitulation Ihro Röm.-Kayserl. Majestät Frantz I., mit Beyl. u. Anm. versehen. Th. 1. 2. Franckfurt a. M. 1745. 47.

— v. d. kaiserl. Wahlkapitulation. Neu bearb. v. C. F. Häberlin. 4. Nürnb. 792. (Eichhorn; a. Lauffer in Leipz.) 10 ℋ

Moser, J. Jac.: Von d. kaiserl. Wahlcapitulation; v. neuem bearb. u. m. berichtigenden Anmerkk. u. Zusätzen vers. v. F. Häberlin. *Nürnberg*, Grattenauer. 792. 4. (4 Gr.)

Moser, Joh. Jac.: Ihro Röm.-Kayserl. Majestät Carls VII. Wahl-Capitulation, mit Beyl. u. Anm. versehen. Th. 1. 2. Franckfurt a. M. 1742.

— Specim. Wirtembergiae diplomat., od. Samml. rarer Urkunden x. 8. Tübing. 736.

[Moser, Joh. Jak.]: Wurtembergia literata viva. 1. [einziger] Teil. Tubingae 1723.
Inhalt: Lebensbeschreibungen von Joh. Christof Aulber, Elias Camerarius, Ludw. Melch. Fischlin, Jo. Andr. Grammlich, Joh. Theod. Härlin, Jac. David Mögling, Ern. Conr. Reinhard, G. Friedr. Schweizer, Christof Zeller.

— erläutert. Würtemberg, od. Samml. alter u. neuer Schriften, Würtemberg betreff. 2 Thle. 8. Tübing. 765. v. Cotta. 1 ℛ 8 gℓ

– Zeugniss von dem Frieden Gottes, Wie solcher in der Sinnes-Aenderung, durch den Glauben an JEsum zu erlangen und zu bewahren ist. – [Ebersdorff] 1740. 52 S.
- – Tübingen 1740.
- – In Hinter-Pommern 1740.
- – Leipzig 1741. 16 S.
- – Minden 1742.

Eb. Zusäte zu d. neuen deutschen Staatsrechte, *Eb.*, Garbe. 781—82. 3 Bde. 4. (10 Thl.)

— Zusäze zu d. neuen deutschen Staatsrechte. 3 Bde. 4. Frankf. a. M. 781, 82. Gebhardt u. K.; (a. Brönner). 10 ℛ

Moser v. Filsek, F. Jac.: Von dem neuesten Zustand des besondern deutschen Staatsrechts. *Frankfurt*, Brönner. 770. 8. (12 Gr.)

— neuester Zustand d. besond. deutschen Staatsrechts. 8. Frankf. a. M. 770. Brönner. 12 gℓ

Moser (von Filsek), Johann Jacob: „Neuester Zustand des besonderen deutschen Staatsrechts". Frankfurt a. M. 1770 (Brönner); Fortsetzung: Derselbe, „Neueste Bibliothek des besonderen deutschen Staatsrechts", Frankfurt a. M. 1771 (Brönner).

Moser, Jh. Nep., christkathol. Lehr-, Gebet- u. Reisebüchlein, vorzügl. für junge Handwerker, Künstler u. Krämer, welche sich in die Fremde begeben, u. einstens fromm, tugendhaft, wohlgesittet u. mit Kenntnissen bereichert in die liebe Heimath zurückkehren wollen. Mit Titelbild. 12. Augsburg 836. L. Doll. (Regensburg u. Landshut, Manz; Wien, Mechitaristen-Congreg.-Buchh.) 1/3 ℛ

Moser, Joh. Nep., christkathol. Lehr-, Gebet- u. Reisebüchlein, vorzügl. f. junge Handwerker, Künstler u. Krämer, welche sich in d. Fremde begeben rc. 12. (15⅓ B. u. Ttlbild.) Augsburg 836. (Regensburg, Manz.)

Moser, Joh. Nepom., Spiegel f. christl. Wirthe u. Gastgeber. Das ist: Abhandlungen u. Ermahnungen von den Pflichten u. Schuldigkeiten der Wirthe rc. 8. (1 B.) Augsburg 845, Herzog. (Regensburg, Manz.) Thlr.

Moser, Johann Peter

Moser, J. P., Anleitung zur Verhütung u. Heilung der Cholera. Nach den besten homöopath. Erfahrgn. kurz zusammengestellt. 3., verm. Aufl. gr. 8. (24 S.) Frankfurt a/M. 893. A. Foesser Nachf. n. — 30

Moser, J. P., elektro-homöopathische Arzneimittellehre. Charakteristik der elektro-homöopath. Heilmittel Sauter's Sternmittel. gr. 8. (XV, 271 S. m. 1 Abbildg.) Genf 896. (R. Burkhardt.) n. 2. 50

Elektrische Behandlung und Heilung der Unterleibsbrüche. Ein Wort z. Belehrung f. meine Mitmenschen von J[oh.] P[et.] Moser in St. Johann-Saarbrücken. Mit d. Bildn. d. Verf. u. 25 Abb. im Texte. *(St. Johann-Saarbr.): Selbstverl.; (Leipzig: E. Demme in Komm.) 1900.* (88 S.) 8° [F.] [00. 9739 B

Moser, J. P., homöopathische Flechtenheilungen (m. Angabe d. Heilmittel). 50 Musterkuren, ausgef. u. berichtet (aus 36jähr. homöopath. Praxis) von M. 8. (VI, 37 S.) Berlin (NW., Kronprinzen-Ufer 7) 895. Selbstverl. 1. —

Moser, J. P. Unsere Frauenkrankheiten u. ihre elektro homöopathische Behandlung [System A. Sauter]. Praktische Rathschläge f. Frauen u. Jungfrauen. 8. (VIII, 111 S.) Trier 889, Grach. * 1 60

— der elektrische Hausarzt. Kurze Anleitg. zur neuen, durchaus schmerzlosen elektrischen Selbstbehandlg. (ohne Diagnose, ohne Arzneien, ohne Wasserkur). 3. Aufl. (72 S. m. Abb. u. Bildnis.) gr. 8. Frankfurt a/M. 901. (Stuttgart, Th. Naedelin.) 1. 50

Moser, J. P., der elektrische Hausarzt. Praktische Erfahrgn. m. dem Heilverfahren der Doktoren v. Alimonda (allgemeine Galvanisation des Organismus, ohne Diagnose, ohne Arznei, ohne Wasserkur). Aus 45 jähr. homöopath. Praxis. 4. Aufl. Mit e. „Anh. f. Erwachsene" u. 21 Abb. (227 u. 32 S.) gr. 8. Hamm 904. Breer & Thiemann. Geb. in Leinw. n. 4. —

Moser, J. P., s.: Hausschatz, homöopathischer.

— der elektrische Hausthierarzt, ohne Diagnose, ohne Arznei, ohne Wasserkur, absolut sicher u. schmerzlos. gr. 8. (32 S. m. Abbildgn. u. Bildnis.) Ebd. 901. 1. 50

— homöopath. Heilerfolge, s.: Hausschatz, homöopath.

— die elektrische Heilmethode im Selbstgebrauch. gr. 8. (40 S. m. Abb.) Stuttgart 902. (Th. Naedelin.) n. — 40

— 55 homöopathische u. elektrohomöopathische Heilungen v. Krebsleiden (m. Angabe der Heilmittel). Eine Antwort auf die Frage: Ist Krebs heilbar od. nicht? Gesammelt u. theils selbst ausgeführt. 8. (93 S.) Frankfurt a/M.-Sachsenhausen 894. Gartenstr. 1, Selbstverlag. 1. —

Homöopathische Heilungen jüngster Zeit. Ausgeführt u. berichtet von J[ohann] P[eter] Moser in St. Johann-Saarbrücken. 7. Aufl. *(St. Johann-Saarbrucken): Selbstverl. 1898.* (116 S.) 8° [F.] [00. 2438 5

— unsere Kinderkrankheiten u. ihre elektro-homöopathische Behandlung [System A. Sauter]. Ein Wort der Belehrg. f. alle Eltern. 8. (151 S.) Ebd. 889. n. 2. —

[F.] 'Unsere Männerkrankheiten.' E. neuer Wegweiser z. Selbstbehandlg m. Elektrohomöopathie u. Magnetismus nach Prof. Oskar Korschelt aus 36j. homöop. Praxis v. J[oh.] P[eter] Moser, früh. Red. d. 'Homöop. Ztg' ... *Berlin: J. van Groningen 1896.* (1 Bl., XXVI, 140 S.) 1 Bd 8. [96. 6316

— homöopathische Winke f. Kinderlose. E. Wort des Trostes für Angehende u. ihre Freunde (aus 36 jähr. Praxis). gr. 8. (66 S.) Frankfurt a/M. 895. Gebr. Staudt. n. 2. —

Moser, Johann Philipp

Moser, J. P., Samml. v. Bildnissen, s. Bock.

Moser, Johann Philipp. Sammlung von Bildnissen gelehrter Männer und Künstler, nebst kurzen Biographien derselben . Herausgegeben von Johann Philipp Moser . Nürnberg, bey dem Verleger 1794.
Tit., 1 Bl. Inhalts-Verzeichnis, 564 S., 96 Taf. in Kupferst. gest. von C. W. Bock. 8°
Erschienen in zwei Teilen oder 24 Heften mit je vier Tafeln von 1791 bis 1800; enthält Bilder von Zeitgenossen.

Moser, Johs., Christenthum und Kirche in den Werken Schillers, s. Broschüren, Frankfurter zeitgemäße.

Moser, Johannes, Christentum u. Kirche in den Werken Schillers. Frankfurter zeitgem. Broschüren Bd. 3 (1882), Nr. 2, gr. 8°, 30 S., 40 Pf.

Moser, J., das Lebensräthsel u. der Materialismus, s.a. Broschüren, Frankfurter zeitgemäße.

Moser, Johannes, Das Lebensrätsel und der Materialismus. Eine naturphilosophische Studie. Frankfurter zeitgem. Broschüren. N. F. Bd. 8, Heft 8. Fösser Nachf., 1887, gr. 8°, 34 S., 60 Pf.

Moser, Johs., Register, s.: Zeitschrift des Harzvereins f. Geschichte u. Altertumskunde.

Moser, Johannes: Eine Verantwortung gegen Daniel Musser's Meidungs-Erklaerung, welche er gemacht hat in seinem Buch, betitelt: „Reformirte Mennoniten." *Geschrieben von . . ., zu Bluffton, Ohio. Lancaster, Pa.: Samuel Ernst, in der Druckerei des „Waffenlosen Wächter" 1876. 83 S.*

Moser, John Paul (Hrsg.), s.a. A n d a c h t e n zur schmerzhaften Mutter.

Moser, John Paul M., O. Servit., Andachten zur schmerzhaften Mutter. Für die Monats- u. Nachmittagsandachten u. zum tägl. Gebrauch. [Aus: „Dienst der Schmerzenmutter".] 16. (144 S. m. 1 Farbdr.) Innsbruck 900. Vereins-Buchh. u. Buchdr. n. — 50

Moser, Joh. Paul M., Dienst der Schmerzen-Mutter. Regel- u. Andachtsbuch der Brüder u. Schwestern d. 3. Ordens der Diener Mariä [Serviten] u. d. schmerzhaften Erzbruderschaft. 16. (XIV, 712 S. m. 1 Chromolith.) Innsbruck 885. Vereins-Buchh. u. Buchdr. n. 1. 60

Moser, Jos., Accords de lyre. Poésies. 16. (30 S.) Breslau 902. G. P. Aderholz. n. — 75

— s.: Aus dá Hoamát.

Moser, Jos., Bilder aus dem Natur- u. Volksleben der oberösterreich. Alpen, s.: Aus dá Hoamát.

Moser, Jos., zwei Dichtungen. Für reif. Mädchen geeignet. 8. (III, 99 S.) Wien 895. A. Pichler's Wwe. & Sohn. n. 1. 60

Moser, Jos., Harmonies intérieures. Poésies. (86 S.) 16. Breslau 904. G. P. Aderholz. n. — 75

Moser, Jos., der wohlfeile Hauskoch. 40 unentbehrl. Recepte für alle diejenigen, die mit wenigen Mitteln etwas Gutes braten, backen und einmachen wollen. 16. Bacha 839. (Schmitt u. Müller.) 2 1/2 Sgr

Moser, Jos., aus dá Hoamát. Bilder aus dem Natur- u. Volksleben der oberösterreich. Alpen. Hrsg. v. H. Zötl, A. Matosch u. H. Commenda. gr. 8. (V, 110 S. m. Titelbild.) Linz 888. (Mareis.) geb. n. 3. —

Moser, Jos., s.: Schul- u. Eltern-Zeitung, christliche

Moser, Joseph: Harmonische Strahlen und Punkte. '(Aus d. mathem. Pensum d. Obersekunda.)' (Soll fortges. werden.) Breslau, Druck v. R. Nischkowsky, 1895; 1—XII S. 4.
Breslau, k. kath. St. Matthias-G, OP 1805 (180)

Moser, Joseph: **Harmonische Strahlen und Punkte. T. 2.** *Breslau 1898: R. Nischkowsky.* (1—XVI S.) 4° ¶(Fortsetzung d. P-Beilage 1895.)
Breslau, k. kath. St. Matthias-G, OP 1868 (187)

Moser, Isaacus (geb. Lippehne in d. Neum. 1819): De morbo hydrocephaloide. Berolini (1843). (28 S.) 8°
Berlin, Med. Diss. v. 28. Aug. 1843

Moser, Isidor, leichter und sicherer Weg zum Himmel. Ein Unterrichts- und Gebetbuch für fromme Katholiken. Neu bearbeitet von Athanas Tschopp. 2. Aufl. 18. (Mit 1 Lith. u. lith. Titel.) Einsiedeln 845, Gebr. Benziger. 1/3 ₰ — Mit 9 Lith. 5/8 ₰

Moser, Isidor, leichter u. sicherer Weg zum Himmel. Ein Unterrichts- u. Gebetbuch f. fromme Katholiken. Neu bearb. von Athanas Tschopp. 4. Aufl. gr. 12. (384 S. m. lith. Tit. u. 1 Lith.) Einsiedeln 850, Gebr. Benziger. 1/3 ₰; m. lithochrom. Titel u. 9 Lith: 16 ngr — 5. Aufl. 12. (396 S. m. 2 Lith.) Ebd. 852. 1/3 ₰ Mit Anhang v. 7 Messen. 12 1/3 ngr

Moser, Isid., leichter und sicherer Weg zum Himmel. Ein Unterricht- und Gebetbuch für Kirche und Haus. Mehrfach umgearb. und mit Zusätzen vermehrt von einem Priester der Diöcese Basel. 15. Aufl. 32. (426 S. mit 2 Stahlst. und 3 Holzschn.) Einsiedeln 878, Gebr. Benziger.

MOSER, JULIUS. Ueber zwei isomere Azobenzoldisulfonsäuren und Derivate derselben. Freiburg im Breisgau, 1882.

Moser, K., Frühlingsgabe. Einige geistliche Reden und Predigten. Eisenberg 853. Schöne. 8. (2 Bl., 98 S.) n. 10 Ngr.

Moser, K. Die Grundformeln der Dioptrik. Prag 1881.

Moser, K. A., hinterl. Fastenpredigten. 2 Thle. gr. 8. Münch. Strobl. (Fleischmann.) 782.

— lat. u. deutsche Gespräche, ein Vers. d. prakt. Ueb. Anf. d. lat. Reden zu erleicht. 8. Wien, Ant. Doll. (Liebeskind in Leipz. in Commiss.) 804.

Moser, K. A., latein. u. deutsche Gespräche. Ein Versuch Anfängern das Lateinischreden zu erleichtern. 2te Aufl. gr. 8. Wien, Doll d. j. 811.

— latein. u. deutsche Gespräche; e. Versuch, durch prakt. Uebungs. Aufg. d. latein. Reden zu erleichtern. 2e Aufl. gr. 8. Wien 812. Ant. Doll. 1 ₰ 4 gr

— neuer Handlungsbriefsteller. gr. 8. Leipz. Liebeskind. 806.

— neuer Handlungsbriefsteller. gr. 8. Wien. 806. 2e A. 811. A. Doll. 16 gr

Moser, Karl von, s.a. M o s e r , Friedrich Karl von

Moser Karl, Dr.: 7. Bericht der prähistorischen Kommission. Von Ferdinand von Hochstetter. 1.) Bericht über die Ausgrabungen in der Hohle „Berlova jama" nächst Nußdorf in Krain (mit 2 Textfiguren). S. 89. I. 321.
2.) Bericht über die Nekropole von Vermo nächst Mitterburg-Pisino in Istrien (mit 5 Taf. und 5 Textfiguren). S. 89. I. 329.
Siehe I. Abt. Mitteilungen der prähistorischen Kommission.
Separatabdruck

Moser, Karl, gewerbliche Buchführung. (Nach dem Systeme der einfachen kaufmänn. Buchhaltg.) Theoretisch-prakt. Darstellung der einfachsten Form e. Buchführg. f. Gewerbetreibende aller Kategorien. Zum Gebrauche in den Buchführungskursen. (Hrsg. vom steiermärk. Gewerbeförderungs-Institut Graz.) (49 S.) 8. Graz 910. Steiermärk. Gewerbeförderungs-Institut. (Nur direkt.) — 40

Moser, Karl, die zehn Gebote des Lehrers. Entwurf e. Reform d. Schulwesens. [Mit Musterlektionen.] gr. 8. (XI, 132 S.) Hamburg 891. Kloss. n. 2. —

Moser, Karl, Gottesdienst. Gebete u. Gesänge f. die kathol. Jugend, ursprünglich zusammengestellt v. M., neu geordnet u. vermehrt v. Alois Neuner. 5. Aufl. gr. 16. (V, 305 S. m. 1 Farbdr.) Innsbruck 901. Wagner. Geb. in Leinw. n.n. 1. 20

Moser, Karl, Gottesdienst. Gebete u. Gesänge f. die kath. Jugend, ursprünglich zusammengestellt v. M., neu geordnet u. verm. v. Alois Neuner. Ausg. ohne Noten. 6., im wesentlichen unveränd. Aufl. (III, 239 S.) 16. Innsbruck 910. Wagner. —80; Einbd. nnn —30

Moser, Karl, der Gottesdienst in Kirche, Schule u. Haus, e. Sammlg. v. Gebeten u. Gesängen, besonders zum Vorbeten bei der Schulmesse. 2. umgearb. Aufl. d. „kirchl. Gottesdienstes." 16. (232 S.) Innsbruck 870. Wagner. [n. — 40

Moser, Karl, der Gottesdienst in Kirche, Schule u. Haus, e. Sammlg. v. Gebeten u. Gesängen, besonders zum Gebrauche bei der Schulmesse. 4. unveränd. Aufl. 12. (228 S.) Innsbruck 891. Wagner. Geb. n. — 56

Moser, Karl, erläuterndes **Handbüchlein** über die vier ersten heiligen Sakramente in Fragen u. Antworten mit eingestreuten Gebeten u. Erwägungen nach dem kleinen Katechismus von der Aufl. 1858 mit Rücksicht auf den Auszug des großen Katechismus bearb. Herausg. von der Marianischen Gesellschaft zur Verbreitung guter Schriften. Innsbruck 860. (F. Rauch.) 12. (46 S.) n. 2 ngr.

Moser, Karl, großer Katechismus, s.: Pichler, Marquard.

Moser, Karl: Der minderjährige Kaufmann im gemeinen Recht unter Berücksichtigung des bürgerlichen Gesetzbuches für das deutsche Reich. *München [1897]: A. Gradinger.* (68 S.) 8°
Erlangen, Jur. Diss. v. 1897

— Stenographische **Lesestoffe** f. Schule u. Haus. Autographie: Gust. Treiber. 1. Heft. (14 S.) gr. 8. Graz 909. (Leykam.) —30

Moser, Karl, Albert Lüthi, Architekt, Maler, Glasmaler, s.a. Neujahrsblatt, 1906, der Zürcher Kunstgesellschaft.

(**Moser**, Carl.) Albert Lüthi (Architekt, Maler, Glasmaler, 1858—1903. [Von] K' M'). [Illustriert.] II + 42 S. 4. [Zürich, Berichthaus, Komm. Fäsi & Beer.] [fr. 3. —]
Neujahrsblatt 1906 der Zürcher Kunstgesellschaft.

Moser, Carl, kirchengeschichtliche Mittheilungen zu den in Nr. 22 (S. 17 und 18) der für die katholischen österreichischen Volksschulen vorgeschriebenen Fibel angeführten 44 Personennamen. Zur Benützung beim Leseunterrichte für Lehrer. 8. (36 S.) Innsbruck 863, Wagner'sche Universitäts-Buchh. *-

Moser, Carl: Das st. gallische Nachbarrecht. Altstätten 1898. 113 S. 8°.
Bern. Jur. Diss. 1898/99.

(**Moser**, Carl.) Paulus-Kirche, Länggasse, Bern. (Geschichte der P-K' [und] Baubeschreibung [von] K' M'; [mit Beigaben. Illustrierte Festschrift zur Einweihung] 3. December 1905.) 36 S. 8. Bern, Gustav Grunau, 1906. [fr. —. 80]

Moser, Karl [pr. Arzt]: Ueber den Pemphigus der Erwachsenen ... München, kgl. Hofbuchdr. Kastner & Lossen, 1897; 34 S., 1 Bl. 8.
München, Med. Fak., Inaug.-Diss. v. 1897

(**Moser**, C[arl], und **Käppeli**, J[oseph].) Rübenblätter und Rübenschnitzel, ihr Einfluss auf Menge und Beschaffenheit der Milch, die Qualität des Emmenthalerkäses und das Lebendgewicht des Milchviehes. ⟨Fütterungsversuche, ausgeführt durch die Landwirtschaftliche Schule Rütti... .⟩ Beitrag der Landwirtschaftlichen Schule Rütti. Sonderabdruck aus Forschungen auf dem Gebiete der Landwirtschaft ⟨Festschrift ... [für] Ad[olf] Kraemer⟩. II + 28 S. gr.-8. Frauenfeld, J. Huber, 1902.
Beilage zum Jahresbericht der Landwirtschaftlichen Schule Rütti pro 1901/1902.

– (Bearb.), s. Sachs, Karl: Enzyklopädisch französisch-deutsches ... Wörterbuch.

Moser, Carl, der kirchliche Schulgottesdienst, eine Sammlung von Gebetsformeln zum Gebrauch für Schulkinder, besonders zum Vorbeten bei der Schulmesse. 16. (191 S.) Innsbruck 860, Wagner'sche Universitäts-Buchh. Thlr. *

— Untersuchungen prähistorischer und römischer Fundstätten im Küstenlande und in Krain: 1. Erforschung der Höhle „Na hrbci" bei Salles im Küstenlande. 2. Ausgrabung der Höhle „Petina jama" bei Gabrovica. 3. Bericht über die in den Höhlen von Salles und Gabrovica aufgesammelten diluvialen Knochenreste. 4. Ausgrabungen in der Theresienhöhle bei Duino im Küstenlande. 5. Erforschung der Höhle „Bussa spila" am Berge Jurkovec nächst Nabresina. 6. Grabungsversuch in der Höhle „Lašca" nächst Nabresina. 7. Ausgrabungen auf dem Berge St. Aschaz bei Illyrisch-Feistritz. 8. Versuchsgrabung am Gradišče bei Ternovo (Dornegg) in Krain (mit 58 Textfiguren).
Siehe I. Abt. Mitteilungen der prähistorischen Kommission. I. Bd. Nr. 1.
Separatabdruck.

Moser, Carl (Mosen), das französische **Verb** in der Schule auf Grund der Ergebnisse der historischen Grammatik. 2 Hälften nebst Übungs-Tafeln. Lex.-8. (73 u. 14 S.) Wien 887. (Lechner's Verl.) n. 2. 60

— dasselbe. Nebst Ergänzungsheft zu den Übgn. 2., umgearb. Aufl. gr. 8. (X, 49 u. 16 S.) Ebd. 888. n. 1. 35

— das französische **Verb**. Ein System zum verstandesmäß. Erfassen u. selbständ. Entwickeln der Formen. Für den Schul- u. Privatunterricht. 3., durchaus neu bearb. Aufl. Mit Übungsbeilage. gr. 8. (VII, 27 u. Beilage 16 S.) Ebd. 891. n. — 72

— Gewerbliche **Wechselkunde**. Eine kurze Darstellg. üb. Begriff u. Wesen des Wechsels. Zum Gebrauche in den Buchführungskursen. (Hrsg. vom steiermärk. Gewerbeförderungs-Institut Graz.) (35 S.) 8. Graz 910. Steiermärk. Gewerbeförderungs-Institut. (Nur direkt.) —40

Moser, Carl, Ceremonien-Lehre der katholischen Kirche, verbunden m. e. auf das Nothwendigste beschränkten Erklärg. der Evangelien der Sonn- u. gebot. Festtage, nach dem apostol. Glaubensbekenntnisse dargestellt. gr. 8. (IV, 168 S.) Innsbruck 872. F. Rauch. 1. 50

Moser, Karl Fr. Dav., Beitrr. z. röm. Gesetzkunde u. Rechtsgeschichte. gr. 8. Stuttg. 815. Sattler. (Hoffmann). 8 gr.

Moser, K. Fr. Dav.: Beytrr. z. röm. Gesetzkunde u. röm. Rechtsgeschichte. *Stuttg.*, Weise. 815. gr. 8. (8 Gr.)

Moser, Carl Friedr. Dav., Bemerkungen zu Chr. M. Wieland's „Uebersetz. u. Erläuterung sämmtl. Briefe Cicero's," theils rein philolog. u. literar., theils besond. jurid. Inhalts. Nach d. Verf. Tode hrsg. v. Fr. L. Marx. gr. 8. (5 B.) Ulm 828, Wohler.

Moser d. J., Carl Friedr. Dav., Bemerkungen zu Chr. Mart. Wielands Uebersetz. u. Erläuter. sämmtl. Briefe Cicero's; theils rein philol. u. literar., theils besond. jurid. Inhalts. N. d. Verf. Tode hrsg. v. Friedr. Leber. Marx. 3., verb. Ausg. 8. (5 B.) Ulm 837, Wohler'sche Buchh.

Moser, C. F. D, Versuche üb. einz. Theile des bürgerlichen Rechts. 8. Stuttgart, Erhard. 806.

Moser, Koloman, s.: Fläche, die.

— Flächenschmuck, s.: Quelle, die. 3.

— Kalender 1901. schmal gr. Fol. (25 S. m. 12 farb. Monatsbildern.) München, F. A. Prantl. n. 1. —

Moser, Kurt

Moser, Curt, alphabetisch geordneter Eisenbahn=Fracht=Tarif, enthaltend alle ordentl. Frachtsätze der Station Dresden im Verkehre mit allen sächs. und deutschen Verbandsstationen, nebst Güter=Classification und einer Anleitung zur Frachtberechnung. gr. 8. (IV, 100 S.) Dresden 886, (Kaufmann's Sortiment.) *

Moser, Curt, alphabetisch geordneter Eisenbahn=Fracht Tarif, enth. alle ordentlichen Frachtsätze zwischen den Stationen Chemnitz, Döbeln, Dresden=Altstadt, Dresden=Neustadt, Freiberg, Glauchau, Plauen i. Voigtl. [oberer Bahnhof], Reichenbach i. Voigtl., Zittau u. Zwickau einerseits u. allen deutschen Stationen andererseits [excl. Bayern u. Württemberg], allgemeine Tarifvorschriften, e. Güter-Classifikation der Specialtarife, sowie die Vorschriften f. überseeisch zu befördernde Güter. 3. Aufl. Lex.=8. (IV, 130 S.) Dresden 889. (Kaufmann's Sort.) n. 4. —

Moser, Curt, alphabet. geordneter Eisenbahn=Fracht=Tarif, enth. alle ordentl. Tarifsätze zwischen den Stationen Bautzen, Chemnitz, Dresden=Altstadt, Dresden=Neustadt, Freiberg, Leipzig (Dresdn. Bahnhof), Leipzig (Bayr. Bahnhof), Plauen i. Voigtl., Reichenbach i. Voigtl., Zittau u. Zwickau einerseits u. sämmtl Stationen des Deutschen Reiches andererseits. 4. Aufl. Lex.=8. (II, 187 S.) Dresden 899. E. H. Meyer. n.n. 7. 50

Moser, Curt, Alphabetisch geordneter Eisenbahn=Fracht=Tarif, enth. alle ordentl. Tarifsätze zwischen den Stationen Bautzen, Chemnitz, Dresden=Altstadt, Dresden=Neustadt, Freiberg, Leipzig (Dresdn. Bahnhof), Leipzig (Bayr. Bahnhof), Plauen i. Voigtl., Reichenbach i. Voigtl., Zittau u. Zwickau einerseits u. sämmtl. Stationen des Deutschen Reiches andererseits. 4. Aufl. Nachtrag. Enth. gleichzeitig: Waaren=Eintheilung u. Frachtsätze d. sächsisch=böhm. Dampfschiffahrts=Gesellschaft. Lex.=8. (43 S.) Dresden (900). E. H. Meyer. n. 2. —

Moser, L.: Die Einwirkung dunkler elektrischer Entladungen ..., s. Böck, Friedrich

Moser, L. (Hrsg.), s. Repertorium der Physik.

Moser, L., kurze u. faßl. Unterweisung in d. Obstbaumzucht rc. 8. Wien 823. Bauer. 14 gl Schrbp. 18 gl

— Versuche über einzelne Theile d. bürgerl. Rechts. 8. Stuttg. 816. Erhard. (Hoffmann). 8 gl

Moser Dr. L. K.: Ein Beitrag zur mineral. Kenntnis des Teschner Kreises. 28. Teschen R. 76. Progr.

Moser, L. Karl Mineralogisch-geognostische Beobachtungen, gesammelt auf einer Reise durch das Fassathal in Südtirol, Raibl und Bleiberg in Kärnten während der Ferien des Jahres 1877. 24 S. 8. Progr. Staatsg. *Triest* 1878.

Moser, Ludwig

— Ueber das Auge. (Sechszehnter Abschnitt.) 1841.

— Einige Bemerkungen über das unsichtbare Licht. 1842.

Moser Ludwig und Perjatel F.: Die Bestimmung der arsenigen Säure und Kaliumpermanganat bei Gegenwart von Salzsäure. S. 121. II b. 491 . . . . vgr.
Separatabdruck

Moser, L., die Bestimmungsmethoden des Wismuts u. seine Trennung v. den anderen Elementen, s.a. Analyse, die chemische. 10. Bd.

Die Bestimmungsmethoden des Wismuts u. seine Trennung von d. anderen Elementen. Von Privatd. Dr. L[udwig] Moser. Stuttgart: Enke 1909. 126 S. 8°
(Die chemische Analyse. Bd 10.) [ep. 17646]

Moser, Ludwig u. Peter Riess

— — Ueber den Einfluss der Wärme auf den Magnetismus. (Aus: Annal. der Physik, Bd. 93, St. 3, J. 1829, St. 11.)

— Elektricität und Magnetismus. 3. Abschnitt. Lehre vom Galvanismus. [Berlin.] [o. J.]

— Erwiderung an die HH. Fizeau und Daguerre. 1843.

— Ein Experiment zum Beweise, dass im Quecksilberdampf latentes Licht vorhanden sei. 1843.

Moser, Ludw., die Gesetze d. Lebensdauer. Nebst Untersuchn. üb. Dauer, Fruchtbarkeit d. Ehen, üb. Tödtlichkeit d. Krankheiten, Verhältniss d. Geschlechter bei d. Geburt, üb. Einfluss d. Witterung etc. u. e. Anh., enth. die Berechn. d. Leibrenten, Lebensversichern., Wittwenpensionen u. Tontinen. Ein Lehrb. gr. 8. (27 1/2 B. u. 2 Stat.) Berlin 839, Veit u. Comp.

Moser, Ludwig: Über die volumetrische Kupferbestimmung mit Jodkalium nach de Haen und Modification derselben bei Gegenwart von Eisen und Arsen. – 1904. 51 S.
Diss.TH. Wien

— Ueber das Latentwerden des Lichts. (Aus: Poggendorff's Ann., Bd. LVII, 1842, No. 9.)

Moser, Ldw., über das Licht. Vortrag, gehalt. in der physikal.=ökonom. Gesellschaft zu Königsberg, den 7. April 1843. gr. 8. Königsberg 843, Voigt. n. 1/3 ₰

Moser, Ludwig, Ueber den Magnetismus der Erde. (Aus Poggendorff's Annal., Bd. XXXIV.)

— und Riess, Peter, Ueber die Messung der Intensität des tellurischen Magnetismus.

— Ueber eine Methode, die Variationen in der Richtung der tellurisch-magnetischen Kraft zu messen, und über einige Anwendungen derselben.

— Ludwig (Berlin), De vitae atque morbi notionibus. Diss. med. Berlin (Brüschcke) Sept. 1828. 42 S. mit Biogr. (3.50) 23730
Oppon.: W. A. Arendt, D. Meyer, J. G. Droysen.

Moser, Ludw., das Schnalsertal. Touristische, geschichtl. u. andere Notizen. (40 S. m. Abbildgn.) kl. 8. Meran 907. C. Jandl. — 60

Moser, Ludwig, Dr., Ueber die Sterblichkeit und den Einfluss der Witterung darauf. 1835.

— s. J. Syme, über die Krankheiten des Mastdarms.

Moser, Ludwig und F. Perjatel

— — Die Trennung des Arsens vom Antimon und anderen Metallen mit Methylalkohol im Luftstrome S. 121. II b. 49 . . . . vgr.
Separatabdruck

– Über die tägliche Veränderung der magnetischen Kraft ..., s. Riess, Peter

Moser, *Ludwig* Carl Der Karst in naturwissenschaftlicher Hinsicht geschildert. 8 (S. 3—42). Progr. K. k. G. *Triest* 1890.

Moser, L. Karl, der Karst u. seine Höhlen. Naturwissenschaftlich geschildert. Mit e. Anh. üb. Vorgeschichte, Archäologie u. Geschichte, u. e. Chromotyp., 2 Taf. m. Reproductionen prähistor. Funde, 1 Orientierungskarte u. 24 Abbildgn. im Texte. gr. 8. (V, 129 S.) Triest 899. F. H. Schimpff. Geb. in Leinw. n. 6. —

Moser, L[udwig] Karl: Verzeichnis der Pflanzenarten des k. u. k. Hofgartens von Miramar, mit einem Vorworte und einer Einleitung. S. 3—20. 8. K. k. Staats-Gymn. *Triest* 1903. Progr.

Moser, (M.,) meine Ansichten üb. d. Verwaltung d. Stiftungs-Vermögens d. Landkirchen, aus d. Standpunkte d. Kirchen meines Pfarrbezirkes. gr. 8. München 824, Lindauer.

Moser, Manfred [pr. Arzt in Dornburg]: Ueber Gangräna senilis an den oberen und unteren Extremitäten ... Jena, Druck v. A. Kämpfe, 1894; 34 S. 8.
Jena, Med. Fak., Inaug.-Diss. v. [9. Apr.] 1894

Moser, M. De puerili apud veteres Graecos et Romanos institutione. 18 S.
Sorau, Progr. 1856

Moser, Max: Die Beziehungen zwischen dem Eindringwiderstand und den kritischen Punkten der Eisenkohlenstofflegierungen. 1906. 56 S., 3 Taf. 8°
Stuttgart, Dr.-Ing.-Diss. v. 23. 7. 1906

Moser, Max., das Kirchenjahr nach seinem systematischen Zusammenhange in Kanzelvorträgen dargelegt zur Belehrung für Priester und Volk. 1. Bd. 1. Abthl. gr. 8. (VIII und 526 S.) Landshut 861, Thomann'sche Buchh.

Moser, Max, der Lehrerstand des 18. Jahrh. im vorder-österreichischen Breisgau, s.a. Abhandlungen zur mittleren u. neueren Geschichte.

Moser, Max. Der Lehrerstand des 18. Jahrhunderts im vorderösterreichischen Breisgau. Ein Beitrag zur österreichischen und deutschen Volksschulgeschichte. XX + 225 S. 8. Berlin und Leipzig, Dr. Walther Rothschild, 1908. (Einzelpreis M. 6. —, Subskr. 5. —)
Abhandlungen zur Mittleren und Neueren Geschichte. Hrg. von Heinrich (*d. i.* Georg) v[on] Below Heinrich Finke Friedrich Meinecke Heft 3... .
Darin S. 2. 6f. 20. 33f. 37. 39. 48. 78. 82f. 118. 126. 129. 137. 139. 142. 169f. 175f. 188. 220 etc. die aargauischen Orte der Kameralherrschaften Rheinfelden u. Laufenburg *(des Frickthals etc.) betr.*

Moser, Max, a. Neusatz ⟨Baden⟩: Der Schulmeister des vorderösterreichischen Breisgaus um die Mitte des 18. Jahrhunderts. Berlin u. Leipzig: W. Rothschild 1907. (71 S.) 8° ¶ (Erscheint vollst. als: Abhandlungen zur Mittleren u. Neueren Geschichte Bd 3.)
Freiburg i. B., Phil. Fak., Ref. Finke, Diss. v. 1907
[Geb. 21. April 77 Neusatz (Amt Bühl); Wohnort: Freiburg i. B.; Staatsangeh.: Baden; Vorbildung: Gymn. Rastatt Reife Juli 97; Studium: Freiburg i. B. 3, Wien 1, Freiburg i. B. 3 S.; Rig. 21. Febr. 07.]

Moser, Mentona, Beiträge zur Wohltätigkeit u. sozialen Hilfeleistung in ihrer praktischen Anwendung. (49 S.) 8. Zürich 905. Schulthess & Co. n. 1. —

— die weibliche Jugend der oberen Stände. Betrachtungen u. Vorschläge. (82 S.) gr. 8. Ebd. 903. n. — 80

Moserus, Mauritius: De Iliade Homerica quaestiones. Halae (1830): Ruff. 30 S. 8°
Halle-Wittenberg, Phil. Diss. v. 10. [vielmehr: 19.] Mai 1830
Geb. [Sorau 14. 1. 1807]

Moser, Nikl., s. J. F. v. Pfeiffer, Grundsätze d. Staatswissenschaft.

Moser, Nonnosus, Psalterium Davidis in tres partes distributum, explanatione litterali et mystica affectuoso ac in modum meditationum dilucidatum. Accedunt cantica canticorum Salomonis . . . Straubing, 1741, 4°.

Moser, O. v.

Moser, v., Anlage u. Durchführung v. Übungsritten u. Übungsreisen im Gelände. (IV, 60 S. m. 1 Karte u. 2 Skizzen.) Lex. 8. Berlin 910. E. S. Mittler & Sohn. 1. 80
Sonderabdr. a.: „Vierteljahrshefte f. Truppenführg. u. Heereskde."

Moser, O(thmar). Denkschrift zur Feier des 25-jährigen Bestehens des Cäcilienvereins Freiburg. Im Auftrage des Vereinskomitees verfasst. 1877-1902. IV + 61 S. 8. Freiburg, St. Paulus-Druckerei, 1902.

Moser, Otto, s.: aus Leipzigs alten Tagen.

Ausbildung und Führung des Bataillons im Gefecht. Gedanken u. Vorschläge von [Otto] **Moser,** Major im Inf.-Regt Nr. 120. Mit 51 Abb. Berlin: E. S. Mittler & Sohn 1906. (VIII, 105 S.) 8° [F.] 06. 8034

Ausbildung und Führung des Bataillons im Gefecht. Gedanken u. Vorschläge von [Otto] **Moser,** Oberstlt. 2. umgeänd. Aufl. Mit 46 Abb. Berlin: E. S. Mittler & Sohn 1908. (X, 203 S.) 8° [F.] 08. 2860

Moser, Otto, komische Bilder aus dem Soldaten-Leben. 12. (156 S.) Leipzig 850. (Thomas.) n. 1/3 ℳ

Moser, Otto, komische Bilder aus dem Soldaten-Leben. 12. (156 S.) Leipzig 851, (Thomas.) *

Moser, Otto, heitere Blätter. Ein beliebter Erzähler für Familie und Jedermann. 1. Bd. gr. 8. (80 S. mit vielen Orig.-Zeichnungen in eingedr. Holzschn. von Hugo Borrmann.) Leipzig 875, Diez. [London, Wohlauer.] cart. (ℳ 1,20.)

Moser, Otto, Chronik der Stadt Leipzig und ihrer Umgebung. Aus den besten Quellen volksthümlich zusammengestellt. 16 Hefte. 8. (767 S.) Leipzig 877,78, Junge.
à Heft ** 50 Pf.; compl. **

Moser, Otto, Chronik von Reudnitz. Reudnitz-Leipzig in seiner Vergangenheit u. seiner Gegenwart. Chronikalisch-statist. Darstellg. nach archival. u. amtl. Quellen. gr. 8. (III, 114 S. m. 2 Abbildgn.) Leipzig-Reudnitz 890. Max Hoffmann. n. 2. —; geb. n. 3. —

— das Leipziger Dominikanerkloster u. seine Wandgemälde. [Aus „wissenschaftl. Beilage der Leipziger Zeitg."] 16. (32 S.) Leipzig 872. Serig. — 50

— Entwickelungsgeschichte d. Krystall-Palastes, vormals Schützenhaus-Etablissement zu Leipzig. 12. (56 S. m. 4 Portr.) Leipzig 887. Frankenstein & Wagner. n. — 30

Moser, Otto, Leipziger Fremdenführer. Nebst kurzem geschichtl. Rückblick und beschreibender Wanderung durch die Stadt. 8. (46 S. mit chromolithogr. Plan von Leipzig, Straßen-Verzeichniß rc.) Leipzig 886, [Heßling.]

— the frescoes of the new pump-room at Baden, } s.: Goetzenberger, J.
— die Fresken der neuen Trinkhalle zu Baden, }

— Leipzig's Friedhöfe. Mit dem Grundriß des alten u. des neuen Friedhofes (auf 2 Steintaff. in qu. 4.). Leipzig 868. Reusche. gr. 8. (16 S.) n. 4 ngr.

— Leipziger Führer. Wegweiser durch die Sehenswürdigkeiten u. historisch-denkwürdigen Plätze Leipzigs. Für Fremde u. Einheimische hrsg. Illustrirte Ausg. 16. (93 S. m. 1 lith. Plane in qu. 4., 1 (lith.) Karte v. Deutschland in qu. Fol. u. 1 Holzschntaf.) Leipzig 874. Bauer. geb. n. 1. 50

Moser, Otto, Leipziger Führer. Wegweiser durch die Sehenswürdigkeiten und historisch-denkwürdigen Plätze Leipzigs. Für Fremde und Einheimische hrsg. Illustrirte Ausg. 16. (93 S. mit 1 lithogr. Plane in qu. 4., 1 lithogr. Karte von Deutschland in qu. Fol. und 1 Holzschntaf.) Leipzig 874, C. H. Reclam sen. geb. *

— Führer durch das Mulden-Thal von Wurzen bis Glauchau. 2. verm. Aufl. 16. (V, 22 S. mit chromolithogr. Karte.) Leipzig 878, Bauer. *

Moser, Otto, Führer durch das Mulden-Thal von Wurzen bis Glauchau. Mit 1 lithogr. und color. Karte. 3. verm. Aufl. 16. (V, 22 S.) Leipzig 880, Bauer. *

— Führer durch das ganze Mulden-Thal, durch das Gebiet beider Mulden von Freiberg u. Schneeberg bis Wurzen. 4. Aufl. 8. (36 u. 16 S. m. 1 lith. u. color. Karte.) Leipzig 884. Bauer. n. — 75

— Führer und Plan von Leipzig. Wegweiser durch die Sehenswürdigkeiten, nebst e. Wanderg. durch die Stadt. 10., verm. u. verb. Aufl. Mit Karte der Umgebg., Plan der Stadt u. alphabet. Straßen-Verzeichniß zum Plane. 12. (80 S.) Leipzig 890. Bauer. cart. n. — 60; nebst Umgebg. Leipzigs. 5., verm. Aufl. (VII, 92 S. m. 1 Karte.) In 1 Bd. cart. n. 1. —

Moser, Otto, Führer u. Plan v. Leipzig. Wegweiser durch die Sehenswürdigkeiten, nebst e. Geschichte u. Wanderg. durch die Stadt. 11., verm. Aufl. 8. (IV, 82 S. m. 4 Plänen u. 2 Theaterplänen.) Leipzig 893. R. Bauer. n. — 80

Die Führung des Armeekorps im Feldkriege. Von [Otto] v. Moser, Oberst. Mit 1 Operationskt. u. 6 Skizzen. Berlin: Mittler 1910. VII, 205 S. 8° (10. 7041

Moser, O., Geschichte Englands, — Geschichte Griechenlands, } s. Universal-Bibliothek, wohlfeile, für das Volk.

— Geschichte der Universität Leipzig. Aus den besten Quellen zusammengestellt. [Aus: „Chronik der Stadt Leipzig".] 8. (80 S.) Leipzig 878. Junge. n.n. — 75

— lustige Geschichten. 16. (162 S.) Leipzig 875, Dyk'sche Buchh.

Kunz von Kaufungen | oder | der Prinzenraub. | Historisches Zeitbild | von | Otto Moser. | (Fig.: *Ritter klettert über eine Strickleiter einen Turm hinab*, 68 × 50) | Stereotyp-Ausgabe. | Reutlingen. | Druck und Verlag von Enßlin und Laiblin. (= *Neue Volksbücher*, 2).
o. J., 28 S. + 4 S. Anzeigen, 166 × 107, U.-Fig.: *Kunz schlug die Hand vor die Stirn* . . ., 50 × 61.
LBS d. D. oct K 3491.

— Kunz von Kaufungen oder der Prinzenraub. Historisches Zeitbild. 8. (28 S. mit eingedr. Holzschn.) Reutlingen 881, Enßlin und Laiblin's Verlagsh. *

— die Festung Königstein u. ihre Umgebung, insbesondere die Veste Sonnenstein, die alten Schlösser Dohna, Weesenstein, Neusegast 2c. In geschichtl. Abriß dargestellt. gr. 16. (64 S. m. 2 Holzschntaf. in 16. u. qu. Fol.) Pirna 872. Literatur-Bureau. n. — 50

— s. Leipzig, das alte.

— Leipzig, sein Handel und seine Messen. Nach histor. und statist. Quellen zusammengestellt. Zugleich prakt. Führer und Adressbuch von Leipzig, dessen Handels- und Verkehrsanstalten. 16. (48 S. mit 7 Orientirungsplänen und einem grossen Plan von Leipzig in Holzschn. in Fol.) Leipzig 869, Serbe'sche Verlagsh.

— Leipziger Marksteine. Wanderung durch Geschichte u. Erinnergn. Leipzigs. 16. (48 S.) Ebend. 873. n. — 60

— das Mulden-Thal. Führer durch das Gebiet beider Mulden von Freiberg u. Schneeberg bis Wurzen. 5., verm. Aufl. 8. (80 S. m. 2 Karten.) Leipzig 897. R. Bauer. n. — 85

— der Prinzenraub, s. Volksbücher, neue.

— Reisehandbuch für das sächsische Erzgebirge u. das Voigtland. Genauer Führer für Touristen. Praktisch bearb. 8. (IV, 116 S.) Leipzig 882. Bauer. n. 1. 20

— Leipzig's Schlachtfelder 1813. 16. (48 S. mit 1 lithogr. Karte in Fol.) Ebendas. 873. *

— Soldatengeschichten. gr. 16. (IV, 202 S.) Leipzig 875, Dyk'sche Buchh.

— drei Tage im Zschopau-Thale. Führer durch die romant. Parthien der Zschopau. 8. (31 S. mit 1 lithogr. Spezialkarte der Zschopau-Gegend, gr. 8., und 1 lithogr. Eisenbahnkarte von Sachsen, gr. 4.) Ebendas. 874. cart. *

— drei Tage im Zschopau-Thale. Führer durch die romant. Parthien der Zschopau. Mit e. (lith.) Spezialkarte der Zschopau-Gegend (in gr. 8.) u. e. (lith.) Eisenbahnkarte v. Sachsen (in qu. gr. 4.) gr. 16. (32 S.) Leipzig 875. Bauer. n. — 75

Aus Leipzigs alten Tagen. 16 Ansichten in Farbendr. nach alten Originalen. Mit erl. Text von Otto Moser. Leipzig: Giesecke & Devrient [1899]. (19 S.) quer-8°

— der blaue Teufel, s. Lippert, P.

Moser, Otto, der blaue Teufel od. Schach u. Matt. Historisches Zeitgemälde nach pikanten Momenten romantisch geschildert. 1—9. Lfg. gr. 8. (S. 1—432.) Berlin 872. Schierl. à — 40

Moser, kurzer strategischer Ueberblick üb. den Krieg 1870/71. gr. 8. (IX, 41 S. m. 1 Tab. u. 7 Skizzen in Steindr.) Berlin 893. E. S. Mittler & Sohn. n. 1. 80

Moser, kurzer strategischer Ueberblick üb. den Krieg 1870/71. 2. Aufl. M. 7 Skizzen in Steindr. gr. 8. (IX, 42 S. m. 1 Tab.) Berlin 896. E. S. Mittler & Sohn. n. 2. —

Moser, kurzer strategischer Ueberblick üb. den Krieg 1870/71. 3. Aufl. Mit 7 Skizzen in Steindr. gr. 8. (X, 48 S. m. 1 Tab.) Berlin 900. E. S. Mittler & Sohn. n. 2. —; geb. in Leinw. n.n. 3. —

— kurzer strategischer Überblick üb. den Krieg 1870/71. 4., umgearb. Aufl. Mit e. Plane in Steindr. (XII, 48 S.) gr. 8. Ebd. 908. 2.25; geb. n 3. —

— die Umgebung Leipzig's in geschichtlichem Abriß der nächstliegenden 56 Dörfer dargestellt. Leipzig 868. Priber. gr. 8. (IV, 139 S. mit 1 lith. Karte in Fol.) n. 12 ngr.

— die Umgebung Leipzigs. Prakt. Führer für Touristen zu Ausflügen durch die nahe und weitere Umgegend Leipzigs. 5. verm. und verb. Aufl. 8. (VII, 92 S. mit 1 guten Spezial-Karte der Umgegend Leipzigs.) Leipzig 886, Bauer. *

— die Umgebung Leipzigs. Praktischer Führer f. Touristen zu Ausflügen durch die nahe u. weit. Umgegend Leipzigs. M. 10 Routen-Kärtchen. 6., verm. u. verb. Aufl. 12. (VIII, 97 S.) Ebd. 896. — 90

Moser, Otto, aus Berlin: Untersuchungen über die Sprache John Balle's. *Berlin: Mayer & Müller 1902.* (31 S.) 8°
Berlin, Phil. Diss. v. 14. Mai 1902

Moser, Otto, die Verfehmte. Historischer Roman. (200 S.) kl. 8. Berlin (905). Berliner Verlags-Institut. n. 1. —

— sächsische Volksbücher. 1. Bdchn. Gottes Fügungen. Eine Erzählg. aus dem Leipziger Handwerksleben. Mit 12 (eingedr.) Holzschn. gr. 16. (28 S.) Leipzig 874. Bauer. n. — 25

— ſächſiſche Volksbücher. 1. Bdchn.: Gottes Fügungen. Eine Erzählung aus dem Leipziger Handwerksleben. gr. 16. (28 S. mit 12 eingedr. Holzſchn.) Leipzig 874, C. H. Reclam sen. *

— Leipziger Wanderbuch. Führer durch die nahe u. weitere Umgebg. Leipzigs. Für Einheimische u. Fremde prakt. bearb. u. m. histor. Notizen versehen. 2. verm. u. verb. Aufl. 16. (64 S.) Ebend. 873. n. — 75; m. (lith.) Specialkarte (in gr. 4.) cart. n. 1. —

— dasselbe. 2. verm. u. verb. Aufl. Illustrirte Ausg. Mit 1 (lith.) Specialkarte (in gr. 4.), 12 (lith.) Routenkarten u. e. Ansicht der Rudelsburg (Tondr.) 16. (64 S.) Ebend. 874. n. 1. 50

— Wanderungen durch die Umgebung Leipzigs. Neuester Führer für Touristen durch die nahe und weitere Umgebung Leipzigs. Für Einheimische und Fremde praktisch bearb. und mit histor. Notizen versehen. 16. (VII, 79 S.) Leipzig 879, Bauer. *

— Wanderungen durch das Unstrutthal. Mit 1 Plan der „goldenen Aue". 8. (III, 64 S.) Ebend. 885. n. — 80

— Wanderungen im Zschopau-Thale. Führer durch die romant. Parthien der Zschopau. Mit 1 (lithogr.) Special-Karte der Zschopau-Gegend. 2. verm. und verb. Aufl. 16. (III, 35 S.) Ebendas. 879. *

— Wanderungen im Zschopau-Thale. Führer durch die romant. Partien der Zschopau. Mit 1 Specialkarte der Zschopau-Gegend. 5., verm. u. verb. Aufl. 8. (III, 38 S.) Ebend. 885. n. — 80

Moser, P., Handbuch des Vergrösserns für die Maschinenstickerei. Hrsg. vom Industrie- u. Gewerbemuseum in St. Gallen. 246 autograph. Taf. gr. 4. St. Gallen 890. (Hasselbrink.) In Mappe. n.n. 16. 50

Moser, Paul, über die Behandlung des Scharlachs m. e. Scharlach-Streptokokkenserum. Mit e. Uebersichtstab. u. 42 Curven auf 5 Taf. (118 S.) gr. 8. Berlin 903. S. Karger. n. 4. —
Sonderabdruck aus: „Jahrb. f. Kinderheilkde."

Moser, Paul, Diätetik u. Therapie der Kinderkrankheiten. Aus Hofrat Prof. Dr. Theodor Escherichs Klinik u. Ambulatorium der Kinderkrankheiten. (80 S.) kl. 8. Wien 907. F. Deuticke. 1. 20
Sonderabdr. aus: „Landesmann, die Therapie an den Wiener Kliniken, 8. Aufl."

Moser's, Paul, Geschäfts-Tagebuch. Notiz-Kalender als Schreibunterlage f. Comptoire u. Bureaux auf d. J. 1877. Fol. (57 S.) Berlin 876. Jahncke. 1. 50

— dass. — auf das J. 1878. Fol. (68 S.) Berlin 877, Berliner lithogr. Institut. cart. *

— dass. — auf die J. 1879 und 1880. schmal Fol. (158; 188 S. mit 1 chromolithogr. Eisenbahnkarte.) Ebendas. 878,79. geb. und durchschossen à Jahrg. *

— Haushaltungsbuch für den Schreibtisch deutscher Frauen für das J. 1889. 3. Jahrg. Fol. (III, 116 S. und 42 Sp.) Ebendas.
In Ganzleinw.-Mappe mit grünem Tuchpap. überzogen *
In schwarzer Wachstuchmappe *

Moser's, Paul, Haushaltungsbuch für den Schreibtisch deutscher Hausfrauen für d. J. 1890—1893. 4.—7. Jahrg. Fol. (à Jahrg. ca. 130 S.) Berl., Berliner lithogr. Institut.
geb. in Mappe à Jahrg. * 3 —

Moser's, Paul, Haushaltungsbuch f. den Schreibtisch deutscher Hausfrauen f. d. J. 1891. 5. Jahrg. Fol. (88 S., 40 Sp. u. 26 S.) Berlin, Berliner lithogr. Institut. geb. in Leinw.-Mappe m. grünem Tuchpap. überzogen n. 3. —; in schwarzer Wachstuchmappe n. 3. —

Moser's, Paul, Haushaltungsbuch f. den Schreibtisch deutscher Hausfrauen f. d. J. 1895. IX. Jahrg. Fol. (88 S. m. Löschpap. durchsch., 48 Sp. u. 26 S.) Berlin, Berliner lith. Institut. In Leinw.-Mappe m. grünem Tuchpap. überzogen od. in schwarzer Wachstuchmappe. n. 3. —

Moser's, Paul, Haushaltungsbuch f. d. Schreibtisch deutscher Hausfrauen f das J. 1899. XIII. Jahrg. Fol. (86 S. m. Löschpap. durchsch., 112 Sp. u. 35 S.) Berlin, Berliner lith. Institut. In Leinw.-Mappe m. grünem Tuchpap. überzogen od. in schwarzer Wachstuchmappe n. 3. —

Moser's, Paul, Haushaltungsbuch f. den Schreibtisch deutscher Hausfrauen f. d. J. 1903. XVII. Jahrg. (Schreibkalender m. Löschpap. durchsch., 108 Sp. u. Monats-Abschlüsse u. Jahres-Abschluss, sowie Inventar-Verzeichniss, Waschliste etc. 35 S.) Fol. Berlin, Berliner lith. Institut. In Leinw.-Mappe m. grünem Tuchpap. überzogen od. in schwarz. Wachstuchmappe n. 3.—

Moser's, Paul, Haushaltungsbuch f. den Schreibtisch deutscher Hausfrauen f. d. J. 1907. XXI. Jahrg. (Schreibkalender m. Löschpap. durchsch., 70 Sp. m. 1 farb. Karte, Wandkalender u. Linienbl. u. Monats-Abschlüsse u. Jahres-Abschluss, sowie Inventar-Verzeichniss, Waschliste etc. 32 S.) 4. Berlin [Berliner lith. Institut] Gea Verlag. In Leinw.-Mappe m. grünem Tuchpap. überzogen od. in schwarzer Wachstuchmappe. n. 3. —; in Ldr.-Mappe n. 4. —

Moser's, Paul, Haushaltungsbuch f. den Schreibtisch deutscher Hausfrauen 1911. 25. Jahrg. (Schreibkalender m. Löschpap. durchsch., 53 Sp. m. 1 farb. Karte, Wandkalender u. Linienbl. u. Monats- u. Jahresabschlüsse 32 S.) 33,5×23,5 cm. Berlin, Gea. In Leinw.-Mappe m. grünem Tuchpap. überzogen od. in Wachstuchmappe 3.—; in Ldr.-Mappe 4.—; Monats- u. Jahresabschlüsse allein 1. —

Moser's, Paul, Hausordnung f. den Schreibtisch deutscher Frauen f. d. J. 1887. Fol. (132 S.) Berlin, Berliner lithograph. Institut. In Ganzleinw.-Mappe. n. 3. —; in schwarzer Wachstuchmappe. n. 3. —

— dass. — für das J. 1888. 2. Jahrg. Fol. (III, 116 S. und 38 Sp.) Ebendas.
In Ganzleinw.-Mappe mit grünem Tuchpap. überzogen *
In schwarzer Wachstuch-Mappe *
3. Jahrg. u. d. T.: Haushaltungsbuch f. d. Schreibtisch ...

— Lebens-Chronik Mit e. Einleitg. v. Eug. Zabel, 6 Vollbildern v. Osk. Wisniewski u. Randzeichngn. v. C. Kießler. gr. 4. (4 Bl. Text m. Photographie-Album in 29 Bl.) Berlin 886. Berliner lithograph. Institut. geb. m. Schloß. n. 15. —

— Notiz-Kalender als Schreibunterlage auf das J. 1879. Fol. (39 Bl. mit 1 chromolithogr. Eisenbahn- und Reise-Karte von Deutschland bearb. von W. Liebenow und 1 Linienblatt.) Ebendas. 878. geb. *

— dass. — für das J. 1880. Fol. (94 S. mit 1 chromolithogr. Eisenbahnkarte und 1 Linienblatt.) Ebendas. 879. geb. und durchschossen * ℳ 2.; in Molesquinmappe *

Moser's, Paul, Notiz-Kalender als Schreibunterlage für die J. 1881—1885. Fol. (à Jahrg. ca. 100 S. mit chromolithogr. Karten.) Berlin, Berliner lithogr. Institut.
geb. à Jahrg. *

— dass. — für die J. 1881—1885. Ausg. A. schmal Fol. (à Jahrg. 192 S. mit 1 chromolithogr. Karte.) Ebendas.
geb. à Jahrg. *
Ausg. B. Mit Löschpap. durchschossen geb. à Jahrg. *

—— **Notiz-Kalender als Schreibunterlage** für die J. 1886—1889. Fol. (106; 106; 120; 137 S. mit je 1 chromolithogr. Karte.) Ebendas. geb. à Jahrg. *
geb. in Leder. à Jahrg *

—— dass. — für die J. 1886—1889. Ausg. A. schmal-Fol. (240; 240; 266; 274 S. mit je 1 chromolithogr. Karte.) Ebendas. geb. à Jahrg. *
Ausg. B. Mit Löschpap. durchschossen. geb. à Jahrg. *

—— Notiz-Kalender als Schreibunterlage für d. J. 1890—1893. Fol. (à Jahrg. ca. 70 S., 1 Schreibkal., 1 Wand-Kalender u. 1 chromolithogr. Karte.) Ebd. à Jahrg. geb. * 2 —; in Ldr. * 3 —
Auch in Schmal-Folioformat. Ausg. A. geb. * 2 —; Ausg. B, m. Löschpapier durchsch. geb. * 2 50; Ausg. C, m. Schreibpap. durchsch. geb. * 2 50.

— **Notiz-Kalender als Schreibunterlage f. d. J. 1895. 19. Jahrg. Fol. (Schreibkalender u. 82 Sp. m. 1 farb. Karte, Wandkalender u. Linienbl.) Ebd. In Leinw.-Mappe m. grünem Tuchpap. überzogen od. in Wachstuchmappe. n. 2. —; in Ldr.-Mappe n. 3. —**

— **dasselbe. schmal Fol. Ausg. A. (Schreibkalender u. 82 S. m. 1 Karte.) Ebd. Geb. n. 2. —; Ausg. B. Mit Löschpapier durchsch. geb. n. 2. 50; Ausg. C. Mit Schreibpap. durchsch. geb. n. 2. 50**

— Notiz-Kalender als Schreibunterlage f. d. J. 1899. 23. Jahrg. Fol. (Schreibkal. u. 112 Sp. m. 1 farb. Karte, Wandkalender u. Linienbl.) Ebd.
In Leinw.-Mappe m. grünem Tuchpap überzogen od. in Wachstuchmappe n. 2. —; in Ldr.-Mappe n. 3. —;
Luxus-Ausg., in Schafldr.-Mappe n. 7. 50;
nur d. Einlage n. 2. 50

— dasselbe. schmal Fol. Ausg. A. (Schreibkalender u. 112 S. m. 1 farb. Karte.) Ebd. Geb. n. 2. —;
Ausg. B. Mit Löschpap. durchsch., geb. n. 2. 50;
Ausg. C. Mit Schreibpap. durchsch., geb. n. 2. 50

— **Notiz-Kalender als Schreibunterlage f. d. J. 1903. 27. Jahrg. (Schreibkalender m. Löschpap. durchsch. u. 108 Sp. m. 1 farb. Karte, Wandkalender u. Linienbl.) Fol. Ebd. In Leinw.-Mappe m. grünem Tuchpap. überzogen od. in Wachstuchmappe n. 2. —; in Ldr.-Mappe n. 3. —; Luxus-Ausg., in Schafldr.-Mappe n. 7.50; nur die Einlage n. 2. 50**

— **dasselbe. Ausg. A. (Schreibkalender u. 108 S. m. 1 farb. Karte.) schmal. Fol. Ebd. Geb. n. 2. —; Ausg. B. Mit Löschpap. durchsch., geb. n. 2. 50; Ausg. C. Mit Schreibpap. durchsch., geb. n. 2. 50**

— **Notizkalender u. Tagebuch f. d. J. 1907. 31. Jahrg. Ausg. A. (Schreibkalender u. 99 S. m. 1 farb. Karte.) schmal. Fol. Ebd. Geb. in Leinw. n. 2. —; Ausg. B. Mit Löschpap. durchsch., geb. n. 2. 50; Ausg. C. Mit Schreibpap. durchsch., geb. n. 2. 50**

— Notizkalender u. Tagebuch f. d. J. 1911. 35. Jahrg. Ausg. A. (Schreibkalender u. 98 S. m. 1 farb. Karte.) 34×12,5 cm. Ebd. Geb. in Leinw. 2.—;
Ausg. B. Mit Löschpap. durchsch., geb. 2.50;
Ausg. C. Mit Schreibpap. durchsch., geb. 2. 50

— **Notiz-Kalender u. Tagebuch als Schreibunterlage f. d. J. 1907. 31. Jahrg. (Schreibkalender m. Löschpap. durchsch. u. 100 Sp. m. 1 farb. Karte, Wandkalender u. Linienbl.) 4. Ebd. In Leinw.-Mappe m. grünem Tuchpap. überzogen od. in Wachstuchmappe n. 2. —; in Ldr.-Mappe n. 3. —; Luxus-Ausg., in Ldr.-Mappe n. 7. 50; nur die Einlage n. 2. 50**

— **Notizkalender u. Tagebuch als Schreibunterlage 1911. 35. Jahrg.** (Schreibkalender m. Löschpap. durchsch. u. 99 Sp. m. 1 farb. Karte. Wandkalender u. Linienbl.) 33,5×23,5 cm. Ebd. in Leinw.-Mappe m. grünem Tuchpap. überzogen od. in Wachstuchmappe 2.—; in Ldr.-Mappe 3.—; Luxus-Ausg., in Ldr.-Mappe 7.50; Ldr.-Mappe allein 5.—;
Einlage allein 2. 50

Moser, Paul [aus Cöslin]: Über Pneumothorax nebst einem Falle von offenem Pyo-Pneumothorax. . . Greifswald, Druck v. Carl Sell, 1889; 37 + 1 S. + 1 Bl. 8°
Greifswald, Med. Fak., Inaug.-Diss. v. 26. Marz 1889

MOSER, Peter (Leuterschach): Alkohol sulphuris Lampadii.- München: Wolf 1850. 16 S.
23.7.1849 - Urk; F 67 .
Diss. Ingolst.-Landsh.-Mchn.

Moser, Peter, aus den Alpen. Geschichten, Schwänke und Bilder aus dem Volksleben. gr. 16. (254 S.) Gera 874, Amthor. *

Moser, Peter, neues Heilverfahren bei der Cholera, nach physiolog. Grundsätzen dargelegt. gr. 8. (III und 40 S.) Augsburg 854. (München, Franz.) *

Moser, Pet., die Krankheiten des Magens und Darmkanals, ihre Entstehung, Verhütung und Heilung. Nach den neuesten Forschungen und besten Quellen bearb. für das Volk. gr. 8. (60 S.) München 863, (Franz'sche Buchh.) *

Moser, Pet., die Krankheiten des Magens und Darmkanals, ihre Entstehung, Verhütung und Heilung. Nach den neuesten Forschungen und besten Quellen bearb. für das Volk. 2. Aufl. gr. 8. (59 S.) Straubing 887, (Attenkofer.) *

—— der Lebens-Magnetismus und seine Heilkraft in den schwersten und schmerzhaftesten Leiden. gr. 8. (23 S.) München 856, (Franz.)

— **das Nervenleben. Zur Belehrung für Jedermann und unentbehrlicher Rathgeber in Nervenleiden, als: Krankheiten des Gehirns, der Augen u. des Gehörs, Gesichtsschmerz, Rückenmarksleiden ꝛc. heilbar, selbst noch in den Fällen erfolgloser Erschöpfung aller bekannten Heilmittel, in zahlreichen Beispielen aus der eigenen Praxis nachgewiesen.** Ebend. 859. gr. 8. (52 S.) n. 9 ngr.

—— **das Nervenleben. Zur Belehrung für Jedermann und unentbehrl. Ratgeber in Nervenleiden, heilbar selbst noch in den Fällen erfolgloser Erschöpfung aller bekannten Heilmittel, in zahlreichen Beispielen aus der eigenen Praxis nachgewiesen. 2. Aufl. gr. 8. (52 S.) Straubing 887, (Attenkofer.) ****

—— das Wesen der Cholera. Der wahre Schutz vor derselben. Ihre sicherste und schnellste Heilung. gr. 8. (16 S.) Ulm 854. (München, Franz.) *

— das Wesen der Cholera. Der wahre Schutz vor derselben. Ihre sicherste u. schnellste Heilg. 2. Aufl. gr. 8. (16 S.) Ebd. 887. n.n. — 30

Moser, Philipp Ulrich

– DIE BERECHNUNG DER EHEGRADE. Gezeigt von M. Philipp Ulrich Moser, Pfarrer zu Dettingen, Heidenheimer Herrschaft. – Stuttgart: Erhard 1786. 205 S. 32 Tafeln.

– LEXIKON MANUALE HEBRAICUM ET CHALDAICUM in quo omnium textus sacri V.T. vocabulorum Hebraicorum et Chaldaicorum significatus explicantur. In usum gymnasiorum et scholarum. Cum indice lat. copiosissimo. Praefatus est D. Gottlob Christian Storr. Prof. Theol. Tubing. - Ulmae: In officina Stettiniana 1795. 828 S.

– VINDICIAE GRADUUM PROHIBITORUM quibus accedit brevis eorum index s. computus. Auctore M. Philippo Ulrico Moser. V.D.M. – Tubingiae: Fues 1779. VII, 197 S.

Moser, Ph. U., vindiciae graduum prohibitor. 8. Tüb. Heerbrand. 779.

Moser, Ph. Ulr., († d. 6. Aug. 1792.) vindiciae graduum prohibitorum. 8. Tübingen 779. (Osiander). 10 gr. — Deutsch von ihm selbst unt. d. T.: Die Berechn. der Ehegrade. Mit 32 Kpft. 8. Stuttg. 786. (Hoffmann). 20 kr.

Moser, R., Bau- und Civil-Ingenieurwesen, s. Weltausstellung, internationale, 1878 in Paris.

Moser, R., Geschichte d. Kreuzzüge nach Palästina, z. Befreiung d. heil. Landes. N. d. besten u. neuesten authent. Quellen bearb. 2 Bdchn. (Neue Ausg.) 16. (40½ B. u. 2 Titlkpfr.) Ulm 838, Ebner.

Moser, R. Ueber Thomas Otway's Leben und Werke, mit besonderer Berücksichtigung der „Tragedies". Diss. Jena 1874. 47 S.

Moser, R[obert]. Berner Alpendurchstich (Lötschberg- und Wildstrubellinie). Gutachten für die Stadt Bern. (1906 Mai 29.) II + 35 S. 8. Bern, Rösch & Schatzmann, 1906.

Moser, Rob., Bericht üb. Gruppe 18 der schweizerischen Landesausstellung Zürich 1883: Baumaterialien. gr. 8. (69 S.) Zürich 884. Orell Füssli & Co. Verl. n. 1.50

Moser, R., s.: Catastrophe, die, v. Zug 5. Juli 1887.

Moser, R[obert]. Neue schweizerische Eisenbahnprojekte. Nochmals die Weissensteinbahn. Sonder-Abdruck aus Nr. 23 Bd. 38 der «Schweiz. Bauzeitung.» II + 7 S. 8. Zürich, Zürcher & Furrer, 1901.

Moser, R[obert]. Neue schweizerische Eisenbahnprojekte: Das Greina-Projekt und die östlichen Alpen-Uebergänge. [Illustriert.] Sonderabdruck aus der Schweizerischen Bauzeitung. Band 47, Nr. 5 und 6. II + 10 S. 4. Zürich, Jean Frey, [1906].

Moser, R., neue schweizer. Eisenbahnprojekte. Das Greina-Projekt u. die östl. Alpen-Uebergänge. (10 S. m. Abbildgn.) 4. Zürich 906. Rascher & Co. — 60
Sonderabdruck aus: „Schweiz. Bauzeitg."

Moser, Rob. Gotthardbahn. Bau der Nordrampe durch die Baugesellschaft Flüelen-Göschenen. Zürich 1890. fol.

— Gutachten üb. die Rentabilität, s.: Centralbahn, Graubündner, Chur-Thusis-Filisur.

Moser, R[obert]. Gutachten über die verschiedenen Rickenbahn-Projekte. Erstattet an die Regierung des Kantons St. Gallen von Oberingenieur R. Moser. [Mit 2 Tafeln.] 31 S. 4. St. Gallen, Zollikofer, 1901.

— s. Gutachten über die am 5. Juli 1887 ... vorgekommene Rutschung. Zürich 1888.

Moser, Oberingenieur, siehe: *Guyer-Zeller.*

(Moser, R[obert], [und] Bachem, A[rthur].) Memorial über neue Eisenbahn-Projekte im mittleren Jura-Gebiete. [Mit 1 Tafel und 1 Karte.] 32 S. 4. Biel, Schüler & Cie., 1902.

(Für eine direkte Linie Münster-Grenchen.)

Moser, Rob[ert]. Geschichtliche Mitteilungen, Statistische Angaben und Wirtschaftliche Betrachtungen über die Schweiz. Tonindustrie. Mit 10 Figuren im Text. 50 S. 4.
s. Tonlager. Die schweizerischen T'.... 3. Volkswirtschaftlicher Teil .... Bern ... 1907.

Moser, Rob., geschichtliche Mitteilungen, statistische Angaben u. wirtschaftliche Betrachtungen üb. die schweizer. Tonwarenindustrie, s.: Mitteilungen der eidg. Materialprüfungsanstalt in Zürich. 11. Heft.

Moser, Rob[ert]. Geschichtliche Mitteilungen, statistische Angaben und wirtschaftliche Betrachtungen über die schweizer. Tonwarenindustrie ... s. Zschokke, B(runo). Resultate der technologischen Untersuchung der schweizerischen Tone .... Zürich 1907. [Anhang.]

Moser, Rob[ert, und] Heim, A(lbert). Ostalpenbahn. Projekt für eine normalspurige Bahn von Biasca nach Chur: Greinabahn. Technischer Bericht, Kostenvoranschlag mit Übersichtsplan und Profil [2 Profiltafeln und 2 Karten] von Rob. M', a. Oberingenieur ...; Geologisches Gutachten von Prof. Dr. A. H'.... Hrg. von der Regierung des Kantons Tessin Juni 1905. 60 S. kl.-fol. Zürich, Berichthaus, 1905. [fr. 5. —]

Moser, Rob[ert]. Schweizerische Ostalpenbahn: Eisenbahnprojekt Biasca-Greina-Chur. Greinaprojekt mit tieferem Tunnel. (Mai 1907.) [Mit 1 Karte.] 12 S. 4. Zürich, Berichthaus, 1907. [fr. 1. —]

— Schweizerische Ostalpenbahn. Eisenbahnprojekt Biasca-Greina-Chur. — Greinaprojekt m. tieferem Tunnel. (12 S. m. 1 Karte.) Lex. 8. Zürich 907. (Rascher & Co.) — 50

Moser, Rob., auch e. Pfarrersleben. I. Thl.; II. Thl. 2 Hefte u. III. Thl. 2 Hefte. 8. (Stuttgart, O. Gerschel.) n.n. 5. —
I. Bis in's Vikariat. Zugleich e. Beitrag zur Pädagogik & Pastoraltheologie. (VI, 128 S.) Hildrizhausen 876.
II, 1. Vom Hofmeister zum Diaspora-Prediger. Zugleich e. Beitrag zur Pädagogik & Pastoraltheologie. (VI, 72 S.) Täferroth 881.
2. Immer noch Diaspora-Prediger. Sechs Jahre in der preuß. Landeskirche. Zugleich e. Beitrag zur Pädagogik & Pastoraltheologie. (124 S.) Täferroth 883.
III, 1. Einige Jahre in Hechingen, in der preuß. Landeskirche, 1858—61. Ein Buch f. Jedermann. (V, 78 S.) Ostdorf 889. n.n. 4. —
2. Sechs Jahre in der preuß. Landeskirche. Schluß. 1861—63. Pfarrer in Wallhausen. 1863—67. Pfarrer in Altheim, Oberamt Ulm. 1867—73. (131 S.) Brackenheim 903. n.n. 1. —

Moser, Rob.: Auch ein schwäbisches Pfarrersleben. 6 Hefte in 2 Bden. Selbstverlag bezw. Brackenheim: Knapp 1876—1908.

Auch ein schwäbisches Pfarrersleben. Zugleich e. Beitrag z. Pädagogik & Pastoraltheologie. Th. 1–3. Von Robert Moser, Pfarrer. (Hildrizhausen): Selbstverl. 1876–1903. 5 Bde 8° [F.]
1. Bis in's Vicariat. 1876.
2, 1. Vom Hofmeister z. Diaspora-Prediger. 1881.
2, 2. Immer noch Diaspora-Prediger. 6 Jahre in d. preuß. Landeskirche. 1883.
3, 1. Einige Jahre in Hechingen, in d. preuß. Landeskirche. 1858–61. 1889.
3, 2. 6 Jahre in d. preuß. Landeskirche. Schluß. 1861–63. Pfarrer in Wallhausen. 1863–67. Pfarrer in Altheim, Oberamt Ulm. 1867–73. 1903. [05. 10895

Moser, Rob., auch e. schwäb. Pfarrersleben. Zugleich e. Beitrag zur Pädagogik u. Pastoraltheologie. 1. Tl. u. Fortsetzung IV. 8. Brackenheim. (Stuttgart, J. Rath.) 2.80; geb. in Leinw. 4.60
1. Bis in's Vikariat. 2. Aufl. (VI, 214 S.) 908. 2. —; geb. 3. —
IV. (6. Heft u. Schluß.) Pfarrer in Hildrizhausen 1873—1877. Pfarrer in Täferrot 1877—1886. Pfarrer in Ostdorf 1886—1893. Pfarrer in Kochersteinsfeld 1893—1897. (169 S.) 908. — 80; geb. 1.60

Moser, Robert [app. Arzt aus Weilburg a. d. Lahn]: Die Sturzgeburten in der Münchener Frauenklinik in den Jahren 1892 und 1893 und das Verhalten ihres Wochenbetts ... München, kgl. Hof- u. Univ.-Buchdr. v. Dr. C. Wolf & Sohn, 1895; 22 S. 8.
München, Med. Fak., Inaug.-Diss. v. 1895

— Die schweizer. Tonlager, s.: Beiträge zur Geologie der Schweiz. 4. Lfg. (Letsch, E.)

Moser, Rob., Vergiß mein nicht. Evangelisches Gebetbuch in Morgen- und Abend-Gebeten für zwölf Wochen, Fest-Gebeten und Gebeten in allerlei Umständen des Lebens, aus zum Theil weniger benützten Schriften bewährter Gottesmänner alter und neuer Zeit mit besond. Rücksicht auf christl. Familienleben gesammelt und hrsg. gr. 8. (439 S.) Stuttgart 869, Belser's Verlag. ℳ 2,70.; geb. *

Moser, Rud.

Moser's, R., Anleitung zur Monogramm-Stickerei. Nebst e. Anweisg., Zeichngn. auf Stoffe zu übertragen. Für Haus u. Schule hrsg. v. Rud. Moser & Sohn in Leipzig. Mit 58 Abbildgn. 12. (48 S.) Leipzig 889. Siegismund & Volkening. 1. —; cart. n. 1. 20; geb. n. 1. 40

Moser's, Rud., Anleitung zur Monogramm-Stickerei. Nebst e. Anweisung, Zeichngn. auf Stoffe zu übertragen. Für Haus u. Schule hrsg. von Rud. Moser u. Sohn in Leipzig. Mit 58 Abbildgn. 12. (48 S.) Lpz. 889, (Ed. Volkening). 1 —; cart. 1 20; geb. 1 40
Fortsetzg. u. d. T.: Bibliothek d. Handarbeiten.

— Archiv für weibliche Hand-Arbeiten. Ein illustrirtes Sammelwerk, begründet zur allgemeinen Verbreitung u. übersichtl. Anwendg. aller weibl. Handfertigkeiten u. zur Hebg. wahrer Kunstfreude im Hause. Red. u. hrsg. v. R. Moser u. Sohn. 1. Bd. April 1889—März 1890. 24 Nrn. ($1\frac{1}{2}$ B.) gr. 4. Leipzig, [R. Moser & Sohn], Ed. Volkening. n. 3. —

— dasselbe. 2. Bd. April 1890 — März 1891. 24 Nrn. ($1\frac{1}{2}$ B.) gr. 4. Ebd. n. 4. —

– Beschreibung des Oberamts Göppingen, s. Beschreibung des Königr. Württemberg. 20. H.

Moser, Beschreibung des Oberamtes Hall, s.: Beschreibung des Königr. Württemberg, 23. Hft.

Moser, Beschreibung d. Oberamts Kirchheim, s. Memminger, J. D. G., Beschreib. v. Württemberg, 16. Hft.

Moser, Rud., vollständ. Beschreibung v. Württemberg, in allen seinen Städten, Dörfern rc., Schlössern, Bädern, Flüssen, Bergen, Merkwürdigkeiten, wichtigen Ereignissen rc. Ein geograph.-statist.-topograph. Hand- u. Hausbuch f. Beamte, Kaufleute, Gewerbtreibende rc. In alphabet. Ordnung nach d. besten Quellen. gr. 16. ($98\frac{1}{2}$ B., 24 Ans. u. 1 Plan v. Stuttgart.) Stuttgart 843, Scheible, Rieger u. Sattler. *

— Beschrelbung des Oberamts Welzhelm, s. Beschreibung des Königreichs Württemberg, 22. Heft.

— Bibliothek d. Handarbeiten. Nr. 2. 12. Leipzig 890. (Ed. Volkening.) n. — 50
Anleitung zur Aquarell-Malerei, nebst e. Abhandlung über die Farbenlehre. Nach den besten Quellen u. neuesten Erfahrgn. zusammengestellt. (II, 39 S.)
Nr. 1 s.: Moser's, R., Anleitung zur Monogramm-Stickerei.

Moser, Rudolph [aus Karlsbad]: Die Erbfolgeberechtigung auf Österreich nach dem Aussterben der Babenberger ... Rostock, C. Boldt'sche Hof-Buchdr., 1893; 105 S. 8.
Rostock, Phil. Fak., Inaug.-Diss. v. [10. Juli] 1892

Moser, Rud., die Juden u. ihre Wünsche. Ein publicist. Versuch. gr. 8. Stuttg. 828. (Hoffmann). 1 ⨍ 12 ℊ

Moser, Rud., die Juden u. ihre Wünsche. Ein publicist. Versuch. gr. 8. ($18\frac{1}{2}$ B.) Stuttgart 828, (Weise.)

—— die bäuerl. Lasten d. Würtemberger, insbesond. d. Grundgefälle. Die Entstehung d. letzteren, ihre Schädlichkeit u. d. Mittel zur Abhülfe. Nach Urkunden u. amtl. Nachrichten. gr. 8. ($25\frac{3}{4}$ B.) Stuttgart 832, Schweizerbart.

Moser, Rud., über die Münzgesetze vom 7. Mai 1850 u. die Nothwendigkeit einer Revision derselben. (Abgedr. aus den Verhandlungen d. St. Gallisch-Appenzellischen gemeinnützigen Gesellschaft vom 2. Sept. 1850.) 8. (72 S.) (St. Gallen 850, Huber & Co.) n. 8 ngl

Moser, Rud., über die Münzgesetze vom 7. Mai 1850 und die Nothwendigkeit einer Revision derselben. 8. (72 S.) (St. Gallen 851, Huber und Comp.) *
Aus: Verhandlungen der St.-Gallisch-Appenzellischen gemeinnützigen Gesellschaft vom 2. Sept. 1850, besonders abgedruckt.

—— Muster-Zeitung. Zum Gebrauch in Gewerbe, Schule und Haus. 1. Jahrg. Octbr. 1889—Juni 1890. 18 Nrn. (Muster-Bogen.) gr. 4. Lpz., (Ed. Volkening). . 3 . .
Nicht weiter erschienen.

— Muster-Zeitung. Zum Gebrauch in Gewerbe, Schule u. Haus. 1. Jahrg. Octbr. 1889—Septbr. 1890. 24 Nrn. (Muster-Bogen.) gr. 4. Ebd. n. 4. —

Moser, Rud., s. Nationalökonom. der.

Moser S. F.: Die Korneinfuhr in die Schweiz. Herzogenbuchsee 1863. 16 S. P.

Moser, Sam., Goethe's zweiter Faust oder der geöffnete Walpurgissack. Weissenburg 864. (Altona, Verlags-Bureau.) 8. (XVI, 240 S. mit Goethe's gut getroff. lith. Bildnisse.) n. 1 ⨍

Moser, Sam., aus Weißenburg im Elsaß. Göthes zweiter Faust oder der geöffnete Walpurgissack. Weißenburg, Fr. Wentzel, 1864. Goedeke IV, 3, 711, 28. Meyer unbekannt. Ein sich in den derbsten Ausdrücken ergehender skatologisch-erotischer Kommentar.

Moser, Sam. Jac., Nonnulla de hydrocephalo interno chronico. Diss. inaug. Kiliæ. 1835. 4. P.

Moser, Stefan, Erzählungen für das Volk. gr. 8. (154 S.) Graz 873, Vereins-Buchdruckerei. *

Moser, Tim, Los! Werdephantasieen. (56 S.) kl. 8. Leipzig 900. Verlag f. Literatur, Kunst u. Musik. n. 1. —; geb. n. 1. 50

Moser, Victor [aus Dornburg]: Vier Fälle von Pyolymphangitis duodenalis nach Gallensteineinklemmung an der Papilla Vateri .... Jena, Druck v. B. Engau, 1888; 35 S. 8°
Jena, Med. Fak., Inaug.-Diss. v. [24. Jul.] 1888

Moser, Victor, vier Fälle von Pyolymphangitis duodenalis nach Gallensteineinklemmung an der Papilla Vateri. Diss. Jena 1888, G. Neuenhahn. 8°. 35 S.

Moser, Virgil, historisch-grammatische Einführung in die frühneuhochdeutschen Schriftdialekte. (XII, 266 S.) gr. 8. Halle 908. Buchh. des Waisenhauses. 8. —

Historisch-grammatische Einführung in die frühneuhochdeutschen Schriftdialekte v. Virgil **Moser**. Halle a. S.: Waisenh. 1909. (XII, 266 S.) 8° [08.17645]

Moser, Waldemar von, pract. Arzt in Geisa (Sachsen-Weimar-Eisenach): Das Verhältnis der Blutung zur Verbreitung der Tuberkulose in der Lunge. Würzburg 1905: J. Seelmeyr. (34 S.) 8°
Würzburg, Med. Fak., Ref. v. Rindfleisch, Diss. v. 21. Aug. 1905
[Geb. 24. Dez. 69 Holzkirch; Wohnort: Geisa; Staatsangeh.: Preußen; Vorbildung: Gymn. Dresden Reife O. 91; Studium: München, Erlangen, Berlin, Würzburg, zus. 14 S.; Coll. 2. Dez. 04; Approb. 25. Mai 98.]

Moser, Wanda, s. Moser - Friedrich

Moser, Werner, Referendar: Der Eigentumsvorbehalt beim Kaufe nach römischem Recht. *Breslau (1904): S. Schottlaender.* (56 S.) 8°
Breslau, Jur. Diss. v. 22. Jan. 1904

Moser, Wilhelm Gottfried von (Hrsg.), s.a. Forstarchiv zur Erweiterung der Forst- und Jagdwissenschaft ...

v. Moser, Wlh. Gf., († d. 31. Jan. 1793.) Forstarchiv z. Erweiter. der Forst- u. Jagdwissensch. 1r—17r Bd. gr. 8. Ulm 788—95. 16 ⨍ 16 ℊ, 18r—30r Bd. oder neues Forstarchiv 1r—13r Bd. fortges. v. C. W. J. Gatterer 11 ⨍ 16 ℊ, gr 8. Ebd. 796—807 Stettin 29 ⨍ 8 ℊ (18r und 19r Bd. A. u. d. T.: C. W. J. Gatterer, allgemein. Repertor. d. ganzen forstwissenschaftl. Literatur. 1r u. 2r Bd.)

— Forstökonomie. 2 Thle. gr. 8. Frankf. Gebhardt. (a. Brönner.) 757.

MOSER, Wilhelm Gottfried: Grundsätze der Forst-Ökonomie. - Frankfurt a. M. 1757. 2 Bd. insges. 928 S. 156 S. Beil., 22 S. Reg.

Moser, Wlh. Gf., Grundsätze d. Forstökonomie. 2 Thle. gr. 8. Frankf. a. M. 757. Gebhardt u. K.; (a. Brönner). 2 ℔

Moser, William [aus Brooklyn]: Über die klinischen Ausgänge der Graviditas tubaria ... Berlin, C. Vogt's Buchdr., *1892;* 28 S., 1 Bl. 8.
Berlin, Med. Fak., Inaug.-Diss. v. 20. Aug. 1892

Moser von Filseck u. Weilerberg, Johann Jakob, s. Moser, Johann Jakob

Moser-Friedrich, Wanda

Moser, Wanda, die Suppenküche, s.: Grethlein's praktische Hausbibliothek. 20. Bd.

Moser-Friedrich, Wanda, wie kann man Fleisch ersparen?, s.: Grethlein's praktische Hausbibliothek.

Moser-Naunhof, Felix H.

Moser, F., Arbeiten aus Zigarrenkisten, s. a. Taschenbücher, illustrierte, f. die Jugend.

Arbeiten aus Zigarrenkisten. Allerhand Winke u. Anregungen f. fleißige Hände. Hrsg. von d. Red. d. Guten Kameraden. Bearb. von F[elix H.] Moser-Naunhof. Mit 190 Abb. Stuttgart, Berlin, Leipzig: Union [1906]. (116 S.) 8° [F.].
— Taschenbücher, Illustrierte, f. d. Jugend. 26. 07. 916

Moser-Naunhof, F., der gute Unterhalter im Familienkreise. Eine ausgewählte Sammlg. v. Anreggn. zur Belehrg. u. Belustigg. aller denkbaren Art, f. einsame Stunden u. f. heitere Geselligkeit. (168 S. m. Abbildgn.) 12. Berlin 904. U. Meyer. Kart. n. 1. —

Möser, Justus, von Fr. Blanckmeister, s. Sammlung von Vorträgen von Frommel und Pfaff.

Möser. – Just. Möser

— dessen Leben, s. Fr. Nicolai.

Möser's Kursbuch (genannt: Der kleine Möser). Praktischstes Fahrplanbuch f. Nord- u. Mitteldeutschland. Mit Angabe der Fahrpreise, nebst e. Karte. Sommer-Ausg. Mai—Septbr. 1902. 12. (XXXV, 208 S.) Berlin, P. Möser. — 50

— dasselbe. Winter-Ausg. Oktbr.—April 1902/03. 12. (XXXVI, 416 S. nebst Beilage: Berliner Fern- u. Nahverkehr. 48 S.) Ebd. — 50; Beilage allein — 10

Möser's Kursbuch (genannt: Der kleine Möser). Praktischstes Fahrplanbuch f. Nord- u. Mitteldeutschland. Mit Angabe der Fahrpreise u. e. Karte. Reise-Ausg. Juli bis Septbr. 1906. (XL, 544 S. u. 4 S.) kl. 8. Berlin, Verlag v. Möser's Kursbuch. — 50

Möser's Kursbuch f. Nord- u. Mitteldeutschland (genannt: Der kleine Möser). Winterdienst 1894/95. Übersichtlichstes u. zuverlässigstes Fahrplanbuch m. Angabe der Fahrpreise u. 1 Karte. gr. 16. (XXXII, 288 u. 32 S.) Berlin, P. Möser. — 50

Möser's Kursbuch f. Nord- u. Mitteldeutschland (genannt: D. kleine Möser). Sommer- u. Winter-Ausg. Juli—Sept. 1898 u. Octbr. 1898—April 1899. Übersichtlichstes u. zuverlässigstes Fahrplanbuch m. Angabe der Fahrpreise u. e. Karte. gr. 16. (XXXII, 364 u. 40 S. bezw. XXXII, 368 u. 40 S.) Berlin, P. Möser. à — 50

— Berliner Taschenfahrplan. (Gratis-Beilage zu Möser's Kursbuch. Berl. Ausg.) Sommer-Ausg. 1905 (Juli bis Septbr.) u. Winter-Ausg. 1905/06. Berliner Nahverkehr, enth. die Stadt- u. Ringbahn, Vorortzüge, Berliner Fernverkehr, enth. a. Die Abfahrtzeiten nach Bahnhöfen geordnet. b. Die besten Züge von u. nach Berlin. (à 52 S.) kl. 8. Ebd. — 10

Moeser's landwirthschaftliche Umschau. Central-Insertions-Organ, Anzeiger für literar. Erscheinungen und Bezugsquellen auf den Gebieten: Landwirthschaft, Gartenbau, Forstwesen, Obstbau, Bienenzucht, Jagd, Sport, Fischerei und der verwandten Zweige. Jahrg. 1888. 24 Nrn. (à Nr. 1—1½ Bog.) Fol. Leipzig 888, H. Voigt. *

Moeser's landwirthschaftliche Umschau. 2.—5. Jahrg. 1889—1892. [Seit 1892] redig. von Otto H. Müller. à Jahrg. 24 Nrn. (à Nr. 1—2 Bog.) Fol. Lpz., H. Voigt. 2.—4. Jahrg. à * 4 — 5. Jahrg. * 6 —

— landwirtschaftliche Umschau f. Mittel- u. Norddeutschland. Centralorgan f. Sachsen u. Thüringen. Red.: Otto H. Müller. 6. Jahrg. 1893. 52 Nrn. (à ca. 1½ Bog.) gr. 4. Ebd. n. 6. —

Möser, A., beim Volks-Anwalt, s. Liebhaber-Bühne, neue.

Möser, Alb., meine Beziehungen zu Robert Hamerling u. dessen Briefe an mich. 8. (VIII, 70 S.) Berlin 890. Lüstenöder. n. 1. 20

Möser, Alb., Gedichte. 8. (III und 109 S.) Leipzig 865, Matthes.

Möser, Alb., Gedichte. 2. verm. Aufl. 16. (XIII, 282 S.) Leipzig 869, Matthes. geb. mit Goldschn.

— Gedichte. 1. Sammlung. 3., sehr veränd. u. verm. Aufl. [Editio ne variotur.] gr. 8. (VIII, 293 S.) Hamburg 890. Verlagsanstalt u. Druckerei, A.-G. n. 3. —; geb. n. 4. —

— das Dresdener Hoftheater in den J. 1862 bis 1869. Blätter der Erinnerung. Dresden 869. Lehmann'sche Buchdr. 16. (48 S.) n. 5 ngr.

Möser, Alb., Idyllen, s. a. Mont, Pol de.

—— Idyllen. gr. 16. (56 S.) Halle 875, Barthel. *

— deutsche Kaiserlieder. 12. (XII, 83 S.) Dresden 889. H. Klemm. n. 1. —

— aus der Mansarde. Neue Gedichte. 5. Sammlg. 8. (V, 297 S.) Bremen 893. M. Heinsius Nachf. n. 3. —; geb. in Leinw. n. 4. —
Die 4. Sammlg. erschien 1889 u. d. T.: Singen u. Sagen.

—— Nacht und Sterne. Neue Gedichte. 16. (VIII, 270 S.) Ebendas. 872. * ℳ 4.; geb. mit Goldschn. *

Möser, Alb., Schauen und Schaffen. Neue Gedichte. 8. (VIII, 296 S.) Stuttgart 881, Levy und Müller. *M 3,60.; geb. *

— Singen u. Sagen. Neue Gedichte. 4. Sammlung. 8. (VII, 277 S.) Hamburg 889. Verlagsanstalt u. Druckerei, A.-G. n. 3. —; geb. n.n. 4. —

—— neue Sonette. 16. (III und 54 S.) Leipzig 866, Matthes. *

—— Todtenopfer. Gneisenau's Enkel, dem Grafen Lothar v. Hohenthal zum Gedächtniß. Canzone. 16. (22 S.) Halle 870, Barthel. *

Möser, Albert [Dr.]: Marius und die Cimbern. Dramatisches Gedicht von Pietro Cossa. Aus dem Italienischen übersetzt. Dresden, Ramming'sche Buchdr., 1889; S. I–XXVIII; 4°
Dresden, Wettiner G, OP 1889 (509)

Moeser, (Gul.) Alex (Theod.) (geb. Lauban - 2 1839) De cholelithiasi Berolini (1862). (32 S.) 8°
Berlin, Med. Diss. v. 5. Aug. 1862

Möser, Ant., Erläuterungen üb. d. Regeln d. deutsch. Rechtschreibung. Ein Hülfsbuch f. Lehrende u. Lernende. 1. Thl. 9. Aufl. 8. (9 B.) Prag 835, gedr. b. Th. Thabor.

Möser, Ant., Erläuterungen über die Regeln der deutschen Rechtschreibung. Ein Hülfsbuch für Lehrende u. Lernende. 1. Thl. 10. Aufl. 12. (128 S.) Prag 847, Haase Söhne. 1/3 ß

Möser, Ant., Erläuterr. über die im gegenwärt. Schulbuche befindl. Regeln d. deutschen Rechtschreibung. Zum Gebr. für Lehrende u. Lernende. 8. Prag 815. 8e Aufl. 826. (Kronberger u. W.) 9 gr

Möser, Ant., Hülfsbuch f. Anfänger, welche die deutsche Sprache nach grammatikal. Regeln erlernen wollen. 8. Prag 815. 5e Aufl. 827. Kronberger u. W. 1 ß

Möser, (Ant.,) Hülfsbuch für Anfänger in der deutschen Sprache. 4e Aufl. 8. Prag 821, Krauß.

— Regeln d. deutschen Rechtschreibung zum Gebr. f. Lehrer u. Lernende. 2 Thle. 8. Prag ... 8e A. 826. Enders. 1 ß

— Uebersicht der orthograph. Regeln, bestehend in e. Samml. moral. Sätze u. Begriffe, Sprüchwörter mit Erläuterr. ꝛc. 8. Prag ... 6e A. 825. Kronberger u. W. 16 gr

Möser C W, Musterzeichnen für Techniker etc. Neue Abteilung Maschinenteile. (35 T mit Text) fol Darmstadt 1872

Moeser, Carl, s. Moeser, Karl

Möser, Geo., der Socialdemokrat. Eine lehrhafte Geschichte. Mit 4 Orig.-Zeichnungen (in Holzschn.) von G. Guthknecht. 8. (58 S.) Leipzig 878, Eckstein. *

Möser, H., u. F. Fink, s. a. Musterzeichnungen für Techniker.

Möser u Fink, Musterzeichnungen für Techniker etc. I Feuerspritzen. 2. Auflage. (8 T mit Text) Darmstadt 1848

Möser und Fink, Musterzeichnungen für Techniker etc. II. Abteilung Wagner- und Schmiedearbeiten. (54 T m Text) fol Darmstadt 1848
— — III. Abteilung Wagner-Werkstätte. (15 T m Text) fol Darmstadt 1848

Möser und Fink, Musterzeichnungen für Techniker etc. II. Wagner- und Schmiedearbeiten. (54 T m Text) IV. Schlosser-Werkstätte. (25 T mit Text) Darmstadt 1848

Moeser, H., die Kneipp'sche sanitäre Reformbewegung in ihrer sozialen Bedeutung. Ein Vortrag, geh. zu Wörishofen am 27. März 1892. 8. (31 S.) München 892. Münchner Handelsdruckerei & Verlagsanstalt M. Poeßl. n. — 40

Moeser, H., wie hilft man schnell bei Unglücksfällen u. plötzl. Erkrankgn. in der Kinderstube, s. a. Bibliothek, kleine.

[K.] Wie hilft man schnell bei Unglücksfällen und plötzlichen Erkrankungen in der Kinderstube? Von Dr. med. H. Moeser, prakt. Arzt, Hrsg. d. Zs. 'Gesunde Kinder!' *Hamm i. W.: Breer & Thiemann [1897].* (54 S.) 1 Bd 8.
— Bibliothek, Kleine. No 1. [97. 4276

Moeser, Hermann [aus Oppeln]: Zur Behandlung der Fehlgeburten .... Würzburg, Druck d. A. Memminger'schen Buchdr., 1887; 35 S. 8°.
Würzburg, Med. Fak., Inaug.-Diss. v. 1887.

Moeser, Hermann, zur Behandlung der Fehlgeburten. Diss. Würzburg 1887, Stahelsche Univ.-Buchh. 8°. 35 S.

Moeser, H., das kirchliche Fasten- u. Abstinenzgebot in gesundheitlicher Beleuchtung, s. a. Broschüren, Frankfurter zeitgemäße. 26. VI.

Das kirchliche Fasten- und Abstinenzgebot in gesundheitlicher Beleuchtung Von Dr. H[ermann] Moeser, Arzt in Stuttgart. Hamm i. W.: Breer & Thiemann 1907. (24 S.) 8° [Umschlagt. F.]
— Broschüren, Frankfurter Zeitgemässe. Bd 26, H. 6. [07. 4390

Moeser, Hermann: Gottfried von Ville-Hardouin und der Lateinerzug gen Byzanz. Ein quellenkritischer Beitrag zur Kreuzzugsgeschichte. Nebst einer genealog. Tafel und einem Litteraturverzeichnis. Breslau 1897. 179 S. 8°.
Bern. Phil. Diss. 1897/98.

Gottfried von Ville-Hardouin u. der Lateinerzug gen Byzanz. E. quellenkrit. Beitr. z. Kreuzzugsgesch. v. Dr. Hermann Moeser. Nebst e. genealog. Taf. u. e. Litteraturverz. *Breslau: (Selbstv.); Dr. v. R. Nischkowsky 1897.* (2 Bl., 179 S.) 1 Bd 8. [97. 6426 Br

Moeser, H., was können wir trinken, wenn wir geistige Getränke meiden wollen?, s. a. Sprechstunden, hygienisch-ärztliche. 1. Hft.

Was können wir trinken, wenn wir geistige Getränke meiden wollen? Von Dr. H[ermann] Moeser, Arzt in Stuttgart. *Glatz: M. Adam 1904.* (22 S.) 8° [F.]
— Sprechstunden, Hygienisch-ärztliche. H. 1. [04. 3137

Möser, J., versuchter und treu erfundener Abraham. 8. Osnabrück. 783.

Möser, J J, s. Moser, Johann Jakob

Möser, Jh., Sinngedichte. 8. Wien (802). Geistinger. 12 gr

Möser, J., Sinngedichte. 8. Wien, Pichler. 802.

Möser, Justus. Also sind die unbestimmten Leibeigenthumsgefälle zu bestimmen. Patriot. Phantasien, 1770.

Möser, Just, s. Art. — Von deutscher Art und Kunst.

Möser's, Just., Denkmal in Osnabrück. Mit Abbild. gr. 8. Osnabrück 836. Osiander. 1/2 ß

Möser, Justus. Gedanken über die vielen Lotterien. Bei dem Anfange der Osnabrückischen Lotterie. 1768. Patriot. Phantasien.

Möser's, Just., Gegenschrift gegen Friedrich des Großen Schrift über die deutsche Litteratur, s. Universal-Bibliothek Nr. 2211.

— Osnabrücks Geschichte mit Urkunden. 2 Thle. 8. Osnabr. 768. 2e A. gr. 8. Berl. 780. 3e A. 819. Nicolai. 2 ℛ 3r Thl. Mit Urkunden; hrsgg. aus d. Verfass. handschriftl. Nachlasse. gr. 8. Ebd. 824. 1 ℛ 16 g

Justus Mösers Osnabrückische Geschichte. 8°.
Th. 1: Mit Urkunden. 3. Aufl. Berlin und Stettin. 1819.
Th. 2: Mit Urkunden. 3. Aufl. ebd. 1819.
Th. 3: Mit Urkunden. (Bisher noch ungedruckt und zu allen Auflagen passend.) Hrgg. aus des Verfassers handschriftlichem Nachlasse (v. C. Stuve). ebd. 1824.

Möser, Justus, Harlekin od. Vertheidigung des Groteske-Komischen. Neue verbess. Aufl. (Anch'io son Pittore.) Bremen, bey Joh. Heinr. Cramer, 1777. 8°. Cart., wie neu.
Gegen Gottsched. 96 S. — Zuerst gedr. 1761.

Möser, J., ausgewählte patriotische Phantasien, s. Universal-Bibliothek Nr. 683 und 684.

Möser, J., patriotische Phantasien, s.a. Bibliothek der deutschen Nationalliteratur.

—— patriotische Phantasien, s.a. Meyer's Volksbücher.

Möser, Just., patriotische Phantasien, s.a. National-Bibliothek sämmtl. deutschen Classiker.

Möser, Just., patriotische Phantasien, s.a. Velhagen & Klasing's Sammlung deutscher Schulausgaben.

— patriot. Phantasien. 3 Thle. 8. Berl. 774—778. 1r u. 2r Thl. 2e A. 778. 4r Thl. (Von fr. Tochter, J. W. J. Voigt, 786.) 3e A. 4 Bde. gr. 8. Berl. 804. 4e A. 4 Thle; hrsgg. v. J. W. J. Voigt, 820. Nicolai. 3 ℛ 16 g

Möser, Justus. Patriotische Phantasien. 1. u. 2. Bd. Berlin 1775—1804. H: *Voigt, Johanne Wilhelmine Juliane von geb. Möser.* (MGT)

Möser, Justus. Patriotische Phantasien ... Herausgegeben von seiner Tochter J. W. J. v. Voigt, geb. Möser. [I.—III. Teil: Neue verbesserte und vermehrte Auflage] Berlin. bei Friedrich Nicolai 1778—1786.
4 Teile 8°.
I 1778: Titelkupfer, Tit., 5 Bl., 372 S.
II 1778. Tit., 6 Bl., 370 S
III 1778. Tit., 5 Bl., 382 S
IV 1786: Tit., 3 Bl., 376 S.
Einige Aufsätze sind gegen Putz und Mode gerichtet

— — patriotische Phantasien. 4r Thl. 3te. Aufl. gr. 8. Ebend. 819.

— — Dasselbe. 4te Aufl. 4 Bde. von J. W. J. v. Voigt. gr. 8. Ebend. 820.

Möser, Justus: „Patriotische Phantasien" (zusammengestellt aus Mösers Aufsätzen in den „Wöchentlichen Osnabrückischen Anzeigen" von J. W. J. Voigt), 3 Theile, Berlin 1774—1778; 1. und 2. Theil, 2. Auflage 1778; 4. Theil 1786; 3. Auflage, 4 Theile, Berlin 1804 (herausgegeben von J. W. J. Voigt); 4. Auflage, 4 Theile, Berlin 1820 (Nicolai); Neuausgabe von Reinh. Zöllner (mit einer Vorrede des Herausgebers und einer Lebensgeschichte Justus Mösers), Leipzig 1871.

Möser, Just., patriot. Phantasien. (Auswahl.) Für d. Schulgebrauch hrsg. v. Ferd. Dieter. 12. (108 S.) Leipzig 897. G. Freytag. Kart. n. — 70

— Schreiben an den P. J. K. in W., den ersten Schritt zur künft. Vereinig. d. evangel. u. kathol. Kirche betreff. 8. Hannov. 781. Hahn. 2 g

— fünf kl. Schriften: (1) der Werth wohlgewog. Neigung; 2) Schreiben an A. Mendez da Costa; 3) Schreiben an Vicar; 4) Schreiben an Patritchen; 5) Harlekin). 8. Brem. 777. (Rabenherst in Leipz.) 16 g

— vermischte Schriften, mit bess. Leben v. Fr. Nicolai. 2 Thle. gr. 8. Berl. 797, 98. Nicolai. 2 ℛ 8 g

— üb. die deutsche Sprache u. Literatur. 8. Osnabr. u. Hamb. 781. Campe. 3 g; (a. Hahn in Hannov.) 4 g

Möser, Just., über die deutsche Sprache u. Litteratur, s.a. Literaturdenkmale, deutsche, des 18. u. 19. Jahrh.

Justus **Möser**. Über die deutsche Sprache und Litteratur (1781). Hrsg. von Carl Schüddekopf. *Berlin: B. Behr 1902.* (XXVII, 31 S.) 8°
= Gegenschriften gegen Friedrichs des Grossen De la littérature allemande. H. 1.
= **Litteraturdenkmale**, Deutsche, d. 18. u. 19. Jahrh. No 122.

Möser, Justus. Von der Steuerfreiheit in Städten, Flecken und Weichbildern. Patriot. Phantasien, 1769.

Möser, Just., Tugend auf d. Schaubühne, oder Harlekin's Heirath. gr. 8. Berl. 796. Nicolai. 3 g

Möser, Justus, Wie viel braucht man um zu leben? 1774. (Patriot. Phantasien von Möser.)

— sämmtl. Werke. 8 Bde. gr. 8. Berl. 798. Nicolai. 9 ℛ 16 g

Möser's, Justus, sämmtliche Werke. Neu geordnet u. aus dem Nachlasse desselben gemehrt durch B. R. Abeken. (10 Theile.) 1.—4. Thl. — A. u. d. T.: Patriotische Phantasien. Herausgeg. von seiner Tochter J. W. J. v. Voigts, geb. Möser. 4 Thle. Neue verm. Ausg. gr. 12. Berlin 842, Nicolai'sche Buchh. Subscr.-Pr. à Thl. n. 5/6 ℛ

— dies. 5. Thl. A. u. d. T.: Kleinere, den Patriot. Phantasien verwandte Stücke nebst Schriften über Religion, Kirche und verwandte Gegenstände. gr. 12. Ebend. 843. n. 5/6 ℛ

— dies. 6. 7. Thl. 1. 2. u. 8. Thl. A. u. d. T.: Osnabrückische Geschichten. 4 Thle. Mit 1 Kupf. gr. 12. Ebd. 843. n. 2½ ℛ

— dies. 9. Thl. A. u. d. T.: Kleinere Schriften. Vermischtes: Aus Mösers frühester Periode, in Zeitschriften Erschienenes. Fragmente. Historisches, über Klöster und Stifter. gr. 12. Ebend. 843. n. 5/6 ℛ

— dies. 10. Thl. Mit einem Namen- u. Sachregister über alle 10 Thle. A. u. d. T.: Leben Justus Möser's von Friedr. Nicolai. Mit Beilagen. Möser's Briefwechsel. gr. 12. (Mit 1 Stahlst. u. 1 lith. Taf.) Ebend. 843. n. 5/6 ℛ (compl. Subscr.-Pr.) n. 8⅓ ℛ

Möser's, Just., sämmtliche Werke. Neu geordnet und aus dem Nachlasse desselben gemehrt durch B. R. Abeken. 2. (Titel-)Ausg. Nebst e. Abbildg. von Möser's Denkmal in Osnabrück (in Stahlst.). 10 Thle. Berlin (842.) 858. Nicolai'sche Verlhdlg. 12. Jeder Thl. n. 15 ngr.
1—4. Thl.: Patriot. Phantasien. Herausg. von seiner Tochter J. W. J. v. Voigts, geb. Möser. 4 Thle. (VIII, 450; VIII, 366; VIII, 374; VIII, 357 S.)
5. Thl.: Kleinere, den patriotischen Phantasien verwandte Stücke. (VIII, 316 S.)
6—8. Thl.: Osnabrückische Geschichte. 4 Bde. (XXVI, 346; X, 192; XXIV, 198; XIV, 418 S.)
9. Thl.: Kleinere Schriften. Vermischtes rc. (VI, 298 S.)
10. Thl.: Leben J. Mösers von Friedr. Nicolai. Briefwechsel rc. (3 Bl., 309 S.)

— der Werth wohlgewog. Neigungen u. Leidenschaften. gr. 8. Hannov. 756. Hahn. 4 gr — Neue verb. Aufl. 8. Brem. 777. s.a. Moser fünf kl. Schriften.

Möser, Just., († d. 7. Jan. 1794.) der Cölibat d. Geistlichkeit, von jr. polit. Seite betrachtet. 8. Hannov. 783. Hahn. 1 gr

Moeser, Karl

Maurerlied; frei nach dem Franz. des Chevalier de Messence, in Musik gesetzt und der Gr. Loge Royale York zur Freundschaft [in Berlin] gewidmet von Carl Moeser, am 24sten Juni 1825. [Berlin 1825:] Quien. 2 Bl. 8° [Umschlagtit.]
Ohne Noten.

Möser, Carl (*geb. Kochaniet: in Oberschles. 12 2 1844*) Das Perimeter und seine Anwendung. Breslau (1869). (32 S., 1 Taf.) 8°
Breslau, Med. Diss. v. 11. Aug. 1869

Möser Karl: Studien über das ältere Münzwesen Tirols. Diss. Wien. Univ
D: Forschungen u. Mitteil. zur Geschichte Tirols u. Vorarlberg. IV. Jahrgang, Heft 3 und 4. 1907.
1908 PN 2530 997

Möser, L. A few observations on Shakespeare's Richard III. Herford, G., 1868. 9 S. 4. Progr.

Moeser, L. W., die Leistungen des Maschinenbaues und der Mechanik in den letzten Jahrzehnten [bis zum J. 1873 incl.]. Repertorium der in den besten Werken und Zeitschriften für Maschinenbau und Technik enthaltenen ausgeführten Zeichnungen von Maschinen, Apparaten, Fabrik-Einrichtungen, Feuerungsanlagen, Verkehrsmitteln xc. zum prakt. Gebrauch für Maschinenbauer, Fabrikanten, Ingenieure xc. gr. 8. (VII, 157 S.) Leipzig 875, Baumgärtner's Buchh. *

—— Maschinen-Theile, s. Musterzeichnungen für Techniker.

Möser, L. W., s.: Schriften d. Vereins f. Socialpolitik, 41. Bd.

Möser, Ludw., e. Beitrag zur Kritik der französischen Tragödie m. Beziehung auf Deutschland. Inaugural-Dissertation. gr. 8. (27 S.) Jena 875. (Deistung.) n. — 80

Moeser, Ludwig: Zur Kenntnis der eisensauren Salze. *Giessen 1897: v. Münchow.* (23 S.) 8°
Giessen, Phil. Diss. v. 1897

Möser, Ludwig [Dr., Oberl.]: Französische Synonyma. Zusammengestellt. (Herford, Buchdr. v. Gebr. Heidemann, 1890); S. 1—28, 8°
Herford, ev. Friedrichs-G, Festschr. 1890 [= 1891 (347)] ••

Möser, M., s. Wochenblatt, Berliner.

Moeser, Otto, das heutige Frachtgeschäft. Eine Darstellung der Rechtsverhältnisse der Frachtführer (Stromschiffer, Fuhrleute), Verlader und Empfänger, wie solche sich durch das neue Handelsgesetzbuch gestaltet haben. 8. (V und 81 S.) Berlin 863, (Grieben.) *

Möser, Paul, appr. Arzt a. Berlin: Ueber Netzhautblutungen nach Thoraxcompression. Leipzig 1906: B. Georgi. (39 S.) 8°
Leipzig, Med. Fak., Ref. Sattler, Diss. v. 21. März 1906
[Geb. 6. Dez. 76 Berlin; Wohnort: Berlin; Staatsangeh.: Preußen; Vorbildung: Gymn. Gr Kloster Berlin Reife M. 97; Studium: Berlin 9 S.; Coll. 21 März 06; Approb. 22. Juli 03.]

Möser, W Rückblicke auf die Entwickelung der Gewerbebank .., Gießen, s. Loos, Karl

Möser, W., Trauerkränze, s. Harth, F.

Moeser, Walter: Systematische Gliederung und geographische Verbreitung der afrikanischen Arten von Helichrysum Adans. ⟨Teil 1—7.⟩ (Leipzig: W. Engelmann 1909.) S. 420—460. 8° ¶ (Aus: Botan. Jahrbücher f. System. Bd 43.)
Berlin, Phil. Diss. v. 9. Okt. 1909, Ref. Engler
[Geb. 14. Sept. 86 Berlin; Wohnort: Berlin-Südende; Staatsangeh.: Preußen; Vorbildung: Gymn. Steglitz Reife O. 06; Studium: Berlin 7 S.; Rig. 15. Juli 09.] [U 10. 215

Möser, Wilfr., O. S. B., Universal-Latein. Versuch e. theilweisen Übertragg. der Grammatik des Volapük auf die latein. Sprache. 8. (IV, 82 S.) Innsbruck (902). (Leipzig, E. H. Mayer.) n. — 75

Moeser, Wilhelm, aus Darmstadt (Hessen): Beiträge zur Kenntnis der Phosphorvanadinmolybdate. ⟨Aus dem anorganischen chemischen Institut der Universität Bern.⟩ Darmstadt 1910. 76 S. 8°. [2. V. 10.]
Bern. Phil. Diss. 1909/10.

Moeser, Wilhelm. Beiträge zur Kenntnis der Phosphorvanadinmolybdate. Diss. Phil. Bern. 76 S. 8. Darmstadt, G. Otto, 1910.

Möser, Wlh., s. Unterhaltungsfreund, der komische.

Moeser, Willibald, bacc. iur.: Das Pfandrecht und Befriedigungsrecht des Kommissionärs. Borna-Leipzig 1909: Noske. XI, 94 S. 8°
Leipzig, Jur. Diss. v. 13. April 1909
[Geb. 28. Juli 81 Charlottenburg; Wohnort: Berlin; Staatsangeh.: Preußen; Vorbildung: Kaiserin-Augusta-Gymn. Charlottenburg Reife O. 01; Studium: Freiburg i. B. 1, Berlin 1, München 1, Berlin 4 S.; Rig. 21. Dez. 06.] [U 09. 2610

Moser's , s. Moser: ..

Möser's ..., s. Möser: ...

Moses, ein Gedicht in 12 Gesängen. Jena 1805. V: *Seidel, Joh. Chn. Glob.* (Ky)

Moses, e. Gedicht in 12 Gesäng. (v. J. G. C. Seidel.) 1r Bd. 8. Jena 805. Gabler. (Cnobloch in Leipz.) 1 ♯ 8 gr

Moses. Ein dramat. Gedicht in 5 Akten, von A. Klingemann. Mit einem Prologe. 8. Helmstedt, Fleckeisen. 812.

Moses od. d. Erlös. Israels. Eine Mahnung d. Religion u. Gesch. an Gottes Macht u. Herrlichkeit u. seine wunderb. Wege u. Führungen im Schicksale d. Menschen u. Völker. 8. (6½ B.) Darmstadt 837, Jonghaus.

Moses. 16. (7 Chromolith. m. Text auf der Rückseite.) Wien 877. 1. Wiener Depôt evangelischer Druckschriften. n. — 20

Moses u. Aaron im Neuen Test., od. evangel. Staats- u. Kirchenregim. 8. Schafhausen. 714.

Moses in Egypten, histor. Schauspiel mit Gesang in 4 Aufz. 8. Wien, Wallishauser. 810.

Moses mit aufgedecktem Angesichte von zwey ungleichen Brüdern Lichtlieb und Blindling beschauet ... [Freyburg? 1740.] V: *Edelmann, Johann Chn.* (BrMm)

— ein Bekehrer d. Juden, od. Erklär. der Schriftst. Deuter. 18. V. 14. 15. gr. 4. Hamb. Hoffmann. 768.

Moses Ben Maimon. Sein Leben, s. Werke u. s. Einfluss. Zur Erinnerung and. 700. Todestag d. Maimonides. Hrsg. von d. Gesellsch. z. Förderung d. Wissensch. d. Judentums durch Prof. Wilhelm Bacher, Dr. M[arkus] Brann ... Bd 1. Leipzig: G. Fock 1908. 8°
Schriften, hrsg. von d. Gesellschaft z. Förderung d. Wissensch. d. Judentums. [8.] 108. 3194

Moses und Christus; oder über den innern Werth ... des Sendschreibens einiger Hausväter Jüdischer Religion an Hrn. Propst Teller ... Berlin 1799. V: *Gerlach, Benj. Gottlob.* (MGT) (Ky)

Moses u. Christus, od. üb. den innern Werth wahrscheinl. Folgen des Sendschr. einig. Jüd. Hausväter an Teller, u. dessen Antwort, (v. Glo. B. Gerlach). gr. 8. Berl. 799. Maurers B. 7 gl.

Moses Mendelsohn, d. entlarvte, od. Aufklär. des räthselh. Todverdruss. Mendelsohns üb. Lessings Atheism. 8. Küstrin. Oehmlake. 787.

— u. Jesus, od. üb. das intellectuelle u. moral. Verhältniß d. Juden u. Christen, v. Buchholz. 8. Berl. Unger. 803.

Moses Isaac Hersch hat wüllen wählen obber ich hob' nich gewählt. Offener Brief von Moses Isaac Hersch, den demokrat. Treubündler mit Gott für König und Zollverband an seinen Freund Schmul Loew, was da ist Erfinder der höhern Beleuchtungs-Methode in Pesemuckel. 4. (8 S. mit Holzschn.) Berlin 849, Weyl und Comp.

Moses, s. a. Samuel B. Moses.

[Ant. u. F.] The Book of Genesis [Vf.: **Moses**]. Crit. ed. of the Hebrew text print. in colors exhibiting the composite structure of the book w. notes by The Rev. C[harles] J[ames] Ball, M. A., Chaplain of Lincoln's Inn, London ... *Leipzig: J. C. Hinrichs 1896.* (2 Bl., 120 S.) 1 Bd 4. (8).
= **Books**, The sacred, of the Old Testament. P. 1. 59. 7270

The Book of Leviticus [**Moses**]. A new Engl. transl. printed in colors exhibiting the composite structure of the book. With expl. notes by the Rev. S[amuel] R[olles] Driver ass. by the Rev. H. A. White. Leipzig: Hinrichs [usw.] 1904. VIII, 100 S. 4°(8°)
(The sacred Books of the Old and New Testaments. [Biblia, engl.] P. 3.) 1c. 3164 4

The Book of Numbers [Numeri. Verf.: **Moses**]. Crit. ed. of the Hebrew text printed in colors exhibiting the composite structure of the book with notes by J. A. Paterson. *Leipzig: J. C. Hinrichs 1900.* (67 S.) 4°(8°)
= **Books**, The sacred, of the Old Testament. P. 4. 100. 13314

— das erste Buch, s. a. Genesis.

— das erste Buch בראשית, zum bequem. Gebrauch beim ersten Unterricht in d. hebr. Sprache, besond. hrsgg. 8. Lemgo 792. Meyer. 6 gl.

Mendelssohn, Moses —. Das erste Buch Moses in hebräischem Urtexte mit einer treuen deutschen Uebersetzung von — —. Ofen. 1855. Gedruckt in der k. k. Pesther Universitäts-Buchdruckerei. (92 Bl. 8.)

Moses, erstes Buch, hebräisch mit deutscher Uebersetzung. Herșg. von S. Kohn. Pest 869. Lampel. 8. (282 S.) n. 20 ngr.

— das 1e u. 2e Buch, übers. von Jh. Dn. Crüger. gr. 8. Berl. 784. Haude u. Sp. 9 gl.

— 6. u. 7. Buch, s. a. Geheimnisse, die 90.

Mosis, das 6. u. 7. Buch, das ist: Mosis magische Geisterkunst, das Geheimniß aller Geheimnisse. Sammt den verdeutschten Offenbarungen, und Vorschriften wunderbarster Art der alten weisen Hebräer, aus den Mosaischen Büchern, der Kabbala und dem Talmud zum leiblichen Wohl der Menschen. Wort- und bildgetreu nach alten Handschriften mit 42 (lith.) Taf. (in 16. u. 4.) 3. sehr verm. Aufl. Stuttgart 853. Scheible. 16. (303 S.) 1 Thlr. 12 ngr.

Mosis, 10. u. 11. Buch, od. die wunderbarsten Geheimnisse der Natur. Sympathetisch-magnet. Heilschatz f. allerlei Krankheiten v. Menschen u. Vieh, einschließlich vieler Zaubermittel zur Erlangg. wunderwirk. Kräfte, Reichtum u. Macht. 8. (112 S.) Leipzig (901). A. F. Schlöffel. 2.50

Mose, die 5 Bücher, s. a. Bücher.

—— dass., s. a. Theiner, J. A.

Mose, die fünf Bücher, übersetz. u. hebräisch Commentirt v. Mos. Mendelssohn, in hebr. Schrift. 5 Bde. gr. 8. Berlin, Bureau f. Litt. ist der Pr.

— die 5 Bücher, in hebräischer Schrift, mit e. wörtl. Uebersetzung v. Joel Löw. 5 Bdchen. Berl., (Heinemann). 2 Thlr. 12 gl.

— die 5 Bücher, nach d. Uebersetzung des Hrn M. Mendelsohn, zum Gebr. d. Jüd.-Deutschen Nation mit Hebräischen Buchstaben gedruckt; nebst d. Grundtexte, mit masoret. Anmerkk. u. e. ausführl. Commentar (v. Rabbi Salomo v. Dubno). 5 Thle. gr. 8. Berl. 780—83. Heinemann. 10 Thlr. 16 gl.

Moses, d. fünf Bücher, in hebr. Sprache, m. masoret. Anm. u. ein. rabbin. Commentar v. Mendelsohn. 3 Thle. gr. 8. Berlin, Nicolai. 780-82.

Mose, die 5 Bücher, u. d. Buch Jhoschua, deutsch herausg. v. Fränkel u. Bock. 811. Jetzt Ackermann in Dessau. Rthlr.

Mose, die 5 Bücher, v. M. Mendelsohn; deutsch hrsgg. v. J. Heinemann. gr. 8. Cassel 813. Heinemann.

— die 5 Bücher u. das Buch Jhoschua, deutsch hrsgg. von M. Mendelsohn, Fränkel u. Bock. gr. 8. Berl. 815. Ackermann in Dessau. 1 Thlr. 12 gl. (A. u. d. T.: die heil. Schrift, nach d. mosaischem Text übers. v. M. Mendelsohn, Friedländer u. A.)

Mosis, die fünf Bücher, vervollständiget v. S. Ph. Paulus. gr. 8. (14 B.) Cassel 830, Krieger.

Mose, die 5 Bücher. In der Art u. Weise des v. Brentano-Dereserischen Bibelwerks übers. u. erklärt, v. J. A. Theiner. A. u. d. T: Die heil. Schrift des A. Testam. Des 1n Thls letzte Abtheil. Das 5e Buch Mosis enthalt. gr. 8. Leipz. 831. Teubner u. Cl. 21 gl.

Moses, die fünf Bücher, nebst den Haftaroth u. den Gebeten f. Sabbath u. Sabbath-Neumond. (In hebr. Sprache.) Neueste rev. Ausg. gr. 8. (III, 324, 100 u. 52 S.) Prag 898. J. B. Brandeis. Geb. in Leinw. n. 1.80

— dasselbe mit der vorzüglichen deutschen Übersetzung v. H. Arnheim. Neueste rev. Ausg. 5 Bde. gr. 8. Ebd. 898. Geb. in Leinw. n. 7.—; in 1 Bd. geb. (IV, 647, 196 u. 52 S.) n. 3.—
1. 1. Buch. (IV, 159, 47 u. 52 S.) — 2. 2. Buch. (135, 65 u. 52 S.) — 3. 3. Buch. (96, 35 u. 52 S.) — 4. 4. Buch. (135, 35 u. 52 S.) — 5. 5. Buch. (119, 35 u. 52 S.)

Moses, d. Mannes Gottes, zuerst chaldäischer **Bundesbrief**, wieder aufgefund. im J. 536 v. Chr. unt. dem Könige Josias u. sodann v. d. Kreuzfahrern aufbewahrt gefunden im Tempel der hl. Dreifaltigkeit zu Galiläa. Ins Deutsche übertr. u. verm. v. H. B. in L. m. den Evangeliums-Worten d. Erlösers aus der Bergpredigt. 4. (5 S.) Leipzig (894). H. Bennewitz. — 10

Das Deuteronomium [Vf.: **Moses**] übs. u. erkl. v. Lic. Dr. Carl Steuernagel, Privatd. ... in Halle a./S. *Göttingen: Vandenhoeck & Ruprecht 1898.* (1 Bl., LXII, 130 S.) 8.
= **Handkommentar** z. Alten Testament. Abth. 1. Bd 3. Th. 1. [98. 2464

Das Deuteronomium oder das Fünfte Buch **Mose**. Theol.-homilet. bearb. von Fr. Wilh. Julius Schroeder. 2. verb. Aufl. Neu hrsg. von Past. Lic. Georg Stosch, Berlin. *Bielefeld & Leipzig: Velhagen & Klasing 1902.* (VI, 214 S.) 8° [F.]
— **Bibelwerk, Theologisch-homiletisches.** A. Test. T. 3. [02. 9774 II

Exodus – Leviticus [Verf.: **Moses**] übers. u. erkl. von Lic. Dr. B[runo] Baentsch, Prof., Jena. *Göttingen: Vandenhoeck & Ruprecht 1900.* (441 S.) 8°
— **Handkommentar** z. Alten Testament. Abt. 1, Bd 2, T. 1. [00. 11984

Exodus – Leviticus – Numeri [**Moses**] übers. u. erkl. von D. Dr. Bruno Baentsch, Prof., Jena. (In 2 T.) *Göttingen: Vandenhoeck & Ruprecht 19(00–)03.* (LXXXII, 702 S.) 8°
— **Handkommentar** z. Alten Testament. Abt. 1, Bd 2. [03. 15300

Genesis [Verf.: **Moses**] übers. u. erkl. von Hermann Gunkel, Prof., Berlin. *Göttingen: Vandenhoeck & Ruprecht 1901.* (LXXIV, 450 S.) 8°
— **Handkommentar** z. Alten Testament. Abth. 1, Bd 1. [00. 13313

Die Genesis [Verf.: **Moses**] übers. u. ausgelegt von D. Dr. Hermann L[eberecht] Strack, Prof. 2., neubearb. Aufl. München: C. H. Beck 1905. (XI, 180 S.) 8° [F.]
— **Kommentar**, Kurzgefasster, zu d. heil. Schriften Alten u. Neuen Testamentes. 2. Aufl. A. Altes Test. Abt. 1, H. 1. [05. 1035 D

Die Genesis [**Moses**: Pentateuchus, Genesis]. Nach d. Literalsinn erklärt von Gottfried Hoberg, Prof. 2., verm. u. verb. Aufl. Freiburg i. Br.: Herder 1908. (LXII, 459 S.) 8°
= **Hoberg**: Exeget. Handbuch z. Pentateuch. Bd 1. [08. 7277

Genesis [Verf.: **Moses**], übers. u. erklärt von Hermann Gunkel. 3. verb. u. verm. Aufl. H. 1. Göttingen: Vandenhoeck & Ruprecht 1909. 8°
(Handkommentar z. Alten Testament. Abt. 1, Bd 1, H. 1.) [09. 8560 D

Genesis [Verf.: **Moses**], übers. u. erklärt von Hermann Gunkel. 3. neugearb. Aufl. mit ausführl. Registern von Paul Schorlemmer. Göttingen: Vandenhoeck & Ruprecht 1910. CIII, 510 S. 8°
(Göttinger Handkommentar z. Alten Testament. Abt. 1, Bd 1.) [10. 1073

Das Buch Genesis [**Moses**: Pentateuchus, Genesis] der Vulgata und des hebräischen Textes übers. u. erkl. von Dr. B[ernhard] Neteler. Münster i. W.: Theißing 1905. (VII, 260 S.) 8° [06. 1954

— Lehrgedicht an die Israeliten kurz vor seinem Tode verfertigt, 5s Buch, Kap. 32, 1—44; aus d. Hebr. übers. u. erklärt v. Thaddäus a S. Adamo. 4. Bonn 788.

Das Buch Leviticus [**Moses** Pentateuch], übers. u. erkl. von Dr. D[avid] Hoffmann, ([Dir.], Berlin). Halbbd 1. 2. Berlin: M. Poppelauer 1905–06. 2 Bde 4°(8°)
1. Lev. 1–17. 1905. 2. Lev. 18– Ende. 1906. [06. 15119

— u. Josua, die Bücher, übers. v. Dr. M. Luther. Mit Glossen u. Anmerkk. hrsgg. v. J. P. A. Müller. gr. 8. Brem. 798. Mit n. Titel 804. (Müller). 1 ß 12 g

Mose, 1., 24. Ein Blick in die Tiefen des Alten Testaments. (8 S.) 8. Striegau (906). Th. Urban. n. — 10
Sonderabdruck aus: „Schwert u. Schild".

Moses, übers. v. Luther, u. d. Müller herausg. gr. 8. Bremen, Müller in Commiss. Rthlr.

— vergl. Pentateuch.

— Probe e. jüdisch-deutschen Uebersetzung d. 5 Bücher, von M. Mendelsohn; nebst Rabbin. Erläuterr. u. e. Elegie; übers. u. mit Anmerkk. versehen v. Chr. Glo. Meyer. 8. Götting. 780. Dieterich. 8 g

— Uebersetzung d. 5 Bücher, in hebr. Sprache, mit masoret. Anmerkk. u. e. Rabbin. Commentar, v. M. Mendelsohn. 3 Thle. gr. 8. Berl. 780—84. Nicolai. 4 ß

Übersetzung und Erklärung der Bücher Deuteronomium [**Moses**] und Josua und Allgemeine Einleitung in den Hexateuch von Lic. Dr. Carl Steuernagel, Privatd. in Halle a. S. (In 3 Th.) *Göttingen: Vandenhoeck & Ruprecht (1898–)1900.* (LXII, 286 S.) 8°
— **Handkommentar** z. Alten Testament. Abt. 1, Bd 3. [00. 13300

Moses b. Chajjim Kohen Hechim, Sefer Safá berura. Fürth 1790.

Moses ben Maimon, s.a. Maimonides

Moses ben Maimon, Dalalat al Hailrin, Zurechtweisung d. Verirrten. Ins Deutsche übers. mit Zuzieh. zweier arab. Mspte. u. mit Anmerkn. begleit. v. Sim. Scheyer. 3. Thl. (Hebrä. u. deutsch.) gr. 8. (30⅛ B.) Frankfurt a. M. 838, (Jäger'sche Buchh.) *
1. u. 2. Thl. werden noch erwartet.

Moses, R., Sohn des Maimon [Maimonides], Mischne Thora od. Jad hachasaka, in 14 Büchern, das gesammte Gebiet der Gesetze des Judenthums umfassend, aus dem Urtexte ins Deutsche übers. v. R. Wolff. 4. Bd. gr. 8. Haigerloch 890. (Tübingen, Fues.) n. 4. —
Das jüdische Civil- u. Strafrecht. (XXVIII, 316 S.)
Bd. 1–3 kamen nicht in den Handel.

Moses b. Samuel Hakohez Ibn Chiquitilla, arabische Übersetzung zum Buche Hiob nebst arabischem Kommentar. Ediert v. W. Bacher, aus den in e. Oxforder Handschrift **enthalt. Fragmenten. (In hebr. Sprache.)** Mit e. hebr. **Einleitg. (52 S.) gr. 8. Budapest 909.** (Strassburg, K. J. Trübner.) 1. 50
Sonderabdr. a.: „Festschr. zu Ehren des Dr. A. Harkavy".

Ērānšahr nach d. Geographie des Ps. Moses Xorenac'i [**Moses** von Chorene: Ašχarhaçojç]. Mit histor.-krit. Kommentar u. histor. u. topogr. Excursen von Dr. J[osef] Marquart, Privatd. in Tübingen. *Berlin: Weidmann 1901.* (358 S.) 4°
— **Abhandlungen** d. Königl. Gesellschaft d. Wiss. zu Göttingen. Phil. hist. Kl. N. F. Bd 3, No 2. [01. 20137

Moses v. Chorene, Geschichte Gross-Armeniens. Aus dem Armen. übers. von M. **Lauer**. Regensburg 869. Manz. gr. 8. (IV, 240 S.) 1 ß

Moses ha-Darschan aus Narbonne. Fragmente seiner literar. **Erzeugnisse nach Druckwerken u. mehreren Handschriften m. Einleitg. u. Anmerkgn. v. Abrah.** Epstein. (In hebr. Sprache.) 8. (52 S.) Wien 891. (Ch. D. Lippe.) n. 1. —

Moses-'Hosarsyphos-Sall'Hus, Levites-A'haron frater, Ziphorah-Debariah conjux, Miriam-Bellet soror, Elisheba-Elizebat fratria. Ex monumento inferioris Aegypti per ipsum Mosen abhinc annos MMMCD dedicato nunc primum in lucem protraxit Franc. Jos. Lauth. Cum tabulis II (autograph.) et uno photogrammate. 4. (VI, 248 autogr. S.) Monachi. Strassburg 879. Trübner. n. 25. —

Moses Luzzatto s. Luzzatto, Mose Chajjim.

Moses Mendelssohn, s.a. Mendelssohn.

Moses Mendelsohn, Anmerk. zu Abbts freundsch. Correspondenz. 8. Berl. Nicolai. 782.

Moses Mendelssohn, Aufsätze u. Briefe, s. Heinemann, J.

— und G. D. Kypke, Aufs. üb. jüdische Gebete u. Festfeyern. 8. Königsb. Hartung. 791.

— nach kantisch. Manier aufgelöste Axiomen, n. ein. Gutachten v. Fr. Nicolai. 8. Cöthen, Glandenberg. 787.

— Biur Koheleth, od. Commentar üb. d. Pred. Salomo in hebr. Spr. 8. Berl. Nicolai. 772.

Moses Mendelsohn, die 5 Bücher Moses, deutsch herausg. von J. Heinemann. gr. 8. Cassel, Herausgeber. 813.

— üb. d. Evidenz in metaphys. Wissensch. 8. Berlin, Spener. 786.

— Fodone o dell immortalita dell anima, et vita et caract. di Socrate. 8. Bern. Typ. 772.

— an die Freunde Lessings, ein Anh. zu Jacobi Briefw. üb. Spinoza. 8. Berlin, Voß. 786.

— üb. die Hauptgrundsätze der Künste u. Wissenschaften. 8. Erlang. Palm. 777.

— Jerusalem, od. über religiöse Macht u. Judenthum. 8. Berlin, Maurer. 783. Kuhr.
Schreibp.

— üb. den Commerz zwisch. Seele u. Körper, a. d. Hebr. v. Anschel. 8. Frankf. (Dieterich, Gött.) 788.

— in Midian, poet. Gemälde. 8. Erf. Homeyer. 763.

— Morgenstunden, od. Vorles. üb. d. Daseyn Gottes. 8. Berlin, Voß. 786.

— opera philosoph., q. e Germ. in lat. trad. Grossinger. II Tmi. 8. Vien. Mösle. 783.

— Phädon, od. von d. Unsterblichkeit d. Seele. 8. Berlin, Nicolai. 776.

— Phädon, od. üb. die Unsterblichkeit d. Seele. 5te Aufl. herausg. von Friedländer. 8. Berl. Nicolai. 814. Rthlr. —

— Psalmen, m. Vign. 8. Berl. Maurer. 788.
Schreibp.

— Ritualgesetze d. Juden, in so weit s. d. Mein u. Dein angeh. 8. Berlin, Voß. 799.

— Prediger Salomo m. einer kurzen Erklär. 4. Anspach, Haueisen. (Gassert.) 771.

— Schreiben an Lavater. 8. Berl. Nicolai. 770.

— kl. philos. Schriften, m. ein. Skizze sein. Lebens, v. Jenisch. 8. Berl. (Viewea in Braunschw.) 789.

— philos. Schriften. 2 Thle. 8. Ebend. 777.

Moses Mendelssohn, Zum Siegesfeste. Dankpredigt und Danklieder .. herausgegeben .. von M. Kayserling. Berlin 1866. 8.

— Uebersetzung d. 5 Büch. Mose. 1s Buch. 8. Berl. Maurer. 783.

— Uebersetz. des 110 Psalms v. Preschke. 8. Berl. Lange.

— Uebersetz. d. Psalmen Davids. 8. Ebend. 788.

— von d. Unkörperlichkeit d. menschl. Seele. 8. Presb. Linke. (Kaulfuß, Wien.) 784.

— von d. Unsterblichkeit d. Seele, a. d. Hebr. übers. 8. Berlin, Nicolai. 788.

Moses Qimchi s. Qimchi, Moses.

Moses Aron, (Pferdehändler), Redensarten und Manieren der Pferdehändler. Ein Anhang zu Abr. Mortgen's enthüllten Geheimnissen aller Handelsvortheile der Pferdehändler. Auf Verlangen aus dem 15. Jahrg. von Tenneckers Jahrbuch besonders abgedruckt. 12. Weimar 839. Voigt. ⅔ ℛ

Moses Maria, (Mosco Wiener), s.: Dante Peter.

— s.: Martyrium, das, der Madonna.

Moses, Aaron, (Chrstph. Gli. Richter,) die Bücher der Maccabäer, welche handeln v. den Kriegen, so geführt hat Friedrich König v. Preußen mit Theresia, Königin der Bohemaken. 8 Bücher. 8. 760—62.

Moses, Abr., Anweis. z. Rechenkunst f. Kaufleute u. Privatpersonen. 1r Thl. 8. Aschersleb. 791. (Ernst in Quedlinb.) 18 ℊ

Moses, A., Anweis. zur Rechenkunst. 1r Thl. 8. Aschersleb. (Ernst, Quedlinb.) 797.

Moses, Adolph

Moses, A., Nadab u. Abihu, oder der Untergang der Saulidon u. d. grössten Theils d. Stammes Benjamin. gr. 8. (39 S.) Berlin 890. (Mayer & Müller.) n. — 60

Moses, Adf. Gelber, Moses der Befreier. Henry George, Moses, der Gesetzgeber. J. G. Herder, Moses u. die Dichtg. Achad Ha-Am, Moses der Prophet. Reproduktionen nach Darstellgn. v. Flandrin, Rauch, Ghiberti u. a. (107 S. m. 12 Taf.) Lex. 8. Berlin 905. Köln, Jüdischer Verlag. Kart. 5. 50

Moses, B. Lipmann, Psalm an Bonaparte, nachdem ihn Jevova v. seinen Feinden u. Meuchelmördern errettet hatte; aus d. Hebr. v. G. J. Schaller. gr. 8. Straßb. 800.

Moses, Bruno, Medizinalprakt. a. med.-poliklin. Inst. d. Univ. Berlin: Die Fettleibigkeit in ihrer Beziehung zur Lebensdauer und Todesursache. Statistisch geprüft am Lebensversicherungsmaterial der „Viktoria". Berlin 1906: E. Wertheim. (36 S.) 8°

Leipzig, Med. Fak., Ref. Hoffmann, Diss. v. 25. Juni 1906

[Geb. 9. Mai 83 Berlin; Wohnort: Charlottenburg; Staatsangeh.: Preußen; Vorbildung: Friedr.-Gymn. Berlin Reife O. 01; Studium: Berlin 4, Freiburg i. B. 1, Berlin 4 S.; Coll. 17. Juli 06; Approb. 20. Febr. 06.]

Moses, Eugen [aus Ottmachau (Schles.)]: Ueber Verletzungen des Sehnerven bei Schussverletzungen des Kopfes. . . . Würzburg, A. Boegler'sche Buchdr., 1886; 56 S. 8°

Würzburg, Med. Fak., Inaug.-Diss. v. 1886

Moses, Felix, approb. Arzt: Aus d. Poliklinik f. Hautkrankheiten d. Herrn Dr. Gebert, Berlin. Zur Casuistik der extragenitalen Syphilisinfektion. *Leipzig 1904: B. Georgi.* (47 S.) 8°

Leipzig, Med. Diss. v. (17. Febr.) 1904

Moses, Georg [aus Magdeburg]: Ein Beitrag zur Aetiologie der Thrombose der Vena centralis retinae ... Magdeburg, Buchdr. v. S. Salinger, 1896; 2 Bl., 31 S. 8.

Moses, Georg [aus Berlin]: Zur Kenntnis des Erythema nodosum ... Berlin, C. Vogts Buchdr., *1894;* 42 S., 1 Bl. 8.
Berlin, Med. Fak., Inaug.-Diss. v. 26. Okt. 1894

Moses, Hans Carl, Referendar: Die exceptio doli im Wechselrecht. *Greifswald 1898: J. Abel.* (127 S.) 8°
Greifswald, Jur. Diss. v. 1898

Moses, Harry, die chirurgische Behandlung des Morbus Basedowii, s.a. Klinik, Berliner.

Die chirurgische Behandlung des Morbus Basedowii Von Dr. Harry Moses, Königsberg i. Pr. Berlin: Fischer 1900. 17 S. 8°
(Berliner Klinik. H. 250.)

Moses, Harry, Volontärarzt der Klinik: Aus der Königl. Chirurg. Universitätsklinik zu Königsberg i. Pr. Beitrag zum Wesen der kongenital-syphilitischen „Tibia en l'ame de sabre". Tübingen 1904: H. Laupp jr. (31 S.) 8° ¶(Aus: Beiträge z. klin. Chirurgie. Bd 44, H. 3.)
Königsberg, Med. Fak., Ref. Garrè, Diss. v. 23. Nov. 1904
[Geb. 17. Apr. 78 Tapiau; Wohnort: Königsberg i. Pr.; Staatsangeh.: Preußen; Vorbildung: Kneiphöfisches Gymn. Königsberg Reife O. 97; Studium: Königsberg i. Pr. 5, Breslau 5 S.; Coll. 17. Nov. 04; Approb. 13. Juli 03.]

Moses, Hermann, appr. Arzt aus Kolberg i. Pomm.: Ein Fall von Hemiplegie nach Apoplexie während eines epileptischen Anfalles. Freiburg (Baden) 1905: E. Kuttruff. (24 S.) 8°
Freiburg i. B., Med. Fak., Ref. Hoche, Diss. v. 1905
[Geb. 21. März 80 Kolberg; Wohnort: Kolberg; Staatsangeh.: Preußen; Vorbildung: Dom-Gymn. Kolberg; Studium: München 2, Berlin 5, Freiburg 2 S.; Coll. 3. März 05.]

Moses, J. G., Handb. f. Orgelspieler. 2 Thle. 8. Leipz. 784. (Hilscher in Dresden), 1 ℳ

Moses, Jacob Levinsohn: *Expositio quid deus ex Aristotelis sententia sit et quid agat. 23 Bl. 8° (4°)
Halle-Wittenberg, Phil. Diss. v. 29. Okt. 1846
Geb. Posen 1821. V.
Im Diplom: Levinson.

Moses, Jul., die Abartungen des kindlichen Phantasielebens in ihrer Bedeutung f. die pädagog. Pathologie, s.a. Beiträge zur Kinderforschung u. Heilerziehung. 18. Hft.

Die Abartungen des kindlichen Phantasielebens in ihrer Bedeutung für die pädagogische Pathologie. Vortrag, geh. in Mannheim 1905. Von Dr. med. Julius **Moses** in Mannheim. Langensalza: H. Beyer & Söhne 1906. (31 S.) 8°
— **Beiträge** z. Kinderforschung u. Heilerziehung. H. 18.

— die hygienische Ausgestaltung der Hilfsschule. Versuch e. systemat. Darstellg. der Hilfsschulhygiene. (53 S.) gr. 8. Leipzig 906. W. Engelmann. n. 1.—
Sonderabdruck aus: „Internat. Archiv f. Schulhygiene".

Moses, Julius [aus Rodalben (Pfalz)]: Aus d. psychiatr. Klinik in Strassburg. Beiträge zur Kenntnis der Aetiologie und Genese psychischer Störungen im Kindesalter ... Strassburg i. E., Buchdr. C. Goeller, 1892; 50 S., 1 Bl. 8.
Strassburg, Med. Fak., Inaug.-Diss. v. 1892

Moses, Julius [aus Posen]: Aus d. Greifsw. Med. Klinik. Die Bluterkrankheit. Haemophilie ... Greifswald, Druck v. J. Abel, 1892; 32 S. 8.
Greifswald, Med. Fak., Inaug.-Diss. v. 23. Juli 1892

Moses, Julius *(geb. Seebnitz bei Lüben in Schles. 28. 6. 1859)*: 61 Fälle von Abort aus der geburtshilflichen Universitäts-Poliklinik zu Breslau (mit Bemerkungen über Aetiologie, Symptomatologie und Therapie). Breslau (1884). (37 S.) 8°
[Im Buchhandel 1884 bei Köhler in Breslau.]
Breslau, Med. Diss. v. 21. Jan. 1884

Moses, Jul., 61 Fälle v. Abort aus der geburtshilflichen Universitäts-Poliklinik zu Breslau [m. Bemerkgn üb. Aetiologie, Symptomatologie u. Therapie]. gr. 8. (37 S.) Breslau 884. (Köhler.) n. 1.—

Moses, Jul., Frauenstudium u. Volkshygiene. Vortrag, geh. im Diesterweg-Verein in Mannheim. (32 S.) gr. 8. München 909. Verl. der ärztl. Rundschau. —60

Das Handwerk unter den Juden. Vortrag geh. im Verein selbständ. Handwerker jüd. Glaubens von Dr. med. Julius **Moses**. Berlin. *(Berlin 1902: M. Weinberg & Co.)* (25 S.) 8°

— Die Lösung der Judenfrage. Eine Rundfrage. veranstaltet v. M. (309 S.) 8. Leipzig 907. Modernes Verlagsbureau. 4.—; geb. in Leinw. 5.—

Die Lösung der Judenfrage. Eine Rundfrage. Veranst. von Dr. Julius **Moses**. Berlin-Leipzig: C. Wigand 1907. (309 S.) 8°

Hebräische Melodien. Eine Anthologie, hrsg. von Dr. Julius **Moses**. Berlin-Leipzig: C. Wigand 1907. (288 S.) 8°

— Die sozialen u. psychologischen Probleme der jugendlichen Verwahrlosung, s.a. Beiträge zur Kinderforschung u. Heilpädagogik.

Die sozialen und psychologischen Probleme der jugendlichen Verwahrlosung. Von Dr. Julius **Moses**, Arzt in Mannheim. Langensalza: Beyer 1910. 32 S. 8°
(Beiträge z. Kinderforschung u. Heilerziehung. H. 73.)

Moses, J., vom Seelenbinnenleben d. Kinder, s.a. Magazin, pädagogisches.

Vom Seelenbinnenleben der Kinder. Von Dr. med. J[ulius] **Moses** in Mannheim. *Langensalza: H. Beyer & Söhne 1898.* (16 S.) 1 Bd 8.
= Magazin, Pädagogisches. H. 105.

— das Sonderklassensystem der Mannheimer Volksschule. Ein Beitrag zur Hygiene des Unterrichtes. Nach e. auf dem I. internat. Kongresse f. Schulhygiene erstatteten Referate. (70 S.) gr. 8. Mannheim 904. J. Bensheimer's Verl. n. —80

Was hat der Blockfreisinn bisher für den Fortschritt in Deutschland geleistet? Eine offene Antwort auf e. offene Frage von Dr. Julius **Moses**. Berlin: Verl. Demokratische Flugschr. (1908). 2 Bl. 8° [Nur Titelbl. u. 1 leeres Blatt.]
(Demokratische Flugschriften. H. 1.)

Moses, Leo, appr. Arzt zu Frankfurt a. M.: Aus dem Hospital der Israelitischen Gemeinde zu Frankfurt a. M. Über die Auskultation der Flüsterstimme. Marburg 1905. (S. 152—171.) 8° ¶(Aus: Beiträge zur Klinik der Tuberkulose, Bd 4.)
Marburg, Med. Fak., Ref. Mannkopff, Diss. v. 17. Aug. 1905
[Geb. 30. Juli 82 Frankfurt a. M.; Wohnort: Frankfurt a. M.; Staatsangeh.: Preußen, Vorbildung: Kaiser Friedr.-Gymn. Frankfurt a. M. Reife O. 00; Studium: Marburg 4, München 1, Berlin 1, Marburg 3 S.; Coll. 11. April 05; Approb. 1. Aug. 05.]

Moses, Leo *(geb. Kempen in Pos. 30. 10. 1857)*: Lässt sich die Regel: „Nemo pro parte testatus pro parte intestatus decedere potest" auch auf das Testament eines Haussohnes über sein castrense oder quasi castrense peculium anwenden? Breslau 1882. (X, 64 S.) 8° *[Im Buchhandel 1883 bei Köhler in Breslau.]*
Breslau, Jur. Diss. v. 13. Jan. 1883

Moses, Leo, lässt sich die Regel: Nemo pro parte testatus pro parte intestatus decedere potest auch auf das Testament e. Haussohnes üb. sein castrense od. quasi castrense peculium anwenden? gr. 8. (X, 64 S.) Breslau 883. Köhler. n. 1. —

Moses, Leo, Lässt sich die Regel: Nemo pro parte testatus pro parte intestatus decedere potest auch auf das Testament eines Haussohnes über sein castrense oder quasi castrense peculium anwenden? gr. 8. (X, 64 S.) Breslau 883, [Leuckart'sche Sortimentsb.] Zimmer. *

Moses, Leo, d. Recht d. Handlungsgehülfen u. Handlungslehrlinge nach d. neuen Handelsgesetzbuch m. bes. Berücksicht. der Zeit vom 1. I. 1898 bis 31. XII. 1899. gr. 8. (51 S.) Breslau 897. M. & H. Marcus. n. — 75

Moses, Levy (Prenzlau / Uckermark), De exanthemate miliari. Diss. med. Berlin (Friedlaender) 11. XI. 1837. 32 S. mit Biogr. (M.: M. Wolf.) (3.—) 23733
Oppon.: M. Plessner, B. Baerensprung, R. Fuhs. — Gew.: Friedrich Barez.

Moses, Lothar: Beiträge zur elektrolytischen Bromgewinnung. (Berlin 1909: G. Schade.) 28 S. 8°
Berlin, Phil. Diss. v. 26. Juni 1909, Ref. Nernst
[Geb. 25. Febr. 84 Berlin; Wohnort: Berlin; Staatsangeh.: Preußen; Vorbildung: Friedrichs-Gymn. Berlin Reife O. 03; Studium: Berlin Techn. Hochsch. 7, Univ. 4 S.; Rig. 4. März 09.] [U 09. 240

Moses, Nathan, aus Frankfurt a. M.: Ueber p-Cyanbenzylchlorid. *Berlin (1899): E. Ebering.* (45 S.) 8°
Berlin, Phil. Diss. v. 21. Dez. 1899

Moses, O. Die Festung Königstein u. ihre Umgebung, insbes. die Veste Sonnenstein, die Schlösser Dohna, Wesenstein, Meusegast. In geschichtl. Abriss. (64) 16. M. 2 Taf. Pirna 1872 0,50.

Moses, Oskar, pract. Arzt aus Glogau: ⟨Aus d. Kgl. Universitäts-Frauen-Klinik zu Berlin. Dir.: Geh. Rat Olshausen.⟩ Ueber postoperativen Jleus. *Berlin (1900): E. Ebering.* (75 S.) 8°
Berlin, Med. Diss. v. 9. Nov. 1900

Moses, Paul, approb. Arzt aus Dessau i. Anh.: Aus d. Psychiatr. u. Nervenklinik zu Kiel. Beitrag zur Symtomatologie [!] der 'Haematome der Dura mater'. *Kiel 1904: H. H. Peters.* (11 S.) 8°
Kiel, Med. Diss. v. [25. Apr.] 1904

Moses, Reinhold [aus Dresden]: Die Religionsverhandlungen zu Hagenau und Worms 1540 und 1541. . . . Jena, Frommannsche Buchdr. (Hermann Pohle), 1889; 2 Bl + 57 + 1 S. 8°
Leipzig, Phil. Fak., Inaug.-Diss. v. 5. Febr. 1889

Moses, R., die Religionsverhandlungen zu Hagenau u. Worms 1540 u. 1541. Historische Abhandlung. gr. 8. (VIII, 138 S.) Jena 889. Pohle. n. 3. —

Moses, S., über den Grad der Erwerbsunfähigkeit nach Verletzung eines Auges. Inaug.-Diss. gr. 8. (34 S.) Breslau 889. (Leipzig, Fock.) n. 1. —

Moses, Salli, über einen Fall von Cysto-fibrosarcoma myxomatodes. Diss. München 1887, A. Buchholz. 8°. 16 S.

Moses, Salli [approb. Arzt aus Vechta (Oldenburg)]: Über einen Fall von Cysto-fibro-sarcoma myxomatodes . . . . München, K. Hof- u. Univ.-Buchdr. v. Dr. C. Wolf & Sohn, 1887; 16 S. + 1 Bl. 8°.
München, Med. Fak., Inaug.-Diss. v. 1887.

Moses, Samuel, a. Lörrach: Aus d. Hygien. Institut d. Univ. Freiburg i. B. ⟨Direktor: Geh. Hofrat Prof. Dr. Schottelius⟩. Über die Wirkung von Tuberkel-Bazillen verschiedener Typen auf Würmer, Schnecken und Kaulquappen. Freiburg i. B.: Speyer & Kaerner 1907. (29 S.) 8°
Freiburg i. B., Med. Fak., Ref. Schottelius, Diss. v. 1907
[Geb. 5. Dez. 82 Kirchen; Wohnort: Lörrach; Staatsangeh.: Baden; Vorbildung: Gymn. Lörrach Reife Juli 01; Studium: Freiburg i. B. 3, München 1, Freiburg i. B. 3, Berlin 1, Freiburg i. B. 2 S.; Coll. 23. Nov 06; Approb. 16. Nov. 06.]

Moses, Siegfried, Berlin, Referendar in Wriezen: Ueber unwirksamen Beitritt zu einer Gesellschaft mit beschränkter Haftung. Sonderabdruck aus Jherings Jahrbüchern für die Dogmatik des bürgerlichen Rechts. 2. F. Bd XVII. Jena: G. Fischer 1908. (39 S.) 8°
Heidelberg, Jur. Fak., Ref. Schroeder, Diss. v. 1908
[Geb. 3. Mai 87 Lautenburg (Westpr.); Wohnort: Wriezen; Staatsangeh.: Preußen; Vorbildung: Sophien-Gymn. Berlin Reife M. 04; Studium: Berlin 6 S; Rig. 22. Jan. 08.]

Moses, Simon (geb. Stettin 18. 5. 1841): De pneumothorace nonnulla. Berolini (1863). (32 S.) 8°
Berlin, Med. Diss. v. 10. Aug. 1863

Mosesbrunnen. Der M' auf dem Kirchplatz. Bern 1847 s.a. [Howald. Carl /].

Mosesbrunnen, der, auf dem Kirchplatz (in Bern). gr. 16. (84 S. und 1 Stnt.) Bern 847, [Blom.] *

Mosesbrunnen, der, auf dem Kirchplatz (in Bern). Mit 1 (lith.) Abbildung. gr. 16. (84 S.) Bern 847, Jenni Vater. n. 4 ngr

Jakob Mosesinno

De Methodo diuretica. Berolini (1827:) Petsch. 35 S. 8°
Berlin, Med. Diss. v. 28. Apr. 1827

Mosessohn, Aaron. Friedenspredigt gehalten in der Synagoge zu Berlin am Sabbath den 27ten Adar 523. (den 12ten März 1763) von dem dasigen Juden-Rabbiner — — Ins Deutsche übersetzt von R. S. K. Berlin 1763. 8. 18 S.

Mosessohn, Sally, aus Dürkheim a. H.: Robert Boyle als Philosoph und seine Beziehungen zur zeitgenössischen englischen Philosophie. Ein Beitrag zur Geschichte d. Empirismus im 17. Jh. *Würzburg 1902: F. Staudenraus.* (75 S.) 8°
Würzburg, Phil. Diss. v. 1902

Mosestheater. Berliner Zeitbild v. Harfenmeister. Zeichnungen v. Paul Scheurich. (68 S.) 8. Berlin (907). Verlag Continent. 1.50

Mosetig-Moorhof, Albert von

Mosetig, Alb., über die Anomalien bei der Herniotomie der Leisten- und Schenkelbrüche. gr. 8. (55 S.) Wien 867. [Leipzig, Fues's Verlag.] *

Mosetig, Albert: Über die Anomalien bei der Herniotomie der Leisten- und Schenkelbrüche. Wien: Tendler & Comp. 1867. 55 S. 8°

Mosetig-Moorhof, A. v., die Anwendung der Glühhitze in der Medizin, s.: Klinik, Wiener.

Mosetig-Moorhof, Dr. Albert Ritter v., Das Blut und dessen Functionen. Volksthümlicher Vortrag, gehalten am 6. Januar 1889 im gemeinnützigen Vereine des IX. Bezirkes. 8. (12 S.) Wien: Huber & Lahme 1889. —.30

Mosetig-Moorhof, Ritter v., kurze Darstellung der Anatomie u. Physiologie d. menschlichen Körpers. Für Gebildete aller Stände entworfen. 2., umgearb. u. verm. Aufl. 12. (VII, 123 S. m. 20 Illustr.) Wien 892. F. Deuticke. n. 2. —; geb. n. 2. 60

Mosetig-Moorhof, Alb. R. v., Handbuch der chirurgischen Technik bei Operationen und Verbänden. In 12 Lfgn. gr. 8. (VI, 883 S. mit vielen Abbild.) Wien 885,86, Deuticke. à Lfg. *ℳ 1.50.; compl. *

— Handbuch der chirurgischen Technik bei Operationen u. Verbänden. Mit vielen Abbildgn. 2. Aufl. gr. 8. (VI, 899 S.) Wien 886. Toeplitz & Deuticke. n. 18. —

— Handbuch der chirurgischen Technik bei Operationen u. Verbänden. 1. u. 2. Bd. gr. 8. Wien 890. Deuticke. n. 24. —; geb. n. 27. 60
1. Allgemeine Chirurgie. Elementar- u. System-Operationen. 3., verm. Aufl. (VIII, 440 S. m. 92 Abbildgn.) n. 9. —; geb. n. 10. 60
2. Specielle Chirurgie. Blutige u. unblutige regionäre Eingriffe. 3., verm. Aufl. (VI, 708 S. m. 144 Abbildgn.) n. 15. —; geb. n. 17. —

Mosetig-Moorhof, Alb. R. v., Handbuch d. chirurgischen Technik bei Operationen u. Verbänden. 4., völlig umgearb. Aufl. M. 267 Abb. gr. 8. (VIII, 907 S.) Wien 899. F. Deuticke. n. 18. —
Erschien auch in 12 Lfgn. à n. 1. 50.

— die erste Hilfe bei plötzlichen Unglücksfällen. Mit 12 Taf. Nebst Anh.: Der Transport v. Kranken u. Verletzten in grossen Städten. Von J. Mundy. Mit 12 Taf. Hrsg. v. der Wiener freiwill. Rettungs-Gesellschaft. 12. (VI, 278 u. 75 S.) Wien 883. (Huber & Lahme.) geb. n. 4. —

— die erste Hilfe bei plötzlichen Unglücksfällen. Für Samariter dargestellt. 2., gänzlich umgearb. Aufl. 8. (VII, 128 S. m. 35 Abbildgn.) Ebd. 891. n. 1. 80; geb. n. 2. 30

Die erste Hilfe bei plötzlichen Unglücksfällen. Für Samariter dargest. von Prof. Dr. [Albert] R. v. **Mosetig-Moorhof**. 3. verb. Aufl. Mit 35 Abb *Leipzig & Wien: F. Deuticke 1897.* (126 S.) 8° [illegible]

Mosetig v. Moorhof, chirurgische Instrumente, s. Ausstellungs-Bericht, offic.

— der Jodoform-Verband, s. Sammlung klinischer Vorträge.

Mosetig-Moorhof, v., Leitfaden zur Krankenpflege. 2 Tle. kl. 8. Wien 906. F. Deuticke. n. 4. —
I. Der menschliche Organismus u. seine Funktionen. (IV, 112 S. m. 20 Abbildgn.) 1. 80.
II. Die Pflege v. Kranken u. Verwundeten. (V, 171 S.) 2. 20

— Militär-Sanität und freiwillige Hilfe im Kriege, s. Ausstellungs-Bericht, Offic.

— die Tinctionsbehandlung inoperabler maligner Neoplasmen, s.: Klinik, Wiener.

— Vorlesungen über Kriegs-Chirurgie. gr. 8. (VIII, 332 S.) Wien 887, Urban und Schwarzenberg. geb. *

Mosetig-Moorhof, Albert, Ritter v., Sechs gemeinverständliche Vorträge über die erste Hilfe bei plötzlichen Unglücksfällen, Wien 1884, 62 S., 8°.

— sechs gemeinverständliche Vorträge über die erste Hilfe bei plötzlichen Unglücksfällen [gehalten im Wiener akadem. Gymnasium am 10., 17., 24. Novbr., dann am 1., 9. und 15. Decbr. 1884.] Hrsg. von der Wiener freiwill. Rettungs-Gesellschaft. gr. 8. (62 S.) Wien 885, (Huber und Lahme.) *

Ehre dem Ehre gebührt. Grusslied von Karl Schall. In Musik gesetzt von Mosevius. o. O. u. J. 2 Bl. 8°.
„Wer recht in unser'm Bunde lebt" . . .

Mosevius, Liebes- u. Geschäftsbriefsteller f. Jedermann. 8. (8 S.) Berlin 893. Friedrichs & Co. — 5

Mosewius, J[oh.] T[heod.] Zur Aufführung des Oratoriums Paulus von Felix Mendelssohn-Bartholdy. Breslau.

Mosewius, Johann Theodor. Johann Sebastian Bach in seinen Kirchen-Cantaten und Choralgesängen. Berlin 1845.

Mosewius, Joh. Thdr., Johann Sebastian Bach's Matthäus-Passion, musikalisch-aesthetisch dargestellt. Imp.-4. (VI und 70 S. mit 7 S. Musik-Beilagen.) Berlin 852, [Guttentag.] Thlr. *

Mosewius, Joh. Thdr., Johann Sebastian Bach's Matthäus-Passion, musikalisch-aesthetisch dargestellt. Mit (7 S.) Musik-Beilagen. Imp. 4. (VI u. 70 S.) Berlin 852, Trautwein'sche Buchh. n. $1\frac{1}{3}$ ℛ

— die Breslauische Sing-Akademie in den ersten 25 Jahren ihres Bestehens. Lex. 8. (71 S.) Breslau 850, Schuhmann in Comm. n. $\frac{1}{3}$ ℛ

Mosewius, Th.

Mosewius, über das Oratorium Moses von A. B. Marx. Vortrag in der vaterländ. Gesellschaft zu Breslau, gehalten am 26. April 1842. gr. 8. ($2\frac{1}{2}$ B.) Leipzig, Breitkopf u. Härtel.
Aus: Allgem. musikalische Zeitung besond. abgedruckt.

Mosewius, [Th.] Ueber das Oratorium Moses von A. B. Marx. (Aus der „Allgem. musikal. Zeitung.") Leipzig 1843.

Zur Geschichte des Königstädtischen Realgymnasiums. Den früheren Schülern zum 75j. Bestehen d. Anstalt gewidmet von Dr. Richard **Moshack**, Prof. (Berlin 1907: J. Bahlke.) (46 S.) 8° [Umschlagt.] 07. 7701

Moshack, Richard [aus Polkwitz in Schlesien]: Die Reichslandvogtei in der Wetterau. . . . Jena, Druck v. G. Neuenhahn, 1888; 46 S. 8°
Jena, Phil. Fak., Inaug.-Diss. v. 1888

Moshagen, Albert, approb. Arzt aus Braunschweig: Aus d. pathol. Institute d. Universität Freiburg i. B. Über einen Fall von intramedullärem Sarkom des Halsmarkes. *Freiburg i. B.: Speyer & Kaerner 1900.* (59 S.) 8°
Freiburg i. B., Med. Diss. v. 1900

Möshak, J. G., Geographie, zum Gebrauch in Preußens Volksschulen u. zum Selbstunterricht. 8. Emmerich 833. (Wesel, Bagel.) n. $\frac{3}{8}$ ℛ

v. Mosham, Fr. Aug.: Freimüth. Betrachtt. üb. d. Bad. Territorial-Frage, den Ansichten d. Freih. v. *Drais*, Hrn. *Bignon* u. And. entgegengesetzt. *Sulzbach*, v. Seidel. 810. 8. (4 Gr.)

Moshamer, Jos. A., Apollo; od. belehr. Unterhaltungs-Lectüre in 4 Sprachen (deutsch, franz., italien. u. latein.), f. alle gebild. Stände, insbes. f. d. reifere Jugend beiderlei Geschlechtes, in zwangl. Hftn. I., II. (à 7½ B.) Wien 830, Schrämbl. à

Moshamer, Jos. A., die Auswanderer. Eine Erzählung in neuer Form rc. 8. (9⅞ B.) Wien 841, Mechitaristen-Congreg.-Bh.

– s. Bellarmino, Roberto: Die Frucht der Thränen.

– s. Bellarmino, Roberto: Die seufzende Taube.

Moshamer, Jos. A., Bürgerspiegel. Eine Stadtgeschichte aus dem wiener Volksleben. 8. (300 S.) Schaffhausen 856, Hurter'sche Buchh.

Moshamer, Jos. A., die Donaureise von Wien bis Pesth. Eine Darstellung der auf dieser Route befindlichen Merkwürdigkeiten in histor., topograph. u. artistischer Beziehung, nebst einer Beschreibung des Sehenswerthesten in den Städten Ofen u. Pesth. gr. 12. (5 B.) Nebst: Panorama der Donau von Wien bis Pesth. In Vogelperspective gezeichnet u. in Stahl gestochen v. H. Hummitzsch. (M. viel. Randansichten. (5½ Elle lang u. 11½ Zoll, theilweis 22½ Zoll Rhein. breit.) Wien 842, 43, Rohrmann. *

— die Erde und ihre Bewohner. Das Wissenswürdigste aus der Naturkunde und dem Menschenleben in gemeinfaßlichen Abhandlungen nach dem gegenw. Stande d. Wissenschaft. 8. Wien 846, Pichler. ½ ℛ

Moshamer, Jos. A., die Mongolen-Braut, eine Erzählung in neuer Form nach dem Inhalte und Geiste des Buches Judith. 2 Lfgn. 8. (225 S.) Wien 849, Mechitaristen-Congregations-Buchhandlung.

Moshamer, Jos. A., der deutsche Ordensritter, histor. Novelle. 8. (14 B.) Wien 839, Mechitaristen-Congreg.-Buchh. Thlr.

—— Segnungen d. Glaubens. Eine Erzähl. in neuer Form. N. d. Inhalte u. Geiste d. Buches Tobias. 8. (12½ B.) Wien 841, Mechitaristen-Congreg.-Buchh.

Moshamer, Josef, Bunte Sträußchen. Eine Sammlung vaterländ. Original-Erzählungen für die reifere Jugend. 1. Sträußchen. 8. (98 S.) Wien, Mechith. Congr. Buchh. 1861 28 kr.
—— dasselbe. 2. Bdchn. 8. (96 S.) Ebds. 50 kr.
—— dasselbe. 3. Bdchn. 8. (164 S.) Ebds. 30 kr.

—— das Vaterland. Ein Panorama des österreichischen Kaiserstaates. gr. 12. (XVI und 174 S. mit 1 Stahlst.) Wien 856(57,) Pichler's Wwe. und Sohn. (Leipzig, Liebeskind.)

Moshamer, Jos. A., aus dem Volksleben. Erzählungen für die Jugend. Wien 865. Pichler's Witwe & Sohn. gr. 8. (246 S. mit 1 Holzschntaf.) 16 ngr

Moshamer, Jos. A., Vorschule d. Sprachkunde, od. allgem. Andeutungen zur Forschung d. Sprachen überh., u. insbesond. d. teutschen. Ueber Ursprache, Töchtersprachen; Wurzelsicht; Wörterschau nach Zeit u. Raum; altteutsche Quellen u. Redeformen v. Ulphilas bis Opitz; altteutsche Grammatik; Winke zur Berichtig. d. Rechtschreibung. Orig.-Ausg. 8. (7¼ B.) Wien 829, Schrämbl. Thlr.

— Schule des Anstandes, der Höflichkeit u. feinen Sitte. Mit prakt. Hinweisung auf histor. Züge u. Begebenheiten aus allen Zeiten u. Völkern. 18. St. Pölten 841. (Wien, Mechitaristen-Congreg.-Buchh.) ⅔ ℛ

Moshamer, Jos. A., die Reichs-Verfassung für das Kaiserth. Oesterreich vom 4. März 1849. Historisch, statistisch, geographisch, ethnologisch und sprachlich erörtert, erklärt und gemeinfaßlich zum leichten Verständnisse für jeden Staatsbürger dargestellt. 16. (130 S.) Wien 850, Keck und Pierer. Thlr.

Moshamer, Jos., neuestes Original-Gratulations-Büchlein, enth.: auserlesene Glückwünsche in Prosa und in Versen für alle erfreul. Ereignisse im Leben, alle Stände und Kinder von 6, 10 bis 12 Jahren. 16. (IV, 72 S.) Wien 870, Kirsch.

—— Presse u. Erziehung. Novelle. 8. (28½ B.) Wien 838, Mechitaristen-Congreg.-Buchh.

—— Herzog Rudolf IV. der Stifter, oder Wissenschaft und Glaube. Ein vaterländ. Zeitgemälde aus dem 14. Jahrh. gr. 8. (359 S.) Wien 862, Mechitharisten-Congregations-Buchh.

—— Schule d. Anstandes, d. Höflichkeit u. feinen Sitte. 18. (360 Seit.) St. Pölten 841. (Wien, Mechitaristen-Congreg.-Bh.)

Moshamer, Jos., Fremdenführer in das Salzkammergut, nach Salzburg u. Gastein nebst kleinen Ausflügen nach Aussee, Reichenhall u. Berchtesgaden. Wien 867. Wenedikt. 8. (IV, 128 S. mit 6 Illustr. in Holzschn. u. 1 lith. Karte in Farbendr. in Fol.) cart. 1 ℛ

Moshamer, J. A., Geschichten vom Teufel mit Einschluß der interessantesten Volkssagen, Geister- und Gespenster-Märchen, nationalen Gebräuchen und wahnwitz. Sprüchen. 16. (IV, 360 S.) Wien 873, Wenedikt.

—— neuester wiener Haussecretär, Briefsteller u. Geschäftsfreund, in allen bürgerl., merkantil. u. freundschaftl. Verhältnissen d. Lebens u. Wirkens; e. unentbehrl. Hand- u. Hülfsb. f. Jedermann. gr. 8. (36¼ B.) Wien 841, Schaumburg u. Comp.

Moshamer, Jos. A. — Jugend-Spende. Licht- und Schatten-Bilder. Erzählungen aus dem österreichischen Volksleben für Jung und Alt. Von — —. 8. (VI, 224 S.) Wien. Gedruckt bei Leopold Sommer. Lithographirt und in Farben gedruckt bei A. Hartinger. Verlag von L. W. Seidel. 1854.

– s. Kempis, Thomas von: Vier Bücher von der Nachfolge Christi.

—— Kreuz und Halbmond. Ein romant. Kriegsgemälde von der Vertreibung der Türken aus Oesterreich und Ungarn. Für das Volk und die reifere Jugend. 8. (176 S.) Wien 862, Mechitharisten-Congregations-Buchh.

— Kunst u. Leben. Eine romant. Erzählung in 3 Thlen. aus der Gegenwart. 8. Wien 846, Pichler's Wwe. ⅔ ℛ

—— Lebensbilder in Licht und Schatten. Moralische Erzählungen und Legenden für die kathol. Jugend. 8. (VIII und 352 S.) Wien 866, Mayer und Comp.

— Licht- und Schatten-Bilder. Erzählungen aus dem österreich. Volksleben f. Jung u. Alt. Wien 854. Seidel. 16. (VI, 223 S. u. 1 lith. Abbildg.) n. 15 ngr; feine Ausg. m. 4 color. Lithogr. n. 1 ℛ.

– s. Ligny, Franz de: Lebensgeschichte unsers Herrn Jesu Christi.

– s. Marin, Michelangelo: Virginia ...

Moshamer, Jos. (A.), s. Moshammer, Joseph Alois

v. Moshamm, Fr. Aug., freimüth. Betracht. üb. d. Badische Territorialfrage, den Ansichten d. Freih. v. Drais, Hrn. Bignon u. and. entgegenges. 8. Sulzbach 819. v. Seidel. 4 gl.

– Dass., s.a. Mosham

— üb. d. Rang d. europ. Mächte u. ihrer diplomat. Agenten; ein kl. Kommentar üb. d. auf d. Wiener Kongreß verfaßte Réglement sur le rang entre les agens diplomatiques (19. Mars 1818) 8. Sulzb. 819. v. Seidel. 8 gl.

Moshamm, Frz. Xav., s. Moshammer

Moshamm, Franz Xav. v.: Das Wechselrecht. 2. Aufl. Regensburg 1803.

— Wechselrecht nebst Anhang. gr. 8. Regensb. Montag. 803.

Moshamm, Frid. Aug. v.: Versuch einer Entwicklung der rechtlichen Verhältnisse bei deutschen Geschlechts-Fideikommissen und insbes. bei Erbverzichten und Regredient-Erbschaften. München 1816.

v. Moshamm, Fr. A.: Versuch einer Entwickel. d. rechtl. Verhältn. bei deutschen Geschlechtsfidei-Commissen überh. u. bei Erbverzichten u. Regredienterbschaften insbes. *München*, Lentner. 817. gr. 8. (15 Gr.)

— Versuch einer Entwickelung der rechtl. Verhältnisse bei deutschen Geschlechts-Fideicommissen überhaupt u. insbesond. bei Erbverzichten u. Regredienterbschaften. gr. 8. Münch. 817. (J. Müller in Leipz.) 15 gl.

v. Moshamm, Fr. X.: Ueber d. Amortisationsgesetze überh. u. besond. in Baiern. *Regensburg*, (Montag u. Weiss.) Manz. 798. 8. (9 Gr.)

– Dass., s.a. Moshamm

Moshammer: Beitrag zur perspectivischen Darstellung des Kreises. 8 S. 8° und Fgt. – Kaschau OR., Progr. 1860;

Moshammer: Centralprojection des Kreises. 30 S. 8°. – Goerz OR., Progr. 1862.

Moshammer: Das ‚Modell' als Hilfsmittel zum Zeichnungsunterricht an Realschulen. 3 S. – Wien OR.Sch., Progr. 1859

Moshammer, C., s. Moshammer, Karl

Moshammer, Franz Xaver

Moshammer, nachher Ritter v. Moshamm, Frz. Xav., über d. Amortizationsgesetze, u. besond. in Baiern. gr. 8. Regensb. 798. Montag u. W. 9 gl.

— über d. Bierbraurecht in Baiern. gr. 8. Ingolst. 791. Krüll. 16 gl.

Moshammer, Franz Xaver (v. Moshamm): „Einleitung in das gemeine und bayerische Wechselrecht", Regensburg 1784 (Montag). Anhang, ebenda 1786. — Vorh.: Com. Bibl. Hamburg. — 2. durchaus neu bearbeitete und verbesserte Auflage, Regensburg 1803, u. d. T.: „Das Wechselrecht", vorh.: Bibl. des Kammergerichts Berlin — Ff. 1753² — Com. Bibl. Hamburg und Bücherei der Industrie- und Handelskammer Leipzig.

— Einleit. in d. gemeine u. baier. Wechselrecht, nebst Anhang. gr. 8. Regensb. 784—86. 2e verb. Aufl. 803. Montag. 1 rl. 0 gl.

Moshammer, F. X. Gedanken u. Vorschläge über die neuesten Anstalten teutscher Fürsten die Kameralwissenschaften auf hohen Schulen in Flor zu bringen. Regensburg 1782. 90 S.

— Gedanken und Vorschläge über d. neuest. Anstalten deutscher Fürsten, die Kameralwissenschaft. auf hohen Schulen in Flor zu bringen. 8. Regensb. 782. Montag u. W. 5 gl.

Moshammer, Ritter v. Moshamm, Frz. Xav.: Europ. Gesandtschaftsrecht. *Landshut*, Kopp. 805. (Fr. Fleischer in *Leipz.*) 8. (1 Thl. 20 Gr.)

— europ. Gesandtschaftsrecht. 8. Landsh. Hagen. (a. B. Fleischer, Leipz.) 806.

— Europ. Gesandtschaftsrecht. 8. Landsh. 806. Storno. (F. Fleischer in Leipz.) 1 rl. 20 gl.

— Grundsätze d. Lehnrechts, mit steter Hinsicht auf das königl. baier. Edikt v. 8. Juli 1808 u. andere Verordnungen, die Lehnsverhältn. im Königr. Baiern betr. gr. 8. Landsh. 814. Thomann 22 gl.

Moshammer, nachher Ritter v. Moshamm, Frz. Xav. Grundsätze der Polizei-, Handlungs- und Finanzwissenschaft nach Sonnenfels abgekürzt und in Tabellen gebracht. 8°. München, Strobl, 1787. 2. verb. u. verm. Aufl. 1801. (3. Aufl. 1820, verb. u. mit polit.-litt. Anmerk. verm., Tübingen, Osiander.)

— Samml. d. neuest. Instructionen f. die churpfalzbair. Dikasterien. 8. Ulm 783. Stettin. 16 gl.

— s. J. v. Sonnenfels, Grundsätze im Auszuge.

Moshammer, Joseph (Hrsg.), s. Toleranz-Bote ...

Moshammer, Joseph Alois

Moshammer, J. A., die Erde und ihre Bewohner. Das Wissenswürdigste aus der Naturkunde und dem Menschenleben in gemeinfaßlichen Abhandlungen, nach dem gegenwärtigen Stande der Wissenschaft. 2., verm. und verb. Aufl. 8. (220 S.) Wien 860, Pichler's Wwe. und Sohn. Thlr.

— Erzählungen in neuer Form. 8. (20½ B.) Wien 840, Mechitaristen-Congreg.-Buchhandl.

Jos. Ant. Moshammer's Schule des Anstandes, d. Höflichk. u. feinen Sitte; m. prakt. Hinweis. auf histor. Züge u. Begebenheiten aus allen Zeiten u. Völkern. *St. Pölten*, Passy. 841. 18° 18 gl

Moshammer K.: Beitrag zur geometrischen Symmetrielehre und zur constructiven Theorie der Ecke. 41 mit 2 Tafeln. Graz L.-R. 74. Progr.

Moshammer, Karl, constructive Geometrie in der Ebene, als Vorschule zur darstellenden Geometrie d. Raumes. Ein Cursus f. die 4. Klasse e. vollständ. Realschule. Mit 113 in den Text gedr. Holzschn. gr. 8. (VIII, 85 S.) Wien 873. Seidel & Sohn.

— zur Geometrie der Schraubenbewegung u. e. Regelfläche 3. Ordnung. [Aus: „Sitzungsber. d. k. Akad. d. Wiss."] Lex.-8. (26 S. m. 3 Steintaf. in gr. 8. u. qu. gr. 4.) Wien 876. (Gerold's Sohn.) n. 1. 60

— Zur Geometrie der Schraubenbewegung und einer Regelfläche dritter Ordnung (mit 3 Taf.). S. 73. II. 183 . . . . . K 1.60
Separatabdruck

—— zur Geometrie ähnlicher Systeme und einer Fläche dritter Ordnung. Lex.-8. (17 S. mit 1 lithogr. Taf. in qu. 4.) (Ebendas.) 876. *
Vorstehende zwei Schriften sind aus: Sitzungsberichte der k. Akademie der Wissenschaften, besonders abgedruckt.

— Zur Geometrie ähnlicher Systeme und einer Fläche dritter Ordnung (mit 1 Taf.). S. 74. II. 131 . . . . . —.60
Separatabdruck

Moshammer, Karl, Hydromechanik. Lehrtext z. Gebrauche an höh. Gewerbeschulen u. Buch z. Selbststudium. Lex.-8. (73 S. m. 100 Abb.) Ebd. 898. n. 2. —

Moshammer, Karl, Lehrtext f. Mechanik. Zum Gebrauche in der 3. Classe der mechanisch-technischen Abtheilg. an höheren Gewerbeschulen. 1. Thl. Kräfte im Raum. Elasticitäts- u. Festigkeitslehre. Lex.-8. (61 S. m. 8 Taf.) Reichenberg 890. Fritsche. n. 1. 60

Moshammer, Karl, Lehrtext der Mechanik. Zum Gebrauche in der 3. Classe der mechanisch-techn. Abtheilg. an höheren Gewerbeschulen. 2. Thl.: Geometrische Bewegungslehre. Dynamik fester Körper. Lex.-8. (IV, 84 S. m. 4 Taf.) Reichenberg 892. J. Fritsche. n. 2. 40 (kplt.: n. 4. —)

Moshammer, K., zur Theorie eines Systems von Varianten der conoidischen Propellerschraube. [Aus d. Sitzungsber. der k. Akad. d. Wiss.] Wien 865. (Gerold's Sohn.) Lex.-8. (28 S. mit 2 Steintaff. in 4.) n. 12 *ngr.*

— Zur Theorie eines Systems von Varianten der konoidischen Propellerschraube (mit 2 Taf.). S. 51. II. 49 . . . . . vgr.
Separatabdruck

Moshammer, K., Centralprojection der Linien zweiter Ordnung. Lex.-8. (32 S. mit 1 Stnt. in qu. Fol.) Wien 864, (Gerold's Sohn.) * *

Moshammer Karl: Zentralprojektion der Linien zweiter Ordnung (mit 1 Taf.). S. 49. II. 372 . . . . . vgr.
Separatabdruck

Mosheh ben Shesbeth, a commentary upon the books of Jerimiah a. Ezeqiel. Ed. from A. Bodleian, with a translation a. notes by S. R. Driver. gr. 8. (X, 96 S.) London 871. (Leipzig, Dürr.) n. 3. —

Mosheim, Heinrich (Czernicovianus), De icteri origine probabilia. Diss. med. Halle (Fr. Grunert) 8. IX. 1816. 30 S. u. Biogr. (3.50) 23735

Mosheim, J. C., Origines acht Bücher, s. Origines.

Mosheim, Johann Lorenz von

Mosheim, J. L. v. Philosophisch-theologische Abhandlung von den moralischen Krankheiten des menschlichen Geschlechts . . . Leipzig 1771. H: *Miller, Johann Peter.* (BrMm) (Ky)

v. Mosheim, Jh. Lor., († d. 9. Sept. 1755.) auserles. akadem. Abhandll.; (v. e. Ungenannten) aus d. Latein. übersetzt;

mit Vorrede v. J. P. Miller 2 Thle. 8. Leipz. 766 u. 67. Jacobäer, (Aue in Alt.) 16 *gr.*

Mosheim, Joh. Lor. v., auserl. akadem. Abhandlungen, a. d. Lat. von J. P. Miller. 2 Thle. 8. Leipzig, Jacobäer. 766—69.

— auserl. akadem. Abhandlungen m. Millers Vorrede. 2 Thle. 8. Schleswig, Christiani. 767.

v. Mosheim, Jh. Lor., deutsche vermischte Abhandll., die als Vorreden zu verschied. Büchern dienen, gesammelt u. mit e. Verzeichn. aller Schriften d. Verf. herausgg. v. J. P. Miller II. (18 Vorreden). 8. Hamb. 750.

— philosoph.-theolog. Abhandll. v. den moral. Krankheiten d. menschl. Geschlechts; (herausgg. v. Jh. P. Miller II.) gr. 8. Leipz. 771. Weygand. 1 *rf* 4 *gr.*

— — Ad specimina publica quibus supremis in theologia honoribus dignum sese ostendet vir maxime reverendus et amplissimus Justus Martin Glaesener. Helmstedt (P. D. Schnorr) (Dec. 1733.) (4.—) 23742

Mosheim, Johann Lorenz [Praes.], s. Allwoerden, Heinrich v.: Historia Michaelis Serveti.

— kurze Anweis., die Gottesgelahrtheit vernünftig zu erlernen; in akadem. Vorless. vorgetragen u. zum Druck befördert v. Chr. Ern. v. Windheim. 8. Helmst. 756. Mit n. T.: 768. (Weygand in Leipz.) 8 *gr.*

— kurze Anweis., die Gottesgelahrheit vernünftig zu erlernen. 8. Helmst. (Weygand in Leipz.) 763.

— Anweis. erbaulich zu predigen; hrsgg. v. Chr. Ern. v. Windheim. gr. 8. Erlang. 763. 2e A. 771. (Heyder.) 1 *rf* Dass. in einen Auszug gebracht v. G. Th. Marck. 8. Wism. 773. Bödner 3 *gr.*

— Anweis., erbaulich zu predigen. gr. 8. Erlang. Breuning. 771.

Mosheim, Jo. Laur. (autor), Apologiæ pro martyribus adversus Marc. Antoninum philosophum Augustum diss. I. Kiliæ. (1718). 4. [Præs. Nic. Möller]. (Mere udkom ikke).

Mosheim. J. L.. de aetate apologetici Tertulliani. Helmst. 1724. 4.

— de auctoritate concilii Dordraceni paci sacrae noxia. 4. Helmst. 727.

— vollständ. Auszug aus all. Thlen der Sittenlehre; s. Kern aus Mosheims Sittenlehre.

— vollständ. Ausz. aus allen 9 Theil. d. Sittenlehre, herausgegeb. von J. G. Sommerau. gr. 8. Quedlinb. Ernst. 799.

— de Beghardis et Beguinabus commentatio: ed. var. lect., notis et indice necess. locupletavit Geo. Hein. Martini. 8 maj. Leipz. 790 Weidmann 2 *rf*

Mosheim, Johann Lorenz [Praes.], s. Behrens, Phil.: De felicitate ecclesiae externa internae plerumque noxia.

— Beschreib. der großen Feyer bey d. Anwesenh. Georgs II. Kön. v. Großbritt. in Göttingen, m. K. 4. Götting. (Förster, B.) 749.

[MOSHEIM, JOHANN LORENZ VON]. Beschreibung der großen und denckwürdigen Feyer die bey Der . . . Anwesenheit des . . . Herren George des Andern, Königes von Grosbritannien . . . auf Deroselben Georg Augustus hohen Schule in der Stadt Gottingen Im Jahr 1748. am ersten Tage des Augustmonates begangen ward. Göttingen, J. W. Schmidt, 1749. 4°. 227 S. *Mit 1 großen Anfangsvignette und 5 gefalt. Kupfern (davon 1 in Farbstich) nach G. D. Heumann von J. G. Schmidt.* Leicht bestoß. HLd. d. Z.
Erman-Horn II. 4353. Berliner Orn. Stichkat. (2911).

— Beweis, daß die Autorität d. Dortrechter Concil. d. Verein. unter d. Protestant. hinderl. s. 8. Hamb. 726.

Mosheim, J. L, de cathedra Petri Antiochiae Romaeque corrupta ac deperdita. Helmst. 1738. 4.

— de causis suppositorum librorum inter Christianos sec. I. et II. Helmst. 1725 4.

— **Jo. Laur.,** De Christo unice theologo imitando oratio quum theologiam publice docendi munus susciperet, recitata. Matth. XXIII, 10. o. O. u. J. (4.—) 23736

— cogitationes in novi foederis loca selectior. P. Ima. 8. Hannov. 726.

— commentat.; qua controversia de consecrationibus episcopor. Anglorum recens. et diiudicatur, conscr. et exhibita ab Olao Kiörningio. 4. Helmst. (Weygand, Lips.) 739.

— commentationes et orationes varii argumenti recens. et praef. est Jh. Pt. Miller II. 8. Hamb. 751. Brand. 1 ß

— compend. institution. hist. ecclesiasticae c. J. P. Miller II. 8. Helmst. 751. Ed. III. Leipz. 782. Weygand. 18 gr

Mosheim, Johann Lorenz [Praes.], s. Coner, Christ. Friedr.: De ignoto Atticorum deo.

– s. Cudworth, Rud.: Systema ...

— — **De linguae Latinae cultura et necessitate. Diss. (Oratio secunda de ratione administrandi rempublicam litterariam in Academiis ut nunc est non abroganda.) o. O. u. J. (3.50) 23737**

Mosheim, J. L.. de ignoto Atticorum Deo. Helmst. 1725. 4.

— Dissertationum ad histor. eccles. pertinent. Vol. I. 8. Altona 731. Ed. II. et Vol. II. 743. Nova editio amborum voluminum. 8. ibid. 767. Korte. 2 ß

Mosheim, J. C., de distinctione inter clericos et laicos. Helmst. 1725. 4.

Mosheim, J.L.: De divortio. – Helmst.1737.

— **Jo. Laurentius** (Marienthal u. Michaelstein), Commentatio de divortio Oder: Von den in dem Neuen Testament begründeten Ursachen Der Ehescheidung, methodo demonstrativa conscripta et potissimum in gratiam ll. cultorum recusa ac emendata. Jena (J. Fr. Ritter) 1739. 48 S. (5.—) 23744

— — Dasselbe. Jena (Ritter) 1743. 48 S. (5.—) 23745

— Rec. 1748.

— — (Göttingen), Commentatio de divortio oder von den in dem Neuen Testament gegründeten Ursachen der Ehescheidung, methodo demonstrativa conscripta et potissimum in gratiam ll. cultorum. Jena (J. Chr. Strauß) 1773. 48 Seiten. (5.—) 23746

— comment. hist. theol. de Ioanne Duraeo, pacificatore celeb. 4. Helmst. 744.

Mosheim, J. L., de turbata per recentiores Platonicos ecclesia. Helmst. 1725. 4: rep. in eisd. dissertt. ad hist. eccl. 2. p. 90 ss.

— Einleit., die Wahrheit u. Göttlichkeit der Religion zu beweisen; hrsgg. v. Chr. Er. v. Windheim. 8. Erlang. 762. 2e A. 771. (Heyder). 4 gr

— Einleit., die Wahrheit. der Religion zu beweis. 8. Erl. Breuning. 771.

— exeget. Einleit. in den Br. Pauli an die Römer, mit e. eigenen Erklär. des Br. v. F. E. Boysen. 4. Quedlinb. 770. Ernst. 1 ß 18 gr

— Einleit. in die Sittenlehre d. heil. Schrift. 8. Erlang. Breuning. 762.

— Einleit. in d. Sittenlehre d. heil. Schrift. Zum Gebr. akad. Vorles. hrsgg. v. Chr. E. v. Windheim. 8. Erlang. 762. (Heyder). 4 gr

— elementa theologiae dogmaticae; ed. C. E. de Windheim. 8maj. Nürnb. 758. Ed. II. 784. Ed. III. 781. Monath u. K. 1 ß. 12 gr

— elem. theolog. dogmat. in tab. synopt. redacta a Chph. Chr. Sturmio. 8maj. Nürnb. 766. Monath u. K. 6 gr

Mosheim, J. L., de eo, quod justum est circa literarum ss. ex priscis scriptoribus interpretationem. Kil. 1720. 4.

— — Orationes de eo quod nimium est in studiis criticis et de Christo unice theologo imitando nunc primum separatim editae cum nova auctoris praefatione. Helmstedt (J. Chr. Langenheim) (5. III.) 1726. 104 S. (7.50) 23740
Untertitel: Oratio de eo quod nimium est in studiis linguarum et critices . . . . ex instituto celeberrimi viri Samuel Schass ipsi demandaretur, publ. in Academia Kiel recitata. 56 S. — De Christo unice theologo imitando oratio . . . . Matth. XXIII, 10. S. 57—104.

— Oratio de eo, quod nimium est in studiis lingvarum et critices, publice in Acad. Kiloniensi recitata. U. St. o. A. [1720]. 4.

— atque J. M. Gesneri, viror. clariss., epistolae amoebaeae, ed. Chr. Ad. Kloz. 8. Leipz. 770. Weygand. 8 gr

Mosheim, Johann Lorenz von. Erklärung des ersten Briefes Pauli an die Corinther. Neue Ausg. Altona u. Flensburg 1762. H: *Windheim, Christian Ernst.* (Ky)

— Erklär. d. ersten Br. Pauli an d. Corinther. 4. Alt. u. Flensb. Neue Ausg. mit d. 2n Br. verm. (v. Windheim). 4. Ebd. 762. (Hammerich in Altona) 4 ℛ 12 ℊ

— Erklär. d. Br. Pauli an die Römer mit Beysens Anmerk. 4. Quedlinb. Ernst. 770.

— Erklär. d. Br. Pauli an d. Titus; hrsgg. v. J. A. Ch. v. Einem. 4. Stendal 779. Franzen u. G. 8 ℊ

— **Johann Lorenz von,** Erklärung des Briefes an den Titus, herausgegeben von Johann August Christoph von Einem (Pastor zu Genthin u. Roßdorf). Stendal (D. Chr. Franz) 1779. VI, 90 S. (—.—) 23750

— Erklärung der beiden Br. Pauli an d. Timotheum. 4. Hamb. 755. Bohn. 2 ℛ

— Erklär. d. Br. Pauli an d. Corinther. 2 Thle. 4. Flensb. (Christiani, Schlesw.) 762.

Mosheim, J. L. v., Erklär. der Briefe Pauli an die Corinther. 2 Thle. 4. Flensburg. 762. Jetzt Hammerich in Altona.

— Erklärung d. Evangel. Johannis; hrsgg. v. Ad. Fr. Er. Jacobi. 4. Weim. 777. Hoffmann. 1 ℛ 12 ℊ.

— Erklär. wichtiger Stellen d. heil. Schrift, aus dessen Werken gez. m. Anmerkk. hrsgg. v. Chph. G. L. Meister. 1r Bd. gr. 8. Leipz. u. Wesel 777 (Brockhaus). 1 ℛ 4 ℊ

— Erklär. wicht. Stell. d. heil. Schrift, aus dess. Werk. gez. mit Anmerk. herausgeg. von Meister. 1r Bd. gr. 8. Leipzig, Heinsius. (Gleditsch.) 777.

— Erklär. wicht. Stellen der heil. Schrift. gr. 8. Eisenach, Wittekind. 787.

Mosheim, Joh. Lorentz von, Erzählung der neuesten chinesischen Kirchengeschichte. Rostock 1748.

— — Commentatio de hodierna Romani sermonis in patria nostra existimatione. o. O. (14. II. 1744.) (3.50) 23743

— — De felicitate eorum, qui pura mente sunt, ad Matth. V, 8. Commentatio recitationibus suis praemissa, quarum simul ratio et series indicatur. Wolfenbüttel (J. Chr. Meisner) 1723. 52 S. (5.—) 23738

Mosheim, J. Lr., Gedanken über die Lehre von dem Ende der Höllenstrafen. Cob. 738. 8. Vertheidigung der rc. Frkf. 747. 8.

— Gesch. der Feinde d. christl. Religion; hrsgg. v. Gf. Winkler. 2 Bde. 8. Dresd. 781—84. Gel. Handl. in Dessau. 2 ℛ 8 ℊ (2r Thl. A. u. d. T.: Mosheims Vorles. üb. den Beweis d. Wahrheit rc. 784.)

— Gesch. d. Kirchenverbesserung im 16n Jahrh.; hrsgg. von J. A. C. v. Einem. Mit Maclain's Anmerkk. gr. 8. Leipz. 773. Weygand, (a. Herold jun. in Hamb.) 18 ℊ (Aus d. 5n Bde der Kirchengesch. abgedr.)

— Gesch. der Relig.-Verbess. im 16ten Jahrh. herausg. von v. Einem. gr. 8. Leipzig, Weygand. (a. Vollmer in Hamb.) 773.

— Gründe u. Gedanken v. d. Zufriedenheit. 8. Quedlinb. 766. Ernst. 6 ℊ

— historia Serveti. 4. Brunsv. 735.

Jo. Laur. Mosheim (resp. H. ab Alwoerden) historia Mich. Serveti. Helmestad. 1727.

— historia Tartarorum ecclesiast. adj. est Tartariae Asiat. in mappa delineatio. 4. Helmst. (Weygand, Lips.) 741.

— de illis, qui prophetae vocantur in N. T. Helmst. 1732. 4; rep. ibid. 2. p. 125 ss.

Mosheim, J. L., de initio persecutionis Christianorum sub Severo. Helmst. 1721. 4.

— inquis. in novam dogmatis de trinitate explication., q. Paul. Maty propos. 4. Helmst. 735.

— modesta inquisitio in nov. dogmatis de S. S. Trinitate quam vir clar. Paul. Mary nup. prop. 4. Helmst. 735.

— institutiones hist. christianae in compend. redactae a J. Pt. Miller II. 8. Helmst. 752. Henke. Ed. auct. 761. Ed. III. 8. Leipz. 783. Ed. IV. aucta et mend. cur. J. P. K. Henke. 8. Leipz. 801. Weygand. 1 ℛ

— institutiones historiae christ. antiquioris. 8. Helmst. 738. recentioris. 741. Umgearb. u. d. T.: Institutionum historiae eccles. antiquae et recentioris libri IV, ex ipsis fontibus insigniter emendati, plurimis access. locupletati. varr. observatt. illustrati. 4. ibid. 755. Ed. II. emend. et auct. 769. (Weygand in Leipz.) 4 ℛ

— institution. hist. ecclesiasticae antiq. et recentioris libri IV. 4. maj. Helmst. (Weygand, Lips.) 764.

Mosheim, J. L., de Judaeis miracula quaerentibus. Helmst. 1725. 4.

— vollständ. Kirchengesch. d. N. Test. übers. u. m. Anmerkk. u. Zusätzen verm. u. m. einer Vorrede v. Chr. W. F. Walch hrsgg. v. J. A. Ch. v. Einem. 9 Thle. gr. 8. Leipz. 769—78. Weygand. 13 ℛ 6 ℊ (8r—9r Thl. A. u. d. T.: J. A. C. v. Einem, Versuch e. Kirchengesch. des 18. Jahrh. gr. 8. 777, 78. 2e A. 782, 83. 3 ℛ 18 ℊ)

Mosheim, J. L. v. Vollständige Kirchengeschichte des Neuen Testaments ... Heilbronn u. Rothenburg a. d. T. 1770. H: *Schlegel, Johann Rudolph.* (ML) V (Bd. 7): *Fraas, Johann Jacob.* (Ky)

— vollständ. Kirchengesch. d. N. Test. a. dess. größ. Werken u. a. Schriften, m. Zusätz. verm. u. bis auf d. neuern Zeiten fortges. v. Jh. Rud. Schlegel. 6 Bde. u. 7r Bd. (v. Jh. Jak. Fraas fortges.) gr. 8. Heilbr. 770—96. Claß. 17 ℛ 18 ℊ (5r—7r A. u. d. T.: Kirchengesch. d. 18. Jahrh. 8 ℛ 12 ℊ.)

— vollständ. Kirchengesch. d. N. Test. aus dessen größern Werken u. a. Schrift. m. Zusätz. verm. u. bis auf die neuern Zeiten fortges. von Schlegel. 7 Bde. gr. 8. Heilbr. Claß. 786-96. (1r 2 Rthlr. 2r 2 Rthlr. 4 gr. 3r 1 Rthlr. 22 gr. 4r 2 Rthlr. 16 gr. 5r 3 Rthlr. 6r in 2 Thlen (à 2 Rthlr.) 4 Rthlr. 7r 1 Rthlr. 12 gr.)

v. Mosheim, J. L.: Allgem. Kirchenrecht d. Protestanten. Zuerst mit Anmerk. Hrsg. v. Chr. E. v. Windheim. (760.) Nun neu bearb. u. fortgesetzt v. Chr. Aug. Günther. Lpz., Weygand. (Gebhard u. Reisland.) 800. gr. 8. (1 Thl. 18 Gr.)

v. Mosheim, Jh. Wlh., allgem. Kirchenrecht der Protestanten; herausgg. v. Chr. E. v. Windheim. 8. Helmst. 760. Neubearb. u. fortgef. v. Chr. Aug. Günther I. gr. 8. Leipz. 801. Weygand. 1 ß 18 ℊ

— v. d. moral. Krankheiten d. menschl. Geschlechts. gr. 8. Ebend. 771.

Mosheim, Johann Lorenz [Praes.], s. Leo, Just. Heinr.: Demonstratio vitae Jesu ex morte apostolorum.

Mosheim, Johann Lorenz [Praes.], s. Lüder, Joh. Wilh.: De origine contentionum inter Corinthios.

Mosheim, J. L., lumen sancti sepulcri. Helmst. 1736. 4.

Mosheim, Johann Lorenz [Praes.], s. Make, Joh. Christian: De poenis haereticorum cum Stepharo Javorskio archiep. Rezanensi et Muroniensi disputatio.

-- Neue Nachrichten von dem berühmten Spanischen Arzte Michael Serveto, der zu Geneve ist verbrannt worden. Helmstedt, Weygand. 1750. 4°. 108 S. Broschiert.

— Nachrr. v. d. berühmten span. Arzt, Mich. Serveto, der zu Genf verbrannt worden ist. gr. 4. Helmst. 750. (Weygand in Leipz.) 9 ℊ

— — De vera natura communitatis bonorum inter primos Christianos cogitationes. Disput. XIV. in selecta sacri codicis dicta a juvenibus praestantissimis habendis invitationis loco praemissae. Helmstedt (S. Bucholtz) (April) 1725. 22 S. mit Namen. (4.—) 23739

— Jo. Laurentius von (England), De odio theologico commentatio auspicii caussa edita. Göttingen (A. Vandenhoeck) (Nov. 1747). 28 Seiten. (4.—) 23747

— — Dasselbe. Göttingen. Editio secunda. 1748. 30 S. (4.—) 23748

— — Dasselbe. Göttingen. Editio tertia. 1752. 30 S. (4.—) 23749

Mosheim, J. L., de origine contentionum inter Corinthios. Helmst. 1726. 4.

— Pastoraltheologie. 8. Frankf. u. Leipzig, Haueisen. 7763.

Mosheim, J. L., de Paulo ex ore leonis liberato. Helmst. 1725. 4; rep. in ejsd. cogitt. in loc N. F. p. 203 ss.

— — De poenis haereticorum cum Stephan Javorskius Archiepiscopo Rezanensi et Muroniensi disputatio. Helmstedt (P. D. Schnorr) (28. IV.) 1731. 112 S. (7.50) 23741

Mosheim, Johann Lorenz: Pontificios salis apost. expertes, in re fidei fluctuare ..., s. Felde, Alb. zum

- - , Zwo // Predigten // Bey besondern // Gelegenheiten // Über // I. B. der Könige am III. v. 7-9. // und // Sprüch-Wörter am XXV. v. 2-5. // gehalten // von // Johann Lorentz Mosheim, // Abten von Marienthal und Michaelstein und der // Heil. Schrifft öffentlichen Lehrern. // Helmstädt, // Bey Christian Friedrich Weygand, // 1734. - 160 S.
B. S. T. 8°.473/2.

Mosheim, Johann Lorenz. Zwo Predigten // Von der // Ruhe der Seelen, // die aus der wahren Liebe // entstehet, // und // Von den // Kennzeichen der wahren // Jünger Christi, // Vor // Ihro Königliche Majestät von Preussen, // Des // Kron-Printzens Königl. Hoheit // und dem // Durchl. Hertzogl. Braunschweig-Lüneburgischen Hause // gehalten// und auf Aller- und Gnädigsten Befehl // dem Drucke überlassen // Von // Johann Lorentz Mosheim // Abten von Marienthal und Michaelstein und der Heil. Schrifft // öffentlichen Lehrern. // Helmstädt /// Bey Christian Friedrich Weygand. // 1733. - 152 S.
B. S. T. 8°.473/1.

— primitiae Iuliae. 4. Wolfenb. 723.

Mosheim, Johann Lorenz [Praes.], s. Rahmdohr, Christ. Heinr.: De theologo non contentioso ad 2. Timoth. II. 23. 24. Diss. tertia et ultima.

Mosheim, J. L., de raptu Christi in coelum, quem Sociniani fingunt. Helmst. 1729. 4.

— de rebus christianorum ante Constantinum M. commentarii. 4. Helmst. 753. (Weygand, in Leipz.) 3 ß 8 ℊ

— heil. Reden, bey außerordentl. Gelegenh. gr. 8. Helmst. Weygand. 746.

— heil. Reden üb. wichtige Wahrheiten d. Lehre Jesu Christi. 6 Thle. gr. 8. Hamb. 725—39. Frankf. u. Leipz. 741. Hamb. 757. in 3 Bdn. gr. 8. Ebd. 765. Bohn. 3 ß

— 6 heil. Reden, bei außerordentl. Gelegenheiten gehalten. 8. Helmst. 743. N. A. 751. (Leipz., Weygand) 12 ℊ

Mosheim, J. L., de uno Simone Mago. Hal. 1743. 4; rep. in ejsd. dissertt. ad hist. eccl. pertin 2. p. 103 ss.

— Sitt:nlehre der heil. Schrift. 1r—5r Bd. 4. Helmst. u. Leipz. 735—53. 2e A. 737, 42, 43, 49, 53, 64, 78. (6r—9r hrsgg. v. J. P. Miller II.) 4. Halle 762—70. (Weygand in Leipz.) Alle 9 Bde 15 ß 4 ℊ

— Sittenlehre d. heil. Schrift. 9 Bde. 4. Helmst. (Weygand in Leipz.) 770—78. (1r—5r à 1 Rthlr. 12 gr. 6r 7r à 2 Rthlr. 8r 1 Rthlr. 8 gr. 9r 2 Rthlr. 8 gr.)

Mosheim, Johann Lorenz [Praes.], s. Stade, Johann Friedrich v.: De spiritu prophetiae de Christo testante dissertatio exegetica ad Apoc. XIX. 10.

Mosheim, Johann Lorenz [Praes.], s. Steding, Johann August: In historiam de numo census Matth. XXII. observationes.

— Streittheologie der Christen. Mit Anmerkk. hrsgg. v. Chr. Er. v. Windheim. 3 Thle. 4. Erlang. 763, 64. Breuning. (Heyder) 3 ß 16 ℊ

Mosheim, J. L., de studio ethnicorum Christianos imitandi. Helmst. 1729. 4; rep. in ejsd. dissertt. ad hist. eccl. I. p. 321—85.

— dissertation. ad sanctior. disciplinas pertin. syntagma. 4. Görl. Gamper, 733.

Mosheim, J. L. v. Theologischer Unterricht von der evangelischen Besserung der Seele und des Wandels . . . Leipzig 1772. H: *Miller, Johann Peter.* (BrMm)

— theolog. Unterricht, v. der evangel. Besserung der Seele u. des Wandels rc. gr. 8. Leipz. 772 Weygand. 16. ℊ

— Versuch einer unparth. Ketzergesch. 2 Thle. 4. Helmst. (Weygand in Lpz.) 746—48. (1r 1 Rthl. 12 gr. 2r 2 Rthl. 12 gr.)

— Versuch einer unparteiisch. u. gründl. Ketzergeschichte. 2 Thle. gr. 4. Leipz. 748, 50. Weygand 4 ß

— Versuch einer unpartheyischen und gründlichen Ketzergeschichte. Zwote Auflage. — Anderweitiger Versuch einer vollständigen und unpartheyischen Ketzergeschichte. — 2 Teile in 1 Bde. Helmstedt, C. F. Weygand, 1748. 4°. 6 Bl. S. 3—56; 400 S. *mit 2 hübschen Vignetten*; 500 S. inkl. *1 ganzseitiges, gestoch. Porträt Mich. Serrets*; gestoch. Verlegermarken a. d. Titeln. Etwas berieb. u. bestoß. Ldbd. d. Z.

Mosheim, Jo. Laur., Vindiciæ antiquæ Christianorum disciplinæ adversus Johannis Tolandi, Hiberni, Nazarenum. Kilonii. 1720. 4.

— Vindiciae antiqvae christianorum disciplinae, adversus celeberrimi viri Jo. Tolandi, Hiberni, Nazarenum. Editio secunda . . . auctior. Accedit De vita, fatis et scriptis Joannis Tolandi commentatio. Praedationem, qua atheismi calumnia a s. scriptura depellitur, praemisit Jo. Franciscus Buddeus. Hamburg, Witwe B. Schillers und J. C. Kisner, 1722. 8°. 19 Bl. 184 & 382 S. 6 Bl. (letztes leer). Leicht fleckiger guter Pgtbd. d. Z.

Mosheim, Johann Lorenz [Praes.], s. V o l g e r, Georg Christoph: De uno Simone mago dissertatio historico-theologica ad illustrationem Act. IIX. 9. - 18.

— Vorles. üb. den Beweis d. Wahrheit u. Göttlichkeit d. christl. Religion; hrsgg. u. verm. v. Gf. Winkler. 8. Dresd. 784.

Mosheim, Johann Lorenz, Vorrede zu der deutschen Übersetzung J. Tillotsons Auserlesenen Predigten, Helmstädt (1730) siehe John Tillotson.

— Vorstell. d. Lehre v. Satan. 8. Butzow, Bödner. 779.

Mosheim, Johann Lorenz [Praes.], s. Z w e r g, Anton Wilhelm: De Pygmaeis Aethiopiae populis dissertatio. Accedit de statura corporum beatorum, adversus v. c. Bernh. Connor, appendix.

Mosheim, Jh. Wlh. v., s. M o s h e i m, Johann Lorenz von

M o s h e i m, Ios., apologia ad principes christiano-catholicos in ruralis cleri contra Romanor. coelibat. defens. 8. maj. Vien. Ghelen. 784. Rthlr.

Mosheim, Karl, appr. Arzt a. Frankfurt a. Main: Aus der medizinischen Klinik zu Heidelberg und der medizinischen Poliklinik zu Marburg. Die Heilungsaussichten der Lungentuberkulose bei spontanem und künstlichem Pneumothorax. Marburg 1905. (S. 332—390.) 8° ¶ Aus: Beiträge zur Klinik der Tuberkulose Bd 3.
Marburg, Med. Fak., Ref. Brauer, Mannkopff, Diss. v. 8. Mai 1905
[Geb. 7. April 76 Basel; Wohnort: Frankfurt a. M.; Staatsangeh.: Preußen; Vorbildung: Gymn. Frankfurt a. M. Reife O. 94; Studium: Heidelberg 1. Marburg 1, Heidelberg 2, München 1, Berlin 1, Kiel 1, Heidelberg 3 S.; Coll. 11. Apr. 05; Approb. 29. März 06.]

Mosheim, Marcus [aus Adorf '(Fürstent. Waldeck)']: Ein Fall von periostalem Sarcom der Fibula ... Würzburg, P. Scheiner's Buchdr., 1892; 30 S. 8.
Würzburg, Med. Fak., Inaug.-Diss. v. 1892

— Theophil Christian von, De vita Petri de Pretio vice-cancellarii Conradi IV regis Romanorum et Siciliae commentatiuncula. Göttingen (J. Chr. L. Schultz) (o. J.) 31 S. (4.—) 23751
Gew.: Philipp Carl von Knigge.

Mosher, William E., a. Syracuse N. Y.: Albrecht von Hallers Usong. Eine Quellenuntersuchung. Halle 1905: (G. Schade, Berlin.) (110 S.) 8°
Halle, Phil. Fak., Ref. Strauch, Diss. v. 1. Aug. 1905
[Geb. 26. Nov. 77 Syracuse, N. Y.; Wohnort: Halle; Staatsangeh.: Ver. St.; Vorbildung: Oberlin Academy Reife M. 95; Studium: Oberlin College 8, Berlin 2, Halle 2 S.; Rig. 3. Aug. 04.]

Mosig, Ant. Frz. Aug., s. Uebereinstimmung d. kathol. Christenthums.

— kathol. Volksgebetbuch nach d. Zeitbedürfnisse. 8. Prag. 805.

Mosig, Samuel Gottfried (Nostitz/Lausitz), **Exercitatio jur. Observationes Singulares continens. Präs. Fried. Gottlieb Zoller. Leipzig (Langenheim) 21. VII. 1773. 14 S. (4.—)** 23752

Mosiman, Samuel K., a. Chicago, Ill. U. S. A.: Eine Zusammenstellung und Vergleichung der Paralleltexte der Chronik und der älteren Bücher des Alten Testaments. ⟨T. I u. II.⟩ Halle a. S. 1907: C. A. Kaemmerer & Co. (126 S.) 8° ¶ (Erscheint später vollst.)
Halle, Phil. Fak., Ref. Praetorius, Diss. v. 30. Juli 1907
[Geb. 17. Dez. 67 b. Middletown, Ohio; Wohnort: Halle a. S.; Staatsangeh.: Vereinigte Staaten; Vorbildung: Wittenberg College Springfield (Ohio) B. A. Juni 97; Studium: Mc Cormick theolog. Sem. Chicago 6, Univ. Halle 4 S.; Rig. 28. Mai 07.]

Mosimann, Chr., schweizerische Verfassungskunde mit besonderer Berücksichtigung der Kantons- u. Bundesbehörden. 8. (VI, 138 S.) Bern 879. Haller. n. 1. 60

Mosimann, F., Inwieweit hat Euripides in den „Hiketiden", der „Andromache" u. den „Troerinnen" auf polit. Konstellationen seiner Zeit angespielt? Diss. 1897. 77 S.

Mosing, Gtfr. Heinr., Andeutungen üb. d. Anwendung u. heils. Wirkung d. medizin. Dampfbäder, nach eigenen, aus vielfält. Beobacht. geschöpften Erfahrungen. gr. 8. (2 B.) Lemberg 838. (Wien, Gerold's Vrlsh.) *

Moesinger, Geo., s.: [Ephraem.] Evangeli concordantis expositio.

—— s. Monumenta syriaca.

Moesinger, Geo., supplementum corporis Ignatiani a Giulielmo Curetono ed. publici juris factum. gr. 8. (46 S.) Innsbruck 872. Wagner. n. 2. —

Mösinger, Georg, Die Unfehlbarkeit des Papstes gemeinfaßlich erklärt. Salzburg, kath. Preßverein, (Wien, Sartori,) 1870, 8°, 32 S., 1.—4. Aufl., 20 Pf.
„Trotz der knappen Kürze recht belehrend u. gemeinverständlich." Litt. Handw. 1870, S. 435.

— die Unfehlbarkeit d. Papstes gemeinfaßlich erklärt. 4., theilweise umgearb. Aufl. 8. (32 S.) Wien 871. Regensburg, Manz. — 20

Moesinger, Geo., Vita et martyrium sancti Bartholomaei apostoli, ex sinceris fontibus armeniacis in linguam latinam conversa. gr. 8. (X, 64 S.) Salisburgi 877. (Innsbruck, Wagner'sche Universitäts-Buchh.) *

Mosino, Philipp, Delegirter der russischen Gesellschaft des rothen Kreuzes bei der mobilen Armee während des Feldzuges 1877—1878, Ritter etc. Das russische rothe Kreuz 1877—1878 in Rumänien. Nach dem amtlichen russischen Berichte des ehemaligen General-Delegirten, wirklichen Staatsrathes P. A. von Richter frei bearbeitet und erläutert mit Original-Tableaux, Plänen, Karten, Tabellen versehen. (14 Taf.) gr. 8. Berlin 1880.

Mosino, Phpp., das russische rothe Kreuz 1877 und 1878 in Rumänien. Nach dem amtlichen russ. Berichte von P. A. v. Richter frei bearb. und erläut., mit Orig.-Tableaux, Plänen, Karten, Tab. versehen. Lex.-8. (VIII, 288 S.) Berlin 880, Stuhr'sche Buchh. *

מגדל־עז (Migdal-Oz.) **Mosis** Vitae Luzzatti Patavini Drama Quatripartitum Monumentum Linguae Neohebraicae Praestantissimum nunc primum ex Cod. Ital. editum, cum commentt. Sam. Dav. Luzzatti et Meiri Letteris, additis prolegom. uberr., quibus linguae poesisque neohebraicae historia illustratur, e codicillis Franc. Delitzschii. 8 maj. Lipsiae 837. Künzel. 1 ℛ — Ohne Prolegom. 2/3 ℛ

Mosis, s. Moses

Moskati, Peter
s.: **Moscati**, Pietro Conte

Moskau [Sachliches OW]

Moskau u. Petersburg beim Ausbruch d. Cholera morbus. Blätter aus d. Tagebuche e. Reisenden. Mit Bemerkn. üb. d. bisher gemachten Erfahrn. von dies. Krankheit v. Th. Zschokke. gr. 12. (4 B.) Aarau 832, [Sauerländer, Brlsh.]

Moskau, St. Petersburg u. Riga, kurze Beschreib. dies. Städte u. d. umliegend. Gegend. gr. 8. Dresd. 813. Hilscher. 8 gℛ

Moskau [Schlagwort]

Moscau — der Kremlin oder die Festung von — Der alte Palast der Czare im Kremlin zu Moskau. Perspect. Ansichten. 2 Bl.

Moskwa — Plan von — Weimar im Verlage des geographischen Instituts. 1807. 1 : 7000. 1 Bl. nebst einem halben Druckbogen Erklärung.

Moskau — Plan von — nach der neuesten russischen Original-Aufnahme, sammt einer Erklärung in russischer, französischer und deutscher Sprache. Den siegreichen Waffen des Rheinbundes gewidmet von Götz und Dietrich. München, 1812. Gedruckt in der Kön. Beschäftigungs-Anstalt am Anger. 1 : 10,700. 1 Bl. mit einer gedruckten Erklärung.

Moske, Emil: Die Bekehrung des hl. Paulus. Münster i. W. 1907: Aschendorff. (38 S.) 8° ¶(Erscheint vollst. b. Aschendorff, Münster i. W.)
Münster, Theol. Fak., Ref. Bludau, Diss. v. 25. Juli 1907
[Geb. 16. Apr. 80 Schmieschkowo; Wohnort: Pelplin; Staatsangeh.: Preußen; Vorbildung: Gymn. Warschau Reife O. 02; Studium: Bonn 2, Münster 8 S.; Rig. 6. Apr. 07.]

Moske, Emil, die Bekehrung des hl. Paulus. Eine exegetisch-krit. Untersuchg. (XI, 101 S.) gr. 8. Münster 907. Aschendorff. 2. 50

Moske, Johs., Alcibiades. Ein Trauerspiel. 8. (III, 113 S.) Berlin 895. R. Taendler. n. 1. 50

Moskiewicz, Georg, appr. Arzt a. Breslau: Aus d. städt. Irrenanstalt zu Breslau. Primärarzt Dr. Hahn. Ueber die Beziehungen des Delirium tremens zur akuten Hallucinose der Trinker ⟨Wernicke⟩, acuten hallucinatorischen Paranoia ⟨Westphal⟩, zum akuten Wahnsinn der Trinker ⟨Autoren⟩. Leipzig 1904: B. Georgi. (50 S.) 8°
Leipzig, Med. Fak., Ref. Flechsig, Diss. v. 3. Sept. 1904
[Geb. 16. Mai 78 Breslau; Wohnort: Breslau; Staatsangeh.: Preußen; Vorbildung: St. Maria Magdalen.-Gymn. Breslau Reife M. 96; Studium: Breslau 4, Berlin 1, Heidelberg 1, Breslau 5 S.; Coll. 30. Sept. 04; Approb. 25. März 03.]

Moskiewicz, Georg, Dr. med.: Zur Psychologie des Denkens. Leipzig (übergekl.: Halle): W. Engelmann 1910. 95 S. 8° ¶(Aus: Archiv f. d. ges. Psychol. Bd 18, H. 3/4.)
Halle, Phil. Diss. v. 16. Aug. 1910, Ref. Meumann
[Geb. 16. Mai 78 Breslau; Wohnort: Breslau; Staatsangeh.: Preußen; Vorbildung: Maria-Magdalena-Gymn. Breslau Reife M. 96; Studium: Med. Breslau 4, Berlin 1, Heidelberg 1, Breslau 4, Phil. Berlin 1, Halle 3, Breslau 2 S.; Rig. 26. Febr. 10.] [U 11. 1875

Moskopp, Paul, Dipl.-Ing.: Ueber Derivate des Ortho-Vinylphenols. Marburg 1909: Köster & Schell. 51 S. 8°
Marburg, Phil. Diss. v. 15. April 1909, Ref. Zincke
[Geb. 7. Nov. 80 Mainz; Wohnort: Aachen; Staatsangeh.: Hessen; Vorbildung: Realgymn. Plauen i. V. Reife M. 07; Studium: Wiesbaden Chem. Labor. 4, Heidelberg 2, Karlsruhe Techn. Hochsch. 3, Marburg 3 S.; Rig. 3. März 09.] [U 09. 3197

Moskowitz, Henry, a. Husse, Rumänien: Das Moralische Beurteilungsvermögen in der englischen Ethik von Hobbes bis John Stuart Mill. Eine historisch-kritische Studie. Erlangen 1906: Junge & Sohn. (VIII, 130 S.) 8°
Erlangen, Phil. Fak., Ref. Hensel, Diss. v. 21. Nov. 1906
[Geb. 27. Sept. 80 Husse (Rumänien); Wohnort: New York; Staatsangeh.: Vereinigte Staaten; Vorbildung: College of the city of New York Reife Juni 99; Studium: Columbia University (New York) 4, Berlin 1, Erlangen 3 S.; Rig. 27. Juni 06.]

Mösl, Vital. (Übers.), s. Betrachtungen über die Regel des heil. Benedikts.

– s. Briefe des heiligen Benedikt.

– s. Chrysostomus, Johannes: Predigten über Wahrheiten.

— epitome historiae philosophicae Salisburgensis. 4. Salzb. 765.

– (Übers.), s. Handlexicon, Medicinisches.

– s. Mangin's Werke.

– (Übers.), s. Monmorel: Homilien über die Evangel. ...

Mösl, Vital, († d. 2. Dec. 1809) geistl. Reden auf d. Festtage des Jahres. 2 Thle. gr. 8. Salzb. 774. Mayr'sche B. 1 ℛ

— geistl. Reden von d. heutigen Lauigkeit in d. Christenthume rc. 2 Thle. 8. Salzb. 770. Mayr. 1 ℛ

– (Übers.), s. Sales, Franz von: Sämmtliche Reden.

– s. Werke, Die ächten, apostolischer Männer.

Moslavina [Schlagwort]

Moslavina, s.: Geologische Karten. Gorjanović,

Antrag auf Ergreifung vorbereitender Maassregeln zur Vermehrung der militärischen Macht in Deutschland, gestellt in der 69. Sitzung der Bundesversammlung am 5. Juli 1848 von dem Referenten des Ausschusses in Militär-Angelegenheiten (**Mosle**). Frankfurt am Main. 1848. 8°.

(Mosle.) Aus dem Leben des Generals von Wardenburg. 3 Vorträge. (133) 8. Oldenburg 1864. 2,00.

Mosle, Paul Friedrich August Großherzog von Oldenburg. Ein biograph. Versuch. Vorgelesen Freitag den 4. Novbr. 1864 im Casino. 8. (71 S.) Oldenburg 865, Schulze'sche Buchh. *

Mosle, A. G., das teutonische Münzsystem. Ein Beitrag zur Lösung der deutschen Münzfrage, zunächst geschrieben für die Mitglieder des deutschen Handelstags. gr. 8. (40 S.) Bremen 870, (Schünemann.) *

Mosle, A. G., der Unterscheidungszoll [La surtaxe d'entrepôt]. gr. 8. (92 S. mit 46 Tab.) [Bremen 880, Kühtmann und Comp.] Norden, Fischer Nachf. *

Moslé, Alex. G., s.a. Kunstwerke, japanische.

Japanische Kunstwerke. Waffen. Schwertzieraten. Lacke. Gewebe. Holzschnitte. Sammlung (Alexander G.) **Moslé**. Berlin: Kgl. Kunstgewerbe-Museum 1000. VII, 380 S. 8° [01. 11733

Mosle, Joh. Ludw., s.a. Aus dem literar. Nachlasse von Joh. Ludw. Mosle.

Aus dem militärischen Nachlasse von Joh. Ludwig Mosle, grossherzogl. oldenburg. Generalmajor. Mit einem kurzen Lebensabrisse. (IV. 253) 8. Oldenburg 1879. 5,40.

Mosle, Wilhelm, Regierungsref. in Stade: Die obligatorischen Rechtsfolgen aus Kommissionsgeschäften für den Kommissionär. Borna-Leipzig 1905: R. Noske. (VIII, 47 S.) 8° [F.]
Leipzig, Jur. Fak., Diss. v. 19. Dez. 1905
[Geb. 31. März 77 Sal. au b. Schönberg i. Holstein; Wohnort: Stade; Staatsangeh.: Preußen; Vorbildung: Gymn. Johanneum Lüneburg Reife O. 98; Studium: Heidelberg 1, Marburg 2, Heidelberg 2, Kiel 3 S.; Rig. 1. Aug. 02.]

Moesle (D.). Gemeinuetziges Handbuch der Gewaechskunde, welche mit Ausnahme der 4sten Classe des Linn. Systems die wilden Gewaechse Deutschlands enthaelt . . . Altona, 1812–4. 8°.

Möslein, u. Herr. Plan der Residenz-Stadt Eisenach. Nach amtl. Quellen auf Veranlassung d. Vorstandes der Residenzstadt bearb. 1:8000. Chromolithogr. qu. gr. Fol. Mit Strassenverzeichniss. 8. (2 S.) Eisenach 889, Brunner. ** — 75

Möslein, Paul: Die Gewerbegesetzgebung der Thüringer Herzogtümer im 19. Jahrhundert bis zur Einführung der Gewerbefreiheit. Weimar 1909: Hof-Buchdr. 93 S. 8°
Erlangen, Phil. Diss. v. 5. Juni 1909, Ref. v. Eheberg *
[Geb. 3. Juli 82 Dermbach; Wohnort: Weimar; Staatsangeh.: Sachsen-Weimar; Vorbildung: Gymn. Weimar Reife O. 03; Studium: Jena 3, Leipzig 2, Jena 4, Erlangen 3 S.; Rig. 10. März 09.] [U 09. 846

Möslein, Rudolf, appr. Arzt, Oberarzt im Garde-Drag.-Reg. No. 23: Ueber traumatische Zwerchfellhernien. (Berlin 1909: Ebering.) 46 S. 8°
Berlin, Med. Diss. v. 30. März 1909, Ref. Hildebrand
[Geb. 22. Sept. 79 Hirschberg i. Schl.; Wohnort: Darmstadt; Staatsangeh.: Hessen; Vorbildung: Gymn. Weimar Reife O. 99; Studium: Berlin K. W. A. 10 S.; Coll. 26. März 09; Approb. 28. März 05.] [U 09. 78

Moslem, der ewige. Historisch-romantische Erzählung aus dem neuesten orientalischen Kriege. (In 20 Heften oder 2 Bde.) gr. 8. (1. Bd. 496 S., 2. Bd. 464 S.) Berlin 855—56, Sacco. à Heft 3 Ngr.

Moslener, Friedrich, approb. Arzt aus Ellerbeck bei Kiel: Aus d. Königl. patholog. Institute zu Kiel. Über Argyrie. *Kiel 1899: P. Peters.* (18 S.) 8°
Kiel, Med. Diss. v. [9. Aug.] 1899

Mosler, Prof. Dr. Ueber Alkoholmissbrauch. 13 8. Leipzig und Berlin 1888.

Mosler, die afrikanische Sklaverei, s.: Forum.

Mosler Abraham: Friedrich von Matthissons Leben.
H. 1903 PN 1654 Diss. Wien. Univ. 133

Mosler, Alfred, Referendar in Berlin: Der Nachlieferungsanspruch beim Gattungskauf als Erfüllungsanspruch (480, I B. G.-B.) Berlin 1907: J. Pakuscher. (32 S.) 8°
Heidelberg, Jur. Fak., Ref. Bekker, Diss. v. 22. April 1907
[Geb. 5. Febr. 83 Gleiwitz; Wohnort: Berlin; Staatsangeh.: Preußen; Vorbildung: Askan. Gymn. Berlin Reife O. 02; Studium: Freiburg i. B. 1, München 1, Berlin 4 S.; Rig. 9. Dez. 04.]

Mosler Anselm: Studien zur ältesten Geschichte Kretas.
H. 1895 PN 919 Diss. Wien. Univ. 772

Mosler, Carl, s. Mosler, Karl

Mosler, Ch. Die Bergwerks- und Hüttenindustrie der Vereinigten Staaten von Nordamerika. Berlin, 1876. 59 S. mit 2 Taf.

Mosler, Ch., Katalog für die Sammlung der Bergwerks-, Hütten-, Salinen- und Steinbruchsprodukte von Elsaß-Lothringen auf der Wiener Weltausstellung von 1873. Straßburg, 1873. 98 S.

Mosler, Ch., Der Kupferbergbau am Obern See in Nordamerika. Berlin, 1877—1880. 73 S. mit 8 Abb. und 7 Taf.

Mosler, Chr., die Wasserstrassen in den Vereinigten Staaten von Amerika in ihrer kommerziellen und industriellen Bedeutung. Im Auftrage Sr. Exc. des Hrn. Ministers für Handel, Gewerbe und öffentl. Arbeiten verfasst. Lex.-8. (VI, 69 S. mit 2 Farbendr.-Taf.) Berlin 877, Ernst und Korn. *

Mosler, E, Gebühren-O., siehe Guttentag's preuss. Gesetze.

Mosler, E., Gebührenordnung f. Notare, } s.: Sydow, R.

Mosler, E., Rechtsanwaltsordng., siehe Guttentag's Reichsgesetze.

– Rechtsanwaltsordnung, s. Sydow, R.

[F.] **Mosler,** Eduard [Kammergerichtsref., Berlin]: Zur Lehre von der Konfusion nach gemeinem römischen Recht und dem Recht des Bürgerlichen Gesetzbuchs vom 18. August 1896 . . . Berlin, Druck v. C. H. Schulze & C. in Gräfenhainichen, 1897; IX, 116 S., 1 Bl. 8.
Berlin, Jur. Fak., Inaug.-Diss. v. 15. März 1897

Mosler, Ernst, a. Berlin: Aus d. patholog. Institut d. Univ. München. Ueber Lungenverletzungen durch stumpfe Gewalt. München 1905: C. Wolf. (21 S.) 8°
München, Med. Fak., Ref. v. Bollinger, Diss. v. 12. Juni 1906
[Geb. 7. Juli 82 Berlin; Wohnort: Berlin; Staatsangeh.: Preußen; Vorbildung: Wilh.-Gymn. Berlin Reife O. 00; Studium: Freiburg i. B. 1, Berlin 4, München 4 S.; Coll. 12. Juni 06; Approb. 1. Mai 06.]

Mosler, Franz Carl Otto Ludwig Theodor Willy, s. Mosler, Willy

Zur Abwehr ansteckender Krankheiten. Zeitgemässe Rathschläge f. Bewohner und Besucher der Badeorte, insb. der Seebäder. Von Prof. Dr. [Friedrich] **Mosler** . . . in Greifswald. *Greifswald: J. Abel 1895.* (1 Bl., 47 S.) 1 Bd 8. [98. 7386

Mosler, Frdr., üb. die medicinische Bedeutung d. Medinawurmes. [Filaria Medinensis.] gr. 8. (26 S.) Wien 884. Urban & Schwarzenberg. n. 1. —

Mosler, Friedrich (Giessen)
Beiträge zur Kenntniss der Urinabsonderung bei gesunden, schwangeren und kranken Personen, insbesondere quantitative Bestimmung der phosphorsauren Verbindungen.
Giessen: Ricker 1853. 20 S. (in Δ mit „Thesen")
Diss. med. 16.11.1853. vorh. 26. 7. 11.Δ.

Mosler F.: Zur Entstehung d. Echinococcenkrankheit in Island. Berl. 1880. 2 S. (Sartr.). P.

Mosler, Frdr., über Entstehung u. Verhütung der Tuberkulose als Volkskrankheit, m. besond. Berücksicht. der Errichtg. v. Volksheilstätten überall im deutschen Vaterland. 7 Vorträge, nebst Vorbemerkgn. u. Schlusssätzen. gr. 8. (XV, 103 S.) Wiesbaden 899. J. F. Bergmann. n. 2.—

Über Entstehung und Verhütung der Tuberkulose als Volkskrankheit mit besonderer Berücksichtigung der Errichtung von Volksheilstätten überall im Deutschen Vaterland. Sieben Vorträge nebst Vorbemerkungen und Schlußsätzen von Prof. Dr. FRIEDRICH MOSLER. (Festschrift für den Kongress zur Bekämpfung der Tuberkulose als Volkskrankheit.) Wiesbaden 1899. Verlag von J. F. Bergmann. 8°.

Mosler, Friedr., Erfahrungen über die Behandlung des Typhus exanthematicus mit Berücksicht. dabei erforderl. prophylakt. Maassregeln für Aerzte und Sanitätsbeamte mitgetheilt. gr. 8. (IX, 127 S. mit 1 lithogr. Taf.) Berlin 868, Burmester und Stempell. *

Mosler, Fr., Handbuch der Krankheiten des chylopoëtischen Apparates, s. Handbuch der speciellen Pathologie und Therapie.

Mosler, Friedr., über Kranken-Diätetik. Ein populärer Vortrag. gr. 8. (16 S.) Greifswald 867, Scharff. *

—— über Lungen-Chirurgie. Vortrag, gehalten beim zweiten Congresse für innere Medicin zu Wiesbaden am 20. April 1883. Erweitert durch eine Übersicht der gesammten Literatur des Gegenstandes. gr. 8. (III, 72 S.) Wiesbaden 883, Bergmann. *

—— über Milz-Echinococcus und seine Behandlung. Eine Monographie. gr. 8. (75 S.) Ebendas. 883. *

— über Milz-Echinococcus u. seine Behandlung. Eine Monographie. gr. 8. (75 S.) Ebend. 884. n. 3. 60

Mosler, F., über Myxoedem, s.: Klinik, Berliner.

Mosler, F., u. E. Peiper, thierische Parasiten, s.a. Pathologie u. Therapie, specielle.

Mosler, F. u. E. Peiper: Thierische Parasiten. Mit 124 Holzschn. Wien 1894. XII, 345 S.
(Specielle Pathologie u. Therapie. Hrsg. von Nothnagel. Bd 6.)

Mosler u. Peiper, Tierische Parasiten. Bd. VI. der spez. Pathologie und Therapie v. Nothnagel. Wien 94. Hölder. M. 11.20, geb. M. 13.70

Tierische Parasiten von Prof. Dr. F[riedrich] **Mosler** u. Prof. Dr. E(rich) Peiper. Bearb. von Erich Peiper. Mit 162 Holzschn. 2., verm. u. verb. Aufl. *Wien: A. Hölder 1904.* (376 S.) 8°
— Pathologie, Spezielle, u. Therapie. Bd 6. [04. 8159 II

—— die Pathologie und Therapie der Leukämie. Klinisch bearb. gr. 8. (VI, 284 S.) Berlin 872, Hirschwald. *

Mosler, Friedr., helminthologische Studien und Beobachtungen. gr. 8. (VII und 89 S. mit 2 farb. Stnt.) Berlin 864, A. Hirschwald. *

—— klinische Symptome und Therapie der medullaren Leukaemie. Vortrag, gehalten im Greifswalder medicin. Verein am 4. Novbr. 1876. gr. 8. (37 S.) Berlin 877, Hirschwald. *

—— über Transfusion defibrinirten Blutes bei Leukaemie und Anaemie. gr. 8. (28 S. mit 1 Stnt.) Berlin 867, A. Hirschwald. *

Mosler, Friedr. Über den Unterricht in der medizinischen Klinik zu Greifswald. gr. 8. (24 S.) Greifsw. 890, (Abel). * — 50
Aus: Klinisches Jahrbuch, besonders abgedruckt.

Mosler, Friedr., Untersuchungen über den Einfluss des innerlichen Gebrauches verschiedener Quantitäten von gewöhnlichem Trinkwasser auf den Stoffwechsel des menschlichen Körpers unter verschiedenen Verhältnissen. Erste vom Verein für g. A. gekrönte Preisschrift. Lex.-8. (III und 73 S.) Göttingen 857, Vandenhoeck und Ruprecht's Verlagsh. *
Aus: Archiv für wissenschaftl. Heilkunde, Bd. III. Heft 3, besonders abgedruckt.

Mosler, Friedr., klinische Untersuchungen über Verhältnisse des Stoffwechsels mit besonderer Berücksichtigung einzelner therapeut. Wege. 1. Abthl.: Ueber morbus Brightii. gr. 8. (37 S. mit 2 Tab. in Fol.) Göttingen 856, Vandenhoeck und Ruprecht's Vrlgsh. *
Aus: Archiv für wissenschaftliche Heilkunde, besonders abgedruckt.

Mosler, Friedrich
Untersuchungen über den Übergang von Stoffen aus dem Blute in die Galle.
Giessen: W. Keller 1857. 19 S. 4°
Habil. med. 1857. vorh. 26. 7.

—— Vorsichts-Maßregeln wider die Cholera. Ein populärer Vortrag. 16. (23 S.) Greifswald 866, Scharff. cart.

Mosler, H., s.: Klassiker-Bibliothek der bildenden Künste.

Die Einführung der Rheinschiffahrtsoktroi-Konvention am deutschen Niederrhein 1803–1807. Von Hans **Mosler.** Düsseldorf: E. Lintz 1908. (53 S.) 8°
(Vereinsgabe d. Düsseldorfer Geschichtsvereins.) [08. 7820 B

Mosler, Hans, Düsseldorf: Der Düsseldorfer Rheinzoll bis zum Ausgange des 16. Jahrhunderts. Münster 1906 (E. Lintz, Düsseldorf). (76 S.) 8° ¶(Aus: Beiträge zur Geschichte des Niederrheins Bd 21 — Jahrbuch d. Düsseldorfer Geschichtsvereins f. 1906.)
Münster, Phil. Fak., Ref. Meister, Diss. v. 13. Okt. 1906
[Geb. 6. Apr. 79 Saarbrücken; Wohnort: Münster i. W.; Staatsangeh.: Preußen; Vorbildung: Gymn. Erfurt Reife O. 97; Studium: Tübingen 2, Berlin 2, Münster 4 S.; Rig. 1. Juni 06.]

Mosler, Heinr., kritische Kunststudien. gr. 8. (VII, 221 S.) Münster 875, Russell's Verlag. *

Mosler, Heinr., die jüdische Stammverschiedenheit, ihr Einfluss auf die Entwickelung v. Judentum u. Christentum. 1. Tl. Ihr Einfluss auf die innere u. äussere Entwickelung d. Judentums. gr. 8. (X, 146 S.) Leipzig 884. Friedrich. n. 3.—

MOSLER, Hermann (Koblenz): De genealogiis Jesu Christi apud S. Matthaeum et S. Lucam. (Titel nach der Urkunde)
25.7.1853 - Urk: F 44
Diss. Ingolst.-Landsh.-Mchn.

Mosler, Hermann [app. Arzt aus Hagen i./W.]: Zur Magnetextraktion von Eisensplittern aus dem Auge ... Tübingen, F. Pietzcker, 1896; 23 S. 8.
Tübingen, Med. Fak., Inaug.-Diss. v. 1896

Mosler, Hugo, Dr. phil., Dipl.-Ing.: Konstruktion und Berechnung von Selbstanlassern für elektrische Aufzüge mit Druckknopfsteuerung. [1904.] VIII, 102 S. 8°
¶ Auch bei Springer in Berlin. *Br*
Braunschweig Te. H., Hab.-Schr. v. 1. 7. 1903

Mosler, Hugo, Konstruktion u. Berechnung v. Selbstanlassern f. elektr. Aufzüge m. Druckknopfsteuerung. (VIII, 102 S. m. 56 Fig.) gr. 8. Berlin 904. J. Springer. n. 3. —

Mosler, Hugo Der Temperatur-Koeffizient des Magnetismus einiger Salzlösungen der Eisengruppe mit besonderer Berücksichtigung des Eisenchlorids. *Leipzig 1901: O. Leiner.* (62 S.) 8°
Leipzig, Phil. Diss. v [20. Febr.] 1901

Mosler, Jómar [geb. zu Rybnik in Schles.]: Chronologie der Pentekontaëtie. . . . Berlin, Druck v. J. S. Preuß, 1890; 120 S. 8°
Erlangen, Phil. Fak., Inaug.-Diss. v. 1. Jun. 1890

Mosler, K., Verfassungs-Grundsätze d. Kunstvereins f. d. Rheinlande u. Westphalen, beleuchtet. gr. 8. (1 B.) Düsseldorf 841, Buddeus. *

[F.] **Mosler,** Carl: Hindert die Kenntnis des Stellvertreters des Käufers von den Mängeln der Kaufsache die Durchführung der ädilicischen Klagen? ... Greifswald, Druck v. J. Abel, 1892; 35 S. 8.
Greifswald, Jur Fak., Inaug.-Diss. v 1892

Mosler, Carl, und Nikola **Mosler,** der Nibelunge Noth. Heldengedicht des 12. Jahrh. Studien und ausgewählte Stücke zur Herstellung des ursprüngl. Werkes. gr. 8. (XIV und 134 S.) Leipzig 864, Engelmann.

Mosler, Karl [Gerichtsref. aus Wetter a. d. Ruhr]: Sind nach römischem Recht die gemeinschaftlichen Mauern zwischen zwei angrenzenden Grundstücken ideell oder reell geteiltes Miteigentum der Nachbarn? Erlangen, k. b. Hof- u. Univ.-Buchdr. v. F. Junge, 1897; VIII, 46 S. 8.
Erlangen, Jur Fak., Inaug.-Diss. v 1897

Mosler, Leo *(geb. Rybnik in Oberschles. 7. 12. 1859)* Die Tuberculose der weiblichen Genitalien. Berlin 1883. (42 S.) 8
[Im Buchhandel 1883 bei Köhler in Breslau.]
Breslau, Med. Diss. v 21. Dez. 1883

Mosler, Leo, die Tuberculose der weiblichen Genitalien. gr. 8. (42 S.) Berlin 883. (Breslau, Köhler.) n. 1. —

Mosler, N., die kirchliche Bedeutung der Particular-Concilien und die praktische Stellung des Altkatholicismus auf der Synode von 1878, beleuchtet. gr. 8. (25 S.) Heidelberg 878, Weiß. *

—— zur Geschichte des Cölibates, mit besond. Rücksicht auf die ersten christl. Jahrhunderte. Aus den Urkunden. gr. 8. (48 S.) Ebendas. 878. *

—— die Meßliturgie in älterer und neuerer Zeit. Bemerkungen über Form und Reform des kathol. Gottesdienstes. 16. (30 S.) Ebendas. 877. *
Aus: Altkatholischer Bote, besonders abgedruckt.

Mosler, N., Cornelius Tacitus über die Weltstellung von Germanien de situ Germaniae liber. I. 1862. 128 S.

Mosler, Nikola

Mosler, N., ausgewählte Stücke der Nibelunge Noth nach dem hergestellten mittelhochdeutschen Texte übersetzt. gr. 8. (16 S.) Düsseldorf 864, Gestewitz. *

Mosler, Nicolaus (geb. am 13 Mai 1833 in Düsseldorf): De primordiis Francorum . Duesseldorpii, typ. Guil. Kaulen 1857. 1 Bl., 32 S., 1 Bl. 8.
Bonn, Phil. Fak., Diss. v. 15 Aug. 1857

Mosler, Paul Theodor [pr. Arzt aus Zauditz]: Über Tubo-Ovarialcysten ... Leipzig, Druck v. A. Edelmann, Univ.-Buchdr., *1895;* 33 S. 8.
Leipzig, Med. Fak., Inaug.-Diss. v 28. Jan. 1895
(Nicht f. d. Austausch)

Mosler, Willy

[F. u. Ant.] **Mosler,** *Franz Carl Otto Ludwig Theodor* Willy [Referendar]: Das beneficium excussionis personalis des dritten Pfandbesitzers und des Drittschuldners ... Greifswald, Druck v. J. Abel, 1895; 46 S. 8.
Greifswald, Jur Fak., Inaug.-Diss. v 1895

Mösler, J. Gf., s. Mössler, Johann Gottfried

Mösler, J. Ghd., s. Mössler, Johann Gottfried

Moesler, Johann (Tennstedt/Thüringen), De syllogismo plus millies, salva sententia, commutando. Disput. logico-mathem. Präs. Jo. Andreas Planer. Wittenberg (Kreusig) 5. IV. 1712. (5.—) 23575
Gew.: Ernst Friedrich Meurer, Jo. Christoph Ernesti, Franz Seebach, Christian Christoph Schelwiz, Justin Wustemann.

Mösler, Johann Christian, s. Mössler

Moesler, Johann Gottfried [Praes.], s. Beyer, Georg Ludwig Friedrich: De notariis publicis.

Mösler, B., das Schachspiel, nach d. Italien. des Autore Modense dargestellt. Mit 7 Kpfrt. gr. 8. Coblenz 822. Hölscher. 22 ₰

Möslinger, W., üb. Weinsäurebestimmung. Von W. Möslinger u. F. Eckstein. Vortrag, geh. auf d. 8. ordentl. Hauptversammlg. d. „Verbandes selbständ. öffentl. Chemiker Deutschlands". [Aus: „Zeitschrift f. öffentl. Chemie".] gr. 8. (17 S.) Weimar 898. C. Steinert. n. — 50

Möslinger, Wilhelm *(geb. Breslau 16. 7. 1856)* Ueber das aetherische Oel von Heracleum sphondylium und einige neue Octylverbindungen. Breslau 1876. (53 S.) 8°
Breslau, Phil. Diss. v 5. Juli 1876

Moosly, Hermann, med. pract. von Gais [Kt. Appenzell]. Aus dem pathologischen Institut der Universität Zürich. Beitrag zur Kenntnis über Vorkommen und Entstehung von zweiteiligen Aortenklappen. Zür. Orell Füssli Dr. 1895. 30 S., 1 Bl. 8°
Zürich, Med. Diss. [v 13. Dec 1895].

Moosmang, Max, Tilly. (19 S.) 8. Altötting 903. J. Lutzenberger. n. — 20

Mosmann, Geo., die Aequivalente der Grundstoffe u. ihre spezifischen Gewichte nach den neuesten Bestimmungen zusammengestellt. Imp. Fol. Lith. Chur 849, Grubenmann. ¼ ₰

[Mosmann, Georg.] Die Bestandtheile, Wirkung und Gebrauch der Mineralquellen von St. Moritz im Oberengadin.... 2. Aufl. (Mit einer Abbildung der neuen Kuranstalt [Tafel, sowie 1] Tabelle.) 8. Chur 1856.

Rosmann, G., die Regeln der Bildung chemischer Namen, Zeichen und Formeln. Zur leichten Uebersicht und Repetition besonders für Anfänger bearb. 2., verm. Aufl. gr. 8. (35 S.) Schaffhausen 858, Brodtmann'sche Buchh.

Rosmann, Geo., Unterhaltungen über die elektromagnetische Telegrafie in der Schweiz. gr. 8. (V und 10 S. mit 1 Stnt.) Schaffhausen 852, Brodtmann'sche Buchh.

Mösmer, Josef

Mösmer, Jos., Ansichten über das Verhältniß von Staat und Kirche zur Volksschule. gr. 16. (82 S.) Innsbruck 862, Wagner'sche Universitäts-Buchh. *
Aus: Tiroler Bothe, besonders abgedruckt.

—— dass. — 2., verm. Aufl. gr. 8. (40 S.) Ebendas. 862. *

Mösmer, Jos., Erklärung der heil. Messe für Kinder, die gern beten. 16. (98 S.) Innsbruck 857, Wagner'sche Universitäts-Buchh. *

Mösmer, Jos., Lesebüchlein zum ersten Schulunterricht von Gott. 8. (IV und 96 S.) Innsbruck 855, Wagner'sche Buchh. *

Mösmer, Jos., Lesebüchlein zum ersten Schulunterrichte von Gott. 4., von Karl Moser mit Rücksicht auf die 40 bibl. Freiburger Wandbilder verm. Aufl. 8. (112 S.) Innsbruck 875, Wagner'sche Universitäts-Buchh. *

Mosner, H., die nürnberger Mundart aus hebräischer Quelle. — Deutsche und griech. Mythologie aus hebräischer Quelle. — Deutsche und ausländ. Orthographie aus hebräischer Quelle. gr. 8. (16 S.) Nürnberg 854, Stein. *

Mosner, Heinr., die Grabschrift des Eschmunazar übersetzt und analysirt. 8. (12 S.) Culmbach 869, (Blumroeder.)

Mosner, Hnr., Wegweiser in das Gebiet der Wissenschaften und Künste, mit Bezug auf Schule und Leben. 8. Nürnberg 842, Bauer u. Raspe. (Jul. Merz.) 1/2 ℛ

— s. Werke der griech. Kirchenväter.

Mösner, Marie (Gräfin Spaur), s. Engel, J. E.

Mösner, (Theoph. H.,) dissert. inaug. chirurg. de conformatione pupillae artificialis. 8maj. Tübingen 824, (Laupp.)

Mosodioa, s.: Missionsschriften f. Kinder.

Moritz Adolf Mosovius

Mauritius Adolphus Mosovius: De calculorum animalium eorumque inprimis biliariorum Origine et natura. Berolini (1812): Schade. 44 S. 8°
Berlin, Med. Diss. v. 13. Juli 1812

Mosqua, Friedr. Wilh.

— üb. das Geschwornengericht in Beziehung auf das Gutachten der königl. preuß. Immediat-Justiz-Commission am Rhein. 8. Berl. 819. Maurers B. (Heinemann in Stolp.) 18 gγ

Mosqwa: Ueber das Geschwornen-Gericht in Bez. auf das Gutachten der Königl. Preuß. Immediat-Justiz-Commission am Rhein. Berlin 1820.

Mosqwa: Prüfung der neuen Gründe für die öffentlich-mündliche Rechtspflege. Berlin 1818.

— Prüfung d. neuen Gründe f. d. öffentl. mündl. Rechtspflege. 8. Berl. 819. Maurers B. 18 gγ.

v. Mosqwa, F. W., üb. d. Wohllaut der deutschen Sprache. 8. Berl. 817. Maurer'sche B. 12 gγ

Mosqua, K. P., s. Mosqua, Friedr. Wilh.

Mosque, Fr., Chir. Novellen. 109 S. Wien. 8°. Richter, Chir. Bibl. VIII, 891.

1783

Mosquées, les, de Samarcande. Fasc. I. Gour-Emir. Publié par la commission impériale archéologique. (Russisch u. französisch.) (18 z. Tl. farb. Taf. u. VIII S. m. 2 Abbildgn.) Imp.-Fol. St. Pétersbourg 905. (Leipzig, K. W. Hiersemann.) In Mappe n.n. 100.—

Der Mosquito 1874 ? St. Louis, MO
Weekly Editor: F. Thien. Publisher: G. A. Dehne & Co.

Mosquito-Küste, die, u. Texas. Vollständ. u. unparth. Beschreibung beider Länder u. unentbehrl. Handbuch f. Auswanderer. 8. (4 1/4 B. u. 1 Karte.) Charlottenburg 846, Bauer. *

Moss, Milton, aus [Dayton,] Ohio: Ueber Acetonschwefligsaure Salze und über die Einwirkung von schwefligsaurem Natron auf Methylchloracetol und Methylbromacetol. München F. Straub Dr. 1875. 2 Bl., 40 S. 8°.
Zürich, Phil. Diss. [v. 13. Juli 1875].

Moss, William: Praktische Abhandlung über die physische Erziehung, Nahrung und Krankheiten neugeborner Kinder, Schwangerer und Kindbetterinnen. (An Essay on the management and nursing of children in the earlier periods of infancy. Second edition. Dt.) Nebst einem Zusatze über die Behandlung und Krankheiten älterer Kinder...übers., und mit eingestreuten berichtigenden und praktischen Bemerkungen versehen. 454 S., gbd.

Leipzig: Günther 1799

JB 4.067

Moß, Whil., prakt. Abhandl. üb. d. physische Erziehung, Nahrung u. Krankheit neugeborner Kinder. Aus d. Engl. 8. Leipz. 799. H. Richter. 1 ℛ 4 gγ. (A. u. d. T.: Handb. f. Ammen rc.)

Moss, (William): An Essay on the management and nursing of children in the earlier periods of infancy. (Dt. Ausz.)

s.: Kinderarzt, Der englische, nach den Grundsätzen der Herren (William) Moss Und (Michael) Underwood. Leipzig: 1786

JB 4.066

Mossa, Nathan. (geb. Friedland in d. Lausitz 29. 10. 1834): De haemorrhagiis ex viis aërophoris. Berolini (1858). (32 S.) 8°
Berlin, Med. Diss. v. 5. Juni 1858

Mossakowski, P. Stat. Ber üb. 1145 franz. Inval. d. dtsch-franz. Krieg. Leipz. 1872.

Mossbach. Geschichte des kgl. preuss. 4. westfäl. Infanterie-Regim. No. 17 v. J. 1853 bis z. J. 1870. 8. Berlin 1870.

Moßbach, Chr., Mittel gegen Feuersgefahr rc. s. J. A. Rob.

Mossbach, Ernst

Mossbach, E., Bolivia. Culturbilder aus einer südamerikan. Republik in persönl. Erlebnissen. 8. (153 S.) Leipzig 875, Barth. *

Moßbach, F., Taschen-Receptbuch des Schwarz-, Weiß- und Zuckerbäckers, s. Bibliothek praktischer Taschen-Receptbücher.

Maurerische Anthologie, gesammelt und hrsg. für die Freimaurer-Loge Alexius zur Beständigkeit in Bernburg von Joh. Heinr. Mossbach. Bernburg 1830: Gröning. X, 127 S. 8°
Kl. 1705 b. Enth. 86 Lieder (ohne Noten) und Gedichte.

Moßbach, Joh. Heinr., Reiser. Zusammengelesen f. Arme. 1. Bund. 8. (17¼ B.) Potsdam 832, Vogler.

—— literar. Speisesaal. 1. Thl. Das Frühstück. 8. (23½ B.) Potsdam 832, Vogler.

MOSSBACH, Joh. Heinr., Literarischer Speisesaal, errichtet und eröffnet von —. Zweite Auflage. Potsdam, 1835. Verlag der H. Vogler'schen Buchhandlung. — *A. E.*: Aschersleben, gedruckt in der Hallerschen Buchdruckerei.
Interessantes Buch. XXIV—354 S., 1 Bl. Druckf. u. Verlagsanzeigen. Enth. 290 Nrn. — Vorr. dat.: Bernburg, im Jan. 1832, in welchem Jahre die erste Aufl. erschien.

Moßbaur, A., s.: Lieder f. die österreichische Jugend.

Moßbrugger, Franz, ein düsterer Lebenslauf oder: das Bild im Dianasaal. Wiener Local-Roman. 12. (202 S.) Wien 867, (Dirnböck's Buchh.)

Mossbrugger, L., Auflösung der algebraischen Gleichungen aller Grade. 4. (51 S.) Aarau 859, Sauerländer.

Mossbrugger, L., Untersuchung über krumme Oberflächen, deren Erzeugung von gegebenen Flächen zweiten Grades abhängig ist. Aarau 1856.
Progr.

Mossbrugger, Leop., grösstentheils neue Aufgaben aus d. Gebiete der Géometrie descriptive nebst deren Anwendung auf die konstruktive Auflösung von Aufgaben über räumliche Verwandtschaften der Affinität, Collineation etc. (2 Hfte.) gr. 4. (19 B. u. 58 Stnt.) Zürich 845, Meyer u. Zeller. *

—— analytische Geometrie des Raumes, m. Berücksichtig. der neuern geometr. Verwandtschaften u. der zur größern Verständigung des Werkes erforderl. Entwickelungen aus der analyt. Geometrie der Ebene. Zum Selbststudium. Lex.-8. (38 B. u. 8 Stnt.) Aarau 845, Sauerländer's Verl.

Moßdorf, C. F., Denkmal od. Erinnerungen an d. Reformations-Jubelfeier i. J. 1827 z. Naumburg. 8. Naumb., Wild 3 gr

Mossdorf, Friedrich

— — (Eckartsberge/Thüringen), De compensatione et retentione in concursu creditorum locum habente. Präs. Christian Carl Kanne. Leipzig (Langenheim) 25. XI. 1779. 24 S. (4.75) 23756

Moßdorf, Friedr., s. Feßler, Ignaz Aurel: Aufschlüsse ...

– s. Feßler, Ignaz Aurel: Rückblicke ...

– s. Feßler, Ignaz Aurel: Sämmtliche Schriften.

– s. Lenning, C.: Encyclopädie der Freimaurerei ...

Mossdorf, Friedr., Mittheilungen an denkende Freymaurer. Dresden beim Verf. Freiberg Gerlach. 1818. 8. XXXII 264 S.

Moßdorf, Fr., Mittheill. an denkende Freimaurer. gr. 8. Freiberg 818. Craz u. G. 1 ß

Mossdorf, Friedrich, De justo pretio satyris statuendo oratio Qua ex Alma Salana discessurus illustri Societati Latinae ultimum vale dixit. Jena (F. Fickelscherr) März 1777. 24 S. (4.75) 23754
Gew.: Carl Mossdorf (Großvater), Gottlieb August Mossdorf (Vater).

– s. Samml. d. f. d. Königr. Sachsen publicirten General-Gouvernements-Verfügungen.

Moßdorf, (Fr.,) 3 Sammlungen der, seit Oct. 1813 bis Mai 1815, zerstreut erschienenen Landes-Gouvernements-Verfügungen für das Königr. Sachsen; nebst anderen Bekanntmachungen rc. 8. Dresden 825, (Leipz., Dürr.)

– (Hrsg.), s. Stuve, Jh.: Abhandl. über den Einfluß

— — De tutore pupilli sui ante susceptam tutelam debitore. Diss. jur. Präs. Carl Friedrich Walch. Jena (F. Fickelscherr) 19. IV. 1777. 20 S. (4.75) 23755
Gew.: Friedrich Ludwig von Wurmb. — Widm. v.: Carl Friedrich Walch, Friedrich Ludwig von Witzleben (Thür. Adel).

Mossdorf, Otto. Studien f. Landschaftsgärtner. 2. Heft. qu. Fol. (10 Steintaf. m. 1 Bl. Text.) Lpz. 890, E. Thiele. * 2 —
1. Heft. Ebd. 1886. * 2 —.

Moßdorff: Beschreibung zur Victoria-Brücke. Carlsruhe. Um 1860. Fol.

Moßdorff

— **Theodor** (Dresden), Synopsis calculorum urinariorum. Diss. med. Jena (Schreiber) 25. IX. 1820. 40 S (4.—) 23758
Gew.: August Mossdorff (Vater).

Mosse, A., Handelsgesetzb., s. Guttentag's Sammlg.

Mosse, A., Handelsgesetzbuch, s.: Litthauer, F.

Mosse, Markus (Friedland/Lausitz), De transpirationis et sudoris dignitate. Diss. med.-pathol. Berlin (Nietack) 21. II. 1832. 38 S. u. Biogr. (M.: H. Marci.) (3.—) 23759
Oppon.: L. Frank, Em. Wagner, A. Cohnfeld. — Gew.: Emil Osann.

Mosse, Max [app. Arzt aus Berlin]: Die Aetherschwefelsäuren im Harn unter dem Einfluss einiger Arzneimittel ... [Aus: Zeitschr. f. physiol. Chem., Bd 23.] Strassburg, K. J. Trübner, 1897; 19 S. 8.
Freiburg i. B., Med. Fak., Inaug.-Diss. v. 1897

Mosse, Max, s.: Encyklopädie der mikroskopischen Technik.

— Therapeutisches Taschenbuch der Blut- u. Stoffwechselkrankheiten, s.a. Fischer's therapeut. Taschenbücher. V.

Therapeutisches Taschenbuch der Blut- und Stoffwechselkrankheiten. Von Prof. Dr. M[ax] **Mosse.** Berlin: Fischer's Med. Buchh. 1910. 114 S. 8°
(Fischer's Therapeutische Taschenbücher. 5.) [11. 14226

— s.: Zentralblatt f. normale Anatomie u. Mikrotechnik.

Mosse, R: Das neue Geschäftshaus der Firma Rudolf Mosse. Berlin (1903)

Mosse, Rud., s.: Reichs-Adressbuch, deutsches.

Mosse, Rudolf, s. Zeitungs-Katalog der Annoncen-Expedition.

Mössel G, alte Schmiedeeisenarbeiten aus Nürnberg. 15.-18. Jahrhundert. I. Serie. (20 T) fol München (1885)

Vierzig Metallschnitte des fünfzehnten Jahrhunderts. Kunstantiquariat Georg **Mössel.** (München: G. Mössel [1908].) (24 S.) 8° [08. 11300 7

Mosser, Albert: Über rheumatoide Purpura. *Strassburg i. E. 1899: Ch. Müh & Co.* (56 S.) 8°
Strassburg, Med. Diss. v. 1899

Moßer, Ignaz

— u. Th. Huber, üb. d. Einfluß d. mathemat. Wissenschaften in d. Rechtsgelahrtheit. 8. Frburg 789.

Moßer, Ign., was enthalten die wahren Urkunden des Alterthums v. d. Ohrenbeichte? wider Eubel. 8. Grätz 784. Ferstl. 5 gr

MÖSSER, H. A.: Gesammelte Beiträge zur Forstwissenschaft oder Erfahrungen praktischer Forstmänner. - Neuburg 1805

Mosses, Alfr., zur Vorgeschichte der 4 aristotelischen Principien bei Platon. Diss. gr. 8. (51 S.) Bern 893. (H. Koerber.) n. 1. —

MOSSFLECK (ps.?), Der Spaßmacher. 2. Auflage. 6 Thle. Mit 6 hübschen Titelvignetten. (Radirungen von Mansfeld.) Wien und Leipzig 1784—85. 8°. So cplt. sehr selten! (9 fl. östr. Gilhofer & Ranschburg, Wien, c. 1888.)
— — Dasselbe. 3. Auflage. Mit 6 Titelvignetten. Leipzig (Wien), bey Johann Georg Edlen v. Mößle. O. J. (c. 1790). 8°.

Moßfleck, H., der Spaßmacher, mit 225 Anekdoten. 6 Thle. 8. Wien 3e Aufl. 809 b. Mößle. 1 rf 8 gr

v. Moßgray, Ad. Grame, Denkwürdigkeiten, s.: Bibliothek, Europäische, 766—768. Bd.

Moßhammer, C., Handwörterbuch d. französ. Zeitwörter, od. Darstell. u. Abwandlung d. Hülfs-, regelmäß., leidenden, neutralen, fürwörtl., unpersönl. u. unregelmäß. Zeitwörter d. französ. Sprache. gr. 8. Nürnb. 814. Geh. 1 rf

Mosshammer, Frz.
— zur Einführung in das memoriale geographische Zeichnen (Zeichnen aus dem Gedächtnis). (Beilage zu den „Geograph. Constructionszeichnungen" des Verf.) Lex.-8. (4 S. m. 5 Fig.) Ebd. (900). n. — 20

Mosshammer, Frz., geographische Constructionszeichnungen f. Mittelschulen u. verwandte Anstalten. 1. u. 2. Thl. Lex.-8. Wien 900. (Berlin, D. Reimer.) n. 5.—
1. Welttheile, Staaten Europas. (26 Kartenskizzen u. IV S. Text m. 1 Fig.) n. 3.—
2. Österreich-Ungarn. (17 Kartenskizzen u. VI S. Text m. 1 Fig.) n. 2.—

MOSSHAMMER, Franz: Ortnit und die Wolfdietriche. Ein Beitrag zur Kenntnis der poetischen Technik der Spielmannspoesie des 13. Jahrhunderts und ihres Verhältnisses zu Nibelungen und Gudrun. — 1884. II, 77 S. Diss. Graz, Univ.

Sonate (C moll) von Giovanni **Mossi** (ca. 1690–1750). Bearb. von A(lfr.) Moffat. *(Berlin: N. Simrock 1899.)* (10 S.) 4° [Kopft.]
— Meisterschule d. alten Zeit. No 5. [00 0490

Fortegnelse over de i Kongeriget Danmark og Hertugdömmene Slesvig og Holsteen hjemmehörende Fartöier af 7 Commerce-Læster og derover; over Fyrene paa de danske Kyster, samt over Lods- og Toldklarerings-Stationerne. Samlet og udg. af C[arsten] H[enrik] **Mossin.** Kjobenhavn. 1845. 8°
Auch u. d. T.:
Verzeichniss der in dem Königreiche Dänemark und den Herzogthümern Schleswig und Holstein zu Hause gehörigen Fahrzeuge von 7 Commerz-Lasten und darüber, der Leuchtfeuer an den dänischen Küsten so wie der Stationen der Lootsen und Zoll-Klarirung. Gesam. u. hrgg. v. C[arsten] H[enrik] **Mossin.** Kopenhagen. 1845. 8°

Moessinger, A., die Konserven. Ihre Herstellung im Klein- u. Grossbetriebe. Illustriertes Lehrbuch f. die Fabrikation v. Obst-, Gemüse- u. Fleischkonserven im Spezial-Fabrikationsbetrieb sowie in Konditorei u. Küche. (196 S.) gr. 8. Trier (909). N. Besselich. 2.70; geb. 3. —

Doctor Benjamin. Schwank in 3 Akten nach Claude Tilliers 'Mein Onkel Benjamin' von Friedrich **Moessinger.** (Als Ms. gedr.) *(Marburg [1903]: H. Bauer).* (71 S.) 8° [F.] [09. 9466 &

Moessinger, Friedrich, Regierungsrefer.: Die Lohnauszahlung an gewerbliche Arbeiter. Ein Beitrag zur Erläuterung kritischer Fragen aus dem Titel VII der Gewerbeordnung. Borna-Leipzig 1910: Noske. VIII, 75 S. 8°
Leipzig, Jur. Diss. v. 13. Juli 1910
[Geb. 12. Sept. 81 Frankfurt a. M.; Wohnort: Cöln; Staatsangeh.: Preußen; Vorbildung: Gymn. Weilburg Reife O. 00; Studium: Straßburg 3, München 1, Heidelberg 1, Marburg 4 S.; Rig. 24. Okt. 05.] [U 10. 2806

Ein Blick in die Kleinbäckereien Magdeburgs. Von Karl **Mössinger.** Magdeburg 1900: Pfannkuch. 24 S. 8° [Umschlagt.] [00. 2975

Mossinsohn, Benzion: Palästina, seine Stellung und Bedeutung in der vorexilischen Literatur des alten Testaments. Zürich 1907. 38 S. 8°. S.-A. a. d. Schweiz. theolog. Zeitschrift, Jahrg. 24. 1907, Heft 1 u. 2. [9. VI. 06.]
Bern Phil. Diss. 1906/1907.

Mossinsohn, Benzion. Palästina, seine Stellung und Bedeutung in der vorexilischen Literatur des alten Testaments. Diss. Phil. Bern. (Separat-Abdruck aus der «Schweizerischen theolog. Zeitschrift», Jahrg. 24, 1907, Heft 1 und 2....) IV + 38 S. 8. Zürich, Buchdr. A. Schaufelberger, 1907.

Moeßl, Frdr., Handbuch für die Berechnung der Perzentual-Gebühren nach den provisor. Stempelgesetzen vom 9. Febr., 2. Aug. u. 6. Septbr. 1850 für sämmtliche Kronländer, mit Ausnahme des lombardisch-venetian. Königreiches, zum Gebrauche f. die k. k. Finanzbehörden, deren Rechnungsabtheilungen, Steuerämter rc. v. 1 bis 20,000 Gulden f. 1/2 bis 5 % berechnet. 4. (26 S.) Grätz 851, Hesse. n. 2/3 rf

Moeßl, Friedr., vollständiges Handbuch für die Verrechnung und Berechnung der direkten und resp. indirekten Steuern nach den neuesten und noch in Anwendung bestehenden älteren Gesetzen zusammengestellt. Ein unentbehrliches Hilfsbuch für k. k. Finanz-, Censurs-, Rechnungs- und Steuerbeamte rc. gr. 8. (VIII und 291 S.) Graz 853, Hesse's Buchh. *

Mößl, Gust., die Heimat und das Vaterland, ein Lernbuch für die Mittelklassen deutscher Volksschulen Ungarns. 8. (VIII, 63 S.) Pest 868, Heckenast. *

Moßler, Gustav

— Über die Abspaltung von Cyanwasserstoff aus α-bromsubstituierten Fettsäureamiden unter Bildung von Aldehyd, beziehungsweise Keton. S. 116. IIb. 101 . . . . . . vgr.
Separatabdruck

— Über die Bildung von Aminoxyden bei Brucin und Strychnin. S. 119. IIb. 215 . vgr.
Separatabdruck

— Über die Einwirkung von Bromcyan auf Brucin und Strychnin. S. 118. IIb. 571 vgr.
Separatabdruck

— Über Methylierungsversuche mit Brucin. S. 120. IIb. 981 . . . . vgr.
Separatabdruck

Mossler, Gust., die Prüfung der nichtoffiziellen Präparate. 1. Heft. (VII, 143 S.) Lex. 8. Wien 908. C. Fromme. In Leinw. kart. 5. 50

Mossler, Gust., die Prüfungsmethoden der Pharmacopoea austriaca ed. VIII. (VII, 886 S.) Lex.-8. Wien 906. C. Fromme. Geb. in Leinw. n. 10. —

Moßler Gustav, Dr. Überführung des dem Isobutyraldol entsprechenden (1-3)-Glykols in ein isomeres (1-4)-Glykol. S. 112. IIb. 470 . . . . vgr.
Separatabdruck

— Über die chemische Untersuchung von *Eriodictyon glutinosum*. 2. Mitteilung. S. 116. IIb. 983 . . . . vgr.
Separatabdruck

— Über die Zersetzung von Chloroform durch alkoholische Lauge. S. 117. IIb. 523 . vgr.
Separatabdruck

— Über die Zersetzung von Trichlorisopropylalkohol durch wässerige und alkoholische Lauge. S. 117. IIb. 880 . . . . vgr.
Separatabdruck

Mößler, Adf., Religion u. Schule, s. a. Arbeiter-Bibliothek, Wiener, Hft. 4.

Mößler, Adolf, Religion und Schule. Ein Wort zum Antrage Ebenhoch's. (Wiener Arbeiter-Bibliothek 4. Heft.) Gr.-8. (40 S.) —.10
Wien: Wiener Volksbuchhandlung 1898.

Mößler, Adolf, Oesterreichische Volksschulzustände. Ein Wort an das Volk und seine Lehrer. Gr.-8. (64 S.) —.30
Wien: Wiener Volksbuchhandlung (Brand) 1897.

— österreichische Volksschulzustände. Ein Wort an d. Volk u. s. Lehrer. Nach d. Confiscation 2. Aufl. gr. 8. (63 S.) Wien 897. Wiener Volksbuchh. n. — 50

Mößler, Chph. Wlh., Basilius Magnus. Eine Samml. Anekdot. u. edler Züge a. d. Heidenwelt, als erläut. Belege z. christl. Sittenlehre, f. Lehrer an deutschen Volksschulen. 8. Neustadt 826. Wagner. 12 gr.

— d. Brief an d. Römer. Neue Ausg. 8. Neustadt 823. Wagner. 8 gr.

— kurze Gebete f. d. gemeinen Mann, als ein Anhang zu jedem neuen evangel. Gesangbuche 8. Eisenberg 815 Schöne. 6 gr.

— Geschichte unsers Herrn v. seinem Leiden bis zu seiner Himmelfahrt 8. Eisenb. 816. Schöne. 6 gr.

— Handbuch d. kirchl. Perikopen 8. Eisenb. 815. Schöne. 1 Thlr.

— Hülfsbuch f. Nichttheologen u. unstudirte Freunde der Bibellektüre. 2 Bde. 8. Eisenb. 818 u. 20. Schöne. 2 Thlr.

— Hülfsbuch f. Nichttheologen u. unstudirte Freunde der Bibellectüre. Altes Testament. Das Buch Hiob. N. Aufl. 8. Neust. 823. Wagner. 10 gr.; dass. des N. Testaments 6 Bde. 8. Neust. 823—24, Wagner. 3 Thlr. 15 gr.

Mößler, Cph. Wlh., das Nachtgespräch des Nicodemus mit Jesu. Eine Predigt. gr. 8. Breslau 832. W. G. Korn. 1/12 Thlr.

— — (Wittenberg) [u.] (Respond.) **Carl Immanuel Nitzsch** (Borna/Leipzig), Novae locorum nonnullorum Jesaiae explicatu difficiliorum interpretationis periculum. Disput. Wittenberg (Meinel) 14. IX. 1808. 16 S. (4.50) 23578
Gew.: Johann Benjamin Junghans, Ernst Friedrich Carl Junghans.

— s. a. Sonn- u. Festtags-Episteln u. Evangelien durch das ganze Jahr.

(Mößler,) die Sonn- u. Festtags-Episteln u. Evangelien durch d. ganze Jahr, sammt d. entsprech. Collecten-Gebeten u. Sprüchen z. Einlegen in d. Agende, f. d. evangel. Kirche in d. preuß. Landen. 2. Aufl. 4. (75 Viertelbog.) Görlitz 836, (Köhler.)

— — Synodalpredigt am 19. August 1818. gr. 8. Ebendas. 819.

Moessler, Christoph Wilhelm (Tennstedt / Thüringen), Vaticinium Jacobi genes. XLIX. Historice, phil., exegetice, critice consideratum. Disputatio. Präs. Conrad Gottlob Anton. Partic. I. (Nonnulla ad auctorem atque aetatem Gen. XLIX. pertinentia. Geneseos Caput XLIX.) Wittenberg (Meinel) 9. III. 1808. 24 S. (4.25) 23576
Gew.: Johann Friedrich Schleusner.

— — (Präs.) [u.] (Socius) **Christian Adolph Pescheck** (Johnsdorf/Lausitz), Vaticinium Jacobi Genes. XLIX. Historice, philol., exegetice, critice consideratum. Disputatio. Partic. II. (Geneseos XLIX. Vers 5.) Wittenberg (Meinel) 9. III. 1808. 16 S. (3.50) 23579

Mössler, Johann Christian.
Botanische Blätter zur Beförderung der Pflanzenkunde. Hamburg 1806. H: *Mayer, Anton Johann Heinrich.* (Ky)

Mößler, Jh. Chr., botan. Blätter zur Beförder. der Pflanzenkunde; (hrsgg. v. A. J. H. Mayer). gr. 8. Hamb. 806 Wettach. 1 Thlr.

— botan. Blätter f. Frauenzimmer. gr. 8. Hamb. Wettach. 806.

Mößler, J. C., gemeinnütziges Handbuch d. Gewächskunde, nebst e. Einleitung in die Botanik. 2 Bde. gr. 8. Altona, Hammerich. 815.

MÖSSLER, Johann Chr.: Gemeinnütziges Handbuch der Gewächskunde, nebst einer Einleitung in die Botanik. - Altona 1815. 2 Bd. LIII, 1415 S. - 2. Aufl. u. d. T.: Handbuch der Gewächskunde, enthaltend eine Flora von Deutschland mit Hinzufügung der wichtigsten ausländischen Culturpflanzen. 3 Bd. ebd. 1827-1829. hrsg. v. H. G. L. Reichenbach. - 3. gänzl. umgearb. u. v. H. G. L. Reichenbach durch d. neuesten Entdeck. verm. Aufl. ebd. 1833/34. 3 Bd. CXIV, 1994 S.

— gemeinnütz. Handb. d. Gewächskunde, welches, mit Ausnahme d. 24n Klasse d. Linnéschen Systems, die wilden Gewächse Deutschlands enthält, u. v. den ausländischen diejenigen, welche d. Arzt u. Apotheker, d. Färber, Gärtner u. Landwirth Nutzen bringen. 2 Bde. gr. 8. Altona 815. 2e verm. Aufl.; hrsgg. v. H. G. L. Reichenbach. 3 Bde. gr. 8. Ebd. 827—29. Hammerich. 6 ß 18 gr.

Mössler, Joh. Chrstn., Handbuch d. Gewächskunde, enthalt. e. Flora v. Deutschland mit Hinzufüg. d. wichtigst. ausländ. Cultur-Pflanzen. 3. Aufl., gänzlich umgearb. u. durch d. neuesten Entdeckn. verm. v. H. G. Ludw. Reichenbach. 3 Bde., nebst allgem. Register. gr. 8. (150 B.) Altona 833, 34, Hammerich.

Johann Christoph Mösslers Taschenbuch der Botanik zur Selbstbelehrung welches die botanische Sprache, die Erläuterung des Linnéischen Systems der 23 ersten Klassen, und die dahin gehörigen wilden Gewächse Deutschlands enthält, mit 6 illum. Kupfern. Hamburg 1805. 8°.

Enthält viele Standortsangaben aus der Umgebung Hamburgs.

— Taschenb. der Botanik z. Selbstbelehrung. 1s Bdchen; mit ill. Kpfrn. gr. 8. Hamb. 805. (Campe). 2 ß 12 gr.

Mößler, J. C, Taschenbuch d. Botanik z. Selbstbelehrung. 1s Bdch. m. ill K. gr. 8. Hamb. Hoffmann. 805.

Mössler, Johann Christoph, s. Mössler, Johann Christian

Mössler, Johann Gottfried

— elementa juris civilis. 8. Leipz. 797.

Möslen, J. Ghd.: Elementa jpdtiae civ. ord. systemat. proposita. L. 797. 4.

Mößler, Jh. Gf., Handb. d. in Sachsen geltenden Rechts v. Verbrechen u. Strafen. 2 Thle. 8. Wittenb. 801. Zimmermann. 1 ß 16 gr.

Mössler, Johann Gottfried: „Handbuch des kursächsischen, auch lausitzischen und hennebergischen Wechselrechts, für Gelehrte und Kaufleute, auch andere mit Wechseln beschäftigte Personen", Wittenberg 1800. — Vorh.: Com. Bibl. Hamburg und Bücherei der Industrie- und Handelskammer Leipzig.

— Handb. d. chursächs., a. Oberlausitz. u. Henneberg. Wechselrechts. gr. 8. Wittenb. 800. Kühne. 1 ß

Mößler, Joh. Gottfr.: Juristisch-practisches Hauptbuch oder allgemein theoretisch-praktisches Repertorium und vollständig alphab. Promtuarium des gemeinen und besondern deutschen Civil- Kirchen- Kriegs- Lehn- Peinl. u. Wechselrechts. Bd 1. 2. Aachen — Azung. [Mehr nicht ersch.] Erfurt 1801.02. 2 Bde

— juristisch-prakt. Hauptbuch od. allgem. theoret.-prakt. Repertorium u. vollständig. alphabet. Promptuarium d. gemeinen deutschen Civil-, Kirchen-, Kriegs-, Lehn-, Privat- u. Wechselrechts. 2 Bde. gr. 8. Erf. 801. 2. Keyser. (1r, 1 ß 4 gr., 2r 1 ß 10 gr.). 2 ß 14 gr.

Mössler, Joa. Gf.: Institution. juris criminalis Germanici privati. *Lipsiae*. 797. 4.

— **Johann Gottfried** (Tennstedt/Thüringen), De interdictis ordinariis atque summariis nec non de interdictorum processu capita quaedam maxime controversa. Diss. inaug. Wittenberg (A. Chr. Charisius) 18. VII. 1799. 24 S. (4.25) 23580

Gew.: Heinrich Ferdinand von Zedtwitz, August Gottlieb von Gaertner, Georg Stephan Wiesand, Gottlieb Wernsdorff, Christian Carl Stübel.

Mösler, J. Gf.: „Kurfürstl. sächsisches Stempel-Impostrecht". Wittenberg 1801 (Carisius).

— Kursächs. Stempelimpostrecht. gr. 8. Wittenb. 801. Zimmermann. 6 gr.

— theoret.-prakt. System d. Lehre v. gerichtl. Klagen u. Einreden. 5 Bde. gr. 8. Erf. 798—805. Keyser. (1r Thl. 1 ß 12 gr., 2r Thl. A. u. d. T.: System d. Lehre. v. allgem. Präparator.- u. Präjudiceal-Klagen. 1 ß 18 gr., 3r Thl. A. u. d. T.: System d. Lehre v. Possessorien- u. Interdictklagen. 1 ß 12 gr. 4r Thl. A. u. d. T.: System d. Lehre v. dingl. Klagen 1 ß 10 gr., 5r Lehre v. persönl. Klag. 2 ß) 8 ß 4 gr.

Moessler, Justinus Gumal *(geb. Malitzschkendorf in d. Prov. Sachs. 16. 4. 1813)*: De Petronii poemate de bello civili. Vratislaviae (1842). (68 S.) 8° *[Buchausg. 1843 bei Graß, Barth & Ko. in Breslau: Forts. sind die Gymn.-Progr. v. Hirschberg in Schles. 1857. 65. 70.]*

Breslau, Phil. Diss. v. 27. Mai 1842

Moessler, Justin. Gumal, Commentatio de Petronii poemate de bello civili. 8 maj. (4¾ B.) Vratislaviae 843, Grass, Barth et Socius. *

Mößler. Quaestionum Petronianarum specimen, quo poema de bello civili cum Pharsalia Lucani comparatur. 16 S.

Hirschberg, Progr. 1857

— Quaestionum Petronianarum part. II. III. Pr. 1865. 70. 18, 16 S. 4°.

Mössler: Quaestionum Petronianerum specimen tertium. 14 S.– Hirschberg. Progr. 1870

Mossmann, N., Offener Brief an Herrn Dr. Herkner. 8°. Mülhausen 1887.

Mossmann, X., cartulaire de Mulhouse. Ouvrage couronné par la société industrielle de Mulhouse. Tome I—III. hoch 4. (XIV, 525, VII, 568 u. VII, 574 S.) Strassbourg 1883—85. (Colmar, Barth.) à n. 32. —

Mossmann, X., cartulaire de Mulhouse. Ouvrage couronné par la société industrielle de Mulhouse. Tomes IV et V. hoch 4. (VIII, 592 u. VIII, 596 S.) Strasbourg 886 et 889. Colmar, Barth. à n. 32. — (I—V.: n. 160. —)

Mossmann, X., cartulaire de Mulhouse. Ouvrage couronné par la société industrielle de Mulhouse. Tome VI. hoch 4. (VIII, 759 S.) Strasbourg i. E. 890. Colmar, E. Barth. n. 32. — (I—VI.: n. 192. —)

—— F. Engel-Dollfus, sein Leben und Wirken. Preisgekrönt von der französ. Akademie. In deutscher Sprache hrsg. vom niederösterreich. Gewerbe-Verein in Wien. Übers. von Emil Auspitzer. gr. 8. (X, 247 S. mit Bildniss.) Wien 887. (Hölder.) *

Mossmann, X. Notice biographique sur M. Louis Blanchard, commissaire ordonnateur des guerres en retraite, ancien membre du conseil de préfecture du Haut-Rhin. 8. Colmar 1848.

Mößmer, Ant., eine Erinnerung an den hochwürdigsten Herrn Dompropst Franz Bermanne in Augsburg, gestorben den 4. VI. 1905. (8 S.) 8. Augsburg (905). Kranzfelder. n. — 10

Mößmer, F., Litania, s. Litania.

Moessmer, F. G., et A. Schippert, Dux devotionis spiritualis. Continens preces ecclesiae maxime notas aliasque ad omnium aedificationem selectas. gr. 16. (XVI und 299 S.) Schaffhausen 858, Hurter'sche Buchh.

[F.] Mösamer, Franz: Die mittelbare Thäterschaft in gleichzeitiger Berücks. d. Hypnotismus im Strafrecht ... München, J. Schweitzer, 1892; 2 Bl., 109 S. 8.
Erlangen, Jur. Fak., Inaug.-Diss. v. 1892

Mößmer, Frz. Die mittelbare Thäterschaft in gleichzeitiger Berücksichtigung d. Hypnotismus im Strafrecht. Dogmatisch u. historisch bearb. gr. 8. (IV, 109 S.) Münch. 892. J. Schweitzer. * 2 —

Mossmüller, Floridi, de officio et jure Parochorum. 8. Augsb. I Wolf. 731.

Mossmüller, Oswald. Europäer in A vor Columbus. Regensburg. 1879.

Moßner, Erich v., Regierungsreferendar: Der Verwendungsersatzanspruch des gutgläubigen Eigenbesitzers im Römischen, Gemeinen und Deutschen Bürgerlichen Recht. Borna-Leipzig 1909: Noske. VII, 109 S. 8°
Breslau, Jur. Diss. v. 5. Juni 1909, Ref. Leonhard-Meyer
[Geb. 4. Nov. 81 Gr.-Ulbersdorf, Kr. Oels; Wohnort: Breslau; Staatsangeh.: Preußen; Vorbildung: Gymn. Oels Reife M. 00; Studium: Berlin 1, München 2, Berlin 3 S.; Rig. 2. Juli 08.] [U 09. 504

Moßner, J. M., s. Mößner

Mossner, Kurt [Hrsg.], s. Adressbuch der Direktoren und Aufsichtsraths-Mitglieder der Actien-Gesellschaften.

Mossner, Curt, s.: Börsen-Werthe.

— s.: Handbuch Börsen-Werthe.

— s.: Kali-Kuxen-Handbuch.

Mossner, M. Michael Servet. Historisches Drama in 5 Akten. In-8°, 127 S. Leipzig, R. Uhlig. 1893.

Mößner sichrer Wegweiser zum Himmelreich. 8. Pest, Eggenberger. 796.

Mößner, J. M.

Mößner, J. M., kl. Vorschriften z. Erlern. e. geschmackvollen deutschen Handschrift. Nürnb. Campe. 8 gr. in Futteral. 12 gr.

Moßner, J. M., kleine Vorschriften zur Erlernung einer geschmackvollen u. leichten englischen Handschrift. Nürnb. Campe.
in Futteral

— neue Vorschriften z. Erlern. e. schön. deutsch. Geschäftshand. 4. Nürnb. 805. Campe. 12 gr.

— n. Vorschr. z. Erlern. d. wahr. engl. Geschäftshand. 4. Nürnb. 806. Campe. 12 gr.

Moessner, Otto, a. Langfurt: Die Mythologie in der dorischen und altattischen Komödie. Erlangen 1907: F. Th. Jacob. (174 S.) 8°
Erlangen, Phil. Fak., Ref. Roemer, Diss. v. 12. Nov. 1907
[Geb. 29. Aug. 83 Langfurt (Bez.-A. Dinkelsbühl); Wohnort: Ansbach; Staatsangeh.: Bayern; Vorbildung: Gymn. Ansbach Reife Juli 01; Studium: München 3, Erlangen 5 S.; Rig. 7. Mai 07.]

Mosso, A., die Diagnostik des Pulses in Bezug auf die localen Veränderungen desselben. gr. 8. (VII, 65 S. mit 15 Holzschn. im Text und 8 lithogr. Taf. in qu. 4.) Leipzig 879, Veit und Comp. *

Mosso, A., die Furcht. Aus dem Italienischen übers. von W. Finger. Deutsche Orig.-Ausg. gr. 8. (V, 251 S. m. 7 Holzschn. u. 2 Lichtdr.-Taf.) Leipzig 889. Hirzel. n. 5. —

Mosso, A., über den Kreislauf des Blutes im menschlichen Gehirn. Untersuchungen. gr. 8. (VI, 222 S. mit 87 Holzschn.-Abbild. im Text und 9 lithogr. Taf.) Leipzig 881, Veit und Comp. *

— die Temperatur des Gehirns. Untersuchungen. Mit e. Titelbild, zahlreichen Abbildgn. im Text u. 5 Taf. gr. 8. (V, 191 S.) Leipzig 894. Veit & Co. n. 10. —

Mosso, Angelo, periodische Athmung und Luxusathmung, s. Archiv für Anatomie und Physiologie, Suppl.-Bd. zur physiolog. Abthl.

Die Ermüdung. [La fatica.] Von A[ngelo] Mosso, Prof., Turin. Aus d. Italien. übers. v. J. Glinzer. Deutsche Orig.-Ausg. Mit 30 Holzschn. *Leipzig: S. Hirzel 1893.* (XII, 333 S.) 8° [F.] [01. 4931 11

— die körperliche Erziehung der Jugend. Übers. v. Johanna Glinzer. gr. 8. (III, 157 S.) Hamburg 894. L. Voss. n. 3. —

Der Mensch auf den Hochalpen. Forschgn v. Angelo Mosso ... (übs. v. F[riedr.] Kiesow). M. zahlr. Fig., Ansichten u. Tab. *Leipzig: Veit & C. 1899.* (XVI, 483 S.) 1 Bd 8. [98. 9109 11

Mosso, Ugolino, der Einfluss des Zuckers auf die Muskelarbeit. — Die Temperatur des Körpers im Hungerzustande u. die Schnelligkeit der Assimilation der Kohlehydrate. — Die Schnelligkeit der Absorption u. der Assimilation der Eiweissstoffe u. der Fette. — Albertoni, Pietro, Ueber das Verhalten u. die Wirkg. der Zuckerarten im Organismus. gr. 8. (67 S. m. Fig.) Berlin 901. Thormann & Goetsch. n. 1. —

Mößory, Wlh.

Mößery, W., Feuer-, Lösch-Instrumente rc. 2 Hfte. 8. Glogau. (n. Günter'sch. Buchh.) 808.

Mößory, Wlh., Fragmente üb. d. Geist d. Zeit. 2 Hfte. 8. Glogau 808. N. Günter'sche B. 12 gr.; (2s Hft. A. u. d. T.: Feuer- Lösch-Instrumente).

— Preuß. Kriegsscenen v. 1792—95. 8. Braunschw. 795. Kirchner. 4 gr.

Mossotti, O. F., Sur les forces qui régissent la constitution intérieure des corps, s. Zöllner, Friedr., Erklärung der universellen Gravitation aus den statischen Wirkungen der

Most, Barthel, oder Leben und Abentheuer eines Pädagogen neuerer Zeit, 8. Magdeburg, 796. Creutz. 1 Rthl. 15 gl. 443 S.

Most, Michel. Der Kreuznacher. Eine romantische Ausstellung. Elberfeld 1805. V: *Grüner, Christoph Sigismund.* (GGr)

Most, rheinischer, erster Herbst. 8. Frankf. a. M. 775. Eichenberg. 8 gl.

Most, rheinischer, s.a. Bibliothek litterarischer u. kulturhistorischer Seltenheiten. Nr. 4. 5.

Rheinischer **Most**. Erster Herbst. O.O. 1775. ⟨J[oh.] J[akob] Hottinger⟩ Menschen, Thiere und Goethe. Eine Farce. 1775. ⟨H[einri]ch Leop. Wagner.⟩ Confiskable Erzählungen. 1774. Wien bey d. Bücher-Censur. Wortgetreue Neudrucke d. seltenen Orig.-Ausgaben. Mit e. litterarhist. Einl. von M. Desceltes. *Leipzig A. Weigel 1904.* (Getr. Pag.) 8° [F.]
— **Bibliothek** litterarischer u. kulturhistor. Seltenheiten. No 4/5. (04. 363)

Most, Ueber die Abweichung des Compasses auf eisernen Schiffen. Ergänzungen der Archibald Smith'schen Deviations-Lehre. (Abhandl. im Jahresber über die Königl. Gewerbeschule und die Stadt. Gewerbe-Vorschule zu Coblenz während des Schuljahres 1877—78 etc.) Coblenz 1878.

Most: Potentialbetrachtungen mit Berücksichtigung magnetischer u. elektrischer Kräfte 34 S. – Stettin Fr W. Progr 1862.

Most's Proletarier-Liederbuch. In 5 Aufl. zusammengestellt u. hrsg. von *Gust. Geilhof* in Chemnitz. Chemnitz 1875. Druck d. Genossensch.-Buchdr. G. Rubner & Co. 16° Orig.-Cart.-Bd., beschrieb.
50 S., 43 Lieder enthaltend. — Verboten durch d. kgl. sächs. Kreishauptmannschaft zu Zwickau, d. 25. Octob. 1878.

Most, August, Dr.: Über die Entstehung, Verhütung und Behandlung der Halsdrüsentuberkulose mit besonderer Berücksichtigung ihrer Chirurgie. Breslau 1909: Breslauer Genossensch.-Buchdr. 59 S. 8°
Breslau, Med. Hab.-Schr. v. 9. Jan. 1909 [U 09. 640
(Nicht für den Austausch)

Most, August [aus Breslau]: Therapeutische Erfolge mit Tuberkulin in refracta dosi bei Phthisis pulmonum auf der medizinischen Abteilung des Julius-Spitals in Würzburg . . Breslau, Schles. Volkszeitgs-Buchdr., 1892; 36 S. 8.
Würzburg, Med. Fak., Inaug.-Diss. v. 1892

Most, Aug., die Lokalanaesthesie in der Hand des praktischen Arztes, s.a. Klinik, medizin. 1908. 11. Beiheft.

Die Lokalanaesthesie in der Hand des praktischen Arztes. Von Dr [August] **Most** in Breslau. Berlin & Wien: Urban & Schwarzenberg 1908. (S. 293–304.) 8°
— **Klinik,** Medizinische. Jg. 4, H. 11. [08. 17646

Most, Aug., die Topographie des Lymphgefässapparates des Kopfes u. des Halses in ihrer Bedeutung f. die Chirurgie. (IV, 133 S. m. 2 Fig., 11 Taf. u. 11 Bl. Erklärgn.) gr. 8. Berlin 906. A. Hirschwald. n. 9.—

— **Die Topographie des Lymphgefässapparates des menschlichen Körpers u. ihre Beziehungen zu den Infektionswegen der Tuberkulose, s.a. Bibliotheca medica. C. 21.**

Die Topographie des Lymphgefässapparates des menschlichen Körpers und ihre Beziehungen zu den Infektionswegen der Tuberkulose. Von Dr August **Most**, Breslau. Mit 1 Taf. u. 6 Textfig. Stuttgart: E. Schweizerbart 1908. (81 S.) 4°
— **Bibliotheca** medica. Abt. C, H. 21. [08. 11301

Most, Ed., de Hippolyto Thesei filio. Dissert. mytholog. 8maj. (2½ B.) Marburgi 840, libr. univ. Elwert.

Most, Georg Friedrich

— Anweis. z. Erkenntniß, Verhütung u. Heilung aller Arten von Vergiftungen. 8. Hannov. 824, Hahn.

— Anweis., wie man sich bei hitzigen u. ansteckenden Krankheiten, so wie bei lebensgefährl. äußerl. Blutungen zu verhalten habe. 8. Hannov. 824. Hahn. 2 gl.

Most, Geo. Friedr., †(G. Jung-Wein,) der Arzt als wahrer Hausfreund f. Gesunde u. Kranke. Ein treuer Rathgeber f. alle diejen., welche sich üb. d. Leben, d. Gesundheit u. üb. d. Krankheiten d. Menschen jed. Standes u. Alters belehren wollen. — A. u. d. T.: Der Arzt als wahrer Hausfreund f. Alle, welche gesund bleiben, sich vor ansteck. u. nicht ansteck. Krankheiten schützen u. bewahren, ihr Leben verlängern, dereinst sanft sterben u. nicht lebendig begraben werden wollen. 2 Thle. gr. 8. (49½ B.) Leipzig 829, Lehnhold.

Most, Geo. Fr., der Arzt als wahrer Hausfreund für Gesunde u. Kranke. Ein treuer Rathgeber für alle diejenigen, welche sich über das Leben, die Gesundheit u. über die Krankheiten der Menschen jedes Standes u. Alters belehren wollen. 2 Thle. Wohlf. Ausg. in 1 Bde. gr. 8. Leipzig 839. Lehnhold. 2 Thlr jetzt 1⅓ Thlr

Most, Geo. Friedr., † (G. Jung-Wein,) der Arzt als wahrer Hausfreund f. Gesunde u. Kranke. 2 Thle. Neue Ausg. in 1 Bde., gr. 8. (48 B.) Leipzig 839, Möller.
Thl. 1. Der Arzt f. Gesunde, od. f. Alle, welche gesund bleiben, sich vor ansteckenden Krankheiten schützen u. bewahren, ihr Leben verlängern, dereinst sanft sterben u. nicht lebendig begraben werden wollen.
" 2. Der Arzt f. Kranke, bei allen entzündl. u. fieberhaften Krankheiten rc.

Most, Georg Friedr., (†G. Jung-Wein,) Denkwürdigkeiten aus d. medicinischen u. chirurg. Praxis. 1. Bd. gr. 8. (25 B.) Leipzig 842, Brockhaus.

Most, Georg Friedrich (Bearb.u.Hrsg.):

s.: Enzyklopädie, Ausführliche, der gesammten Staatsarzneikunde. Bd 1 - 2, Suppl.-Bd. Leipzig: 1838 - 1840

JB 5.471

—— Encyklopädie d. gesammt. medicin. u. chirurg. Praxis etc. s.a. Encyklopädie.

Most, Georg Friedrich: Enzyklopädie der gesammten medicinischen und chirurgischen Praxis mit Einschluss der Geburtshülfe und der Augenheilkunde. Bd 1 - 2, Suppl.-Bd, gbd. Leipzig: Brockhaus 1833 - 1837

JB 529

Most, Georg Friedrich: Enzyklopädie der gesammten medicinischen und chirurgischen Praxis, mit Einschluss der Geburtshülfe, der Augenheilkunde und der Operativchirurgie. 2...verm.u.verbess.Aufl. Bd 1 - 2, gbd.

Leipzig: Brockhaus 1836 - 1837

JB 530

Most, Georg Friedrich: Enzyklopädie der gesammten Volksmedicin oder Lexikon der vorzüglichsten Haus- und Volksarzneimittel aller Länder. 816 S., gbd.

Leipzig: Brockhaus 1843

JB 1.516

—— Encyklopädie der gesammten Volksmedicin, od. Lexikon der vorzüglichsten u. wirksamsten Haus- u. Volksarzneimittel aller Länder. Nach d. besten Quellen u. nach 30-jähr. Beobachtungen u. Erfahrungen gesammelt u. hrsg. M. Anh. u. Register. 7 Hfte. gr. 8. (51 B.) Leipzig 843, 41, Brockhaus. à 15 Ngr. Thlr.

Georg Friedrich Most

Gesundheit und Krankheit. Ein diätetisch-medicinisches Handbuch... von Georg Friedrich Most. 2., stark verm.u.verb. Ausg. Hannover: Hahn 1827. VIII,342 S. 8°

— Gesundheit u. Krankheit; eine medic., diätet. Volksschrift f. alle Stände. 2e Aufl. 8. Hannov. 827. Hahn. 1 ₰ 8 gr

—— encyklopäd. Handwörterbuch d. pract. Arzneimittellehre. Nach d. besten Quellen u. nach eigen. vieljähr. Erfahr. bearb. Für pract. Aerzte, Wundärzte u. Apotheker. gr. 8. (66½ B.) Rostock u. Schwerin 841, 42, Stiller'sche Hfbh. •

Most, Geo. Friedr.: Encyklopädisches Handwörterbuch der practischen Arzneimittellehre. Rostock u. Schwerin 1842. VI, 672 S.

Most, Geo. Frdr., der Hausarzt. Ein vollständiges Handbuch der vorzüglichsten u. wirksamsten Haus- u. Volksarzneimittel aller Länder. Nach den besten Quellen u. nach dreissigjähr. Beobachtungen u. Erfahrungen gesammelt u. herausg. (Neue Titel-Ausg. der Encyklopädie der gesammten Volksmedicin.) gr. 8. (816 S.) Leipzig (843) 849, Brockhaus. n. 1⅓ ₰

— über die großen Heilkräfte des in unsern Tagen mit Unrecht vernachläßigten Galvanismus. 8. Lüneb. 823. Herold u. W. 1 ₰ 8 gr

Most, Geo. Fr., die Heilung der Epilepsie durch ein neues großes kräftiges u. wohlf. Heilmittel, mit zahlreichen Beispiele n bestätigt. gr. 8. Hannov. 823. Helwing. 12 gr

Geo. Friedr. Most Influenza Europaea, oder die grösseste Krankheits-Epidemie der neuern Zeit. Für Aerzte u. Nichtärzte. Hamburg 1820. 8. (Cfr. *Allgem. Med. Ann.* 1821 S. 885, et *Hufeland Journ.* 1821. *Aug.*: cyclum viginti annorum epidemiis influentiae constituit.)

Most, Ge. Fr., Influenza europaea, oder die größeste Krankheits-Epidemie der neuern Zeit rc. gr. 8. Hamburg, Perthes u. Besser. 820.

—— über alte u. neue medicin. Lehrsysteme im Allgem. u. üb. J. L. Schönlein's neuestes natürl. System d. Medicin insbesond. Ein histor.-krit. Versuch. gr. 8. (26¼ B.) Leipzig 841, Brockhaus.

— üb. Liebe u. Ehe, in moral.-, naturhistor. u. diätet.-medicin. Hinsicht. A. u. d. T.: Briefe üb. Liebe u. Ehe. 8. Rost. 827. Stiller. 1 ₰ 12 gr

—— über Liebe u. Ehe rc. 2. Aufl. 8. (20 B.) Wismar 834, Schmidt u. v. Cossel. 1 Thlr., Schrbp.

MOST, Geo. Frdr. (1794—1832), Ueber Liebe u. Ehe in sittlicher, naturgeschichtl. u. diätet.-medicinischer Hinsicht nebst einer Anleitung zur richtigen physischen u. moralischen Erziehung der Kinder. 3. Aufl. Leipzig 1837. 8°. (1⅓ Rthl.) (4 Mk., schönes unbeschn. Expl., G. Priewe, 1895.)
Zuerst gedr. Rostock u. Schwerin 1827. 8°. 312 S. (2½ Mk. Kühl.) (In Rostock, Univ.-Bibl.)

—— über Liebe u. Ehe in sittl., naturgeschichtl. u. diätet.-medicin. Hinsicht; nebst e. Anleit. z. richt. phys. u. moral. Erzieh. d. Kinder. 3. Ausg. 8. (26⅓ B.) Leipzig 837, Brockhaus.

—— der Mensch in d. ersten sieben Lebensjahren, od. Anweis. z. richt. körperl. u. geistigen Erziehung d. Kinder. Für Eltern u. Erzieher. 8. (14 B.) Leipzig 828, [Lehnhold.]

— der Mensch in den ersten sieben Lebensjahren, oder Anweisung zur richtigen körperl. u. geistigen Erziehung d. Kinder. Wohlf. Ausg. 8. Leipzig 839. Lehnhold. ¾ ₰ jetzt ½ ₰

Most, Georg Friedrich: Die sympathetischen Mittel und Curmethoden. Gesammelt, zum Theil selbst geprüft, historisch-kritisch beleuchtet und naturwissenschaftlich gedeutet. 175 S., gbd.

Rostock: Stiller 1842

JB 2.687

— Noth u. Hülfsbuch oder Anweisung zur Behandl. erfrorner, erhängter, erstickter rc. Personen. 8. Hannov. 824, Hahn.

Georg Friedrich Most

Noth- und Hülfsbüchlein [Notbüchlein] für den Bürger und Landmann, oder kurze Anweisung zur Erkenntniß, Verhütung und Heilung aller Arten von Vergiftungen, des Scheintodes durch Erhängen, Ersticken, Ertrinken...wie man sich bei ansteckenden und hitzigen Krankheiten... zu verhalten habe. Von Georg Friedrich Most. 2.,stark verm.Aufl. Hannover: Helwing 1826. VIII,88 S. 8°

Georg Friedrich Most

Moderner Todtentanz [Totentanz], oder die Schnürbrüste, auch Corsetts, ein Mittel zur Begründung einer dauerhaften Gesundheit und zur Verlängerung des menschlichen Lebens. Von Georg Friedrich Most. Hannover: Helwing 1824. X, 76 S. 8°

— Versuch einer kritisch. Bearbeitung d. Geschichte d. Scharlachfiebers u. seiner Epidemie rc., von d. ältesten bis auf unsere Zeiten. 2 Bde. gr. 8. Leipz. 826. Brockhaus. 3 ₰

Zwei Todfeinde unseres Volkes und Menschengeschlechtes und ihre Bekämpfung. Ein ernstes Wort an alle Volksfreunde von H[einrich] A[ugust]Most. 4.Aufl. Kassel: C.A.Thiele[1907]. (87S.) 8° [S.] [07.1174.4

Most, H. A., zwei Todfeinde unseres Volkes u. Menschengeschlechtes u. ihre Bekämpfung. Ein ernstes Wort an alle Volksfreunde. 5. Aufl. (111 S.) 8. Kassel (908). (Leipzig, Fritzsche & Schmidt.) 1.—

Most, Helene, mein Lied dem Herrn. Gedichte. (168 S.) kl. 8. Ravensburg (908). F. Alber. 1.80; geb. 2.40

Most, Joh., Die Anarchie. 8°. New York, Januar 1888. (Internationale Bibliothek, Nr. 10.) Neue Aufl. Juni 1892.

— Der communistische Anarchismus. 8°. New York, Dec. 1889. (Internationale Bibliothek, Nr. 14—15.) 8°. Berlin 1893. (Anarchistische Bibliothek, Nr. 3.)

— Vide: Anonymus Veritas.

Most, Joh., die Bastille am Plötzensee. Blätter aus meinem Gefängniß-Tagebuch. 1. und 2. Aufl. gr. 8. (79 S.) Braunschweig 876, Bracke jun. *

— Betrachtungen über den Normalarbeitstag. Ein ernstes Wort an die Arbeiter von Chemnitz und Umgebung. 8⁰. Chemnitz, Selbstverl. d. Verf., 1871.

—— die socialen Bewegungen im alten Rom und der Cäsarismus. 8. (IV, 112 S.) Berlin 878, Allgemeine deutsche Associations-Buchdruckerei.

— Offener Brief an die Wähler des 5. Berliner Reichtagswahlkreises. Flugblatt: London.

Most, Johann: Diskussion über d. Thema: "Anarchismus oder Kommunismus" ..., s. Grottkau, Paul

— Die Eigenthumsbestie. 8⁰. New York 1883. 8⁰. New York 1884. 8⁰. New York 1887. (Internationale Bibliothek, Nr. 7.)

—— Freizügigkeits-Gesetz, Impf-Gesetz, Lohnbeschlagnahme-Gesetz, Haftpflicht-Gesetz. Mit Erläuterung der für den Arbeiter wichtigsten Bestimmungen. Nebst alphabet. Sachregistern. 16. (32 S.) Leipzig 876, Genossenschaftsbuchdruckerei.

— Zwischen Galgen und Zuchthaus. 8⁰. New York 1887. (Internationale Bibliothek, Nr. 9.)

— Die freie Gesellschaft. Eine Abhandlung über die Principien und Taktik der kommunistischen Anarchisten. 1. Aufl. im Selbstverlag d. Verf., 1884. 3. Aufl. 16⁰. New York, Selbstverlag, 1884.

— Die freie Gesellschaft. Eine Abhandlung über die Principien und Taktik der communistischen Anarchisten. 8⁰. New York 1884. 8⁰. New York 1893. (Internationale Bibliothek, Nr. 5.)

Most, Joh., s. a. Gewerbeordnung für das Deutsche Reich.

—— Gewerbe-Ordnung für das Deutsche Reich. Mit Erläuterung der für den Arbeiter wichtigsten Bestimmungen. Nebst Inhalts-Verzeichniß und Sachregister. 16. (62 S.) Ebendas. 876.

— Die Gottespest und die Religionsseuche. 7. Aufl. kl.-8⁰. New York, s. a. (Revolutionäre Volksschriften, I.)

*— Die Gottespest und Religionsseuche. 8⁰. New York 1883. 12. Aufl. 8⁰. New York 1887. (Internationale Bibliothek, Nr. 3.)

— Die Hölle von Blackwell's Island. 8⁰. New York 1887.

— Kapital und Arbeit. Ein populärer Auszug aus: „Das Kapital", von K. Marx. 2. verb. Aufl. 8⁰. Chemnitz, Genoss.-Buchdr., s. a. (Vorrede 1873.)

*— Kapital und Arbeit. 8⁰. New York, John Müller, 1892. (Internat. Libr., no. 2.)

Most, Joh., d. Kleinbürger u. d. Socialdemokratie. E. Mahnwort an die Kleingewerbtreibenden. 8. (71 S.) Augsburg 876. Berlin, Buchh. d. Vorwärts. n. — 30

Most, Johann. Der Kleinbürger und die Socialdemokratie. Augsburg: Volksbuchhandlung, 1876. DLC

Most, Joh., der Kleinbürger und die Socialdemokratie. Ein Mahnwort an die Kleingewerbtreibenden. 8. (71 S.) Augsburg 877, Volksbuchh. *

—— die pariser Commune vor den Berliner Gerichten. Eine Studie über deutsch-preuß. Rechtszustände. gr. 8. (III, 64 S.) Braunschweig 875, Bracke jun.

— Revolutionäre Kriegswissenschaft. 8⁰. New York 1885, Juli. 3. Aufl. 1885, Dec.

—— die Lösung der socialen Frage. Ein Vortrag vor Berliner Arbeitern. gr. 8. (43 S.) Berlin 876, Allgemeine deutsche Associations-Buchdruckerei. *

— Ein Mahnruf an die landwirthschaftliche Bevölkerung. 8 pp. 8⁰. Chemnitz s. a.

______. Memoiren, Erlebtes, Erforschtes und Erdachtes. New York: Selbstverlag, 1903. DLC

--Memoiren: Erlebtes, Erforschtes u Erdachtes. NY, 1903-05.

— Das Narrenthum. 8⁰. New York 1888.

— Der Narrenthurm. 8⁰. New York 1888. (Internationale Bibliothek, Nr. 11.) Neue Aufl. Dec. 1892.

— An das Proletariat. 8⁰. New York, April 1887. (Internationale Bibliothek, Nr. 1.)

— Sechs Proletarier-Lieder, gewidmet den Arbeitern Oesterreichs. 2. verb. Aufl. 8⁰. Chemnitz, Genoss.-Buchdr., s. a.

— Neuestes Proletarier-Liederbuch. 3. verb. Aufl. 16⁰. Chemnitz 1873. 4. Aufl. 16⁰. Chemnitz, Genoss.-Buchdr., 1873. 5. Aufl., hrsg. v. Grilhof. 12⁰. Chemnitz 1875.

— August Reinsdorf und die Propaganda der That. 8⁰. New York, Selbstverl. d. Verf., 1885.

— s. Scheu, H.: Der Hochverrathsprocess.

Most, Joh., Stammt der Mensch vom Affen ab? 8⁰. New York, Juli 1887. (Internationale Bibliothek, Nr. 4.)

— Unsere Stellung in der Arbeiterbewegung. 8⁰. New York, Mai 1890. (Internationale Bibliothek, Nr. 15.)

— Der Stimmkasten. 8⁰. New York, Juni 1888. (Internationale Bibliothek, Nr. 13.)

— Taktik contra Freiheit. 8⁰. London 1880.

Most, [Karl]: Die wirtschaftliche Entwicklung Deutsch-Ostafrikas 1885—1905. Rossleben 1906: W. Sauer. (S. III bis XXVIII.) 4° [F.]
Rossleben, Kloster-S P 1906 (305)

Most, Karl, die wirtschaftliche Entwicklung Deutsch-Ostafrikas 1885—1905, s.a. Abhandlungen, koloniale. 3.

Die Wirtschaftliche Entwicklung Deutsch-Ostafrikas 1885–1905. Von Karl **Most.** Berlin: W. Süsserott 1906. (31 S.) 8° [F.]
— **Abhandlungen,** Koloniale. H. 3. 07. 13550

Leitfaden für die Abrichtung des Polizei- u. Schutzhundes mit psychologischen Begründungen. Von Lt. a. D. K(onrad) **Most,** Polizeikommissar. Berlin Kameradschaft (1910). 200 S. 8° 10. 17073

Most, K. M. O., das Kartoffelbuch, od.: Die Kunst, die Kartoffeln auf die vortheilhafteste Art zu bauen u. zu mehr als 100 haushält. u. technischen Zwecken zu benutzen. Aus den besten Quellen gezogen u. m. Benutzung einiger langjähr. Erfahrungen gesichtet. 1. Aufl. (10½ B.) 842. u. 2. Aufl. 8. (10 B.) Quedlinburg 846, Basse. à -

Most, Otto, das statistische Amt der Stadt Düsseldorf 1900—1910, s.a. Mitteilungen zur Statistik der Stadt Düsseldorf.

Das Statistische Amt der Stadt Düsseldorf 1900 bis 1910. Ein Jahrzehntbericht, erstattet von Dir. Dr. Otto **Most.** Ausg. i. Nov. 1910. (Düsseldorf: Voss in Komm.) 1910. 11 S. 4°
(Mitteilungen z. Statistik d. Stadt Düsseldorf. Nr 7.) 10. 17346

— Arbeiterfrage u. Arbeiterpolitik im Gewerbe, s.a. Fortschritt, soz.

Most, Otto, Arbeiterfrage und Arbeiterpolitik im Gewerbe. 8⁰. Leipzig, Fel. Dietrich 1907. (Socialer Fortschritt, Heft 99—100.)

Arbeiterwohlfahrtseinrichtungen im Auslande. Vortrag geh. zu Posen 1905 von Dr. Otto **Most,** Dir. d. Statist. Amts d. Stadt **Posen.** Posen 1906: Merzbach. (38 S.) 8° [F.]
— **Veröffentlichungen** d. Vereins z. Fürsorge f. kranke Arbeiter zu Posen. H. 9. 06. 12935

Most, Otto, Arbeitsnachweis und Arbeitslosigkeit 1905/07. (Aus: Statist. Jahrb. der deutschen Städte, Jhrg. 15.) 8⁰. Breslau, W. G. Korn, 1909.

Ergebnisse der Wohnungszählung am 1 Dez. 1905 und der Wohnungsuntersuchung von 1905/06. (Von Dr. Otto **Most.**) Posen 1907: W. Decker & Co. (40 S.) 4° [F.]
— **Bericht** über d. Verwaltung u. d. Stand d. Gemeinde-Angelegenheiten in d. Stadt Posen f. d. J. 1906. Anlage. 07. 15123 3

— u. Heinz Potthoff, Fürsorge f. Stellenlose, s.a. Schriften des deutschen Werkmeister-Verbandes. 13. Heft.

Fursorge fur Stellenlose Von Otto **Most** u. Heinz Potthoff Düsseldorf Werkmeister-Buchh. 1910. 47 S. 8° [Umschlagt.]
(Schriften d. Deutschen Werkmeister-Verbandes. H 13) 10. 4465 5

— Die Gemeindebetriebe der Stadt Düsseldorf, s.a. Schriften des Vereins f. Socialpolitik. 129, II.

Die Gemeindebetriebe der Stadt Düsseldorf Von Dr Otto **Most.** Mit 1 Stadtpl. u. 1 Situationsskizze Im Auftr d Vereins f Socialpolitik hrsg von Carl Johannes Fuchs. Leipzig Duncker & Humblot 1909. VIII, 164 S. 8°
(Gemeindebetriebe Bd 2, T 2)
(Schriften d Vereins f Sozialpolitik 129, 2) 09. 9379

— Die Gemeindefinanzstatistik in Deutschland, s.a. Schriften des Vereins f. Socialpolitik. 127, II.

Die Gemeindefinanzstatistik in Deutschland. Ziele, Wege, Ergebnisse. Von Dr. Otto **Most,** Privatd. Leipzig. Duncker & Humblot 1910. VIII, 273 S. 8°
(Gemeindefinanzen. Bd 2, T 2)
(Schriften d. Vereins f. Socialpolitik. Bd 127, T 2) 10. 7437

— Grundzüge der Wirtschaftsgeographie, s.a. Hillger's, Herm., illustr. Volksbücher.

Most, O, Grundzüge der Wirtschaftsgeographie. (75 S.) Berlin, H. Hillger. 1908. —. 30; geb. —. 50.
Hillger's illustrierte Volksbücher 108.

— Industrie u. Handelsgewerbe in Düsseldorf nach der Betriebszählung v. 12. VI. 1907, s.a. Mitteilungen z. Statistik der Stadt Düsseldorf.

Industrie und Handelsgewerbe in Düsseldorf nach der Betriebszählung vom 12. Juni 1907. Bearb. von Dir. Dr. Otto **Most.** (Düsseldorf) 1908: (L. Voss & Cie). (41, 20 S.) 4°
— **Mitteilungen** z. Statistik d. Stadt Düsseldorf. No 3. 08. 6891 10

— 19 städtische Krankenanstalten im Lichte vergleichender Finanzstatistik, s.a. Mitteilungen zur Statistik d. Stadt Düsseldorf.

19 städtische Krankenanstalten im Lichte vergleichender Finanzstatistik. Bearb. von Dir. Dr. Otto **Most.** (Düsseldorf: Voss in Komm.) 1909. 24, 18 S. 4°
(Mitteilungen z. Statistik d. Stadt Düsseldorf. Nr 5.) 11. 1508

— Friedrich List, der Bismarck des deutschen Wirtschaftslebens, s.a. Fortschritt, sozialer.

Most O, Friedrich List, der Bismarck des deutschen Wirtschaftslebens. (165)
(Sozialer Fortschritt 87) Leipzig 1906

Most, O, s. Mitteilungen zur Statistik der Stadt Düsseldorf.

Most, Otto, aus Markranstädt: Der **Nebenerwerb in seiner volkswirtschaftlichen Bedeutung.** *Halle a. S. 1903: (Lippert & Co., Naumburg a. S.).* (VI, 41 S.) 8° ¶ (Erscheint vollst. als: Sammlung nationalökon. u. statist. Abhandl. d. staatswiss. Sem. zu Halle a. S., Bd 42.)
Halle, Phil. Diss. v. 1903

Most, Otto, der Nebenerwerb in seiner volkswirtschaftlichen Bedeutung, s. a. Sammlung national-ökonomischer u. statistischer Abhandlungen. 42. Bd.

Der Nebenerwerb in seiner volkswirtschaftlichen Bedeutung. Von Dr. Otto **Most**. *Jena: G. Fischer 1903.* (VIII, 134 S.) 8°
— **Sammlung** nationalökon. u. statist. Abhandlungen d. staatswiss. Seminars zu Halle. Bd 42.

— **Die Nichteinheimischen in Düsseldorf, s. a. Mitteilungen zur Statistik der Stadt Düsseldorf.**

Die Nichteinheimischen in Düsseldorf (mit fremder Staatsangehörigkeit, Muttersprache, Heimat oder Herkunft) nach der Volkszählung vom 1. Dezember 1905. Bearb. von Dir. Otto Most. (Düsseldorf: Voss & Cie in Komm. 1908.) 32*, 11 S. 4°
(Mitteilungen z. Statistik d. Stadt Düsseldorf. Nr 4.)

— **zur inneren deutschen Politik, s.: Saenger, H.**

Most, O., s. Schriften d. Vereins f. Socialpolitik.

— **Die Schuldenwirtschaft der deutschen Städte.** (VIII, 60 S. m. 1 eingedr. Kurve.) gr. 8. Jena 909. G. Fischer. 1. 20

— **Die städtische Sparkasse in Düsseldorf m. Sammelkasse u. Alterssparkasse 1850—1908, s. a. Mitteilungen z. Statistik der Stadt Düsseldorf.**

Die städtische Sparkasse in Düsseldorf mit Sammelkasse und Alterssparkasse 1850 bis 1908. In 14 Diagrammen dargest. u. tabellarisch erl. Mit e. textl. Einführung von Dir. Dr. Otto **Most**. (Düsseldorf: Voss in Komm.) 1909. 8 S., 14 Tab. 4°
(Mitteilungen z. Statistik d. Stadt Düsseldorf. Nr 6.)

Taschenbuch des Statistischen Amtes der Stadt Düsseldorf. Hauptziffern aus d. Reichs-, Staats- u. Stadt-Statistik ... bearb. von Dir. Dr. Otto Most. Düsseldorf 1908. VII, 56 S. 8°

Taschenbuch des Statistischen Amts der Stadt Düsseldorf. Hauptziffern aus d. Reichs-, Staats- u. Stadt-Statistik. (Bearb. von Dr. Otto **Most**.) 2. verm. Aufl. Düsseldorf: Voß in Komm. 1910. VII, 80 S. 8°

Most, R. Neue Darlegung der absoluten Geometrie und Mechanik mit Berücksichtigung der Frage nach den Grenzen des Weltenraumes. 46 S. u. 2 Taf. **Progr.** OR. *Coblenz* 1883

[F.] **Most,** *Robert* [Dir. Dr.]: Berechtigung des Real-Gymnasiums. Coblenz, Buchdr. v. H. L. Scheid, 1893; 25—28 S. 4.
Coblenz, st. RG, P 1893 (472)

[F.] **Most,** *Robert* [Dr., Dir.]: Ueber den Bildungswert der Mathematik, als Vorwort zu e. mathemat. Leitfaden f. d. oberen Klassen des Realgymn. u. d. Oberrealschule. Coblenz, Buchdr. v. H. L. Scheid, 1895; I—VIII S. 4.
Coblenz, st. RG, P 1895 (482)

[F.] **Most,** *Robert* [Dir. Dr.]: *Leitsätze über Neuanlage und Herrichtung von Spielplätzen.* Coblenz, Buchdr. v. H. L. Scheid, 1896; 29—30 S. 4.
Coblenz, st. RG, P 1896 (481)

Most, Robert: Der Mathematische Unterrichtsstoff und das Mathematische Bildungsgebiet in den oberen Klassen des Realgymnasiums und der Oberrealschule. 8 (VIII, 200, 26 SS., 22 Taf.)
Städt. Rg. *Coblenz* 1896 (zu 481). 1897 (zu 491). 1898 (zu 498). 1899 (zu 505). 1900 (zu 511). 1901 (zu 519).

Most, Robert, Dr., Dir.: Der **Mathematische Unterrichtsstoff und das Mathematische Bildungsgebiet in den oberen Klassen des Realgymnasiums und der Oberrealschule.** *Coblenz 1901: H. L. Scheid.* (VIII, 200, 26 S.) 8° [F.]
Coblenz, st. RG, P 1901 (519)

Most, Rob., der mathematische Unterrichtsstoff u. das mathematische Bildungsgebiet in den oberen Klassen des Realgymnasiums u. der Oberrealschule. Progr. gr. 8. (VIII, 200 u. 26 S. m. 22 Taf.) Coblenz 901. (Leipzig, Buchh. G. Fock.) n. 4. —

[Most, Robertus Guilelmus]: *De superficiebus aequilibrii earumque traiectoriis orthogonalibus. 69 S. 2°
Halle-Wittenberg, Phil. Diss. v. 5. Okt. 1861
Geb. [Stettin 24. 12. 1833]

Most, Th., Elementar-Geometrie für Volks- und Mittelschulen. 3 Thle. (Mit eingedr. Holzschn.) gr. 8. Berlin 879, Burmester und Stempell. [1. Thl. (VII, 20 S.) * 30 Pf.; 2. und 3. Thl. (à 40 S.) à * 35 Pf.] *

Most, Th., Elementar-Geometrie für Volks- und Mittelschulen. (Mit eingedr. Holzschn.) 2. verm. und verb. Aufl. 3 Tle. 8. Berlin 882, Burmester und Stempell. [1. Tl. (Vorkursus): Anschauung an den Grundkörpern. (VII, 27 S.) * 40 Pf.; 2. Tl. (III, 52 S.) * 50 Pf.; 3. Tl. (III, 71 S.) * 60 Pf.] *

Most, Th. Elementar-Geometrie f. Volks- u. Mittelschulen. 3 Tle. Mit Fig. 3. verm. u. verb. Aufl. 8. Berl. 890, (E. Mecklenburg). [1. Tl. (30 S.) * — 30; 2. Tl. (III, 63 S.) * — 40; 3. Tl. (III, 71 S.) * — 50.] * 1 20

Moest, Frdr.

Moest, F., die Sklavenjäger, } s.: **Volksbibliothek, neue.**
— die Tochter d. Pflanzers, }

Moest, F., die Tochter des Pflanzers, s. **Volks- und Jugend-Erzählungen.**

Moest, Frdr., d. Tochter d. Pflanzers, s.: **Volkserzählungen, neue.**

Moest, Herm., die Herrin zu Clusa. Drama in 5 Akten. Mit Buchschmuck v. Verf. (200 S.) 8. Freiburg i/B. 910. J. Bielefeld. 3.—; geb. in Leinw. 4. —

Moest, Martin [aus Boos (Schwaben)]: Über die elektrische Leitfähigkeit von Oxychinonen und Salzen derselben. München 1899. 47 S. 8°.
Basel. Phil. Diss. 1899/1900.

Moesta, A. Fr. Geologische Schilderung der Gegend zwischen dem Meisner und dem Hirschberge in Hessen. Marburg. 1867.

Moesta, Anna, Prakt. Ärztin aus Neidenburg [Preussen]: Aus dem pathologischen Institut der Universität Zürich. Über ein Pulsionsdivertikel des Oesophagus. Zür. Orell Füssli Dr. 1897. 33 S. 8°.
Zürich, Med. Diss. [v. 29. Sept. 1897].

Moesta, C. G., observaciones astronómicas hechas en el observatorio nacional del Santjago de Chile en los años de 1856 hasta 1860. Tomo 2. gr. 4. (XI, 136 S.) Dresden 875. (v. Zahn's Verl.) n.n. 20. —

Moesta, F. Profile vom Harzrande und Kyffhäuser. Berlin. 1876.

Moesta, Fr. A., über das Vorkommen der Chlor-, Brom- und Jodverbindungen des Silbers in der Natur. Ein Beitrag zur Kenntniss der geolog. und bergbaul. Verhältnisse von Nordchile. Lex.-8. (VIII, 47 S. mit 4 lithogr. Taf., wovon 2 in Bunt- und 2 in Tondr., in Lex.-8. und qu. 4.) Marburg 870, Ehrhardt. *

Mostadhem, oder der Fanatismus. Ein deutsches Originaltrauerspiel in Versen von fünf Aufzügen. Wien 1772. V: *Weidmann, Paul.* (BrMm) (Jahrb. d. Grillp. Ges. XIII.)

Mostar [Schlagwort]

Mostar. Plan von Mostar. 1:10,000. 21,5×55 cm. Farbdr. Nebst: Kurzer Wegweiser u. Strassenverzeichniss. 12. (14 S.) Mostar 899. Pacher & Kisić. n. — 90

Mostert, W., u. E. Stengel, l'ystoyre et la vie de Saint Genis, s.: Ausgaben u. Abhandlungen aus d. Gebiete d. roman. Philologie, Hft. 93.

Mostert, Wilhelm [aus Remagen]: Das Mystère de Saint Genis, seine Quelle und seine Interpolatoren ... Marburg, Univ.-Buchdr. (R. Friedrich)', 1894; 2 Bl., 51 S. 8.
Marburg, Phil. Fak., Inaug.-Diss. v. [25. Apr.] 1894

Mosterts, Carl, Handb. f. d. Katholiken Düsseldorfs. Hrsg. im Auftrage des Verbandes der kathol. Wohlfahrts-Einrichtgn. u. Vereine Düsseldorfs (Charitasverband). (XVI, 210 S.) 8. Düsseldorf 909. Düsseldorfer Tageblatt. — 75; kart. 1.—; geb. 1.25

Mosthaaf, zur Abgrenzung der Zuständigkeit der bürgerlichen u. der Verwaltungsgerichte in Processen üb. Leistungen f. kirchl. u. Schulzwecke. gr. 8. (6 S.) Tübingen 884. Fues. n. — 20

Mosthaaf, das Versäumungsverfahren und die Eventualmaxime nach dem Gesetz über die Verwaltungsrechtspflege vom 16. Dezbr. 1876. gr. 8. (18 S.) Tübingen 884, Fues. *
Vorstehende zwei Schriften sind aus: Württembergisches Archiv für Recht und Rechtsverwaltung, besonders abgedruckt.

Mosthaff, Anton (Gundelsheim/Neckar), Disquisitionem an in morborum curatione ad formam respiciendum. Diss. med. Göttingen (H. Dieterich) 13. VII. 1802. 22 S. (3.—) 23760

Mosthaff, Fr., die Homöopathie in ihrer Bedeutung f. die Entwicklung d. Medizin als Kunst u. Wissenschaft. 2 Thle. gr. 8. (10⅛ B.) Heidelberg 843, Groos.

DISPUTATIO INAUGURALIS, von der Jungfrau-Liebe, welche mit Einwilligung der Hochlöblichen Weiber-Facultät, unter dem Schutz der Wohl-Edlen, Hochgelahrten u. Hoch-Ehrenreichen FRAUEN, Fr. Christina Amalia von Blumenau, vornehmen Doctorin u. Professorin der berühmten Jungfer-Hohen-Schule in Wittenberg, ihrer grossen Lehrerin u. Patronin, die höchste Ehre des Braut-Bettes zu erlangen öffentlich hielte *Anna Elisabeth Mostin,* Patrit. Witteberg. Neben einen (!) scharffen EXAMEN u. DISCURS von (!) Studenten-Leben. Die siebende Aufflage. O.O. u. J. (Wittenb., c. 1700?). 4°. (2 Mk. Max Weg, Lpz., 1897; jetzt theurer!)

Mostjoggeli. Der M'. Organ für zwangsweise Besorgung von Humor und Schund während dem Endzweckessen der 2. landwirtschaftlichen Ausstellung im «Victoria» [in Luzern], 6. März 1910. Erscheint alle 10 Jahre.... [Illustriert.] [8 S.] fol. (Luzern, Ariger &

Moestl, F. X., Frauenleben im alten Rom, s.a. Sammlung gemeinnütziger Vorträge.

Moestl, F. X., Frauenleben im alten Rom. Gel. 1886. 18 S.

Möstl, Frz., ein Szegediner Hexenprozeß. Culturhistorische Studie. 8. (33 S.) Graz 879, Verlag Leykam-Josefsthal. *

Mostowski, Thadd. Leben des Johann Zamoyski, Grosskanzlers und Hetmans der Krone Polen. [Polnisch.] 8. Warschau 1805.

Mostras, C., Dictionnaire géographique de l'Empire Ottoman. gr. 8. (XII, 241 S.) St. Petersburg 873. Leipzig, Voss. *

Mostratos, Demetrius G. [aus Konstantinopel]: Die Pädagogik des Helvetius.... Berlin, Druck v. M. Oldenbourg, 1891; 57 S., 1 Bl. 8°
Berlin, Phil. Fak., Inaug.-Diss. v. 16. Jul. 1891

Mostratos, Demetr. G., die Pädagogik d. Helvetius. Diss. gr. 8. (58 S.) Berlin 891. (S. Calvary & Co.) n. 1.20

Mosttisch. Der M' oder Der doppelte Zweier. Unterhaltung in einem St. Gallischen Wirthshause, im Brachmonat 1855. 8. Ebnat 1855.

Moestue, Wilh., Uhlands nordische Studien. gr. 8. (67 S.) Berlin (902). W. Süsserott. n. 1.20

Moszczeński, Thaddeus von: Ein Beitrag zur Kritik der ländlichen Verschuldung für das Jahr 1902 hrsg. von d. Königl. Stat. Landesamt zu Berlin. Die Provinz Posen. Posen 1910 (1911): Winiewicz. 387 S. 8°
München, Staatswirtsch. Diss. v. 15. Dez. 1909, Ref. v. Brentano
[Geb. 12. Jan. 83 Stempuchowo; Wohnort: Stempuchowo; Staatsangeh.: Preußen; Vorbildung: Gymn. Wongrowitz Reife O. 02; Studium: Landw. Berlin Landwirtsch. Hochsch. 2, Leipzig 2, Staatsw. München 5 S.; Rig. 15. Dez. 09.] [U 12. 3029

Moszczyc, Michael [aus Warschau]: Ueber ω-Derivate der p-Toluylsäure. Karlsruhe 1896. 32 S. 8°.
Basel, Phil. Diss. 1896/97.

Moszeik, C., s. Moszeik, Karl

Moszeik, F., landwirtschaftliche Buchführung. Kassabuch m. den notwend. Hilfsregistern zur Reinertragsberechnung, sowie zur Ermittelg. des steuerpflicht. Einkommens. 2. Aufl. Imp.-4. (78 S.) Jena 900. Berlin, H. Costenoble. Kart. n. 2.50

Moszeik, F., landwirtschaftliche Buchführg. Kassebuch m. den notwend. Hilfsregistern zur Reinertragsberechng. u. zur Ermittelg. d. schätzungspflicht. Einkommens. 3. verb. Aufl. (72 S.) 37×29,5 cm. Weimar 905. Dietsch & Brückner. (Nur direkt.) Kart. nn 2.50

Moszeik, Fritz [Landwirtschaftslehrer an d. Grossh. S. Carl-Friedrich-Ackerbausch. Zwätzen bei Jena]: Der Einfluss Liebig's auf die landwirtschaftliche Theorie und Praxis ... Berlin, Druck v. R. Boll, 1896; 108 S., 1 Bl. 8.
Jena, Phil. Fak., Inaug.-Diss. v. [5. März] 1896

Moszeik, Karl

Moszeik, C., s.a. Aus der Gedankenwelt e. Arbeiterfrau.

Aus der Gedankenwelt einer Arbeiterfrau. Von ihr selbst erzählt. Hrsg. von C[arl] Moszeik, Pfarrer. Gr. Lichterfelde-Berlin: Runge 1909. 117 S. 8° [1c. 1909

Das evangelisch-kirchliche Gemeinde-Museum, eine Forderung der Gegenwart. Von C[arl] **Moszeik**, Pfarrer. Gr.Lichterfelde-Berlin: Runge 1910. 52 S. 8° [10. 10416

Geschichte der Stadt Stallupönen von C[arl] **Moszeik**, Pred. Stallupönen. H. Klutke 1892. (45 S.) 8° [F.] [08. 1970

Moszeik, C., deutsch-litthauisches Vokabularium. 8. (34 S.) Tilsit 898. (Königsberg, Akadem. Buchh. v. Schubert & Seidel.) Kart. — 75

[F. u. Ant.] Deutsch-litthauisches Vokabularium zsgest. v. C. Moszeik, Pred. *Tilsit: J. Reylaender & Sohn 1898.* (34 S.) 1 Bd 8. [99 1010

Deutsch-littauisches Vokabularium von C[arl] Moszeik, Pfarrer. 2. durchges. Aufl. Tilsit: Reyländer 1909. 35 S. 8° [09. 13617

Moszeik, Otto, die Malereien der Buschmänner in Südafrika. (IV, 100 S. m. 173 Abb. u. 3 farb. Taf.) gr. 8. Berlin 910. D. Reimer. Geb. in Leinw. 10. —

Moszeik, Otto [prakt. Arzt, aus Eydtkuhnen]: Morphologische Untersuchungen über den Glycogenansatz in der Leber .... Königsberg in Pr., Hartungsche Buchdr. (1887); 2 Bl. + 38 S. + 1 Bl. u. 1 Taf. 8°. Königsberg, Med. Fak., Inaug.-Diss. v. 21. Jul. 1887.

Moszeik, Otto, morphologische Untersuchungen über den Glycogenansatz in der Leber. Inaugural-Dissertation. gr. 8. (38 S. mit 1 Tab.) Königsberg i. Pr. 887, (Koch's Antiqu.) **

Moszenska, L., Verf. von: Was wir von unsern Kindern nicht wissen. 1909
s. Mosczeńska, L. A 12. 10119

Moszkowicz, L., die Krankenpflege, s.: **Billroth, Th.**

Pariser Bummel. Pietsch u. Krause auf d. Weltausstellung. Von Alexander Moszkowski. Mit Ill. von Czabran ... u. A. *Berlin: Eysler & Co 1900.* (93 S.) 8° [00 ...

Moszkowski, Alex., Pariser Bummel. Pietsch u. Krause auf der Weltausstellg. Mit Illustr. v. Czabran, Jüttner, Klinger u. A. schmal gr. 8. (94 S.) Berlin 900. Verl. der „Lust. Blätter". 1. —

— Anton Notenquetscher's heitere Dichtungen. 8. (191 S.) Berlin 894. H. Steinitz' Verl. n. 3. —; geb. n. 4. —

Moszkowski, Alex., Anton Notenquetscher's lustige Fahrten. 8. (266 S.) Berlin 895. H. Steinitz. n. 3. —; geb. in Leinw. n.n. 4. —

Flatterminen. 12 Humoresken von Alexander **Moszkowski**. Ill. von Walther Caspari. Stuttgart, Berlin, Leipzig: Union [1905]. (106 S.) 8° [F.] [05. 1180

Moszkowski, Alex., das Freibad d. Musen. Sprudelnde Verse. (130 S.) 8. Berlin 908. Verl. d. Lust. Blätter. 1.50

— Anton Notenquetscher's neue Humoresken. 8. (243 S.) Ebd. 893. n. 3. —

— **Die unsterbliche Kiste. Die 333 besten Witze der Weltliteratur, befürwortet u. bevorwortet. 7.—12. Taus. (128 S.) 8. Ebd. 907. 1.50**

Die Unsterbliche Kiste. Die 333 besten Witze d. Weltliteratur, befürwortet u. bevorw. von Alex. **Moszkowski**. 51.–56. Taus. Berlin: Lustige Blätter 1908. (127 S.) 8° [F.] [08. 5530

— **dasselbe. 2. Tl. Die jüd. Kiste. 399 Juwelen, echt gefaßt. (144 S.) 8. Ebd. 911. 1. 50**

— **Die Kunst in tausend Jahren. Betrachtgn. u. Prognosen. (108 S.) gr. 8. Leipzig 910. A. Kröner. 2.—; geb. in Leinw. 3. —**

Moszkowski, Alex., poetische Musikgeschichte. Ein humorist. Gedicht. 1. und 2. Aufl. 8. (117 S.) Berlin 876,77, Barth. *

Moszkowski, Alex. Poetische Musikgeschichte. Ein humorist. Gedicht. 3. Aufl. 12. (V, 117 S.) Lpz. 891, Junne. * 2 —; geb. * 2 50

—— Anton Notenquetscher. Ein satir. Gedicht in 4 Gesängen. Mit Illustr. (in eingedr. Holzschn.) von Phpp. Scharwenka. 8. (VII, 131 S.) [Kassel 875, Troll.] Berlin, Simon. * cart. *

Moszkowski, Alex., Anton Notenquetscher. Ein satirisches Gedicht in vier Gesängen. Mit (eingedr.) Illustr. von Phpp. Scharwenka. 2. und 3. verm. Aufl. 8. (VII, 137 S.) Berlin 881, Simon. *M 2,40.; geb. *

— Anton Notenquetscher. Ein satir. Gedicht in vier Gesängen. 6. Aufl. 8. (VII, 144 S. m. eingedr. Illustr. v. Ph. Scharwenka.) Berlin 888. Simon. 2.40; geb. 3.—

Moszkowski, Alex., Anton Notenquetscher. Ein satir. Gedicht in 4 Gesängen. Mit Illustr. v. Phpp. Scharwenka. 7. Aufl. 8. (VII, 137 S.) Berlin 893. C. Simon. 2. 40

— **Anton Notenquetscher. Ein satir. Gedicht in 4 Gesängen. Mit 23 Illustr. v. Philipp Scharwenka. Verm. bill. Volksausg. (10.—15. Taus.) (VIII, 127 S.) 8. Berlin 906. C. Simon. n. 1. —; geb. n. 1. 50**

... Anton Notenquetscher am Klavier. Parodist. Scherz v. Alexander Moszkowski. Musik v. Moritz Moszkowski. Text. (Musik.) *Berlin: H. Steinitz [1896].* 2 Bde 4.
Text. (7 S.) (Musik.) (19 S.) [96. 8610

Moszkowski, Alex., Riviera-Expreß. Heiteres. 1. u. 2. Aufl. (VII, 143 S.) 8. Berlin (907). Concordia. 2.—; geb. 3. —

— Satyr. Kleine Humoresken in Prosa u. Versen. 8. (VIII, 225 S.) Berlin 898. Vita. n. 3. —

—— Schultze und Müller im Ring der Nibelungen. Humoristische Skizzen. gr. 8. (92 S.) Berlin 881, Hofmann und Comp. *

— Stuß im Jus. Ein lust. Buch v. Juristen u. schweren Verbrechern. 7.—12. Taus. (128 S. m. Abb.) 8. Berlin (909). Verlag der lust. Blätter. 1. 50

— das Ueber-Büchl. 14 Humoresken. Illustriert v. Hanns Fechner u. Eug. Siegert. gr. 8. (110 S.) Leipzig (901). E. Keil's Nachf. 1. —

—— marinirte Zeitgeschichte. Gesammelte Humoresken. 8. (94 S.) Berlin 884, Steinitz und Fischer. *

Moszkowski, Max, Regeneration, s.: Morgan, Thom. Hunt.

Auf neuen Wegen durch Sumatra. Forschungsreisen in Ost- und Zentral-Sumatra (1907). Von Max Moszkowski. Mit 2 Kt., 3 T. u. 243 Abb. Berlin: D. Reimer 1909. XVII, 327 S. 8° [10. 4372

— **Auf neuen Wegen durch Sumatra.** Forschungsreisen in Ost- u. Zentral-Sumatra (1907). Mit 2 Karten, 3 Taf. u. 243 Abb. nach Orig.-Aufnahmen u. Handzeichngn. (XVII, 328 S.) gr. 8. Berlin 910. D. Reimer.
Geb. in Leinw. 14. —

Moszkowski, Max Gustav, approb. Arzt aus Berlin: Experimentelle Studien über die Wirkung des Arsens, Phenols und Quecksilbers auf den Magen. *Breslau 1899: Bresl. Genossenschafts-Buchdr.* (24 S.) 8°
Breslau, Med. Diss. v. 24. Juni 1899

Laurin. Ballet in 3 Abtheilungen u. 6 Bildern. Text von Emil Taubert, Choreographie von Emil Graeb. Musik von **Moritz Moszkowski**. Op. 53 [Textbuch.] *Berlin: E. Bote & G. Bock [1896].* (23 S.) 8°

Moszkowski, Richard, Referendar in Berlin-Charlottenburg: Der Schutz Dritter gegen die Folgen der Nichtigkeit der Ehe ⟨Zur Interpretation des § 1344 B.G.B.⟩. Berlin 1908: H. S. Hermann. (58 S.) 8°
Leipzig, Jur. Fak., Diss. v. 4. Mai 1908
[Geb. 10. Mai 85 Berlin; Wohnort: Charlottenburg; Staatsangeh.: Preußen; Vorbildung: Joachimsthalsches Gymn. Berlin-Wilmersdorf Reife O. 03; Studium: Berlin 2, Heidelberg 1, Berlin 4 S.; Rig. 26. Jan. 07.]

Moszkowski, Walt., Bernh. Dernburg, s.a. Persönlichkeiten. I.

Bernhard Dernburg von Walter **Moszkowski**. Charlottenburg: Virgil-Verl. [1908]. (19 S.) 8°
= **Persönlichkeiten.** Illustr. Essays. Bd 1. 08. 5132

Mössler. Religion und Schule in Oesterreich. Wien 899.

MÖSZNER, MATTHIAS: Sicherer Wegweiser zum Himmelreich durch die uralte, reine, unverfälschte und wahre Glaubenslehre Pest 1796 - 8°

Moszyński, Geo., lettre ouverte à Monsieur le Comte Pierre Golénistchev-Koutousov au sujet de la liberté de conscience en Russie. gr. 8. (26 S.) Krakau 902. (Buchh. der poln. Verlagsgesellschaft.) n.n. 1. —

Mot. Un mot d'apologie en faveur du District allemand, ou Réponse aux reproches qui lui ont été faits, adressée au peuple fribourgeois et spécialement aux habitants du district attaqué. Par plusieurs députés allemands. Traduit de l'allemand. 8. *s. l.* 1842.

Mot. Un mot en réponse au Contre-Mémoire des imposés fribourgeois [du 15 avril 1850]. 8. (Fribourg [1850].)

Mot. Un mot sur Saint-Imier. 8. Berne 1850.

***Mot,* un, de verité. gr. 8. Wien. 796. Heubner. 4 ℛ**

MOTANABBI (= Motenebbi, Mutanabbi). — Proben der arabischen Dichtkunst in verliebten u. traurigen Gedichten, aus dem *Motanabbi*, Arabisch u. Deutsch, nebst Anmerkungen. Leipzig, gedr. 1765. (Auf Kosten d. Verf.) 4°. (5 Mk., gleichzeit. Hlrzbd., Carl Uebelen, München, 1892.)

Motau, Carl, Geschichte des kgl. preuß. 2. Pommerschen Feldartillerie-Regiments Nr. 17 u. s. Stamm-Batterien. Auf dienstl. Veranlassg. bearb. M. e. Bildniß Sr. Maj. d. Kaisers u. Königs u. 7 Skizzen in Steindr. gr. 8. (V, 124 S.) Berlin 897. E. S. Mittler & Sohn.
n. 4. —; geb. in Leinw. n.n. 5. 25

du Motay, Tessié, u. Andraud, die comprimirte Luft, siehe: **Andraud.**

Motchulski, Vict., Insectes de la Sibérie, s. Mémoires de l'Académie impériale.

Moteglek, Joseph

Moteglek, J., das rothe Sandsteingebilde zwischen dem Iser- u. rechten Elbufer am südl. Fusse d. Iser- u. Riesengebirges geognost. geschildert. M. 1 geognost. Charte. gr. 8. (3½ B.) Prag 829, Enders.

Motenebbi; der größte arabische Dichter, z. ersten Male übersetzt von Jos. v. Hammer. gr. 8. Wien 823. Heubner. 3 ℛ Velinp. 4 ℛ

Moter; od. die Stärke der Großmuth. Drama v. Böklin. 8. Frankf. u. Leipz. Bayrhöfer. 777.

Moter, Johann Christian (Hessen/Darmstadt), De emendatione juris Romani in quibusdam causis successionum. Disput. jur. Präs. Casp. Achat Beck. Jena (Fickelscherr) 10. IX. 1729. 40 S. (5.—) 23761

Trois motets pour Noël et les fêtes de la Sainte-Vierge, à 3 voix, notation ordinaire. In-8°, 4 p. Porrentruy, J. Gurtler. *1878.*

Motette, die altfranzösischen, der Bamberger Handschrift, hrsg. v. Alb. Stimming, s.a. Gesellschaft f. romanische Literatur. 13. Bd.

Die altfranzösischen **Motette** der Bamberger Handschrift nebst e. Anh., enth. altfranz. Motette aus anderen deutschen Hss., mit Anm. u. Glossar hrsg. von Albert Stimming. Dresden: Gesellsch. f. rom. Lit. 1906. (XXXVII, 229 S.) 8°
= **Gesellschaft** f. romanische Literatur. Bd 13. 07. 4884

Moth, Franz

— **Begründung eines eigenthümlichen Rechnungsmechanismus zur Bestimmung der reellen Wurzeln der Gleichungen m. numer. Coëfficienten,** s.a. Denkschriften der kais. Akademie der Wissenschaften. Mathematisch-naturwissenschaftl. Classe, I. Bd.

Moth Franz. Begründung eines eigentümlichen Rechnungsmechanismus zur Bestimmung der reellen Wurzeln der Gleichungen mit numerischen Koeffizienten. D I. I 165. vgr.
Separatabdruck

Moth, Franz, Lehrbuch der Algebra. Für den Gymnasial-Unterricht bearb. gr. 8. (XVI und 452 S. mit 1 Stnt. in Fol.) Linz 851(52,) Eurich und Sohn.

Moth, Frz., Sammlung von Formeln, Lehrsätzen und Aufgaben aus der Buchstabenrechnung und Algebra. I. Abthl. Lex.-8. Linz 843, Fink. 1⅙ ℛ

—— einige Worte über das Studium der Mathematik und über den ersten Unterricht in derselben. gr. 8. (12 S.) Linz 817, Haslinger.

Moth, Frz. Xav., s. Cauchy, A. L., über die Theorie des Lichtes.

— Entwickelung eines allgem. Gesetzes d. Umkehrung d. Funktionen, v. welchem das von Lagrange entdeckte, u. v. La Place verallgemeinerte Reversions-Theorem ein besonderer Fall ist. (Für die Abhandl. d. k. Böhm. Gesellsch. d. W.) gr. 8. Prag 829. Kronberger u. W. 9 ℛ

— die Lagrange'schen Relationen, u. ihre Anwendung z. Ableitung aller Gleichungen der sphärischen Trigonometrie gr. 4. Prag 829. Kronberger u. W.; (auch Mayr in Salzb.) 1 ℛ 8 ℛ

—— System d. analyt. Geometrie. 1. Bd. M. 3 lith. Taf. (Fol.) gr. 8. (30½ B.) Prag 830, (Kronberger u. Weber.)

Moth, (Frz. X.,) Theorie der Differenzial-Rechnung u. ihre Anwend. z. Auflös. d. Probleme der Rectification ꝛc. Mit 1 Steintaf. gr. 8. Prag 826, Kronberger u. W.

Moth, Frz. X., Theorie d. Differenzial-Rechnung u. ihre Anwend. z. Auflösung der Probleme d. Rectification ꝛc. Mit 1 Steint. gr. 8. Prag 827. Kronberger u. W. 1 ₰ 8 gl.

—— analyt. Untersuchungen üb. d. Fehler e. Mittagfernrohrs, u. Methoden, diese Fehler aus d. Beobachtn. zu bestimmen. gr. 8. (5 B. u. 1 Stndr.) Prag 831, (v. Mayregg.)
Aus d. „Abhandln. d. k. böhm. Gesellsch. d. Wissenschn.," abgedruckt.

Mothe, Cl. Chr. la, erbaul. Abh. v. d. Demuth, a. d. Engl. übers. 8. Leipz. (Meißner, Wolfenb. 729.

Mothe, M., Auswahl d. chirurg. Abhandlungen, s. Handbibliothek, chirurg., 11. Bd.

Moethe dictus Baeumer, T.: De delirio tremente. D. 8°. Gryphiswaldiae. 1863.

Motheau, Jean

— La defense du beau sexe contre Philippe ou les sept classes de bonnes femmes. Itzehoe. 1834. P.

MOTHEAU, JEAN, La Juliade ou les dames de l'Union. Itzehoe. 1832. P.

Mother, her little, s. Collection of British Authors.

Mother, his little, s.: Collection of british authors.

Motherby, R.

— english Exercices upon de different parts of speech by way of illustrating the rules of Etymology and Syntax and serving as key of the same work in German. 8. Königsb. 822. Unzer. 14 gl.

— Exercicien üb. d. Redetheile u. über die Wortfügung d. engl. Sprache. 8. Königsb. 822. Unzer. 18 gl.

Motherby, (R.,) Pocket Dictionary of the Scottish idiom etc. Taschenwörterbuch d. Schottischen Dialekts, mit Erklärung d. Wörter in engl. u. deutscher Sprache. gr. 12. Königsb. 826, Bornträger.

Motherby, R., Pocket-Dictionary of the Scottish Idiom. — Taschen-Wörterbuch d. Schott. Dialekts, mit d. Erklärn. d. Wörter in Engl. u. Deutscher Sprache, z. bessern Verständniß d. Werke v. Walter Scott, R. Burns, A. Ramsay u. a. Nebst e. Anh. 2., mit Nachträgen verm. Ausg. gr. 12. (13 B.) Königsberg 828, Gebr. Bornträger.
Die Nachträge (3 B.) apart, 8 Gr.

— s. da Porto, Geschichte.

Motherby, Robert (Königsberg/Preußen), De atresia punctorum lacrymalium. Diss. med. Berlin (A. Petsch) 7. IV. 1831. 31 S. mit Biogr. (3.50) 23762
Gew.: Wilhelm Motherby (Vater).

Motherby, Wlh., über die Kuhpocken-Impfung. 8. Königsb. 801.

(Motherby W.): Ueber Kuhpocken-Impfung. Königsb. 1801. 16 S. P.

Motherby, William: Über den Genuss des Pferdefleisches. Königsberg 1841. 22 S.

Motherby, William, über den Genuß des Pferdefleisches. Ein Wort an seine Landsleute. gr. 8. Königsberg 841, Gräfe und Unzer. 1/6 ₰

Motherby, Will., die Temperamente. Ein anthropolog. Versuch. gr. 8. (3 B.) Leipzig 843, Otto Wigand. *

Mothern [Schlagwort]

Mothern, s.: Preussen. Messtischblätter.

Motherwell's, William, Gedichte, deutsch von J. Heintze, s. Caledon.

(Mothes und Stieglitz.) Geschichte der Loge Minerva zu den drei Palmen im Or. Leipzig und Beschreibung ihrer Secularfeier am 20. März 5841. Leipzig, Vogel. 8. IV. 89 S.
Kloss 922. — Enthält die interessante Localgeschichte und von S. 47 ab Beschreibung der Säcularfeier mit Reden u. Gedichten. Die Geschichte ist abgedruckt Frmrztg. 1850. S. 246, 276, 285, 372 u. 391. Als Nachtrag erschien dazu: 5841—5851 Geschichtlicher Rückblick auf das jüngste Decennium der Loge M. z. d. 3 P. Leipzig. Leiner. 1851. 8. 21 S. verfasst von v. Keller.

Mothes, (Aug. Ludw.), der Ackerbau u. der Schutzzoll. [Aus d. Jahrg. 1848 der „Neuen Jahrbücher f. Geschichte u. Politik."] gr. 8. (15 S.) Leipzig 848, Hinrichs. n. 2 ngl.

Mothes, August Ludwig (Werdau/Sachsen), De interventione cambiali. Pars prima. Leipzig (Rückmann) 9. III. 1822. 20 S. (3.50) 23763
Gew.: Otto Rudolph von Vitzthum von Eckstaedt.

Mothes, A. L., üb. Veränderung des Münzfußes, mit besond. Rücksicht auf das Königr. Sachsen. 8. Leipz. 828. Kaysers B. 8 gl.

Mothes, Osc., die Basilikenform bei den Christen der ersten Jahrhunderte, ihre Vorbilder und ihre Entwickelung. Für Architekten, Kunsthistoriker und Geistliche. gr. 8. (X und 102 S. mit 1 Tab. in gr. Fol.) Leipzig 865, Arnoldische Buchh.

Mothes, O., Die Basilikenform bei den Christen der ersten Jahrhunderte, ihre Vorbilder und ihre Entwicklung. 2. Aufl. Leipzig 1867/68. 2 Bände 8°.

Mothes, Oscar. Die Basilikenform bei den Christen der ersten Jahrhunderte, ihre Vorbilder und ihre Entwickelung. Zweite Auflage. Leipzig 1869. 8°.

Mothes, O., Baugeschichte der St. Marienkirche zu Zwickau. gr. 16. (106 S.) Zwickau 885, (Konegen.) *
Aus: Zwickauer Tageblatt und Anzeiger, besonders abgedruckt.

Mothes, Osc., die **Baukunst** des Mittelalters in Italien von der ersten Entwickelung bis zu ihrer höchsten Blüthe. Mit ca. 200 (eingedr.) Holzschn. u. 6 Farbendruck-Taf. (In 4 Thln.) 1. u. 2. Thl. Lex.-8. (320 S.) Jena 882. Costenoble. à n. 8. —

— die Baukunst d. Mittelalters in Italien von der ersten Entwicklung bis zu ihrer höchsten Blüthe. Mit ca. 200 (eingedr.) Holzschn. u. 6 Farbendr.-Taf. 3—5. Thl. Lex.-8. (XII u. S. 321—828.) Jena 883. 84. Costenoble. n. 26. — (cplt.: n. 42. —)

—— s. Baulexikon, illustrirtes.

Mothes, Osc., illustrirtes Bau-Lexikon. Praktisches Hilfs- u. Nachschlagebuch im Gebiete des Hoch- u. Flachbaues, Land- u. Wasserbaues, Mühlen- u. Bergbaues ꝛc. Für Architekten u. Ingenieure, Baugewerken u. Bauherren ꝛc. 2., gänzlich umgearb. u. verm. Aufl. des allgemeinen deutschen Bauwörterbuchs. Mit über 1000 in den Text gedr. Abbildgn. (Holzschn.) 1—13. Liefg. Leipzig 863, 64. Spamer. Lex.-8. (1. Bd.: S. 1—672.) Jede Liefg. n. 8 ngr.

— illustrirtes Baulexikon. Praktisches Hilfs- u. Nachschlagebuch im Gebiete des Hoch- u. Flachbaues, Land- u. Wasserbaues, Mühlen- u. Bergbaues ꝛc. Für Architekten u. Ingenieure, Baugewerken u. Bauherrn ꝛc. 2., gänzlich umgearb. u. verm. Aufl. des allgemeinen deutschen Bauwörterbuches. Mit zahlreichen in den Text gedr. Abbild. (in Holzschn.) 14—36. Liefg. Leipzig 865—67. Spamer. Lex.-8. (1. Bd. VI u. S. 673—746, 2. Bd. 587 S. u. 3. Bd. VI, 562 S.) Jede Liefg. n. 8 ngr.
Ausg. in 3 Bdn. n. 9 ₰ 20 ngr.; geb. n. 12 ₰

Mothes, Osc., illustrirtes Baulexikon. Praktisches Hülfs- und Nachschlagebuch im Gebiete des Hoch- und Flachbaues, Land- und Wasserbaues, Mühlen- und Bergbaues ꝛc. Für Architekten und Ingenieure, Baugewerke und Bauherren ꝛc. 3. Aufl. (In 60 Heften.) 1.—42. Heft. Lex.-8. (1. Bd. IV, 570 S.; 2. Bd. 512 S.; 3. Bd. S. 1—356, mit eingedr. Holzschn.) Leipzig 872—75, Spamer. à Lfg. * 50 Pf. *

Mothes, Osc., illustrirtes Baulexikon. Praktisches Hülfs- und Nachschlagebuch im Gebiete des Hoch- und Flachbaues, Land- und Wasserbaues, Mühlen- und Bergbaues, sowie der mit dem Bauwesen in Verbindung stehenden Gewerbe, Künste und Wissenschaften. Für Architekten und Ingenieure, Baugewerke und Bauherren, Baubeflissene und Techniker, sowie für Archäologen, Kunstliebhaber und Sammler. 3. gänzlich umgearb. Aufl. 43.—60. (Schluß-)Heft. Lex.-8. (3. Bd. S. 357—490; 4. Bd. 408 S. mit eingedr. Holzschn.) Leipzig 876,77, Spamer. à Heft * 50 Pf. *
compl. in 4 Bdn. * M 31.; geb. *
1.—42. Heft. Ebendas. 1872—75. à * 50 Pf.

Mothes, Oskar. Illustrirtes Baulexikon. 2. Aufl. Leipzig u. Berlin 1863-67. 3 Thle (in 2 Bdn gbdn.) 8. — 3. Aufl. 1874-77. 2 Bde. 8. — 4. Aufl. 1881-84. 4 Bde. 8.

Mothes, Osk., allgemeines deutsches Bauwörterbuch. Encyklopädie der Baukunst. 1. Bd. (6 Liefgn.) u. 2. Bd. 1. u. 2. Liefg. Leipzig 857, 58. Matthes. gr. 8. (1. Bd.: IV, 476 S. u. 3 lith. u. Kpfrtaf.; 2. Bd.: S. 1—160. u. 1 Kpfrtaf. in 4.) Jede Liefg. n. 10 ngr.

— allgemeines deutsches Bauwörterbuch, d. i. Encyclopädie der Baukunst für Alle, die mit dem Hochbau, Flachbau, Bergbau, Maschinenbau ꝛc. zu thun haben. 2. Bd. 3—9. (letzte) Liefg. Leipzig 859. Matthes. gr. 8. (S. 161—725 u. 2 lith. Taf. in 4.) Jede Liefg. n. 10 ngr.

Mothes, Oskar: Allgem. deutsches Bauwörterbuch. 2. Aufl. 1863 ff., s. Baulexikon, Illustriertes.

— die Bewegung auf dem Gebiete des Kunstgewerbes. Ein Sendschreiben an Herrn A. v. Eye. [Aus: „Romberg's Zeitschrift f. prakt. Baukunst".] gr. 8. (46 S.) Berlin 878. Engelmann. n. — 80

Mothes: Dictionaire technologique ..., s. Rumpf

Mothes, Dr. O., Technological dictionary. English-German-French. Of the terms employed in the arts and sciences, architecture civil, military etc. With Preface by Dr. C. Karmarsch. Wiesbaden 1870. med. 8°.

—— s. Feierstunden, malerische.

Mothes, Osc., Geschichte der Baukunst und Bildhauerei Venedigs. (In 2 Bdn. oder 10—12 Lfgn.). 1. Lfg. Lex.-8. (1. Bd. S. 1—48 mit eingedr. Holzschn. und 1 Radirg.) Leipzig 856, Fr. Voigt. *

—— Geschichte der Baukunst und Bildhauerei Venedigs. 2—12. Lfg. gr. 8. Leipzig, Fr. Voigt. à Lfg. * 20 Ngr. *
Inhalt:
Bd. 1. Lfg. 2—6. Altchristliche Kunst und Mittelalter. (XV und S. 49—304 mit eingedr. Holzschn. und 5 Stahlst.) 857—59.
„ 2. 6 Lfgn. Kunst der neuern Zeit. (XV und 406 S. mit eingedr. Holzschn. und 1 Kpfrt.) 860.
1. Bd. 1. Lfg. Ebendas. 1856. * 20 Ngr.

— Handbuch f. Hausbesitzer u. Baulustige. Ein Rathgeber in allen Bau-, Rechts- u. Vermögensfragen d. Hausbesitzerstandes. gr. 8. (XVI, 300 S.) Leipzig-Reudnitz 883. Rühle. n. 4. —

Mothes, O., Handbuch f. Hausbesitzer und Baulustige. Ein Rathgeber in allen Bau-, Rechts- u. Vermögensfragen d. Hausbesitzerstandes. Neue Ausg. gr. 8. (VI, 300 S.) Leipzig 887. F. Freund. n. 4. —

Mothes, Osc., Handbuch d. evangelisch-christl. Kirchenbaues. Lex.-8. (VIII, 405 S. m. 59 Abb.) Leipzig 898. Chr. H. Tauchnitz. n. 12. —

—— s. Heim, unser, im Schmuck der Kunst.
Vgl.: Demmin, Aug., Handbuch der bildenden und gewerblichen Künste.

— evangelisch-kirchliche Kunst u. ihre Widersacher. Ein Schutz- u. Trutzwort. 8. (126 S.) Leipzig 889. Deichert Nachf. n. 1. 60

—— deutsches Kunstgewerbe und der Münchener Congreß. Ein Wort beim Schluß der Münchener Ausstellung. gr. 8. (68 S.) Leipzig 876, (Leiner.)
aus: Romberg's Zeitschrift für prakt. Baukunst, besonders abgedruckt.

Mothes O. Mappe zur Schule des Zeichners. (80 T Vorlegeblätter) Leipzig

Mothes, Osk., praktisches Rath- u. Hilfsbuch f. Baulustige u. Hausbesitzer. Ein unpartheiischer techn. Rathgeber bezüglich Bau, Unterhaltg. u. Reparatur, Taxirg., Kauf u. Beleihg. v. Gebäuden aller Art; prakt. Anleitg. zur Beurtheilg. u. Veranschlagg. v. Neubauten u. Reparatur-Arbeiten. Ferner enth. die Bestimmgn. d. Miethrechtes v. Gebäuden u. deren Räumen nach preuß. u. sächs. Rechte, Anleitg. zur Einrichtg. e. prakt. Buchführg. d. Hausbesitzers, sowie zur Anlage u. Erhaltg. e. Hausgartens. (Neue [Titel-]Ausg. d. „Handbuchs f. Hausbesitzer u. Baulustige".) 8. (XVI, 300 S.) Leipzig 892. G. Weigel. 3. —

—— L. Bergmann's Schule des Zeichners, s. Feierstunden, malerische.

—— illustrirtes archäologisches Wörterbuch der Kunst des germanischen Alterthums, des Mittelalters und der Renaissance, s. Müller, H. A.

— s.: Wörterbuch, technologisches.

Mothes, Rudolf, Dr. jur.: Die Beschlagnahme nach Wesen, Arten und Wirkungen. *Leipzig: Veit & Co. 1903.* (110 S.) 8°
Leipzig, Jur. Diss. v. 1903

Mothes, Rud., die Mängel des Mahnverfahrens. Ein Beitrag zur Zivilprozeßreform. (24 S.) gr. 8. Leipzig 908. Dieterich. — 50

— Kaufmänn. Rechtskunde. I. Wechselwesen, s. a. Sammlung Göschen.

Mothes, R., Kaufmännische Rechtskunde. I. Wechselwesen. (92 S.) kl. 8. Leipzig '08, G. J. Göschen. Geb. in Leinw. —. 80.
Sammlung Göschen, Bdchn. 103.

Wechselwesen von Dr. iur. Rudolf **Mothes**. Leipzig: Göschen 1908. 92 S. 8°
(Kaufmann. Rechtskunde. 1.)
(Sammlung Göschen. 103.) A 12.035 II

Möthig, Gttl. Fr.: De risus commodo et incommodo ..., s. A l b e r t i, M. [Praes.]

Mothis, Christiani [Pseud.], s. T h o d e s, Karsten

Mothon, Jos. Pius, das Leben des sel. Jordanus von Sachsen, zweiten Generals des Prediger-Ordens. Autoris. Uebersetzung aus dem Französ. 8. (XIX, 371 S.) Dülmen 888, Laumann'sche Verlagsh. *

Mothsche, Aug., d. Ahnung. Ein Roman aus Deutschlands großer Zeit. (349 S.) gr. 8. Leipzig 907. Verlag f. Literatur, Kunst u. Musik. 5.—; geb. n 6.—

Mothwurf, Arthur, Mannheim: Über Tritolylcarbinol. *München 1904: V. Höfling.* (38 S.) 8°
München, Phil. Diss. v. 1904

Mötje, Karl, prakt. Arzt in Werneck: Über das gleichzeitige Auftreten von Carcinomen in der weiblichen Brustdrüse. Würzburg 1906: Drescher u. Reichart. (31 S.) 8°
Würzburg, Med. Fak., Ref. Schönborn, Diss. v. 26. Sept. 1906
[Geb. 12. Febr. 77 Leuthe; Wohnort: Werneck; Staatsangeh.: Preußen; Vorbildung: Gymn. Linden Reife O. 96; Studium: Göttingen 6, Würzburg 7 S.; Coll. 25. Juli 06; Approb. 16. Juli 04.]

Motifs variés. (32 Taf.) gr. 8. Plauen (903). Ch. Stoll. In Mappe n. 12.—

Moetig, G. F.: De risus commodo et incommodo ..., s. A l b e r t i, Mich. [Praes.]

Motion der Abgeordneten Deffner u Probst, betreffend d. Freigebg d. Verhuttg u Ausfuhr d. Eisenerze u d. Besteuerung d. Bergbaues d. Privaten. 4° Stuttgart 1861

Motion des Herrn Grossrat [Curt] D e m m e betreffend Revision des Armenpolizeigesetzes und Errichtung einer Anstalt für Arbeitsunfähige oder beschränkt Arbeitsunf' [mit nachfolgender Discussion]. Aus den Verhandlungen des Grossen Rates des Kantons Bern [vom] 24. September 1902. 18 S. 8. Bern, Suter & Lierow, 1902.

Motion des députés de Fribourg au Conseil national. (Berne, le 5 décembre 1854.) 8. (Berne.)

Motion portée par devant la L. Diette des trois Ligues, relative à l'Addresse presentée ... à l'Assemblée Nationale ... s. V o r t r a g vor löbl. Bundstag .... 1790.

Motion, Die Mendesche, vor der zürcherischen Geistlichkeitssynode. Zürich 1886. V: *Mende, Adolph.* (Cat. d. Stadtbibl. Zürich. Zürich 1864—97.)

Motion des Abgeordneten Schwindelreich: „Es möge die hohe Kammer zu Protokoll erklären, daß der liebe Gott als Weltenkönig, sein Ministerium die sieben Erzengel und seine Weltregierung das Vertrauen des Volkes nicht mehr besitzen." 8. (16 S.) Frankfurt a. M. 849, Brönner.

(G e m e i n d e Bern.) Motionen und Interpellationen, welche vom Stadtrat noch nicht behandelt wurden. 12 S. 8. Bern, Ott & Bolliger, 1901.

Lang gewünschtes und nun gefundenes Motions-Instrument, wodurch der obere und untere Theil des Leibes zugleich kan beweget werden. ... Dessen Beschreibung, wie es soll verfertiget werden, u. Anweisung, wie es zu gebrauchen, ... von einem, der es aus eigener langer Erfahrung sehr gut befunden hat. Leipzig: Walther 1733. 8 S. 8

Motiv, Unser. Festschrift zum fünfzigjährigen Bestehen des akademischen Vereins Motiv . . . Berlin [1897]. V: *Winterstein, H.* (Berl)

Motiva, Fünffzig, Oder Bewegende Ursachen ... Warumb ... der alleinige Römisch-Catholische Glaub zu erwöhlen Und allen andern Glaubens-Bekantnussen vorzuziehen seye? ... O. O. 1716. V: *Bessel, Gottfried von.* (ZÜRKL)

Motiva. — Q u i n q u a g i n t a rom. - cath. fidem ... praeferendi motiva, s.a. B e s s e l, Gottfried

Motiva, Quinquaginta romano-catholicam fidem omnibus aliis praeferendi. Moguntiae 1708. V: *Bessel, Joh. Gg (Gottfried) von.* (Gla I, 2, 493) (WBL) 1732 (ADB)

Motiva, Quinquaginta, ad praeeligendam Catholicam Religionem ... Claudiopoli 1736. V: *Fasching, Franz.* H: *Szent-Ivany, Martin.* (Jes)

Motive f. d. Accidenzsatz aus d. Graphischen Beobachter. II.—VII. Serie. 4. (à 12 Taf. Leipzig, Verlag d. Graph. Beobachter. à n. 1.—
II. Jahrg. 1896. — III. u. IV. Jahrg. 1897.
V.—VII. 1897. 98.

Motive f. den Accidenzsatz aus dem Graphischen Beobachter. VIII.—XXI. Serie. 4. (à 12 Taf.) Leipzig (899—902). Verlag des Graph. Beobachters. à n. 1.—

(**Motive** zu den Anträgen der Majorität des holstein-lauenburgischen Ausschusses beim Bunde. Altonaer Wochenblatt. Den 19. Mai 1858. Nr. 40.) Fol.

M o t i v e, architektonische, für den A u s b a u und die Dekoration von Gebäuden aller Art nach beendetem Rohbau mit besond. Berücksicht. der Renaissance. Unter Mitwirkung von W. Lübke hrsg. von Karl Weissbach und E. Lottermoser. 6 Hefte. Fol. Mit 30 Stnt. in Schwarz- und Buntdr. und Text. Leipzig 868—71, Seemann. (Subscr.-Pr. à Heft *M. 2,50.; Ladenpr. à Heft *M. 3.) In Mappe. *

Motive (und Bemerkungen) zu dem Entwurfe eines S t r a f g e s e t z b u c h s für die Herzogthümer Schleswig-Holstein. (Kiel. 1849.) Bei: Entwurf eines Gesetzes betreffend die Gerichtsverfassung der Herzogthümer Schleswig-Holstein. 4°.

Motive zu dem Beschluß der Stadtverordneten in Elbing vom 4. Aug. 1836, das Elbinger Territorium betr. (Elbing 1840.)

Motive für Blumenzeichner. 1. und 2. Sammlung. (à 12 Stut., wovon 1 ill.) qu. 8. Leipzig 861, Ruhl. [1. Sammlung. * 10 Ngr., 2. * 12 Ngr.] *

Motive zu dem Entwurf einer deutschen Gemeindeschuldordnung. 2 Bde Nebst Anlageband. Berlin 1873

Motive zu dem Entwurf des Gesetzes, die Aufhebung der Grundsteuer-Befreiungen betreffend. gr. 4. (77 S.) Berlin 850, (Deckersche geheime Ober-Hofbuchdr.)

Motive zu dem Entwurf des Gesetzes, die Aufhebung d. Grundsteuer-Befreiungen betreffend. gr. 4. (77 S.) Berlin 851. (Decker.) 1/3 ₰

Motive zu dem Entwurfe eines Gesetzes über die Einrichtung des Reichsgerichts. o. O. [1849.] 4°.

Motive zu dem Entwurf eines Gesetzes, betreffend die Verfassung des Herzogthums Holstein. (Kopenhagen. 1858.) 4°.

Motive zu dem Entwurfe eines bürgerl. Gesetzbuches für das Deutsche Reich, s. a. Entwurf.

Motive zu dem Entwurfe eines Bürgerlichen Gesetzbuches für das Deutsche Reich. Amtliche Ausg. 6 Bde. Berlin, 1888.

Bd 1. Allgemeiner Teil. 595 S.
Bd 2. Recht der Schuldverhältnisse. 895 S
Bd 3. Sachenrecht. 869 S.
Bd 4. Familienrecht. 1274 S.
Bd 5. Erbrecht. 711 S.
Bd 6. Sachregister zu dem Entwurfe eines Bürgerlichen Gesetzbuches für das Deutsche Reich und den dazu herausgegebenen Motiven nebst Inhaltsübersicht über die fünf Bände der Motive. Bearb. von H Jatzow. 185 S.

Motive zu dem Entwurfe eines Bürgerlichen Gesetzbuches für das Deutsche Reich. Amtl. Ausg. Berlin und Leipzig: Guttentag 1888. Bd 1—5. [3 Ex.] je 5 Bde

Bd 1. Allgemeiner Theil.
„ 2. Recht der Schuldverhältnisse.
„ 3. Sachenrecht.
„ 4. Familienrecht.
„ 5. Erbrecht.

— zu dem Entwurfe einer Proceß-Ordnung in bürgerlichen Rechtsstreitigkeiten für das Großherzogthum Hessen, s. Entwurf ꝛc.

„Motive zu dem revidirten Entwurf des allgemeinen Bergrechts und der Instruction zur Verwaltung des Bergregals", Berlin 1835. — Vorh.: Preuß. Oberbergamt Dortmund — E. I. 56.

Motive zu dem revidirten Entwurfe der Gesetze über das Pfandrecht, das Verfahren der Hypothekenbehörden und die Rangordnung der Gläubiger in den Provinzen Starkenburg und Oberhessen und zu dem revidirten Entwurfe des Einführungsgesetzes. Darmstadt 855. (Jonghaus.) gr. 8. (3 Bl., 93 S.; 2 Bl., 18 S.; 2 Bl., 25, 9 S. und: Revid. mit einigen Abänderungen nochmals gedruckter Gesetzes-Entwurf, die Rangordnung der Gläubiger betr. 21 S.) n. 15 ngr

Motive zum revidirten Entwurfe des Ostpreußischen Provinzial-Rechts. Berlin 1836.

— zum Entwurf eines Strafgesetzbuches, s. a. Entwurf.

—— zum Entwurf des Strafgesetzbuchs für die preuß. Staaten und den damit verbundenen Gesetzen vom J. 1847. gr. 8. (126 S.) Berlin 848, (Deckersche geheime Ober-Hofbuchdr.) *

—— zum Entwurf des Strafgesetzbuchs für die preuß. Staaten. gr. 8. (72 S.) Berlin 851, Deckersche geheime Ober-Hofbuchdr.

—— dass. — Neuer unveränd. Abdr. gr. 8. (72 S.) Berlin 851, Th. Enslin. *

—— zu dem Entwurfe einer Strafprozeß-Ordnung. 8. Ebendas. 872. *

—— zu dem Entwurfe einer neuen Straf-Proceß-Ordnung für die nicht zur ungarischen Krone gehörigen Länder des österreich. Kaiserstaates. 4. Wien 868, k. k. Hof- und Staatsdruckerei. * 116 S.

„Motive zum Entwurf einer Wechselordnung für die preussischen Staaten, nach den Beschlüssen der Commission des königlichen Staatsraths", Berlin 1847. — Vorh.: Bibl. der Industrie- und Handelskammer Leipzig und Com. Bibl. Hamburg.

—— zur Führung der Zuchtregister im Königr. Sachsen und die Eintragung der Zuchtstuten in dasselbe durch den Landstallmeister. 8. (21 S.) Dresden 885, (v. Zahn und Jaensch.) *

Motive, Fünffzehen, Welche alle guthertzige Lutheraner ... sich mit der Römisch-Catholischen Kirche zu vereinigen ... bewegen könnten ... O. O. 1722. V: *Hannenberg, Gottfried.* (Jes) (Gla I, 2, 769) (Myl) (so)

Motive, Fünfzig. ... Mainz 1708. V: *Bessel, Joh. Gg (Gottfried) von.* (WBL)

— 50, zu einfachen christlichen Grab-Denkmälern in gothischem Stil. Zum prakt. Gebrauch f. Steinmetzen hrsg. v. der Goldkuhle'schen Kunstanstalt in Essen (Ruhr). Maßstab 1 : 10. schmal Fol. (61 Taf. m. 2 Bl. Text.) Berlin (900). Kanter & Mohr. In Leinw.-Mappe n. 20.—

Motive oder bewegende Ursachen und Betrachtungen, Fünfftzig, Mit wahrem Grund der rechten Vernunfft und des Glaubens kürtzlich verfasset ... Mayntz o. J. V: *Szent-Ivany, Martin.* (Jes)

Motive für Grabgitter, Brüstungen, Einfriedigungen in Schmiedeeisen. gr. 8. (32 Steintaf.) Dresden 880. C. E. Dietze. cart. n. 4. 50

Motive f. Grabgitter, Brüstungen, Einfriedigungen in Schmiede-Eisen. 32 Taf. (150 Sujets). 2. (Titel-)Ausg. 8. Dresden 893. C. E. Dietze. In Karton. n. 4. 50

Motive und Grundlinien einer allgemeinen Staats-Religion und sittlicher Weltgebote für das Jahrtausend. Breslau 1846. V: *Gross-Hoffinger, Anton Johann.* (Russell III, 705)

Motive und Grundlinien einer allgem. Staats-Religion und sittlichen Weltgebote für das Jahrtausend. gr. 8. Breslau 846. (Trewendt.) 1/2 ₰

Motive in Sachen Tatiana Leontieff. (Urteil des Assisenhofes des I. Geschwornenbezirkes des Kantons Bern [wegen] des Mordes, begangen ... am 1. September 1906 ... in Interlaken. Thun, den 28. März 1907.) 6 S. fol. [Bern, H. Jent, 1907.]

— malerische. 372 Momentaufnahmen aus Italien, Deutschland u. Belgien. Umfassend: Landschaft, Architektur, Wasser, Genre, Strassenscenen, Seebad u. a. m. Auf 18 Taf. (6 Taf. à 30 Bilder à 4×4 cm, 12 Taf. à 16 Bilder à 6×8 cm). qu. Fol. Charlottenburg 896. H. Schneider. In Mappe 10. —

— moderne, f. d. Kleinmusterung d. Gewebe. I.—III. Serie. Fol. (à 15 Taf.) Plauen 897. 98. Ch. Stoll. à Serie n. 9. —

Motive, moderne, f. die Kleinmusterung d. Gewebe. II. Serie. 1.—3. Lfg. Fol. (à 16 Lichtdr.-Taf.) Plauen, Ch. Stoll (902). à Lfg. n. 9. —
I. Serie. 3 Lfgn. Ebd. 897. 898. à n. 9. —.

Motive, moderne, f. die Kleinmusterung der Gewebe. III. u. IV. Serie. à 3 Lfgn. (à Lfg. 16 Lichtdr.-Taf.) Fol. Ebd. (903—906.) à Lfg. n. 9. —

Motive, morgenländische. Orig.-Teppiche, -Stoffe u. -Stickereien. I. u. II. Serie. (Mit Text v. E. W. Albrecht.) (à 20 farb. Taf. m. III u. IV S. Text.) 48,5×32,5 cm. Plauen (907. 08). Ch. Stoll. In Mappe à 36. —

— dasselbe. Orientalische Teppiche. III. Serie. (26 farb. Taf. u. II S. Text.) 49×33 cm. Ebd. (908). In Mappe 36. —

— dasselbe. IV. Serie. Original-Teppiche, -Stoffe u. -Stickereien. (20 farb. Taf. m. Titelbl. u. 1 Bl. Text.) 48,5×33 cm. Ebd. (909). In Mappe 36. —

— dasselbe. Orig.-Teppiche, -Stoffe u. -Stickereien. Abtlg.: Stickereien u. Stoffe. 27 farb. Taf. 48,5×32,5 cm. Ebd. (910). In Mappe 48. —

— dasselbe. Abtlg.: Teppiche. 33 farb. Taf. 48,5×32,5 cm. Ebd. (910). In Mappe 60. —

— neueste, zu Dessins f. Stickerei u. Druckerei nach Eisbildungen. (Von Bischof.) qu. hoch 4. (12 Lichtdr.-Taf.) Zürich 899. (M. Kreutzmann.) n. 8. —

Motive, Nürnberger. Sammlung architektonischer Einzelheiten vom Mittelalter bis Ende des 18. Jahrh. Her. v. W Biede. Bd 1 u 2. (Je 30 T) fol Nürnberg 1894-95

Motive zu dem Allerhöchsten Patent vom 17. Juni 1853, betreffend Postversendungen für das Herzogthum Holstein. Kopenhagen. 1853. 4°.

— prakt., f. d. Stickerei-Industrie. Jahrg. 1895/96. 72 Taf. gr. 4. Plauen 895. Ch. Stoll. Subskr.-Pr. n. 30. —

Motive zu den Programmen für das Zielschiessen, das Entfernungsschätzen und die Vorschriften über die Scheiben etc. der schweiz. Infanterie. 1901. (Als Manuskript gedruckt.) II + 30 S. 8. Bern, Stalder & Sieber.

Motive zu den Statuten des Pensionsvereins für Angestellte des Handels und der Industrie in Österreich. Wien 1882

Motive zu dem im Jahre 1832 herausgeg. Vorschlage zu einem Strafgesetzbuche für d. Königr. Norwegen. Auf Veranstaltung der Gesetzcommission, in Gemäßheit der Königl. gnädigsten Resolution vom 5. April 1834, aus d. Norweg. übers. von F. Thaulow. gr. 4. Christiania 835. (Leipzig, Brockhaus.) n. $3^1/_2$ ß — Vgl. Vorschlag zu e. Strafgesetzbuche.

Motive zu der provisorischen Wechselordnung für das Herzogthum Holstein vom 25. März 1853. Kopenhagen. 1853. 4°.

Motiven, Fünfzig, warum man nicht lutherisch werden soll. 1754. V: *Szentivany, Stephan.* (F. Nicolai, Beschreibung einer Reise 6/389) (biblport)

Motiven, specielle, zu dem Entwurfe eines bürgerlichen Gesetzbuchs für das Königr. Sachsen. 4. (530 S.) Dresden 852, Meinhold und Söhne. *

Motiven, specielle, und Publications-Verordnung zu dem Entwurfe eines bürgerlichen Gesetzbuchs für das Königr. Sachsen. (Landtags-Acten vom J. 1860/61. 1. Abthl. 3. Bd.) Lex.-8. (V und 369 S.) Dresden 861. (Meinhold und Söhne.) *

Motiven-Album f. moderne Handarbeiten. Hrsg. u. gesammelt v. der Handarbeitsabtheilung der „Wiener Mode". (18 farb. Taf. m. 4 S. Text) Fol. Wien (902). Berlin, H. Gnadenfeld & Co. In Mappe n. 6. —

Motiven-Bericht zu dem Beschluss der VII. General-Synode betreffend die Aufnahme der evangelisch-theologischen Facultät zu Wien in den Verband der Wiener Universität. Wien 1902. V: *Lösche, Gg.* (EB)

Motiven-Darstellung zu dem Entwurfe eines vollständigen neuen Strafgesetzes über Verbrechen und Vergehen ... [Wien 1863.] V: *Hye Freiherr von Glunek, Anton.* (EB)

Motivenschatz f. die graphischen Künste. 2 Sammlgn. Fol (à 40 Taf. m. 1 Bl. Text.) Wien 890. Thiel & Schkerl In Mappe. à n. 18. —
1. Sammlg. 2. Aufl.

Motivenschatz f. die graphischen Künste. 3. u. 4. Sammlg. Fol. (à 40 Taf., m. 1 Blatt Text.) Wien 891. 892. Thiel & Schkerl. In Mappe. à n. 18. —; auch in à 8 Lfgn. à n. 2. 25

Motivenschatz f. modernes Kunstschaffen. Studienblätter für Künstler, Kunstgewerbetreibende, Architekten u. Liebhaberkünste. 1. Hft. Fol. (8 [5 farb.] Taf.) Dresden 898. G. Kühtmann.
Für d. Serie v. 5 Hftn. Subskr.-Pr. à n. 2. 40; Einzelpr. à n. 3. 60

Motivenschatz f. modernes Kunstschaffen. Studienblätter f. Künstler, Kunst-Gewerbetreibende, Architekten u. Liebhaberkünste. 1. Serie. 5 Hfte. Fol. (24 [13 farb.] Taf.) Dresden 899. G. Kühtmann. In Mappe n. 12. —; Einzelpr. à Hft. n. 3. 60

Motivenschatz f. Schlosser. I.—V. Bd. 8. Dresden (910). G. Wolf. In Mappe à Bd. 3. —
I. Geländegitter, 60, m. ausführlicher Beschreibung u. Kostenberechnung. (41 Taf. m. 20 S. Text.)
II. Türen u. Tore. (47 Taf.)
III. Füllungs-Gitter, 67, m. ausführlicher Beschreibung u. Kostenberechnung. (24 Taf. m. 20 S. Text.)
IV. Balkon- u. Brüstungsgitter. (38 Taf.)
V. Treppengeländer. (38 Taf.)

Motivirung des Stadterweiterungsplanes *Wien. A. Pichler's Witwe et Sohn.* 10 S. 4°.

Motivierung der Verkehrs-Verhältnisse der berlin-hamburger Eisenbahn. Berlin 1842. V: *Oppert, G. Ferd.* (CBH)

Motley, John Lothrop

—— der Abfall der Niederlande und die Entstehung des holländischen Freistaats. Aus dem Engl. 3 Bde. Lex.-8. Dresden 857—60, Kuntze. [1. Bd. (XVI und 547 S.) 2. (IV und 490 S.) 3. (III und 510 S.) à Bd. * 3 Thlr.] *

—— dass. — Neue wohlf. (Titel-)Ausg. 3 Bde. Lex.-8. (XXIII und 1547 S.) Ebendas. (857—60)61. 62. *

Motley, John L., Briefwechsel. Aus dem Engl. übers. v. A. Eltze. Autoris. Ausg. 2 Bde. gr. 8. (395 u. 419 S.) Berlin 890. Janke. n. 12.—; geb. n.n. 15.—

Motley, John Lothrop, Briefwechsel. Aus dem Engl. übers. v. A. Eltze. 2., wohlf. (Titel-)Ausg. 2 Bde. gr. 8. (396 u. 479 S.) Berlin 892. O. Janke. n. 6.—; geb. n. 8.—

Motley, John Lothrop, the life and death of John of Barneveld, advocate of Holland; with a view of the primary causes and movements of the thirty year's war. 2 vols. With illustr. 8. (I.: XVI, 446 S.) Haag 874. Nijhoff. n. 14.—

Motley, John Lothrop, the rise of the Dutch Republic, s. Dürr's Collection of standard american authors.

Motloch, Rud., Geschichte und Zucht der Kladruber Race. 8. (XI, 92 S. mit 8 Taf. und 2 lithogr. Bildern.) Wien 886, Friedr. Beck. *

Motoharu, japanische Tuschzeichngn., s.: Mitzugoro.

Motor, der. Zeitschrift für Maschinentechnik, Eisen-Industrie u. verwandte Zweige. Rundschau f. Industrie u. Handel im Fache. 5. Jahrg. 1896. 26 Nrn. (à ca. 1 Bog.) gr. 4. Eupen, C. Braselmann. n. 6.—

— dasselbe. 6. Jahrg. 1897. 26 Nrn. (à ca. 1 Bog.) gr. 4. Ebd. Postfrei n. 3.—
Nur noch durch die Post zu beziehen.

Motora, Y., an essay on eastern philosophy. (32 S.) Lex.-8. Leipzig 905. R. Voigtländer. n. — 80

Berliner **Motor-Blatt**. Organ f. d. Interessen d. Berliner Autler u. Motorradler. Red.: Georg Rothgießer, Ingen. [Jg. 1.] 2, No 1. 2. [Mehr nicht erschienen.] Berlin: G. Rothgießer 1905–06. 2 Bde 4° [06. 6390

Das **Motorboot**. Offizielles Organ d. Deutschen Motorboot-Klubs. Jg. 3, No 1. (Berlin: G. Braunbeck 1906.) 4°
Früheres erschien in: Allgemeine Automobil-Zeitung. Jg. 5. 6. [06. 13709

Motorboot, das. Offizielles Organ des deutschen Motorboot-Klubs. Red.: Walth. Isendahl u. Ernst Garleb. Verantwortlich: Frdr. Bock. 3. Jahrg. April 1906—März 1907. 26 Nrn. (à ca. 48 S. m. Abbildgn.) 4. Berlin, Verein. Verlagsanstalt, G. Braunbeck u. Gutenberg-Druckerei. n. 12.—

Motorboot, das. Offizielles Organ d. deutschen Motoryacht-Verbandes, des kaiserl. Automobil-Clubs (Abt. Motorbootwesen), des Motor-Yacht-Clubs v. Deutschland usw. Red.: Walth. Isendahl u. Ernst Garleb. Verantwortlich: F. X. Möstl. 4.—7. Jahrg. 1907—1910. à 26 Nrn. (à ca. 24 S. m. Abb.) Lex. 8. Berlin, Vereinigte Verlagsanstalten G. Braunbeck & Gutenberg-Druckerei. à Jahrg. 12.—; geb. 15.—

Motorboot, das. Jetzt: Berlin, Klasing & Co.

Motorboote u. **Bootsmotoren**, s.a. Yacht-Bibliothek. III.

Motorboote und Bootsmotoren. Hrsg. von d. Redaktion d. Zeitschrift 'Die Yacht' unter Mitarb. u. Mitwirken ... mit über 50 Rissen, zahlr. Motoren- u. Detailzeichn. Berlin: Wedekind 1910. 388 S. 8°
(Yacht-Bibliothek. Bd 3.) [10. 8310

Motorboot-Kalender. Von M. H. Bauer, Spezial-Ingen. Jg. 1. Berlin: R. C. Schmidt & Co. 1908. 8° [08. 12302

Motorboot-Kalender 1909—1910 v. M. H. Bauer. II. Jahrg. Mit 3 Taf. u. 1 Karte der Wasserwege um Berlin. (218 S.) kl. 8. Berlin, R. C. Schmidt & Co. Geb. in Leinw. 3.—

Motorbootsport-Kalender 1910/11. Unter Mitwirkg. v. H. Harder u. anderer Fachleute hrsg. v. der Red. der Halbmonatschrift „Auto". III. Jahrg. Mit 3 Taf. u. 1 Karte d. Wasserwege um Berlin. (280 S. m. Abb., 1 Taf., 1 Tab. u. 2 [1 farb.] Karten.) kl. 8. Ebd. Geb. in Leinw. 3.—

Motorfahrer (Der). Zeitschrift f. Motorrad- und Automobilsport. seit 1885, wochentl. 4°. Berlin. 1912. jährl. M. 7.—

Der **Motorfahrer**. Zeitschrift f. Motorrad- u. Automobil-Sport. Off. Organ d. Deutschen Motorradfahrer-Vereinigung. Hrsg.: Zivilingen. Wolfgang Vogel. 1907, H. 1. Berlin-Glogau: C. Flemming 1907. 4°
[Bisher u. d. T.: Deutscher Motorradfahrer, aber nicht im Handel.] [06 11936

Motorfahrer, der. Zeitschr. f. Motorrad- u. Automobil-Sport. Offizielles Organ d. deutschen Motorradfahrer-Vereinigg. (E. V.) Hrsg. u. Red.: Wolfg. Vogel. Jahrg. 1907. 52 Nrn. (à ca. 16 S. m. Abb.) 31,5×25 cm. Berlin, C. Flemming. 7.—

Motorfahrzeug, das, u. seine Behandlung. Hrsg. von der Red. der Zeitschrift „Der Radmarkt". 8. (146 S. m. Abbildgn.) Bielefeld (900). E. Gundlach. 1. 80

Motorfahrzeug-Bibliothek. 1.—3. Bd. 8. Berlin. Charlottenburg, Phönix-Verlag. n. 10. 80; geb. n. 12. 90
1. Ankauf, Einrichtung u. Pflege des Motorzweirades. Von Wolfg. Vogel. 2. erweit. Aufl. (XIV, 178 S. m. Abb.) 905. n. 2. 85; kart. 3. 60
2. Ratschläge f. den Ankauf v. Motorfahrzeugen jeder Art. Von Wolfg. Vogel. (VIII, 97 S. m. Abbildgn.) 905. n. 3. 75; kart. 4. 50
3. Der Motorwagen u. seine Behandlung. Von Wolfg. Vogel. Mit vielen Abbildgn. (X, 193 S.) 906. n. 4. 20; geb. n. 4. 80; Luxusausg. n. 5. 40

Motorrad, Das. Halbmonatsschrift für die Gesamtinteressen der Motorradbranche. Dresden: F. Siksay 1899-(1902). 8°
Red. Otto Wentzel.

Motorrad, das. Illustrierte Zeitschrift f. die Gesamt-Interessen der Motor-Radfahrer u. techn. Organ zur Verbreitung des Motorrades. Red.: Rich. Koehlich. 1. Jahrg. Oktbr.—Dezbr. 1903. 7 Nrn. (à ca. 16 S.) hoch 4. Breslau (X, Matthiasstr. 29). P. Förster. n. 1.—

— dasselbe. 2. u. 3. Jahrg. 1904 u. 1905. à 26 Nrn. (à ca. 16 S.) hoch 4. Ebd. 1904 n. 2.—; 1905 n. 4.—

Motorwagen (Automobilen), s.a. Miniatur-Bibliothek.

Motorwagen, der. Zeitschrift d. mitteleurop. Motorwagen-Vereins. Hrsg. v. A. Klose. 1. Jahrg. 1898. 12 Hfte. (à ca. 2 Bog. m. Abb., graph. Taf. u. Lichtdr.) gr. 4. Berlin, Fischer's technolog. Verlag. n. 15.—; einz. Hfte. 1. 50

— der. Zeitschrift des mitteleuropäischen Motorwagen-Vereins. Hrsg.: A. Klose. Red.: Alb. Neuburger u. Rob. Conrad. 2.—4. Jahrg. 1899—1901. gr. 4 (IV, 232 u. 32 S. m. Abbildgn. u. 1 Taf.; VI, 392 u. 262 S. m. Abb. m. 10 Taf. u. VI, 323 u. 225 S. m. Abb.) Berlin, M. Krayn. à Jahrg. n. 16. —

— dasselbe. Zeitschrift f. Kraftfahrverkehr- u. Motorwagentechnik. Begründet von A. Klose. Red.: Alb. Neuburger u. Rob. Conrad. 5. Jahrg. 1902. 24 Hfte. gr. 4. (VIII, 376 u. 195 S. m. Abb.) Ebd. n. 16. —

Motorwagen, der. Zeitschrift f. Kraftfahrverkehr u. Motorwagentechnik. Red.: Rob. Conrad. 6. Jahrg. 1903. 24 Hefte. (à ca. 16 S. m. Abbildgn.) gr. 4. Berlin, M. Krayn. n. 16. —

— dasselbe. Zeitschrift für Automobil-Industrie u. Motorenbau. Automobiltechnische Zeitschrift. Organ der automobiltechn. Gesellschaft. Red.: Rob. Conrad. Für die Mitteilgn. aus der Industrie verantwortlich: Otto Speyer. 7.—9. Jahrg. 1904—1906. à 36 Hefte. (à ca. 16 S. m. Abbildgn. u. Taf.) gr. 4. Ebd. à Jhrg. n. 12. —
Die Zeitschrift f. Automobilen-Industrie wurde hiermit vereinigt.

Motorwagen, der. Zeitschrift f. Automobil-Industrie u. Motorenbau. Automobiltechn. Zeitschrift. Organ der automobiltechn. Gesellschaft, e. V., u. flugtechn. Gesellschaft. Red.: Rob. Conrad. Für die Mitteilgn. aus d. Industrie verantwortlich: Otto Speyer. 10.—13. Jahrg. 1907—1910. à 36 Hefte. (XVIII, 1170; XII, 983; XI, 937 u. XI, 862 S. m. Abb. u. 41, 38, 31 u 38 Taf.) 30,5×23,5 cm. Berlin, M. Krayn.
10. u. 11. Jahrg. à 12.—; 12. u. 13. Jahrg. à 16. —

Mitteleuropäischer **Motorwagen-Verein**. 1897–1907. (Berlin 1907: Paß & Garlieb.) (160 S.) 4°(8°) 08. 1310

Motrave, de la, Reisen, s. Mortrave.

Mots, quelques, sur l'attaque et la défense de Constantinople du côté de la terre par M. M. gr. 8. (24 S. m. 1 lith. Karte.) Konstantinopel 896. O. Keil. n. 1. 50

Mots, quelques, sur les communions occidentales à l'occasion d'un mandement de Mgr. l'Archevêque de Paris. Par un chrétien orthodoxe. Leipzig 855. Brockhaus. gr. 8. (IV, 92 S.) n. 12 ngr.

Mots. Quelques m' à mes concitoyens du Jura bernois en vue des élections du 5 mai 1850. 8. *s. l.*

Mots, encore quelques, d'un chrétien orthodoxe sur les confessions occidentales à l'occasion de plusieurs publications religieuses, latines et protestantes. Lex.-8. (VII und 110 S.) Leipzig 858, Brockhaus. *

Quelques mots sur le gouvernement actuel de la Pologne. Août 1833. Par un témoin oculaire. Leipzig 1833. 28 S. 8.

Mots, quelques, sur le Gouvernement actuel de la Pologne. Août 1833. Par un témoin oculaire. gr. in-8. Leipzig 833. Allgem. niederländ Buchh. 1/4 ℛ

Mots, quelques, inutiles aux bonnes mères, (par K. J. A. de Rennenkampff). 8. Riga 816.

Mots. Quelques m' sur les propriétés et les effets des eaux salines de Tarasp-Schuls.... 8. Coire 1864.

Mots, quelques, sur la question financière en Russie par J.... P.......l. gr. 8. (18 S.) Leipzig 864, Bergson-Sonenberg.

Mots. Quelques m' en réponse au Réveil après le rêve. 8. Fribourg 1856.

Mots. Quelques m' d'un Vaudois sur la Correspondance et autres pièces secrètes, premier Cahier. 8. *s. l.* [1815].

Motschi. † P. Carl M', Abt von Beinwil-Mariastein.... Rixheim 1900 *s.* [Fashauer, P. Ludwig].

Motschi, Eduard. Die Bacillariaceen von Freiburg und Umgebung. 8. Freiburg ⟨Schweiz⟩, Gebrüder Fragnière, 1907.

Ausg. A: Diss. Math.-Naturw. Freiburg in der Schweiz. [Mit 1 Karte und 1 Tafel.] (Sonderabdruck aus den Mitteilungen der naturforschenden Gesellschaft in Fr' ⟨Sch'⟩. Botanik, Band 2, Heft 5. 1907.) 162 [+ 2] S. Freib' ... 1907.

Ausg. B: (Contribution à l'étude de la flore cryptogamique fribourgeoise. .. mit 1 Karte und 1 Tafel.) II S. + S. 81—240. Freib' ... (*Umschlag:* Fribourg, Fragn' Frères,) 1907. (fr. 2.80.) — (Mémoires de la Société fribourgeoise des Sciences naturelles... .) Botanique. Vol. 2. Fasc. 5... .

Motschin, Sarra, aus Uman (Russland): Ueber Tuberkulose im ersten Lebensjahre. ⟨Aus dem Kinderspital Zürich. (Innere Abteilung.)⟩ Zürich 1910. 39 S. 8°. [8. VI. 10.]
Zürich. Univ. Med. Diss. 1909/10.

Motschin, Sarra. Ueber Tuberkulose im ersten Lebensjahre. Aus dem Kinderspital Zürich. ⟨Innere Abteilung.⟩ Diss. Med. Univ. Zürich. 39 S. 8. Zürich, Schereschewsky, 1910.

Motschmann, A., Doctrinam de temporum consecutione ap. Cic. quam nuper exposuit Hugo Liefven „Die consecutio temporum des Cicero, Riga 1872" exemplis ex oratt. Cic. depromptis veram esse demonstr. Diss. 1875. 48 S. 7.50

Motschmann, Ant. Beitrag zur deutschen Satzlehre. 19 S.
Progr. Rsch. *Coburg* 1880.

Motschmann, Herm., Fibel für den ersten Lese- und Schreibunterricht. 2., verm. und verb. Aufl. gr. 8. (117 S., wovon 32 lithogr.) Hildburghausen 864, Kesselring'sche Hofbuchh. *
geb.

Motschmann, Herm., Fibel für den ersten Lese- und Schreibunterricht. 3., verm. und verb. Aufl. gr. 8. (118 S. mit eingedr. Holzschn.) Hildburghausen 869, Gadow und Sohn. *

Motschmann, Rechenbuch für Stadt- und Landschulen, s. Barnikol.

Motschmann, Herm., die deutsche Rechtschreibung. Oder: Regeln der Rechtschreibung nebst Beispielen und Uebungsaufgaben für Schule und Haus. 8. (32 S.) Meiningen 854, (v. Eye.) *

Motschmann, Herm., die deutsche Rechtschreibung. Oder: Regeln der Rechtschreibung nebst Beispielen und Uebungsaufgaben für Schule und Haus. 2. Aufl. 8. (IV und 37 S.) Meiningen 860, Brückner und Renner. *

Motschmann, Jo. Georg Theod. (Erfurt), De cessione bonorum liberis a parentibus adhuc vivis facta. Diss. jur. Präs. Rud. Christoph Henne. Erfurt (Hering) 25. I. 1758. 24 S. (4.—) 23764

— — Dasselbe. Erfurt (Hering) 25. I. 1758. 24 S. (5.—) 23765
Widm. v.: Rud. Christoph Henne, A. E. Völcker (dtsch.), Joh. Friedrich Motschmann (dtsch.), Johann Balthasar Gottlieb Raupp (dtsch.), Heinr. Aug. Franck, H. E. Rumpel (dtsch.), Christian Adolph Fischer (Oppon.), J. C. R. (Vetter, dtsch.).

— Jo. Philipp (Lauterburg/Franken), Diatribe Academica de multitudine librorum. Präs. Jo. Schufner. Jena (Nise) 29. XII. 1702. 40 S. (5.—) 23766

Motschmann, Iust. Chph., Erfordia literata. 6 Thl. u. Fortf. 8. Erfurt. 729—33.

Motschmann, Richard, med. pract. von Zürich: Mitteilung aus der Kranken- und Diakonissenanstalt Neumünster (Zürich). Kasuistische Beiträge zur Kenntnis der Osteomalacie unter besonderer Berücksichtigung der Deformitäten der Wirbelsäule und des Sternums. [Mit 2 Tafeln.] Wiesbaden 1906. IV + 30 S. 8°. S.-A. a. d. Archiv f. Orthopädie, Mechanotherapie u. Unfallchirurgie. Bd. 4. Heft 3. [23. IV. 06.]
Zürich. Med. Diss. 1905/1906.

Motschmann, Richard. Kasuistische Beiträge zur Kenntnis der Osteomalacie, unter besonderer Berücksichtigung der Deformitäten der Wirbelsäule und des Sternums. Diss. Med. Univ. Zürich. [Mit 2 Tafeln.] (Separatabdruck aus dem «Archiv für Orthopädie, Mechanotherapie und Unfallchirurgie», Bd. 4, Heft 3.) *Kopftitel:* Mitteilung aus der Kranken- und Diakonissenanstalt Neumünster ⟨Zürich⟩. IV + 29 S. gr.-8. Wiesbaden, J. F. Bergmann, 1906.

Motschmann, Wilhelm: Die Charaktere bei Lysias. München 1905: F. X. Seitz. (58 S.) 8°
München, Phil. Fak., Ref. Crusius, Diss. v. 31. März 1905
[Geb. 11. Dez. 79 Ansbach; Wohnort: Treuchtlingen; Staatsangeh.: Bayern; Vorbildung: Gymn. Ansbach Reife Juli 98; Studium: München 8 S.; Rig. 18. Febr. 04.]

v. Motschulsky, Vict., Antwort an Gebler auf einige seiner Bemerkungen, siehe: Bulletin de la société Imp. des naturalistes de Moscou, tome XXI, 1. partie.

— kritische Beurtheilungen von Erichsons Naturgeschichte der Insecten Deutschlands, s.: Bulletin de la société Imp. des naturalistes de Moscou, tome XXI, 1. partie; tome XXIII, 1. partie; tome XXIV, 2. partie.

— Coléoptères reçus d'un voyage de M. Handschuh dans le midi de l'Espagne, siehe: Bulletin de la société Imp. des naturalistes de Moscou, tome XXII, 2. partie.

— enumeration de nouv. espèces de Coléoptères, siehe: Bulletin de la société Imp. des naturalistes de Moscou, tome XXIV, 2. partie.

Motschulsky, Vict. de, Études entomologiques. 7—10. Année. gr. 8. Dresden. Leipzig, Voss. [7. Jahrg. 858. ** 1 Thlr. 10 Ngr., 8. Jahrg. 859. ** 1 Thlr. 14 Ngr., 9. Jahrg. 860. ** 16 Ngr., 10. Jahrg. 861. ** 8 Ngr.] **
Année 1—3. 1853,54. Ebendas. * 1 Thlr. 26 Ngr., 4—6. 1855—57. ** 1 Thlr. 26 Ngr.

Motschulsky, Vict. de, études entomologiques. 10. Année. Dresden 861. (Leipzig, Voss.) gr. 8. (24 S.) nn. 8 ngr.

— note sur deux arraignées vénineuses de la Russie, siehe: Bulletin de la société Imp. des naturalistes de Moscou, tome XXII, 1. partie.

— note sur Glycia virgata m. et le genre Blechrus m., siehe: Bulletin de la société Impér. des naturalistes de Moscou, tome XXI, 1. partie.

Motschulsky, Victor v., die coleopterologischen Verhältnisse und die Käfer Russlands. gr. 8. (IV und 232 S. mit 8 Tab. in 4. und Fol. und 1 lithogr. Karte in gr. Fol.) Moscau 846, 50. (Leipzig, Voss.) **

Vier Vorlesungen aus der allgemeinen Pathologie des Nervensystems geh. vor d. R. Coll. of Physicians of London Juni 1900 von Frederick W[alker] **Mott.** Übers. von Dr. Wallach. Mit e. Vorw. von Prof. Dr. L[udwig] Edinger. Mit 59 Fig. *Wiesbaden: J. F. Bergmann 1902.* (VI, 112 S.) 4°(8°)
[02. 8165

Mott, Frederick W., vier Vorlesungen aus der allgemeinen Pathologie des Nervensystems, geh. vor dem Royal college of physicians of London am 19., 21., 26. u. 28. VI. 1900. Übers. v. Wallach. Mit e. Vorwort v. L. Edinger. gr. 8. (VII, 112 S. m. 59 Fig.) Wiesbaden 902. J. F. Bergmann. n. 2. 80

Mott, Jacob Heinrich Robert (Birmingham)
De morbis cordis.
[Hat nur handschriftlich vorgelegen.]
Dr. med. Giessen 12.12.1844.

Mott, John R., die Evangelisation der Welt in dieser Generation. Autoris. Übersetzg. v. Gräfin Elisab. Groeben. gr. 8. (116 S.) Berlin (901). Verlag der deutschen Orient-Mission. n. 1. —; geb. in Leinw. n. 1. 50

Mott, John R., wandle vor Mir. Winke zur Gewinnung e. festen Glaubensstandes. Rechtmäßige Verdeutschung. (168 S.) gr. 16. Stuttgart 904. D. Gundert. n. 1. —; geb. m. Goldschn. n. 1. 60

Mott, John R., wandle vor Mir. Winke zur Gewinng. e festen Glaubensstandes. 2. verm. Aufl. (174 S.) 16 Stuttgart (909). D. Gundert. 1. —

Mott, Owen E., aus London: Ueber Benzylmalonhydrazid. *Heidelberg 1900 [vielm. 1901]: E. Geisendörfer.* (32 S.) 8°
Heidelberg, Naturw.-math. Diss. v. 1901

Mott-Smith, Morton C., a. Honolulu ⟨Amerika⟩: Metageometrische Raumtheorien. Eine philos. Untersuchung. Halle a. S. 1907: C. A. Kaemmerer & Co. (VI, 243 S.) 8°
Halle, Phil. Fak., Ref. Ebbinghaus, Diss. v. 23. Okt. 1907
[Geb. 26. Nov. 77 Honolulu (Hawaiische Inseln); Wohnort: Halle a. S.; Staatsangeh.: Vereinigte Staaten; Vorbildung: Massach. Inst. of Techn. Boston B. Sc. 00; Studium: Columbia Univ. New-York 2, Berlin 2, Halle 7 S.; Rig. 17. Mai 07.]

Motta, Emil, Versuch einer Gotthardbahn-Literatur [1844—1882]. gr. 8. (76 S.) Basel 882, Georg. *
Aus: Bibliographie und literar. Chronik der Schweiz, besonders abgedruckt.

Motta, Emilio, Bibliografia storica ticinese. Materiale raccolto. gr. 8. (VIII, 152 S.) Zurich 878, Herzog's Verlagsh. *

Motta, José Vianna da, zur Einführg. in Richard Wagner's Bühnenweihfestspiel Parsifal. Übersicht d. Sagenstoffes, Geschichte d. Entstehung des Dramas, Erläuterg. d. Dichtg. gr. 8. (23 S.) Bayreuth 897. Niehrenheim & Bayerlein. — 60

Motta, J. Vianna da- Nachtrag zu Studien bei Hans von Bülow s. Pfeiffer, Theod.

— Nachtrag zu Studien bei Hans v. Bülow v. Theodor Pfeiffer. 8. (VIII, 84 S.) Leipzig 896. F. Luckhardt. Sep.-Cto. n. 2. —

Motta, J. Vianna da, Nachtrag zu Studien bei Hans v. Bülow v. Theodor Pfeiffer. (Neue [Titel-]Ausg.) (VIII, 84 S.) 8. Leipzig 908. Hildburghausen, Thüringische Verlags-Anstalt. Geb. in Leinw. 2. 50

[F.] Geschichte des Königlich Preussischen 2. Pommerschen Feldartillerie-Regiments Nr. 17 u. s. Stamm-Batterien. Auf dienstl. Veranlassg bearb. v. Carl **Mottau,** Hauptmann ... im 2. Pomm. Feldart.-Regimt Nr. 17. M. 1 Bildn. Sr Maj. d. Kais. u. Kön. u. 7 Skizzen in Steindr. *Berlin: E. S. Mittler & S. 1897.* (3 Bl., 124 S., 1 Portr., 1 Tab., 7 Ktn.) 1 Bd 8.
[98. 614

Motte, de la, Abhandl. d. Chirurgie, a. d. Frz. v. Huth. 4 Thle. gr. 8. Nürnb. Grattenauer. 762, 63.

— Discours v. d. Homer, m. Anm. v. Wagner. 8. Magdeburg. 718.

— v. d. Krankheiten schwanger. und gebähr. Weibspers. übers. v. J. Gf. Scheid, 2 Thle. 4. Straßb. Beck. 732—734.

Motte, de la, scala divini amoris. Mystischer Traktat in provenzal. Sprache aus dem 14. Jahrh. gr. 8. (XVIII, 21 S.) Halle 902. M. Niemeyer. n. 1. 20

de la Motte, (ehemal. Officier) Baron, Spanien. Uebersicht der polit., bürgerl. u. religiösen Verhältnisse, der Verwaltung, der Industrie u. des Handels, der geograph. Beschaffenheit, u. der Geschichte der Halbinsel, nebst einer ausführl. Beschreibung des jezigen Kriegsschauplatzes. Uebersetzt u. mit einer histor. Uebersicht der neuesten Ereignisse in Spanien versehen von Dr. E. Brinckmeier. Mit 1 (ill.) Charte von Spanien. gr. 8. Braunschweig 836. G. C. E. Meyer sen. n. 1 ℳ

Motte, Antoine Houdard de la, Einige Fabeln verdeutscht
durch B. H. Brockes
siehe Barthold Heinrich Brockes,
Irdisches Vergnügen in Gott, Hamburg (1721)

Motte, Houdart de la, neue Fabeln, a. d. Franz. in deutsche Verse übers. m. K. 4. Breslau, W. G. Korn. 756.

Motte, Guillaume Mauquest de la

s.a. La Motte, Guillaume Mauquest de

de la Motte, Mauquest, vollständ. Abhandl. von der Chirurgie; aus d. Französ. v. G. L. Huth. 4 Thle. gr. 8. Nürnb. 762, 63. Grattenauer. (Eichhorn). 2 ℳ 16 ℊ

MOTTE, HERMANN DE LA. Untersuchungen über die Zuckersäure. Halle, 1878.

Motte, Houdart de la, s. Motte, Antoine Houdard de la

Motte, Gräfin Valois de la, Denkwürdigk., von ihr selbst z. Vertheid. d. Halsbandgesch. geschr. a. d. Engl. 8. Braunschweig, Vieweg. 789.

— mémoires justicatifs. II part. av. fig. 8. Par. (Fleischer, Lips.) 789.

— — les mêmes. II Vol. 8. Berne, Haller.

— Rechtfertigung, s. Rechtfertigung.

Motte, Vital, aus Morlanwelz: Scala divini amoris, mystischer Traktat in provenzalischer Sprache aus dem 14. Jahrhundert. (Hrsg.) *Halle a. S. 1902: E. Karras.* (XVIII, 21 S.) 8°
Halle, Phil. Diss. v. 1902

Motte Fouqué, s. Fouqué.

Motte-Fouqué, de la (Hrsg.), s. Frauentaschenbuch f. d. Jahr ...

de la Motte-Fouqué, F. Der Königl. Preussische General der Infanterie Ernst F. W. Ph. v. Ruchel. Militärische Biographie. 2 Thle. (29 B.) 8. Berlin 1828. 7,00.

de La Motte-Fouqué, K. Frdr. Geschichte der Jungfrau von Orléans. Nach dem Französ. des H. v. Lebrun de Charmettes. 2 Bde. 8. Berlin 1826.

Friedrich, Baron de la Motte Fouqué, der Held des Nordens. 3 Bde. 8. Berlin 1810.

Motte Fouquet, de la, mémoires av. sa correspond. av. Frédér. II. 2 Vols. 8. Berl. Lagarde. 788. Rthlr.
Holl. Pap.

Der Mord August's von Kotzebue. Freundes Ruf an Deutschlands Jugend v. Friedrich Baron de la Motte Fouqué. Berlin. 1819. 8°.

Karol. Baronin de la Motte Fouqué: d. Frauen in d. grossen Welt; Bildungsb. b. Eintr. in d. gesell. Leben. *Berl.*, Schlesinger. B. 826. 8° 1 ℳ 8 ℊ

De la Motte Fouqué, Caroline, Über deutsche Geselligkeit in Antwort auf das Urtheil der Frau von Staël. Berlin 1814. 8. . . . . (D.)

Motte-Fouqué, Marie de la, vom Leben am preußischen Hofe, s.: Rochow, Caroline v.

Mottek, Adf., Festspiel f. Odd-Fellow-Logen. 12. (16 S.) Schneidemühl 899. A. Mottek. n. 1.—

— Israels Sendung. Ein Festspiel. 12. (13 S.) Ebd. 898. n. —80; geb. n. 1.25

Mottek, Louis, Apotheker aus Berlin: Ueber die Einwirkung von Aethoxylphosphorchlorür auf secundäre aliphatische Amine. *Rostock 1903: C. Hinstorff.* (51 S.) 8°
Rostock, Phil. Diss. v. [27. Febr.] 1903

Mottek, Siegbert, aus Posen: Beiträge zur Kenntnis der kondensierenden Wirkung organischer Amine. *Heidelberg 1902: J. Hörning.* (46 S.) 8°
Heidelberg, Naturw.-math. Diss. v. 1902

Motteler, Julius, Die Frauen- u. Kinderarbeit vor dem deutschen Reichstag. Reden, geh. in den Sitzungen am 8. u. 9. Mai 1878. 8°. Leipzig, Höhne, 1878.

Motteler, Julius, Ueber die Kinderarbeit in den Fabriken. 8°. Crimmitschau 1872.

Möttelli, Heinrich. Im Kampfe wider die Armut. Vortrag gehalten an der Generalversammlung des Armen-Erziehungsvereins des Bezirks Aargau [*d. i.* Aarau]. 16 S. 8. [Aarau, Buchdr. des «Aargauer Tagblatt», 1902.]

Mötteli, J(ean). Bilder aus Turbenthals Vergangenheit. Ein Beitrag zur Ortsgeschichte, mit Berücksichtigung der umliegenden Landesteile. Mit Illustrationen [und 2 Tafeln]. ([Sep.-Ausg. aus dem Feuilleton des] «Tössthaler» [Jahrg. 1904].) 147 S. 8. Turbenthal. Verlag des Männervereins (Buchdr. Rob. Furrer's Erben), 1904. [fr. 2. —]

Motten [Sachliches OW]

Motten und Rost. Eine schöne, aus dem Leben gegriffene Erzählung. Frei aus dem Engl. 8. (356 S.) Cleveland, O. 875. (Philadelphia, Schäfer und Koradi.) geb. *

Motten- u. Wanzen-Vertilger, der, nebst beste Mittel wider Ratten, Mäuse, Ameisen, Schnecken, Fliegen, Wespen, Mücken etc. 2e sehr verb. Aufl. 8. Quedl. 826, Ernst.

Motten- u. Wanzen-Vertilger, der, nebst besten Mitteln wider Ratten u. Mäuse etc. 3., verm. u. verb. Aufl. 8. (7 B.) Quedlinburg 829, Ernst.

Motten- u. Wanzen-Vertilger, der, nebst besten Mitteln wider Ratten u. Mäuse etc., nebst Anweis., wie Sperlinge v. Gartenbeeten etc. am sichersten abzuhalten sind. Ein Buch f. jede Haushaltung. 3., sehr verb. u. verm. Aufl. 8. (6½ B.) Quedlinburg 840, Ernst'sche Buchh.

— Wanzen-, Fliegen- u. Mücken-Vertilger, der, nebst d. bewährtesten Mitteln wider Flöhe, Schwaben, Milben etc. 8. Quedlinb. 826. Basse. 6 ℊ

Motten [Schlagwort]

Motten, s.: Bayern. Karte.

MOTTER, Narciss ((Tenna/Italien): De abusu venaesectionis. (Titel nach der Urkunde) 15.6.1872 - Urk; F 73; Chr 1871/72,20
Diss. Ingolst.-Landsh.-Mchn.

MOTTES, Friedrich (Regensburg): De resectione cranii. (Titel nach der Urkunde)
31.7.1858 – Urk; F 72; Chr 1858/59,15
Diss. Ingolst.-Landsh.-Mchn.

Mottet, P., nouvel essai d'une thérapeutique indigène ou études analytiques et comparatives de phytologie médicale indig. et de phytologie médicale exotique. gr. 8. (812 S.) Paris 852. (Leipzig, T. O. Weigel.) n. 2⅔ ₰

Mottet-grand, voyez Grandmottet.

de Motteville, ..., mémoires pour servir à l'histoire d'Anne d'Autriche. VI Vols. 12. Mastr. 782. (Kupferberg in Mainz). 2 ₰ 20 ℊ

Motti, *Pietro*, chiave, s.: Sauer e Ferrari, grammatica tedesca.

Motti, **Pietro**, Italian conversation-grammar, s.: Sauer Carl Marquard.

— Russian conversation-grammar for general use. With an appendix for tradesmen, travellers, army and navy officers. gr. 8. (XII, 387 S.) Heidelberg 890. J. Groos. geb. n. 5. —; key. (III, 42 S.) cart. n. 1. 60

— Russian conversation-grammar. 2. ed. improved and enlarged. (Method Gaspey-Otto-Sauer.) gr. 8. (VIII, 359 S. m. 2 Karten.) Heidelberg 901. J. Groos. Geb. in Leinw. n. 6. —; key. (48 S.) Kart. n. 1. 60

— Russian conversation grammar. (Method Gaspey-Otto-Sauer.) 3. ed. improved and enlarged. (VIII, 372 S. m. 2 Karten.) 8. Heidelberg 908. J. Groos. Geb. in Leinw. 6.—; key. (107 S.) Kart. 1. 60

Motti, Pietro, conversations italiennes. Nouvelle guide méthodique pour apprendre à parler italien. gr. 8. (VI, 172 S.) Heidelberg 897. J. Groos. Geb. in Leinw. n. 1. 80

— Conversations italiennes. Nouveau guide methodique pour appendre à parler italien. (Méthode Gaspey-Otto-Sauer.) 2. éd. (IV, 172 S.) 8. Ebd. 910. Geb. in Leinw. 1. 80

Motti, Pietro, conversazioni tedesche ossia guida metodica al parlar tedesco. gr. 8. (VIII, 158 S.) Heidelberg 891. J. Groos. Geb. in Leinw. n. 1. 80

— Conversazioni tedesche ossia guida metodica al parlar tedesco. (Metodo Gaspey-Otto-Sauer.) 2. ed. interamente rifatta da Romeo Lovera. (VIII, 128 S.) gr. 8. Heidelberg 904. J. Groos. Geb. in Leinw. n. 1. 80

— Italian dialogues. An aid to practical conversation. gr. 8. (VI, 172 S.) Ebd. 897. Geb. in Leinw. n. 1. 80

— italien. Gespräche, s.: Sauer, C. M.

— petite grammaire italienne. gr. 8. (VIII, 112 S.) Ebd. 891. Geb. in Leinw. n. 1. 60

— Petite grammaire italienne. (Méthode Gaspey-Otto-Sauer.) 2. éd. revue et considérablement augmentée. gr. 8. (VI, 161 S.) Heidelberg 899. J. Groos. Geb. in Leinw. n. 2. —

— petite grammaire italienne. (Méthode Gaspey-Otto-Sauer.) 3. éd. revue et considérablement augmentée. (VII, 172 S. m. 1 Karte u. 1 Plan.) gr. 8. Heidelberg 903. J. Groos. Geb. in Leinw. n. 2. —

— Petite grammaire italienne. (Méthode Gaspey-Otto-Sauer.) 4. éd. revue et nouvellement augmentée. (VII, 182 S. m. 1 Karte.) 8. Ebd. 907. Geb. in Lw. 2. —

— Petite grammaire russe. gr. 8. (III, 143 S.) Ebd. 898. Geb. in Leinw. n. 2. —; Corrigé des thèmes (27 S.) Kart. n. — 80

— petite grammaire russe. 2. éd., revue et augmentée. (Méthode Gaspey-Otto-Sauer.) (VII, 186 S. m. 2 Karten.) 8. Ebd. 906. Geb. in Leinw. n. 2. —; corrigé des thèmes. 2. éd. (55 S.) Kart. n. 2. —

— elementary Italian grammar. 8. (VIII, 141 S.) Ebd. 894. Geb. in Leinw. n. 2. —

— Elementary Italian grammar. (Method Gaspey-Otto-Sauer.) 2. ed. gr. 8. (VIII, 158 S. m. 1 Karte u. 1 Plan.) Heidelberg 901. J. Groos. Geb. in Leinw. n. 2. —

— Elementary Italian grammar. (Method Gaspey-Otto-Sauer.) 3. ed. (VIII, 168 S. m. 1 Karte u. 1 Plan.) 8. Ebd. 907. Geb. in Leinw. 2. —

— elementary Russian grammar. With an appendix: useful words, dialogues and reading exercises. gr. 8. (IV, 104 S.) Ebd. 890. geb. n. 2. —; key. (15 S.) cart. n. — 60

— Elementary Russian grammar. With an appendix: useful words, dialogues and reading exercises. gr. 8. (IV, 104 S.) Ebd. 890. geb. * 2 —; key. (15 S.) cart. * — 60

— Elementary Russian grammar. 2. ed. improved and enlarged. (Method Gaspey-Otto-Sauer.) gr. 8. (VIII, 152 S. m. 2 Karten.) Ebd. 901. Geb. in Leinw. n. 2. —; key. (15 S.) Kart. n. — 80

— Grammatica elementare della lingua francese, scritta secondo il metodo del C. M. Sauer. (Metodo Gaspey-Otto-Sauer.) 2. ed. emendata ed accresciuta. gr. 8. (VIII, 190 S.) Ebd. 898. Geb. in Leinw. n. 2. —

— Grammatica elementare della lingua francese. (Metodo Gaspey-Otto-Sauer.) 3. ed. Emendata ed accresciuta. (VIII, 195 S. m. 1 Karte u. 1 Plan.) gr. 8. Ebd. 904. Geb. in Leinw. n. 2. —

— Grammatica elementare della lingua francese. (Metodo Gaspey-Otto-Sauer.) 4. ed. emendata ed accresciuta. (VIII, 218 S. m. 2 Karten.) 8. Ebd. 909. Geb. in Leinw. 2. —

— Grammatica elementare della lingua tedesca, s.: Otto, Emil.

Motti, Pietro, grammatica francese della lingua parlata dettata secondo il metodo del Prof. C. M. Sauer. Con un'appendice pei commercianti, per gl'industriali e per gli aspiranti al diploma. gr. 8. (VIII, 375 S.) Heidelberg 887, J. Groos. geb. *

Motti, Pietro, grammatica della lingua francese con temi, letture e dialoghi. (Metodo Gaspey-Otto-Sauer.) 2. ed. Corretta e in gran parta rifatta. gr. 8. (XII, 389 S.) Heidelberg 899. J. Groos. Geb. in Leinw. n. 3. 60; chiave. (55 S.) Kart. n. 1. 60

— Grammatica della lingua francese con temi, letture e dialoghi. (Metodo Gaspey-Otto-Sauer.) 3. ed., corretta e in parte nuovamente rifatta. (XI, 404 S. m. 1 Karte u. 1 Plan.) 8. Ebd. 908. Geb. in Leinw. 3. 60; chiave. 2. ed., migliorata e corretta. (60 S.) Kart. 1. 60

— Grammatica della lingua russa con temi, letture e dialoghi. (Metodo Gaspey-Otto-Sauer.) VIII, 388 S. m. 2 Karten.) 8. Ebd. 905. Geb. in Leinw. n. 5. —; chiave (IV, 115 S.) 904. Kart. n. 2. —

— Grammatica della lingua tedesca, s.: Sauer, C. M.

— Grammatica tedesca, s.: Sauer, C. M.

Mottl, Pietro, grammatica tedesca della lingua parlata, s.: Sauer, C. M.

— Letture tedesche, s.: Otto, Emil.

— kleine russische Sprachlehre. gr. 8. (III, 143 S.) Ebd. 898. Geb. in Leinw. n. 2. —; Schlüssel (27 S.) Kart. n. — 80

— kleine russische Sprachlehre. 2. verb. u. bedeut. verm. Aufl. (Methode Gaspey-Otto-Sauer.) (VIII, 183 S. m. 2 Karten.) 8. Heidelberg 904. J. Groos. Geb. in Leinw. n. 2. —; Schlüssel. (55 S.) Kart. n. — 80

Mottier, David M., s.: Studien, cytologische, aus d. Bonner botan. Institut.

Mottier, David *Myers* [aus Bloomington, Ind., U. S. A.]: Ueber das Verhalten der Kerne bei der Entwicklung des Embryosacks und die Vorgänge bei der Befruchtung ... Bonn, Univ.-Buchdr. v. C. Georgi, 1897; [nur Titelbl., Vita u. Thesen.] 2 Bl. 8. [vgl. d. folg. Nummer.]
Bonn, Phil. Fak., Inaug.-Diss. v. 7. Juli 1897
(Nicht für den Austausch)

Mottier, David *Myers* [aus Bloomington, Ind., U. S. A.]: Ueber das Verhalten der Kerne bei der Entwickelung des Embryosacks und die Vorgänge bei der Befruchtung ... (Aus: Jahrb. f. wiss. Bot., Bd. XXXI.) Berlin, Gebr. Borntraeger, 1897; 1 Bl., 34 S., 2 Bl., 2 Taf. 8. [vgl. d. vorherg. Nummer.]
Bonn, Phil. Fak., Inaug.-Diss. v. 7. Juli 1897

Mottin, s.de la ***Balme.***

Mottin de la Balme. Elémens de tactique pour la cavalerie. (Mit Pl.) Drèsde 1783. 300 S.

Mottin de la Balme. Grundsätze der Taktik für die Cavallerie. Aus dem Französischen übersetzt von L. S. v. Brenkenhof. 8. Dresden 1783.

Mottl, Fel., Fürst u. Sänger. Oper in 1 Aufzug. Die Dichtg. ist nach Idee u. Plan des Komponisten in Versen ausgeführt v. J. V. Widmann. Textbuch. 8. (31 S.) Berlin (893). A. Fürstner. n. — 50

Pan im Busch. Ein Tanzspiel von **Otto Julius Bierbaum**. Mit Musik von Felix Mottl. Buchschmuck von Peter Behrens. *Berlin: Schuster & Loeffler (1900).* (44 S.) 8° [F.] (oo. 8388

Streichquartett ⟨Fis moll⟩ von **Felix Mottl**. Partitur. *Wien & Leipzig: A. J. Gutmann (1901).* (49 S.) 4° [F.] (e4. 1174

Mottl, Jak., detaillierter Lehrgang für das Freihand-Zeichnen in der 2., 3., 4. und 5. Classe der Volks- und Bürgerschulen. 4 Hefte. 4. Wiener-Neustadt 882, Lentner.

Inhalt:

Heft. 1.	2. Schuljahr.	(6 Stnt.)	* 60 Pf.
» 2.	3. Schuljahr.	(12 Stnt.)	* 80 Pf.
» 3.	4. Schuljahr.	(13 Stnt.)	* 90 Pf.
» 4.	5. Schuljahr.	(14 Stnt.)	* M 1.

Mottl, Karl, bewährte Gewinn-Methoden aus Monte-Carlo. Roulette u. Trente-et-Quarante. 1. Bd. Die Methode der Spiel-Blätter. Eine Methode f. die einfachen Chancen, m. 6 Progressions-Tafeln, 256 Marchen, beziehungsweise 128 Spiel-Blättern u. deren Gebrauchs-Anweisg. (30 S.) Wien 901. Budapest, F. Kilián's Nachf. 8. —; erm. Pr. n. 2. —

— dasselbe. Roulette u. Trente-et-Quarante. I. Bd., II. Bd. 2 Tle. u. III. Bd. gr. 8. Nizza 903. (L. Groß.) n. 32. —
I. Die Nummern-Methode. Die Methode der Voisins-Nummern. Mit 5 Voisins-Taf., 2 Progressions-Taf., 7 Uebungs-Beispielen, Nummern-Permanenzen sammt bezeichneten Treffern u. Muster-Beispielen (Schema) zur Buchführg. üb. das Gewinn- u. Verlust-Conto. (78 S.) 8. —
II. 1. Die Serien-Methode. I. Thl.: Die Sprung-Methode. Mit 1 Sprung-Taf., 26 Progressions-Taf., 2 Uebungs-Beispielen, 4 Partien aus Monte-Carlo, 8 Muster-Beispielen (Schema) zur Notirg. der Einsätze u. Buchführg. üb. das Gewinn- u. Verlust-Conto. (63 S.) 8. —
2. Dasselbe. 2. Thl.: Die Gagnante. Mit 12 Progressions-Taf., 4 Uebungs-Beispielen u. 2 Muster-Beispielen (Schema) zur Notirg. der Einsätze u. Buchführg. üb. das Gewinn- u. Verlust-Conto. (63 S.) 8. —
III. Die Intermittenzen-Methode. Mit 12 Progressions-Taf., 4 Uebungs-Beispielen u. 2 Musterbeispielen (Schema) zur Notirg. der Einsätze u. Buchführg. üb. das Gewinn- u. Verlust-Conto. (67 S.) 8. —

— ist es möglich in Monte-Carlo dauernd zu gewinnen? Mit 3 Taf., enth. das Gewinn- u. Verlust-Conto auf Noir-Rouge u. Couleur-Inverse aus den J. 1899, 1900, 1901. (12 S.) schmal Lex.-8. Nizza 902. Budapest, F. Kilián's Nachf. 2. 40; erm. Pr. n. 2. —

— authentische Permanenzen v. der Roulette u. von Trente-et-Quarante aus Monte-Carlo. Unentbehrliche Permanenzen-Sammlg. f. jedermann, der in Monte-Carlo sein Geld nicht sinnlos vergeuden, sondern m. seinem Capitale wirthschaften u. m. demselben dauernd verdienen will. 1. Bd. 1899, 1900, 1901. Mit 3 Taf., enth. das Gewinn- u. Verlust-Conto auf Noir-Rouge u. Couleur-Inverse aus den J. 1899, 1900, 1901. Selbstgespielte u. selbstnotirte Permanenzen. (272 S.) schmal Lex.-8. Ebd. 902. Geb. in Leinw. n. 16. —; erm. Pr. n. 10. —

— 16 ganze Tage Trente-et-Quarente aus Monte-Carlo. Ergänzungsheft zum 1. Bd. der „Authent. Permanenzen" v. der Roulette u. v. Trente-et-Quarante aus Monte-Carlo. Mit 6 Taf. graph. Darstellgn. v. Gewinn u. Verlust auf Noir-Rouge u. Couleur-Inverse durch 500 aufeinanderfolg. Taillen hindurch. (143 S.) schmal Lex. 8. Ebd. 902. Geb. in Leinw. n. 16. —; erm. Pr. n. 10. —

Mottl, Wendelin, Die Grundlagen und die neuesten Fortschritte der Zuschneidekunst für Fachschulen als auch zum Selbstunterrichte. Mit 345 Original-Zeichnungen. Prag 1893. Selbstverlag. (Min.-Erl. v. 15. September 1893, Z. 16090.) Gebunden 2.50

Mottl, Wendelin, die Grundlagen u. die neuesten Fortschritte der Zuschneidekunst. Theoretische u. prakt. Lehre aller Herren- u. Knaben-Kleider, Damen-Jaquets u. Reitkleider, Livréen, sowie österreich. u. deutscher Uniformen f. Militär, Beamte u. Hofchargen etc. Für Fachschulen als auch zum Selbstunterricht verf., gezeichnet u. hrsg. Mit 345 Orig.-Zeichngn. 8. (335 S.) Prag 893. W. Mottl. Geb. n. 5. —

Mottl, Wendelin, Die Grundlagen und die neuesten Fortschritte der Zuschneidekunst. Für Fachschulen als auch zum Selbstunterrichte. Mit 365 Original-Zeichnungen. 3., neu bearbeitete Auflage. Prag 1895. Selbstverlag. (Min.-Erl. vom 29. Mai 1895, Z. 11425.) Gebunden 2.50

Mottl, Wendelin, d. Grundlagen u. d. neuesten Fortschritte d. Zuschneidekunst. Theoret. u. prakt. Lehre aller Herren- u. Damenkleider, Damen-Jaquets u. Reitkleider, Livréen, sow. österreich. u. deutscher Uniformen f. Militär, Beamte u. Hofchargen etc. Für Fachschulen als auch z. Selbstunterr. M. 365 Orig.-Zeichngn. 3., neu bearb. Aufl. 8. (380 S. m. Bildnis.) Prag (Jungmannsgasse 33, II) 895. Selbstverlag. Geb. in Leinw. n.n. 6. —

Mottl, Wendelin, die Grundlagen u. die neuesten Fortschritte der Zuschneidekunst, Vereinfachg. der Massmethode u. die Aufstellg. der Achsel nach der Rückenhöhe. Theoretische u. prakt. Lehre aller Herren- u. Knabenkleider, Damen-Jaquets u. Reitkleider, Livréen, sowie österreich. u. deutscher Uniformen f. Militär, Beamte u. Hofchargen, ferner Amtstrachten f. Justizbeamte u. Geistliche. Für Fachschulen als auch zum Selbstunterricht verf., gezeichnet u. hrsg. Mit 405 Orig.-Zeichngn. 7. Aufl. gr. 8. (416 S. m. Bildnis.) Prag, Selbstverlag. (Durch K. F. Koehler in Leipzig.) Geb. in Leinw. n. 7. —

Mottl, Wendelin, die Grundlagen u. die neuesten Fortschritte der Zuschneidekunst. Vereinfachung der Massmethode u. die Aufstellg. der Achsel nach der Rückenhöhe. Theoretische u. prakt. Zuschneidelehre aller Herren- u. Knabenkleider, Livréen, sowie österreich. u. deutscher Uniformen f. Militär, Beamte u. Hofchargen, ferner Amtstrachten f. Justizbeamte u. Geistliche. Für Fachschulen als auch zum Selbstunterricht verf., gezeichnet u. hrsg. 11. Aufl. Mit 375 Orig.-Zeichngn. (469 S.) 8. Dresden (910). Expedition der europ. Modenzeitg. Geb. in Leinw. 7. 50

— d. Vereinfachg. d. Massmethode u. d. Aufstellg. d. Achsel nach d. Rückenhöhe, nebst mehrf. Ergänzgn. zu Mottl's Lehrbuch „D. Grundlagen u. Fortschritte d. Zuschneidekunst". Zum Selbstunterr. f. Herren-Kleidermacher. M. 62 Orig.-Zeichngn. 8. (III, 92 S.) Ebd. 895. Geb. in Leinw. n.n. 2. —

Motto der Maschinenbauer: Einer für Alle, Alle für Einen. Druck von C. Jahncke. 1 Bl. Fol.
Flugblatt. Berlin, 17. April 1848.

Motto-Batterie, die gefährliche. Oder: Specielle Abfertigung zweier intimen Freunde u. kecken Vertheidiger des lebendigtodten Rationalismus. gr. 8. (5½ B.) Magdeburg 843, Falckenberg u. Comp. *

Mottola, S., La langue française à l'usage des Etrangers. 8°. (156 S.) Kronstadt: Zeidner 1904. K 2.—, geb. K 2.50

Mottola, S., nouvelle méthode rapide-attrayante-graduée de langue française à l'usage des étrangers. Méthode très facile, progressive et pratique permettant de parler et d'écrire le français en quelques mois seulement. (159 S. m. 1 Schrifttaf.) gr. 8. Brassó (Kronstadt) 904. H. Zeidner. n. 1. 80; geb. in Leinw. n. 2. 25

v. Mottonce, der betrogene Betrüger; Nachspl. 8. Leipz. 797. Köhler. 4 gl.

Mottony, Felix v., milchwirtschaftliche Untersuchungen, den Möllthaler Rindviehschlag betr. Mitteilungen aus der Stammzucht v. Möllthaler Rindvieh in Wernberg. gr. 8. (21 S.) Wien 883. (Frick.) n. — 80

Mottraye, ſ. ***Lamottraye.***

Mottu, F. A. Regierungsbezirk Coblenz. Cöln. 1 Bl. c. L.

M(otty), J. B., Leitfaden d. Botanik u. Einleitung üb. d. Nöthige was bei Prüfungen d. Reife v. Gymnasial-Zöglingen in d. Naturgesch. geford. wird. Nebst e. Pflanzen-Verzeichnisse, nach d. Linnéischen System, mit poln. Terminologie. gr. 8. (6 B. u. 4 Stnt.) Posen 830, [Gebr. Scherk.] Thlr. *

Motty, (J. B.,) Précis de l'histoire de la littérature française, depuis son origine jusqu'à nos jours. gr. 8. Posen 825, Munk.

Motty, M.: Über die Bedeutung der Realschulbildung. (Rede) Posen 1867.
Schul-/Univ.-Schrift

Motty, M. Die Satiren des Horaz in polnischer metrischer Uebersetzung. 27 S.
Posen, M. G., Progr. 1853

Motty, Marcellus (geb. Posen 1818): De Fauno et Fauna sive bona dea eiusque mysteriis. Berolini (1840). (68 S.) 8°
Berlin, Phil. Diss. v. 21. Juli 1840

Motulsky, Leo, a. Fischhausen, Referendar am kgl. Landgericht zu Braunsberg: Der Begriff der Frucht nach römischem Rechte und dem bürgerlichen Gesetzbuche. Königsberg in Pr. 1907: L. Beerwald. (VI, 66 S.) [F. u. A.]
Erlangen, Jur. Fak., Ref. Siber, Diss. v. 31. Jan. 1907
[Geb. 14. April 83 Fischhausen; Wohnort: Braunsberg; Staatsangeh.: Preußen; Vorbildung: Kneiphöf. Gymn. Königsberg Reife O. 01; Studium: Königsberg 6, München 1 S.; Rig. 23. Nov. 06.]

Motus Planetarum superiorum, qui secundum Tychonis Hypothesin singulis suis periodis per Lineas spirales contingunt, exempli loco in primo Seculi XVIII. triente Geometrice exhibiti a J. G. Doppelmajero Mathem. P. P. Opera J. B. Homanni. Noribergae 1723? 1 Bl.

Motus in coelo spirales, quos Planetae inferiores Venus et Mercurius secundum Tychonicorum hypothesin exhibent pro exemplo ad annum Christi praecipue 1712 et 1715, geometrice descripti a J. Gabr. Doppelmajero Math. P. P. opera J. B. Homanni. Noribergae 1723?

Motylewski, Sigm., über Pentanthrenderivate. (51 S.) gr. 8. Lemberg 904. (Gubrynowicz & Schmidt.) n. 3. —

Motz, D., Verfassungs-Urkunde des Bremischen Freistaats. Ein unmaßgeblicher Vorschlag. Lex. 8. (23 S.) Bremen 848, Schünemann. 1/6 ₰

Motz, Ernst: Über Darminvaginationen. *Leipzig (1898): A. Edelmann.* (53 S.) 8°
Leipzig, Med. Diss. v. 18. Juli 1898

Motz, E[ugen], Prof.: Mathematische Aufgaben der evangelischen und katholischen Konkurs-Prüfungen 1891—1903. Stuttgart 1904: J. B. Metzler. (61 S.) 8°
Esslingen, k. G P 1904 (684)

Motz, Friedrich, Hütteningenieur aus Eisenhammer-Kutzdorf: Über die Bestimmung des Phosphors im Eisen und in Eisenerzen. *Leipzig 1901: E. Glausch.* (65 S.) 8°
Leipzig, Phil. Diss. v. [10. Juli] 1901

Motz, Friedr.

Motz, F., e. Brief an Joh. Chr. Reinhart v. Thekla Podleska, | ſ.: Schriften d. Vereins f. Meiningische Geschichte u. Landeskunde.
— Herzog Karl v. Sachsen-Meiningen u. A. L. Schlözer, |

Motz, *Friedrich* Josua Stegmann. Abt. 1. 4 (S. 3—16). **Progr.** G. Bernhardinum *Meiningen* 1888 (661

Motz, Friedr. Chrstn. Ado. v.

v. Motz, Fr. Chr. Ad.; Königl. Preuß. Geheim. Staats- u. Finanz-Minister, Ritter d. rothen Adlerordens 1r Klasse ꝛc. Eine Biographie. Nebst e. (sauber lithogr.) Portrait u. einem Fac-simile (in gr. 4.) 8. Erfurt 832. (Keyser'sche B.) Subscr.-Pr. 22 gl. Velinp. 1 ₰ 8 gl.

Motz, Friedr. Chrstn. Ado. v., Königl. Preuß. Geh. Staats- u. Finanz-Minister, Ritter ꝛc. Eine Biographie. Nebst 1 Portr. u. 1 Fac-simile (gr. 4.). 8. (18 B.) Erfurt 832, (Winkler.) 22 Gr., Vlnp.

Motz, H., Lessings Bedeutung f. das deutsche Drama. s.a. Vorträge, öffentliche.

MMotz H. Lessing's Bedeutung für das deutsche Drama. (Vortr. Öff. 12) Basel 1872

MMotz, H., Lessings Bedeutung für das deutsche Drama. 8. Basel, Schweighauserische Vlgshdl. 1872. 1. 20

Motz, H., Compendium der homöopathischen Therapie. Nach der 10. Aufl. v. Johnson's therapeutic key. 12. (IX, 392 S.) Bonn 886. Strauss. geb. n. 7. 50

(B) Motz, H., homöopathische Therapie. 886. (KBL 26.) Jetzt: Leipzig, Dr. W. Schwabe. Erm. Pr. 4.—

Motz, Heinrich. [von Bützow, Mecklenburg-Schwerin]: Ueber die Empfindung der Naturschönheit bei den Alten. Leipz. S. Hirzel 1865. 1 Bl., 131 S. 8°.
[Zürich. Phil. Diss. v. 4. März 1865].

— **Heinrich Christian** (Bremen/Sachsen), Selecta capita doctrinae de cura bonorum absentis. Diss. jur. Marburg (J. Bayrhoffer) Sept. 1785. 46 S. (5.—) 23768

MMotz, Herm., alphabetischer Güter-Frachten-Tarif für Berlin. Ein Nachschlagebuch für Fabrikanten, Kaufleute und Spediteure. Nach amtl. Quellen bearb. und hrsg. gr. 8. (120 S.) Mannheim 887. (Berlin, Dobberke und Schleiermacher.) *

MMoz, J.F.W. (Bearb.), s. Aesop: Fabeln.

MMotz, J. L. v., Messung d. Linien, Flächen u. Winkel ohne Instrumente, f. Officiere im Felde. 8. (1¾ B. incl. 1 Steindr.) Schleswig 833. (Berlin, Plahn.)

MMoz, Jh. Fr. Wlh. (Übers)., s. Cebes: Gemälde ...

— s. Cicero, Briefe — Rede f. d. Milo — Rede f. d. Archias — Paradora — vom Alter — von d. Freundschaft.

— (Hrsg.), s. Epictetus: Moralisches Handbuch.

— (Hrsg.), s.a. Kern- und Kraftstellen über wichtige Gegenstände ...

MMotz, J. F. W., Kern- u. Kraftstellen üb. wicht. Gegenst. a. Luthers Schr. ges. gr. 8. Leipz. Mittler. 804.

MMotz, Jh. Fr. Wlh., Leben, Meinungen u. Schicksale Dr. Mart. Luthers, größtentheils mit dessen eigenen Worten. Mit Kpf 8. Halle 796. Gebauer. 1 ℳ 9 ℊ

— (Übers.), s. Palaephatus: Von unglaublichen Begebenheiten.

— **Jo. Friedr. Wilh.**, De ratione literas Latinas docendi. Prolusio qua ad audiendam oratiunculam in memoriam Jo. Ernst Henfling. Meiningen (Hartmann) 13. III. (1806.) 12 S. (3.50) 23770

— **Justin Eckhard** (Kassel / Hessen), De eo quod justum est circa damna invita ex ignorantia. Diss. jur. Präs. Georg Adam Struve. Jena (J. Nise) Okt. 1674. (6.—) 23771
Widm. v.: Georg Adam Struve, Ernst Friedrich Schröter, Johann-Volk. Bechmann, Adrian Beier.

— — Dasselbe. Jena Okt. Rec. 1717. 54 S. (6.—) 23772

Motz, Karl [aus Esslingen]: Die Resection resp. Amputation des Mastdarms bei Carcinom mit einem Fall nach der Heineke'schen Methode operirt. . . . Esslingen, L. Harburger'sche Buchdr., 1890; 31 S. 8°
Erlangen, Med. Fak., Inaug.-Diss. v. 1890

1. (und) 2. Ansicht von Segeberg. Nach d. Nat. u. auf Stein v. L. von Motz. Lübeck. o. J. 2 Bl. Fol.

Aussicht über einen Theil des Selenter Sees. Nach der Natur v. L. von Motz und auf Stein gez. v. Siegfried Bendixen. o. O. u. J. Lithogr., schwarz. 1 Bl. Fol., 58/75 cm.

Eutin. Nach der Natur gez. v. L. von Motz und auf Stein v. S. Bendixen. Hamb. Steindruck. o. J. 1 Bl. Fol., 55/71 cm.

Pancker. Nach der Natur v. L. von Motz und auf Stein gez. v. Siegfried Bendixen. Hamb. Steindruck. 1822. 1 Bl. Fol., 55/71 cm.

Motz, Oskar, aus Hildburghausen: A. H. Niemeyer in seinem Verhältnisse zu Kant. *Mühlhausen i. Thür. 1902: Danner.* (60 S.) 8° [F. u. Ant.]
Leipzig, Phil. Diss. v. [7. Apr.] 1902

Motz, Paulus, Gedichte in henneberger Mundart. 16. (V und 88 S.) Gotha 853, Klett.

Motz, Paulus, Gedichte in Henneberger Mundart. 3 Hefte. 16. Saalfeld 879, Wiedemann'sche Buchh. [1. Heft. 2. Aufl. (90 S.); 2. Heft. 3. Aufl. (98 S.); 3. Heft. Uhsterglöcklich. (VIII, 103 S.)] à Heft * ℳ 1. *

Motz, P., Jokes-Aepfel. Gedichte in Henneberger Mundart. (1. Bdchn.) Gotha 853. (Mehlis,) Klett. 16. (V, 88 S.) 6 ngr.

Motz, P(aulus), Jokes-Aepfel. Gedichte in henneberger Mundart 2. Bdchn. gr. 16. (96 S.) Hildburghausen 858. (Meiningen Brückner und Renner.) Thlr. *
1. Bdchn. Gotha 1853. (Ebendas.) 6 Ngr.

Motz, Th., Rechenbuch f. Stadt- u. Landschulen, s.: Casper.

— die Zahnpflege in der Schule, s.: Jessen, Ernst.

In K. u. K. Diensten. Militär. Sittenbilder aus oesterr. Garnisonen. Von e. ehemal. K. u. K. Offizier. [Verf.: W. Motz, Oberlt. v. 3. österr. Train-Regt.] Braunschweig: Sattler 1904. 215 S. 8° [09. 8290]

Motz, W., s.a. In k. u. k. Diensten.

— „Oesterreichs Ruhmeshalle“ in Wort u. Bild. Fortsetzung zu „In k. u. k. Diensten“, militär. Sittenbilder aus österreich. Garnisonen. (109 S.) 8. München 905. O. Mütterlein. n. 2. 50; kart. n. 3. 50

— **Werner Christian** (Bremen), De patria potestate. Präs. Georg Christian Gebauer. Göttingen (G. L. Schultz) 3. X. 1750. 76 S. (5.50) 23773

— — De patria potestate. Präs. Georg Christian Gebauer. Jena (Marggraf) 3. X. 1750. 66 S. (5.50) 23774
(Teil II) S. 67—133 siehe unter Schroeder, Christoph Gottfried (Lübeck.)

Werner Dethard Motz

Guern(erus) Dethard(us) Motz: De Structura, usu et morbis ovariorum. Jenae (1789:) Goepferdt. 40 S. 8°

Jena, Med. Diss. v. 4. Apr. 1789

Motzen [Schlagwort]

Motzen, s.: Mark.

Motzkau, Jul., lustige Bilder vom Ostseestrande; dasselbe aus Thüringen, s.: Eckstein's humoristische Bibliothek.

Motzkau, Jul., s. Eckstein's Reisebibliothek.

Motzkau, Jul. Vetter Fritz auf Reisen. 2 Tle. 8. Berl. 887,88. Oranienburg, Freyhoff. * 2 45

Motzkau, J., Vetter Fritz auf Reisen. Lustige Bilder aus Thüringen. 1. u. 2. Tausend. 8. (IV, 108 S.) Berlin 887. [A. Boettcher.] Oranienburg, Freyhoff's Verl. n. 1.25

— dasselbe. Neue Folge. Lustige Bilder vom Ostseestrande. 8. (111 S.) Ebd. 888. n. 1.20

— eine Hochstaplerin u. Anderes, s.: Eckstein's Reisebibliothek.

Motzkau, Jul., aus meinem Tagebuch. Criminal-Novellen und Skizzen. 8. (164 S.) [Berlin 887, A. Boettcher.] Oranienburg, Freyhoff's Verlag. *
—— dass. — Neue Folge. 8. (133 S.) Ebendas. 888. *

– Aus dem Berliner Verbrecherleben u. andere Criminal-Novellen, s. Eckstein's Reisebibliothek.

Motzkau, Jul., wer hätte das gedacht!, s.: Weichert's Wochen-Bibliothek.

Motzkau, J., wie sie sich fanden u. Anderes, s.a. Weichert's Wochen-Bibliothek 141. Bd.

Wie sie sich fanden und Anderes. Novellen u. Kriminalgesch. von J[ulius] **Motzkau**. Mit 3 Vollbildern. *Berlin: A. Weichert [1903].* (96 S.) 8° [F.]
— **Wochen-Bibliothek**, Weichert's. Bd 141. [illegible]

Motzki, Arthur: Eubulos von Probalinthos und seine Finanzpolitik. *Königsberg i. Pr. 1903: R. Leupold.* (95 S.) 8°
Königsberg, Phil. Diss. v. 10. Dez. 1903

Motzkis, L., s. Bibliothek d. Volkswirtschaftslehre.

Motzkus, Ferd., das Preuß. Beamtenwesen in seinen bisherigen Mängeln u. die nothwendige Reorganisation desselben, vom prakt. Standpunkte aus. 8. (IV u. 52 S.) Potsdam 848, Riegel'sche Buchhandlung. 6 ngr.

Motzkus, Ferd., das preuß. Beamtenwesen in seinen bisherigen Mängeln und die nothwend. Reorganisation desselben, vom prakt. Standpunkte aus. 8. (IV und 52 S.) Potsdam 851, Riegel'sche Buchh.

Moubach, A. (Bearb.), s. Zorgdrager, C.G.: Alte und neue grönländische Fischerey ...

Moucha, Anton: Die Theorien der Hypothesenbildung in geschichtlicher Entwicklung.
Phil. Diss., Prag 1909/1910

Mouchanoff-Kalergis, Marie v., geb. Gräfin Nesselrode, in Briefen an ihre Tochter. Ein Lebens- u. Charakterbild, hrsg. v. La Mara. Mit 2 Bildnissen. (XIX, 330 S.) 8. Leipzig 907. Breitkopf & Härtel. n. 4. —; erh. Pr. n. 5. —; geb. n. 6. —

Mouche, la, ou aventures de Bigand. IV Vol. 18. Leipz. Ind. Compt.

Mouchet: Wörterbuch

— — der Liebe oder Erzählungen aller Liebesgeschichten, Intriguen u. Abentheuer, welche vom Stammvater Adam mit seiner Eva an bis auf unsere Zeiten sich zugetragen haben. Nach dem Französischen des „Dictionnaire de l'amour" (des *Mouchet*). 2 Bde. Leipzig. Industrie-Comptoir. 1821. Gr. 8°. (3 Rthl.) (15 Mk., Lwdbd., Adolf Weigel. c. 1908.)

Mouchketow, J. V., das Erdbeben v. Vernyj vom 28. Mai (9. Juni) 1887. (Mémoires du comité géologique, vol. X, Nr. 1.) (Russisch u. deutsch.) gr. 4. (III, 154 S. m. 43 Textfig. u. 4 Karten.) St. Petersburg 890. (Eggers & Co.) n. 10. 50

Moudry Franz: Der Schwaben- oder Schweizerkrieg des Jahres 1499.
II. 1903 PN 1663 Diss. Wien. Univ. 871

Moufang, Chrph., Aktenstücke betr. die Jesuiten in Deutschland. Gesammelt und mit Erläuterungen versehen. 8. (VIII, 152 S.) Mainz 872, Kirchheim.

Moufang, Chrph., die Aufgabe der Katholiken bezüglich der deutschen Universitäten. Rede gehalten auf der 16. Generalversammlung der kathol. Vereine Deutschlands in Würzburg am 13. Septbr. 1864. (Abdr. aus dem amtl. Berichte.) gr. 8. (15 S.) Würzburg 864, Stahel'sche Buchh.

—— die Ehe im Christenthume. Vortrag. Gehalten zu Aachen am 28. Dezbr. 1863. 12. (86 S.) Aachen 864. (Leipzig, Wengler's Nachf.) *

—— die Handwerkerfrage. Rede gehalten in der ersten Kammer der Stände zu Darmstadt und mit Noten vermehrt. gr. 8. (40 S.) Mainz 864, Kirchheim. *

Moufang, Chrph., einige Irrthümer bezüglich der socialen und religiösen Fragen, besprochen auf der XXV. Generalversammlung der Katholiken Deutschlands. gr. 8. (14 S.) Würzburg 877, Woerl.

— der Kampf um Rom u. seine Folgen für Italien u. die Welt. 2 Reden gehalten auf den Katholiken-Versammlungen zu Münster u. Cöln am 2. Decbr. 1867 u. 27. Jaur. 1868. Mainz 868. Kirchheim. gr. 8. (30 S.) 2½ ngr.

Moufang, Chrph., katholische Katechismen des 16. Jahrh. in deutscher Sprache. Hrsg. und mit Anmerkungen versehen. gr. 8. (VII, L, 626 S.) Mainz 881, Kirchheim.

—— die Mainzer Katechismen von Erfindung der Buchdruckerkunst bis zum Ende des 18. Jahrh. gr. 8. (IV, 124 S.) Mainz 878, Kirchheim. *
Aus: Der Katholik, besonders abgedruckt.

Moufang, Chr., Die Mittel zur Verbesserung der socialen Lage der Arbeiter. 8°. Mainz 1871.

Moufang, Chrph., Officium divinum. Ein kathol. Gebetbuch, lateinisch u. deutsch, zum Gebrauche beim öffentl. Gottesdienst u. zur Privat-Andacht. 18. (XVI u. 703 S.) Mainz 851, Kirchheim & Schott. 18 ngr.

Moufang, Chrph., Officium divinum. Ein kathol. Gebetbuch, lateinisch und deutsch, zum Gebrauche beim öffentl. Gottesdienst und zur Privat-Andacht. 2., verm. Aufl. 18. (XVI und 792 S.) Mainz 854, Kirchheim.
Vgl.: Officium divinum.

Moufang, Chrph., officium divinum. Ein katholisches Gebetbuch, lateinisch und deutsch, zum Gebrauche beim öffentlichen Gottesdienst und zur Privat-Andacht. 2. verm. Aufl. 854. (XVI, 792 S.) — 3. verm. Aufl. Mainz 856. Kirchheim. 18. (XVI, 805 S.) 18 ngr.

Moufang, Chrph., Officium divinum. Ein kathol. Gebetbuch lateinisch und deutsch, zum Gebrauche beim öffentl. Gottesdienst und zur Privat-Andacht. 4. Aufl. 18. (XVI und 805 S.) Mainz 859, Kirchheim.

—— Officium divinum. Ein kathol. Gebetbuch, lateinisch und deutsch, zum Gebrauche beim öffentl. Gottesdienst und zur Privat-Andacht. 5.—7. Aufl. 12. (XVI und 804 S.) Mainz 862—67, Kirchheim.

Moufang, Chrph., Officium divinum. Ein katholisches Gebetbuch, lateinisch u. deutsch, zum Gebrauche beim öffentlichen Gottesdienst u. zur Privat-Andacht. 4. Aufl. 859. — 5. Aufl. 862. — 6. Aufl. Mainz 864. Kirchheim. 12. (XVI, 804 S.) 18 ngr.

Moufang, Chrph., Officium divinum. Ein kathol. Gebetbuch lateinisch und deutsch zum Gebrauche beim öffentlichen Gottesdienst und zur Privatandacht. 8. Aufl. 1870. ℳ 1,80., und 9. Aufl. gr. 16. (XVI, 804 S.) Mainz 875, Kirchheim.

—— Officium divinum. Ein kathol. Gebetbuch, lateinisch und deutsch, zum Gebrauche beim öffentl. Gottesdienst und zur Privat-Andacht. 10. Aufl. 16. (XVI, 804 S.) Ebendas. 881. *
geb. in Ldr. mit Goldschn. *

Moufang, Chrph., Officium divinum. Ein kathol. Gebetbuch, lateinisch u. deutsch, zum Gebrauche beim öffentl. Gottesdienst u. zur Privatandacht. 11. Aufl. 12. (XVI, 804 S.) Mainz 885. Kirchheim. n. 2. —; geb. n. 3. —; n. 4. 20 u. n. 6. —

Moufang, Chrph., Officium divinum. E. kathol. Gebetbuch, latein. u. deutsch, z. Gebrauche b. öffentl. Gottesdienst u. zur Privat-Andacht. 16. Aufl. 12. (XVI, 804 S.) Mainz 898. F. Kirchheim. n. 2. —; geb. in Halbfrz. n. 3. —; in Callico n. 3. 60; in Ldr. n. 4. 20; in Bock-Chagrinldr. n. 6. —

Moufang, Chrph., Officium divinum. Ein kathol. Gebetbuch lateinisch u. deutsch, zum Gebrauche beim öffentl. Gottesdienst u. zur Privat-Andacht. 17. Aufl. Neu bearb. v. Jos. Selbst. 12. (XIV, 865 S.) Mainz 898. F. Kirchheim. n. 2. —

Moufang, Christoph, Officium divinum, ein kathol. Gebetbuch, lateinisch u. deutsch, zum Gebrauche beim öffentl. Gottesdienst u. zur Privat-Andacht. Neu bearb. v. Jos. Selbst. 18. u. 19. Aufl. (XIV, 865 S.) kl. 8. Mainz 903. 905. Kirchheim & Co. n. 2. —; geb. von n. 3. — bis n. 6. —

—— der Papst und die Welt. Rede gehalten auf der 22. Generalversammlung deutscher Katholiken zu Breslau am 10. Septbr. 1872. gr. 8. (16 S.) Amberg 872, Habbel.

—— die katholischen Pfarrschulen in der Stadt Mainz. gr. 8. (III und 100 S.) Mainz 863, Kirchheim.

—— Rom und der katholische Glaube. Predigt am Sonntag in der Frohnleichnams-Octave, gehalten in der Kirche des bischöfl. Seminars. 8. (34 S.) Mainz 862, Kirchheim. *

—— der Schulstreit. Rede gehalten auf der 19. General-Versammlung der kathol. Vereine zu Bamberg 1868. 8. (14 S.) Mainz 869, Kirchheim.

— der besondere Schutz Gottes über Papst Pius IX. Rede geh. in der Katholikenversammlg. zu München am 16. Juni 1871. 8. (30 S.) Mainz 871. Kirchheim n. — 20

Moufang, Chrph., das Verbot der Ehen zwischen nahen Verwandten. Beleuchtung der Gründe dieses Verbotes. gr. 8. (20 S.) Mainz 863, Kirchheim. *
Aus: Der Katholik, besonders abgedruckt.

—— Cardinal Wiseman und seine Verdienste um die Wissenschaft und die Kirche. Zwei Vorträge, gehalten im kathol. Casino zu Mainz. 16. (90 S.) Mainz 865, Kirchheim.

—— kein wahres Wort! Vertheidigung der kathol. Moral gegen deren Verdächtigung im Frankfurter Journal. Mit einem Vorwort. gr. 8. (32 S.) Mainz 863, Kirchheim. *

Moufang, Eduard, aus Palermo: Methode zur Molekulargewichts-Bestimmung in concentrirter Schwefelsäure. *Würzburg 1901: A. Borst.* (37 S.) 8° ¶[Gekr.] Preis-Arbeit.
Würzburg, Phil. Diss. v. 1901

Mougel, D. A., Dionysius d. Karthäuser. 1402—1471. Sein Leben, s. Wirken, e. Neuausgabe s. Werke. (M. Autograph u. Porträt.) Aus d. Franz. m. ein. Ergänzgn. d. Verf. in's Deutsche übers. v. e. Priester d. Karthäuser-Ordens. gr. 8. (111 S.) Mülheim a/R. 898. M. Hegner. n. 2. —

Mougeot, A., Monographie des plantes fossiles, s. Schimper, W. P.

Mougin, E., I. Log. N. 1 ... 10,000. — II. Log. Sn, Cos, Tg, Cotg 0У ... 100У. — III. S—T0У ... 5У. — IV. Sn, Cos, Tg, Cotg 0У ... 100У. — V. Log. Sn, Cos, Tg, Cotg 0° ... 90°. — VI. Sn, Cos, Tg, Cotg 0° ... 90°. — VII. S—T 0° ... 4°. Ausg. A. (S. 1—11, 20, 21, 27, 45 u. 46.) 19×21,5 cm. Roanne. (Leipzig, Brockhaus & Pehrsson.) — 40

— dasselbe. Ausg. B. (S. 1—10, 37—55, 11, 21 u. 22.) 19×21,5 cm. Ebd. — 80

— dasselbe. Ausg. C. (56 S.) 19×21,5 cm. Ebd. 1. 20

Mouhammad Ayyad El-Tantavy, Scheikh, traité de la langue Arabe vulgaire. gr. 8. (XXVI u. 231 S.) Leipzic 848. (Vogel.) n. 2 ℛ

Mouhy, Charles de Fieux Chevalier de. Lamekis, oder wunderbare Reisen eines Egyptiers unter der Erden ... a. d. Franz. Liegnitz u. Leipzig 1789—90. Ü: *Enkelmann, Joh. Albr. Frdr.* (MGT)

Moujart de Vouglans, Beweis des Christentums wider die Ungläubigen in einem Schreiben an die Frau von ... Aus dem Französ. Trier 1779. 8. 110 S.

Moulpied, Alfred Theophilus de, aus Guernsey (Engl.): Über die Kondensation von Anilessigestern mit Natriumalkoholat. *Halle a. S. 1901: O. Thiele.* (46 S.) 8°
Halle, Phil. Diss. v. 1901

Moulart, Ferd. J., Kirche und Staat oder die beiden Gewalten, ihr Ursprung, ihre Beziehungen, ihre Rechte und ihre Grenzen. Autoris. Uebersetzung nach der 2. Aufl. des Orig. von Herm. Houben. gr. 8. (XVI, 632 S.) Mainz 881, Kirchheim. *

Moulaert, Fr., Charles Louis Richard aus dem Prediger-orden. Das Leben u. die Werke eines Bekenners aus dem 18. Jahrh., zugleich ein Beitrag zur Geschichte der Revolution in Belgien. Aus dem Franz. mit einem Vorwort u. Anmerkungen herSg. von Sebast. Brunner. Autor. Uebersetzung. Regensburg 870. Manz. gr. 8. (240 S.) 27 ngr.

Moulé, H. G. G., Bischof von Durham
s. **Moule**, Handley Carr Glynn. (05. 13396

Moulé, Handley, Dr., Bischof von Durham
s. **Moule**, Handley Carr Glynn. (10. 8310

Moule, Handley Carr Glynn.

Moule, H. C. G., das hohepriesterliche Gebet Johannes 17. Mit Genehmigung des Verf. übertr. v. G. Holtey-Weber. (143 S.) 8. Essen-Ruhr (910). M. D. Hülsmann. 1.50; geb. 2.—

Moule, H. C. G., Gebet im Kämmerlein. Uebers. v. C. Rhiem. Mit Vorwort v. E. Schrenk. 16. (142 S.) Kassel 894. E. Röttger. n. —80; geb. n. 1.40; m. Goldschn. n. 1.60

Moule, H. C. G., M. A., Gebet im Kämmerlein. Uebers. v. C. Rhiem. Mit Vorwort v. E. Schrenk. 2. Aufl. 12. (99 S.) Kassel 897. E. Röttger. n. —80; kart. n. 1.—; geb. n.n. 1.40; m. Goldschn. n. 1.60

— In der Versuchung bewährt. Kurze Ratschläge f. Christen. Autoris. Übersetzg. v. G. Holtey-Weber. (108 S. m. Titelbild.) kl. 8. Stuttgart (908). Chemnitz, G. Koezle. 1.—; geb. 1.60

Geistliches Leben. Von H. G. G. Moulé [Handley Carr Glynn **Moule**], Bischof von Durham. Deutsch von Cl. F. Neumünster: Ihloff [1909]. 111 S. 8° (10. 8311

— Nicht ich — sondern Christus! Gedanken üb. d. christl. Heiligg. Deutsch v. Cl. F. (72 S.) kl. 8. Ebd. (908). — 50

Heraldry of Fisch. Notices of the principal families bearing fish in their arms. By Thomas **Moule**. Illustrated by engravings on wood. London. 1842. 8°.

Moulet, Alfr., d. französ. Moralunterricht ohne konfession. Religionslehre, s. a. Sammlung pädagog. Vorträge.

Der französische Moralunterricht ohne konfessionelle Religionslehre. Von Alfred **Moulet**, Prof. . . in Laon (Aisne). *Bielefeld: A. Helmich [1896].* (24 S.) 8.
— Sammlung pädagogischer Vorträge. Bd IX. H. 8. (97. 1490

Pioniere des sittlichen Fortschritts. Autor. Uebers. aus d. Franz.: 'Le mouvement éthique' par Alfred **Moulet**. Von Dr. R(udolf) Penzig. *Berlin: H. Walther 1902.* (VI, 102 S.) 8° [F.] (03. 6003

Moulin, des jüng., geistr. Verhandlungen v. d. Frieden d. Seelen u. d. Vergnüg. des Gemüths. 8. Brem. 737.

Moulin, A., le long de la mer bleue à Bicyclette, s.: Bilderhefte f. d. Sprachunterricht.

Moulin, Camilla de: Le vieux Cordelier. Frcf. Esslinger 1790. 8°

Moulin, Et., Abhandl. üb. d. Schlagfluß od. die Gehirnblutung; neue Ansichten v. d. Wasserkopfe, nebst Beschreib. e. neuerlich beobachteten, d. Alter eigenthüml. Gehirnwassersucht Aus d. Französ. übersetzt u. mit Anmerkk. begl. v. K. Caspari gr. 8. Leipz. 820. Reclam. 1 ₰ 4 gr.

Moulin, Pet. du, geistr. Betracht. a. d. Franz. m. K. v. Wolfg. C. Deßler. 8. Leipz. (Felsecker, Nürnb.) 737.

— auserl., z. Andacht dien. 12 Schriften, übers. u. m. d. Autors Leben verm. v. J. Dan. Jacobi. 4. Leipz. 741.

Moulin-Eckart, Rich. Graf du. Leudegar, Bischof v. Autun. Ein Beitrag zur fränk. Geschichte d. 7. Jahrh. gr. 8. (V, 108 S.) Bresl. 890, Koebner. * 2 80

Luther und das deutsche Kulturleben. Vortrag geh. 1903 zu Würzburg von Richard Graf du **Moulin**-Eckart, Prof. zu München. *München: J. F. Lehmann 1903.* (16 S.) 8° [F.]
— Luther-Vorträge, Würzburger. 1. (03. 6060

v. *Moulines*, Wlh., († d. 14. März 1802.) s. 1) *Ammien* Marcellin. 2) les *Ecrivains* de l'histoire d'Auguste. 3) *Lettre* d'un Habitant.

Moulines, Guillaume de, Lettre d'un habitant de Berlin à son ami à la Haye. Berlin 1773. 8. Imprimé chez G. J. Decker, Impr. du Roi.

– s. Réflexions sur les décisions immédiates des Souverains ...

– Schreiben eines Einwohners in Berlin an seinen Freund in Haag. Berlin 1773. 8.

Moulinié, C. E. F., die Lehre der heil. Schrift von der Bestimmung des Volks Israel. Nach d. Franz. bearb. von J. F. v. M. 8. Basel 834. Spittler. 7 gr

Moulinié, C. T., Belehrr. u. Betrachtt. üb. Jesum Christum Aus d. Französ. v. G. L. v. Krüdener. 8. Dresd. 819. (Walther). 1 ₰

Moulinie, J., vom Glücke in der Chirurgie. Eine Sammlung klinischer Fälle. Aus d. Französ. übers., m. Vorw. u. einigen Notizen begleitet v. R. Berend. gr. 8. (11⅜ B.) Hannover 844, Kius.

Moulon, Amédé Mathieu de, du typhus tétanique vulgairement connu sous le nom de méningite cerebro-spinale qui a règné à Trieste en 1868. 8. (21 S.) Triest 868, (Schimpff.) *

Mouls, Xavier

— — („Domherr an der Kathedrale zu Bordeaux, katholischer Priester, Ritter der Ehrenlegion etc."), Contra Beichtstuhl u. katholische Kirche. Deutsche Ausgabe: Die Geheimnisse des Beichtstuhls. Hrsg. von C. Trimborn. Leipzig, Literatur-Bureau (W. Radestock). O. J. 8°. Zahm. 39 S. (incl. Tit. u. S. 35 ff. Bücher-Anzeigen, wobei Erotica.

MOULS, Xavier, Sensationelle Enthüllungen aus der Gegenwart über den Missbrauch und das Unwesen des Beichtstuhles. Leipzig 1880. 8°. (50 Pfg. G. Priewe, 1895.)

Moult, Chr. H. Kurzer Leitfaden zur raschen Orientierung über sämtliche bekannten Hafenplätze der Erde, sowie Beschreibung der Segelschiffsreisen von und nach Europa, Amerika, Asien usw. 1. und 2. Band. Hamburg 1901 und 1902.

Moult, Margar. (Maurus), die entflohene Nonne. Sittenspiegel e. Nonnenklosters. Einzig autoris. deutsche Uebersetzg. v. H. Kraus. (III, 245 S, m. Bildnis.) 8. Dresden 910. O. Brandner. 2. 60

Moulton, Warren Joseph, aus Sandwich, N H., U S. A Über die Überlieferung und den textkritischen Wert des dritten Esrabuchs. *Leipzig 1899: W. Drugulin.* (37 S.) 8° ¶ (Aus Zeitschrift f. d. alttestamentl. Wissenschaft, Jg. 19 (1899). – Die Forts. erscheint ebenda.)
Göttingen, Phil. Diss. v [20. Juni] 1899

John Moultrie
Arzt am Süd Karolina 1763

Ioannis Moultrie, Dissertatio medica de Febre maligna biliosa Americae, anglice the yellow fever. Ed. iterum et praef. est E[rnestus] G[odofredus] Baldinger. Longosalissae: Martini 1768. 26 S. 8°
[Erschien zuerst als Med. Diss. Edinburgh 1749.]

John Moultrie
Arzt aus Süd-Karolina 1768

John Moultrie, [De Febre maligna biliosa Americae. Deutsch:] über das gelbe Fieber. Mit Zusätzen u. Anm. von Karl Paulus. Bamberg & Würzburg: Göbbardt 1805. XVI,89 S. 8°

— über d. gelbe Fieber. Mit Zusätzen u. Anmerkk. v. K. Paulus. 8. Bamb. 805. (Wesché in Frankf.) 12 gr (Ettinger in Würzb.) 6 gr

Moumalle, Joseph, approb. Arzt aus Wiesbaden: Aus d. Universitäts-Augenklinik zu Giessen. Zur Casuistik der Sehnervenverletzungen. *Giessen 1901: v. Münchow.* (71 S.) 8°
Giessen, Med. Diss. v 1901

Mounier, J J

— Adolph, od. Resultate d. schmerzlichst. Erfahr.; aus d. Französ. Mit e. Vorrede von J. G. Dyck. 8. Leipz. 797. Dyck 1 Thlr 4 gr

Mounier, J. J., Adolphe, ou principes élement. de la politique et résultats de la plus cruelle des expériences. gr. 8. Berl. 795. Rottmann. 1 Thlr 4 gr

— — le même. gr. 8. Berne, Haller. 795.

— Betrachtt. über d. Staatsverfassungen, hauptsächl. über die französ.; aus d. Französ. mit Anmerkk. v. G. Hufeland. gr. 8. Jena 791. Mauke. 12 gr

Mounier J. J., Ueber den vorgeblichen Einfluss der Philosophen, Freymaurer und Illuminaten auf die französische Revolution. Aus der französ. Handschrift übersetzt und mit erläuternden Anmerkungen des Uebersetzers begleitet. Tübingen, Cotta, 1801. 8. 176 u. 4 S.

— Entwickelung der Ursachen, welche Frankreich gehindert haben, z. Freiheit zu gelangen. Mit Anmerkk. von Fr. Gentz 2 Thle. 8. Berl. 794, 795. (Vieweg in Braunschw.) 1 Thlr 16 gr

— de l'influence attribué aux philosophes, aux Franc-Maçons et aux Illum. sur la révolut. de France. 8. Tübingen 801. v. Cotta. 1 Thlr 4 gr Holl. Pap. 1 Thlr 12 gr — Dasselbe deutsch. gr. 8. Ebd. 801. 18 gr

— Mirabeaus Leben rc. s. Mirabeau.

MOUNIER, M.: Considérations sur les gouvernemens. *Paris.* 798. 8. Uebers. mit ein. Einleit. u. Anmerkk. v. G. HUFELAND. *Jena.* 790.

Mounstein, A., üb. die spontane Gangrän u. Infarcte. Mit 1 (lith.) Taf. Lex.-8. (44 S.) Strassburg 884. Trübner n. 1. 20

Mount Sorel, oder die Erbin des Hauses de Vere. Deutsch von M. B. Lindau. Leipzig 1850. V: *Marsh, Anne.* (Russell VII, 2, 1777)

Mount Sorel, oder: Die Erbin des Hauses de Vere. Vom Verf. der „Two old men's tales." Deutsch von M. B. Lindau. 3 Bde. 8. (842 S.) Leipzig 850, Kollmann. à Bd. 1 Thlr

Mountain-Railways of Austria. Nr. 1. u. 2. 8. Salzburg, Kerber. n. 1. 30
1. The Gaisberg railway near Salzburg. Right Cogwheel system. With 1 panorama, 10 illustrations and 2 maps. (24 S.) 888. n. — 60
2. The Achensee railway and the Achensee. By Wolfg. Brachvogel. Illustr. by Tony Grubhofer. With 2 maps. (50 S.) 890. n. — 70

Mountford, the life and death of Doctor Faustus, s. Sprach- und Litteraturdenkmale, englische, des 16., 17. und 18. Jahrh.

Mount Vernon Wochenblatt: Oct. 1875–1881 [illegible]
Independent weekly. Circulation 1877, 680; 1880, 960. Edited & published by John C. Leffel, 1875–81 (for a time with F. A. Willmann).
Mount Vernon, IN

MOUQUERIEN. Aus dem Französischen (vielmehr Englischen) übersetzt. Cölln (fing.) 1753. 8°. (6 Mk. 50 Pfg. Max Perl's Berliner Octob.-Auction, no. 648; 8 Mk. 50 Pfg. Frdr Klüber, München, 1901.)

— — Dasselbe, tit.: Moquerien. Aus d. Französ. Neue Auflage. Cölln (fing.) 1754. 8°. (In Dresden: Litt. Gall. C. 420.)

Mouradja d'Ohsson, [Ignace]. Allgemeine Schilderung des Othomanischen Reichs. Aus dem Französischen des Herrn von Mouradgea d'Ohsson mit einiger Abkürzung übersetzt und mit Anmerkungen, Zusätzen, einem Glossarium und Register versehen von Christian Daniel Beck. Leipzig, in der Weidmannischen Buchhandlung 1788–1793
2 Bde. 8
1. 1788. XXIV, 606 S. 5 Bl. m. 1 Kupferst. 4 Taf. u. 2 Tabellen in Kupferst.
2. 1793. XVI, 532 S. 14 Taf. u. 2 Tabellen in Kupferst.
Originalausg. Paris 1787–1790. Vom Sohn des Verfassers 1821 ein dritter Band hrsg.
Graesse IV, 618

Mouravïev, s. Murawiew.

Mourek, V[áclav] E[man.]

Mourek, V. E., weitere Beiträge zur Syntax d. althochdeutschen Tatian. [Aus: „Sitzungsber. d. k. böhm. Gesellsch. d. Wiss."] gr. 8. (51 S.) Prag 895. (F. Řivnáč.) n. — 80

— Prager bruchstück e. papierhandschrift des Renners von Hugo v. Trimberg (aus dem XV. jahrhdte.). [Aus: „Sitzungsber. d. k. böhm. Gesellsch. d. Wiss."] gr. 8. (33 S.) Ebd. 893. n. — 60

Mourek, V. E., Prager bruchstück e. pergamenthandschrift des Barlaam u. Josaphat von Rudolf v. Ems. [Aus: „Sitzungsber. d. k. böhm. Gesellsch. d. Wiss."] gr. 8. (16 S.) Prag 893. (F. Řivnáč.) n. — 40

— zum Prager Deutsch des XIV. Jahrh. gr. 8. (VIII, 84 S.) Ebd. 901. n. 1. 20
2 Sonderabdr. aus: „Sitzungsber. d. böhm. Gesellsch. d. Wiss."

— a dictionary of the Bohemian and English languages. 2. part. Bohemian-English. Vol. 1.—4. 12. (S. 1—640.) Prag 882—888. J. L. Kober. à n. 1. 60

Mourek, V. E., a Dictionary of the English and Bohemian Languages. Vol. I. 6 parts. English-Bohemian. gr. 16. (XII, 1010 S.) Prag 876—79, Kober.
à Part * M 1,60. *

— üb. den Einfluss d. Hauptsatzes auf den Modus d. Nebensatzes im Gotischen. [Aus: „Sitzungsber. d. k. böhm. Gesellsch. d. Wiss."] gr. 8. (34 S.) Ebd. 892. n. — 60

— nochmals üb. d. Einfluss d. Hauptsatzes auf den Modus d. Nebensatzes im Gotischen. [Aus: „Sitzungsber. d. k. böhm. Gesellsch. d. Wiss."] gr. 8. (21 S.) Prag 895. (F. Řivnáč.) n. — 32

— gebrauch d. casus im althochdeutschen Tatian. (M. parallelen aus d. bibelübersetzg. der böhm. Brüder.) [Aus: „Sitzungsber. d. k. böhm. Gesellsch. d. Wiss."] gr. 8. (49 S.) Ebd. 895. n. — 72

[Kopft.:] Gebrauch der casus im althochdeutschen Tatian. '(Mit parallelen aus d. bibelübs. d. Böhm. Brüder.)' (Abh.) 1. n. Von Prof. Dr. V[áclav] E[man.] Mourek. (Umschlagt.: Zur Syntax des althochdeutschen Tatian. Von ...) *Prag: Kgl. böhm. Ges. d. Wiss. 1895—97.* 8.
I. 1895. (49 S.) II. 1897. (142 S.)
— Věstník Král. Č. Společnosti Náuk. Třída filos.-hist.-jazykozpytná. 1895. [No] 23. 1897. [No] 10. [97. 8417

Mourek, V. E.: Die ahd. Glossen in dem St. Galler Codex Nr. 292 und in dem aus St. Peter stammenden Codex zu Karlsruhe. (Hattemer Denkmale I. B. v. 245, 262, 266, 276, 291, 307. Graff, Diutiska II. B. v. 168—178; XIII. 311—354.) 21 S. 4° — Budweis, b. OG., Progr. 1873.

Mourek, Václav M.: Die althochdeutschen Glossen im St. Galler Codex No. 292 und in dem aus St. Peter stammenden Codex zu Karlsruhe.
Phil. Diss., Prag 1882/83

Mourek, V. E., Prager althochdeutsche Glossen. [Aus: „Sitzungsber. der k. böhm. Gesellschaft der Wiss."] gr. 8. (S. 16—21.) Prag 890. (Řivnáč.) n. — 20

— zur negation im altgermanischen. (67 S.) gr. 8. Ebd. 903. n. 1. —
2 Sonderabdr. a.: „Sitzungsber. d. böhm. Gesellsch. d. Wiss."

Mourek, V. E., zur altgermanischen negation. (23 S.) Lex.-8. Prag 905. (F. Řivnáč.) n. — 40

Mourek, V. E., über die Negation im Mittelhochdeutschen. gr. 8. (30 S.) Prag 902. (F. Řivnáč.) n. — 40

— Krumauer Papiercodex altdeutscher geistlicher Texte. [Aus: „Sitzungsber. d. k. böhm. Gesellsch. d. Wiss."] gr. 8. (S. 409—448.) Ebd. 891. n. — 80

— Prager pergamentfragmente der Oswaldlegende. [Aus: „Sitzungsber. der k. böhm. Gesellsch. d. Wiss."] gr. 8. (S. 275—282.) Ebd. 890. n. — 20

— Krumauer altdeutsche Perikopen vom J. 1388. [Aus: „Sitzungsber. d. k. böhm. Gesellsch. d. Wiss."] gr. 8. (S. 175—202.) Ebd. 892. n. — 40

— pocket dictionary of the Bohemian and English languages. 2 parts. 12. Leipzig, O. Holtze's Nachf. n. 5. 10; geb. in Leinw. n. 6. 20; in 1 Hlbfrzbd. geb. n.n. 5. 85
1. Bohemian-English. (483 S.) 896. n. 2. 70; geb. n. 3. 20
2. English-Bohemian. (IV, 407 S.) 897. n. 2. 40; geb. in Leinw. n. 3. —

Zur Syntax des althochdeutschen Tatian. Von V[áclav] E[man.] Mourek. *Prag: Kgl. böhm. Ges. d. Wiss. 1894.* (28 S.) 8.
— Věstník Král. Č. Společnosti Náuk. Třída filos.-hist.-jazykozpytná. 1894. [No] 11. [94. 8007

— zur Syntax des althochdeutschen Tatian. [Aus: „Sitzungsber. d. böhm. Gesellsch. d. Wiss."] gr. 8. (28 S.) Ebd. 895. n. — 60

— dasselbe. [Aus: „Sitzungsber. d. k. böhm. Gesellschaft d. Wiss."] gr. 8. (142 S.) Ebd. 897. n. 2. —

Mourek, V. E., Tandarius a floribella, s. Abhandlungen der Classe für Philosophie etc. der k. böhm. Gesellschaft der Wissenschaften.

— deutsch-böhmisches Wörterbuch, s.: Sterzinger, Jos. B.

Mourgue, ..., Plan einer Vorsichts- u. Unterstützungscasse; aus d. Französ. gr. 8. Frankf. a. M. Jäger'sche B. 18 [illegible]

Mourgue, L., Marcella. Aus dem Franz. übers. u. ihren jungen Freundinnen gewidmet v. Katharina Sartorius. Mit e. Vorwort von M. v. O. 8. (63 S.) Berlin 901. (Buchh. des ostdeutschen Jünglingsbundes.) — 40

Marcella. Von L. Mourgue. Aus d. Franz. übers.... von Katharina Sartorius. Mit e. Vorw. von M. v. O[ertzen]. 2. Aufl. *Berlin: Vorstände-Verband d. Jungfrauenvereine Deutschlands 1901.* (63 S.) 8° [F.] [04. 8309

Mourgues, M.,
— Plan einer Vorsichts- und Unterstützungscasse; aus d. Französ. gr. 8°. Frankfurt a. M., Jäger'sche B.

Mourgun, P. Plan einer Vorsichts-und Unterstützungs-Kasse für Arme. *Frankfurt a/M., Jäger.* 1810

Mourier, F. L., Synopsis etc. — nicht Moutier.

Moutier, F. L., Synopsis eorum, quae continentur in opere gallice scripto dein fersen evulgando Toties Christianismus. gr. 8. Copenh. Bonnier. 824.

Mourlquand, Emile, die chirurgischen Formen der Magentuberkulose, s.: Sammlung klin. Vorträge. (Leriche, René.)

Mourlon, F.

— und B. Marcadé, Abriß des französischen Civilrechts, s. Marcadé, B.

Mourlon, F., Commentar zum Code Napoleon Titel 14—20: Bürgschaft — Vergleich — Personalhaft — Pfandsvertrag — Vorzugs- u. Unterpfandsrechte — Zwangverkauf — Verjährung. Deutsch von Adrian Pfaff. Heidelberg 865. Bangel & Schmitt. gr. 8. (504 S.) 2 ℛ 10 ngr.

Mouron, H., John Milton. Conférence faite à Strasbourg et à Mulhouse. 2e édit. gr. 16. (61 S.) Strassburg 874, Treuttel und Würtz. *

Moeurs du jour, ou hist. de Sir Will. Harrington. II Vols. 12. Lausanne 773. Rottmann in Berl. 1 ℛ 18 gℊ

Moeurs, les, du jour; ou l'école des jeunes femmes. Com. en 5 Actes p. Collin d'Harleville. 8. Braunschw. Pluchart. 809.

MOUSA der Knabe. (Hübsches typ. Ornam.) Hohenzollern, bey Joh. Bapt. Wallishausser. 1794. (Nebst gestoch. Tit.: Wienerische LANDBIBLIOTHEK. Jahrg. IV, Th. 15.) Mit Titelkpf. u. Titelvign. (auf d. gestoch. Tit.), G. Sambach inv., S. Mansfeld sc.). 8°.

Mousa, der Knabe. 8. Wien 794. R. Haas; u. Wallishausser. 16 gℊ

MOUSE Joseph Wratislaw Edler von. Über die ältesten Munizipalrechte d. königl. Stadt Brunn. Olmütz 1788.

Mousel, Émile, u. Charles Gemen: Bericht über den Stand der Gemeinde-Angelegenheiten der Stadt Luxemburg, dem Gemeinderathe abgestattet, in Gemässheit des Art. 20 des Gesetzes vom 24. Februar 1843. Jahrgang 1893.
Luxemburg: Th. Schroell 1894. 38 S. 4°

Mousel, Mathias: Der Obstbau, Obstbaumzucht, Obstbaumpflege, Obstkunde. Die Obstzucht. Beilage zu den „Annalen des Acker- und Gartenbau-Vereins."
Luxemburg: Jos. Beffort 1883. 37,2 S. 4°

Mousel, Mathias: Die Pflanzung der Obstbäume. Auszug aus dem Lehrbuch über Obstbaumzucht. Dem landwirtschaftlichen Verein des Kreises Saarburg i. L.
Luxemburg: Jos. Beffort 1883. 18 S. 8°

Mouseler, Franz [aus Bolchen]: Ueber die unmittelbare Retention getrennter Knochen durch Invagination von Fremdkörpern in die Markhöhle ... Strassburg, Univ.-Buchdr. v. J. H. E. Heitz, 1892; 41 S. 8.
Strassburg, Med. Fak., Inaug.-Diss. v. 1892

Mouskes, Philippe, Chronique rimée, v. Collection de Chroniques Belges.

Μουσῶν ἄνθη, s. poetriarum graecar. carmina et fragmenta ed. earumque vitas, observ. et indices adjec. A. Schneider. 8maj. Giessen. 802. Tasché 2 ℛ

Mouson, Johann Georg, aus Frankfurt a. M.: Ein Beitrag zur Kenntnis der Benzimidazole. *Erlangen 1904: Junge & Sohn.* (35 S.) 8°
Erlangen, Phil. Diss. v. 22. Juni 1904

Mousset, A. de, il faut qu'une porte soit ouverte ou fermée, s. Repertoire du théâtre français.

Mousson, A., siehe: *Taschenbuch, Zürcher.*

Mousson, Adf., Grüße aus der Ecke. (Rudolf Derrer.) II. Tl. von „Ein Leben in der Ecke". 8. (III, 93 S.) Zürich 903. Depot der ev. Gesellschaft. n. — 60

Mousson, Adf., Grüße aus der Ecke (Rud. Derrer). Gesammelt v. M. 2. Tl. v. „Ein Leben in der Ecke". 5. Tauf. (93 S.) kl. 8. Zürich 911. Buchh. der ev. Gesellschaft. — 60

— ein Leben in der Ecke. (Rudolf Derrer.) Kranken u. Gesunden gewidmet. 1.—4. Aufl. (1.—7. Tauf.) 8. (à 62 S. m. Abbildgn.) Ebd. 902. 903. n. — 60

Mousson, Adolf. Ein Leben in der Ecke. (Rudolf Derrer.) Kranken und Gesunden gewidmet von Adolf Mousson, Pfarrer. [Illustriert.] 4. Aufl. 8. Tausend. 62 S. 8. Zürich und Winterthur, Buchh. der Evangelischen Gesellschaft, 1903.
Teil 1. — Teil 2 s. (Derrer, Rudolf).

Mousson, Adf., ein Leben in der Ecke. (Rudolf Derrer.) Kranken u. Gesunden gewidmet. 12. Tauf. (62 S. m. Abb.) kl. 8. Zürich 906. Buchh. der ev. Gesellschaft. n. — 50

Mousson, Alb(ert): Bemerkungen über die richtende Kraft der Magnete. Zür. Orell Füssli Cie Dr. 1846. 29 S. 4°.
Programm der zürcher. Kantonsschule 1846.

— Bemerkungen über die Theorie der Capillar-Erscheinungen. (Vortrag vom 14. November 1870.)

Mousson, Alb[ert]. Bemerkungen über die natürlichen Verhältnisse der Thermen von Aix in Savoyen. [Mit 3 Tafeln.] (N. Denkschr. Schweizer. Ges. für Naturwiss. Band 8.) 4. (Neuenburg 1847.)

Mousson, A.: Bericht über die Organisation meteorol. Beobachtungen in der Schweiz. 1864.

Mousson, Alb., ein Besuch auf Korfu und Cefalonien im Septbr. 1858. Vortrag gehalten den 10. Febr. 1859. Nebst speciellen Zusätzen. gr. 8. (III und 88 S.) Zürich 859, Schulthess. *

[Mousson, Albert.] Ein Bild des Unterengadins. [Mit 1 Tafel und 2 Karten.] Njbl. Naturf. Ges. Zürich 1850. 4. [Zürich.]

Mousson, A.: Die Einführung des metrischen Maasses in d. Schweiz. Zürich 1864.

Mousson, A.: Allgemeine Experimentalphysik, vorgetragen am eidg. Polytechnikum 1855/56. Lith.

Mousson, Alb., Dr., Der Galvanismus. (Es ist dies Abschnitt III der zweiten Abtheilung: Physik des Aethers von Dr. Alb. Mousson's: Die Physik auf Grundlage der Erfahrung) Zürich 1868.

Mousson, Albert, die Gletscher der Jetztzeit. Eine Zusammenstellung und Prüfung ihrer Erscheinungen und Gesetze. gr. 8. (216 S.) Zürich 854, Schulthess. Thlr. *

Mousson, Alb., über die Grundwahrheiten der Physik. Vortrag, gehalten den 11. Febr. 1869 in Zürich. Lex.-8. (28 S.) Zürich 869, Schulthess.

Mousson, Albert, die Land- und Süsswasser-Mollusken von Java. Nach den Sendungen des Hrn. Seminardir. Zollinger zusammengestellt und beschrieben. 4. (IV und 126 S. mit 22 Stnt.) Zürich 849, Schulthess. Thlr. *
ill. *

[Mousson, Albert.] Lebensbild des Joh(ann) Caspar Escher im Felsenhof (1775–1859). [Mit 2 Tafeln. Sep.-Ausg. von: Njbl. Waisenh. Zürich 1868.] 4. [Zürich 1868.]

— Kleinere physikalische Mittheilungen:
I. Ueber die Bewegung eines freien Theilchens auf einer drehenden Kugel.
III. Ueber die Dilatation eines am Ende erwärmten Stabes.
IV. Ueber die Vertheilung des Magnetismus im Querschnitt eines Magneten.

— kleine Naturlehre für das Volk in Schule und Haus. 8. (68 S. mit 34 eingedr. Abbildungen.) Zürich 847, Orell, Füßli und Comp.

(Mousson, Alb[ert].) Notizen über das Leben des Herrn Dr. Alexander Schläfli von Burgdorf (1831–1863). [SA.] 8. [Zürich 1865.]

—— die Physik auf Grundlage der Erfahrung. (In 3 Abthlgn.) 1. Abthl.: Physik der Materie. gr. 8. (VI und 291 S. mit vielen gravirten Abbild. auf 11 Stnt. in gr. 8., 4. und qu. gr. 4.) Zürich 858, Schulthess. *

—— dass. — 2. Abthl.: Physik des Aethers. 1. Heft. gr. 8. (S. 1—208 mit vielen gravirten Abbild. auf 6 Stnt. in qu. 4. und qu. Fol.) Ebendas. 859. *

—— dass. — 2. Abthl.: Physik des Aethers. Die Lehren von der Wärme und vom Lichte. 2. Heft. gr. 8. (IV und S. 209—424 mit vielen gravirten Abbild. auf 7 Stnt. in qu. 4. und qu. Fol.) Ebendas. 860. *

Mousson, Alb., die Physik auf Grundlage der Erfahrung. 2. Abthl.: Physik des Aethers. Die Lehren von der Wärme und vom Licht. 3. Heft. gr. 8. (201 S. mit vielen grav. Abbild. auf 7 Stnt. in gr. 4. und qu. Fol.) Zürich 863, Schulthess. *
1. Abthl. und 2. Abthl. 1. und 2. Heft. Ebendas. 1858—60. * 3 Thlr. 10 Ngr.

Mousson, Alb., die Physik auf Grundlage der Erfahrung. 3 Bde. Mit 1184 eingedr. Fig. (in Holzschn.) 2. umgearb. u. verm. Aufl. gr. 8. (XVIII. 391; III, 635 u. VIII, 615 S.) Zürich 871–74. Schulthess. n. 27. 40

—— die Physik auf Grundlage der Erfahrung. 1. Bd. und 2. und 3. Bd. à 2 Lfgn. 2. umgearb. und verm. Aufl. gr. 8. Ebendas. *
Inhalt:
Bd. 1. Allgemeine und Molecular-Physik. (XVIII, 391 S. mit 270 eingedr. Fig. in Holzschn.) 871. * ℳ 5,40.
» 2. 1. Lfg.: Die Lehre von der Wärme. (III, S. 1—267 mit 105 eingedr. Fig. in Holzschn. und 2 Taf. in Kpfrst. in qu. Fol.) 871. * ℳ 4. — 2. Lfg.: Die Lehre vom Licht [Optik]. (III, S. 271—635 mit 279 eingedr. Fig. in Holzschn. und 1 Taf. in Kpfrst. in qu. Fol.) 872. * ℳ 6.
» 3. 1. Lfg.: Die Lehre vom Magnetismus und der Electricität. (IV, S. 1—260 mit 169 eingedr. Fig. in Holzschn. und 2 Taf. in Kpfrst. in qu. Fol.) 874. * ℳ 5,40. — 2. Lfg.: Die Lehre vom Galvanismus. (IV, S. 261—615 mit 291 eingedr. Fig. in Holzschn.) 874. * ℳ 6,80.

Mousson, Alb., die Physik auf Grundlage der Erfahrung. 1. Bd.: Allgemeine und Molecular-Physik. 3. umgearb. und verm. Aufl. gr. 8. (VIII, 421 S. mit 275 eingedr. Holzschn.-Fig.) Zürich 879, Schulthess. *

Mousson, Alb., die Physik auf Grundlage der Erfahrung. 3. umgearb. und verm. Aufl. 2. Bd. 2 Lfgn. und 3. (Schluss-)Bd. 2 Lfgn. gr. 8. Zürich, Schulthess. *
Inhalt:
Bd. 2. 1. Lfg.: Die Lehre von der Wärme. (IV, S. 1—338 mit 128 eingedr. Holzschn.-Fig. und 2 lithogr. Taf.) 880. * ℳ 6.
» 2. 2. Lfg.: Die Lehre vom Licht [Optik]. (IV, S. 343—760 mit 306 eingedr. Holzschn.-Fig. und 1 lithogr. Taf.) 881. * ℳ 7,20.
» 3. 1. Lfg.: Die Lehren vom Magnetismus und der Electricität. (IV, S. 1—324 mit 198 eingedr. Holzschn.-Fig. und 2 lithogr. Taf.) 882. * ℳ 6.
Bd. 3. 2. Lfg.: Die Lehre vom Galvanismus. 2 Hälften. [1. Hälfte. (S. 325—548 S. mit 158 eingedr. Holzschn.-Fig.) 883. * ℳ 5,40.; 2. Hälfte. (IV, S. 549—852 mit 205 eingedr. Holzschn.-Fig.) 883. * ℳ 5.]
1. Bd. Ebendas. 1879. * ℳ 6,40.

Mousson, Alb. Die Physik auf Grundlage der Erfahrung. 3. umgearb. Aufl. Vollständiges Sachregister, bearb. v. Walth. Wolff. gr. 8. (III, 78 S.) Zür. 890, Schulthess. * 2 —
Das Werk, in 3 Bdn. Ebd. 1879—83. * 36 —.

Mousson, A.: Rede bei Einweihung des zürcher. Kantonsschulgebäudes. Zürich 1842.

(Mousson, Alb[ert].) Dr. Alexander Schläfli und sein Reise-Unternehmen. [2 Theile.] 8. [Zürich 1862–1863.]
[Theil 1: Erster Bericht.] SA. (1861 [*d. i.* 1862].)
[Theil 2] *u. d. T.:* Zweiter Bericht über das Reise-Unt' des Herrn Dr. A' Sch'. Der naturforschenden Gesellschaft [in Zürich] erstattet im April 1863. ⟨SA.⟩ [1863.]

Mousson, Alb., geologische Skizze der Umgebungen von Baden im Canton Aargau. Mit 4 Erklärungstaf. u. 1 Karte von Baden's Umgebungen, u. 3 Tabellen. gr. 8. Zürich 840. Orell, Füßli u. Comp. 1⅓ ß

Mousson, Alb., Skizze d. Umgebungen v. Baden im Canton Aargau. gr. 8. (8 B. incl. 3 Tab., 4 Erläuterungstaf. u. 1 Karte.) Zürich 840, Orell, Füssli u. Comp.

Mousson, Alb., Ueber die Whewell'schen oder Quetelet'schen Streifen.

—— das Tischrücken. Ein Wort der Aufklärung. gr. 8. (31 S.) Zürich 853, Schultheß.

Mousson, A.: Über die Veränderungen des galvanischen Leitungswiderstandes der Metalldrähte. 1848? 4⁰

—— über die Wasserverhältnisse der Quellen von Baden im Aargau. gr. 8. (24 S.) Zürich 848, Höhr. *

Mousson, G. G., Sermon d'action de graces sur la septième grande victoire du roi. Berlin 1757. 8.

Mousson, H[einrich], aus Zürich: Haftpflicht und Versicherung. Zür. J. Schabelitz Dr. [A. Müller Verl.] 1891. 170 S., 1 Bl. 8⁰.
Zürich. Jur. Diss. [v. 23. Juli 1891].

Mousson, [Heinrich]. Das Schulwesen der Stadt Zürich. Vortrag, gehalten ... den 21. Februar 1909 ... zu Zürich. [Mit Figuren. SA. aus der Neuen Zürcher Zeitung, Jahrg. 1909.] 14 S. 8. (Zürich. Druckerei der N' Z' Z', [1909].)

Mousson. Unsrem Freunde J[ohann] M[arcus] S[amuel] I[saak] Mousson aus Morsee am Genfersee, zum Abschied von der Universität Tübingen. [Gedicht.].... 8. Tübingen 1796.

Mousson, Joh. Markus Sam. Isaac (Helveto-Morgiensis), De praescriptione actionis pigneratitiae. Diss. jur. Präs. Christian Gmelin. Tübingen (Fues) Aug. 1796. 55 S. (5.—) 23775
Widm. v.: Christian Gmelin.

Mousson, Wilh. George, Zwey Reden, die erste bei Eröfnung des Feldzuges, die andere wegen des siebenden grossen Sieges des Königs, gehalten und aus dem Frantzös. übers. von J. C. F. R. Berlin 1757. 8.

Moustapha
s. Muṣṭafā

de Moustier, K. Alb., Briefe an Emilien üb. d. Mythologie 6 Thle., Mit 6 Kpfn. 12. Manh. 799, 800. Schwan u. G. 3 ß

— Briefe an Leonoren üb. die Mythologie, v. K. Habermann. 3 Thle. 8. Leipz. 799. Hartknoch. 2 ß 12 gr, Velinp. 4 ß

— Lettres à Emilie, sur la Mythologie. 4 Vols. av. fig. 18. Reinicke. 797.

— — les mêmes. VII Parts. 12. Stockholm, Ulrich.

— lettres à Emilie, sur la Mythologie. 8. Braunschw. N. Ausg. 801. Vieweg. 1 ß

Moustier, K. Alb. de, Lettres à Emilie sur la mythologies Nouvelle edition faite depuis la mort de l'auteur et augmentée de plusieurs lettres. VI Vol. 12. Lips. Hinrichs. (en Comm.) 811.

— lettres à Emilie etc. VI Voll. avec 18 fig. 12. Wien 812 Haas. 3 ß Postp. 4 ß

— u. Tressan, griech. u. röm. Mythen in Briefen an Emilie (von Nostitz-Jänkendorf.) 6 Thle. 8. Dresden, Gerlach. (Beyer.) 803. 4.

Velinp.

— u. Tressan, griech. u. röm. Mythen in Briefen an Emilie; nach d. Französ. (v. Nostiz u. Jänkendorf). M. 18 Kpf. 6 Thle. 8. Dresd. 803, 4. (Leipz., Weygand). 6 ß Velinp. 8 ß

deMoustier, K. Alb., Mythologie f. Frauenzimmer; aus d. Französ. mit Anmerkk. v. G. J. Schaller. 1r Thl. 8. Straßb. 791. Acad. Handl. 12 gr

Moustier, K. Alb. v., Mythologie f. Frauenzimmer, v. G. J. Schaller. 1r Th. 8. Strasb. Akadem. Handl. 792.

Mousty, Jean Pierre [Pseud.], s. Koltz, Jean Pierre Joseph.

Moutet, Hnr., s. Briefe an e. Pfarrherrn.

Mouth, Albert, Med.-Prakt.: Aus d. pathol. Inst. zu München. Ueber totale Verödung der Niere durch gummöse Entzündung. München 1908: Schwankl. 30 S. 8°
München, Med. Diss. v. 29. März 1909, Ref. v. Bollinger
[Geb. 2. Jan. 84 Augsburg; Wohnort: München; Staatsangeh.: Bayern; Vorbildung: Wilhelms-Gymn. München Reife Juli 03; Studium: München 10 S.; Coll. 29. März 09; Approb. 14. Jan. 09.] [U 09. 3371

Mouthon-Affaire, die, — e. verunglückte Mission d. deutsch-französischen Weltfriedensliga od. „Schwarze Rache für Fameck" v. Red Cloud. (Max Lay). (63 S.) 8. Braunschweig 904. Leipzig, R. Sattler. n. — 50

Moutier [Schlagwort]

Moutier. Rollier, L., Carte tectonique des environs de **Moutier** (Jura bernois). Avec l'autorisation de bureau fédéral topogr. report de l'atlas topogr. de la Suisse. 1 : 25,000. 50×71,5 cm. Farbdr. Bern (902). (A. Francke.) n. 4. 80

Moutier [Verfasser], s. Mourier

Mouton, le petit, conte pour les enfans, (p. Chr. Schmid). Trad. de l'allem. 12. (Mit 3 Steindr. u. 1 Vign.) Paris u. Strassb. 829. Levrault. 5 gr

Mouton, Charles (Hrsg.), s. Ésope en belle humeur, ou l'élite de ses fables.

Mouton, Eugène (Mérinos). Histoires extraordinaires, s. Collection d'auteurs français.

Mouton, K.

— Catéchisme, ou abrégé de princip. Points de la doctr. chrét. franç. et allem. 8. Hamb. Bohn. 741.

— la Civilité moderne, od. Höflichkeit. 12. Hamb. 744.

— Grammaire nouvelle franç. 8. Hamb. Herold. 755.

Mouton, K., Kern auserl. Briefe e. Mitglied. d. franz. Akad. 8. Hamburg. 752.

Moutoux, J.

— Karte von Deutschland mit Holland, Belgien u. d. Schweiz. Für Schulen bearbeitet. kl. Fol. Ebend. 846. n. 1/6 ß

Moutoux, J. Plan der Stadt Mannheim. Mannheim. 1 Bl. L.

Moutoux, J., Wandkarte von Deutschland, Belgien und der Schweiz, für Schulen bearbeitet. 6 lith. u. illum. Blätter (in Roy.-Fol.) Karlsruhe 842, Kunst-Verlag. n. 1 2/3 ß — Mit lith. u. illum. (Hand-)Karte in kl. Fol. n. 1 5/6 ß

— Wandkarte von Deutschland mit Holland, Belgien und der Schweiz. Für Schulen bearbeitet. Imp.-Fol. Ebend. 846. n. 1 2/3 ß

Moutoux, J. F., grammaire élementaire allemande française à l'us. des écoles redigée d'après Adelung, Heyse et Heinsius. 8. Basel 824. Schweighäuser. 15 gr

Mouttet, Felix

Mouttet, F., Geschichte Ludwigs Philipps I. rc., s. Geschichte.

Mouttet, F., und A. Boudin, Louis Philipp, s. Boudin.

Mouttet, Felix: Louis Philipp, seine Jugend, seine Regierung und sein Fall, s. Budin, Amédée.

Mouttet, Henri, avocat de Courchapoix (Jura bernois): Du contrat et de la clause d'abonnement. Delémont 1908. 56 S. 8°.
Bern, Jur. Diss. 1908/09.

Mouttet, Henri. Du Contrat et de la Clause d'Abonnement. Thèse Dr. Berne. 56 p. 8. Delémont, Boéchat & Cie, 1908.

Mouttet, F., s. Geschichte Ludwig Philipp's I.

Mouture, la, de grains et sur la farine. 8. Bern, Typ. 1 ß

Le **Mouvement de la population de la Suisse pendant l'année 1880.**
*„Journal de la société de statistique de Paris" No. 8. 1882.

Mouvememt de la population de la Suisse pendant l'année 1899. Publication du Bureau de Statistique du Département fédéral de l'Intérieur. Publié le 25 avril 1901. IV + 32 p. 4. Berme, Comm. Schmid & Francke, Impr. Haller, 1901. [fr. 2.—]
Statistique de la Suisse. 127e livraison.

Mouvememt de la population de la Suisse pendant l'année 1900. Publicattion du Bureau de Statistique du Département fédéral de l'Intérieur. Publié le 24 mars 1902. IV + 32 p. 4. Berne, Comm. Schmid & Francke, Impr. Haller, 1902. [fr. 2. —]
Statistique de la Suisse. 133e livraison.

Mouvememt de la population de la Suisse pendant l'année 1901. Publicattion du Bureau de statistique du Département fédéral de l'Intérieur. Publié le 20 décembre 1902. IV + 32 p. 4. Berne, comm. A. Francke, Impr. Haller, 1902. [fr. 2. —]
Statistique de la Suisse. 135e livraison.

Mouvement de la population de la Suisse pendant l'année 1902. Publication du Bureau de statistique du Département fédéral de l'Intérieur. Publié le 28 décembre 1903. IV + 32 p. 4. Berne, comm. A. Francke, Impr. Haller, 1903. [fr. 2. —]
Statistique de la Suisse. 189e livraison.

Mouvement de la population de la Suisse pendant l'année 1903. Publication du Bureau de statistique du Département fédéral de l'Intérieur. Publié le 25 janvier 1905. IV + 32 p. 4. Berne, comm. A. Francke, Impr. Haller, 1905. [fr. 2. —]
Statistique de la Suisse. 143e livraison.

Mouvement de la population de la Suisse pendant l'année 1904. Publication du Bureau de statistique du Département fédéral de l'Intérieur. Publié le 26 février 1906. IV + 32 p. 4. Berne, comm. A. Francke, Impr. Haller, 1906. (fr. 2. —)
Statistique de la Suisse. 148e livraison.

Mouvement de la population de la Suisse pendant l'année 1905. Publication du Bureau de statistique du Département fédéral de l'Intérieur. Publié le 22 avril 1907. 32 p. 8. Berne, comm. A. Francke, Impr. Haller, 1907. (fr. 2. —)
Statistique de la Suisse. 155e livraison.

Mouvement de la population de la Suisse pendant l'année 1906. Publication du Bureau de statistique du Département fédéral de l'Intérieur. (Publié le 10 février 1908.) 36 p. 4. Berne, comm. A. Francke, Impr. Haller, 1908. (fr. 2. —)
Statistique de la Suisse. 160e livraison.

Mouvement de la population de la Suisse pendant l'année 1907. Publication du Bureau de statistique du Département fédéral de l'Intérieur. Publié le 25 mars 1909. 38 p. 4. Berne, comm. A. Francke, Impr. Haller, 1909. [fr. 2. —]
Statistique de la Suisse. 164e livraison.

Mouvement de la population de la Suisse pendant l'année 1908. Publication du Bureau de statistique du Département fédéral de l'Intérieur. Publié le 1er mars 1910. 36 p. 4. Berne, comm. A. Francke, Impr. Haller, 1910. (fr. 2. —)
Statistique de la Suisse. 167e livraison.

Mouvement (Le) syndical en Allemagne. Rapport pour le congrès international socialiste ouvrier et syndical, Paris 1900, présenté par la Commission générale des syndicats de l'Allemagne. 8°. Hambourg, Auer et Co., 1900.

Mouze, Traité de la fortification souterraine, av. pl. 4. Strasb. Levrault. 804.

Movel, Essai sur les Voix de la Langue franç. gr. 8. Paris. 805.

Movers, Frz. Carl, **Denkschrift** üb. d. Zustand der kathol.-theolog. Facultät an der Universität zu Breslau seit der Vereinigung der breslauer u. frankfurter Universität bis auf die Gegenwart. gr. 8. (5⅝ B.) Leipzig 845, Mittler.

Movers, Franciscus Carolus: Loci quidam historiae canonis veteris testamenti illustrati. Vratislaviae (1842). (32 S.) 8°
[Im Buchhandel 1842 bei Hirt in Breslau.]
Breslau, Kath.-theol. Fak., Antr.-Progr. als ord. Prof. v. 28. Juli 1842

Movers, Franc. Carol., Loci quidam historiae canonis Vet. Test. illustrati. Commentatio critica. Breslau, Hirt, 1842. gr. 8°. 1 Mk.

Movers, Franc. Car., de utriusque recensionis Vaticiniorum Jeremiae, Graecae Alexandrinae et Hebraicae Masorethicae, indole et origine, Comment. crit. 4maj. Hamburgi 834. Fr. Perthes. ¾ ₰

Movers, Franc. Carolus. De utriusque recensionis vaticiniorum Jeremiae Graecae Alexandrinae et Hebraicae Masorethicae indole et origine commentatio critica. Hamburg, Perthes, 1837, 4°, 7¼ Bg., 1.80 Mk.

Movers, Frz. Carl, die Phönizier. (In 2 Bdn.) — 1. Bd. — A. u. d. T.: Untersuchungen üb. d. Religion u. d. Gottheiten d. Phönizier, mit Rücksicht auf d. verwandten Culte d. Carthager, Syrer, Babylonier, Assyrer, d. Hebräer u. d. Aegypter. gr. 8. (47 B.) Bonn 841, Weber.

Movers, Franz Carl, die Phönizier. 2. Bd. 1. und 2. Thl. A. u. d. T.: Das phönizische Alterthum. 1. und 2. Thl. Politische Geschichte und Staatsverfassung. — Geschichte der Colonien. gr. 8. Berlin, Dümmler's Vrlgsh. [1. (VI und 561 S.) 849. * 3 Thlr., 2. (IV und 660 S.) 850. * 3 Thlr. 10 Ngr.] *
Der erste Band erschien 1841 bei Weber in Bonn und kostet 3 Thlr. 15 Ngr.

Movers, F. C., die Phönizier. 2. Bd. 3. Thl. A. u. d. T.: Das phönizische Alterthum. 3. Thl. 1. Hälfte: Handel und Schifffahrt. gr. 8. (VIII und 336 S.) Berlin 856, Dümmler's Verlag.]

—— Phönizische **Texte** erklärt. 1. Thl. A. u. d. Tl.: Die Punischen Texte im Poenulus des Plautus kritisch gewürdigt u. erklärt. gr. 8. (9⅔ B.) Breslau 845, G. P. Aderholz.

—— phönizische Texte erklärt. 2. Thl. A. u. d. T.: Das Opferwesen der Karthager. Commentar zur Opfertafel von Marseille. gr. 8. (137 S. mit 1 Stnt. in gr. Fol. und 1 Taf. in qu. 4.) Breslau 847, G. P. Aderholz, Vrlgsh.
1. Thl. Ebendas. 1845. 25 Ngr.

Movers, F. C., Die Unächtheit der im Eusebius erhaltenen Fragmente des Sanchoniathon bewiesen. [A. aus den Jahrb. f. Theol. und Phil. VII. B. 1. Heft.] o. O. u. J.

—— die **Unfähigkeit** des Hrn. Prof. Seyffarth in Leipzig, wissenschaftliche Werke über das Alterthum zu lesen, zu verstehen u. zu würdigen, erwiesen an sein. Recension meiner Schrift: „Untersuchungen üb. die Religion der Phönizier" in Gersdorf's Repertorium B. XXIX. H. 3. gr. 8. (2¾ B.) Breslau 842, Hirt's Verl.

Movers, F. C., kritische Untersuchungen üb. d. bibl. Chronik. Ein Beitr. zur Einleit. in d. alte Testament. gr. 8. (22 B.) Bonn 834, Habicht.

Möves, Wilhelm, Stephan Ludwig Roth, der Volksfreund und Held im Pfarrerrock, Ein sächs. Lebensbild a. d. 1. Hälfte dieses (19.) Jhs., Kronstadt 1898, 100 S., 8°.

Movimento dei piroscafi, diligenze e messaggerie a Zara coll' indicazione dell' arrivo e partenza da e per ogni singolo porto di toccata un' aggiunta delle principali linee ferroviarie in coincidenza e relativi prezzi di passaggio. (49 S.) kl. 8. Zara 904. Internat. Buchh. H. v. Schönfeld. n. — 35

Mowa pogrzebowa podczas obrzędu żałobnego za dusze ś. p. O. Karola Antoniewicza w Krakowie. gr. 8. (27 S.) Lissa 853, (Günther.)

Mowat, R., Heraclès chez les Pygmées. S.-A. 1900. 6 S.

— La reconstitution des collections de coins aux Ier et IIe siècles. S.-A. 1900. 19 S.

— Le vase sacrificatoire des reines d'Egypte symbole monétaire. S.-A. 1901. 24 S.

Möwe, die, s. Blum, G.

Möwe, die. Lieder für Seeleute. Mit Originalbeiträgen vom Verf. der „Meerblumen." 32. (128 S.) Hamburg 856(57.) (Leipzig, Gerhard.)

Moewes, Geschichte d. 1. westfälischen Feld-Artillerie-Regiments Nr. 7, s.: Hamm.

Moewes, A. L.
Destillir-Kunst (Die) der geistigen Getränke, nach den neuesten und praktisch-bewährten Erfahrungen, mit wissenschaftlichen Erläuterungen und besonderer Rücksicht auf den gegenwärtigen Standpunkt des Gewerbes, bearbeitet. Zur Benutzung für den praktischen Destillateur, etc. Nebst einen Abhandlung der Essig- und Schnellessigfabrikation. Berlin, 1834.
Zweite vermehrte und umgearbeitete Auflage. Berlin, 1841. 8vo. Ill.
Dritte Auflage. Berlin, 1850.

Moewes, A. L., die Destillir-Kunst d. geist. Getränke, nach prakt. bewährt. Erfahrn. 8. (14 B.) Berlin 834, Schroeder.

Moewes, A. L., die Destillir-Kunst d. geistigen Getränke, nach d. neuesten u. prakt. bewährten Erfahrn., mit wissenschaftl. Erläutern. u. besond. Rücksicht auf d. gegenwärt. Standpunkt d. Gewerbes bearb. Nebst e. zugefügten Abhandl. d. Essig- u. Schnell-Essigfabrikation. 2., verm. u. vollst. umgearb. Aufl. gr. 8. (19 B. u. 1 Stnt.) Berlin 841, [Schroeder's Verl.]

Moewes, A. L., die Destillir-Kunst der geistigen Getränke auf kaltem wie auf warmem Wege, nebst einer vollständ. Abhandlung über Essig- und Schnell-Essigfabrikation, sowie über die Anfertigung des Gas-Aethers und Oelspritts. Als Leitfaden zur Benutzung für den prakt. Destillateur und als theoret. Anleitung bei meinem prakt. Unterricht. 3., verm. Aufl. Mit Abbildungen. gr. 8. (XVIII und 367 S. mit 1 Stnt. in gr. Fol.) Berlin 850, Schröder's Verlag.

Moewes, A. L., die Destillirkunst der geistigen Getränke auf warmen und auf kaltem Wege. Ein vollständiges Handbuch der Liqueurfabrikation, nebst einer prakt. Anleitung zur Essig- und Schnell-Essigfabrikation. 4., verb. Aufl. gr. 8. (XX und 347 S. mit in den Text eingedr. Holzschn.) Berlin 854, Schroeder's Verlag.

Moewes, A. L., die Destillirkunst der geistigen Getränke auf warmem wie auf kaltem Wege. Ein vollständiges Handbuch der Liqueurfabrikation, nebst einer prakt. Anleitung zur Essig- und Schnell-Essigfabrikation. 5., verb. Aufl. gr. 8. (XX und 355 S. mit in den Text gedr. Holzschn.) Berlin 857, Schroeder's Verlag.

Moewes, A. L., die Destillirkunst der geistigen Getränke auf warmem wie auf kaltem Wege. Ein vollständ. Handbuch der Liqueurfabrikation, nebst einer prakt. Anleitung zur Essig- und Schnell-Essigfabrikation. 6., verb. Aufl. gr. 8. (XX und 311 S. mit in den Text gedr. Holzschn.) Berlin 864, Schroeder's Verlag.

Moewes, A. L., die Destillirkunst der geistigen Getränke auf warmem, wie auf kaltem Wege. 7. Aufl. gr. 8. Berlin 870, Parey. * 3 —

Moewes, A. L., die Destillirkunst der geistigen Getränke auf warmen, wie auf kaltem Wege. Ein vollständ. Handbuch der Liqueurfabrikation nebst e. prakt. Anleitg. zur Essig- u. Schnell-Essigfabrikation. 7. verb. Aufl. Mit in den Text eingedr. Holzschn. gr. 8. (XX, 316 S.) Berlin 870. Schroeder. 3. —

Moewes, A. L., die Destillirkunst der geistigen Getränke auf warmem wie auf kaltem Wege. Ein vollständ. Handbuch der Liqueurfabrikation, nebst einer prakt. Anleitung zur Essig- und Schnell-Essigfabrikation. 8. verb. Aufl. gr. 8. (XXII, 401 S. mit in den Text eingedr. Holzschn.) Berlin 881, [E. H. Schroeder.] Parey. *

Moewes' Destillierkunst. Praktisches Handbuch der Likörfabrikation, nebst Anweisg. zur richt. Erfüllg. der steuergesetzl. Vorschriften u. vielen Berechnungstabellen. 9., vollständig umgearb. Aufl. Mit Textabbildgn. u. e. Anh.: Essigfabrikation. gr. 8. (VIII, 584 S.) Berlin 892. P. Parey. Geb. in Leinw. n. 7. —

Moewes, C., die Parfürmerie-Fabrikation oder praktische Anweisung alle Arten Toilette- u. Schönheitsmittel zu verfertigen. Enthltd.: die vollständige Herstellg. der verschiedenartigsten Toilettenseifen ꝛc. Nebst einer Anleitung zur Ausziehung der äther. Oele ꝛc. Mit 12 Abbildgn. der neuesten Maschinen u. Geräthschaften (in eingedr. Holzschn.). Berlin 870. Mode's Verl. 8. (VIII, 154 S.) 22½ ngr.

— der praktische u. wohlerfahrene Seifensieder, Kerzenfabrikant u. Lichterzieher oder bewährte u. gründliche Anweisung zur Bereitung aller Sorten Seifen aus animal. Fettsubstanzen u. vegetabil. Oelen, wie feste weiße Seifen ꝛc., sowie zur Fabrikation aller Arten von Talglichtern. u. Stearinkerzen. Nebst einer Anleitung zur Herstellung der äther. Oele ꝛc. durch Destillation, Infundirung u. Maceration. Mit 38 Abbildgn. der neuesten Maschinen u. Geräthschaften (in eingedr. Holzschn.). Ebend. 870. 8. (VIII, 146 S.) 22½ ngr.

Moewes, [Franz (geb. Berlin 9. 11. 1856): Über Bastarde von Mentha arvensis und Mentha aquatica sowie die sexuellen Eigenschaften hybrider und gynodiöcischer Pflanzen. Leipzig 1883. (20 S.) 8° * Aus: Botan. Jahrbücher f. Systematik, Pflanzengesch. u. Pflanzengeogr. Bd 4. 1883.
Berlin, Phil. Diss. v. 26. Mai 1883

Möwes, Heinr., Gedichte. Nebst e. Abrisse sein. Lebens, großenth. nach seinen Briefen. 1. Aufl. (13½ B.) Magdeb. 836., 2., verm. A. 837. u. 3. Aufl. 8. (à 16 B.) Berlin 838, L. Oehmigke. à

Möwes, Hnr., Gedichte. Nebst einem Abrisse seines Lebens, größtentheils nach seinen Briefen. 8. Magdeburg 836. (Heinrichshofen.) 1 ℛ — 2e verm. Aufl. 8. Berlin 837. L. Oehmigke. 1 ℛ — 3e Aufl. 8. Ebd. 838. 1 ℛ

Möwes, Heinr., der Pfarrer v. Andouse, s.a. Für Stadt u. Land.

Möwes, Heinr., der Pfarrer von Andouse. Eine histor. Novelle aus d. Zeit d. Dragonaden. 8. (1¾ B.) Magdeburg 832, Heinrichshofen.

Möwes, Heinr., d. Pfarrer v. Andouse. E. histor. Erzählg. aus der Zeit d. Dragonaden. Neue Ausg. 12. (160 S.)) Stuttgart 895. D. Gundert. Geb. in Leinw. n. 1.—

— dasselbe, s.a. Sonntagsbibliothek.

— Predigten, geh. in seinen letzten Lebensjahren. 8. (3¼ B.) Magdeburg 843, Heinrichshofen.
Aus: Dess. sämmtl. Schriften 2. Thl. besond. abgedruckt.

Möwes, Hnr., sämmtliche Schriften. 1. Theil. A. u. d. T.: Der Pfarrer von Andouse. Histor. Novelle aus der Zeit der Dragonaden. 2. unveränd. Aufl. 8. Magdeburg 843, Heinrichshofen. 1 ℛ

— 2. Thl. A. u. d. T.: Gedichte. Nebst e. Abrisse seines Lebens, großentheils nach seinen Briefen. 4. mit einer kleinen Auswahl von ihm gehaltener Predigten verm. Aufl. 8. Ebend. 843. 1¼ ℛ (1. 2. 2¼ ℛ)
Hieraus ist abgedruckt:
— Predigten, gehalten in seinen letzten Lebensjahren. 8. Ebend. 843. ¼ ℛ

Möwes, Heinr., sämmtliche Schriften. 2. Thl. 5., unveränd. Aufl. A. u. d. T.: Gedichte. Nebst einem Abriß seines Lebens, großentheils nach seinen Briefen, und einer kleinen Auswahl von ihm gehaltener Predigten. 8. (XVI und 309 S.) Magdeburg 849, Heinrichshofen'sche Buchh.
1. Thl. 2. Aufl. Ebendas. 1843. 1 Thlr.

Möwes, Herm., Rückblick auf die Geschichte des Männerturnvereins Potsdam v. Tage d. Gründung, 23. 5. 1860, bis z. 50. Stiftungsf. 1910, m. Abb., Potsdam 1910, 26 S., 8°.

Moewes, Walter, Gerichtsref. aus Berlin: Der Vermögensnießbrauch. *(Berlin 1903: 'Gutenberg'.)* (VIII, 65 S.) 8° [F.]
Jena, Jur. Diss. v. (25. Mai) 1903

Möwing, J. H., Aufsatzschule. Sammlung von Stoff zu Aufsatzübungen für geübtere Schüler. Zusammengestellt und mit zahlreichen Aufgaben versehen. gr. 8. (XVI und 560 S.) Langensalza 858, [Schulbuchhandlung von Greßler.]

Möwing, J. H., kurzgefaßte Geschichte v. Preußen. Für den Schul- u. Privatgebrauch neu bearb. 10. von neuem durchgeseh. Aufl. 8. (75 S.) Königsberg 872. akadem. Buchh. n. — 40

Möwing, J. H., kurzgefaßte Geschichte von Preußen. Für den Schul- und Privatgebrauch neu bearb. 10. Aufl. 2. (Titel-) Ausg. mit einer histor. (chromolithogr.) Karte des preuß. Staates. 8. (75 S.) [Braunsberg (872)79, Strübig.] Rostock, Werther's Verlag. cart. *

Möwing, J. H., Handfibel zum Lesenlernen nach der Lautirmethode. 8. (3½ B.) Königsberg 842, Bon. *

Möwing, J. H., siehe: Liederbuch f. deutsche Landsleute.

Möwing, J. H., illustrirte Volks- und Vaterlandslieder, s. Volks- und Vaterlandslieder.

— illustrirte Volks- und Vaterlandslieder. Gesammelt ꝛc. Mit vielen Bildern (146 Holzschn. im Text) und Singweisen. Leipzig (853.) Schlicke. 16. (IV, 316 S.) 10 ngr.
Neuer Titel zu „Liederbuch für deutsche Landleute" 1851.

—— (Wandfibel. 10 Bog. in gr. Fol. und) Anleitung z. Gebrauche d. Hand- u. Wandfibel nach d. Lautirmethode. Nebst e. Vorbemerkung v. J. A. Steeger. gr. 8. (1 B.) Königsberg 842, Bon. *

Mowschowitsch, Ida, aus Tula (Russland): Aus dem pharmakolog. Institut zu Zürich (Dir. Prof. Cloetta). Ueber die Brauchbarkeit des Trichloraldehyd-Trichlorpseudobutylalkohols (Clorans) als Schlafmittel. Affoltern a. A. 1907. 11 S. 8°. [5. III. 07.]
Zürich. Med. Diss. 1906/1907.

Mowschowitsch, Ida. Ueber die Brauchbarkeit des Trichloraldehyd-Trichlorpseudobutylalkohols ⟨Clorans⟩ als Schlafmittel. Diss. Med. Univ. Zürich. *Kopftitel:* Aus dem pharmakolog. Institut zu Zürich. ⟨Dir. Prof. [Max] Cloetta.⟩ 11 S. 8. Affoltern a. A., J. Weiss, 1907.

Mowsēs, Ḫorenaçi, s. Moses von Chorene

Moxl, Theo, Grün-Weiss-Rot. Gedichte. (VII, 54 S. m. Bildnis.) kl. 8. Dresden (908). E. Pierson. 1.—; geb. n 2.—

Moxter, (Karl) Philipp (geb. Steinbach in Hessen 10. 3. 1858): Therapie des Nabelschnurvorfalls bei Schädellage. Berlin (1882). (38 S.) 8°
Berlin, Med. Diss. v. 29. Juli 1882

Moxter, Wilhelm [aus Hahnheim '(Hessen)']: Ueber die oculo-pupillären Symptome bei Lähmungen der oberen Extremität. '(Klumpke.)' ... Berlin, C. Vogts Buchdr., *1894*; 30 S., 1 Bl. 8.
Berlin, Med. Fak., Inaug.-Diss. v. 24. Apr. 1894

Moy, Graf, die Spinne. Lustspiel in 5 Aufzügen. 8. (85 S.) München 884. Th. Ackermann's Verl n. 1.—

Moy, Karl v., ein deutscher Standesherr. Schauspiel in 4 Aufzügen. 8. (III, 95 S.) München 879, Th. Ackermann. *

Moy de Sons, Ernst Frhr. v., an Heinr. Frhrn. v. Andlaw, Präsidenten der 13. Generalversammlung der kathol. Vereine Deutschlands. Offener Brief, über die großen Fragen, welche jene Versammlung beschäftigt haben. 8. (40 S.) Mainz 862, Kirchheim.

Moy de Sons, Ernst Frhr., s. a. Archiv f. kathol. Kirchenrecht.

Moy de Sons, Ernst Freiherr von — —. Archiv für katholisches Kirchenrecht, mit besonderer Rücksicht auf Oesterreich. Im Verein mit mehreren Gelehrten herausgegeben von — —. 1. Bd. 6. Heft. Innsbruck. Druck und Verlag der Vereinsdruckerei des J. Aufschlager. 1857. (S. CXXXV, u. 384. 8.)

— s. Blüthen, die, d. Heiligen.

(v. Moy): Die Darlegung d. Verfahrens d. Prenss. Regierung gegen d. Erzb. v. Cöln, betrachtet aus dem Standpunkte der Gesch. d. Rechts u. d. Politik. *Augsb.,* Kreuzer. 838. 8. (15 Gr.)

v. Moy, E., v. d. Ehe u. d. Stellung d. kath. Kirche in Deutschland rücksichtl. dieses Punktes ihrer Disciplin. Mit e. Anh. üb. d. Verhältniß d. Kirche zum Staate u. e. tabellar. Uebersicht der, in d. bedeutendsten deutschen Bundesstaaten aufgestellten Ehegesetze. gr. 8. Landsh. 830. Krüll. 16 gr.

Moy, E. v., von d. Ehe u. d. Stellung d. kathol. Kirche in Deutschland rücksichtl. dies. Punktes ihrer Disciplin. Mit e. Anh. üb. d. Verhältniß d. Kirche zum Staate u. e. tabellar. Uebersicht der, in d. bedeutendsten deutsch. Bundesstaaten aufgestellten, Ehegesetze. gr. 8. (9¼ B. u. 3 Tab. gr. Fol.) Landshut 830. [Regensburg, Manz.]

v. Moy, Er., das Eherecht der Christen in der morgenländ. u. abendländ. Kirche bis zur Zeit Karls des Großen; nach den Quellen dargestellt. (1r Thl.) gr. 8. Regensburg 833. Pustet, jetzt Kollmann in Augsburg. 1½ Thlr.

— das Eherecht d. Christen v. d. ältesten Zeiten bis auf Karl d. Großen, histor. u. erläuternd dargest. gr. 8. Regensb. 833. Pustet. 1 Thlr. 16 gr.

— s. Frayssinous, d. Christenthum.

— einige Gedanken über die Gesetzgebung im Fache d. Polizei. gr. 8. Landsh. 825. Krüll. 4 gr.

Moy, v. An Grf K. v. Giech. (Z.) Sendschreiben die Kniebeugungsfrage u. die Gewissensfreiheit betr. Regensburg 1845. 26 S.

Moy, Ernst v., an den hochgebor. Hrn. Grafen Karl von Giech. Sendschreiben die Kniebeugungsfrage u. die Gewissensfreiheit betreffend. gr. 8. (1⅝ B.) Regensburg 845, Manz. Thlr.

Moy de Sons, Ernst v., Grundlinien einer Philosophie des Rechts aus katholischem Standpunkte. 1. Bd. A. u. d. T.: Grundlinien einer Philosophie des Privat- und Kirchenrechts aus kathol. Standpunkte. gr. 8. (X und 258 S.) Wien 854, Mayer und Comp. *

Moy de Sons, Freiherr von —. Grundlinien einer Philosophie des Rechts aus katholischem Standpunkte von — —. 1. Band. Den allgemeinen Theil und die Philosophie des Privatrechts und des Kirchenrechts enthaltend. Grundlinien einer Philosophie des Privat- und Kirchenrechts aus katholischem Standpunkte von — —. (X, 254 S. und 2 Bl.) 8. Wien. Druck von Anton Schweiger. Verlag von Mayer und Komp. 1854.

Moy de Sons, Ernst Frhr. v., Grundlinien einer Philosophie des Rechts aus katholischem Standpunkte. 2. Bd. A. u. d. T.: Grundlinien einer Philosophie des Staats- und Völkerrechts aus kathol. Standpunkte. gr. 8. (XIV und 434 S.) Wien 857, Mayer und Comp.
1. Bd. Ebendas. 1854. * 1 Thlr. 15 Ngr.

— die weltliche Herrschaft des Papstes und die rechtliche Ordnung in Europa. Mit einem Vorwort an die deutschen Protestanten. Regensburg 860. Pustet. 8. (72 S.) 6 ngr.

— Lehrbuch des bayerischen Staatsrechts. Mit Benützung der Protokolle der zur Revision der Verfassung vom Jahre 1808 u. zur Berathung der Verfassungs-Urkunde vom 26. Mai 1818 in den Jahren 1815 u. 1818 abgehaltenen Ministerial-Conferenzen bearbeit. 1r Thl. Verfassungsrecht. 1. Abthl. Einleit. u. 1. Buch: Von den Rechtsverhältnissen des Oberhauptes u. der verschied. Glieder des Staates als solcher, für sich betrachtet. gr. 8. Regensburg 840. Manz. n. 1 5/6 ₰

— Lehrbuch des bayerischen Staatsrechts. — I. Thl. Verfassungsrecht. II. Abthl. II—IV. Buch: Von den allgemeinen Rechten aller Bayern, von den Distrikts-Versammlungen, dem Landrathe und der Stände-Versammlung, und von der Gewähr der Verfassung. gr. 8. Ebend. 841. n. 5/6 ₰ (I. 1. 2.: n. 2 2/3 ₰)

— dass. das Staatsrecht des Königreichs Bayern. II. Thl. Verwaltungsrecht. I. Abthl. Die allgem. Begriffe, den Organismus der Behörden und Normen der Ausübung der Gesetzgebungs-, der Justiz- und der Regierungsgewalt im Gebiete der materiellen Interessen enthaltend. gr. 8. Ebend. 843. n. 2 2/3 ₰

— dass. II. Thl. Verwaltungsrecht. II. Abthl. (Schluß.) Die Polizei im Gebiete des sittlichen und geistigen Lebens, nebst Normen der Polizeistrafgewalt; das Finanzwesen, das Conscriptionswesen und den Organismus der Militärbehörden; die auswärt. Verhältnisse, und endlich die administrativen Bestimmungen über den Staatsdienst und die Bedingungen des Eintritts in denselben darstellend. gr. 8. Ebend. 846. n. 2 5/6 ₰ (compl.: n. 8 1/6 ₰)

Moy, E(rnst) v., der Papst als Staatsoberhaupt, s. Curci.

Moy de Sons, Ernst Frhr. v., das Recht außerhalb der Volksabstimmung. Regensburg 867. Pustet. gr. 8. (VIII, 192 S.) n. 21 ngr.

—— das Staatsrecht des Königr. Bayern ꝛc. 2. Thl. Verwaltungsrecht. 2 Abthlgn. (Schluß.) gr. 8. Regensburg, Manz. *
A. u. d. Titln.:
Abthl. 1. Die allgem. Begriffe, den Organismus der Behörden u. die Normen der Ausübung der Gesetzgebungs-, der Justiz- u. der Regierungsgewalt im Gebiete der materiellen Interessen enthaltend. (40 B.) 843. * 2 Thlr. 20 Ngr.
" 2. Die Polizei im Gebiete des sittl. u. geistigen Lebens, nebst den Normen der Polizeistrafgewalt; das Finanzwesen, das Conscriptionswesen u. den Organismus der Militärbehörden; die auswärt. Verhältnisse, u. endlich die administrativen Bestimmungen über den Staatsdienst u. die Bedingungen des Eintritts in denselben darstellend. (45 1/4 B.) 846. * 2 Thlr. 25 Ngr.
1. Thl. 2 Abthlgn. Ebendas. 1840, 41. * 2 Thlr. 20 Ngr.

Moy, Ernst Graf v., das Wahlrecht der Geistlichen. (29 S.) 8. München 905. [C. Haushalter]. Verl. d. süddtsch. Bauhütte. n. — 30

Mapa de la Isla de Santo Domingo y Haiti por el General Casimiro N. de Moya. Oficialmente adoptado por Resolucion del Congreso Nac. Dominicano... 1905. (Escalas 1 : 400,000. | Mit 3 Nebenkarten.] Chicago & London: Rand, McNally & Co. 1906; [aufgeklebt: Hamburg: L. Friederichsen & Co.].) (1 Kartenbl. 103×93 cm.) [Kopft. lith.] [kol.] 07. 5896

Moycho, Stefan, a. Warschau: Über das Kampnen aus isoborneol und seine Oxydationsprodukte. Göttingen 1905: E. A. Huth. (50 S.) 8°
Göttingen, Phil. Fak., Ref. Wallach, Diss. v. 15. März 1905
[Geb. 30. Okt. 79 Warschau; Wohnort: Warschau; Staatsangeh.: Rußland; Vorbildung: Realsch. Warschau Reife Juni 98; Studium: Warschau Polytechn. 9, Göttingen 3 S.; Rig. 8. Febr. 05.]

MOYE, ALBERT. Ueber die Darstellung höherer Monamine der Fettreihe vermittelst der, "Mendius'schen Reaction." Bern, *n. d.* [1889].

Moye, Alb., die Gewinng. u. die Verwendg. des Gipses, s. Bibliothek der gesamten Technik.

Die Gewinnung und die Verwendung des Gipses. Von Albert Moye. Mit 74 Abb. Hannover: M. Jänecke 1908. (VIII, 142 S.) 8°
= Bibliothek d. gesamten Technik. Bd 72. 08. 11066 7

Moye, Alb., der Gips, s.: Heusinger v. Waldegg, Edm., die Ton-, Kalk-, Cement- u. Gips-Industrie.

— Hydraulischer Kalk- u. Portlandzement, s.: Zwick, Hermann

Moye, Willy [aus Halle a. S.]: Johann von Wallenrod, Erzbischof von Riga und Bischof von Lüttich ... Halle a. S., Druck v. E. Karras, 1894; 2 Bl., 72 S., 1 Bl. 8.
Halle, Phil. Fak., Inaug.-Diss. v. 7. Febr. 1894

Moyen

— court et très-facile p. faire Oraison. 8. Stuttgard, Metzler. 766.

— le, de devenir peintre en trois heures. 8. Francf. 756.

Moyen, nouveau, simple, facile et peu coûteux de corriger efficacement les cheminées etc. etc. avec 2 pl. 8. Leipz., Baumgärtner. 8 gr.

— propre à combattre les fièvres putrides et malignes etc. 12. Bern. 779. Haller. (Steiner in Winterth.) 6 gr.

— de rendre la Franche-maçonnerie plus utile à l'humanite. gr. 8. Strasb. Treuttel. 791.

Moyen de transporter les lettres, un corps quelconque ne dépassant pas un certain poids avec une vitesse télégraphique de cent lieues à l'heure. Avec 4 figures, sur bois. Lex.-8. Munich 845. (Franz.) n. 1 1/6 ₰

— l'unique, de faire la paix, par un noble Vénétien. 8. Strasb. Levrault. 798.

Moyens, des, de soustraire l'exploitation des mines de houille aux changes d'explosion. Recueil de mémoires et de rapports publié par l'Académie Royale des sciences et belles lettres de Bruxelles. (Mit 11 Steintaf.) gr. in-8. Bruxelles 840. (Muquardt.) n. 1 5/6 ₰

Moynier, Gust., das erste Decennium des rothen Kreuzes. Aus d. Französ. übs. 66 Stn. 8. Genf. (H. Georg). 1873. 1. 50

Moynier, Gust., das rothe Kreuz, seine Vergangenheit und seine Zukunft. Allein berechtigte deutsche Ausg. Aus dem Französ. übertr. von A. Stange. gr. 8. (IV, 180 S.) Minden 883, Bruns. *

Moynier, Gustave. La Revision de la convention de Genève. Etude historique et critique, suivie d'un projet de Convention revisée. In-4°. 64 p. Genève, Comité international de la Croix Rouge, (Genève et Bâle, Georg & Co.) 1899. 2 —

Moyr: Hieronymus Josef Franz von Paula Graf Colloredo. 54 S. 8°–Salzburg, Progr. 1868

Moyseowicz, die Anwendung der aus der königl. preuss. Arznei-Taxe bei Arzeneiverordnungen sich ergebenden Vortheile. — Die Steuerdeclaration der Aerzte v. Max Kamm. (Beiheft zum medicin. Taschenkalender f. d. J. 1892.) gr. 16. (49 S.) Breslau 892. Preuss & Jünger. n. — 50

§ **MOYSES,** Die fünf Bücher, in possirliche Reime und ein Kompendium verfasst von einem frommen alten Eremiten. Palästina, im Jahr der Welt 5786. (München, Lentner, 1803.) 8°. (2 Mk. 40 Pfg. Scheible, vor 1885; jetzt theurer!)

Moyses, der reiche, in d. Klemme, s.a. Kakadäus.

Moyses, der reiche, in der Klemme, oder die Hep Hep in F. Ein Lust- und Thränenspiel in 2 Akten. 8. Hadamar, Gelehrte Buchhdl. 819.

MOYSES, STEPHAN. Pastoralrede, durch Stephan Moyses aus Gottes und des Apostolischen Stuhles Gnade Bischof von Neusohl, aus Anlaß seines Antrittes des bischöflichen Amtes an das christkatholische Volk seiner Diözese gerichtet im Juli 1851. Neusohl 1851: Philipp Merhold. 12 S. - 280 mm

Moyß, Justus· Von dem schweren Mißbrauch des Weins, darin vermeldet wirdt / wie wir Gott so höchlich erzürnet / vnd er vns so hart gestraffet hat Auß H. Schrifft vnd Exempeln der Heiden / Darauß wir lehrnen Mäßigkeit an zunemmen / dargegen Trunckenheit / als das höchste laster vnd grewel Gottes zuuermeiden. In Reymen Weiß gestelt / Durch Justum Moyß Pfarherrn zu Haßmanshaußen. Coln: Cholinus 1581. 57 S. -- 25.37*
Boehmer: Mayr, Ivstvs. 1582. -- Simon: Bibliotheca vinaria. Mayer, Justus. 1582. -- Thienemann: Mayr, Just. 1552.

--- Dass. ... Nach dem Original ... vom Jahre 1580 mit Einl. neu hrsg. von Max Oberbreyer. Heilbronn· Henninger o.J. [um 1880]. X, 87 S. -- 21*.24.25.36

--- Dass. 2. Aufl. o.J. [um 1883]. XIV, 87 S. -- 16. Bo 39*
Heinsius· Moyß v Aßmannshaußen, Justus. -- Kayser· Moyzs v Aßmannshauszen Justus

Moyß v. Aßmannshaußen, Justus, von dem schweren Mißbrauch des Weins. Nach dem Orig. vom J. 1580 mit Einleitung neu hrsg. von Max Oberbreyer. (X, 87 S.) 1880; 2. Aufl. 16. (XIV, 87 S.) Heilbronn 883, Gebr. Henninger. *

Moyß von Aßmannshausen, Just. Von dem schweren Mißbrauch des Weins. 2. Aufl. 16. Heilbr. 883. Ulm, Kerler. * 1 —

Moyzisch, W., die Amortisirung von Urkunden und die Todeserklärung, s. Frühwald, K.

Mozart, vgl. Buchner, W.

– vgl. Engl, Joh. Ev.: Festschrift zur Mozart-Centenarfeier in Salzburg.

– vgl. Frankl, Ludw. Aug.: Mozart's Manen.

– vgl. Jahn, Otto: W. A. Mozart.

—— **Vgl.: Naumann, E.**

– **Vgl. Sammlung pädagog. Vorträge. – Gmend, Jul. – Verzeichnis, chronolog. themat., sämmtl. Tonwerke W. A. M.'s**

Mozart. Zürich [1866]. V: *Stierlin, Leonhard.* (Cat. d. Stadtbibl. Zürich. Zürich 1864—97.)

Mozart am Dominikaner-Chore in Wien. Oehlfarbendruck (17½" h. 27¼" br.) in zweiter Auflage. Auf Leinwand gespannt u. gefirnisst Olmütz, Eduard Hölzel 1864. 10 fl

Mozart's Geist, seine Biogr. u. ästhet. Darstell. sr. Werke, (von Th. F. K. Arnold.) 8. Erf. 803. Hennings. 1 ₰ 16 gr

Mozart als Knabe in London und sein Noten-Skizzenbuch vom Jahre 1764. Berlin 1898. V: *Genée, Rudolf.* (stadtBibl Berlin XIII, S. 94)

— Leben, s.: Nohl, L.

Mozart in Leipzig. [Wiener Zeitschr. für Kunst, Theater, Literatur und Mode 1847 ff., 475.] S.-A. V: *Lyser, Joh. Peter.* (Friedrich Hirth: J. P. Lyser. München u. Leipzig 1911. S. 566)

Mozart, Leopold. Berlin 1897. V: *Genée, Rudolf.* (stadtBiblBerlin XIII, S. 94)

Mozart's
—guter Morgen u. gute Nacht. Fol. Hannov., Hahn. 4 gr

Mozart
—— in Prag, s. Prochaska, Rud. Frhr.

Mozart u. Salieri. Trauerspiel m. Musik in 1 Aufzuge z. 100jähr. Todesfeier Mozarts nach A. S. Puschkin frei bearb. 8. (33 S. m. Portr.) St. Petersb. 891, (Schmitzdorff). * 1 60

Mozart und Schikaneder. Ein theatralisches Gespräch über die Aufführung der Zauberflöte im Stadt-Theater. In Knittelversen. Wien 1801. V: *Perinet, Joachim.* (Gustav Gugitz: J. Perinet, S. 160) (BiblPort)

Mozart nach den Schilderungen seiner Zeitgenossen, s.: Nohl, L.

Mozart [Sohn], **Wolfg. Amadeus,** biografische Skizze, s.a. Fischer, Jos.

—— s.a. Gumprecht, Otto, musikalische Lebens- und Charakterbilder.

Mozart. (Wolfgang Amadeus) M' (1756–1791). Njbl. s.a. [Meyer-Stadler, Hans].

Mozart's, (Wolfg. Amad.) Biographie, s.a. Nissen, G. N. v.

Mozart, Wolfg. Amad.; eine begründete Biographie desselben. Mit Portrait u. Handschrift. 8. Augsb., Schlosser. 9 gr ohne Portr. 6 gr

Mozart, Wolfgang Amadeus. Sein Leben und Wirken. Stuttgart 1856. V: *Marx, Adolph Bernhard.* (Hr)

Mozart, Wolfgang Amadeus. Sein Leben und Wirken. Gedenkbuch zu seinem 100jähr. Geburtstage am 27. Jan. 1856. 8. (VIII und 158 S.) Stuttgart 856, H. Köhler. *

—— u. d. Christenthum in der Musik, s. Zeit- u. Streitfragen, christl.-sociale. Nr. 2.

Mozart, Wolfgang Amadeus, und Joseph Haydn. Nachträge zu ihrer Biographie ... Erfurt 1810. V: *Arnold, Ignaz Ferdinand (Theod. Ferd. Caj.).* (EB)

—u. Jos. Haydn. Nachtrr. zu d. Biographien u. ästhetischen Darstellungen ihrer Werke. 8. Erfurt 810. Müller. (Leipz., Weygand). 12 gr.

Mozart, W. A., in der Schilderung seiner Biographen etc., s. Engel, Jos. Ev.

—— u. s. Stellung in d. Geschichte d. Musik, s. Scholz, Bernh.

Mozart, J., deutsches Lesebuch für die oberen Klassen der Gymnasien. 1. und 2. Bd. gr. 4. Wien, Gerold, Verlag. [1. (IV und 225 S.) 851. 1 Thlr., 2. (IV und 412 S.) 852. 1 Thlr. 24 Ngr.]

Mozart, J., deutsches Lesebuch für die oberen Classen der Gymnasien. 1. Bd. 2. Aufl. 1853. und 3. Aufl. 4. (IV und 225 S.) Wien 854, Gerold's Sohn.

—— dass. — 2. Bd. 1. Aufl. (IV und 412 S.) 1852. und 2., umgearb. Aufl. gr. 4. (IV und 424 S.) Ebds. 855.

— — 3. Bd. in 2 Abthlgn. Ebend. 853. 4. (316 S.) 1 Thlr. 12 ngr.

Mozart, J., deutsches Lesebuch für die oberen Klassen der Gymnasien. 1. Bd. 4—6., umgearb. Aufl. gr. 8. (406 S.) Wien 858—60, Gerold's Sohn.

— — 2. Bd. 3—7. umgearb. Aufl. Ebend. 858—63. gr. 8. (704 S.) 1 Thlr. 20 ngr.

— — 3. Bd. 2. u. 3. umgearb. Aufl. Ebend. 859, 63. gr. 8. (512 S.) 1 Thlr. 10 ngr.

Mozart, J., deutsches Lesebuch für die oberen Klassen der Gymnasien. 1. Bd. 7. Aufl. 1862. und 8., umgearb. Aufl. gr. 8. (406 S.) Wien 865, Gerold's Sohn.

—— dass. — 2. Bd. 7. Aufl. 1863. und 8., umgearb. Aufl. gr. 8. (704 S.) Ebendas. 866.

—— dass. — 3. Bd. 3. Aufl. 1863. und 4., umgearb. Aufl. gr. 8. (512 S.) Ebendas. 868.

— — 2. Bd. 8. Aufl. 1866. u. 9. umgearb. Aufl. Ebend. 868. gr. 8. (704 S.) 1 Thlr. 20 ngr.

— — 3. Bd. 4., umgearb. Aufl. Ebend. 868. gr. 8. (512 S.) 1 Thlr. 10 ngr.

Mozart, J., deutsches Lesebuch für die oberen Klassen der Gymnasien. 1. Bd. 9. umgearb. Aufl. gr. 8. (406 S.) Wien 869, Gerold's Sohn.

—— dass. — 2. Bd. 9. Aufl. 1868, und 10. Aufl. gr. 8. (704 S.) Ebendas. 873.

Mozart, J., deutsches Lesebuch für die oberen Klassen der Gymnasien. 3. Bd. 5. Aufl. gr. 8. (512 S.) Wien 877, Gerold's Sohn. *
1. und 2. Bd Ebendas. 1869, 73. *M 8.

—— deutsches Lesebuch für die unteren Klassen der Gymnasien. 1. Bd. 2. Aufl. gr. 8. (VIII und 312 S.) Wien 850, Gerold, Verlag. *

—— dass. — 2. Bd. gr. 8. (IV und 372 S.) Ebds. 850. *

—— dass. — 3. Bd. 2. Aufl. gr. 8. (VI und 202 S.) Ebds. 850. *

—— dass. — 4. Bd. gr. 8. (IV und 342 S.) Ebds. 850. *

(——) deutsches Lesebuch für die unteren Klassen der Gymnasien. 1. Bd. 4. Aufl. 1853. * 16 Ngr., 5. Aufl. 1854. 18 Ngr. und 6., mit Sach- und Worterläuterungen verm. Aufl. gr. 8. (VI und 300 S.) Wien 856, Gerold's Sohn. *

(—) deutsches Lesebuch für die unteren Klassen der Gymnasien. 1. Bd. 4. mit Sach- u. Worterläuterungen verm. Aufl. 853. (2 Bl., 336 S.) — 5. Aufl. 854. (2 Bl., 336 S.) — 6. Aufl. 856. (VI, 300 S.) — 7. Aufl. Wien 857. Gerold. gr. 8. (VI, 300 S.) n. 16 ngr.

— — 2. Bd. 2. mit Sach- und Worterläuterungen verm. Aufl. 853. — 3. Aufl. Ebend. 855. gr. 8. (2 Bl., 452 S.) n. 20 ngr.

— — 4. Bd. 2. verb. Aufl. Ebend. 855. gr. 8. (326 S.) n. 16 ngr.

Mozart J. — Deutsches Lesebuch für die untern Klassen der Gymnasien. Von — —. Dritter Band. Dritte verbesserte Auflage. Wien, 1856. Verlag und Druck von Karl Gerolds Sohn. (IV. 356 S. 8.) (Vgl. 3059/1855.)

Mozart J., Deutsches Lesebuch für die untern Classen der Gymnasien. IV., verb. Auflage. *Wien* 1858, *C. Gerold's S.* III. Bd. 316 S. 8°. 42 kr. CM.

—— deutsches Lesebuch für die unteren Classen der Gymnasien. 1. Bd. 7—9., mit Sach- und Wort-Erläuterungen verm. Aufl. 8. (VI und 300 S.) Wien 857—60, Gerold's Sohn. geb. *

—— dass. — 2. Bd. 5. Aufl. 8. (386 S.) Ebendas. 860. geb. -

—— dass. — 3. Bd. 5. Aufl. 8. (316 S.) Ebendas. 860. geb.

—— deutsches Lesebuch für die unteren Klassen der Gymnasien. 1. Bd. 10.—16., mit Sach- und Worterläuterungen verm. Aufl. 8. (VI und 300 S.) Wien 862—68, Gerold's Sohn. geb.

—— dass. — 2. Bd. 6.—12., mit Sach- und Worterläuterungen verm. Aufl. 8. (386 S.) Ebendas. 862—67. geb.

—— dass. — 3. Bd. 5.—10., verb. Aufl. 8. (316 S.) Ebendas. 862—67. geb.

—— dass. — 4. Bd. 6. Aufl. 1862. und 7. Aufl. 8. Ebendas. 866. geb.

—— deutsches Lesebuch für die unteren Classen der Gymnasien. 4 Bde. 8. Ebendas. [1. Bd. 21. mit einem Anhang verm. Aufl. (406 S.) 876. *ℳ 1,60.; 2. Bd. 15. Aufl. (704 S.) 876. *ℳ 2.; 3. Bd. 12. verb. Aufl. (316 S.) 874. *ℳ 1,60.; 4. Bd. 10. verb. Aufl. (286 S.) 875. *ℳ 1,60.] *

Mozart, Leop.

— einige Nachrr. v. d. hohen Festung Salzburg. Augsb. 758.

Mozart, Leop., Versuch e. gründl. Violinschule. Augsb. 756. 2e A. 770. 3e A. 787. N. A. 800. Lotter. 1 ℛ 4 gr 4e A. Mit 4 Kpf. Regensb., Reitmayr. 18 gr 4. Leipz. 787. Breitkopf u. H. 1 ℛ 12 gr Wien 791. (Volke). 1 ℛ 16 gr Lpz., Peters. 2 ℛ

Mozart, Leop., Violinschule. 4. Leipzig, Breitkopf. 787.

— — dies. 4. Leipzig, Kühnel.

— — dies. 4. Wien Camesina. 791.

— — dies. 4. Augsb. Lotter. 800.

Mozart, Wolfgang Amadeus

— Anleit., Contratänze zu componiren. Fol. Hamb., Kratsch. 12 gr

— Anleit. f. 2 Violinen, Flöte u. Baß, so viel Walzer mit 2 Würfeln zu componiren, als man will, ohne ꝛc. Fol. Hamb. 801. Kratsch. 12 gr

Mozart, Wolfg. Amadeus, Bastien u. Bastienne, s.a. Universal-Bibliothek.

B a s t i e n und Bastienne. Deutsche Operette in 1 Akt. Mus. von W[olfgang] A[madeus] Mozart. Text d. Gesänge. Mit d. Recitativen. Original. Leipzig: Breitkopf & Härtel [1893]. (14 S.) 8⁰
(Textbibliothek, Breitkopf & Härtel's. No 193.)

Mozart, Wolfg. Amadeus, Bastien u. Bastienne, s.a. H e n d e l ' s Operntexte.

Bastien und Bastienne. Komische Oper in 1 Akt. Text nach d. Franz. von F(riedrich) W(ilhelm) W e i s k e r n. Musik von W(olfgang) A(madeus) Mozart. Halle a. S.: Hendel [1909]. 23 S. 8°
(Hendels Operntexte. 17.) [10. 8272

– B e l m o n t e und Constanze,
s. B r e i t k o p f & H ä r t e l ' s Text-Bibliothek. Nr. 17.

– B e l m o n t e und Constanze,
s. M o d e ' s Opern-Text-Bibliothek.

Mozarts Briefe. Nach den Orig. hrsg. von Ludw. Nohl. 8. (XV und 498 S. mit 1 lithogr. Facs.) Salzburg 865, Mayr'sche Buchh. *

—— dass. — Jubiläums-Ausg. (Neue Titel-Ausg.) 8 Lfgn. 8. (XV und 498 S. mit 1 autograph. Taf. in 4.) Salzburg 867, Taube. à Lfg. 6 Ngr.

Mozart's Briefe. Nach den Originalen herausgegeben von Ludwig N o h l. Jubiläums-Ausgabe zur Feier des 25jährigen Bestehens des Mozarteums in Salzburg. Mit einer Gratis-Prämie: D a s M o z a r t - D e n k m a l i n S a l z b u r g. Kupferstich in Folio von Prof. A m s l e r. 8. (498 u. XV S.) Salzburg, Taube. 1867. 2 fl. 40 kr.

M o z a r t s Briefe. Nach den Originalien hrsg. von Ludw. Nohl. 2. verm. Aufl. gr. 8. (XX, 478 S. mit 1 Portr. in Stahlst. und 1 Facs.) Leipzig 877, Breitkopf und Härtel. *
geb. *

Mozarts Briefe. (Hrsg.: Dr. M[ax] W e i g e l.) 1. Aufl. Berlin: Curtius 1910. 186 S. 8° [10. 444

— B r i e f e. (Hrsg. v. M. Weigel.) 1. u. 2. Aufl. (186 S.) 8. Berlin 910. K. Curtius. 2.—; geb. in Leinw. 2.50

[Wolfgang Amadeus] Mozarts Briefe. Ausgew. u. hrsg. von Albert L e i t z m a n n. Leipzig: Insel-Verl. 1910. XVI, 285 S. 8° [10. 14953

— Briefe, in Auswahl hrsg. v. Karl Storck, s.a. B ü c h e r der Weisheit u. Schönheit.

(Wolfgang [Amadeus]) Mozarts Briefe in Auswahl hrsg. von Dr. Karl S t o r c k. 1. bis 5. Taus. (Stuttgart: Greiner & Pfeiffer 1906.) (287 S.) 8° [J.]
(Bücher d. Weisheit u. Schönheit.) [06. 7367

Bundeslied. (Von [Wolfg. Amad.] **Mozart.**) o. O. u. J. 1 Bl. 8⁰ [Kopftit.]
Ohne Noten: „Brüder, reicht die Hand zum Bunde . . ."

Chor bey Eröffnung der Fest-Tafel-Loge am Jahrstage der Frmrerey den $\frac{24}{6}$. 1800, (comp. von [Wolfg. Amad.] **Mozart**). [Unterz.:] Sr. Dr. o. O. [1800]. 1 Bl. 8⁰ [Kopftit.]
Ohne Noten: „Stoltz prangt, den Tag uns zu verkünden . . ."

Maurerische Chorgesänge. Musik von W[olfg.] A[mad.] **Mozart.** Bearb. von O[tto] Urban. Text von L[eop.] Gerlach. Dessau: Kahlo [1893].
1. Cantate zum Stiftungsfeste.
2. Cantate zum Johannisfeste.
3. Cantate zum Schwesternfeste. 15 S. 1893.
[Urban, O.: Allgem. Liederbuch f. Frmr-Logen. 1893 S. 258.]

—— s.a. Cosi fan tutte. (Textbuch.)

Mozart, Wolfg. Amadeus v, Cosi fan tutte — So machen's Alle. Kom. Oper in 2 Aufzgn. Nach d. Ital. d. Lorenzo da Ponte m. Benutzung der Uebersetzgn. v. E. Devrient u. Niese v. Herm. Levi. Mit Illustr. v. Bernh. Kühn u. e. Grundriss der Lautenschläger'schen Drehbühne. qu. gr. 8. (37 S.) München 897. A. Bruckmann. n. 1.--

Mozart, W. A., Cosi fan tutte, s.a. Breitkopf und Härtel's Text-Bibliothek Nr. 230.

C o s i fan tutte. So machen's Alle. Komische Oper von Wolfgang Amadeus Mozart. Nach dem Italien. des Lorenzo da Ponte, mit Benutzung der Uebers. von Ed. Devrient u. C. Niese von Hermann Levi. Leipzig: Breitkopf & Härtel [1898]. (62 S.) 8⁰
(Textbibliothek, Breitkopf & Härtel's. No 118.)

W[olfg.] A[mad.] **Mozart.** Cosi fan tutte. So machen's Alle. Komische Oper in 2 Akten. Nach d. Italien. d. Lorenzo da Ponte, '(m. Benützg d. Übs. v. Ed. Devrient u. C. Niese)' v. Hermann Levi. Vollst. Klavierausz. m. Text. *Leipzig: Breitkopf & Härtel 1898.* (2 Bl., 302 S.) 1 Bd 4.
= **Volksausgabe** Breitkopf & Härtel. No 1666. [58. 3871]

— Cosi fan tutte (So machen es alle). Die Zauberflöte, s.a. Hendel's Operntexte.

Cosi fan tutte (So machen es alle). Komische Oper in 2 Akten von Lorenzo da Ponte. Musik von W(olfgang) A(madeus) **Mozart.** Halle a. S.: Hendel [1909]. 47 S. 8°
(Hendels Operntexte. 18.) [10. 8473]

Ein bisher unbekanntes Mozart'sches Duett zur Zauberflöte. Aufgefunden u. im Besitze v. Georg Rich. Kruse. Klavierausz. v. Dr. Alb. Kopfermann ... (Berlin): Berliner Mozart-Gemeinde (1899). (9 S.) 1 Bd quer- 8°
(Mittheilungen d. Berliner Mozart-Gemeinde. H. 7. Beil.)

Ein bisher unbekanntes Duett zur Zauberflöte von W[olfg.] A[mad.] Mozart. Aufgefunden 1899 u. im Besitz v. Georg Rich. Kruse. Klavierausz. v. Dr. Alb. Kopfermann. 2. Aufl. Berlin: C. Paez (1899). (8 S.) 4°

— Entführung aus dem Serail, — dasselbe. Leipz. Ausg., s.a. Breitkopf & Härtel's Textbibliothek. Nr. 17. 232.

— Die Entführung aus dem Serail, s.a. Universal-Bibliothek.

— Die Entführung aus dem Serail od. Belmonte u. Konstanze, s.a. Hendel's Operntexte.

Die Entführung aus dem Serail oder Belmonte und Konstanze. Oper in 3 Akten nach d. gleichnam. Text von C. F. Bretzner bearb. von G[ottlieb] Stephanie. Musik von W(olfgang) A(madeus) **Mozart.** Halle a. S.: Hendel [1909]. 30 S. 8°
(Hendels Operntexte. 20.) [10. 8475]

Zur **Eröffnung** der □ für eine Singstimme und Chor mit Begleitung der Orgel von W[olfg.] A[mad.] Mozart. Leipzig: Breitkopf & Härtel o. J. 3 S. 2° [Lithogr.] [Kopftit.]
(Mozart, W. A.: Werke. Ser. 7, Abth. 1, Nr 23.)
Mit Noten: „Zerfliesset heut', geliebte Brüder, . . ."

Zur **Erôfnung** [!] [und zum Schluss] der Meisterloge [„Zur Neu Gekrönten Hoffnung" in Wien]. [Am Ende:] Von einem Br der □ [d. i. Gottlieb Leon]. In Musik gesetzt von [Wolfg. Amad.] **M[ozar]t.** [Wien: ca 1786.] 2 Bl. 8° [Kopftit.]
Tt. 2535. 2 Lieder ohne Noten: 1. „Des Todes Werk, . . ." 2. „Vollbracht ist die Arbeit der Meister, . . ."

Fantasie (F moll) von W[olfg.] A[mad.] **Mozart.** (K. V. 594. comp. 1790 f. d. Orgelwalze einer Uhr.) Für Streichorchester u. Orgel bearb. von Alois Schmitt. Partitur. *Berlin: Ries & Erler [1900].* (17 S.) 4° [00. 2359]

Fest-Cantate von [Wolfg. Amad. **Mozart**]. Für Harmonium, Cello und Geige bearb. von [Otto] Urban. Text von [Leop.] Gerlach. [Dessau] o. J.: [Artl]. 2 Bl. 8° [Kopftit.]
Ohne Noten: „Steig' herab auf goldner Schwinge, . . ."

Festcantate von W[olfg.] A[mad.] **Mozart,** Johannis 1858 gesungen in der Loge „Carl zur Gekrönten Säule" in Braunschweig. [Braunschweig 1858.] 2 Bl. 8° [Umschlagtit.]
Ohne Noten: „Lasst den Festgesang erschallen . . ."

Fest-Cantate zur Stiftungsfeyer der ehrw. Loge z. goldenen Kugel am 29. Aug. 1834. Musik von W[olfg.] A[mad.] **Mozart.** [Hamburg 1834: Appel.] 2 Bl. 8° [Kopftit.]
Ohne Noten.

Fest-Cantate zur Stiftungsfeyer der ehrw. Loge z. goldenen Kugel am 29. Aug. 1837. Musik von W[olfg.] A[mad.] **Mozart.** [Hamburg 1837: Appel.] 2 Bl. 8° [Kopftit.]
Ohne Noten.

Il **Flauto magico.** Dramma per musica dal Signor W[olfg.] A[mad.] Mozart. [Text von Eman. Schikaneder.] Bonn: Simrock. [ca 1815.] 363 S. 8°
[Nebentit.:] Die Zauberfloete. Grosse Oper in zwey Ackten [!] von W[olfg.] A[mad.] Mozart.
Partitur mit deutsch. u. ital. Text. Die Noten sind in Kupfer gestochen.

Eine kleine **Freimaurer-Cantate** „Laut verkünde uns're Freude" (Text von Em. Schikaneder] für Männerstimmen (2 Tenore und Bass), 2 Violinen, Viola, Bass, Flöte, 2 Oboen und 2 Hörner von W[olfg.] A[madeus] **Mozart.** Leipzig: Breitkopf & Härtel [1882]. 25 S. 4°. [Noten und Text in Kupfer gestochen, Tit. gedruckt.]
Köchel 623.

—Fundament d. General-Basses; hrsgg. u. mit Anmerkk. begleit. v. J. G. Siegmeyer. 8. Berl. 822. Schüppel. 16 gr.

Mozart, W. A., die Gärtnerin, s.a. Kalbeck, Max.

Gärtnerin, Die (La finta giardiniera.) Komische Oper in zwei Acten. Mit neuem Text und Dialog von Max Kalbeck. Musik von W. A. Mozart. 8. (56 S.) Wien: Künast 1892. * —.30

Die Gärtnerin aus Liebe. Komische Oper in 3 Akten. Mus. von W[olfgang] A[madeus] Mozart. Text d. Gesänge. Original. Leipzig: Breitkopf & Härtel [1893]. (27 S.) 8⁰ (Textbibliothek, Breitkopf & Härtel's. No 194.)

Gavotte aus Idomeneo von W[olfgang] A[madeus] Mozart. Für Klavier frei übertr. von Conrad Ramrath. Cöln: W. Würges [1906]. (5 S.) 4° (07. 9052

[Gebet von Wolfg. Amad. Mozart.] Zum 104. Stiftungs-Fest der Loge Harmonie im Or. Chemnitz am 21. Mai 1903. [Chemnitz 1903.] 1 Bl. 8⁰ [Umschlagtit.]
Ohne Noten: „Auf der Andacht heil'gen Flügel . . ."

Gesellenreise (Freimaurerlied) für eine Singstimme mit Begleitung der Orgel von W[olfg.] A[mad.] Mozart. [Leipzig: Breitkopf & Härtel.] o. J. 3 S. 2° [Lithogr.] [Kopftit.]
(Mozart, W. A.: Werke. Ser. 7, Abth. 1 No 18.)
Mit Noten: „Die ihr in einem neuen Grade . . ."

Gesellenlieder: Gesellenreise (Freimaurerlied) für eine Singstimme mit Begleitung der Orgel von W[olfg.] A[madeus] Mozart. Leipzig: Breitkopf & Härtel o. J. 3 S. 4°. (Deutscher Lieder-Verlag. 1663.)
Mit Noten: „Die ihr einem neuen Grade" . . . Köchel 468.

—— Don Giovanni, s.a. Epstein. Th.

— Don Giovanni. (Don Juan.) Italien. Orig. - Text u. deutsche Uebersetzg. M. Illustr. v. Bernh. Kühn. qu. gr. 8. (IV, 62 S.) Ebd. 896. n. 1. —

—— s.a. Hochzeit, die, des Figaro. (Textbuch.)

— Die Hochzeit des Figaro, s.a. Hendel's Operntexte.

—— Figaro's Hochzeit, s.a. Lucas' Operntexte.

– Die Hochzeit des Figaro, s.a. Mode's Opern-Text-Bibliothek.

Mozart, W. A., Hochzeit d. Figaro, s.a. Universal-Bibliothek.

— Figaros Hochzeit. Oper in 4 Aufzgn. Dichtg. v. Lorenzo da Ponte. M. (10) Illustr. v. Karl Gampenrieder. qu. gr. 8. (XV, 40 S. m. 1 Bildnistaf.) Ebd. 895. n. 1. —

— Hochzeit d. Figaro, } s.a. Breitkopf & Härtel's
— dasselbe. Leipz. Ausg., } Textbibliothek. Nr. 18. 233.

Figaro's Hochzeit. Komische Oper in 4 Aufz. von Wolfgang Amadeus Mozart. Dichtung von Lorenzo da Ponte. Die Uebers. teils rev., teils neu bearb. von Hermann Levi. Leipzig: Breitkopf & Härtel [1899]. (67 S.) 8⁰ (Textbibliothek, Breitkopf & Härtel's. Nr 260.)

Die Hochzeit des Figaro. Komische Oper in 4 Akten, nach d. gleichnamigen franz. Lustspiel des Beaumarchais vom Abt Lorenzo da Ponte. Musik von W[olfgang] A[madeus] Mozart. Rev. Text d. Gesänge, durchges. von R. Gründler-Reinsdorff. *Halle a. S.: Bossert & Gründler [1904].* (34 S.) 8° [F.]
— Sammlung Internationaler Operntexte. No 2. (04. 4963

— dasselbe. Text v. Lorenzo da Ponte, s.a. Sammlung internationaler Operntexte Nr. 2.

— die Hochzeit des Figaro. (Der tolle Tag.) Komische Oper in 2 Akten nach Beaumarchais v. Lorenzo da Ponte. (Bearbeitung d. Wiener Hofoperntheaters.) Ins Deutsche übertr. v. Max Kalbeck. Musik v. M. (Vollständ. Buch.) (164 S.) 8. Wien (906). Wallishausser. n. — 75

– Idomeneus, s. Breitkopf & Härtel's Text-Bibliothek. Nr. 16. 234.

– Idomeneus, s. Mode's Opern-Text-Bibliothek.

— Don Juan. s.a. Ahn's Operntextbibliothek.

— dasselbe, } s.a. Breitkopf & Härtel's
— dasselbe. Leipz. Ausg., } Textbibliothek. Nr. 20. 231.

—— dass. — s.a. Don Juan. (Textbuch.)

—— Don Juan, s.a. Grandaur, Frz.

— dasselbe, s.a. Lucas' Operntexte.

– Dass., s.a. Mode's Opern-Text-Bibliothek.

— dasselbe, s.a. Sammlung internat. Operntexte.

— dasselbe, s.a. Universal-Bibliothek.

—— Don Juan. Nach dem italienischen Text des Lorenzo da Ponte für die deutsche Bühne neu bearb. von Frz. Grandaur. 2. Aufl. 12. (79 S.) München 882, Th. Ackermann. **
Ausg. für das Stadt-Theater zu Leipzig. (80 S.) **

Kalbeck, Max. Mozart's Don Juan. Nach dem italienischen Original . . . . für die deutsche Bühne frei bearbeitet . . . Wien 1886.

— Don Juan. Der bestrafte Wüstling od. Don Juan. Heit. Drama in 2 Akten. Dichtg. v. Lorenzo da Ponte. D. italien. Orig.-Text, m. hauptsächl. Benützg. d. Übersetzg. v. Frz. Grandaur, neu bearb. v. Herm. Levi. 12. (93 S.) München 897. Th. Ackermann. n. — 60

Don Juan von W. A. Mozart. 20. Dez. 1790. Zur 600. Aufführung im Kgl. Opernhause zu Berlin am 12. Juni 1902. *(Berlin 1902: P. Zacharias.)* (10 Bl., 16 Taf.) quer-8° [Umschlagt.] (07. 8035

Don Juan [Don Giovanni]. Oper in 2 Akten von W[olfgang] A[madeus] **Mozart**. Aus d. italien. Text von [Lorenzo] Da Ponte. Neu übers. nebst ausführl. krit. Einl. von Ernst Heinemann. *Berlin: Raabe & Plothow 1904.* (VI, 129 S.) 8° [F.] 04.7.05

— **Don Juan. Oper in 2 Akten. Aus dem italien. Text v. Da Ponte. Neu übers. nebst ausführl. krit. Einleitg. v. Ernst Heinemann. (VI, 129 S.) 8. Berlin 904. M. Staegemann jun. n. 1.20**

— **dasselbe. Der bestrafte Wüstling od. Don Juan. Heiteres Drama in 2 Akten. Dichtung v. Lorenzo da Ponte. Der italien. Orig.-Text m. hauptsächl. Benützg. d. Uebersetzung v. Frz. Grandaur, neu bearb. v. Herm. Levi. 3. Aufl. (95 S.) kl. 8. München 905. Th. Ackermann. n. — 60**

Einrichtung d. Kgl. Theaters in Hannover. Don Juan [Don Giovanni]. Oper in 2 Aufz. von W[olfgang] A[madeus] **Mozart**. Aus d. italien. Text von [Lorenzo] Da Ponte. Neu übers. nebst e. Einl. von Ernst Heinemann. Hannover: Gebr. Jänecke 1905. (66 S.) 8° [F.] 06.0956

— **Don Juan (Don Giovanni od. „Der bestrafte Wüstling"), s.a. Hendel's Operntexte.**

Don Juan. (Don Giovanni oder 'Der bestrafte Wüstling'.) Oper in 2 Akten von Wolfgang Amadeus **Mozart**. Dichtung von Lorenzo da Ponte. Halle a. S.: Hendel [1909]. 50 S. 8°
(Hendels Operntexte. 19.) 10.5174

Cantate. Gedicht von Franz Heinr. Ziegenhagen. (Hamburg: 1792.) Comp. von [Wolfg. Amad.] **Mozart.** [Hamburg: 1792.] 1 Bl. 8⁰ [Kopftit.]
Ohne Noten: „Die ihr des unermesslichen Weltalls Schöpfer ehrt, . . ."

Cantate von W[olfg.] A[mad.] Mozart aufgeführt von den musikalischen Brüdern der neuvereinten g. u. v. ☐ Julius zur Eintracht im Or. zu Stargard am Tage der Einweyhung den 29sten May 1805. [Stargard 1805]: Hendes. 2 Bl. 8⁰ [Umschlagtit.]
Kl. 1792. Ohne Noten: „Laut verkünde unsre Freude . . ."

Cantate, aufgeführt bei der mit der festlichen Promulgation der revidirten Statuten der Grossen Loge der Freimaurer Royal York zur Freundschaft in Berlin verbundenen Wiederübernahme des grossmeisterlichen Hammers, durch Heinr. Friedr. Link, am. 5. Juni 1836. Text von Carl Dielitz. Musik von [Wolfg. Amad.] **Mozart.** Berlin 1836. 2 Bl. 4⁰ [Umschlagtit.]
Ohne Noten.

Zum Stiftungsfeste 1894 [der Loge „Ferd. z. Glückseligkeit" in Magdeburg.] Cantate v. [Wolfg. Amad.] **Mozart.** [Text von Leop.] Gerlach. [Magdeburg 1894.] 1 Bl. 8⁰. [Kopftit.]
Ohne Noten: „Steig herab auf goldner Schwinge . . ."

☐ B[alduin] z[ur] L[inde]. [Kantate von Wolfg. Amad. **Mozart:** Die Maurerfreude.] Zur Arbeit. [Leipzig 1904.] 1 Bl. 8⁰ [Kopftit.]
Ohne Noten: „Sehen, wie dem starken [!] Forscherauge . . ."

Kantate zum Johannisfeste. Text von L[eop.] Gerlach, Musik von W[olfg.] A[madeus] Mozart. Für Tenor-Solo und 3 stimmigen Chor mit Begleitung von Harmonium (Pfte), Violine und Cello (ad. lib.) bearb. von O[tto] Urban. Dessau u. Leipzig: Kahle [1893].
in: Mozart, W. A.: **Mrische Chorgesänge** No 2.
Recens: **Bbl. 7 (1893) S. 383—384 (F. Kumm); L. 16 (1893) S. 120; Bh. 36 (1893) S. 232 (C. Gotthold).**
[Bbl. 7 (1893) S. 383.]

Cantate zur St. Joh.- und Stiftungsfeier in der Gr. Nat.-Mutter-Loge der Freimaurer in den preussischen Staaten gen. Zu den drei Weltkugeln. Musik von [Wolfg. Amad.] **Mozart.** Text von [Karl Friedr.] Bornemann. Berlin o. J.: Ihring & Haberlandt. 2 Bl. 8⁰ [Umschlagtit.]
Ohne Noten: „Laut verkünde unsere Freude..."

Cantate **zum St. Johannis-Feste 1843. Musik von W[olfg.] A[mad.] Mozart. [Hamburg 1843: Nestler & Melle.] 2 Bl. 8⁰** [Umschlagtit.]
Ohne Noten: „Lasst den Festgesang erschallen . . ."

Cantate **zum Schwesternfeste. Text von L[eop.] Gerlach. Musik von W[olfg.] A[mad.] Mozart. Für gemischten Chor (auch 3 stimm. Männerchor) u. Sopran- (Tenor-) Solo mit Begleitung von Harmonium (Pfte) Violine und Cello (ad lib.) bearb. von O[tto]** Urban. **Dessau u. Leipzig: Kahle** [1893]. 15 S. 2⁰
in: Mozart, W. A.: **Mrische Chorgesänge 3.**
Recens: **Bbl. 8 (1894) S. 187 (F. Kumm); Bh. 37 (1894) S. 96 (C. Gotthold).**

Cantate zum Stiftungsfest. Text von L[eop.] Gerlach. Musik von W[olfg.] A[mad.] **Mozart.** Für Tenor- und Bariton-Solo und 3 stimmigen Chor mit Begleitung von Harmonium, Violine und Cello (ad libitum), bearb. vom Br O[tto] Urban. Dessau u. Leipzig: Kahle.
in: Mrische Chorgesänge. 1893 No 1.
Recens: Bbl. 7 (1893) S. 85—86 (F. Kumm); L. 16 (1893) S. 21—22; Bh. 36 (1893) S. 24 (C. Gotthold).
[Bbl. 6 (1893) S. 85.]

Cantate am Tage St. Johannis von [Wolfg. Amad.] **Mozart.** o. O. u. J. 2 Bl. 8° [Kopftit.]
Ohne Noten: „Auf! des Ordens Fest zu feiern, . . ."

Cantaten zum Schwesternfeste und zum Johannisfest. Text von [Leop.] Gerlach, Musik von W[olfg.] A[mad.] Mozart, bearb. von Otto Urban. Dessau u. Leipzig: Kahle 1894. 8°
Recens: FZ. 48 (1894) S. 135—136 (K. Pilz).

Kettenlied. Musik von W[olfg.] A[mad.] **Mozart.** o. O. u. J. 1 Bl. 8° [Kopftit.]
Ohne Noten: „Lasst uns mit geschlung'nen Händen . . ."

Kettenlied [der J. Loge Augusta zu Augsburg v. 24. X. 1897.] Musik v. W[olfg.] A[mad.] **Mozart.** o. O. [1897 ?]. 1 Bl. 8°.
Ohne Noten: „Lasst uns mit gschlung'nen Händen" . . .
Vgl. W. 40381.

Mozart, Wolfg. Amad., Clavierschule, nebst d. bei d. Conservatorium d. Musik zu Paris angenommenen Grundsätzen der richtigen Fingersetzung auf d. Pianoforte. Bearb. v. A. M. Cramer. Fol. Prag 819. Enders. 1 ⅌ 12 ℛ

Die Dame Kobold. Komische Oper in 3 Aufz. frei nach d. gleichnam; Lustspiel von Pedro Calderon de la Barca mit d. Musik zu Cosi fan tutte von W[olfgang] A[madeus] Mozart. Bearb. von Carl Scheidemantel [Textbuch.] Leipzig: Breitkopf & Härtel copyr. 1909. 46 S. 8°
(Breitkopf & Härtels Musikbücher. Textbibliothek. Nr 389[a].)

Kompositionen für Freimaurer von W[olfg.] A[mad.] **Mozart.** Klavierauszug von Carl Reinecke. Leipzig: Breitkopf & Härtel [1891]. 73 S. 4°
cf. Bh. 35 (1895) S. 125—126 (R. Fischer).
13 Kompositionen. Über diese s. auch Allg. deutsche Biogr. 22 (1885) S. 432.

[Lieder.] Bey der ersten feyerlichen Eröffnung der sehr ehrw. □ zur neugekrönten Hoffnung, den 14. des I. M. 5785. [Am Ende:] Verf. von [Augustin Veit Edler v.] Sch[ittlersber]g. Die Musik von [Wolfg. Amad.] M[o]z[ar]t. [Wien 1785.] 2 Bl. 8° [Kopftit.]
Kl. 1758, Tt. 2422. Selten. 2 Lieder mit Chor ohne Noten.

Zwei freimaurerische Lieder von Wolfg. Amad. **Mozart.** Kettenlied und Bindelied. Zum erstenmale gesungen von Jac. Manheit bei dem Johannisfeste der Symbolischen Grossloge von Ungarn. am 31. Mai 1906. [Budapest: 1906.] 3 S. 8° [Umschlagtit.]
Mit Noten. Als Beil. zu O. 31 (1906) No 6—7 erschienen.

Das Lob der Freundschaft. Cantate von W[olfgang] A[madeus] **Mozart.** Clavierauszug von Karl Zulehner. Bonn: Simrock o. J. 15 S. Quer-8°. [Umschlagtit.] [Gestochene Noten.]
„Auf! der Freundschaft Fest zu feyern" . . .

Das Lob der Freundschaft. Cantate für das Klavier oder Pianoforte von W[olfg.] A[mad.] **Mozart.** Leipzig Breitkopf & Härtel. o. J. 24 S. Quer-4°.
Mit Noten: „Auf! der Freundschaft Fest zu feyern" . . .
Köchel 623.

Die Maurerfreude. Cantate für Solo-Tenor, Männerchor und Orchester von W. A. **Mozart.** Leipzig: Breitkopf & Härtel o. J. 17 S. 4°.
(Partitur-Bibliothek. Nr. 582.)

Die Maurerfreude, eine Kantate zugleich mit einem Text zum Reformationsfest für eine Singstimme mit Pianofortebegleitung in Musik gesetzt von W. A. **Mozart.** Leipzig: Kühnel o. J. 11 S. 8°. [In Kupfer gestochen.]

Die Maurerfreude. Eine Kantate, gesungen am 24. April 785 zu Ehren des Br.·. [Ignaz Edlen v.] B[or]n von den B.B. der Loge zur g[ekrönten] H[offnung] im O[r.] von Wien. Die Worte vom Br.·. [Franz] P[etra]n, die Musik von W[olfg.] A[mad.] M[ozart]. [Mit e. Vorw. von Wenzel Epstein.] Wien [1785: Artaria]. 28 S. 4° [Kupfertit.]
cf. Abafi, L.: Gesch. d. Frmrei i. Oesterreich-Ungarn. 4 (1893) S. 215—216.
Partitur. In Kpfr. gestochen: „Sehen, wie dem starren Forscherauge . . ."
[N. Ausg. u. d. Tit.:]

Die Maurer - Freude. Eine Cantate. [Text von Franz Petran.] In Musik gesetzt von Wolfg. Amad. Mozart. [Leipzig] o. J.: [Kühmel]. 1 Bl. 8° [Kopftit.]

Zur Weihe des neuerbauten Festsaales der Logen Apollo und Balduin zur Linde am 12. November 1905. [Maurerfreude, komp. v. M. A. Mozart.] [Leipzig 1905: Zechel.] 2 Bl. 8°.

Maurergesang oder Gesellschaftslied von W[olfg.] A[madeus] Mozart. Bonn: Simrock o. J. 3 S. Quer-8°. [Ganz in Kupfer gestochen.]
Mit Noten: „Brüder reicht die Hand zum Bunde" . . .

Maurer-Cantate. Musik von [Wolfg. Amad.] **Mozart.** [Text von Karl Gottlieb Prätzel.] [Hamburg 1825]: Meissner. 2 Bl. 8° [Umschlagtit.]
Ohne Noten: „Lasst den Festgesang erschallen . . ."

Große Messe in C moll von W[olfgang] A[madeus] Mozart. (Werk 427.) Nach Mozartschen Vorlagen vervollst. von Alois Schmitt. Textbuch lat. u. deutsch. Leipzig: Breitkopf & Härtel [1901]. 15 S. 8°
(Breitkopf & Härtels Musikbücher. Abt. 1. Nr. 290.)

Grosse **Messe** in Cmoll von W[olfg.] A[mad.] **Mozart.** ⟨Werk 427.⟩ Nach Mozartschen Vorlagen vervollst. von Alois Schmitt. Erste Aufführung am 3. Apr. 1901. Klav.Ausz. mit Text. *Leipzig: Breitkopf & Härtel 1901.* (144 S.) 4°
(Volksausg. Breitkopf & Härtel. No 1867.) [01. 1086]

[Wolfgang Amadeus **Mozart**:] Mozart-Brevier. Von Friedrich Kerst. Mit 7 Abb. Berlin & Leipzig: Schuster & Loeffler 1905. (286 S.) 8° [F.] [05. 1940]

W[olfgang] A[madeus] **Mozarts** Gesammelte Poesien. Als Festgabe z. Jubeljahre 1906. (Hrsg.: Dr. Richard Batka.) Prag: Dürerverl.; Leipzig: Breitkopf & Härtel in Komm. 1906. (56 S.) 8° [F.] [06. 4844]

– Requiem, s. Breitkopf & Härtel's Textbibliothek. 40.

—— Requiem, s. Mode's, G., Textbibliothek.

– Der Schauspieldirektor, s.a. Lucas' Operntexte.

– Dass., s.a. Mode's Opern-Text-Bibliothek.

— dasselbe, s.a. Universal-Bibliothek.

Der Schauspieldirektor. Kom. Operette von L[ouis] Schneider. Musik von W[olfgang] A[madeus] Mozart. Vollst. Text. Leipzig: Breitkopf & Härtel [1898]. (36 S.) 8°
(Textbibliothek, Breitkopf & Härtels. No 358.)

– Dass., s.a. Breitkopf & Härtel's Textbibliothek. Nr. 235.

Die Schuldigkeit des ersten Gebotes. Geistl. Singspiel in 3 Th. Th. 1. Mus. von W[olfgang] A[madeus] Mozart. Text d. Gesänge mit d. Recitativen. Original. Leipzig: Breitkopf & Härtel [1895]. (16 S.) 8°
(Textbibliothek, Breitkopf & Härtel's. No 337.)

-- So machen es alle [cosi fan tutte], s. Breitkopf & Härtel's Text-Bibliothek. Nr. 19.

Sonaten und Variationen f. Clavier u. Violine v. W[olfgang] A[madeus] **Mozart.** (Hrsg.: Engelbert Röntgen.) Bd 1. Clavier. Violine. *Leipzig: Breitkopf & Härtel (1895).* 4.
(Urtext classischer Musikwerke. [Bd 3.]) [96. 1243]

Sonaten und Variationen f. Clavier u. Violine v. W[olfgang] A[madeus] **Mozart.** (Hrsg.: Engelbert Röntgen.) Bd 1—3. Clavier [&] Violine. *Leipzig: Breitkopf & Härtel (1895—97).* 6 Bde 4.
1. Clavier. (1895.) (157 S.) Violine. (1895.) (2 Bl., 50 S.)
2. Clavier. (1896.) (2 Bl., 159 S.) Violine. (1896.) (2 Bl., 48 S.)
3. Clavier. (1897.) (173 S.) Violine. (1897.) (2 Bl., 55 S.)
(Urtext class. Musikwerke.) [98. 3109]

— 13 Stücke aus d. Skizzenbuch aus London 1764, s.a Mitteilungen f. d. Mozart-Gemeinde in Berlin.

13 Stücke aus dem Noten-Skizzenbuch v. W[olfg.] A[madeus] **Mozart** aus London 1764. (Hrsg.: Dr. Rudolph Genée.) *Berlin: Mozart-Gemeinde; In Vertrieb v. E. S. Mittler & S. 1898.* (2 Bl., 12 S., 4 Bl. Facs.) 1 Bd quer-8.
— Mittheilungen f. d. Mozart-Gemeinde in Berlin. Beil. zu H. 5. [98. 3503]

– Titus, s. Breitkopf & Härtel's Text-Bibliothek. Nr. 22. 236.

– Dass., s. Mode's Opern-Text-Bibliothek.

Maurerische Trauermusik bei dem Todesfalle der Brr. [Georg August von] Mecklenburg und [Franz Graf] Esterházy [von Galantha], für Orchester. Von Wolfg. Amad. Mozart.
[Abafi, L.: Gesch. d. Frmrei in Oesterreich-Ungarn. 4 (1893) S. 217.]

Esterhàzy v. Galantha, Franz Graf: Maurerische Trauermusik bei dem Todesfalle der Brüder [Georg August von] Mecklenburg[-Strelitz] und Esterhàzy für Orchester. Von Wolfg. Amad. **Mozart.**
[Abafi, L.: Gesch. d. Frmrei in Oesterreich-Ungarn. 4 (1893) S. 217.]

Maurerische Trauermusik für 2 Violinen. Viola, Bass, 2 Oboen, Clarinette, Bassethorn, Contrafagott und 2 Waldhörner (oder 2 Bassethörner) von W. A. Mozart. Leipzig: Breitkopf & Härtel. 6 S. 4°.
(Partitur-Bibliothek. 329.)
Köchel 477.

Georg August, Herzog von Mecklenburg-Strelitz: Maurerische Trauermusik für Orchester zur Todtenfeier der Br. B. Mecklenburger[!] u. Esterhazy im Juli 1785 componiert. Von W. A. **Mozart.** Op. 114. Für Pianoforte eingerichtet. Zu zwei Händen. Leipzig: Forberg o. J. 3 S. 4°. [Umschlagtit.]

Maurerische **Trauermusik** für Orchester von W. A. **Mozart.** 114tes Werk zu vier Händen für das Pianoforte eingerichtet von C. **Burchard.** Magdeburg: Heinrichshofen o. J. 7 S. 4°.

Maurerische Trauermusik für 2 Violinen, 2 Bratschen, 1 Clarinette, 2 Oboen, 3 Bassethörner, 2 Hörner, 1 Contra-Fagott und Bass — geschrieben in Wien im Monat July 1786 von W[olfg.] A[mad.] **Mozart.** (Op. 114.) Offenbach a. M.: André [1799]. 2°
Von grösster Seltenheit. Notendr. aus der allerfrühesten Periode der Lithogr., welcher von A. Senefelder selbst veranstaltet ist. Vgl. Bd 1 Nr 14879 u. Bd 2 Nr 41070.
[Bertling, R.: Lager-Katalog in Dresden. 65 (1909) Nr 1023.]

Maurerische Trauermusik. Für Orchester comp. von Wolfg. Amad. **Mozart.** Op. 114. Für Pianoforte zu zwei Händen eingerichtet von H. M. Schletterer. Leipzig u. Winterthur: Rieter-Biedermann 1864.

[L. 23 (1864) S. 356.]

W[olfgang] A[madeus] **Mozart.** 7. Violin-Konzert D dur. Zum erstenmal 1907 hrsg. von Albert Kopfermann. Ausg. f. Violine u. Klavier. Solostimme bezeichnet von Hans Sitt. Klavierausz. bearb. von Otto Taubmann. Leipzig: Breitkopf & Härtel (1907). (39, 16 S.) 4°
(Volksausgabe Breitkopf & Härtel. No. 2403.) 07. 15541

— Violinschule. 2 Thle. in 14 Heften. 1r Thl. in 4. 2r in Fol. Wien, Wallishäuser.

— u. Jos. Pirlinger, Violin-Schule, die neue vollständ. theoret. u. prakt. für Lehrer u. Lernende. 2 Thle in 14 Heften. Fol. Wien, Wallishauser. 2 ₰ 16 ℊ

— Weibertreue, oder so machen es alle, s. Mode's Opern-Text-Bibliothek.

Wolfg. Amad. Mozart's Werke. Kritisch durchgesehene Gesammtausg. Ser. 5: Opern. Partitur. Leipzig: Breitkopf & Härtel [1879]. 2°
No 20. Die Zauberflöte. 224 S.
[Umschlagtit.:] Mozart's Werke. Ser. 5: Opern. No 20: Die Zauberflöte. Oper in zwei Acten. (Köch.-Verz. No 620.) Partitur.

Mozart's, W. A., Werke. Kritisch durchgeseh. Gesammtausg. Suppl. Revisionsberichte. gr. 8. Leipzig 893. Breitkopf & Härtel. 13. 20
Serie I, II, III u. Serie XXIV, Nr. 1, 28 u. 29. Messen. — Litaneien u. Vespern. — Kleinere geistliche Gesangwerke. — Requiem u. Fragment-Messen. Revisoren: Johs. Brahms, Franz Espagne, Ludw. v. Köchel, Gust. Nottebohm, Phpp. Spitta, Paul Graf Waldersee. (58 S.) 886. 1. 20
Serie IV. Kantaten u. Oratorien. Serie XXIII. Sonaten f. mehrere Instrumente m. Orgel. Revisor: Phpp. Spitta. (3 u. 3 S.) 889. — 50
Serie V. Nr. 1—21 u. Serie XXIV. Nr. 10a, 37 u. 38. Nebst Anh.: Opern u. Balletmusiken. Revisoren: Jul. Rietz, Paul Graf Waldersee, Vict. Wilder, Frz. Wüllner. (158 S.) 883. 6. —
Serie VI. Arien, Duette, Terzette u. Quartette m. Begleitung des Orchesters. Nach den hinterlassenen Papieren v. Gust. Nottebohm zusammengestellt v. Paul Graf Waldersee. (28 S.) 883. 1. —
Serie VII. Lieder u. Gesänge m. Begleitung des Pianoforte u. Kanons. Revisor: G. Nottebohm. (15 S.) 877. — 75
Serie VIII, XIII–XXII. Verzeichniss der benutzten Orig.-Handschriften. Revisoren: J. Joachim, C. Reinecke, O. Goldschmidt, C. Nottebohm, E. Rudorff, P. Graf Waldersee. — Serie XXIV. Wiederaufgefundene, unbeglaubigte u. einzelne unvollendete Werke. Nebst Anh. Revisoren: J. Brahms, J. Joachim, G. Nottebohm, C. Reinecke, E. Rudorff, Ph. Spitta, V. Wilder, P. Graf Waldersee. (33, 3 u. 1 S.) 888. 1. 50
Serie IX, X, XI. Cassationen; Serenaden u. Divertissemente f. Orchester. — Märsche u. kleinere Stücke f. Orchester (auch f. Harmonika u. Orgelwalze). — Tänze f. Orchester. Nach den hinterlassenen Papieren v. Gust. Nottebohm zusammengestellt v. Paul Graf Waldersee. (42 S.) 883. 1. 50
Serie XII. Concerte f. e. Saiten- od. Blasinstrument u. Orchester. Revisor: E. Rudorff. (16 S.) 883. — 75

Zaide. Deutsche Operette in 2 Akten von W[olfgang] A[madeus] Mozart. Text d. Gesänge mit d. Recitativen u. Melodramen. Original. Leipzig: Breitkopf & Härtel [1895]. (15 S.) 8°
(Textbibliothek, Breitkopf & Härtel's. No 338.)

Zaide. Oper in 2 Acten von W[olfgang] A[madeus] **Mozart.** Nach älteren Vorlagen neu bearb. von Dr. Rob. Hirschfeld. [Text.] Leipzig: J. Weinberger (1902). (VIII, 24 S.) 8° 08. 9237

—— s. a. Zauberflöte, die. (Textbuch.)

— Die Zauberflöte, s.a. Breitkopf & Härtel's Text-Bibliothek. Nr. 21. 237.

—— Zauberflöte, s. a. Grüel, C.

—— dass. — s. a. Lucas' Operntexte.

— Dass., s.a. Mode's Opern-Text-Bibliothek.

— Dass., s.a. Universal-Bibliothek.

W[olfg.] A[mad.] Mozart. Die Zauberflöte. Oper in zwei Akten. Klavierauszug. Leipzig: Peters o. J. 143 S. 4°.

W[olfg.] A[mad.] Mozart. Die Zauberflöte. Oper in 2 Aufzügen. Geschichtlich, szenisch und musikalisch analysiert, mit zahlreichen Notenbeispielen von Max Chop. Leipzig: Reclam o. J. 96 S. 8°.
(Univ.-Bibliothek 5589; Erläuterungen zu Meisterwerken der Tonkunst 27.)

W[olfg.] A[mad.] Mozart. Die Zauberflöte. Grosse Oper in 2 Akten von Emanuel Schikaneder. Wiesbaden: Bechthold & Comp. o. J. 26 S. 8°.
Textbuch für die Gesangstücke.

[Die Zauberflöte von Wolfg. Amad. Mozart. Text von Eman. Schikaneder.] o. O. [1791.] 224 Bl. quer 2° [Autogr.]
Mozarts eigene Hs. Ausnahmsweise der grossenSeltenheit wegen aufgenommen.
[Gedruckte Ausg. u. d. Tit.:]
Zauberflöte. Oper von Schikaneder. Leipzig: Breitkopf 1794. 8°
Spätere Aufl. s. Heinsius: Bücherlexikon. 4 (1813) S. 375.

Die Zauberflöte, eine grosse Oper in zwey Aufzügen fürs Clavier oder Pianoforte von W[olfg.] A[mad.] Mozart. [Text. von Eman. Schikaneder]. Th. 1. 2. Berlin: Hummel. Amsterdam [nach 1819]: Magazin de musique et aux Adresses ordinaires. 2° [Kupfertit.]
1. 64 S.; 2. 64 S.
Die Noten sind in Kupfer gestochen.

Die Zauberflöte. [Von Wolfg. Amad. Mozart.] Text-Erl. [von Mor. Zille] für alle Verehrer Mozarts. Nebst dem vollständigen Text der Zauberflöte. Leipzig: Lissner 1866. 64 S. 8°
Auszug in: HL. 10 (1877) S. 734—735.
Tt. 2696.

Schikaneder, Eman.: Die Zauberflöte. Oper in 2 Akten. Musik von W[olfg.] A[mad.] Mozart. Neu rev. Text der Gesänge mit Angabe des Inhalts der Oper und einer Einführung in dieselbe von Herm. Mendel. Berlin Mode: [ca 1880.] 28 S. 8°

cf. Geheime Gesch. d. Verschwörungs-System d. Jakobiner. 1795 S. 47—54; Nohl, L.: Die Zauberflöte. 1862; MW. Ser. 2, Jg. 2 (1865) No 15, 18, 20—22; Bh. 9 (1866) S. 102 bis 103; HL. 2 (1869) S. 109—111; U. 1 (1871) S. 595—597; ML. 5 (1876—1877) No 22—23; Al. 6 (1880) S. 277—278; Frankfurter zeitgemässe Broschüren. NF. 1 (1880) S. 219 bis 228 (Ph. Wasserburg); DrL. 29 (1899 bis 1900) S. 2713—2717 (K. O. P. Holzegel); Sammlung mrischer Vortr., gehalt. in Frankfurt a. M. 1904 S. 1—32; Köchel, L. Ritter v.: Chronolog. thematisch. Verzeichnis sämtlicher Tonwerke Mozarts 2. Aufl. 1905 S. 568—573; Hirsch, P.: Katalog einer Moz.-Bibl. 1906 S. 52—55; Jahn: Mozart. 4. Aufl. 2 (1907) S. 590—655; [Hülsen, G. v.]: Die Zauberflöte. 1911. Tt. 2691. Noch in vielen anderen Ausg. erschienen.

— die Zauberflöte. Oper in 2 Aufzügen. Dichtung v. Eman. Schikaneder. Vollständiges Buch in zeitgemäßer, nach dem Klavierauszuge durchgeführter Umformg. d. alten Schikaneder'schen Textes, m. Andeutgn. f. die Darstellg., nebst kurzer Erzählung der Haupthandlg. der Oper. Veröffentlicht v. Frz. Grober, als Festgabe zum 100. Jahrestage der am 30. Septbr. 1791 erfolgten ersten Aufführg. 16. (73 S.) Graz 891. (P. Cieslar.) n. — 50

— dasselbe. Große Oper in 2 Aufzügen v. Em. Schikaneder. Musik v. W. A. M. Textbuch. 8. (72 S.) Wien 892. A. W. Künast. — 50

— d. Zauberflöte. Oper in 2 Akten v. Eman. Schikaneder, in Musik gesetzt v. M. (Textbuch.) Mit Illustr. v. Bernh. Kühn. qu. gr. 8. (XII, 50 S.) München 898. A. Bruckmann. n.n. 1. —

— u. Eman. Schikaneder, die Zauberflöte, s.a. Sammlung intern. Operntexte. Nr. 1.

Die Zauberflöte. Oper in 2 Akten von Emanuel Schikaneder. Musik von W[olfgang] A[madeus] Mozart. Rev. Text d. Gesänge, durchgesehen von R. Gründler Reinsdorff. *Halle a. S.: Bossert & Gründler [1904].* (26 S.) 8° [F.]
= Sammlung intern. Operntexte. No 1. [04. 461]

Mozarts Zauberflöte von Albert Tottmann. Langensalza: Beyer & Söhne 1908. 20 S. 8°
(Musikalisches Magazin. 23.)
Erw. Abdr. in: R. 36 (1909) S. 47—53, 63—67. cf. Z. 39 (1908—1909) S. 482; O. 34 (1909) S. 262. Versucht die Beziehungen der Oper zur Frmrei festzustellen.
[Z. 39 (1908—1909) S. 482.]

([Wolfgang Amadeus] Mozart.) Die Zauberflöte in der Weimarer Fassung der Goethe-Zeit. Mit e. Einl. von Dr. Hans Loewenfeld. [Leipzig] 1908: Drugulin. 24 Bl. 8°
Den Teilnehmern an d. Gen.-Versammlung d. Gesellsch. d. Bibliophilen zu Leipzig 1908 gewidmet von W. Drugulin.

Die Zauberflöte. Oper in 2 Akten von Emanuel Schikaneder. Musik von W(olfgang) A(madeus) Mozart. Halle a. S.: Hendel [1909]. 38 S. 8°
(Hendels Operntexte. 22.) [10. 6277

— dasselbe, s.a. Hendel's Operntexte.

— Die Zauberflöte. Textbuch v. Eman. Schikaneder. Szenische Einrichtg. in 3 Aufzügen v. Hans Loewenfeld. Mit Skizzen v. Heinr. Lefler. (Textbuch.) (78 S.) kl. 8. Leipzig 909. Breitkopf & Härtel. 1. —

Mozart-Album. Festgabe zu Mozart's hundertjähr. Geburts-Tage, am 27. Jan. 1856. Allen Verehrern des großen Meisters gewidmet. Hrsg. von Joh. Friedr. Kayser. gr. 4. (V und 136 S. mit 4 Stnt. und 52 S. Musik-Beilagen.) Hamburg 856, (Trupp.) *

Blnp. *

Mozart-Album, Salzburger. Eine Auswahl v. W. A. Mozart's ersten Compositionen u. andern, im Archive d. Mozarteums zu Salzburg befindl., im photograph. Lichtdr. originalgetreu wiedergegebenen musikalisch-litterar. Seltenheiten. qu. Fol. (VI, 11 S. m. 5 Photolith.) Salzburg 873. Glonner. geb. Ausg. Nr. 1: n. 12. —; Ausg. Nr. 2: n. 10 —

Mozart-Album, Salzburger. Eine Auswahl von W. A. Mozart's ersten Compositionen und andern, im Archive des Mozarteums zu Salzburg befindlichen, im photogr. Lichtdr. originalgetreu wiedergegebenen musikalisch-litterar. Seltenheiten, sowie eines kurzen Lebensabrisses. qu. gr. 8. (36 S. mit 6 Lichtdr.) Salzburg 880, [Glonner.] Kerber. *

geb. *

Mozart-Buch, s. Wurzbach, Const. v.

Mozart-Festspielhaus, das, in Salzburg. gr. 8. (16 S. m. Abbildg. u. Grundriss.) Salzburg 890. (Kerber.) n. — 20

(Mozart-Museum) s. Horner.

Mozart's ..., s. Mozart.—

Hyrtls **Mozart-Schädel** in zwei Abhandlungen. 1. Die geschichtl. Schilderung nach d. Ergebnissen d. eigenen Forschungen auf Grundlage d. einschlägigen Quellenmaterials von Joh. Ev. Engl, Kais. Rat. 2. Die anatom. Beschreibung von Dr. Franz Minnich. Zur 150. Jahresfeier von W. A. Mozarts Geburt: 1906. Salzburg: Selbstverl. d. Internat. Stiftung Mozarteum 1906. (24 S.) 8°
1 aus: Mozart-Museums-Katalog. 1906. [illegible]

Mozart-Tage aus der Geschichte des Hamburger Stadttheaters. Zur Erinnerung an die 1. Mozart-Woche [Jan. 1880] am Stadt-Theater in Hamburg unter B. Pollini. gr. 8. (4 S.) Hamburg 880. (Kriebel.) n. — 20

Mosdzeński, Leon v.: Aus d. landw.-technol. Institut d. Univ. Breslau. Ueber das Vorkommen des Nononaphtens im Steinkohlenteer. Breslau 1908: H. Fleischmann. (53 S.) 8°
Breslau, Phil. Fak., Ref. Ladenburg, Diss. v. 5. Aug. 1908
[Geb. 12. Mai 81 Kielce (Russ. Polen); Wohnort: Kielce; Staatsangeh.: Rußland; Vorbildung: Gymn. Kielce Reife O. 00; Studium: Warschau 8, Breslau 7 S.; Rig. 22. Juli 08.]

Mosdzynski, Gabriel [aus Kalwarya '(Russ. Polen.)']: Ueber das einfache und bimoleculare Aethyliden-as-m-Xylidin und über die Condensationsproducte von zwei Molekel Acetaldehyd mit einem Molekel m-Xylidin ... München, Buchdr. v. J. Fuller, 1895; 44 S. 8.
Erlangen, Phil. Fak., Inaug.-Diss. v. 10. Juli 1895

Możejko, B., e A. di Campello, grammatica italiana per i Russi. (Metodo Gaspey-Otto-Sauer.) (VIII, 329 S. m. 1 farb. Karte u. 1 farb. Plan.) 8. Heidelberg 910. J. Groos. Geb. in Leinw. 4.—; chiave (34 S.) kart. 2. —

Mozer, Alb., des Herzogs Tod. Lustsp. in 1 Akt. 8. (52 S.) Karlsruhe 896. G. Braun'sche Hofbuchdruckerei u. Verlag. n. 1. —

Mozer, Friedrich, appr. Arzt a. Malchin in Mecklbg.: Aus der Medizinischen Universitätspoliklinik zu Marburg. Über die Beweglichkeit des Herzens bei Lageveränderungen des Körpers. Marburg 1904. (29 S.) 8° [J.]
Marburg, Med. Fak., Ref. Romberg, Diss. v. 24. Juli 1904
[Geb. 19. Aug. 79 Malchin i. M.; Wohnort: Malchin; Staatsangeh.: Mecklenburg-Schwerin; Vorbildung: Gymn. Doberan Reife O. 99; Studium: Tübingen 4, Rostock 5 S.; Coll. 1. Juni 04; Approb. 10. Mai 95.]

Mozhnik, s.a. Močnik

Mozhnik, Frz. Seraphin, Theorie d. numer. Gleichungen mit e. Unbekannten. Mit besond. Rücksicht auf d. neueste v. Cauchy erfund. allgem. Auflösungsmethode dargest. gr. 8. (6¾ B.) Wien 839, Heubner.

Mozin, Abbé, s. Mozin, Dominique Joseph

Mozin, Charles, Guide de la conversation française et allemande à l'usage des voyageurs et des étudiants. Conversations-Taschenbuch der französ. Sprache. Mit besond. Berücksicht. der in Literatur, Wissenschaft, Industrie und Handel, im Eisenbahn- und Dampfschiffahrts-Verkehr zur Anwendung gekommenen neuen Wörter und Redensarten. Zum Schul- und Privatgebrauche sowie für Reisende. 16. (254 S.) Berlin 857, Reymann. *

—— vollständiges Wörterbuch der deutschen und französischen Sprache; Supplement, s. Peschier, A.

Mozin, Dominique Joseph

Mozin, (Abbé) neues französ. u. deutsches ABC, d. Fassungskraft d. Kinder angemessen. gr. 8. Tübing. 807. 2e A. 809. 3e A. 818. 4e A. 826. v. Cotta. 12 gr

Mozin, neues französisches und deutsches der Fassungskraft der Kinder angemessenes ABC, welches außer den verschiedenen Methoden beim Syllabiren und Lesen, auserlesene, leichte und belehrende Leseübungen, Fabeln, Unterhaltungen rc. enthält, nebst einer kurzgefaßten Abhandlung über die französ. Sprache, für Realschulen und Institute beiderlei Geschlechts. 10., unveränd. Ausg. gr. 8. (304 S.) Stuttgart 864, Cotta'sche Buchh.

Mozin, (Abbé,) nouvel ABC-allemand et française. — Neues französ. u. deutsches ABC. 4e Aufl. gr. 8. Stuttgart 825, v. Cotta.

Mozin, (Abbé), nouvel A B C allemand-français etc. Neues französ.-deutsches ABC rc. 5e Aufl. gr. 8. Stuttgart 834. v. Cotta. ½ ℛ

Mozin, (Domin. Jos.), nouvel A B C allemand-franç., ou premiers éléments des deux langues à la portée de l'âge tendre. — Neues franz.-deutsch. ABC, rc. 6. Aufl. gr. 8. (...) Stuttgart u. Tübingen 841, Cotta'sche Buchh.

Mozin, (Domin. Jos.), nouvel A B C allemand et français, ou premiers éléments des deux langues, à la portée de l'âge tendre, contenant les diverses méthodes d'enseigner à épeler et à lire, divers tableaux composés de mots la plupart communs aux deux langues, un choix de lectures, entretiens etc. et augmenté d'un petit traité sur la langue française à l'usage des écoles et instituts des deux sexes. — Neues französisches und deutsches, der Fassungskraft der Kinder angemessenes ABC rc. 8., unveränd. Aufl. gr. 8. (304 S.) Stuttgart 849, Cotta'sche Buchh.

Mozin, nouvel A B C allemand et français, ou premiers éléments des deux langues, à la portée de l'âge tendre, contenant les diverses méthodes d'enseigner à épeler et à lire etc. — Neues französisches und deutsches, der Fassungskraft der Kinder angemessenes ABC welches außer den verschiedenen Methoden beim Syllabiren und Lesen, auserlesene, leichte und belehrende Leseübungen rc. enthält, nebst e. kurzgefaßten Abhandlung über die französ. Sprache, f. Realschulen und Institute beiderlei Geschlechts. 9., unveränd. Ausg. Stuttgart 852. Cotta. gr. 8. (304 S.) 15 ngr.

— premier A B C de l'enfance. 8. Stuttg. 809. v. Cotta, 3 gl

— Anecdotes français-allemandes, zum Uebersetzen in beide Sprachen. gr. 8. Tübing. 810. 3e A. 823. v. Cotta. 1 ₰

— Auswahl französ. u. deutscher Gespräche, mit e. Samml. d. unentbehrl. Wörter. gr. 8. Tübing. 806. N. A. 810 u. 815. v. Cotta. 8 gl

— Auswahl französ. u. deutscher Gespräche ꝛc. Choix de dialogues allemands et français etc. 7e Aufl. gr. 8. Stuttgart 835. v. Cotta. 1/3 ₰

—— Auswahl franz. u. deutsch. Gespräche (dialogues franç. et allemands), nebst e. Samml. d. unentbehrl. Wörter u. sprüchwörtl. Redensarten. 7. Aufl. gr. 8. (...) Stuttgart u. Tübingen 835, Cotta'sche Buchh.

— — Auswahl französ. u. deutscher Uebungsstücke. 5te Aufl. gr. 8. Ebend. 821.

Mozin, ..., Auswahl französ. u. deutscher Uebungsstücke zum Uebers. in beide Sprachen. 6. Aufl. gr. 8. (28½ B.) Stuttgart 830, Cotta.

— — Bibliothèque française et allemande à l'usage des instituts des deux sexes. Ou lectures choisies, tirées des Auteurs des deux Nations. Tom. 1 à 12. le même. 820 et 821. à 16 Gr.

— petite Bibliothèque, française et allemande, à l'usage des instituts des deux sexes. 12 Vol. gr. 12. Stuttg. 821—22. v. Cotta. 3 ₰ 12 gl

— petit Cadeau destiné aux enfans ou nouvel ABC français. gr. 8. Tübing. 808. 2e Aufl. 831. v. Cotta. 6 gl

—— petit Cadeau destiné aux enfans, ou nouvel A B C français à leur portée, cont. les diverses manières d'épeler, un choix de lectures, d'entretiens, contes, fables etc. amusans et instructifs. 2. édit. gr. in-8. (7½ B.) Stuttgart 831, Cotta.

— les charmes du Würtemberg, ou petits voyages destinées à la jeunesse etc. 16. Tübingen 807. v. Cotta. 18 gl

— s. Collection portative.

Mozin, (Abbé,) la correspondance familière. gr. 8. Tübing. 808. 2e A. 813. v. Cotta. 1 ₰

— la Correspondance des négocians, ou recueil de lettres sur le commerce, originales ou extraites des meilleurs épistolaires nationaux ou étrangers; précédé d'un Vocabulaire des termes consacrés au Commerce, et de Règles sur le style mercantile; suivi d'une série de Lettres sur le Change, et de Modèles d'actes ou écrits en usage dans les Transactions commerciales; à l'usage des jeunes gens qui se destinent au commerce. II. édit. gr. in-8. Stouttgart et Tubingue 839. Cotta. 1 ₰

— Dialogues français et allemands, od. französ. u. deutsche Gespräche. 5e A. gr. 8. Tübing. 813. v. Cotta. 8 gl

—— nouveaux dialogues français et allemands, présentant des faits intéressant en forme d'entretiens, propre à faciliter l'étude des deux langues et alléger ou aider la mémoire; od. neuere franz. u. deutsche Gespräche üb. anzieh. Gegenstände in unterhalt. Form, z. Erleichter. f. d. Erlernen beider Sprachen u. z. Unterstütz. od. Hülfe f. d. Gedächtniß. gr. 12. (10⅚ B.) Stuttgart 840, Hallberger'sche Verlgsh.

— et J. H. Biber etc., Dictionaire complet, français allemand et allemand français. 2 Aufl. 4 Voll. gr. 4. Stuttgart 823, v. Cotta.

Mozin, Dictionnaire complet des langues française et allemande. 3. édition par Peschier. 4 Bde — Stuttgart 1842

Mozin, abbé, et A. Peschier, Dr d. Phil. u. Prof. an d. Univ. Tübingen. Dictionnaire complet des langues française et allemande composé d'après les meilleurs ouvrages anciens et nouveaux sur les sciences, les lettres et les arts; etc. etc. Vollständiges Wörterbuch der deutschen und französischen Sprache nach den neuesten und besten Quellen über Sprache, Künste und Wissenschaften, etc. mit Beiträgen von Guizot, Biber, Hölder, Courtin und mehreren anderen Mitarbeitern. 3. Aufl., auf's Neue durchgesehen u. verm. von A. Peschier. 1. u. 2. Bd. Französisch-deutsch; 3. u. 4. Bd. Deutsch-französisch. (4 Bde.)
4. Stuttgart u. Tübingen 1850—1851.

— — (4 Bde.) 4. Stuttgart u. Augsburg 1856.

— — Supplément au dictionnaire complet des langues française et allemande de ..... par A. Peschier, Dr. en philos., professeur, etc.
4. Stuttgart et Augsbourg 1859.

Mozin-Peschier, Dictionnaire complet des langues française et allemande, résumé des meilleurs ouvrages anciens et modernes sur les sciences, les lettres et les arts, avec le concours de M. Guizot pour les synonymes. 4. édit. augmentée d'un supplément pour la partie française-allemande. 4 tomes en 16 livr. hoch 4. (1. Bd. XIV und 1057 S., 2. 3. Bd. und Supplem. IV und 2973 S., 4. Bd. 1408 S.) Stuttgart 863, Cotta'sche Buchh. à Lfg. * 18 Ngr. *

— – Supplément, s. Peschier, A.

— — Dictionnaire complet des langues française et allemande. Résumé des meilleurs ouvrages anciens et modernes sur les sciences, les lettres et les arts, avec le concours de M. Guizot pour les synonymes. 4e édition. (Nouveau tirage.) Augmentée d'un supplément pour la partie française-allemande. (1. und 2. Bd. und Supplementbd.) — Vollständiges Wörterbuch der deutschen und französischen Sprache 4. Aufl. (Neuer Abdruck.) (3. und 4. Bd.) (5 Bde.) Lex. 8. Stuttgart 1873.

Mozin-Peschier: Dictionnaire complet des langues française et allemande. 4. éd. Stuttgart
T 1 2. Français-Allemand. 1873
Bd 3. 4. Deutsch-Französisch. 1873. 1863
Suppl. Français-Allemand. 1873

— Jh. Th. Biber et M. Hölter, nouveau Dictionnaire complet à l'usage des allemands et des français. IV Vols. gr. 4. Stuttg. 811, 12. 2e Aufl. 823. v. Cotta. 10 ₰

—— et Eisenbach, petit Dictionnaire portatif allemand-français et franç.-allem. etc. — Kleines deutsch-franz. u. franz.-deutsches, aus d. vollständ. Taschen-Wörterbuch Mozin's, von ihm u. v. Eisenbach bearb. Hand-Wörterbuch, enthalt. d. gemeinnützl. Wörter nebst d. Aussprache. Zum Gebr. d. Realschulen u. Lehranstalten beiderlei Geschlechtes bearb. (2 Thle.) 8. (56½ B.) Stuttgart 828, 29, Cotta.

— Dictionnaire de Poche. 2 Vol. 12. Stuttg. 817. v. Cotta. 2 ₰ 16 gl

— — Dictionnaire de Poche. 2 vol. 12. le même. 817 et 819.

— kurzgefaßtes prakt. Elementarbuch d. französ. Sprache. 1r Thl. gr. 8. Stuttg. 822. v. Cotta. 9 gl

—— kurzgefaßt. prakt. Elementarbuch d. franz. Sprache f. deutsche Lehranstalten u. Real-Schulen. 2. Thl. Enth.: Die Fortsetz. d. rechtschaff. Pächters, üb. 100 franz. u. etliche deutsche Anekdoten, z. Uebersetzen in beide Sprachen. gr. 8. (5 B.) Stuttgart u. Tübingen 836, Cotta'sche Buchh.
1. Thl. Ebendas. 1822. 9 Gr.

Mozin, (Domin. Jos.,) französische u. deutsche Gespräche nebst e. Sammlung der unentbehrlichsten Wörter u. sprüchwörtl. Redensarten, durchges. u. in einem Auszuge hrsg. v. J. Mayer. — Dialogues allemands et français de Mozin, revu, corrigé et publié en abrégé par J. Mayer. gr. 8. (7 B.) Stuttgart 843, Cotta'sche Buchh.

— nouvelle grammaire allem.-franç., conten. dans les deux langues les règles de la langue allemande etc. 8. Tübing. 809. N. A. 818 u. 826. v. Cotta. 1 ₰

—— nouvelle grammaire allemande, cont., dans les deux langues, les règles de la langue allemande accompagn. de nombreux exemples et d'exercices, et terminée par divers fragmens des meilleurs poètes de la nation. Ouvrage particulièrem. destiné à la jeunesse franç. 5. édit. gr. in-8. (...) Stouttgart et Tubingue 836, Cotta. Thlr.

Mozin's deutsch-französisch- und französisch-deutsches Hand-Wörterbuch, zum Schul- und Privatunterricht. Durchgesehen und verm. von C. G. Hölder. 2 Thle. 3. Aufl. Neu bearb. und vervollständ. von A. Peschier. 8. (X und 772 S. mit 2 Tab. in 4.) Stuttgart 865, Cotta'sche Buchh.

Mozin's deutsch-französisch und französisch-deutsches Hand-Wörterbuch zum Schul- und Privatunterricht. Durchgesehen und verm. von J. G. Hölder. 3. Aufl. Neu bearb. und vervollständigt von A. Peschier. 1.—3. Abdr. 868—72; 4. Abdr. 2 Thle. in 1 Bd. 8. (X, 477; 295 S. mit 2 Tab. in qu. gr. 4.) Stuttgart 876, Cotta'sche Buchh. *

Mozin's deutsch-französisch und französisch-deutsches Hand-Wörterbuch zum Schul- und Privatunterricht. Durchgesehen und verm. von J. G. Hölder. 3. Aufl. Neu bearb. und vervollständigt von A. Peschier. 5. Abdr. 2 Thle. in 1 Bd. 8. (IX, 477; IV, 295 S. mit 2 Tab. in qu. gr. 4.) Stuttgart 880, Cotta'sche Buchh. *ℳ 3.; geb. in Halbfrz. *

Mozin, (Domin. Jos.) kleines, deutsch-franz. u. franz.-deutsches aus d. vollständ. Taschen-Wörterbuch Mozin's v. ihm bearb. Hand-Wörterbuch, enth. d. gemeinnützlichsten Wörter nebst d. Aussprache. Zum Gebr. d. Realschulen u. Lehranstalten beiderlei Geschlechtes. Durchges. u. verm. v. C. G. Hölder. — A. u. d. T.: Petit dictionnaire portatif allem.-franç. et franç.-allem. Extrait du dictionnaire de poche complet de Mozin. 2 Thle. 8. (49 B.) Stuttgart u. Tübingen 841, Cotta'sche Buchh. *

—— kleines, deutsch-französ. u. franz.-deutsches aus d. vollständ. Taschen-Wörterbuch Mozin's von ihm bearb. Hand-Wörterbuch enth. die gemeinnützl. Wörter nebst der Aussprache. Zum Gebrauche der Realschulen u. Lehranstalten beiderlei Geschlechtes. Durchges. u. verm. v. C. G. Hölder. 2 Thle. 8. (49 B. u. 2 Tab.) Stuttgart 845, Cotta'sche Buchh.
Vollständ. Wörterbuch der deutschen u. französ. Sprache. Auf's Neue durchgesehen u. vermehrt v. A. Peschier. Stereotyp-Ausg. wurde 1840 vollendet.

— kleines, deutsch-französisch u. französisch-deutsches, aus dem vollständigen Taschen-Wörterbuch Mozin's von ihm bearb. Hand-Wörterbuch, enth. die gemeinnützlichsten Wörter nebst der Aussprache. Zum Gebrauche der Realschulen u. Lehranstalten beiderlei Geschlechtes. Durchgesehen u. verm. von C. G. Hölder. 1. Thl.: Deutsch-Französisch. — Petit dictionnaire portatif Allemand-Français et Français-Allemand. Extrait du dictionnaire de poche complet de l'Abbé Mozin. 2. partie: Français-Allemand. 8. (XIV u. 768 S. m. 2 Tab. in 4.) Ebd. 851. 1⅙ ₰

— kleines, deutsch-französisch und französisch-deutsches, aus dem vollständigen Taschen-Wörterbuch Mozin's von ihm bearb. Hand-Wörterbuch, enthltd. die gemeinnützlichsten Wörter nebst der Aussprache. Zum Gebrauche der Realschulen u. Lehranstalten beiderlei Geschlechter. Durchges. u. verm. von C. G. Hölder. 2 Thle. Stuttgart 855. Cotta. 8. (XIV, 480; 288 S. u. 4 S. Tab. in 4.) 1 ₰. 5 ngr.

— s. Lettres et epitres amoureuses.

— neue Samml. französ. u. deutscher Handlungsbriefe z. Uebersetzen in beide Sprachen. gr. 8. Tübing. 804. 4e A. 820. 5e A. 828. v. Cotta. 1 ₰

— Uebersetzung derselben. gr. 8. Ebd. 805. N. A. 815. 20 gl

— neue Samml. franz. u. deutsch. Handlungsbriefe zum Uebersetzen in beide Sprachen. gr. 8. Ebend. 810.

—— neue Sammlung französ. u. teutscher Handlungsbriefe, sowohl z. Bildung im kaufmänn. Briefstyle, als zum Uebers. in beide Sprachen bestimmt. 5. u. 6., verb. Ausg. (à 21 B.) gr. 8. Stuttgart 828, 35, Cotta.

— neue Sammlung französ. u. deutscher, theils neuer, theils aus den besten französischen u. deutschen Briefstellern ausgewählter Handlungsbriefe, sowohl zur Bildung im kaufmänn. Briefstyle, als zum Uebersetzen in beide Sprachen bestimmt. 6e verb. Ausg. gr. 8. Stuttgart u. Tübingen 835. v. Cotta. 1 ₰

— französ. Sprachlehre. gr. 8. Tübing. 802. 2e A. 803. 3e A. 805. 4e A. 806. 5e A. 807. 6e A. 809. 9e A. 821. 10e A. 830. v. Cotta. 20 gl

— Auszug aus derselben. gr. 8. Stuttg. ... 2e A. 807. 3e A. ... 4e A. 826. v. Cotta. 16 gl

— franz. Sprachlehre. gr. 8. Ebend. 813.

— Auszug aus derselben. gr. 8. Ebend. 815.

Mozin, Abbé. Französische Sprachlehre (Grammaire française) in einer neuen und fasslichen Darstellung der auf die einfachsten Grundsätze zurückgeführten Regeln, durch viele Beispiele erläutert und sowohl für Anfänger als für solche, welche schon Fortschritte in der französischen Sprache gemacht haben, und sich darin vervollkommnen wollen. Zweite umgearb. u. verbess. Ausg. 8. Stuttgart und Tübingen 1830.

—— französ. Sprachlehre (Grammaire française) in e. neuen u. faßl. Darstell. der auf d. einfachsten Grundsätze zurückgeführten Regeln, durch viele Beispiele erläut. &c. 10., umgearb. u. verb. Ausg. gr. 8. (41½ B. u. 1 Tab. qu. gr. Fol.) Stuttgart 830, Cotta.

— Théâtre de l'adolescence ou Choix de pièces dramatiq. destinées à cet age, extraités des ouvrages de Madame de la Faye-Brehier, de Berquin et autres accomp. de nombreuses notes explicat. allemandes pour en faciliter l'intelligence à la jeunesse. Vol. I—III. gr. in-12. Stuttgart 837, 38. Schweizerbart. (à ½ ₰) 1½ ₰

— Uebersetzung der franz. Uebungen. gr. 8. Ebend. 804.

— französ. u. deutsche Uebungsstücke zum Uebersetzen in beide Sprachen. gr. 8. Tübing. 810. 5e A. 821. v. Cotta 1 ₰

— französ. Uebungsstücke mit d. beigesetzten Uebersetzungen u. d. nothwend. Regeln, Abänderr. &c. der französ. Sprachlehre. Neu heregg. v. F. J. H. Merguin. gr. 8. Wien 822. Volke. 12 gl

Mozin, französisch-deutsches u. deutsch-französisches kleines klassisches Wörterbuch zum Schul- u. Privatunterricht. Neu bearb. u. vervollständigt v. A. Peschier. 4. Aufl. Umgearb. u. bedeut. vermehrt v. Eug. Peschier, L. Gaille u. A. Besson. 2 Bde. gr. 8. (XIII, 534 S. m. 4 Tab. u. 984 S.) Stuttgart 891. J. G. Cotta Nachf. 6. —; geb. in Halbfrz. 8. —; in 2 Bde. 7. 50

Mozin, Abbé. **Biber**, J. Th. Professor, **Hölder**, M. Professor und Andern. Neues vollständiges Wörterbuch der deutschen und französischen Sprache nach den neuesten und besten Quellen, über Sprache, Künste und Wissenschaften, enthaltend die Erklärung aller Wörter, die Aussprache der schwierigern, eine Auswahl erläuternder Beispiele, die hauptsächlichsten sinnverwandten Wörter beider Sprachen, die Ausdrücke des französischen Gesetzbuches, die Münzen, Gewichte und Masse der verschiedenen Staaten, ein Verzeichniss der gebräuchlichsten Eigennamen von Personen, Ländern, Flüssen etc. Bd. 1 und 2 Französisch-deutscher Theil, Bd. 3 und 4 Deutsch-französischer Theil. (4 Bde.)
8. Stuttgart u. Tübingen 1823—1824.

Mozin (Abbé), vollständ. Wörterbuch der deutschen u. französ. Sprache, nach den neuesten u. besten Werken über Sprache, Künste u. Wissenschaften. Mit Beiträgen von Guizot, Biber, Hölder, Courtin u. mehr. and. Mitarbeitern. Auf's Neue durchges. u. verm. vom Prof. A. Peschier. Stereotyp Ausg. 4 Bde. in 8 Lfrgg. 1r Bd. 1e Lfrg. 1e u. 2e Hälfte u. 2e Lfrg. 1e Hälfte. gr. Lex.-8. Stuttgart u. Tübing. 840. Cotta'sche B. n. 1 7/12 Thlr

— vollständiges Wörterbuch der deutschen und französischen Sprache rc. Auf's Neue durchges. u. verm. von A. Peschier. Stereotyp-Ausg. 4 Bde. compl. gr. Lex.-8. Ebend. 840—46. n. 8 1/3 Thlr

— vollständ. Wörterbuch der deutschen u. französischen Sprache. Mit Beiträgen von Guizot, Biber, Hölder, Courtin u. mehreren anderen Mitarbeitern. Aufs Neue durchgesehen u. verm. v. A. Peschier. 4 Bde. In 10 Lfgn. 3. Aufl. (1. Bd. VIII u. 1057 S. 2. Bd. 1316 S. 3. Bd. 1168 S. 4. Bd. 1412 S.) Ebd. 850. 51. (à Lfg. n. 5/6 Thlr) n. 8 1/3 Thlr

Mozin-Peschier, Vollständiges Wörterbuch der deutschen und französischen Sprache in 4 Bänden. 4. Aufl. Mit einem Supplementbande von A. Peschier. Stuttgart 1863.

Mozin-Peschier, vollständiges Wörterbuch der deutschen u. französischen Sprache. — Dictionnaire complet des langues française et allemande, résumé des meilleurs ouvrages anciens et modernes sur les sciences, les lettres et les arts, avec le concours de M. Guizot pour les synonymes. — 4. Aufl. [Neuer Abdr.] 4 Bde. m. e. Supplementbde. v. Peschier. Lex.-8. (XIV, 1057; 1316; 1168; 1401 u. 489 S.) Stuttgart 873. Cotta. n. 36. —

***Mozin*, P. F. le Cadet, Recueil de contes en prose de pièces jolies tirées des meilleurs auteurs etc. 8. Leipz. 817. (W. Nauck). 16 Gr**

Mozin-Oger, Grammaire de la langue allemande, ou méthode pratiq. et facile p. apprendre l'Allemand. gr. in-12. (7 5/6 B.) Aix-la-Chapelle 839, [Düsseldorf,] Roschütz et Comp.

Mozkin, Israel [aus Kiew '(Russl.)']: Über Kondensationsprodukte von Phosphaten, Arsenaten oder Nitraten der Alkalien mit Chromaten oder Sulfaten derselben ... Berlin, C. Vogts Buchdr., *1894*; 70 S., 1 Bl. 8.
Berlin, Phil. Fak., Inaug.-Diss. v. 2. Mai 1894

Mozkin, Leo, d. Juden in Palästina. Nach e. auf d. 2. Zionistencongresse am 29. VIII. 1898 geh. Vortrage. gr. 8. (45 S.) Berlin 898. S. Friedlaender. n. — 60

Možnik, s. Močnik.

Moznyk, s. Močnik

Mpápwa, s.: Kolonialkarten, Kiepert, R.

Mračék, Frz., Atlas u. Grundriss d. Haut-Krankheiten, s.a. **Lehmann's medizin. Handatlanten. V.**

Atlas und Grundriß der Haut-Krankheiten von Dr. Franz **Mraček**, Prof. in Wien. 2. vielf. verb. u. erw. Aufl. Mit 77 Taf. & 50 Abb. *München: J. F. Lehmann 1904.* (XIX S., 115 Taf., 284 S.) 8°
= **Handatlanten**, Lehmann's medizin. Bd 5. [04. 1193] 11

Mraček, Frz., Atlas d. Hautkrankheiten m. e. Grundriss d. Pathologie u. Therapie derselben, s.a. **Lehmann's medicin. Handatlanten, 5. u. 6. Bd.**

Atlas der Haut-Krankheiten mit einem Grundriss der Pathologie und Therapie derselben von Prof. Franz **Mračok** in Wien. Mit 63 Taf. u. 39 Abb. *München: J. F. Lehmann 1899.* (XIX, 173 S.) 8°
= Handatlanten. Lehmann's Medicinische. Bd 5. [99. 8826] 11

Mracek, Frz., Atlas der Syphilis u. der venerischen Krankheiten, s.a. **Lehmann's medizin. Handatlanten. VI**

Atlas der Syphilis und der venerischen Krankheiten mit e. Grundriss d. Pathologie u. Therapie ders. von Prof. Franz **Mraček**. Wien. (2. Ausg.) Mit 71 Taf. u. 16 Abb. *München: J. F. Lehmann 1898.* (VII, 128 S., 71 Taf.) 8°
= **Hand-Atlanten**, Lehmann's Medicinische. Bd 6. [98. 6027] 11

Atlas der Syphilis und der venerischen Krankheiten, mit e. Grundriß d. Pathologie u. Therapie derselben von Hofrat Prof. Dr. Franz **Mraček** in Wien. 2. verm. u. verb. Aufl. Mit 81 Taf. u. 20 Abb. München: J. F. Lehmann 1908. (XII, 176, 218 S.) 8°
= **Hand-Atlanten**. Lehmann's Medizinische. Bd 6. [c8. 1903]

Mraček, Frz., s.a. **Handbuch der Hautkrankheiten.**

Mraček, F., Handbuch der Hautkrankheiten. I. Bd. Gr.-8°. (ill. 798 S. mit 2 Tafeln) K 30.—, geb. K 33 —
Wien: Hölder 1902.

Mraček, F., Handbuch der Hautkrankheiten. 9. Abt. Gr.-8°. (II. Bd. Pag. 433—480. III. Bd. Pag. 1—96) K 6
Wien: Hölder 1903.

Mraček, F., Handbuch der Hautkrankheiten. 3. Bd. Gr.-8°. (ill. 688 S. mit 1 Tafel) K 26.40, geb. K 29.40
Wien: Hölder 1904.

Mraček, F., Handbuch der Hautkrankheiten. 2. Bd. Gr.-8°. (ill. 789 S.) Wien: Hölder 1905. K 32.—, geb. K 35.—

Mraček, F., zur Syphilis der Orbita, s.: Klinik, Wiener.

Mraček, Frz., Syphilisansteckung in d. Mundhöhle, s.: **Pathologie u. Therapie, specielle.**

Mráček, J., Der Frohndienst in Mähren im 16. Jahrhundert. 8°. Programm Leipnitz, 1908.

Mraczeck, J. M., Lehre üb. die Verjährung, nebst Anhang v. d. Fristen. gr. 8. Prag 801. Widtmann. 1 Thlr 8 Gr

Mrakitsch, Ant., Conversations-Cabinet f. zehn Sprachen, od. Auswahl v. Gesprächen f. d. gesell. Leben in latein., span., italien., franz., ungar., deutsch., engl., holländ., krain-slav., neugriech. Sprache. qu. gr. 16. (11 1/2 B.) Güns 837, [Reichard u. Söhne.]

Mras Karl: De necyia Cynica et de Menippi Cynici ratione scribendi.
H. 1900 PN 1311 Diss. Wien. Univ. **1568**

Mras, Karl: Reiseerinnerungen aus dem Orient. S. 3—18. 8.
Progr. K. k. Gymn. *Znaim* 1906.
I. Ephesos. II. Ein Ausflug zur Cybele auf dem Sipylos.

Mras, K., Lucian: Der Traum oder Lucians Lebensgang und Ikaromenipp oder die Himmelsreise. Gr.-8°. 1. und 2. Heft. Wien: Fromme 1904. K 1.80

Mras Karl, Dr.: Die Überlieferung Lukians (mit 1 Taf.). S. 167 7 . . . . 5.70
Sonderabdruck

Mrasiek, Joh., d. Elbe u. ihre zwei grössten Nebenflüsse in Böhmen, s.a. Verbands-Schriften der deutsch-österreichisch-ungarischen Verbandes

Die Elbe und ihre zwei grössten Nebenflüsse in Böhmen. Von Joh. Mrasick, k. k. Baurath. *Berlin: Siemenroth & Troschel 1897.* (42 S.) 1 Bd 8.
— Mittheilungen üb. d. derzeitige u. angestrebte Schiffbarkeit d. Hauptströme u. ihrer Nebenflüsse. H. 4.
— Deutsch-Oesterreichisch-Ungarischer Verband für Binnenschiffahrt. Verbands-Schriften. No 18.

— d. Fortschritte d. Moldau- u. Elbe-Kanalisierung in Böhmen, s.: Verbands-Schriften der deutsch-österreichisch-ungarischen Verbandes f. Binnenschiffahrt.

Mrasick, Joh., über den Stand der Arbeiten zur Ausführung des österreichischen Wasserstrassengesetzes vom 11. VI. 1901, s.a. Verbands-Schriften des deutsch-österr.-ungar. Verbandes f. Binnenschiffahrt. N. F. Nr. 34.

Über den Stand der Arbeiten zur Ausführung des österreichischen Wasserstrassengesetzes vom 11. Juni 1901. Von Hofrat Johann Mrasick, Wien. Berlin-Grunewald: A. Troschel 1906. (20 S.) 8°
— Deutsch-Österr.-Ungar. Verband f. Binnenschiffahrt. Verbands-Schriften. N. F. No 34.

Mráz, Frz., Wiener Dienstrecht, s.: Ehrenfreund, Edm. O.

Mraz, Tomaž. Šolske katekeze za perveuce. V Celovcu, St. Hermagoras-Druck., 1878. 248 S.

Mrazec, Lud., voir: *Duparc, L.*

Mrázek, Al., üb. Baculus Lub. u. Hessella Br. Ein Beitrag zur Anatomie d. Lernaoiden. [Aus: „Sitzungsber. d. k. böhm. Gesellsch. d. Wiss."] gr. 8. (17 S. m. 2 Holzschn. u. 2 Taf.) Prag 895. (F. Řivnáč.) n. 1. 20

Mrázek, Al., ein Beitrag zur Kenntniss der Fauna der Warmhäuser. Eine zoogeograph. Studie. gr. 8. (21 S.) Prag 902. (F. Řivnáč.) n. — 30

— Centrosom u. Periplast, s.a. Vejdovský, F.

— Copepoden Ost-Afrikas. [Aus: „Deutsch-Ost-Afrika" 4. Bd.] Lex.-8. (11 S. m. 3 Taf.) Berlin 895. D. Reimer. n. 3. 60

— dasselbe, s.a. Deutsch-Ost-Afrika.

— zur Embryonalentwicklung der Gattung Asplanchna. [Aus: „Sitzungsber. d. k. böhm. Gesellsch. d. Wiss."] gr. 8. (11 S. m. 1 Taf.) Prag 897. (F. Řivnáč.) n. — 60

— Entomostraken d. naturhistor. Museums in Hamburg, s.: Poppe, S. A.

Zur Entwicklungsgeschichte einiger Taenien. Von Dr. Al[ois] Mrázek. *Prag: Kgl. böhm. Ges. d. Wiss. 1896.* (16 S., 1 Taf.) 8.
— Věstník Král. Č. Společnosti Náuk. Třida math.-přírodovědecká. 1896. [No] 38.

— zur Entwicklungsgeschichte einiger Taenien. [Aus: „Sitzungsber. d. k. böhm. Gesellsch. d. Wiss."] gr. 8. (16 S. m. 1 Taf.) Prag 896. (F. Řivnáč.) n. — 60

Mrázek, Al., Ergebnisse e. v. Dr. Al. Mrázek im J. 1902 nach Montenegro unternommenen Sammelreise. I. Einleitung u. Reisebericht. (24 S. m. 4 Abbildgn.) gr. 8. Prag 903. (F. Řivnáč). n. 1. 20
Sonderabdr. a.: „Sitzungsber. d. böhm. Gesellsch. d. Wiss."

— die Gattung Miracia. Dana. [Aus: „Sitzungsber. d. k. böhm. Gesellsch. d. Wiss."] gr. 8. (9 S. m. 1 Taf.) Ebd. 894. n. — 60

Mrázek, Al., Die Gattung Miracia Dana. Mit einer Tafel. Gr.-8. (9 S.) Prag: Rivnac 1895—.30

MRÁZEK, Al.
Ueber abnorme Mitosen im Hoden von Astacus. Von Dr. Al. Mrázek. (Mit 1 Tafel.) Separatabdruck aus den Sitzungsberichten der königl. böhmischen Gesellschaft der Wissenschaften in Prag. 1901. Prag. 1901. Verlag der königl. böhmischen Gesellschaft der Wissenschaften. In Comm. Řivnáč. Gr.-8°. 7 S. K —.36

Mrázek, Al., über die Organisationsverhältnisse der Catenula lemnae Dug. (8 S. m. 4 Fig.) Lex.-8 Prag 906. (F. Řivnáč). n. — 20

Mrázek, A., Über eine neue polypharyngeale Planarienart aus Montenegro. (Planaria Montenigrina N. SP.) Separatabdr. a. d. Sitzungsber. d. k. böhm. Gesellschaft d. Wiss. 33. Gr.-8°. (iii, 43 S. mit 2 Tafeln.) † Prag: Rivnac 1904.

Mrázek, Al., eine zweite polypharyngeale Planarienform aus Montenegro. (18 S. m. 3 Abbildgn. u. 1 Taf.) Lex. 8. Prag 907. (F. Řivnáč.) — 40

Mrazek, Alois, s. Poppe, Albrecht: Die von Herrn Dr. F. Stuhlmann .... gesammelten Süsswasser-Copepoden

— über Potamothrix Moldaviensis, s.: Vejdovský, F.

MRÁZEK, Al.
Die Samentaschen von Rhynchelmis. Von Dr. Al. Mrázek. (Mit 1 Tafel.) Separatabdruck aus den Sitzungsberichten der königl. böhm. Gesellschaft der Wissenschaften in Prag. 1900. Prag. 1900. Königl. böhmische Gesellschaft der Wissenschaften. In Comm. Řivnáč. Gr.-8°. 5 S. K —.32

Mrázek, Al., üb. e. neue Schmackeria (Schm. Hessei n. sp.) aus der Kongo-Mündung. Vorläufige Mittheilg. [Aus: „Sitzungsber. d. k. böhm. Gesellsch. d. Wiss."] gr. 8. (3 S. m. 3 Holzschn.) Prag 894. (F. Řivnáč.) n. — 16

— über e. neue Sporozoenform aus Limnodrilus. [Aus: „Sitzungsber. d. k. böhm. Gesellsch. d. Wiss."] gr. 8. (5 S. m. 1 Taf.) Ebd. 897. n. — 40

Über eine neue Sporozoenform aus Limnodrilus. Von Alois Mrázek. *Prag: Kgl. böhm. Ges. d. Wiss. 1897.* (5 S., 1 Taf.) 8.
— Věstník Král. Č. Společnosti Náuk. Třida math.-přírodovědecká. 1897. [No] 8.

— Sporozoenstudien. II. Glugea lophii Doflein. gr. 8. (8 S. m. 1 Taf.) Ebd. 899. n. —52; (I u. II n. —92)
2 Sonderabdr. aus: „Sitzungsber. d. böhm. Gesellsch. d. Wiss."

— Süsswasser-Copepoden, s.a. Ergebnisse der Hamburger Magalhaensischen Sammelreise.

Süsswasser-Copepoden bearb. von Dr. A[lois] Mrázek (Prag). Mit 4 Taf. *Hamburg: L. Friederichsen & Co. 1901.* (29 S.) 4°(8°)
= Ergebnisse d. Hamburger Magalhaens. Sammelreise. Lfg 6, ...

Mrázek, A., Über Taenia acanthorhyncha Wedl. (Ein Beitrag zur Kenntnis der Gattung Tatria Kowalewski.) Separatabdr. a. d. Sitzungsber. d. k. böhm. Gesellschaft d. Wiss. Gr.-8°. (ill. 24 S. mit 2 Tafeln) † Prag: Rivnac 1906. K —.80

Mrázek, A., Ein europäischer Vertreter der Gruppe Temnocephaloidea. [Separatabdr. a. d. Sitzungsber. d. k. böhm. Gesellschaft d. Wiss.] Gr.-8°. (7 S. mit 1 Tafel) † * K —.50
Prag: Rivnac 1907.

— über das Vorkommen e. Süsswassernemertine (Stichostemma graecense Böhm.) in Böhmen, m. Bemerkungen üb. die Biologie des Süsswassers. gr. 8. (7 S.) Prag 900. (F. Řivnáč.) n. —20

Mrázek, A., Ueber das Vorkommen einer freilebenden Süßwassernemertine in Böhmen. Separatabdr. a. d. Sitzungsber. d. k. böhm. Gesellschaft d. Wiss. Gr.-8°. (7 S.) † K —.16
Prag: Rivnac 1902.

Mrazek Ed.: Über die Abweichungen der Gase vom Gay-Lussac-Mariotte'schen Gesetze. 14. Pilsen R. 89. Progr.

Mrazek, F., die Walzenstühle für die Mehlfabrikation, s. Turban, F.

Mrazek, Joh., Blumenvorlagen als Vorbereitungsstudien zur Manufacturzeichnung. (1. Heft.) Fol. (6 Stnt.) Prag 849. (Hess.) *

—— Elementar-Unterricht in der Linear-Zeichnung zum Gebrauch für techn. Gewerbe, Künste und Lehranstalten. 1. Heft. qu. 4. (12 Stnt.) Prag 847, (Hess.) *

—— Elementar-Unterricht in der Ornamentzeichnung. Systematisch geordnete Vorlagen zum Gebrauch für techn. Schulen, Gewerbe, Künste und Schulen. 1—10. Heft. Fol. Prag 849, Hess. [1—3. (à 12 Stnt.) à * 1 Thlr., 4—8. (à 6 Stnt.) * 3 Thlr., 9. (12 Stnt.) * 1 Thlr., 10. (6 Stnt.) * 25 Ngr.] *

Mrazek J.: Elemente der arithm. und geom. Verhältnisse und Proportionen mit praktischer Anwendung. 48. Prag L.-B.-A. 74. Progr.

—— architectonische Entwürfe. Systematisch geordnete Vorlagen zum Gebrauch für techn. Gewerbe, Künste und Lehranstalten. 1. Heft. Fol. (12 Stnt.) Prag 849, Hess. *

Mrazek, Joh., Lehrbuch der Elementar-Arithmetik. Zunächst f. den Gebrauch an Lehrerbildungsanstalten, sowie Bürger-, Handels- u. Realschulen u. zum Selbststudium. 1. Thl., behandelt den laut dem Verordnungsblatte d. k. k. Ministeriums f. Cultus u. Unterricht vom 27. Aug. 1870 vorgezeichneten Unterrichtsstoff f. die 1. Klasse an Lehrerbildungsanstalten. gr. 8. (VIII, 312 S.) Prag 871. (Dominikus.) n. 2. 60

Mrazek, Johann —. Muster-Sammlung technischer Zeichnungs-Vorlagen für Bürger und Realschulen, so wie für Gewerbtreibende bearbeitet von — —. 1. Heft. (12 Blätt.) 4. Prag. Joh. Sandtner jun. Lithogr. 1855

Mrazek, Joh., Muster-Sammlung technischer Zeichnungs-Vorlagen für Bürger- und Realschulen, sowie für Gewerbtreibende. 1—3. Heft. qu. 4. (36 Stnt.) Prag 855, [Tempsky.] à Heft * 10 Ngr. *

Mrazović, Milena, Selam. Skizzen u. Novellen aus dem bosn. Volksleben. gr. 8. (276 S.) Berlin 893. Schriftsteller-Genossenschaft. n. 3. —

Mrha, Joseff: Beiträge zur Kenntnis des Kelyphits
Prag: Phil. Diss., 1898/99

Mrhal: Bemerkungen über imaginäre Grössen. 14 S.
8°-Teschen kth., Progr. 1856

Mricchakatikâ id est Curriculum figlinum Sûdrakae regis. Fabula. Sanskrite ed. Ad. Frid. Stenzler. gr. Lex.-8. (... B.) Bonnae 846, König. *

Mricchakatika oder das irdene Wägelchen, s. Theater, indisches.

Mrkkhakatika, d. i. das irdene Wägelchen. Ein dem König Çûdraka zugeschriebenes Schauspiel. Uebersetzt von Otto Böhtlingk. gr. 8. (IV, 218 S.) St. Petersburg 877. (Leipzig, Voss' Sortiment.) *

Mrniak, Fr.: Quaestiones Homericae. a) An Ilias et Odyssea opus unius eiusdemque auctoris esse possunt? b) An viva traditione ad posteros venire potuerant? –Tarnopol, Progr. 1852

Mroczkowski, Stanislaus: Ueber die Einwirkung von Arsentrichlorid auf tertiäre aromatische Amine und auf Monomethylanilin. Rostock 1910: Hinstorff. 82 S. 8°
Rostock, Phil. Diss. v. 3. März 1910, Ref. Michaelis
[Geb. 2. Mai 78 Posen; Wohnort: Rostock; Staatsangeh.: Preußen; Vorbildung: Marien-Gymn. Posen bis O. 03; Studium: Breslau 3, Rostock 11 S.; Rig. 26. Febr. 10.] [U 10. 3968

Zur Aetiologie des Krebses und die Bedeutung der Riesenzellen in pathologischen Geschwülsten von Dr. [Wenzeslaus] Mroczyński. Graudenz: Kriedte 1910. 23 S. 8° [11. 2506 10

Mrongovius, Christoph Cölestin

— Anleitung zum Uebersetzen aus dem Polnischen ins Deutsche u. aus dem Deutschen ins Polnische. 8. Ebd. 837. 1/3 ß

Mrongovius, Cph. Cölest., polnische Formenlehre, nebst Anleit. z. Uebersetzen aus d. Deutschen ins Polnische. 1s Heft. 8. Königsb. 811. Nicolovius. 12 gl

Mrongovius, C. C., polnische Formenlehre, nebst Anleitung zum Uebersetzen aus d. Deutschen ins Polnische. 1s Hft. 8. Königsb. Nicolovius. 815. —

Mrongovius, Chr. Cöl., polnisches Gesangbuch. 8. Königsberg, Nicolovius. 803.

Mrongovius, Chrstph. Cölestin, ausführl. Grammatik d. poln. Sprache, nebst e. besond. Anh. mit Uebungsstücken z. Uebersetzen. 8. (21 ½ B.) Danzig 837, Anhuth.
Der Anhang a. u. d. T.:
Anleitung z. Uebersetzen aus d. Poln. ins Deutsche u. aus d. Deutschen ins Poln. 8. (9 B.) 837. 8 Gr.

— poln. Handbuch, bestehend aus e. Lesebuche, Wörterbuche u. Sprachlehre. 8. Königsb. 794. 2e A. 803. Nicolovius. 16 gl

— poln. Handwörterbuch. 8. Königsb. 803. Nicolovius. 12 gl

— Lesebuch. 8. Ebend. 803.

— poln. Lesebuch. 8. Königsb. ... 2e A. 803. 16 gr

— poln. Predigtbuch auf alle Sonn- u. Festtage d. ganzen. Jahres. 4. Königsb. 803. 1 ℛ 8 gr

—— dokladny Słownik polsko-niemiecki krytycznie wypracowany. — Ausführl. poln.-deutsches Wörterbuch, krit. bearb. gr. 4. (86 B.) Königsberg 835, Gebr. Bornträger.

– Dokładny Niemiecko-Polski Słownik. — Ausführl. Deutsch-Polnisches Wörterbuch. 2e verm. u. verb. Aufl. gr. 4. Königsberg 836, 37. Gebr. Bornträger. 4 3/8 ℛ

— Słownick niemiecko-polaki. Deutsch-poln. Handwörterbuch nach Adelung u. Linde. 4. Danzig 823. Gerhard. 4 ℛ

— Sprachlehre f. Deutsche. 1r Cursus. 8. Ebd. 805.

— poln. Sprachlehre f. Deutsche. 1r Curs. 8. Königsb. ... 2e A. 805. 16 gr

— poln. Wegweiser, od. neue versuchte Analyse d. Verbi, nebst Materialien z. Uebersetzen. 8. Königsb. 812. 1 ℛ (Gerhard in Danzig). 12 gr

Mrongovius, C. C., polnischer Wegweiser oder neuversuchte Analyse des Verbi nebst Materialien zum Uebersetzen aus dem Deutschen ins Polnische. 8. Königsberg, Universitätsbuchh. 816.

Mrongovius, C. C: Ausführliches Deutsch-Polnisches Wörterbuch. 2. verm. Aufl. Königsberg i. Pr. 1837

Mrongovius, Prediger und Lector der polnischen Sprache etc. Ausführliches, deutsch-polnisches und polnisch-deutsches Wörterbuch. (2 Bde.) 4. Königsberg 1835—1837.

Mrongovius, Chryh. Cölestin, ausführliches Deutsch-Polnisches und Polnisch-Deutsches Wörterbuch. 1. Deutsch-Polnischer Thl. 3. sehr verm. u. verb. Aufl. Neu durchges. und bedeutend verm. von W. Wyszomierski. — Dokładny Słownik Niemiecko-Polski i Polsko-Niemiecki. Tom I. Niemiecko-Polski. Königsberg 854. Gebr. Bornträger. Lex.-8. (VIII. 967 S.) 3 ℛ. 6 ngr.

Mrongovius, Christoph Cölestin: Ausführliches Polnisch-Deutsches Wörterbuch. Königsberg i. Pr. 1835

— s. Xenophon's Anabasis.

Mros, K. Bruno, die Strassenpflaster-Materialien der meisten Grossstädte d. Deutschen Reiches v. 100000 Einwohnern an aufwärts. Nebst: 1. Nachtrag: Die Gesteine des Königr. Sachsen, deren Abbruchsorte u. Besitzer. (22 u. 32 S.) gr. 8. Dresden 909. (v. Zahn & Jaensch.) nn 1.50; 1. Nachtrag allein nn — 50

Mrossok, Gerhard, approb. Arzt aus Gross-Radisch ⟨Schles.⟩: Aus d. Hygien. Institut d. Universität Rostock. Über zwei durch Milch verursachte Typhusepidemien. *Rostock 1901: H. Winterberg.* (25 S.) 8°
Rostock, Med. Diss. v. [25. Okt.] 1901

Mrose, Hermannus, Silesius: De syntaxi Bacchylidea. *Lipsiae 1902: O. Schmidt.* (58 S.) 8°
Leipzig, Phil. Diss. v. [22. März] 1902

Hilfsbuch für den evangelischen Religionsunterricht ... Auf Grund d neuen Lehrpläne bearb. von E. Mrugowsky, Rektor, Naugard T. 1. *Halle a. S.: H. Schroedel 1903.* 8° [ß.]

Mrugowsky, E., Hilfsbuch f. den evangelischen Religionsunterricht, zunächst zum Gebrauch an Lehrerbildungsanstalten sowie zur eigenen Weiterbildung des Lehrers, auf Grund der neuen Lehrpläne bearb. 2 Tle. gr. 8. Halle, H. Schroedel. n. 4. 50; geb. n.n. 5. 50
1. Die Bibelkunde des Alten Testaments. (X, 171 S.) n. 2. —; geb. n.n. 2. 50
2. Die Bibelkunde des Neuen Testaments. (VII, 211 S.) 905. n. 2. 50; geb. n.n 3. —

Mrugowsky, E., Hilfsbuch f. den evangel. Religionsunterricht, zunächst zum Gebrauch an Lehrerbildungsanstalten sowie zur eigenen Weiterbildg. des Lehrers, auf Grund der neuen Lehrpläne bearb. 2., verb. Aufl., bearb. v. L. Grau. 2 Tle. gr. 8. Halle 908. H. Schroedel. 4.50; geb. n 5. 50
1. Die Bibelkunde des Alten Testaments. (VIII, 178 S.) 2.—; geb. n 2.50
2. Die Bibelkunde des Neuen Testaments. (VII, 215 S.) 2.50; geb. n 3.—

Mrugowsky, E., die Leben-Jesu-Bewegung in der Pädagogik. Der jüd. Hintergrund im Neuen Testamente. Zwei Beiträge zur unterrichtl. Behandlg. der Geschichte Jesu in der Volksschule. gr. 8. (42 S.) Halle 901. H. Schroedel. n. — 80

[Russ.] **Mstitel'**. Berlin: G. Štejnic (1906). (31 S.) 8°
[Auf d. Umschl.:] Der Rächer.
(Sobranie lučšich russkich proizvedenij. Č. 125.)

Mtschinga-Bucht [Schlagwort]

Mtschinga-Bucht, s.: Seekarten.

Mu'allaqāt

Mo'allakat, septem carmina antiquissima Arabum. Textum ad fidem optimor. codd. et editt. recensuit scholia editionis Calcuttensis auctiora atque emendatiora addidit annotationes criticas adjecit Fr. Aug. Arnold. 4. (X u. 284 S.) Lipsiae 850, Vogel. n. 5 ℛ

Moallakat. Die sieben Preisgedichte der Araber ins Deutsche übertragen von Phil. Wolff. gr. 8. (VI und 87 S.) Rottweil 857, Degginger. **

Moallakāt, die drei ersten, oder Preis-Gedichte der Araber, übers. und erläutert von Phil. Wolff. gr. 4. (36 S.) Rottweil 856. (Tübingen, Fues' Sort. — Heckenhauer.) *

Fünf Mo'callaqāt, übersetzt und erklärt von Th. Nöldeke. I. Die Mo'callaqāt des 'Amr und des Hārith, nebst einigen Vorbemerkungen über die historische Wichtigkeit der altarabischen Poesie. Wien. 1899. In Comm. Gerold's Sohn. Gr.-8°. 84 S.
Sitzungsberichte der kais. Akademie der Wissenschaften in Wien. Philosophisch-historische Classe. Bd. CXL. VII.

Sitzungsberichte der kais. Akademie der Wissenschaften in Wien. Philosophisch-historische Classe. Bd. CXLII. V.

Enthält:

Fünf Mo'allaqāt, übersetzt und erklärt von Th. Nöldeke. II. Die Mo'allaqāt 'antara 's und Labīd's. Wien. 1900. In Comm. Gerold's Sohn. Gr.-8°. 94 S. K 2.10

Muard, Maria Joh. B., Leben, s. Brullé, M.

The Kāmil of el-MUBARRAD, edited for the German Oriental Society from the manuscripts of Leyden, St. Petersburg, Cambridge and Berlin, by W. WRIGHT. Part I—XI. Leipzig, 1864—1882. Sold by F. A. Brockhaus. 4°.

el-Mubarrad. The Kāmil of el-Mubarrad, edited ... by W. Wright. Vol. I. II. 2 voll. Leipzig 1874—1892. 4°.

Mucciana, s. Muck, H. J.

Muccio, G, Studi per un' edizione critica di Sallustio filosofo. S. A. 1894. 31 S.

Mucedorus, e. englisches Drama aus Shakspeares Zeit, übers. v. Ludw. Tieck. Hrsg. v. Johs. Bolte. 8. (XXXIX, 67 S.) Berlin 893. W. Gronau. n. 1.—

Much, August [Prof.]: Über die Bewegung zweier Massenpunkte (Umschlagt.: Massen), die sich auf zwei Graden (Umschlagt.: Geraden im Raume) so bewegen, dass ihre Entfernung stets dieselbe bleibt. Erste Hälfte. Leipzig, Druck v. B. G. Teubner, 1894; 17 S. 4.
Kreuznach, k. G, OP 1894 (448)

Much, August [Prof.]: Über die Bewegung zweier Massenpunkte ([Umschlagt.:] Massen), die sich auf zwei Graden ([Umschlagt.:] Geraden im Raume) so bewegen, dass ihre Entfernung stets dieselbe bleibt. Hälfte 2. [Forts. d. P-Beil. 1894.] Leipzig, Druck v. B. G. Teubner, 1895; 26 S. 4.
Kreuznach, k. G, OP 1895 (458)

Much, A., Sammlg. v. Aufgaben u. Beispielen aus der Trigonometrie u. Stereometrie, s.: Reidt, Frdr.

Much, H., Experimentelle Beiträge zu e. Absorptionstheorie der Toxinneutralisirung, s.: Blitz, Wilh.

Much, Hans, über humorale u. leukocytäre Bakteriocidine, s.: Mitteilungen aus d. hamburgischen Staatskrankenanstalten. VIII. 7.

— s.: Blätter, medizinisch-kritische.

Much, Hans, Gedichte. (VII, 56 S.) 12. Würzburg 904. Stahel's Verl. Geb. in Leinw. n. 1. 50

— Immunität, s.: Abhandlungen, Würzburger, aus dem Gesamtgebiet der prakt. Medizin. IX, 6.7.

— Immunität u. Immunitätsreaktionen, s.a. Mitteilungen aus den hamb. Staatskrankenanstalten. IX, 1.

Much, Hans: Jmmunität und Jmmunitätsreaktionen. Vorlesungen. Hamburg 1909

Much, Hans, u. B. **Zoeppritz**, Opsoninuntersuchungen bei Puerperalerkrankungen, s.: Mitteilungen aus d. hamburg. Staatskrankenanstalten. VIII, 6.

— Treue Stunden. Gedichte. (110 S.) 8. Leipzig 905 K. G. Th. Scheffer. Geb. in Leinw. n. 2. 20

Much, Hans, geb. in Zechlin, approb. Arzt: Über Todesursachen bei Neugeborenen mit besonderer Berücksichtigung ihrer forensischen Bedeutung. *Würzburg 1903: Memminger.* (71 S.) 8°
Würzburg, Med. Diss. v. 1903

Much, Matth., Ueber den Ackerbau der Germanen. (Zur Hochäckerfrage.) Wien 1878. 8.
(Sep.-Abdr. a. d. Mitteill. d. anthropol. Ges. in Wien.)

Much, M. Kunsthistorischer Atlas. Herausgegeben von der K. K. Central-Commission zur Erforschung und Erhaltung der Kunst- und historischen Denkmale unter der Leitung ... des Präsidenten Joseph Alexander Freiherrn von Helfert. I. Abtheilung. Sammlung von Abbildungen vorgeschichtlicher und frühgeschichtlicher Funde aus den Ländern der österreichisch-ungarischen Monarchie. Redigirt von M. Much ... Wien 1889. Aus der kaiserlich-königlichen Hof- und Staatsdruckerei.
225 S. m. ca. 1700 Abb. 2°.

Much, M., s.a. Denkmäler, vor- u. frühgeschichtliche, aus Österreich-Ungarn.

Much, Dr. M., Vor- und frühgeschichtliche Denkmäler aus Oesterreich-Ungarn. Im Auftrage des k. k. Ministeriums für Cultus und Unterricht herausgegeben von der k. k. Central-Commission für Kunst- und historische Denkmale. Aquarelle von Ludwig Hans Fischer, mit Erläuterungsblatt. Chromo-Lithographie. 1 Blatt 98 77 *cm.*
Ausgabe I, sammt Text, unaufgezogen 1.20
Ausg. II, sammt Text, mit Leinwandrand und Oesen 1.50
Ausgabe III, sammt Text, auf Leinwand, mit Stäben Wien: Hölzel 1894. 2.20

Much, Math., frühgeschichtliche Funde aus d. österr. Alpenländern. I. D. Email-Fibeln v. Perau in Kärnten u. d. verw. Erscheingn. [Aus: „Mitth. d. k. k. Central-Comm. f. Kunst- u. histor. Denkmale".] gr. 4. (18 S. m. 28 Fig. u. 1 farb. Taf.) Wien 898. (W. Braumüller.) n.n. 4. —

(B) **Much**, Matthaeus, frühgeschichtl. Funde a. d. öst. Alpenländern. 898. (KBL 30.) Jetzt: Wien, A. Schroll & Co.

Much, M. Vorgeschichtliche Funde aus d. österr.-ungar. Monarchie, s. Atlas, kunsthistorischer.

Much, Matthaeus. Die Heimat der Indogermanen im Lichte der urgeschichtlichen Forschung. VIII + 312 S. 8. Berlin, Hermann Costenoble, 1902. [M. 7. —]
Darin Manches auch die Schweiz betr., insbes. S. 16. 31 f. 37. 45. 55–59. 101. 159 f. 182–230 passim. 238 f. 248–254. 280 f. etc.

Much, Matthaeus. Die Heimat der Indogermanen im Lichte der urgeschichtlichen Forschung. 2. mit Berücksichtigung der neueren Forschungen vermehrte Aufl. VIII + 422 S. 8. Jena-Berlin, Hermann Costenoble, 1904. [M. 8. —]
Darin Manches die Schweiz *betr. (cf. 1. Aufl.: Bulletin 1902, S. 201).*

Much, M., das vorgeschichtliche Kupferbergwerk auf dem Mitterberg bei Bischofshofen [Salzburg]. [Mit 15 Text-Illustr.] [Aus: „Mittheilungen" N. F. 5. Bd.] Imp.-4. (26 S.) Wien 879. Gerold's Sohn in Comm. n. 2. —

Much, Matthaeus, die Kupferzeit in Europa und ihr Verhältniss zur Cultur der Indogermanen. gr. 8. (187 S. mit eingedr. Fig.) Wien 886, (Kubasta und Voigt.) *
Aus: Mittheilungen der k. k. Central-Commission zur Erforschung und Erhaltung der Kunst- und histor. Denkmale, besonders abgedruckt.

— die Kupferzeit in Europa u. ihr Verhältnis zur Kultur der Indogermanen. 2., umgearb. u. verm. Aufl. gr. 8. (XII, 376 S. m. 112 Abbildgn.) Jena 893. H. Costenoble. n. 10. —

Much, M., Sammlung von Abbildungen vorgeschichtl. u. frühgeschichtl. Funde aus den Ländern d. österr.-ungar. Monarchie, s.: Atlas, kunsthistorischer.

— Die Trugspiegelung orientalischer Kultur in den vorgeschichtlichen Zeitaltern Nord- u. Mittel-Europas. (VII, 144 S. m. 50 Abb.) gr. 8. Jena 907. H. Costenoble. 4.—; geb. n 5. —

— Wandtafel der vor- u. frühgeschichtlichen Denkmäler aus Oesterreich-Ungarn. Im Auftrage des hohen k. k. Ministeriums f. Kultus u. Unterricht hrsg. v. der k. k. Zentral-Kommission f. Kunst u. histor. Denkmale. Entworfen u. erläutert v. M. — Aquarelle v. Ludw. Hans Fischer. 63×84,5 cm. Farbdr. Mit Text. (4 S.) 4. Wien (905). E. Hölzel. n. 2. —; m. Leinw.-Rand u. Oesen n. 2. 50; auf Leinw. m. Stäben n. 3. 80

Much, Mathäus. Ueber die Zeit des Mammut im Allgemeinen und über einige Lagerplätze von Mammutjägern in Niederösterreich im Besonderen. ([S.-A.] Mittheilungen der Anthropologischen Gesellschaft in Wien. Bd. 11. Heft 1. (N.F. Bd. 1.).) Wien 1881. 120 S., 1 Tf. 8°.

Much, Rudolf

Much, R., d. german. Himmelsgott, s.: Abhandlungen zur german. Philologie.

Much, Rud., dtsche. Stammeskde, s.a. Sammlung Göschen.

Much, Rudolf. Deutsche Stammeskunde. Mit 2 Karten und 2 Tafeln. 8. Leipzig 1900.
Sammlung Göschen. (Bändchen 126.)

Deutsche Stammeskunde. Von Dr. Rudolf Much, Prof. Mit 2 Kt. u. 2 Taf. 2. verb. Aufl. Leipzig · Göschen 1905. 140 S. 8°
(Sammlung Göschen. 126.) [11. 14595 11

Much, Rud., deutsche Stammsitze. Ein Beitrag zur ältesten Geschichte Deutschlands. [Aus: „Beiträge zur Geschichte der deutschen Sprache u. Literatur".] gr. 8. (224 S. m. 2 farb. Karten.) Halle a/S. 892. M. Niemeyer. n. 6.—

Much Rudolf: Zu Deutschlands Vorgeschichte.
H. 1886 PN 460 Diss.W... ...v. 33

Much, R., s.: Wörter u. Sachen.

Mucha, A., s.: Groteskliníe, die, u. ihre Spiegelvariation im modernen Ornament.

MUCHA, Alph., Ilsée, Prinzessin von Tripolis. Deutsche Subskriptionsausgabe von 800 numerierten Exemplaren des französischen Buchunikums, dessen einzelne Exemplare bis 1000 Fr. kosteten. Mit 132 Originallithographien in Farben, Silber u. Gold von *Alph. Mucha*, in Grossquart. Text von *Robert de Flers*; ins Deutsche übertragen von Regina Adler. In Schutzmappe. Prag 1901. Gr. 4°. (Mk. 125—.) Vergriffen. (60 Mk. J. Scheible, c. 1905.)

Mucha, Alphons, Ilsee, Prinzessin von Tripolis. Dichtung von Robert de Flers. Uebersetzung von Regine Adler. Folio. (136 S. mit 132 mehrfarbigen Lithographien.) 800 numer. Drucke. K 150.—
Kočí in Prag. 1902

Mucha, Eduardus (Mauritius Theophilus) (*geb. Pontwitz bei Oels 26.10.1810*) Dissertatio exhibens remedium haemostaseos in artuum amputatione perficiendae disquisitionem. Vratislaviae (1835). (51 S.) 8°
Breslau, Med. Diss. v 28. März 1835

Mucha, Hermann [app. Arzt]: Ueber Psychosen nach Influenza ... Göttingen, Druck d. Dieterichschen Univ.-Buchdr., 1891; 34 S. 8.
Göttingen, Med. Fak., Inaug.-Diss. v. [14. Mai] 1891

Mucha, Herm., über Psychosen nach Influenza. Diss. gr. 8. (34 S.) Göttingen 891. (Vandenhoeck & Ruprecht.) n. —80

Mucha, J.J.M.Wolfgang: Anleitung zur mineralogischen Kenntniß des Quecksilberbergwerks zu Hydria im Herzogthume Krain. 78 S., gbd.
Wien: Gräffer 1780

Mucha, Joh., der Geist und das Fluidum und deren Einwirkung auf den menschlichen Körper im Schlafe und im wachen Zustande. Der einzig wahre Beweis von der Existenz des unsterbl. Geistes. Aus eigener Erfahrung geschöpft. Opus posthumum. gr. 8. (48 S.) Prag 878, (Mercy.) *

Mucha, [Oskar] Professor Heinrich Schlüter [† 11. Juli 1908]. S. 14—15. 4. Progr. Realschule *Buxtehude* 1909 (445).

Mucha, Oscar [aus Spandau]: Über Stil und Sprache von Philippe Desportes ... Hamburg, Druck v. Gebr. Gimmerthal, 1895; 88 S. 8.
Rostock, Phil. Fak., Inaug.-Diss. v. [12. Nov.] 1894

Mucha, Osc., üb. Stil u. Sprache v. Philippe Desportes. Diss. gr. 8. (88 S.) Hamburg 895. (J. Kriebel.) n. 2.—

Mucha, Wilhelm *Ferdinand*: Einfluss der Salzsteuer auf die Viehzucht Oesterreichs. Eine volkswirthschaftliche Studie. ... Leipzig, Druck v. Fischer & Wittig, *1891*; 63 S. 8°
Leipzig, Phil. Fak., Inaug.-Diss. v. [24. Apr.] 1891

Muchall, C., das A-B-C des Gas-Consumenten. 1.—4. Aufl. 8. (34 S. mit Abbild.) Wiesbaden 885—89, Bergmann. *

Muchall, C., das A=B=C d. Gas=Consumenten. Mit Abbildgn. 3. Aufl. 8. (34 S.) Wiesbaden 886. Bergmann. n. — 80

Muchall, C., das A=B=C d. Gas=Consumenten. 4. Ausg. 8. (34 S.) Wiesbaden 889. Bergmann. n. — 80

MUCHALL, THEODOR. Beiträge zur Kenntniss der Chinolincarbonsäure und des Nitrodioxychinolins. Freiburg i. B., 1885.

Muchall-Viebrook, s.a. Segler's Handbuch.

Muchall-Viebrook, A., Seglers Handbuch. Mit 56 Taf. u. 259 Abbildgn. im Text. Lex.-8. (VIII, 478 S.) Berlin 889. A. Braun & Co. In Leinw. geb. n. 30.—

Muchall-Viebrook, A: Seglers Handbuch. 2. Aufl. Hrsg. von G. Belitz. Berlin 1897

Muchall-Viebrook, Signal-Ordnung für Yachten. 8. (57 S. mit 2 farb. Taf.) Berlin 886, Verlag des „Wassersport" (C. Otto). geb. *

Marie v. Mouchanoff [Muchanova]-Kalergis, geb. Gräfin Nesselrode in Briefen an ihre Tochter. Ein Lebens- u. Charakterbild hrsg. von La Mara [d. i. Marie Lipsius]. Mit 2 Bildn. Leipzig: Breitkopf & Härtel 1907. (XIX, 330 S.) 8° [06. 13704

Muchar, A. Alb., Beitrr. z. Geschichte d. österreich. Kaiserstaates. 2 Thle. — Das röm. Norikum, od. Oesterr., Steyermark, Salzburg, Kärnthen u. Krain unter den Römern. Unmittelbar nach d. Quellen bearb. 2 Thle. gr. 8. Grätz 826. Miller. 4 fl 12 kr bei Haßlinger in Linz. 3 fl 16 kr Dazu: Tabula Norici Romani; ex fontibus class. exaravit. gr. Fol. Ebd. 826. 20 kr

Muchar, Dr. Albert v., Stiftscapitular zu Admont, k. k. Prof. an der Universität zu Grätz. Geschichte des Herzogthums Steiermark. (Mit Abbildungen plastischer Denkmäler und Portraits.) Alphabetisches Register der in Muchar's Geschichte der Steiermark Band 1—8 vorkommenden Namen von Personen, Orten und Sachen. Auf Veranlassung und unter Mitwirkung des historischen Vereines für Steiermark verfasst von Dr. Georg Göth, emerit Studiendirector der technischen Lehranstalt am l. Joanneum in Graz etc. (9 Bde.) 8. Graz 1844—1874

Muchar, Alb. v., Geschichte des Herzogth. Steiermark. 1—3. Thl. gr. 8. Grätz, Damian u. Sorge. [1. (30⅝ B., 22 Stnt. u. 1 Karte: Die römische Steiermark.) 844. * 3 Thlr. 10 Ngr., 2. (22 B., 1 Stnt., lith. Ttl. u. 2 Tab.) 45. * 1 Thlr. 15 Ngr., 3. (25½ B. u. 1 Stahlst.) 46. * 1 Thlr. 20 Ngr.] *

Muchar, Albert v., Geschichte des Herzogth. Steiermark. 4. und 5. Thl. gr. 8. Grätz, Damian und Sorge. [4. (VI und 557 S. mit 1 lithogr. Portr. und 1 lithogr. Urkundentaf. in gr. Fol.) 848. * 2 Thlr. 7½ Ngr., 5. (VI und 453 S mit 1 lithogr. Portr.) 850. * 2 Thlr. 20 Ngr.] *
1—3. Thl. Ebendas. 1844—46. * 6 Thlr. 15 Ngr.

Muchar, Alb. v., Geschichte des Herzogth. Steiermark. 6. Thl gr. 8. (IV und 407 S.) Grätz 859, Damian und Sorge. Thlr. *
1—6. Thl. Ebendas. 1844—54. * 11 Thlr. 12½ Ngr

Muchar, Alb. v., Geschichte des Herzogthums Steiermark. 6. u. 7. Thl. Grätz 859, 64. Leuschner & Lubensky. gr. 8. (IV, 407 S.; IV, 438 S.) 6.: n. 1 ℛ 25 ngr; 7.: n. 1 ℛ 20 ngr

Muchar, Alb. v., Geschichte des Herzogth. Steiermark. 7. und 8. Thl. gr. 8. Grätz, Leuschner und Lubensky. [7. Thl. (IV und 438 S.) 864. * 1 Thlr. 20 Ngr., 8. Thl. (IV und 561 S.) 867. * 2 Thlr. 10 Ngr.] *
1.—6. Thl. [Ebendas.] 1844—59. 13 Thlr. 7½ Ngr.

— s. Grätz.

— s. Horatius opera lyrica.

Muchar, (A. Alb.,) das römische Norikum, oder Oesterreich, Steyermark, Salzburg, Kärnthen u. Krain unter den Römern. Unmittelbar aus den Quellen bearbeitet. 2 Thle. gr. 8. Grätz 825, Miller.

— zu Obig.: Tabula Norici Romani, ex fontibus class. eruravit gr. Fol. Grätz 826, Miller.

vo. Muchar, A. Alb., das Thal u. Warmbad Gastein nach allen Beziehungen u. Merkwürdigkeiten, nach eigener Anschauung u. aus den zuverlässigsten Quellen dargestellt für Aerzte, Körperkranke, Geschichtsforscher ꝛc. Mit 2 lith. Ansichten u. 1 Karte. gr 8. Grätz 834. (Damian u. Sorge.) n. 1⅔ ℛ

Muchar Albert von Urkundenregesten für die Geschichte Innerösterreichs vom 1312 [illegible] Dezember 1850. 2. vgr
Separatabdruck

—— (?) die heil. Weihen. Nach d. beygefügt. Urtexte d. röm. Pontificalbuches übers., u. mit vollständig erläut. Anmerkn. begleitet; nebst e. Auszuge aus d. Pastoral-Lehre d. heil. Gregorius u. e. Meßgebethe. 8. (10¼ B.) Grätz 829, Damian u. Sorge.

— s. Zeitschrift, Steiermärkische.

Muchardt, J.K.A. (Mitarb.), s. Abendstunden, Müßige, zweier Freunde.

Muchau, Herm., das 4000jährige Alter des Volkes der Hermunduringer (Thüringer). Praehistorische und sprachwissenschaftl. Forschgn. üb. die Urzeit Thüringens. (XVI, 241 S.) gr. 8. Jena 910. H. Costenoble. 6.—; geb. 7.—

Muchau, Hermann [Dr., Hilfsl.]: Zur Etymologie griechischer Städtenamen. Brandenburg a. d. H., Buchdr. v. J. Wiesike, 1891, 1 Bl, 16 S. 4°
Brandenburg, vereinigtes Alt- u. Neustädtisches G, OP 1891 (69)

— Hilfsbuch zu Homer, s.a. Velhagen & Klasing's Sammlung deutscher Schulausgaben.

Hilfsbuch zu Homer. Zum Gebrauch f. d. Lektüre d. deutschen Odyssee und Ilias (Voß-Hubatsch) an Realgymn. zsgest. von Dr. Hermann Muchau, Prof. Mit 24 Abb. Bielefeld, Leipzig, Berlin: Velhagen & Klasing 1907. (XIV, 290 S.) 8° [F.]
== Sammlung, Velhagen & Klasings, deutscher Schulausg. Lfg D. 119.

Muchau, Hermannus: Observationes de sermone inscriptionum Atticarum saeculi quinti. Halis Saxonum 1882: Ploetz. 44 S. 8°
Halle-Wittenberg, Phil. Diss. v 11 Juli 1882
Geb Potsdam 24. 8. 1860. V

Muchau, Hermann. Pfahlhausbau und Griechentempel. Kulturgeschichtlich-sprachwissenschaftliche Untersuchungen über die Entstehung der ältesten griechischen Tempel aus den Pfahlhausbauten und Höhlenwohnungen der nordisch-germanischen Volksstämme. Mit 60 Abbildungen. XII + 362 S. 8. Jena, Hermann Costenoble, 1909 [M. 11. —, geb. 12. —]

Muche, Eugen Entwurf eines Lehrplans für den geographischen und geschichtlichen Unterricht nebst Bemerkungen über die Methodik desselben. 9 S. Progr. *Rogasen* 1881.

Muche, Eugen [Oberl. Dr.]: Aus den Erinnerungen der Herzogin Sophie von Hannover. Schneidemühl, Druck v. G. Eichstädt, 1890; S. 1—80; 4°
Schneidemühl, k. G, OP 1890

Muche, E. Forschungen über den römischen Kaiser M. Aur. Severus Alexander (29) 4. Schweidnitz 1873.

Muche, Eugenius (*geb. Schweidnitz 23. 3. 1842*) De imperatore M. Aur. Severo Alexandro. Vratislaviae (1868). (36 S.) 8°
Breslau, Phil. Diss. v 10. März 1868

Muche, F., kurzgefaßte lateinische Schulsynonymik. gr. 8. (V, 59 S.) Berlin 890. Gaertner. cart. n. 1. —

Muche, Felix Der Dialog Phaedrus und die platonische Frage. 17 S Progr. Mar. G. *Posen* 1885.

Muche, (Franciscus Paulus Augustinus) Felix (*geb. Glogau 29. 1. 1855*): Quaestiones de re scaenica fabulae Sophocleae, quae Ajax inscribitur Part. I. Vratislaviae (1879). (48 S.) 8°
[Im Buchhandel 1879 bei Koebner in Breslau; Forts. ist d. Progr. d. Comeniusgymn. zu Lissa in Pos. v. 1898 „Quaestiones scaenicae"]
Breslau, Phil. Diss. v 24. Juli 1879

Muche Felix: Quaestiones scaenicae 4 (15 S.)
Progr. Kgl G. *Lissa i. P.* 1898
I De actorum in Aiace Sophocleo aditu in scaenam atque decessu praenuntiandis. II De distributione personarum inter histriones in tragoediis Sophocleis. III. De distributione personarum in Aiace Sophocleo.

Muche, Felix: Quaestiones scaenicae. *Lesnae 1898: Schmaedicke.* (15 S.) 4°
Lissa i. P. k. G, OP 1898 (167)

Muche, Karl

Muche, Carl, kurze Anweisung bei'm Gesang-Unterricht in Handwerker-Vereinen. Nebst einer Sammlung von 100 vierstimm. Männergesängen enth.: Grablieder, Abschiedslieder ꝛc. qu. 8. (IV und 239 S.) Breslau 848, Schuhmann. *

Muche, Klara

— s. Beck, Fanny. Hygienisches Kochbuch.

Muche, Klara, Einfluß d. Diät bei d. Krankenbehandlg. [Aus: „Licht! Luft! Wasser!"] gr. 8. (30 S.) Berlin 897 W. Möller. n. — 50

— dasselbe, s.a. Licht — Luft — Wasser.

Muche, Klara, über den physischen u. moralischen Einfluß der Mutter auf ihr Kind vor der Geburt, s.a. Hausbücher f. Gesundheitspflege.

Muche, K., über den physischen u. moral. Einfluß der Mutter auf ihr Kind vor der Geburt, s.a. Schuhr's Sammlung volkstümlicher Vorträge.

Ueber den physischen und moralischen Einfluß der Mutter auf ihr Kind vor der Geburt. Von Klara **Muche**. (6. Aufl.) Berlin: G. Schuhr 1889. (32 S.) 8° [F.]
— **Sammlung**, Schuhr's, volkstüml. Vorträge auf d. Geb. d. Gesundheitspflege. H. 1. [06. 13577

Ueber den physischen und moralischen Einfluß der Mutter auf ihr Kind vor der Geburt von Klara **Muche**. 14. Aufl. Oranienburg: Möller [1908]. 32 S. 8°
(Hausbücher f. Gesundheitspflege. Bd 17.) [09. 1039

— d. schmerzlose Entbindg., s.: Collins, M.

— Herzenswirren. Roman. (301 S.) 8. Oranienburg (907). W. Möller. 3.—; geb. 4.—

— Hygiene der Ehe, s.a. Möller's Bibliothek f. Gesundheitspflege.

Hygiene der Ehe. Von Klara **Muche**. Oranienburg-Berlin: W. Möller [1905]. (28 S.) 8° [F.]
= **Bibliothek**, Möller's, f. Gesundheitspflege u. Volksaufklärung. H. 38. [06 1793

Muche, Clara. Luft und Sonne! Ihre Wirkung auf den gesunden und kranken Organismus. Von K' M'.... ([Hrg. vom] Naturheil-Verein Zürich.) II + 13 S. 8. Oranienburg b. Berlin, Wilhelm Möller, [1908].

— d. ersten Mutterpflichten, s.a. Ammon, F. A. v.

— die ersten Mutterpflichten u. die erste Kindespflege. Vom Standpunkte der arzneilosen Heilweise f. junge Frauen u. Mütter. 2., völlig umgearb. Aufl. (IV, 120 S.) 8. Leipzig 903. Th. Grieben. Kart. n. 1.20

— unsere Nahrung als Heilmittel, s.a. Möller's Bibliothek f. Gesundheitspflege.

Unsere Nahrung als Heilmittel. Von Klara **Muche**, Merheim a. N. *Berlin: W. Möller [1903].* (31 S.) 8° [F.]
= **Bibliothek**, Möller's, f. Gesundheitspflege, Erziehung u. Volksaufklärung. H. 15. [04. 940

— Physische Pflichten des Ehelebens, s.a. Möller's, Wilh., Bibliothek f. Gesundheitspflege.

Muche, Klara. Physische Pflichten d. Ehelebens. gr. 8. (26 S.) Chemnitz 891. (Berl., Issleib). * —50

Muche, Klara, physische Pflichten d. Ehelebens. gr. 8. (26 S.) Chemnitz 891. (Berlin, G. Schuhr.) n. —50

— physische Pflichten des Ehelebens. 2. Aufl. (10. Taus.) gr. 8. (26 S.) Chemnitz 895. (Berlin, G. Schuhr). n. —50

Physische Pflichten des Ehelebens. Von Klara **Muche**. Oranienburg bei Berlin: W. Möller [1908]. (30 S.) 8° [F.]
= **Bibliothek**, Möller's, f. Gesundheitspflege, Erziehung u. Volksaufklärung. H. 67. [08. 6672

— üb. das Unwohlsein bei Frauen, s.a. Gesundheits-Bibliothek.

— über das Unwohlsein bei Frauen u. Einiges üb. Unterleibs-Leiden, s.a. Hausbücher f. Gesundheitspflege. 12.

[F.] Ueber das Unwohlsein bei Frauen. Von Frau Klara **Muche**, Leiterin d. Sanatorium Stolzenberg in Soden ... 3. Aufl. ... *Berlin: W. Möller [1897].* (42 S.) 1 Bd 8.
= **Hausbücher**, Medicinische. Bd 12. [98. 4843

— Ursache, Verhütung u. Behandlung der allgemeinsten Frauenleiden, s.a. Licht — Luft — Wasser!

— Ursache, Verhütung u. Behandlung der allgemeinsten Frauenleiden, s.a. Möller's Bibliothek f. Gesundheitspflege.

Ursache, Verhütung und Behandlung der allgemeinen Frauenleiden. Von Klara **Muche**. Oranienburg-Berlin: W. Möller 1905. (26 S.) 8° [F.]
= **Bibliothek**, Möller's, f. Gesundheitspflege u. Volksaufklärung. H. 33. [06. 1794

— üb. d. Vorbeugg. d. Empfängnis, s.: Collins, M., d. schmerzlose Entbindg.

Muche, Klara, was hat e. Mutter ihrer erwachsenen Tochter zu sagen? Belehrung üb. das Geschlechtsleben nach seiner phys. u. eth. Seite. 2. verb. Aufl. 8. (III, 112 S. m. 3 Abbildgn.) Leipzig 902. Th. Grieben. n. 1.20

— Was ist die Frau ihrer Gesundheit schuldig u. wem ist sie sie schuldig?, s.a. Möller's, Wilh., Bibliothek f. Gesundheitspflege.

Was ist die Frau ihrer Gesundheit schuldig und wem ist sie sie schuldig? Von Klara **Muche**. Oranienburg: W. Möller [1907]. (30 S.) 8° [F.]
= **Bibliothek**, Möller's, f. Gesundheitspflege, Erziehung u. Volksaufklärung. H. 51. [07. 4419

— die Wasserkur bei Schwangerschaft, Geburt u. Wochenbett, s.: Shew, J.

— Die Wechseljahre, s.: Möller's, Wilh., Bibliothek f. Gesundheitspflege.

Müche, F. E. A., Anleit. im Formulare, od. allen schriftl. Verordnungen d. Heilmittel rc. 8. Berl. 807. Rauck. 16 gl.

Muechel, Fr. A. Hugo, über die Litiscontestation im canonischen Civilprocess. Inaugural-Dissertation. gr. 8. (106 S.) Greifswald 868. (Berlin, Calvary und Comp.) *

Müchel, Hugo, das Verfahren bis zur Litiscontestation im ordentlichen canonischen Civilprocess. Mit besond. Berücksichtigung der Formelbücher dargestellt. Leipzig 870. Fr. Fleischer. gr. 8. (VI, 153 S.) n. 24 ngr.

— die Zusammensetzung u. Thätigkeit der Handelsgerichte nach dem Entwurfe einer Proceßordnung in bürgerlichen Rechtsstreitigkeiten für den norddeutschen Bund. Berlin 870. Hempel. Lex.-8. (16 S.) 3 ngr.

Müchel, Karl, über d. Bau v. Familienhäusern in d. Nähe v. Städten, s.: Sammlung gemeinnütz. Vorträge.

Jahresbericht des k. k. Obergymnasiums zu Saaz am Schlusse des Schuljahres 1857. Veröffentlicht durch den Direktor der Anstalt Oswald Müchel. Saaz, Druck von Ferd. Ritter v. Schönfelds Witwe. (22 S. 4.)
Enthält: Einige Worte über die Einrichtung und den Zustand der Schulen Böhmens, besonders als Mittelschulen betrachtet, zur Zeit ihrer Blüthe unter Rudolf II. vom J. 1576—1612. Von Oswald Müchel.

Mucher, Dr. Albert v. Das römische Noricum, oder Oesterreich, Steyermark, Salzburg, Kärnthen und Krain unter den Römern. Mit Karten. (2 Bde.) 8. Grätz 1825—1826.

Muchitsch, Frz., Anbetung Gottes im Geiste u. in der Wahrheit. Ein vollständ. Gebet- u. Erbauungsbuch f. kathol. Christen. Aus den besten kathol. Andachtsbüchern gesammelt u. hrsg. 2., verb. Aufl. (XVI, 863 S. m. Titelbild.) kl. 8. Klagenfurt 905. Buch- u. Kunsth. des St. Josef-Vereins. Geb. in Leinw. n. 3.20

Müchler, F. J. A., Anleit. im Formulare, od. aller schriftl. Verordnungen d. Heilmittel rc. 8. Berlin, Nauck. 807.

Müchler, Johann Georg Philipp

Müchler, J. G., s. Abällard u. Heloise.

– s. Andachten.

– s. Beschäftigungen d. Geistes.

– s.a. Briefe R... über baier. Angelegenh.

Müchler, Johann Georg Philipp. Briefe von Sir Georg R— an seinen Freund Sir Carl B— über die Bayerschen Angelegenheiten. [Nebst 27 Fortsetzungen] . . . Berlin 1778. V (Forts.): *Dilthey, Isaac Daniel.* (Baumg)

– s. Briefe, freundschaftl., v. Verf. Dav. Simples.

– s. Büchelchen, das goldene.

– s. Ceva Jesus puer.

– s. Coriat, Jun. Reisen.

– s. Ermahnung der Todten.

— etrennes pour la jeunesse; Taschenbuch für d. Jugend auf 1798. (A. u. d. T.: manuel de l'adolescence, od. Kalender für die Jugend.) 8. Berl. 792. (Fr. Fleischer in Leipz.) 16 gl.

– s. D. Fordyce, Anfangsgr.

– s. Freundinnen, die.

– s. Geschichte d. Elephanten.

– s. Harries drei Abhandll.

— la Henriade, s.a. *Voltaire.*

Müchler, J. G., la Henriade, avec des notes historiques. à l'usage des premières classes des Colleges. IV Edit. 8. Berl. N. 800. Buchh. 811.

— la Henriade, av. des not. hist. augmentée p. Mil.. 8. Berl. Oemigke. 805.

— Kalender für d. Jugend, s.a. *etrennes.*

Müchler, J. G., Calender f. d. Jug. 1795. französ. und deutsch. m. K. 12. Leipz. B. Fleischer. 792.

– s. Kamäleon.

— engl. Lesebuch. 8. Berl. 782. 2e A. 786. 3e A. 792. (Vieweg in Braunschweig). 8 gl.

— französ. Lesebuch f. Anfänger. 8. Berl. 782. 2e A. 786. 8e A. 823. 9e A. 832. Nauck. 8 gl.

— franz. Lesebuch f. die ersten Anfänger. 7te Auflage. 8. Berl. Nauck. 815.

Müchler, (J. G.,) französisches Lesebuch f. d. ersten Anfänger rc. 8e Aufl. Berlin 823. Nauck.

Müchler, Joh. Geo. (Phil.), französ. Lesebuch f. d. ersten Anfänger, nebst Tabellen d. Declinationen u. Conjugationen, u. e. Vorrathe v. Materialien zur Uebung im Uebers. aus d. Deutschen ins Franz. 9., durchgängig verb. u. verm. Aufl. M. 1 Tab. (4.) 8. (10½ B.) Berlin 832, Nauck. Thlr.

Müchler, J. G., franz. Lesebuch f. d. ersten Anfänger, nebst Tabn. d. Declinationen u. Conjugationen, u. e. Vorrathe v. Materialien z. Uebung im Uebersetzen aus d. Deutschen ins Französ. 10., durchaus verb. u. verm. Aufl., bearb. v. J. L. Ideler. 8. (10½ B. u. 1 Tab.) Berlin 840, Nauck'sche Buchh.

— ital. Lesebuch f. d. erst. Anf. 8. Berl. Hesse. (Müller.) 782.

— italien. Lesebuch f. d. ersten Anfänger. 8. Berl. 782. N. A. 814. (Stuhr). 6 gl.

— manuel de l'adolescence, s. oben *etrennes.*

– s. M. Mendelssohn, kl. Schriften.

– s. Merkwürdigk. Aug. Wilhelms.

— les derniers paroles d'un père expirant à son fils, avec la lettre d'une mère mourante. 8. Berl. 758.

– s. Phaedri fabulae Aesop.

— récueil de lecture utile et agréable p. exciter l'attention de la jeunesse. 8. Berl. 779. (anonym). N. A. 794. Nicolai. 9 gl.

– s. Schäfergedichte.

s. Tabellen u. Fragen, über die vornemsten.

— u. K. F. Splittegarb, neues Taschenbuch f. die Jugend, oder Anekdoten aus d. Jugendgesch. berühmter Menschen. gr. 16. Berl. 793. Fr. Nicolai. 12 gl.

– s. Uney, moral. Erzähll.

s. Unterredungen e. Vaters.

— Unterricht für die Jugend beiderlei Geschlechts von 3 bis 14 Jahren. 8. Leipz. 767. Jacobäer. 2 gl.

– s. Vernet, christl. Unterr.

Müchler, Jh. Geo. Ph. († d. 9. Aug. 1819.), Versuch bei der Aussprache beim Lesen u. Reden. 8. Frankf. 759.

– s. Voltaire Henriade.

– s.a. Zeitvertreib beim Nachttisch.

Zeitvertreib

— — bey dem Nachtisch und Caffeetisch (verfasst von *Johann Georg Müchler*). Berlin, Rüdiger 1757—59. 8⁰. (8 Mk. 20 Pfg. W. Koebner, Breslau, 1886; 8 Mk., nur Quartal 1, 3 u. 4 des Jahrg. „1757". A. Bielefeld, vor 1885.)

Müchler, Karl Friedrich

(—) Juliane von Allern, oder so bessert man Koketten. Lstspl. 8. Berl. 796. (Leipz., Steinacker). 8 gr. Hbg. Pr. 3 gr.

— Anekdoten z. Charakteristik d. Zeitgeistes. 2 Bdchn. 8. Berl. 819. Hayn. à 18 gr. 1 thlr. 12 gr.

Müchler, Karl. Fr. Anekdotenalmanach auf d. J. 1808—33. (814 u. 816 ist kein Jahrg. erschienen.) Mit Kpf. 24 Bde. 12. Berl., Duncker u. H. (1r—22r Bd. 29 thlr. 8 gr. 23r u. 24r Bd. à 1 thlr. 8 gr.) 32 thlr. — Register üb. die ersten 10 Jahrgg. 12. Ebd. 16 gr.

Müchler, K., Anekdotenalmanach a. d. Jahr 1808—809. m. K. 16. Berlin, Maudorf. (à 1 Rthlr.)

Müchler, Carl, Anekdoten-Almanach f. die Jahre 1817—21. 12. Berlin, Duncker u. Humblot. à 1 Thlr. 8 Gr.

Müchler, (K.,) Anekdoten-Almanach auf d. J. 1822—28. Mit Kupf. 16. Berlin, Duncker u. H. à 1 Rthl. 8 gr.

Müchler, Karl, Anekdotenalmanach a. d. J. 1829—34. Jeder Jahrg. mit Titkpfr. 12. (18½, 18½, 16, 10⅔, 10⅔ u. 13¼ B.) Berlin, Duncker u. Humblot.) à Jahrg. 1808—13., 15., 17—28. à 1 Thlr. 8 Gr. — Inhaltsverzeichniß zu d. 10 ersten Jahrgn. (1808—19) nach alphabet. Ordn. d. Namen u. Gegenstände. 1820. 16 Gr. Ebendas. — Jahrg. 1814 u. 16 sind nicht erschienen. — Jahrg. 1808 u. 9, fehlen einzeln.

Müchler, Karl Fr., Anekdotenalmanach auf das J. 1834. Mit d. Bildnisse des Herausgebers. 12. Berlin 833. Duncker u. Humblot. 1⅓ thlr. — auf das J. 1837 u. 1838. Mit Titelkpfr. 16. Berlin, Natorff u. Comp. à 1 thlr. — auf das J. 1840 u. 1841. Mit Titelkpfr. 16. Berlin, Nauck. à 1 thlr.

— d. neue Anekdotenfreund. 1s—3s Hundert. 16. Berl. 810, 11. Hayn. 22 gr.

-s.a. **Anekdoten-Lexikon.**

— Anekdotenlexicon für Leser von Geschmack. 2e verm. u. verb. Ausg. 2 Thle. 8. Berl. 817. Stuhr. 1 thlr. 20 gr.

— s. **Aristipp.**

Müchler, (K.,) der 24. August, oder d. Stralauer Fischzug, eine tragi-kom. Geschichte in 5 Büchern. 8. Berl. 822, L. Oehmigke.

MÜCHLER, Karl Friedr. (1763—1857), Der vier und zwanzigste August oder Der Stralauer Fischzug. Eine tragi-komische Geschichte. Berlin 1822. 8⁰. (3 Mk. 50 Pfg., fleckiges Expl., Adolf Weigel, 1906.)
Seltenes Berliner Sittengemälde. Goedeke VI, 377, 78.

-s.a. **Aurora; e. Taschenbuch.**

— **Aurora, Taschenbuch f. Freunde e. unterhaltend. Lektüre. 12. Leipz. Gräff. 815.**

— dramat. **Bagatellen.** 2 Thle. 8. Berlin. (Steinacker in Leipz.) 794. 95. (à 16 gr.)

Müchler, Karl Fr., dramat. Bagatellen. (Enthalt.: Der Scharlachmantel. 797. 4 gr. — Der Bildhauer. 797. 4 gr. — Psyche. 797. 6 gr. — Was kümmerts mich. 797. 4 gr. — Hier ist das mittelste Stockwerk zu vermiethen. 796. 6 gr. — Das Geheimniß. 796. 4 gr. — Das verauktionirte Serail. 796. 4 gr. — Zamenide. 796. 3 gr.) 2 Thle. 8. Berl. 794, 95. (Steinacker in Leipz.) 1 thlr. 8 gr.

- s.a. **Bekenntnisse eines Hagestolzen.**

— Bekenntnisse eines Hagestolzen. 8. Berl. 820. (Curths). 1 thlr. 12 gr.

—— die **Bigamie.** Eine Kriminalgesch. 8. (12 B.) Berlin 831, Wagenführ.

- s.a. **Der Blinde u. d. Muttersöhnchen.**

— der Blinde u. das Muttersöhnchen. 8. Berl. 820. Stuhr. 1 thlr. 16 gr.

— die Blume u. d. Schmetterling; 10 Gedichte. Mit 10 Kpf. 8. Berl. 807.

— die Blumen. Ein Lehrgedicht, s. Parny.

— die Blumensprache, od. Symbolik d. Pflanzenreichs. Nach d. Französ. Mit 2 Kpf. 8. Berl. 820. Stuhr. 1 thlr. 8 gr.

MÜCHLER, Karl. Blüthen des Helicon. Berlin 1789. 8⁰. (10 Mk. B. Liebisch, Lpz., 1911:)

— Blüthen d. Helikon. 12. Berl. 789. Rellstab. 10 gr. N. A. 816. Ebd. F. Oehmigke. 1 thlr.

— s. **Bouilly, Erzähll.**

Müchler, Karl Fr., kleine Bühnenspiele. (Inhalt: Das zerbrochene Bein. — Der Kranke im Hospital. — Der Selbstmord. — Der Langweilige. — Die Gelegenheitsgedichte. — Husarenliebe, oder d. Heirath auf dem Husch.) 16. Berl. 823. Petri. 18 gr.

— s. **Criminalgeschichten.**

— scherzhafte Denksprüche z. Gebrauch f. Stammbücher, aus den Werken d. vorzüglichst. deutschen Schriftsteller. 8. Berl. 817. Stuhr. 16 gr.

—— **Doppelflucht** um d. Verfolgungen d. Franzosen zu entgehen. Bruchstück aus Erinnerungen meines Lebens. 8. (9 B.) Cottbus 841. [Leipzig, Berger's Buchh.]

Müchler, Karl, Doppelflucht um den Verfolgungen der Franzosen zu entgehen. Bruchstück aus Erinnerungen meines Lebens. 8. Cottbus 841, Meyer. 7/12 thlr.

— s. **Egeria.**

— Epigramme. 1e Samml. 12. Berl. 820. Rücker. 16 gr.

— Epigrammen, Erzähll. u. Fabeln. 8. Berl. 808. Werkmeister. 12 gr.

— Erinnerr. aus d. Leben berühmter Männer. Zur Belehr. u. Aufmunter. d. Jugend. Mit 5 fein ill. Kpf. gr. 8. Berl. 816. Stuhr. 1 thlr. 8 gr.

— Erinnerungen aus den Leben berühmter Männer. Zur Belehrung u. Aufmunterung der Jugend. Mit 15 f. illum. Kpfrn. gr. 8. Berl. 826, Stuhr.

—— der kleine Erzähler. Zur Belehr. u. Unterhalt. d. Jugend. 16. (10 B. u. 4 ill. Kpfr.) Berlin 829, Natorff u. Comp.

— Erzähll. aus der Jugendwelt. Zur Belehr. u. Unterhalt. d. Jugend. Mit 8 fein illum. Kpfn. 8. Berl. 825. Hasselberg, 1 Thlr. 12 Gr.

— kleine Erzähll. in Versen, zur Aufheiterung. 8. Berl. 819. Hayn. 20 Gr.

— lehrr. Erzähll. f. Kinder. Mit 8 ill. Kpf. u. 1 Vign. 8. Berl. 828. Hasselberg 20 Gr.

— s.a. scherzh. Erzählungen.

— scherzhafte Erzählungen. 4 Thle. 8. Berl. 818—23. (Curths). 5 Thlr. 8 Gr.

— Erzähll. aus d. Thierwelt; z. Belehr. u. Unterhalt. d. Jugend. Mit 8 illum. Kpfn. 8. Berl. (822.) Hasselberg. 1 Thlr. 12 Gr.

—— Euphrosine. Spenden auf d. Altar d. Laren f. d. J. 1833. Ein Taschenb., enthalt.: Redespiele, Scenen, Trinksprüche, bei gesellschaftl. Vereinen, Polterabendscherze, Neujahrs- u. Sylvesterabendlieder. 1. Aufl. 1 Thlr., u. 2. Ausg. (à 16½ B. u. ill. Titkpfr.) 16. Berlin, Recht.

— Euphrosyne. Spenden auf dem Altar der Laren. Ein Taschenbuch, enthalt.: Redespiele, Scenen, Trinksprüche ꝛc. Mit ill. Titelkpfr. 2e Ausg. 16. Berlin 833. Recht. n ½ Thlr.

Müchler, Karl Fr., Fabellese für die weibl. Jugend. Mit 5 Kpf. wovon 4 ill. sind. 8. Berl. 831. Natorff u. C. 20 Gr.

—— Fabeln u. Erzähln. (im Auszuge) f. d. Jugend. 16. (12½ B. u. 6 ill. Kpfr.) Berlin 828, Lüderitz.

— d. kleine Fabelnerzähler. Enthalt. 80 Fabeln u. Erzähll. Mit 8 fein ill. Kpf. 16. Berl. 825. Hasselberg. 21 Gr.

— zu Familienfesten; eine Samml. Gedichte u. kleine dramat. Scenen, zu wünschen beim Jahreswechsel ꝛc. Mit 1 Kpf. 2e Aufl. 12. Berl. 827. Lüderitz. 1 Thlr.

— die Farben, Blumen u. d. Schmetterling. 5 Lieder 8. in Musik gesetzt v. Hurka. Berl. 795. (Littfas). 4 Gr.

— meine Feierstunden. 12. Leipz. 782. Schwickert. 6 Gr.

— s. Florian, neue Novellen.

— s. Frauenzimmerbibliothek.

— s. Freimüthige, der.

— s.a. Die drey Freunde.

— die drei Freunde, od. die sieben Wunder. 8. Berl. 820. (Curths). 1 Thlr. 8 Gr.

— — u. J. D. Symansky, der Freymüthige f. Deutschland. s. Freymüthige für Deutschl.

—— Friedrich d. Gr. Zur richt. Würdig. seines Herzens u. Geistes. Enthalt. einzelne Scenen, Anekdoten, schriftl. u. mündl. Aeußerungen von ihm aus sein. Jugendzeit bis zu sein. Tode. gr. 8. (42¾ B.) Berlin 834, Nauck.
2 Thlr. 8 Gr., Schrbp. 2 Thlr. 16 Gr., Vlnp.

——, Friedrich d. Große. Zur richt. Würdigung sein. Herzens u. Geistes. Enth. einzelne Scenen, Anekdoten, schriftl. u. mündl. Aeußerungen v. ihm aus seiner Jugendzeit bis zu seinem Tode. 5 Lfgn. 2., wohlf. Ausg. gr. 8. (41½ B.) Berlin 837, Nauck'sche Buchh.

— Friedrich an sein Volk. Gedichte. 8. Berl. W. Oehmigke. 4 Gr.

—— Gedenke mein! Denksprüche ernsten u. heitern Inhalts, v. Deutschen Schriftstellern u. Schriftstellerinnen ält. u. neuerer Zeit. Zum Gebr. f. Stammbücher. 16. ... Berlin 828, Lüderitz.

— Gedichte. 8. Berl. 786. N. A. 2 Bde. 8. Berl. 802. u. 5. N. A. 808. (Sander). 1 Thlr. 16 Gr. Mit Kpf. 3 Thlr. 16 Gr.

* — — dieselb. 2 Bde. 8. Berl. Neue Societ. Buchhandl. 801.

— Gedichte, 2 Bde. 8. Ebend. 810. m. K. u. Mus.
Velinp. m. K. u. Mus.

— Gedichte, niedergelegt auf d. Altar des Vaterlandes. gr. 8. Berl. 813. (Rücker). 1 Thlr. 12 Gr. (Hinrichs in Leipz.) 1 Thlr. 6 Gr.

— Gedichte, niedergelegt auf dem Altar des Vaterlandes. gr. 8. Berl. Salfeld. 813.

— Gedichte aus d. häusl. Leben, nebst Weihnachtsliedern. Mit 1 Kpf. u. Musik. 8. Berl. 827. Lüderitz. 1 Thlr.

— Geist Friedrichs des Großen. Eine Sammlung d. vorzügl. Gedanken u. Maximen aus seinen sämmtl. Werken. Mit e. Abbild. 8. Berlin 841, Liebmann u. Comp. n. ½ Thlr.

— Gesellschaftslied z. Vorfeier d. 18. Juli 1816, als an welchem Tage nach einer merkwürd. Prophezeihung die Erde untergehen wird. 8. Berl. 816. Rücker. 4 Gr.

— s.a. Das Glückskind.

— das Glückskind. 8. Berl. 818. (Curths). 1 Thlr. 8 Gr.

(Müchler, Karl.) Gruß. Den verehrten Mitgliedern der Provinz Pommern bei dem vereinigten Landtage gewidmet von einem Pommer. Berlin, Bethge 1847. 14 S. 8.

— kleiner Hausbedarf f. die Freunde d. Scherzes. Mit 1 illum. Kpf. 8. Berl. 824. Lüderitz. 1 Thlr. 6 Gr.

— d. Hausfreund; eine Samml. von Redespielen u. Scenen zu Polterabenden, Strohkranzreden, Fastnachts- u. Sylvesterabend-Scherzen u. andern Gedichten f. gesellschaftl. Vereine. Mit 1 Titelkpf. 8. Berl. 830. Cosmar u. Kr. 1 Thlr.

—— der Hausfreund. Eine Sammlung v. Redespielen u. Scenen zu Polterabenden, Strohkranzreden, Fastnachts- u. Sylvesterabend-Scherzen u. a. Gedichten f. gesellschaftl. Vereine. 8. (17 B.) Berlin 831, [Zesch.]

— das scheidende an d. neue Jahrhundert. 4. Berl. 801. Braun. 4 Gr.

— s. Julius u. Caba.

—— Kinderspiegel, od. d. sprech. Thiere. 48 Fabeln m. illum. Bild. u. e. (ill.) Titbilde. 8. (52 Bl.) Berlin 836, Hasselberg'sche Vrlsb.
Dass. in französ. Sprache, s. Miroir.

— Kinderspiegel f. Knaben u. Mädchen. 12 Erzähll. Mit 3 ill. Kpf. 12. Berl. 826. Plahn. 14 gr.

— Kinderspiegel für Knaben u. Mädchen. Zwölf Erzählungen. Mit 3 ill. Kpfrn. 12. Berlin 826. (H. Schultze.) 7/12 ℛ

— Klio; histor. Novellen, Skizzen u. Anekdoten. Mit 1 Vign. 8. Berl. 825, Flittner.

— Klio; histor. Novellen, Skizzen u. Anekdoten. Mit 1 Vign. 8. Berl. 825. (Sander). 1 ℛ 8 gr.

— der Kolibri. s. Kolibri.

— s. Komus od. der Freund d. Scherzes.

— s. A. v. Kotzebue, Gedanken.

— Kriegslieder, dem preuß. Heere gewidmet. 8. Berl. 808. Schmidt. 2 gr.

(MÜCHLER, K. F.): Criminalgeschichten, aus gerichtlichen Acten gezogen. *Berlin*, Vieweg d. ä. (1r Th.) 792. 8. (14 Gr.)

—— Kriminalgeschichten. Ein Beitr. z. Erfahrungsseelenkunde. 1—4. Bd. 8. (12, 13, 12 u. 12½ B.) Berlin 823, 29, 30, 33, Natorff u. Comp. à

—— Kriminalgeschichten. Aus ält. u. neuer. Zeit. Ein Beitr. z. Erfahrungsseelenkunde. Neue Folge. 1. u. 2. Bd. 8. (à 12 B.) Berlin 836, 37, [Gsellius'sche Buchh.] à ¾ Thlr.
1—4. Bd. Ebendas. 1829—33. à 1 Thlr.

MÜCHLER, Karl Friedr.: Criminalgeschichten. Aus älterer u. neuerer Zeit. Ein Beitr. zur Erfahrungsseelenkunde. Neue Folge. 1r u. 2r Bd. *Berlin*, Natorff u. Comp. 836. 37. (1 Thl. 12 Gr.)

Eb.: Merkwürdige Criminalgeschichten. *Eb.*, Petsch. 812. 8. (1 Thl.)

— merkwürdige Criminalgeschichten. 8. Berl. 812. Stuhr. 1 ℛ 12 gr.

— s. Larochejaquelin, Denkwürdigkeiten.

— Lesefrüchte aus Bonapartes Reden, Briefen u. Proclamationen mit Anmerkk. nebst Anh. 8. Berl. 816. Wilde. 12 gr.

(——) lieber Onkel, erzähl' uns doch was! Ein Lese- u. Bilderbuch. Lernbegier. u. art. Kindern gewid. v. e. Kinderfreunde. 8. (7½ B. u. 8 ill. Kpfr.) Berlin 834, Hasselberg.

— 16 Lieder. 12. Berl. 808.

— Liedersänger, d. kleine, s. Liedersänger.

— s. Liscov, Schriften.

— Maiblümchen. Ein Angebinde für die Jugend beiderlei Geschlechts, in moral. Erzähll., Fabeln rc. Mit 6 Kpfn. 16. Berl., Lüderitz. 1 ℛ

MACULATUR oder Zeitung für Narren und ihre Freunde (verfasst von *Carl Müchler*, *Carl Wilh. Salice-Contessa* und *Carl Borrom. Alex. Sessa*). Breslau 1811.
Anon.-Lex. III. p. 100 (nach Meusel, Kayser, Goedeke).

— s. Manson, Memoiren.

— s.a. Mährchen aus d. Morgenlande.

— kl. Mährchen a. d. Morgenl. 12. Berlin, Quien. 801.

— kleine Mährchen aus dem Morgenlande. 12. Berlin, Rücker. 816.

Müchler, Carl, Memoiren der Madame Manson rc. s. Manson.

— Momus. Ein Taschenbuch z. Aufheiter. Mit 1 Kpf. 8. Berl. 818. Stuhr. 1 ℛ 12 gr.

— s.a. Museum d. Witzes.

— Museum d. Witzes, d. Laune und Satyre, m. K. 3 Bde. à 6 Hefte. 8. Leipz. Ind. Comt. 810. (à 2 Rthlr. 6 gr.)

— Museum des Witzes, d. Laune u. d. Satyre. 4r u. 5r Bd. jeder zu 6 Heften, mit illum. K. 8. Leipz. Indust. Comt. 812. (à 2 Rthlr. 6 gr.)

— Napoleon Buonaparte rc. s.a. Napoleon.

Müchler, C. Napoleon Buonaparte und seine Brüder. 8. Berlin 1816.

— s. Nebenstunden.

Müchler, Karl, Neuigkeitsbote, s. Neuigkeitsbote.

—— Otto u. Sophie. Zwölf unterhalt. Erzähln. zur sittl. u. geist. Bildung f. Kinder v. 8 b. 12 Jahren. 8. (9 B. u. 8 ill. Kpfr.) Berlin 834, Hasselberg.

— Parodieen. 8. Berl. 816. N. A. 820. Stuhr. 20 gr.

—— kleiner preuß. Plutarch. Zur Belehr. u. Nacheiferung d. Jugend. 1. Hft. 8. (8 B. u. 4 Portr.) Berlin 835, (Gropius'sche Buchh.) Thlr. *

— zu Polterabenden. Eine Samml. v. Anreden für Einzelne u. Scenen f. gesellschaftl. Vereine, mit Andeutungen üb. d. Kostüme. Nebst Strohkranzreden. Mit 1 ill. Titelkpf. 8. Berl. 829. Schlesinger. 1 ℛ 12 gr.

— zu Polterabenden. Eine Samml. von Anreden für Einzelne u. Scenen für gesellschaftl. Vereine. Mit Andeutungen üb. die Kostüme. Nebst Strohkranzreden. 2e verm. u. verb. Aufl. Mit (ill.) Titelkpfr. 8. Berlin 836. Schlesinger. 1 ℛ

—— Polterabend-Scenen, Strohkranzreden, Fastnacht- u. Sylvesterabend-Scherze, nebst and. Gedichten f. gesellschaftl. Vereine. Neue unveränd., wohlf. Ausg. 8. (17 B. incl. 1 Bl.) Berlin 841, Klemann.

— Psyche; Sgspl. in 2 Aufz. 8. Berl. 797. Maurers B. 6 gr.

— Quodlibet f. Freunde einer unterhalt. Lektüre, mit 5 Kpf. (Taschenbuch d. Liebe u. des Frohsinns auf 1811.) 16. Berl. 811. Braunes. 18 gr.

— Räthsel, Charaden u. epigrammat. Scherze, z. gesell. Unterhalt. Mit Kpf. (Taschenbuch z. gesell. Unterhalt. f. das Jahr 1811). 16. Berl. 811. (Rücker). 12 gr

— der kleine Räthsel- u. Charaden-Aufgeber. 16. Berl., Sommerbrodt, geb. in Futteral. 8 gr

— s. Reisegefährte.

Müchler, Carl, nothgedrungene Reklamation zur Abwehrung eines Plagiats. 1841. Neuer Abdr. Betreffend das Gedicht: Der Eroberer. Mit einer erläuternden Nachschrift. gr. 8. (24 S.) Berlin 855, (G. Bethge.) **

— s. Roman, ein, wie es mehrere giebt.

— Satyren d. Deutschen. 3 Bde. 8. Leipz. 806. (W. Nauck). 4 Thlr

— Satyren d. Deutschen. 3 Bde. 8. Leipz. Sommer. 806.

— Schatzkästlein f. die deutsche Jugend. N. A. Mit 1 Kpf. kl. 8. Berl. 820. Stuhr. 20 gr

Müchler, Carl, Scherz und Ernst für Polterabende. Nebst Strohkranzreden. 12. (X und 84 S.) Berlin 847, G. Bethge. *

— der Sekretair f. die gebildete Welt. Mit 1 Vign. 8. Berl. 825. Magaz. f. Kunst ꝛc.

— der Sekretär f. die gebildete Welt. Anleit. z. Abfassung von Vorstellungen u. Berichten f. die verschied. Verhältnisse des Lebens. 8. Berl. 825. 1 Thlr 2e verm. Aufl. mit Tit.-Vign. 8. Berl. 828. Nauck. 16 gr

—— der Secretair f. d. gebild. Welt. — Anleit. z. Abfassung v. Vorstellungen u. Briefen f. d. verschied. Verhältnisse d. Lebens. 2., verm. Aufl. 8. (20 B u. Titvign.) Berlin 829. [Leipzig, Nauck.]

— s. Sie u. Ich.

— die Sittenlehre, in Fabeln u. Erzähll. f. d. Jugend. gr. 12. Berl. 829. Riemann. (Jonas). 8 gr

— s. Sphinx; e. humorist. Zeitung.

— — neue Spiele — — — 4 Thle. 8. Ebend. 811—17. à 1 Thlr.

— Spiele müßiger Stunden. 4 Bdchn. m. K. 12. Berlin, Braunes. 809. 10.

MÜCHLER, Karl. Spiele müssiger Stunden. 2 Thle. Mit 1 Kupfer. Berlin 1809. 8°. (3 Mk. O. Rauthe, Berlin, 1909.)

— Spiele müßiger Stunden. 4 Bde. Mit Kpf. 12. Berl. 809, 10. (Rücker). 4 Thlr 5r—8r Bd. oder: Neue Spiele. 4 Bde. Mit Kpf. 8. Ebd. 811—17. 4 Thlr

— Spiele müßiger Stunden. 5r u. 6r Bd.
Auch unter dem Titel:
Neue Spiele müßiger Stunden. 1r u. 2r Bd. 8. Ebendas. 811 u. 12. (à 1 Rthlr.)

— das Stammbuch. Eine Auswahl von Gnomen u. Denksprüchen. 8. Berl. 812. 2e A. 816. 3e A. 820. Stuhr. 20 gr 2r Th. A. u. d. T.: neues Stammb. ꝛc. 12. Ebd. 823. Stuhr. 20 gr

Müchler, Karl Fr., das Standbild des Fürsten Blücher von Wahlstadt. Gedicht. gr. 8. Berl. 826. Lüderitz. 2 gr

— Stiefmütterchen. 8. Berl. 817. Achenwall. 1 Thlr 8 gr

—— Scenen aus d. Leben Friedrich's d. Gr. u. sein. Bruders d. Prinzen Heinrich v. Preußen. 8. (14 B. u. 1 Portr.) Berlin 836, [Klemann.] 1 Thlr., hrbgs. Pr.

— s. a. Tändeleien, erotische.

TANDELEYEN, Erotische (von *Karl Müchler*). (1. Kleine Gedichte. 2. Nachahmungen lateinischer Dichter. 3. Alexis; ein Schäferroman.) Mit 1 schönen Kupfer, gest. v. Sintzenich, nach Clause. Leipzig bei Paul Gotthelf Kummer (1793). 12°. XXVIII—196 S. (3 Mk. 50 Pfg. H. Lesser, Breslau, vor 1885; 4 Mk. A. Buchholz, München, 1906; 8 Mk. Adolf Weigel, 1910.)
— — Dasselbe. Mit Titelkpfr. Halberstadt 1793. 12°.
§ — — Dasselbe. Ebd. 1802. 12°.
— — Dasselbe, von *K. M.* Neue Ausgabe. Mit TKpf., gestoch. v. Sintzenich. Halberstadt, im Büreau f. Lit. u. Kunst. 1810. 8°. XXVIII—196 SS.

— Taschenbuch, Berliner, od. Toilettengeschenk f. Damen auf d. J. 1795. 16. Berl. 794. Nauck. 20 gr

— s. Taschenbuch f. Frauenzimmer.

Müchler, Karl Fr., Taschenbuch für Kartenspieler. 1e Lfrg.: die Tarock-Karte. Mit 38 ill. Kpfrn. nach Zeichnungen von d. Gebr. Henschel. 12. Berlin 819. (Fr. Fleischer in Leipz.) 1 2/3 Thlr

— Taschenbuch f. Kartenspieler. 1e Liefer. die Tarokkarte. Mit 38 illum. Kpf. 12. Leipz. 819. Köchly. 1 Thlr 16 gr

— Taschenbuch f. d. Kinder Israels, od. Almanach f. unsere Leute. Mit Kpf. u. Mus. 16. Berl. 804. Schmidt. 1 Thlr 12 gr

— Taschenbuch der Liebe u. des Frohsinns, auf 1811. Mit Kpf. 16. Berl., (Rücker). 1 Thlr (Vergl. oben: Quodlibet; auch Räthsel.)

— Taschenbuch z. geselligen Unterhaltung f. 1811. 16. Berlin, Braunes.

— Taschenbuch zur geselligen Unterhaltung f. 1811. 16. Berl., (Rücker). 21 gr Hbg. Pr. 8 gr

Müchler, Karl, Todtenopfer für Friedrich den Einzigen. Gedicht. Berlin 1786. 8. 9 Str.

— Toilettengeschenk für Damen. 16. Berlin, Nauck. 795.

— Vergißmeinnicht, s. a. Vergißmeinnicht.

— Vergißmeinnicht; Samml. auserles. Stellen von griech., röm., ital., portugies., span., engl., französ. u. deutscher Schriftsteller in der Originalsprache mit deutscher Uebersetzung. 1s u. 2s Bdchen, 2e Aufl. u. 3s Bdchen. 12. Berlin 820—27, Duncker u. H. à 1 Rthl.

— über die Würdigung dichterischer Erzeugnisse. Bruchstück aus e. italien. Handschrift vom J. 1594. 8. Berl. 825. Petri. 8 gr

— neue Berlinische Zeitschrift, s. Zeitschrift.

Muchmayer, Alex., das Thal von Reichenau und seine Umgebungen. Mit 1 Karte u. 1 Ansicht von Reichenau. 2. verb. u. verm. Aufl. gr. 16. Wien 844, Tendler u. Schäfer. 1/2 ß

Muchmayer, Karl v., Stimmungs-Bilder. Gedichte. 8. (V, 125 S.) Wien 891. (W. Braumüller.) n. 2. 50

Muchow, Ludwig: Zur Geschichte Überlingens im Bauernkriege. . . . (Aus: Schriften d. Ver. f. Gesch. d. Bodensees u. seiner Umgebung. H. 18.) Lindau i. B., Kommissionsverl. v. Joh. Thom. Stettner, 1889; 36 S. 8°
Freiburg i. B., Phil. Fak., Inaug.-Diss. v. 1889

Muchowsky, die Ofenheimiade. Eppes a Faschings-Ballade zum Schabes am 27. Febr. 1875. gr. 8. (4 S.) Wien 875. Wenedikt. — 24

Muck, F., chemische Aphorismen über Steinkohlen. gr. 4. (24 S. mit 6 Tab. in qu. Fol.) Bochum 878, Stumpf. *

— chemische Beiträge zur Kenntniss der Steinkohlen. [Aus „Verhandlgn. d. naturhist. Ver. f. die preuss. Rheinlande u. Westf."] gr. 8. (40 S. m. 2 Tab. in Fol.) Bonn 876. Cohen & Sohn. — 90

Muck, F., Über die Bindung des Schwefels in Steinkohle und Koks und die Erzeugung von schwefelarmem Koks. Düsseldorf, 1886. 8 S.

Muck, F., die Chemie der Steinkohle. Für Lehrende u. Lernende an höheren u. mittleren techn. Schulen, insbesondere Montan-Lehranstalten, sowie zum Selbstunterricht f. Chemiker, Berg- u. Hüttenleute u. Ingenieure. 2., grösstentheils umgearb. u. verm. Aufl. der „Grundzüge u. Ziele der Steinkohlenchemie". gr. 8. (XI, 284 S.) Leipzig 891. W. Engelmann. n. 7. —; geb. n.n. 7. 60

Muck, F., Elementarbuch der Steinkohlenchemie. Für die Unterklasse der Bochumer Bergschule verfasst. gr. 8. (41 S. mit 1 Tab.) Bonn 882, Strauss. geb. *

Muck, F., Elementarbuch der Steinkohlen-Chemie für Praktiker. 2. verm. Aufl. [Nach der Maskr.-Ausg. von 1882 bearb.] 8. (66 S. mit 2 Tab.) Essen 887, Baedeker. geb. *

Muck, F., Die Entwicklung der Steinkohlenchemie in den letzten 15—20 Jahren und die dermaligen Ziele der Steinkohlenforschung überhaupt. Als Manuskript gedruckt. o. O., [1885.] 28 S.

Muck, f.: Für Eisenhüttenleute u. dergl.

Muck, F., Grundriß der Steinkohlenchemie. Bochum, 1877. 38 S. autogr. mit 4 Taf.

—— Grundzüge und Ziele der Steinkohlen-Chemie. Für Lehrende und Lernende an höheren und mittleren techn. Schulen, insbesondere montanist. Lehranstalten, sowie zum Selbstunterricht für Chemiker, Berg- und Hüttenleute und Ingenieure. gr. 8. (VI, 170 S. mit 7 Tab.) Bonn 881. geb. *

Muck, F. Grundzüge und Ziele der Steinkohlenchemie. Bonn, 1881.
dgl. 2. Auflage, als „Chemie der Steinkohle" bezeichnet. Leipzig. 1891.

—— über Steinkohlenasche hinsichtlich deren Bestimmung und der sich dabei ergebenden Differenzen. Mittheilung an Producenten und Consumenten von Steinkohle. gr. 8. (15 S.) Bochum 878, Stumpf. *

– chem. Steinkohlenbüchlein 1882.

—— einfachere gewichts-analytische Uebungsaufgaben in besonderer Anordnung, nebst Einleitung als Vorwort: Einiges über Unterricht in chem. Laboratorien. 8. (72 S. mit 17 Text-Abbild.) Breslau 887, Trewendt. geb. *

— üb. die Werthbestimmung v. Theerpech (Brai) als Bindemittel f. Briquettes. [Aus: „Zeitschr. f. Berg-, Hütten- u. Salinenwesen."] gr. 4. (5 S.) Berlin 889. W. Ernst & Sohn. n. 1. —

Muck, Ferdinand (Euerbach): De ganglio ophthalmico et nervis ciliaribus animalium.- Landishuti: Thomann 1815. 94 S., Taf.
16.3.1815 - Po 347; F 57
Diss. Ingolst.-Landsh.-Mchn.

Muck, Fd., Diss. de ganglio ophthalmico et nervis ciliaribus animalium. Mit 2 Kpf. 4. Landsh. 815. Thomann. (Palm in Erlang.) 1 ß

Muck, Friedrich Johann Alb

ANEKDOTEN und Charakterzüge aus dem Einfalle der Neufranken in Altfranken im Jahre 1796 von einem Augenzeugen *(Friedr. Joh. Albert Muck)*. O. O. (Erlangen) 1797.
Anon.-Lex. I. p. 57 (nach Meusel u. Goedeke).

— kurze Homilien über d. Sonn- u. Festtags-Evangelien, mit Beitrr. u. Vorrede v. Jh. Fd. Schlez. gr. 4. Hildburgh. 803. Hanisch. (Er. Fleischer in Leipz.) 1 ß 12 gl

— Kunstgriffe, od. Anweis., wie Väter, Erzieher u. Lehrer einen Aufsatz auf 50erlei Weise benutzen können. 8. Rothenb. 810. Autor. (Felssecker in Nürnb.) 18 gl

— Lieder f. die Jugend, mit leichten Melodien f. 2 Sopranstimmen mit Clavierbegleitung ꝛc. 1s u. 2s Hft. qu. Fol. Erlang. 816—19. Palm u. E. (à 12 gl) 1 ß

— biograph. Notizen über d. Componisten der Choralmelodien im baier. neuen Choralbuche. gr. 8. Erlang. 824. Palm u. E. 10 gl

— Predigten u. Reden bei besond. Veranlassungen gehalten. 1s Bdchen. 8. Rothenb. 813. Autor.

Muck, Fr. Jh. Albr., homilet. u. liturg. Versuche. 8. Nürnb. 796. Grattenauer. 16 gl

— musikal. Wandfiebel, s. Stephani.

Muck, Geo., Beiträge zur Geschichte von Kloster Heilsbronn. Die Verhältnisse vor der Klosterstiftung. Die Heilquelle. Die Heideckerkapelle. Das Kastrum oder Burggrafenhaus und seine Bewohner. Der Prediger Hocker. gr. 8. (XV und 252 S. mit 1 lithogr. Abbild.) Ansbach 859, Seybold. *

Muck, Geo., Geschichte vom Kloster Heilsbronn von der Urzeit bis zur Neuzeit. 3 Bde. gr. 8. Nördlingen, Beck'sche Buchh. [1. Bd. (XVI, 642 S. mit 3 lithogr. Abbild.) 879. *M 10.; 2. Bd. (568 S.) 879. *M 9.; 3. Bd. (378 S.) 880. *M 7.] *

Mucciana. Gründlicher Bericht von H. J. Muck, Erbsassen auf Muckendorf, von dem Muckischen Geschlecht. Nachrichten von dem Nitz'schen, Milius'schen und Gerstmann'schen Geschlechte etc. fol.

Muck, Jos., der Erdwachsbergbau in Boryslaw. (VI, 218 S. m. 53 Fig. u. 2 Taf.) gr. 8. Berlin 903. J. Springer. n. 6. —

Muck, *Karl August Julius Bertram* Otto [pr. Arzt aus Bochum]: Aus d. patholog. Institut zu Greifswald. Beitrag zur Kenntniss der Acardiaci ... Greifswald, Druck v. J. Abel, 1897; 34 S., 1 Taf. 8.
Greifswald, Med. Fak., Inaug.-Diss. v. 14. Apr. 1897

Muck C. Schreibbuch für Volks- und Töchterschulen 1-4. qu 4° Wien

Muck's, C., Vorschriften und Schriften-Unterlagen, umgearbeitet von Hans Urban. Zu beziehen in Wien, I., Seilerstätte Nr. 10. (Min.-Erl. v. 19. October 1895, Z. 24219) 1895 1.--

Muck, Carl, Vorschriften für Volks- und Töchterschulen. 2 Hefte. 2. Aufl. qu. 4. (à Heft 18 lithogr. Bl.) Wien 861, (Sallmayer und Comp.) à Heft * 8 Ngr. *

Muck, Carl, Vorschriften für Volks- und Töchterschulen. 2 Hefte. [Current und Latein.] 10. Aufl. qu. schmal gr. 8. (à Heft 18 Stnt.) Wien 880, (Sallmayer'sche Buchh.) à Heft ** 80 Pf. **

Muck, Carl, Vorschriften für Volks- und Töchterschulen. 2 Hefte. Current und Latein. 11. Aufl. schmal gr.-8. (à Heft 18 Stnt.) Wien 886, (Sallmayer'sche Buchh.) à Heft ** 80 Pf. **

Muck, Loisl, „es ist erreicht", s.: Theater-Bibliothek, alpine.

Muck, P., s.: Uber Duppau u. Umgebung.

Muck, Pet., Abschiedsworte an die Jugend bei Entlassung aus der Schule. (54 S.) 16. Mainz 903. Kirchheim & Co. n. —50; geb. in Leinw. n. —. 70

Muck, der hl. Aloysius als Führer der christlichen Jugend. gr. 16. (X, 526 S. m. farb. Titelbild.) Wien 902. (St. Norbertus.) n. 1. 80

— der hl. Aloysius als Führer der christlichen Jugend. 2. Aufl. (VII, 294 S.) kl. 8. Ebd. 904. n. 1. 80; geb. in Leinw. n. 2. 20

Muck, P., was ist Wahrheit? Populäre Beleuchtg. religiöser Wahrheiten der Glaubens- u. Sittenlehre sowie bedeutsamer Fragen der Welt- u. Kirchen-Geschichte. 12. (XI, 192 S.) Münster 901. Alphonsus-Buchh. n. 1. 25; geb. n.n. 1. 85

— was ist Wahrheit? Lösung v. Glaubenszweifeln. 2. Aufl. (VIII, 235 S.) kl. 8. Münster 904. Alphonsus-Buchh. n. 1. 70; geb. in Leinw. n. 2. 25

— das größte Wunder der Weltgeschichte. Ursprung, Fortbestand, Wirksamkeit u. Merkmale der kathol. Kirche. (VIII, 248 S.) 8. Regensburg 905. F. Pustet. n. 1. 50; geb. in Halbldr. n. 2. —

Muck, Rich. (Waldteufel), s.: Wenn der Auerhahn balzt.

Muck, Rudolf [app. Arzt Landstuhl '(Rheinpfalz)']: Ueber einen Fall von subphrenischem Abscess ... München, Buchdr. v. M. Ernst, 1894; 17 S. 8.
München, Med. Fak., Inaug.-Diss. v. 1894

Muck, Therese, geb. Ballauf, die Wiener Köchin, wie sie seyn soll, od. mein eignes durch 30 Jahre geprüftes Kochbuch in 6 Abtheill., enthalt. 1278 Speisen rc. gr. 8. Wien 810. 2e Aufl. 823. 3e A. ... Wimmer. 1 ℔ 16 ℔

MUCK, Wilhelm (Furth): De semiologia oculi.- Monachii: Deschler 1838. 15 S.
22..1838 - Urk; F 64
Dss. Ingolst.-Landsh.-Mchn.

Mück

— s. a. **Muck.**

Mück's praktische Taschenbücher. 1.—19. u. 21. Bd. kl 8. Wien, Szelinski & Co. n. 12. 90

1. Kolorierter Pflanzen-Atlas in Taschenformat. 124 Abbildgn. der bemerkenswertesten Gewächse m. Angabe der botan. Namen. (12 farb. Bl. in Leporelloform.) 4. (903). n. —50
2. Der Praktiker in Garten, Hof u. Haus. Von R. Materne. Der Obstbau I. 1. u. 2. Aufl. (VIII, 168 S. m. Abbildgn.) (904.) n. —80
3. Schmetterlings-Atlas in Taschenformat. 129 Abbildgn. in Farbendr. m. Angabe der deutschen u. latein. Namen. (12 Bl. m. 2 S. Text.) (905.) n. —80
4. Käfer- u. Insekten-Atlas in Taschenformat. 129 Abbildgn. in Farbendr. m. Angabe der deutschen u. latein. Namen. (12 Bl m. 2 S. Text.) (905.) n. —80
5. Ausländische Kulturpflanzen. Von R. Materne. Mit naturgetreu kolor. Abbildgn. (VII, 127 S. m. 8 Taf.) (904.) n. —70
6. Pilze, unsere wichtigsten essbaren. Neu durchgesehen v. R. Materne. (62 S. m. 8 farb. Taf.) (901.) n. —70
7. Pflanzen-Atlas in Taschenformat. II. Heft. 93 Abbildgn. in Farbendr., m. Angabe der deutschen u. latein. Namen. (12 Bl. in Leporelloform.) (905.) n. —50
8. Der Praktiker in Garten, Hof u. Haus. Von R. Materne. Der Obstbau. II. (VIII, 218 S. m. Abb.) (905) n. —80
9. Aerztliche Zimmergymnastik od. Darstellg. u. Beschreibg. der unmittelbaren, keiner Gerätschaft u. Unterstützg. bedürf., daher stets u. überall ausführbaren heilgymnast. Beweggn. f. jedes Alter u. Geschlecht u. f. die verschied. speziellen Gebrauchszwecke entworfen. Von Daniel Glob. Mor. Schreber. Neu durchgesehen u. verb. v. R. Materne. Mit 45 Abbildgn. (96 S. m. 1 Taf.) (904.) n. —80
10. Alpen-Pflanzen-Atlas f. Touristen u. Naturfreunde in Taschenformat. 97 Abbildgn nach der Natur gemalt, in Farbendr. sorgfältig ausgeführt m. Angabe der deutschen u. latein. Namen. (12 Bl. m. 2 S. Text.) (905.) n. 1.—
11. Textband zum Alpenpflanzen-Atlas f. Touristen u. Naturfreunde in Taschenformat. Von Rud. K. Cüm. 97 Abbildgn., nach der Natur gemalt, in Farbendr. sorgfältig ausgeführt, m. Angabe der deutschen, latein., französ. u. engl. Namen. (VI, 52 S.) (905.) n. —50
12. Pilze, die am häufigsten vorkommenden essbaren. 95 Abbildgn., nach der Natur gemalt, in vielen Farben naturgetreu reproduziert, m. Angabe der deutschen u. latein. Namen. In Taschenformat. (12 Taf. in Leporelloform.) (905.) n. —60
13. Pilze, die am häufigsten vorkommenden giftigen. 96 Abb., nach der Natur gemalt, in vielen Farben naturgetreu reproduziert, m. Angabe der deutschen u. latein. Namen. In Taschenformat. (12 Taf. in Leporelloform.) (905.) —60
14. Säugetiere-Atlas 65 Abbildgn., nach der Natur gemalt, in vielen Farben naturgetreu ausgeführt, m. Angabe der deutschen u. latein. Namen. (12 Taf. in Leporelloform.) (906) n. —70
15. Singvögel, die am häufigsten vorkommenden einheimischen, m. 97 farb. Abbildgn. nach Orig.-Aquarellen. (12 Taf. in Leporello-Form.) (906.) n. —70
16. Der gute Ton. Ein Wegweiser des Wohlbenehmens in allen Gesellschaften u. Lebenslagen. Ein Komplimentierbuch f. Jünglinge u. Jungfrauen jeden Standes, enth. Anstands- u. Bildungsregeln. Von A. v. Eggink. (64 S.) (906.) —40
17. Der Zauberkünstler. Enthüllte Geheimnisse der Taschenspielerkunst v. jedermann ohne Kenntnis besond. Kunstgriffe leicht ausführbar. Von Alex. Napsak. (80 S.) (906). n. —50
18. Kleine Bier-Bibel. Ein Studenten- u. Turnerliederbuch, enth. die besten Vaterlands- u. Freiheitslieder, Kneip- u. Burschenlieder. Turner-, Soldaten- u. Liebeslieder, Volks- u. Gesellschaftslieder. Von Moos u. Kohl. (112 S.) (906). n. —40
19. Die Kartenschlägerin, od. die Kunst des Kartenaufschlagens. Mit vollständ. Punktierbuch nebst e. Anh. üb. die Wahrsagekunst sowie „Monatsplaneten". Von Mme. Bellechini. (79 S.) (906.) n. —40
21. Vergleichende Münztabelle der wichtigsten Staaten der Erde, deren Masse, Gewichte, Wappen, Kriegs- u. Handelsflaggen, deren Grösse in Quadratkilometern nebst ihrer Einwohnerzahl. Die verschiedenen Münzen in naturgetreuer Wiedergabe. Von (A. L.) Hickmann. (1 Taf.) 47,5×34 cm. Farbdr. n. —40

20 ist noch nicht erschienen.

Mük's praktische Taschenbücher. 20.—30. Bd. 16. Wien, C Szelinski & Co. 9. 10

Ausflugs-, Touristen- u. Wegmarkierungs-Karte, neueste kolorierte, des Semmering-, Rax- u. Schneeberg-Gebietes. (9 Kartenblätter m. kurzer Beschreibg. u. ausführl. alphabet. Ortsregister, v. Jos. Rabl.) (64 S.) (909.) (Bd. 27.) —90

— dasselbe des Wiener Waldes in 12 Blättern. 1:75000. Mit alphabet. Ortsregister u. e. beschreib. Zusammenstellg. v Ausflügen. (XVIII, 80 S.) 907. (Bd. 23.) —70

— dasselbe m. Führer durch die Wachau. (9 Kartenblätter m. kurzer Beschreibg. des Gebietes im Donautale zwischen Krems u. Melk u. der in demselben gelegenen grösseren Ortschaften. Mit ausführl. alphabet. Ortsregister.) (30 S.) (908.) (Bd. 25.) 1. —
Beck, Paul Ralph, Oesterreichs Regentenhalle in Bild u. Wort. Nach Holzschn. gezeichnet v. B. Mit biograph. Erläutergn. v. Leo Smolle. (54 Bl. in Leporelloform.) (908.) (Bd. 26.) Kart. — 80
Bilott, Frz., erste Hilfeleistung bei Unglücksfällen. Ein Samariter-Büchlein m. 48 farb. Abb. (12 Taf. m. 8 S. Text.) (910.) (Bd. 30.) — 90
Edelmair, Jos., die künstliche Brut. Ein prakt. Handbuch üb. die wichtigsten Erfahrgn. bei der künstl. Brut v. Geflügel-Eiern. Mit vielen Illustr. (62 S.) (908.) (Bd. 21.) — 90
Ersatz für die frühere Nr. 21.
Klunz, C., der Körper des Menschen (Anatomie-Atlas), farbige naturgetreue Abbildgn. m. beschreibendem Text. (12 Taf. in Leporelloform u. 60 S. Text m. Abb.) (907.) (Bd. 20.) — 90
Reichenhall, E., Fische-Atlas in Taschenformat. 93 farb. Abbildgn. nach Orig.-Aquarellen u. beschreib. Text m. deutschen u. latein. Namen. (12 Bl. in Leporelloform m. 20 S. Text.) (909.) (Bd. 28.) — 90
Schiff, Jos., Einführung in die Stenographie Gabelsbergers. Für den Selbstunterricht m. e. kurzen Abriss der allgemeinen Geschichte der Stenographie. (II, 30 S.) 907. (Bd. 22.) — 50
— Praktische Einführung in die Wortkürzungslehre d. Gabelsbergerschen Stenographie, nebst Schlüssel zur „Einführung in die Stenographie". (31 S.) (910.) (Bd. 29.) — 70
Wilheim, J., Sonnen- u. Luftbäder in der Natur u. in künstlichen Anlagen. Ein moderner Heilfaktor bei Leidenden mit Nerven-, Atmungs- u. Kreislaufstörgn. (3. Aufl.) (76 S.) (907.) (Bd. 24.) — 90

Mück, die Unterleibsbrüche und ihre Heilung. Ein Rathgeber für Bruchleidende. 8. (12 S.) Glarus 888. (Tübingen, Lindenmaier.) **
Mit Anhang: Napoleon I. und das Christenthum. (12 S.) **

Mück, Edmund, Leitfaden des statistisch-geographischen Unterrichtes an den österreichischen Werkmeisterschulen und an verwandten Lehranstalten Wien 1893. K. k. Schulbücher Verlag. (Min.-Erl. v. 20. Januar 1893, Z. 474.) Gebunden —.45

Mück, H., Observat criticae grammaticae in L. Annaei Senecae scripta philosophica. Diss. 1890. 42 S. 1.—

Mück, Hans, experimenteller Beitrag zur Wirkung des Trypsins auf die Gefässwand, s.a. Sammlung klinischer Vorträge.

Experimenteller Beitrag zur Wirkung des Trypsins auf die Gefäßwand. Von Dr. Hans Mück. Leipzig: J. A. Barth 1910. 20 S. 8° [Umschlagt.]
(Sammlung klinischer Vorträge. N. F. Nr 593.) [10. 1148]

Mück, Heinr., die Execution zur Sicherstellung nach der österr. Executionsordnung vom 27. V. 1896, R. G. Bl. Nr. 79 systematisch dargestellt. 8. (IV, IV, 57 S.) Wien (I., Bauernmarkt 3) 900. Mor. Frisch. n. — 83

— dasselbe unter besond. Berücksicht. der Rechtssprechg. des k. k. obersten Gerichtshofes systematisch dargestellt u. m. e. Anh., enth. zahlreiche Beispiele v. Sicherungsanträgen u. Rechtsmitteln, versehen. 2., verm. u. ergänzte Aufl. gr. 8. (VII, 78 S.) Wien 901. Manz. n. 1. 50

MÜCK, Heinrich
(F) Die einstweiligen Verfügungen nach der österreichischen Executionsordnung vom 27. Mai 1896, R.-G.-Bl. Nr. 79, unter besonderer Berücksichtigung der Rechtssprechung des k. k. Obersten Gerichtshofes systematisch dargestellt und mit einem Anhange, enthaltend zahlreiche Beispiele von Sicherungsanträgen und Rechtsmitteln, versehen von Dr. Heinrich Mück. 2., vermehrte und ergänzte Auflage. Wien. 1901. Manz Gr.-8°. VI, 78 S. K 1.50

Mück, J. J., u. Frz. C. Hoffmann, d. Regelung des österr. Apothekenwesens. Vorschlag u. Begründg. Im Auftr. d. allgem. österr. Pharmaceuten-Vereines verf. 2. Aufl. gr. 8. (116 S.) Wien 897. W. Braumüller. n.n. 1. —

Mück, Jda: Atlas zur territorialen Entwicklung Preußens mit geschichtlichen Erläuterungen und einer Abbildung des Königlich Preußischen großen Wappenschildes. Berlin (1911)

Mück, Jo. Heinrich, Oratio adeundi muneris caussa in Schola electorali apud Grimam recitata. Leipzig (Jacobaeer) 4. VII. 1782. 16 S. (5.—) 23781
Gew.: Christoph Ludwig Sahrer von Sahr.

Mück, Joach., deutsche Sprachlehre nach Adelungs Grundsätzen, zum Gebrauch f. Schüler u. Privatlehrer eingerichtet. 2te Aufl. gr. 8. Wien, Gerold. 819. -

Der Mansfelder Kupferschieferbergbau in seiner rechtsgeschichtlichen Entwicklung... bearb. u. hrsg. von Dr. Walter Mück. Bd 1. 2. Eisleben: Selbstverl. 1910. 8°
1. Geschichte d. Mansfelder Bergregals.
2. Urkundenbuch d. Mansfelder Bergbaus. [11. 10391 4]

Mucke, C., s. Mücke, C.

Mucke, E., forbenwendische Namen im Zeitzer Kreise. Zusammengestellt u. erklärt. (33 S.) kl. 8. Zeitz (910). R. Jubelt. — 25

Mucke, Ernst, de dialectis Stesichori, Ibyci, Simonidis, Bacchylidis aliorumque poetarum choricorum cum Pindarica comparatis. Dissertatio inauguralis. gr. 8. (75 S.) Leipzig 879. Teubner. n. 1. 60

Mucke, Ernst, de consonarum in graeca lingua praeter Asiaticorum dialectum aeolicam geminatione. Particula I et II. Progr. gr. 4. (36 u. 48 S.) Budissae et Fribergae 883. (Leipzig, G. Fock.) à n. 1. 50

Mucke, *Carolus* Ernestus [Dr.]: De consonarum in Graeca lingua praeter Asiaticorum dialectum Aeolicam geminatione. Partic. III. (Forts. d. P-Beil. Bautzen, G 1883 u. Freiberg, G 1893.) Fribergae, typ. expr. H. Gerlach, 1895; 1 Bl., 30 S. 4.
Freiberg, G Albertinum, OP 1895 (549)

Mucke, Ernst, de consonarum in graeca lingua praeter Asiaticorum dialectum aeolicam geminatione. Partic. III. Progr. 4. (30 S.) Fribergae 895. (Leipzig, Buchhdlg. G. Fock.) n. 1. 50

Mucke, F., Der Dialog Phädrus und die Platonische Frage. Pr. 1886. 17 S.

Mucke, F., Quaestiones de re scaenica fabulae Sophocleae quae Ajax inscribitur. Part. I. Diss. 1879. 48 S.

Mucke, Johann Heinrich, s. Mücke

Mucke, Joh. Rich., die politischen Bewegungen in Deutschland von 1830 bis 1835 mit ihren politischen und staatsrechtlichen Folgen. 2 Bde. gr. 8. Leipzig 875, [Hartknoch.] Wartig's Verlag. *
Inhalt:
Bd. 1. Die Bewegungen in Deutschland mit Ausschluß von Luxemburg. (XLVI, 384 S.)
„ 2. Die Bewegungen in Luxemburg. (VIII, 297 S.)

Mucke, Joh. Rich., abgedrungene Erklärung gegen Herrn Prof. Maurenbrecher in Königsberg. gr. 8. (16 S.) Leipzig 871. Wolff. — 25

— 2. Erklärung gegen Herrn Prof. Maurenbrecher in Königsberg. gr. 8. (6 S.) Ebend. 871. n. — 10

Mucke, Joh. Rich., Deutschlands Getreide-Ertrag. Agrarstatist. Untersuchungen. Lex.-8. (IV, 508 S.) Greifswald 883, Abel. *

Mucke, Joh. Rich., Deutschlands Getreideverkehr mit dem Auslande. Lex.-8. (XX, 580 S.) Greifswald 887, Abel. *

Mucke, Joh. Rich., Horde u. Familie in ihrer urgeschichtl. Entwicklg. E. neue Theorie auf statist. Grundlage. gr. 8. (XIX, 308 S.) Stuttgart 895. F. Enke. n. 8. —

Mucke, Joh. Rich., das historische Princip der Statistik gegenüber Georg v. Mayr's Begriff der Statistik als Wissenschaft v. den socialen Massen. gr. 8. (134 S.) Jurjew 900. (Dresden, C. Höckner.) n. 2. —

Das historische Princip der Statistik gegenüber Georg v Mayr's Begriff d. Statistik als Wissenschaft von d. socialen Massen. Von Dr Joh Richard **Mucke.** Prof., Jurjew. *Jurjew 1900: C. Mattiesen.* (134 S.) 8°.

Mucke, Joh. Rich., das Problem der Völkerverwandtschaft. (XXIII, 368 S.) gr. 8. Greifswald 905. J. Abel. n. 7.50

—— die staatliche Unfallversicherung. Krit. Bemerkungen über den Gesetzentwurf vom 8. März 1881 in der vom Bundesrathe beschlossenen Fassung betr. die Versicherung der Arbeiter gegen Unfälle. gr. 8. (47 S.) Berlin 881, Puttkammer und Mühlbrecht. *

Mucke, Joh. Rich., Urgeschichte des Ackerbaues u. d. Viehzucht. E. neue Theorie, m. e. Einleitung üb. d. Behandlg. urgeschichtl. Probleme auf statist Grundlage. gr 8. (XXIV, 404 S. m. 12 Abb) Greifswald 898. J. Abel. n. 9. 60

Mucke, Joh. Rich. Verkehr u. Verbrauch v. Getreide in Berlin. Dargelegt u. kritisch untersucht. gr. 8. (VII, 248 S) Dresd. 889, Baensch. 6, —; geb. * 7 50

— die tödtlichen Verunglückungen im Königreich Preußen seit Einführung der Unfallstatistik. Eine statistische Untersuchung. gr. 8. (VII, 135 S.) Berlin 881. Simion. n. 2.50

Mucke, Joh. Rich., zur Vorgeschichte des deutschen Zollvereins, insbesondere die Bestrebungen des mitteldeutschen Vereins gegen den preußischen Zollverein. Leipzig 870. Gohlis, Wolff. gr. 8. (121 S.) 20 ngr.

—— zur Vorgeschichte des deutschen Zollvereins, insbesond. die Bestrebungen des mitteldeutschen Vereins gegen den preuß. Zollverein. gr. 8. (121 S.) Leipzig 870, Lißner.

Mucke, Karl Ernst, historische u. vergleichende Laut- u. Formenlehre der niedersorbischen [niederlausitzisch-wendischen] Sprache, s.: Preisschriften, gekrönt u. hrsg. v. der fürstl. Jablonowski'schen Gesellschaft.

Mücke [Sachliches OW]

Mücke, die. Ein volksthümliches Correspondenz-Organ für alle Freunde der Natur u. Wahrheit. Herausg. u. red. von Carl Baunscheidt. 1—3. Jahrg. 1861—63. à 26 Nrn. (à 1 Bgn.) Bonn, Wittmann. gr. 8. Jeder Jahrg. n. 1 ₰ 10 ngr

Mücke, die. Ein volksthümliches Correspondenz-Organ für alle Freunde der Natur und Wahrheit. Hrsg. und redig. von Carl Baunscheidt. 2.—7. Jahrg. 1862—67. à Jahrg. 26 und 28 Nrn. (Bog.) gr. 8. Bonn, Wittmann. 2. und 3. Jahrg. à * 1 Thlr. 10 Ngr.; 4.—7. Jahrg. à *

Mücke, die. Ein volksthümliches Correspondenz-Organ für alle Freunde der Natur u. Wahrheit. Hersg. u. redig. von Carl Baunscheidt. 5—10. Jahrg. 1865 bis 70. à Jahrg. 26 u. 28 Nrn. (Bgn.) Bonn, Wittmann Nachf. gr. 8. Jeder Jahrg. n. 1 ₰

Mücke, die. Ein volksthüml. Correspondenz-Organ für alle Freunde der Natur und Wahrheit. Hrsg. und redig. von Carl Baunscheid. 8.—14. Jahrg. 1868—1874. à Jahrg. 28 Nrn. (Bog.) gr. 8. Bonn, Wittmann Nachf. à Jahrg. *

Mücke, die. Ein volksthüml. Correspondenz-Organ f. alle Freunde der Natur u. Wahrheit. Hrsg. u. red. v. Carl Baunscheidt. 11—16. Jahrg. 1871—1876 à 28 Nrn. (B.) gr. 8. Bonn, Wittmann Nachf. in Comm. à Jahrg. n 3. —

—— dass. — 17.—19. Jahrg. 1877—1879. à Jahrg. 28 Nrn. (Bog.) gr. 8. Bonn, Schulten. à Jahrg. *

Mücke, die. Ein volksthümliches Correspondenz-Organ für alle Freunde der Natur u. Wahrheit. Hrsg. u. red. von Carl Baunscheidt. 18—22. Jahrg. 1878—1882. à 28 Nrn. (B.) gr. 8. Bonn, Schulten in Comm. à Jahrg. n. 3. —

Mücke, die. Ein volksthüml. Correspondenz-Organ für alle Freunde der Natur und Wahrheit. Hrsg. und redig. von Carl Baunscheidt. 20.—24. Jahrg. 1880—1884. à Jahrg. 28 Nrn. (Bog.) gr. 8. Bonn, Schulten. à Jahrg. *

Mücke, die. Ein volksthüml. Correspondenz-Organ für alle Freunde der Natur und Wahrheit. Hrsg. und redig. von Carl Baunscheidt. 25.—28. Jahrg. 1885—1888. à Jahrg. 28 Nrn. (Bog.) gr. 8. Bonn, (Schulten.) à Jahrg. *

Mücke [Verfasser]

Mücke, das Abendmahl des Herrn, das sacramentliche Siegel der Versöhnung mit Gott und der brüderlichen Gemeinschaft aller Evangelischen. Predigt über die schriftgemäße Wahrheit der Abendmahlsgemeinschaft zwischen Lutheranern und Reformirten nach 1. Cor. 11, 23—26. gr. 8. (17 S.) Brandenburg 879, Wiesike. *

Muecke, [A.]. Die volle Autorität der Religion für die Volksbildung als Prinzip der preussischen Schulvorlage. Berlin 1906. 8°

Muecke, A.. De Melanthonis doctrina de coena domini. Gothae 1867. 21 S. 4°
Schul-/Univ.-Schrift

Mücke, der Friede zwischen Staat und Kirche. Eine iren. Darstellung und Würdigung der jüngsten zeitgeschichtl. Entwickelung der kathol. und evangel. Kirche in ihrem beiderseitigen Verhältniß zum Staate. 1. Bd.: Kaiser Wilhelm, die beiden Päpste Pius IX. und Leo XIII., Fürst Bismarck und der kirchl. Friede. Mit einer positiven Verantwortung des lauteren Evangeliums der Reformation wider die neuesten Encycliken. 1. Hälfte. gr. 8. (IX, 336 S.) Brandenburg 882, Wiesike. *

Mücke, der Friede zwischen Staat und Kirche. Eine iren. Darstellung und Würdigung der kathol. und evangel. Kirche in ihrem beiderseit. Verhältniß zum Staate. 1. Bd. 2. Hälfte und 2. Bd. gr. 8. Brandenburg, Wiesike, Sep.-Cto. *

Inhalt:

Bd. 1. Kaiser Wilhelm, die beiden Päpste Pius IX. und Leo XIII., Fürst Bismarck und der kirchl. Friede. Mit einer positiven Verantwortung des lauteren Evangeliums der Reformation wider die neuesten Encyclicen. 2. Hälfte. (S. 337—832.) 884. * M 5.—.

- 2. Der gesammte Ultramontanismus in seiner fundamentalen, auf einer unwahren Legendenbildung beruhenden Schrift- und Geschichtswidrigkeit nach Offenbarung und Wissenschaft. Mit einem Vorwort gegen Johs. Janssen. (XVIII, S. 833—1731.) 888. * M 10.—.

1. Bd. 1. Hälfte. Ebendas. 1832. * M 5.—.

Mücke, A., das apostolische Glaubensbekenntniß der echte Ausdruck apostol. Glaubens. Eine Apologie seiner Bildungsgeschichte u. seines Glaubens-Inhaltes wider seine neueren Gegner. gr. 8. (VII, 160 S.) Berlin 873. Rauh. n. 1. 80

Mücke, die Gründung u. deutsche Besiedelung v. Kreuzburg u. seiner Umgebung, s.: Veröffentlichungen der Gustav-Freytag-Gesellschaft zu Kreuzburg. 1.

— Kaiser Heinrich IV. u. Heinrich V., s.a. Erzählungen aus dem deutschen Mittelalter.

Mücke, A. Kaiser Heinrich IV. und Heinrich V. (X. 241) 8. Halle 1875. 2,00.

— Kaiser Heinrich VI. Nach Otto v. St. Blasien, Arnold v. Lübeck u. den Kölner Annalen dargestellt. gr. 8. (VI, 69 S.) Erfurt 876. Stenger. n. 1. 80

Mücke, A., aus der Hohenstaufen- u. Welfenzeit. Kaiser Heinrich VI., König Philipp u. Otto IV. v. Braunschweig. gr. 8. (XII, 295 S.) Gotha 884. F. A. Perthes. n. 4. —

Mücke, [A.]: Der kirchenpolitische Kampf und der Sieg des Staates in Preußen und im Deutschen Reich. Brandenburg a. d. H. 1878.

—— der Hohenzollern reformatorisches Kirchenwerk und die Parteien der Gegenwart in der preußischen Landeskirche. gr. 8. (V, 50 S.) Ebendas. 879. *

— Kaiser Konrad II. u. Heinrich III., s.: Erzählungen aus dem deutschen Mittelalter.

—— vom ewigen Leben. Zur Verantwortung des christl. Unsterblichkeits- und Auferstehungsglaubens wider dessen neuere Gegner. Für Zweifelnde, Suchende und Trauernde. gr. 8. (X, 268 S.) Ebendas. 880.

—— Kaiser Wilhelms Lebensgang, ein sprechender Beweis göttlicher Gnadenführung im Völker- und Menschenleben. Dankespredigt für die goldene Hochzeitsfeier des Kaisers und der Kaiserin über Psalm 100. gr. 8. (24 S.) Ebendas. 879.

— die staatlich-reformatorische od. die ultramontane Lösung der sozialen Krisis. Nach e. Vermächtnisse Ignaz v. Döllinger's. 2 Hälften. gr. 8. Berlin 891. H. Walther. à n. 3. —
1. Sozialismus, Opportunismus, Episcopalismus. (XVI, 219 S.)
2. Die Abwehr d. socialen Kanossa m. e. Widerlegung der neuesten Legenden-Behauptungen d. römischen Katakombenforschers de Rossi in der Petrus-Papstfrage. (IV, 358 S.)

—— die Nichtigkeit der ganzen päpstlichen Nachfolgerschaft Petri sammt ihren allumfassenden Ansprüchen in Staat und Kirche. 9. Aufl. Lex.-8. (23 S.) Brandenburg 886, Wiesike.

—— Kaiser Otto II. und Otto III., s. Erzählungen aus dem deutschen Mittelalter.

— Preußens landeskirchliche Unionsentwickelung von dem Könige Friedrich Wilhelm III. an bis zur Gegenwart. gr. 8. (IX, 369 S.) Ebend. 879. n. 5. 40

— die heutige Unionscontroverse m. dem modernen Lutherthum außer der Union. gr. 8. (VIII, 152 S.) Leipzig 872. Fr. Fleischer. n. 3. —

— Kaiser Wilhelm, ein Vater des Vaterlandes u. ein Vorbild der Gottesfurcht für unser Volk. Predigt über Psalm 122, 6—9. gr. 8. (IV, 23 S.) Ebend. 879. — 50

— Kaiser Wilhelm II. u. sein Verhältnis zu Staat u. Kirche. Ein ernster Mahnruf. gr. 8. (111 S.) Berlin 892. H. Steinitz' Verl. n. 1. 50

Mücke, August

Mücke, Anti-Janssen. 1. Bd.: Vorhalle. Papst Leo XIII. u. Ignaz v. Döllinger, der größte kathol. Theologe aller Jahrhunderte u. siegreicher Vorkämpfer apostol. Kircheneinigg. gegen das Papstthum. Ein neuer Janus od. Zeitspiegel des wahren u. falschen Katholicismus. 1. Lfg. gr. 8. (S. 1—48.) Berlin-Schöneberg 894. E. Runge. n. — 60

Mücke, Anti-Janssen. 1. Bd.: Vorhalle. Papst Leo XIII. u. Ignaz v. Döllinger, d. größte kathol. Theologe aller Jahrhunderte u. siegreicher Vorkämpfer apostol. Kircheneinigg. geg. d. beiden Extreme d. absolutistisch-röm. Infallibilismus u. d. theoretisch-prakt. Materialismus der Zeit. Ein neuer Janus od. Zeitspiegel d. wahren ökumen. u. falschen jesuit. Katholicismus. 2.—19. Lfg. 1.—3. Aufl. gr. 8. (S. 49—912.) Schöneberg. Gr. Lichterfelde 895—898. E. Runge. à n. — 60

Mücke, Anti-Janssen. I. Bd. 20.—22. Lfg. u. II. Bd. 1.—8. Lfg. gr. 8. Groß-Lichterfelde, E. Runge. à n. — 60
I. Vorhalle. Papst Leo XIII. u. Ignaz v. Döllinger, der größte kathol. Theologe aller Jahrhunderte u. siegreicher Vorkämpfer apostol. Kircheneinigg. gegen die beiden Extreme des absolutistisch-röm. Infallibilismus u. des theoretisch-prakt. Materialismus der Zeit. Ein neuer Janus od. Zeitspiegel des wahren öcum. u. falschen jesuit. Katholicismus. 20.—22. Lfg. 1.—3. Aufl. (S. 913—1079.) Berlin-Schöneberg 898.
II. Janus-Supplemente. Triumph des Evangeliums u. öcumen. Katholicismus unter dem deutschen Kaiser Wilhelm II. und dem russ. Kaiser Nikolaus II. üb. sein jesuitisch-röm. Widerspiel, den Vatican, die Päpste u. ihre aparte Civilisation. Widerlegung des einschläg., vom Cardinal Bourret eingeleiteten Prachtwerkes der Franzosen Goyau, Pératé, Fabre u. des Akademikers Vicomte de Vogué. 1.—8. Lfg. (S. 1—384.) 898—900.

Mücke, Anti-Janssen. II. Bd. 2. Hälfte u. III. Bd. gr. 8. Gr.-Lichterfelde—Berlin, E. Runge. 30. —
II, 2. Der Sturz des Jesuitenordens u. der ultramontanen Internationale durch die krit. Entlarvg. seines gemeinschädlichen Logencharakters nach seinen neuermittelten ursprüngl. Konstitutionen. (XL u. S. 385—1167.) 907. 10. — (II. Bd. kplt. 14. 50)
III. Quirinus. (XLII, 1091 S.) 908. 20. —

Papst Leo XIII. und Ignaz von Döllinger, der größte katholische Theologe aller Jahrhunderte u. siegreiche Vorkämpfer apostol. Kircheneinigung gegen d. röm. Infallibilismus u. d. theoret.-prakt. Materialismus d. Zeit. Ein Janus oder Zeitspiegel d. wahren u. falschen Katholicismus. Von Lic. [Aug.] **Mücke**. 2. Ausg. (In 22 Lfgen.) Berlin-Schöneberg: E. Runge 1894. (1072 S.) 8° [F.]
= **Mücke**: Anti-Janssen. Bd 1. [illegible]

Triumph des Evangeliums und öcumenischen Katholicismus unter dem deutschen Kaiser Wilhelm II. und dem russischen Kaiser Nikolaus II. über sein jesuitisch-römisches Widerspiel, den Vatican, die Päpste und ihre aparte Civilisation. Widerlegung d. einschläg., v. Cardinal Bourret eingeleit. Prachtwerkes der Franzosen Goyau, Perrate ... Von Lic. [Aug.] **Mücke**. Hälfte 1. (In 8 Lfgen.) [Mehr nicht erschienen.] (Gr. Lichterfelde-Berlin: E. Runge 1898–1900.) (384 S.) 8° [F.]
= **Mücke**: Anti-Janssen. Bd 2. 103. 14333

Mücke, die providentielle Weltmission der Hohenzollern u. der Romanow im 20. Jahrh. Mit 1 typ. Künstlerskizze des deutschen Kaisers Wilhelm II. I. Bd. u. II. Bd. 1. Hälfte. (IX, 548 u. XX, XII, 511 S.) gr. 8. Gr.-Lichterfelde-Berlin 903. 904. E. Runge. à n. 5. —

[Kantate.] Zum Stiftungsfeste des Goldnen Schiffs den 11. März 1848. [Unterz.:] J[ul.] Bartsch. B. Mücke. [Berlin 1848.] 2 Bl. 4°
Ohne Noten.

Muecke, Benj. Gttl., Historia tetani nuper observati, cum epicrisi caussarum hujus morbi. 21 pp. Jen. 4°. Weiz, Neueste Ausz. 12°. Lpz. 1774, VI, 125—9.

1770

Mücke, C., Valentin Dûval, oder: Die Kunst, durch eigne Kraft glücklich zu werden. 8. (159 S.) Berlin 847, Simion.
Aus: Nieritz, Jugend-Bibliothek rc., besonders abgedruckt.

Mücke, C., Valentin Dûval, od.: Die Kunst, durch eigne Kraft glücklich zu werden. Aus der Jugendbibliothek von Nieritz. 8. (159 S.) Berlin 847, Simion. 1/3 ℛ (siehe auch: Volksbibliothek.)

Mücke, C., Valentin Dûval. Oder: Die Kunst, durch eigne Kraft glücklich zu werden. Eine wahre Geschichte. 2. Aufl. 8. (129 S.) Leipzig 862. [Wesel, Bagel.]
Aus: Jugend-Bibliothek von Gust. Nieritz, besonders abgedruckt.

Mücke, C., Valentin Dûval oder die Kunst, durch eigene Kraft glücklich zu werden. Eine wahre Geschichte. 3. Aufl. gr. 16. (112 S.) Düsseldorf 879, Bagel's Verlag. cart.

Mucke, C., Valentin Duval od. „Der Sonne zu!" Aus dem Franz. übers. v. Clotilde Zeller. (96 S.) 8. Stuttgart 905. Buchh. der ev. Gesellschaft. n. — 60; geb. n. 1. —

—— le jeune Valentin Duval, s. Bibliothèque de la jeunesse.

—— Walentin Duwal, aneb: gak člowěk sám od sebe k sstěstj přigde. Z němčiny přeložil J. B. Malý. 8. (126 S.) Prag 847, Haase Söhne, Verlags-Expedition. *

— Erzählungen in der Wachtstube. Zur Kurzweil f. die Wachtmannschaften von der Bürgerwehr u. dem Militair. 2. Ausg. gr. 16. (172 S. m. 1 Stahlst.) Berlin 847, Ruppius. n. 1/3 ℛ (siehe auch: Soldaten-Bibliothek.)

—— Erzählungen in der Wachtstube. Zur Kurzweil für die Wachtmannschaften von der Bürgerwehr und dem Militair. 2. Ausg. gr. 16. (172 S. und 1 Stahlst.) Berlin 848, Ruppius. *

—— die Geschichte vom Hans Kohlhas, s. Volksbücher.

—— die Harzreise, s.a. Nieritz, Jugend-Bibliothek.

Mücke, C., die Harzreise, od.: Der Herr führt die Seinen wunderbar. 8. (8 1/2 B.) Berlin 846, Simion.
Aus: Nieritz Jugend-Bibliothek, besond. abgedruckt.

Mücke, C., die Harzreise, oder: Der Herr führt die Seinen wunderbar. 2. Aufl. Besonders abgedr. aus der Jugend-Bibliothek von Gust. Nieritz. Berlin (853.) Simion. (Leipzig, Voigt u. Günther.) 8. (134 S.) 10 ngr

—— die Harzreise oder der Herr führt die Seinen wunderbar. 3. Aufl. gr. 16. (112 S.) Ebendas. 879. cart.

— s. Kinderzeitung, Berliner illustrirte, — u. neue illustrirte.

—— Kterak malý Stěpán otce swého hledá, aneb: Podiwné gsau cesty Páně. Z němčiny přeložil J. B. Malý. 8. (120 S.) Prag 847, Haase Söhne, Verlags-Expedition. *

— Schuster Müller, s. Volksbücher, herausg. v. Verein rc.

– s. Nachlaß d. Frau Kinderzeitung.

— nur grade durch! s.a. Jugend-Bibliothek von Nieritz, 16 u. 17. Thl.

— nur grade durch! oder: Die Auswanderer nach Amerika. [Besonders abgedr. aus der Jugend-Bibliothek v. Gust. Nieritz.] 8. (155 S.) Berlin 849, Simion. 1/3 ℛ (siehe auch: Volksbibliothek.)

Nur gerade durch! Oder Die Auswanderer nach Amerika. Von C. Mücke. 3. Aufl. *Gütersloh: C. Bertelsmann [1899].* (111 S.) 8° [F.]
— Nieritz, Gustav: Jugendbibliothek. No 223. [illegible]

— des Schulzen Klemm u. seines Gevatters Reise in's Blaue, s.a. Volksbücher.

Muecke, C

Des Schulzen Klemm und seines Gevatters Reise in's Blaue. Merkwürdige Geschichte. Von C. Mücke.
Berlin: Norddt. Volksbuchhdlg (1848). 264 S. 8°

(Volksbücher. 6. Lfg.)

—— selten glückt's so, oder: Die Schule der Erfahrung. Eine Geschichte aus dem wirklichen Leben für das Volk erzählt. 8. (200 S.) Berlin 847, Weinholz.

Mücke, C., Voyage dans le Hartz, s. Bibliothèque de la jeunesse.

Mücke, C., Voyage dans le Hartz, s. Contes choisis.

Mücke, Ch., vom Euphrat zum Tiber. Untersuchungen zur alten Geschichte. (Die Legende v. den athen. Tyrannenstürzern. Die röm. Geschichtslegende. Die Überlieferg. üb. Alexander. Der Xerxes- u. der Keltenzug.) gr. 8. (110 S.) Leipzig 899. E. Pfeiffer. n. 3. —

Mücke, C. A., und C. W. Hillig, erste Leseübungen, s. Hillig, C. W.

Mücke, Eduard — Der Heimgang des Christen. Sammlung der vorzüglichsten alten und neuen Lieder über die letzten Dinge. Zum Trost und zur Erbauung fur Alle, die geliebte Heimgegangene beweinen und selber das Unvergängliche suchen. Zusammengetragen von — —. 2. Auflage. Villach, 1856. Druck und Verlag von F. F. Hoffmann. (160 S. 8.)

Mücke, E., der Heimgang d. Christen. Sammlung der vorzüglichsten alten u. neuen Lieder üb. die letzten Dinge. Zum Trost u. zur Erbauung f. Alle, die geliebte Heimgegangene beweinen u. selbst das Unvergängliche suchen. 3. Aufl. 8. (163 S.) Schladming 888. (Klagenfurt, Heyn.) geb. n. 1. 60

Mücke, Eduard, der Heimgang des Christen. Sammlung d. vorzüglichsten alten u. neuen Lieder üb. die letzten Dinge. Zum Trost u. zur Erbauug. f. alle, die geliebte Heimgegangene beweinen u. selber das Unvergängliche suchen. 4. Aufl. (170 S.) 8. Schladming 909. (Klagenfurt, J. Heyn.) Geb. 1.40; in Leinw. m. Goldschn. 2. —

Mücke, Ed., Pilgerfahrt u. Heimgang. 50 Betrachtgn. zu Trost u. Kraft der Christenherzen. gr. 8. (VI, 286 S.) Bremen 876. Müller's Verl. n. 3. —; geb. m. Goldschn. n.n. 4. 50

Mücke, Else, Gedichte in Vers u. Prosa. (179 S.) kl. 8. Leipzig 908. Verlag f. Literatur, Kunst u. Musik. 3.—; geb. n 4. —

— Heulsuse, s.: Jugend- u. Volksbühne.

— Randbemerkungen zu Gabriele Reuters „Problem der Ehe". (26 S.) kl. 8. Leipzig 908. Verlag f. Literatur, Kunst u. Musik. — 40

Mücke Emil: De fide et auctoritate codicis Sallustiani, quem vocant Nazarianum.
H. 1906 PN 2083 Diss. Wien, Univ. 1606

Mücke, Friedrich

Mücke, Fritz, 1866. 1870/71. Erinnerungen e. alten Gardejägers. gr. 8. (82 S.) Neudamm 899. J. Neumann. n. 1. 50

Mücke, F., das Feld- u. Forstpolizeigesetz, s. Stahl, R.

Mücke, Frdr., der preußische Forst- u. Jagdschutzbeamte in seiner Eigenschaft als Hilfsbeamter der Staats-Anwaltschaft. Das Gesetz üb. den Waffengebrauch der Forst- u. Jagd-Beamten vom 31. März 1837. Die gesetzl. Bestimmgn. üb. die Bestrafg. der Jagdvergehen u. üb. die Widersetzlichkeit bei Forst- u. Jagdvergehen. Mit Erläutergn. 8. (72 S.) Neudamm 884. Neumann. — 50

Mücke, Frdr., der preußische Forst- u. Jagdschutzbeamte. Die Bestellg. der Forstschutzbeamten zu Hilfsbeamten der Staatsanwaltschaft. Das Gesetz üb. den Waffengebrauch der Forst- u. Jagdbeamten vom 31. März 1837. Die gesetzl. Bestimmgn. üb. die Bestrafg. der Jagdvergehen u. üb. die Widersetzlichkeit bei Forst- u. Jagdvergehen. Mit Erläutergn. 3., verm. u. verb. Aufl. 12. (174 u. VI S.) Neudamm 894. J. Neumann. Kart. n. 1. 75

MÜCKE, Friedrich: Der preußische Forst- und Jagdschutzbeamte in seiner Eigenschaft als Hilfsbeamter der Staatsanwaltschaft. Das Gesetz über den Waffengebrauch der Forst- und Jagd-Beamten vom 31. März 1837. Die gesetzlichen Bestimmungen über die Bestrafung der Jagdvergehen und über die Widersetzlichkeit bei Forst- und Jagdvergehen. Mit Erläuterungen. - Neudamm 1884. 72 S. - 3. verm. u. verb. Aufl. u. d. T.: Der preußische Forst- und Jagdschutzbeamte. Die Bestellung der Forstschutzbeamten zu Hilfsbeamten der Staatsanwaltschaft. Das Gesetz ... (s. 1. Aufl.). ebd. 1894. 174, VI S. - 4. Aufl. u. d. T.: Der preußische Forst- und Jagdschutzbeamte. Der Forst- und Jagdschutzbeamte als Forst- und Jagdpolizeibeamter und als Hilfsbeamter der Staatsanwaltschaft. Das Gesetz ... (s. oben). ebd. 1902. VIII, 143 S.

MÜCKE, Friedrich: Gesetz betreffend den Forstdiebstahl vom 15. 4. 1878 mit Erläuterungen. - Neudamm 1902. VI, 87 S. 2. Aufl.

Mücke, Fritz, d. Jagdberechtigte, d. Jagdgast u. der Jagdhüter in ihrer rechtl. Stellg. nach d. preuß. Jagdgesetzen, d. Strafgesetze u. d. Strafprozeßordng. gr. 8. (69 S.) Neudamm 898. J. Neumann. n. 1. —

Das Recht der Privatbeamten in land- und forstwirtschaftlichen Betrieben nach dem Bürgerlichen Gesetzbuche mit bes. Berücks. d. Arbeiterschutzgesetze u. d. Gesindeordnungen. Bearb. von Fritz **Mücke**. *Neudamm: J. Neumann 1900.* (64 S.) 8° [F.]
(J. Neumanns Landwirtschaftl. Büchersammlung.) [ot. 9904

MÜCKE, Friedrich: Die rechtliche Stellung der Privatforstbeamten in ihrem Verhältnis zur Dienstherrschaft. Unter Berücksichtigung der Verhältnisse der in landwirtschaftlichen Betrieben beschäftigten Privatbeamten bearbeitet. - Neudamm 1888. 41 S. - Neue Aufl. u. d. T.: Das Recht der Privatbeamten in land- und forstwirtschaftlichen Betrieben nach dem Bürgerlichen Gesetzbuch und besonderer Berücksichtigung der Arbeitsschutzgesetze und der Gesindeordnungen. ebd. 1900. 64 S.

Mücke, Friedr. Die rechtliche Stellung der Privatforstbeamten in ihrem Verhältnis zur Dienstherrschaft. Unter Berücksicht. der Verhältnisse der in landwirtschaftl. Betrieben beschäft. Privatbeamten bearb. 16. (41 S.) Neudamm 888, Neumann. * — 50

Wald und Wild in der Bibel. Von Fritz **Mücke**. *Neudamm: J. Neumann 1896.* (4 Bl., 127 S.) 1 Bd 8. [ot. 4475

—— Wald-Hege- und -Pflege, s.a. Taschenbibliothek, deutsche forstwirtschaftliche.

MÜCKE, Friedrich: Wald-Hege und -Pflege. Ein Repetitorium für das Jäger- und Försterexamen. Ein Hilfsbuch für Privatwald-Besitzer, Gutsverwalter, Gemeindebeamte ... Leipzig 1885. VIII, 251 S. - 2. Ausg. Neudamm 1899. VIII, 251 S. - (Dtsch. forstwirtsch. Taschenbibliothek Bd. 1)

Waldhege und Waldpflege. Repetitorium f. d. Jäger- u. Försterexamen u. Hilfsbuch f. Privatwald-Besitzer ... Von Fritz **Mücke**, Kgl. Förster a. D. 2. Ausg. *Neudamm: J. Neumann [1899].* (VIII, 251 S.) 8° [F.] [ot. 9775

Mücke, G. T., de Juliano imp. scholis Christianorum infesto. Schleusing. 1811. 4.

Mücke, Geo., Heinrich Heines Beziehungen zum deutschen Mittelalter, s.a. Forschungen zur neueren Literaturgeschichte. XXXIV.

Mücke, Georg: Heinrich Heines Beziehungen zum deutschen Mittelalter. Berlin: A. Duncker 1908. (48 S.) 8° ¶ (Nur Kap. 1 u. 2 d. Arbeit. — Erschien vollst. als: Forschungen z. neueren Literaturgesch. Bd 34.)
München, Phil. Fak., Ref. Muncker, Diss. v. 20. Dez. 1907
[Geb. 21. Juni 81 Bernstadt i. Schl.; Wohnort: Bernstadt; Staatsangeh.: Preußen; Vorbildung: Gymn. Ohlau Reife O. 03; Studium: Heidelberg 1, Berlin 3, München 5 S.; Rig. 20. Dez. 07.]

Muecke, G(eorgius) A. *(geb. Trebnitz in Schles. 25. 6. 1823)*: Analecta ad medicinam scholae methodicae. Vratislaviae (1847). (26 S.) 8°
Breslau, Med. Diss. v. 13. Sept. 1847

Mücke, H., Anleit. z. Thierzeichnen. Mit ill. Kpf. 8. Leipz., Mag. f. Indust. 20 gl

— der Blumenstrauß. In 9 Gebinden. Uebungsblätter f. vorgerücktere Blumenzeichner, in Crayon-Manier auf Stein gezeichnet. 4. Bresl. 820. Schöne. 18 gl

— das kl. Blumenzeichenbuch z. Weihnachtsgeschenk; 30 Steindr.-Blätter in Kreidemanier; f. d. Jugend. 8. Bresl. 818. Max u. C. 1 ß

— das Genus d. latein. Substantiven in tabellar. Uebersicht nach d. Ausgange der Declinationen geordnet, mit Weglassung d. natürl. Geschlechts. Fol. Bresl. 818. Holäufer. 2 gl

— die vaterländ. Giftpflanzen u. Giftschwämme in naturgetreuen u. ill. Abbildd. zur Schul- u. Selbstbelehrung. Nebst erklär. Text. Bresl., Schöne. In Futteral. 12 gl

Mücke, H., S. Meinrad, eine Legende in Bildern. Nach den Orig.-Gemälden lith. von J. L. Sonderland. Mit erklärendem Text von Rud. Stillfried Grafen Alcantara. Düsseldorf 861. Ellan, Bäumer & Co. (Breidenbach & Co.) gr. Fol. (10 lith. Bl. in Farbendr.) n. 12 ß; Pracht-Ausg. n. 16 ß

Mücke, (H.,) Predigten auf d. Feste des kathol. Kirchenjahres, nebst einigen Gelegenheitspredigten. 16 Bdchen. gr. 8. Breslau 824, J. Fr. Korn.

Mücke, H., d. Rotouche photograph. Negative u. Abdrücke. M. anatom. Zeichngn. 3., verm. Aufl. gr. 8. (IV, 201 S. m. 4 Taf.) Düsseldorf 896. E. Liesegang. n. 4. —

— Samml. v. Vorlegeblättern, enthalt. Abbildd. v. Geräthschaften u. dergl. zu Uebungen im freien Handzeichnen f. Schule u. Haus. 1s Hft. 4e verm. Aufl. in 81 Abbildd. 8. Bresl. 828. Hentze. 12 gl 1e Fortsetz. 3e A. in 70 Abbildd. Ebd. 12 gl 2e Fortsetz. in 47 Abbildd. Ebd. 12 gl

Mücke, H., 122 Tafeln mit 1025 zweckmäß. Aufgaben u. deren Auflösungen zu Uebungen im schriftl. Rechnen. Zugleich als Anh. zu d. Anweis. zum Rechnen von W. Harnisch u. H. Mücke. gr. 8. Bresl. 817. Max u. C. 8 gl

Mücke, H. Ueber d. Unterricht in d. untersten Klasse eines Gymn. 12 S. Progr. Breslau F. 1827

— 30 Vorlegeblätter zum Unterr. im Blumenzeichnen, f. d. ersten Uebungen im Schattiren. In Kreidemanier. Als Fortsetz. von dessen Studien f. Blumenzeichner. 8. Bresl. 819. Max u. C. 12 Gr.

— 36 Vorlegeblätter, enth.: Geräthschaften ꝛc., zu Uebungen im freien Handzeichnen. 2e Aufl. u. 1e Forts., herausgeg. v. J. D. Grüson, Breslau 825—26, Grüson u. C.

Mücke, Hnr. M., Festpredigten. gr. 8. Bresl. 798. J. F. Korn. 1 Thlr.

— der Kreuzweg. Ein Andachtsbuch z. Gebr. bei dem sonntägl. Nachmittags-Gottesdienst ꝛc. 8. Bresl. 818. J. F. Korn. 4 Gr.

— Predigt am Priesterjubiläum des Hochwürd. Hrn J. B. Volkmer. 8. Bresl. 822. J. F. Korn. 4 Gr.

— Predigten auf d. Feste des kathol. Kirchenjahres, nebst einigen Gelegenheitspredigten. 1s Bdchen. gr. 8. Bresl. 824. J. F. Korn. 1 Thlr. 4 Gr.

— Predigten über die Leidensgeschichte Jesu. 2 Jahrgg. gr. 8. Bresl. 808. J. F. Korn. 1 Thlr. 8 Gr.

— neue Samml. v. Gelegenheitspredigten. 8. Bresl. 814. Max u. C. 1 Thlr. 6 Gr.

— Samml. einiger Schul- u. Gelegenheitspredigten. gr. 8. Bresl. 807. J. F. Korn. 1 Thlr. 4 Gr.

Mücke, J. T. A., s. Mücke, Julius Ferdinand Alphons

Mücke, Joh., Anleitung zum Unterr. d. Taubstummen in d. Lautsprache, nebst einigen Bemerkn. üb. d. Geberdenzeichen d. Taubstummen. Lex.-8. (7½ B. u. ¼ lith. B. mit Schreibschrift.) Prag 834, Haase Söhne.

Mücke, Johann Heinrich, *ΑΠΟΛΛΩΝ ΕΠΙΔΗΜΙΟΣ* Diss. acad. Präs. Heinrich August Zeibich. Wittenberg (Gerdes) 14. X. 1755. 48 S. (5.50) 23782

— — u. **Gottfried Ludwig Pflaum** (Ansbach), De tribus capitulis concilii calchedonensis. Diss. histor. Leipzig (Langenheim) 16. IV. 1766. 38 S. (5.50) 23804
Gew.: Jo. August Ernesti.

— — Memoriam anniversariam dedicatae ante hos 233. annos Scholae electoralis apud Grimam . . . indicit atque ad audiendas quinque oratiunculas alumnorum electoralium invitat. — Confutatur criminatio Erasmi: ubicunque regna Lutheranismus, ibi litterarum est interitus; ac comparando ostenditur, non minore, quam Erasmum jure, inter restitutores litterarum primo loco censendum esse Lutherum. Leipzig (Jacobaeer) 18. X. 1783. 24 S. mit Namen. (4.50) 23787

— — Memoriam anniversariam dedicatae ante hos 235 annos Scholae electoralis apud Grimam . . . indicit atque ad audiendas quinque orationes alumnorum electoralium invitat. — Dialectici ac rhetorici artificii in scriptis veterum notandi diligentia commendatur. Leipzig (Jacobaeer) 18. X. (1785). 16 S. mit Namen. (3.50) 23789

— — Memoriam anniversariam dedicatae ante hos 236 annos Scholae electoralis apud Grimam . . . indicit atque ad audiendas quinque orationes alumnorum electoralium invitat. — Elogium Jo. Tobias Krebs. Leipzig (Jacobaeer) 18. X. (1786). Mit Namen. (3.50) 23790

— — Memoriam anniversariam dedicatae ante hos 246. annos Scholae electoralis apud Grimam . . . indicit atque ad audiendas quinque orationes alumnorum electoralium invitat. — Elogium Gottlob Heinrich Richter, Scholae Grimanae Mathematici. Leipzig (Solbrig) 18. X. (1796). 18 S. mit Namen. (3.50) 23800

— — Memoriam anniversariom dedicatae ante 232. annos Scholae electoralis apud Grimam . . . indicit atque ad audiendas quinque orationes alumnorum electoralium invitat. — Historia philosophiae metropolis commendatur, ad justos institutioni scholasticae limites constituendos. Leipzig (Jacobaeer) 18. X. (1782). 24 S. mit Namen. (3.50) 23786

— — Memoriam anniversariam dedicatae ante hos 248 annos Scholae electoralis apud Grimam . . . indicit atque ad audiendas quinque orationes alumnorum electoralium invitat. — In aestimandis vitae humanae miseriis atque aerumnis, quid referat cavere, ne in alterutram partem modum excedas. Leipzig (Jacobaeer) 18. X. (1798). 12 S. mit Namen. (3.50) 23802

— — Memoriam anniversariam dedicatae ante hos 223. annos Scholae electoralis apud Grimam . . . . indicit atque ad audiendas quinque orationes alumnorum electoralium invitat. — Lex Principis annalis, in Constitutione Scholastica, Electoralibus scholis nuper renovata, tanquam publice privatimque utilissima commendatur. Leipzig (Langenheim) 14. IX. (1773). 18 S. mit Namen. (3.50) 23785

— — Memoriam anniversariam dedicatae ante hos 243 annos Scholae electoralis apud Grimam . . . indicit atque ad audiendas quinque orationes alumnorum electoralium invitat. — De meditatione mortis Platonica. Leipzig (Jacobaeer) 18. X. (1793). 16 S. mit Namen. (3.50) 23797

— — Memoriam anniversariam dedicatae ante hos 240 annos Scholae electoralis apud Grimam . . . indicit atque ad audiendas quinque orationes alumnorum electoralium invitat. — De doctrinae, quem veteres, nominatim Quinctilianus, commendant, orbe nonnulla disputantur. Leipzig (Jacobaeer) 18. X. (1790). 20 S. mit Namen. (3.50) 23794

— — (Wittenberg/Sachsen), De nomophylacibus apud Athenienses pauca praefatus permutatos fasces consulares consulibus ceterisque senatoribus civitatis Wittenbergensis ea qua decet observantia gratulatur. Wittenberg (Scheffler) o. J. (5.—) 23803

— — Memoriam anniversariam dedicatae ante hos 241 annos Scholae electoralis apud Grimam .... indicit atque ad audiendas sex orationes alumnorum electoralium invitat. — Plutarcho duce, quomodo suos quisque in virtute profectus possit animadvertere, disputatur. Leipzig (Jacobaeer) 18. X. (1791). 18 S. mit Namen. (3.50) 23795

— — Memoriam anniversariam dedicatae ante hos 237 annos Scholae electoralis apud Grimam ... indicit atque ad audiendas quinque oratiunculas alumnorum electoralium. — De prudentia, primis naturae, in formanda adolescentia, recte utendi. Leipzig (Jacobaeer) 18. X. (1787). 23 S. mit Namen. (3.50) 23791

— — Memoriam anniversariam dedicatae ante hos 239 annos Scholae electoralis apud Grimam ... indicit atque ad audiendas quinque oratiunculas alumnorum electoralium invitat. — Quid adiumenti sacrarum literarum interpreti praestet Homeri cum sacris scriptoribus comparatio. Leipzig (Jacobaeer) 18. X. (1789). 24 S. mit Namen. (3.50) 23793

— — Memoriam anniversariam dedicatae ante hos 245 annos Scholae electoralis apud Grimam ... indicit atque ad audiendas quinque orationes alumnorum electoralium invitat. — Quid referat, severis proficiendi legibus, juventutem in Scholas adsuefacere. Leipzig (Jacobaeer) 18. X. (1795). 18 S. mit Namen. (3.50) 23799

— — Memoriam anniversariam dedicatae ante hos 242 annos Scholae electoralis apud Grimam ... indicit atque ad audiendas quinque orationes alumnorum electoralium invitat. — Quomodo instituendi sint in schola adolescentes, ut gaudere discant. Leipzig (Jacobaeer) 18. X. (1792). 15 S. mit Namen. (3.50) 23796

— — Memoriam anniversariam dedicatae ante hos 234. annos Scholae electoralis apud Grimam .... indicit atque ad audiendas sex oratiunculas alumnorum electoralium invitat. — Quomodo veterum auctorum lectio ad disciplinam virtutis profit, disputatur. Leipzig (Jacobaeer) 18. X. (1784). 18 S. mit Namen. (3.50) 23788

— — Memoriam anniversariam dedicatae ante hos 238 annos Scholae electoralis apud Grimam ... indicit atque ad audiendas quinque oratiunculas alumnorum electoralium invitat. — De rebus Christianorum testimonia ex Luciano. Leipzig (Jacobaeer) 18. X. (1788). 18 S. mit Namen. (3.50) 23792

— — Memoriam anniversariam dedicatae ante hos 247 annos Scholae electoralis apud Grimam ... indicit atque ad audiendas quinque orationes alumnorum electoralium invitat. — De maxima, quae adolescentibus in schola debetur, reverentia. Leipzig (Klaubarth) 18. X. (1797). 16 S. mit Namen. (3.50) 23801

— — Memoriam anniversariam dedicatae ante hos 244 annos Scholae electoralis apud Grimam ... indicit atque ad audiendas quinque orationes alumnorum electoralium invitat. — Vindictae divinae testem Historiam, et reverentiae Numinis supremi magistram esse, demonstratur. Leipzig (Jacobaeer) 18. X. [1795]. 18 S. mit Namen. (3.50) 23798

Mucke, Johann Heinrich (Grimma), Viro clarissimo ac doctissimo Heinr. Gotthelf Noachus Hofmann A. M. et Scholae provincialis Grimensis collegae tertio amico integerrimo nuptias Großenhain feliciter celebratas gratulatur. Leipzig (Langenheim) 5. XII. 1770. 16 S. (4.75) 23783

Mücke, Jo. Heinrich (Grimma), Viro illustri ac consultissimo Christian Schmidel Serenissimi principis et electoris Sax. a consiliis aulicis nuptias Dresden feliciter celebratas gratulatur. Leipzig (Langenheim) 11. XI. 1772. 18 Seiten. (4.75) 23784

Mücke, Julius

Mücke, J., Führer durch Neisse und Umgebung. 12. (42 S. mit 1 Plane der Stadt.) Freiwaldau 887, Blažek. *

Mücke, Jul., Führer durch d. mähr.-schles. Sudetengebirge. 12. (XIII, 206 S.) Freiwaldau 897. B. Titze. n. 2. —; m. Wegekarte n. 2. 50

Mücke, J., die Gesetze, betr. das preußische Staatsschuldbuch u. das Reichsschuldbuch, s.a. **Guttentag's Sammlung preuß. Gesetze.**

Die Gesetze, betreffend das Preussische Staatsschuldbuch und das Reichsschuldbuch nebst den dazu gehörigen Ausführungsbestimmungen erl. von J[ulius] **Mücke**, Wirkl. Geh. Ober-Finanzrath. *Berlin: J. Guttentag 1902.* (206 S.) 8° [J.]
= Sammlung, Guttentag'sche, Preussischer Gesetze. No 30.

— Wegmarkierungen. (Umschlag: Wegweiser) f. das mährisch-schlesische Sudeten-Gebirge. 12. (11 farb. S.) Ebd. 897. n. — 50

Mücke, Julius Ferdinand Alphons

Mücke, J. F. Alphs., Albrecht I. Herzog von Oesterreich und römischer König. Ein Beitrag zur deutschen Staaten- und Reichsgeschichte im 13. und 14. Jahrh. Nach den Quellen. gr. 8. (XIV und 192 S.) Gotha 866, F. A. Perthes. *

— die Dogmatik des 19. Jahrhunderts in ihrem inneren Flusse und im Zusammenhang mit der allgemeinen theolog., philosoph. und literar. Entwickelung desselben. gr. 8. (XVI und 479 S.) Gotha 867, F. A. Perthes. *

— Flavius Claudius Julianus. Nach den Quellen. 1. Abthl.: Julian's Kriegsthaten. gr. 8. (XII und 99 S.) Gotha 867, F. A. Perthes. *

Mücke, J. F. A., Flavius Claudius Julianus. Nach den Quellen. 2. Abthl.: Julian's Leben und Schriften. gr. 8. (XVI, 358 S.) Gotha 869, F. A. Perthes. *
1. Abthl. Ebendas. 1867. • ℳ 1,60.

Muecke, I(ulius) F(erdinandus) Alphonsus: De Xanthippo Lacedaemonio Carthaginiensium duce. Halae 1866: (Perthes in Gotha). 28 S. 8°
Halle-Wittenberg, Phil. Diss. v. 27. Dez. 1866
Geb. Schleusingen 10. 10. 1841. V.
Im Buchhandel Halae (Berlin: Calvary) 1866. 30 S. 8°

Mücke, K. H., der Kreuzweg. Ein Andachtsbuch zum Gebrauch bey dem sonnt. Nachmittagsgottesdienst. 8. Breslau, J. F. Korn. 818.

Mücke, Karl

Mücke, Carl (geb. Strehlitz in Schles. 16. 10. 1845): Ueber Vaccination und Revaccination. Berlin (1872). (32 S.) 8°
Berlin, Med. Diss. v. 17. Jan. 1872

Mücke, Karl, alphabet. Verzeichniß der nach den Tarifen vom 26. Mai 1818 besteuert. Gegenstände u. der davon in d. Provinzen ost- u. westwärts d. Weser zu entrichtend. Abgaben am Ein- u. Ausfuhrzoll u. an Verbrauchsteuer. gr. Fol. Berl. 819. Decker. 12 ℛ.

Mücke, M. E. De commendando studio linguae Francogallicae. 20 S.
Progr. Schleusingen 1834

Mücke, M. E. De Alberti Georgii Walchii vita. 18 S.
Schleusingen, Progr. 1843

Mücke, Manfred, a. Erfurt: Über den Bau und die Entwicklung der Früchte und über die Herkunft von Acorus calamus L. Leipzig 1908 [A. Felix]. (24 S., 1 Taf.) 4° ¶ (Aus: Botanische Zeitung Jahrg. 66.)
Straßburg, Math.-naturwiss. Fak., Ref. Graf zu Solms-Laubach, Diss. v. 11. Jan. 1907
[Geb. 23. Jan. 82 Erfurt; Wohnort: Erfurt; Staatsangeh.: Preußen; Vorbildung: Gymn. Erfurt Reife M. 01; Studium: Straßburg 7 S.]

Mücke, R. Die tödlichen Verunglückungen im Königreich Preußen seit Einführung der Unfallstatistik. Berlin 1881.

Mücke, Rudolf, Prof. Dr., Dir.: [**Ansprache** bei der Zusammenkunft alter Ilfelder am 28. Juni 1901.] *Göttingen 1902: L. Hofer.* (S. 39—41.) 4°
Ilfeld, k. Kloster-S, OP 1902 (343)

Mücke, Rudolf, Prof. Dr., Dir.: **Beiträge** zur Geschichte der höheren Schulen im 18. Jahrhundert. *Göttingen 1901: L. Hofer.* (S. 3—30.) 4°
Ilfeld, k. Kloster-S, OP 1901 (330)

Mücke, Rudolf: Beiträge zur Geschichte der höheren Schulen im XVIII. Jahrhundert. S. 3—30. 4.
Progr. Kgl. Klosterschule *Ilfeld* 1901 (336).
1. Die Auricher Schulordnung von 1721. 2. Entwurf für die Gründung einer Akademie für Ostfriesland (1733). 3. Die Abiturientenprüfungen in Ostfriesland von 1789—1806.

Mücke, Rudolf: [Bericht über die Feier des 25 jährigen Dienstjubiläums des Prof. Dr. Georg Meyer.] S. 37—38. 4.
Progr. Kgl. Klosterschule *Ilfeld* 1905 (364).

Mücke, *Rudolf: Die Feier der Erinnerung an jüngst verstorbene Angehörige der Klosterschule am 19. Nov. 1898, am 25. Nov. 1899.* 4 (S. 22, S. 36).
Progr. Kgl. Klostersch. *Ilfeld* 1899 (328). 1900

Mücke, R(udolf): [Professor Dr. Franz Fügner † 4. Januar 1908.] S. 21—22. 4. Progr. Kgl. Kaiser-Wilhelms-Gymn. *Hannover* 1909 (410).

Mücke, Rudolf [Prof. Dr.]: Die Ölzener Handschrift zu Senecas Briefen. ([Umschlagt.:] Eine unbeachtet gebliebene Handschrift zu Senekas Briefen.) Nordhausen, Druck v. C. Kirchner's Buchdr., 1895; 1—43 S. 4.
Ilfeld, k. Kloster-S, OP 1895 (314)

Mücke, Rud. De locis aliquot graecis, qui insunt in Ciceronis ad Atticum epistolis. 14 S. Progr. *Ilfeld* 1878.

Mücke, Rudolf: De præstantia codicis Uelcensis in priore parte epistularum Senecæ philosophi recensenda. (Vgl. P.-Beil. 1895.) *Nordhausen, C. Kirchners Buchdr., 1896;* 1—16 S. 8.
Ilfeld, k. Kloster-S, Festschr. 1896

Mücke, (Rudolf), Dir. Dr.: Die bei seiner Einführung als Direktor am 14. November 1898 gehaltenen **Reden.** ([Umschlagt.:] Ansprachen, am 14. Nov. geh.) *Nordhausen 1899: C. Kirchner.* (S. 1—8.) 4°
Ilfeld, k. Kloster-S, OP 1899 (328)

Mücke, Rudolf, Prof. Dr., Dir.: Geh. Regierungsrat Dr. Gustav **Schimmelpfeng,** Direktor der Kgl. Klosterschule von 1870—1898, (gest. in d. Nacht vom 6. auf d. 7. Dez. 1900). *Göttingen 1901: L. Hofer.* (S. 50—51.) 4°
Ilfeld, k. Kloster-S, OP 1901 (330)

Mücke, Rudolf, Dir. Dr.: **Aus der älteren Schulgeschichte** Ilfelds. [T. 1.] *Göttingen 1902: L. Hofer.* (S. 3—26.) 4°
Ilfeld, k. Kloster-S, OP 1902 (343)

Mücke, Rudolf, Direktor Dr.: Aus der älteren Schulgeschichte Ilfelds. (Fortsetzung). Göttingen 1905: L. Hofer. (S. 3—30.) 4° ¶ [Forts. d. P-Beil. 1902.]
Ilfeld, k. KlosterS OP 1905 (364)

Mücke, Rudolf Zu Arrians und Epiktets Sprachgebrauch. 4 (35 S.). Progr. Klostersch. *Ilfeld* 1887 (293).

Mücke, Rud., zu Arrians und Epiktets Sprachgebrauch. 4. (35 S.) Leipzig 887, Fock. *

Mücke, Samuel Traugott

— — De bonis Gymnasii Hennebergici. Ad audiendas orationes in solemnibus semisaecularibus viro Alb. Geo. Walch. Schleusingen (J. Fr. Chr. Haussen) 23. X. 1811. 26 S. mit Namen. (4.—) 23808

Mücke, S. Tr., Progr. de Juliano imperatore scholis Christianorum infesto. Schleusing. 811. 4. (16 S.)

— de origine versionis septuaginta interpret. exercit. hist. 8. Züllich. 787. (Frommann in Jena). 6 ℛ.

— de origine versionis septuaginta interpret. exercit. hist. 8. Züllich. (Frommann, Jena.) 789.

(—). — **Viro praenobilissimo amplissimo atque doctissimo Samuel Traugott Muecke** liberalium artium magistro dignissimo et adhuc Guben Lycei Rectori meritissimo cum illustris Afranei collega tertius in acroaterium maius solenni more introduceretur suscepti muneris amplitudinem gratulatur Afra. — Disseruntur quaedam de cavenda studiorum praecipitatione. Dresden (Harpeter) 9. VIII. 1793. 12 S. (4.50) 23807

— **Samuel Traugott,** De antiquissima Romanorum religione. Prolusio prima qua ad panegyrin Scholasticam. Guben (Winkler) 14. IV. 1791. 20 S. mit Namen. (4.75) 23805

— — De antiquissima Romanorum religione. Prolusio altera, qua ad panegyrin Scholasticam. Guben (Winkler) 12. IV. 1792. 21 S. mit Namen. (4.75) 23806

Mücke, S. T., vom Ursprunge des Gregoriusfestes. Guben 1793. 4.

Mücke, Sam. Trg., († d. 14. Oct. 1816.) vom Ursprunge des Gregoriusfestes. N. A. 8. Leipz. 797. Hinrichs. 3 gl

— Versuch e. Lehrbuchs d. Katechetik. 8. Bresl. 802. Barth. (Holäufer). 1 ß

Muckel: Kurze Notizen über den Hopfenbau in der Stadt Neustadt a. Aisch und im mittleren Aischgrund. Neustadt a. A. 1888.

Mückeley, O., die Masuren im rhein.-westfäl. Industriebezirk im Hinblick auf die ihnen gegenwärtig drohenden Gefahren u. die Bekämpfung derselben. 2. Aufl. (31 S.) 8. Gelsenkirchen 910. Stück & Lohde. — 30

Muckelmeister. Der M' von Sehralt, oder Das Beste: Ihr bekehret Euch. ⟨In vier Acten.⟩ 8. *o. O.* 1831.
Mutmasslicher Verfasser: Franz Daniel Züricher.

Mücken u. Schmetterlinge, s.a. Tzschirner, A.

MÜCKEN und Schmetterlinge. Hrsg. von August Tzschirner und dem Verfasser der Zauberlaterne. Erstes (einz.) Bdchn. 1/3 Thaler. Bunzlau, 1830. Appun's Buchhandlung. (Titel-Rücks.:) Gedruckt bei G. Heinze und Komp. in Görlitz. 8⁰. (In Breslau, Stadtbibl.)
Zahm. — Gestoch. Tit., 132 S. (incl. „Literar. Beilage", 5 humorist. fingirte Titel enthaltend).

MÜCKENALMANACH für das Jahr 1797. Motto aus Martial.) Pest (Neustrelitz). (Zweiter Titel:) Leben, Thaten, Meinungen und letztes Ende der Xenien im Jahre 1797. Arma virumque cano! Pest.) 3 Bl., 163 SS. u. 1 S. Verlagsanzeigen. 8⁰. (48 Mk. Emil Hirsch, München, 1909; 31 Mk. Max Perl's Berliner Octob.-Auction 1907, no. 784:)
„Goedeke V, 203, X. Boas Bd. II S. 180—193.

Muecken-Almanach für das Jahr 1797. Irasci nostro non debes cerdo libello! Ars tua, non vita est carmine laesa meo. Innocuos permitte sales, cur ludere nobis Non liceat, licuit si jugulare tibi?
Pest [vielm. Neustrelitz: Albanus 1797]. 163 S. 8°
[Nebent.:] Leben, Thaten, Meinungen, Schicksale und letztes Ende der Xenien im Jahre 1797. Arma virumque cano!

Mückenberger, Paul, die Praxis des heimatkundlichen Unterrichts, s.: Hänsch, Rud.

Mückenberger, Rud., Handbuch der chemischen Industrie der ausserdeutschen Länder. III. Ausg. 1905. (X, 439, 223, 106 u. 88 S.) Lex.-8. Berlin 905. R. Mückenberger. Geb. in Leinw. n. 30. —

Rudolf **Mückenberger**. Handbuch der chemischen Industrie der ausserdeutschen Länder. 4. Ausg. 1909. Berlin: R. Mückenberger (1909). Getr. Pag. 8°
[Nebent.:] Directory of the chemical industries of the world, Germany excepted. Almanach de l'industrie chimique du monde entier à l'exception de l'Allemagne. [10. 15050

Muckenfänger, Carnevalsblättchen. Nr. 1 bis 2. Pforzheim 1861. (In Carlsruhe: N 141.)
Fehlt in Weller's Lex. Ps.

* **MUCKENFEIND**, H., Ein vortrefflicher bewährter Fliegenwadel, Die Mucken der .... Melancholey zu vertreiben. Oder ein kurtzweiliger meistens in curiosen kleinen Historien .... bestehender, von drey Tobacks-Brüdern gehaltener .... Discurs. Gedruckt in Lachland von Seb. Grillen-Jäger. 1707. 12⁰.

Muckenheim, Rob., der Strophenbau bei Annette v. Droste-Hülshoff, s.a. Forschungen u. Funde. I, 5.

Muckenheim, Robert: Der Strophenbau bei Annette von Droste-Hülshoff. Münster i. W. 1910: Aschendorff. 71 S. 8°
Münster, Phil. Diss. v. 5. Febr. 1910, Ref. Jostes
[Geb. 31. Jan. 83 Bochum; Wohnort: Münster i. W.; Staatsangeh.: Preußen; Vorbildung: Gymn. Bochum Reife O. 03; Studium: Jura Freiburg i. B. 1, München 1, Phil. Kiel 1, München 1, Greifswald 1, Marburg 3, Münster 3 S.; Rig. 24. Juli 09.] [U 10. 3789

Muckenhirn, Alexander, Ingenieur a. Ettlingen ⟨Baden⟩: Kulturtechnische Untersuchungen über die Erfolge einer Förderung der Wasserwirtschaft und Bodenkultur im Kreise Büdingen. Ettlingen 1906: R. Barth. (99 S.) 8°
Gießen, Phil. Fak., Ref. Gisevius, Diss. v. 9. Juli 1906
[Geb. 25. April 79 Ettlingen; Wohnort: Ettlingen; Staatsangeh.: Baden; Vorbildung: Realgymn. Mannheim Reife Juli 00; Studium: Karlsruhe T.H. 7, Stuttgart T.H. 1 S.; Rig. 12. März 06.]

Muckenicht, J., Michel! Du schläfst noch, s. Michel.

Mückenkrieg, siehe Hans Christoph Fuchs.

Mücken- und Ameisen-Krieg, Der, eine komische Epistre-Fabel des sechszehnten Jahrhunderts ... Neu bearbeitet von A. Fürstenhaupt. Berlin [1846]. V: *Folengo, Teofilo.* (BrMm)

Mücken- u. Ameisenkrieg, der, eine komisch-epische Fabel des 16. Jahrhunderts in 3 Gesängen, als ein Festgeschenk f. d. Jugend neu bearb. v. Ad. Fürstenhaupt. 12. (5 1/2 B. u. 12 ill. Zeichngn. v. Th. Hosemann.) Berlin 846, Stuhr'sche Buchh. *

Lerchegetriller. Gedichte von Hans Mückenschnabel [d. i. Karl **Muckenschnabel**]. Großenhain & Leipzig: Baumert & Ronge [1892]. (126 S.) 8° [F.] [07. 8746

Muckenschnabel, Karl, die Pielachtalbahn St. Pölten—Kirchberg—Mariazell. Mit 10 Ansichtskarten nach photograph. Aufnahmen des Ateliers Th. Mark in Scheibbs, 1 Titelbilde u. 1 Uebersichtskarte. (33 S.) 16. Wien 905. H. Kirsch. n. 1. 20

Muckenschnabel, Carl, a lustiges Spatzl. Gedichte in niederösterreich. Mundart. gr. 16. (39 S. m. Bildnis.) Leipzig 894. R. Claußner. n. 1. 65

Mücken-Tanz, Der um das hellleuchtende Wahrheitslicht des angepriesenen Urims und Thummims angefangene Jesuitische; oder der ... überführte P. Joseph Biner. Zürich 1740. V: *Breitinger, Joh.* (Cat. d. Stadtbibl. Zürich. Zürich 1864-97.)

Muckenthaler, Jos., Wert-Tabellen zur Berechnung des Grund- u. Bodenwertes sowie der Wohngebäude in München. Ein notwend. Ratgeber f. Architekten, Baumeister, Bauunternehmer, Hypotheken-Banken, Terraingesellschaften, Spekulanten u. Hausbesitzer. (III, 112 S.) 8. München (904). (J. Lindauer.) Geb. n.n. 8. —

Muckenthaler, Jos., Wert-Tabellen zur Berechnung d Grund- u. Bodenwertes sowie der Wohngebäude in München. Ein notwend. Ratgeber f. Behörden, Terraingesellschaften, Hypotheken-Banken, Architekten, Baumeister, Bauunternehmer, Hausbesitzer u. Sepulanten. 2., verm. u. verb. Ausg. (IV, 86 S. m. Plänen.) 8. München (908). (J. Lindauer.) Geb. in Leinw. nn 6. —

Mucker, oder d. scheinheilige Betrüger; Lstspl. 8. Frankf. u. Leipz. 756. 4 gl.

Mucker, der, in der Einsamkeit. Ein Beitrag zur Sitten-Geschichte des 19. Jahrhunderts. gr. 12. Leipzig 837. Literar. Museum; jetzt Schreck. 3/8 ₰

Muckermann, Klemens

Muckermann, Clemens (geb. Gescher in Westf. 1. 11. 1838) De scarlatina. Berolini (1862). (30 S.) 8°
Berlin, Med. Diss. v. 30. Juli 1862

Muckermann, Ernst, Dr.: Ueber die Bildung von Nitroso-Pyrazolidonen und Pyrazolonen aus Hydraziden ungesättigter Säuren. Heidelberg 1908: Rössler & Herbert. 77 S. 8°
Mit: Einladung zur ... Probe-Vorlesung ... d. 20. Jan. 1909 ... Thema: Ueber neuere Arzneimittel. Heidelberg (1909): Hörning. 1 Bl. 8°
Heidelberg, Naturw.-math. Hab.-Schr. v. 1909 [U 09. 2069

Muckermann, Ernst, aus Anholt Ueber die Einwirkung von Hydrazinhydrat auf Bernsteinsäuremonoäthylester, Succinaminsäure und Succinimid. *Heidelberg 1902 J. Hörning.* (61 S.) 8°
Heidelberg, Naturw.-math. Diss. v. 1902

Muckermann, Ernst, üb. die Einwirkung v. Hydrazinhydrat auf Bernsteinsäuremonoäthylester, Succinaminsäure u. Succinimid. Diss. (61 S.) gr. 8. Heidelberg 902. vorm. Weiss'sche Univ.-Buchh. n. 1. 20

Muckermann, Herm., S. J., Grundriss der Biologie od. der Lehre v. den Lebenserscheinungen u. ihren Ursachen. (In 5 Tl.) 1. Tl.: Allgemeine Biologie. (XIII, 173 S. m. 48 Abb. u. 17 Taf.) gr. 8. Freiburg i/B. 909. Herder. 4.—; geb. in Leinw. 4. 60

Mucker-Postille. Der allerneuesten Witzpumpe. 2. Hub. Allen Freunden des Lichts u. heitern Lebenssinnes gewidmet. 16. Grimma 846, Verl.-Exp. 1/6 ₰ Vergl. Witzpumpe.

Muckerromantik oder Tagebuch eines Seelensuchers. Roman aus dem Wupperthal. 8. (VI und 126 S.) Bonn 861, [Rheinische Verlagsanstalt.]

Muckerschwindel. – Mucker-, Pfaffen- u. Königsschwindel, s.a. Bebel, August

Mucker-, Pfaffen- und Königsschwindel. Zur Naturgeschichte der Volksausbeuter 8°. Hottingen-Zürich, Schweiz. Genoss.-Buchdr., 1883.

Muckiade oder Herrn Mucks Sonnenfahrt und Tod ... Breslau 1828. V: *Hoffmann genannt v. Fallersleben, Aug. Heinrich.* (Kat. d. Druckschr. üb. Breslau. Breslau 1903. S. 425.) (Ky) (EE) (GGr) (Nowack, Schles. Schriftst.-Lex. Bresl. 1836-43. I, 75.)

Muckiade, od. Hrn. Mucks Sonnenfahrt u. Tod. Nebst e. Anh. Alles aus d. Archive d. Zwecklosen Gesellschaft zu Breslau. (Von A. H. Hoffmann.) 8. (2 B.) Breslau 828, Graß, Barth u. Comp.

MÜCKL, Gustav Adolph (Regensburg): Ueber die Placenta praevia.- München: Deschler 1845. 16 S. 19.7.1845 - Urk (Titel: De placenta praevia.); F 66
Diss. Ingolst.-Landsh.-Mchn.

Muckle, Frdr., die Geschichte der sozialistischen Ideen im 19. Jahrh., s.a. Aus Natur u. Geisteswelt.

Muckle, F., Die Geschichte der sozialistischen Ideen im 19. Jahrh. 1. Tl.: Der rationale Sozialismus. (VI, 157 S.) 8. Leipzig, B. G. Teubner. 1909 1. —; geb. in Leinw. 1. 25.
Aus Natur u. Geisteswelt. 269. Bd.

Muckle, F., Die Geschichte der sozialistischen Ideen im 19. Jahrh. 2. Tl.: Proudhon u. der entwicklungsgeschichtl. Sozialismus. (III, 152 S.) 8. Leipzig, B. G. Teubner. 1909 1. —; geb. in Leinw. 1. 25.
Aus Natur und Geisteswelt, 270.

Einladung zur öffentlichen Probe-Vorlesung, welche Dr. **Friedrich Muckle** zur Erlangung der Venia legendi bei der philosophischen Fakultät der Ruprecht-Carls-Universität zu Heidelberg ... d. 26. Oktober 1910 ... abhalten wird. Thema: Der deutsche Idealismus und die soziale Bewegung. Heidelberg (1910): Hörning. 1 Bl. 8° [U 11. 2364
(Nicht für den Austausch)

Muckle, Friedrich, a. Zuzenhausen in Baden: Saint-Simon und die ökonomische Geschichtstheorie. Ein Beitrag zu einer Dogmengeschichte des historischen Materialismus. Jena 1906: G. Fischer. (VI, 45 S.) 8°
Heidelberg, Phil. Fak., Ref. Rathgen, Diss. v. 27. Sept. 1906
[Geb. 8. Jan. 83 Zuzenhausen; Wohnort: Zuzenhausen; Staatsangeh.: Baden; Vorbildung: Realgymn. Karlsruhe Reife 01; Studium: Leipzig, Heidelberg; Rig. 11. Juli 05.]

— Henri de Saint-Simon. Die Persönlichkeit u. ihr Werk. (VI, 384 S.) gr. 8. Jena 908. G. Fischer. 8.—; geb. n 9. —

Muckle, Philipp, Kulturgeographie m. besond. Berücksicht. der Wirtschafts- u. Handelsgeographie. (IV, 108 S. m. Abb.) 8. Bühl 910. Konkordia. Geb. 1. 20

Muckle, Philipp, a. Heddesbach: Morphologie des Kraichgaus. Heidelberg 1908: E. Geisendörfer. (50 S., 1 Karte.) 4°
Heidelberg, Phil. Fak., Ref. Hettner, Diss. v. 10. April 1908
[Geb. 31 Dez. 69 Heddesbach; Wohnort: Heidelberg; Staatsangeh.: Baden; Vorbildung: Oberrealsch. Mannheim Reife M. 03; Studium: Heidelberg 6 S.; Rig. 9. Jan. 08.]

Mučžink, Jan Bohuwjer

Hrod na shorelskej hori Landskróni aby Bože wodźenja ssu dźiwne. Powedanczko se starych czassow wot JANA BOHUWJERA MUCŽINKA. (Das Schloss auf dem Görlitzer Berge Landeskrone oder Gottes Fügungen sind wunderbar. Erzählung aus alten Zeiten von J. B. MUCŽINK.) ib. 1850. —
Druhi wudawk. (2. Aufl.) ib. 1871. —

Hród na Shorjelskej horje Landskrónje abo Bože wodźenja ssu dźiwne. Powjedańczko se starych czassow wot JANA BOHUWĚRA MUCŽINKA. (Das Schloss auf dem Görlitzer Berge Landeskrone oder Gottes Fügungen sind wunderbar. Erzählung aus alten Zeiten von J. B. MUCŽINK.) Tseczi wudawk. (3. Aufl.) ib. 1884. — 8°.

Boża krassnosz w stwórbi. Wot JANA BOHUWJERA MUCŽINKA. (Prjeni dźjel.) (Gottes Herrlichkeit in der Schöpfung. Von J. B. MUCŽINK. Theil 1.*) ib. 1851. —

Mucžink, Jan Bohuwj., Boża krasnosź w stwórbi. 2. Dźjel. Bautzen 854. Schmaler in Comm. 12. (103 S.) 4 ngr.

NADPAD POLA BUKEZ. (Der Ueberfall bei Hochkirch.) ib. 1852. —

Ribowcźenjo aby polityske Powedanćzko s njetzischich Czassow wot JANA BOHUWJERA MUCŽINKA. (Die Pilsdorfer oder politische Erzählungen aus den jetzigen Zeiten von J. B. MUCŽINK.) ib. 1849. —

Sswěrnaj ssussodaj. Powjedaṅćzko se sserbskeho źiwjenja wot JANA BOHUWĚRA MUCŽINKA. S pschidawkom: Straschna kwartira we Franzowskej. (Die beiden treuen Nachbarn. Erzählung aus dem wendischen Leben von J. B. MUCŽINK. Mit einer Beilage: Ein Schreckensquartier in Frankreich.) ib. 1873. — 8⁰.

Wěnczk fijalkow abo sběrka mojich powjedanczkow. Wot JANA BOHUWĚRA MUCŽINKA. (Veilchenkranz oder Sammlung meiner Erzählungen. Von J. B. MUCŽINK.) ib. 1867. — 8⁰.

Mucžink, J. B., Wěnčzk fijalkow abo sběrka mojich powjedančzkow. 8. (94 S.) Bautzen 867, (Schmaler und Pech.) *

Muczkowski, A., et L. Rzyszczewski, Codex diplomat. Poloniae, s. Codex.

Muda, Ernst, s.: Volksbibliothek, deutsche.

Mudderſprake. Bläd tau'r Erholunge uſer leiwen plattduitſchen Sprake un Art. Rautergeben bie Th. Reiche. 1. Jahrg. Oktbr.—Decbr. 1888. 3 Nrn. (B.) gr. 8. Braunſchweig, (Goeritz' Sort.). n. — 60

— daſſelbe. 2. u. 3. Jahrg. 1889. 1890. à 12 Nrn. (B.) gr. 8. Ebd. à Jahrg. n. 2. 40

Mudderſprake. Bläd tau'r Erholunge uſer leiwen plattduitſchen Sprake un Art. Ra utergeben bie Th. Reiche. 1. Jahrg. Oktbr. 1888—Septbr. 1889. 12 Nrn. (Bog.) gr. 8. Braunſchweig, (Goeritz' Sortiment.) *

Mudderſprake. Bläd tau'r Erholunge uſer leiben plattduitſchen Sprake un Art. [In niederſächſiſch-oſtfäl. Mundart.] Rutergeben bi Th. Reiche. 4. Jahrg. 1891. 12 Nrn. (2 Bog.) gr. 8. Mit Bilag: Uns Eelbom. (½ Bog.) gr. 4. Braunſchweig, (Goeritz Sort.). n. 2. 40

— daſſelbe. 5. u. 6. Jahrg. 1892. 1893. à 12 Nrn. (2 Bog.) gr. 8. Mit Bilag: Uns Eelbom. (½ Bog.) gr. 4. Braunſchweig, (O. Salle). à Jahrg. n. 2. 40

— daſſelbe. 7. Jahrg. 1894. 12 Nrn. (2 Bog.) gr. 8. Ebd. n. 2. 80

Müden [Schlagwort]

Müden, s.: Preussen, Messtischblätter.

Mudersbach, Jul. von

— über d. Frage: Welche Mittel giebt es, d. Menſchen ohne äuſſerl. Gewalt zum Guten zu führen? gr. 8. Würzb. 785. Stahel. 3 gl.

v. Mudersbach, Jul., (Herzogin Giovane,) die 4 Weltalter, in 4 Idyllen. gr. 8. Würzb. 784. Stahel. 3 gl.

Müderspach, L., die geistigen Getränke u. deren Wirkungen auf den menschlichen Körper. Aus dem Dän. v. Edvard Schäffer. (44 S. m. Abb., Bildnis u. 2 farb. Taf.) 8. Berlin-Steglitz (908). Verlag Kraft u. Schönheit. 1. —

Mudford, Frederic *George* [aus London]: Versuche über die Einwirkung einer Mischung von Chlor und Wasserdampf auf glühende Kohle ... Giessen, grossh. Hof- u. Univ.-Dr. C. v. Münchow, 1897; 28 S., 1 Bl. 8.
Giessen, Phil. Fak., Inaug.-Diss. v. 1897

Mudge, John: Abhandlung von dem catarrhalischen Husten, in welcher zugleich eine gründliche und geschwinde Heilungsart desselben mitgetheilet wird. Nebst einigen Bemerkungen über die Lebenskraft des menschlichen Körpers, und über die Behandlung complicirter Beinbrüche. (A radical and expeditious Cure for a recent and catarrhous cough. Preceded by some observations on respiration; with...remarks on some other diseases of the lungs. To which is added a chapter on the vis vitae... Accompanied with some strictures on the treatment of compound fractures. Dt.) 126 S., gbd., 1 Taf.

Leipzig: Weidmann & Reich 1780 JB 4.300

— vom Huſten u. d. Krankheiten d. Lunge; aus d. Engl. gr. 8 Leipz. 780. Weidmann. 8 gl.

Mudge, John. Von den Kinderblattern; a. d. Engl. . . . Danzig 1778. V: *Wolf*, *Nathanael Matthaeus von.* (ML)

Mudge, J., Unterſ. wer. geimpfte Blattern gelind. und ſicherer als naturl. ſ. 8. Danzig. (Sommer, Leipz.) 778.

– – (Leipzig: Nauck) 1778.

Mudicke's, Rentier, Stammtiſchreden. Umſchlagzeichnung v. R. Coßmann. (VI, 215 S.) 8. Berlin (903). Ullſtein & Co. 1. —; erm. Pr. — 60

Mudre, Johann Friedrich

Mudre, Jo. Friedr. (Mittelsayda), De coelo aperto et angelis super filium hominis ascendentibus et descendentibus. Dissertatiuncula gratulatoria viro summe venerando Jo. Gottlob Richter Pastori et Superintendenti Freiberg gravissimo cum munus ephorale festo paschat. adiret dicata a pastoribus dioecesis Freiberg. Freiberg (Barthel) 1781. 21 S. mit Namen. (4.75) 23780

Mudre, J. F., geiſtl. Lieder u. Gedichte. 8. Dresd. Hilſcher. 776.

MUDRE, JOHANN FRIEDRICH. Geistliche Lieder und Gedichte. Friedrichstadt bei Dresden, J. M. Lehmann, [1770]. 8°. 20 Bl. 300 S. 2 Bl. Leicht berieb. Ld. d. Z. m. Rv.
Koch. Kl. VI. 283 81

— Friedrich Mykonius; e. Fragment aus d. Reformationsgeſchichte. 8. Dresd. 782.

Mudrich Andreas: De formis enuntiationum condicionalium apud Livium.
II. 1884 PN 345 Diss.Wien, Univ. 1445

Mudrimankerl, Das, und der Gockel. Von Karl Ad . . u. Wien 1907. V: *Adamu, Carl.* (EB)

Mudrovčić Mathaus: Studien über Oxy- und Dioxybiphenyldikarbonsäuren. S. 122. IIb. . . . . vgr.
Separatabdruck

Mudrowski, G(ustav): Thesen, an Stelle der später zu veröffentlichenden Dissertation: Casuistik der Oberschenkelluxationen. (Nebst Lebenslauf.) Halle (1870): Plötz. 2 Bl. 8°
Halle-Wittenberg, Med. Thesen v. 30. Juli 1870
Geb. Neuenburg [vielmehr: Berlinchen (Kr. Soldin)] 8. 9. 1845. V.
Die Diss. ist nicht ersch.

Mudry, des Pfarrers in Versoix sechs letzte Wochen. Eine neue Entsetzungsgeschichte aus d. Schweiz, als Beitrag zur Kirchen- u. Staatsgeschichte. Aus d. Franz. 8. Aarau ... Christen. 1 ggr.

Muet, Jul., Soll und Ist. Bilder aus der Schwindel-Periode der letzten Jahre. 4 Bde. 8. (1053 S.) Hannover 864, Rümpler.

Mufaddalijjât, die. Nach den Handschriften zu Berlin, London u. Wien auf Kosten der deutschen morgenländ. Gesellschaft hrsg. u. m. Anmerkgn. versehen v. Heinr. Thorbecke. 1. Hft. gr. 8. (56 u. 104 S.) Leipzig 885. (Brockhaus' Sort.) n. 7. 50

Muff u. Wencher, Geschichte d. Grenadier-Regiments König Karl [5. Württembergisches] Nr. 123. Auf Veranlassung d. Regimentscommandeurs nach den vorhandenen Quellen zusammengestellt. gr. 8. (III, 111 S. m. 3 Chromolith.) Stuttgart 889. Metzler's Verl. n. 2. 40; geb. n. 3. 60

MUFF, Lord (ps.). — Das Gespenst am Hochzeitabend. Eine wahrhafte Geschichte von Lord *Muff*, Hofjude etc. Mit 1 Bild. Dessau an der Mulde, gedruckt mit Buchdruckerschwärze um die Leipziger Lerchenzeit (Braun in Berlin). O. J. (1800). 8°. (Vente de Dresde, 1868, no. 376: Beibd. 3.)
Weller, Lex. Ps. u. fing. Dr.

Muff, August Christian Georg (Willerstadt), Disceptationes juris quas Präs. Georg Stephan Wiesand ab adversariorum argumentis defensurus est. Specimen II. Wittenberg (A. Chr. Charisius) 12. III. 1792. 12 S. (4.50) 24351

Muff, C. F., u. W. F. G. Wagner, Handbuch f. Vereinszollbeamte u. Gewerbtreibende, enth. d. Vereinszolltarif f. 1837, 1838 u. 1839, c. vollständ. alphabet. Waarenverzeichniß, mit Angabe d. Abgaben- u. Tharasätze, nach d. preuß. (churhess.) Gewicht u. Münzfuße, u. dem Zollgewicht u. 24 Guldenfuße; mit erläut. u. ergänz. Anmerkn. ꝛc. Nach amtl. Quellen bearb. Lex.-8. (19¾ B.) Carlsruhe 837, Müller'sche Hofbuchh.

Muff, Chrn., Dr. Franz Theodor Adler, weiland Director der Franckischen Stiftungen. Nekrolog. Anh: I. Grabrede v. Hoffmann. II Gebet v. Knuth. 8. (51 S.) Halle 884. Buchh. d. Waisenh. n. — 60

Muff, [Christian], Rektor Prof. Dr.: Ansprache bei der Enthüllung der Gedenktafel für die Gebrüder Thiersch. (2 Bl. o. O. u. J.) 4°
Pforta, k. Landessch. Beil. z. P 1906 (303)

Muff, Chrn., Antik u. Modern. Ein Vortrag. 8. (48 S.) Halle 879. Mühlmann. n. 1. —

Muff, Christianus: Antiquitates Romanae in Vergilii Aeneide illustratae. P. 1. Antiquitates domesticae. Halis (1864): Heynemann. 58 S. 8°
Halle-Wittenberg, Phil. Diss. v. 1. Aug. 1864
Geb. Treffurt a. d. Werra 14. 8. 1841. V.

Muff, *Christian Fürchtegott* [Dir. Prof. Dr.]: *Bericht über seine Einführung als Direktor der Anstalt.* Cassel, Druck v. Baier & Lewalter, 1894; 22—24 S. 4.
Cassel, k. Wilhelms-G, OP 1894 (383)

Muff, [Christian], Rekt. Prof. Dr.: [Bericht über seine Einführung als Rektor und über den Abschied des Rektors Geh. Reg.R. Prof. Dr. Diedrich Volkmann.] *Naumburg a. S. 1899: H. Sieling.* (S. XVII—XXI.) 4°
Pforta, k. Landes-S, P 1899 (257)

Muff, Chr. [Dir. Prof. Dr.]: Beschreibung des Neubaus und Bericht über die Einweihungsfeier. Stettin, Druck v. Herrcke & Lebeling, 1889; S. 1—14, 2 Taf. 4°
Stettin, König-Wilhelms-G, OP 1889 (135)

Muff, Chrn., humanistische u. realistische Bildung. gr. 8. (88 S.) Berlin 901. G. Grote. n. 1. —; geb. n. 1. 50

Muff, Chr.: Der Chor in der griechischen Komödie von Aristophanes. 40 S. 4° – Halle Lat. Hptsch. (W.), Progr. 1871.

-- Der Chor in den Sieben des Aischylos. 31 S. Wi. G. *Stettin* 1882.
Progr.

—— der Chor in den Sieben des Aischylos. gr. 4. (31 S.) Halle 882, Mühlmann. *

Muff, Chr. De choro Persarum fabulae aeschyleae. 24 S. Lat. *Halle* 1878.
Progr.

Muff, *Christian Fürchtegott: Das Erve der Landesschule Pforta am 19. Nov. 1898, am 25. Nov. 1899.* 4 (S. XXII– XXIII, S. XVII –XIX der Schuln.).
Progr. Kgl. Landessch. *Pforta* 1899 (257). 1900

– (Bearb.), s. Sophocles: Elektra. 1899.

Muff, Chr. Epistula quam scholae latinae magistri ad Th. Adlerum discedentem scripserunt interprete Chr. M. 8 S. Lat. *Halle* 1880.
Progr.

Aristophanes. Muff, Chr., De exitu Vesparum Aristophaneae fabulae commentatio Halis 1872.

Muff, [Christian]: [Die Feier des 360jährigen Schulfestes.] S. XIX bis XXVIII der Schuln. 4. Kgl. Landesschule *Pforta* 1904 (291).
Progr.

Muff, Chr., Idealismus. gr. 8. (VII, 182 S.) Halle a/S. 890. Mühlmann's Verl. n. 3. —; geb. n. 4. —

Muff, Chr., Idealismus. 2., wesentlich verm. Aufl. gr. 8. (XI, 230 S.) Halle a/S. 892. R. Mühlmann's Verl. n. 4. —; geb. n. 5. —

— Idealismus. 3., wesentlich verm. Aufl. gr. 8. (XV, 324 S.) Halle 902. R. Mühlmann's Verl. n. 5. —; geb. n. 6. —

Muff, Chr., Idealismus. 4., wesentlich verm. Aufl. (XVI, 426 S.) gr. 8. Halle 907. R. Mühlmann's Verl. n. 6. —; geb. n. 7. —

Muff, Christian, Idealismus. 5., wesentlich verm. Aufl. (XII, 508 S.) 8. Halle 911. R. Mühlmann's Verl. 7.—; geb. 8. —

— s.: Lesebuch, deutsches, f. höhere Lehranstalten.

— u. A. Dammann, deutsches Lesebuch f. Mädchenschulen. Ausg. in 5 Bdn. gr. 8. Berlin 897. G. Grote. n. 7. 80; Einbde. in Halbldr. à n. — 20
1. (Für das 2. Schulj.) (XI, 162 S.) n. 1. —
2. (Für das 3. Schulj.) (IX, 197 S.) n. 1. 20
3. (Für das 4. Schulj.) (VIII, 242 S.) n. 1. 40
4. (Für das 5. u. 6. Schulj.) (IX, 360 S.) n. 2. —
5. (Für das 7. u. 8. Schulj.) (VIII, 384 S.) n. 2. 20

— — dasselbe. 1.–5. Bd. u. 6. Bd. Abtlg. A u. B. Ausg. f. parität. Schulen. gr. 8. Ebd. Geb. in Halbldr. n. 12. 60
1. (Für das 2. Schulj.) (XI, 162 S.) 901. n. 1. 20
2. (Für das 3. Schulj.) (IX, 197 S.) 901. n. 1. 40
3. (Für das 4. Schulj.) (VIII, 242 S.) 901. n. 1. 60
4. (Für das 5. u. 6. Schulj.) (IX, 360 S.) 901. n. 2. 20
5. (Für das 7. u. 8. Schulj.) (VIII, 384 S.) 901. n. 2. 40
6. Abtlg. A. (Für das 9. Schulj.) (VIII, 256 S.) 901. n. 1. 80
Abtlg. B. (Für die wahlfreien Kurse u. f. Lehrerinnen-Seminare.) Grundlagen zur deutschen Litteraturkunde. Eine Auswahl charakterist. Lesestücke in Poesie u. Prosa, chronologisch nach Perioden u. Dichtergruppen zusammengestellt. (VIII, 302 S.) 900. n. 2. —

— u. A. Dammann, deutsches Lesebuch f. Mädchenschulen. Ausg. in 5 Bdn. 8. Ebd. 905. Geb. n. 8. 80
1. (Für das 2. Schulj.) 3. Aufl. (X, 162 S.) n. 1. 20
2. (Für das 3. Schulj.) 3. Aufl. (IX, 197 S.) n. 1. 40
3. (Für das 4. Schulj.) 3. Aufl. (VIII, 242 S.) n. 1. 60
4. (Für das 5. u. 6. Schulj.) 4. Aufl. (VII, 360 S.) n. 2. 20
5. (Für das 7. u. 8. Schulj.) 3. Aufl. (VI, 384 S.) n. 2. 40

— — dasselbe. (In 6 Bdn.) 1.—5. Bd. u. 6. Bd. Abtlg. B. 8. Ebd. Geb. n. 11. —
1. (Für das 2. Schulj.) 3. Aufl. (X, 162 S.) 905. 1. 20
2. (Für das 3. Schulj.) 3. Aufl. (IX, 197 S.) 905. 1. 40
3. (Für das 4. Schulj.) 3. Aufl. (VIII, 242 S.) 905. 1. 60
4. (Für das 5. u. 6. Schulj.) 4. Aufl. (VII, 360 S.) 905. 2. 20
5. (Für das 7. u. 8. Schulj.) 3. Aufl. (VI, 384 S.) 905. 2. 40
6. Abtlg. B. Grundlagen zur deutschen Literaturkunde. Eine Auswahl charakterist. Lesestücke in Poesie u. Prosa, chronologisch nach Perioden u. Dichtergruppen zusammengestellt. Für die wahlfreien Lehrkurse der höh. Mädchenschulen u. f. Lehrerinnen-Seminare. 2. Aufl. (VIII, 302 S.) 906. 2. 20

— u. A. Dammann, deutsches Lesebuch f. Mädchenschulen. Ausg. in 5 Bdn. 1.—4. Bd. 8. Ebd. Geb. 6. 40
1. (Für das 2. Schulj.) 4. Aufl. (XI, 162 S.) 908. Geb. 1. 20
2. (Für das 3. Schulj.) 4. Aufl. (IX, 197 S.) 908. Geb. 1. 40
3. (Für das 4. Schulj.) 4. Aufl. (VIII, 242 S.) 908. Geb. 1. 60
4. (Für das 5. u. 6. Schulj.) 5. Aufl. (VII, 360 S.) 908. Geb. 2. 20

— s.a. Lesebuch, deutsches, f. höhere Mädchenschulen.

— u. A. Dammann, deutsches Lesebuch f. höhere Mädchenschulen. (In 6 Bdn.) 1. Bd. (Für das 2. Schulj.) gr. 8. (X, 162 S.) Berlin 895. G. Grote. n. 1. —; geb. n. 1. 20

— u. A. Dammann, deutsches Lesebuch f. höh. Mädchenschulen. 2.—5. Bd. gr. 8. Berlin, G. Grote. n. 6. 40; geb. in Halbldr. n. 7. 60
2. F. d. 3. Schulj. (VIII, 192 S.) 895. n. 1. 20; geb. n. 1. 40
3. F. d. 4. Schulj. (VIII, 232 S.) 895. n. 1. 40; geb. n. 1. 60
4. (F. d. 5. u. 6. Schulj.) (VIII, 360 S.) 896. n. 1. 80; geb. n. 2. 20
5. (F. d. 7. u. 8. Schulj.) (VIII, 364 S.) 897. n. 2. —; geb. n. 2. 40

— — dasselbe. 6. Bd Abtlg. A. (Für d. 9. Schulj.) gr. 8. (VIII, 256 S.) Ebd. 897. n. 1. 50; geb. in Halbldr. n. 1. 80 (1—6, A.: n. 8. 90; geb. n. 10. 60)

— — dasselbe. 6. Bd. Abtlg. B. (Für die wahlfreien Kurse u. f. Lehrerinnen-Seminare.) Grundlagen zur deutschen Litteraturkunde. E. Auswahl charakterist. Lesestücke in Poesie u. Prosa, chronolog. nach Perioden u. Dichtergruppen zusammengest. gr. 8. (VIII, 302 S.) Ebd. 898. Geb. n. 2. 20 (1—6, B.: n. 12. 80)

— — dasselbe f. höhere Mädchenschulen. (In 6 Bdn.) Bd. 1—5 u. 6 A. 8. Ebd. Geb. 10. 60
1. (Für das 2. Schulj.) 4. Aufl. (X, 162 S.) 908. Geb. 1. 20
2. (Für das 3. Schulj.) 4. Aufl. (IX, 197 S.) 908. Geb. 1. 40
3. (Für das 4. Schulj.) 4. Aufl. (VIII, 242 S.) 908. Geb. 1. 60
4. (Für das 5. u. 6. Schulj.) 5. Aufl. (VII, 360 S.) 906. Geb. 2. 20
5. (Für das 7. u. 8. Schulj.) 4. Aufl. (VI, 384 S.) 909. Geb. 2. 40
6. Abtlg. A. (Für das 9. Schulj.) 2. Aufl. (VIII, 256 S.) 908. Geb. 1. 80

— — dasselbe. Auf Grund der „Bestimmgn. üb. die Neuordng. des höheren Mädchenschulwesens in Preußen" v. 18. VIII. 1908 neu bearb. v. Ernst Borkowsky, Max Bruns u. Ludw. Korodi. 1. 2. u. 7. Bd. Hrsg. v. Ernst Borkowsky. 8. Ebd. Geb. 6. 90
1. (Für die 9. Klasse.) Hrsg. v. Borkowsky. (XVI, 212 S.) 909. Geb. 1. 40
2. (Für die 8. Klass.) Hrsg. v. Borkowsky. (XVI, 239 S.) 909. Geb. 1. 50
7. (Für Klasse II u. I, sowie f. das Lyzeum.) Hrsg. v. Ernst Borkowsky. (XVI, 532 S.) 909. Geb. 4. —

— deutsches Lesebuch f. Vorschulen höh. Lehranstalten, s.: Paulsiek, K.

— Deutscher Literaturatlas, s.: Könnecke, Gust.

—: [Nachruf auf die aus dem Amte scheidenden Prof. Dr. Ernst Sagorski und Oberlehrer Iwan Lorentzen.] S. XXIV—XXV der Schuln. 4. Progr. Kgl. Landesschule *Pforta* 1905 (292).

Muff, *Christian Fürchtegott: Rede bei seiner Einführung als Rektor der Anstalt.* (S. XVIII—XXI). Kgl. Landessch. *Pforta* 1899 Progr.

Muff, Chr., das Schöne. Ästhetische Betrachtungen für gebildete Kreise. 8. (V, 162 S.) Halle 888, Mühlmann. * geb. *

— Sedan-Rede 1888. 8. (18 S.) Ebd. 888. n. — 40

— 7 Sedan-Reden. 2. Aufl. 8. (VI, 136 S.) Halle 895. R. Mühlmann's Verl. n. 1. 60

Muff, Chr., zwei Sedan-Reden, geh. am 2. Septbr. 1886 und 1887. gr. 8. (33 S.) Stettin 887, Dannenberg. *

Muff, Ch., Sophokles in der Schule. S.-A. 1904. 25 S. 1.50

Muff, Chrn., die chorische Technik d. Sophokles. gr. 8. (VII, 318 S.) Halle 877. Mühlmann n. 7. 60

—— Theater und Kirche. Vortrag. 8. (55 S.) Ebendas. 882. *

— zwei Titanen, Prometheus u. Faust. Ein Vortrag. 8. (53 S.) Halle 883. Mühlmann. n. 1. —

Muff, Chr., über den Vortrag der chorischen Partieen bei Aristophanes. gr. 8. (IV, 175 S.) Halle 871, Mühlmann. *

— Drei Vorträge. (III, 115 S.) 8. Berlin 909. G. Grote. 1. 20

—— Was ist Kultur? Vortrag. 8. (35 S.) Ebendas. 880. *

Muff C. was ist Kultur? Halle 1880

Muff, Chrn., der Zauber der Homerischen Poesie. Vortrag, geh. am 1. XI. 1899 in der königlichen Akademie gemeinnütz. Wissenschaften zu Erfurt. gr. 8. (37 S.) Erfurt 900. C. Villaret. n. — 60
Sonderabdruck aus: „Jahrbb. der kgl. Akad. gemeinnütz. Wiss. zu Erfurt".

— der Zauber der Homerischen Poesie. (Vortrag, geh. in der königl. Akademie gemeinnütz. Wissenschaften zu Erfurt am 1. XI. 1899.) 2. Aufl. (44 S.) 8. Berlin 906. G. Grote. n. — 50

Muff, Cölestin, s. Muff, Zölestin

Muff, Josef. Das Wasserrecht im Kanton Luzern, mit Berücksichtigung der einschlägigen Bundesgesetzgebung. Diss. Jur. Bern. 96 S. 8. Luzern, J. Schills Erben, 1910.

Muff, Karl, das 3. württembergische Jägerbataillon, jetzt Füsilierbataillon d. Grenadierregiments „König Karl" [5. württ.] Nr. 123. Ein Erinnerungsblatt. gr. 8. (88 S.) Tübingen 883. Fues. n. 1. 20

Muff, L., die Gesetze über die Verwaltung der Gemeinden und Stiftungen mit den nöthigen Zusätzen zusammengestellt zum prakt. Gebrauche für die Mitglieder der Gemeinde- und Stiftungsbehörden. 8. (40 S.) Stuttgart 863, Metzler's Verlag. *

Muff, N. N., Eröffnungs-Vortrag bei d. landwirthschaftl. Particular-Feste zu Ulm. 8. Ulm 824. Ebner. 8 gr.

Muff, Zölestin

Muff, Cöl., O. S. B., eucharistische Anbetungsstunden nach Walser: Die ewige Anbetung. Bearb. f. alle Liebhaber des hlst. Sakramentes. 16. (448 S. m. 1 Farbdr.) Einsiedeln 900. Eberle & Rickenbach. Geb. in Leinw. n. 1.—

Muff, Cölestin, O. S. B., la donna cristiana secondo il cuore di Dio. Riflessioni e preghiere, dedicate alle promesse spose ed alle donne maritate del popolo cattolico. Traduzione del Uberti Giansevero. (908 S. m. farb. Titel u. 4 Stahlst.) 16. Einsiedeln 908. Verlagsanstalt Benziger & Co. Geb. in Leinw. 1. 60

Muff, Cölestin. Zu Gott mein Kind! ... von P. C' M', Benediktiner v. Einsiedeln. [Mit Illustrationen und Tafeln.] 2 Bändchen. 8. Einsiedeln *etc.*, Benziger & Co. A. G., 1904—1905.

(Bändchen 1:) ... Gebete und Unterweisungen für Schulkinder.... (Für Anfänger und Erstbeichtende.) [Mit 5 Tafeln.] 192 S. 1904. [geb. fr. —. 65]

Bändchen 2: ... Belohrungen und Gebote für Firmlinge und Erstkommunikanten.... [Mit 8 Tafeln.] IV + 432 S. 1905. [geb. fr. 1. 25 *bis* 5. 50]

— ¡Hacia, Dios, niño querido! Librito de rezos é instrucciones para niños de escuela. Traducción del alemán. (227 S. m. 7 Farbdr.) 16. Ebd. 909. Geb. in Leinw. — 65

Muff, Cölestin. Die Hausfrau nach Gottes Herzen. Gedenkblätter und Gebete, den Bräuten und Frauen des katholischen Volkes gewidmet von P. C' M', Benediktiner von Einsiedeln.... [Mit Vignetten und 5 Tafeln.] 736 S. 8. Einsiedeln *etc.*, Benziger & Co. A. G., 1903.

[2. Ausg.: Mit 2farbigem Titel, sowie rothen Zwischentiteln und Seitenumrahmungen.] [geb. fr. 3. 25 *bis* 47. 50]

[1. Ausg.: Mit 2farbigem Titel, sonst nur in Schwarzdruck.] [geb. fr. 2. — *bis* 8. —]

Himmelwärts! Taschen-Gebetbüchlein f. Katholiken. Neu rev. von P. Cölestin **Muff**, O. S. B., Einsiedeln. *Einsiedeln, Köln: Benziger & Co. (1901).* (272 S.) 8° [F.] [03. 13840]

Hinaus ins Leben. Gedenkblätter u. Gebete, den Söhnen d. kath. Volkes als Begleiter durch d. Jugendjahre gewidmet von P. Cölestin **Muff**, Pfarrer. *Einsiedeln, Köln: Benziger & Co. 1902.* (704 S.) 8° [F.] [03. 19607]

Muff, C. Das grosse Jubeljahr. Unterricht u. Gebete für Gewinnung des Jubiläums-Ablasses im Jahre 1900. 16°. 135 S. m. 1 farb. Bildnis. Einsiedeln, Verl.-Anstalt Benziger & Co. A.-G. Geb. — 50

— die einsiedlische Kapelle der Gnaden. Betrachtungen u. Gebete f. alle kathol. Christen, besonders f. d. Wallfahrer nach Maria-Einsiedeln. gr. 16. (448 S. m. 1 Farbdr.) Einsiedeln (900). Eberle, Kälin & Co. Geb. von n 1.25 bis n. 1.80

Muff, P. Cölestin. Katechesen für die vier obern Klassen der Primarschule. Im engsten Anschluss an den Churer ⟨Rottenburger⟩ Katechismus ausgearbeitet und gehalten von P. C' M'.... Band 1: Katechesen über den Glauben. 293 S. 8. Einsiedeln..., Benziger & Co. A. G., 1910. [geb. fr. 3. 50]

Muff, P. Cölestin. Katechesen für die vier obern Klassen der Volksschule. Im engsten Anschluss an den Churer ⟨Rottenburger⟩ Katechismus ausgearbeitet und gehalten von P. C' M'.... Band 2: Katechesen über Gnade und Gnadenmittel. 252 S. 8. Einsiedeln..., Benziger & Co. A.G., 1910. [geb. fr. 3. 50]

Muff, P. Cölestin. Katechesen für die vier obern Klassen der Volksschule (**Bd. 1:* Primarschule). Im engsten Anschluss an den Churer ⟨Rottenburger⟩ Katechismus ausgearbeitet und gehalten von P. C' M'.... 3 Bände. 8. Einsiedeln..., Benziger & Co. A. G., 1910—1911. [geb. *je* fr. 3. 50]

Band 1: Katechesen über den Glauben. 293 S. 1910.
Band 2: K' über Gnade und Gnadenmittel. 252 S. 1910.
Band 3: K' über Gebote und Gebet. 256 S. 1911.

Muff, P. Cölestin. Durchs Leben zum Leben. Kurzweilige Sonntagslesungen über die katholische Religionslehre für die christliche Familie. Bändchen 1. — *A. u. d. T.:* Das nächste Ziel. K' S' über Glauben, Gott, Welt und Mensch für die chr' F'. [Mit Vignetten und 5 Tafeln.] VIII + 268 S. 8. Einsiedeln..., Benziger & Co. A. G., 1908. [geb. fr. 2. —]

— Fürs Leben. Praktische Hauptpunkte der kathol. Religionslehre, den Jünglingen u. Jungfrauen gewidmet. (46 S.) 11,5×6,8 cm. Ebd. 907. 12 Stück — 50

Muff, Cölestin. Der Mann im Leben. Ein religiöses Handbüchlein für kathol. Männer in ihren Beziehungen zum modernen Leben von P. C' Muff, O. S. B. .... [Mit Illustrationen und 3 Tafeln.] 496 S. 8. Einsiedeln *etc.*, Benziger & Co. A. G., 1906. [geb. fr. 2. — *bis* 5. 25]

Muff, P. Cölestin. Der Mann im Leben. Ein religiöses Handbüchlein für kathol. Männer in ihren Beziehungen zum modernen Leben. Neue Ausgabe. [Mit Vignetten und 3 Tafeln.] XIV + 580 S. 8. Einsiedeln..., Benziger & Co. A. G., 1909. [geb. fr. 2. — *bis* 5. 50]

— Der Mann im Leben. Ein religiöses Handbüchlein f. kathol. Männer in ihren Beziehgn. zum modernen Leben. Neue Ausg. 15.—17. Taus. (580 S. m. farb. Titel, Abb. u. 3 Stahlst.) 16. Ebd. 910. Geb. von 1.80 bis 5. 50

Mit ins Leben. Gedenkblätter u. Gebete, den Töchtern d. kath. Volkes als Begleiter durch d. Jugendjahre gewidmet von P. Cölestin **Muff**, Pfarrer zu Dünz. 18.–31. Taus. *Einsiedeln, Köln: Benziger & Co. [1901].* (799 S.) 8° [F.] [03. 14977]

Muff, Cölestin. Siehe deine Mutter. Unterrichts- und Gebetbuch zur Verehrung der allerseligsten Jungfrau und Gottesmutter Maria. Nach [Carl] Lanz, «Maria unsere Zuflucht» neu bearb. von P. C' M', Benediktiner.... [Mit Illustrationen und 2 Tafeln.] 656 S. 8. Einsiedeln *etc.*, Benziger & Co. A. G., 1901. [geb. fr. 1. 65 *bis* 2. 75]

— Zum Tische des Herrn. Ein Vergißmeinnicht f. Erstkommunikanten. (XII, 384 S. m. farb. Titel u. 2 Vollbildern.) 10,5×7,9 cm. Einsiedeln (908). Eberle, Kälin & Co. Geb. in Leinw. — 80

— Vorwärts, aufwärts! Illustrierung religiös-sittl. Wahrheiten, den Jünglingen zur lehrreichen Unterhaltg. gewidmet. (VIII, 180 S.) kl. 8. Einsiedeln 908. Verlagsanstalt Benziger & Co. Geb. in Leinw. 2. —

Muff, Cölestin. Goldene Worte ... s.a. [**Kempis, Thomas a**].

Goldene Worte aus der Nachfolge Christi auf jeden Tag des Jahres. Nebst d. gewöhnl. Andachtsübungen. Nach Brunners Zsstellung neu bearb. von P. Cölestin **Muff**, O. S. B. *Einsiedeln, Waldshut, Köln: Benziger & Co. 1901.* (256 S.) 8° [F.] [04. 2551 B]

Georg **Muffat**. Ausserlesene mit Ernst und Lust gemengte Instrumental-Music. 1701 ... Bearb. von Erwin Luntz. T. 1. *Wien: Artaria & Co. 1904.* 2°
— **Publikationen** d. Gesellschaft z. Herausgabe d. Denkmäler d. Tonkunst in Österreich. Jg. 11, T. 2. [04. 3078]

Muffat, Karl

Muffat, Carl: Ueber Beziehungen zwischen dem Luminiscenzvermögen und der chemischen Konstitution einiger organischer Verbindungen. Strassburg i. E. 1910: Goeller. 65 S., 5 Tab. 8°
Straßburg, Math.-naturwiss. Diss. v. 29. Febr. 1908, Ref. Thiele
[Geb. 1. Febr. 80 Bayreuth; Wohnort: München; Staatsangeh.: Bayern; Vorbildung: Bayr. Kadettenkorps München Reife M. 98; Studium: Zürich Techn. Hochsch. 1, Tübingen 1, Straßburg 10 S.] [U 11.4325

Muffat, Karl Aug., die **Ansprüche** des Herzogs Ernst, Administrators des Hochstiftes Passau, auf einen dritten Theil und an die Mitregierung des Herzogth. Bayern. gr. 4. (32 S.) München 865, (Franz'sche Buchh.) *

Muffat, Karl Aug., **Baugeschichte** des Domes zu Unser lieben Frau in München. Zur Erinnerung an die 400jähr. Jubelfeier der Grundsteinlegung. 8. (30 S. mit 1 Stahlst.) München 868, J. A. Finsterlin.

— **Beiträge** zur Geschichte des bayerischen Münzwesens unter dem Hause Wittelsbach von Ende des 12. bis in das 16. Jahrh. [Aus d. Abhandlgn. der k. bayer. Akad. der Wiss.] München 869. (Franz'sche Buchh.) gr. 4. (69 S.) 24 ngr.

Muffat, Karl Aug., **Beiträge** zur Lebensgeschichte des Herzogs Ludwig I. von Bayern. Aus d. Abhdlgn. d. k. bayer. Akad. d. W. München 854. Franz in Comm. gr. 4. (87 S.) n. 24 ngr.

Muffat, Karl Aug., **Beschreibung** u. Geschichte des Schlosses u. der ehemal. Reichsherrschaft Hohenschwangau. Aus d. Urkunden u. Akten des k. baier. Reichsarchivs entworfen. 8. München 837. Fleischmann. 3/8 ₰

— das **Bündniss** des Adels und der Städte von Oberbayern zur Beilegung der brüderlichen Zerwürfnisse zwischen König Ludwig und Herzog Rudolf vom J. 1315. gr. 4. (16 S.) München 854, (Franz.) **

Muffat, Carl Aug., **Denkrede** auf Dr. Georg Thomas v. Rudhart. Gelesen in der öffentl. Sitzung der k. bayer. Akademie der Wissenschaften am 26. März 1861. gr. 4. (28 S.) München 861, (Franz.) *

Muffat, Karl Aug., **Geschichte** der bayerischen u. pfälzischen Kur seit der Mitte d. 13. Jahrhunderts. [Aus „Abhandlgn. d. k. bayer. Akad. der Wiss."] gr. 4. (68 S.) München 871. Franz in Comm. n. 2. 40

Muffat, Karl Aug., über das Gewicht u. den Gehalt der österreichischen Pfenninge von der Mitte d. XIII. bis zur Mitte des XV. Jahrh., u. der böhmischen Groschen im XIV. Jahrh. (Sep.-Adr. aus d. Abh. d. k. b. Akad. d. Wiss. III. Cl. XII. Bd. I. Abth.) München 1872. 4°. 72 S. Cart.

— über das **Gewicht** und den Gehalt der oesterreichischen Pfenninge von der Mitte des 13. bis zur Mitte des 15. Jahrh., und der böhm. Groschen im 14. Jahrh. gr. 4. (72 S.) 878. München *
Vorstehende drei Schriften sind aus: Abhandlungen der k. bayer. Akademie der Wissenschaften, besonders abgedruckt.

— die **Grafen** v. Treffen in Kärnthen als ein Zweig des alemannischen Dynastengeschlechtes der Grafen v. Veringen-Alshausen nachgewiesen. gr. 4. (56 S.) München 855, (Franz.) *
Sämmtliche drei Schriften des Verf. wurden aus: Abhandlungen der k. bayr. Akademie der Wissenschaften, besonders abgedruckt.

— über die **Grösse** und Schicksale der Entschädigungen, welche dem Hause Wittelsbach für die Abtretung der Mark Brandenburg von dem Kaiser Karl IV. verschrieben worden sind. gr. 4. (68 S.) München 867, (Franz'sche Buchh.) *
Vorstehende zwei Schriften des Verf. wurden aus: Abhandlungen der k. bayer. Akademie der Wissenschaften, besonders abgedruckt.

Muffat, Karl Aug., München in seiner Entwicklung bis zum Anfange des XV. Jahrhunderts. Vortrag in der Festversammlung auf dem Rathhause, am 28. Septbr. 1858 zur Feier des 700jährigen Stadtjubiläums. München 1858. 4°. 26 S. Breitrand. Expl. Cart.

(KARL AUGUST MUFFAT), Münchens merkwürdigste Strassen, Gebäude und Denkmale geschichtlich erläutert. Den Theilnehmern der Versammlung des Gesammtvereins der deutschen Geschichts- und Alterthumsvereine in München (18. bis 21. September 1860) gewidmet von dem historischen Vereine von und für Oberbayern. (Mit 1 Plane.) München, 1860. Druck von Dr. C. Wolf & Sohn. 8°.

— s. **Unterhaltungen** für Literatur.

— die **Verhandlungen** der protestantischen Fürsten in den J. 1590 u. 1591 zu Gründung einer Union. Vortrag in der öffentl. Sitzung der k. Akademie der Wissenschaften am 25. Juli 1865 zur Vorfeier des Geburts- u. Namensfestes Sr. Maj. des Königs gehalten. Ebend. 865. gr. 4. (23 S.) n. 8 ngr.

Müffat, P. C., die Buchhaltungskunde, od. gründl. theoret.-prakt. Abhandl. d. einfachen u. doppelten Buchhaltung, mit besond. Rücksicht der darüber erschien. Gesetze u. namentl. des in d. Rheinprovinzen besteh. Handelsgesetzbuches (Code de Commerce). Für Handels-Institute, höhere Bürgerschulen u. zum Selbstunterr. angeh. Kaufleute. gr. 8. (9½ B.) Aachen 831, Mayer. Thlr.

Muffel [Sachliches OW]

Muffel oder der Scheinheilige; Lustspiel in fünf Akten nach Moliere. Wiburg 1819. V: *Nicolay, Ludw. Heinr.* (KY)

Muffel, oder der Scheinheilige, Lustspiel in 5 Akten, nach Molieres Tartüffe bearbeitet. gr. 8. Wiburg. (Kummer in Leipzig in Comm.) 819.

Muffel, der neue Heilige, oder die entlarvte Scheinheiligkeit ... Leipzig 1755. V: *Buchka, Johann Simon.* (MN) (BB) (ML) (JL)

Muffel [Verfasser]

Muffel's, Nikolaus, Beschreibung der Stadt Rom. Hrsg. von Wilhelm Vogt, s. **Bibliothek** des litterarischen Vereins in Stuttgart, Bd. 128.

Müffelmann, Hedw., Arm m. Armen, s.: **Jugendbühne**. Nr. 3.

— Aus eigener Kraft, s.: **Jugendbühne**. Nr. 1.

Müffelmann, Hedw., irdische **Gefäße**. Nach den Papieren e. alten Freundin mitgeteilt. (80 S.) 8. Berlin (905). F. Zillessen. In Leinw. kart. n. 1. 20

— s. Sneewittchen, s.: **Jugendbühne**. Nr. 2.

Die Sternkunde als Volkseigentum. Von Hedwig Müffelmann. Berlin: F. Zillessen [1905]. (43 S.) 8° [J.]

Müffelmann, Leopold: Das Problem der Willensfreiheit in der neuesten deutschen Philosophie. *Leipzig: J. A. Barth 1902.* (31 S.) 8° ¶(Erschien vollst. 1902 im gleichen Verl.) Rostock, Phil. Diss. v. [15. Febr.] 1902

Die Feier der Einweihung des neuen Logenhauses der ger. und vollk. ▭ „Zu den drei Sternen" im Or. Rostock am 3. Jan. 1880. Zur Erinnerung an weihevolle Stunden zsgest. von L[udw.] Müffelmann. Als Ms. f. Brr. gedr. Rostock [1880]: Boldt. 32 S. 8°

Auszug in: L. 3 (1880) S. 41–43; HL. 13 (1880) S. 979–980.

Tt. 2136. Festbericht; Rede von J. H. O. Kern: Üb. die Aufgabe des Mrs.

Die Feier des 150. Geburtstages Friedr. Ludw. Schröders in der Loge zu den 3 Sternen i. O. Rostock am 3. Nov. 1894. Eine Erinnerungsgabe für die Brüder. [Unterz.:] L[udw.] M[üffelmann]. Als Ms. f. Brr. gedr. Rostock [1894]: Behm. 27 S. 8°

cf. L. 18 (1895) S. 8.

Bericht. Reden von G. Stiller u. L. Müffelmann.

Die Feier des 125jährigen Stiftungsfestes der Loge zu den 3 Sternen i. Or. Rostock 29. Juni 1885. [Von Ludw. Müffelmann.] Als Ms. f. Brr. gedr. Rostock 1885: Behm. 23 S. 8° [Umschlagtit.]

Bericht; Festrede von L. Müffelmann: Schönheit, Stärke, Weisheit; Jahresbericht für 1884–1885 von P. Rudolph; Tafellied ohne Noten.

Richard Wagner und die Entwicklung zur menschlichen Freiheit nebst e. einleitenden Dichtung u. e. Anh. 'Wagners Lebens- u. Werdegang' in Tabellenform. (Eine Festgabe zu den aus Anlaß d. Enthüllung d. Berliner Richard Wagner-Denkmals ... 1903 stattfindenden Feierlichkeiten.) Von Dr. L[udwig] Müffelmann. (48 S.) 8° [J.] Berlin: R. Schröder (1903).

Richard Wagner und die Entwicklung zur menschlichen Freiheit, nebst e. Anh.: 'Wagners Lebens- u. Werdegang' in Tabellenform von Dr. L[udwig] Müffelmann. 2. Aufl. Mit Abb. Berlin: R. Schröder 1904. (48 S.) 8° [J.]

Muffels Hannes, leibhafter Chor- und Kammersänger vom Lande, auf dem Sängerkrieg zu Köln a. Rh. am 14. bis 17. Aug. 1880. Erzählt vom Flöten Arnölbche. 8. (36 S.) Köln 880, Warnitz und Comp.

Müffler, Fr. X. H., die Organisation des höheren Unterrichts in Portugal. [Aus: „Baumeister's Handb. d. Erziehungs- u. Unterrichtslehre f. höhere Schulen".] gr. 8. (52 S.) München 897. C. H. Beck. n. 1.40

Müffling, Friedrich Karl Ferdinand

(v. Müffling.) Auszug aus den hinterlassenen Papieren des General-Feldmarschalls Freiherrn v. Müffling gen. Weiss. 8. Berlin. 1855. 0,30.

(Müffling gen. Weiß, C. Frhr v.) Besprechung von: „Bericht eines Augenzeugen von dem Feldzuge während der Monate September und October 1806. Von R. v. L." Jena 1807. 8°. (Aus: Jenaische allg. Literatur-Zeitung.)

W(eiss), C. v. (genannt Müffling). Betrachtungen über die grossen Operationen und Schlachten der Feldzüge von 1813 und 1814. 8. Berlin und Posen 1825.

v. Müffling, L., s.a. **Campagne, die Preuß. u. Russische.**

(Müffling.) Die preussisch-russische Campagne im Jahre 1813, von der Eröffnung bis zum Waffenstillstande vom 5. Juni 1813. 8. Breslau.

Müffling (gen. v. Weiß, C. Frhr) v. Zum Gebrauch der Officiere des General-Stabs bei jährlichen Übungsreisen. Berlin 1822. 8°.

— s.a. **Geschichte des Feldzuges unter Wellington.**

(Müffling.) Geschichte des Feldzuges der englisch-hannöverisch-niederländisch-braunschweigischen Armee, unter Herzog Wellington, und der preussischen Armee unter dem Fürsten Blücher von Wahlstadt, im Jahre 1815. Nebst den Plänen der Schlachten von Ligny, Quatre-Bras und Belle-Alliance. 8. Stuttgart und Tübingen 1817.

(Müffling.) Zur Kriegsgeschichte der Jahre 1813 und 1814. Die Feldzüge der schlesischen Armee, unter Feldmarschall Blücher, von der Beendigung des Waffenstillstandes bis zur Eroberung von Paris. 8. Berlin und Posen 1824.
— — 2. Aufl. 8. Berlin, Posen und Bromberg 1827.

Müffling, Friedr. Carl Ferd. v., aus meinem Leben. 2 Thle. in 1 Bd. gr. 8. (XII und 403 S.) Berlin 851, Mittler und Sohn.

Müffling, Friedr. Carl Ferd. v., sonst Weiß genannt, Aus meinem Leben. 2 Thle. in 1 Bd. 2., mit einem Anhang verm. Aufl. gr. 8. (XII und 369 S.) Berlin 855, Mittler und Sohn.

v. Müffling, L. Marginalien zu den Grundsätzen der höheren Kriegskunst für die Generale der österreich. Armee; von C. v. W. 8. M. 2 Plän. Weimar 1808.

(Müffling, F.) C.(F. Frhr, gen.) v. W(eiss.) Marginalien zu den Grundsätzen der höheren Kriegskunst für die Generale der österr. Armee. 2. Aufl. Weimar 1810. 8°. (1. Aufl. 1808.)

Müffling, Friedr. Carl Ferd., genannt Weiss, Preuss. GFM. Operations-Plan der Preussisch-Sächsischen Armee im Jahre 1806, Schlacht von Auerstädt und Rückzug bis Lübeck. Nebst Beilagen, einer Operations-Karte und Plan der Schlacht bei Auerstädt. 8. Weimar 1807.

Plan d'opération de l'armée saxo-prussienne en 1806. Bataille d'Auerstädt le 14 oct. et la retraite jusqu' à Lübeck. Avec suppl. et crt. par C. de W. (C. Frh. v. Müffling gen. Weiss). Weimar 1807. 180 S.

(Müffling gen.) W(eiß,) C. (Frhr) v. Über die Römerstraßen am rechten Ufer des Nieder-Rheins. Berlin 1834. 8°.

(Müffling, F.) C. (F. Frhr, gen.) v. W(eiss). Napoleons Strategie 1813 von Groß-Görschen bis Leipzig. Berlin 1827. 8°.

Mugdan, s.: Archiv f. Strafrecht.

Mugdan, Benno

Mugdan, B., die Gewerbe-Ordnung f. das Deutsche Reich, nebst dem Gesetze üb. eingeschriebene Hülfskassen u. den Ausführungsgesetzen. Mit ausführl. Sachregister. Für den prakt. Gebrauch bearb. gr. 8. (IV, 103 S.) Berlin 883. v. Decker. cart. n. 1. —

Mugdan, B., die Gewerbe-Ordnung f. das Deutsche Reich in ihrer neuesten Gestaltung. Text-Ausg. m. Anmerkgn. u. Sachregister. 2., neubearb. Aufl. gr. 16. (IV, 188 S.) Berlin 893. R. v. Decker. 1. 50

Mugdan, B., die gesammten Materialien zum bürgerlichen Gesetzbuch f. d. Deutsche Reich, hrsg. u. bearb. 5 Bde. Lex.-8. Berlin, R. v. Decker. n. 45. 75; geb. in Halbfrz. n.n. 56. 60
1. Einführungsgesetz u. Allgemeiner Theil. (VIII, CX, 1040 S.) 899. n. 10. 70; geb. n.n. 12. 75
2. Recht der Schuldverhältnisse. (VI, CXLII, 1418 S.) 899. n. 10. 45; geb. n.n. 13. 10
3. Sachenrecht. (III, XCV, 1012 S.) 899. n. 7. 40; geb. n. 9. 25
4. Familienrecht. (VI, CXXXV, 1427 S.) 899. n. 10. 45; geb. n.n. 13. 10
5. Erbrecht. (IV, XCIII, 910 S.) 899. n. 6. 75; geb. n. 8. 40

— dasselbe. Sachregister, bearb. v. P. Magunna. Lex.-8. (137 S.) Ebd. 899. n. 1. —; geb. in Halbfrz. 1. 50
Die Materialien zum Ausführungsgesetze, s.: Stegemann, E.

— die ges. Materialien zu den Reichs-Justizgesetzen, s.: Hahn, C.

Mugdan, Benno, s. Niendorf, Osk.: Mietrecht ...

— s.: Rechtsprechung, die, der Oberlandesgerichte auf dem Gebiete des Civilrechts.

Mugdan, Bertha, die theoretischen Grundlagen d. Schillerschen Philosophie, s.a. Kantstudien. 19. Erg.-Heft.

Mugdan, Bertha: Die theoretischen Grundlagen der Schillerschen Philosophie. Breslau 1910. 86 S. 8° (Ersch. auch als: Kantstudien. Erg.H. 19.)
Breslau, Phil. Diss. v. 16. Juli 1910, Ref. Kühnemann
[Geb. 22. März 84 Breslau; Wohnort: Breslau; Staatsangeh.: Preußen; Vorbildung: Realgymn. zum hl. Geist Breslau Reife M. 06; Studium: München 1, Breslau 5 S.; Rig. 23. Febr. 10.] [U 10. 626

Mugdan, Ernst, die Errichtung von Testamenten u. Erbverträgen in Preußen unter Berücksicht. des gesetzl. Erbrechts u. des Familienrechts. Mit Formularen. Nach O. Häntzschel, „Die Auf- u. Abnahme v. Testamenten" bearb. 2., verm. u. verb. Aufl. 8. (VIII, 136 S.) Breslau 901. J. U. Kern. Kart. n. 2. 75
1. Aufl. (VIII, 118 S.) Ebd. 900. n. 2. 75.

Mugdan, Ernst, das deutsche Vormundschaftsrecht, s.: Schroeder, Erich.

Mugdan, Franz: Ein Beitrag zur Lehre von den zirkulären Psychosen. Freiburg i. B.: Speyer & Kaerner 1910. 38 S. 8°
Freiburg i. B., Med. Diss. v. 1909, Ref. Hoche
[Geb. 6. Nov. 85 Breslau; Wohnort: Freiburg i. B.; Staatsangeh.: Preußen; Vorbildung: Maria-Magdalena-Gymn. Breslau Reife O. 03; Studium: Freiburg i. B. 1, Leipzig 1, Breslau 1, Freiburg i. B. 3, Breslau 1, München 1, Freiburg i. B. 3 S.; Coll. 26. Nov. 09.] [U 10. 990

Mugdan, Leo

— u. Rich. Freund, Entscheidungen u. Verfügungen zum Reichsgesetz betr. die Krankenversicherung der Arbeiter vom 15. Juni 1883. 1. Hft. A. u. d. T.: Entscheidungen u. Verfüggn. der Gewerbe-Deputation d. Magistrats zu Berlin, nebst e. Abdrucke d. Gesetzes. gr. 8. (VII, 132 S.) Berlin 886. Guttentag. n. 2. 50

— u. R. Freund, Entscheidungen u. Verfügungen der Gewerbe-Deputation d. Magistrats zu Berlin zum Reichsgesetz, betr. die Krankenversicherung der Arbeiter vom 15. Juni 1883. 2. Hft. [Mit e. Hft. I u. II umfass. Sachregister.] gr. 8. (III, 66 S.) Ebd. 888. n. 1. 25
(1. u. 2.: n. 3. 75)

Mugdan, Leo, u. W. Cuno, Gewerbegerichtsgesetz, s.a. Guttentag's Sammlung deutscher Reichsgesetze.

Mugdan, Leo, Gewerbegerichtsgesetz. Text-Ausg. m. Anmerk. u. Sachreg. 6. Aufl. von W. Cuno. Berlin 1906. 8°.
(Guttentagsche Sammlung Deutscher Reichsgesetze. Nr 31.)

Mugdan, Leo, das Reichsgesetz, betr. die Gewerbegerichte, s.a. Guttentag's Sammlung deutscher Reichsgesetze.

Mugdan, Leo, das Reichsgesetz betr. die Gewerbegerichte. Vom 29. Juli 1890. Text-Ausg. m. Anmerkgn. u. Sachregister. 16. (XXI, 146 S.) Berlin 890. Guttentag. cart. n. 1. 20

Mugdan, L., d. Reichsgesetz betr. d. Unfallversicherung d. bei Bauten beschäft. Personen, 2. Aufl., s.a. Guttentag's Sammlg. deutscher Reichsgesetze, Nr. 28 u. 31.

Mugdan, L., das Reichsgesetz, betr. die Unfallversicherung der bei Bauten beschäftigten Personen. Vom 11. Juli 1887. Text-Ausg. mit Anmerkungen und Sachregister. 16. (XX, 211 S.) Berlin 888, Guttentag. cart. *

Mugdan, L.: Das Reichsgesetz, betr. die Unfallversicherung der bei Bauten beschäftigten Personen. Vom 11. Juli 1887. Text-Ausg. mit Anm. und Sachreg. 2. Aufl. neu bearb. von R. Chrzescinski. Berlin 1898.
(Guttentag'sche Sammlung Dt. Reichsgesetze. Nr 28.)

Mugdan, Leo, die Zwangsvollstreckung in das unbewegliche Vermögen nach dem Gesetze vom 13. Juli 1883. gr. 8. (VI, 112 S.) Breslau 884. Maruschke & Berendt. n. 1. 60

Mugdan, Mart., Argon u. Helium, 2 neue gasförmige Elemente, s.a. Sammlung chem. u. chemisch-techn. Vorträge.

MUGDAN, M.
Argon und Helium, zwei neue gasförmige Elemente. Stuttgart, 1896. 8vo. Ill.

Mugdan, Martin [aus Breslau. Assist. am chem. Inst. d. Kgl. Univ. Breslau]: Aus d. chem. Institut d. Univ. Breslau. Ueber die Constitution des Dimethylconiins und des Dimethylpipecolins ... Berlin, Buchdr. v. E. Wertheim, *1894*; 2 Bl., 52 S., 1 Bl. 8.
Breslau, Phil. Fak., Inaug.-Diss. v. 3. Nov. 1894

Mugdan, Otto, die freie Arztwahl in Berlin. (Ihre Entstehg., Entwickelg. u. Einrichtg.) Im Auftrage d. Vorstandes d. Vereins der freigewählten Kassenärzte dargest. gr. 8. (30 S.) Berlin 895. E. Schilke. — 50

OTTO MUGDAN, Die freie Arztwahl in Berlin. Im Auftrage des Vorstandes des Vereins der freigewählten Kassenärzte für die Mitglieder des Ausserordentlichen Deutschen Aerztetages d. J. 1903 zusammengestellt. Berlin (1903). Druck von H. S. Hermann. 8°.

— d. Ernährg. d. Kindes im ersten Lebensjahre. Vortrag, geh. im Chemiegebäude der Berliner Gewerbeausstellg. 1896. gr. 8. (19 S.) Berlin 896. S. Karger. n. — 50

Mugdan, Otto, Kommentar f. Aerzte zum Gewerbe-Unfallversicherungsgesetze, nebst dem Gesetze, betr. die Abänderg. der Unfallversicherungs-Gesetze v. 30. VI. 1900 in der Fassg. der Bekanntmachg. v. 5. VII. 1900 (R.G.Bl. 1900 S. 573 ff.) gr. 8. (VIII, 215 S.) Berlin 902. G. Reimer. n. 5. —; geb. in Leinw. n. 5. 80

— das Krankenversicherungsgesetz v. 15. VII. 1883 in der Fassung der Novelle v. 10. IV. 1892 u. die m. der Krankenversicherung zusammenhängenden Bestimmungen anderer Reichsgesetze, nebst e. Anh., enth. Entwurf e. Kassenstatuts, Verträge zwischen Ärzten u. Krankenkassen, Satzgn. u. Instruktion e. Vereins freigewählter Kassenärzte. Kommentar für Ärzte. gr. 8. (VI, 282 S.) Leipzig 900. G. Thieme. n. 4. —; geb. n. 5. —

Mugdan, Salo, Referendar: Die rechtliche Natur des Theaterbesuchsvertrages mit Berücksichtigung des Kontrahierungszwanges der Theaterunternehmungen. Königshütte O.-S. 1909: Giebler. III, 35 S. 8°

Erlangen, Jur. Diss. v. 5. Mai 1909, Ref. Binder

[Geb. 6. März 86 Lodz; Wohnort: Nicolai; Staatsangeh.: Preußen; Vorbildung: Elisabeth-Gymn. Breslau Reife O. 05; Studium: Breslau 5, München 1 S.; Rig. 16. Jan. 09.] [U 09. 720

Muegel Rede, geh. am 3 Aug. 1830. (Lob des Königs, Aufforderung zur Liebe gegen ihn.) 12 S.
Saarbrücken, Progr. 1831

Mügel, Frid. (geb. Saarbrücken 1818): De diabetae pathologia. Berolini (1840). (30 S.) 8°
Berlin, Med. Diss. v. 20. Okt. 1840

Mügel, H., Religion u. Sozialdemokratie. 8. (40 S.) Straßburg 894. J. H. E. Heitz. n. — 50

Mügel, Osk., Baugeldverwendung u. Baubuch. (41 S.) gr. 8. Berlin 910. F. Vahlen. 1. —
Sonderabdruck aus: „Beiträge z. Erläuterg. d. deut. Rechts".

Mügel, O., Gebührenordnung für Notare vom 25. VII. 1910. Textausg. m. kurzen erläut. Bemerkgn. u. vollständ. Tabellen. (III, 59 S.) gr. 8. Berlin, F. Vahlen. 1910 Geb. in Leinw. 2. 40.

— Preußisches Gerichtskostengesetz vom 25. VII. 1910. Textausg. m. kurzen erläut. Bemerkgn. u. vollständ. Tabellen. (III, 144 S.) gr. 8. Ebd. 910. Geb. in Leinw. 4. 80

Mügel, Osk.: Preuss. Gerichtskostengesetz v. 25. Juli 1910. Berlin 1910.

Mügel, O., das rheinische Grundbuchrecht. Gesetz vom 12. Apr. 1888 üb. das Grundbuchwesen u. die Zwangsvollstreckung in das unbewegliche Vermögen im Geltungsbereiche d. Rheinischen Rechts. Mit e. Einleitg. u. Anmerkgn. u. den dazu erlassenen Ausführungsbestimmgn. hrsg. 8. (VIII, 344 S.) Berlin 888. Vahlen. n. 5. —

Mügel, Osc., das rheinische Grundbuchrecht. Gesetz vom 12. Apr. 1888 üb. das Grundbuchwesen u. die Zwangsvollstreckg. in das unbewegl. Vermögen im Geltungsbereiche d. Rhein. Rechts. Mit e. Einleitg. u. Anmerkgn. u. den Ausführungsbestimmgn. hrsg. 2., verb. Aufl. 8. (X, 378 S.) Berlin 892. F. Vahlen. n. 6. —; geb. n. 7. —

Mügel, Osk., d. preuß. Kostengesetze v. 25. Juni 1895. Preuß. Gerichtskostengesetz u. Gebührenordng. f. Notare. M. Kommentar in Anmerkgn. u. m. Kostentabellen hrsg. gr. 8. (XII, 420 S.) Berlin 895. F. Vahlen. n. 9. —; geb. n.n. 11. —

Mügel, Osk., d. preuß. Kostengesetze v. 25. Juni 1895. Preuß. Gerichtskostengesetz u. Gebührenordng. f. Notare. M. Kommentar in Anmerkgn. u. m. Kostentabellen hrsg. 2., verm. u. verb. Aufl. gr. 8. (XII, 451 S.) Ebd. 897. n. 10. —; geb. in Halbfrz. n.n. 12. —

Mügel, Osk., die preußischen Kostengesetze v. 25. VI. 1895 in der Fassung der Bekanntmachung vom 6. X. 1899. Preuß. Gerichtskostengesetz u. Gebührenordng. f. Notare. Mit Kommentar in Anmerkungen u. m. Kostentabellen hrsg. 3. Aufl. gr. 8. (X, 494 S.) Berlin 900. F. Vahlen. n. 10. —; geb. n.n. 12. —

Mügel, Osk., die preuß. Kostengesetze vom 25. VI. 1895 in der Fassung der Bekanntmachung vom 6. X. 1899 Preuß. Gerichtskostengesetz u. Gebührenordnung f. Notare Mit Kommentar in Anmerkgn. u. m. Kostentabellen hrsg 4. Aufl. (XII, 538 S.) gr. 8. Berlin 904. F. Vahlen n. 11. —; geb. n.n. 13. —

Mügel, O., Die preussischen Kostengesetze vom 25. VI. 1895 in der Fassung der Bekanntmachung vom 6. X. 1899. Preussisches Gerichtskostengesetz u. Gebührenordng. f. Notare. Mit Kommentar in Anmerkgn. u. m. Kostentabellen hrsg. 5. Aufl. (XII, 617 S.) gr. 8. Berlin, F. Vahlen. 1907. 14. —; geb. 16. 50.

— Die preußischen Kostengesetze vom 25. VII. 1910. Preußisches Gerichtskostengesetz u. Gebührenordng. f. Notare. Mit Kommentar in Anmerkgn. u. m. Kostentabellen hrsg. 6. Aufl. des Kommentars zu den preuß. Kostengesetzen vom 25. VI. 1895. (XV, 673 S.) gr. 8. Berlin 910. F. Vahlen. 16.—; geb. n 18. 50
5. Aufl. (XII, 617 S.) Ebd. 907. 14.—; geb. n 16. 50

Mügeln [Schlagwort]

Mügeln, s.: Oschatz.

Mügge [Sachliches OW]

Mügge, Theodor, s. Klassiker, moderne.

Mügge [Verfasser]

Mügge, E.

— Moderne Pausen- u. Schablonen-Malerei. 8. Serie. (14 z. Tl. farb. Taf. m. 4 S. Text.) 35×25,5 cm. Ebd. (910). 4. —

Mügge, E., Sammlung moderner Pausen u. Schablonen. 2.—4. Serie. (à 12 z. Tl. farb. Taf. m. 2 S. Text.) qu. Fol. Berlin (904—906). M. Spielmeyer. à Ser. n. 4. —

Mügge, E., Sammlung moderner Pausen u. Schablonen. 5.—7. Serie. (à 12 z. Tl. farb. Taf. m. 2 S. Text.) 26×36 cm. Berlin (907—09). M. Spielmeyer. à Ser. 4. —

Mügge, Ernst Alex., Barbarina. Lustspiel in 4 Akten. gr. 8. (69 S.) Barmen 880. Inderau. 1. 50

—— dass. — s. Universal-Bibliothek Nr. 1356.

Mügge, Ernst Alex., ohne Namen und Rang. Schauspiel in 5 Acten. gr. 8. (87 S.) Liegnitz 877. (Barmen, Inderau.) *

Mügge, Felix, aus Kuznica grabowska ⟨Russ. Polen⟩, Unterarzt im Oldenb. Inf.-Reg. No 91: Zwei Fälle von Dystrophia musculorum progressiva. *Berlin (1902): G. Schade.* (29 S.) 8°
Berlin, Med. Diss. v. 7. März 1902

Mügge, Fr., Karte vom Badeort Grund und seinen Umgebungen. Nach den neuesten Messungen angefertigt. 1:7500. 2. vollständig revid. Aufl. Lithogr. Imp.-Fol. Clausthal 879, Uppenborn. cart. *

Mügge, Frz., über α-Metajodsalicylsäure und Metanitrometajodsalicylsäure. Inaugural-Dissertation. 8. (31 S.) Göttingen 880, (Vandenhoeck und Ruprecht's Verlag.) *

Mügge, Friedr., ein Fall von Dermoidcyste des Ovarium. Inaugural-Dissertation. gr. 8. (41 S.) Göttingen 876, (Vandenhoeck und Ruprecht's Verlag.) *

Mügge, Fritz, Führer durch Potsdam u. Umgebung. Mit 2 Plänen u. e. Auszuge in engl. Sprache. Anh.: Geschichtl. Entwickelung Potsdams. 12. (126 S. m. Abb.) Potsdam 896. R. Müller. — 50

Mügge, *Karl Wilhelm Theodor* Hans [aus Pommern]: Die operativen Methoden der Behandlung schwerer Fälle von Plattfuss m. bes. Berücks. d. supramalleolaren Osteotomie ... Greifswald, Druck v. J. Abel, 1893; 27 S., 1 Taf. 8.
Greifswald, Med. Fak., Inaug.-Diss. v. 28. Nov. 1893

Mügge, Karl

Mügge, Carl: Beiträge zur zeichnerischen Lösung technischer Rechnungs-Aufgaben. 1906. VI, 40 S., 19 Taf. 4°
Hannover, Dr.-Ing.-Diss. v. 11. 1. 1906

Friedrich Nietzsche. His life and work. By M. A. Mügge. London, Leipsic: Unwin 1908. XI, 442 S. 8°

Mügge, Oskar: Edmond Rostand als Dramatiker. *Friedeberg Nm. 1903: M. Eisermann.* (18 S.) 4° [J. u. Ant.]
Friedeberg Nm., k. G, P 1903 (79)

Mügge, Otto, krystallographische Untersuchung einiger organischen Verbindungen. Inaugural-Dissertation. gr. 8. (30 S. mit 1 lithogr. Taf.) Hannover 879. (Göttingen, Vandenhoeck und Ruprecht's Verlag.) *

Mügge, Rud., das Brandmal der Seele od. Schiller u. Goethe. gr. 8. (64 S.) Bromberg 891, Kirchenstr. 2. — Berlin, N., Lottumstr. 19/III., Selbstverl. n. 71. — (!)

Mügge, Thdr., Afraja, s.a. Bibliothek, deutsche.

— dasselbe, s.a. Bibliothek der Gesamtlitteratur d. In- u. Auslandes.

Mügge, Thdr., Afraja, s.a. Hausbibliothek, belletristische.

— dasselbe, s.a. Romane, die besten, der Weltliteratur.

— dasselbe, s.a. Romane, klassische, der Weltliteratur.

Muegge, Theodor

Afraja. Roman. Von Theodor Mügge.
Frankfurt a.M.: Meidinger 1854. 553 S. 8°
(Deutsche Bibliothek. Sammlung auserlesener Original-Romane. Bd 1.)

Mügge, Theodor. *Afraja.* Romantische Erzählung aus dem hohen Norden .. für die Jugend bearb. v. Otto Hofmann. Stuttgart, Hoffmann, [1870]. 2 Bl. 193 S. und 6 farb. Tafeln nach Hermann Vogel. 8°. Farb. Orhlwd. 9.—

Mügge, Th., Afraja. Roman. 3. Aufl. 8. (582 S.) Breslau 889. Trewendt. n. 3. —; geb. n. 4. —

Mügge, Thdr., Afraja. Roman. 3 Bde. 12. (192, 207 u. 248 S. m. 6 Bildern.) Teschen 893. K. Prochaska. Geb. in Leinw. 2. 10

Mügge, Thdr., Afraja. Nordischer Roman. 4. Aufl. 8. (543 S.) Breslau 902. Berlin, E. Trewendt. n. 2. —; geb. in Leinw. n. 3. —

Mügge, Thdr., Afraja. Eine Erzählg. aus dem hohen Norden. Für die reifere Jugend hrsg. v. Alb. Geyer. Mit Illustr. v. H. Grobet. (267 S.) 8. Leipzig 907. Abel & Müller. Geb. in Leinw. 3. —

Afraja. Ein nordischer Roman von Theodor **Mügge.** Berlin: Scherl [1909]. 832 S. 8°
(Bibliothek August Scherl. Bd 79–81.) [10. 13637

Mügge, Theod., Bilder aus dem Leben. Erzähln. u. Novellen. 8. (22½ B.) Magdeburg 831, Rubach.

— Bilder aus dem Leben. Erzählungen für das Volk. 1. Heft. Sam. Wiebe. Ein Lebensbild aus den Marschen. 16. (82 S.) Berlin 854, Janke. *

— nordisches Bilderbuch. Reisebilder. 8. (IV und 424 S.) Frankfurt a. M. 856(57,) Meidinger Sohn und Comp.

— nordisches Bilderbuch. Reisebilder. Frankfurt a. M. 857. Meidinger. 8. (IV, 424 S.) n. 2 ℳ.

Mügge, Thdr., nordisches Bilderbuch. Reisebilder. 3., unveränd. Aufl. 8. (IV und 424 S.) Breslau 862, Trewendt.

Mügge, Theod., der Chevalier. Ein Roman. 3 Thle, gr. 12. (39 B.) Leipzig 835. (Berlin, Danz.)

Mügge, Thdr., der Chevalier. Ein Roman. 3 Thle. gr. 12. Leipzig 835. Georg Wigand. 4½ ℳ

— Edg. Allan Poe, Heinr. Zschokke, denn die Elemente hassen ..., s.: Schaffstein's Volksbücher.

Muegge, Theodor

Der Doppelgänger. Roman. Von Theodor Mügge.
Berlin: Janke 1857. 174 S. 8°

— England u. die Reform in ihren umwälzenden Folgen. Historisch-staatsrechtl. Betrachtung. gr. 8. Leipz. 832. Michelsen. 15 ℊ

— die Erbin. Roman. 2 Thle. 8. (643 S.) Berlin 854(55,) Janke.

— die Erbin. Roman. 2 Thle. Berlin 855. Janke. 8. (2 Bl., 281; 2 Bl., 363 S.) 3 ℳ.

— die Erbin. Roman. 8. (318 S.) Leipzig 894. Greßner & Schramm. 2. —; geb. in Leinw. n. 2. 60

Mügge, Thdr., die Erbin v. Bornholm, s.: Volks-Bibliothek, allgem.

—— Frankreich u. d. letzten Bourbonen. Uebersicht d. Vorfälle in Frankreich v. 1814 b. 1830. 8. (10 B. u. Titvgn.) Berlin 831, Vereins-Buchhandlung.

Muegge, Theodor

Gefangen und befreit. Roman. Von Theodor Mügge. Berlin: Janke 1857. 186 S. 8°

Muegge, Theodor

Karl der Erste und Cromwell. Roman. Von Theodor Mügge. Berlin: Janke 1857. 288 S. 8°

Mügge, Theodor. Illustrirte Kriegsgeschichte unserer Zeit in Wort und Bild. Mit Plänen, Karten und Portraits von Staatsmännern und Heerführern. 8. Darmstadt und Frankfurt a. M. 1859.

—— illustrirte Kriegsgeschichte von 1859. Mit Plänen, Karten und Portraits. gr. 8. (409 S. mit eingedr. Holzschn., 8 lithogr. Plänen, 1 chromolithogr. Karte und 1 Holzschnt. in gr. 8., 4., qu. Fol. und gr. Fol.) Frankfurt a. M. 860. [Berlin, Janke.]

— illustrirte Kriegsgeschichte von 1859. Mit Plänen, Karten u. Portraits. Frankfurt a. M. 860. Meidinger & Co. gr. 8. (409 S. m. Holzschn., 8 lith. Plänen, 1 lith. Karte u. 1 Holzschntaf. in 8., 4. u. Fol.) n. 1 ℛ 15 ngr.

—— Leben und Lieben in Norwegen. Vier Novellen aus dem norweg. Volksleben. 2 Bde. gr. 8. (VI und 495 S.) Frankfurt a. M. 858. [Berlin, Janke.]

— Leben und Lieben im Norwegen. Vier Novellen aus dem norwegischen Volksleben. 2 Bde. Frankfurt a. M. 858. Meidinaer. 8. (2 Bl., 315; 2 Bl., 180 S.) 2 ℛ.

Mügge, Theod. Leben Napoleons des Grossen. 8. Berlin 1836.

—— Leben Napoleons f. d. reif. Jugend, s. Taschenbuch, histor., f. d. reifere Jugend.

— neues Leben, s.a. Album. Bibliothek deutscher Originalromane.

Muegge, Theodor

Neues Leben. Novellen. Von Theodor Mügge. Bd 1-3. Prag, Leipzig: Kober 1856. 8°

(Album. Bibliothek dt. Originalromane. Jg. 11, Bd 14-16.)

Muegge, Theodor

Der Majoratsherr. Roman. Von Theodor Mügge. Berlin: Janke 1853. 250 S. 8°

—— u. F. Zobel, Monatsschrift f. Volksbildg., s. Monatsschrift.

— Novellen u. Erzählungen. 3 Bde. (Inhalt: Deutsche Liebe in Kentucky. Moderne Kämpfe. — Der Suliot. Joachim Hennigs. Der Ueberfall. — Der Verschmähte. Das Mädchen von Gresivaudan. Der große Baske.) gr. 12. Braunschweig 836. G. C. E. Meyer sen. 4 ℛ

—— gesammelte Novellen. 6 Thle. gr. 12. (101¾ B.) Leipzig 842, 43, Brockhaus. (1—3. Thl. 4 Thlr. 15 Ngr., 4—6. Thl. 6 Thlr.)

—— neue Novellen. 6 Bde. 8. (95 B.) Hannover 845, 46, Kius.

— Novellen u. Skizzen. 3 Bde. (Enthalten: 1r Bd. Die Spanier in London. — Der Unversöhnliche. — Absicht u. Zufall. — Der Candidat. 2r Bd. Die Brüder. — Rosinchen. 3r Bd. Streifzüge durch Belgien. — Der Retter.) gr. 12. Berlin 838. Alex. Duncker. 4 ℛ

—— der Prophet. Historischer Roman aus dem Bauernkriege. 3 Bde. 8 (1014 S.) Leipzig 860. 61, Thomas.

—— der Prophet. Historischer Roman aus dem Bauernkriege. 3 Bde. 2. Aufl. 8. (1014 S.) Leipzig 862, Thomas.

—— Erich Randal, s.a. Bibliothek, deutsche.

—— Erich Randal, s.a. Hausbibliothek, belletristische.

Muegge, Theodor

Erich Randal. Hist. Roman. Aus der Zeit der Eroberung Finnlands durch die Russen im Jahre 1808. Von Theodor Mügge. Th. 1.2. Frankfurt a.M.: Meidinger 1850. 8°

(Deutsche Bibliothek. Sammlung auserlesener Original-Romane. Bd 9.)

—— Reise durch Skandinavien. (2. Abthl.) A. u. d. Tl.: Schweden im Jahre 1843. 2 Bde. 12. (24⅙ B.) Hannover 844, Kius.
Vgl. Skizzen.

— Reise durch Skandinavien. (1. Abtheil.) A. u. d. T.: Skizzen aus dem Norden. 1., 2. Bd. Mit e. Reisekarte von Norwegen. gr. 12. Hannover 844, Kius. 4 ℛ — 2. Abthl. A. u. d. T.: Schweden im Jahre 1843. 2 Bde. 12. Ebend. 844. 3 ℛ

— Herm. Kurz, E. T. A. Hoffmann, der Retter u. andere Erzähl gn., s.: Bücher, bunte.

— Der Retter, s.: Schaffstein's Volksbücher f. die Jugend.

—— Romane. 4 Bde. 8. Berlin 856(57,) Janke.
Inhalt:
Bd. 1. Karl der Erste und Cromwell. (288 S.)
„ 2. Der Doppelgänger. (174 S.)
„ 3. Der Tell von Unterwalden. Schloß Breitenstein. (291 S.)
„ 4. Gefangen und befreit. (186 S.)

— Romane. 1—4. Bd. Berlin 857. Janke. 8. 6 ℛ.
Inhalt: 1. Bd.: Karl der Erste und Cromwell. (288 S.) — 2. Bd.: Der Doppelgänger. (174 S.) — 3. Bd.: Der Tell von Unterwalden. Schloß Breitenstein. (186 S.) — 4. Bd.: Gefangen u. befreit. (291 S.)

— — Neue Folge. 1—4. Bd. Berlin 858. Janke. 8. 6 ℛ.
Inhalt: 1. Bd.: Die Standpunkte der Gesellschaft. Roman. (315 S.) — 2. Bd.: Der Pfarrer vom See. Eine Lebensgeschichte. (186 S.) — 3. Bd.: Die Dokumente. Roman. (210 S.) — 4. Bd.: Adam u. Eva. Roman. (331 S.)

— Romane. 3. Folge. 6 Bde. Breslau 862. Trewendt. 8. 9 ℛ
Inhalt: 1. Bd.: Romana. Historische Erzählung. (316 S.) — 2. Bd.: Cosimo Vinci. Historische Erzählung. (236 S.) — 3. Bd.: Der Propst von Ulensvang. Vater u. Sohn. Zwei Erzählungen. (223 S.) — 4. Bd.: Die Erbin von Bornholm. — Am Scheidewege. Zwei Erzählungen. (251 S.) — 5. Bd.: Die Auserwählte des Propheten. Sigrid das Fischermädchen. Zwei Erzählungen. (211 S.) — 6. Bd.: Drei Freunde. Alte u. neue Welt. Zwei Erzählungen. (288 S.)

— Romane. 1—21. Bd. Ebend. 862—64. 16. Jeder Bd. 15 ngr
Inhalt: 1—3. Bd.: Der Chevalier. 3 Bde. 2. Aufl. (X, 788 S.) — 4—8. Bd.: Toussaint. 5 Bde. 2. Aufl. (1398 S.) — 9—12. Bd.: Erich Randal. Historischer Roman aus der Zeit der Eroberung Finnlands durch die Russen im Jahre 1808. 4 Bde. 2. Aufl. (1082 S.) — 13—15. Bd.: Afraja. Ein Roman. 3 Bde. 2. Aufl. (741 S.) — 16—18. Bd.: Tänzerin und Gräfin. 3 Bde. 2. Aufl. (661 S.) — 19. 20. Bd.: Die Benedictin. 2 Bde. 2. Aufl. (723 S.) — 21. Bd.: Weihnachtsabend. 2. Aufl. (236 S.)

—— Romane. 3. Folge. 1.—10. Bd. 8. Breslau 862—67, Trewendt. à Bd. 1 Thlr. 15 Ngr.

Inhalt:

Bd. 1. Romana. Historische Erzählung. (316 S.)
" 2. Cosimo Vinci. Historische Erzählung. (236 S.)
" 3. Der Probst von Ulensvang. Vater und Sohn. Zwei Erzählungen. (223 S.)
" 4. Die Erbin von Bornholm. Am Scheidewege. Zwei Erzählungen. (251 S.)
" 5. Die Auserwählte des Propheten. Sigrid das Fischermädchen. Zwei Erzählungen. (211 S.)
" 6. Drei Freunde. Alte und neue Welt. Zwei Erzählungen. (288 S.)
" 7. Die böse Gräfin. Rübezahl. Zwei Erzählungen. (392 S.)
" 8. Fiat justitia! Alexander Petion. Die Macht der Liebe. Drei Erzählungen. (423 S.)
" 9. Romantische Studien. Wer trägt die Schuld? Zwei Erzählungen. (380 S.)
" 10. Eine Lebensfrage. Anna. Zwei Erzählungen. (399 S.)

—— dass. — 1.—33. Bd. Gesammt-Ausg. gr. 16. Ebendas. à Bd. 15 Ngr.

Inhalt:

Bd. 1—3. Der Chevalier. 3 Bde. 2. Aufl. (X und 788 S.) 862.
" 4—8. Toussaint. 5 Bde. 3. Aufl. (1396 S.) 862.
" 9—12. Erich Randal. Historischer Roman aus der Zeit der Eroberung Finnlands durch die Russen im J. 1808. 4 Bde. 2. Aufl. (1062 S.) 862.
" 13—15. Afraja. Ein Roman. 3 Bde. 2. Aufl. (741 S.) 863.
" 16—18. Tänzerin und Gräfin. 3 Bde. 2. Aufl. (661 S.) 863.
" 19. 20. Die Vendéerin. 2 Bde. 2. Aufl. (723 S.) 863.
" 21. Weihnachtsabend. 2. Aufl. (236 S.) 864.
" 22. 23. Arvor Spang. Ein Roman. 2 Bde. 2. Aufl. (446 S.) 865.
" 24. 25. Verloren und Gefunden. Roman. 2 Bde. 2. Aufl. (404 S.) 865.
" 26. Die Erbin. Ein Roman. 2. Aufl. (316 S.) 866.
" 27. 28. Der Voigt von Sylt. Ein Roman. 2 Bde. 2. Aufl. (332 S.) 866.
" 29. Der Majoratsherr. Ein Roman. 2. Aufl. (179 S.) 866.
" 30. König Jacob's letzte Tage. Ein Roman. 2. Aufl. (300 S.) 867.
" 31—33. Der Prophet. Historischer Roman aus dem Bauernkriege. 3. Aufl. 2 Bde. (774 S.) 867.

Mügge, Thdr., Romane. 3. Folge. 7—10. Bd. Breslau 865—67. Trewendt. 8. Jeder Bd. 1 rß 15 ngr.
7. Bd. Die böse Gräfin. Rübezahl. Zwei Erzählungen. (392 S.)
8. Bd. Fiat justitja! Alexander Petion. Die Macht der Liebe. Drei Erzählungen. (423 S.)
9. Bd. Romantische Studien. Wer trägt die Schuld? Zwei Erzählungen. (380 S.)
10. Bd. Eine Lebensfrage. Anna. Zwei Erzählungen (399 S.)

Mügge, Theod., die weiße Rose. Taschenbuch, s. Rose.

Mügge, Theodor Schweden im Jahre 1843. (2 Bde.) 8. Hannover 1844.

—— die Schweiz und ihre Zustände. Reiseerinnerungen. 3 Bde. 8. (XXXII und 1047 S.) Hannover 847, Kius.

— s. Shakspeare's dramat. Werke.

—— Skizzen aus dem Norden. 1. u. 2. Bd. A. u. d. T.: Reise durch Skandinavien. (1. Abthl.) gr. 12. (41 B. u. 1 Reisekarte von Norwegen.) Hannover 844, Kius. Thlr.

— Arvor Spang. Roman. 2 Thle. Frankfurt a. M. 860. Meidinger & Co. (Berlin, Janke.) 8. (545 S.) 3 rß

—— Streifzüge in Schleswig-Holstein u. im Norden der Elbe. 2 Thle. 12. (36⅔ B.) Frankfurt a. M. 846, Literarische Anstalt.

Mügge, Theod., König Jakobs letzte Tage. Novelle. 8. (284 S.) Eisleben 850, Kuhnt. *

— König Jakobs letzte Tage. Roman. 8. (280 S.) Leipzig 895. Greßner & Schramm. 2. —

—— Tänzerin u. Gräfin. Ein Roman. 2 Thle. 8. (51 B.) Berlin 839. [Leipzig, Kößling'sche Buchh.]

—Tänzerin u. Gräfin. Ein Roman. 2 Thle. 8. Leipzig 839. Michelsen. (Berlin, Morin.) 4 rß

— Tänzerin u. Gräfin. Roman. 8. (596 S.) Ebd. 894. 3. —; geb. in Leinw. n. 3. 60

—— Täuschung und Wahrheit, s.a. Album. Bibliothek deutscher Originalromane.

Muegge, Theodor

Täuschung und Wahrheit. Geschichte aus dem Leben. Von Theodor Mügge.
Prag: Kober & Markgraf 1859. 228 S. 8°

— Toussaint, s.a. Romane, die besten, der Weltliteratur.

—— Toussaint. Ein Roman. 4 Thle. 8. (101⅞ B.) Stuttgart 840. [Berlin, Danz.] 6 Thlr., hrbgs. Pr.

— Toussaint. Ein Roman. 4 Thle. 8. Stuttgart 840. Hoffmann. 6 rß

—— die Vendéerin. Ein Roman. 3 Thle. gr. 12. (39½ B.) Berlin 837, Alex. Duncker.

—— Verloren u. gefunden, s.a. Collection Hartleben.

— Verloren und gefunden. Roman in 2 Bdn. Frankfurt a. M. 859. Meidinger & Co. (Berlin, Janke.) 8. (XIV, 500 S.) 2 rß 15 ngr

Collection Hartleben. I. Jahrgang. XI. Band Inhalt: Theodor Mügge, Verloren und gefunden. I. Bd 8. (158 S.) In Lwd. geb. —.40
Wien: Hartleben 1892.

Collection Hartleben. I. Jahrgang. XII. Band Inhalt: Theodor Mügge, Verloren und gefunden. II. Bd 8. (157 S.) In Lwd. geb. .40
Wien: Hartleben 1892.

— verloren u. gefunden. Roman. 8. (404 S.) Leipzig 894. Greßner & Schramm. 2. —; geb. in Leinw. n. 2. 60

—— Vielliebchen, s. Vielliebchen.

— der Vogt v. Sylt, s.a. Bibliothek der Gesamtlitteratur.

— dasselbe, s.a. Von Buch zu Buch.

— dasselbe, s.a. Bücherei, deutsche.

— dasselbe, s.a. Erzählungen, klassische, der Weltlitteratur.

— dasselbe, s.a. Schaffstein's Volksbücher f. die Jugend.

— der Vogt v. Sylt, s.a. Universal-Bibliothek.

— dasselbe, s.a. Volksbücherei.

— der Voigt v. Silt. 2 Thle. 8. (224 u. 240 S.) Berlin 851, Janke. 3 rß

Muegge, Theodor

Der Vogt von Silt. Roman. Von Theodor Mügge. 2. Aufl. Th. 1.2.
Berlin: Janke 1858. 8°
Titelbl. fehlt.

— der Vogt v. Sylt. Roman. — Die Erbin v. Bornholm. Erzählg. 8. (263 u. 90 S.) Dresden 897. A. Köhler. Geb. in Leinw. n. 2. —

Der Vogt von Sylt. Erzählung von **Theodor Mügge**. Mit d. Bilde d. Verf. u. e. Vorw. *Halle a. d. S.: O. Hendel (1900).* (229 S.) 8° [F.]
= **Bibliothek** d. Gesamtlitteratur d. In- u. Auslandes. No 1389 91. [oo. 9881

(F) **Mügge**, Th., Der Vogt von Sylt [Klassische Erzählungen der Weltliteratur. Bd. 2. Sammlung Prochaska.] 8°. (191 S.) Teschen: Prochaska 1904. geb. K 1.—

Der Voigt von Sylt. Von Theodor **Mügge**. Bd 1. 2. Berlin: H. Neelmeyer [1906]. 2 Bde 8° [F.]
= **Bücherei**, Deutsche. Bd 51. 52. [o6. 7881

(F) **Mügge**, Th, Der Vogt von Sylt. Erzählung. [Volksbücherei. Bd. 32.] 8°. (257 S.) Graz: Styria 1906. geb. K 1.30

Mügge, Thdr., der Vogt v. Sylt. Historische Erzählg. Für die reifere Jugend hrsg. v. Alb. Geyer. Mit Illustr. v. H. Grobet. (244 S.) 8. Leipzig 906. Abel & Müller. Geb. in Leinw. n. 3. —

— Der Vogt v. Sylt. Eine Erzählg. Mit 36 Illustr. v. Fritz Bergen. (III, 264 S.) 8. Stuttgart (910). Loewe. Geb. in Leinw. 4. —

— dasselbe. Volksausg. (III, 264 S.) 8. Ebd. (910). Geb. in Leinw. 2. 50

—— Weihnachtsabend. Roman. 8. (357 S.) Berlin 853, Janke.
Vgl.: Classiker, moderne. — Vielliebchen.

— Sam Wiebe, s.a. Jugendschriften, Münchener.

— Sam Wiebe, s.a. Volksschriften.

[F.] Sam Wiebe. E. Lebensbild aus den Marschen. Von **Theodor Mügge**. Z. Gebr. in Fortbildgssch. hrsg. v. Dr. Fritz Jonas, Städt. Schulinsp. in Berlin. *Berlin: L. Oehmigke 1896.* (Veränd. Abdr. v. Mügge, Th.: Bilder aus d. Leben. Heft 1.) (50 S., 1 Bl.) 1 Bd 8.
= **Volksschriften**. Neu hrsg. v. F. Jonas. H. 11. [96. 6315

Mügge, Theod., die Censurverhältnisse in Preußen. Denkschrift m. Bezug auf die beigefügte Petition den Mitgliedern des 9. Provinzial-Landtages der Mark Brandenburg u. der Nieder-Lausitz gewidmet. gr. 8. (3½ B.) Leipzig 845, Hermann. *

Mügge, Wilhelm, prakt. Arzt a. Brandenburg a. H.: Das malum perforans und seine Behandlung. Leipzig 1908: B. Georgi. (27 S.) 8°
Leipzig, Med. Fak., Ref. Trendelenburg, Diss. v. 30. Juli 1908
[Geb. 26. Sept. 79 Chelmo (Rußland); Wohnort: Brandenburg a. H.; Staatsangeh.: Preußen; Vorbildung: Gymn. Görlitz Reife O. 99; Studium: Halle 3, Kaiser-Wilhelms-Akad. Berlin 7 S.; Coll. 8. Aug. 08; Approb. 31. Juli 05.]

Müggelberge [Sachliches OW]

Müggelberge, Terrain der, s.: Friedrichshagen.

Müggelsee [Sachliches OW]

Nach dem **Müggelsee**, Friedrichshagen, Müggelberge, Rahnsdorfer Mühle. Wegebeschreibung mit farb. Landkarte u. Ansichtspostkarte. Berlin: W. Holz [1907]. (4 Bl.) 8°
= **Ausflüge** von Berlin. H. 1. [07. 8821

Müggelsee [Schlagwort]

Müggelsee, s.: Mark.

Müggelsee, s.: **Oberspree.**

— s. **Wanderkarten.**

Müggenburg, Friedrich Hans [aus Zwickau i. S.]: Der Rüssel der Diptera pupipara ... M. 2 Taf. (Aus: Arch. f. Naturgesch., Jg. 1892.) Berlin, Nicolai, 1892; 48 S., 1 Bl., 2 Taf. 8.
Leipzig, Phil. Fak., Inaug.-Diss. v. [28. Aug.] 1892

Muggenschnapper: Der Muggenschnapper v. Bodan.

Muggenthaler, August, approb. Arzt aus Cham: Über einen Fall von Gallertkrebs der Mamma. *München 1901: C. Wolf & Sohn.* (23 S.) 8°
München, Med. Diss. v. 1901

Muggenthaler, Ludw., unter fliegenden Fahnen. Eine Sammlung ernster u. heiterer Gedichte üb. d. Leben d. Soldaten im Krieg u. im Frieden. 8. (XII, 202 S.) München 895. J. Lindauer. n. 2. 50

— der Schulorden der Salesianerinnen in Bayern v. 1667 bis 1831. E. Beitrag zur Geschichte d. höh. weibl. Unterrichts- u. Erziehungswesens. [Aus: „Jahrb. f. Münch. Gesch."] gr. 8. (III, 166 S.) Bamberg 895. C. C. Buchner, Verl. n. 4. —

Muggenthaler, Max, s.: Handbibliothek f. die pfarramtliche Geschäftsführung im Königr. Bayern.

Muggenthaler, Max, Handbuch des bayer. Volksschulwesens, s.: Handbibliothek f. die pfarramtl. Geschäftsführg. im Königr. Bayern.

Muggli, Hans, wirbelnde Flocken. Leichte Strophen. (IV, 72 S.) 8. Weinfelden 907. A.-G. Neuenschwander'sche Buchh. 1. 20

Muggli, Hans. Volk und Jugend in Gefahr! s. Schachenmann, Hermann. Jugendschutz gegen Detektivromane und Kinematographen. Bern ... 1909.

Muggli, Kaspar Heinrich

Muggli, Casp[ar] Hein[rich], von Zürich: Beiträge zum Schweizerischen Postrecht. Zür. F. Lohbauer Dr. 1890. 67 S. 8°.
Zürich, Jur. Diss. [v. 25. Jan. 1890].

Mugica y Ortiz de Zárate, Pedro de, Eco de Madrid. Conversación española moderna (paliques). Unterhaltungen üb. alle Gebiete des modernen Verkehrs in span. Sprache (span. Plaudereien). (Violets Echos der neueren Sprachen.) 8., völlig neu geschriebene Aufl. (VIII, 175 u. 42 S.) 8. Stuttgart 906. W. Violet. Geb. in Leinw. n. 3. 50

Mugica y Ortiz de Zárate, Pedro de, eco de Madrid. Conversación española moderna (paliques). Dialogues espagnols. 8ième éd. entièrement refondue. (Échos des langues modernes.) (IV, 176 u. 42 S.) 8. Stuttgart (907). W. Violet. 3. 20

— dasselbe. Spanish talks. 8. ed. entirely re-written. (IV, 176 u. 44 S.) 8. Ebd. (907). 4. —

Dialectos Castellanos Montañés, Vizcaino, Aragonés por Pedro de **Mugica**. P. 1. Fonética. [Mehr nicht erschienen.] *Berlin: Heinrich & Kemke 1892.* (94 S.) 8° [o1. 6385

Mugica, Pedro de, Einführung in die span. Umgangs- u. Geschäftssprache. Kurzgefasste prakt. Anleitg., die span. Sprache rasch u. gründl. zu erlernen. (Sammlg. kaufmänn. Sprachbücher.) gr. 8. (V, 131 S.) Leipzig (899). Dr. L. Huberti. Geb. in Leinw. n. 2. 75

Gramática del castellano antiguo por Pedro de **Mugica** ... P. 1: Fonética. [Mehr nicht erschienen.] Leipzig: O. R. Reisland [übergekl.: Berlin: Heinrich & Kemke] 1891. (VIII, 86 S.) 8° (07. 13760

Mugica, Pedro de, libro de lectura para el primer curso de castellano. Para el uso en la cátedra del seminario de lenguas orientales. 8. (48 S.) Berlin 898. W. Spemann. n. 1. 20

Mugica, P. de, Sesión académica ideal. (16 S.) gr. 8. Braunschweig 905. G. Westermann. n. — 30
Sonderabdruck aus: „Festschrift f. Adf. Tobler"

— Übungsstücke zum Übersetzen aus d. Deutschen in fremde Sprachen. Den „Fliegenden Blättern" entnommen. gr. 8. (102 S.) Berlin 899. Stuttgart, W. Spemann. n. 2. 40

— pequeño vocabulario castellano, s.: Wannenmacher, F. X.

Mugler, K[arl]: Über Ganerbschaften in den einst kurpfälzischen Landen. *Landau 1897: K. & A. Kaussler.* (44 S.) 8°
Erlangen, Jur. Diss. v. 1897

Mugler, Oskar Wilhelm, aus Gimmeldingen, Rechtspraktikant am Kgl. Landgericht zu Landau: Der **Begriff** des 'Vorteils' im deutschen Strafrechte. *Landau 1901: K. & A. Kaussler.* (55 S.) 8°
Erlangen, Jur. Diss. v. 16. Nov. 1900

Mugler, Wilhelm. Ueber Leberzirrhose der Pferde. Histologische Untersuchungen. Diss. Vet.-Med. Bern. Mit 1 Tafel. (Sonder-Abdruck aus dem Archiv f. wissensch. u. prakt. Tierheilkunde. Band 35. 1909.) *Kopftitel:* Aus dem Pathologischen Institut der Universität München. 25 S. 8. Berlin, L. Schumacher, 1909.

Mugli, B. H. Beiträge zum schweizerischen Postrecht. 8°. Zürich 1890.

Müglich, Dr., Eins thut jetzt Noth, noch bessere Volksbildung in Deutschland. 8. Erlang. 822. Palm u. E. 8 gr

— Geisterkarte v. Deutschland. Nürnb., Fr. Campe. 16 gr

Müglich, Johannes Karl August

Müglich, J. K. G., Hauskirchlein, s. Hauskirchlein.

Müglich, J. K. A. G., die Hegel-Weisheit und ihre Früchte. Oder: Arnold Ruge mit seinen Genossen in den hallischen Jahrbüchern und in der Paulskirche zu Frankfurt und anderswo. Briefe an den Pastor Fix. gr. 8. (X und 473 S.) Regensburg 849, Manz.

Mueglich, Iohannes Carolus Augustus: De historia philosophiae Halae (1826): Schimmelpfennig. 18 S. 8° (4°)
Halle-Wittenberg, Phil. Hab.-Schr v. 25. Nov. 1826
Im Buchhandel Halle: Reinicke 1826.

Müglich, J. K. G., christl. Lebewohl an d. Gemeinde zu Hundshübel im Erzgebirge von ihrem abgesetzten Pfarrer. Nebst kurzem Umriß v. Müglichs Leben. 8. (3 B.) Altenburg 837, Pierer.

—— kleine Postille f. d. ganze Kirchenjahr. 2 Hälften. gr. 8. Altenburg, (Pierer.) à 1½ Thlr.
A. u. d. Titln.:
Hälfte 1. Kleine Winterpostille. (17½ B.) 838.
" 2. Kleine Sommerpostille. (18 B.) 839.

— kleine Winterpostille. gr. 8. Ebd. 838. (Ebd.) 1½ ₰

Müglich, K., Religionszifferblätter. gr. 8. Neust. a. d. O. 820. Wagner. 1 ₰

Müglich, Karl Gregor

Müglich, Carl Greg., Blick auf die Heiligen unserer kathol. Kirche. In 8 Predigten. gr. 8. (9⅝ B.) Augsburg 846, Kollmann'sche Buchh.

Müglich, Karl Greg., Gotteskästlein f. Geistliche u. Weltliche etc., s. Gotteskästlein.

Müglich, Carl Greg., der Helm des Heils. Eine Predigt am 25. Aug. 1851, als am Primiztage des jüngstgeweihten Priesters Hrn. Jac. Brodschelm zu Engertham in Rotthal gehalten. br. 8. (20 S.) Passau 851, Elsässer und Waldbauer.

Müglich, Karl Gregor (Hrsg.), s. Kirchenzeitung, Passauer katholische.

Müglich, Karl Greg., s. Prophezeihungen, religiöse.

Müglich, *Gustav* Theodor [app. Arzt aus Stentsch]: Aus d. Univ.-Augenklinik zu Marburg. Ueber Spontanheilung der Netzhautablösung ... Marburg, Buchdr. F. Sömmering, 1891; 110 S., 1 Bl., 2 Taf. 8.
Marburg, Med. Fak., Inaug.-Diss. v. [21. Dez.] 1891

Müglin, Heinr. v., Fabeln und Minnelieder. Hrsg. von Wilh. Müller. gr. 8. (29 S.) Göttingen 848, Vandenhoeck und Ruprecht.
Aus: Göttinger Studien, Jahrg. 1847, besonders abgedruckt.

MUGNA, Petrus: De veritate miraculi comprobanda. — (1843) 32 S. 4° (Handschr.) Diss. 130
Diss. Wien, Univ.

Mugrauer, Richard, approb. Arzt aus Admont: Ueber einen Fall von Herzhypertrophie infolge übermäßiger körperlicher Anstrengung beim Radfahren. *München 1903: C. Wolf & Sohn.* (22 S.) 8°
München, Med. Diss. v. 1903

Muhabed ben Schefakat, im Thor des Ostens. Orientalische Geschichten. 1.—3. Hft. gr. 8. (Mit Abbildgn.) Frankfurt a/M. 901. Bonn, J. Schergens. à n. — 20
1. Der blutige Tag v. Furnuz. (20 S.) — 2. Im Chan. (20 S.) — 3. An der „hl. Quelle" im Euphratthal. — Eine armen. Hochzeit. (20 S.)

Ⓑ **Muhabed ben Schefakat**, im Thor des Ostens. 901. (StBL 32.) Frankfurt a/M., Verlag Orient.

Muhamed, s. Mahomed

Muhamed, s. Mohamed.

– s. Mohammed

– s. Muhammad

– s. J. v. Rehbinder.

Muhamed, Abul Casem

— über, siehe Brequigny 2c.

Muhamed, Abul Casem, der große Prophet v. Mekka. Ein Seitenstück z. natürl. Gesch. d. großen Lehrers v. Nazareth. 2 Thle. 8. Kopenh. 802, 3. Schubothe. 4 ₰ 8 gr

— u. seine Religion; e. Lesebuch f. Freunde des Menschengeschl. 8. Elberf. 806. (Schönian). 16 gr

Muhamedaner, die beiden. Sabat und Abdul Messih. gr. 12. (36 S. und 1 Stnt.) Basel 850, (Bahnmaier's Buchh.) *

[[Ü.] Der Koran [Vf.: Muhammad]. Aus d. Arab. wortgetreu neu übs. u. m. erläut. Anm. vers. v. Dr. L. Ullmann. 9. Aufl. *Bielefeld & Leipzig: Velhagen & Klasing 1897.* (4 Bl., 550 S.) 1 Bd 8. [98. 9350

[[Muhammad]. Der Koran [Qurān]. Aus d. Arab. neu übers. von Theodor Fr. Grigull. Mit Vorbemerkung u. Index nebst d. Facs. e. Koran-Hs. Halle a. S.: O. Hendel (1901). (VIII, 512 S.) 8⁰
(Bibliothek d. Gesamtlitteratur d. In- u. Auslandes. No 1501-07.)

Hermann Krüger-Westend. Worte Mohammeds [Muḥammad]. Minden: Bruns [1908]. XIV,167 S. 8⁰
(Breviere ausländischer Denker u. Dichter. Bd 8.)

[[Türk.] Diwān-i-'Awnī ja'ni Abūl-Fatḥ sulṭān Muḥammad ḫān II [Muḥammad II. Sultan der Türkei] ḥaḍratlarinin ġazlijjati-dir. (Berlin: Mayer & Müller 1904.) (18, 32 S.) 8°
[Nebent.:] Der Divan Sultan Mehmeds d. Zweiten, d. Eroberers von Konstantinopel, z. ersten Male nach d. Upsalaer Hs. hrsg. von Dr. Georg Jacob, Prof., Erlangen. [05. 13977

Mohamed Aischin [Muḥammad Aišin]. Die Freiheitsbewegung in der Türkei. (Ein Versuch hist. Forschung.) Einzig autor. Uebers. von A. J. Ramm. Berlin: Ladyschnikow [1908]. 91 S. 8⁰

Kultur und Humanität. Völkerpsycholog. u. polit. Untersuchungen von Dr. Mehemed Emin [Muḥammad Amīn] Efendi. Würzburg: Stahel 1897. (168 S.) 8° [08. 7389

Natur und Kultur. Ein psycholog.-ethischer Versuch. Von Dr. Mehemed Emin [Muḥammad Amīn] Efendi (Pseud.) Leipzig: Gracklauer 1909. 120 S. 8⁰

Muhammad bin Daūd, die Ajrūmiyyah, s.: Trumpp, E., Einleitung in das Studium der arabischen Grammatiker.

Muḥammad b. Ḥabib. Muhammed Ben Habib über die Gleichheit und Verschiedenheit der arabischen Stammenamen ... herausgegeben von F. Wüstenfeld. Gottingen 1850.

Muhammad b. Muḥammad b. Muḥammad b.'Abdallah b. al-Nit, ām al-Ḥusainī al-Jazdi, das Geschenk aus der Saldschuḳengeschichte. Zum ersten Male hrsg. u. m. Anmerkgn., zwei Einleitgn. u. e. Anh. versehen v. Karl Süssheim. (LXI, 181 S.) gr. 8. Leiden 909. Buchh. u. Druckerei vorm. E. J. Brill. nn 7. 50

Muḥammad Ǧa'far Qaraǧa-daǧī. Monsieur Jourdan, der Pariser Botaniker, im Qarabāġ. Neupersisches Lustspiel von Muhammad Ǧa'far Qaraǧadaǧī. ... Herausgegeben von Adolf Wahrmund. [= Neupersische Schauspiele von Muhammad Ǧa'far Qaraǧadaǧī. Heft I.] Wien 1889.

[[Arab.] Ḥikājat Abi-'l-Qāsim al-Baġdādī talīf Muhammad Ibn-Aḥmad Abi-'l-Muṭahhar al-Azdī (Heidelberg: C. Winter) 1902. (146, LXIX S.) 8⁰
[Nebent.:] Abulkāsim, ein bagdāder Sittenbild von Muḥammad ibn aḥmad abulmuṭahhar alazdi. Mit Anm. hrsg. von Adam Mez.

Muhammad ibn Dānijāl, Escorial-Codex, Textproben, m. 2 Lichtdr.-Taf. hrsg. v. Geo. Jacob. gr. 8. (19 autogr. S.) Erlangen 902. (M. Mencke.) n.n. 2. —

Muḥammad ibn 'Umar, al-Wāḳidi

— — Geschichte der Eroberung von Mesopotamien und Armenien von Mohammed ben Omar el Wakedi. Aus dem Arabischen übersetzt ... von B. G. Niebuhr. Herausgegeben ... von A. D. Mordtmann. Hamburg 1847.

Abū-Bakr Muḥammad Ibn-Zakarījā

Rhazes [Abū-Bakr Muḥammad Ibn-Zakarījā: Liber de variolis et morbillis, lat.] De Variolis et morbillis Latine. Annexis quibusdam aliis argumenti eiusdem interprete et curante quondam Ioanne Channing. Ed. I(oannes) C(hristophorus) Ringebroig. - Goettingae: Bossiegelius 1781. 130 S. 8⁰

Muhammad Kāzim (Mohammed Kassim): Beschreibung von Assam. (Aus den Asiatic Researches. Vol. 2. S. 171 ff.) übersetzt von J. G. Forster.
in: Neue Beiträge zur Völker- und Länderkunde. Th. 11. S. 3—26. Leipzig 1793. 8⁰.

MUHAMMED NISAMEDDIN, der Gendscher. Die Schöne vom Schlosse. Persisch und deutsch v. F. v. Erdmann. Mit 1 Tafel. Kasan 1832. 4⁰. Sehr selten! (In Rostock, Landesbibl.) (20 Mk., Expl. in Seidenbd., Gust. Fock, Lpz., 1907.)

Muhammad Al-Sharastáni, كتاب الملل والنحل Book of religious and philosophical sects. Part I. Cont. the account of religious sects. Now first edited from the collation of several Mss. by Will. Cureton. Lex.-8. (13⅓ B. u. Titvign.) London 842. (Leipzig, Brockhaus u. Avenarius.) **

Muhammad Al-Sharastáni, كتاب الملل والنحل Book of religious and philosophical sects. Now first edited from the collation Mss. by Will. Cureton. Part II. Lex. 8. London 846. (Leipzig, Brockhaus.) baar 5 ₰ (I. II.: baar 7½ ₰)

Mehmed Tevfiq [Muḥammad Tawfiq]: Ein Jahr in Konstantinopel [Istanbul-da bir sana]. Nach d. Stambuler Druck von 1299 h. z. ersten Mal ins Deutsche übertr. u. durch Fußnoten erl. von Theodor Menzel. Monat 1. Berlin: Mayer & Müller 1905. 8°
= Bibliothek, Türkische. Bd 2. [05. 15181

Mehmed Tevfiq [Muḥammad Tawfīq], Kjatχane [Kāġidḫāna] (Die süssen Wasser von Europa.) Nach d. Stambuler Druck von 1299 h. zum ersten Mal ins Deutsche übertr. u. durch Fussnoten erl. von Dr. Theodor Menzel.
Berlin: Mayer & Müller 1906. 140 S. 8⁰
(Mehmed Tevfiq [Muḥammad Tawfīq]: Ein Jahr in Konstantinopel [Istānbūl-da bir sana]. Monat 3.)
(Türkische Bibiiothek. Bd 6.)

Mehmed Tevfiq [Muḥammad Tawfiq], Die Ramazan-Nächte [Ramaḍān gigalari] ... ins Deutsche übertr. u. durch Fußnoten erl. von Theodor Menzel. Berlin: Mayer & Müller 1905. (VII, 64 S.) 8°
= Mehmed Tevfiq [Muḥammad Tawfiq]: Ein Jahr in Konstantinopel [Istānbūl-da bir sana]. Monat 4.
= Bibliothek, Türkische. Bd 3. [05. 15803

Mehmed Tevfīq [Muḥammad Tawfīq]. Die Schenke oder Die Gewohnheitstrinker von Konstantinopel [Mejḫāne jāḫod Istānbūl aqšamġilari]. Nach dem Stambuler Druck von 1300 h. zum ersten Mal ins Deutsche übertr. u. durch Fussnoten erl. von Dr. Theodor Menzel. Berlin: Mayer & Müller 1909. VI,155 S. 8⁰
(Mehmed Tevfiq [Muḥammad Tawfīq]: Ein Jahr in Konstantinopel [Istānbūl-da bir sana]. Monat 5.)
(Türkische Bibliothek. Bd 10.)

Mehmed Tevfiq [Muḥammad Tawfīq], Tandyr baschy [Tandūr bāši] (Der Wärmekasten) ... ins Deutsche übertr. u. durch Fußnoten erl. von Theodor Menzel. Berlin: Mayer & Müller 1905. (VI, 62 S.) 8°
= Mehmed Tevfiq [Muḥammad Tawfiq]: Ein Jahr in Konstantinopel [Istanbūl-da bir sana]. Monat 1.
= Bibliothek, Türkische. Bd 2. [05. 15180

Muḥammadis 'Ubaidallahi F. dicti Sibṭ Ibn al-Ta'āwidhi carmina, ex codicibus Bodleianis edita et vocalibus indicibusque instructa a D. S. Margoliouth. (VII, 518 S.) Lex.-8. Halle 905. Leipzig, R. Haupt. n.n. 10. —

Muhammed 'Abdallah, Commentar zur Sullam el-'ulûm. 1309. (In arab. Sprache.) gr. 8. (240 S.) Lahore (891. 92). (Leipzig, O. Harrassowitz.) n. 5. —

Muhammed Ben Habib, über die Gleichheit und Verschiedenheit der arab. Stämmenamen. Aus einer leydener Handschrift hrsg. von F. Wüstenfeld. Lex.-8. (VIII und 52 S.) Göttingen 850, Dieterichsche Buchh. *

Muhammedaner-Mission. Monatsschrift zur Ausbreitung des Evangeliums unter den Völkern des Islam. Hrsg. v. Abr. Amirchanjanz. 1. Jahrg. 1901. 12 Nrn. gr. 8. (à ca. 16 S.) Eisenach (Wörthstr. 6), Geschäftsstelle. n.n.n. 1. 50
Nicht durch den Buchhandel zu beziehen.

Mu-Harid (Pseud.), s. Brincken, Adolph Rudolph

Mühe [Sachliches OW]

Mühe u. Segen. 3 dramat. Bilder aus dem Leben e. Arbeiterin. Von e. kathol. Geistlichen u. Mitgliedern des kathol. Frauenbundes zu M. Gladbach. (29 S.) 8. Freiburg i/B. 905. Geschäftsstelle d. Charitasverbandes. n. — 20

Mühe [Verfasser]

Mühe, Ed. Georg [aus Bremen]: Beiträge zur Kenntnis des m-Chlorphenylhydrazins und einiger Derivate desselben ... Freiburg i. B., Buchdr. v. Chr. Ströcker, 1891; 64 S., 1 Bl., 1 Tab. 8.
Freiburg i. B., Phil. Fak., Inaug.-Diss. v. 1891

Mühe, Ernst, der Aberglaube. Eine biblische Beleuchtg. der finstern Gebiete der Sympathie, Zauberei, Geisterbeschwörg. zc. 2. Aufl. 8. (48 S.) Leipzig 886. Böhme. n. — 50

Mühe, Ernst, kirchlicher Anstand u. kirchliche Unarten. Vortrag auf der Gnadauer Pastoralconferenz am 23. April 1873, geh. [Asts: „Volksblatt f. Stadt u. Land."] gr. 16. (26 S.) Quedlinburg 873. Franke in Comm. n. — 40

Mühe, E., Auszug, s.: Seiß, J. A., Vorträge üb. die Offenbarung Jesu Christi.

Mühe, Ernst, Bestimmung? — od. freier Wille? Drei Briefe üb. Prädestination u. Determinismus. 8. (16 S.) Naumburg 894. (P. Keitel.) n. — 15

Mühe, Ernst, Blätter vom Lebensbaume der Heiligen Schrift. 6. Bdchn. der bibl. Merkwürdigkeiten. (VIII, 188 S.) gr. 8. Leipzig 902. E. Ungleich. n. 1. 60; kart. n. 1. 90; geb. n. 2. 50

—— Blicke in die Zukunft des Menschengeschlechts, s. Fischer (III).

Mühe, Ernst, Darf ein Christ tanzen? gr. 8. (11 S.) Berlin 881, Deutsche evangel. Buch- und Tractat-Gesellschaft.

Mühe, Ernst, darf e. Christ tanzen? 3. Aufl. 12. (16 S.) Berlin 898. Deutsche Evang. Buch- u. Tractat-Gesellschaft. — 15

— prophetische Epistelpredigten üb. Seitenstücke zu den Episteln aus den Propheten u. den Lehrbüchern d. Alten Testamentes. gr. 8. (XIII, 446 S.) Leipzig 891. E. Ungleich. n. 5. —; geb. n.n. 5. 80

—— alttestamentliche Evangelien aus Moses Leben oder Predigten über Seitenstücke zu den Evangelien aus Moses Leben. gr. 8. (XII, 492 S.) Leipzig 883, Böhme. *
geb. *

—— 12 Fragen über Civil-Ehe. 1.—3. verm. Aufl. 8. (16 S.) Neusalz 874, (Lange. — Berlin, Beck.) *

— Früchte u. Beeren aus dem Bibelgarten. Der bibl. Merkwürdigkeiten 5. Bdchn. 8. (IV, 180 S.) Leipzig 895. E. Ungleich. n. 1. 60; kart. n. 1. 90; geb. n. 2. 50

Mühe, Ernst, das enthüllte Geheimniß der Zukunft oder die letzten Dinge des Menschen und der Welt. Auf Grund bibl. Forschungen für das Volk dargelegt. 8. (VIII, 190 S.) Neu-Erkerode 876, Buchh. der Idioten-Anstalt.
—— dass. — 2. verm. Aufl. 8. (XVI, 205 S.) [Braunschweig 878, Buchh. der Idioten-Anstalt.] Leipzig, Böhme. *
geb. *

— das enthüllte Geheimniß der Zukunft, oder die letzten Dinge des Menschen u. der Welt. Auf Grund biblischer Forschungen für das Volk dargelegt. 2., verm. Aufl. 8. (XVI, 205 S.) Braunschweig 878. Wollermann. n. 1. 50

—— das enthüllte Geheimniß der Zukunft oder die letzten Dinge der Menschen und der Welt. Auf Grund bibl. Forschungen für das Volk dargelegt. 3. und 4. Aufl. 8. (XVI, 205 S.) Ebendas. 881,83.
cart. *ℳ 1,80.; geb. *

—— das enthüllte Geheimnis der Zukunft oder die letzten Dinge der Menschen und der Welt. Auf Grund bibl. Forschungen für das Volk dargelegt. 5. Aufl. 8. (XVI, 207 S.) Leipzig 886, Böhme Nachf. *ℳ 1.60.; cart. *ℳ 1.80.; geb. *

— das enthüllte Geheimnis der Zukunft od. die letzten Dinge d. Menschen u. der Welt. Auf Grund bibl. Forschgn. f. das Volk dargelegt. 6. Aufl., m. e. Anh. 8. (XVI, 223 S.) Ebd. 889. n. 1. 80; cart. n. 2. —; geb. n.n. 2. 70

— das enthüllte Geheimnis der Zukunft od. die letzten Dinge d. Menschen u. der Welt. Auf Grund bibl. Forschgn. f. das Volk dargelegt. 7. Aufl, m. e. Anh. 8. (XVI, 228 S.) Ebd. 892. n. 1. 80; kart. n. 2. 10; geb. n. 2. 70

— das enthüllte Geheimnis der Zukunft od. die letzten Dinge d. Menschen u. d. Welt. Auf Grund bibl. Forschgn. f. das Volk dargelegt. 8., verb. Aufl., m. e. Anh. 8. (XVI, 228 S.) Ebd. 898. n. 1. 80; kart. n. 2. 20; geb. n. 2. 70

Mühe, Ernst, das enthüllte Geheimnis der Zukunft od. die letzten Dinge des Menschen u. der Welt. Auf Grund bibl. Forschgn. f. das Volk dargelegt. 9. Aufl. m. e. Anh. (XVI, 223 S.) 8. Leipzig (907). E. Ungleich. 1.80; kart. 2.20; geb. 2. 70

—— der christliche Glaubensweg für Jung und Alt, besonders für Confirmanden dargelegt. gr. 8. (V, 72 S.) Ebendas. 877. cart. *

[S.] Der Evangelische Hauptgottesdienst und seine Herrlichkeit, nach d. neuen Agende. In e. Predigt dargest. v. Ernst Mühe, Domprediger in Naumburg a. S. (*Naumburg*): *Selbstv.*; (*Dr. d. Buchdr. d. Schreiberhau-Diesdorfer Rettungsanstalten, Diesdorf*) 1895. (12 S.) 1 Bd 8. [96. 911]

— d. evang. Hausgottesdienst u. s. Herrlichkeit, nach d. neuen Agende. In e. Predigt dargest. gr. 8. (12 S.) Naumburg 895. (Dessau, P. Keitel.) — 08

— ist das Ende nah? Vortrag. gr. 8. (22 S.) Leipzig 889. Böhme Nachf. n. — 40

— Ist das Ende nah? Vortrag. 1.—3. Aufl. gr. 8. (22 S.) Lpz. 889—91, Ungleich. * — 40

— der Konfirmandenunterricht od. christlicher Glaubensweg f. jung u. alt, nach Dr. Mart. Luthers Katechismus, besonders f. Konfirmanden, dargelegt. 2., verb. u. verm. Aufl. gr. 8. (80 S.) Ebend. 885. cart. n. — 75

— s.: Kosma.

— die seufzende Kreatur u. ihre künftige Freiheit. Eine trostreiche Betrachtg. üb. Römer 8, 18—23. 2. Aufl. 2. u. 3. Taus. 8. (15 S) Naumburg 893. (P. Keitel.) n. — 10

— die biblische Lehre v. den letzten Dingen u. ihre Bedeutung für unser persönliches christliches Leben, f. die Gemeinde u. f. unsere Arbeit am Reiche Gottes. Vortrag, auf der 3. Gnadauer Pfingstkonferenz am 9. Juni 1892 geh. 8. (32 S.) Berlin 892. Deutsche Evangel. Buch- u. Tractat-Gesellschaft. n. — 40

Mühe, Ernst, die Leidensgeschichte Jesu Christi sowie seine Höllenfahrt u. glorreiche Auferstehung, erklärt in 15 Predigt-Vorträgen. Quedlinburg 868. (Ernst.) gr. 8. (IV, 150 S.) cart. n. 17½ ngr.

— die Leidensgeschichte Jesu Christi, sowie seine Höllenfahrt und glorreiche Auferstehung, erklärt in 15 Predigt-Vorträgen. 2. verm. Aufl. gr. 8. (III, 151 S.) Leipzig 879, Böhme. *

— die Leidensgeschichte Jesu Christi, sowie seine Höllenfahrt u. glorreiche Auferstehung, erklärt in 15 Predigt-Vorträgen. 3. Aufl. gr. 8. (VII, 151 S.) Ebend. 884. n. 2. —; cart. n. 2. 25

— die Leidensgeschichte Jesu Christi, sowie seine Höllenfahrt u. glorreiche Auferstehung, erklärt in 15 Predigt-Vorträgen. 4. verb. Aufl. gr. 8. (V, 151 S.) Leipzig 901. E. Ungleich. n. 2. —; geb. n. 3. —

— biblische Merkwürdigkeiten. gr. 8. (IV, 174 S.) Ebendas. 883. * M 1,60.; cart. *

— biblische Merkwürdigkeiten. 2. Aufl. 8. (VI, 172 S.) Ebendas. 886. * M 1.60.; cart. * M 1.80.; geb. *

— dass. — Neue Folge. 8. (IV, 180 S.) Ebendas. 886. * cart. * M 1.80.; geb. *

— biblische Merkwürdigkeiten. 3. Bdchn. 8. Ebd. 889. n. 1. 60; cart. n. 1. 80; geb. n. 2. 50
Lichtstrahlen in dunkle Bibelstellen. (VIII, 177 S.)

— biblische Merkwürdigkeiten. 4. Bdchn. 8. Leipzig 891. E. Ungleich. n. 1. 60; kart. n. 1. 80; geb. n. 2. 50
Neue Lichtstrahlen in dunkle Bibelstellen. (VIII, 182 S.)

— biblische Merkwürdigkeiten. Neue Folge. 2. verb. Aufl. gr. 8. (IV, 180 S.) Ebd. 899. n. 1. 60; kart. n. 1. 90; geb. n. 2. 50

— biblische Merkwürdigkeiten. 3. Aufl. (IV, 173 S.) gr. 8. Ebd. 902. n. 1. 60; kart. n. 1. 90; geb. n. 2. 50

— die Mission in der Predigt. Vortrag. gr. 8. (16 S.) Berlin 890. Buchhandlg. der Berliner evangel. Missionsgesellschaft. n. — 15

— der Turmbau zu Babel u. die christliche Kirche. Eine Pfingst- u. Missionspredigt. 8. (16 S.) Leipzig 890. Böhme Nachf. n. — 20

— Der Turmbau zu Babel u. die christliche Kirche. Eine Pfingst- u. Missionspredigt. 8. (16 S.) Lpz. 890, Ungleich. * — 20

— die zeitgeschichtl. Verwertg. d. biblischen Weissagung auf d. Kanzel. Vortrag, in d. Pastoralkonferenz zu Naumburg a. d. Saale am 7. Novbr. 1894 geh. 8. (26 S.) Basel 895. Kober. n. — 25

— was wissen wir v. den Engeln? Eine Michaelis-Predigt. 8. (15 S.) Naumburg 893. (P. Keitel.) n. — 10

[F.] Was wissen wir von den Engeln? E. Michaelis-Predigt v. Ernst **Mühe**, Dompred. in Naumburg a. S. 2. verb. Aufl. ... *(Naumburg): Selbstv.; (Buchdr. d. Schreiberhau-Diesdorfer Rettungsanstalten, Diesdorf) 1894.* (16 S.) 1 Bd 8. [98. 4519

— die pastorale Würde im Kirchendienste. In Bild und Gegenbild durch 2 Vorträge gezeichnet. 8. (49 S.) Ebendas. 887. *

Mühe, Frz., die Welt-Ausstellung in Chicago. (13 S.) kl. 8. Freiwaldau (903). (A. Blažek.) — 15
Sonderabdruck aus: „Mähr.-schles. Presse".

Mühe, L., s.: Adreßbuch der Städte Regensburg u. Stadtamhof.

Mühe, Th[eodor]: Zur Ethik W. M. Thackerays. Hamburg 1910: Lütcke & Wulff. 40 S. 8°
Hamburg, OR in Eimsbüttel OP 1910 (1004) [S 10. 300

Mühe, Thdr., five stories from English literature, s.: Diesterwegs's neusprachliche Reformausgaben. 18.

Mühe, Theodor, aus Hamburg: Über den im Ms. Cotton Titus D. XVIII (British Museum London) enthaltenen Text der Ancren Riwle. *Göttingen 1901: E. A. Huth.* (163 S.) 8°
Göttingen, Phil. Diss. v. [10. Apr.] 1901

Mühe, Thdr., über den im Ms. Cotton Titus D. XVIII (British Museum London) enthaltenen Text der Ancren Riwle. Diss. gr. 8. (163 S.) Göttingen 901. (Vandenhoeck & Ruprecht.) n. 4. —

Mühe, W., H. Rowoldt, A. Hoppe, Liederbuch f. deutsche Schulen. 1. u. 2. Hft. u. 3. Hft. I. u. II. Abtlg. 8. Braunschweig, J. H. Meyer. Kart. n. 2. —
I. Von O. Siedentopp mitbearbeitet. (VI, 80 S.) 900. n. — 50 — 2. (VI, 88 S.) 901. n. — 50. — III, 1. (V, 65 S.) 902. n. — 40. — III, 2. (V, 116 S.) 902. n. — 60.

Mühe, W., H. Rowoldt, A. Hoppe, O. Siedentopp, Liederbuch f. deutsche Schulen. (In 4 Heften hrsg.) 1. u. 2. Heft. 2. Aufl. (VI, 80 u. IV, 92 S.) 8. Braunschweig 904. 905. J. H. Meyer. Kart. à n. — 50

Mühe, W., H. Rowoldt, A. Hoppe, Liederbuch f. deutsche Schulen. (In 4 Heften hrsg.) II. u. III. Heft. 8. Braunschweig, J. H. Meyer. Geb. — 90
II. 3. Aufl. (VI, 91 S.) 910. Geb. — 50
III. 2. Aufl. (V, 68 S.) 910. Geb. — 40

Mühe, W. Stoffe f. den Schreibunterricht. Planmäßig ausgewählt u. geordnet f. 7stuf. Schulen. gr. 8. (19 S.) Soest 891, Ritter. * — 40

[F.] Stoffe für den Schreibunterricht nebst Erörtergn üb. Körperhaltg, Federhaltg, Gebr. d. Schiefertaf., Ziel u. Methode d. Schreibunterr., Taktschreiben v. W. **Mühe**, Schulinsp. 2. vollst. umgearb. u. bedeut. erweit. Aufl. *Soest i. W.: P. G. Capell 1896.* (48 S.) 1 Bd 8. [96. 7589

Mühe, W., Stoffe f. den Schreibunterricht, nebst Erörterungen üb. Körperhaltg., Federhaltg., Gebrauch der Schiefertafel, Ziel u. Methode d. Schreibunterrichts, Taktschreiben. 2., vollständig umgearb. u. bedeutend erweit. Aufl. gr. 8. (48 S.) Soest 896. Ritter. n. — 80

Mühe, Wilhelm: Fest-Cantate, s. Blumenstengel, A.

Mühe, Wilhelm, Rechtspraktikant: Das Recht der Frau auf Nebenintervention im Prozesse ihres Mannes über eheliches Güterrecht. Ein Beitrag zur Prozesslegitimation des Mannes. Borna-Leipzig 1906: R. Noske. (56 S.) 8°
Freiburg i. B., rechts- u. staatsw. Fak., Ref. R. Schmidt, Diss. v. 1906
[Geb. 24. Mai 82 Freiburg i. B.; Wohnort: Freiburg; Staatsangeh.: Baden; Vorbildung: Gymn. Freiburg i. B. Reife M. 00; Studium: Freiburg i. B. 6, Berlin 1 S.; Rig. 9. Juli 04.]

Muheim, Gustav. Die Errichtung einer Krankenpflege-Station in der Gemeinde Altdorf. Vortrag des Herrn alt Landammann G'M', gehalten in der Versammlung des katholischen Männervereins von Altdorf, den 26. März 1905. Infolge Beschluss der Versammlung... dem Drucke übergeben. II+14 S. 8. Altdorf, M. Gisler, 1905.

Muheim, Gust., das erste Jahrzehnt unseres Vereins, s.a. Neujahrsblatt, 10., historisches, hrsg. vom Verein f. Geschichte u. Altertümer v. Uri.

Das erste Jahrzehnt unseres Vereins von Gustav Muheim, Vereinspräs. (Altdorf 1904: M. Gisler.) (S. 25–50.) 8° [?.]
→ Neujahrs-Blatt, Historisches, hrsg. vom Verein f. Gesch. u. Alterthümer von Uri. 10, 1904

Muheim, G., siehe: *Neujahrsbl. d. Hülfsges. Zürich*

Muheim, Gustav. Rückblick auf die Thätigkeit der Gemeinnützigen Gesellschaft des Kantons Uri in den letzten zwanzig Jahren. Vortrag des Herrn Landammann Gustav Muheim, gehalten den 27. Oktober 1901, anlässlich der Feier des 70-jährigen Bestandes der Gesellschaft, mit einigen nachträglichen Ergänzungen.... 32 S. 8. Altdorf, Gisler & Cie., 1901.

Muheim, G[ustav]. Die Tagsatzungs-Gesandten von Uri. Abteilung 2: 1517—1600. II + 199 S. kl.-4. Altdorf, Gisler, 1909. [fr. 3.—]
16. Histor. Neujahrsblatt hrg. vom Verein für Geschichte und Altertümer von Uri. Hrg. auf das Jahr 1910.

Muheim, G(ustav). Verzeichniss der Personen, die (im Lande Uri vor hundert Jahren) theils im Kampfe, theils infolge desselben um's Leben gekommen sind. kl.-4. (Altdorf 1899.)
Denkschrift an die Ereignisse im Lande Uri vor hundert Jahren. [Nr. 4.]

Muheim, Gust., die hervorragenden Werke der Wohlthätigkeit im Kanton Uri, s.a. Neujahrsblatt, hrsg. v. der Hülfsgesellschaft in Zürich.

Muheim, G., Die hervorragenden Werke der Wohlthätigkeit im Kanton Uri. 4°. Zürich, Faesi u. Beer, 1894.

Muhl, Arnold [aus Dauersberg bei Betzdorf a. d. Sieg]: Aus d. Bonner chirurg. Univ.-Klinik. Ueber Ostitis und Periostitis non purulenta. '(Periostitis albuminosa, Ollier.)' ... Bonn, Druck v. E. Heydorn, 1893; 22 S. 8.
Bonn, Med. Fak., Inaug.-Diss. v. [6. Juli] 1893

Muhl, C. E., s.: Adreßbuch der Stadt Kiel.

Muhl, Geo., german prose anthology: selected from the modern classics, illustrated by appropriate grammatical notes, and a bibliograph. and crit. history of the authors, with a sketch of german grammar. Being a new, easy, and amusing method of learning german. — A. u. d. T.: Deutsches Lesebuch f. Engländer. gr. 8. (21 B.) Carlsruhe 839, Braun'sche Hofbuchh.

Muhl, Geo., s. Badzeitung.

— Denkwürdigkeiten aus d. Leben des General-Lieut. Freyherrn C. R. v. Schäffer, oder Beiträge zur politischen u. Kriegsgeschichte unserer Zeit. Mit deff. Bildn. u. Schlachtplänen. gr. 8. Pforzheim 840. Dennig, Finck u. Comp. 2 ₰

—— Denkwürdigkeiten aus d. Leben d. Frhrn. C. R. v. Schäffer, großhrzgl. bad. General-Lieutenants 2c. Od.: Beiträge z. polit. u. Kriegsgeschichte uns. Zeit. gr. 8. (24 B., S's. Portr. u. 5 Schlachtplänen.) Pforzheim 840. [Stuttgart, Schreible, Rieger u. Sattler.]

— s. Deutschen, die, u. die Franzosen.

—— die westeuropä. Eisenbahnen in ihrer Gegenwart u. Zukunft. Mittheilungen aus ein., währ. d. Eisenbahnfahrten in Belgien geführten Tagebuche, für solche, welche noch auf keiner Eisenbahn gefahren, u. doch e. anschaul. Begriff von dens. zu haben wünschen. gr. 8. (2 B. u. 1 Plan.) Carlsruhe 838, Braun'sche Hofbuchh.

Muhl, Geo., das Geschlecht d. französ. Hauptwörter, gelehrt in sechs Fabeln. Eine deutl. u. faßl. Anweis., das Geschlecht v. 15,548 französ. Hauptwörtern in einigen Stunden leicht zu erlernen. Zum Gebr. f. Lehrer u. Lernende. N. d. Engl. gr. 8. (2¾ B.) Carlsruhe 839, Braun'sche Hofbuchh. Thlr.

Muhl, Geo. Ph., († d. 25. Mai 1805.) prakt. Beitrr. z. Rechtslehre v. Moratorien. 2 Bde. 8. Manh.... Neue verb. Aufl. (ist nicht wahr! nur n. Titel) 805. Löffler. 1 ₰ 8 ℊ Schrbp. 1 ₰ 16 ℊ

Muhl, Georg Philipp (Worms)
Dissertatio inauguralis qua expenditur quaestio an et quatenus status imperii legibus imperii derogare possint?
Giessae 11. Mai 1786: Braun. 8 S. 4°
pro gradu doctoris.

Alefeld, Johann Ludwig [Präs.] u. Georg Wilh. Muhl (Darmstadt) [Resp.]
De iride lunari exercitatio physica.
Giessae 7. Aug. 1750: Joh. Jac. Braun. 32 S. 4°
publice defendenda

Alefeld, Johann Ludwig [Präs.] u. Joh. Ludov. Muhl (Darmstadt) [Resp.]
De reflexione luminis a fundo corporis pollucidi.
Giessae Sept. 1753: Eberh. Heinr. Lammers. 16 S. 4°

Zur Geschichte der alten attischen Komödie. Konrad Bursian in Dankbarkeit gewidmet. — Von Dr. Johannes Muhl, Stdl. — 1881, Augsburg, J. Pfeiffer. — S. 5—126°.
Progr. Augsburg bei St. Anna
prot. Gymnasium

Plutarchische Studien. - Von Dr. Johannes Muhl, Stdl. — 1885, Augsburg, Ph. J. Pfeiffer. — S. 1—93.
Progr. Augsburg bei St. Anna
prot. Gymnasium

Symbolae ad rem scaenicam Acharnensium Aviumque Aristophanis fabularum accuratius cognoscendam. — Von Dr. Joannes Muhl, Stdl. — 1879, Augsburg, ibid. — S. 1—59°.
Progr. Augsburg bei St. Anna
prot.Gymnasium

Bruchstücke und lückenhafte Anlagen zu einer von dem ganzen schleswig-holsteinischen Volke fortzusetzenden und weiter zu bearbeitenden theoretisch-praktisch philosophisch-politischen Epistel an das hoffnungsvolle Jahr 1847 v P. H. D. Muhl. Hamburg 1847 8°

Muhl, Servat., Anleitung zum Unterr. im Kopfrechnen. Für Lehrer an Elementar-Volksschulen. 8. (7 B. incl. 1 Tab.) Trier 831, Troschel.

Muhl, Servat., Elementarkörperbildung, od. Anweis., wie die körperl. Anlagen des Kindes 2c. entwickelt werden können. 8. Hadamar 819. Hergt in Coblenz. 4 gr

—— über Erzeugung d. Liebe f. König, Volk u. Vaterland. Ein Beitr. zum vaterländ. Volks-Erziehungswesen. gr. 8. (13½ B.) Trier 828, Gall.

Festrede gehalten in der St. Joh.-Loge „Zum Verein der Menschenfreunde" im Or.·. von Trier am Johannisfeste 1849 durch [Servatius] Muhl. [Trier 1849.] 2 Bl. 4⁰ [Kopftit.]
Abgedr. in: FZ. 8 (1849) S. 241—244.
Üb. d. Aufgabe d. Mrs, wahre Freiheit, d. h. Klarheit u. Reinheit d. Herzens zu gewinnen. 8.

—— die Formen- u. Raumlehre f. Volksschulen. Nach e. f. d. Kreis dies. Anstalten besond. angeordn. Lehrgange. M. 8 Taf. Stndr. (gr. 4.), nebst e. Anh. (m. 2 Stnt.), enthalt. d. Größenlehre od. Geometrie f. d. Lehrer. gr. 8. (15 B.) Trier 830, Troschel.

—— populäre Kalenderkunde. Nebst e. Anh. üb. Kenntniß d. gestirnten Himmels; u. e. zweiten, enthalt.: Aufgaben aus d. mathemat. Geographie, an e. Globus zu lösen. Für Lehrer an Land- u. niedern Bürgerschulen, so wie zur Selbstbelehr. f. Jedermann. M. 1 Stnt. (gr. 4.) 8. (7 B.) Trier 835, Troschel.

Muhl, S., Leitfaden bey der Entwickelung d. deutschen Sprachgesetze. 8. Hadamar, Gelehrten-Bchh. 819. Rthlr.

—Leitfaden bei d. Entwickelung der deutschen Sprachgesetze. 8. Hadamar 819. Hergt in Cobl. 10 gr

— das Erste Lesen fur Lehrer. Mit 2 Wandtafeln. 8. Coblenz, Gelehrten-Buchh. 820.

—das erste Lesen für Lehrer. Mit 2 Wandtafeln. 8. Cobl. 820. Hergt. 4 gr

—— das Pflanzenreich nach natürl. Familien. Ein Leitfaden beim pflanzenkundl. Unterr. auf Schullehrer-Seminarien, höh. u. niedern Bürgerschulen. 8. (13½ B.) Trier 828, Gall.

—der Volks-Unterricht in seiner Nothwendigkeit, so wie in seiner Einwirk. auf d. Gesammtbildung d. Menschen. Für Volkslehrer. Mit 1 Steintaf. gr. 8. Mainz 824. Kupferberg. 1 rf

Muhl, Servat., 5 lithograph. Wandtafeln für Schulen, zur Erläuterung der Kalenderkunde u. vorzügl. der mathematischen Geographie. Roy.-Fol. Trier 835. Troschel. 1 rf

Muhl, S., der Weinbau an Mosel u. Saar, so weit diese der Krone Preußens angehören, im Vergleich mit dem Betrieb dieses Kulturzweiges in andern Ländern. 8. (10 B. u. 3 Taf. Abbild.) Trier 845, Troschel.

—das Zifferrechnen für Volksschulen. 8. Mainz 821. Kupferberg. 5 gr

Mühl, A. (Hrsg.), s. Kalvarienbüchlein ...

Mühl, Adf., Taxidermie. Lehre über Abbalgen u. Ausstopfen von Vögeln u. Säugetieren u. Anleitung zum Skelettieren zur Selbsterlerng. Freunden ausgestopfter Tiere u. dem Lehrerstande gewidmet. 12. (87 S. m. Abbildgn.) Bühl (901). (Konkordia.) n n. — 40

Mühl, Albertus: Quomodo Plutarchus Chaeronensis de poetis scaenicis Graecorum iudicaverit. *Neoburgii 1900: Griessmayer.* (28 S.) 8°
Neuburg a. D., k. humanist. G, P 1900°

Mühl, Ant., lyrische Versuche. gr. 8. (95 S.) Danzig 867. (Berlin, Janſen.) *

Mühl, Gustav

—— der elsässische Bildhauer Andreas Friedrich. Eine biograph. Skizze. 8. (19 S.) [Straßburg 876.] Mannheim, Schneider.

Mühl, Gust., aus dem Elsaß. Gedichte. 8. (182 S.) Straßburg 878, Trübner. * M 3.; geb. *

Muehl, Gustav, prakt. Arzt aus Stettin: Ein Fall aus d. chirurg. Abt. d. städt. Krankenhauses zu Stettin. Rudimentäre Entwickelung von Uterus und Vagina. *Greifswald 1902: J. Abel.* (33 S.) 8°
Greifswald, Med. Diss. v 7. Jan. 1902

—— ein elsässischer Gruß an Kaiser Wilhelm I., am Tage der Ankunft Sr. Majestät in Straßburg den 1. Mai 1877, dargebracht. Lex.-8. (6 S.) Straßburg 877, Trübner. *

Mühl, Gust., die zwei Kinder m. dem goldenen Stern, s. Volksschriften, elsässische.

§ **SKIZZEN** aus München. Von einem Andern (d. i. *Gustav G. v. der Mühl*) Flawyl, literar Verlags-Anstalt, 1847 8⁰ (Auch in Zürich, Stadtbibl.)
1 Bl. u. 118 SS. Selten! Anon Lex. IV p. 91

Von der Mühl, Dr. K., über ein Problem der Kartenprojection.
Leipzig 1868. 4.

Mühl, Karl, Larven u. Käfer. Praktische Anleitg. zum Sammeln, Züchten u. Präparieren sowie zur Anlage entomologisch-biolog. Sammlgn. 1.—4. Tauf. (VII, 109 S. m. 34 Abbildgn. u. 8 Taf.) 8. Stuttgart (909). Strecker & Schröder. 1.40; geb. 1.80

— Raupen u. Schmetterlinge. Praktische Anleitg. zum Sammeln, Züchten u. Präparieren, sowie zur Anlage entomologisch-biolog. Sammlgn. Mit 6 [1 farb.] Taf. u. 25 Textabbildgn. Mit e. Geleitwort v. K. G. Lutz. 1.—6. Tauf. (VIII, 91 S.) 8. Ebd. (908). 1.—; geb. in Leinw. 1.40; f. Mitglieder des deutschen Lehrervereins f. Naturkunde — 80; geb. 1.10

Türkei, Rumänien, Serbien, Bulgarien. 6. Aufl. Mit 10 Karten, 30 Pl. u. Grundrissen, 1 Panorama u. 2 Abb. (Hrsg.: K[arl] Mühl.) *Leipzig, Wien: Bibliogr. Inst. 1902.* (XII, 384, 48 S.) 8°
(Meyers Reisebücher.)

Muhlack, Gustav (geb. Konigsberg i. Pr. 2. 11 1855) Ueber irreponible Nabelbrüche. Berlin (1880). (30 S.) 8°
Berlin, Med. Diss. v. 17 März 1880

Mühlan, A.

— Grundriß der Physik u. Meteorologie, s.: Unterrichtsbücher, landwirtschaftliche.

Mühlan, A., Grundriß der Physik u. Witterungskunde. Ein Leitfaden insbesondere f. landwirtschaftl. Lehranstalten. 2., verb. Aufl. (VII, 111 S. m. Abbildgn.) 8. Leipzig 905. H. Voigt. Geb. in Leinw. n.n. 1.30

— u. B. Weigel, deutsches Lesebuch f. landwirtschaftliche Winterschulen, Ackerbauschulen u. ländliche Fortbildungsschulen, zusammengestellt u. bearb. (XI, 343 S.) gr. 8. Bautzen 904. E. Hübner. Geb. in Leinw. n. 2.50

Mühlan, Alois

Mühlan, A., la Bretagne et les Bretons, s.a. Prosateurs français.

La Bretagne et les Bretons. Für d. Schulgebr. zsgest. u. erkl. von Dr. A[loys] Mühlan, Oberl. in Glatz. Mit 5 Abb. u. 1 Übersichtskärtchen. [Nebst] Anmerkungen [&] Wörterbuch. *Bielefeld & Leipzig: Velhagen & Klasing 1902.* 3 Bde 8°
— Sammlung, Velhagen & Klasings, franz. u. engl. Schulausgaben. Prosateurs franç. Lfg 137 B.

Mühlan, Alois [aus Neisse, O.-S.]: Jean Chapelain als litterarischer Kritiker ... [Erschien vollst. 1893 bei Fock in Leipzig.] *Cöthen, P. Dünnhaupt, 1892;* 1 Bl., 31 S. 8.
Strassburg, Phil. Fak., Inaug.-Diss. v. 1892

Mühlan, A. (Hrsg.), s.a. Contes de fees.

— contes de fées par Lapointe, Laboulaye etc. Für den Schulgebrauch hrsg. I. Tl.: Einleitung u. Text. II. Tl.: Anmerkgn. u. Wörterverzeichnis. 8. (X, 161 S.) Leipzig 899. G. Freytag. Geb. in Leinw. u. geh. n. 1.50

Contes d'auteurs modernes. Mit Anm. z. Schulgebr. u. e. Wörterbuch versehen von Dr. A[loys] Mühlan, Prof. Paderborn: F. Schöningh [1908]. 3 Bde 8°
— Schülerbibliothek, Französische. Bdch. 7.

Mühlan, A., s.a. Conteurs de nos jours.

Conteurs de nos jours ... Für d. Privat- u. Schulgebr. mit Anm. hrsg. von Dr. A[lois] Mühlan, Oberl. Reihe 1. Glogau: C. Flemming 1904. 8°
— Schriftsteller, Engl. u. franz., d. neueren Zeit. Bdch. 30. Ausg. A.

Conteurs de nos jours par A. Daudet, J. Normand ... Für d. Privat- u. Schulgebr. mit Anm. hrsg. von Dr. A[loys] Mühlan, Prof. (Ausg. A.) Reihe 1. 2., verb. Aufl. Berlin & Glogau: C. Flemming 1907. 8°
— Schriftsteller, Englische u. franz., d. neueren Zeit. Bdch. 30.

Mühlan, A., s.: Gerhard's franz. Schulausgaben. (Collection de contes et nouvelles.)

— s.: Guerre, la, 1870/71.

Mühlan, Alois [Dr.]: Der schmalkaldische Krieg nach seinen historischen Ursachen und Wirkungen betrachtet. E. Studie. Gleiwitz, Neumann's Stadtbuchdr., *1895;* 26 S. 4.
Gleiwitz, k. kath. G. OP 1895 (186)

— Les provinces françaises, s.: Bornecque, Henri.

— Sainte-Hélène, s.a. Schulbibliothek französischer u. englischer Prosaschriften.

Sainte-Hélène. L'histoire de Napoléon Ier depuis Waterloo jusqu'à sa mort. Publ. et ann. par Dr. A[lois] Mühlan, Prof., Glatz. Avec 1 portr. [Nebst] Wörterbuch. *Berlin: R. Gaertner 1903.* 2 Bde 8°
— Schulbibliothek franz. u. engl. Prosaschriften aus d. neueren Zeit. Abt. 1, Bdch. 47.

— s.: Schriftsteller, englische u. französische, der neueren Zeit. (Conteurs de nos jours.)

— s.: Schülerbibliothek, französische. (Contes d'auteurs modernes.)

Mühlau, F., Besitzen wir den ursprünglichen Text der Heiligen Schrift? Vortrag, gehalten in der Aula der Universität am $\frac{\text{1. März}}{\text{18. Febr.}}$ 1884. gr. 8. (24 S.) Dorpat 884, Karow. *

Mühlau, F., s. Gesenius', Wilh., hebräisches und chaldäisches Handwörterbuch über das Alte Testament.

Muehlau, F., s. Liber Genesis sine punctis exscriptus.

Mühlau, Ferdinand (Hrsg.), s. Böttcher, Friedrich: Neue exegetisch-kritische Aehrenlese ...

Die Ostseeprovinzen Rußlands und ihre deutsche Kultur. Ein Vortrag. Von Prof. Dr. F[erd.] Mühlau. Kiel: W. G. Mühlau 1906. (30 S.) 8°

Mühlau, Ferd., Martinus Seusenius' Reise in das hl. Land in J. 1602. gr. 8. (35 S.) Kiel 902. Lipsius & Tischer. n. 1.—

Mühlau, Ferdinand, [Die Theokratie Israels]. Festrede. Dorpat 1879.

Mühlau, Helene v., Beichte e. reinen Törin. 1.—3. Aufl. (à 285 S.) 8. Berlin (905. 906.) E. Fleischel & Co. n. 3.50; geb. n. 5.—

Mühlau, Helene v. (Frau Hedw. v. Mühlenfels), Liviana Saltern-Santos. Ein chilen. Roman. (378 S.) 8. Berlin 909. E. Fleischel & Co. 5.—; geb. 6.50

Sie sind gewandert hin und her. Roman von Helene v. Mühlau [d. i. Hedwig v. Mühlenfels]. Berlin: E. Fleischel & Co. [1907]. (273 S.) 8° [F.]

Das Witwenhaus. Roman von Helene v. Mühlau [d. i. Hedwig v. Mühlenfels]. Berlin: E. Fleischel & Co. 1908. (393 S.) 8° [F.]

Muehlau, Henr. Ferdin., de proverbiorum quae dicuntur Aguri et Lemuelis [Prov. XXX, 1. – XXXI, 9.] origine atque indole. Leipzig 869. Hinrichs' Verl. gr. 8. (XV, 70 S.) n. 20 ngr.

Mühlau, Johannes, aus Dorpat (Rußl.): Zur frage nach der gotischen psalmenübersetzung. *Kiel: W. G. Mühlau 1904:* (58 S.) 8°
Kiel, Phil. Diss. v. [13. Febr.] 1904

Mühlau, Ludw., Gedichte. gr. 16. (XII und 334 S.) Berlin 848, Subilia.

Mühlau, Paul, Tore, Türen, Fenster u. Glasabschnitte im Stile der Neuzeit. Eine Sammlg. mustergült. Orig.-Entwürfe v. Toren, Haus-, Zimmer- u. Korridortüren, Windfängen, Glasabschlüssen, Fenstern u. Wandvertäfelgn. in einfacher u. reicher Ausführg Zum unmittelbaren Gebrauch f. die Praxis bearb. 30 Taf m. erklär. Text. (VIII S.) 4. Leipzig 905. B F. Voigt. In Mappe 7.50

Mühlau, Walt. G., Kiel. Hrsg. unter Mitwirkg. von Frhr. C. v. Moltke. (35 S. m. Abbildgn.) qu. kl. 8. Kiel (906). W. G. Mühlau. Geb. in Leinw. n. 1.50

Mühlbach, die Sternschanze der Festung Magdeburg, s.: Soldaten-Freund.

Mühlbach, Ernst: Über die Elektrolyse von Cerosalzen. 1903. 71 S. 8°
München, Dr.-Ing.-Diss. v. 9. 3. 1904

Mühlbach, Ernst Adf. v., Gedichte. gr. 8. (346 S.) Stralsund 848, Löffler'sche Buchh. *

Mühlbach, Fr. R., Kinderfrühling, s.a. Kinderfrühling.

Mühlbach, Fr. R., Kinder-Frühling. Eine Sammlung von Sprüchen und Liedern für das zarte Kindesalter. 3. verb. Aufl. 8. (195 S. mit 1 Stahlst.) [Regensburg 880.] Straubing, Volks- und Jugendschriften-Verlag. cart. *

Mühlbach, Luise [Pseud.], s.a. Mundt, Klara

— Kaiser Alexander u. sein Hof. Historischer Roman. 4 Bde. Ebend. 868. 8. (1236 S.) 6 ℛ

Muehlbach, Luise
Antonio. Ein ital. Geschichte. Von Luise Mühlbach [d.i. Klara Mundt]. 2., neu bearb. Ausg.
Altona: Hammerich 1860. 235 S. 8°

Mühlbach, L(ouise), Aphra Behn. Roman. 3 Bde. 8. (247. 330 u. 307 S.) Berlin 849, Simion. 4½ ℛ

— Graf v. Benjowsky. Historischer Roman. 4 Bde. 8. (1082 S.) Jena 865, Costenoble.

— Hrabě z Beňovských. Historický román. Zčeštil Frant. Slav. Štěpánek. Sešit 1. Prag 864. Bensinger, gr. 8. (S. 1—64 m. Holzschn.) 5 ngr

Mühlbach, L(ouise, Clara Mund, geb Müller), Berlin vor funfzehn Jahren. Roman. 3 Thle 2., umgearb. Ausg. 16. (734 S.) Berlin 860, Janke.

† Mühlbach, L., (Clara Mund, geb. Müller.) Berlin u. seine Künste, s. Mundt, Theod.

Mühlbach, L., (Clara Mundt), Berlin und Sanssouci oder Friedrich der Große und seine Freunde. Histor. Roman. 4 Bde. Berlin 854. Simion. (Leipzig, Voigt u. Günther.) 8. (IV, 248; 294; 327; 323 S.) 5 ℛ. 10 ngr

— historisches Bilderbuch. 2 Bde. 8. (VI und 554 S.) Berlin 855, Janke.

— historisches Bilderbuch. 3 Bde. 2. Aufl. 16. (IX und 682 S.) Berlin 862, Janke.

— neues Bilderbuch. 2 Bde. 8. (XII und 677 S.) Berlin (861)62, Herschel.

Muehlbach, Luise
Bonners oder Geschichte eines Millionairs. Von Luise Mühlbach [d.i. Klara Mundt]. 2. neu bearb. Ausg. Bd 2. 1.
Altona: Hammerich 1860. 8°

— historische Characterbilder. 2 Bde. (Der Prinz v. Wales. — Die Franzosen in Gotha.) 8. (494 S.) Berlin 856(57,) Janke.

— historische Characterbilder. 2 Bde. Berlin 857. Janke. 8. (2 Bl., 247; 2 Bl., 245 S.) 3 ℛ.
Inhalt. 1. Bd.: Der Prinz von Wales. — 2. Bd.: Die Franzosen in Gotha.

Mühlbach, L(ouise, Clara Mund, geb. Müller), historische Charakterbilder. 3. und 4. Bd. 8. Berlin 859, Janke. Thlr.
Inhalt:
Bd. 3. Die Gräfin du Cayla. Der Prinz v. Lamballe. (III und 297 S.)
" 4. Ein Vormittag Friedrichs II. Prinzessin Orsini. (III und 346 S.
1. und 2. Bd. Ebendas. 1856. 3 Thlr.

— historische Charakterbilder. Roman. 2. Aufl. 2 Bde. Leipzig 869. Dürr'sche Buchh. 8. (III, 231 S. u. III, 236 S.) 2 ℛ 15 ngr

— historische Charakterbilder. Roman. 2. Aufl. 2 Bde. 8. (III, 231; III, 236 S.) Leipzig 872, Dürr'sche Buchh.

Muehlbach, Luise
Mademoiselle Clairon, oder Vier Tage aus dem Leben einer Schauspielerin. Von Luise Mühlbach [d.i. Klara Mundt]. 2., neu bearb. Ausg.
Altona: Hammerich 1861. 171 S. 8°

— Kaiserin Claudia, Prinzessin von Tirol. Historischer Roman. 3 Bde. Leipzig 867. Matthes. 8. (749 S.) 5 ℛ

— Kaiserin Claudia, Prinzessin von Tirol. Histor. Roman. Neue (Titel-)Ausg. 3 Bde. 8. (222; 252; 275 S.) Leipzig (867)70, Matthes.

Mühlbach, Louise, Kaiserin Claudia, Prinzessin von Tirol. 3 Bde. 8. Leipzig 870, Licht und Meyer. 6 —

— Damen-Almanach. Mit 3 Portr. in Stahlst. Leipzig 869. Dürr'sche Buchh. gr. 16. (V, 475 S.) 2 ℛ 12 ngr; in engl. Einb. mit Goldschn. 2 ℛ 24 ngr

— Deutschland in Sturm u. Drang. Historischer Roman. 4 Abthlgn. Jena, Costenoble. 8. 22 ℛ 15 ngr
1. Abthlg. Der alte Fritz u. seine Zeit. 4 Bde. 867. (XV, 1051 S.) 5 ℛ 15 ngr
2. Abthl. Fürsten u. Dichter. 4 Bde. 867. (1073 S.) 5 ℛ 15 ngr
3. Abthlg. Deutschland gegen Frankreich. 4 Bde. 868. (1051 S.) 5 ℛ 15 ngr
4. Abthlg. Frankreich gegen Deutschland. 5 Bde. 868. (1207 S.) 6 ℛ

Mühlbach, Luise (Klara Mundt), s.: Erinnerungsblätter.

Mühlbach, Louise, (Clara Mundt, geb. Müller), Prinz Eugen und seine Zeit. Historischer Roman. 2 Abthlgn. 8. Berlin 864, Janke.
Inhalt:
Abthl. 1. Prinz Eugen der kleine Abbé. 4 Bde. (1023 S.) 3 Thlr.
" 2. Prinz Eugen der edle Ritter. 4 Bde. (955 S.) 4 Thlr.

— Eva. Ein Roman aus Berlins Gegenwart. 2 Thle. 8. (35¼ B.) Berlin 844, [Leipzig, Kößling'sche Buchh.]

— Eva. Ein Roman aus Berlins Gegenwart. 2 Theile. 8. Berlin 844, Morin. 3 ℛ

— Federzeichnungen auf der Reise. Novellen u. Bilder. 8. (24¼ B.) Berlin 846, Mylius'sche Vrlgsb.

— Federzeichnungen auf der Reise nach der Schweiz. 1—7. Heft. Berlin 864. Mylius. 8. (1. Bd.: 214 S.; 2. Bd.: S. 1—112.) Jedes Heft 7½ ngr

— Federzeichnungen auf der Reise nach der Schweiz. 4 Bde. in 17 Heften. 8. (214 S., 170 S., 156 S., 251 S.) Berlin 864,65, Schweigger'sche Hofbuchh. à Heft * 7½ Ngr. *
Bandausgabe s. Novellen.

—— Kaiser Ferdinand I. und seine Zeit. Historischer Roman. 5 Bde. in 25 Lfgn. gr. 8. (215; 215; 245; 288; 220 S.) Prag 869, Bensinger. à Lfg. 40 Pf.

– Kaiser Ferdinand II. u. seine Zeit. Historischer Roman. 1—23. Liefg. Prag 868—70. Beusinger. gr. 8. (1. Bd. 215 S., 2. Bd. 215 S., 3. Bd. 245 S., 4. Bd. 288 S., 5. Bd. S. 1—112.) Jede Liefg. n. 4 ngr.

Muehlbach, Luise

Die Flüchtlinge in London. Roman. Von Luise Mühlbach [d.i. Klara Mundt]. 2., neu bearb. Ausg. Bd 1-3.
Altona: Hammerich 1860-61. 8°

Mühlbach, Louise (Clara Mundt, geb. Müller), Frauenherzen. Historische Novellen. 2 Bde. 8. Leipzig 878, E. J. Günther.

Inhalt:
Bd. 1. Drei Kaiserinnen. (348 S.)
„ 2. Ein Glas Wasser oder eine Rosenknospe. (323 S.)

Mühlbach, L., Frauenschicksal. 2 Thle. Das Mädchen. Die Gattin. Die Künstlerin. Die Fürstin. 8. Altona 839. Hammerich. 3 ℛ︁

—— Friedrich der Große. (In ca. 30 Lfgn.) 1. Lfg. hoch 4. (1. Bd.: Friedrich der Große und sein Hof. S. 1—82 mit eingedr. Holzschn.) Berlin 861, Janke.

—— Friedrich der Große und seine Geschwister. Historischer Roman. (Friedrich der Große und sein Hof. 3. Folge.) 1. Abthl. 3 Bde. 8. (XIX und 906 S.) Berlin 854(55,) Janke.

† Mühlbach, L(ouise, Clara Mund, geb. Müller), Friedrich der Große und seine Geschwister. Historischer Roman. (Friedrich der Große und sein Hof. 3. Folge.) 2. Abthl. 3 Bde. 8. (XIX und 959 S.) Berlin 855, Janke. Thlr.

– Friedrich der Große und sein Hof. Historischer Roman. 3 Bde. Berlin 853. Janke. 8. (271; 371; 342 S.) 4 ℛ︁. 15 ngr.

—— dass. — 2. Aufl. 3 Bde. 16. (XIII und 668 S.) Ebds. 855.

Mühlbach, L., (Clara Mundt), Friedrich der Große und sein Hof. Historischer Roman. 2. und 3. Folge: A. u. d. T.: Friedrich der Große und seine Geschwister. Historischer Roman. 1. und 2. Abthlg. à 3 Bde. Berlin 855. Janke. 8. (1. Abth. 1. Bd.: IX, 304 S.; 2. Bd.: 294 S.; 3. Bd.: 308 S.; 2. Abth. 1. Bd.: IX, 280 S.; 2. Bd.: 3 Bl., 327 S.; 3. Bd.: 3 Bl., 325 S.) Jede Abth. 4 ℛ︁. 15 ngr.

—— Friedrich der Große und sein Hof. 1. Folge. A. u. d. T.: Berlin und Sanssouci oder Friedrich der Große und seine Freunde. Historischer Roman. 4 Bde. 2. Aufl. 16. (880 S.) Leipzig 856, Voigt und Günther.

—— dass. — 2. und 3. Folge. A. u. d. T.: Friedrich der Große und seine Geschwister. Historischer Roman. 1. und 2. Abthl. à 3 Bde. 2. Aufl. 16. (XLII und 1339 S.) Berlin 856, Janke.

Muehlbach, Luise

Friedrich der Große und sein Hof. Histor. Roman. Von Luise Mühlbach [d.i. Klara Mundt]. 2. Aufl. Folge 2.3.
Berlin: Janke 1857. 8°

Folge 2.= Abt.1.
Abt.1, Bd 1-3.: Friedrich der Große und seine Geschwister.
Folge 3.= Abt.2.
Abt.2, Bd 1.2.: Friedrich der Große und seine Geschwister.

—— Friedrich der Große und sein Hof. 3 Bde. 3. und 4. Aufl. 16. (XIII und 626 S.) Berlin 857. 58, Janke. geb. *

— — 1. Folge: Berlin und Sanssouci oder: Friedrich der Große und seine Freunde. Histor. Roman. 4 Bde. 2. Aufl. 857. (183; 217; 241; 241 S.) 1 ℛ︁. — 3. Aufl. Leipzig 858. Voigt u. Günther. 16. (144; 169; 188; 187 S.) n. 1 ℛ︁. 10 ngr.

Muehlbach, Luise

Friedrich der Große und sein Hof. Von Luise Mühlbach [d.i. Klara Mundt]. 5. Aufl. Bd 1.
Berlin: Janke 1858. 150 S. 8°

Muehlbach, Luise

Friedrich der Große und sein Hof. Histor. Roman. Von Luise Mühlbach [d.i. Klara Mundt]. 2., neu bearb. Ausg. 4.(Supplement-) Abt.
Berlin: Janke 1858. 8°

Bd 1-3.: Johann Gotzkowsky oder Friedrich der Große und sein Kaufmann.

—— dass. — Erste Folge: Berlin und Sanssouci oder: Friedrich der Große und seine Freunde. Historischer Roman. 4 Bde. 3. Aufl. br. 8. (XVI und 688 S.) Leipzig 858, Voigt und Günther. *

—— dass. — Neue Folge: Friedrich der Große und seine Geschwister. 2 Abthlgn. à 3 Bde. 3. Aufl. br. 8. (XXXII und 1028 S.) Berlin 859, Janke. à Abthl. 1 Thlr.

— — 7. Aufl. Mit 101 Illustr. (in Holzschn.) von O. Wisniesk u. A. 4 Bde. Ebend. 862, 63. 4. (1037 S.) 5 ℛ︁ 10 ngr.

— — 2. Abth.: Berlin und Sanssouci oder Friedrich der Große u. seine Freunde. 4 Thle. 4. Aufl. Ebend. 864. gr. 16. (XII, 688 S.) 1 ℛ︁ 10 ngr.

—— dass. — 7. Ausg. Mit Illustr. von O. Wisnieski, Ad. Burger u. A. 4 Abthlgn. hoch 4. Ebendas. 862—64. [1. Abthl. (250 S.) * 1 Thlr. 10 Ngr., 2. Abthl. (312 S.) * 1 Thlr. 15 Ngr., 3. Abthl. (231 S.) * 1 Thlr. 10 Ngr., 4. Abthl. (244 S.) * 1 Thlr. 10 Ngr.] *

—— Friedrich der Große und sein Hof. 13 Thle. in 4 Abthlgn. (Billige Octav-Ausg.) br. 8. Berlin, Janke.

Inhalt:
Abthl. 1. Friedrich der Große und sein Hof. 3 Thle. in 1 Bde. 7. Aufl. (IV und 546 S.) 864. 1 Thlr.
„ 2. Berlin und Sanssouci oder Friedrich der Große und seine Freunde. 4 Thle. in 1 Bde. 4. Aufl. 1865. und 5. Aufl. (XII und 688 S.) 866. 1 Thlr. 10 Ngr.
„ 3. Friedrich der Große und seine Geschwister. 1. Hälfte. 3 Thle. in 1 Bd. 6. Aufl. 864. 1 Thlr.
„ 4. —— dass. — 2. Hälfte. 3 Thle. in 1 Bd. 6. Aufl. 864. 1 Thlr.

Mühlbach, Louise, (Clara Mundt, geb. Müller), Friedrich der Große u. sein Hof. 8. Aufl. Mit 400 Illustr. von Wisnieski, A. Burger u. A. 13 Thle. in 4 Abthlgn. in 33 Liefgn. Berlin 865. Janke. br. 8. n. 5 ℛ︁ 15 ngr.

– Friedrich der Große u. sein Hof. 2—4. Abthlg. (Billige Octav-Ausg.) Berlin, Janke. br. 8. 3 ℛ︁ 10 ngr.
2. Abthlg. Berlin u. Sanssouci oder Friedrich der Große u. seine Freunde. 4 Thle. in 1 Bde. 5. Aufl. 866. (XII, 688 S.) 1 ℛ︁ 10 ngr.
3. Abthlg. Friedrich der Große u. seine Geschwister. 1. Hälfte. 3 Thle. in 1 Bd. 6. Aufl. 864. 1 ℛ︁
4. Abthlg. — — 2. Hälfte. 3 Thle. in 1 Bd. 6. Aufl. 864. 1 ℛ︁

Mühlbach, L., Friedrich der Große und sein Hof. Historischer Roman. 8. Aufl. Neu durchges. und bearb. Mit dem (Holzschn.-)Portr. Friedrichs des Großen. 8. (IV, 378 S.) Berlin 882, Janke. *

– Friedrich der Große u. sein Hof. 10. Aufl. 3 Tle. in 1 Bde. gr. 8. (III, 160; III, 222 u. III, 201 S.) Berlin 902. H. Barsdorf. n. 6.—; geb. n.n. 7.—

Der alte Fritz und seine Zeit. Von Louise Mühlbach [d. i. Klara Mundt]. Bd 1—4. Jena: Constenoble 1867. XV, 1051 S. 8°
in: Mühlbach, L.: Deutschland i. Sturm u. Drang. 1,
Ausz. in engl. Übers. in: AmerFr. (Cincinnati) 1 (1868) S. 146—162.

—— Geschichtsbilder. Historische Novellen. 3 Bde. 8. (785 S.) Jena 868, Costenoble.

—— Gisela. Roman. 2 Thle. 8. (35½ B.) Altona 844, Hammerich.

Mühlbach, L., Glück und Geld. Roman. 2 Bde. 8. Altona 842, Hammerich. 3 ₰

—— Johann Gotzkowsky der Kaufmann von Berlin. Roman. 3 Bde. 8. (747 S.) Berlin 850, Simion.

—— des Lebens Heiland. Ein Roman. 8. (17 B.) Altona 840, Hammerich.

— König Heinrich VIII. und sein Hof, oder: Katharina Parr. Histor. Roman. 2., neu bearb. Ausg. 3 Bde. Ebend. 858. 16. (178; 191; 208 S.) 1 ₰.

— nach der Hochzeit. Vier Novellen. 2 Thle. 8. Leipzig 844, C. L. Fritzsche. 2½ ₰

—— Hofgeschichten. 3 Thle. 8. (1022 S.) Berlin 847, Hirschfeld.

Muehlbach, Luise

Hofgeschichten. Histor. Roman. Von Luise Mühlbach [d.i. Klara Mundt]. Th 1-3.
Leipzig: Berger 1849. 8°
Titelbl. von Th. 1 fehlt.

—— Hofgeschichten. Historischer Roman. 3 Bde. 2., unveränd. Aufl. 16. (614 S.) Berlin 862, Janke.

—— Königin Hortense. Ein Napoleonisches Lebensbild. 2 Bde. 1. Aufl. (VI und 572 S.) und 2. Aufl. 8. (581 S.) Berlin 856, Janke.

—— Königin Hortense. Ein Napoleonisches Lebensbild. 3. Aufl hoch 4. (III und 92 S.) Berlin 857, Janke.
Aus der „Berliner Muster- und Modenzeitung" besonders abgedruckt.

Muehlbach, Luise

Königin Hortense. Ein Napoleonisches Lebensbild. Von Luise Mühlbach [d.i. Klara Mundt]. 4. Aufl. Bd 1.2.
Berlin: Janke 1858. 8°

Mühlbach, L., Königin Hortense. Ein Napoleonisches Lebensbild. 2 Bde. 5. Aufl. Berlin 861. Janke. 16. (VI, 303 S.) 25 ngr.

— Hortense, Königin v. Holland. Historischer Roman aus der Napoleon. Zeit. 5., erstmalig illustr. Aufl. 2 Tle. in 1 Bde. (V, 160 u. 167 S.) 8. Berlin 908. H. Barsdorf. 5.—; geb. 6.50

Mühlbach, Louise (d. i. Frau *Clara Mundt*), Protestantische Jesuiten. Historischer Roman in 2 Abthlgn. (von zus. 7 Bänden). Leipzig 1873—74. 8°. (Br. 7 Rthl.) (Mindestgebot 4 Mk. 50 Pfg., R. Zinke's Dresdener Sept.-Auct. 1907, no. 592.)
„Handelt von dem höchst scandalösen Treiben der Königsberger Mucker Ebel u. Consorten, von nicht zu beschreibenden geschlechtl. Verbrechen etc. etc."

—— protestantische Jesuiten. Historischer Roman. 2 Abthlgn. 6 Bde. 8. (258; 299; 250; 234; 250; 249 S.) Leipzig 874, E. J. Günther. *

Muehlbach, Luise

Erzherzog Johann und seine Zeit. Von Luise Mühlbach [d.i. Klara Mundt]. Abt. 1-4.
Berlin: Janke 1859-63. 8°

Abt. 1, Bd 3: Andreas Hofer. 1859.
Abt. 2, Bd 1-3: Erzherzog Johann und Metternich. 1860.
Abt. 3, Bd 1-3: Erzherzog Johann und der Herzog von Reichstadt. 1862.
Abt. 4, Bd 1-3: Erzherzog Johann als Reichsverweser. 1863.

—— Erzherzog Johann und seine Zeit. Volksausg. 1. Abthl.: Andreas Hofer. 3 Thle. br. 8. (IX und 586 S.) Berlin 864, Janke.

—— Erzherzog Johann und seine Zeit. 2., illustr. Aufl. 4 Abthlgn. à 3 Bde. 36 Lfgn. br. 8. (1. Abthl. 588 S., 2. und 3. Abthl. 1072 S. und 4. Abthl. 522 S., mit 36 Holzschntaf.) Leipzig 865, Grunow. à Lfg. 5 Ngr.

—— Erzherzog Johann und seine Zeit. Neue illustr. (Titel-) Aufl. 4 Abthlgn. mit 36 Holzschn. 8. Leipzig (865)72, Grunow. (*M* 18.)

Inhalt:
Abthl. 1. Andreas Hofer. (588 S.)
„ 2. Erzherzog Johann und Metternich. (500 S.)
„ 3. Erzherzog Johann und der Herzog von Reichstadt. (572 S.)
„ 4. Erzherzog Johann als Reichsverweser. (522 S.)

—— Kaiser Joseph und Kaiser Joseph der Zweite und sein Hof. 1. Abthl. A. u. d. T.: Maria Theresia. 4 Bde. 8. (1—3. Bd. XV und 912 S.) Berlin 855(56,) Janke.

—— dass. — 2. und 3. Abthl. 8. Ebds. 856. à Abthl. 6 Thlr.
Inhalt:
Abthl. 2. Kaiser Joseph und Marie Antoinette. 4 Bde. (1244 S.)
„ 3. Kaiser Joseph als Selbstherrscher. 4 Bde. (1208 S.)

— Kaiser Joseph u. sein Landsknecht. Historischer Roman. 2 Abthlgn. à 4 Bde. Leipzig 870. Dürr'sche Buchh. 8. (III, 256; III, 258; III, 247; III, 297; III, 244; III, 263; III, 245 u. III, 255 S.) Jede Abtheilg. 5 ₰

—— Kaiser Joseph und die Näherinnen. Historische Novelle. 8. (226 S.) Breslau 874, Lichtenberg. *

— Kaiser Joseph II. und sein Hof. 3 Abthlgn. Ebend. 857. 16.
1. Abth.: Kaiser Joseph u. Maria Theresia. 4 Bde. 856. 8. (270; 347; 395; 349 S.) 6 ₰. — 3. Aufl. 857. — 5. Aufl. 858. 4 Bde. (4 Bl., 143; 4 Bl., 185; 4 Bl., 159; 4 Bl., 186 S.) 1 ₰. 15 ngr.
2. „ Kaiser Joseph und Marie Antoinette. 4 Bde. 856. 8. (301; 301; 321; 325 S.) 6 ₰. — 2. Aufl. 4 Bde. 857. 16. (4 Bl. 160; 4 Bl., 157; 4 Bl., 170; 4 Bl., 165 S.) — 5. Aufl. 858. 16. (169; 164; 175; 171 S.) 1 ₰. 15 ngr.
3. „ Kaiser Joseph als Selbstherrscher. 4 Bde. 857. 8. (273; 291; 307; 337 S.) 6 ₰. — 2. Aufl. 4 Bde. 857. 16. (4 Bl., 137; 4 Bl., 147; 4 Bl., 162; 4 Bl., 178 S.) 1 ₰. 15 ngr.

Muehlbach, Luise

Kaiser Joseph der Zweite und sein Hof. Von Luise Mühlbach [d.i. Klara Mundt]. 2. Aufl. Abt. 1-3.
Berlin: Janke 1857. 8°

1, Bd 1-3: Kaiser Joseph und Maria Theresia.
2, Bd 1-4: Kaiser Joseph und Marie Antoinette.
3, Bd 1-4: Kaiser Joseph als Selbstherrscher.

— Kaiser Joseph II. und sein Hof. Ebend. 859, 60. gr. 16. Jede Abth. 1 ℛ 15 ngr.
1. Abth.: Kaiser Joseph und Maria Theresia. 4 Bde. 6. Aufl. (XX, 716 S.)
2. Abth.: Kaiser Joseph und Marie Antoinette. 4 Bde. 6. Aufl. (XX, 648 S.)
3. Abth.: Kaiser Joseph als Selbstherrscher. 4 Bde. 3—6. Aufl. (XX, 615 S.)

—— dass. — 7., illustr. Aufl. 3 Abthlgn. à 4 Bde. in 18 Lfgn. 8. (1. Abthl. 726 S., 2. Abthl. 655 S. und 3. Abthl. 611 S., mit 1 Stahlst. und 116 Holzschntaf. von G. Heil u. A.) Ebendas. 863,64. à Lfg. * 10 Ngr.

— — 8., illustr. Aufl. 3 Abthlgn. Berlin 864. Janke. hoch 4. (961 S. mit eingedr. Holzschn.) 5 ℛ

— Kaiser Joseph II. u. sein Hof. Wohlfeile (Volks-)Ausg. 12 Bde. in 3 Abthlgn. Berlin, Janke. 8. Jede Abthlg. 1 ℛ 15 ngr.
1. Abthlg. Kaiser Joseph u. Maria Theresia. 8. Aufl. 866 u. 9. Aufl. 4 Thle. in 1 Bd. 868. (728 S.)
2. Abthlg. Kaiser Joseph u. Maria Antoinette. 7. Aufl. 4 Thle. in 1 Bde. 864. (703 S.)
3. Abthlg. Kaiser Joseph als Selbstherrscher. 7. Aufl. 865 u. 8. Aufl. 4 Thle. in 1 Bde. 868. (658 S.)

— Kaiser Josef II. u. sein Hof. Historischer Roman. Neue Ausg. m. Illustr. (Holzschntaf.) 1. u. 2. Lfg. 8. (1. Abth. S. 1—112.) Berlin 875. Janke. à n. — 50

—— Kaiser Joseph der Zweite und sein Hof. Histor. Roman. 3 Abthlgn. 9. Aufl. 8. Berlin 877, Janke. à Abthl. ℳ 4,50.
Inhalt:
Abthl. 1. Kaiser Joseph und Maria Theresia. (727 S.)
" 2. Kaiser Joseph und Marie Antoinette. (VII, 703 S.)
" 3. Kaiser Joseph als Selbstherrscher. (VII, 660 S.)

— Kaiser Josef II. u. sein Hof. Histor. Roman. Illustr. v. Coeurdame. 42 Hefte. (XIV, 1017 S.) 8. Prag (907—09). A. Hynek. à Heft — 20

— Cisař Josef II. a dvůr jeho. Historický román. Překladem Frant. Vymazala. Oddíl 1. i 2. Brunn 864. Karafiat. gr. 8. Jede Abth. 2 ℛ
Inhalt: 1. Cisař Josef a Maria Teresia. (VI, 762 S.) — 2. Cisař Josef a Maria Antoinetta. (IV, 726 S.)

— Kaiserin Josephine. Ein Napoleonisches Lebensbild. 3 Thle. Berlin 861. Janke. 8. (960 S.) 5 ℛ

—— Justin. Roman. 8. (20¾ B.) Leipzig 843, C. L. Fritzsche.

—— Kaiserburg und Engelsburg. Historischer Roman. 2 Bde. 8. (V, 208; V, 224 S.) Jena 871, Costenoble.

—— Karl der Zweite und sein Hof. Historischer Roman. 3 Bde. 2., neu bearb. Aufl. 16. (556 S.) Berlin 859, Janke.

— der dreißigjährige Krieg. Historischer Roman. 6 Bde. gr. 8. (244, 228, 237, 228, 251 u. 325 S.) Prag 873. Bensinger. 15. —

Muehlbach, Luise

Die Künstlerin. Roman. Von Luise Mühlbach [d.i. Klara Mundt]. 2., neu bearb. Ausg.
Altona: Hammerich 1860. 212 S. 8°

S. 209-212 fehlen.

—— der große Kurfürst und seine Zeit. Historischer Roman. 3 Abthlgn. 8. Leipzig [Jena], Costenoble. à Abthl. 5 Thlr.
Inhalt:
Abthl. 1. Der junge Kurfürst. 3 Bde. (1020 S.) 865.
" 2. Der große Kurfürst und sein Volk. 4 Bde. (1014 S.) 865.
" 3. Der große Kurfürst und seine Kinder. 4 Bde. (1008 S.) 866.

—— historische Lebensbilder. 2 Bde. 8. Berlin 864, Janke.
Inhalt:
Bd. 1. Der Herzog von Bielitz. — Heringshändler oder Edelmann. (335 S.)
" 2. Maria Theresia und ihr Ofenheitzer. — Die Verschwörung durch ein Bild. — Die Kinder von heute. (340 S.)

—— die letzten Lebenstage Katharina II., s.a. Album. Bibliothek deutscher Originalromane.

— die letzten Lebenstage Katharina II., s.a. Günther's deutsche Romanbibliothek.

Muehlbach, Luise

Die letzten Lebenstage Katharina II. Histor. Novelle. Von Luise Mühlbach [d.i. Klara Mundt].
Prag: Kober & Markgraf 1859. 244 S. 8°

(Album. Bibliothek dt. Originalromane. Bd 5.)

Muehlbach, Luise

Zwei Lebenswege. Roman. Von Luise Mühlbach [d.i. Klara Mundt]. 2., neu bearb. Ausg. Bd 1-3.
Altona: Hammerich ?. 8°

Mühlbach, L., Kaiser Leopold II. u. seine Zeit, s.a. Album v. Kober.

—— Kaiser Leopold der Zweite und seine Zeit, s.a. Hausbibliothek deutscher Novellen und Romane.

Muehlbach, Luise

Kaiser Leopold der Zweite und seine Zeit. Hist. Roman. Von Luise Mühlbach [d.i. Klara Mundt]. Bd 1-3.
Prag: Kober & Markgraf 1860. 8°

(Album. Bibliothek dt. Originalromane. Bd. 22-24.)

— Kaiser Leopold II. und seine Zeit. Historischer Roman. 3 Bde. 2. Aufl. Wien 861. Markgraf & Co. 16. (728 S.) 2 ℛ

—— erste u. letzte Liebe. Roman. 8. (17 B.) Altona 838, Hammerich.

— Maria Theresia und der Panduренobrist Trenck. Historischer Roman. 2 Abthlgn. à 2 Bde. Brünn 861, 62. Karafiat. 8. (1219 S.) Jede Abth. 3 ℛ

Mühlbach, Louise, (Clara Mundt, geb. Müller), Maria Theresia und der Pandurenobrist Trenk. Historischer Roman. 2., billige Ausg. 2 Abthlgn. in 4 Bdn. 8. (312, 319, 280 und 308 S.) Brünn 863, Karafiat.

—— Marie Antoinette und ihr Sohn. Historischer Roman. 6 Bde. gr. 16. (1300 S.) Jena 867, Costenoble.

—— Frau Meisterin. 2 Thle. 2., völlig umgearb. Aufl. 16. (496 S.) Berlin 859, Janke.

—— Memoiren eines Weltkindes. Roman. 2 Bde. 8. (VI und 673 S.) Leipzig 851, Matthes.

—— Mohammed Ali, der morgenländische Bonaparte. Histor. Roman. 8 Bde. in 30 Lfgn. gr. 8. (160; 160; 179; 239; 160; 168; 168; 183 S.) Ebendas. 872. à Lfg. 40 Pf.

— Mohammed Ali u. sein Haus. Historischer Roman. 4 Bde. 8. (VII, 234; VII, 235; VII, 261; VII, 346 S.) Jena 871. Costenoble. 18. —

— dasselbe. 4 Bde. 2. Aufl. 8. (235, 235, 261 u. 346 S.) Ebend. 876. 12. —

Mühlbach, Louise, Mohammed Ali und sein Haus. Historischer Roman. 4 Bde. 2. (Titel-)Aufl. 8. (235; 235; 261; 346 S.) Jena (871)77, Costenoble.

— Mohammed Ali's Nachfolger. Historischer Roman im Anschluß an „Mohammed Ali u. sein Haus." 4 Bde. 8. (III, 234; III, 238; III, 244 u. III, 310 S.) Ebend. 872. 18. —

— dasselbe. 4 Bde. 2. Aufl. 8. (234, 238, 244 u. 310 S.) Ebend. 876. 12. —

—— Mohammed Ali's Nachfolger. Historischer Roman im Anschluß an „Mohammed Ali und sein Haus". 4 Bde. 2. (Titel-) Aufl. 8. (234; 238; 244; 310 S.) Ebendas. (872)77.

Mühlbach, L(ouise, Clara Mund, geb. Müller), Napoleon in Deutschland. 4 Abthlgn. à Abthl. 4 Bde. 8. Berlin 858, Janke. à Abthl. 6 Thlr. Thlr.

Inhalt:

Abthl. 1. Rastatt und Jena. 4 Bde. (XVIII und 1306 S.)
„ 2. Napoleon und Königin Luise. 4 Bde. (IX und 1406 S.)
„ 3. Napoleon und Blücher. 4 Bde. (XX und 1311 S.)
„ 4. Napoleon und der wiener Congreß. 4 Bde. (XVIII und 1291 S.)

Muehlbach, Luise

Napoleon in Deutschland. Von Luise Mühlbach [d.i. Klara Mundt]. 2. Aufl. Abt. 1-4. Bd 1-4.
Berlin: Janke 1859. 8°

1. Rastatt und Jena.
2. Napoleon und Königin Louise.
3. Napoleon und Fürst Blücher.
4. Die Wiener Conferenz.

—— dass. — 3. Ausg. (In 40 Lfgn.) 1—20. Lfg. oder 1. und 2. Bd. br. 8. (à Lfg. ca. 80 S.) Ebendas. 861. 62. à Lfg. 5 Ngr.

—— Napoleon in Deutschland. 3. Aufl. Wohlfeile (Volks-) Ausg. in 4 Bdn. br. 8. Berlin, Janke. à Bd. 1 Thlr. 20 Ngr.

Inhalt:

Abthl. 1. Rastatt und Jena. 3. Aufl. (723 S.) 862.
„ 2. Napoleon und Königin Louise. 3. Aufl. (VI und 754 S.) 863
„ 3. Napoleon und Blücher. 3. Aufl. (723 S.) 866.
„ 4. Napoleon und der Wiener Congreß. 3. Aufl. (727 S.) 866.

— Novellen. (Federzeichnungen.) 4 Bde. Berlin 865. Schweigger'sche Hofbuchh. 8. (214 S., 170 S., 156 S., 251 S.) n. 4 ℛ 10 ngr.
Lieferungsausgabe s. Federzeichnungen.

—— Novellen u. Scenen. 2 Thle. 8. (30½ B.) Leipzig 845, C. L. Fritsche.

— Novellettenbuch. 1. Theil. 8. Altona 841, Hammerich. 1½ ℛ

— die Opfer d. religiösen Fanatismus. Historischer Roman aus dem dreißigjähr. Krieg. (In ca. 20 Lfgn.) 1. u. 2. Lfg. gr. 8. (S. 1—96.) Ebend. 871. à n. — 40

—— die Opfer des religiösen Fanatismus. Historischer Roman aus dem dreißigjähr. Krieg. 6 Bde. in 32 Lfgn. gr. 8. (244; 228; 238; 228; 252; 325 S.) Prag 871, Bensinger. à Lfg. 40 Pf.

—— die Pariserin nach der neuesten Mode. Modernes Sittenbild in 1 Akt. Nach einer französ. Idee. 16. (VI und 58 S. mit 1 Holzschnt.) Berlin 856(57.) Artistische Anstalt. *

— die Pariserin nach der neuesten Mode. Modernes Sittenbild in 1 Akt. Nach einer französ. Idee. Berlin 857. Artistische Anstalt. (Mecklenburg.) 16. (VI, 58 S. u. 1 Holzschn.) n. 10 ngr.

— Katharina Parr. Heinrichs VIII. v. England letzte Königin. Historischer Roman. 4. Aufl. Mit 20 Illustr. v. E. Stübner. 3 Tle. in 1 Bde. (141, 152 u. 165 S.) 8. Berlin 908. H. Barsdorf. 6.—; geb. 7. 50

— Katharina Parre. Historischer Roman. 3 Bde. 8. (252. 278 u. 295 S.) Berlin 851, Simion. 4⅓ ℛ

—— die Pilger der Elbe. gr. 8. (19 B. u. 4 Stahlst.) Altona 838, Hammerich.

—— dass. — Ausg. ohne Kpfr. gr. 8. (19 B.) Ebds. 839.

—— Franz Rákóczy, s. a. Album. Bibliothek deutscher Originalromane.

—— Franz Rákóczy, s. a. Günther's deutsche Romanbibliothek.

Muehlbach, Luise

Franz Rákóczy. Ungarisches Lebensbild. Von Luise Mühlbach [d.i. Klara Mundt]. Bd 1.2.
Wien: Markgraf 1861. 8°

(Album. Bibliothek dt. Originalromane. Bd 12.13.)

Mühlbach, Louise, Franz Rákóczy. Ungarisches Lebensbild. 2 Bde. 16. (220 u. 236 S.) Wien, Markgraf & Comp. 2 fl.

Muehlbach, Luise

Rebekka. Roman. Von Luise Mühlbach [d.i. Klara Mundt]. 2., neu bearb. Ausg. Bd 1.2.
Altona: Hammerich 1860-61. 8°

Titelbl. zu Bd 2 fehlt.

—— Reisebriefe aus Aegypten. 2 Bde. 8. (III, 252; III, 268 S.) Jena 871, Costenoble.

—— ein Roman in Berlin. 3 Bde. 8. (71¼ B.) Berlin 846, Mylius'sche Vrlasbh.

—— kleine Romane. 2., neu bearb. Ausg. 1—16. und 19. Thl. 16. Altona 860. 61, Hammerich. à Thl. 10 Ngr.

Inhalt:

Thl. 1—3. Zwei Lebenswege. 3 Bde. (VIII und 474 S.)
„ 4. Antonio. Eine italienische Geschichte. (235 S.)
„ 5—7. Bonners oder Geschichte eines Millionairs. 3 Bde. (518 S.)
„ 8., 9. Rebekka. Roman. 2 Bde. (304 S.)
„ 10. Der Leibeigene. (1:8 S.)
„ 11. Die Künstlerin. Roman. (212 S.)
„ 12. Novellenbuch. (198 S.)
„ 13—15. Die Flüchtlinge in London. 3 Bde. (656 S.)
„ 16. Mademoiselle Clairon oder vier Tage aus dem Leben einer Schauspielerin. (171 S.)
„ 19. Memoiren eines Kindes. (155 S.)

— kleine Romane. 2., neu bearb. Ausg. 20. u. 21. Thl. Novellen u. Bilder. 2 Bde. Altona 866. Hammerich. 16. (291 S.) Jeder Thl. 10 ngr.

—— der Sohn seiner Zeit, s. Unterhaltungs-Bibliothek, deutsche.

—— die Sternschanze der Festung Magdeburg, s. Soldaten-Freund, der.

— Prinzessin Tartaroff oder die Tochter einer Kaiserin. Historischer Roman. 2 Bde. 2., umgearb. Ausg. 16. (571 S.) Berlin 860, Janke.

— die Tochter einer Kaiserin. Roman. 2 Bde. 8. (728 S.) Berlin 848, Simion.

— von Königgrätz bis Chiselhurst. Historischer Roman in 2 Abthlgn. 8. Stuttgart, Simon. à Abthl. *M 15. *

Inhalt:

Abthl. 1. Um Deutschlands Einheit. 3 Bde. (236; 265; 260 S.) 873.

„ 2. Wilhelmshöhe und Chiselhurst. 3 Bde. (243; 265; 241 S.) 874.

— dass. — Volks-Ausg. 6 Bde. 8. Ebendas. 875. à Bd. *M 2. *

— von Solferino bis Königgrätz. Histor. Roman. 3 Abthlgn. 8. Berlin 869, Janke. à Abthl. M 18.

Inhalt:

Abthl. 1. Kirchenfürsten und Weltfürsten. 4 Bde. (IV, 256; IV, 240; 251; 320 S.)

„ 2. Solferino. 4 Bde. (291; 271; 264; 289 S.)

„ 3. Die beiden Nebenbuhler um Deutschland. 4 Bde. (245; 271; 251; 336 S.)

— dass. — 3 Abthlgn. in 34 Heften. (à 3 Bog.) gr. 4. Berlin 869,70, Heidemann und Comp. [Köppen.] à Heft 30 Pf.

— Welt und Bühne. Roman. 2 Thle. 8. (578 S.) Berlin 854, Janke.

— Welt und Bühne. Roman. 2 Bde. 2. Aufl. 8. (272; 230 S.) Leipzig 869, Dürr'sche Buchh.

Muehlbach, Luise

Bunte Welt. Roman. Von Luise Mühlbach [d.i. Klara Mundt]. Mit einer Musikbeilage. Bd 1.2.
Stuttgart: Krabbe 1841. 8°

— eine Welt des Glanzes. Roman aus der Gegenwart. 3 Bde. 8. (220; 193; 223 S.) Berlin 868, Janke. *

Mühlbach's, Louise, (Clara Mundt, geb. Müller), ausgewählte Werke. Illustr. Ausg. 1—100. Liefg. Berlin 867—69. Janke. br. 8. Jede Liefg. n. 5 ngr.

Liefg. 1–31. Napoleon in Deutschland. Historischer Roman. 4 Bde. 4. Aufl. (1. Bd. VII, 723 S., 2. Bd. V, 756 S., 3. Bd. 723 S. u. 4. Bd. VII, 727 S. mit 36 Holzschntaff.)

Liefg. 32—60. Friedrich der Große u. sein Hof. Historischer Roman. 8. Aufl. 4 Bde. (1. u. 2. Bd. 1234 S., 3. Bd. 340 S. u. 4. Bd. 160 S. mit 31 Holzschntaff.)

Liefg. 61—76. Kaiser Joseph II. u. sein Hof. 3 Bde. (1. Bd. 726 S. 2. Bd. VII, 708 S. u. 3. Bd. 600 S.)

Liefg. 77—100. Erzherzog Johann u. seine Zeit. 4 Bde. 3. Aufl. (1. Bd. 586 S., 2. Bd. 553 S., 3. Bd. 550 S. u. 4. Bd. 200 S. mit 16 Holzschntaff. in Tondr.)

— Kaiser Wilhelm und seine Zeitgenossen. Histor. Roman. 1. Abthl. 4 Bde. 8. (320; 347; 299; 268 S.) Berlin 873, Große.

— der Zögling der Gesellschaft. Roman. 2 Bde. 8. (556 S.) Berlin 850, Simion.

— der Zögling d. Natur. Roman. 8. (16¼ B.) Altona 842, Hammerich.

— Zugvögel. Novellen u. Skizzen. 2 Bde. 8. (35¾ B.) Altona 840, Hammerich.

Inh.: Der Armuth Kind. — Reich durch Wind. — Naturverirrungen. — Bianca. — Wanderungen im Süden. — Die Verlobte.

Mühlbach, Rich., Frühweck. Erzählungen. (VII, 100 S.) 8. Weißwasser 905. E. Hampel. Geb. in Leinw. n. 2.—

Mühlbacher, Engelbert

Mühlbacher, E., die Datirung der Urkunden Lothar I. Lex.-8. (84 S.) Wien 877, (Gerold's Sohn.) *

Aus: Sitzungsberichte der k. Akademie der Wissenschaften, besonders abgedruckt.

Mühlbacher Engelbert, Dr Gerhochi Reichersbergensis ad cardinales de schismate epistola. Ar 47 855 Separatabdruck - —.40

Mühlbacher, E., deutsche Geschichte unter den Karolingern, s.a. Bibliothek deutscher Geschichte.

— deutsche Geschichte unter d. Karolingern. (Bibliothek deutscher Geschichte.) Lex.-8. (VI, 672 S. m. 1 Stammtafel u. 1 Karte.) Stuttgart 896. J. G. Cotta Nachf. n. 8. —

Mühlbacher, Engelb., die literarischen Leistungen des Stiftes St. Florian bis zur Mitte des 19. Jahrh. (IX, 409 S.) gr. 8. Innsbruck 905. (Wagner.) n. 5. —

Mühlbacher, Engelb., s.: Mitteilungen des Instituts f. österreich. Geschichtsforschung.

— die streitige Papstwahl des J. 1130. gr. 8. (VII, 211 S.) Innsbruck 876, Wagner'sche Universitäts-Buchh. *

Mühlbacher, Engelbert, Regesta imperii, s.: Böhmer, Joh. Frdr.

— dasselbe, s.: Bibliothek deutscher Geschichte.

— die Urkunden Karls III. Lex.-8. (188 S.) Wien 879, (Gerold's Sohn.) *

Aus: Sitzungsberichte der k. Akademie der Wissenschaften, besonders abgedruckt.

— s.: Urkunden, die, der Karolinger.

Mühlbacher, Ferd.

Mühlbacher, F., Panorama v. der Franz Josefs-Warte auf dem Siriuskogl bei Ischl. qu. schmal Fol. Ischl u. Gmunden 888. Mänhardt. n. 1. —

Mühlbacher, Ferd., Panorama v. der Zwiesel-Alpe [Salzkammergut]. 1584 m. Hrsg. vom österreich. Touristen-Club in Wien. Lith. qu. Fol. Wien 883. (Hölder.) n. 1. 60

MUEHLBACHER, Johann: De Compositione P. Terenti comoediarum VI. — 1906. 100 Bl. Diss. Graz, Univ.

Mühlbacher, S., Wiener Instradirungs-Weiser f. Correspondenzen u. Zeitungen. Nach amtl. Materialien verf. [Geschlossen Februar 1872.] 4. (VI, 158 S.) Teschen 872. Prochaska. n.n. 18. —

Mühlbacher, S., Verzeichniss aller Stationen des Post-, Eisenbahn-, Telegraphen- und Dampfschiff-Verkehrs in Oesterreich-Ungarn. Nach amtl. Quellen. 8. Jahrg. 1877. 13. vollständig bericht. Aufl. Mit einem Anhang, enth. Kilometer-Zeiger der Eisenbahnen etc. 8. (III, 126 S.) Teschen, Prochaska. cart. *

Mühlbachthal, s.: Ems.

Mühlbanz [Schlagwort]
Mühlbanz, s.: Preussen. Messtischblätter.

Mühlbauer, Schreibunterricht, s.: Mann, Jos.

Mühlbauer, Franz, Reichsarchivprakt.: Die oberpfälzischen Landstände und ihr Einfluß auf das Steuerwesen, besonders das Ungeld. München 1905: Kastner & Callwey. (29 S.) 8° ¶[Erschien vollst. in: Archival. Zeitschrift N. F. Bd 12. S. 1—78.]
München, Phil. Fak., Ref. v. Riezler, Diss. v. 26. Juli 1904
[Geb. 5. Aug. 79 Unterfaustern, B.-A. Kötzting; Wohnort: München; Staatsangeh.: Bayern; Vorbildung: Gymn. Straubing Reife Juli 99; Studium: München T.H. 1, Lyzeum Regensburg 1, München 8 S.; Rig. 26. Juli 04.]

Mühlbauer, Frz. Xav., Beitrag z. Lehre von den Blutcrasen vom patholog.-anatom. Standpunkte aus betrachtet. Lex.-8. (3¼ B.) Erlangen 845, Enke's Vrlgsh. *

— die Lehre v. d. Percussion u. Auscultation, m. Berücksichtig. d. pathol. Anatomie d. Brustorgane f. d. prakt. Arzt zusammengestellt. gr. 8. (6⅛ B.) Erlangen 846, Enke's Vrlgsh.

Mühlbauer, Frz. Xav., das Militär-Medizinalwesen Bayerns in zweckmäss. Umgestaltung. gr. 8. (20 S.) Erlangen 849, Enke's Vrlgsh. *

Mühlbauer, Frz. Xav., üb. Transplantation d. Cornea. Gekr. Preisschr. 8. (5½ B. u. 1 Stnt.) München 840. (Nördlingen, Beck'sche Buchh.)

Mühlbauer, Frz. Xav., über Transplantation der Cornea. Gekrönte Preisschrift. Mit 1 lithogr. Tafel. gr. 8. München 840. (Lindauer'sche Buchh.) n. ⅓ ₰

MÜHLBAUER, Franz Xaver (Landshut): Ueber Transplantation der Cornea.- München: Wild 1840. 85 S., 1 Bl., Taf.
30.6.1840 - Urk: F 65
Diss. Ingolst.-Landsh.-Mchn.

MÜHLBAUER, Joseph (Kummersdorf): De ulceribus tractus intestinalis.- Monachii: Deschler 1839. 16 S.
26.8.1839 - Urk: F 64
Diss. Ingolst.-Landsh.-Mchn.

Mühlbauer, P. Marquard (Bamberg), Succincta civitatum Germaniae earumque jurium religionem concernentium delineatio. Präs. Cyrill Zorn. Bamberg (J. G. Klietsch) Aug. 1797. 48 Seiten. (5.50) 23811

Mühlbauer, Mart., Erneuerung in Christus. Drei Hauptkräfte zur Ausführg. Für Christen überhaupt, namentlich aber f. Seelsorger, Eltern u. Erzieher. (127 S.) kl. 8. Steyl 909. Missionsdruckerei. Geb. in Leinw. 1. —

Mühlbauer, Mart., führt die Kinder zu Maria! Ein Hauptmittel zur Erleichterg. u. Sicherg. der christl. Kindererziehg. f. Eltern, Seelsorger u. Lehrpersonen. (VIII 412 S.) 8 Regensburg 905. Verlagsanstalt vorm. G. J. Manz. n. 3. —; geb. in Leinw. n. 4. 50

— die prakt. Ziele der seelsorglichen Lehrtätigkeit. Kurze theoret. Behandlg. der prakt. Ziele, wie sie in Katechese u. Homilie, in Leitg. der Pönitenten u. Kranken anzustreben sind, nebst method. Materialiensammlg. für die Praxis. 2., verb. u. sehr verm. Aufl. (568 S.) gr. 8. Steyl 904. Missionsdruckerei. Geb. in Halbfrz. n. 4. —

Mühlbauer, Matthias, Maria-Hilf. 11 Predigten, geh. auf dem Mariahilfsberge bei Vilsbiburg während des 200jähr. Jubiläums der dort. Gnadenkirche 7. bis 12. Sept. 1886. 8. (88 S. mit 1 Bild.) Straubing 886, (Attenkofer.) *

Mühlbauer, N., Methodik d. Schönschreibunterrichtes, s.: Mann, J.

Mühlbauer, Rich., Scholarenlieder. Liederbuch f. die deutsche studier. Jugend. (III, 196 S.) kl. 8. Paderborn (907). F. Schöningh. Geb. in Leinw. 1. —

Mühlbauer, Wolf., Decreta authentica congregationis sacrorum rituum et instructio Clementina ex actis ejusdem collecta ab Aloisio Gardellini, in usum cleri commodiorem ordine alphabetico concinnata. 3 Tomi. Lex.-8. Tom. I. (6 Fasc.) (XXXI und 925 S.) Tom. II. (7 Fasc.) (XXI und 952 S.) und Tom. III. (12 Fasc.) Pars 1. (X und 740 S.) Pars 2. (XIX und 1021 S.) München 862—67, Lentner'sche Buchh. à Fasc. 18 Ngr.

— Supplementum ad decreta authentica congregationis sacrorum rituum in usum cleri commodiorem ordine alphabetico concinnata. Tom. I. Fasc. 1—7. Lex.-8. (S. 1—896.) München 872—75, Stahl. à Fasc. (ℳ 2,10.) ℳ 2,50.
Hauptwerk 3 Bde. Ebendas. 1862—67. (ℳ 45.) ℳ 35.

Mühlbauer, Wolfg., Supplementum ad decreta authentica congregationis sacrorum rituum in usum cleri commodiorem ordine alphabetico concinnata. Tom. I. Fasc. 8 et Tom. II. Fasc. 1—7. gr. 8. (XV, S. 897—1062; XV, 820 S.; S. 1—48.) München 876—79, Stahl. à Fasc. ℳ 2,50. *
Hauptwerk. 3 Bde. Ebendas. 1862—67. ℳ 50. — Suppl. Tom. I. Fasc. 1—7. 1872—75. à ℳ 2,50.

Mühlbauer, Wolfg., Supplementum ad decreta authentica congregationis sacrorum rituum in usum cleri commodiorem ordine alphabetico concinnata. Tom. III. Fasc. 1—3. gr. 8. (S. 49—432.) München 880—82, Stahl. à Fasc. ℳ 2,50.

Mühlbauer, Wolfg., supplementum ad decreta authentica congregationis sacrorum rituum in usum cleri commodiorem ordine alphabetico concinnata. Tom. III. Fasc. 3—6. gr. 8. (S. 305—650.) München 882—85. Stahl. à 2. 50 (Hauptwerk u. Suppl. I—III. 6.: 96. 30)

Mühlbauer, Wolfg., Geschichte u. Bedeutg. der [Wachs-] Lichter bei den kirchlichen Functionen. Ein Beitrag zur Liturgik, sowie f. Prediger, Catecheten u. religiöse Kunstanstalten. gr. 8. (XI, 224 S.) Augsburg 874. Kranzfelder. 2. 70

Mühlbauer, Wolfg., Instructio practica pro singulis ministris inservientibus missis, vesperis et aliis functionibus solemnibus, quae a reverendissimis archiepiscopis, episcopis vel aliis praelatis usum pontificalium vel mitrae tantum habentibus ritu pontificali celebrantur. Ex genuinis fontibus et probatissimis auctoribus opera et studio liturgiae peritissimorum virorum concinnata. 8. (XII und 395 S.) Regensburg 858, Manz.

— Modus cantandi nonam in diebus festis ascensionis d. et pentecostes cinncinnatus. gr. 8. (14 S.) München 863, Lentner'sche Buchh.

— Thesaurus resolutionum s. s. concilii quae consentanee ad Tridentinorum pp. decreta aliasque canonici juris sanctionis prodierunt usque ad annum 1867 cum omnibus constitutionibus et aliis novissimis declarationibus s. s. pontificum ad causas respicientibus. Primum ad commodiorem usum ordine alphabetico concinnatus. Tom. 1. Fasc. 1—8. München 867, 70. Lentner'sche Buchh. hoch 4. (S. 1—960.) 7 ₰ 6 ngr.

—— Thesaurus resolutionum s. c. concilii quae consentanee ad Tridentinorum p. p. decreta aliasque canonici juris sanctiones prodierunt usque ad annum 1867 cum omnibus constitutionibus et aliis novissimis declarationibus s. s. pontificum ad causas respicientibus. Primum ad commodiorem usum ordine alphabetico concinnatus. Tom. I. 10 fasc. et Tom. II. 11 fasc. 4. (1068; 1142 S.) Ebendas. 867—75. à Fasc. (ℳ 2,70.) ℳ 3.

—— Thesaurus resolutionum s. c. concilii, quae consentanee ad Tridentinorum pp. decreta aliasque canonici juris sanctiones prodierunt usque ad a. 1874 cum omnibus constitutionibus et aliis novissimis declarationibus ss. pontificum ad causas respicientibus. Primum ad commodiorem usum ordine alphabetico concinnatus. Tom. III. 14 Fasc. et Tom. IV. Fasc. 1 et 2. hoch 4. (1460 S.; S. 1—203.) Ebendas. 876—79. à Fasc. ℳ 3. *
Tom. I. (10 Fasc.) et Tom. II. (11 Fasc.) Ebendas. 1867—75. à Fasc. *ℳ 3.

—— Thesaurus resolutionum s. c. concilii, quae consentanee ad Tridentinorum pp. decreta aliasque canonici juris sanctiones prodierunt usque ad a. 1882, cum omnibus constitutionibus et aliis novissimis declarationibus ss. pontificum ad causas respicientibus. Primum ad commodiorem usum ordine alphabetico concinnatus. Tom. IV. Fasc. 3—16. (finis.) gr. 4. (S. 209—1648.) Ebendas. 880—83. à Fasc. ℳ 3.

—— dass. — Tom. V. Fasc. 1 et 2. gr. 4. (S. 1—208.) Ebendas. 883. à Fasc. ℳ 3.

— dasselbe. Tom. V. Fasc. 1—7. gr. 4. (S. 1—688.) Ebend. 883—86. à 3. —

Mühlbauer, W., thesaurus resolutionum s. c. concilii, quae consentanee ad Tridentinorum pp. decreta aliasque canonici juris sanctiones prodierunt usque ad a. 1887, cum omnibus constitutionibus et aliis novissimis declarationibus ss. pontificum ad causas respicientibus. Primum ad commodiorem usum ordine alphabetico concinnatus. Tom. V. Fasc. 8—12. gr. 4. (S. 689—1152.) München 887—889. Stahl sen. à Fasc. 3. —

Mühlbaum, Ferd., der Erde — ganz, s.: Reigen, lyrischer. 5. Bd.

MÜHLBAUR, Franz (Augsburg): De haemoptysi. (Titel nach der Urkunde)
30.8.1836 - Urk; F 63 (= Mühlbaur)
Diss. Ingolst.-Landsh.-Mchn.

MÜHLBAUR, Maximilian (Augsburg): De statu morborum nosocomii Augustani sectionis chirurgicae anno 1836/37.- Augustae Vindelicorum: Geiger 1837. 19 S.
30.1.1836 - Urk; F 63 (= Mühlbauer)
Diss. Ingolst.-Landsh.-Mchn.

Mühlberg, s.: Preussen. Messtischblätter.

Mühlberg [Schlagwort]

Mühlberg, s.: Sachsen. Karte. Messtischblätter.

Mühlberg [Verfasser]

Mühlberg, Handbuch bei den Vorbereitungen zum Religions-Unterrichte, nach meinem christl. Religions-Spruch- u. Versbuche f. die unteren Classen in evang. Volksschulen. 8. (16⅞ B.) Döbeln 846, Thallwitz. (Leipzig, Klinkhardt.)

Mühlberg, ..., s. Religions-, Spruch- u. Versbuch, christl.

Mühlberg, vollständige Tabellen der hebräischen Verba mit steter Hinweisung auf die hebr. Grammatik von Gesenius. Mühlhausen (855.) Heinrichshofen in Comm. gr. 4. (19 S.) n. 12 ngr.

Mühlberg, Fritz

Mühlberg, F. (Prof.) Ueber Bedeutung und Methode des naturkundlichen Unterrichts an Mittelschulen. In-8°, 26 S. Aarau, H. R. Sauerländer. — 50
1882

Mühlberg, Fr., Beiträge zur Kenntnis des Zugerlandes. Zug 1868.
Progr.

Mühlberg (F.), Bericht über die Erstellung einer Quellenkarte des Kantons Aargau. Aarau 1901. 8. Mit 1 Quellenkarte.

Mühlberg, F., über die erratischen Bildungen im Aargau u. in den benachbarten Theilen der angrenzenden Kantone. Ein Beitrag zur Kenntniss der Eiszeit. [Aus der Festschrift der aarg. naturforsch. Ges.] Mit einer (chromolith.) Uebersichtskarte der errat. Bildgn. Aarau 869. Sauerländer's Verl. gr. 8. (III, 212 S.) 1 ℳ

— u. A. Kraft, die Blutlaus. Ihr Wesen, ihre Erkenng. u. Bekämpfg. Im Auftrage des eidgenöss. Landwirthschafts-Departements zum Gebrauche der eidgenöss., kantonalen u. Gemeinde-Experten hrsg. 2. Aufl. Mit 1 Taf. in Farbendr. gr. 8. (55 S.) Aarau 885. Christen. n. 1. 20

—— und A. Kraft, die Blutlaus. Ihr Wesen, ihre Erkennung und Bekämpfung. Im Auftrage der eidgenöss. Landwirthschafts-Departements zum Gebrauche der eidgenöss., kantonalen und Gemeinde-Experten hrsg. gr. 8. (55 S. mit 1 Taf. in Farbendr.) Aarau 885, Wirz-Christen. *

— Der Boden von Aarau. Mit 1 Karte. In-4°. 112 S. Aarau. Festschrift. 1896

Bolley, P. A., von F. Mühlberg. Aarau 1871. Progr.-Schr.

Mühlberg, Fritz. Zur Erinnerung an Dr. P(ompejus) A(lexander) Bolley (1812–1870). (Progr.) 4. (Aarau 1871.)

Mühlberg, F[ritz]. Erläuterungen zur geologischen Karte des unteren Aare-, Reuss- und Limmat-Tales in 1:25000. (Extrait des Eclogæ geologicæ Helvetiæ, Vol. 8, N° 5, Juillet 1905.) II S. + S. 487—538. 8. Bern, Komm. A. Francke, April 1905.
Geologische Karte der Schweiz.... [Erläuterungen] N° 4.

Mühlberg, F[ritz]. Erläuterungen zur Geologischen Karte der Lägernkette in 1:25000. (Extrait des Eclogæ geologicæ Helvetiæ, Vol. 7, N° 4. Septembre 1902.) II S. + S. 245—270. 8. Bern, Komm. A. Francke, September 1902. [Mit Karte fr. 6. —]
Geologische Karte der Schweiz.... [Erläuterungen] N° 3.

Mühlberg, F[ritz]. Erläuterungen zur geologischen Karte der Umgebung von Aarau 1:25000 (mit 4 Profilen, 6 Ansichten und einer Tabelle der normalen Schichtenfolge). 94 S. 8. Bern, Komm. A. Francke, November 1908; Aarau, Buchdr. H. R. Sauerländer & Co., 1908.
Geologische Karte der Schweiz.... [Erläuterungen] N: 8.

Mühlberg, F[ritz]. Erläuterungen zur geologischen Karte der Umgebung des Hallwilersees und des oberen Sur- und Winentales 1:25000. 56 S. 8. Bern, Komm. A. Francke, April 1910; Aarau, Buchdr. H. R. Sauerländer & Co., 1910.
Geologische Karte der Schweiz.... [Erläuterungen] N: 10.

Mühlberg, F., geologische Excursion im östlichen Jura u. aargauischen Quartär. [Aus: „Livret-guide dans le Jura et les Alpes de la Suisse."] gr. 8. (18 S. m. 2 Taf.) Lausanne 894. F. Payot. n.n. 1. 60

Mühlberg, F., die allgemeinen Existenzbedingungen der Organismen. Rede zur Eröffnung der 64. Jahresversammlung der schweizer. naturforschenden Gesellschaft am 8. Aug. 1881 in Aarau. gr. 8. (36 S.) Aarau 882, Sauerländer's Verlagsh. *

Mühlberg, Fr., Die geistigen Getränke der Zuger. Zug 1865.
Progr.

—— Hauptsätze aus dem Vortrag: Ueber die Bedeutung und Methode des naturkundlichen Unterrichts an Mittelschulen. Auf Einladung der hohen Erziehungsdirection des Kantons Waadt gehalten an der Versammlung waadtländ. Sekundarlehrer am 26. Septbr. 1881 in Orbe. gr. 8. (22 S.) Ebendas. 882. *

Mühlberg, F. (Prof. an der aargauischen Kantonsschule). Bedeutung und Methode des naturkundlichen Unterrichts an Mittelschulen. In-8⁰, 24 S. Aarau, H. R. Sauerländer. 1882 — 50

Mühlberg, F[ritz]. Geologische Karte des unteren Aare- Reuss- und Limmat-Tales von Dr F. M', Prof. Hrg. von der Geolog. Commission 1904. Massstab 1:25000. 731/365 mm. ... aus Siegfriedatlas übergedr. Blätter 36, 38 u. 154. 1 Bl. fol. Topogr. Anstalt J. Schlumpf, Winterthur [Komm. A. Francke, Bern]. [fr. 6. —]
Beiträge zur Geolog[ischen Karte] der Schweiz, Specialkarte № 31.

Mühlberg, F[ritz]. Geologische Karte der Lägernkette. Geologische Aufnahme Dr F. Mühlberg Prof. Maasstab 1:25000. Mit Bewilligung des eidgenöss. topogr. Bureau aus Siegfried-Atlas übergedr. Blätter 37-39-40-42. 494/711 mm. 1 Bl. fol. Topogr. Anstalt J. Schlumpf, Winterthur 1901 [Komm. A. Francke, Bern, 1902]. [Mit Erläuterungen fr. 6. —]
Beiträge zur geolog. Karte der Schweiz 1901.

Mühlberg, F., der Kreislauf der Stoffe auf der Erde, s.a. Vorträge, öffentliche, geh. in der Schweiz.

Mühlberg, F.
Der Kreislauf der Stoffe auf der Erde. Basel, 1886. 8vo.

(M[ühlberg]. F[ritz].) Dr. Otto Lindt, geb. 10. Aug. 1839, gest. 19. Okt. 1896. [Necrolog.] SA. 8. Aarau [1898].

Mühlberg, F., s.: Mitteilungen der aargauischen naturforsch. Gesellschaft.

—— s. Phylloxera, die.

— — le Puceron lanigere. Sa nature, les moyens de le découvrir et de le combattre. Travail publié sur l'ordre du département fédéral de l'agriculture à l'usage des experts fédéraux, cantonaux et communaux. Avec 1 planche en couleur. Traduit en français par J. C. Ducommun. gr. 8. (63 S.) Bern 885. Wyss. n. 1. 20

— die Standorte u. Trivialnamen der Gefässpflanzen des Aargau's. Mit Benützung eines hinterlassenen Manuscripts der Aargauer-Flora des Hern. Joseph Fridolin Wieland sel., gewesenen Arztes in Schöftland, u. mit Beiträgen mehrerer Botaniker. 8. (XXIV, 246 S.) Aarau 880. Sauerländer. geb. n. 3. 60

Mühlberg, F. Die heutigen u. frühern Verhältnisse der Aare bei Aarau, mit geologischer Karte. Beigabe zum Programm der aargauischen Kantonsschule. Gr. in-4⁰, 48 S. Aarau, Sauerländer. 1885

Mühlberg, F., siehe: *Verhandlungen.*

Mühlberg, F. Die Wasserverhältnisse von Aarau. Mit 1 Tabelle. In-4⁰. 51 S. Aarau, Festschrift. 1896

Mühlberg, F., Zweck u. Umfang des Unterrichts in der Naturgeschichte an höh. Mittelschulen, s.a. Sammlung naturwissenschaftlich-pädag. Abhandlungen, 1. Hft.

Mühlberg, F., der Zweck u. Umfang des Unterrichts in der Naturgeschichte am Gymnasium. Vortrag. [Aus: „Jahresheft d. Vereins schweiz. Gymnasiallehrer".] gr. 8. (38 S.) Aarau 889. Sauerländer. n. 1. —

Mühlberg, F[ritz]. Zweck und Umfang des Unterrichts in der Naturgeschichte an höheren Mittelschulen, mit besonderer Berücksichtigung der Gymnasien, von F. Mühlberg in Aarau. 52 S. 4. Leipzig und Berlin, B. G. Teubner, 1903. [M. 1. 20]
Sammlung naturwissenschaftlich-pädagogischer Abhandlungen. Hrg von Otto Schmeil ... und W(alther) B. Schmidt.... Heft 1.

Mühlberg, Konrad

Mühlberg, Conr., vollständige Tabellen der hebräischen Verba mit steter Hinweisung auf die hebr. Grammatik von Gesenius. qu. gr. 4. (19 S.) Mühlhausen 835, (Heinrichshofen.) *

Mühlberg, Max [von Aarau]: Ergänzende Notiz zu vorläufige Mitteilung über die Stratigraphie des braunen Jura im nordwestschweizerischen Juragebirge. Lausanne 1900. 2 S. 8⁰. (Extr. des Eclagae geologicae Helvetiae, Vol. VI. S. 505, 506.)
Nachtrag zur Dissertation 1899/1900, Nr. 103.

Mühlberg. Max [von Aarau]: Über die Stratigraphie des braunen Jura im nord-schweizerischen Juragebirge (Lausanne) 1900. 1 Bl. 40 S. 8⁰. (Extr. des Eclogae geologicae Helvetiae, Vol. VI. S. 293—332.)
Zurich. Phil. Diss. II. S. 1899 1900

Muehlberg, Otto Augustus [illegible] Berlin [illegible]: De peculio castrensi [illegible] patrem [illegible] peculii remanet. Berlini 18[illegible] S.
Berlin, Jur. Diss. v. 16. Nov. 18[illegible]

Mühlberg, Rafael: Beleuchtung der Eigenthümlichkeiten des Hebräischen Kriegswesens in der Geschichte des Zuges der Dreihundert unter Gideon gegen die Midianiter (Buch der Richter VI - VIII, 28). 12 S.– Mühlhausen, Progr. 1852.

Mühlberg, Raph., allgemeine Betrachtungen über den Gymnasialunterricht nach den Anfordungen unserer Zeit. Progr. des Gymn. Mühlhausen 1832. 4⁰. 23 S.

Mühlberg, Raph. Über die hebräischen Conjugationsformen Hiphil und Hitpael. 11 S.
Mühlhausen, Progr. 1845

Mühlberg, Rafaël: * Aegyptiorum historia antiquissima. 27 S. 8⁰ (4⁰)
Halle-Wittenberg. Phil. Diss. v. 10. Jan. 1823
Geb. [Glogau 13. 8. 1800]
In seiner Bewerbung hatte der Verf. dem Titel die weiteren Worte hinzugefügt: inde a memoria vetustissima ad Sesostris usque aevum. — Eine andere Darstellung des Verf. üb. dass. Thema ersch. u. d. T.: De antiquissima Aegyptiorum historia. Mühlhausen 1838: Rode. S. 25—30. 8⁰ (4⁰) [Kopft.] Gymn.-Progr.

Mühlberg, Rob., kleine Architekturen u. Details. Eine Sammlg. kleiner Villen u. Wohnhäuser. 100 Aufnahmen nach der Natur in Lichtdr. 1.—3. Lfg. gr. 4. (à 25 Taf.) Berlin 893. 894. Kantor & Mohr. à n. 10. —

Mühlberg, Rob., kleine Architekturen u. Details. Eine Sammlg. kleiner Villen u. Wohnhäuser. Aufnahmen nach d. Natur in Lichtdr. nebst Grundrissen. 4.—6. Lfg. gr. 4. (à 25 Taf.) Berlin 895—898. Kanter & Mohr. à n. 10. —

Mühlberg, Rob., kleine Architekturen u. Details. Eine Sammlg. kleiner Villen u. Wohnhäuser. Aufnahmen nach d. Natur in Lichtdr., nebst Grundrissen. 7. u. 8. Lfg. (II. Serie. 3. u. 4. Lfg.) gr. 4. (25 u. 45 Taf.) Berlin (900. 901.) [Kanter & Mohr.] Leipzig, Baumgärtner. à n. 10. —; (II. Serie kplt. in Mappe n. 40. —)

Mühlberg, Rob., kleine Architekturen u. Details. Aufnahmen nach der Natur in Lichtdr., zum Teil m. Grundrissen. III. Serie. (100 Taf.) gr. 4. Leipzig (903). Baumgärtner. In Mappe n. 30. —

Mühlberg, Thilo, a. Weimar: Über Alkyl-lutidono-phenyl-pyrazolone und Derivate derselben. Rostock 1908: Eichemeyer & Fett. (63 S.) 8°
Rostock, Phil. Fak., Ref. Michaelis, Diss. v. 12. Juni 1907
[Geb. 22. Jan. 78 Hemleben (Prov. Sachsen); Wohnort: Rostock; Staatsangeh.: Preußen; Vorbildung: Realgymn. Weimar bis Obersekunda O. 96; Studium: Jena 2, Rostock 8 S.; Rig. 7. Juni 07.]

[Mühlberg-Sutermeister, Emmy.] Der Mutter Gedenkbuch. Ein Buch für wichtige Aufzeichnungen aus dem Familienleben, mit Sprüchen und Aussprüchen für jeden Tag, gesammelt von einer Mutter. II + 370 S. 8. Bern, Eugen Sutermeister, 1904. [geb. fr. 5. —]

Mühlberger, Kapital u. Zins. Polemik zwischen Bastiat u. Proudhon. Mit Einleitg. u. in Uebersetzg. hrsg. Jena 896.

Mühlberger, Frz., Orgelbuch zu Lobet den Herrn! Kathol. Gebet- u. Gesangbuch f. die Diözese Brünn. (IV, 91 S.) 23×27 cm. Brünn (907). C. Winiker. 5.—; geb. 6. —

Mühlberger, Franz Seraph „De la morale dans les fables de La Fontaine". pg 1.–8. 4°. J. B. v. Zabuesnig
Landshut, Progr. 1863/64

Mühlberger, Johs. Tob., historische Abhandlung üb. die Mühlen aus dem J. 1695. Deutsche Uebersetzg. Deutsch hrsg. v. P. K. Kaufmann. (VIII, 23 S.) gr. 8. Tübingen 910. G. Schnürlen. — 75

Mühlberger, Mart., hydrometrische Tafel, enth. die Wassermengen in Sekunden-Litern, welche Tonrohre von 0,20 m bis 0,60 m Durchmesser bei e. Gefälle von 1:10 bis 1:1000 u. bei $^{1}/_{10}$ bis $^{10}/_{10}$ Füllg. des Querschnitts abführen. (8 S.) 14×22,5 cm. Leipzig 907. Verlag f. Literatur, Kunst u. Musik. — 60

Mühlberger, Mart., Vademecum f. Techniker. Ein Taschenbuch f. Studium u. Praxis. Mathematik. Enth. in alphabet. Reihenfolge die wichtigsten Ausdrücke, Lehrsätze u. Formeln aus Algebra, Planimetrie, Stereometrie, Trigonometrie, Statik u. Mechanik. (53 S.) 12. Zittau (903). (W. Fiedler.) n. 1. —

Mühlberger, R. Thdr., das Verbrechen des Mordes. Eine Gallerie solcher Verirrungen in neuerer Zeit. Historisch geschildert. Mit 1 Abbild. gr. 8. Stuttgart 834. (Leipzig, Scheible's Verlags-Exped.) $1^{1}/_{2}$ ß (Vgl. Bibliothek, gewählter Strafrechtsfälle.)

Mühlböck, Karl R., mathematisch-technisches Handbuch für Ingenieurs, Bauökonomen, Baubeamte ꝛc., Zimmer- und Mauerpolier ꝛc. 3 Bde. in 4 Abtheil. — A. u. d. Titeln: Reine Mathematik. Praktischer Theil. — Der Wasserbau. Theoretisch u. praktisch. — Der Straßen- u. Brückenbau. — Die Bauökonomie. Landbau, Civilbaukunst, Bauberechnungen. gr. 12. (Mit 26 Steintaf.) Wien 841, 42, Stöckholzer v. Hirschfeld. 9 ß

Mühlböck, Rudolf

— Fernando v. Alcantara, oder das Schreckenhorn um Mitternacht, in den schauerl. Klüften der Sierra d'Oca. Roman. 8. Wien 840. Hirschfeld. $^{7}/_{8}$ ß

Mühlböck, Rud., Fernando v. Alcantara, od. d. Schreckenhorn um Mitternacht in den schauerlichen Klüften der Sierra d'Oca. Eine historisch-romantische Geschichte. (Mit Titelbild.) gr. 12. Wien 841. (Leipzig, Einhorn.) $^{7}/_{8}$ ß

——, Fernando v. Alcantara, od. d. Schreckenhorn um Mitternacht in d. schauerl. Klüften d. Sierra d'Oca. Eine histor.-romant. Geschichte. gr. 12. (7 B. u. Ttlkpfr.) Wien 841, Stöckholzer v. Hirschfeld.

— Diego Cantarino d. Falschmünzer, oder: Das Beinhaus von Arieta. Eine romant. Geschichte nach Quellen histor. Ereignisse der neuern Zeit. 12. (Mit 1 Titelkupfer.) Wien 842, Tauer u. S. 24 ngl

— Hadamar v. Chuenringen, oder die Gründung des Klosters Zwettl in Unterösterreich. Ein historisch-romant. Gemälde aus dem Mittelalter. Mit Titelkpfr. 8. Wien 841. Bauer u. Dirnböck. $^{2}/_{3}$ ß

——, Hadamar v. Chuenringen, od. d. Gründung d. Klosters Zwettl in Unterösterreich. Ein histor.-romant. Gemälde aus d. Mittelalter vaterländ. Begebenheiten. 8. ($15^{1}/_{2}$ B. u. Ttlkpfr.) Wien 841, [Dirnböck.]

— Osmund von Felseneck, oder: Der blutende Dolch aus dem alten Ritterschlosse. Ein historisch-romant. Gemälde der Vorwelt, in der unruhevollen u. schrecklichen Zeit des Faustrechtes. Mit Titelkpfr. 8. Wien 841, Haas'sche B. $^{3}/_{4}$ ß

—— Friedrich der Schöne von Oesterreich, oder Mansuro's Warnungsspruch an der Denkmalssäule Spinnerin am Kreuz bei Wien. Ein histor.-romant. Gemälde. In 2 Thln. 12. (116 S. und 2 Stnt.) Wien 847, Mausberger. (Leipzig, Hunger.) *

— —, („Verf. der Teufelsbrücke, des Hadamar von Chuenringen u. a. m."), Gabriele, die Todtenbraut, oder das Bekenntniß in der Ahnengruft. Eine tragische Geschichte aus den Zeiten König Philipps II von Spanien. Wien u. Prag, b. Bauer u. Dirnböck. 1841. 8°. (1 Mk. 50 Pfg. Franz Teubner, Bonn, c. 1895.)
TKpf., Tit., 222 S., 1 Bl. Inh.

—— Graf Niklas Gara od. die Riesenhöhle im Hatzeger-Thale. Eine histor.-romant. Geschichte aus der Zeit der Türken-Einfälle in Ungarn. gr. 8. ($8^{5}/_{8}$ B. u. 1 Holzschn.) Wien 843, Tauer u. Sohn. ?

— —, Don Lorenzo Gardizabal, oder die büssenden Brüder am Monserat; histor.-romantische Geschichte aus der Zeit Philipps II. von Spanien. Wien 1846. 8°. (85 Pfg. M. Hauptvogel, Gotha, 1907.)

— der wilde Jäger, oder d. Todtengericht im Erzgebirge. Eine historisch-romant. Geschichte aus den Zeiten des 30jähr. Krieges. Mit Titelkpfr. gr. 12. Wien 840. Mayer u. Comp. $^{7}/_{8}$ ß

— die wandernde Jungfrau von Blansko, oder: die Versteinerten. Eine Rittergeschichte aus Mährens Vorzeit. Mit Titelkpfr. gr. 12. Wien 840. (Mayer u. Comp.) $^{7}/_{8}$ ß

MÜHLBÖCK, Rud. („Verf. des Hadamar, der Gabriele, der Teufelsbrücke etc."), Astro von Sandowall, oder die Schauerhöhle. Eine Sage aus den Zeiten der Völkerwanderung. (2 Thle.) Wien u. Prag, Bauer u. Dirnböck, 1841. 8°. (3 Mk. 50 Pfg. Julius Neumann, Magdeb., 1908.)
Titkpf., Tit. u. 167 fortlauf. gez. SS. — Anstössig.

Mühlbök, Rud., praktische Anleitung über den Nutzen und Gebrauch der Steinkohlen bei der Beheizung von Wohnzimmern, Lehrsälen, Gast- u. Kaffeehaus-Lokalitäten *c.* Nebst einer Anleitung, wie man jeden alten Zimmerofen oder auch Kochherd mit nur geringen Kosten zur Steinkohlen-Beheizung herrichten lassen kann. Ferner eine Anweisung über die Heizung mit erwärmter Luft, wenn zur Feuerung Steinkohlen verwendet werden *c.* Mit 2 (lith.) Taf. Abbildgn. (in 4.) Graz 858. Kienreich. (Leipzig, Haessel.) 12. (140 S.) n. 12 ngr.

Mühlbök, Rud., Baugeschäfts-Stil. Vollständige Anleitung wie man sich in Bau-Geschäften aller Art benehmen, und die nöthigen schriftlichen Aufsätze, als: Bau-Elaborate von allen vier Baufächern verfassen, dann alle Arten Bau-Eingaben, Berichte, Rechnungen, Kontrakte *c.* zu bearbeiten, sowie überhaupt das ganze Bau-Kanzleigeschäft nicht sowol im Kleinen, als auch im Großen zu überwachen und selbst zu besorgen hat. Auf Grundlage aller in dieser Beziehung von Allerhöchsten und hohen Orten erlassenen sowohl früheren als neuesten Gesetze, Formulare und Bauverordnungen *c.* Für angehende Bau-Ingenieure, Architekten *c.* Mit 8 (lith.) Taf. geprüfter Pläne (in Fol.). Gratz 854. Ludwig. Lex.-8. (X, 284 S.) n. 2 ₰.

Mühlböck, Rud. C., Baugesetz-Sammlung aller in den k. k. österr. Staaten, vorzügl. d. Provinz Niederösterreich v. d. Jahre 1792 bis 1845 ergangenen Bauverordnungen od. Bauvorschriften f. alle Magistrate, Dominien, Ortsgerichte, *c.*, u. alle Diejenigen, welche sich mit Bauen beschäftigen, oder Bauentwürfe z. bewerkstelligen haben. 2 Bde. gr. 8. (Mit 2 Tab.) Wien (846,) 847, Doll's Enkel. n. 4 ₰ 6 ngr

— dass. 1—3. Bd. 2. (Titel-) Ausg. gr. 8. Mit 6 Kupfertaf. in Fol. Ebd. (846—48) 852. 4½ ₰ (Alle 4 Bde. zusammengenommen 4½ ₰)

Mühlbök, Rud. C., Baugesetz-Sammlung aller in den k. k. österreich. Staaten, vorzüglich in der Provinz Niederösterreich von den J. 1782 bis 1850, dann der neuesten vom J. 1845 bis 1850 ergangenen Bauverordnungen oder Bauvorschriften. Mit 116 Tab. Baurechnungs-Formularien. 3. und 4. (Supplem.-) Bd. gr. 8. Wien, [Greß.] [3. (XVIII und 428 S. mit 7 Tab. Zeichnungen in Fol.) 848. 2 Thlr. 4 Ngr., 4. (410 S. und 1 Stnt.) 852. 1 Thlr. 15 Ngr.] Thlr.

—— der erfahrene Bauherr und Hausbesitzer. Ein unentbehrliches Hülfsbuch aus dem man sich in allen vorkommenden Haus-Bauangelegenheiten Raths erholen kann, um sich vor Nachtheil, Schaden und Uebervortheilungen zu schützen. Enthaltend: Belehrungen und gesetzliche Anordnungen, wie man sich beim Grund- und Hauskaufe, bei Bauführungen *c.*, nach den Gesetzen zu benehmen habe. Nebst allen *c.* Baugesetzen, der Baupolizei, den Bauordnungen von Oesterreich und Böhmen *c.* Mit einer Sammlung von Formularien zu Verfassung von Baugesuchen, Bauverträgen *c.* Ein Handbuch für Baumeister, Poliere, Bauunternehmer *c.* Lex.-8. (IX und 200 S. mit 1 Stnt. in Fol. mit 3 lithogr. Façaden von neuen modernen Zinshäusern in qu. Fol.) Gratz 854, Kienreich. (Leipzig, Hässel.) *

Mühlbök, Rud., der praktische Baukunst-Verständige. Eine Sammlung des Wissenswürdigsten aus allen Baufächern, populär und leichtfaßlich vorgetragen zum Gebrauch für alle Stände, und als Leitfaden bei allenfälligen Bauprojekts-Entwürfen. Mit 6 (lith.) Taf. Zeichnungen (in 4. u. Fol.). Gratz 853. Mühlfeith. 8. (VI, 194 S.) 1 ₰.

—— der practische Baumeister und Ingenieur. 2. Ausg. der Schrift: „Der practische Baukunst-Verständige." gr. 8. (VIII und 194 S. mit 6 Stnt. Zeichnungen in qu. gr. 4. und qu. Fol.) Gratz 855, Mühlfeith. *

—— der wohlerfahrene und praktische Bau-Rathgeber. Ein wissenschaftlich und zugleich auch populär ausgearbeitetes Handbuch des Entwurfes der gesammten Bau-Analysen, mit ihren Baupreisen zur richtigen Verfassung der Baukosten-Ueberschläge aus allen vier Baufächern. Dann aller das Baufach betreffenden Professionisten-Arbeiten, nebst den Einheitspreisen, aller Baumaterialien und Fuhren *c.* Zum Gebrauche in der gesammten k. k. österreich. Monarchie. Ferner den Baupreis-Analysen zur Herstellung der k. k. Staats-Eisenbahnen *c.* Ein unumgänglich nothwendiges Hilfs- und Auskunftsbuch für Architekten, Bau-Ingenieure, Baubeamte *c.* Nach langjähriger eigener Erfahrung bearb. Mit vielen Ueberſichts-Tabellen. 2., nach den jetzigen Anforderungen ganz neu umgearb. und mit vielen neuen Beiträgen bereicherte und verm. Aufl. Lex.-8. (XVI und 398 S. mit 3 Tab. in qu. gr. 4. und Fol.) Gratz 854. (Leipzig, Hässel.) Thlr.

Mühlbök, Rud., Elemente der technischen Mathematik. Eine Sammlung des Wissenswürdigsten aus allen 3 Baufächern des Straßen-, Wasser- und Civilbaues; mit theoretisch-prakt. Bauaufgaben für Mathematiker und Technik-Beflissene. Mit Zeichnungen. 8. (XII und 164 S. mit 4 Tab. in Fol. und 9 Stnt. in 4. und Fol.) Gratz 856, Mühlfeith. *

— Handbuch der gesammten neuesten Baugesetze, d. i. Sammlung aller in dem k. k. österreich. Kaiserstaate vom J. 1851 bis inkl. 1854 ergangenen Bauverordnungen und Gesetze, so wie Detail-Bauverordnungen, d. i. Erläutergn. über mehrere einer näheren Erklärung gewürdigte Punkte, mit mehreren interessanten, den Baubeamten betr. Mittheilungen. Zum Gebrauche für alle k. k. Baubehörden, Baubeamten, so wie auch politische Behörden und Aemter *c.* Mit 4 Tab. u. mehreren Zeichnungen. 2 Abthlgn. Gratz 855. Kienreich. (Leipzig, Haessel.) gr. 8. (1. Abth.: S. 1—278.) n. 2 ₰. 24 ngr.

—— Handbuch der gesammten neuesten Baugesetze, d. i. Sammlung aller in dem kaiserl. königl. österreich. Kaiserstaate vom J. 1855 bis incl. letzten Dezbr. 1857 ergangenen Bauverordnungen, Bau-Normalien bei Bauten und deren Berechnungen *c.*, sowie Detail-Bauverordnungen über Erläuterungen spezieller Fälle. Nebst einem Anhang: Die neuesten Bauvorschriften mit allen Formularien berechneter Baupreis-Tabellen für die Herstellung der Gebäude und den sonstigen Bauobjecten auf den Stationsplätzen der k. k. Staatseisenbahnen *c.* enthaltend. Zum Gebrauche für alle Baubehörden und die ihnen untergeordneten Kunstbeamten *c.* 2. Bd. gr. 8. (XVI und 443 S.) Gratz 858, Kienreich's Verlag. (Leipzig, Haessel.) *
1. Bd. Ebendas. 1855. * 2 Thlr. 24 Ngr.

—— vollständiges Handbuch der gesammten Baupreis-Analisen nebst den neuesten im J. 1852 erhobenen Einheitspreisen aller Bauprofessionisten-Arbeiten, Materialien und Fuhren in den k. k. österreich. Kronländern, wissenschaftlich und zugleich auch populär bearb., als unumgänglich nothwendiger Bau-Rathgeber, zur Verfassung richtiger Baukosten-Ueberschläge *c.* Nach langjähriger eigener Erfahrung bearb. Mit vielen Uebersichtstabellen. gr. 8. (XLII und 266 S.) Gratz 853, Kienreich. (Leipzig, Hässel.)

—— der wohlunterrichtete und erfahrene Hausadministrator. Ein zuverlässiger Rathgeber und Auskunftsbuch, über alle in der Hausverwaltung und in den Häuserangelegenheiten vorkommenden Rechtsgeschäfte, um sich vor Mißgriffen und nachtheiligen Folgen zu bewahren. Ferner: Die Rechte und Pflichten des Miethers und Vermiethers. Für Hausbesitzer, Hausadministratoren, Bauherren und Kapitalisten. Nebst einer gründlichen Anleitung zur Selbstverfassung von Urkunden, Kontrakten, Eingaben *c.* Lex.-8. (XII und 186 S.) Gratz 854, Kienreich. (Leipzig, Hässel.) *

Mühlbök, Rud., die beste Heizung sowie die größt mögliche Holzersparungs-Kunst bei Erwärmung d. Wohnzimmer, Lehrsäle, Gast- u. Kaffeehaus-Lokalitäten *c.* zu erreichen; oder: Die Lösung des Heiz-Problems ist entdeckt! *c.* Mit 1 Abbildung eines neuen best konstruirten Heizsparofens aus Thonerde (Kachelofen) und vieler anderen modernen gußeisernen Sparöfen. Mit 9 Tab. zur Berechnung des Brenn-Materiales. 3. um mehr als die Hälfte verm. Aufl. Gratz 857. Kienreich. (Leipzig, Haessel.) Lex.-8. (VI, 64 S. u. 3 lith. Taf. in 8. u. 4.) n. 12 ngr.

—— die Lösung des Heiz-Problems ist entdeckt! Vollständige Anleitung zur Berechnung des jährlich nöthigen Brennholz- und Feuerungs-Materiales bei Beheizung der Wohnungslokalitäten, und einem bestimmten Wärmegrade; nebst Angabe aller Mittel zur Verminderung der Beheizungskosten. Mit 9 Tab. über berechnete Brennholz-Quantitäten ꝛc.; so wie mehrere Zeichnungen von Flach- und Plattenöfen ꝛc. gr. 8. (40 S. mit 1 Stnt. in 4.) Graz 852, Kienreich. (Leipzig, Hässel.) *

Mühlböck, Rudolf, neuester wohlerfahrener Universal-Baurathgeber, populär und wissenschaftlich bearb. Zum Gebrauche im ganzen Umfange des österreichischen Kaiserstaates für Architekten, Ingenieure, Techniker, so wie auch für alle Haus-, Wirthschafts- und Gutsbesitzer, Fabriksinhaber ꝛc., welche sich mit Bauen beschäftigen oder Hauseinrichtungen sich anzuschaffen gedenken. 3., mit vielen Tab. und mehreren im Texte vorkommenden xylogr. geometr. Figuren verm. Aufl. Lex.-8. (XVII und 376 S.) Graz 866, Kienreich. *

Mühlbrecht, Herm., Uebersicht der gesammten staats- u. rechtswissenschaftlichen Litteratur der J. 1907 u. 1908, begründet v. Otto Mühlbrecht. 40. u. 41. Jahrg. (Buch-Ausg. der Allg. Bibliographie f. Staats- u. Rechtswissenschaften.) (XXXV, 346 u. XLIII, 390 S.) gr. 8. Berlin 908.09. Puttkammer & Mühlbrecht. à 7. —

Mühlbrecht, Otto, e. Ausflug nach Schweden (1890). 8. (32 S.) Groß-Lichterfelde 895. Berlin, Puttkammer & Mühlbrecht. Nicht im Handel.

Mühlbrecht, Otto, Beethoven und seine Werke. Eine biographisch-bibliograph. Skizze. gr. 8. (VII und 110 S.) Leipzig 866, Merseburger.

Mühlbrecht, Otto, s. Bibliographie, allgemeine, der Staats- und Rechtswissenschaften.

Mühlbrecht, Otto, die Bibliographie im Dienste des Buchhandels. [Aus: „Börsenbl. f. d. deutschen Buchhandel".] gr. 8. (32 S.) Berlin 894. Puttkammer & Mühlbrecht. n. 1. —

— Bibliographie d. bürgerlichen Gesetzbuches f. d. Deutsche Reich. I. 1.—5. Aufl. gr. 8. (à 44 S.) Berlin 898. Puttkammer & Mühlbrecht. n. 1. —

Mühlbrecht, Otto, Bibliographie des bürgerlichen Gesetzbuches f. das Deutsche Reich u. seiner Nebengesetze. II u. III. gr. 8. Berlin, Puttkammer & Mühlbrecht. n. 1. 60
II. (75 S.) 900. n. 1. —
III. (Die Litteratur bis Ende 1900 enth.) (28 S.) 901. n. — 60

Die Bücherliebhaberei (Bibliophilie — Bibliomanie) am Ende des 19. Jahrhunderts. Von Otto **Mühlbrecht**. *Berlin: Puttkammer & Mühlbrecht 1896.* (VII, 216 S., 1 kl. Bl.) 1 Bd 8. [96. 3430

— Die Bücherliebhaberei in ihrer Entwickelung bis zum Ende des XIX. Jahrhunderts. Ein Beitrag zur Geschichte des Bücherwesens. 2. verbess. und verm. Aufl. mit 213 Illustrationen im Text und 11 Kunstbeilagen. 8. Bielefeld u. Leipzig 1898.

— dasselbe. E. Beitrag zur Geschichte d. Bücherwesens. 2., verb. u. verm. Aufl. m. 213 Illustr. im Text u. 11 Kunstbeilagen. gr. 8. (XII, 335 S.) Bielefeld 898. Velhagen & Klasing. n. 9. —; geb. in Halbfrz. n. 12. —; numer. Ausg. geb. in Ldr. n. 20. —

—— der hollaendische Buchhandel seit Coster. Vortrag gehalten in dem Verein der Buchhandlungsgehülfen in Leipzig am 28. Novbr. 1866. gr. 8. (IV und 32 S.) Leipzig 867, Weber.

Mühlbrecht, Otto, Denkschrift betr. die Errichtung e. Contralbüreaus zum Schutze d. Urheber- u. d. Verlagsrechtes in Leipzig. gr. 8. (31 S.) Berlin 891. Puttkammer & Mühlbrecht. Kostenlos.

— Denkschrift, betr. e. eventuelle Literar-Convention zwischen Deutschland u. d. Königr. d. Niederlande. Auf Veranlassg. d. Vorstandes d. Börsenvereins d. deutschen Buchhändler ausgearb. Fol. (22 S.) Stuttgart 874. Berlin, Puttkammer & Mühlbrecht. Nicht im Handel.

— zur Erinnerg. an Johann Konrad Weber. gr. 8. (15 S. m. Bildn.) Berlin (889). Puttkammer & Mühlbrecht. Nicht im Handel.

Mühlbrecht, Otto, Erinnerungen aus 30 Jahren. 1860—1890. gr. 8. (XII, 636 S.) Berlin 890. (Puttkammer & Mühlbrecht.) geb. Nicht im Handel.

Mühlbrecht, Otto, Erinnerungen. Neue Folge. 1890—1903. (XI, 139 S. m. Bildnis.) gr. 8. Berlin 903. Puttkammer & Mühlbrecht. Nicht im Handel.

Erinnerungen. Neue Folge 1890–1903. Von Otto **Mühlbrecht**. Als Ms. gedr. *Berlin 1903: (J. Sittenfeld).* (139 S.) 8° [F.] [03. 11548

Kongress-Erinnerungen von Otto **Mühlbrecht**. *Berlin: Puttkammer & Mühlbrecht 1900.* (24 S.) 8° [Umschlagt. F.] [... 3.81

[F.] Aus meinem Leben. Erinnergn v. Otto **Mühlbrecht**. *Berlin: Puttkammer & Mühlbrecht 1898.* (32 S.) 1 Bd 8. [98. 3366

Mühlbrecht, die Litteratur d. Entwurfs e. bürgerlichen Gesetzbuchs f. das deutsche Reich. Ausgearb. durch die v. dem Bundesrathe berufene Kommission 1. Lesg. Berlin 892.

— die Literatur des deutschen u. italienischen Krieges im J. 1866. Uebersicht der deutschen u. ausländ. literar. Erscheinungen vom 1. Jan. 1866 bis 1. Juli 1867 nebst den deutschen Karten, Plänen u. Kunstblättern, welche auf die Ursachen, den Verlauf u. die Folgen des Krieges sich beziehen. Alphabetisch geordnet u. mit einem Sach-, Orts- u. Namen-Register versehen. Prag 867. Hunger. gr. 8. (XXVIII, 68 S.) n. 1 ℳ

—— die Literatur des deutschen und italienischen Krieges im J. 1866. Uebersicht der deutschen und ausländ. literar. Erscheinungen vom 1. Jan. 1866 bis 1. Juli 1867 nebst den deutschen Karten, Plänen und Kunstblättern, welche auf die Ursachen, den Verlauf und die Folgen des Krieges sich beziehen. Alphabetisch geordnet und mit einem Sach-, Orts- und Namens-Register versehen. gr. 8. (XXVIII und 68 S.) Prag 867, Satow Verlag. *

— die Literatur der preussischen Staats- u. Rechtswissenschaft. Uebersicht der in den J. 1849 bis Ende 1867 in Deutschland im Druck erschienenen bemerkenswerthen staats- u. rechtswissenschaftl. Schriften, welche sich auf den preuss. Staat beziehen. [Im Anschluss an Engelmann's Bibliotheca juridica.] Alphabetisch geordnet u. mit ausführl. Materienregister versehen. Berlin 868. Buchh. f. Staats- u. Rechtswissenschaft. gr. 8. (120 S.) n. 25 ℳ

Mühlbrecht, Otto, die Literatur der preussischen Staats- und Rechtswissenschaft. Uebersicht der in den J. 1849 bis Ende 1867 in Deutschland im Druck erschienenen bemerkenswerthen staats- und rechtswissenschaftl. Schriften, welche sich auf den preuss. Staat beziehen. [Im Anschluss an Engelmann's Bibliotheca juridica.] Alphabetisch geordnet und mit ausführl. Materienregister versehen. gr. 8. (120 S.) Berlin 868, Puttkammer und Mühlbrecht. *

— Ober-Italien. Eine Reiseerinnerg. Als Mscr. gedruckt. 8. (98 S.) Ebd. 882. Kart. Nicht im Handel.

— d. Stellg. d. Niederlande zu e. Literarkonvention m. Deutschland u. zur Berner Konvention. [Aus: „Festgabe f. d. 17. internat. u. künstler. Kongreß, Dresden 895".] gr. 8. (7 S.) Ebd. 895. Unentgeltlich.

— die Turnspiele unserer Knaben. Vortrag. gr. 8. (16 S.) Gr.-Lichterfelde 892. Berlin, Puttkammer & Mühlbrecht. Nicht im Handel.

— s.a. Uebersicht der gesammten staats- und rechtswissenschaftl. Literatur.

Uebersicht der gesammten staats- und rechtswissenschaftlichen Literatur der Jahre 1868—1910. Zsgest. v. Otto Mühlbrecht, fortgef. (Jg. 39 ff.:) v. Herm. Mühlbrecht. Jg. 1—43. Berlin 1869 bis 1911. 27 Bde

Mühlbrecht, O. Übersicht der gesammten staats- und rechtswissenschaftlichen Literatur des Jahres 1877. X. Jahrgang. Berlin 1878.
Übersicht des Jahres 1902, 1903, 1906, 1907, 1908.

— Uebersicht der gesammten staats- u. rechtswissenschaftlichen Litteratur d. J. 1889—1891. 22.—24. Jahrg. (Buch-Ausg. der Allg. Bibliographie f. Staats- u. Rechtswissenschaften.) gr. 8. (XXVIII, 250; XXVIII, 241; XXXII, 254 S.) Ebd. à Jahrg. * 6 —
Vgl.: Bibliographie, allgemeine, der Staats- u. Rechtswissenschaft.

— Uebersicht der gesammten staats- u. rechtswissenschaftlichen Litteratur d. J. 1890—1893. 23.—26. Jahrg. (Buch-Ausg. der Allg. Bibliographie f. Staats- u. Rechtswissenschaften.) gr. 8. (XXVIII, 244, 8, 8 S.; XXXII, 254 u. 14 S.; XXXI, 242 S.; XXXII, 256 S.) Berlin 891—894. Puttkammer & Mühlbrecht. à Jahrg. n. 6. —

— Uebersicht d. ges. staats- u. rechtswissenschaftlichen Litteratur d. J. 1894—1897. 27.—30. Jahrg. (Buch-Ausg. d. Allg. Bibliographie f. Staats- u. Rechtswissenschaften.) gr. 8. (XXXII, 270; XXXII, 266; XXXI, 278 u. XXXI, 267 S.) Ebd. 895—898. à Jahrg. n. 6. —

— Uebersicht d. gesammten staats- u. rechtswissenschaftlichen Litteratur d. J. 1898—1900. 31.—33. Jahrg. (Buch-Ausg. der Allg. Bibliographie f. Staats- u. Rechtswissenschaften.) gr. 8. (XXXI, 274; XXXII, 286; XXXII, 300 S.) Ebd. 899—901. à n. 6. —

Mühlbrecht, O., Uebersicht der gesammten staats- u. rechtswissenschaftlichen Litteratur des J. 1899. 32. Jahrg. gr. 8. (XXXII, 286 S.) Berlin, Puttkammer & Mühlbrecht. 1900 6. —

Mühlbrecht, O., Uebersicht der gesammten staats- u. rechtswissenschaftlichen Litteratur des J. 1901. 34. Jahrg. (XXXII, 280 S.) gr. 8. Berlin, Puttkammer & Mühlbrecht. 7. —

Mühlbrecht, Otto. Uebersicht der gesammten staats- und rechtswissenschaftlichen Litteratur des Jahres 1901, zusammengestellt von Otto Mühlbrecht. Jahrg. 34. XXXII + 280 S. 8. Berlin, Puttkammer & Mühlbrecht, 1902. (Subscr. in Deutschland M. 5. — Jahrg. cpl. M. 7. —)
(Jährlich 6 Doppelnummern *u. d. T.:* Allgemeine Bibliographie der Staats- und Rechtswissenschaften....)
Auch die Schweiz betr.

Mühlbrecht, O., Uebersicht der gesammten staats- u. rechtswissenschaftlichen Litteratur des J. 1903 36. Jahrg. (XXXII, 296 S.) gr. 8. Berlin, Puttkammer & Mühlbrecht. 1904 7. —

Mühlbrecht, O., Uebersicht der gesammten staats- u. rechtswissenschaftlichen Litteratur des J. 1904. 37. Jahrg. (Buch-Ausg. der Allg. Bibliographie f. Staats- u. Rechtswissenschaften.) (XXXII, 304 S.) gr. 8. Berlin, Puttkammer & Mühlbrecht. 1905 7. —

Mühlbrecht, O., Uebersicht der gesammten staats- u. rechtswissenschaftlichen Litteratur des J. 1905. 38. Jahrg. (Buch-Ausg. der Allg. Bibliographie f. Staats- u. Rechtswissenschaften.) (XXXII, 294 S.) gr. 8. Berlin, Puttkammer & Mühlbrecht. 1906 7. —

Mühlbrecht, O., Übersicht der gesammten staats- u. rechtswissenschaftlichen Literatur des J. 1906, begründet v. O. Mühlbrecht, fortgeführt v. H. Mühlbrecht. 39. Jahrg. (Buch-Ausg. der Allg. Bibliographie f. Staats- u. Rechtswissenschaften.) (XXXVI, 333 S.) gr. 8. Berlin, Puttkammer & Mühlbrecht. 1907 7. —

Mühlbrecht, H., Uebersicht der gesammten staats- u. rechtswissenschaftlichen Litteratur d. J. 1907, begründet v. O. Mühlbrecht. 40. Jahrg. (Buch-Ausg. der Allg. Bibliographie f. Staats- u. Rechtswissenschaften.) (XXXV, 346 S.) gr. 8. Berlin, Puttkammer & Mühlbrecht. 1908 7. —

Mühlbrecht, H., Uebersicht der gesammten staats- u. rechtswissenschaftlichen Litteratur des J. 1908, begründet v. O. Mühlbrecht. 41. Jahrg. (Buch-Ausg. der Allg. Bibliographie f. Staats- u. Rechtswissenschaften.) (XLIII, 390 S.) gr. 8. Berlin, Puttkammer & Mühlbrecht. 1909 7. —

Vortrag, gehalten am 24. Mai 1869 in der ger. u. vollk. St. Joh.-Loge „Zur Siegenden Wahrheit" (Grosse Loge von Preussen, gen. „Royal-York zur Freundschaft") im Or. Berlin von Otto Mühlbrecht. (Als Ms. gedruckt.) Berlin [1889]: Bernstein. 10 S. 8° [Umschlagtit.]
Zeichnet den Entwickelungsgang eines für die K. K. begeisterten Neu-Aufgenommenen, um die ethische Bedeutung der Mrei für den Einzelnen darzutun.

Wegweiser durch die neuere Litteratur der Rechts- und Staatswissenschaften. Für d. Praxis bearb. von Otto Mühlbrecht. Bd 1. 2. *Berlin: Puttkammer & Mühlbrecht 1893–1901.* 2 Bde 8°
[1.] 2. umgearb. u. verm. Aufl. 1893.
2. enthaltend d. Litt. d. Jahre 1893–1900 nebst Nachträgen u. Ergänzungen zu Bd 1 (die Litt. bis 1892). 1901.

Mühlbrecht, Otto. Wegweiser durch die neuere Litteratur der Rechts- und Staatswissenschaften. Für die Praxis bearbeitet. Band 2, enthaltend die Litteratur der Jahre 1893—1900 nebst Nachträgen und Ergänzungen zu Band 1 (die Litteratur bis 1892). XVI + 651 + Inseraten-Anhang [16] S. 8. Berlin, Puttkammer & Mühlbrecht, 1901. [geb. M. 30. —] Lesesaal

Mühlbrecht, Otto, Wegweiser durch die neuere Literatur der Staats- u. Rechtswissenschaften. [Abgeschlossen am 1. Juli 1885.] Für die Praxis bearb. gr. 8. (XVI, 429 S.) Berlin 886. Puttkammer & Mühlbrecht. geb. in Moleskin. n. 15. —; in Ldr. n. 17. —

Mühlbrecht, O. Wegweiser durch die neuere Literatur der Staats- und Rechtswissenschaften. Abgeschlossen am 1. Juli 1885. Für die Praxis bearbeitet. Berlin 1886. 2. Auflage.
Band I. (1892). Berlin 1893.
» II. (1893—1900). Berlin 1901.

Fest-Cantate zum 11. Febr. 1869. Comp. von Th[eod.] Mühlbrecht. [Braunschweig 1869.] 2 Bl. 8° [Kopftit.]
Ohne Noten: „Auf dem weiten Erdenrunde, . . ."

Fest-Cantate, aufgeführt in der Loge „Carl zur Gekrönten Säule" in Braunschweig zum Johannisfeste des Jahres 1857. Comp. vom Br. Th[eod.] **Mühlbrecht.** [Unterz.:] Herm. Brandes. [Braunschweig 1857.] 2 Bl. 8⁰ [Umschlagtit.]
Ohne Noten: „Ihr Brüder, grüsst mit Herz und Mund . . ."

Mühlbrecht, Thdr., theoretisch-praktische Gesangschule für Gymnasien, Volksschulen und Gesangvereine. Eine Anleitung zum Unterrichte in den nothwendigsten Elementen des Gesanges. Hannover 855. Hahn. 4. (2 Bl., 72 S. u. 1 lith. Taf.) 12½ ngr.

Gruss! Musik vom Br. [Theod.] **Mühlbrecht.** [Braunschweig] o. J. 1 Bl. 8⁰ [Kopftit.]
Lied ohne Noten: „Willkommen hier . . ."

Johannis-Fest-Cantate, comp. von Th[eod.] **Mühlbrecht.** [Braunschweig] o. J. 2 Bl. 8⁰ [Kopftit.]
Ohne Noten: „Ihr Brüder, grüsst mit Herz und Mund, . . ."

—— Klavier-Tastatur. 4 (lithogr.) Bog. in Imp.-Fol. Hannover 855, Hahn'sche Hofbuchh.

Trauer-Cantate. Comp. vom Br.˙. [Theod.] **Mühlbrecht.** [Braunschweig:] o. J. 2 Bl. 8⁰ [Umschlagtit.]
Ohne Noten: „Bei der Brüder Urne füllet . . ."

Das Vaterunser des Freimaurers. Cantate zum Johannisfeste. [Gedichtet von G. H. Wegener.] Comp. von Th[eod.] **Mühlbrecht.** [Braunschweig] o. J. 2 Bl. 8⁰ [Kopftit.]
Ohne Noten: „Ich rufe Dich!"

Mühldorf im Jahre 1814. Vom k. Steuerkataster. 1 : 2500. 1 Bl.

Freimaurer-Gebet. Gedicht von C. **Blumauer.** Für eine Alt- oder Bariton-Stimme mit Begleitung des Pianoforte oder Harmonium comp. von W. C. **Mühldorfer.** Leipzig: Forberg o. J. 7 S. 2⁰ [Umschlagtit.]
(Op. 49.)
Mit Noten: „O du, dessen Weisheit diesen weiten . . ."

Mühldorfer, W. C., Prinzessin Rebenblüthe, s. Breitkopf und Härtel's Text-Bibliothek Nr. 238.

Muhle, H. B., Präservativ od. Anweis., w. man d. wen. u. sichere Mittel d. Gesundh. erhalten könne. 8. Lemgo, Meyer. 743.

Muhle, Heinrich

— Henrici Zutphaniensis propositiones sive confessio doctrinæ, Archiepiscopo Bremensi Buxtehudæ oblata et Bremæ dein 1526 inferioris Saxoniæ dialecto vulgata. Kiliæ. 1717. 4. [Resp. Magn. Crusius].

— Ad recitationes publicas in Adolphi Clarenbachii confessionem doctrinæ instituendæ invitat. Kiliæ. 1727. 4. P.

— De apodixi. 1701, s. Disputationes Fridericianæ theol. 1701.

— Brevis designatio commentationis parergicæ de veris genuinisque natalibus teutonicæ vocis Kirche a Johanne Diecmanno ac Jo. Georgio Eccardo nuper pervestigatis. Ad Theodorum Hasaeum. Kiliæ. 1719. 4.

— De variis pontificum iisque iniquissimis adversus Cæsares, reges ac principes, molitionibus et ab Christi vicariis, quales se jactant, longe alienissimis, diss. Jo. Burch. Maii de Romani pontificis electione commentationi præmissa. Seorsim pariter edita. Kiliæ. 1729. 4. [Det er samme Tryk, med nyt Titelblad, som den i Majus' Bog, De Romani pontificis electione. 1729. (B. D. I. 142) optagne Afhandling].

MUHLE, HENR., De sectæ studio in ecclesia orthodoxa vitando. Kilonii. 1712. 4. P.

Muhle, J. C., kleine Privatagende ꝛc. 8. Freyberg, Craz u. G.

— Unters. d. Pyrmonter Neubrunnens. 8. Hannover, Helwing. 764.

Muhle I. H., de Conversione paganor., imprim. Frider. IV. 4. Kilon. 717.

— dissertationes histor.-theolog. 8. Lübeck, Böckmann. 713.

— de eo quod iustum est circa puram doctrin. custodiendam. 4. Kilon. 717.

— Vertheidigte evangelisch-luth. Kirche. 8. Hamburg. 720

— unverfälschter Sinn M. Luthers v. d. wirkl. Seligkeit d. Gläubigk. auf Erden. 4. Kiel. 718.

— Vertheid. d. evangel. Wahrh., wider Dassovius. 4. Hamb. 721.

Muhle, *Karl* Sur la Concentration de l'enseignement des langues modernes. 4 (S. 3—32). G. mit Realabteilung *Birkenfeld* 1888 (626). **Progr.**

Muhle, Willy Über den stationären Temperaturzustand in einem sphärischen Flächenstück. *Giessen [1898]: W. Keller.* (83 S.) 8°
Leipzig, Phil. Diss. v. [15. Juli] 1898

Mühle [Sachliches OW]

Mühle, die. Die neuesten Fortschritte im Mühlwesen und den damit verwandten Geschäftszweigen. Mit vielen erläuternden Abbildungen. Jahrg. 1864. 52 Nrn. (à ½ Bgn.) Leipzig, M. Schäfer. gr. 4. n. 3 ₰ 10 ngr.

Mühle, die. Die neuesten Fortschritte im Mühlwesen u. den damit verwandten Geschäftszweigen. Mit vielen erläut. Abbildgn. Red. von Jos. J. van den Wyngaert. 2. bis 7. Jahrg. 1865—70. à Jahrg. 52 Nrn. (½ Bgn.) Leipzig, M. Schäfer. gr. 4. Jeder Jahrg. n. 3 ₰ 10 ngr.

Mühle, Die. Organ des Verbandes deutscher Müller und Mühlen-Interessenten. Die neuesten Fortschritte im Mühl(en)wesen und den damit verwandten Geschäftszweigen. Mit .. Abbildungen. Red. J. J. v. d. Wijngaert. Jhg. 1—13. 1864—76. Red. K. W. Kunis. Jhg. 14—16. 1877—79. Leipzig. Fol. . . . .

Mühle, die. Organ des Verbandes deutscher Müller und Mühleninteressenten. Die neuesten Fortschritte im Mühlwesen und den damit verwandten Geschäftszweigen. Mit Abbild. Redact.: J. J. v. d. Wyngaert. 5.—11. Jahrg. 1868—1874. à Jahrg. 52 Nrn. (à ½ Bog.) hoch 4. Leipzig, M. Schäfer. à Jahrg. *

Mühle, die. Organ des Verbandes deutscher Müller und Mühleninteressenten. Die neuesten Fortschritte im Mühlwesen und den damit verwandten Geschäftszweigen. Redact.: J. J. van den Wyngaert. 12. und 13. Jahrg. 1875 und 1876. à Jahrg. 52 Nrn. (Bog.) Fol. Leipzig, M. Schäfer. à Jahrg. *
—— dass. — Redact.: K. W. Kunis. 14. und 15. Jahrg. 1877 und 1878. à Jahrg. 52 Nrn. (Bog.) Fol. Ebendas. à Jahrg. *

Mühle, die. Organ des Verbandes deutscher Müller u. Mühleninteressenten. Die neuesten Fortschritte im Mühlwesen u. den damit verwandten Geschäftszweigen. Red.: K. W. Kunis. 14. u. 15. Jahrg. 1877 u. 1878. à 52 Nrn. (B.) Fol. Leipzig, M. Schäfer. à Jahrg. n. 10. —

Mühle, die. Wochenschrift f. d. Interessen d. deutschen Mühlenindustrie. D. neuesten Fortschritte im Mühlenwesen u. d. damit verw. Geschäftszweigen. Amtl. Vereinsblatt d. Verbandes deutscher Müller u. d. Müllerei-Berufs-Genossenschaft. Red.: K. W. Kunis. 32.—35. Jahrg. 1895—1898. à 52 Nrn. (à 16 Sp. m. Abb.) Fol. Leipzig, M. Schäfer. à Jahrg. n. 10. —

Mühle, die. Wochenschrift f. die Interessen der deutschen Mühlenindustrie. Die neuesten Fortschritte im Mühlenwesen u. den damit verwandten Geschäftszweigen. Amtliches Vereinsblatt des Verbandes deutscher Müller u. der Müllerei-Berufs-Genossenschaft. Red.: K. W. Kunis. 36.—39. Jahrg. 1899—1902. à 52 Nrn. Fol. (à ca. 16 Sp. m. Abb.) Leipzig, M. Schäfer. à Jahrg. n. 10. —

Mühle, die. Wochenschrift zur Förderg. der deutschen Mühlenindustrie. Die neuesten Fortschritte im Mühlenwesen u. den damit verwandten Geschäftszweigen. Amtliches Vereinsblatt der Müllerei-Berufsgenossenschaft. Red.: Wilh. Kunis. 40.—43. Jahrg. 1903—1906. à 52 Nrn. (VIII, 456; VIII, 500; VIII, 512 u. VIII, 510 Sp. m. Abbildgn.) Fol. Leipzig, M. Schäfer. 1903 n. 10. —; 1904—06 à Jhrg. n. 4. —

Mühle, die. Wochenschrift z. Förderg. der deutschen Mühlenindustrie. Die neuesten Fortschritte im Mühlenwesen u. den damit verwandten Geschäftszweigen. Amtliches Vereinsblatt der Müllerei-Berufsgenossenschaft. Red.: Wilh. Kunis. 44.—47. Jahrg. 1907—1910. à 52 Nrn. (VIII, 1032; VIII, 1040; VIII, 1068 u. VIII, 1060 Sp. m. Abb.) 34,5×25,5 cm. Leipzig, M. Schäfer. à Jahrg. 4. —

— die. Zeitschrift für die Interessen der deutschen Mühlenindustrie. Die neuesten Fortschritte im Mühlwesen u. den damit verwandten Geschäftszweigen. Organ des Verbandes deutscher Müller. Red.: K. W. Kunis. 16—19. Jahrg. 1879 - 1882. à 52 Nrn. (B.) Fol. Ebend. à Jahrg. n. 10. —

Mühle, die. Zeitschrift für die Interessen der deutschen Mühlenindustrie. Die neuesten Fortschritte im Mühlwesen und den damit verwandten Geschäftszweigen. Organ des Verbandes deutscher Müller. Redact.: K. W. Kunis. 17.—21. Jahrg. 1880—1884. à Jahrg. 52 Nrn. (Bog.) Fol. Leipzig, M. Schäfer. à Jahrg. *

Mühle, die. Zeitschrift f. die Interessen der deutschen Mühlenindustrie. Die neuesten Fortschritte im Mühlwesen u. den damit verwandten Geschäftszweigen. Organ d. Verbandes deutscher Müller. Red.: K. W. Kunis. 20—23. Jahrg. 1883—1886. à 52 Nrn. (à 1—2 B.) Fol. Leipzig, M. Schäfer. à Jahrg. n. 10. —

Mühle, die. Zeitschrift f. die Interessen der deutschen Mühlenindustrie. Die neuesten Fortschritte im Mühlwesen u. den damit verwandten Geschäftszweigen. Organ d. Verbandes deutscher Müller u. der Müllerei-Berufs-Genossenschaft. Red.: K. W. Kunis. 24.—27. Jahrg. 1887—1890. à 52 Nrn. (à 1—2 B.) Fol. Leipzig, M. Schäfer. à Jahrg. n. 10. —

Mühle, die. Zeitschrift f. die Interessen der deutschen Mühlenindustrie. Die neuesten Fortschritte im Mühlwesen u. den damit verwandten Geschäftszweigen. Amtliches Vereinsblatt d. Verbandes deutscher Müller u. der Müllerei-Berufs-Genossenschaft. Red.: K. W. Kunis. 28.—31. Jahrg. 1891—1894. à 52 Nrn. (à 1—2 Bog.) Fol. Leipzig, M. Schäfer. à Jahrg. n. 10. —

Mühle, die, bey Auerstädt; od. die unverhoffte Erbschaft. Schausp. v. C. Ernst. 8. Basel, Flick, 810.

Mühle, die Lerchenthaler, e. Erzähl. f. d. Jugend u. ihre Freunde. Vom Verf. d. „Auswanderer." 8. (8½ B. u. Titlbild.) Elberfeld 838, Hassel.

Mühle, Die neue, eine Gnadenwalder Geschichte . . . Innsbruck 1866. V: *Hörmann, Angelica von.* (EB)

Mühle [Verfasser]

Mühle, Eph. Joach., kl. Privatagende, od. Auszug d. Kirchenordnung 2c. 8. Freiberg 806. Craz u. G. 4 ℛ

Mühle, Frz. v. der, ein schmuckes Heim, s.: Aufwärts.

Mühle, Georg *Arthur* [aus Unruhstadt '(Pr. Posen)']: Über die Bewegung eines Punktes in einer Ebene, die senkrecht steht auf der Verbindungslinie zweier beliebig anziehenden festen Centren ... Halle a. S., Hofbuchdr. v. C. A. Kaemmerer & C., 1894; 50 S., 1 Bl., 4 Taf. 8.
Halle, Phil. Fak., Inaug.-Diss. v. [6. Aug.] 1894

Mühle, Heinr. von der, Beiträge zur Ornithologie Griechenlands. gr. 8. (10 B.) Leipzig 844, Ernst Fleischer.

Mühle, H. von der, Monographie der europäischen Sylvien, s. Abhandlungen des zoologisch-mineralogischen Vereines in Regensburg.

Mühle, Jak. v. der, zur Jesuitenhetze, s.: Dasbach's Volksbibliothek. (Berichtiggn. u. Nachträge zu Bd. 29.)

Mühle, Jak. v. der, rückwärts zum gläubigen Christenthum. Ein zeitgemäßes, ernstes Wort. 8. (28 S.) Speyer 893. Jäger. n. — 25

Mühle, Karl [aus Hartha bei Melaune]: Über einige Derivate der unsymmetrischen Oxyisophtalsäure ... Rostock, C. Hinstorffs Buchdr., 1895; 39 S. 8.
Rostock, Phil. Fak., Inaug.-Diss. v. [5. Aug.] 1895

Mühle, Paul: Versuche zur Reindarstellung des Amphopeptons. *Leipzig 1901: O. Leiner.* (58 S.) 8°
Leipzig, Phil. Diss. v. [24. Apr.] 1901

Mühle, W. v. d., der Dom zu Köln, die Roßtrappe. Fata Morgana. 1. und 2. Aufl. 12. (VIII, 92 S. mit 1 Lichtdr.-Abbild.) Altona 887,88, Schlüter. geb. mit Goldschn. *

Mühlebach, A., Buchführung f. einfache bäuerliche Gutsbetriebe, s.: Hofer, M.

Mühlebach, A[ugust]. Zur Geschichte des Landwirtschaftlichen Bildungswesens im Kanton Thurgau. [Mit 2 Tafeln.] 8.
Ausg. A: Zur G' des landw'... (Von A. M'...) — Thurgauische landwirtschaftliche Schule ... Arenenberg. Bericht ... 1904 — ... 1907. Anhang.... Frauenfeld, Huber & Co., (1907). S. 51—73.
Ausg. B, sep.: Zur G' des Landw'... Von A. M'. II + 23 S. Frauenfeld, Huber & Co., 1907.

Mühlebach, Friedrich [pract. Arzt aus Empfingen (Hohenzollern)]: Beschreibung einer Dysenterie-Epidemie von 19 Fällen in der Gemeinde Müllheim a. Bach .... Freiburg i. B., Univ.-Buchdr. v. H. M. Poppen & Sohn, 1887; 26 S. u. 1 Taf. 8°.
Freiburg i. B., Med. Fak., Inaug.-Diss. v. 1887.

Mühlebach, Friedrich, Beschreibung einer Dysenterie-Epidemie von 19 Fällen in der Gemeinde Müllheim a. Bach. Diss. Freiburg i. B. 1887, Fr. Wagnersche Univ.-Buchh. 8°. 26 S. mit einer Taf.

Mühleck, Julius, Tierarzt: Arbeiten aus d. med. Veterinärklinik d. Univ. Giessen. Dir.: Gmeiner. Untersuchungen über die tägliche Harnmenge der Haustiere. Giessen 1910: v. Münchow. 55 S. 8°
Gießen, Veterinär-Med. Diss. v. 21. Juni 1910, Ref. Garten
[Geb. 4. März 86 Stuttgart; Wohnort: Gießen; Staatsangeh.: Württemberg; Vorbildung: Oberrealsch. Ulm Reife M. 05; Studium: Stuttgart Tierärztl. Hochsch. 7 S.; Rig. 7. März 10.] [U 10. 1235

Mühlecker, Fr., goldenes ABC für die Jugend, oder: Kleine Sittenlehre in Naturbildern. 8. (24 S. und 12 ill. Stnt.) Stuttgart 851, Schulz.

—— die Bibel der Freiheit. 1. Lfg. 8. (50 S.) Gmünd 851. (Stuttgart, Lindemann.)

—— Bilder der Armuth. Zwölf Gedichte. 16. (23 S.) Stuttgart 850, (Sonnewald'sche Buchh.)

—— Robert Blum. Sein Leben, Wirken und sein Tod. 16. (18 S. mit Blum's Bildn. in Holzschn.) Heilbronn 848, (Drechsler.)

Mühlecker, Fr., Elementar-Kursus des Freihandzeichnens. qu. gr. 4. (22 lith. Taf. u. Text.) Stuttgart 844, Ebner'sche Kunsth. n. 7/12 ₰

—— Familie und Gemeinde, s. Bücher-Markt.

—— die Sündfluth. Ein Sittengemälde der Vorzeit. Der Mitwelt zur Beachtung in Verse gebracht. 8. (15 S.) Stuttgart 850, (Sonnewald'sche Buchh.)

—— acht Wandtafeln f. den Zeichnenunterricht. gr. Fol. Stuttgart 844, Ebner'sche Kunsthdlg. *

—— kleines politisches Wörterbuch. Ein unentbehrl. Hilfsbüchlein für den Bürger und Landmann. gr. 16. (31 S.) Stuttgart 849, Lubrecht und Comp.

Mühlefeld, Ch., die Flora in der Volksschule, Text zu dem Herbarium aus Thüringens Flora. 1. und 2. Jahrg. 8. Erfurt 857. 59, (Villaret.) [1. Jahrg. (64 S.) 2. (56 S.)] à Jahrg. *

— Vergißmeinnicht! Zwanzig Kinderpoesien mit Bildern. Poeßneck 860. Thalmann. 4. (20 lith. Bl.) 15 ngr

Mühlefeld, J. Ch., Vorschule der Botanik. Anleitung zur Kenntniß der wichtigsten Termini aus dem Bereiche der Phanerogamen oder Samenpflanzen. gr. 8. (VIII und 39 S.) Erfurt 865, Villaret. *

Mühlefeld, Karl

Mühlefeld, K., Abriss der französischen Rhetorik und Bedeutungslehre. Für die Prima höherer Lehranstalten bearb. gr. 8. (VIII, 42 S.) Leipzig 887, Renger'sche Buchh. *

Mühlefeld, [Karl], Prof. Dr.: Bericht über die Feier des 25jährigen Direktor-Jubiläums des Anstaltsleiters (Dr. Julius Naumann). *Osterode a. H. 1900: Giebel & Oehlschlägel.* (S. 51—53.) 4° [F.] ¶ (Erschien ausführlich mit Wiedergabe d. Reden im Osteroder Allgem. Anzeiger vom 10. Apr. 1900.)
Osterode a. H., RG, P 1900 (355)

Mühlefeld, (K[arl]), Dir. Prof. Dr.: Bericht über die Verabschiedung des Direktors Dr. J. Naumann und die Feier zur Amtseinführung seines Nachfolgers. *Osterode a. H. 1902: Giebel & Oehlschlägel.* (S. 1—8.) 4° [F.]
Osterode a. H., RG, P 1902 (365)

Mühlefeld, K. Die Bildung des Nomen actionis im Französischen. Münden, Rpg., 1882. 46 S. Progr.

Mühlefeld, K., Einführg. in die deutsche Wortbildungslehre m. Hilfe des Systems der Bedeutungsformen. (39 S.) 8. Halle 908. M. Niemeyer. Kart. — 80

Mühlefeld, K., Einführg. in d. französische Wortbildungslehre, Phraseologie u. Stilistik nach d. System d. Vorstellungsverwandtschaft. gr. 8. (VI, 92 S.) Leipzig 898. Renger. n. 2.—

Mühlefeld, [Karl], Dir. Prof. Dr.: Festrede zum Geburtstag Sr. Majestät des Kaisers und Königs. Osterode a. H. 1904: Giebel & Oehlschlägel. (5 S.) 4° [F.]
Osterode a. H., RG P 1904 (384)

Mühlefeld, K[arl], Prof. Dr.: Französische und englische Gedichte in metrischer Übertragung. *Osterode a. H. 1901: Giebel & Oehlschlägel.* (S. 1—21.) 4° [F.]
Osterode a. H., RG, P 1901 (358)

Mühlefeld, K., die Lehre v. der Vorstellungsverwandtschaft u. ihre Anwendung auf den Sprachunterricht. gr. 8. (IV, 60 S.) Leipzig 894. Renger. n. 1. 20

Mühleis, Ant., s.: Almanach f. die kathol. Geistlichen der Diöcese Rottenburg.

Mühleis, Ant., s.: Mennel- u. Rieg's Almanach f. die katholischen Geistlichen der Diöcese Rottenburg.

Mühleisen, Albr., Aufgabensammlung f. Seefahrtschulen. gr. 8. (III, 112 S. m. 5 Fig.) Bremen 897. Leipzig, M. Heinsius Nachf. n. 2. 40; geb. n. 3.—

— dasselbe. Auflösungen. 4. (70 autogr. S.) Ebd. 898. n.n. 6. —

Mühleisen, Albr., Aufgabensammlung f. Seefahrtschulen. 2. Aufl. (III, 120 S.) gr. 8. Leipzig 906. M. Heinsius Nachf. Geb. in Leinw. n. 3. —; Auflösungen (57 autogr. S.) n.n. 3. —

Mühleisen, Albr., Handbuch der Seemannschaft. Frei bearb. nach dem engl. Werke: Practical seamanship for use in the merchant service by J. Todd and W. B. Whall. gr. 8. (XVIII, 496 S. m. 85 Textbildern u. 87 Taf.) Bremen 893. M. Heinsius Nachf. Geb. in Leinw. n. 18. —

Mühleisen, Georg, cand. med. aus Haag: Kyphoscoliosis rhachitica mit Herzhypertrophie und Dilatation. *(Haag [1899]: A. Lehner.)* (20 S.) 8°
München, Med. Diss. v. 1899

Mühleisen, Wilh., Deckenverzierungen in Antragstuck f. bürgerliche Wohnräume. Eine Sammlg. v. Zimmerdecken nebst Hauseingängen in Louis XVI., Biedermeier u. modernem Stil. Ein Vorlagewerk f. Architekten, Modelleure, Bildhauer u. Stukkateure. (50 Lichtdr.-Taf.) 36×26 cm. Berlin (908). M. Spielmeyer. In Mappe 18. —

Mühleisen, Wilh., Entwürfe f. moderne Stuckarbeiten zumeist Louis XVI. — Empire — u. moderner Styl. Eine Sammlg. v. modernen Zimmerdecken, Hauseingängen, Pilasterausbildgn., Säulen-Kapitälen, Basen. Consolen u. Türaufsätzen, unter Berücksicht. der verschiedensten Zimmergrössen, sowie Erkeranbauten, Eckkamine & abgeschrägten Wänden. Ein Vorlage-Werk f. Architekten, Modelleure, Bildhauer & Stuckateure. 50 Lichtdr.-Taf. Fol. Berlin (905). M. Spielmeyer. In Mappe n. 45. —

Mühlemann, C[hristian]. Über die Aufgabe und Pflege der Amtlichen Statistik in der Schweiz. Separatabdruck aus der «Zeitschrift für schweiz. Statistik» [Jahrg. 39, Band 2, Liefg. 5]. IV + 68 S. 8. Bern, Stämpfli & Cie., März 1903.

(Mühlemann, C[hristian].) Über die volkswirtschaftliche Bedeutung des engern Oberlandes mit Rücksicht auf die Erstellung einer normalspurigen Brienzerseebahn. (1906 September 11.) 8 S. 8. [Bern, Fritz Käser, 1906.]

Mühlemann, C[hristian]. Bericht über die Anordnung und Durchführung, sowie über das vorläufige Ergebnis der Eidg. Betriebszählung vom 9. August 1905 ([vorgenommen durch] das eidg. statistische Bureau). 24 S. 8. Bern, Büchler & Co., 1906.

Mühlemann, C., Bericht üb. die Anordng. u. Durchführg. sowie üb. das vorläufige Ergebnis der eidg. Betriebszählung vom 9. VIII. 1905. (24 S.) gr. 8. Bern 906. (A. Francke.) — 80

Mühlemann, C[hristian]. Ueber die Entschädigungs- und Kompetenzfrage bei statistischen Erhebungen. Séparatabdruck aus der Monatsschrift für Bernisches Verwaltungsrecht und Notariatswesen. Heft Nr. 12, 1905. 6 S. 8. [Bern, Genossenschafts-Buchdr.]

— Geschichte u. Thätigkeit d. statist. Bureaus d. Kantons Bern, s.a. Mitteilungen d. bernischen statist. Bureaus, Jahrg. 1898.

Mühlemann, Geschichte u. Thätigkeit des Bernischen Statist. Bureau's von 1848—1898. Bern 899.

Mühlemann, wirtsch. Kultur, Bern., s. Mitteilgn. d. bern. statist. Bureaus.

Mühlemann, C[hristian]. Zur Orientierung über die Statistik. Separat-Abdruck aus dem «Schweiz. Zentralblatt für Staats- und Gemeindeverwaltung». Jahrg. 6 ⟨1905/06⟩ Nr. 26.... 16 S. 8. Zürich, Orell Füssli, 1906.

Mühlemann, C., christlicher Socialismus. Krit. Betrachtgn., nebst socialeth. Erörtergn. gr. 8. (42 S.) Bern 898. C. Sturzenegger. — 60

Mühlemann. Die Staats- und Gemeindesteuern im Kanton Bern. 1882.

Mühlemann, C., Untersuchungen üb. die Entwicklung der wirtschaftlichen Kultur u. die Güterverteilung im Kanton Bern, s.a. Mitteilungen des bern. statist. Bureaus. 1902. II.

Mühlemann, C[hristian]. Untersuchungen über die Entwicklung der wirtschaftlichen Kultur und die Güterverteilung im Kanton Bern. VIII + 281 S. 8. Bern, Buchdr. Steiger, Komm. A. Francke, 1905. [fr. 3. —]
Mitteilungen des Bernischen statistischen Bureaus. Jahrg. 1905. Liefg. 2.

Mühlemann, F[riedrich]. Enveloppen der [Leonhard] Euler'schen Geraden. Diss. Phil. Bern. [Mit 9 Tafeln.] 75 S. 8. Bern, K. J. Wyss, 1905.

Mühlemann, Hans. Ursprung und Geschichte der protestantischen Gemeinde in Mailand. Opera della Chiesa Cristiana Protestante in Milano.... Bei Anlass des fünfzigjährigen Bestehens der Gemeinde als Jubiläumsschrift verfasst von Pfarrer Hans Mühlemann. [Illustriert.] 87 S. 8. Milano, Ulrico Hoepli, 1902. (L. 2. —)

Mühlen [Sachliches OW]

Mühlen, die unterirdischen, od. die letzten Stunden d. Heidentums in Rom. Schauspiel in 5 Akten. Aus dem Ital. übertr. v. Werner u. Mehler. 12. (52 S.) Donauwörth 887. Auer. — 75

Mühlen, die unterirdischen, od: Die letzten Stunden des Heidentums. Schauspiel in 5 Akten. Aus dem Ital. übertr. v. Werner u. Mehler. 2. Aufl. (52 S.) kl. 8. Donauwörth (904). L. Auer. n. — 75

Mühlen, die unterirdischen, od.: Die letzten Stunden des Heidentums. Schauspiel in 5 Akten. Aus d. Italien. übertr. v. Werner u. Mehler. 3. Aufl. (52 S.) kl. 8. Donauwörth (908). L. Auer. — 75

Mühlen [Verfasser]

Mühlen, A. v. zur, Beitrag zur Frage über den Waldschutz gegen die Waldbesitzer mit besond. Beziehung auf das preußische Gesetz vom 6. Juli 1875. gr. 8. (60 S.) Reval 877, Kluge's Verlag. *

Mühlen, A. v. zur, e. Landtagsrede auf dem Landtage im Jan. 1893 zur Vertheidigung e. Antrags auf Einführung v. Ehrengerichten in der estländischen Ritterschaft u. Anerkennung der Gewissensfreiheit. (Eine Landtagsrede üb. das Duell.) 8. (24 S.) Reval 893. F. Kluge. n. — 80

Mühlen, A. v. zur, 2. Landtagsrede auf d. Landtage am 31. Januar 1896 z. Antiduellantenthum, in d. Debatte üb. d. Ehrengerichtsordng. geh. 8. (8 S.) Reval 896. F. Kluge. n. — 50 (1. u. 2.: n. 1. 30)

— Untersuchungen üb. den Urogonitalapparat der Urodelen. Diss. gr. 8. (63 S. m. 1 Taf.) Jurjew (Dorpat) 893. (E. J. Karow.) n. 1. 20

v. Mühlen, C. J. P., Karten, sowohl zum ersten als auch zum zweiten Schulbuch is zu gebrauchen. No. 1—6. Cleve 816. (Frkf. a. M., Hermann.) (à 6 ℊ) 1 ℳ 12 ℊ

—erstes Schulbuch d. Geographie, nach e. ganz neuen Lehrart eingerichtet. 8. Cleve 811. 6 ℊ

Mühlen, Diederich zur (Quakenbrück/Westf.), De foro competente. Präs. Wolf. Senguerd. Leiden (H. Teering) 27. V. 1715. 14 S. (—.—) 23812
Gew.: Gerhard Molano, Christian Molano.

Mühlen, Frhr. Ferd. v., Anleitung zum rationellen Betrieb der Ausastung im Forsthaushalte f. Waldbesitzer, Forstverwaltungsbeamte u. deren Gehülfen. Mit 26 meist nach der Natur aufgenommenen (eingedr.) Holzschn. 8. (VIII, 77 S. m. e. Tab. in qu. 4.) Stuttgart 873. Schickhardt & Ebner. n. 1. 50

Mühlen, Frdr. v. zur, üb. 2 neue Arzneimittel, das Tolypyrin u. Orthotolypyrin. Diss. gr. 8. (84 S. m. 1 Kurventaf.) Jurjew (Dorpat) 894. (E. J. Karow.) n. 1. 60

von d. Mühlen, Gust. Casimir Gabrl., Leben, s. J. K. K. Oelrichs.

Mühlen, zur, J. H. G., s. Zur Mühlen.

⊙ Worte der Belehrung und Beruhigung über die bisherige Glaubensfehde v Johann Herrmann Gottfried zur Mühlen. Altona. 1819. 8°.

Mühlen, M. v. zur, Verzeichniss der in Liv-, Est- und Kurland bis jetzt aufgefundenen Neuropteren. gr. 8. (18 S.) Dorpat 880. (Leipzig, K. F. Köhler.) *
Aus: Archiv für die Naturkunde Liv-, Est- und Kurlands, besonders abgedruckt.

Mühlen, Max v. zur, d. Fischerei-Verhältnisse Estlands. Nach d. im Auftr. d. estländ. landwirthschaftl. Vereins an d. Güter versend. Fragebogen zusammengest. [Aus: „Balt. Wochenschr. f. Landwirthschaft ꝛc."] gr. 8. (III, 81 S.) Jurjew (Dorpat) 898. Ebd. n. 1. 50

Mühlen, Rich. v. zur, üb. die Gerinnungsunfähigkeit des Blutes. Diss. gr. 8. (107 S.) Jurjew (Dorpat) 894. (E. J. Karow.) n. 2. —

Mühlen-Anzeiger, schweizerischer. 1. Jahrg. 1888. 24 Nrn. (Bog.) Fol. Weinfelden, Gleditsch. *

Mühlenbach, Maximilian [Prof.]: Der Begriff des Glückes in Schillers Braut von Messina. E. Beitr. z. deutschen Unterrichte im Obergymn. Ratibor, Riedinger's Buch- u. Steindr., 1890; 25 S. 4.
Ratibor, k. Ev. G, P 1890 (207)

Mühlenbach, M. Über die dramatische Idee in Schillers Wilhelm Tell. 26 S. Progr. G. *Ratibor* 1883.

Mühlenbach, Paul: Ueber Pfählungsverletzungen. *München 1897: Kastner & Lossen.* (30 S.) 8°
München, Med. Diss. v. 1897

Mühlen- u. Speicherbau, der. Internationale Zeitschrift f. Baumeister, Ingenieure, Techniker u. Anstalten des Mühlen- u. Speicherbaues, f. Wasserbautechniker u. Mühlenbesitzer. Zentralorgan f. Bau u. Einrichtg. v. Getreide-, Graupen-, Haferschäl-, Reis- u. Sagomühlen, Griesfabriken, Oel-, Kork-, Knochen-, Gips-, Zement-, Phosphat- u. Walkmühlen, v. Sägewerken, Speichern u. Lagerhäusern. Unter Mitwirkg. v. A. Baader, J. Baumann, F. Baumgartner u. vielen anderen hrsg. v. J. Frdr. Meissner. 1.—3. Jahrg. 1908—1910. à 24 Hefte. (IV, 474; IV, 356 u. VIII, 328 S. m. Abb. u. Taf.) Lex. 8. Heidelberg, J. F. Meissner. à Jahrg. 16. —

Mühlenbauanstalt und Maschinenfabrik vorm. Gebrüder Seck: Preislisten. 1891 ff. Dresden

Mühlenbauer, Matthias, Maria-Hilf. 11 Predigten, geh. auf dem Mariahilfsberge bei Vilsbiburg während d. 200jähr. Jubiläums der dort. Gnadenkirche 7 bis 12. Septbr. 1886. 8. (88 S. m. 1 Bild.) Straubing 886. (Attenkofer.) n. — 80

Mühlenbauten. Mühlenbauanstalt u. Maschinenfabrik vorm. Gebrüder Seck, Dresden. — (Magdeburg o. J. [um 1907] Wohlfeld) 240 S. quer-8° 38 A.

Muhlenbeck, E., étude sur les origines de la Sainte-Alliance gr. 8. (V, 322 S. m. 1 Bild.) Strassburg 887. Heitz. n. 6. —

Mühlenbeck, E., Euloge Schneider 1793. gr. 8. (XV, 419 S.) Strassburg 896. J. H. E. Heitz. n. 10. —

Georg August Heinrich Muehlenbein

De Typho. Helmstadii (1789:) Schnorr. XXXXV [vielm. XXXVII] S. 8°

Helmstedt, Med. Diss. v. 2. Nov. 1789

Mühlenbein, J., über Choralgesang. gr. 8. (VII, 122 S. m. 11 Taf.) Trier 900. (Paulinus-Druckerei.) n. 3. 50

Über Choralgesang. Von J Mühlenbein, Dr. phil. u. theol., Pfarrer [1–3.] *Dann. A Schneider 1901–02.* 3 Bde 8°
1. Notizen z. Frage d. Choral-Lesarten. 1901
2. Tabelle d. Parallelstücke d. Graduale Romanum. 1901
3. Die Reform unter Gregor XIII. S.A. a. Katholik, 1902, I, II. 1902

Mühlenbein, Johann (Emil Friedrich Max Johann) (Cöthen/Anhalt), Über die innere Reibung von Nichtelektrolyten. Diss. Cöthen (P. Schettler) 1901. 64 S., 6 Taf. u. Biogr. (1.—) 23813
Gew.: Seinen Eltern (Vater: Carl Mühlenbein.

Mühlenbein, Karl Geo. Fr., Dissertatio inaug. medica de Staphylomate scleroticae. Mit 1 illum. Steintafel. 8maj. Gottingae 834 Brunsvig., J. H Meyer. 3/8 ℛ — schw. 1/4 ℛ

Mühlenbein, L., was uns Geistlichen allzumal in der jetzigen, in kirchl. Beziehung so wichtigen Zeit als Dienern der Kirche obliege. Rede zur Eröffnung d. Hauptversammlung d. Anh.-Cöthenschen Predigervereins den 17. Juni 1845 geh. gr. 8. Magdeburg 845, Falckenberg u. Comp. n. 1/12 ℛ

Mühlenbein, Leo: Klinische Betrachtung der in der Strassburger gynaecologischen Klinik seit dem Jahre 1888 beobachteten Dermoidcysten. *Strassburg i. E. 1898: Ch. Müh & C.* (70 S.) 8°
Strassburg, Med. Diss. v. 1898

Mühlenbein, Ph., Darstellung u. Erläuterung des anhaltischen Gesinderechts, s.a. Sammlung anhalt. Gesetze.

Mühlenbein, Ph., Darstellung u. Erläuterung des anhaltischen Gesinderechts, m. Anh., enth.: die Gesindeordng. v. 21. IV. 1899 Nr. 1047 des Ges.-Slg.; die Verordnung v. 29. X. 1872 betr. die Form u. den Verkauf der Gesinde-Dienstbücher Nr. 208 d. Ges.-Slg.; die Verordng. v. 17. IV. 1894 betr. die Stiftg. einer Auszeichnung f. langjähr. Diensttreue weibl. Dienstboten Nr. 919 d. Ges.-Slg. nebst Anschlußbestimmgn. dazu v. 18. IV. 1894 Nr. 920 d. Ges.-Slg.; die Verordng. v. 29. IV. 1895 betr. die Stiftg. e. Ehrenzeichens f. Treue in der Arbeit Nr. 935 der Ges.-Slg.; das Gesetz v. 16. IV. 1899 betr. den Vertragsbruch in landwirtsch. Arbeitsverhältnissen Nr. 1036 der Ges.-Slg. 8. (VIII, 83 S.) Cöthen 899. P. Schettler's Erben. n. 1.50

Mühlenbein, Ph., Gesinderecht; Wildschadengesetz, siehe Sammlg. anhalt. Gesetze. 1900

— das anhaltische Wildschadengesetz, s.: Sammlung anhalt. Gesetze. 6.

Muhlenberg, Hnr., descriptio uberior. graminum et plantarum Calamarias. Americae Septentrionalis indigenarum et cicerum. 8. Philadelphia 817. Conrad.

Mühlenberg, Andreas, a. Reinstedt: Das Konglomerat des Gottlob bei Friedrichroda in Thüringen, ein Rhyakkumulat, Typus einer neuen Gesteinsart. Mit 3 Taf. Halle a. S. 1908: E. Karras. (55 S.) 8°
Halle, Phil. Fak., Ref. Luedecke, Diss. v. 15. Mai 1908
[Geb. 10. Jan. 78 Reinstedt (Anhalt); Wohnort: Halle a. S.; Staatsangeh.: Anhalt; Vorbildung: Realgymn. Halberstadt Reife O. 06; Studium: Immaturus Halle 4, Leipzig 4, Halle 2, maturus Halle 4 S.; Rig. 28. Febr. 08.]

v. Mühlenberg, Erdmann, od. Schauerschwur z. Wanderung (v. Jos. Al. Gleich). 8. Leipz. 800. Joachim. 20 kr

MÜHLENBERG, Friedrich August Conrad 1750 - 1801
Rede vor der incorporirten Deutschen Gesellschaft in Philadelphia, im Staat Pennsylvanien, am 20sten September, 1794, von Friedrich August Mühlenberg, dermaligen Präsident der Gesellschaft.
Auf Ordre derselben zum Druck befördert.
Philadelphia: Steiner und Kämmerer. 1795. 15 S. 8°.
Library of Congress Washington
Evans 29126.

Muehlenberg, Heinrich. Unpartheyische Gedanken in Reimen bey Einweihung einer Evangelischen Kirche in Germantown. Germantown: Saur, 1752. HSP

Mühlenberg, Heinr. Melchior, Patriarch der Lutherischen Kirche Nordamerika's. Selbstbiographie, 1711—1743. Aus dem Missionsarchive der Franckischen Stiftungen zu Halle. Mit Zusätzen u. Erläuterungen v. W. Germann. 8. (X, 256 S. m. Holzschn.-Portr.) Allentown, Pa. 1881. Halle 882. Buchh. d. Waisenhauses. geb. n. 3.80

Mühlenberg, Mathilde v., (Gräfin Valérie de la Corrée), Verene. Eine Erzählung aus Tyrol. 8. (165 S.) Basel 866. Schneider.

Mühlenberg, Meinhard, Veilchenknospen oder Klänge des Herzens auf der Dichtung blumiger Halde. Lieder und Gedichte. 1. Heft. gr. 16. (47 S.) Fellin 878, (Aerfeldt.) *
Nicht weiter erschienen.

Mühlenberg, O. F., die Elemente der russischen Grammatik zum Gebrauche bei dem ersten Unterricht im Uebersetzen aus dem Russischen. 2. verb. und verm. Aufl. gr. 8. (71 S.) Mitau 868, Behre's Verlag. cart. *

Mühlenberg, O. F., die Elemente der russischen Grammatik zum Gebrauche bei dem ersten Unterricht im Uebersetzen aus dem Russischen. 2. verb. u. verm. Aufl. Mitau 868. Lucas. gr. 8. (71 S.) cart. n. 12 ngr.

—— dass. — zum Gebrauche bei dem ersten Unterricht im Uebersetzen. Nach den vorhandenen größeren Lehrbüchern von J. Nikolitsch u. A. zusammengestellt. 3. Aufl. gr. 8. (76 S.) Ebendas. 871. cart. *

Mühlenberg, O. F., die Elemente der russischen Grammatik zum Gebrauche bei dem ersten Unterricht im Uebersetzen. Nach den vorhandenen größeren Lehrbüchern von J. Nikolitsch u. A. zusammengestellt. 4. und 5. Aufl. 8. (76 S.) Mitau 876, Behre's Verlag. cart. *

Mühlenberg, O. F., die Elemente der russischen Grammatik zum Gebrauche bei dem ersten Unterricht im Uebersetzen. Nach den vorhandenen größeren Lehrbüchern von J. Nikolitsch u. A. zusammengestellt. 6. und 7. Aufl. gr. 8. (76 S.) Mitau 882,83. (Hamburg, Behre.) cart. *

Mühlenberg, O. F., die Elemente der russischen Grammatik zum Gebrauche bei dem ersten Unterricht im Uebersetzen. Nach den vorhandenen größeren Lehrbüchern v. J. Nikolitsch u. A. zusammengestellt. 8. Aufl. 8. (76 S.) Mitau 889. Behre's Verl. cart. n. 1.20

Mühlenblatt, Osnabrücker. Organ der Mühlen-Versicherungs-Gesellschaft zu Osnabrück. Red.: H. Schröder. Jahrg. 1894. 24 Nrn. (Bog.) gr. 4. Melle, F. E. Haag. n.n. 2.50

Mühlenblatt, Osnabrücker. Organ d. Mühlen-Versicherungs-Gesellschaft zu Osnabrück. Red.: H. Schröder. 15.—18. Jahrg. 1895—1898. à 24 Nrn. (à ca. 10 S.) gr. 4. Melle, F. E. Haag. à Jahrg. n.n. 2.50

Mühlenblatt, Osnabrücker. Amtliches Gesellschaftsblatt der Mühlen-Versicherungs-Gesellschaft auf Gegenseitigkeit zu Osnabrück. Red.: H. Schröder. 25. u. 26. Jahrg. 1905 u. 1906. à 24 Nrn. (à Jhrg. 192 S.) 4. Melle. Osnabrück, Meinders & Elstermann. à Jhrg. n.n. 2.50

Mühlenblatt, Osnabrücker. Amtliches Gesellschaftsblatt der Mühlen-Versicherungs-Gesellschaft auf Gegenseitigkeit zu Osnabrück. Red.: H. Schröder. 30. Jahrg. 1910. 24 Nrn. (à ca. 4 S.) 32,5×24,5 cm. Osnabrück, Meinders & Elstermann. nnn 2.50
Nicht durch den Buchhandel zu beziehen.

Mühlenbrock, Friedrich [aus Trier]: Ueber den Einfluss der einseitigen congenitalen oder erworbenen Hüftgelenksluxation auf das knöcherne Becken ... Trier, E. Herzig's Buchdr., 1892; 34 S. 8.
Würzburg, Med. Fak., Inaug.-Diss. v. 1892

Mühlenbruch, Christian, appr. Tierarzt: Aus d. pathol.-anatom. Inst. d. Tierärztl. Hochsch. zu Hannover. Mit 5 Abb. Über die Blasenmole unserer Haustiere. Berlin: Trenkel 1909. 50 S. 8°
Gießen, Veterinär-Med. Diss. v. 7. April 1909, Ref. Olt
[Geb. 28. März 84 Othfresen; Wohnort: Osnabrück; Staatsangeh.: Preußen; Vorbildung: Ratsgymn. Osnabrück Reife O. 04; Studium: Tierärztl. Hochschulen Hannover 4, Berlin 1, Hannover 2 S.; Rig. 27. Nov. 08.] [U 09. 1164

Mühlenbruch, Christian Friedrich

— s. Archiv d. civilist. Praxis.

Mühlenbruch, Chrstn. Friedr., rechtl. Beurtheilung d. Städelschen Beerbungsfalles. Nebst e. Einleit. üb. d. Verhältniß d. Theorie zur Praxis. gr. 8. (19½ B.) Halle 828, Anton.

— doctrina pandectarum, in usum scholarum 3 Vol. 2e Ausg. 8 maj. Halae 827, Hemmerde et S.

—— Doctrina Pandectarum. Scholarum in usum. III Vol. Ed. III. multo auct. et emend. 8maj. (90½ B.) Halae 830, 31, Schwetschke et fil.

— Doctrina Pandectarum Scholar. in us. III Vol. Edit. IV. multo auct. et emend. 8maj. Halis Sax. 838, 40. Schwetschke et fil. n. 4 ₰

— Entwurf d. gemeinrechtl. u. preuß. Civilproceßes mit beigefügten Quellen u. Literatur-Belegen. gr. 8. Halle 827. Anton. 1 ₰

— Entwurf des gemeinrechtlichen Civilprozesses, mit beigefügten Anmerkk., Quellen- u. Literatur-Belegen. 2e verb. Aufl. gr. 8. Halle 840. Ed. Anton. 1 ₰

— rechtliches Erachten, betreffend d. gegenwärtigen faktischen Besitzstand d. Reichsgräflich Aldenburg-Bentinck'schen Fideikommißherrschaften Kniphausen u. Varel, m. Zubehörungen. gr. 8. Göttingen 841. (Vandenhoeck u. Ruprecht.) 1 ₰

—— ausführl. Erläuterung d. Pandekten, s. Glück, Chr. Fr. v., Erläuterung ꝛc., 35—38. Bd.

— s. Chr. Fr. v. Glück, Erläuter. d. Pandekten.

— s. Heineccii, Jh. G., Antiquitatum Romanarum jurisprudentiam etc.

Mühlenbruch, Christian Friedrich, Viris illustrissimis amplissimis doctissimis Christian Friedrich Krüger et Friedrich August Rudloff .... gratulaturus de jure eius cui actionibus cessit creditor breviter disserit. Rostock (Adler) 1813. 70 S. (5.—) 23814

Mühlenbruch, Dr. C. F., Lehrbuch der Encyclopädie u. Methodologie des positiven in Deutschland gelehrten Rechts. Rostock und Leipzig 1807. 8°.

— Lehrbuch der Encyklopädie u. Methodologie d. positiven in Deutschland gelehrten Rechts. 8. Rost. 807. Stiller. 1 ₰ 16 ℊ

Mühlenbruch, Chrstn. Friedr., Lehrbuch der Institutionen des römischen Rechts. gr. 8. (23 B.) Halle 842, Schwetschke u. Sohn. *

Mühlenbruch's, C. F., († d. 17. Juli 1843), Lehrbuch der Institutionen des Römischen Rechts. 2. verb. u. verm. Aufl. Herausgeg. von Ed. Wippermann. gr. 8. (XVIII u. 369 S.) Halle 847, (Braunschweig) Schwetschke & Sohn. n. 1⅓ ₰

— Lehrbuch des Pandekten-Rechts. Nach der 3n Aufl. der Doctrina pandectarum deutsch bearbeit. 3 Thle. gr. 8. Halle 835, 36. Schwetschke u. Sohn. Subscr.-Pr. n. 4 ₰ — 2e verb. u. verm. Aufl. 3 Thle. gr. 8. Ebd. 837. n. 4 ₰ — 3e Aufl. 3 Thle. Ebd. 839, 40. n. 4 ₰

—— Lehrbuch des Pandecten-Rechts, nach der Doctrina Pandectarum deutsch bearbeitet. 4., verb. Aufl. hrsg. v. Otto Carl v. Madai. 3 Thle. gr. 8. (73½ B.) Halle 844, Schwetschke u. Sohn. *

— die Lehre von der Cession der Forderungsrechte, nach Grundsätzen des röm. Rechts, systemat. erläut. u. dargestellt. gr. 8. Greifsw. 817. 2e A. 826. Mauritius. 3 ₰ 8 ℊ

—— die Lehre v. d. Cession d. Forderungsrechte. N. d. Grundsätzen d. röm. Rechts dargest. 3., sehr veränd. u. verm. Aufl. gr. 8. (41½ B.) Greifswald 836. [Berlin, Gsellius'sche Buchh.]

Mühlenbruch, Chr. Fr., die Lehre von der Cession der Forderungsrechte. Nach den Grundsätzen des Römischen Rechts dargestellt. 3e sehr veränd. u. verm. Aufl. gr. 8. Greifswald 836. Mauritius. 3⅓ ₰

Mühlenbruch, Ch. F.: Observatt. jur. rom. Spec. I. *Königsb.* (*Berl.*, Flittner.) 818. gr. 8. (6 Gr.)

— — Observationum juris romani specimen primum. Respond.: Georg Ferdinand Jarke, Christian Ludwig Lucas u. Friedrich Samuel Lange. Königsberg (Hartung) 23. XII. 1818. 50 S. (4.75) 23815

— observationum juris Romani specimen Ium. 8maj. Regiomonti 818. (Universitäts-B.) 6 ℊ

(—). — Academiae Fridericianae Halensis cum Vitebergensi sociatae prorector **Christ. Fried. Mühlenbruch** cum cancellario, directore et senatu nomina civium suorum qui in certamine litterario .... promulgat. — Praemissae sunt observationes de principum comitumque Imperii Germanici inde ab a. 1806. subiectorum juris privati mutata ratione. Halle (Grunert) 3. VIII. 1827. 47 S. mit Namen. (4.50) 23816

(—). — Academiae Fridericianae Halensis cum Vitebergensi sociatae Prorector **Christ. Fried. Muehlenbruch** ictus cum directore et senatu nomina civium suorum qui in certamine litterario solennium Regis Augustissimi nataliciorum caussa in dicto praemia ex ordinum Academicorum judicio reportarunt renuntiat novasque simul quaestiones in annum sequentem propositas promulgat. Praemissa est Ludovici Pernicis icti quaestionum de jure publico Germanico particula prima. Halle (Grunert) 3. VIII. 1828. 48 Seiten. (5.—) 23817

Muehlenbruch, M., über die kardioidenförmigen Curven, gegeben durch die Polargleichung r = a + b sin t + c cos t. Jena. 4. ... Mit 1 Taf.
Schul-/Univ.-Schrift 1867

Mühlendorff, Th., die romantische Tante od. Die ungehorsamen Nichten. Lustspiel in 2 Aufzügen. (20 S.) gr. 8. Mitau 903. (F. Besthorn.) n. — 75

Mühlenfels, Elfriede v., dresdner Album, s. Album, dresdner.

Mühlenfels, E. v., Eid u. Pflichten d. Soldaten m. Erläuterungen. gr. 8. (18 S.) Osnabrück 891. G. E. Lückerdt. n. — 25

(Mühlenfels, v.) Die Erlebnisse des II. B. 1. Ostasiat. Inf. R. in China 1900/01. (Schanghai 1902.) 8°.

Mühlenfels, E. v. Das Inf. R. Herzog Friedrich Wilhelm v. Braunschweig im Feldzug 1870/71. (Osnabrück) 1891. 8°.

Mühlenfels, E. v., marienbader Gedenkbuch, s. Gedenkbuch.

v. Mühlenfels, Elfriede, Gedichte. Mit einem Vorwort von C. F. Göschel. 2. verb. und verm. Aufl. 8. Berlin 846. (Besser.) n. 1 ₰

Mühlenfels, Elfriede v., Gedichte. 3. verb. u. verm. Aufl. Stralsund 854. (Hingst.) 16. (VIII, 328 S.) n. 1 ₰ 10 ngr.

v. Mühlenfels, Elfriede, vaterländische Hochgesänge u. Lieder. 8. (VI u. 170 S.) Berlin 849, Hertz in Comm. baar n. ²/₃ ₰

Mühlenfels, Elfriede v., Hohenzollern-Lieder. Mit Beiträgen von Eman. Geibel, Geo. Hesekiel, Osk. v. Redwitz ꝛc. 1. selbstständ. Abthl. 8. (58 S.) Berlin 872, (Heinersdorff.) [Bielefeld, Gülker und Comp.] **

Mühlenfels, Elfriede v., Hohenzollern-Lieder. Mit Beiträgen v. Eman. Geibel, Geo. Hesekiel, Osk. v. Redwitz ꝛc. 1. selbstständ. Abth. 8. (58 S.) Bielefeld 872. Gülcker & Co. n.n. 1. 70

—— Seeduell des preußischen Kanonenbootes „Meteor" mit dem französischen Aviso „Bouvet" an der Küste von Havanna, am 9. Novbr. 1870. gr. 8. (3 S.) Ebendas. 873. **

— der Unterricht im Patrouillengang. 12. (IV, 39 S.) Berlin 894. E. S. Mittler & Sohn. n. — 60; 2 Pläne dazu. 1:3000. à 60,5×91 cm. Lith. Mit 1 Blatt Text u. 1 Namentafel. à n.n. 2. 50

— unser Vaterland. Deutschlands Geschichte u. Geographie, f. die Mannschaften bearb. gr. 8. (10 S.) Osnabrück 891. G. E. Lückerdt. n. — 25

— Widmung u. Schlußgebet d. Marienbader Gedenkbuches. gr. 8. (4 S.) Ebend. 873. n.n. — 30

Mühlenfels, Frau Hedw. v., s.: Mühlau, Helene v.

Mühlenfels, Ludw. v., Antrittsrede, gehalt. auf d. Universität zu London am 30. Oct. 1828. A. d. Engl. v. C. H. Tamms. gr. 8. (2½ B.) Stralsund 830, Löffler.
Ließ außerdem 1830 in London erscheinen: A Manuel of german literature, 2 Vol. — An introduction to a course of german literature.

Mühlenfels, Ludw. v., Berichtigung einiger mich betreffenden Angaben in der Schrift des Hrn. Staats-Ministers v. Kamptz: „Prüfung der grellen Irrthümer des St.-G.-Raths Simon." gr. 8. (1½ B.) Berlin 845, G. Reimer.

Mühlenfels, O. v., Handbuch f. d. Eisenbahn-Güter-Verkehr, s.: Koch, W.

Mühlenfels, Otto v., die Haftpflicht der Eisenbahnen u. die Unfall-Versicherung. Ein Vorschlag zur Reform d. Haftpflicht-Gesetzes vom 7. Juni 1871. gr. 8. (VI, 93 S.) Berlin 884. G. Reimer. n. 2. —

Mühlenfordt, S., s. Scenen aus d. Ritterzeiten.

Zur Pfarrbesetzung. Vortrag v. [Heinrich] **Mühlenhardt**, geh. in der 25. ordentlichen Versammlung der Norderdithmarscher Propsteisynode am 29. Juni 1909. Büsum. 1909. 8° Clausen

Mühlenhardt, Karl. Deismus, Pantheismus u. natürlicher Theismus. Kritische Betrachtgn. üb. die Gotteslehre u. Theodicee in der neueren Philosophie u. Begründg. des natürl. Theismus nebst Entwicklg. der dazu gehör. Theodicee. (398 S.) gr. 8. Berlin-Wilmersdorf (909). Theismus-Verlag. 5.—; geb. n 6. —

Mühlenhardt, Karl, s.: Geometer-Kalender, deutscher.

Mühlenhardt, Karl, Gott u. Mensch als Weltschöpfer. Philosophische Betrachtgn. (241 S.) gr. 8. Berlin-Wilmersdorf (Weimarschestr. 2) 905. Landmesser Mühlenhardt. n. 3. —

— s.: Landmesser-Kalender, deutscher.

Mühlenhardt, Karl, 20 philosophische Lehrsätze. Begründet und aufgestellt. gr. 8. (IV, 436 S.) Berlin 887. (Jena, Dabis.) *

Mühlenhardt, K., 20 philosophische Lehrsätze. Begründet u. aufgestellt. gr. 8. (IV, 436 S.) Berlin 887. Rudolstadt, Dabis. n. 8. —

Verzeichnis der Vermessungsbeamten Deutschlands. Nach dem v. Verleger gesammelten Material aufgest. durch Karl **Mühlenhardt**, Landmesser. *Liebenwerda: R. Reiss 1903.* (117 S.) 8°
— Geometerkalender, Neuer deutscher. Jg. 1903. Beil. [illegible] 3

Ueber das Wesen der Natur- und Lebenskräfte. Von Karl **Mühlenhardt**. Berlin 1800: Thormann & Goetsch. 10 S. 8° [Umschlagt.] [10. 12172 10

Mühlenhardt, Rudolf, a. Schönkirchen in Holstein: Aus d. Med. Poliklinik u. d. Heinrich-Kinder-Hospital zu Kiel. Zur Casuistik der spastischen Pylorusstenose im Säuglingsalter. Kiel 1907: H. Fiencke. (30 S.) 8°
Kiel, Med. Fak., Ref. Quincke, Diss. v. 21. März 1908
[Geb. 28. Aug. 79 Schönkirchen; Wohnort: Schönkirchen; Staatsangeh.: Preußen; Vorbildung: Gymn. Kiel Reife M. 00; Studium: Kiel 1, Freiburg i. B. 1, Kiel 3, Freiburg i. B. 1, Kiel 2, München 1, Kiel 3 S.; Coll. 3. Dez. 07; Approb. 1. März 08.]

Mühlenhardt, Walther, approb. Arzt aus Rendsburg: Ein Fall von weichem Sarkom des Femur und Beckens. *Kiel 1900: H. Fiencke.* (20 S.) 8°
Kiel, Med. Diss. v. [6. Apr.] 1900

Mühlenhof, Th., Gustav Freytag u. die deutsche Kaiserkrone. Nochmals e. offenes Wort. gr. 8. (15 S.) Berlin 890. Jmberg & Lesson. n. — 50

Mühlenhoff, Sammlung von preußischen Polizei-Gesetzen, s. Sammlung.

Mühlenhoff, J. A. Chr.

—— Carl Wilh. Schultz, Dan. Schenkel, drei Festpredigten gehalten während der 12. Hauptversammlung des evangel. Vereins der Gustav-Adolph-Stiftung zu Braunschweig am 5., 6. und 7. Septbr. 1854. gr. 8. (46 S.) Braunschweig 854, Leibrock.

Mühlenhoff, J. A. Chr., Predigten. gr. 8. Braunschweig 836. J. H. Meyer. 1 ₰

Mühlenhoff, J. A. Chr., Predigten. gr. 8. (III und 380 S.) Braunschweig 854, J. H. Meyer. Thlr. **

Mühlenhoff, J. A. Chr., Predigten über die Evangelien sämmtlicher Sonn- und Festtage des Kirchenjahrs nebst einigen Casualreden. Nach dessen Tode gesammelt, und mit biograph. Nachrichten über den Verf. hrsg. von F. Schulz und C. G. Ph. Heffenmüller. gr. 8. (XVIII und 547 S. mit dem lithogr. Bildnisse des Verf.) Braunschweig 862, Leibrock.

Mühlenhöver, Hubert, a. Everswinkel i. W.: Neue Messeinrichtungen für Wechselströme in der Wheatstone-Brücke. Münster i. Westf. 1905: Westfäl. Vereinsdruckerei. (49 S.) 8°
Münster, Phil. Fak., Ref. Heydweiller, Diss. v. 7. Aug. 1905
[Geb. 8. Apr. 80 Everswinkel i. W.; Wohnort: Münster i. W.; Staatsangeh.: Preußen; Vorbildung: Gymn. Warendorf Reife O. 01; Studium: Darmstadt T.H. 2, Münster 6 S.; Rig. 14. Juli 05.]

Mühlen-Industrie, Deutsche. Illustrirtes Fach-Organ für das gesammte Mühlen-Gewerbe u. verwandte Geschäftszweige. Red.: M. Goedecke. Jhg. 1. 2. 1889—90. Berlin. Fol. Expedition

Mühlen-Industrie, deutsche. Illustrirtes Fach-Organ f. das gesamte Mühlen-Gewerbe u. verwandte Geschäftszweige. Redact.: M. Goedecke. 11.—14. Jahrg. 1889—1892. à Jahrg. 52 Nrn. (à Nr. 2 Bog.) Fol. Berl., Goedecke u. Gallinek. à Jahrg. * 6 —
Erschien früher u. d. T.: Müllerzeitung, Berliner.

Mühlen- u. Maschinen-Industrie-Zeitung, allgemeine. Hrsg. unter Mitwirkg. zahlreicher bewährter Fachmänner. Hrsg. u. Red.: J. Fischl. 10.—12. Jahrg. 1892—1894. à 24 Nrn. (2 Bog.) Fol. Wien. (Leipzig, Literar. Anstalt A. Schulze.) à Jahrg. n. 12.—

Mühlen- u. Maschinen-Industrie-Zeitung, allgemeine. Hrsg. unt. Mitwirkg. zahlr. bewährter Fachmänner. Hrsg. u. Red.: Jul. Fischl. 13. Jahrg. 1895. 12 Nrn. (à ca. 2 Bog.) Fol. Wien. (Leipzig, Literar. Anstalt, A. Schulze.) n. 6.—
Weiter nicht erschienen.

Mühlen-Journal, kleines. Hrsg. von Th. Fritsch. 1. und 2. Jahrg. Oct. 1880—Septbr. 1882. à Jahrg. 12 Nrn. 4. (à Nr. 16 S.) Leipzig, Expedition. à Jahrg. *
Fortsetzung u. d. T.: Deutscher Müller.

Mühlen-Kalender, deutscher. Ein Taschenbuch mit den wichtigsten Regeln, Notizen und Betriebs-Resultaten für Müller und Mühlen-Techniker, Teigwaaren-Fabrikanten etc. Unter Mitwirkung von Fachmännern hrsg. von W. H. Uhland. 1. Jahrg. 1880. 12. (IV 179, 56 S. mit 1 lithogr. und color. Eisenbahnkarte, mehreren Mühlplänen und 228 Illustr. im Text.) Leipzig, Baumgärtner's Buchh. geb. in Leinw. *
geb. in Leder *

Mühlen-Kalender, deutscher. Ein Taschenbuch mit den wichtigsten Regeln, Notizen und Betriebs-Resultaten für Müller und Mühlen-Techniker, Teigwaaren-Fabrikanten etc. Unter Mitwirkung von Fachmännern hrsg. von W. H. Uhland. 2.—6. Jahrg. 1881—1885. 12. (VI, 199, 56 S. mit 233 Illustr. im Text; IV, 204, 56 S. mit 210 Illustr. im Text; IV, 204, 56 S. mit 210 Illustr. im Text; IV, 204, 56 S. mit 210 Illustr. im Text, 1 chromolithogr. Eisenbahnkarte und mehreren Mühlenplänen [6 Stnt.]; IV, 206, 56 S. mit 215 Illustr. im Text.) Leipzig, Baumgärtner's Buchh.
geb. in Leinw. à Jahrg. *
geb. in Ldr. à Jahrg. *

Mühlen-Kalender, deutscher. Ein Taschenbuch mit den wichtigsten Regeln, Notizen und Betriebs-Resultaten für Müller und Mühlen-Techniker, Teigwaaren-Fabrikanten etc. Unter Mitwirkung von Fachmännern hrsg. von W. H. Uhland. 7.—9. Jahrg. 1886—1888. Mit je 1 (chromolithogr.) Eisenbahnkarte, mehreren Mühlenplänen (6 Stnt.). 12. [Leipzig, Baumgärtner's Buchh.] Dresden, Kühtmann. [Jahrg. 1886. (IV, 212, 56 S. mit 215 Illustr. im Text.); Jahrg. 1887. (IV, 222, 56 S. mit 245 Illustr. im Text.); Jahrg. 1888. (IV, 235, 56 S. mit 293 Illustr. im Text.)]
geb. in Leinw. à Jahrg. *
In Brieftascheneinbd. à Jahrg. *

—— dass. — 10. Jahrg. 1889. 12. (IV, 245, 56 S. mit 1 chromolithogr. Eisenbahnkarte und 300 Illustr.) Dresden, Kühtmann. geb. *
In Brieftascheneinbd. *

Mühlen-Kalender, deutscher, 1891. Ein Taschenbuch m. den wichtigsten Regeln, Notizen u. Betriebs-Resultaten f. Müller u. Mühlen-Techniker, Teigwaaren-Fabrikanten etc. Unter Mitwirkg. v. Fachmännern hrsg. v. W. H. Uhland. 11. Jahrg. Mit 1 (chromolith.) Eisenbahnkarte u. 341 Illustr. gr. 16. (IV, 249 S. u. Schreibkalender.) Dresden, Kühtmann. geb. n. 3.—;
in Brieftascheneinbd. n. 5.—

Mühlen-Kalender, deutscher, 1893. Taschen- u. Nachschlagebuch u. s. w. Begründet v. W. H. Uhland. Fortgesetzt v. Karl Wilh. Kunis. 14. Jahrg. 12. (VIII, 256 S. m. 1 Portr., Fig. u. Schreibkalender.) Dresd., Kühtmann. geb. in Leinw. * 3 —; in Brieftascheneinbd. * 5 —
Bis 13. Jahrg. incl. in Antiqua gedruckt u. hrsg. v. W. H. Uhland. — 13. Jahrg. f. 1893, redig. v. K. W. Kunis, erschien als Jubiläumsausgabe zum 25jähr. Bestehen d. Verbandes deutscher Müller.

Mühlen-Kalender, deutscher, 1895. Taschen- u. Nachschlagebuch m. den wichtigsten Regeln, Winken u. Betriebserfahrgn. f. Müller, Mühlentechniker, Mühlenmaschinenfabrikanten u. s. w. Begründet v. W. H. Uhland. Fortgesetzt v. Karl Wilh. Kunis. 16. Jahrg. 12. (VIII, 272 S. m. 129 Fig. u. Schreibkalender.) Dresden, G. Kühtmann. Geb. in Leinw. n. 3.—;
in Brieftaschenldrbd. n. 5.—

Mühlen-Kalender, deutscher, 1899. Taschen- u. Nachschlagebuch m. d. wichtigsten Regeln, Winken u. Betriebserfahrgn. f. Müller, Mühlentechniker, Mühlenmaschinenfabrikanten ꝛc. Begründet v. W. H. Uhland. Fortges. v. Karl Wilh. Kunis. 20. Jahrg. 12. (VIII, 271 S. m. 132 Fig. u. Schreibkal.) Dresden, G. Kühtmann. Geb. in Leinw. n. 3.—; in Brieftaschenldrbd. n. 5.—

Mühlen-Kalender, deutscher, 1903. Taschen- u. Nachschlagebuch m. d. wichtigsten Regeln, Winken u. Betriebserfahrgn. f. Müller, Mühlentechniker, Mühlenmaschinenfabrikanten usw. Hrsg. v. Kurt Kunis. 24. Jahrg. 12. (VIII, 261 S. m. 143 Abbildgn. u. Schreibkalender.) Dresden, G. Kühtmann. Geb. in Leinw. n. 3.—;
in Brieftaschenldrbd. n. 5.—

Mühlen-Kalender, deutscher, 1906. Taschen- u. Nachschlagebuch m. den wichtigsten Regeln, Ratschlägen, Winken u. Betriebserfahrgn. f. Müller, Mühlentechniker, Mühlenmaschinenfabrikanten usw. Hrsg. v. Kurt Kunis. 27. Jahrg. (X, 293 S. m. 162 Abbildgn. u. Schreibkalender.) kl. 8. Leipzig, H. A. L. Degener. Geb. in Leinw. n. 3.—;
in Brieftaschenldrbd. n. 5.—
Fortsetz., s.: Jahrbuch u. Kalender f. Müller.

—— illustrirter österreichisch-ungarischer. Kalender für Müller, Bäcker, Getreidehändler, Sägemüller etc. 1.—3. Jahrg. 1878—1880. Bearb. von der Redaction von Pappenheim's österreichisch-ungar. Müller-Zeitung. 16. (VIII, 140, 128; 158, 124; 173, 128 S. mit eingedr. Holzschn.) Wien, Perles.
Jahrg. 1878 * ℳ 3.; geb. *
Jahrg. 1879 und 1880 à * ℳ 3,20.; geb. à *

—— österreichisch-ungarischer illustrirter. Kalender für Müller, Bäcker, Getreidehändler etc. 4.—8. Jahrg. 1881—1885. Bearb. von der Redact. von Pappenheim's österreichisch-ungar. Müller-Zeitung. gr. 16. (VI, 178, 130; VIII, 175, 128; 185, 128; VIII, 191, 128; VIII, 191, 128 S.) Wien, Perles.
geb. in Leinw. à Jahrg. *
geb. in Ldr. à Jahrg. *

—— österreichisch-ungarischer, illustrirter. Jahrbuch für Müller, Bäcker, Getreidehändler etc. 9.—12. Jahrg. 1886—1889. Bearb. von der Redaction von Pappenheim's österreichisch-ungarischer Müller-Zeitung. gr. 16. (VIII, 189, 130; VIII, 182, 130; VI, 178, 130; VI, 171, 130 S.) Wien, Perles.
geb. in Leinw. à Jahrg. *
geb. in Leder à Jahrg. *

—— österreichisch-ungarischer illustrirter. Jahrbuch f. Müller, Bäcker. Getreidehändler, Sägemüller etc. 13.—16. Jahrg. 1890—1893. Bearb. v. der Redact. v. Pappenheim's österr.-ungar. Müller-Zeitg. gr. 16. (à Jahrg. ca. 190 S. u. Tagebuch.) Wien, Perles.
à Jahrg. geb. in Leinw. * 3 —; in Ldr. * 4 50

Mühlen-Kalender, Oesterr.-ungar. illustrirter. Jahrbuch für Müller, Bäcker, Getreidehändler, Sägemüller etc. Mit einer Eisenbahnkarte. Pro 1894. XVII. Jahrg. Herausgegeben von der Redaction von „Pappenheim's Oesterr.-Ungar. Müller-Zeitung". 16. (234 S. mit Notizblättern.) Eleg. geb. in Leinwand 1.60
Derselbe in Leder geb. Wien: Perles 2.20

— österreichisch-ungarischer, illustr. Jahrbuch f. Müller, Bäcker, Getreidehändler, Sägemüller etc. 18. Jahrg. 1896. Bearb. v. der Red. v. Pappenheim's österr.-ungar. Müller-Zeitg. gr. 16. (VIII, 209 S. u. Tagebuch m. 1 Karte.) Wien, M. Perles. Geb. in Leinw. n. 3. —; in Ldr. n. 4. 40

Mühlen-Kalender, Oesterr.-ungar. illustrirter. Jahrbuch für Müller, Bäcker, Getreidehändler, Sägemüller etc. Mit einer Eisenbahn-Karte. Pro 1897. XX. Jahrg. Herausgegeben von der Redaction von „Pappenheim's Oesterr.-Ungar. Müller-Zeitung". 16. (228 S., mit Notizblättern.) Eleg geb. in Leinwand 1.60
Derselbe. In Leder geb. Wien: Perles 1896. 2.20

Mühlen-Kalender, Oesterr.-ungar. illustrirter. Jahrbuch für Müller, Bäcker, Getreidehändler, Sägemüller etc. Mit einer Eisenbahn-Karte. Für 1898. XXI. Jahrg. Herausgegeben von der Redaction von „Pappenheim's Oesterr.-Ungar. Müller-Zeitung". 16. (236 S., mit Notizblättern.) Eleg. geb. in Leinwand 1.60
Derselbe. In Leder geb. Wien: Perles 1897. 2.20

— österreichisch-ungarischer, illustrierter. Jahrbuch f. Müller, Bäcker, Getreidehändler, Sägemüller etc. 22. Jahrg. 1899. Bearb. v. d. Red. v. Pappenheim's österr.-ungar. Müller-Zeitg. 12. (VIII, 217 S. u. Tagebuch m. 1 farb. Karte.) Wien, M. Perles. Geb. in Leinw. n. 3. —; in Ldr. n. 4. 40

Oesterreichisch-ungarischer Illustrirter Mühlen-Kalender. Jahrbuch für Müller, Bäcker, Getreidehändler, Sägemüller etc. Mit einer Eisenbahnkarte. XXIV. Jahrgang. 1901. Bearbeitet von der Redaction von Pappenheim's österr.-ungar. Müllerzeitung. Wien. Perles 8°. 221 S. Geb. K 4.40

Oesterreichisch-ungarischer illustrirter Mühlen-Kalender. Jahrbuch für Müller, Bäcker, Getreidehändler, Sägemüller etc. Mit einer Eisenbahnkarte. XXV. Jahrgang. 1902. Bearbeitet von der Redaction von Pappenheim's österr.-ungar. Müller-Zeitung. Wien. Perles. 8°. 232 S. mit Tagebuch. Geb. K 3.20

— österreichisch-ungarischer illustrirter. Jahrbuch f. Müller, Bäcker, Getreidehändler, Sägemüller etc. 26. Jahrg. 1903. Bearb. v. der Red. v. Pappenheim's österr.-ungar. Müller-Zeitg. 12. (VIII, 205 S. u. Tagebuch m. 1 farb. Karte.) Wien, M. Perles. Geb. in Leinw. n. 3. —; in Ldr. n. 4. 40

Österreichisch-ungarischer illustrierter Mühlenkalender. 1904. 27. Jahrg. 8°. (ill. 218 S.) Wien: Perles 1903. geb. K 3.20

Österr.-ungar. illustr. Mühlenkalender. Jahrbuch für Müller, Bäcker etc 28. Jahrg. 1905. 16°. (224 S.) geb. K 3.20
Wien: Perles 1904.

— österreichisch-ungarischer illustrierter. Jahrbuch f. Müller, Bäcker, Getreidehändler, Sägemüller etc. 29. Jahrg. 1906. Bearb. v. der Red. v. Pappenheim's österr.-ungar. Müller-Zeitg. (X, 200 S. u. Tagebuch.) kl. 8. Wien, W. Perles. Geb. in Leinw. n. 3.—

Österr.-ungar. illustr. Mühlenkalender. XXX. Jahrg 1907. 8°. (228 S.) geb. K 3.20
Wien: Moritz Perles, K. u. K. Hofbuchhandlung 1907.

Österr.-ungar. illustrierter Mühlenkalender. XXXI. Jahrg. 1908. 8°. (218 S.) geb. K 3.20, in Leder K 4.—
Wien: Moritz Perles, K. u. K. Hofbuchhandlung 1907.

Österreichisch-ungarischer illustrierter Mühlenkalender. Jahrbuch für Müller, Bäcker, Getreidehändler, Sägemüller etc. XXXII. Jahrg. 1909. 8°. (220 S.) geb. K 3.20, in Leder K 4.40
Wien: Perles 1908.

Österreichisch-ungarischer illustrierter Mühlenkalender. XXXIII. Jahrg. 1910. 8°. (214 S.) geb. K 3.20, in Leder K 4.40
Wien: Perles 1909.

Mühlen-Kalender, österreichisch-ungarischer illustr. Jahrbuch f. Müller, Bäcker, Getreidehändler, Sägemüller etc. 34. Jahrg. 1911. Bearb. v. der Red. v. Pappenheim's österr.-ungar. Müller-Ztg. (VI, III, 196 S. u. Tagebuch.) kl. 8. Wien, M. Perles. Geb. in Leinw. 3.—; in Ldr. n 4. 40

Mühlenkamp, Vincenz, appr. Arzt a. Darfeld: Zur Kasuistik der Embryome. Greifswald 1905: J. Abel. (23 S.) 8°
Greifswald, Med. Fak., Ref. Martin, Diss. v. 6. Juni 1905
[Geb. 21. Jan. 76 Darfeld i. Westf.; Staatsangeh.: Preußen; Vorbildung: Gymn. Burgsteinfurt Reife M. 98; Studium: Münster 1, Greifswald 8 S. Coll. 30. Mai 05; Approb. 3. Mai 05.]

Mühlen-Ordnung

— oder Interims-Regulativ f. die Mühlen an d. schwarzen Elster. Fol. Dresd. 788. Walther. 3 gr.

Mühlen-Ordnung. gr. 8. (4 S.) Leipzig 881. M. Schäfer. — 15; in Placatform, Imp.-Fol. — 50

Mühlen-Ordnung für die Rochlitzer Amtsmühlen. Dresden 1788. V: *Schilling, Johann Friedrich.* (Ky)

— f. die Rochlitzer Amtsmühlen, (von Jh. Fr. Schilling). Fol. Dresd. 788. Walther. 3 gr.

— für d. Großherz. Baden. Neue, mit allen bisher erfolgten Ergänzungen vervollst. Ausg. 8. Karlsruhe 841, Art. Institut. 2/3 ß

— f. die Coldiţer Mühlen. Fol. Dresd. 767. Walther. 8 gr.

Mühlen-Ordnung, neue, f. das Großherzogth. Baden. 8. Karlsr. 822. Marx. 8 gr.

Mühlen-Ordnung, neue, für d. Königr. Würtemberg vom 7. Oktbr. 1840. 8. Reutlingen 840, Kurz. (Leipzig, Herbig.) n. 1/6 ß

Mühlen-Ordnung f. d. Fürstenthum Waldeck v. 25. 7. 1911.

„Allerlei in- u. ausländische Mühlen- u. Wasser-Ordnungen, befehlige, sammt den Kern d. Mühlen-Rechts, wie selbiges *Jac. Born* gründlich abgehandelt hat," in: Joh. Matth. Beyer: Theatrum machinarum molarium. Th. II. *Lpz.* 735. fol.

Mühlenpfordt, C. A. C., Anfangsgründe der Perspective. Zum Gebr. in Schulen u. z. Selbstunterricht für Anfänger im Zeichnen. Mit 12 Kpfrtaf. gr. 8. Clausthal 837. Schweiger. 1/2 ß

Mühlenpfordt, Ed., Harz-Panorama, s. Harz-Panorama.

Mühlenpfordt, Ed., Versuch einer getreuen Darstellung der Republik Mejico besonders in Beziehung auf Geographie, Ethnographie u. Statistik. 1. Bd. Ueberblick über d. Land im Allgemeinen. gr. 8. Hannover 844, Kius. 2 ℛ

— dass. 2. Bd. Beschreibung d. einzelnen Landestheile. gr. 8. Ebend. 844. 2½ ℛ

Mühlenpfordt, Emil [Referendar]: Die Widerruflichkeit correspectiver Testamente ... Hamburg, Druck v. Pontt & v. Döhren, 1896; 45 S. 8.
Erlangen, Jur. Fak., Inaug.-Diss. v. 1896

Mühlenpfordt, Franz: Einfluss der Minnesinger auf die Dichter des Göttinger Hains. *Leipzig-Reudnitz 1899: A. Hoffmann.* (100 S.) 8°
Leipzig, Phil. Diss. v. [4. Aug.] 1899

Mühlenpfordt, G.

— s. Ed. Fleischer, Naturhistorie.

Mühlenpfordt, G., Scenen aus d. Gesch. d. alten Nordischen Völker. 1r Thl. 8. Kopenh. 793. N. Aufl. 817. Brummer. 1 ℛ 6 ℊ

Mühlenpfordt, Scenen a. d. Gesch. d. alt. Nord. Völker. 1r Th.. 8. Kopenh. Proft. 793.

Mühlenpfordt, Scenen aus der Geschichte d. alten Nordischen Völker. 1r Thl. N. Aufl. 8. Copenhagen, Bonnier. 817.

SCENEN aus den Ritterzeiten (von *G. Mühlenpfordt*). Mit Kpfrn. von D. Chodowiecki. Kopenhagen, 1791. Bey Chrn. Glo. Proft, Univbchhdlr. 8°.
198 S. incl. Tit. u. 2 Bl. Vorr., dat. Fühnen, im Jan. 1791. Laut derselben war der Vf. ein geborener Göttinger. — Inh.: 1. Der schwarze Thurm. 2. Wilibald. (Freie Übers. von Florian's Bliomberis.) 3. Bruno und Elise. 4. Wunderbare Abentheuer des Ritters Sancho aus Portugal. (Freie Übers. von Florian's Sanche.) — Sämmtl. zahmen Inhalts.

MÜHLENPFORDT, JOHS. GEORG. HENR., De ulceribus ostiomenis earumque methodo medendi rationali specimen inaug. chirurgico-medicum. Kiliae Hols. 1795. P.

Mühlens, P., Bericht üb. die Malariabekämpfung in Wilhelmshaven u. Umgegend in der Zeit vom 1. IV. 1908—31. III. 1909. (Aus der kaiserl. bakteriolog. Untersuchungsstation zu Wilhelmshaven.) (16 S.) gr. 8. Jena 909. G. Fischer. — 60

Mühlens, Peter [aus Bonn]: Beiträge zur Osteomyelitis m. bes. Berücks. d. Therapie ... Bonn, Buch- u. Steindr. J. Bach Wwe, 1897; 51 S., 1 Bl. 8.
Bonn, Med. Fak., Inaug.-Diss. v. [25. Febr.] 1897

Mühlenthal, B., Anleitung zur Erlernung der Arends'schen Stenographie, s.: Auerbach, L.

— stenographisches Lesebuch System Arends, s.: Auerbach, L.

Mühlenthor, Joh., das Leben u. Streben Samuel Hahnemanns, d. Erfinders u. Begründers d. homöopath. Irrlehre. Nach d. besten Quellen geschild. Mit lith. Bildn. gr. 8. (2¼ B.) Potsdam 834, (Vogler.)

Zur Mühlenumsatzsteuer. Erwiderung auf d. Erklärungen d. Mühlenumsatzsteuer-Petenten. Hrsg. v. Verein Deutscher Handelsmüller (E. V.). Charlottenburg: Zeitungsgenossensch. d. Ver. Deutscher Handelsmüller 1907. (34 S.) 8° [07. 7430

Mühlen-Waage-Tabelle, nach welcher das Schütt-Getreide ein- und ausgewogen werden muß, auf das neue Landesgewicht (Zollgewicht) berechnet. 1 Bog. in Fol. Osterburg 861, (Doeger'sche Buchh.) *

Mühlenweg, H., Kaiser Wilhelms Meerfahrt, s. Sedanfest, das erste, 2c.

Mühlen-Zeitung, deutsche. Hrsg. von Carl Müller, unter ständiger Mitarbeitung einer Anzahl bedeutender Fachmänner. Redact.: Edm. Jubeich. Jahrg. 1866. Octbr. bis Decbr. 5 Nrn. (à 2 Bgn. mit 1 Steintaf.) Dresden, (Heinsius'sche Buchh.) gr. 4. n. 25 ngr

Mühler [Sachliches OW]

Mühler, Heinrich v., königl. preußischer Staats- u. Kultusminister, geb. 1813—gest. 1874. (IX, 255 S.) gr. 8. Berlin 909. Borussia. 3. —

Mühler [Verfasser]

Mühler, v., das Geschwornengericht. Vortrag, gehalten in dem Bezirksverein 48 a. Berlin, den 19. März 1849. gr. 8. (20 S.) Berlin 849, Herbig.

Mühler, A., die Pläne meiner Tante, s. Both's, L. W., Bühnen-Repertoir des Auslandes.

Mühler, E., die Freimünzer. Roman in 3 Büchern. 3 Bde. Leipzig 857. Hartknoch. 8. (2 Bl., 490; 2 Bl., 351; 2 Bl., 394 S.) n. 4 ℛ 20 ngr
Inhalt: 1. Bd.: Die Spielhölle. — 2. Bd.: Die Industrieritter. — 3. Bd.: Der Credit mobilier.

Mühler, F. M., Beitrag zur Vervollkommnung d. Zeichenunterrichts in 2- bis 8-klassigen Volksschulen. gr. 8. (VII, 80 S. m. 33 autogr. Taf.) Mittweida 891. Polytechnische Buchhandlg. n. 4. —

Mühler, Heinr. v., Gedichte. 8. (24¼ B. m. Einfass.) Berlin 842, Voß'sche Buchh.

Mühler, Heinr. v., Gedichte. 2., von dem verewigten Verf. selbst geordnete, verm. und verb. Aufl. gr. 8. (X, 236 S. mit Portrait in Photogr.) Jena 879, Costenoble. *
geb. *

—— Geschichte der evangel. Kirchenverfassung in d. Mark Brandenburg. gr. 8. (24 B.) Weimar 846, Landes-Industr.-Compt.

Mühler, H. v., Grundlinien e. Philosophie der Staats- u. Rechtslehre nach evangel. Prinzipien. gr. 8. (XI, 290 S.) Berlin 873. Wiegandt & Grieben. n. 4. 50

Muehler, Henr.: De jure emphyteutico transferendo. Berolini (1835). (75 S.) 8°
Berlin, Jur. Diss. v. 18. Juni 1835

Muehler, Henr., de jure emphyteutico transferendo. Dissert. inaug. 8maj. (5 B.) Berolini 835, (Dümmler.)

—— deutsche Rechtshandschriften, s. Rechtshandschriften.

Deutsche Rechtshandschriften des Stadtarchivs zu Naumburg a. d. Saale. I. Das Magdeburger Weichbild u. die Magdeburger Statuten. II. Magdeburger u. hallische Schöffenurtheile. III. Der vermehrte Sachsenspiegel. Herausgeg. v. MÜHLER. *Berlin*, Dümmler. 838. 8. (22 Gr.)

Mühler, v., Vortrag über die Ehescheidung gehalten in der deutschen evangelischen Kirchen-Conferenz zu Eisenach den 15. Juni 1857. Lex.-8. (30 S.) Stuttgart 857, Cotta'sche Buchh.

Mühler, Heinr. v., Wahlsprüche der Hohenzollern, zusammengestellt u. historisch erläutert. Ausg. A. (Fürsten-Ausg.) Fol. (29 Chromolith. m. 35 Bl. Text.) Breslau 883. F. Hirt. In Ldr.-Carton. n.n. 185. —

— dasselbe. Ausg. B. (Familien-Ausg.) gr. 4. (29 Chromolith. m. 35 Bl. Text.) Ebend. 884. In Leinw.-Mappe. n. 25. —

— dasselbe. Ausg. C. (Für Jugend u. Volk.) gr. 8. (91 S. m. 3 eingedr. Holzschn. u. 1 Fcsm.) Ebend. 883. geb. n. 2. 50

Mühler, [Heinr. Gottlob]: General-Bericht über die Justiz-Verwaltung in den sämmtlichen Provinzen der Monarchie, mit Ausnahme des Fürstenthums Neufchatel für d. J. 1839—41. Berlin 1841—43. 2 Bde

Mühler, M., dein Glück. Dir, der du dieses Buch in die Hand nimmst, gewidmet v. deinem Freunde. 6.—14. Taus. gr. 8. (XI, 640 S.) Mittweida 902. (Polytechn. Buchh.) Geb. in Leinw. n. 1. 50

Muhlert, s. auch Mulert.

Muhlert: Die Basche[illegible] (Programm des Gymnasiums in Götting[illegible] 1855.) Göttingen 1855. 39 S. 4°.

Muhlert. Die Kampylogrammik der Geometrie in dem Kreise der Cykloide, der Kegelschnittlinien, der Cissoide und der Konchoide, neu bearbeitet und erweitert. Mit 7 Kupf. Leipzig 1831. 8.

Muhlert, F., chronologischer Abriß der Geschichte Göttingens. Hrsg. vom Verein f. d. Geschichte Göttingens. gr. 8. (32 S.) Göttingen 894. (R. Peppmüller.) n.n. — 60

Muhlert, F., Beiträge zur Kenntniss d. Thiophens. Inaug.-Diss. gr. 8. (35 S.) Göttingen 886. (Vandenhoeck & Ruprecht's Verl.) n. — 80

Muhlert, F. A., Lehrbuch der Algebra. Für Schulen. 8. Hildesheim, Gerstenberg. 820.

— Lehrbuch d. prakt. Rechenkunst. 8. Götting. 817. Vandenhöck u. R. 1 Thlr

Muhlert, Ed. A. Schwedische Mortalitätstafel mit neuen zum Behuf verschiedener Rechnungen erforderlichen Columnen, die alle auf die Margentinsche Tafel gegründet sind. Göttingen 1806.

Muhlert, F. A., Schwedische Mortalitäts-Tabelle. gr. 4. Göttingen, Vandenhök. 806.

Muhlert, Franz [aus Göttingen]: Beiträge zur Kenntniss des Thiophens .... Göttingen, Druck d. Dieterichschen Univ.-Buchdr. W. Fr. Kastner, 1886; 35 + 1 S. 8°.

Göttingen, Phil. Fak., Inaug.-Diss. v. 11. Okt 1886.

Muhlert, Frz., Beiträge zur Kenntniss des Thiophens. Inaugural-Dissertation. gr. 8. (35 S.) Göttingen 886, (Vandenhoeck und Ruprecht.) *

Muhlert, Friedrich (Hildesheim), De equitibus Romanis. Diss. Hildesheim (J. D. Gerstenberg) o. J. 36 S. (4.50) 24352
Gew.: Gottfried Seebod.

Muhlert, H. S., die ersten Anfangsgründe im Zeichnen. Für Schulen u. zum Selbstunterricht. 60 Bl. (in Steindr.) qu. 16. Quedlinburg 834. Basse. In Etuis 1/4 Thlr

Muhlert, K. Fr., Allegorie d. bildenden Künste, f. Künstler u. Kunstfreunde. A. u. d. T.: Sinnbilderkunde nach d. Mythen u. Dichtern, den Werken der bild. Künstler u. den alterthüml. u. neuern Gebrauche im Leben. 8. Lpz. 822. Mag. f. Ind. 12 gr

— Anfangsgründe d. Flächenmessung. Mit Kpf. 8. Leipz. 810. (W. Rauck). 15 gr, 1818 mit folg. n. T.: allgem., faßl. u. erläut. Unterricht über Figur, Verhältnisse u. Ausmessung aller Arten v. Flächen, durch Kupf. anschaul. u. deutl. gemacht. 8. Ebd. 12 gr

Muhlert, K. F., Anfangsgründe d. Flächenmessung, m. K. 8. Leipzig, Sommer. 810.

— Anleit. zu dem Construiren der ersten geometr. Figuren, Dreiecke, Parallelogramme, regulairen Vierecke rc. Mit 3 Kpft. gr. 8. Leipz. 827. Baumgärtner. 12 gr

Muhlert, Karl Fr., kleiner historischer Atlas zu der allgemeinen Weltgeschichte für den Schulgebrauch. Mit e. erläut. Texte begleitet. A. u. d. T.: A. W. Möller's kleiner histor. Atlas zu der allgem. Weltgeschichte. Zunächst zu dem Chronolog. Abriß der Weltgeschichte von Fr. Kohlrausch. 1. u. 2. (letzte) Liefg. 3. Aufl.: enthaltend jede Liefg. 13 Charten auf V Blätt. nebst Text. gr. 4. Leipzig 842, 44, Friedlein u. Hirsch. (à n. 2/3 Thlr) n. 1 1/3 Thlr

Muhlert, K. Fr., paläograph., grammat. u. isagogische Beitrr. f. das Studium d. hebräischen Sprache u. Bibel. gr. 8. Leipz. 825. Magaz. f. Indust. 1 Thlr

Muhlert, Karl Friedr., Darstellungen aus d. Gewerbskunde. Ein Lehrb. f. Volksschulen u. d. Jugend. M. 100 Abbildn. verschied. Künstler u. Gewerbtreibender bei ihren Arbeiten. gr. 12. (9 1/2 B.) Leipzig 834, Baumgärtner.

—— die Genesis d. Kegelschnittlinien. M. 2 Kpfrt. (gr. 4.) gr. 8. (2 B.) Leipzig 832, Baumgärtner.

Muhlert, Karl Frdr., Grundzüge der mathematischen Geographie in der Darstellung der Erde als eines der Planeten allgemein fasslich vorgetragen u. durch Abbildgn. anschaulich gemacht. Mit 4 Kupfertaf. (in qu. Fol.) gr. 8. (VI u. 68 S.) Leipzig 850, Barth. 24 ngr

—— Grundzüge d. Verhinderung d. Rauchens in d. Gebäuden, s. Grundzüge rc.

Muhlert, Karl Frdr., das österreich. Kaiserthum. (Neue berichtigte Ausg.) gr. Fol. Kpfrst. u. col. Leipzig 851, Hinrichs. 1/4 Thlr

—— die Kampylogrammik d. Geometrie; in d. Kreise, d. Cykloide, d. Kegelschnittlinien, d. Cissoide, u. d. Konchoide neu bearb. u. erweitert. M. 7 Kpfrt. (gr. 4.) gr. 8. (10 B.) Leipzig 831, Baumgärtner.

— kann der Eid der den Talmud verehrenden u. befolgenden Juden verbindend seyn u. Vertrauen verdienen? Unter Aufführung aufklär. Talmud. Lehren verneinend beantwortet rc. gr. 8. Leipz. 822. Mag. f. Ind. 8 gr

Muhlert, Karl Friedr., Katechismus d. Erdbeschreibung, s. Katechismus.

— Katechismus d. Mechanik, als Unterricht in der durch die Naturlehre erläut. Maschinenlehre. Mit 56 Fig. auf 4 Kpfpl. 8. Leipz. 822. Baumgärtner. 16 gr

Muhlert, Karl Friedr., die Möglichkeit d. göttl. Offenbarung. Ein philosoph. Versuch. 8. (5 B.) Leipzig 832, Magazin f. Industrie. Thlr.

— Nord- u. Mittel-Deutschland. [Aus: Stein's neuer Atlas der ganzen Erde.] gr. Fol. Kpfrst. u. color. Leipzig 851, Hinrichs. n. 1/3 Thlr

Muhlert, Karl Frdr., Nord- und Mittel-Deutschland. Leipzig, Hinrichs, 1851. gr. Fol. Kupferst. u. kolor.
——. —— Neue Ausg. Ebenda 1855. gr. Fol.

—— die Perspective in d. Glastafel- u. d. Grundliniencon-struction, wie auch in d. Spiegelung auf d. Wasserfläche; für Maler, Zeichner u. Architekten, so wie f. d. Unterr. in d. höh. Zeichnung in Lehranstalten. gr. 4. (4½ B.u. 8 Kpfrt.) Leipzig 830, Baumgärtner.

—— die Quadratzahlen nach ihren Eigenschaften u. in d. Anwend. zur Berechnung rationaler Größen in d. Mathematik dargest. u. aus d. Figur erläut. Ein Leseb. f. d. Schul- u. Selbstunterr. gr. 8. (5 B. u. 2 Kpfrt.) Leipzig 829, Baumgärtner.

—— Studienblätter f. d. Perspective in d. Zeichnung, in landschaftl. Darstellungen v. Werken d. Baukunst u. ihrem Gegenbilde auf d. spiegelnden, ruhigen Wasserfläche; auszuführen durch gegeb. perspectiv.-katoptrische Constructionen u. begleit. v. e. faßl., d. Verfahren leitenden Unterweis. f. d. Selbstunterr., so wie zu d. Unterstütz. d. Lehrers. In 6 (lith.) Blättern (gr. 4. u. qu. Fol.) gr. 4. (4 B.) Leipzig 853, Baumgärtner.
Vgl. Mulert.

— Uebersichtskarte der westlichen Vergrösserungen Russland's seit dem Regierungsantritte Peter des Ersten. gr. 4. Lith. u. color. Leipzig 849, G. Mayer. 3 ngr

Muhlert, K. F., allgemeiner, faßl. und erläut. Unterricht über Figur, Verhältnisse und Ausmessung aller Arten von Flächen, durch Kupf. anschaulich und deutlich gemacht. 8. Leipzig, Sommer. 818.

— Verhinderung des Rauchens in Gebäuden, s. Grundzüge z. Verhinderung d. Rauchens.

Muhlert, Wilh., Beiträge zur Kenntnis üb. das Vorkommen der Tuberkelbacillen in tuberkulösen Organen. Nach Sectionsfällen zusammengestellt. gr. 8. (35 S.) Göttingen 885. (Vandenhoeck & Ruprecht.) n. — 80

Mühlestein, Hans. Ein Buch Gedichte. II + 134 S. 8. Bern, A. Benteli, 1906. [geb. fr. 3. —]

Mühlethaler, E[rnst]. Der rationelle Gemüsebau. Praktische Anleitung zur Anzucht der Gemüsearten. Hrg. im Auftrage der « Oekonomischen und gemeinnützigen Gesellschaft des Kantons Bern ». [Mit Illustrationen und 2 Tabellen.] VIII + 140 S. 8. Bern, K. J. Wyss, 1902. [cart. fr. 1. 50]

Mühlethaler, E., der rationelle Gemüsebau. Praktische Anleitg. zur Anzucht der Gemüsearten. Hrsg. im Auftrage der „Oekonom. u. gemeinnütz. Gesellschaft des Kantons Bern“. 2. erweit. Aufl. (VII, 174 S. m. Abbildgn. u. 2 Tab.) 8. Bern 908. K. J. Wyß. Kart. 1. 50

Mühlethaler, F[ritz]. Die Desmidiaceenflora des Burgäschimooses. [Mit Figuren.] Separat-Abdruck aus den «Mitteilungen der Naturforschenden Gesellschaft in Bern», 1910. 19 S. 8. [Bern, K. J. Wyss, 1910.]

Mühlethaler, Jacob. Die Mystik bei Schopenhauer. 260 S. 8. Berlin, Alexander Duncker, 1910. [M. 7. —]

Mühlethaler, Jacob, aus Waldenburg: Schopenhauer und die abendländische Mystik. Berlin 1910. 112 S. 8°. [9. VI. 09.]
Basel. Phil. Diss. 1909/10.

Mühlethaler, Jacob. Schopenhauer und die abendländische Mystik. Diss. Phil. Basel ... von J' M' aus Waldenburg. 112 S. 8. Berlin, Alexander Duncker, 1910.

Mühlfeith, Hans, unsere Vaterstadt Graz. Wanderungen durch die Stadt u. in die nächste Umgebg. (48 S.) kl. 8. Graz 908. U. Moser. — 20

Mühlfeith, Hans (Mitarb.), s. Lesebuch für ... Bürgerschulen.

Mühlfeith, Hans: Deutsche Sprachlehre, s. Turmlirz, Karl.

Mühlfeith, H., Die Verfassung u. Verwaltung in unserem Vaterlande. (Österreichische Bürgerkunde.) Zum Gebrauche an Bürgerschulen u. den obersten Jahresstufen der Volksschulen. (68 S.) 8. Graz, U. Moser. Geb. 1. —
1909

Mühlfeith, Hans, Vertheilg. d. Lehrstoffes d. Elementarklasse auf Wochen- u. Halbstunden, s.: List, Hans.

Muhlfeld, Lucien, die Genossin („L'associée“). Roman. Ins Deutsche übertr. v. Carmen Teja. Einzig autoris. Ausg. (385 S.) 8. Leipzig 903. Berlin, H. Seemann Nachf. n. 4. —

Mühlfeld [Schlagwort]

Mühlfeld, s.: Bayern. Karte.

Mühlfeld [Verfasser]

Mühlfeld, s. Megerle v. Mühlfeld.

MÜHLFELD (ps.?), Pater Bernhard der lüsterne Jesuit. 2 Bde. 3. Auflage. Verlags-Comtoir Halberstadt, Lichtengraben 3, o. J. (c. 1885). — *A. E.:* Druck von Römer und Sitzenstock in Zerbst. 8° 183 + 229 S. (3 Mk. Gust Klötzsch, Lpz., 1885.)
Zahmes, nur dem Titel nach erotisches Machwerk. — Die beiden ersten Aufl. wohl fingirt.

Mühlfeld, die Struwwelsuse, s. Struwwelsuse, die.

Mühlfeld, die Struwwelsuse, oder lustige Geschichten und drollige Bilder für Kinder von 3 bis 7 Jahren. Die Zeichnungen von H. Kruspe. 16. Aufl. 4. (22 ill. Stnt. mit Text.) Erfurt 864, Bartholomäus. cart. —

Mühlfeld, Christian

Mühlfeld, C., kleine Gesang-Schule für Volks- und Bürgerschulen. 8. (88 S.) Hildburghausen 888, W. Gadow und Sohn. *

Mühlfeld, C., kleine Gesang-Schule f. Volks- u. Bürgerschulen, sowie f. die unteren Klassen der Gymnasien u. Realschulen. 2. Aufl. 2 Hfte. 8. Hildburghausen 893. F. W. Gadow & Sohn. n. — 50
1. (34 S.) n. — 20. — 2. (71 S.) n. — 30.

Mühlfeld, C., kleine Gesang-Schule f. Volks- u. Bürgerschulen u. f. die untern Klassen der Gymnasien u. Realschulen. 3. Aufl. 1. Hft. 8. (34 S.) Hildburghausen 901. F. W. Gadow & Sohn. n. — 20

Mühlfeld, Christian, kleine Gesangschule f. Volks- u. Bürgerschulen u. f. die untern Klassen der Gymnasien u. Realschulen. 3. Aufl. 2. Heft. (78 S.) 8. Hildburghausen 904. F. W. Gadow & Sohn. n. — 30

Die herzogliche Hofkapelle in Meiningen. Biographisches u. Statistisches zusammengetragen u. bearb. von Christian **Mühlfeld.** Meiningen: Brückner & Renner in Komm. 1910. 96 S. 4°(8°)
(Neue Beiträge z. Geschichte deutschen Altertums. Lfg. 23.) [11. 4031

Die Musik im Gottesdienst. Vortrag geh. in den Pfarrkonferenzen zu Salzungen, Hildburghausen, Sonnenberg u. Saalfeld von Kirchenmusikdir. Christian **Mühlfeld**-Salzungen. Hildburghausen: F. W. Gadow & Sohn [1904]. (37 S.) 8° [F.] [06. 14761

— musikalisch-liturgische Sätze zur neuen meiningischen Gottesdienstordnung. Gesammelt u. m. behördl. Genehmigg. hrsg. (38 S.) 8. Ebd. 904. n. — 20

Mühlfeld, C. Alte u. neue Volkslieder, f. Männerchor eingerichtet. 1. u. 2. Tenor u. 1. u. 2. Baß. 8. (56; 56 S.) Hildburgh. 889, Gadow u. Sohn. à * — 28; * — 56

—— dass. — Partitur. 8. (86 S.) Ebd. 889. * — 80

— Volksliederbuch. Eine Reihe der schönsten deutschen Volkslieder, für den Schulgebrauch gesammelt u. hrsg. (88 S.) 8. Ebd. 904. n. — 40

Mühlfeld, G. v., Eleonore, sein guter Kamerad. Erzählg. (206 S.) 8. Lengerich (909). Bischof & Klein. 2. —; geb. in Leinw. 2. 50

— An fremder Leute Tisch. 12 Briefe e. mütterl. Freundin an Dienstboten u. solche, die es werden wollen. Mit e. Vorwort v. Frau Adf. Hoffmann. 3. Taus. (83 S. m. Titelbild.) 8. Lengerich (909). Bischof & Klein. — 75

Mühlfeld, J. K. M., Bemerkungen, Berichtigungen u. Zusätze zu Illiger's Zusätzen, Bericht. u. Bemerkungen zu Fabricii Systema eleutheratarum. gr. 8. Linz, Eurich. (Leipz. Schmidt in Comm.) 812.

Mühlfeld, Julius [Pseud.], s.a. Roesler, Robert

Mühlfeld, Jul., 1848—68. Zwanzig Jahre Weltgeschichte für das deutsche Volk. 2 Bde. Leipzig 870. Zander. gr. 8. (1. Bd. 639 S., 2. Bd. 640 S.) 2 ₰ 20 ngr

Mühlfeld, Jul., 1848—1868. Zwanzig Jahre Weltgeschichte für das deutsche Volk beschrieben. 1. Aufl. 1869,70, und 2. verm. und verb. Aufl. 2 Bde. in 20 Lfgn. gr. 8. (632; 648 S.) Leipzig 872, Rötschke. [Zander.] (ℳ 8.) ℳ 2,25.; geb.

Mühlfeld, Jul., 1864. 1866. 1870/71. Deutschlands Einheitskämpfe. Für das Volk dargestellt. 6 Abthlgn. gr. 8. (576 S.) [Berlin 878, Donny und Sohn.] Leipzig, Mertens. à Abthl. * ℳ 1,50., ℳ 9.; geb.

—— 1866. Geschichtlicher Roman. 8. (250 S.) Leipzig 868, Minde. *

— 1866. Geschichtlicher Roman. 2. (Titel-)Aufl. br. 8. (250 S.) Leipzig 871. Thiele. 2. —

— — s. Album Bibliothek deutscher Originalromane.

Mühlfeld, Jul., Allerlei-Rauh. 2 Bde. 8. (X und 418 S.) Leipzig 862. [Plauen, Schröter.]

—— freie Bahn. Roman. 3 Bde. 8. (184; 200; 207 S.) Leipzig 869, Rötschke. [Zander.] (ℳ 9.)

— im Bann der Schuld. Roman. 3 Bde. 8. (208, 215 u. 179 S.) Gumbinnen 871. Krauseneck. 6. —

—— Pater Bernhard. Leben und Wirken eines Jesuiten, den Papieren einer alten Hofdame nacherzählt. 2 Thle. 8. (390 S.) Anclam 865, Dietze.

—— Pater Bernhard. Leben und Wirken eines Jesuiten, den Papieren einer alten Hofdame nacherzählt. 2. Aufl. 2. (Titel-) Ausg. 2 Thle. in 6 Lfgn. br. 8. (390 S.) Wriezen (865)70, Riemschneider. à Lfg. 40 Pf.

— Pater Bernhard. Leben u. Wirken e. Jesuiten. Roman aus den Papieren e. Hofdame. 3. neu durchgeseh. Aufl. als Volksausg. 2 Bde. br. 8. Zerbst 871. Römer & Sitzenstock. 2. 70

1. „Ein Weg zum Throne." (183 S.)
2. Mittel zum Zwecke. (229 S.)

— dasselbe. 2. Aufl. 2. Ausg. 1. Thl. Ein Weg zum Throne. (In 6 Lfgn.) 1. Lfg. br. 8. (66 S.) Wriezen 872. Riemschneider. — 40

— das Buch der Schwarzen. Neuer Pfaffen-Spiegel aus Vergangenheit u. Jetztzeit. 2. Aufl. gr. 8. (130 S.) Königsberg 872. akadem. Buchh. n. 1. —

—— vier Character-Bilder aus der Geschichte von Anhalt. 8. (IV und 64 S.) Cöthen 862, (Heine.)

— Cyanen. Gedichte in bunter Reihe. 860. (VIII, 118 S.) n. 15 ngr — 2. verm. Aufl. Anclam 862. Dietze. 16. (VII, 174 S.) n. 20 ngr

Mühlfeld, Jul., für Arndt's Denkmal. Ein Büchlein für das Volk. 16. (57 S.) Stralsund 860, Hingst. *

— zwei Dichtungen aus der Geschichte v. Anhalt. gr. 16. (45 S.) Königsberg 872. Beyer. n. — 60

Mühlfeld, Jul., die alte Durchlaucht. Roman aus der Gegenwart. 1. Aufl. (268 S.) 1877; 2. (Titel-)Aufl. 8. (IV, 268 S.) Leipzig 878, Schlicke. *

—— Ehre, s.a. Album. Bibliothek deutscher Originalromane.

— Ehre, s.a. Günther's deutsche Romanbibliothek.

Muehlfeld, Julius

Ehre. Roman. Von Julius Mühlfeld [d.i. Robert Rösler]. Th. 1-4.
Wien: Markgraf 1862. 8°

(Album. Bibliothek dt. Originalromane. Bd 6-9.)

—— die geistige Emancipation der Frauen. Eine Anregung. 1. Aufl. 1859. und 2. veränd. Aufl. gr. 8. (11 S.) Anclam 861, Dietze. *

— die Erben von Moosdorf, s.a. Bibliothek für Haus u. Reise.

—— die Erben von Moosdorf. Novelle. 2. und 3. Aufl. 8. (107 S.) Berlin 883, A. Goldschmidt.

—— Eugenie, die Exkaiserin der Franzosen. Ein Nachtbild aus der Geschichte der Neuzeit. 1. und 2. Aufl. 8. (80 S.) Bielefeld 870, Thiele und Comp. [Roesler-Mühlfeld.]

Mühlfeld, Jul., Gefangen und Befreit, s.a. Album. Bibliothek deutscher Originalromane.

Muehlfeld, Julius

Gefangen und befreit. Vaterl. Gemälde aus den Jahren 1806-1814. Von Julius Mühlfeld [d.i. Robert Rösler].
Wien, Prag: Kober & Markgraf 1860. 268 S. 8°

(Album. Bibliothek dt. Originalromane. Bd 8.)

— Gegensätze. Novelle. 8. (363 S.) Altona 872. Verlags-Bureau. 4. 50

—— Deutschlands Genius. Gedenkblatt zur 50jähr. Todesfeier der Königin Luise von Preußen am 19. Juli 1860. Lex.-8. (22 S.) Anclam 860, Dietze.

— Geschichte d. Königr. Sachsen von der ältesten Zeit bis auf die Gegenwart. Für das Volk geschrieben. 2. ergänzte (Titel-)Aufl. Mit dem Portrait d. Königs Albert (Holzschntaf.) gr. 8. (496 S.) Leipzig 874. Theile. n. 2. —

— die Gesellschaft Jesu. Geschichtliches Lehr- u. Warnbuch f. das Volk. gr. 8. (IV, 116 S.) Königsberg 872. Beyer. 1. —

—— der Herzog von Reichstadt. Drama in 5 Acten. (Den Bühnen gegenüber als Mscr. gedr.) 8. (III und 72 S.) Cöthen 866. (Leipzig, Minde.) *

— der Herzog v. Reichstadt. Drama in 5 Akten. 2. neubearb. Aufl. gr. 8. (72 S.) Ebend. 873. n. 1. 50

— aus dem „tollen" Jahr. Federzeichnungen aus dem J. 1848. Zur 25jähr. Gedächtnißfeier. 8. (194 S.) Bremen 873. Kühtmann & Co. n. 3. —

—— meine Ideale, s. Bibliothek für Haus und Reise.

Muehlfeld, Julius
Meine Ideale. Erzählung. Berlin 1874.
In: Roman-Zeitung, Deutsche. Bd 4.

— Justizmorde. Nach amtl. Quellen bearb. Auswahl. 2., umgearb. u. verm. Aufl. 8. (III, 322 S.) Leipzig 880. Grieben. n. 4. —

—— Theodor Körner. Ein deutsches Lebensbild. 1. Aufl. 1862. und 2. Aufl. Fest-Ausg. zu Körner's 50jähr. Todesfeier. 8. (IV und 250 S.) Anclam 862, Dietze. *

— Theodor Körner. Ein deutsches Lebensbild. 862. — 2. Aufl. Fest-Ausgabe zu Körner's 50jähriger Todesfeier. Anclam 863. Dietze. 8. (VI, 250 S.) n. 20 ngr.

— Theodor Körner in Leipzig. Dramatische Scene. (Den Bühnen gegenüber als Mscr. gedr.) Hamburg 865. (Leipzig, Minde.) Lex.-8. (15 S.) 7½ ngr.

— der Krieg von 1870—1871. Für das deutsche Volk u. die reifere Jugend erzählt. Mit e. Kriegskarte, vielen Illustr., Plänen u. eingestreuten patriot. Poesien. 1. u. 2. Abth. gr. 8. (III, 152 S.) Leipzig 871. Magazin f. Literatur. à n. — 40

— der deutsch-französische Krieg von 1870. Chronik der Ereignisse. Mit vollständ. Kriegskarte, nöthig werdenden Plänen, Abbildungen, Porträts u. s. w. 1—3. Liefg. Bielefeld 870. Thiele & Co. br. 8. (S. 1—144 mit eingedr. Holzsch. u. 1 chromolith. Karte in Fol.) Jede Liefg. 4 ngr.

— — 2. Aufl. 1. Heft. Ebend. 870. 8. (S. 1—48.) 4 ngr.

— der deutsch-französische Krieg v. 1870. Chronik der Ereignisse. Mit vollständ. Kriegskarte, nöthig werdenden Plänen, Abbildgn., Porträts u. s. w. 2. Aufl. 2—11. Lfg. 8. (S. 49—521 m. eingedr. Holzschn.) Ebend. 871. à — 40

—— der deutsch-französische Krieg von 1870. Chronik der Ereignisse. Mit vollständ. Kriegskarte, nöthig werdenden Plänen, Abbild., Portr. u. s. w. 1. und 2. Aufl. 11 Lfgn. 8. (521 S. mit eingedr. Holzschn.) Bielefeld 871, Roesler-Mühlfeld. à Lfg. 40 Pf.

— dasselbe. 1. Abth. 3. Aufl. br. 8. (160 S. m. eingedr. Holzschn. u. 1 Holzschntaf.) Ebend. 871. 1. 25

—— sechs deutsche Lieder. Dem deutschen Volke und Heere gewidmet. 16. (15 S.) Anclam 859. (Leipzig, Hübner.)

—— aus der Mappe. Skizzenbuch. 8. (III, 230 S.) Anklam 869, Dietze's Verlag. [Wriezen, Riemschneider.]

— Matthisson u. Adelaide. Die Geschichte zweier Herzen. 8. (244 S.) Berlin 871. Janke. 3. —

—— Mittel und Zwecke. Aus den Papieren einer alten Hofdame. Eine Hof- und Jesuitengeschichte. br. 8. (VII und 228 S.) Anclam 863, Dietze.

— Novellen, s. Abende, deutsche.

—— neuer Pfaffen-Spiegel aus Vergangenheit und Jetztzeit. 10 Lfgn. gr. 8. Bielefeld 871,72, Roesler-Mühlfeld. à Lfg. * 20 Pf. *

— Pfarrer u. Wilderer, s.: Eisenbahn-Unterhaltungen.

— Portrait-Skizzen. 8. (335 S.) Bremen 873. Kühtmann & Co. n. 5. —

Mühlfeld, Jul., Portrait-Skizzen. 2. (Titel-)Aufl. gr. 8. (VII, 335 S.) Norden (873)885, Fischer Nachf. *

Muehlfeld, Julius
Die Primadonna. Novelle. Leipzig 1864.
In: Novellen-Zeitung. Nr 27-52.

—— kleine Romane. 3 Bde. 8. Dresden 875, Baensch. *
Inhalt:
Bd. 1. Alto! (224 S.)
" 2. Der Dämon eines Dorfes. (198 S.)
" 3. Ein Tropfen Blut. (204 S.)

— bis zum Schaffot. Criminal-Novelle. Leipzig 868. Günther. 8. (244 S.) 20 ngr.

— am Schalter. Erzählungen aus dem Postleben. 8. (III, 228 S.) Hannover 873. Rümpler. 2. 25

—— im Schaukelstuhl. 8. (262 S.) Leipzig 878, Schlicke. *

Mühlfeld's, Jul., gesammelte Schriften. 5 Bde. 8. [Berlin 880.] Leipzig, Grieben's Verlag.
Inhalt:
Bd. 1. Pfarrer und Wilderer. Eine Erzählung vom Rhein. 2. Aufl. (171 S.) ℳ 1,50.; geb. *ℳ 2.
" 2. Theodor Körner. Ein deutsches Lebensbild. 4. Aufl. (XII, 263 S. mit 1 Stahlst.) ℳ 1,50.; geb. *ℳ 2.
" 3. „Dessert". Ein Skizzenbuch. (242 S.) ℳ 1,50.; geb. *ℳ 2.
" 4. 5. Justizmorde. Nach amtl. Quellen bearb. 2. Aufl. (322 S.) ℳ 4.; geb. *ℳ 5.

— aus dem Schülerleben. Bilder. Leipzig 859. Hübner. (Werl.) 16. (96 S.) 10 ngr.

—— Todtenkränze. Eine Sammlung Grabschriften. gr. 16. (46 S.) Anclam 861, Dietze. *

—— Unversöhnt. Zwei Zeitgeschichten. 8. (V und 222 S.) Leipzig 864, Häfele.

—— Für's Vaterland. Geschichtlicher Roman. 2 Bde. 8. (589 S.) Jena 866, Costenoble.

—— wilde Veilchen. Ein Frühlingskranz. 16. (81 S. mit einer lithogr. Musikbeilage in hoch 4.) Leipzig 859, Hübner.

—— Unter'm Verhängniß. Ein Lebensbild. 2 Bde. 8. (410 S.) Leipzig 864, Colditz.

—— Deutschlands Vertheidigungskampf gegen Frankreich. 1.—8. Aufl. gr. 8. (897 S. mit lithogr. Kriegskarte in gr. Fol., Plänen und Portr. in eingedr. Holzschn. und 1 Holzschntaf.) Bielefeld 871, Roesler-Mühlfeld. *

— ein Weg zum Throne. Aus den Papieren einer alten Hofdame. Hofnovelle. Anclam 862. Dietze. gr. 16. (162 S.) n. 24 ngr.

Mühlfeld, Louis (Pseud.), s.a. B e r m a n n , Moritz

Mühlfeld, Louis, der stumme Bettler oder die Tochter des Leibeigenen. Historischer Roman. 20 Lfgn. oder 3 Bde. gr. 8. (352; 288; 315 S. mit 20 Holzschntaf.) Wien 877,78, Hartleben's Verlag. à Lfg. 50 Pf.

—— der Goldteufel oder die sieben Todsünden. Historischer Roman. 20 Lfgn. oder 3 Bde. gr. 8. (351; 287; 316 S. mit 20 Holzschntaf.) Ebendas. 879,80. à Lfg. 50 Pf.

Mühlfeld, Louis, die Nebelprinzessin od. Maria Theresia u. ihre Jugend. Historischer Roman. 1- 15. Lfg. gr. 8. (1. Thl. 352, 2. Bd. 287 S. u. 3. Bd. S. 1—80 m. je 1 Holzschntaf.) Wien 876. Hartleben. à — 50

— die Nebelprinzessin, oder Maria Theresia u. ihre Jugend. Historischer Roman. 16 — 20. (Schluß-)Lfg. gr. 8. (3. Bd. S. 81—313.) Ebend. 877. à — 50

Mühlfeld, Louis, ein finsteres Staatsgeheimniß oder ein Märtyrer der Liebe. Roman. 3 Bde. in 23 Lfgn. gr. 8. (399; 335; 272 S.) Wien 874, Hartleben's Verlag. à Lfg. 50 Pf.

MÜHLFELD, Louis (d. i. *Moritz Bermann*), Ein finsteres Staatsgeheimnis oder Ein Märtyrer der Liebe. Histor. Roman. 3 Bde. m. 22 Illustr. Wien 1875. Gr. 8⁰. (ca. 1000 SS.) (Mk. 11—.) (3 Mk. M. Glogau jr., Hamb., 1908.)

—— das Testament des Freimaurers oder der Schatz des Geächteten. Roman. 22 Lfgn. oder 3 Bde. gr. 8. (368; 386; 348 S. mit 22 Holzschntaf.) Ebendas. 875. à Lfg. 50 Pf.

Mühlfeld, Robert, a. Schonungen a. M. b. Schweinfurt: Das Delikt des Meineids. Würzburg 1907: F. Drescher & G. Reichart. (89 S.) 8°
Heidelberg, Jur. Fak., Ref. v. Lilienthal, Diss. v. 1907
[Geb. 2. Juni 82 Mellrichstadt; Wohnort: Schonungen; Staatsangeh.: Bayern; Vorbildung: Gymn. Schweinfurt Reife Juli 01; Studium: Würzburg 8 S.; Rig. 2. Juli 07.]

Mühlfelder, Jac., offener Brief an den Oberpfarrer Herrn Dr. Graue zu Chemnitz. 2. Aufl. m. e. Nachwort. gr. 8. (61 S.) Chemnitz 894. (C. Strauß.) — 20

Mühlfelder, M. J., Rabb. Ein Lebensbild zur Geschichte d. Talmud. Nach den Quellen dargestellt. gr. 8. (XI, 83 S.) Leipzig 871. Leiner. n. 2. —

Mühlfelder, [Iacobus]: • De Rabbo. 60 S. 2°
Halle-Wittenberg, Phil. Diss. v. 4. Aug. 1868
Geb. [Bauerbach (Sachs.-Mein.) 18. 9. 1844]

Mühlfelder, Leo, Referendar in Chemnitz: Der Nießbrauch an einem Vermögen. *Borna-Leipzig 1904: R. Noske.* (VIII, 58 S.) 8°
Leipzig, Jur. Diss. v. 1904

Mühlfelder, Simon: (Aus d. städt. Krankenh. in Berlin, Gitschinerstr. Leitender Arzt: Bleichroeder.) Ueber Volvulus des Magens. Nebst einem Beitrag: Röntgenbeobachtung des Magens beim Brechakt. Berlin: Karger 1910. 33 S. 8° ¶(Aus: Archiv f. Verdauungskrankh. Bd 17.)
Berlin, Med. Diss. v. 28. Juni 1910, Ref. His
[Geb. 9. April 84 Walldorf a. W.; Wohnort: Berlin; Staatsangeh.: Sachsen-Meiningen; Vorbildung: Gymn. Hildburghausen Reife O. 03; Studium: Würzburg 5, Munchen 2, Berlin 1, München 2 S.; Coll. 18. Juni 10; Approb. 30. Juni 08.] [U 10. 72

Mühlfort, s.: Schatzl v. Mühlfort.

Mühlhaus, Franz [app. Arzt aus Kirchworbis Pr. Sachsen]: Ueber coordinierte Zwangsstellung der Bulbi bei Apoplexien und anderen Gehirnerkrankungen. . . . München, Buchdr. v. M. Ernst, 1889; 40 S. 8°
München, Med. Fak., Inaug.-Diss. v. 1889

Mühlhaus, Joseph, Gerichtsassessor a. Heiligenstadt: Änderung und Aufhebung formbedürftiger Verträge nach dem Bürgerlichen Gesetzbuche unter besonderer Berücksichtigung des Mietvertrages. Heiligenstadt 1906: Brunn. (VIII, 37 S.) 8° [J.]
Heidelberg, Jur. Fak., Ref. Endemann, Diss. v. 6. März 1906
[Geb. 13. Okt. 76 Heiligenstadt; Wohnort: Heiligenstadt; Staatsangeh.: Preußen; Vorbildung: Gymn. Heiligenstadt Reife O. 95; Studium: Heidelberg 1, München 1, Halle 4 S.; Rig. 1. Febr. 06.]

Mühlhaus, Julius, a. Marburg in Preußen: Gottlieb Wilhelm Rabener. Ein Beitrag zur Literatur- und Kulturgeschichte des 18. Jhd. Marburg 1908: Köster & Schell. (II, 151 S.) 8°
Marburg, Phil. Fak., Ref. Elster, Diss. v. 3. Juli 1908
[Geb. 3. Juli 83 Marburg a. L.; Wohnort: Marburg; Staatsangeh.: Preußen; Vorbildung: Elementarsch. u. Oberrealsch. Marburg a. L. Reife O. 03; Studium: Marburg 9 S.; Rig. 18. Dez. 07.]

Mühlhaus, Karl

Mühlhaus, Carl: Ueber Herpes zoster ophthalmicus. *Berlin 1898: (A. W. Schade).* (63 S.) 8° [Umschlagt.]
Leipzig, Med. Diss. v. 27. Apr. 1898

Mühlhaus, Oscar, approb. Arzt aus Heiligenstadt (Eichsfeld): Aus d. medizin. Klinik zu Kiel. Zur Behandlung der Aorten-Aneurysmen. *Kiel 1898: H. Fiencke.* (23 S.) 8°
Kiel, Med. Diss. v. [12. Sept.] 1898

E. MÜHLHAUSE. Die aus dem deutschen Götterglauben herrührenden Bilder an den Häusern in der ehemaligen Provinz Oberhessen. Nebst zwei Holzschnitten. Kassel 1874. Comm. von August Freyschmidt. 8⁰.

Kriegserlebnisse eines Einjährig-Freiwilligen der 6. Kompagnie des 3. Hessischen Inf.-Regts Nr. 83 aus d. Jahren 1870–71. (Verf.: Georg Mühlhause.) Hanau: Clauß & Feddersen 1906. (175 S.) 8° [J.] 1e6.5334

Mühlhausen [Sachliches OW]

Mühlhausen in d. Tagen d. Kirchen- u. Schul-Visitation d. evangel. Bischofs u. kgl. General-Superintend. d. Provinz Sachsen, Hrn. Dr. Dräseke im Aug. 1835. gr. 8. (3½ B.) Mühlhausen 836, (Heinrichshofen.)

Mühlhausen [Schlagwort]

Mühlhausen in Thür., s.a. **Preussen. Messtischblätter.**

— s. a. Radfahrerkarten. Mittelbach.

Mühlhausen i. Th., s.a. **Woerl's Reisehandbücher.**

Mühlhausen i. Th. Karte von Mühlhausen u. Umgebung. 1:100,000. 58×65 cm. Farbdr. Mühlhausen i/Th. (901). Hey. Auf Leinw. 1. 50

Mühlhausen. Karte von Mühlhausen u. Umgebung. 1:100,000. 2. Aufl. 57,5×64,5 cm. Farbdr. Mühlhausen i. Th. (906). Hey. n. 1. —; auf Leinw. n. 1. 50

— Verkehrskarte von Mühlhausen in Thüringen u. seiner weiteren Umgebung. 26,5×33,5 cm. Farbdr. Nebst Abgangs- u. Ankunftszeiten der in Mühlhausen ankomm. u. abfahr. Züge. 12. (1 Bl.) Mühlhausen i/Th. (900). C. Albrecht. n. —10

Mühlhausen [Verfasser]

Mühlhausen, die Entwicklung des Wegebaues in den königl. preuss. Staatsforsten. Als Mskr. gedr. für die Ausstellg. der preuss. Staatsforstverwaltg. zu St. Louis (Nordamerika). (18 S.) gr. 8. Berlin 904. J. Springer. n.n. — 50

Z. vollkommenen Harmonie: Maurerische Gesaenge zur Feier des Winter Johanni-Festes [!]. In der ☐ zu [!] vollkommnen Harmonie im Morgen von Mühlhausen. Mühlhausen i. E. o. J.: Baret. 8 S. 8°. [Umschlagtit.] 21.

Mühlhausen, A., Geschichte des Grimmschen Wörterbuchs, s.a. Sammlung gemeinverständlicher wissenschaftlicher Vorträge.

Mühlhausen, Geschichte des Grimm'schen Wörterbuchs. (Sammlung gemeinverständlicher wissenschaftlicher Vorträge Neue Folge 55) Hamburg 1888

Mühlhausen, Aug., s.: Goethe's Faust I. u. II. Tl.

Mühlhausen, Aug., Goethe e. Sozialist?! gr. 8. (30 S.) Leipzig 892. O. Wigand. — 60

Mühlhausen, Frdr. M., Luther. E. dramat. Gedicht m. e. Vorspiele. 8. (VIII, 126 S.) Leipzig 896. G. Wigand. n. 2. —; geb. n. 3. —

MÜHLHAUSEN, Fritz (Kassel): Meningitis tuberculosa, ausgehend von Tuberkulose der Nieren. (Titel nach der Urkunde)
23.7.1897 - Urk; Chr 1897/98,18
Diss. Ingolst.-Landsh.-Mchn.

Mühlhausen, Gottfried, aus Speckswinkel **Untersuchungen über p-Dioxydibenzalaceton und p-Oxybenzalaceton.** *Marburg 1904: R. Friedrich.* (67 S.) 8°
Marburg, Phil. Diss. v [6. Aug.] 1904

Mühlhausen, Jo. Georg [Praes.], s. Lampmann, Jo. Georg: De poena talionis in homicidio.

Mühlhausen, Joseph (geb. am 16 Okt. 1845 in Ochtendung bei Koblenz): Ueber die Behandlung des Lympho-Sarcom [!] ... Bonn, Druck v. J. F. Carthaus (1873). 28 S., 1 Bl. 8.
Bonn, Med. Fak., Diss. v. 12 März 1873

Mühlhausen, Joseph Johann (Warschau), De asthmate thymico infantum. Diss. med. Leipzig (Breitkopf-Haertel) 28. XI. 1837. 32 S. (3.50) 23818
Seinem Vater gewidmet.

Mühlhausen, Karl

Mühlhausen, Carl, das Wegenetz d. Lehrforstreviers Gahrenberg. gr. 4. (VII, 72 S. m. 8 lith. u. chromolith. Taf. u. Karten in gr. 4. u. gr. Fol.) Frankfurt a/M. 876. Sauerländer. n. 5. 50

Mühlhausen, Rud., für protestantische Art! 2 Kanzelreden aus der reformierten Kirche zu Leipzig. (24 S.) gr. 8. Leipzig 910. J. A. Barth. — 50

— Menschenwürde. Acht Kanzelreden üb. tät. Christentum. (83 S.) 8. Cöln 908. P. Neubner. Kart. 1. 80

— Religion u. Kunst. Eine Predigt. (18 S.) 8. Leipzig 910. J. A. Barth. — 80

Mühlhauser, Benno [aus Krumbach, Bayern]: A. Über Untersuchungen in der Acridinreihe. B. Zur Kenntnis der a-Äthylidenglutarsäure. Augsburg 1902. 56 S. 8°.
Basel. Phil. Diss. 1901 1902.

Mühlhauser, Benno. A. Über Untersuchungen in der Acridinreihe. B. Zur Kenntniss der α-Aethylidenglutarsäure. Diss. Phil. Basel. 56 S. 8. Augsburg, Theodor Lampart, 1902.

Mühlhäuser, Friedr. Aug., über Epidemieen und Cholera, insbesondere über Cholera in Speyer 1873. Mit 1 (lithogr.) Curventaf. und 1 (lithogr.) Karte (in qu. 4.) über Oertlichkeit von Cholera in Speyer. gr. 8. (VII, 104 S.) Mannheim 875, Schneider. *

Mühlhäuser, O. F. M., Vergangenheit, Gegenwart u. Zukunft d. protest. Kirche Augsburger Konfession in Elsaß-Lothringen. E. Denkschrift. Zugl. Festschrift zur Einweihg. d. neuen evang. Kirche in Zabern am 28. XI. 1897. M. 2 Abb. gr. 8. (IV, 156 S.) Zabern 897. A. Fuchs. n.n. 2. 50

Mühlhaeuser, Otto: Aus d. chir. Klinik zu Heidelberg. Ein Beitrag zur Kenntnis der Tumoren der branchiogenen Organe des Menschen. ⟨Struma postbranchialis Getzowa.⟩ Tübingen 1909: Laupp. 17 S. 8° ¶(Aus: Beiträge z. klin. Chirurgie. Bd 61.)
Heidelberg, Med. Diss. v. 4. März 1910, Ref. Narath
[Geb. 12. April 85 Westhofen i. E.; Wohnort Heidelberg; Staatsangeh.: Baden; Vorbildung: Gymn. Heidelberg Reife M. 03; Studium: Heidelberg 5, Freiburg i. B. 1, Heidelberg 4 S., Coll. 15. Dez. 08, Approb. 2 Febr. 10.]
[U 10. 2079

Mühlhäuser, O. Die Fabrikation des Arsensäurefuchsins. 1887.

Mühlhäuser, Otto, aus Holzheim bei Hohen Staufen (Schwaben) Assistent am chemisch-analytischen Laboratorium des eidg. Polytechnikums: Ueber Orthoanisidin und Amidodimethylhydrochinon (Auch in: Liebig's Annalen der Chemie u. Pharm., Bd 207, S. 235—256). Zür Zürcher u Furrer Dr. 1880. 36 S. 8°
Zürich. Phil. Diss. [v 21 Jan. 1881].

Mühlhäuser, O., die Technik der Rosanilinfarbstoffe. Lex.-8. (XII, 295 S. m. 10 Taf.) Stuttgart 889. [Cotta Nachf.] A. Bergsträsser. geb. n. 24. —; erm. Pr. n. 6. —

Mühlhäuser, O., die Technik der Rosanilinfarbstoffe, entwicklungsgeschichtlich dargestellt u. f. Praxis u. Wissenschaft bearb. Lex.-8. (XII, 295 S. m. 10 Steintaf.) Stuttgart 889. Cotta Nachf. geb. n. 24. —

Mühlhäuser, Otto, über Umfang und Gestaltung des Depositum irregulare. Eine civilist. Studie. gr. 8. (V, 56 S. mit 1 eingedr. Holzschn.) Erlangen 879, Deichert. *

Mühlhäußer, J. L., Abschiedspredigt am ersten Sonntag nach Trinitatis (25. VI. 1905). (8 S.) gr. 8. Karlsruhe 905. Ev. Schriftenverein. n. — 20

— s.: Aus der Schatzkammer der Apostel.

— Neun Predigten aus der Trinitatiszeit. (44 S.) 8. Karlsruhe (905). Ev. Schriftenverein n. — 80
Sonderabdruck aus: „Aus der Schatzkammer der Apostel".

Mühlhäußer, K., Christenthum u. Presse, s.: Zeitfragen d. christlichen Volkslebens.

Mühlhäußer, K., unsere Presse. 3. Aufl. gr. 8. (24 S.) Frankfurt a. M. 874, Zimmer'sche Buchh. *

— Staatskirche, Volkskirche, Freikirche. Ein Vortrag auf der Pastoral-Conferenz in Barmen am 13. Aug. 1869 gehalten. Nebst einleitenden Ansprachen von Blumhardt und Fabri. 8. (62 S.) Barmen 869, Langewiesche's Verlag.

— die Volksschule in der ehemaligen Markgrafschaft Baden-Durlach. Nach amtl. Quellen geschichtl. dargestellt. [Aus „Zeitschrift f. die Gesch. d. Oberrheins."] gr. 8. (III, 80 S.) Karlsruhe 871. Braun. n. 1. 20

— die christliche Weltanschauung. Zwei Vorträge. (52 S.) [Frankfurt a. M. 876, Zimmer'sche Buchh.] Heilbronn, Gebr. Henninger. *

Mühlhäußer, K., die Zukunft der Menschheit, s. Zeitfragen des christlichen Volkslebens.

Mühlhäußer's, K. A., Leben und Wirken, s. Reinmuth, Joh.

Mühlhäußer, Karl

Mühlhäußer, Carl, und Friedr. Bechtel, Predigten, s. Predigten.

Mühlhäußer, L., die Vertreter d. Heidenwelt zu den Füßen d. Christkindes. Predigt üb. Matth. 2, 1—12, geh. am 2. I. 1898 in d. ev. Stadtkirche zu Karlsruhe. 8. (15 S.) Karlsruhe 898. J. J. Reiff. n. — 20

[Mühlheim]: Bemerkungen über die Natur des Pferdes, in bes. Berücks. derjenigen unerlässlichen Formation, durch welche seine Fähigkeit: auf Dauer Gewicht zu tragen, bedingt wird. Mit 2 lithogr. Zeichnungen von Pferden. Frankfurt a. O. 1842. 40 S.
Aus: Zeitschrift d. landwirthschaftlichen Central-Vereins für d. Frankfurter Regierungsbezirk.

Mühlheim, Joh. Die deutschen Kaiser u. ihre Zeit m. dem Zwischenreich von 1806—1871. Kurz zusammengefaßt f. den Gebrauch der Jugend. Mit 54 Bildnissen. gr. 8. (XII, 295 S.) Gotha 889, F. A. Perthes. geb. * 4 —

Mühlheim, Phpp, Samenkörner. Erzählgn. u. Verse f. d. Jugend. 12. (96 S. m. Abb.) Hamburg 895. Cassel, Verlagshaus d. deutschen Baptisten, J. G. Oncken Nachf. Kart. n. — 40

Mühlhofer, Hans: Über die Einwirkung elektrolytisch erzeugter Halogene auf organische Verbindungen. 1905. 36 S. 8°
München, Dr.-Ing.-Diss. v. 22. 6. 1904

Mühlhoefer: Mathematische Abhandlung das Binomen $(1 + x)^n$ betreffend. 8 S.–Essen, Progr. 1868

Mühlhoefer: Das körperliche Dreieck. 12 S. – Essen, Progr 1855.

Mühlibach, Nikol. Th.

Mühlibach, N. T., Blicke auf die allgemeinen Erläuterungen üb. den Magnetismus u. Somnambulismus des Dr. Mesmer. 8. Wien, Camesina. 815.

Mühlibach, N. Th., Blicke auf d. allgem. Erläuterr. üb. den Magnetismus u. d. Somnambulismus des Dr. Mesmer. 8. Wien 817. (Volke). 12 gl.

— Inquisitio optico-physiologica de visus sensu. 8. ibid. 815.

— inquisitio optico-physiologica de visus sensu. 8. Wien 816. (Volke). 10 gl.

— der Kropf, nach s. Ursache, Verhärtung u. Heilung ꝛc. 8. Wien 822. Mörschner u. J. 9 gl.

Mühlibach, Nikol. Th., Prüfung der heilsamen Kräfte d. Wassers. Zur Erhaltung des menschlichen Lebens. 8. Grätz 818. Kienreich. ½ ₰

— Wien von seiner übelsten Seite betrachtet. 8. Wien 815. (Heubner). 16 gl.

Magister Joh. Philipp Mühlich, T. O. P., Stadtpfarrer zu Lauchheim 1649–79. Ellwangen: Bucher 1910. 15 S. 8° [Umschlagt.]
(Beiträge z. Lauchheim-Kapfenburger Geschichte. Nr 1.) [10. 17970

Mühlich, Andr.

Geschichtliche Einleitung nebst Plan zu Cicero's Rede für den Manilischen Gesetzvorschlag aus verschiedenen Autoren zusammengestellt. Von Andr. Mühlich, P. — 1826. Ebend. — S. 3—11.
Progr. Bamberg

— Lehrbuch der latein. Sprache. 1r Thl. Formenlehre sammt Uebungsstücken. gr. 8. Bamb. ... 2e A. Ebd. 831. Lachmüller. 12 gl. 2r Thl. gr. 8. Ebd. 832. 20 gl.

Mühlich, Andr., theoret.-prakt. Lehrbuch d. latein. Sprache. 2 Thle. gr. 8. Bamberg, Lachmüller.
Thl. 1. Formenlehre. 2., verm. u. verb. Aufl. (21¼ B.) 831. 3., verm. ꝛc. A. (22½ B.) 834. à 12 Gr.
„ 2. Syntax sammt Uebungen. (32½ B.) 832. 20 Gr.

Mühlich, Andr., Leitfaden bei d. Unterrichte in d. Rhetorik im engern Sinne, zum Gebr. in den Ober-Gymnasialklassen. 8. Bamb. ... N. A. 826. 3e A. 828. (Würzb., Etlinger). 12 gl.

Oedipi Regis actus primi versio latina cum adnotationibus. Scrips. Andr. Mühlich, P. — 1838. Ibid. — S. 3—16.
Progr. Bamberg

Mühlig, B. Aus der Alpenwelt, s. Herder, H.

Mühlig, J. G. G., Welche Säugethiere und Vögel sind der Landwirthschaft, Wald- und Gartencultur schädlich oder nützlich? 8. (91 S.) Mannheim 875, Schneider. *

Lied zur Geburtstags-Feyer des Königs [Friedr. Wilh. III.] in der Loge zur gekrönten Unschuld in Nordhausen den 3ten August 1815 gedichtet von Ehrhardt, in Musik gesetzt von Mühling. Nordhausen [1815]. 2 Bl. 8°. [Umschlagtit.]
Ohne Noten: „Es ist ein hehrer Tag, der heute theure Brüder" ...

Mühling, A.

— Samml. mehrstimm. Gesänge für weibl. Stimmen mit willkührl. Begleitung d. Pianoforte, insbesond. f. Töchterschulen bestimmt. 2 Hfte. qu. Fol. Leipz. 827. Tauchnitz. 3 ₰

Mühling, A., Samml. zwei- u. dreistimmiger Gesänge für weibl. Stimmen, insbesondere f. die höhere Töchterschule in Nordhausen gesetzt u. bestimmt. 1s u. 2s Hft. qu. 4. Nordh. 812. (Im. Müller in Leipz.) 1 ₰ 4 gl.

Mühling, A., Sammlung zwei- u. dreistimmiger Gesänge für weibl. Stimmen, insbesondere für die höhere Töchterschule in Nordhausen gesetzt u. bestimmt. 1s und 2s Heft. quer 4. Nordh. Nitsche, 812. (à 14 gr.)

Mühling, Aug., Choral-Buch in welchem die gebräuchlichsten Choral-Melodien, sowohl m. Rücksicht auf Orgel- u. Clavier-Spiel, als auf Chor-Gesang, vierstimmig bearbeit. wie auch m. Bezifferung u. einfachen Zwischenspielen versehen sind. qu. gr. Lex.-8. (9½ B.) Magdeburg 843, Creutz'sche Buchh.

Mühling, B., keine Rheumatismen u. Gicht mehr! — Mittheilungen über Wesen, Ursache, Verhütung u. Heilung des Rheumatismus u. der Gicht überhaupt, wie auch insbesond. über ein wohlfeiles u. leicht anzuwend. Mittel, welches in vielen hundert Fällen sich als untrügliches Radicalmittel gegen rheumat. u. gichtische Beschwerden bewiesen hat. 8. (8 B.) Nordhausen 812, Fürst.

Mühling, B., keine Rheumatismen u. Gicht mehr! Neue Ausg. 8. (126 S.) Nordhausen 847, Fürst. 3/4 Thlr. (jetzt: Leipzig, Hentze. 1/3 Thlr.)

Mühling, C., ça ira, s.: Carducci, Giosuè.

Mühling, C., die Geschichte der Doppelwahl des J. 1314. Inaugural-Dissertation. gr. 8. (117 S.) München 882, Rieger'sche Universitäts-Buchh. *

Mühling, C.: Führer durch Queensland. Brisbane 1898: Verlag der Nordaustralischen Zeitung. 212 S.

Mühling, Ed. Joh. Jos., Anreden. Geh. (am 22. Aug. 1838) bei d. ersten Schul-Konvente d. kathol. Schulbezirks Heidelberg. gr. 8. (1 B.) Mannheim, Loeffler. *

— historische Beschreibung des Dorfes und der Kirche Handschuhsheim an d. Bergstraße. 8. Mannh. 840. Löffler. 3/4 Thlr.

— Blumenlese. Ein Tag- u. Taschenbuch f. wahre Freunde der religiös. u. gesellschaftl. Bildung. A. mit d. Umschlagstit.: Taschenbuch für d. Jahr 1834. 16. Heidelberg 833. Reichard. 2/3 Thlr. — 2e Ausg. 16. Mannheim 839. Löffler. 2/3 Thlr. — 2s Bdchen. 2e Ausg. A. u. d. T.: Handbuch auf alle Tage d. Jahres. 16. Ebd. 839. 2/3 Thlr. — 3s Bdchen. A. u. d. T.: Geistesblüthen auf alle Tage des Jahres. Eine Mitgabe etc. 16. Ebd. 838. 1/2 Thlr. — 4s Bdchen. A. u. d. T.: Leichtsterne auf dem Wege d. Wahrheit u. Tugend. 16. Ebd. 840. 1/2 Thlr.

— der Christ in frommer Betrachtung u. im Gebete; ein Andachtsb. f. Gebildete. 1. Aufl. 832. 1 Thlr. 8 Gr., u. 2. A. (à 17½ B. u. 1 Stndr.) 12. Heidelberg 834, Reichard.

— der Christ in frommer Betrachtung u. im Gebete. Ein Andachtsb. f. Gebildete. 2. Ausg. 12. (17½ B. u. Titlbild.) Mannheim 839, Loeffler.

Mühling, Ed. Joh. Jos., der Christ in frommer Betrachtung u. im Gebete. Ein Andachtsbuch f. Gebildete. 3., vergrößerte u. verb. Aufl. gr. 12. (20 B. u. 3 Stahlst.) Mannheim 843, Löffler. 1 Thlr. In Lederbd. m. Goldschn. 2 Thlr. Velinp.

Mühling, Ed. Joh. Jos., der Christ in frommer Betrachtung und im Gebete. Ein Andachtsbuch für Gebildete. Mit 3 Stahlst. 4. (Titel-)Aufl. Mannheim (843.) 855. Loffler. 12. (XII, 460 S.) 16 ngr; Velinp. 20 ngr

— christliches Denkmal 25jähriger pfarramtlichen Wirksamkeit zu Handschuhsheim. Vierter homilet. Beitrag zur weiteren Beantwortung der gegenwärtigen Zeitfragen. gr. 8. (VIII und 150 S.) Heidelberg 855, E. Mohr. *

— histor. u. topograph. Denkwürdigkeiten v. Handschuhsheim; e. Beitr. z. dess. Gesch. v. seiner Erbau. an bis auf uns. Tage. gr. 8. (10 B. u. 1 Ansicht.) Mannheim 840, Loeffler. *

— neue Fastenpredigten. 8. Heidelb. 820. Groos. 16 gr. Schrbp. 22 gr.

— Gelegenheitsreden. gr. 8. Mannheim 837. Löffler. 5/12 Thlr. — 2e Aufl. 840. 1/2 Thlr.

— Gelegenheitsreden. 2. Bdchn. A. u. d. Tl.: Neue Gelegenheitsreden. gr. 8. (7½ B.) Mannheim 845, Löffler.
1. Bdchn. 2. Aufl. Ebendas. 1840. 15 Ngr.
Hieraus folgende sieben Schriften besond. abgedruckt:
— Rede am Grabe der Maria Rottmann am 6. April 1830. gr. 8. (⅜ Bog.)
— Rede bei d. Trauergottesdienste f. den erzbischöfl. Decan Nicolaus Spang am 15. Decbr. 1837. gr. 8. (⅞ Bog.)
Mühling, Ed. Joh. Jos., was lehrt uns bei dem Wechsel eines Jahres der Hinblick auf die Vergangenheit u. wie blicken wir in die Zukunft? Rede am Dankfeste d. J. 1837. gr. 8. (2⅞ B.) Mannheim 845, Löffler. Thlr.
— wie feiert der Christ den Gedächtnißtag der Verstorbenen? Rede am Feste aller christgläubigen Seelen im J. 1832. gr. 8. (1¼ B.) Ebds.
— wie müssen wir die segenreiche Regierung unseres Landesvaters unterstützen? Rede am Geburtsfeste des Großherzogs Leopold von Baden den 29. Aug. 1833. gr. 8. (⅞ B.) Ebds.
— wie würdigt d. Christ die Wohlthaten e. christl. Tempels? Rede am Kirchweihfeste 1834. 2. Aufl. gr. 8. (1⅞ B.) Ebds.
— Worte, gesprochen (den 13. Jenner 1845) am Grabe des Zimmermanns Kaspar Damm. gr. 8. (1 B.) Ebds.

— dass. 3. Bdchn. A. u. d. T.: Sechs Gelegenheitsreden. gr. 8. Ebend. 846. 5/12 Thlr. 1—3: 1⅓ Thlr.

Mühling, Ed. Joh. Jos., Gelegenheitsreden. 3—5. Bdchn. gr. 8. Mannheim, Löffler
Auch unter den Titeln:
Bdchn. 3. Sechs Gelegenheitsreden. (VI und 101 S.) 847. 12½ Ngr.
" 4. Weitere Reihe der Gelegenheitsreden. (VIII und 114 S.) 848. 15 Ngr.
" 5. Schulreden. Gehalten bei den Schulconventen des kathol. Schulbezirks Heidelberg in den verfloss. 10 Jahren. (VIII und 106 S.) 848. 15 Ngr.
1. und 2. Bdchn. Ebendas. 1840—45. 27½ Ngr.

Mühling, Ed. Joh. Jos., Gelegenheitsreden. 4 u. 5. Bdchn. gr. 8. 4. Weitere Reihe der Gelegenheitsreden. (VIII u. 114 S.) 5. Schulreden. Gehalten bei den Schulconventen d. kath. Schulbezirks Heidelberg in den verflossenen 10 Jahren. (VIII u. 106 S.) Heidelberg 848, E. Mohr. à n. 1/2 Thlr. (1—3. Bd. Mannheim, Löffler. 1⅓ Thlr.)

— Gelegenheitsreden. 6. Bdchn. A. u. d. T.: Trauerreden zum Troste und zur Erbauung. Gehalten in früheren und einigen späteren Jahren der Verwaltung des Seelsorgeramts. Mit einer Vorrede über die besondern Veranlassungen zu ihrer Herausgabe. gr. 8. (XXVIII und 246 S.) Heidelberg 856, E. Mohr. *
1—5. Bdchn. Mannheim 1840—48. 2 Thlr. 10 Ngr.

Mühling, Ed. Joh. Jos., Gelegenheitsreden. 7. Bdchn. A. u. d. T.: Vier Reden über den gegenwärtigen Kirchenconflict in der oberrhein. Kirchenprovinz. Gehalten vom 1. bis 22. Jenner 1854. Mit einer Vorrede über die Anordnung derselben, ihren Zweck und Inhalt. gr. 8. (XIV und 112 S.) Mannheim 857, Loffler. *
1—5. Bdchn. Ebendas. 1840—48. 2 Thlr. 10 Ngr. 6. Bdchn. Heidelberg 1856. E. Mohr. * 22½ Ngr.

— Handbuch auf alle Tage d. Jahres; e. Mitgabe f. wahre Freunde d. religiösen u. gesellschaftl. Bildung. 16. (18½ B. u. Titbild.) Heidelberg 834, Reichard.

— heilige die Tage des Herrn! Rede, gehalten am neuen Jahrestage 1851. Ein homilet. Beitrag zur Beantwortung der gegenwärt. Zeitfragen. gr. 8. (59 S.) Heidelberg 851, E. Mohr. *

— Höflichkeitslehre in Denksprüchen. Bearb. für die Elementarschulen. 4. (Titel-)Ausg. 12. (24 S.) Mannheim (851)57, (Löffler.) *

— Jesus der Verherrlicher des ewigen Vaters u. Beglücker der Menschheit. 8. Heidelb. 820. Groos. 16 gr. Schrbp. 22 gr.

— Jesus unser Vorbild im Leiden. 7 Fastenreden. gr. 8. (7½ B.) Heidelberg 834, Reichard.

— Jesus unser Vorbild im Leiden. 7 Fastenreden. gr. 8. Heidelberg 834. Reichard. 3/8 Thlr. — 2e Aufl. Mannheim 839. Löffler. 1/2 Thlr.

— Jesus ein Vorbild d. Liebe gegen Gott u. d. Menschen. 6 Fastenreden. gr. 8. Freiburg 827. Herder. 12 gr.

— Jesus, e. Vorbild d. Liebe geg. Gott u. d. Menschen. Sechs Fastenreden. 2., durchges. u. verb. Aufl. gr. 8. (5¼ B.) Mannheim 838, Loeffler.

— s. Kirch, Jh. Ph., Gelegenheitsreden.

— Lies keine schlechten Bücher; denn sie zernichten den Glauben und die Sitten! Rede, gehalten am neuen Jahrestage 1852. Ein dritter homilet. Beitrag zur weiteren Beantwortung der gegenwärtigen Zeitfragen. gr. 8. (36 S.) Heidelberg 852, C. Mohr. *

— mit welchen Gefühlen u. Entschließungen schreitet d. Christ üb. d. Grenze e. Jahres? Am Dankfeste 1836. gr. 8. (2 B.) Mannheim 837, Loeffler.
Aus: Dess., Gelegenheitsreden, besond. abgedruckt.

— Rede am Grabe der Maria Rottmann am 6. April 1830. gr. 8. Ebend. 845. 1/12 ₰

Mühling, Ed. Joh. Jos., Rede üb. d. Opfer d. heil. Messe. gr. 8. (2 B.) Mannheim 840, Loeffler. Thlr

— Rede bei d. Primizfeier d. Jos. Frz. Kolb. gr. 8. (2 B.) Heidelberg 831, A. Oßwald.

— Rede bei d. Primizfeier d. Jos. Frz. Kolb. Geh. am 25. Sept. 1831. 2. Aufl. gr. 8. (1½ B.) Mannheim 837, Loeffler.
Aus: Dess., Gelegenheitsreden, besond. abgedruckt.

— Rede bei d. Trauergottesdienste für den erzbischöfl. Decan Nicolaus Spang am 15. Decbr. 1837. gr. 8. Ebd. 845. 1/12 ₰

— reich war dieses Jahr an Wohlthaten und Bedrängnissen. Eine Rede gehalten am Dankfeste, den 30. Decbr. 1849. gr. 8. (28 S.) Heidelberg 850, C. Mohr. *

— Spruchbuch. Eine Sammlung von Denk- u. Sittensprüchen u. von Sprüchen aus der heil. Schrift. 2e verm. Aufl. 8. Mannheim 840. Löffler. 1/6 ₰

— Spruchbuch. Eine Samml. v. Denk- u. Sittensprüchen f. d. erste u. zweite Elementarklasse u. v. Sprüchen d. heil. Schrift f. d. dritte Elementarklasse d. Volksschulen. 2., sehr verm. u. verb. Aufl. 8. (5¼ B.) Mannheim 841, Loeffler.

— kurze Uebersicht der Gesundheitslehre in zehn Vorschriften. Bearb. nach Joh. Chr. Gottfr. Jörg's Gesundheitskatechismus. 12. (24 S.) Heidelberg 851. (Mannheim, Löffler.) n. 4 ngr

— dass. in Placatform. 1 Bog. in Imp.-Fol. Ebd. 851. n. 1/6 ₰

— kurze Uebersicht der Gesundheitslehre in 10 Vorschriften. Bearb. nach Dr. Joh. Chr. Gottfr. Jörg's Gesundheitskatechismus. II. (Aufl.) Heidelberg 857. (Mannheim, Löffler.) 12. (24 S.) n. 2 ngr

Mühling, Ed. Joh. Jos., was lehrt uns bei dem Wechsel eines Jahres der Hinblick auf die Vergangenheit u. wie blicken wir in die Zukunft? Rede am Dankfeste d. J. 1837. gr. 8. (2¼ B.) Mannheim 845, Löffler. Thlr.

— was lehrt uns d. scheid. Jahr? Am Dankfeste d. 28. Dec. 1834 geh. gr. 8. (2 B.) Mannheim 837, Loeffler.
Aus: Dess., Gelegenheitsreden, besond. abgedruckt.

— wie feiert der Christ den Gedächtnißtag der Verstorbenen? Rede am Feste aller christgläubigen Seelen im J. 1832. gr. 8. (1¼ B.) Ebds.

— wie feiert d. Christ d. Schluß d. Jahres? Eine Rede, gehalt. am Dankfeste, d. 29. Dec. 1833. 2. Aufl. gr. 8. (2 B.) Heidelberg 834, Reichard.

— wie feiert der Christ den Schluß des Jahres? Eine Rede, gehalten am Dankfeste, den 29. Decbr. 1833. 2e Aufl. 834. 3e Aufl. gr. 8. Mannheim 837. u. 839. Löffler. 1/8 ₰

— wie müssen wir die segensreiche Regierung unseres Landesvaters unterstützen? Rede am Geburtsfeste des Großherzogs Leopold v. Baden den 29. Aug. 1833. gr. 8. Ebd. 845. 1/12 ₰

— wie nahen wir uns Gott nach d. Vorbilde Jesu? 6 Fastenreden. gr. 8. (6¼ B.) Heidelberg 833, Reichard.

— wie nahen wir uns Gott nach dem Vorbilde Jesu? Sechs Fastenreden. gr. 8. Heidelberg 833. Reichard. 3/8 ₰ — 2e durchgeseh. Aufl. gr. 8. Mannheim 839. Löffler. 3/8 ₰

— wie würdigt d. Christ d. Wohlthaten e. christl. Tempels? Rede bei ein. Kirchweihfeste. gr. 8. (2 B.) Mannheim 839, Loeffler.

— wie würdigt der Christ die Wohlthaten eines christl. Tempels? Rede am Kirchweihfeste 1834. 2. Aufl. gr. 8. Ebend. 845. 1/8 ₰

— Worte, gesprochen (den 13. Jenner 1845) am Grabe des Zimmermanns Kaspar Damm. gr. 8. Ebend. 845. 1/12 ₰

— die letzten Worte d. sterb. Erlösers am Kreuze. Sieben Fastenpredigten. gr. 8. (10 B.) Mannheim 837, Loeffler.

[Kantate.] Zum Johannis-Feste 1863. [Unterz.:] [H. J.] Mühling [u.] Geisheim. [Magdeburg 1863: Baensch]. 2 Bl. 8° [Kopftit.]
Ohne Noten: „Zum Feste, zum Feste leuchten die Kerzen . . .“

Mühling, J. J. Historische u. topogr. Denkwürdigkeiten von Handschuchsheim. (10 B.) 8. Mannheim 1840. 2,00.

Mühling, J. J., neue Fastenpredigten. 8. Heidelberg, Groos. 820. –
Schreibpap. –

— — Jesus der Verherrlicher des ewigen Vaters u. Beglücker der Menschheit. 8. Ebend. 820. –
Schreibpap. –

Mühling, (J. J.) Jesus ein Vorbild d. Liebe gegen Gott u. d. Menschen. 6 Fastenreden. gr. 8. Freyburg 827, Herder.

Mühling, Karl

Mühling, Carl, Reiseeindrücke e. Küstenfahrers. (136 S.) gr. 8. Hamburg (901). („Hamburger Börsen-Halle“.) n. 2. —

Reiseeindrücke eines Küstenfahrers. Von Dr. Carl Mühling. (*Hamburg: Hamb. Correspondent 1901.*) (136 S.) 8° [F.] 1901. 2035

Die Teppiche der drei Grade des Systems der Grossen Loge von Preussen, genannt Royal York zur Freundschaft [in Berlin]. Erl. von [P.] Mühling. Königsberg i. Pr. 1907: Leupold. 35 S. 8°

Mühling, Paul, prakt. Arzt: Aus d. Laboratorium d. Königl. chirurg. Universitätsklinik zu Königsberg i. Pr. Die Uebertragung von Krankheitserregern durch Wanze und Blutegel. *Königsberg i. Pr. 1899: M. Liedtke.* (23 S.) 8°
Königsberg, Med. Diss. v. 11. Febr. 1899

Das Wesen der Freimaurerei mit Berücksichtigung des Systems der Gr. Loge von Preussen gen. Royal York z. Freundsch. [in Berlin]. Festrede zum 42. Stiftungsfest der Loge Immanuel Or. Königsberg am 22. Apr. 1906 gehalten vom Br. Redner [d. i. Paul Mühling]. Königsberg i. Pr. 1906: Leupold. 15 S. 8°

Mühlingen, L. v., Marietta Robusti, s.: Dasbach's Novellenkranz.

Mühlinghaus, Paul: Beiträge zur Kenntnis der Einwirkung von Fünffachbrom- und Fünffachchlorphosphor auf Phenolalkyläther, aromatische Ester und Phenole. Freiburg i. B. 1908: Wagner. 55 S. 8°

Freiburg i. B., Phil. Diss. v. 1908, Ref. Gattermann

[Geb. 11. Mai 80 München-Gladbach; Wohnort: München-Gladbach; Staatsangeh.: Preußen; Vorbildung: Realgymn. Mannheim Reife Juli 99; Studium: Heidelberg 4, Freiburg i. B. 10 S.; Rig. 17. Jan. 08.] [U 09 1036

Muhlius, Bdkt., († d. 3. Febr. 1793.) medicin.-physikal. u. chemische Untersuchung des Pyrmonter Neu-Brunnens, der mit dem Selter-Brunnen gleich kommt ꝛc. 8. Hannov. 764. Helwing. 4 gl.

Henrici **Muhlii** Dissertationes historico-theologicae, nuper admodum in incluta Holsatorum Academia Kiliensi publice recitatae, et nunc amicorum rogatu conjunctim editae. Kiliae. 1715. 4° k.

Muhlius, Henr[ich]: Das Ebenbild eines rechtschaffenen Lehrers . [Trauergedicht zur Beerdigung auf Christophorus **Francke**, Prof. d. Theol., † 11. Febr 1704.] — Kiel [1704]: Reuther. 2 Bl. 4°

Henrici **Muhlii** Erorterung Verschiedener jetziger Zeit erregten Materien. In Dreyen Ordinations-Reden Kürtzlich abgehandelt. Nebst einem Vorbericht. Von D Josuae Schwartzens Neulichst wieder Ihn herausgegebenem Tractat. Chiliastische Vorspiele genannt An das samtliche Schlesswig-Holsteinische Ministerium. Schlesswig. 1705 8°

Henrici **Muhlii** Commentatio historico-theologica de reformatione religionis in vicinis Daniae regionibus & speciatim in Cimbria recepta. 1710 in academia Kiliensi publice recitata. Kiliae 1715 4° k

Academiae Kiliensis procancellarius Henricus **Muhlius** ad disputationem Francisci Ernesti Vogtii de testamentis etc. pro supremis in utroque iure honoribus consequendis invitat Kiliae (1721) 4° k

Muhlius, Henrich: Hendecasyllabi . [Trauergedicht auf Elisabetha Margaretha **Mosheim**, geb Felden, † 19 Sept 1732.] — Kiliae 1732: Bartsch. 4 Bl. 4°

Der durchs Blut JEsu eingeweyhete, und an Dessen glaubige Zueignung gegründete Neue Weg zum Leben: Bey dem blutigen Hingang Friederichs des IV. Erben zu Norwegen, Hertzogs zu Schlesswig, Holstein, Stormarn etc etc. Als Dero den 19. Julii 1702 in der berühmten Lisscowischen Schlacht bei Crackow Verblichene Leichnam . . . in der Schlesswigschen Dom-Kirche beygesetzet wurde. Am 19. Decembr. selbigen Jahres. Auf Gottorf Bey Hoher Trauer-Versamlung vorgestellet v Henricus **Muhlius**. Schlesswig 1705 Fol.

Mühlkampf, s.: Prochaska Edler v. Mühlkampf.

Mühlke, Karl, s.a. **Von nordischer Volkskunst.**

Von nordischer Volkskunst. Beiträge z. Erforschung d. volkstüml. Kunst in Skandinavien, Schleswig-Holstein, in d. Küstengebieten d. Ost- u. Nordsee sowie in Holland. Gesamm. Aufsätze hrsg. von Karl **Mühlke**, Geh. Baurat. Mit 336 Textabb. Berlin: W. Ernst & Sohn 1906. (252 S.) 4°(8°) [06. 8404 8

Mühll, Karl v. der, über ein Problem der Kartenprojektion. Habilitationsschrift. Leipzig 868. (Hinrichs' Sort.) hoch 4. (18 S.) n. 10 ngr.

Mühll, P. v. d., De Aristotelis ethicorum eudemiorum auctoritate. Diss. 1909. 47 S.

Mühll, W. v. d., Ueber die Aspiration der Formen von Nasalen u. Liquidis im Zend u. im Griechischen. Diss. 1875. 71 S. 1.50

Mühllacken und seine Umgebung. Mit 4 lithograph. Ansichten. und 2 Blättern Text. Quer 8. Linz. Lithographirt und gedruckt bei J. Hafner. 1853.

Muhlmann, Ferd. Wilh., Untersuchung ob durch d. Verletzung der Sehnen u. des Beinhäutchens unerträgl. Schmerzen, Entzünd. u. Brand erfolgen können. Kgsb. 4°. *Haller*, Coll. diss. Laus. 1758. Bibl. chir. II, 393. Bibl. anat. II, 505.

1754

Mühlmann, der Bandwurm. Die Spulwürmer u. die Madenwürmer, ihr Vorkommen, ihr verderbl. Wirken u. ihre bequeme Entferng. 8. (45 S.) Hannover 893. P. Klemann. n. — 50

Mühlmann. Die Heilung der Flechten, Grinde, Schorfe, Geschwüre ꝛc. 4. Aufl. 8. (63 S.) Hannov. 891. Kleemann. — 50

— die Heilung der Flechten, Grinde, Schorfe, Geschwüre, Scropheln, Verschwindflechte, Finnen u. Sommerflecken im Gesicht, rissiger Haut, krätzartiger Hautausschläge, der Gicht u. d. alten Rheumatismus, nebst Angabe der Ursachen dieser Krankheiten. 4. u. 5. Aufl. 8. (63 S.) Ebd. 891. 893. n. — 50

Mühlmann, d. Heilg. d. Flechten, Grinde, Schorfe, Geschwüre, Scropheln, Verschwindflechte, Finnen u. Sommerflecken im Gesicht, rissiger Haut, der Krätze, krätzart. Hautausschläge, d. Gicht u. d. alten Rheumatismus, nebst Angabe d. Ursachen dieser Krankheiten. 7. Aufl. 8. (61 S.) Hannover 895. P. Klemann. n. — 50

Mühlmann, die sichere Heilung der Flechten, Grinde, Schorfe, Geschwüre, Scropheln, Verschwindflechte, Finnen und Sommerflecken im Gesicht, rissiger Haut, krätzartiger Hautausschläge, des alten Rheumatismus und der Gicht, nebst Angabe der Ursachen dieser Krankheiten. 8. (46 S.) Hamburg 877, Nestler und Melle.

Mühlmann, die sichere Heilung der Flechten, Grinde, Schorfe, Geschwüre, Scropheln, Verschwindflechte, Finnen u. Sommerflecken im Gesicht, rissiger Haut, krätzartiger Hautausschläge, des alten Rheumatismus u. der Gicht, nebst Angabe der Ursachen dieser Krankheiten. 8. (46 S.) Schleswig 877. Meves. n. — 80

Mühlmann: Deutsches evgl. Leben in Rumänien. 15 S

— die Verminderung der Familienlasten u. der Nahrungs-Sorgen. 8 (48 S.) Ebd. 891. n. — 50

— d. Verminderg. d. Familienlasten u. d. Nahrungs-Sorgen. 2., verm. Aufl. 8. (61 S.) Ebd. (893). — 75

Muehlmann, Adolph (Carl Gustav Adolph) (Züllichau), De graviditatis diagnosi saepe dubia. Diss. med.-obstetr. Berlin (A. Petsch) 8. IV. 1826. 43 S. mit Biogr. (M.: B. C. Burdach.) (3.50) 23819
Oppon.: Wilh. Lichtenauer, Wilh. Schultzen, F. Koehler. — Gew.: E. von Siebold, Carl Ludwig Muehlmann (Vater).

Muehlmann, Edmund. (geb. Züllichau 9. 6. 1827) De lithotripsia. Berolini (1852). (31 S.) 8°

Berlin, Med. Diss. v. 4 Aug. 1852

Mühlmann, G., Leben Aug. Herm. Francke's, s. Sonntags-Bibliothek.

Mühlmann, Georg, Referendar in Dresden: Der Minderkaufmann. Leipzig: O. Wigand 1906. (71 S.) 8°
Leipzig, Jur. Fak., Diss. v. 26. Nov. 1906
[Geb. 10. Nov. 82 Chemnitz; Wohnort: Dresden; Staatsangeh.: Sachsen; Vorbildung: Wettiner Gymn. Dresden Reife O. 01; Studium: Berlin 2, Leipzig 5 S.; Rig. 22. Juli 04.]

Mühlmann, Gust., Beiträge zur Gymnasialfrage. 1.—3. Heft. gr. 8. Leipzig, Roßberg'sche Buchh. *
Inhalt:
Heft 1. Der Einfluß der Alterthumsstudien in den Gymnasien und ihr Verhältniß zu den übr. Unterrichtsgegenständen. (S. 1—40.) 868. 75 Pf.
» 2. Das Progymnasium. Der Jahrescursus. Der Lectionsplan. Die schriftlichen Arbeiten, Correcturen, Censuren 2c. (S. 41—80.) 869. * ℳ 1.
» 3. Die geschlossenen Anstalten [Internate oder Alumnate]. (S. 81—120.) 870. * 50 Pf.
—— dass. — 2. unveränd. Aufl. gr. 8. (120 S.) Ebendas. 872.

Mühlmann, Gust. Ed., Elementarbuch d. latein. Sprache nach Seidenstücker's Methode bearb. 1. Abthl. u. 2. Abthl. nebst e. Anhange über die Construction der mit Präpositionen zusammengesetzten Zeitwörter im Lateinischen. 8. Leipzig, [T. O. Weigel.] [1. (12 B.) 843. 11 1/4 Ngr., 2. (15 3/8 B). 44. 15 Ngr.]

— s. Georges, Carl Ernst, Thesaurus.

Mühlmann, Gust., Lateinische Grammatik für die unteren Klassen der Gymnasien. gr. 8. (VIII u. 168 S.) Leipzig 850, C. L. Fritzsche. 5/12 ℛ

Mühlmann, Gust., lateinische Grammatik für die unteren Klassen der Gymnasien. 2. Aufl. gr. 8. (VIII und 168 S.) Leipzig 866, C. F. Schmidt.

Mühlmann, Gust. (Ed.), lateinisch-deutsches und deutsch-lateinisches Handwörterbuch zum Gebrauch für Gymnasien, latein. Schulen und Lyceen und für Real- und höhere Bürgerschulen, mit besonderer Berücksichtigung auf Eutropius, Cornelius Nepos, Cäsar, Justinus, Curtius etc. bearb. Latein.-deutscher Theil. 1. Aufl. 1854. und 2. Aufl. 8. (VI und 710 S.) Leipzig 856, Ph. Reclam jun. *

Mühlmann, Gust., Lateinisch-deutsches und Deutsch-lateinisches Handwörterbuch zum Gebrauche für Gymnasien, lateinische Schulen und Lyceen und für Real- und höhere Bürgerschulen, mit besond. Rücksicht auf Eutropius, Cornelius Nepos, Cäsar, Justinus, etc. bearb. (1. Thl.) Latein.-deutscher Thl. 854. — 2. u. 3. Aufl. Leipzig 857. Reclam jun. 8. (3 Bl., 710 S.) n. 20 ngr

Mühlmann, Gust., lateinisch-deutsches und deutsch-lateinisches Handwörterbuch zum Gebrauch für Gymnasien, lateinische Schulen u. Lyceen u. für Real- u. höhere Bürgerschulen. (1.) Lateinisch-deutscher Thl. 4—6. Aufl. Leipzig 859—62. Ph. Reclam jun. 8. (3 Bl., 710 S.) n. 20 ngr

—— lateinisch-deutsches und deutsch-lateinisches Handwörterbuch zum Gebrauch für Gymnasien und lateinische Schulen und Lyceen und für Real- und höhere Bürgerschulen bearb. 2 Thle. 8. Leipzig 870, Ph. Reclam jun. * ℳ 4.; geb. *
Inhalt:
Thl. 1. Lateinisch-deutscher Theil. 13. Aufl. (IV, 710 S.) * ℳ 2.
» 2. Deutsch-lateinischer Theil. 12. Aufl. (IV, 703 S.) * ℳ 2.

Mühlmann, Gust., Lateinisch-deutsches und deutsch-lateinisches Handwörterbuch. Zum Gebrauch für Gymnasien, lateinische Schulen und Lyceen und für Real- und höhere Bürgerschulen bearb. 2 Thle. Leipzig 872—79, Ph. Reclam. à Thl. * ℳ 2. *
geb. *
Inhalt:
Thl. 1. Lateinisch-deutscher Theil. 14.—23. Aufl. (IV, 710 S.)
» 2. Deutsch-lateinischer Theil. 13.—23. Aufl. (IV, 703 S.)

Mühlmann's, G., lateinisch-deutsches und deutsch-lateinisches Handwörterbuch. Zum Gebrauch für Gymnasien, Real- und höhere Bürgerschulen, neu bearb. von Hans Windel. 2 Thle. 24.—27. Aufl. 8. Leipzig 880—84, Ph. Reclam jun.
à Thl. ℳ 2.
geb. à Thl. ℳ 2,50.
Inhalt:
Thl. 1. Lateinisch-deutscher Theil. (V, 692 S.)
» 2. Deutsch-Lateinischer Theil. (678 S.)

Mühlmann's, G., lateinisch-deutsches und deutsch-lateinisches Handwörterbuch. Zum Gebrauch für Gymnasien, Real- und höhere Bürgerschulen, neu bearb. von Hans Windel. 2 Thle. 28.—30. Aufl. 8. Leipzig 885—88, Ph. Reclam jun.
à Thl. ℳ 2.—.
geb. à Thl. ℳ 2.50.
Inhalt:
Thl. 1. Lateinisch-deutscher Theil. (V, 692 S.)
» 2. Deutsch-lateinischer Theil. (678 S.)

Mühlmann's, G., lateinisch-deutsches u. deutsch-latein. Handwörterbuch zum Gebrauch f. Gymnasien, Real- u. höh. Bürgerschulen, neu bearb. von Hans Windel. 2 Thle. 40. Aufl. (V, 692 u. 678 S.) 8. Leipzig (905). Ph. Reclam jun. à 2.—; geb. in Halbleinw. à 2.50

— Handwörterbuch der latein. Sprache mit besond. Rücksicht auf latein. Schulen, Gymnasien und Lyceen. 1. Theil. Latein.-Deutsch. Lex.-8. Würzburg 842, Stahel. 3 ℛ — 2. Thl. Deutsch-Latein. Ebend. 845. 2 ℛ

—— Handwörterbuch der latein. Sprache m. besond. Rücksicht auf latein. Schulen, Gymnasien u. Lyceen. 2 Thle. Lex.-8. Würzburg, Stahel'sche Buchh.
Thl. 1. Lateinisch-deutsch. (80 1/2 B.) 843. 3 Thlr.
» 2. Deutsch-lateinisch. (78 1/2 B.) 845. 2 Thlr.

— s. Kaltschmidt, J. H., etymolog. Wörterbuch der griech. Sprache.

Mühlmann, Gust. Ed., die griech. Composita, s. Kaltschmidt, J. H.

—— Leges dialecti, qua Graecorum poetae bucolici usi sunt. Lib. III. Dissert. praemio ornata. 8maj. (10 1/2 B.) Lipsiae 838, [T. O. Weigel.]

– s. Repertorium d. class. Philologie.

— seid nüchtern! Vortrag zur Stiftung d. Enthaltsamkeits-Vereins in Halle. 16. Halle 844, Mühlmann. 1/24 ℛ — 2. verm. Aufl. 16. Ebend. 844. 1/24 ℛ

—— Thesaurus der classischen Latinität, s. Georges, Carl Ernst.

—— Verzeichniß der geograph., mytholog. u. geschichtl. Namen, als Anhang zu dem 1. Thle. des Handwörterbuchs der latein. Sprache. Lex.-8. (17 B.) Würzburg 845, Stahel'sche Buchh.

—— Vortrag zur Stiftung des Enthaltsamkeits-Vereins in Halle. 1. Aufl. (3 B.) u. 2., verm. Aufl. 16. (3 1/2 B.) Halle 844, Mühlmann. à

Mühlmann, Gust. Ed., die Wissenschaft der Lateinischen Grammatik, dargestellt. 1e Abthl., nebst e. Vorworte über das Verhältniß der Philologie zur Philosophie, Geschichte, Gegenwart u. Pädagogik. gr. 8. Leipzig 839, Schumann. 5/8 ℛ

—— die Wissenschaft d. lat. Grammatik, dargestellt. 1. Abthl., nebst e. Vorw. üb. d. Verhältniß d. Philologie z. Philosophie, Gesch., Gegenwart u. Pädagogik. gr. 8. (7 1/2 B.) Leipzig 839, [T. O. Weigel.]

Mühlmann, Gustav: Griechisch-deutsches Wörterbuch ..., s. Rost, Valentin Christian Friedrich

Mühlmann, J[ohannes]: •Darstellung und Beurtheilung der Kant'schen Lehre von den Paralogismen der reinen Vernunft. 81 [vielmehr: 82] S. 4° (2°)
Halle-Wittenberg, Phil. Diss. v. 30. Nov. 1875
Geb. [Obornik (Posen) 22. 9. 1848]

Mühlmann, Johannes [Oberl. Dr.]: Zur Frage der makkabäischen Psalmen. Berlin, Buchdr. v. Trowitzsch & Sohn, 1891; S. 3—19: 4°
Berlin, k. Wilhelms-G, P 1891 (66)

Mühlmann, Karl

Mühlmann, Carl, cand. min. aus Lichtenberg b. Frankfurt a. O.: **Bedeuten** die Bugenhagenschen Schulordnungen gegenüber dem Unterricht der Visitatoren an die Pfarrherren im Kurfürstentum Sachsen einen Fortschritt? *Wittenberg: P. Wunschmann 1900.* (43 S.) 8°
Leipzig, Phil. Diss. v. [15. Dez.] 1900

Muehlmann, Car[illegible] Züllichau [illegible] De partu praematuro artificiali. Berolini 18[illegible] (26 S.) 8°
Berlin, Med. Diss. v. 27. Sept 18[illegible]

Mühlmann, Moisej

Mühlmann, Moissey

Mühlmann, M. (M. Millmann), das Altern u. der physiologische Tod, s.a. **Sammlung anatomischer u. physiolog. Vorträge u. Aufsätze. 11. Heft.**

Das Altern und der physiologische Tod. Ergänzungen z. physikal. Wachstumslehre. Von M[oisej] **Mühlmann** (M. Millman), Prosektor in Balachany (bei Baku). Jena: Fischer 1910. 44 S. 8°
(Sammlung anatom. u. physiol. Vorträge u. Aufsätze. H. 11.)

Mühlmann, Moissey [aus Odessa]: Ueber Hirnpigmente ... Berlin, Buchdr. v. G. Schade, *1892;* 29 S., 1 Bl. 8.
Berlin, Med. Fak., Inaug.-Diss. v. 12. März 1892

Mühlmann, M., über die Ursache des Alters. Grundzüge der Physiologie des Wachsthums m. besond. Berücksicht. des Menschen. gr. 8. (XII, 195 S. m. 15 Abbildgn.) Wiesbaden 900. J. F. Bergmann. n. 5.—

Mühlmann, R., deutsches Lesebuch f. Elementarschulen u. Vorbereitungsklassen. 1. Tl. 2. Schulj. gr. 8. (120 S. m. Abbildgn.) Riga 900. C. J. Sichmann. Kart. n. 1.—

Mühlmann, R., Rechenbuch f. mündliches u. schriftliches Rechnen. Neu-Bearbeitung. 1.—3. Tl. 8. Riga, Jonck & Poliewsky. Kart. à — 80
1. Zahlenraum bis 1000. (82 S.) 910.
2. Der unbegrenzte Zahlenraum. (Das Rechnen m. gleichbenannten Zahlen.) (61 S. u. Antworten 12 S.) 910.
3. Das Rechnen m. mehrfach benannten Zahlen. Vorübungen zur Bruchrechng. (50 S. m. Antworten 8 S.) 910.

— Rechenfibel, nach der vereinigten Zähl- u. Anschauungsmethode bearb. Neu-Bearbeitung. (71 S. m. Fig.) 8. Ebd. 909. Kart. — 75

— dasselbe. Beilage. Die Behandlung der Zahlen 1—6 nach der vereinigten Zähl- u. Anschauungsmethode in ausgeführten Lehrbeispielen. (38 S. m. Fig.) 8. Ebd. 909. — 80

Verlags-Katalog von Richard **Mühlmann**'s Verlag (Max Grosse) in Halle a.S. 1805–1905. (Halle a.S.: R. Mühlmann 1905.) (111 S.) 8° [5.] (05. 9300) 10

Mühlmeister, Herm. Heinr. (Bückeburg-Schauenburg), De usu jurisjurandi perhorrescentiae. Präs. Fried. Ulrich Pestel. Rinteln (J. G. Enax) 1. X. 1737. 32 S. (—.—) 23824
Widm. v.: Wigand Kahler, Dan. Fried. Brinckmann (dtsch.)

Mühlmeister, Karl, hinaus ins Freie. Ein heiteres Bilderbuch, m. Versen v. Otto Ernst. (1.—5. Taus.) (29 S.) 8. München (910). G. W. Dietrich. Geb. 2. —

Mühlner, Joh. Karl Wilh., die Doppel-Capelle St. Crucis zu Landsberg im Reg.-Bez. Merseburg. Ein Denkmal der Baukunst d. 12. Jahrh. 2., stark verm. u. verb. Aufl. 8. (55 S.) Delitzsch 873. Papst. n. — 80

Mühlner, Joh. Carl Wilh., Suum cuique! (Jedem das Seine.) Katechisation und Vortrag über das Leben des Königs, gehalten zur Feier des Geburtstages Sr. Maj. des Königs Friedrich Wilhelm IV. ꝛc. am 15. Oktbr. 1854. Halle 855. Anton. 16. (30 S.) 2½ ngr.

Muehlon, Wilhelm, Rechtspraktikant: Die rechtliche Stellung der Kirche auf dem Gebiete des bayerischen Volksschulwesens. *München: J. Schweitzer 1904.* (IV, 59 S.) 8°
Würzburg, Jur. Diss. v. 1904

Mühlordnung, neue, s.a. **Mühlen-Ordnung.**

Mühlordnung, neue, f. d. Königr. Württemberg v. 7. Oct. 1840. Mit Zusätzen u. Register. gr. 8. (2¾ B.) Reutlingen 840, Kurtz'sche Buchh.
Aus dem: Regierungsblatt No. 51, besond. abgedruckt.

Mühlpauer, Maxim. Jos. (phil. & med. Dr. u. Stadtphysikus das.), Beschreibung dess (!) *Abensperger Gesund-Baads,* od. so gen. *Stincken-Wassers,* . . . . Mit Erlaubnuss der Oberen. Augspurg, gedr. bey Frz. Jos. Klugheimer, Anno 1743. 12°.
6 Bll. Vorst. u. 30 S. — Selten!

Mühlpfordt, C., des Kindes Rechenbuch. Aufgaben zur Beförderung eines wahrhaft geistbildenden Ziffer- u. Denkrechnens. Nach einer neueren Methode zum Gebrauche für Volksschulen und mit Rücksicht auf „die 3 Preußischen Regulative" und „die erläuternden Bestimmungen der Königl. Regierung zu Merseburg" bearb. Halle 857. Pfeffer. 8. (48 S.) n. 2 ngr.

Mühlpfordt, C., neue Rechenmaschine. Eine Vorrichtung zur Versinnlichung des Rechnens in ganzen und gebrochenen Zahlen, ausführlich zum Zwecke der Selbstanfertigung beschrieben und mit vollständ. Gebrauchsanweisung für Lehrer an Volksschulen ꝛc. versehen von dem Erfinder. Mit einem Vorwort von C. Hentschel. 1. Aufl. (XII und 72 S.) 1850. und 2., mit einem Anhange verm. Aufl. 8. (XIV und 99 S. mit 2 Stnt. in Fol.) Halle 852. [Braunschweig,] Schwetschke und Sohn.

Mühlpfordt, C., arithmetische Uebungen zur Beförderung eines wahrhaft geistbildenden Kopf- und Denkrechnens für Schule und Haus. Nach einer neuen Methode bearb. 8. (VIII und 156 S.) Halle 853, Pfeffer.

— arithmetisches Uebungsbuch. Aufgaben nebst Auflösungen zur Beförderung eines wahrhaft geistbildenden Ziffer- und Denkrechnens. Nach einer neueren Methode zum Gebrauche für Volksschullehrer, Schulhelfer u. Jugendfreunde und mit Rücksicht auf „die 3 Preuß. Regulative" und „die erläuternden Bestimmungen der Königl. Regierung zu Merseburg" bearb. Mit einem Vorw. von Dir. Dr. Vogel. Ebend. 857. 8. (VI, 98 S.) n. 10 ngr.

Mühlpfordt, W., d. Handwerkerfrage u. das neue Handwerksgesetz. gr. 8. (58 S.) Königsberg 899. W. Koch. n. 1. —

Muehlpfordt, Wolfgang [aus Königsberg]: ... **Preis** und Einkommen in der privatkapitalistischen Gesellschaft ... Königsberg, Hartungsche Buchdr., *1893;* 1 Bl., 53 S., 1 Bl. 8.
Königsberg, Phil. Fak., Inaug.-Diss. v. 22. Dez. 1893

Muehlpfordt, Wolfg., Preis u. Einkommen in der privatkapitalistischen Gesellschaft. Diss. gr. 8. (54 S.) Königsberg 893. (W. Koch.) n. 1.—

Mühlpfort

— **Friedrich Theodor** (Jena), De donationibus principum Imperii. Diss. jur. Präs. Adrian Beier. Jena (Muller) April 1704. 32 S. (5.—) 23834

Mühlpforth, Hnr., auserles. Gedichte, s. Bibliothek deutscher Dichter. XIV.

Mühlpforth, Wilh., Schwert u. Schild. Deutsche Lieder. 1. Taus. (40 S.) kl. 8. Graz 909. F. Pechel. 1.—

Deutsche, verkauft Euer Land nicht ohne Not an die Polen! Ein Mahnwort an s. Gemeinde-Mitglieder von Johannes **Mühlradt**, Pfarrer. Danzig (1909): Kafemann. 15 S. 8°

Die Grundsteinlegungsfeierlichkeiten und das Richtfest für die beiden evangelischen Kirchen in Grünthal, Kr. Berent, und in Dreidorf, Kr. Pr. Stargard. Mit 12 Ill. ... von Johannes **Mühlradt**, Pfarrer. (Grünthal): Selbstverl. 1910. 50 S. 8°
(Mühlradt Die Tucheler Heide. Bdch. 2.) 10

Die ev. Gemeinde Grünthal per Frankenfelde W.-Pr. Ein kleines Bild d. Nothstände d. Diaspora d. Tuchler Heide u. zugl. e. herzl. Bittruf an d. ev. Glaubensgenossen Deutschlands. (Verf. **Mühlradt**, Pred.) 6. Aufl. *o. O. [um 1900]* (80 S.) 8° [F.] 10

Die ev. Gemeinde Grünthal bei Frankenfelde W.-Pr. Ein kleines Bild d. Notstände d. Diaspora d. Tuchler Heide u. zugleich e. herzl. Bittruf an d. ev. Glaubensgenossen Deutschlands. (Verf.: **Mühlradt**, Pred.) 7. Aufl. *(Danzig 1904. A. W. Kafemann.)* (16 S.) 8° [F.]

Die ev. Gemeinde Grünthal bei Frankenfelde W.-Pr. Ein kleines Bild d. Notstände d. Diaspora d. Tuchler Heide u. zugleich e. herzl. Bittruf an d. ev. Glaubensgenossen Deutschlands. [Verf. Joh Paul Reinhold **Mühlradt**, Pred.] 9. Aufl. *(Danzig 1901. A. W. Kafemann.)* (32 S.) 8° [F.] [Umschlag:] Aus der Tuchler Heide.

Mühlradt, Johs., die Tuchler Heide in Wort u. Bild in 2 Bdn. Ein Beitrag zur Heimatkunde Westpreußens. 1. Bd. 8. Danzig 908. (A. W. Kafemann). 3.—; geb. n 3.50
Ein Besuch in Grüntal in der Tuchler Heide, Kr. Berent. Eine kulturelle Schilderg. unter Berücksicht. der Verhältnisse der gesamten Tuchler Heide, m. 66 Bildern u. 1 Karte. (XVI, 45 S.)

Ernste und heitre Reimereien aus der Tuchler Haide. Den Freunden s. Gemeinde gewidmet von **Mühlradt**, Pred. *(Grünthal b. Frankenfelde) 1900.* (46 Bl.) 8°

Mühlradt, O., Preußenbuch. Geschichtserzählungen und Gedichte gesammelt und geordnet. Mit Beiträgen und einem Vorworte von F. G. L. Greßler 1. Aufl. 1857. 6 Ngr. und 2., verb. und mit Abbildgn. versehene Aufl. 8. (XII und 171 S. mit eingedr. Holzschn. und 5 Stnt., wovon 4 ill. und in Tondr.) Langensalza 858, [Schulbuchhandlung von Greßler]

Mühlradt, Otto, der deutsche Sprachunterricht für die Volksschule, mit Hervorhebung der Rechtschreibung u. der Anfertigung von Aufsätzen. Langensalza 867. Verlags-Comptoir. gr. 8. (VII, 83 S.) 7½ ngr.

—— Wochensprüche und Gebete zum Anfang und Schluß der Schule. 8. (32 S.) Langensalza 857, [Schulbuchhandlung von Greßler]

Mühlrath, Jo. Carl (Wittenberg/Sachs.), Positiones de origine cambiorum. Präs. Johann Christian Hedler. Wittenberg (J. W. Bossoegel) 20. III. 1744. 8 S. (5.—) 23839

— **Johann Carl** (Wittenberg/Sachsen), Pleniorem adsertionem juris amortizationis sistens. Diss. jur. Präs. Fried. Aug. Christ. Wahl. Helmstedt (P. D. Schnorr) 7. V. 1746. 50 S. (6.50) 23840

Mühlreiter, ..., s. arithmet. Hülfstafeln.

Mühlreiter, E., Anatomie des menschlichen Gebisses. Mit besonderer Rücksicht auf die Bedürfnisse d. Zahnersatzkunde. Mit 58 Figg. in (eingedr.) Holzschn. Leipzig 870. Felix. gr. 8. (VIII, 95 S.) n. 1 ₰ 10 ngr.

Mühlreiter, E., Anatomie d. menschlichen Gebisses. Mit besond. Rücksicht auf die Bedürfnisse der Zahnersatzkunde. 2., überarb. u. verm. Aufl. gr. 8. (VII, 160 S. m. 74 Holzschn.) Leipzig 891. A. Felix. n. 5.—

Mühlschlegel, *Wilhelm* Albert [aus Biberach (Württemb.)]: Einfluss der Epilepsie auf die Fortpflanzungsperiode des Weibes. ... Berlin, Buchdr. v. G. Schade, *1890;* 41 S., 1 Bl. 8°
Berlin, Med. Fak., Inaug.-Diss. v. 18. Sept. 1890

1810—1910. 100 Jahre landw Verein in Schwaben. Eine Denkschrift verf. aus Anlaß d. Kreisversamml. d. landw. Vereins v Schwaben u. Neuburg am 19 Sept. 1910 zu Dillingen. (Verf. E[ugen] Mühlschlegel.) — (Augsburg [1910]· Pfeiffer.) 123 S. 8° 1.

Mühlschlegel, G., Regulierversuche an den Turbinen des Elektrizitätswerkes Gersthofen am Lech. Berlin, 1907 12 S. mit 16 Abb.

Mühlschlegel, G[eorg]: Untersuchungen der Spinnvorgänge. Berlin: Verl. f. Textil-Industrie 1911. 68 S. 4° ¶ Auch als Buch. München, Dr.-Ing.-Diss. v. 26. 7. 1910

Mühlstädt, Hans

Mühlstädt, Hans [app. Arzt aus Dresden]: Aus d. Laboratorium d. pharmakognost. Sammlung in Kiel. Beitrag zur Kenntnis der Wirkung des Sabadillin ... Kiel, Druck v. A. F. Jensen, 1892; 14 S., 1 Bl. 8.
Kiel, Med. Fak., Inaug.-Diss. v [30. Jan.] 1892

Mühlstädt, Genfer See—Chamonix. Mont Blanc, s.a. Hendschel's Luginsland.

Mühlstädt, [Hans]. Genfer See—Chamonix—Mont Blanc. [Mit] 2 Karten, 1 Streckenprofil und 22 teilweise eigenen Aufnahmen des Verfassers [sowie illustriertem Umschlag]. 80 S. 8. Frankfurt a. M., Expedition von Hendschels Telegraph, 1910. (M. 1.50)
Hendschels Luginsland. Heft 14.

— München—Kufstein—Innsbruck—Bozen—Meran. Brennerbahn, s.: Hendschel's Luginsland.

— Toblach—Cortina—Bozen. Predazzo—San Martino. Dolomitenstrasse, s.: Hendschel's Luginsland.

Mühlstedt [Schlagwort]

Mühlstedt, s.: Geologische Karten. Karte (Preussen).

Mühlstedt, s.: Preussen. Messtischblätter.

Mühlsteff, J. M., s.: Steff, J. M.

Mühlstein, Arthur [aus Prag (Böhmen)]: Über orthosubstituierte Alkylaniline. Zürich 1899. 48 S. 8°.
Basel. Phil. Diss, 1899/1900.

Mühlstein-Fabrication, die, in La Ferté-sous-Jouarre, übersichtlich dargestellt in Bezug auf das neuere Mahlsystem. 12. (IV und 20 S.) Dresden 851, Adler und Dietze.

Mühlthaler, Eduard. moderne Reproduktionstechnik f. Schwarz- u. Mehrfarben-Buchdruck, sowie Behandlg. der fert. Aetzplatten vor, während u. nach der Drucklegg. Vortrag. (32 S. m. Abbildgn. u. 2 Taf.) gr. 8. München (903). (Leipzig, G. Hedeler.) n. —80

Mühlvenzel: Über den Vortrag der Naturgeschichte. 7 S.– Prag Kl, Progr. 1851.

Mühlvenzl: Beiträge zur Entwicklung des Lehrsatzes: sin (a + b)= sin a cos b + sin b cos a cos (a+b) = cos a cos b ∓ sin a sin b. 5 S.– Prag Kl., Progr. 1855.

Muehlvenzl. D. Milit. Sanitätswesen u. d. freiwill. Hilfe im Kriege auf d. Wiener Weltausstellg 1873.

Mühlwasser, Edmund

Mühlwasser, E., Das rothe Gespenst der Revolution; s.a. Lesehalle, illustr.

Mühlwasser, Edm., das rothe Gespenst der Revolution oder Kabinetspolitik u. Volkswille. Roman u. Geschichte aus der Gegenwart. 12 Liefgn. Wien 868. Hartleben. gr. 8. (1. u. 2. Bd. 400 S. u. 3. Bd. 170 S. mit eingedr. Holzschntaff.) Jede Liefg. 4 ngr.
— – Dasselbe. 3.–12. Lfg. Schluß. gr. 8. Ebds. à 25 kr.

Mühlwasser, Edmund, Kaiser Maximilian I. oder Schicksal und Kaiserkrone. Geschichtlich-socialer Roman der letzten Vergangenheit. 1.–2. Lfg. (1. Bd. S. 1–96.) Wien, Bartelmus. 1867 à 20 kr.

—— Kaiser Maximilian I. oder Schicksal und Kaiserkrone. Roman in 2 Bdn. Wien 868. (Stuttgart, Werther.) (M. 7,20.)

Mühlwasser, Hans, 340 Ausflüge in die Umgegend v. Brünn, umfassend die Gebiete der mähr. Schweiz, des Rossitzer Berglandes, des böhm.-mähr. Höhenzuges, des Schönhengstgaues, des Marsgebirges, d. Steinitzer Waldes u. des Pollauer Gebirges. Im Auftrage der Sektion „Brünn" des österreich. Touristenklub zusammengestellt v. dessen Ausschussmitgliede M. 3., verb. u. verm. Aufl. (143 S.) kl. 8. Brünn 909. G. & R. Karafiat. 1.—

Mühlwasser, Hans, u. Eug. Dworzak, 275 Ausflüge in die Umgegend von Brünn, umfassend die Gebiete der mähr. Schweiz, des böhm.-mähr. Höhenzuges, des Marsgebirges, des Steinitzer Waldes u. des Pollauer Gebirges. Im Auftrage des österreich. Touristenklub Sektion „Brünn" zusammengestellt. 2., verb. u. um 93 Ausflüge verm. Aufl. (116 S.) kl. 8. Brünn 905. G. & R. Karafiat. n. 1.—

Mühlwerth-Gärtner, Friedrich Frhr. von

Mühlwerth-Gärtner, F. Frhr. v., s.a. Beiträge zur Geschichte der österreichischen Kavallerie.

Mühlwerth-Gärtner, Friedrich Freiherr v., k. k. Major. Beiträge zur Geschichte der österreichischen Cavallerie. Die österreichische Cavallerie in Feldzügen des XVIII. Jahrhunderts und in jener der neuesten Zeit (1859 und 1866). Im Auftrage und unter Leitung der Direction des k. k. Kriegs-Archivs verfasst in der Abtheilung für Kriegsgeschichte. Mit 18 Karten und Plänen.
8. Wien 1882.

Mühlwerth-Gärtner, Frdr. Frhr. v., die Belagerung u. der Entsatz v. Wien im J. 1683. [Auszug aus dem k. k. Kriegsarchive hrsg. Werke: „Das Kriegsjahr 1683".] Mit 1 (Fcsm.-)Taf. gr. 8. (45 S.) Wien 883. Seidel & Sohn. n. — 80

Mühlwerth-Gärtner, F. Frhr., s.: Feldzüge d. Prinzen Eugen v. Savoyen.

Mühlwerth-Gärtner, F. Frhr.. die Kraftproduction u. der Kraftverbrauch im Pferde vom kavalleristischen Standpunkte. [Beilage zu den „Oesterr.-ungar. Milit. Blättern."] gr. 8. (63 S.) Teschen 875. Prochaska. n. 2. 40

Mühlwerth-Gärtner, F. Frhr. Span. Successionskrieg. Feldzug 1711. (Mit) Atl. Wien 1887. 8° u. 2°.

Mühmelt, O., Heimatskunde des Kreises Meseritz. Unter Benutzg. amtl. Quellen. gr. 8. (20 S.) Lissa 902. F. Ebbecke. n. — 20; m. farb. Karte n. — 60

Muhmen, die beyden, eine moral. Erzähl. f. die Jugend von d. Verfasserin d. blinden Kindes. 12. Leipzig, Wolf. (Schmidt.) 796.

Muhmen, die beiden; e. moral. Erzählung f. d. Jugend, vom Verf. d. blinden Kindes. 12. Leipz., Schmidt. 16 gr. 2e Ausg. Mit Kpf. 8. Frkf. 819. Sauerländer. 12 gr.

Muhr, Kaffee-Klexbilder, s. Kaulbach, Wilh. v.

Muhr, Adolph. Aemil. Guil. (geb. Berlin 22. 9. 1788): De partibus ossium excidendis. (Berolini 1823.) (29 S.) 8°
Berlin, Med. Diss. v. 23. Dez., 1823

Muhr, Felix [aus Wien]: Eine Regelmässigkeit bei der Spaltung aromatischer Ketonsäuren ... Heidelberg, Univ.-Buchdr. v. J. Hörning, 1896; 32 S., 1 Bl. 8.
Heidelberg, Naturw.-math. Fak., Inaug.-Diss. v. [12. Juni] 1896

Muhr, Geo., s.a. Blütengärtlein des hl. Franziskus v. Assisi.

Muhr, Jos., die Mundtheile der Insecten, dargestellt auf 5 Wandtafeln. Lith. gr. Fol. (Mit 1 Bl. Text.) Prag 879. Dominicus. n. 6. 72; Mappe dazu n.n. – 60

Muhr, Jos., üb. die Mundtheile der Orthoptera. Ein Beitrag zur vergleich. Anatomie. Mit 8 lith. Taf. gr. 8. (III, 32 S.) Prag 877. Dominicus. n. 3. —

— Die Mundtheile von Scolopendrella und Polyzonium, mit 1 Tafel. 9. ibd. 82. Progr.

Muhr, Lambert [app. Arzt aus Bamberg (Rheinland)]: Über einen Fall von Defect des ganzen vorderen Septums ventriculorum cordis mit Persistenz des Truncus arteriosus communis und Defect des Septumsatriorum. ... Würzburg, Becker's Univ.-Buchh., 1889; 33 + 1 S. + 1 Bl. 8°
Würzburg, Med. Fak., Inaug.-Diss. v. 1889

Muhr, Thdr. Alte u. neue Wirthschafts-Regeln. Landwirthschaftlicher Rathgeber f. kleine Wirthschaften. Mit Vorwort v. Alb. Orth. 8. (IV, 236 S.) Berl. 891, Trowitzsch u. Sohn. geb. * 2 50

Muhr, Thdr., alte u. neue Wirthschafts-Regeln. Landwirthschaftl. Rathgeber. 2., neubearb. Aufl. M. Einführg. v. Alb. Orth. gr. 8. (VIII, 292 S.) Berlin 896. Trowitzsch & Sohn. Geb. in Leinw. n. 4.—

Muhr, W., die Beteiligung des preußischen Staates an den Schullasten. Die Besoldungskassen als Mittel zu e. verfassungsgemäßen Verteilg. der Staatszuschüsse. 1. u. 2. Aufl. (72 S.) 8. Eilenburg (909). C. W. Offenhauer. — 80

Die Dezentralisation der Schulverwaltung. Von W[ilhelm] **Muhr,** Lehrer. Magdeburg: Friese & Fuhrmann 1909. 60 S. 8° (tt. 1913)

Mühr: Die Fauna der näheren Umgegend von Bingen. (Fortsetzung.) Bingen. 1867
Schul-/Univ.-Schrift

Mühr, J. B., s.: Verhandlungen der 15. Versammlg. deutscher Wein- u. Obstproducenten.

Mühr, Max [aus Burg]: Über die Gefahren der Nasenirrigationen für das Ohr ... Halle a. S., Hofbuchdr. v. C. A. Kaemmerer & C., 1893; 25 S., 1 Bl. 8.
Halle, Med. Fak., Inaug.-Diss. v. 10. Nov. 1893

Muhrbeck, Johann Christoph (Greifswald), De antinnomia philosophica regulisque generalibus in conflictu officiorum observandis. Greifswald (A. F. Röse) Epiphaniasfest 1774. 16 S. (5.—) 24353

Muhrbeck, Johann Christoph [Praes.], s. Barkow, Christian Joachim Friedrich: De unitate dei Diss. philos.

Muhrbeck, Johann Christoph [Praes.], s. Bering, Carl Friedrich von: De bilance gentium.

Muhrbeck, Johann Christoph [Praes.], s. Cortin, Peter: De prudentia principis circa foedera.

Muhrbeck, Johann Christoph [Praes.], s. Gering, Johann Franz: De praescientia dei futurorum contingentium.

Muhrbeck, Johann Christoph [Praes.], s. Moberg, Peter: De origine voluptatis.

Muhrbeck, Johann Christoph [Praes.], s. Norberg, Johann Peter: De facultate hominis divinatrice.

Muhrbeck, Johann Christoph [Praes.], s. Rhodin, Karl W.: De diverso, quod sumitur justitia significatu ejusque notione.

Muhrbeck, Johann Christoph [Praes.], s. Wallin, Jonas: De relaxatione jurisjurandi.

Mührer, A., Repetitorium des Preußischen Strafprozesses, zum Gebrauche bei den Vorbereitungen auf die juristischen Prüfungen und zur Aushülfe in der Praxis, zusammengestellt. Berlin 858. (Streerath u. Co.) 8. (2 Bl., 192 S.) n. 1 ℛ.

Mührer, A., Repetitorium des preußischen Strafprozesses, zum Gebrauche bei den Vorbereitungen auf die jurist. Prüfungen und zur Aushülfe in der Praxis. 1. Aufl. 1859. und 2. Aufl. 8. (IV und 192 S.) Berlin 860, Th. Grieben.

Mührer, Albert: Materialien für den chemischen Unterricht. Stettin, Druck v. Herrcke & Lebeling, 1893; 1—18 S. 4.
Stettin, König-Wilhelms-G, OP 1893 (140)

Mühry, Quellenangabe f. kriegsgeschichtliche Beispiele aus der Terrainlehre auf Grund d. Leitfadens f. den Unterricht in der Terrainlehre auf den königl. Kriegsschulen. gr. 8. (X, 17 S.) Berlin 893. E. S. Mittler & Sohn. n. — 75

Mühry, Ad., hannoversche Annalen, s. Annalen.

– s. Mühry, Karl, medicin. Fragmente.

Mühry, Ad., über die historische Unwandelbarkeit der Natur u. der Krankheiten. Der 22. Versammlung deutscher Naturforscher u. Aerzte zu Bremen gewidmet. gr. 12. Hannover 844, Hahn'sche Hofbuchh. 1/6 ℛ

[illegible], Adalb. Ad., Darstell. u. Ansichten zur Vergleichung der Medicin in Frankreich, England und Deutschland. Nach einer Reise in diesen Landern im Jahre 1835. Mit 2 Planen. 8. Hannover 836. Hahn. 1 1/2 ℛ

Mühry, Adalb. Ad., ad parasitorum malignorum imprimis ad fungi medullaris oculi historiam symbolae aliquot. Acced. figurae V. (auf 4 Bl.) 4 maj. (7 B.) Gottingae 833, Dieterich.

Mühry, Adf., Beiträge zur Geo-Physik und Klimatographie. (In 3 Heften.) 1. Heft. gr. 8. (VII und 92 S.) Leipzig 863, C. F. Winter'sche Verlagsh. *

Mühry, Adf., Beiträge zur Geo-Physik und Klimatographie. 2. und 3. Heft. Ueber das Klima der Hoch-Alpen. gr. 8. (XIII und 213 S.) Leipzig 863, C. F. Winter'sche Verlagsh. *

Mühry, A. Bemerkungen über die ersten Ergebnisse des schweiz. meteorolog. Beobachtungs-systems. 1864. 4.

Mühry, Adf., das Klima der Alpen unterhalb d. Schneelinie, dargestellt nach den besten Befunden des grossen meteorolog. Beobachtungs-Systems in d. Schweiz, im Winter u. im Sommer 1863/64. Göttingen 865. (Rente.) gr. 8. (48 S. mit 2 Tabb. in Imp.-Fol.)

Mühry, Adf., Kritik u. kurze Darlegung der exacten Natur-Philosophie. Ein Beitrag zu der in der Gegenwart auf naturwissenschaftlichem Grunde sich vollführenden neuen Constituirung der Philosophie. 5., sehr verm. Aufl. gr. 8. (XV, 287 S.) Göttingen 882. Vandenhoeck & Ruprecht's Verl. n. 6. 60

Mühry, A.: Ueber die richtige Lage und die Theorie des Calmengürtels auf den Continenten. ([S.-A.] Zeitschrift der Oesterreichischen Gesellschaft für Meteorologie. Bd. 4.) Wien 1869. 50 S. 8°

— über die Lehre von den Meeresströmungen. Untersuchungen. Mit 1 (lith.) Kartenskizze. Göttingen 869. Vandenhoeck & Ruprecht's Verl. gr. 8. (VI, 98 S.) n. 20 ngr

Mühry, A.: Allgemeine geographische Meteorologie oder Versuch einer übersichtlichen Darlegung des Systems der Erd-Meteoration in ihrer klimatischen Bedeutung. Mit vier Karten und vier Holzschnitten. Leipzig u. Heidelberg 1860. XII, 204 S. 8°.

Mühry, A., allgemeine geographische Meteorologie oder Versuch einer übersichtl. Darlegung des Systems der Erd-Meteoration in ihrer klimat. Bedeutung. gr. 8. (XII und 203 S. mit 4 lithogr. Karten in 4. und qu. gr. 4. und 4 eingedr. Holzschn.) Leipzig 860, C. F. Winter'sche Verlagsh.

Mühry, A. Zur orographischen Meteorologie. 1. 3 u. 4. 1870?

Mühry, Adolf, Ueber die exacte Natur-Philosophie. (Als Manuscript gedruckt.) Gottingen 1877.

Mühry, Adf., über die exacte Natur-Philosophie. 2. verm. Ausg. 8. (VI, 101 S.) Göttingen 878, Dieterich'sche Verlagsh. *
Die 1. Aufl. war nicht im Handel.

—— dass. — Ein Beitrag zu der in der Gegenwart auf naturwissenschaftlichem Grunde sich vollführenden neuen Constituirung der Philosophie. 3. sehr verm. Ausg. gr. 8. (VIII, 136 S.) Ebendas. 879. *

Mühry, Adf., über die exacte Natur-Philosophie. Ein Beitrag zu der in der Gegenwart auf naturwissenschaftl. Grunde sich vollführenden neuen Constituirung der Philosophie. 4. sehr verm. Aufl. gr. 8. (X, 212 S.) Göttingen 880, Dieterich'sche Verlagsh. *

Mühry, Adolf, Klimatographische Uebersicht der Erde, in einer Sammlung authentischer Berichte mit hinzugefügten Anmerkungen, zu wissenschaftlichem und zu praktischem Gebrauch. Mit einem Appendix und drei Karten-Skizzen in Holzschnitt. Leipzig und Heidelberg 1862.

—— klimatographische Uebersicht der Erde, in einer Sammlung authent. Berichte mit hinzugefügten Anmerkungen, zu wissenschaftl. und zu prakt. Gebrauch. Mit einem Appendix. gr. 8. (XVI und 744 S. mit 3 Karten-Skizzen in Holzschn.) Leipzig 862, C. F. Winter'sche Verlagsh. *

—— Supplement zur klimatographischen Uebersicht der Erde. Mit einem Appendix, enth. Untersuchungen über das Wind-System, und eine kartl. Darstellung des Systems der Erd-Meteoration. gr. 8. (XII und 320 S. mit 3 Karten in Stndr. in qu. Fol. und 6 Kärtchen in eingedr. Holzschn.) Leipzig 865, C. F. Winter'sche Verlagsh. *

[illegible], A., klimatologische Untersuchungen oder Grundzüge der Klimatologie in ihrer Beziehung auf die Gesundheitsverhältnisse der Bevölkerungen. Mit e. geograph. geordneten, die gesammte Erde umfass. Sammlung klimatolog. Schilderungen. 2 Abthlgn. Mit 1 Karte in Kpfr. (in Fol.), 1 Karte auf Stein (in 4.) u. 3 Holzschn. im Text. Leipzig 858. C. F. Winter. gr. 8. (XIX, 816 S.) n. 4 ℛ.

Mühry, Adf., Untersuchungen über die Theorie u. das allgemeine geographische System der Winde. Ein Beitrag zur Begründung einer rationellen Lehre von den Luftströmen für den Gebrauch der Klimatologie u. der Nautik. Mit eingedr. Holzschn. u. 1 (lith.) Kartenskizze. Göttingen 869. Vandenhoeck & Ruprecht's Verl. gr. 8. (XVIII, 254 S.) n. 1 ℛ 20 ngr

Mühry, A., die geographischen Verhältnisse der Krankheiten, oder Grundzüge der Noso-Geographie, in ihrer Gesammtheit und Ordnung und mit einer Sammlung der Thatsachen dargelegt. 2 Thle. (Allgemeine Gesetze und Lehren der Noso-Geographie. — Thesaurus noso-geographicus.) gr. 8. (XXV und 508 S. mit 1 in Kpfr. gest. und ill. Karte in qu. gr. 4.) Leipzig und Heidelberg 856, Winter'sche Vrlgsh. *

Mühry, Bertha, s.: Nelly, poor.

Mühry, Er., s. Stephen, J., Handbuch d. engl. Strafrechts.

Mühry, G., Gedankenlese aus Shakspeare's dramatischen Werken nach der v. Schlegel-Tieck'schen deutschen Übersetzung. Ausgewählt und systemat. geordnet. 1. und 2. Aufl. 8. (VIII, 278 S.) Hameln 887,88, Fuendeling. *M 3.—.; geb. *

Mühry, G., das geänderte Pfand- u. Concursrecht. Erläuternde Fingerzeige, insbesond. auch für den Nichtjuristen, in Betreff des neuen Hannoverschen Hypothekengesetzes. 1. Aufl. 1865. u. 2., (namentlich durch einen Anhang mit Beispielen) verm. Aufl. Hannover 866. Helwing'sche Hofbuchh. gr. 8. (32 S.) 6 ngr.

Mühry, Georg Friedrich (Hrsg.):

s.: Niemeyer, Ludwig Heinrich Christian: Materialien zur Erregungstheorie. Göttingen: 1800

JB 2.580

Mühry, Georg Friedr(ich) (Übers.u.Comm.):

s.: Portal, Antoine (Baron): Beobachtungen über die Natur und Behandlung der Lungenschwindsucht. (Observations sur la nature et le traitement de la phthisie pulmonaire. Dt.) Bd 1. Hannover: 1799

JB 2.362

Mühry, Georg Friedrich (Übers.u.Comm.):

s.: Portal, Antoine (Baron): Beobachtungen über die Natur und Behandlung der Lungenschwindsucht. (Observations sur la nature et le traitement de la phthisie pulmonaire. Dt.) Th.1 - 2. Wien: 1804

JB 2.363

— Rathschläge u. Vorsichtsregeln, meinen Mitbürgern gegen die bevorstehende Cholera zur Beachtung empfohlen. 2e A. gr. 8. Hannov. 831. Helwing. 1 ℛ

— s. A. Thomson, Untersuchungen.

Mühry, Georg Friedrich (Göttingen), Commentatio de aeris fixi inspirati usu in phthisi pulmonali observationibus illustrata. Göttingen (J. Chr. Dieterich) 1796. 66 S. (7.50) 23841
Mit sehr schöner Vignette von Joh. Schulz (1796) am Schluß des Buches.

— — (Hannover), De aeris fixi inspirati usu in phthisi pulmonali. Diss. Göttingen (J. Chr. Dieterich) 19. III. 1796. 66 S. (7.50) 23842
Gew.: Carl Ludolph August von Kielmannsegge, Ludwig Friedrich von Beulwitz, Christian Ludw. August von Arnswald, Georg August von Steinberg, Ernst Ludwig Julius von Lenthe. — Mit sehr schöner Vignette von Joh. Schulz (1796) am Schluß des Buches.

— s. Willan, über Kuhpockenimpfung.

Mühry, Karl

Mühry, Carl, medicin. Fragmente, betreff. eine allgem. Lehre d. Seebadens u. d. Seebäder u. die Identitätsfrage d. Kuhpocken u. Menschenpocken. Hrsg. mit einigen Zusätzen v. Ad. Mühry. gr. 12. (7⅔ B.) Hannover 841, Hahn'sche Hofbuchh.

—— über d. Seebaden u. d. Norderneyer Seebad. 8. (8½ B.) Hannover 836, Hahn'sche Hofbuchh.

Mühry, Karl Georg: De spinae dorsi distorsionibus et pede equino disquisitio pathologico-therapeutica, adiecta novarum machinarum a viro celeberrimo Langenbeck inventarum descriptione. 60 S., gbd., Abb.

Gottingae: Dieterich 1829

JB 3.680

Mühry, M., praktische Einführg. in den französischen Anfangsunterricht f. mittlere u. höhere Mädchenschulen, sowie f. lateinlose u. Reform-Knabenschulen. Im Anschluss an die Bücher v. Kühn u. Kühn-Diehl. (20 S.) 8. Frankfurt a/M. 907. M. Diesterweg. — 40

Muhs, Georg: Aus d. chemischen Institut d. Universität Breslau. Über das Massenwirkungsgesetz bei der Auflösung schwer löslicher Verbindungen. *Breslau 1904: H. Fleischmann.* (44 S.) 8°
Breslau, Phil. Diss. v. 24. Juni 1904

Zur Einführung der Reformation in den Kreis Teltow. Von Ulrich Muhs, Pfarrer. Groß-Lichterfelde: B. W. Gebel [1907]. (21 S.). 8° [F.] 105. 13904

Muhs, Ulr., Giesensdorf u. Lichterfelde in der Franzosenzeit. (54 S.) 8. Groß-Lichterfelde 910. B. W. Gebel. 1. —

Muhs, Ulrich, die Kritik u. die Stellung zur hl. Schrift. (28 S.) 8. Groß-Lichterfelde (905). B. W. Gebel. n. — 50

Aus der Vergangenheit von Giesensdorf und Lichterfelde. Von Ulrich Muhs, Pfarrer in Groß-Lichterfelde. *Groß Lichterfelde: B. W. Gebel 1904.* (101 S.) 8°

Mühsam, Adolf, prakt. Arzt in Berlin: Über Indikationen zur Einleitung des Aborts. *Berlin 1904: J. Harrwitz Nachf.* (62 S.) 8°
Berlin, Med. Diss. v. 3. März 1904

Muehsam, Eduard, geb. Kreuzburg in Schles. [illegible]. De effectu acidi sulphurici in organismum, imprimis in renes. Berolini (1862) (32 S.) 8°
Berlin, Med. Diss. v. 11. Aug. 1862

Mühsam, Erich, Ascona. Eine Broschüre. 1. u. 2. Aufl. (59 S.) 8. Locarno (905. 906). B. Carlson. n. 1. 60

— die Hochstapler. Lustspiel in 4 Aufzügen. (143 S.) 8. München 906. R. Piper & Co. n. 2. —

— die Homosexualität, s. a. Zur Psychologie unserer Zeit. 5. Hft.

Die Homosexualität. Ein Beitrag z. Sittengeschichte unserer Zeit. Von Erich Mühsam. 2. Aufl. Berlin: J. Singer & Co. [1906]. (43 S.) 8°
= Psychologie, Zur, unserer Zeit. H. 5.

Mühsam, Erich, die Jagd auf Harden. (48 S.) 8. Berlin-Schöneberg 908. Neuer biograph. Verlag. — 80

— Der Krater. (152 S.) kl. 8. Berlin 909. Morgen-Verlag. 2. —

— die Psychologie der Erbtante. Eine Tanthologie aus 25 Einzeldarstellgn. als Beitrag zur Lsg. der Unsterblichkeits-Frage. (101 S.) 8. Zürich 905. [C. Schmidt.] Schweizer Druck- u. Verlagshaus. 1. —

— die Wüste. Gedichte. (Buchschmuck v. Paus Casberg-Krause.) (99 S.) gr. 16. Gr.-Lichterfelde. Berlin 904 E. Eiselt. n. 2. 40

Mühsam, Ernst, approb. Arzt aus Breslau Aus d. pathol. Institut d. Universität Breslau (Dir. Geh. Med.-Rath Dr. Ponfick). Ein **Beitrag** zur Histologie der Mycosis fungoides. *Breslau 1902: R. Nischkowsky.* (37 S.) 8°
Breslau, Med. Diss. v 24. [übergeklebt 22.] März 1902

Mühsam, Hans, approb. Arzt Aus d. pathol. Institute zu Kiel. Ueber unkomplicirte kongenitale **Defekte** in der Kammerscheidewand des Herzens. *Kiel 1900: P. Peters.* (18 S.) 8°
Kiel, Med. Diss. v [4. Mai] 1900

Mühsam, [illegible] geb Breslau [illegible] Fünf Fälle von Meningitis tuberculosa Berlin 1874 [illegible] 8°
Berlin Med Diss v 13 Apr 1874

Mühsam, Kurt: Der gewerbliche Lohnkampf im heutigen Strafrecht unter Mitberücksichtigung des Vorentwurfs zu einem Deutschen Strafgesetzbuch (1909). Berlin 1910: Pilz. VI, 104 S. 8°
Heidelberg, Jur. Diss. v. 17. Okt. 1910, Ref. v. Lilienthal
[Geb. 31 Dez. 87 Berlin; Wohnort: Berlin; Staatsangeh.: Preußen; Vorbildung Gymn. Wetzlar Reife O 06; Studium. Heidelberg 1, Berlin 3, Heidelberg 3 S.; Rig 7 Juli 10.] [U 11 2080

Mühsam, Margarete, Medizinalprakt. Über Teratome im Bereich der Keimdrüsen. Mit 2 Lichtdrucktaf. München: Steinicke 1909. 10 S. 8°
München, Med. Diss. v. 5 Juli 1909, Ref. v Bollinger
[Geb. 1 Okt 78 Berlin Wohnort München Staatsangeh Preußen, Vorbildung Friedrichs-Realgymn Berlin Reife März 02, Studium Berlin 1, München 4, Berlin 2, Kiel 1, München 2 S. Coll 5 Juli 09 Approb 31 Mai 09.] [U 09 3372

Mühsam, Paul, freiwillige Gerichtsbarkeit, s a **Rechtsbücher f. das deutsche Volk. 5. Bd.**

Freiwillige Gerichtsbarkeit Von Dr Paul **Mühsam** *Berlin E. Ebering 1902* (IV, 48 S.) 8° [ʃ]
= **Rechtsbücher** f d deutsche Volk Bd 5 [02 . 119

— die gerichtliche Hinterlegung, insbes. zum Zweck der Schuldbefreiung, s a **Studien, rechts- u. staatswissenschaftliche. 7. Hft.**

Die gerichtliche Hinterlegung, insbes. zum Zweck d Schuldbefreiung, nach gemeinem Recht u B.G.B. Von Dr Paul **Mühsam** *Berlin E. Ebering 1900* (133 S.) 8°
= **Studien**, Rechts- u Staatswissenschaftliche H 7 [00. 850] 10

Mühsam, Richard [aus Berlin] Über den Fundort des Bacillus pyocyaneus und seine Farbproduction bei der Symbiose mit anderen Mikroorganismen .. Berlin, C. Vogt's Buchdr., *1893*, 29 S., 1 Bl. 8.
Berlin Med Fak Inaug.-Diss. v 28 Juli 1893

Mühsam, Rich., Compendium der Operations- u. Verbandstechnik, s.: Sonnenburg, Eduard.

Mühsam, Samuel

Mühsam, S., Abwehr. Predigt, im israelit. Tempel zu Graz am ersten Pessachtage 5642 [4. April 1882] gehalten. gr. 8. (15 S.) Graz 882, [Ferstl'sche Buchh.] Pechel. *

Mühsam, Sam., das israelitische Gotteshaus. Rede zur Einweihung des israelit. Tempels zu Postelberg in Böhmen am 17. Elul 5627 (17. Septbr. 1867) gehalten. gr. 8. (15 S.) Wien 867, (Herzfeld und Bauer.) *

—— **Israels** allgemeine Menschenliebe. Predigt, gehalten im Tempel zu Postelberg in Böhmen am Schemini Azeres 5626 (12. Octbr. 1865.) gr. 8. (16 S.) Wien 866, (Herzfeld und Bauer.) *

Mühsam's, Sam., Predigten. In pietätvoller Erinnerg. gesammelt u. hrsg. v. seiner Witwe Marianne Mühsam. I—III. Tl. 8. Leipzig, M. W. Kaufmann. à 4. —
I Sabbathpredigten (VIII, 304 S m Bildnis) 909
II. Festtagspredigten. (VI, 342 S.) 910.
III. Gelegenheitspredigten. (V, 213 S.) 910.

Mühsam, S., Religion und Wissenschaft. Predigt gehalten im israelit. Bethause zu Znaim am 1. Sukkothtage 5631 [10. Octbr. 1870]. gr. 8. (15 S.) Wien 871, Herzfeld und Bauer. [Brüder Winter.] *

Mühsam, Sam., die jüdische Sibylle. Vortrag, gehalten im Betha-Midrasch zu Wien am 13. Febr 1864. Wien 864. Herzfeld & Bauer in Comm. gr 8. (31 S.) n. 5 ngr.

Mühsam, Siegfr., s.a. **Siegfried, Onkel**

Mühsam, Siegfr., Apotheken-Manual. Anleitung zur Herstellung von in den Apotheken gebräuchl. Präparaten, welche in der Pharmacopoea Germanica, Edit. II, keine Aufnahme gefunden haben. gr. 8. (153 S.) Leipzig 884, Denicke's Verlag. *

Mühsam, S., Apotheken-Manual. gr. 8. Leipzig 884, Felix. * 3 —

Mühsam, Siegfr., Apotheken-Manual. Anleitung zur Herstellung von in den Apotheken gebräuchl. Präparaten, welche in der Pharmacopoea germanica, edit. altera, keine Aufnahme gefunden haben. 2. verm. und verb. Aufl. gr. 8. (157 S.) Leipzig 885, [Denicke.] Felix. *

Mühsam, S., die Hausapotheke, s: **Hausbücher,** medicinische

Mühsam, Wilhelm. Aus der königl. medicinischen Klinik zu Kiel. **Beitrag** zur Quecksilberbehandlung der multiplen Sklerose. *Kiel 1897: P. Peters.* (21 S. mit Tab.) 8°
Kiel, Med. Diss v [7 Sept] 1897

[Arab] Kitab al-farağ ba'd aš šidda, talif Abi-'Ali al-**Muḥsin** (Ibn-'Ali) at Tanuḫi Ğuz (1) 2 Maṣr 1903-04 Maṭb. al-Hilal. 2 Bde 8°
[Auf Leid folgt Freude, Trostbuch. Kairo] [07. 4849

Muck, A., Sammlung militärischer Toaste, Ansprachen Nachrufe u. Reden etc. etc. Zusammengestellt u. hrsg 2. verm. Aufl. (253 S. m 1 Bildnis.) 8. Wien 907 (L. W. Seidel & Sohn.) 3. —

Muiller

— s. a. Miller, Mueller, Muller, Müller.

— Chr. Gottfried (Schleiz), De modestia praeceptorum scholasticorum disputat. Gera (Roth) 18. IV. (1780). (5.—) 24357

— Gottlob August (Meißen), De protocollo feudali. Präs. Christian Gottlob Biener. Leipzig (Sommer) 3. IX. 1788. 18 S. (5.—) 24358

— Johann Friedrich (Schwarzenberg), De luxu gravissimorum morborum fonte. Präs. Ernst Platner. Leipzig (Sommer) 30. XI. 1787. 48 S. (5.50) 24359
Gew.: Carl August Just.

Muiller, Karl Wilhelm von

Muiller, Carl Wilhelm von (Terespoliensis), Physiologica systematis vasorum absorbentium. Präs. Ernst Platner. Leipzig (Klaubarth) 22. IV. 1793. 62 S. (5.—) 24356

Muir, J. D. C. L., original Sanskrit texts on the origin and progress of the religion and institutions of India; collected, translated into English, and illustrated by notes. Chiefly for the use of students and others in India. Part I. The mythical and legendary accounts of caste. London 858. (Leipzig, Brockhaus.) gr. 8. (IX. 204 S.) n. 3 ℳ.

Muir, M. M. P., die qualitative Analyse, s. Thorpe, T. E.

Muir, William, die Abfassg. d. Deuteronomiums. Ins Deutsche übertr. v. G. J. Metzger. 8. (32 S.) Leipzig 896. E. Ungleich. n. — 50

Muir, Sir William, s.: Erstlingsfrüchte der hl. Schrift aus Syrien.

Muirhead, James Fullarton, the land of contrasts, s.a. Collection of British authors.

The Land of contrasts. A Briton's view of his American kin. By James Fullarton **Muirhead**. Copyright ed. Leipzig: Tauchnitz 1900. 287 S. 8°
(Collection of British authors. Tauchnitz Ed. Vol. 3416.) [11. 8319

FSC
www.fsc.org
MIX
Papier | Fördert gute Waldnutzung
FSC® C083411

Kolibri 360 GmbH
Ferdinand-Jühlke-Straße 7
99095 Erfurt, Deutschland
produktsicherheit@kolibri360.de